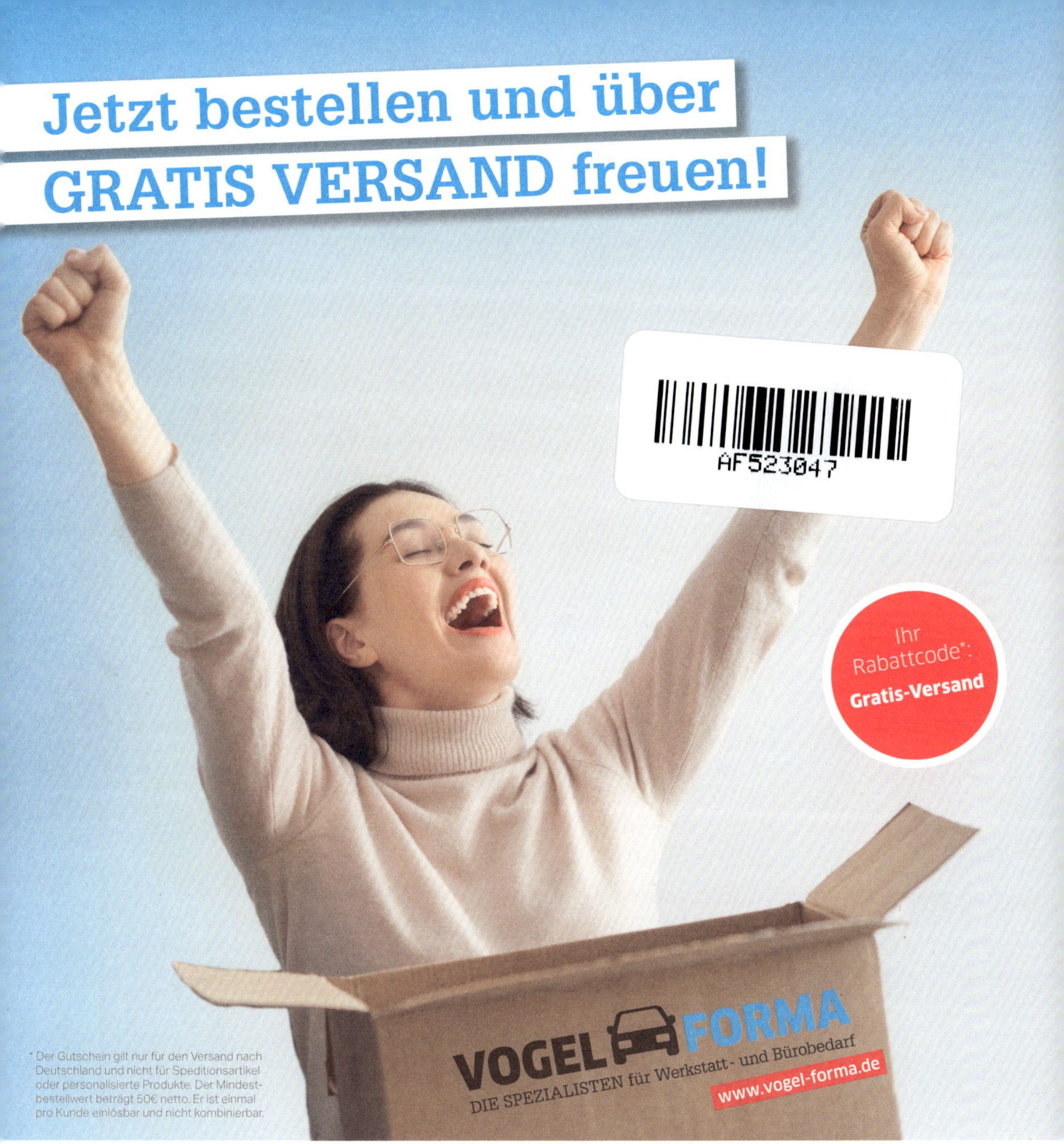

Jetzt bestellen und über GRATIS VERSAND freuen!

AF523047

Ihr Rabattcode*: Gratis-Versand

VOGEL FORMA
DIE SPEZIALISTEN für Werkstatt- und Bürobedarf
www.vogel-forma.de

* Der Gutschein gilt nur für den Versand nach Deutschland und nicht für Speditionsartikel oder personalisierte Produkte. Der Mindestbestellwert beträgt 50€ netto. Er ist einmal pro Kunde einlösbar und nicht kombinierbar.

Ihr Spezialist für Werkstatt- und Bürobedarf

Von Arbeitskarten über Kundendienst-Etiketten bis hin zu Spezialwerkzeugen: Im Vogel-FORMA-Shop finden Sie über 3.000 Produkte für einen funktionierenden Alltag im Kfz-Betrieb.

www.vogel-forma.de

Anton Herner / Hans-Jürgen Riehl

Expertenwissen Kfz-Elektrik, Elektronik

Anton Herner / Hans-Jürgen Riehl

Expertenwissen Kfz-Elektrik, Elektronik

1. Auflage

Anton Herner
Jahrgang 1960, begann nach dem Abitur, einer kaufmännischen und technischen Ausbildung sowie Studium seine berufliche Tätigkeit bei der Bayerischen Motoren Werke AG im Kundendienst Ausland. Als Serviceberater Export war er einige Jahre in mehreren Ländern eingesetzt. Danach folgten Jahre, in denen er in verschiedenen Trainingsbereichen in unterschiedlichen Funktionen tätig war und damit u. a. auch verantwortlich für die Erstellung von Schulungsunterlagen.
Seit mehreren Jahren arbeitet er im Vertrieb in unterschiedlichen Funktionen.

Hans-Jürgen Riehl
Jahrgang 1952, war seit Abschluss seines Studiums für das Lehramt an berufsbildenden Schulen an der TH Aachen als Lehrer mit Schwerpunkt Kfz-Elektrik/-Elektronik tätig; außerdem war er Mitglied in landes- und bundesweiten Prüfungsausschüssen. Er ist Autor im Ausbildungsmedium autoFACHMANN und im Online-Prüfungsvorbereiter

Weitere Informationen:
www.vogel-fachbuch.de

 www.facebook.com/vogelfachbuch

 http://twitter.com/vogelfachbuch

ISBN 978-3-8343-3497-8
1. Auflage. 2022

Das Werk erschien in der vorigen Auflage als «Elektrik/Elektronik (Der sichere Weg zur Meisterprüfung im Kfz-Handwerk)»
ISBN: 978-3-8343-3198-4

Alle Rechte, auch der Übersetzung, vorbehalten. Kein Teil des Werkes darf in irgendeiner Form (Druck, Fotokopie, Mikrofilm oder einem anderen Verfahren) ohne schriftliche Genehmigung des Verlages reproduziert oder unter Verwendung elektronischer Systeme verarbeitet, vervielfältigt oder verbreitet werden. Hiervon sind die in §§ 53, 54 UrhG ausdrücklich genannten Ausnahmefälle nicht berührt.
Printed in Hungary
Copyright 2022 by Vogel Communications Group GmbH & Co. KG, Würzburg

Vorwort

Die rasant fortschreitende Entwicklung auf dem Gebiet der Elektronik und Mikroelektronik hat in den letzten Jahren und Jahrzehnten zu einem sprunghaften Anstieg der Anzahl elektronischer Bauteile im Kraftfahrzeug geführt. Im Verbund mit der Hydraulik und der Pneumatik hat die Elektronik das ganze Kraftfahrzeug durchdrungen. Die einzelnen Elektronikbauteile und die gesamten elektronischen Systeme werden immer kompakter, preisgünstiger und gleichzeitig immer noch leistungsfähiger. Daraus ergeben sich ständig neue Möglichkeiten in der Anwendung der Elektronik im Kraftfahrzeug, bzw. bereits bestehende Funktionsumfänge können ständig erweitert werden.

Diese Entwicklung hat zwangsläufig auch starke Auswirkungen auf die Fachwerkstätten des Kfz-Handwerks. Die Routinearbeiten nehmen ab, und die dafür erforderlichen Fertigkeiten verlieren an Bedeutung. Es wird immer wichtiger, sich die benötigten Informationen über elektronische Medien zu beschaffen, die Funktion der komplexen Systeme zu verstehen und schließlich durch zielgerichtete Mess- und Prüfarbeiten die richtige Diagnose zu stellen. In diesem Rahmen muss sich noch ein weiterer Wandel vollziehen: vom Denken und Verstehen einzelner Systeme hin zum vernetzten Denken und Verstehen von Systemzusammenhängen. Natürlich ist es weiterhin wie schon bisher wichtig, die Funktion und die Details der einzelnen Systeme zu kennen und zu verstehen; gleichzeitig muss man aber auch die Verbindungen und Verknüpfungen zu den übrigen Systemen kennen und verstehen.

Der vorliegende Band beschäftigt sich mit den Grundlagen der Kfz-Elektrik/-Elektronik, der Digitaltechnik und der Steuerungs- und Regelungstechnik. Soweit möglich, geschieht die Erklärung anhand von praktischen Anwendungen. Die Kenntnisse der Grundlagen sind absolut unverzichtbare Voraussetzungen zum Verständnis der in den ersten Kapiteln beschriebenen elektronischen Systeme. Diese Systeme werden in ihrem Aufbau, ihrer Entwicklung und in ihrer Funktion sowie deren Prüfmöglichkeiten als Einzelsysteme umfangreich dargestellt. Damit sollen möglichst viele verschiedene Variationsmöglichkeiten der verschiedenen Hersteller abgedeckt werden. Gleichzeitig erleichtert die intensive Betrachtung der Ein- und Ausgangssignale das Verständnis der Notwendigkeit und der Inhalte des Datenaustausches bei heutigen vernetzten Systemen. Vielfach werden bei modernen Kraftfahrzeugen heute verschiedene Systeme in einem Steuergerät zusammengefasst oder auch durch die Bildung von so genannten Funktionsblöcken lokale Bündelungen von verschiedenen Funktionen erreicht. Damit verliert zum Teil das Einzelsystem als solches seine Zuordnung und wird auf verschiedene Steuergeräte und Funktionsblöcke aufgeteilt. Nichtsdestotrotz ist es gerade dabei wichtig, die ursprüngliche Funktion, die Ein- und Ausgänge und das Zusammenwirken mit anderen Systemen zu verstehen. In der Praxis ist es deshalb unerlässlich, diese und andere Details aus den Unterlagen des jeweiligen Herstellers genau zu kennen und zu beachten. Dies gilt natürlich auch für den Datenaustausch untereinander durch mögliche Bussysteme, auf die aktuell und umfangreich eingegangen wird.

Die Beschreibung der K- und KE-Jetronic bei den Benzineinspritzsystemen bleibt auch weiterhin Bestandteil dieses Bandes, obwohl diese kontinuierlichen Einspritzsysteme schon lange nicht mehr verbaut werden und es auch immer weniger Fahrzeuge mit diesen Einspritzsystemen gibt, die noch repariert werden müssen. Aber wegen ihrer grundsätzlichen Bedeutung für die Ausbildung und dem starken Aufkommen von Young- und Oldtimern war dies der Wunsch vieler Ausbildungsstätten.

In diesem Zusammenhang möchten wir uns für alle Rückmeldungen und Anregungen bedanken. Daraus entstand auch der geänderte Aufbau des Buches, beginnend mit der Vernetzung und den aktuellen Systemen und im Weiteren der historischen Entwicklung bis hin zu den Grundlagen. Wobei für jedes Kapitel der Aufbau und die Betrachtungsweise entsprechend der Notwendigkeit angepasst wurde.

Unser Dank gilt auch allen Herstellern, die uns mit zahlreichen Unterlagen und Bildmaterial versorgt haben. Ohne deren Unterstützung wäre es uns nicht möglich gewesen, das umfangreiche Thema «Elektronik im Kraftfahrzeug» in seiner ganzen Breite von den Grundlagen über die Systeme bis zur Vernetzung zu beschreiben.

Mettmann Hans-Jürgen Riehl
Fridolfing Anton Herner

Inhaltsverzeichnis

1 Datenbussysteme

Es gibt heute kein aktuelles Kraftfahrzeug, bei dem die verschiedenen Steuergeräte nicht über unterschiedliche Datenbussysteme vernetzt sind und darüber Daten austauschen. Ohne diese Vernetzung der Systeme wären viele Funktionen schlichtweg nicht möglich.

1.1 Beispiel eines aktuellen Busstrukturplanes

Bei unserem beispielhaft gewählten Kraftfahrzeug (siehe Bild 1.1) der oberen Mittelklasse mit Plug-In-Hybrid werden einige unterschiedliche Bussysteme verwendet. Kernelement der Vernetzung der verschiedenen Systeme ist das zentrale Bordnetzsteuergerät. Es koordiniert – einem Zentralcomputer gleich – die verschiedenen Fahrzeugfunktionen und -systeme sowie die Kommunikation der unterschiedlichen Bussysteme. Es ist das zentrale Gateway und die Verbindung zu den Diagnose- und Programmiersystemen.

An das zentrale Bordnetzsteuergerät angeschlossen sind verschiedene CAN-Bussysteme für die Vernetzung der Motor- und Getriebesteuerung mit dem Antriebsstrang sowie der hybridspezifischen Steuerung. Die Karosserie- und Komfortsysteme sowie die verschiedenen Assistenzsysteme sind ebenfalls mit einem CAN-Bussystem vernetzt und mit dem zentralen Bordnetzsteuergerät verbunden. Zusätzlich gibt es lokale CAN-Verbindungen bei hohem Datenaufkommen und für hohe Datensicherheit bei einigen Assistenzsystemen.

Für die aufeinander abgestimmte Regelung der Fahrwerkssysteme werden die notwendigen Informationen über einen FlexRay-Bus ausgetauscht, ebenfalls koordiniert durch das zentrale Bordnetzsteuergerät. Der MOST-Bus ist für die Unterhaltungsmedien zuständig. Die Steuerung der Aktuatoren der Komfortelektronik geschieht über LIN-Bussysteme. Über die Ethernet-Verbindung werden Bilddaten übertragen. Und zu guter Letzt gibt es noch einen CAN-Bus für die Verbindung zur Diagnose und eine Ethernet-Verbindung zur schnellen Programmierung.

Vor der weiteren Analyse des Busstrukturplanes klären wir zunächst, warum die Bussysteme notwendig sind, wie sie entstanden sind, welche verschiedenen Bussysteme es gibt und wie der Kommunikationsablauf dabei ist; kurzgesagt zuerst die Grundlagen der verschiedenen Bussysteme, um dann in Abschnitt 1.10 mit dem Wissen um die Grundlagen den vorliegenden Busstrukturplan zu lesen.

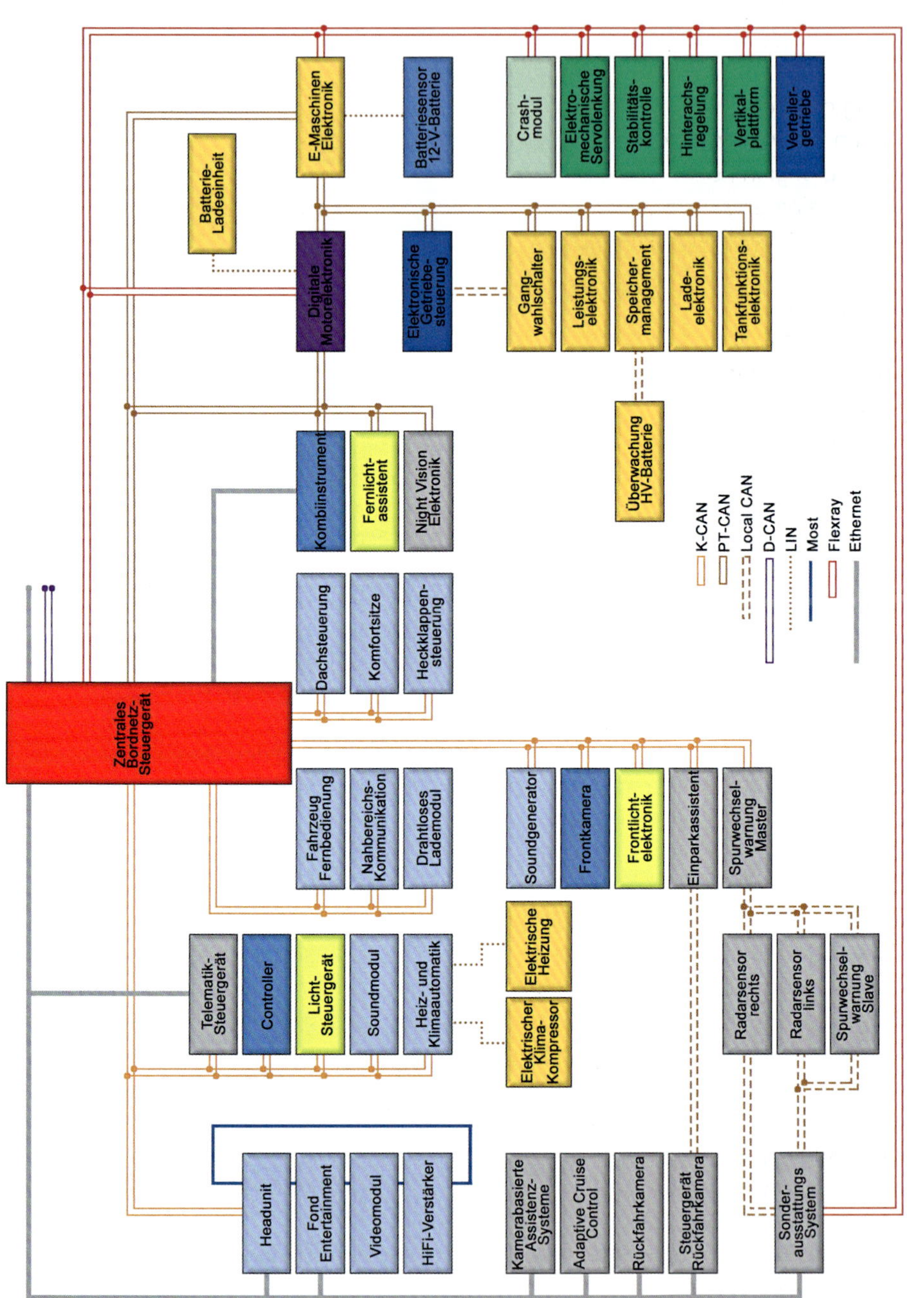

Bild 1.1 *Aktueller Busstrukturplan eines Mittelklasse-Pkw mit Hybridantrieb*
[Bild: Schmidt, Quelle: Audi]

1.2 Entwicklung der elektronischen Systeme und Notwendigkeit von Bussystemen

Der Einzug der Elektronik im Kraftfahrzeug begann in nennenswertem Umfang in den 70er-Jahren des vergangenen Jahrhunderts mit der elektronisch gesteuerten Zündung. Diese war zu Beginn noch selbständig und unabhängig von anderen Systemen (autark) und nur für eine eng umgrenzte Aufgabe zuständig (Zündauslösung der kontaktlos gesteuerten Zündung).

Doch das ständige Bemühen der Kraftfahrzeughersteller, die Fahrsicherheit, den Komfort der Fahrzeuge sowie das Leistungsvermögen bei gleichzeitiger Verbesserung der Wirtschaftlichkeit und Umweltverträglichkeit noch weiter zu erhöhen, führte in der Folge zu einer Vielzahl von neuen Entwicklungen. Damit verbunden war ein rasch anwachsender Anteil der Elektronik im Kraftfahrzeug, der auch heute noch zunimmt.

Bereits die auf die elektronisch gesteuerte Zündung unmittelbar folgenden Entwicklungen – wie ABS, die elektronische Einspritzung und die elektrohydraulische Automatikgetriebesteuerung – tauschten Informationen untereinander aus. Mehrere Systeme nutzten verschiedene Informationen gemeinsam bzw. mussten von einem elektronischen System einem anderen zur Verfügung gestellt werden, z. B. TD-Signal (***T****urn* ***D****evice*, Drehzahlsignal) von der Zündung für die L-Jetronic.

Der nächste Schritt war, dass sich sogar mehrere Systeme gegenseitig beeinflussten, z. B. Zündwinkelrücknahme durch das Motorsteuergerät während einer Antriebsschlupf-Regelung oder eines Schaltvorganges des Automatikgetriebes bzw. zusätzliches Schaltverbot während der Antriebsschlupf-Regelung usw. Jedes Signal/Information in jeder Richtung benötigte eine eigene Leitung, und das bedeutete bereits zu diesem Zeitpunkt einen hohen Verkabelungsaufwand (vgl. Bild 1.2).

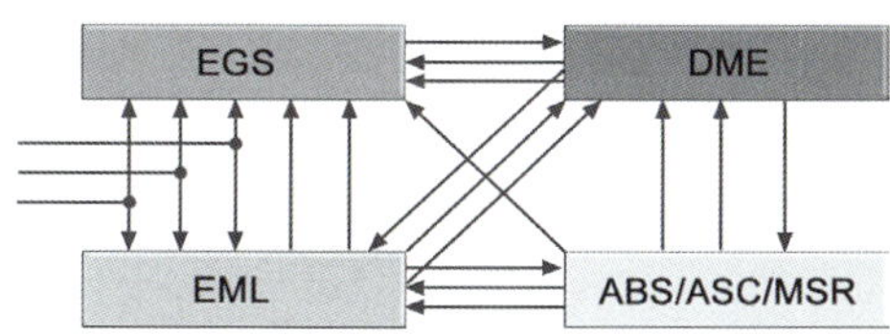

Bild 1.2 *Konventionelle Steuergerätekoppelung:*
EGS = Elektronische Getriebesteuerung,
DME = Digitale Motorelektronik,
EML = Elektronische Motorleistungsregelung,
ABS/ASC/MSR = Anti-Blockier-System / Antriebsschlupf-Regelung / Motorschleppmoment-Regelung

Die Notwendigkeit der Vernetzung und gegenseitigen Einflussnahme bzw. Informationsverarbeitung trifft neben den Systemen der Antriebssteuerung auch auf die Systeme der Sicherheits- und Komfortelektronik zu sowie heute in verstärktem Maße auch auf die Fahrerinformationssysteme. Viele elektronische Systeme wären heute auch ohne einen umfangreichen Datenaustausch untereinander kaum möglich bzw. könnten den heute gewünschten Funktionsumfang nicht bieten.

Die Vernetzung der Systeme führte aber, wie bereits erwähnt, zu einem extrem hohen Verkabelungsaufwand. Und gerade dieser führte in der Folge zu erheblichen Problemen. Die Ausfallursachen der verschiedenen elektrischen/elektronischen Komponenten waren in der Vergangenheit mit über 50 % durch die Leitungsstränge verursacht.

Handelte es sich bei einem Leitungsfehler außerdem evtl. um einen nur sporadisch und unter bestimmten Umständen (Temperatur/Vibrationen) auftretenden Fehler, war dieser oft schwer einzukreisen und aufwendig zu beheben.

Zur weiteren Verdeutlichung der Verkabelungsproblematik nachfolgend einige Beispiele:

- In einem Fahrzeug der gehobenen Klasse mit voller Ausstattung können heute bereits deutlich über 60 verschiedene Steuergeräte verbaut sein mit Hunderten dazu gehörenden Komponenten (Schalter, Sensoren, Elektromotoren usw.).
- Die Anzahl der elektrischen/elektronischen Teile in einem Fahrzeug kann über 10.000 liegen.
- Tausende einzelne verbaute Leitungen können sich in der Gesamtlänge auf 3 bis 5 km Kabellänge summieren, die in einem Fahrzeug von etwa 4 bis 5 m Länge untergebracht werden müssen (ca. 500- bis 1000-fache Fahrzeuglänge).
- Die dazu gehörenden Steckverbindungen verteilen sich auf 3000 bis 5000 Pins.
- Allein in die Fahrertür könnten bis zu 50 Leitungen geführt sein, z. B. für Mikroschalter, Spiegelverstellschalter, -motoren, Spiegelbeheizung, elektrische Fensterheber, Einklemmschutz, Zentralverriegelung, Diebstahlwarnanlage usw.

Ein weiterer Problempunkt des wachsenden Elektronikanteils und der Systemvernetzung war und ist, dass für die Steuergeräte und elektrischen/elektronischen Komponenten in der im Prinzip elektronikfeindlichen Umgebung im Fahrzeug ein geeigneter Platz gefunden werden muss, an dem Feuchtigkeit, extreme Temperaturschwankungen und Vibrationen bzw. Stöße vermieden werden. Dies darf außerdem zu keiner Beeinträchtigung der zur Verfügung stehenden Platzverhältnisse im Innenraum führen. Zusammen mit den Leitungen muss auch auf Störeinstrahlungen und Störabstrahlungen (elektromagnetische Verträglichkeit, EMV) Rücksicht genommen werden. Die Kosten und das zusätzliche Gewicht sind zudem zu beachten.

Die Systeme müssen außerdem zuverlässig funktionieren und bei evtl. auftretenden Störungen sollten diese einfach zu diagnostizieren und zu beheben sein.

Aus der dargestellten Problematik ergaben sich für die weiteren Entwicklungen und den Einsatz der elektronischen Systeme zwei Hauptansatzpunkte: Die Steuergeräte und Komponenten mussten kleiner und soweit möglich Funktionen zusammengelegt werden. Dies ergab sich überwiegend aus den Fortschritten in der Halbleitertechnik. Zum zweiten musste der Verdrahtungsaufwand reduziert werden.

Dies war nur über die in der Datenverarbeitung bereits bekannten und benutzten Systeme zur Verbindung/Vernetzung mehrerer Rechner möglich, den sogenannten Bussystemen. Als Bus bezeichnet man in der Datenverarbeitung Verbindungsleitungen innerhalb eines Rechners bzw. zwischen mehreren Rechnern, auf denen Impulse/Informationen übertragen werden. Die in der Datenverarbeitung verwendeten Kommunikationssysteme (Bus) waren aber aufgrund anderer Leistungsanforderungen und z. T. zu hoher Kosten nicht direkt auf die Kraftfahrzeugelektronik übertragbar.

So begann bereits 1983 Bosch mit der Entwicklung eines Datenbussystems. Das erste Fahrzeug mit einem Datenbussystem kam 1989 auf den Markt. Es handelte sich um ein Bussystem der Karosserieelektronik mit Sternstruktur. Der erste CAN-Bus ging 1991 als Antriebsstrangvernetzung in einem Fahrzeug in Serie. In der Folge setzte sich der CAN-Bus immer mehr durch und wird heute auch in Fahrzeugen der kleinen Klasse angewendet. Der nächste Schritt war die Anwendung der optischen Datenübertragung durch die Lichtwellenleitertechnik im Jahr 2001. Kurz darauf (2002) folgte die funkgesteuerte Datenübertragung mit Bluetooth.

Mittlerweile haben sich einige verschiedene Bussysteme für die Datenübertragung durchgesetzt. Im weiteren Verlauf werden diese noch genauer beschrieben. Allgemein ergeben sich durch die Vernetzung von elektronischen Systemen mit einem oder mehreren Datenbussen folgende Vorteile:

- Verringerung der Kabel und Leitungen und damit
  - Gewichtsreduzierung,
  - Erhöhung der Ausfallsicherheit durch weniger Stecker und Verbindungspunkte (z. B. Lötstellen),
  - Vereinfachung in der konstruktiven Verlegung, bei der Montage und auch in der Diagnose,
  - Kostenreduzierung,
  - Verringerung der EMV-Problematik;
- neue Möglichkeiten des Systemverbundes durch
  - bessere Ausschöpfung des möglichen Funktionspotenzials,
  - gegenseitig verbundene Regelstrategien der verschiedenen Systeme,
  - mehrfache Nutzung von Sensoren und damit entweder Entfall von Sensoren oder gegenseitige Überwachung,
  - flexiblen Einsatz von Änderungen, evtl. nur Verwendung neuer Software (neue Programme bzw. Programmstände) ohne Hardware-Änderungen (keine neuen Leitungen oder Steuergeräte- Anpassungen, da Art, Umfang und Richtung der Daten flexibel),
  - Entfall von Kleinsteuergeräten und Integration in bestehende Systeme;
- Verbesserung der Diagnosemöglichkeiten durch
  - gegenseitige Überwachung der Systeme,
  - höhere Systemintegration,
  - Fehlererkennung bei Störungen in der Datenverarbeitung;
- komplexe Anwendungen/Systeme (z. B. die aktuellen Fahrerassistenzsysteme) werden dadurch erst möglich;
- Entlastung der Rechnerkapazitäten, da keine doppelte Umwandlung analoger Signale in digitale Signale und wieder zurück durchzuführen ist. Der Datenaustausch über Bussysteme erfolgt digital.

1.3 Grundlagen der verschiedenen Bussysteme

Die Bussysteme im Kraftfahrzeug bilden ein Netzwerk, das die verschiedenen Steuergeräte und elektronischen Komponenten miteinander verbindet. Aufgrund verschiedener Herstellerentwicklungen, aber auch aufgrund der verschiedenen Anforderungen an den Datenaustausch in den elektronischen Systemen im Kraftfahrzeug entstanden jedoch unterschiedliche Bussysteme. Die Anforderungen an einen Bus unterscheiden sich in den Datenmengen, die zu übertragen sind, in der Schnelligkeit der Übertragung, welche

Prioritäten von Daten oder Steuergeräten einzuhalten sind und in den Maßnahmen, die für die Datensicherheit und Fehlererkennung zu ergreifen sind.

Die höchsten Anforderungen stellen sich hierbei für ein Bussystem zwischen den Steuergeräten des Antriebsstranges und der Sicherheitselektronik, die geringsten für die Karosserie- und Komfortelektronik. Die Einteilung der verschiedenen Bussysteme erfolgt meist nach der Busstruktur (Topologie), der Übertragungsgeschwindigkeit und dem Übertragungsmedium (Kupferdrahtleitungen, Lichtwellenleiter, Funk).

Bei den Busstrukturen unterscheidet man prinzipiell die Stern-, Ring- und lineare Struktur (Bild 1.3). Kombinationen daraus werden auch als Baumstruktur bezeichnet.

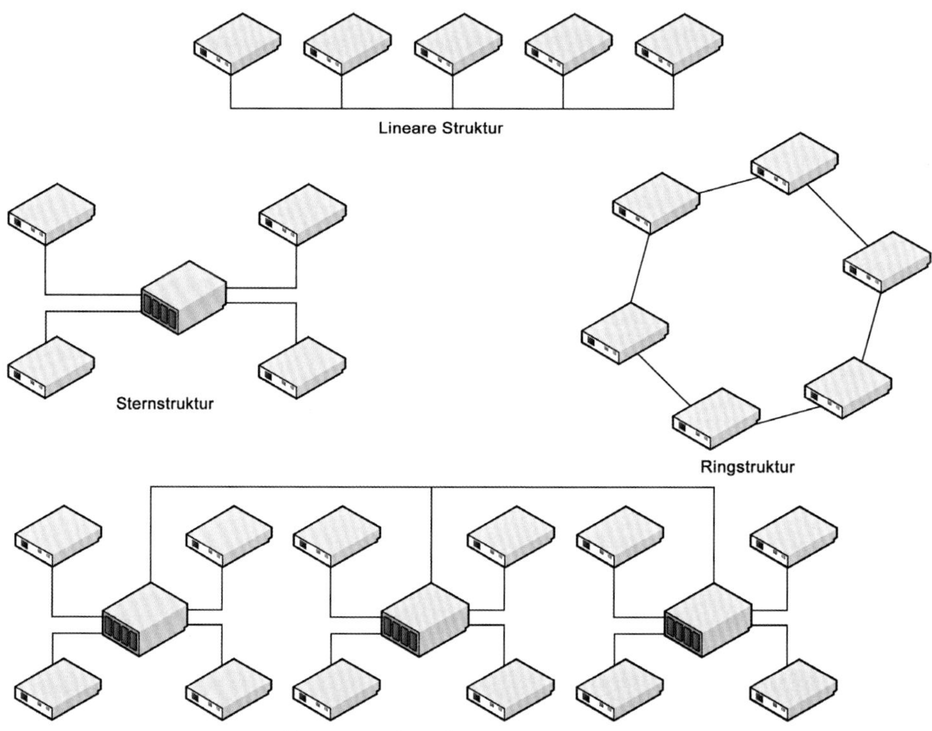

Bild 1.3 *Datenbusse können in verschiedenen Topologien angeordnet sein. Es sind auch Kombinationen der einzelnen Busstrukturen möglich.*
[Bild: Schmidt]

Bei der Sternstruktur sind mehrere Teilnehmer sternförmig oder strahlenförmig über eigene Leitungen mit einer Zentrale verbunden.

Ein typisches Anwendungsgebiet der Sternstruktur ist zwischen Steuergeräten und Modulen der Karosserie-/Komfortelektronik bzw. von Steuergeräten zu Stellgliedern. Die Zentraleinheit wird auch als Netzknoten oder Master bezeichnet, weil sie die übergeordnete Steuereinheit ist, die alle angeschlossenen Einheiten koordiniert. Die angeschlossenen Einheiten bezeichnet man auch als Satelliten oder Slaves (*slave*, engl. Sklave). Die Zentraleinheit ist bei einer Sternstruktur gewöhnlich stark belastet. Bei einem Ausfall der Zentraleinheit sind in der Regel keine Datenübertragungen mehr möglich.

Eine Ausnahme bildet die Verwendung der Sternstruktur bei einem elektronischen Rückhaltesystem, bei dem es auf eine schnelle Reaktion ohne Einhaltung von Sendeprioritäten ankommt. Bei der Sternstruktur werden die angeschlossenen Einheiten von der Zentraleinheit direkt adressiert – im Gegensatz zur linearen Struktur, bei der durch eine entsprechende Programmierung/Priorisierung sichergestellt werden muss, dass nicht zwei oder mehrere Stationen gleichzeitig eine oder mehrere Informationen senden können, sondern immer nur eine Station.

Bei der linearen Struktur – auch als Linien- oder Reihenleitung bezeichnet – werden alle Stationen (auch Knoten genannt) in einer einfachen Reihung mit Stichleitungen an eine Hauptleitung angeschlossen. Bei dieser Busstruktur ist eine große Anzahl von Teilnehmern möglich. Die angeschlossenen Steuergeräte übertragen ihre Daten auf das Bussystem, ohne ein anderes angeschlossenes Steuergerät direkt zu adressieren. Die übertragenen Daten werden jedoch «adressiert», d. h., als erstes wird gesendet, um welche Art und welchen Inhalt der Botschaft es sich handelt. Man bezeichnet dies auch als das sogenannte nachrichtenorientierte Übertragungsverfahren. Alle Steuergeräte sind gleichberechtigt, und weil jedes Steuergerät eine wichtige Botschaft mit Priorität senden kann, spricht man auch von dem Multi-Master-System. Da die Botschaften auch von allen angeschlossenen Steuergeräten gleichzeitig empfangen werden können, sind diese aufgrund der Art und des Inhaltes der Botschaften in der Lage zu entscheiden, ob sie die Daten benötigen und in den Arbeitsspeicher übernehmen und weiterverarbeiten oder ignorieren (Bild 1.4).

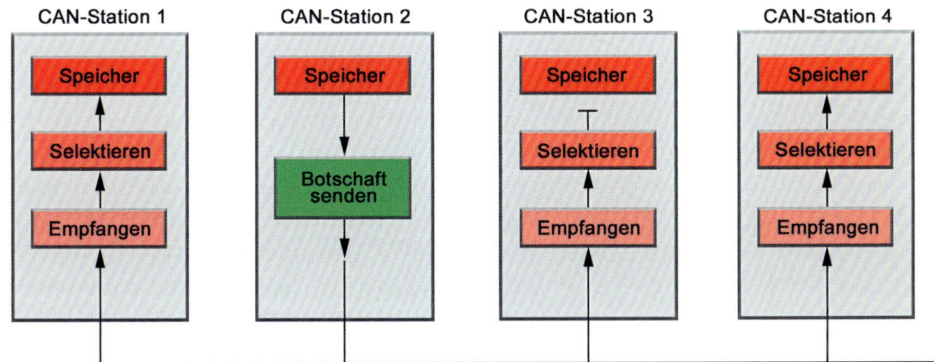

Bild 1.4 *Prinzipielle Darstellung der Akzeptanzprüfung in einem CAN-Datenbus*
[Bild: Schmidt]

Die Überprüfung des Bussystems und der übertragenen Daten auf Funktionsstörungen oder fehlerhafte Übertragungen geschieht jedoch durch alle angeschlossenen Steuergeräte. Fällt ein Steuergerät aus, können alle anderen Steuergeräte fast normal weiterarbeiten. Lediglich die von dem ausgefallenen Steuergerät zur Verfügung gestellten Daten fehlen.

Das Ringnetz oder auch die Ringleitung stellt eine Busstruktur dar, bei der alle Teilnehmer ringförmig verbunden sind und eine ausgesandte Nachricht vom Sender nach deren Durchlauf wieder empfangen werden kann. Die Ringleitung wird in der Datenverarbeitung bei höchsten Anforderungen an die Datensicherheit und die Übertragungsgeschwindigkeit verwendet.

Im Kfz-Bereich wird die Ringleitung mit Lichtwellenleitern wegen der hohen Datenübertragungsrate bei den Multimedia-Anwendungen (Audio, Telefon, Navigation, Video) eingesetzt. Wenn eine Leitung unterbrochen wird oder ein Steuergerät ausfällt, ist das ganze Verbundnetz stillgelegt.

Grundlagen der digitalen Datenübertragung

In der elektronischen Datenverarbeitung basieren alle Berechnungen auf dem Dualsystem (*duo*, lat. zwei), synonym auch als Binärsystem (*bini*, lat. je zwei, beide) bezeichnet. In allen Rechnern können die elektronischen oder optischen Schaltelemente jeweils immer nur zwei physikalische Zustände einnehmen, d. h. Spannung / keine Spannung, geladen / ungeladen, magnetisiert / unmagnetisiert, hell / dunkel, (Schalter) geschlossen / offen. Es müssen also alle Eingaben, Daten usw. auf zwei Zustände – auf 1 und 0 – umcodiert werden, um damit die Rechenoperationen/Verarbeitungen ausführen zu können.

Damit ist die kleinste Informations- und Speichereinheit in der elektronischen Datenverarbeitung die Ziffer 0 oder 1. Dies wird als ein Bit bezeichnet (Abkürzung/Kunstwort für «binary digit»). Mit mehreren Bits erhöht sich die Anzahl der Codiermöglichkeiten.

In der Regel baut die elektronische Datenverarbeitung in den Rechnern mindestens auf die 8-Bit-Struktur auf. Das ist die kleinste adressierbare Speichereinheit und wird als Byte bezeichnet. Ein Byte (angloamerikanisches Kunstwort) besteht aus 8 Datenbits und einem Prüfbit. Mittlerweile verwendet man ein Vielfaches davon, und sogar bei den Steuergeräten im Kraftfahrzeug werden häufig 32-Bit-Rechner eingesetzt.

Die nächstgrößere Bezeichnung nach Bit und Byte ist das Kilobyte, das 1024 bzw. 2^{10} Bytes entspricht. 1024 Kilobytes sind ein Megabyte und 1024 Megabyte sind ein Gigabyte.

Die über Bits und Bytes codierten Informationen müssen nun von einem Steuergerät zu einem anderen Steuergerät über sogenannte Schnittstellen übertragen werden. Die Datenübertragung erfolgt dabei digital und seriell, d. h. in einer Reihe (Serie) nacheinander. Die im Computerbereich übliche parallele Datenübertragung, bei der z. B. ein Byte gleichzeitig parallel über mindestens acht Leitungen (für jedes Bit eine) übertragen wird, findet im Kraftfahrzeugbereich bis dato keine Anwendung.

Wie viele Bits pro Sekunde bzw. Informationseinheiten pro Sekunde übertragen werden, bezeichnet die Übertragungsgeschwindigkeit in bps, kBit/s, MBit/s bzw. die Schrittgeschwindigkeit in kBd, MBd (Baud, abgekürzt Bd, benannt nach Jean Baudot, 1845-1903, französischer Fernmeldeingenieur). Die Übertragungsgeschwindigkeit und die Baudrate sind bei den im Kraftfahrzeug eingesetzten Bussystemen identisch, da die Datenübertragung seriell erfolgt. Bei einer parallelen Datenübertragung im Computerbereich über z. B. acht Leitungen kann die Datenübertragungsrate bis zur achtfachen Baudrate betragen, weil pro Schritt bis zu acht Bits auf den acht Leitungen gleichzeitig übertragen werden können.

Die Übertragungsgeschwindigkeiten der verschiedenen Bussysteme im Kfz-Bereich beginnen bei 9600 bps, die zum Teil für die Karosserie-/Komfortelektronik und für die Diagnose eingesetzt werden. Häufiger wird jedoch für die Karosserie- und Komfortelektronik der CAN-B-Bus mit ca. 125 kBit/s angewendet. Bis zu 1 MBit/s Übertragungsgeschwindigkeit verwendet man für den Datenaustausch in der Antriebselektronik, da hier eine echtzeitfähige Datenübertragung und Verarbeitung erforderlich ist. Unter Echtzeitverarbeitung (*realtime processing*) versteht man das Zusammenfallen von Ereignis, Erfassung, Eingabe und Verarbeitung zu jedem Zeitpunkt. Zwischen zwei Zündimpulsen liegen z. B. nur wenige ms. Ein echtzeitfähiges Bussystem muss daher die für die Zündzeitpunkt-Berechnung notwendigen Daten in noch kürzerer Zeit übertragen, damit diese Daten bereits in der Berechnung des folgenden Zündimpulses berücksichtigt werden können.

Das schnellste zurzeit verbaute Bussystem ist der sogenannte MOST-Bus für die Multimedia-Anwendungen mit einer Übertragungsgeschwindigkeit bis zu 22,5 MBit/s.

Bei der Verwendung verschiedener Bussysteme in einem Fahrzeug mit verschiedenen Übertragungsgeschwindigkeiten und evtl. auch verschiedenen Übertragungsmedien muss zwischen diesen ebenfalls ein Datenaustausch möglich sein. Dazu benötigt man ein so genanntes Gateway. Als Gateway bezeichnet man einen Rechner, der Daten aus einem Netz in die Form eines anderen Netzes umsetzen kann.

1.4 CAN-Bus

Der CAN-Bus ist mittlerweile das am häufigsten eingesetzte Bussystem. CAN steht für ***C**ontroller **A**rea **N**etwork* (*controller*, engl. Aufseher, Kontrolleur; im Computerbereich: die Steuerung/Regelung; *area*, engl. Gebiet, begrenzte Fläche; *network*, engl. Netzwerk). Der CAN-Bus hat eine lineare Struktur mit Kupferleitungen, arbeitet nach dem Multi-Master-Prinzip und wird mit verschiedenen Übertragungsgeschwindigkeiten eingesetzt: der CAN A bis ca. 10 kBit/s wurde in der Anfangszeit der Bussysteme für die Diagnose und selten für die Karosserie- und Komfortelektronik eingesetzt. Die CAN-A-Leitungen wurden manchmal auch als K- und L-Leitungen bezeichnet. Der CAN A wird aktuell kaum noch verwendet und wurde überwiegend durch den LIN-Bus (siehe 1.5) verdrängt. Der CAN B mit einer Datenrate bis zu 125 kBit/s wird überwiegend für die Komfort- und Karosserieelektronik verwendet. Er wird auch als **Low Speed CAN** bezeichnet und seine Standards sind in der ISO-Norm 11 519-2 fixiert. Auch er wird zunehmend durch den **High Speed CAN** (CAN C, ISO 11 898) mit einer Übertragungsrate bis zu 1 MBit/s verdrängt. Durch den High Speed CAN werden die Steuergeräte der Antriebselektronik und zunehmend der Assistenzsysteme miteinander vernetzt. Die Anbindung verschiedener Sensoren und Aktuatoren geschieht auch immer häufiger durch den High Speed CAN. Der High Speed CAN setzt sich immer mehr durch und bildet mittlerweile oft das eigentliche Gerüst der Fahrzeugvernetzung. Wenn man vom CAN-Bus spricht, meint man auch oft nur diesen. An einem CAN-Bussystem können bis zu 35 Steuergeräte mit einem Datenaustausch von ca. 2500 Signalen in 250 CAN-Botschaften beteiligt sein.

1.4.1 Signalaufprägung

Die Datenübertragung der verschiedenen Bits und Bytes über den CAN-Bus erfolgt durch High- und Low-Signale (hohe, niedrige Spannung), die in sehr schneller Abfolge übertragen werden. Dazu sind die an den CAN-Bus angeschlossenen Steuergeräte über eine

Stichleitung, auch Leitungsabzweig genannt, mit der eigentlichen Busleitung verbunden. Über den Transceiver (Kunstwort aus: *transmittere*, lat. hinüberschicken, übersenden; *to receive*, engl. in Empfang nehmen, annehmen) werden die Daten empfangen oder gesendet. Außerdem sorgt der Transceiver dafür, dass die vorgeschriebene Spannung auf der Busleitung eingehalten wird und schützt das System vor Überspannungen. Der CAN-Controller überwacht die Datenübertragung, indem er die Einhaltung des CAN-Protokolls kontrolliert, Fehler erkennt und entsprechend reagiert. Die Akzeptanzprüfung der gesendeten Daten wird ebenfalls durch den CAN-Controller durchgeführt, und nur die für das Steuergerät relevanten Daten werden an den Rechner (Mikrocontroller) weitergeleitet und dort verarbeitet.

Sollen Daten auf den Bus übertragen werden, stellt diese der Rechner dem CAN-Controller zur Verfügung und über den Transceiver werden sie auf den Bus gesetzt.

Die Signalaufprägung auf den Bus kann am besten mit der in Bild 1.5 gezeigten Prinzipschaltung der Transmitterausgänge dargestellt werden. Die Transmitterausgänge der Steuergeräte sind in der Prinzipdarstellung als Schalter mit einer in Reihe geschalteten Diode gezeichnet. Die Schalter sind im Ruhezustand geöffnet. Die Spannung zwischen den Signalleitungen ist abhängig vom Busabschluss.

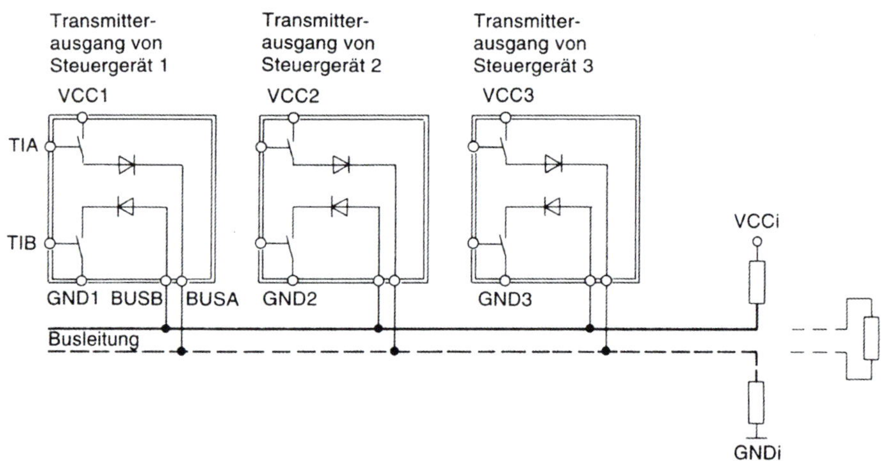

Bild 1.5 *Prinzipdarstellung der Transmitterausgänge und des Busanschlusses*

Bild 1.6 *Verdrillte CAN-Leitung*
[Bild: Schmidt]

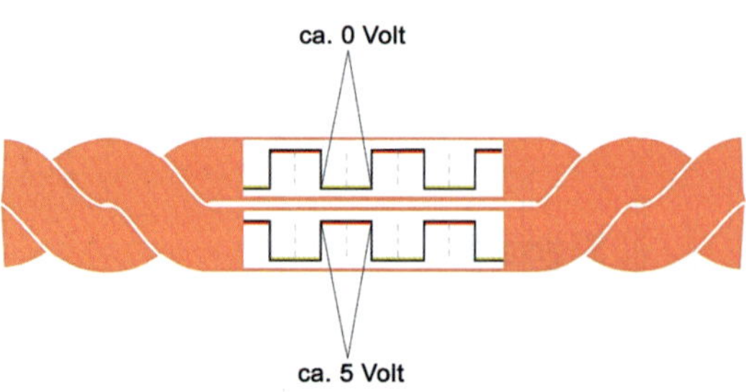

Die Signalaufprägung, d. h. Übertragung der Daten, erfolgt nun durch schnelles Öffnen und Schließen eines Schalterpaares. Dadurch wird die Signalleitung mit der höheren Spannung gegen Masse gezogen, und der anderen Signalleitung wird eine gleich große, entgegengesetzte Spannung aufgeprägt. Somit werden die High- und Low-Signale auf die ganze Busleitung gesetzt. Da dies in beide Richtungen geschieht und für die Busteilnehmer dies sowohl zum Empfangen als auch Senden dient, spricht man von einer bidirektionalen (zwei Richtungen) Datenübertragung. Um Störeinflüsse auf die Datenübertragung zu verhindern, werden die zwei Datenbusleitungen miteinander verdrillt. Zugleich werden dadurch auch Störabstrahlungen von der Datenbusleitung verhindert.

Das Beispiel zeigt die Signalaufprägung auf eine Zweidrahtleitung mit den beiden möglichen unterschiedlichen Busabschlüssen. Beim High Speed CAN hat der Busabschluss an beiden Enden immer einen 120-Ohm-Widerstand als sogenannte Abschlussimpedanz (*impedire*, lat. umwickeln, festhalten, aufhalten). Dadurch wird eine Verfälschung der gesendeten Daten verhindert, da die gesendeten Daten von den Leitungsabschlüssen nicht als «Echo» zurückkommen, sondern von den Abschlusswiderständen absorbiert werden. Der Low Speed CAN hat an seinen Leitungsenden meistens auch eine Abschlussimpedanz. Es gibt aber auch Anwendungen ohne diese.

Beim Low Speed CAN-Bus hat eine Signalleitung im Ruhezustand eine Spannung von 5 V, die andere Signalleitung annähernd 0 V. Der Bus befindet sich im rezessiven Zustand (*recedere*, lat. zurückweichen, sich zurückziehen), der logischen 1. Im geschalteten Zustand geht der Pegel von 5 V auf 1 V zurück und steigt auf der anderen Signalleitung von annähernd 0 V auf 4 V. Der Bus wechselt in den dominanten Zustand (*dominare*, lat. herrschen, überdecken), der logischen 0. Die Signalleitung, die im Ruhezustand einen Pegel von annähernd 0 V hat und im geschalteten Zustand auf einen Pegel von 4 V hochgezogen wird, bezeichnet man auch als CAN-High. Die andere Signalleitung, die von 5 V im Ruhezustand auf 1 V im geschalteten Zustand nach unten gezogen wird, bezeichnet man als CAN-Low.

Bei höheren Datenraten (im High Speed CAN) ist der Spannungsunterschied zwischen beiden Leitungen geringer. Hier ist die Differenzspannung im rezessiven Zustand null und liegt absolut bei etwa 2,5 V über Masse. Im dominanten Zustand beträgt die Differenzspannung dann mindestens 2 V, weil CAN-High auf > 3,5 V hochgezogen wird und CAN-Low auf rund 1,5 V absinkt.

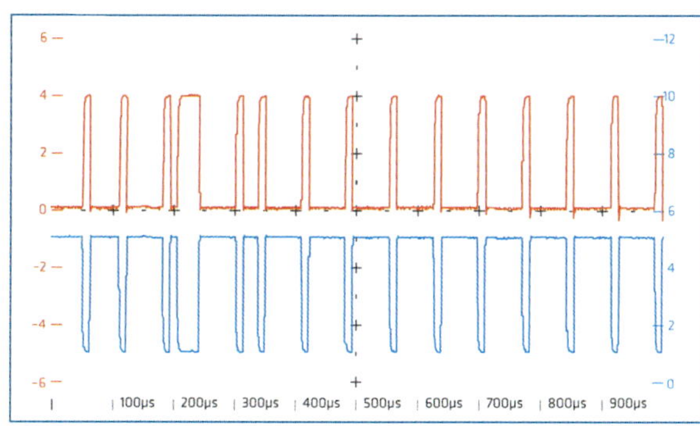

Bild 1.7 *Gutbild eines CAN-Comfort-Signals*
[Bild: AS-Illu]

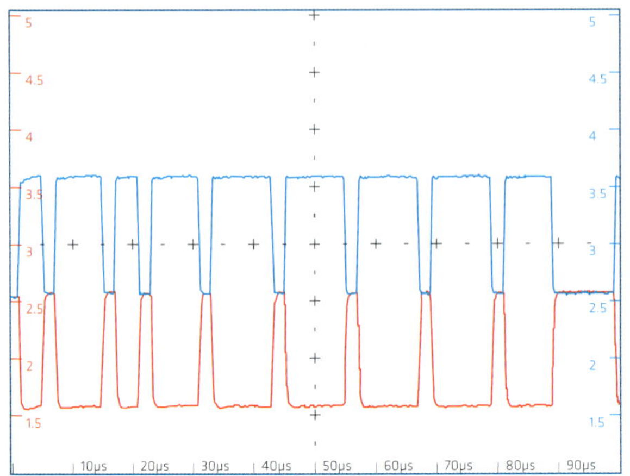

Bild 1.8
Gutbild eines CAN-Antrieb-Signals
[Bild: AS-Illu]

Die hier am Beispiel einer Zweidrahtleitung erläuterte Signalaufprägung ist bei einer Eindrahtleitung praktisch gleich. Die Signalaufprägung geschieht dann eben nur auf einer Leitung und mit jeweils einem «Schalter». Abhängig vom Leitungsabschluss kann bei verschiedenen Ausführungen der Zweidrahtleitungsbusse auch bei einer Leitungsunterbrechung bzw. bei einem Kurzschluss auf einer Leitung die Signalaufprägung auf der noch intakten Leitung erfolgen, ohne Einschränkungen bei der Datenübertragung hinnehmen zu müssen. Die Störempfindlichkeit und Störausstrahlung nehmen dabei aber zu. Neben der Datensicherheit ist dies auch ein Grund für die zweite Leitung.

Durch die sehr schnelle Abfolge der aus High- und Low-Signalen bestehenden übertragenen Daten wird durch jede Pegeländerung (Spannungsveränderung) eine Störausstrahlung – einem Sender vergleichbar – erzeugt. Außerdem wird durch den damit verbundenen Stromfluss ein magnetisches Feld aufgebaut. Um die Störausstrahlung zu verringern, ordnet man deshalb einer Signalleitung eine zweite Signalleitung zu, die eine entgegengesetzte Stromflussrichtung und entgegengesetzte Pegeländerungen besitzt. Von den in Bild 1.9 gezeigten theoretischen Möglichkeiten der verschiedenen Signalpegel zur Kompensation der elektrischen Feldkomponente sind jedoch durch die fehlende negative Bordnetzspannung im Kraftfahrzeug die Signalverläufe a und b nicht möglich.

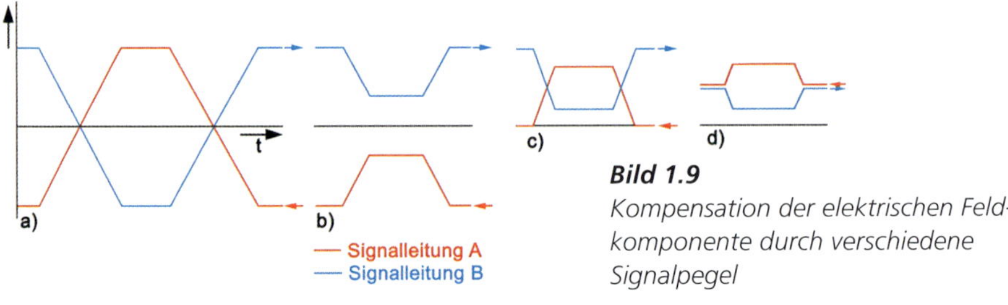

Bild 1.9
Kompensation der elektrischen Feldkomponente durch verschiedene Signalpegel

Die Signalverläufe c, d bewirken aber das gleiche Ergebnis, da sich nicht die Summen der Spannungspotenziale aufheben müssen, sondern nur die Summen der Spannungsänderung (vgl. Bilder 1.7 und 1.8). Als weitere Maßnahme zur Verringerung der Störein- und -ausstrahlung sind die Leitungen häufig verdrillt (vgl. Bild 1.6). Eine dritte Leitung als Leitungsabschirmung ist ebenfalls möglich.

Die verschiedenen CAN-Bussysteme können also mit einer, zwei oder mit drei Leitungen ausgestattet sein. Bei hohen Übertragungsgeschwindigkeiten und hohen Anforderungen an die Datensicherheit ergänzte man deshalb die Daten-/Signalleitung um eine Kompensationsleitung und einen Leitungsschirm. Bei den «langsamen» CAN-Bussystemen zur Datenübertragung in der Komfortelektronik (niedrige Übertragungsgeschwindigkeit, geringe Anforderungen an die Datensicherheit) und besonders beim Diagnosebus verwendete man in der Anfangszeit häufig nur eine Leitung. Das ist mittlerweile aber Geschichte und wie bereits eingangs erwähnt, wird der High Speed CAN immer häufiger verwendet und damit gibt es fast nur noch doppelte, verdrillte Datenleitungen.

1.4.2 Kommunikationsablauf

Da beim CAN-Bus alle Stationen gleichberechtigt sind und alle senden und empfangen können, müssen bei der Datenübertragung bestimmte Regeln eingehalten werden. Diese sind im CAN-Protokoll festgehalten. Damit also alle Steuergeräte die übertragenen Daten und deren Zuordnung erkennen, aber auch zur Busüberwachung und -steuerung, haben die gesendeten Daten stets ein bestimmtes, festgelegtes Botschaftsformat bzw. einen bestimmten Datenrahmen. Der Datenrahmen (*Data frame*) des CAN-Busses (Bild 1.10) besteht aus

- Startsignal (*Start of frame*),
- Zuordnungsfeld (*Arbitration field*),
- Kontrollfeld (*Control field*),
- Datenfeld (*Data field*),
- Rahmensicherungsfeld (*CRC field*),
- Bestätigungsfeld (*Ack field*),
- Endsignal (*End of frame*).

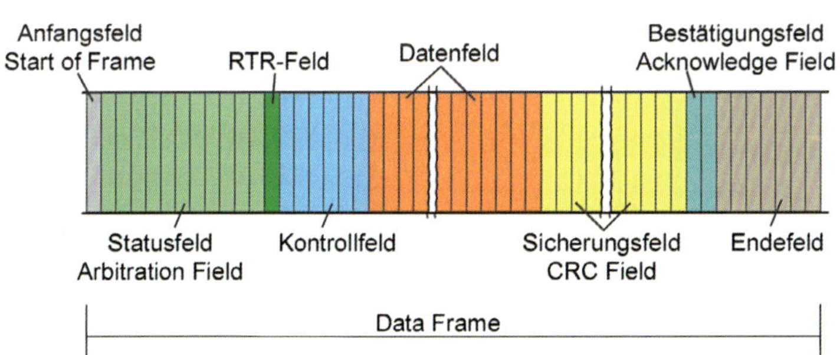

Bild 1.10 *Botschaftsformat des CAN-Datenprotokolls. Es kann aus bis zu 128 Bits bestehen.* [Bild: Schmidt]

Der **Start of frame** (1 Bit) wird am Anfang einer Datenübertragung durch ein dominantes Bit gesetzt, wodurch alle verbundenen Steuergeräte synchronisiert werden. Das stellt den Beginn des Datentelegramms dar.

Das **Arbitration field** (11 Bit) (*arbitration*, engl. Schiedsspruch, Entscheidung) setzt sich aus dem sogenannten Identifier und einem Kontrollbit zusammen. Durch den Identifier (*to identify*, engl. aus- weisen, erkennen) erfolgt die Zuordnung der Botschaft, z. B. Zündwinkel, Drosselklappenstellung, Drehzahl, Außentemperatur usw. Außerdem dient der Identifier zur Überprüfung der Sendeberechtigung. Dadurch, dass jede Station am Bus auch senden kann und es keine Kontroll- oder Zentraleinheit gibt, sondern der CAN-Bus mit der linearen Busstruktur nach dem «Multi-Master-Prinzip» mehrerer gleichberechtigter Stationen arbeitet, muss eine Sendereihenfolge nach der Wichtigkeit der Daten festgelegt werden. Dies geschieht durch den Aufbau des Identifiers. Je mehr dominante Bits der Identifier besitzt, desto höher ist seine Priorität. Dominante Bits überschreiben rezessive Bits. Während der Übertragung des Identifiers überprüft die sendende Station laufend, ob sie noch senden darf oder ob eine Station mit höherer Priorität sendet (Bild 1.11).

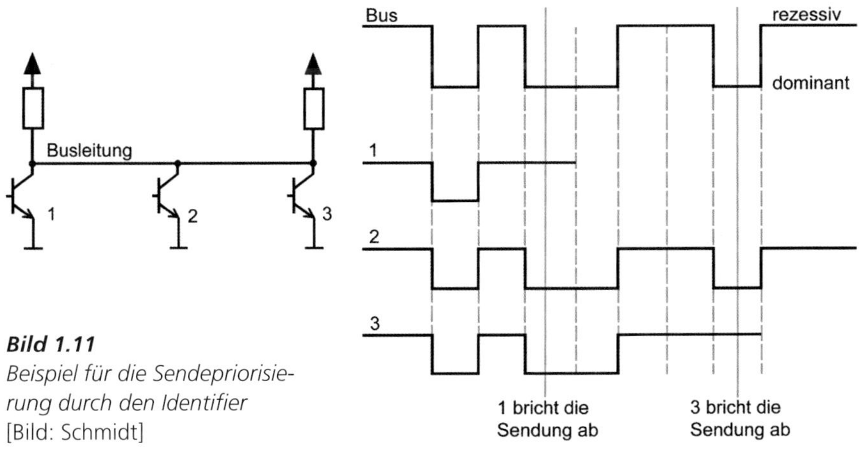

Bild 1.11
Beispiel für die Sendepriorisierung durch den Identifier
[Bild: Schmidt]

Wenn eine Station mit höherer Priorität (mehr dominante Bits im Identifier) sendet, bricht die Station mit der niederen Priorität die Übertragung ab und versucht es nach dem Empfang der höherwertigen Botschaft erneut. Somit bleibt am Ende des Identifiers immer nur eine Station übrig, die ihre Botschaft übertragen darf.

Aufgrund des Kontrollbits erkennen die verschiedenen Stationen die Art der Botschaft, ob ein Data frame (Datenrahmen) von einem Sender gesendet wird oder ein Empfänger durch einen Remote frame (*remote*, engl. entfernt, mittelbar, indirekt) Daten von einem Sender abruft.

Im **Control field** (6 Bit) sind die Größe des folgenden Datenfeldes (in Byte) und die Anzahl der enthaltenen Informationen abgelegt. Somit können alle Stationen, die diese Nachricht empfangen, überprüfen, ob sie alle Informationen empfangen haben.

Im **Data field** (bis zu 64 Bit) wird die eigentliche Information übertragen. Die Länge des Datenfeldes kann zwischen 0 und 8 Byte betragen. Als Beispiel kann man sich dazu die Übertragung des Drosselklappenwinkels näher betrachten. Die Übertragung des Drosselklappenwinkels geschieht im 8-Bit-Format, und damit können $2^8 = 256$ verschiedene Drosselklappenwinkel dargestellt werden:

00000000 = Drosselklappe geschlossen
00000001 = Drosselklappe 0,4 Grad geöffnet
00000010 = Drosselklappe 0,8 Grad geöffnet
00000011 = Drosselklappe 1,2 Grad geöffnet
00000100 = Drosselklappe 1,6 Grad geöffnet usw. bis
11111111 = Drosselklappe vollständig geöffnet.

Ein weiteres Beispiel zeigt, wie der Status der Zentralverriegelung übertragen wird:
00000000 = Tür offen
00000001 = Türschloss verriegelt
00000010 = Türschloss gesichert
00000100 = Schlüsselschalter für Öffnen aktiv
00001000 = Schlüsselschalter für Schließen aktiv
00010000 = Innentaster für «ZV auf» aktiv
00100000 = Innentaster für «ZV zu» aktiv
01000000 = Ein Fehler ist aufgetreten

Das **CRC field** (16 Bit) (*cyclic redundancy check*, engl. zyklisches Kontrollverfahren) dient zur Erkennung von Störungen während der Übertragung. Es enthält ein sogenanntes Rahmensicherungswort mit festem Format, das von allen Stationen überprüft wird.

Im **Ack field** (2 Bit) (*acknowledge*, engl. anerkennen, bestätigen) wird durch ein Signal (dominantes Bit) der fehlerfreie Empfang der Botschaft durch alle Empfänger bestätigt. Ohne dieses dominante Bit erkennt die sendende Station sofort, dass bei der Übertragung ein Fehler passiert ist, und versucht die Datenübertragung zu wiederholen.

Der **End of frame** bezeichnet das Ende der Botschaft und besteht aus sieben rezessiven Bits.

Weitere drei rezessive Bits bilden den Rahmen-Zwischenraum (**Inter Frame Space**) zwischen den einzelnen Botschaften, d. h. bis die nächste Datenübertragung wieder starten kann, mit dem Start of frame.

Die Länge des **Data frame** beträgt maximal 130 Bits, wodurch keine lange Wartezeit für die nächste Übertragung einer Botschaft entsteht. Fehlerhafte Übertragungen von Botschaften werden durch mehrere businterne Kontrolleinrichtungen sicher erkannt.

Ein **Error frame** (*error frame*, engl. Fehler (Daten)rahmen) wird gesendet, wenn mindestens ein Steuergerät eine fehlerhafte Datenübertragung festgestellt hat. Er besteht aus 6 dominanten Bits, die jede Übertragung überlagern und somit eindeutig von allen erkannt werden.

Der **Overload frame** (*overload*, engl. Überlastung) kann durch ein Steuergerät gesetzt werden, wenn es die gerade gesendeten Daten noch nicht verarbeiten konnte. Damit wird eine neue Datenübertragung um die Dauer des Overload frames verzögert.

Schließlich können durch den **Remote frame** (*remote*, engl. mittelbar, indirekt) von einem Steuergerät auch Daten abgefragt werden, die es zur Berechnung benötigt, die aber schon länger nicht mehr gesendet wurden.

1.4.3 Diagnose

Da beim CAN-Bus alle Steuergeräte miteinander verbunden sind, empfängt und kontrolliert dadurch jedes Steuergerät die gesamten Datenübertragungen. Somit wird ein defektes Steuergerät oder eine fehlerhafte Kommunikation in der Regel erkannt und im Fehlerspeicher mindestens eines Steuergerätes abgelegt.

Grundsätzlich kann man drei mögliche Fehlerursachen unterscheiden:

- Fehler in der Software/Kommunikation,
- Defekte in den Übertragungsleitungen,
- Defekte, die durch einzelne Steuergeräte verursacht werden.

Fehler bei der Datenübertragung werden durch mehrere businterne Kontrolleinrichtungen und das Busprotokoll normalerweise vermieden bzw. sicher erkannt und im Fehlerspeicher abgelegt. Bei herstellerseitigen Softwarefehlern muss eine neue Fahrzeugprogrammierung durchgeführt werden.

Tipp

Zur genauen Überprüfung und Aufzeichnung der Datenübertragungen gibt es auch sogenannte CAN-Analyser, die in das bestehende CAN-Bussystem eingebunden werden. Der CAN-Analyser und die entsprechenden Auswertungen werden durch die Technikabteilungen der Hersteller zur Verfügung gestellt.

Die in Bildern 1.12 bis 1.18 dargestellten Defekte/Fehler in den Übertragungsleitungen, die auch in einer ISO-Fehlertabelle gelistet sind, können auftreten:

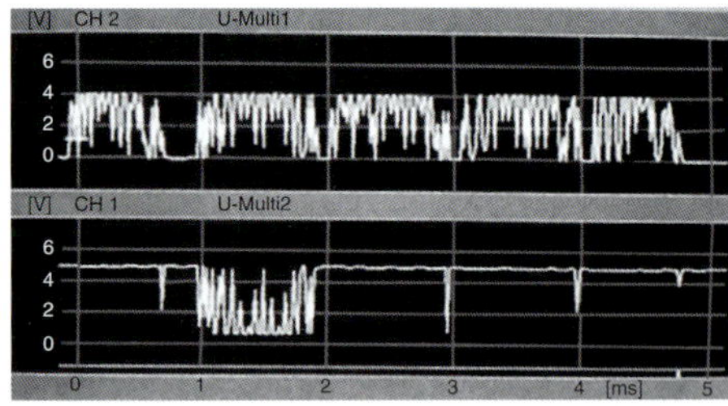

Bild 1.12 *Fehler 1: Unterbrechung CAN-Low*

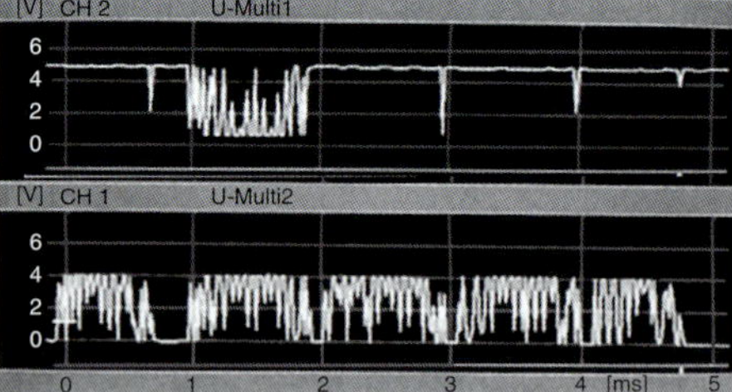

Bild 1.13 *Fehler 2: Unterbrechung CAN-High*

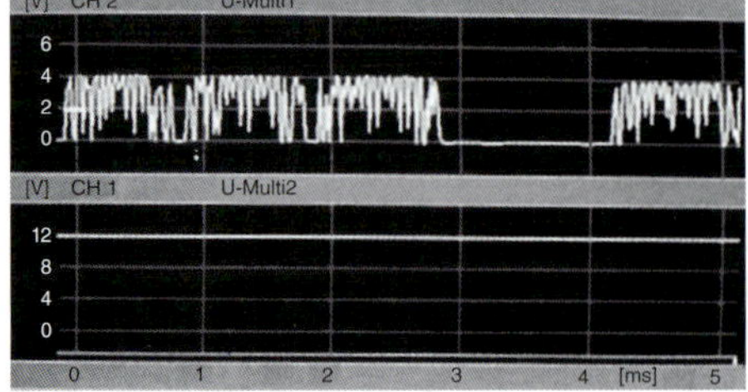

Bild 1.14 *Fehler 3: Kurzschluss CAN-Low gegen Batterie Plus*

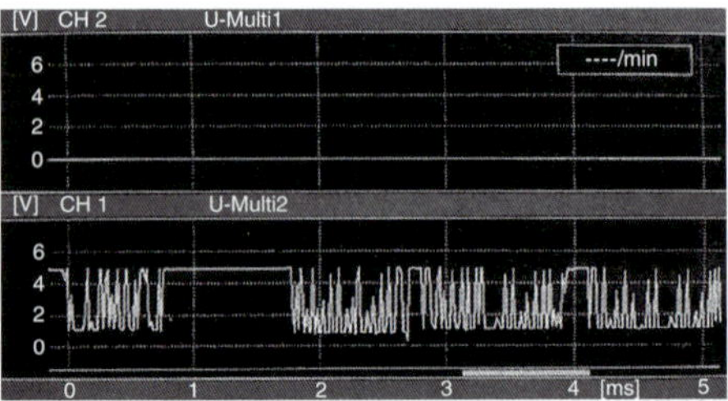

Bild 1.15 *Fehler 4: Kurzschluss CAN-High gegen Masse*

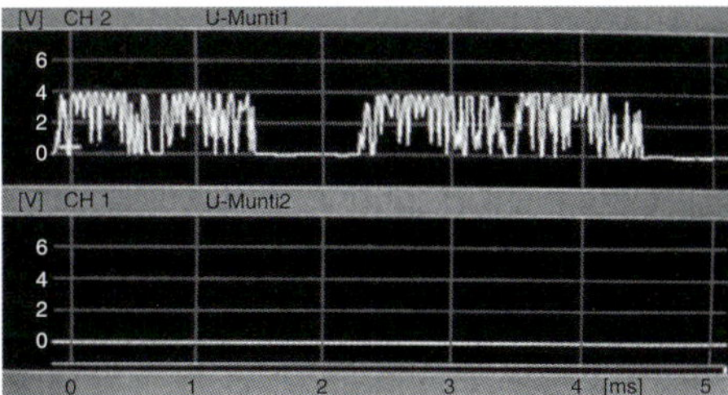

Bild 1.16 *Fehler 5: Kurzschluss CAN-Low gegen Masse*

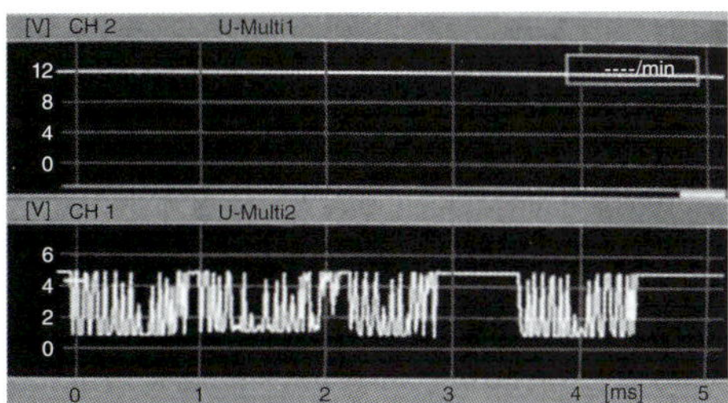

Bild 1.17 *Fehler 6: Kurzschluss CAN-High gegen Batterie Plus*

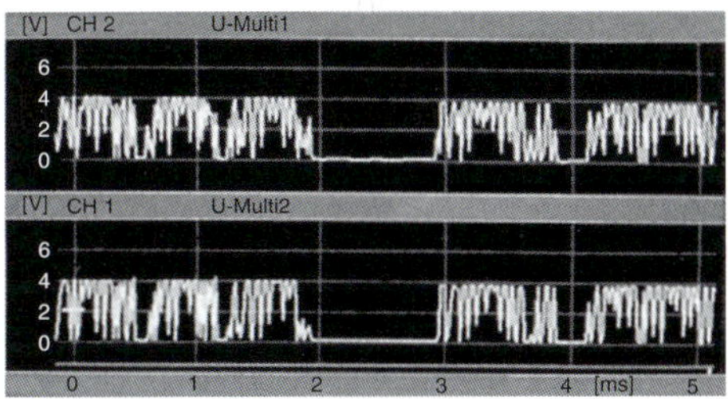

Bild 1.18
Fehler 7: Kurzschluss zwischen CAN-High und CAN-Low
Fehler 8: Fehlender Abschlusswiderstand
Fehler 9: CAN-High- und CAN-Low-Leitungen vertauscht

Tipp

Mit Hilfe eines Oszilloskops, dem Busstrukturplan des Fahrzeuges und indem man die vernetzten Steuergeräte nacheinander absteckt, kann der Fehler sicher eingegrenzt werden.

Verwenden Sie am besten einen herstellerspezifischen Prüfadapter zum festen Anschluss der Oszilloskopleitungen. Datenübertragungsleitungen sollte man auf keinen Fall anstechen. Dann das Oszilloskop so einstellen, dass CAN-High und -Low übereinander angezeigt werden können.

Einzelne defekte Steuergeräte können entweder komplett defekt sein, dann sind auch die Funktionen des Steuergerätes nicht mehr vorhanden, oder sie stören die Kommunikation im Systemverbund. Wenn ein Steuergerät die Datenübertragungen ständig stört, wird dies durch die CAN-Software erkannt, und das entsprechende Steuergerät stellt nach festgelegten Stufen seine Kommunikation schließlich ein. Beides erkennt die Diagnosesoftware bei einer Fehlerspeicherabfrage.

Bild 11.19 zeigt beispielhaft das Bildschirmbild eines Diagnosetesters, wenn ein einzelnes Steuergerät defekt ist und auf eine Diagnoseabfrage nicht antwortet. Alle Steuergeräte aus einer Fahrgestellnummern-spezifischen Soll-Konfiguration werden dabei abgefragt und die Steuergeräte, die antworten, damit verglichen. Daraus ergibt sich die Ist-Konfiguration.

Eine weitere Möglichkeit der Diagnose bildet die sogenannte CAN-Timeout-Datenbasis (*timeout*, engl. Auszeit), bei der alle Kommunikationsabläufe ausgewertet werden.

Daraus wird dann die Wahrscheinlichkeit errechnet, mit der die Steuergeräte nicht mehr auf dem CAN-Bus senden (Bild 1.20). Dies gibt aber lediglich eine Fehlerwahrscheinlichkeit an, die durch weitere Diagnosen abgesichert werden muss.

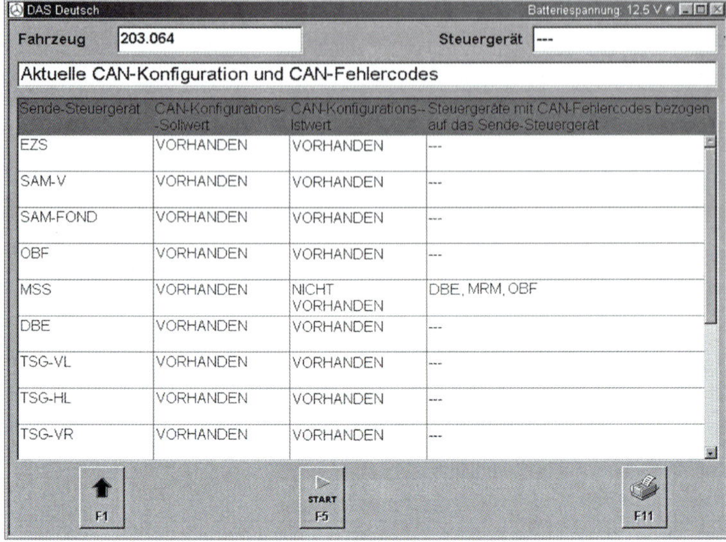

Sende-Steuergerät	CAN-Konfigurations--Sollwert	CAN-Konfigurations--Istwert	Steuergeräte mit CAN-Fehlercodes bezogen auf das Sende-Steuergerät
EZS	VORHANDEN	VORHANDEN	---
SAM-V	VORHANDEN	VORHANDEN	---
SAM-FOND	VORHANDEN	VORHANDEN	---
OBF	VORHANDEN	VORHANDEN	---
MSS	VORHANDEN	NICHT VORHANDEN	DBE, MRM, OBF
DBE	VORHANDEN	VORHANDEN	---
TSG-VL	VORHANDEN	VORHANDEN	---
TSG-HL	VORHANDEN	VORHANDEN	---
TSG-VR	VORHANDEN	VORHANDEN	---

Bild 1.19
CAN-Soll-Ist-Konfiguration

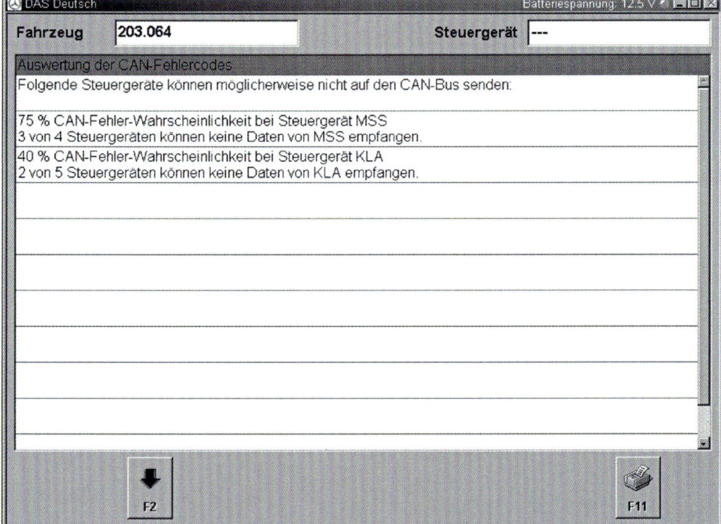

Bild 1.20
Auswertung CAN-Fehlercodes (timeout)

Tipp

Die Ursache für ein nicht mehr sendendes Steuergerät kann auch eine unterbrochene Leitung oder ein Steckerfehler sein. Senden mehrere Steuergeräte nicht mehr, kann man den Fehler eventuell über die dargestellten Verbindungen im Busstrukturplan eingrenzen. Vergleichen Sie dabei auch die Anordnung und Verbindungen der Steuergeräte im Busstrukturplan mit den «echten» Gegebenheiten im Kraftfahrzeug, dann werden Sie die Fehlerursache häufig finden.

Eine weitere mögliche Fehlerursache eines einzelnen Steuergerätes sind Buswecker, die zur Batterieentladung führen. Einige Steuergeräte, speziell der Sicherheits- und Komfortelektronik, müssen auch bei ausgeschalteter Zündung und verriegeltem Fahrzeug in einer Art Stand-by / Bereitschaft (*stand-by*, engl.: bereitstehen) gehalten werden, damit man z. B. das Fahrzeug mit der Fernbedienung öffnen kann.

Damit das keinen zu hohen Ruhestrom verbraucht, werden die Steuergeräte in den Sleep-Modus (*sleep mode*, engl.: Schlafmodus) versetzt. Dies geschieht über spezielle CAN-Bus-Botschaften in einer festgelegten Reihenfolge und bestimmten zeitlichen Abständen. Beim Eintreten bestimmter Signale, z. B. Türkontakt oder Funksignal, werden die Steuergeräte am CAN-Bus über Wake-up-Signale (*wake-up*, engl.: aufwachen) wieder eingeschaltet. Bild 11.21 zeigt einen Stromverlauf im Fehlerfall, d. h. durch einen zyklischen Buswecker.

Tipp

Derjenige Verursacher, der das «Einschlafen» der Steuergeräte am entsprechenden CAN-Bus verhindert, kann auch durch einzelnes (nacheinander) Abstecken der Steuergeräte gefunden werden.

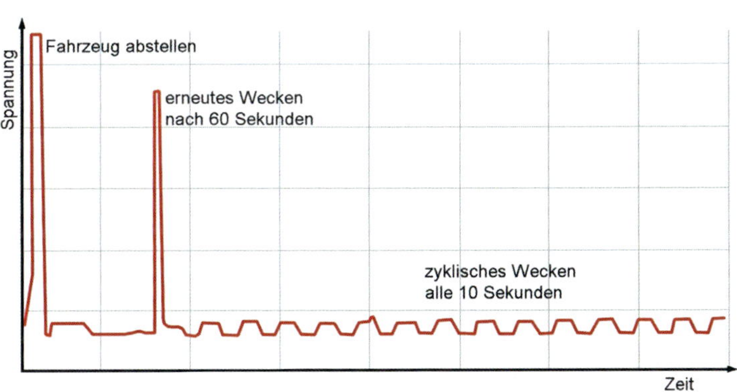

Bild 11.21
Stromverlauf durch zyklischen Buswecker

1.4.4 CAN FD

Neue Anwendungen und zusätzliche Systeme und Funktionen erhöhen weiterhin die in einem Fahrzeug benötigten Daten und Programme und verlangen einen weiteren und noch schnelleren Datenaustausch. Das führt auch den Hochgeschwindigkeits-CAN an seine Grenzen. Deshalb hat der Zulieferer Bosch das CAN-Datenbussystem weiterentwickelt. 2012 wurde der CAN FD (flexible Datenrate) erstmals vorgestellt und kommt aktuell bei Neuentwicklungen zur Anwendung. Die wesentlichste Änderung ist die erhöhte Nutzdatenlänge (Bild 1.22).

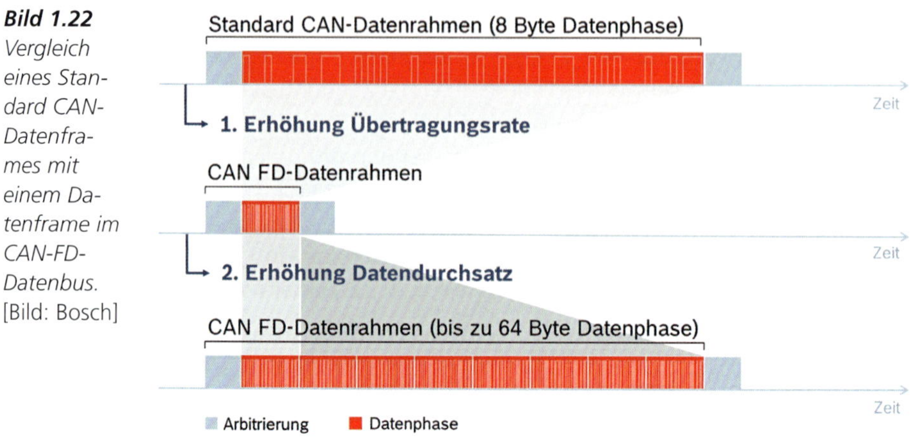

Bild 1.22 *Vergleich eines Standard CAN-Datenframes mit einem Datenframe im CAN-FD-Datenbus.* [Bild: Bosch]

Das Data field beim CAN ist maximal 8 x 8 Bit lang und damit maximal 64 Bit (= 8 Byte). Beim CAN FD kann das Data field bis maximal 64 x 8 Bit lang sein und damit maximal 512 Bit (= 64 Byte). Im Data field wird die eigentliche Information übertragen (vgl. Abschnitt 1.4.2) und damit kann ein Vielfaches mehr an Informationen (Nutzdaten) in einer Botschaft übermittelt werden. Die Vergrößerung des Data fields verlangte auch Anpassungen beim Control field und im CRC field. Das Control field, das die Größe des folgenden Datenfeldes und die Anzahl der enthaltenen Informationen angibt, wurde von 6 auf 8 Bits verlängert. Das CRC field wurde auf bis zu 22 Bit (21 + 1) erhöht. Die Länge des CRC fields ist abhängig von der Länge des tatsächlichen Data fields. Mit dem CAN FD ist eine Datenübertragungsrate zwischen 2 bis 8 MBit/s möglich. Damit ist neben dem schnelleren Datenaustausch im Fahrzeug auch eine schnellere Programmierung bzw. Software-Aktualisierung möglich. CAN und CAN FD sind ebenso unterschiedliche Bussysteme, wie die noch folgenden anderen Bussysteme. Eine Verbindung (Datenaustausch) von einem CAN und CAN FD ist auch nur über ein Gateway möglich.

1.5 LIN-Bus

Eine preiswerte Alternative für eng abgegrenzte Anwendungen in der Komfort- und Karosserieelektronik stellt der LIN-Bus dar (*__L__ocal __I__nterconnect __N__etwork*, engl. örtliches, miteinander verbundenes Netzwerk). Der LIN-Bus arbeitet immer nach dem Master-Slave- Prinzip, d. h., ein Steuergerät der Komfort- oder Karosserieelektronik (*master*) steuert ein untergeordnetes Steuergerät, Stellmotoren usw. oder empfängt Daten von Sensoren auf dem LIN-Bus.

Der LIN-Bus ist ein Eindraht-Bussystem mit einer Datenübertragungsrate bis 20 kBit/s und mit bis zu max. 16 Busteilnehmern. Die Bilder 1.23 und 1.24a, b zeigen zwei klassische Anwendungsbeispiele, anhand derer auch der Kommunikationsablauf dargestellt ist. Der LIN-Bus wurde sehr häufig im Zusammenhang mit der Klimaregelung im Kraftfahrzeug angewendet und findet mittlerweile aber auch andere Anwendungen in der Komfort- und Karosserieelektronik.

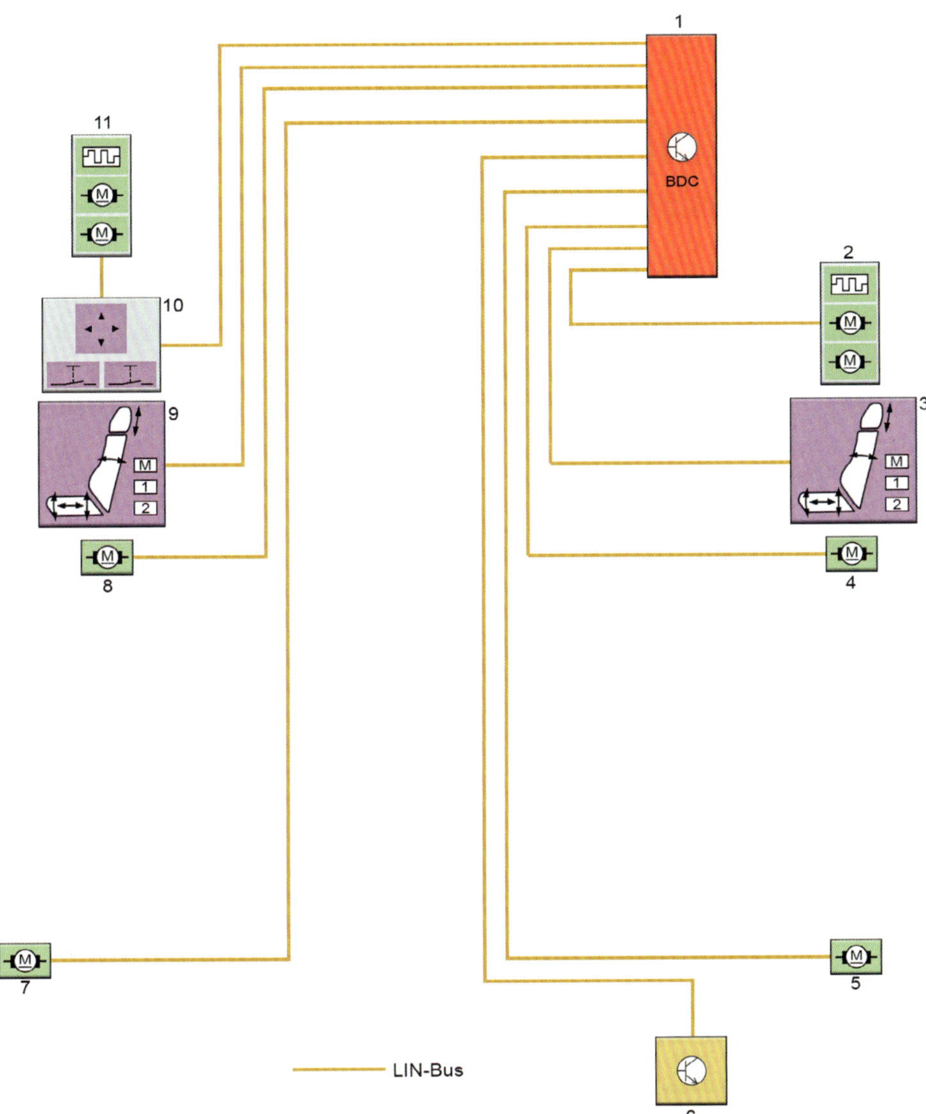

Bild 1.23 *Fensterheberelektronik mittels LIN-Bus*

1 Zentrales Bordnetzsteuergerät
2 Außenspiegel Beifahrerseite
3 Memory-Schalter Beifahrerseite vorn
4 Fensterheberelektronik Beifahrerseite vorn
5 Fensterheberelektronik Beifahrerseite hinten
6 Berührungslose Heckklappenöffnung
7 Fensterheberelektronik Fahrerseite hinten
8 Fensterheberelektronik Fahrerseite vorn
9 Memory-Schalter Fahrerseite vorn
10 Schalterblock Fahrertür
11 Außenspiegel Fahrerseite
[Bild: Schmidt]

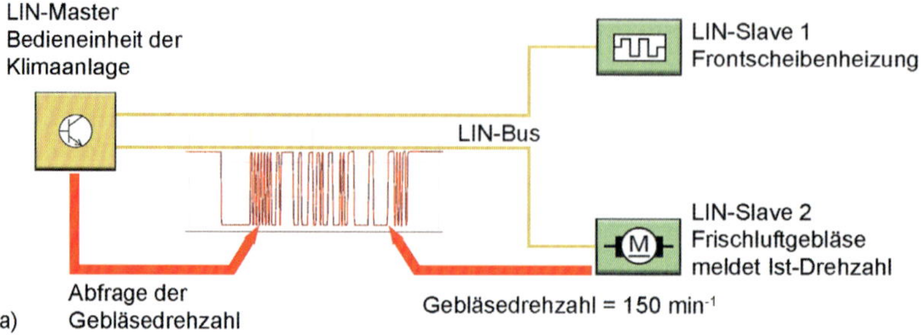

Bild 1.24 *Kommunikationsablauf bei einer Gebläsedrehzahländerung über einen LIN-Bus.*
[Bild: Schmidt]

Im Gegensatz zum CAN-Bus besitzt beim LIN-Bus jeder Slave eine Adresse, d. h., in Bild 1.23 hat jeder Stellmotor eine bestimmte programmierte und nicht veränderbare Adresse. Wie beim CAN-Bus hört auch beim LIN-Bus jeder Teilnehmer die Datenübertragung mit, akzeptiert und antwortet auf die Daten aber nur, wenn die eigene Adresse erkannt wurde und bei der Datenübertragung kein Fehler auf- getreten ist.

Zur Erklärung des detaillierten Kommunikationsablaufes dienen die Bilder 1.24a und b. Das Master-Steuergerät sendet nach einer Synchronisationspause einen sogenannten Header (*head*, engl. Kopf), wodurch alle Steuergeräte auf den gleichen Takt gebracht werden. Der Header beginnt mit der Synchronisationsbegrenzung und besteht aus einem weiteren Synchronisationsfeld und dem Identifier-Feld, in dem die Adressierung enthalten ist. Anschließend an den Header folgt das Response-Feld (*response*, engl. Antwort). Das Response-Feld kann aus der Antwort eines Slaves bestehen oder aus der Anweisung des Masters an einen Slave. In Bild 1.24a ist der Header die Abfrage der Gebläsedrehzahl durch den Master, und das Response-Feld ist die Antwort des Slaves. In Bild 1.24b sendet der Master den Header und das Response-Feld an den Slave.

Fehler in der Datenübertragung und Systemausfälle bzw. Defekte einzelner Slaves und Leitungen werden im Fehlerspeicher der Mastereinheit abgelegt und können mit einem Diagnosetester abgerufen werden. Konkret bedeutet dies:

Wenn von der Mastereinheit über einen bestimmten Zeitraum kein Signal von einem Slave empfangen wird, d. h. keine Kommunikation zwischen Master und Slave möglich ist, kann die Ursache sein:

- Eine Unterbrechung oder auch ein Kurzschluss in der Datenleitung zwischen Master und Slave,
- eine defekte oder unzureichende Spannungsversorgung,
- ein Ausfall (Defekt) des Slaves
- (bei einem Ersatz) falsche Varianten des Slaves oder der Mastereinheit.

Wenn das Signal bzw. die Datenübertragung zwischen Master und Slave unplausibel ist, kann die Ursache auch sein:

- Ein Softwareproblem durch falsche Varianten (bei einem Ersatz) oder neue unvollständige Programmierung des Slaves oder der Mastereinheit,
- eine Störung durch elektromagnetische Einflüsse (z. B. durch Störsender oder eine falsche Leitungsverlegung)
- Widerstandsänderungen auf der Datenleitung (speziell an den Steckern) durch Feuchtigkeit, Kontaktkorrosion oder sonstige Verschmutzungen.

Fällt das System komplett aus und kann keine Fehlerspeicherabfrage durchgeführt werden, dann ist der Fehler häufig im Umfeld des Master-Steuergerätes zu suchen.

Natürlich kann auch die Datenübertragung des LIN-Busses analog des CAN-Busses auf dem Oszilloskop sichtbar gemacht bzw. überprüft werden. Die Menge der Datenübertragungen ist jedoch vergleichsweise gering und muss evtl. durch eine Eingabe, Veränderung (z. B. Änderung der Gebläsedrehzahl) hervorgerufen werden.

1.6 Optische Datenbussysteme

Steigende Anforderungen an die Übertragungsgeschwindigkeit und die zu übertragenden Datenmengen führten zur Entwicklung optischer Datenbussysteme. Das am häufigsten eingesetzte optische Datenbussystem ist der sogenannte MOST-Bus im Infotainment-Bereich (Infotainment, Kunstwort aus Information und *entertainment*, engl. Unterhaltung). Bei dem MOST-Bus (***M****edia* ***O****riented* ***S****ystems* ***T****ransport*, engl. medienorientierter Systemtransport) handelt es sich um eine Ringstruktur mit einer Datenübertragungsrate von bis zu 22,5 MBit/s. Gewissermaßen ein Vorläufer des MOST-Busses ist das D2Boptical, das jedoch noch mit einer Baudrate von 5,65 MBd auskommt. Aber auch bei einem elektronischen Rückhaltesystem in Sternstruktur mit einer Übertragungsrate von 10 MBit/s wird ein optisches Datenbussystem eingesetzt. Allen gemeinsam ist die Datenübertragung über Lichtwellenleiter, die eine höhere Datenübertragungsgeschwindigkeit ermöglichen und dabei keine elektromagnetischen Störungen verursachen und auch keine aufnehmen. Durch die Verwendung von Lichtwellenleitern wird auch Gewicht eingespart (geringerer Verkabelungsaufwand), und damit lassen sich auch Kosten reduzieren, die aber andererseits durch die schwierigere Handhabung wieder egalisiert werden.

1.6.1 Signalübertragung über Lichtwellenleiter

Die Verbindung der verschiedenen Steuergeräte geschieht über Kunststoff-Lichtwellenleiter, in denen die digitalen Informationen durch eine Abfolge von Lichtimpulsen übertragen werden. Die Lichtimpulse werden durch eine Leuchtdiode im Steuergerät erzeugt und durch den angeschlossenen Lichtwellenleiter geschickt/gesendet. Es handelt sich dabei um rotes Licht mit einer Wellenlänge von 650 nm (Nanometer = 10^{-12} m = Milliardstel Meter; zum Vergleich: Das menschliche Auge sieht Lichtwellen im Spektralbereich zwischen 400 nm und 760 nm). Der Empfang der Daten/Lichtimpulse erfolgt durch eine Fotodiode (Bild 1.25). Die Datenaufbereitung und Kontrolle erfolgen im weiteren Verlauf wieder über den Transceiver und den Controller.

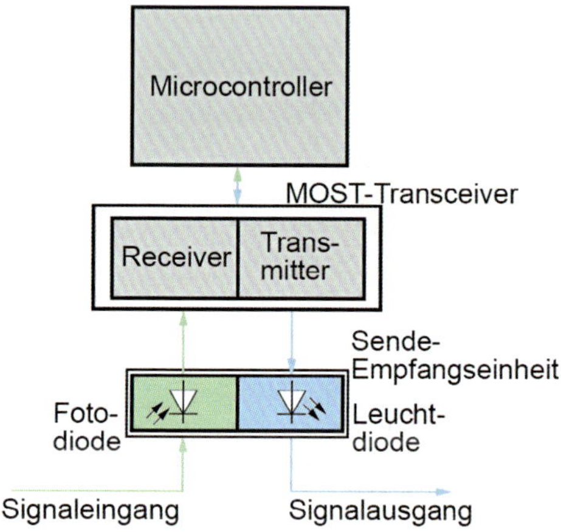

Bild 1.25
Schematischer Aufbau eines MOST-Steuergerätes
[Bild: Schmidt]

Die Lichtwellenleiter bestehen aus einem sogenannten Kern (Polymetylmethacrylat), dem eigentlichen Lichtwellenleiter, einer optisch transparenten Beschichtung (Fluorpolymer) und einer schwarzen Reflektorschicht (Polyamid), an der die Lichtstrahlen reflektiert werden, wenn sie im flachen Winkel auf diese treffen. An der Außenseite haben die Lichtwellenleiter noch eine farbige Ummantelung, die zusätzlich noch vor mechanischen Beschädigungen schützen soll und gleichzeitig auch als Temperaturschutz dient.

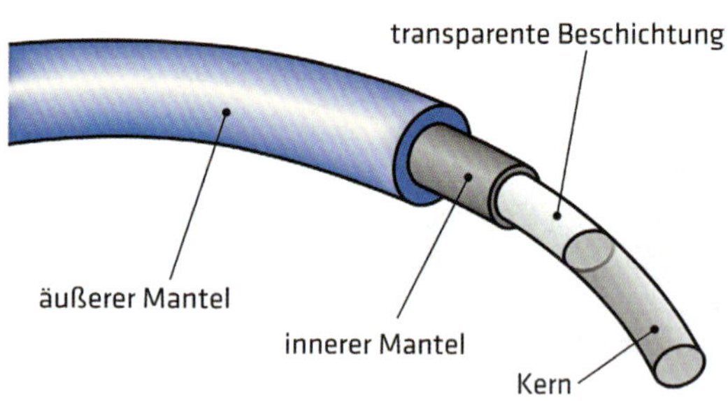

Bild 1.26
Aufbau eines Lichtwellenleiters
[Bild: LDL]

Im Umgang mit Lichtwellenleitern müssen einige Vorsichtsmaßnahmen eingehalten werden. Die Lichtwellenleiter dürfen nicht zu stark gebogen werden, Biegeradius minimal 25 mm. Es könnte sonst der Kern brechen, die Reflexionsschicht einreißen oder der Reflexionswinkel zu steil werden. Um dies zu vermeiden, kann man einen Knickschutz verwenden. Außerdem dürfen die Lichtwellenleiter keinen thermischen und chemischen Belastungen – wie Löten, Kleben, Schweißen usw. – ausgesetzt werden. Ebenso dürfen sie keinen mechanischen Belastungen – wie Verdrillen, Quetschen, Daraufstellen von Gegenständen usw. – ausgesetzt werden. Zum Schutz der empfindlichen Stirnflächen müssen bei Montagearbeiten die Steckverbindungen mit einer Schutzkappe versehen werden.

Die Steckverbindungen bzw. die Stirnflächen spielen – wie bei den elektrischen Verbindungen – auch bei den Lichtwellenleitern eine besondere Rolle. Deshalb verwendet man spezielle Steckverbindungen, um die Lichtverluste, die auch als Dämpfung bezeichnet werden, beim Übergang zu minimieren. Außerdem müssen die Stirnflächen bei der Montage absolut sauber, glatt und senkrecht sein, damit keine zu großen optischen Verluste auftreten. Zusätzlich ist immer auf den richtigen Sitz und die richtige Verriegelung der Stecker zu achten.

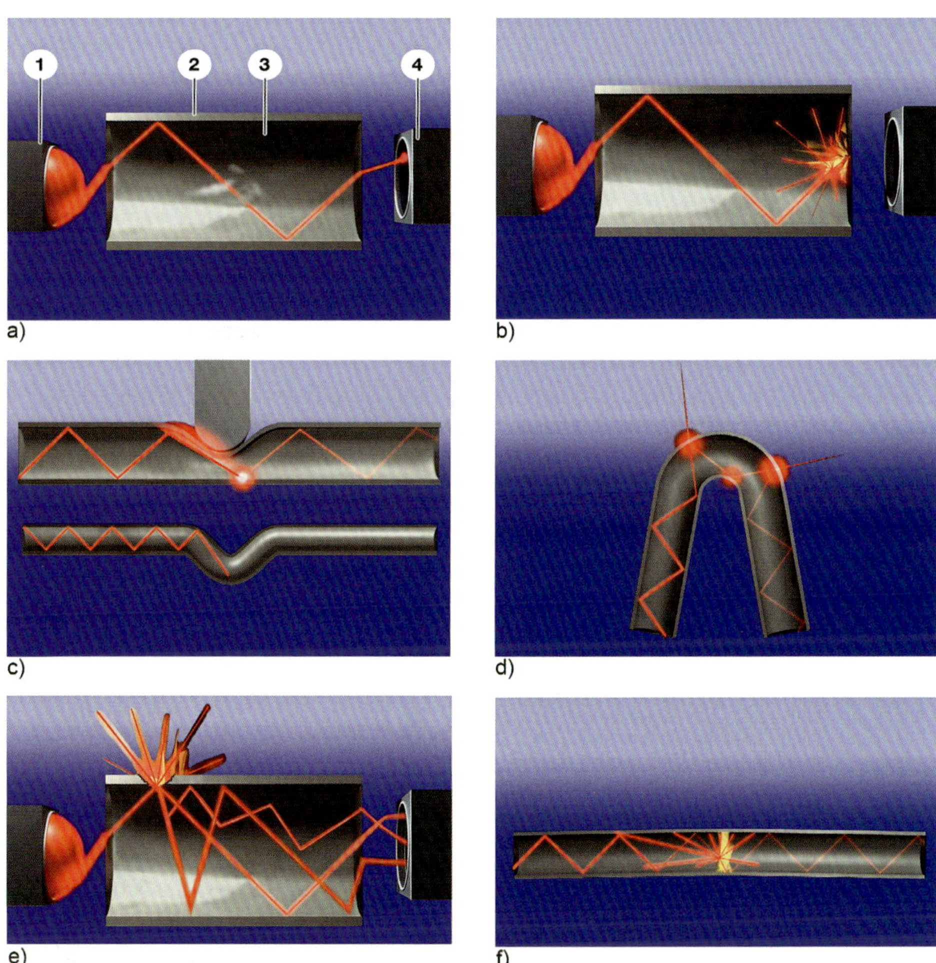

Bild 1.27 *Fehlerursachen bei der Datenübertragung mit Lichtwellenleitern*
[Bilder: BMW]

a) Funktionsprinzip eines Lichtwellenleiters – 1 Sendediode, 2 Ummantelung, 3 Faserkern, 4 Empfangsdiode.

b) Bei verkratzten Endflächen kommt es zu Störungen bei der Datenübertragung, weil das Licht zu stark streut.

c) Druckstellen wirken sich negativ auf die Übertragungsfähigkeit von LWL aus.

d) Ein zu enger Biegeradius in einem Lichtwellenleiter führt zu Störungen.

e) Bei einer Scheuerstelle an einem LWL tritt Licht ein, dadurch ist das Signal gestört.

f) Einmaliges kurzes Knicken eines Lichtwellenleiters kann diesen zerstören.

1.6.2 MOST-Bus

Der MOST-Bus verbindet die Steuergeräte des Infotainment-Bereiches mit Lichtwellenleitern in einer Ringstruktur. Es werden dabei sowohl die Steuerdaten als auch die eigentlichen Audiosignale (z. B. Musik vom CD-Wechsler, Sprache beim Telefonieren) übertragen. Über den MOST-Bus können folgende Steuergeräte/Funktionen miteinander verknüpft sein:

- Radio mit CD, MP-3 oder MD, DCD-Wechsler,
- Telefon mit Freisprecheinrichtung,
- Sprachsteuerung, Sprachbediensystem,
- Navigation mit dynamischer Routenführung,
- TV-DVD-Betrieb,
- Internet-Zugang und Telematikdienste.

Die Daten können mit einer Taktfrequenz von 44,1 kHz übertragen werden, mit der auch die digitalen Video- und Audiogeräte arbeiten, wodurch eine synchrone Übertragung ohne Zwischenspeicherung in Echtzeit möglich ist. Beim MOST-Bus wird auch ein nachrichtenorientiertes Übertragungsverfahren (vgl. CAN-Bus) angewendet, sodass alle Busteilnehmer gleichzeitig «mithören». Jedoch gibt es im Unterschied zum CAN-Bus immer ein Mastersteuergerät, das die Steuerung der verschiedenen Funktionen koordiniert. Dies ist häufig die zentrale Bedien- und Anzeigeeinheit.

Auch beim MOST-Bus gibt es ein festes Botschaftsformat bzw. einen bestimmten Datenrahmen, der eingehalten werden muss (Bild 1.28):

- Anfangsfeld: Beginn des Frames (4 Bits),
- Abgrenzungsfeld: Trennung Anfangs- und Datenfeld (4 Bits),
- Datenfeld: enthält die eigentlichen Daten (bis 60 Bytes, d.h. das 7,5-fache des CAN-Busses),
- Kontrollbytes: für Adresse des Senders und Empfängers sowie einfache Steuerbefehle (2 x 8 Bits),
- Statusfeld: zusätzliche Statusinformationen für Empfänger (7 Bits),
- Paritätsfeld: für Prüfbit und damit Erkennung unvollständiger, fehlerhafter Frames.

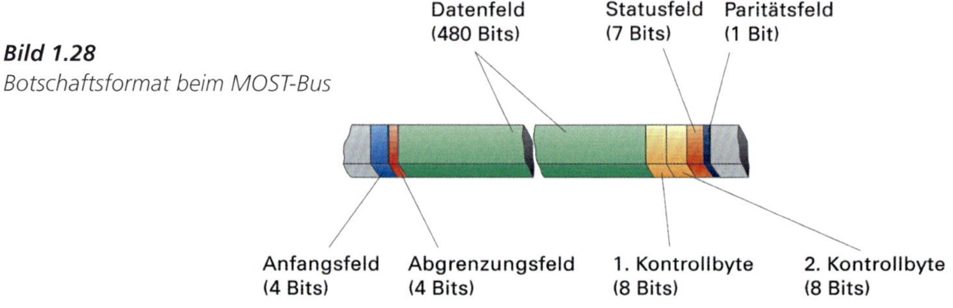

Bild 1.28
Botschaftsformat beim MOST-Bus

1.6.3 Diagnose MOST-Bus

Beim MOST-Bus kann aufgrund seiner Ringstruktur der Ausfall eines Steuergerätes, eines Lichtwellenleiters oder eines Steckers zum Totalausfall des gesamten Systems führen bzw. zu einer erheblich gestörten Funktion. Da jedoch alle Steuergeräte einen Fehlerspeicher besitzen und das Master-Steuergerät in der Regel auch mit anderen Bussystemen (z.B. CAN-Bus) verbunden ist und meist auch als Gateway fungiert, kann in den meisten Fällen der Fehler über den Fehlerspeicher lokalisiert werden.

Ursachen können wie immer die Spannungsversorgung, ein steuergeräteinterner Fehler, Transceiverfehler, Abschaltung durch Überhitzung oder auch Programmfehler eines Sende- bzw. Empfangssteuergerätes sein. Außerdem kann die Ursache auch – wie bereits erwähnt – die Unterbrechung eines Lichtwellenleiters zwischen zwei Steuergeräten sein. Die Unterbrechung kann darüber hinaus noch zahlreiche andere Ursachen haben (Bruch, Steckkontakte usw.).

Wichtig ist es dabei, zuerst den Fehler einzugrenzen, also zu ermitteln, zwischen welchen beiden Steuergeräten die Unterbrechung vorhanden ist. Eine zusätzliche Verbindung aller Steuergeräte mit einem Diagnosebussystem, wie in Bild 1.29 gezeigt, erleichtert ebenfalls die Eingrenzung der Bruchstelle, da ein Fehlerspeichereintrag und eine testergeführte Diagnose möglich sind.

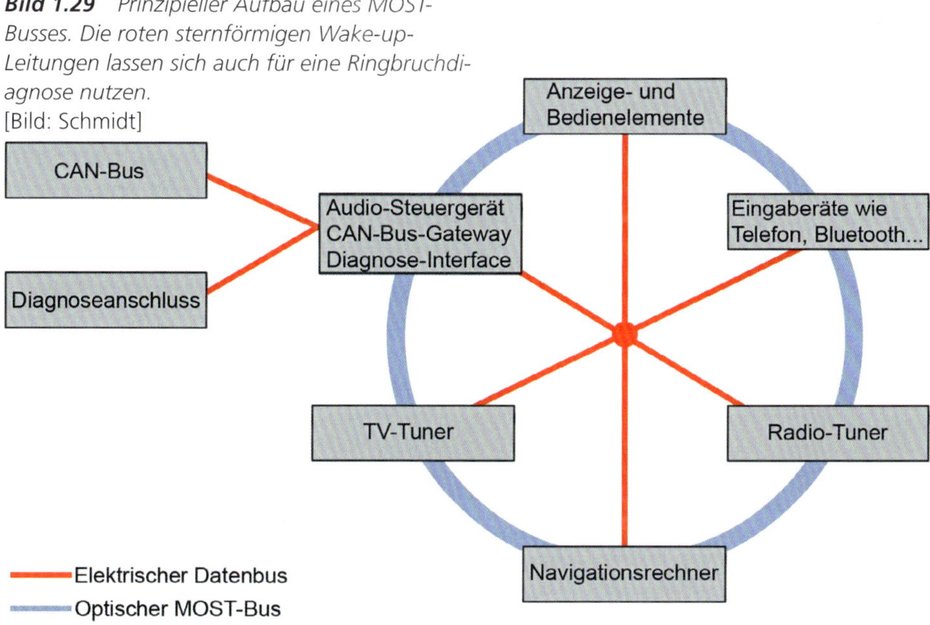

Bild 1.29 *Prinzipieller Aufbau eines MOST-Busses. Die roten sternförmigen Wake-up-Leitungen lassen sich auch für eine Ringbruchdiagnose nutzen.* [Bild: Schmidt]

Eine weitere Möglichkeit ist die sogenannte Ringbruchdiagnose. Dabei muss zuerst die Spannungsversorgung aller Steuergeräte, die mit dem MOST-Bus verbunden sind, unterbrochen werden. Nach dem Wiederherstellen der Spannungsversorgung senden alle Steuergeräte einen Lichtimpuls zum nächsten Steuergerät. Das Steuergerät, das keinen Lichtimpuls empfängt, trägt dies im Fehlerspeicher ein. Der Fehler muss somit in der Verbindung von diesem Steuergerät zum vorhergehenden sein.

Eine Diagnose ohne Tester und herstellerspezifische Diagnoseunterlagen ist bei diesen Systemen kaum noch möglich und beschränkt sich auf optische Sichtkontrollen und evtl. eine Fehlersuche nach dem Ausschlussverfahren. Durch einen Lichtwellenleiterkoppler kann man die Ein- und Ausgangslichtwellenleitungen von einem Steuergerät koppeln (kurzschließen) und somit das Steuergerät überbrücken. Die speziellen Funktionen, die in dem entsprechenden Steuergerät hinterlegt sind, stehen dabei dem Gesamtsystem dann zwar nicht zur Verfügung, aber der übrige Datenaustausch und die Funktionen bleiben erhalten. So kann man ein defektes Steuergerät herausfiltern. Das Mastersteuergerät zu überbrücken ergibt jedoch keinen Sinn, da dann das ganze System im Verbund nicht mehr funktioniert.

1.6.4 Byteflight

Byteflight (*flight*, engl. Flug) war ein optisches Datenbussystem für sicherheitsrelevante Anwendungen mit einer Datenübertragungsrate bis zu 10 Mbit/s. BMW verwendete es in seinen Fahrzeugen zwischen 2001 und 2007 für passive Sicherheitssysteme mit ausgelagerten Steuergeräten, die in einer Sternstruktur vernetzt sind. Das Besondere an Byteflight war, dass die Datenübertragung sowohl zeitgesteuert als auch ereignisgesteuert sein kann – im Gegensatz zum CAN- und zum LIN-Bus, die Daten nur ereignisgesteuert übertragen, d.h. nur dann, wenn ein Steuergerät sendet oder Daten anfordert. Der Buszugriff ist zufallsgesteuert und wird durch die Priorisierung der Nachrichten gesteuert.

Beim Byteflight-Bussystem dienen als Basis für die Datenübertragung regelmäßige Synchronisierungspulse, die alle 250 Mikrosekunden von dem so genannten SYNC-Master erzeugt werden. Der SYNC-Master ist in der Regel die Zentraleinheit. Nach dem Synchronisierungspuls starten alle Teilnehmer sogenannte Slotzähler (*slot*, engl. Schlitz, Spalte) von 0 bis 255. Die Nachrichten sind ebenfalls durch Identifier von 1 bis 255 codiert und somit auch priorisiert. Erreichen nun die Slotzähler einen Identifierwert, für den es eine Sendeanforderung gibt, dann wird an dieser Stelle die entsprechende Nachricht übertragen. Anschließend zählen die Slotzähler wieder weiter.

Die Slots für die Datenübertragung sind so groß, wie es die Nachricht erfordert. Die Slots ohne Datenübertragung sind nur sehr kurz. Es wird also ohne Nachricht «schnell weitergezählt». Die niedrigen Identifierwerte sind für hochpriorisierte Nachrichten (z. B. Sensordaten), hohe Identifierwerte für niederpriorisierte Nachrichten, wie Statusmeldungen, Diagnosemitteilungen usw. vorgesehen. Es ist festgelegt, dass ein Identifier nur von einem Steuergerät benutzt und auch nur einmal pro Zyklus gesendet werden darf. Damit ist die geordnete Datenübertragung festgelegt, und es kann zu keinen Überschneidungen kommen. Da dieser Datenbus für ein passives Sicherheitssystem verwendet wurde, musste auch eine ereignisgesteuerte Datenübertragung möglich sein. Dafür wird der Synchronisierungspuls zeitlich halbiert. Damit ist das Datenbussystem im Alarmzustand. Aber auch im Alarmzustand läuft die Datenübertragung in der oben beschriebenen Reihenfolge.

Die Nachricht beginnt immer mit einer 6-Bit-Startsequenz. Anschließend folgt der Identifier, der, wie bereits erwähnt, die Priorität der Nachricht bestimmt. Danach wird die Länge der Nachricht, also die Anzahl der Datenbytes, die maximal 12 betragen kann, übertragen. Jedes Datenbyte wird durch ein Start- und Stoppbit von dem nächsten Datenbyte abgetrennt. Nach der Übertragung der eigentlichen Nachricht folgen noch zwei CRC-Bytes (***C****yclic* ***R****edundancy* ***C****heck*). Mit zwei Stoppbits wird die Übertragung des Datentelegramms beendet. Die zeitliche Länge eines Datentelegramms beträgt zwischen 4,6 und 16 Mikrosekunden, abhängig von der Anzahl der übertragenen Datenbytes.

Bei Fehlern in der Datenübertragung werden soweit möglich die Daten nach dem nächsten Synchronisierungspuls wiederholt. Außerdem erfolgt eine Ablage im Fehlerspeicher. Bei dauerhaften Störungen wird der Fahrer durch eine Fehlermeldung informiert.

1.7 Bluetooth

Zusätzlich zur Datenübertragung über Kupferdrahtleitungen und Lichtwellenleiter hat sich mittlerweile auch die Systemvernetzung über die drahtlose Bluetooth-Technik etabliert. Es handelt sich dabei um ein Kurzstrecken-Funksystem, also ein drahtloses Datenbussystem, das sowohl in der Computertechnik als auch im Mobilfunkbereich eingesetzt wird und diese über die Bluetooth-Schnittstelle zusammenführt (siehe auch Abschnitt 20.4.7). Mittlerweile sind über 2000 Mitgliedsfirmen zusammengeschlossen in der «Bluetooth Special Interest Group» (SIG), die an der Standardisierung und Produktentwicklung des Nahbereichs-Kommunikationssystems arbeiten.

Die Bluetooth-Technik nutzt das international lizenzfreie ISM-Band (**I**ndustry, **S**cientific, **M**edicine) im 2,45-GHz-Frequenzbereich mit einer Sendeleistung von 1 mW und hat eine Reichweite von ca. 10 m. Es benötigt nur eine kleine kurze Antenne, und es können bis zu 1 MBit/s übertragen werden. Das System besteht immer aus einem Master, der die Verbindungen aufbaut und die Sendereihenfolge festlegt. Jedes Gerät besitzt eine Adresse, und die Datenübertragung geschieht adressbezogen. Dazu muss bei der erstmaligen Inbetriebnahme eines neuen Teilnehmers die Verbindung aufgebaut und die Adresse angegeben werden, d.h., die Geräte müssen verbunden werden. Dies wird auch als Bonding (*to bond*, engl. fesseln, gefangen nehmen) oder Kopplung bezeichnet. Die jeweilige Vorgehensweise ist in den jeweiligen Bedienungsanleitungen beschrieben und muss genau eingehalten werden. Prinzipiell sucht sich der Master erst alle Geräte innerhalb der Reichweite, und der Nutzer muss diese bestätigen.

Tipp

Eventuell sind Bluetooth-fähige Geräte mit der Bluetooth-Schnittstelle im Fahrzeug nicht kompatibel oder es sind zum Teil nicht alle Funktionen möglich, da es unterschiedliche Bluetooth-Standards und innerhalb der Standards auch noch unterschiedliche sogenannte Profile gibt. Deshalb sind in diesem Zusammenhang immer die aktuellsten fahrzeugbezogenen Unterlagen der Hersteller zu beachten. In der Nähe der Bluetooth-Antenne sollten sich auch keine leitenden oder abschirmenden Gegenstände befinden, da diese die Übertragung stören könnten. Auch hier sind die fahrzeugbezogenen Unterlagen der Hersteller über den Verbauort der Antenne wichtig.

1.8 FlexRay

Ein weiteres Datenbussystem über Kupferdrahtleitungen, das sich im Kraftfahrzeug speziell für die sicherheitskritische Anwendungen immer mehr durchsetzt, ist der FlexRay (*flex*, engl. beugen, biegen aber auch die Bezeichnung für ein (Anschluss-, Verlängerungs-) Kabel; *ray*, engl. Strahlen, Strahlen aussenden). Der FlexRay ist eine gemeinsame Entwicklung des FlexRay-Konsortiums, das ursprünglich von vier Firmen (BMW, Daimler, Motorola, Philips) gegründet wurde, und dem sich mittlerweile bereits mehr als 50 Partnerfirmen angeschlossen haben (siehe auch Abschnitt 20.4.8)

Die Anforderungen an die FlexRay-Entwicklung waren:

- eine hohe Datenübertragungsrate,
- eine echtzeitfähige Datenübertragung,
- eine anpassungsfähige Auslegung der Topologie (Stern-, Linienstruktur und Mischformen daraus sind möglich),
- eine zuverlässige Datenübertragung mit hoher Ausfallsicherheit.

Der FlexRay arbeitet, ähnlich dem Byteflight, zeitgesteuert, also mit festen Zeitschlitzen, die den Botschaften zugewiesen sind und sich in regelmäßigen, festgelegten Zyklen wiederholen. Somit ist eine kollisionsfreie und priorisierte Datenübertragung mit vorhersagbaren Zeitpunkten für die Nachrichtenübermittlung möglich. Im Detail (Bild 1.31) besteht jeder Zyklus aus einem statischen und einem dynamischen Teil und der Network Idle Time sowie optional einem als Symbol Window bezeichneten Teil.

Der FlexRay ist im Leerlauf (Ruhezustand), wenn auf beiden Signalleitungen 2,5 V anliegen. Die Signale werden durch eine Spannungspegeländerung auf 1,5 V bzw. auf 3,5 V auf der zweiten Leitung übertragen (vgl. auch Bild 1.9d).

Im «Static Segment» sind jedem Steuergerät mindestens ein oder auch mehrere genau festgelegte Slots (Zeitspalten) zugeordnet, in denen es senden darf. Alle statischen Zeitspalten haben die gleiche Länge, und die darin gesendeten Nachrichten sind immer gleich lang. Jede Nachricht beginnt mit der Nummer des Slots. Damit ist genau vorgesehen, wann welche Nachricht übertragen werden kann. Es kann keine wichtige Nachricht übergangen werden.

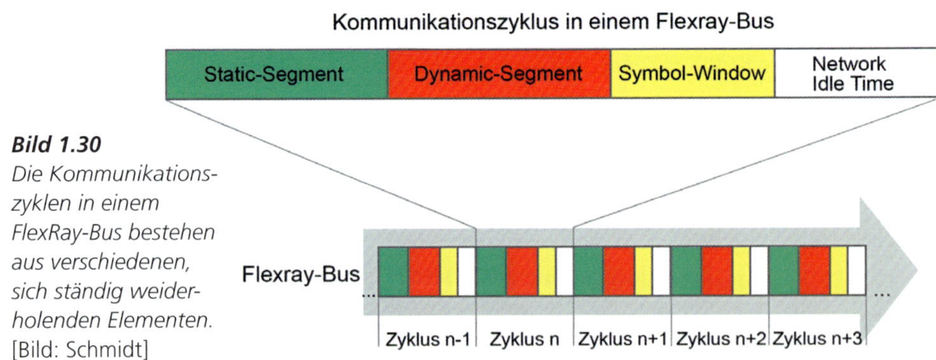

Bild 1.30
Die Kommunikationszyklen in einem FlexRay-Bus bestehen aus verschiedenen, sich ständig weiderholenden Elementen.
[Bild: Schmidt]

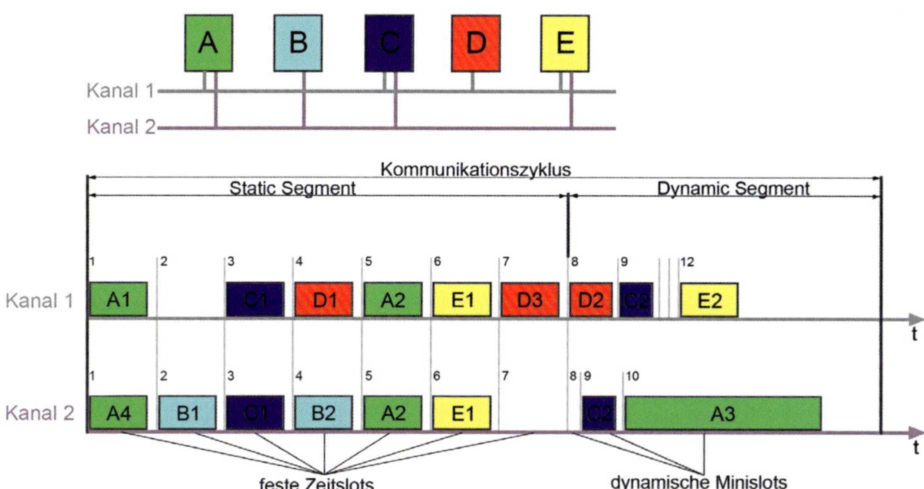

Bild 1.31 *Im FlexRay-Bus findet die Kommunikation innerhalb des Static-Segments in fest zugeordneten Zeitslots statt. Im Dynamic-Segment läuft sie dagegen in sogenannten Minislots ab, die eine dynamische Länge haben können.*
[Bild: Schmidt]

Das «Dynamic Segment» besteht ebenfalls aus einer Vielzahl von Zeitspalten. Die Zeitspalten, in denen keine Nachricht übertragen wird, sind jedoch deutlich kürzer als im statischen Teil. Nur wenn eine Nachricht gesendet wird, wird der Slot auf die Länge der Nachricht ausgedehnt. Jede Nachricht beginnt auch im dynamischen Segment mit der Nummer des Slots. Durch die genaue Zuteilung der Slots wird auch im dynamischen Segment die Priorisierung der Nachrichten festgelegt.

In der NIT (***N**etwork **i**dle **t**ime*, engl. Netzwerk Leerlauf Zeit) findet keine Datenübertragung statt. Die Zeit wird immer zur Synchronisation der Steuergeräte genutzt, d. h., in jedem Zyklus findet eine Synchronisation statt.

Das «Symbol Window» wird für eine netzwerkinterne Kommunikation vorgehalten. Es wird häufig weggelassen. Das FlexRay-Protokoll ist so flexibel konzipiert, dass

- sowohl eine rein statische als auch eine rein dynamische Kommunikation möglich ist,
- unterschiedliche Datenübertragungsraten möglich sind.

Der FlexRay ist im Leerlauf, wenn auf beiden Signalleitungen 2,5 V anliegen. Die Signale werden durch eine Spannungspegeländerung auf 1,5 V bzw. auf 3,5 V auf der zweiten Leitung übertragen (Bild 1.32)

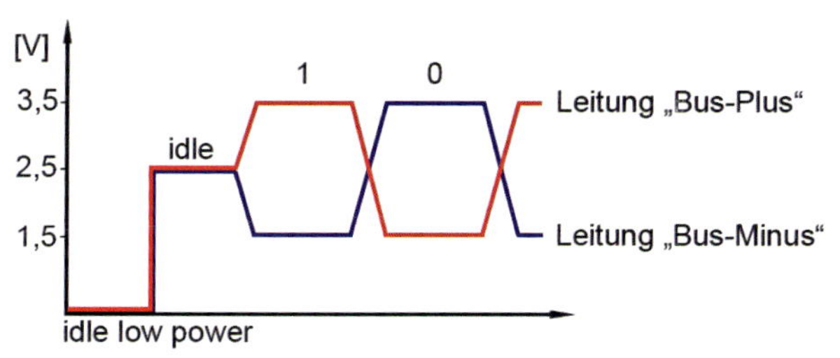

Bild 1.32
Spannungen am FlexRay
[Bild: Schmidt]

Die beiden Leitungen des FlexRay werden mit Bus-Plus und Bus-Minus bezeichnet. Der FlexRay arbeitet mit drei Signalzuständen:

- *Idle* (engl. Leerlauf) – die Pegel beider Busleitungen liegen auf 2,5 V;
- Data 0 – die Busplus-Leitung hat einen niedrigen und die Busminus-Leitung einen hohen Spannungspegel;
- Data 1 – die Busplus-Leitung hat einen hohen und die Busminus-Leitung einen niedrigen Spannungspegel.

Ein Bit ist 100 Nanosekunden breit. Die Übertragungszeit ist abhängig von der Leitungslänge und Übergangszeiten über die Bustreiber. Im Empfänger wird der eigentliche Bitzustand über die Differenz der beiden Signale ermittelt. Wenn für 640 bis 2660 ms keine Aktivität auf dem Bus stattfindet, geht der FlexRay automatisch in den Sleep-Modus (*idle low power*).

Im Fehlerfall (Kurzschluss nach Masse / Plus / zueinander oder Unterbrechung) wird der entsprechende Buszweig oder der gesamte Bus deaktiviert und ein Fehler im Fehlerspeicher eingetragen.

Da die genauen Details immer der Hersteller festlegen kann, sind für eine Fehlersuche immer die hersteller- und fahrzeugspezifischen Unterlagen zu verwenden.

1.9 Ethernet im Kfz

Ethernet-Verbindungen zwischen verschiedenen Computern gibt es bereits seit den 1970er-Jahren. Sie sind für einen bidirektionalen und ereignisgesteuerten schnellen Datenaustausch vorgesehen. Jedoch waren von den verschiedenen Ethernet-Standards keine für die Anwendung im Kraftfahrzeug geeignet, da es im Kraftfahrzeug zu keinen Datenkollisionen kommen darf und es keine entsprechenden Programmvorkehrungen gab. Erst in den letzten Jahren wurden dazu neue Standards für die Ethernet-Anwendung entwickelt und abgestimmt. Die ersten Ethernet-Anwendungen dienen der Programmierung von Steuergeräten, d. h., sie haben eine Verbindung von einem Diagnoseanschluss zu einem zentralen «Haupt»-Steuergerät. Die Verbindungsleitungen sind verdrillte (sogenannte *twisted-pair*) Kupferkabel. Die Datenübertragungsrate beträgt dabei bis zu 100 MBit/s mit einem Nachrichtenframe zwischen 84 und 1500 Byte. Die Datenübertragung kann bidirektional erfolgen (siehe auch Abschnitt 20.4.9)

Dazu wurde in den Diagnoseanschluss zusätzlich zum OBD-Zugang (CAN-Class-C) ein standardisierter, einheitlicher **Fast-Ethernet**-Zugang mit festgelegten Schnittstellen integriert.

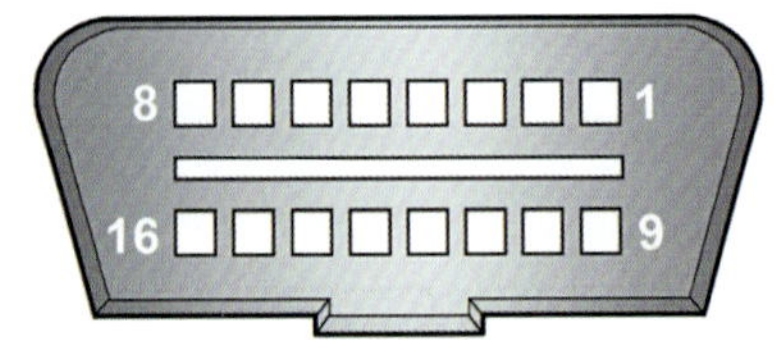

Bild 1.33
Pinbelegung der OBD-Steckdose
[Bild: Schmidt, Quelle: BMW]

1 nicht belegt	*9 Drehzahl*
2 nicht belegt	*10 nicht belegt*
3 Ethernet Rx+	*11 Ethernet Rx-*
4 Klemme 31	*12 Ethernet Tx+*
5 Klemme 31	*13 Ethernet Tx-*
6 D-CAN High	*14 D-CAN Low*
7 nicht belegt	*15 nicht belegt*
8 Ethernet-Aktivierung	*16 Klemme 30*

Für die Ethernet-Schnittstelle werden in der Diagnosesteckdose fünf Pins benötigt. Diese führen zu einem Hauptsteuergerät bzw. in unserem gewählten Beispiel zum zentralen Bordnetzsteuergerät. Dabei überträgt eine der fünf Leitungen das Aktivierungssignal. Die anderen vier paarweise verdrillten Leitungen dienen der eigentlichen Datenübertragung (Bild 1.34). Zum Schreiben der Daten (Programmierung) ins Fahrzeug ist eine erfolgreiche Authentisierung notwendig. Durch die Authentisierung wird eine Änderung der Datensätze und Speicherwerte durch unbefugte Dritte vermieden.

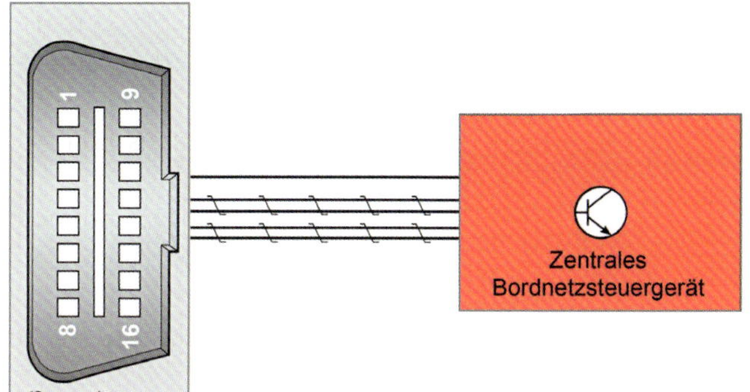

Bild 1.34
Ethernet-Verbindung zwischen der Diagnosesteckdose und dem zentralen Bordnetzsteuergerät. Eine Leitung überträgt das Aktivierungssignal, die vier jeweils paarweise verdrillten Leitungen dienen der eigentlichen Datenübertragung.
[Bild Schmidt, Quelle: BMW]

Die Authentisierung erfolgt über einen eindeutigen 48-Bit-Schlüssel, der sogenannten MAC-Adresse (**M**edia **A**ccess **C**ontrol). Ein Lesen der Daten für eine Diagnose ist jedoch schon über eine Leitung und ohne Authentisierung möglich.

Eine weitere aktuelle Anwendung des Ethernet-Bussystems ist die direkte Verbindung der Rückfahrkamera mit einer Bildschirmanzeige für die Übertragung der Bilddaten oder wie in unserem Beispiel die Übertragung der Bilddaten von verschiedenen Kameras zu den kamerabasierten Assistenzsystemen und der Bildschirmanzeige.

Eine Ethernet-Verbindung ist aktuell meist nur eine Verbindung von wenigen Steuergeräten mit ähnlichen Funktionen bzw. einem Steuergerät und einem Diagnose-/ Programmiersystem. Jedoch ist die Datenübertragungsrate dafür sehr hoch und sehr schnell.

1.10 Lesen unseres als Beispiel gewählten Busstrukturplanes

Das Lesen eines Busstrukturplanes kann notwendig werden, wenn die von einem Diagnosecomputer vorgeschlagene Reparaturlösung nicht zum Erfolg führt. Wobei es dafür verschiedene Herangehensweisen gibt, abhängig vom Fehler oder den Fehlfunktionen.

- Die erste ist, das einzelne Bussystem mit den angeschlossenen Steuergeräten und den dabei ausgetauschten Daten zu betrachten.
- Die zweite eine Information/Botschaft von deren «Entstehung» bis zu allen Steuergeräten zu verfolgen, die mit diesen Daten arbeiten.
- Die dritte ist, die Funktion zu betrachten und welche Steuergeräte und Bussysteme daran beteiligt sind.

Bei einer derartigen Fehlersuche kann es sinnvoll sein, sich eine entsprechende Liste, abhängig von den verschiedenen Herangehensweisen, zu erstellen und zu analysieren. Die verschiedenen Botschaften/Signale, die übertragen werden, sind aber für jedes Fahrzeug unterschiedlich – abhängig von den Funktionen, die verwirklicht sind. Die Unterlagen der Hersteller sind im konkreten Fall immer wichtig.

Zusammenfassend kann man sagen, dass es bei einer schwierigen Fehlersuche, wenn der Diagnosetester keine ausreichenden Hinweise gibt, von großer Bedeutung sein kann, die Bustopologie, die verschiedenen Signale, deren Übertragungswege und deren Auswirkungen auf die Funktion zu kennen und dadurch die Fehlerursache eingrenzen zu können.

Im Folgenden eine detailliertere Betrachtung unseres als Beispiel gewählten Busstrukturplanes (Bild 1.1).

Wie bereits eingangs beschrieben, ist das zentrale Bordnetzsteuergerät das Rückgrat und die Steuerzentrale der gesamten Vernetzung. Es ist die Verbindung und gleichzeitig **zentrales Gateway** der verschiedenen Bussysteme und zusätzlich die Verbindung zu den Diagnose- und Programmiersystemen.

Der **Antriebs-CAN** ist ein Hochgeschwindigkeitsbus und verbindet das zentrale Bordnetzsteuergerät mit der elektronischen Motorsteuerung und der elektronischen Getriebesteuerung sowie dem Gangwahlschalter für die Wählhebelsignale und den Wahlschalter für die unterschiedlichen Getriebeprogramme. Die Getriebesteuerung und der Gangwahlschalter sind aus Sicherheitsgründen zusätzlich redundant über einen LOCAL-CAN verbunden. Außerdem sind die hybridspezifischen Steuergeräte (Elektromaschinenelektronik, Leistungselektronik, Speichermanagement usw.) für den elektrischen Antrieb an den Antriebs-CAN angeschlossen. Warum die Night-Vision-Elektronik, der Fernlichtassistent und das Kombiinstrument Teil des Antriebs-CAN sind, erschließt sich evtl. nicht sofort. Aber einige Funktionen der Night-Vision-Elektronik und des Fernlichtassistenten sind geschwindigkeitsabhängig und im Kombiinstrument müssen dem Fahrer viele Informationen des Antriebs-CAN angezeigt werden. (Manchmal ergeben sich auch durch die räumliche Anordnung der Steuergeräte im Fahrzeug bestimmte Abhängigkeiten.)

Beim **Komfort-CAN** handelt es sich hier ebenfalls um einen Hochgeschwindigkeitsbus, der die ganzen Karosserie- und Komfortsysteme miteinander und mit dem zentralen Bordnetzsteuergerät verbindet. In der Anfangszeit mit weniger Systemen und geringerem Datenvolumen, wurde für die Vernetzung der Karosserie- und Komfortelektronik auch oft ein Niedergeschwindigkeitsbus (Low Speed CAN) eingesetzt. Die meisten Steuergeräte der Karosserie- und Komfortelektronik nutzen ihrerseits für ihre spezifischen Funktionen Subbussysteme, wie z. B. den LIN-Bus, die in unserem Busstrukturplan nicht mehr eingezeichnet sind, aber in der Detailbeschreibung der Systeme erwähnt und beschrieben werden. Teilnehmer am Komfort-CAN sind bei unserem Beispiel zusätzlich Steuergeräte der Assistenzsysteme und des Infotainments, die ihrerseits auch wieder das Gateway zu anderen Bussystemen sind. Die Assistenzsysteme kommunizieren untereinander über einen **LOCAL-CAN**, der ebenfalls ein High-Speed-CAN ist. Und die Infotainment-Systeme sind über einen **MOST-Bus** verbunden.

Zusätzlich sind die kamerabasierten Assistenzsysteme über einen **Ethernet-Bus** mit den Bildschirmanzeigen in der Headunit, dem Fond Entertainment und dem Kombiinstrument vernetzt. Dabei werden überwiegend bildbasierte Daten in Echtzeit übertragen.

Der **FlexRay-Bus** wird für die Vernetzung der Fahrwerkssteuergeräte verwendet, in Zusammenarbeit und mit zusätzlicher Verbindung zu der elektronischen Motorsteuerung, der Elektromaschinen-Elektronik und auch verbunden mit den Assistenzsystemen und dem zentralen Bordnetz-Steuergerät.

Der Anschluss für die Programmierung geschieht über einen Ethernet-Bus und für die Diagnose über den **Diagnose-CAN**. Dabei handelt es sich um einen Hochgeschwindigkeits-CAN-FD mit flexibler Datenrate. Durch den Anschluss an das zentrale Bordnetz-Steuergerät, das das Gateway zu allen Bussystemen ist, kann sowohl für die Diagnose als auch für die Programmierung auf alle Steuergeräte zugegriffen werden.

Nach der Beschreibung des Busstrukturplanes anhand der verschiedenen Bussysteme sollen nun im Folgenden einige beispielhaft ausgewählte Botschaften die Kommunikation über die Systemvernetzung darstellen.

Geschwindigkeit

Die Raddrehzahlsensoren liefern die Radumdrehungen an das Steuergerät der Fahrstabilitätsregelung (Stabilitätskontrolle), das diese aufbereitet und daraus die Fahrgeschwindigkeit errechnet und als Geschwindigkeitssignal auf den FlexRay-Bus sendet. Das Geschwindigkeitssignal auf dem FlexRay-Bus wird direkt von den daran angeschlossenen Steuergeräten genutzt. Das sind die Steuergeräte des Allrad, der Verteilergetriebe, der Hinterachsregelung, der Servolenkung, dem Steuergerät der passiven Rückhaltesysteme, der Elektromaschinen-Elektronik und der Motorsteuerung. Die Motorsteuerung wiederum ist das Gateway zum Antriebs-CAN und damit wird unter anderem auch das Geschwindigkeitssignal auf den Antriebs-CAN geschickt. Dort wird es von der Getriebesteuerung, den hybridspezifischen Steuergeräten, dem Fernlichtassistenten und der Night-Vision-Elektronik genutzt und im Kombiinstrument angezeigt. Das zentrale Bordnetzsteuergerät erhält das Geschwindigkeitssignal sowohl über den FlexRay-Bus als auch über den Antriebs-CAN und setzt es seinerseits auf den Komfort-CAN. Dabei dient es wieder sehr vielen Steuergeräten als wichtige Eingangsgröße für die verschiedenen geschwindigkeitsabhängigen Funktionen, wie z. B. den Assistenzsystemen, dem Entertainment, der Klimaautomatik usw. Nicht zu vergessen, sind hierbei auch Kleinigkeiten, wie z.B. die elektrische Sitzverstellung mit Speicherfunktion, die die gewünschte und eingestellte Sitzposition bei einem anliegenden Geschwindigkeitssignal nicht automatisch aufgrund eines kurzen Tippsignals anfährt.

Raddrehzahlen

Neben dem Geschwindigkeitssignal überträgt das Fahrstabilitätssteuergerät aber auch die Drehzahlsignale der einzelnen Räder auf den FlexRay. Diese werden von den Steuergräten des Allrad, der Hinterachsregelung und dem Verteilergetriebe für die Feinsteuerung verwendet. Das Crash-Sicherheitsmodul kann u. a. auch daraus gefährliche Fahrsituationen erkennen und präventive Maßnahmen einleiten. Die Raddrehzahlsignale werden nur auf dem FlexRay-Bus übertragen und benutzt.

Motordrehzahl

Die Motordrehzahl wird von der Motorsteuerung über den Antriebs-CAN primär der Getriebesteuerung, der Elektromaschinen-Elektronik und den übrigen hybridspezifischen Steuergeräten zur Verfügung gestellt. Sowie dem Kombiinstrument zur Anzeige. Die Information über die Motordrehzahl erhält aber auch wieder das zentrale Bordnetzsteuergerät, das damit einige stromintensive Komfortfunktionen evtl. erst bei laufendem Motor freigibt. Es ist aber auch über den Komfort-CAN für weitere Funktionen, wie z. B. die Klimaautomatiksteuerung, wichtig.

Motortemperatur

Die Motortemperatur – vom Motorsteuergerät auf den Antriebs-CAN gebracht – beeinflusst bei der Getriebesteuerung z. B. eine spezielle Warmlaufcharakteristik. Sie hat aber auch auf die hybridspezifischen Funktionen einen wesentlichen Einfluss. Im Kombiinstrument wird sie ebenfalls angezeigt. Bei drohender Überhitzung des Motors können verschiedene Motorschutzfunktionen ausgelöst werden, indem lastintensive Verbraucher der Komfortsysteme in ihrer Last reduziert oder auch ganz abgeschaltet werden.

Neben der Betrachtung der Signale, also:

- wer sie auf welchen Bus setzt,
- wer sie überträgt,
- wer sie verarbeitet,
- welchen Einfluss sie auf bestimmte Funktionen haben,

kann man sich auch die Steuergeräte ansehen und überlegen, von wem und über welchen Weg sie die Signale bekommen. Konkret sind im Folgenden bei drei Systemen beispielhaft einige ausgewählte Signale aufgelistet, die über die verschiedenen Bussysteme ausgetauscht werden. Die konkreten und vollständigen Ein- und Ausgangssignale werden in der Beschreibung der einzelnen Systeme behandelt.

Elektronische Getriebesteuerung

- Die Signale des Gangwahlschalters und der gewählten Fahrprogramme übermitteln den Fahrerwunsch und bilden die Grundlage der elektronischen Getriebesteuerung.
- Das Geschwindigkeitssignal (von der Fahrstabilitätsregelung auf den FlexRay-Bus gesetzt und über den Antriebs-CAN abgegriffen, siehe oben) ist ein wesentliches Eingangssignal für die Festlegung der Schaltkennlinien und der Wahl der Übersetzung (des eingelegten bzw. einzulegenden Ganges).
- Die Motordrehzahl (von der Motorsteuerung über den Antriebs-CAN) ist ein weiteres wesentliches Eingangssignal für die Festlegung der Schaltkennlinien und der Durchführung der Schaltungen.
- Die Motortemperatur (von der Motorsteuerung) beeinflusst nach einem Kaltstart die Schaltkennlinien für eine schnelle Motor- und Katalysatorerwärmung, bzw. kann bei sehr heißem Motor ebenfalls motorschonende Kennlinien bewirken.

- Die Lastinformation (z. B. Drosselklappenwinkel vom Motorsteuergerät) und die Veränderung des Lastwunsches sind weitere Signale, welche ebenfalls die Auswahl der entsprechenden Schaltkennlinien beeinflussen.
- Die Querbeschleunigungsinformation (von der Fahrstabilitätsregelung) löst beim Überschreiten bestimmter Grenzen Schaltverbote aus.
- Das Bremssignal (ebenfalls von der Fahrstabilitätsregelung) verhindert Hochschaltungen.
- Die Außentemperatur beeinflusst ebenfalls die Schaltkennlinien.

Elektronische Motorsteuerung

- Das wichtigste Eingangssignal ist primär die Freigabe der Funktion der elektronischen Motorsteuerung. Sie erhält diese vom zentralen Bordnetzsteuergerät, nachdem die Berechtigung der Fernbedienung bzw. des Fahrzeugschlüssels erkannt wurde (Funktion der elektronischen Wegfahrsicherung).
- Das Geschwindigkeitssignal (von der Fahrstabilitätsregelung) ist auch hier ein wichtiges Eingangssignal für die Zünd- und Einspritzsteuerung.
- Die Anforderung einer Drehmomentreduzierung (von der Getriebesteuerung) bei einem Schaltvorgang.
- Die Anforderung einer Drehmomentreduzierung (von der Fahrstabilitätsregelung) bei einer (Antriebsschlupf-)Regelung.
- Die Anforderung einer Drehzahlerhöhung (von der Fahrstabilitätsregelung) bei einer (Motorschleppmoment-) Regelung.
- Das Kompressorlastmoment (von der Klimaautomatik) zur Anpassung der Motordrehzahl und der Motorlast bei eingeschaltetem Klimakompressor.
- Die adaptive Fahrgeschwindigkeitsregelung gibt die Signale zur Erhöhung oder Verringerung der Fahrzeuggeschwindigkeit primär an die Motorsteuerung (Erhöhung oder Verringerung der Motorlast / des Drehmoments)
- Das Motoraussignal und damit Abschaltung der elektrischen Kraftstoffpumpe sowie der Zündung und Einspritzung bei einem schweren Unfall wird vom Airbagsteuergerät (Crash-Sicherheitsmodul) gesendet.

Adaptive Fahrgeschwindigkeitsregelung (ACC)

- Gesetzt und verändert wird die Wunschgeschwindigkeit über Tasten am Multifunktionslenkrad. Übertragen über einen LIN-Bus vom Schaltzentrum Lenksäule an das zentrale Bordnetzsteuergerät und weiter über das Ethernet an das Steuergerät der adaptiven Fahrgeschwindigkeitsregelung.
- Das Geschwindigkeitssignal (von der Fahrstabilitätsregelung) bildet auch hier wiederum die Grundlage für die weitere Regelung.
- Das Bremssignal (ebenfalls wieder von der Fahrstabilitätsregelung) beendet die Funktion.
- Der Lastwunsch des Fahrers durch Treten des Fahrpedals (von der Motorsteuerung über das zentrale Bordnetzsteuergerät) «überstimmt» die adaptive Fahrgeschwindigkeitsregelung.
- Das Steuergerät der kamerabasierten Assistenzsysteme beeinflusst bei erkannten Hindernissen ganz wesentlich die Regelung der Fahrgeschwindigkeit.

Die Signale der adaptiven Fahrgeschwindigkeitsregelung eignen sich gleichzeitig auch als Übergang auf die weitere zusätzlich mögliche Betrachtungsweise eines Bussystems. Anhand der Funktion kann man die benötigten Ein- und Ausgangssignale von deren Entstehung und deren Übertragungswege bis zur finalen Auswirkung und das Zusammenspiel der Systeme nachverfolgen. Die Beschreibung der Funktionen der verschiedenen elektronischen Systeme erfolgt detailliert in den weiteren folgenden Kapiteln. Doch zunächst noch zwei Beispiele für diese Art den Busstrukturplan zu betrachten/zu lesen.

Funktion der adaptiven Fahrgeschwindigkeitsregelung, Signalverlauf der Ein- und Ausgänge und evtl. Fehlfunktionen: Wie oben bereits beschrieben, setzt der Fahrer die Wunschgeschwindigkeit bzw. auch die Veränderungen der Wunschgeschwindigkeit über Tasten am Multifunktionslenkrad. Diese Eingaben werden über einen LIN-Bus an das zentrale Bordnetzsteuergerät übertragen. Wenn die Tasten am Multifunktionslenkrad defekt sind, oder die weitere Datenübertragung gestört ist, kann keine Fahrgeschwindigkeitsregelung stattfinden. Im Steuergerät der Fahrgeschwindigkeitsregelung wären keine Fehlereinträge gespeichert. Weitere Voraussetzung für die Funktion ist aber auch das Geschwindigkeitssignal. Erst ab einer bestimmten unteren Mindestgeschwindigkeit kann die Funktion gewählt werden. Das Geschwindigkeitssignal von der Fahrstabilitätsregelung wird über den FlexRay-Bus zum zentralen Bordnetzsteuergerät übertragen und von dort über das Ethernet an die Fahrgeschwindigkeitsregelung. Ein fehlendes Geschwindigkeitssignal macht die Funktion ebenfalls unmöglich und würde nicht im Fehlerspeicher der Fahrgeschwindigkeitsregelung eingetragen sein. Beendet wird die Fahrgeschwindigkeitsregelung immer durch das Bremssignal. Es wird von der Fahrstabilitätsregelung über den FlexRay-Bus an das zentrale Bordnetzsteuergerät und anschließend wieder über das Ethernet an die Fahrgeschwindigkeitsregelung übermittelt. Während der Fahrgeschwindigkeitsregelung wird die Wunschgeschwindigkeit permanent mit der aktuellen Geschwindigkeit verglichen und es werden ständig (Regel-)Signale von dem Steuergerät über das Ethernet an das zentrale Bordnetzsteuergerät und von dort an die Motorsteuerung über den Antriebs-CAN gesendet. Bei erforderlicher schneller Geschwindigkeitsanpassung erfolgt auch eine Anforderung eines Bremseneingriffs über das Ethernet, das zentrale Bordnetzsteuergerät und den FlexRay-Bus an die Fahrstabilitätsregelung. Wenn die tatsächliche Geschwindigkeit zu stark von der erwarteten Regelung abweicht, erfolgt wieder die Abschaltung des Systems und in diesem Fall voraussichtlich auch ein Fehlereintrag im Steuergerät der Fahrgeschwindigkeitsregelung. Wobei das Steuergerät nicht «weiß», wo die Kommunikation unterbrochen ist, oder warum die Regelsignale nicht ausgeführt wurden. Bei erkannten Fehlern oder Fehlfunktionen erfolgt eine Information über das Ethernet, das zentrale Bordnetzsteuergerät und das Kombiinstrument an den Fahrer. Die adaptive Fahrgeschwindigkeitsregelung verarbeitet neben dem Signal des ACC-Sensors auch die Informationen der kamerabasierten Assistenzsysteme, die über das Ethernet übertragen werden. Erkannte Hindernisse werden bei gefährlichen Situationen über das Ethernet, das zentrale Bordnetzsteuergerät und das Kombiinstrument dem Fahrer angezeigt.

Das **Zusammenspiel der Komponenten beim ferngesteuerten Einparken** (vgl. Kapitel 8) soll als zweites Beispiel dienen. Initiiert wird der Vorgang durch die Betätigung einer Fahrzeugfernbedienung, die die Signale über Funk an das Steuergerät der Fahrzeugfernbedienung sendet. Dieses ist über den Komfort-CAN mit dem zentralen

Bordnetzsteuergerät verbunden. Das zentrale Bordnetzsteuergerät gibt daraufhin über den Antriebs-CAN und FlexRay-Bus Anweisungen, das Fahrzeug zu starten und den richtigen Gang einzulegen, damit sich das Fahrzeug in Bewegung setzen kann. Gleichzeitig wertet der Einparkassistent die Signale der Ultraschallsensoren und die Daten des Steuergerätes der Rückfahrkamera und der Frontkamera aus. Sollte der Einparkassistent aus den Informationen Hindernisse erkennen, werden auf dem Komfort-CAN entsprechende Signale an das zentrale Bordnetzsteuergerät gesendet. Dieses muss nun ihrerseits wieder über den Antriebs-CAN und den FlexRay-Bus die notwendigen Schritte übermitteln; abbremsen über das Fahrstabilitätssteuergerät und evtl. Gang raus. Das Gleiche passiert, wenn der Nutzer die Betätigung der Fernbedienung unterbricht oder der Ein- oder Ausparkvorgang abgeschlossen ist. Das Fahrzeug wird durch die Feststellbremse (Signal über den FlexRay-Bus an das Steuergerät der Fahrstabilitätsregelung) noch gegen Wegrollen gesichert und über den Antriebs-CAN wird der Motor wieder abgestellt.

Die in den folgenden Kapiteln beschriebenen Systeme werden jedoch zum besseren Verständnis überwiegend als Einzelsysteme dargestellt mit allen Funktionen sowie Ein- und Ausgangssignalen im Detail.

1.11 Programmieren, Codieren, Personalisieren, Individualisieren

Zur Reparatur nach einer Fehlersuche, einer Nach- oder Umrüstung, einem Steuergerätetausch oder bei einem Softwarefehler kann auch das Aufspielen einer neuen/geänderten Software notwendig sein. Das Fahrzeug oder einzelne Steuergeräte müssen also neu programmiert oder codiert werden.

Programmieren

Hierbei wird über einen Diagnosecomputer/-tester ein neues Programm bzw. ein neuer Datenstand in ein Steuergerät übertragen. Bei der Programmierung unterscheidet man die Einkanal- und die Mehrkanalprogrammierung.

Bei der Einkanalprogrammierung, z. B. über die OBD-Steckdose oder den fahrzeugindividuellen Diagnosestecker, werden alle Daten über einen Anschluss übertragen. Bei der Mehrkanalprogrammierung werden zusätzlich über z. B. eine MOST-Verbindung die Daten in das Fahrzeug übermittelt. Dabei unterscheidet man die sequenzielle und die parallele Mehrkanalverbindung (Bilder 1.35 und 1.36).

Bei der sequenziellen Mehrkanalverbindung werden die Daten hintereinander fortlaufend übertragen, aber abwechselnd zwischen den Kanälen. Bei der parallelen Mehrkanalverbindung erfolgt die Datenübertragung gleichzeitig über beide Kanäle. Dies bringt eine erhebliche Reduzierung der Programmierzeit.

Codieren

Dies bedeutet, dass bestimmte bereits geladene Kennfelder oder Kennlinien, Länderausführungen, Fahrzeugausstattungen usw. aktiviert werden.

Bild 1.35
Anschlüsse im Fahrzeug für eine parallele Mehrkanalprogrammierung
1 Anschluss OBD-Steckdose
2 Anschluss MOST-Direktzugang

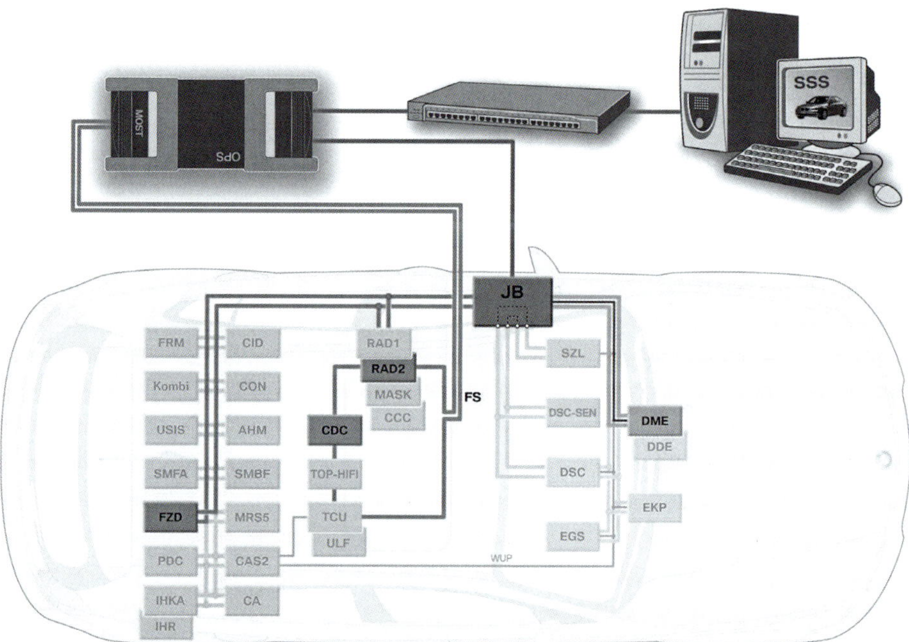

Bild 1.36 *Datenfluss im Fahrzeug bei der parallelen Mehrkanalprogrammierung*

Tipp

Alle Steuergeräte eines Fahrzeuges müssen einen kompatiblen Software- und Codierdatenstand besitzen, da sonst einzelne oder alle Funktionen gestört sein könnten.

Personalisieren bzw. Individualisieren

Es werden kundenindividuelle Einstellungen (z. B. Tippblinken, Tagfahrlicht, Verriegelungseinstellungen usw.) in elektronischen Systemen gespeichert. Sofern dies nicht direkt über die Fahrzeugbedienung vorgenommen werden kann, geschieht dies ebenfalls über einen Diagnosecomputer/-tester.

Tipp

Bei vielen Fahrzeugen bzw. auch nur einzelnen Steuergeräten im Fahrzeug kann die Anzahl der möglichen Programmierungen und auch die der Codierungen begrenzt sein. Deshalb sollten Sie bei diesen Fahrzeugen eine neue Programmierung/Codierung nur nach genauer Prüfung vornehmen.

Voraussetzungen, Vorarbeiten und Dinge, die man beim Programmieren, Codieren und Personalisieren beachten muss

- Das Fahrzeug muss fehlerfrei sein, d. h., vor jeder Programmierung muss erst eine Fehlerspeicherabfrage und evtl. notwendige Reparatur durchgeführt werden.
- Das Fahrzeug muss eine ausreichende Batteriespannung (>13 V) besitzen. Deshalb immer gleichzeitig ein geeignetes Batterieladegerät anschließen. Dazu gibt es in der Regel von den Kraftfahrzeugherstellern genaue Vorschriften. Grundsätzlich muss das Ladegerät aber eine hohe Leistung, eine geringe Oberwelligkeit und eine Diode gegen Spannungsspitzen beim An- und Abklemmen haben.
- Der Motor und die Zündung müssen ausgeschaltet sein.
- Die Feststellbremse muss angezogen werden bzw. bei elektromechanischen/ -hydraulischen Systemen müssen diese aktiviert werden.
- Im Getriebe darf kein Gang eingelegt sein, d. h., mechanische, sequenzielle und Doppelkupplungsgetriebe müssen in Neutralstellung stehen, Automatikgetriebe in Stellung P.
- Alle elektrischen Verbraucher müssen ausgeschaltet werden. Dabei ist speziell auch auf automatische Steuerungen wie Regensensor, Wisch-Wasch-Funktionen, Fahrlichtsteuerungen usw. zu achten.
- Während einer Programmierung darf keine Änderung des Fahrzeugzustandes erfolgen z. B. durch Öffnen/Schließen einer Tür, einen Klemmenwechsel oder Einschalten eines Verbrauchers. Dies führt in der Regel zu einem Programmierabbruch, wodurch die Programmierung im geringsten Fall nochmals gestartet werden muss. Es kann dadurch aber auch ein Steuergerätetausch notwendig werden.
- Neue Programm- oder Codierdatenstände können auch zu Funktions- oder Bedienungsänderungen führen, die der Kunde wahrnimmt. Der Kunde muss darüber vor dem Beginn der Programmierung/Codierung/Individualisierung informiert werden.
- Kundenspezifische Einstellungen oder Daten (z. B. beim Telefon und bei der Navigation) können verloren gehen. Adaptionen werden in der Regel ebenfalls gelöscht.
- Eine feste Verbindung zwischen Programmiersystem und Fahrzeug über Kabel ist bei einer Programmierung/Codierung einer Funkverbindung vorzuziehen.

Ablauf einer Programmierung

Nach den Vorarbeiten und Anschließen des Diagnose- bzw. Programmiersystems erfolgt grundsätzlich zuerst eine Identifizierung der Fahrzeugdetails und der verbauten

Steuergeräte (Bild 1.37). Dazu gehören im Allgemeinen der genaue Fahrzeugtyp, die Motorisierung, die Fahrgestellnummer, die verbauten Steuergeräte (Soll/Ist) und deren Softwarestand.

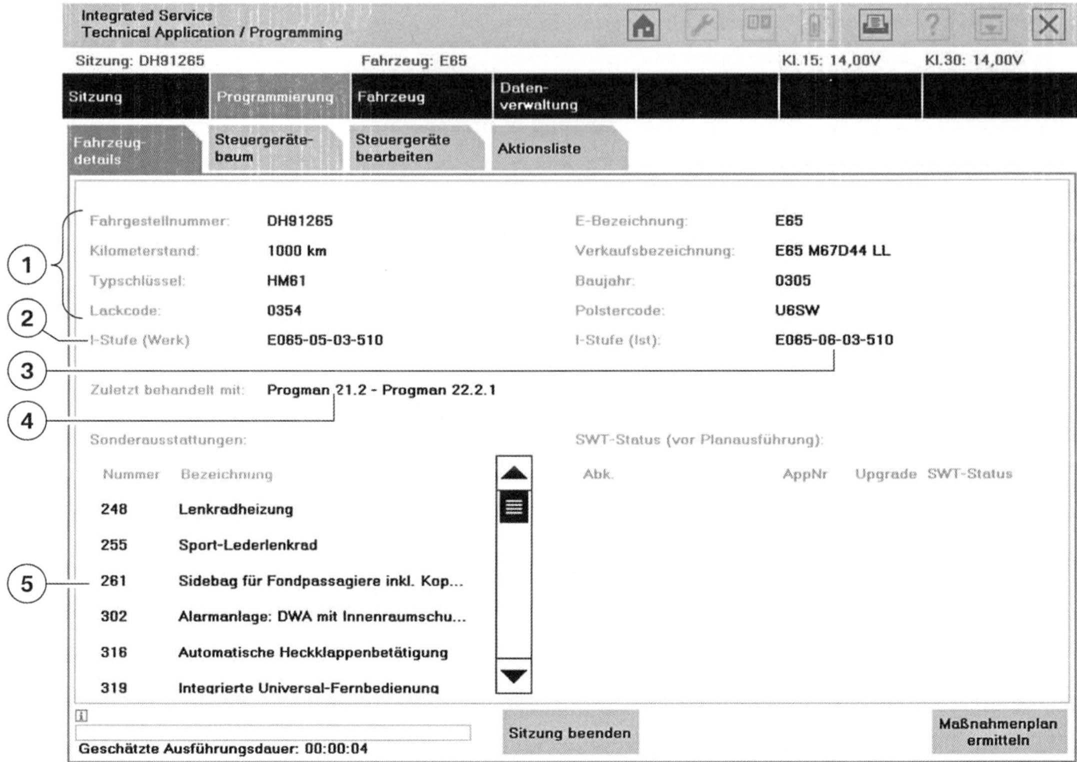

Bild 1.37 *Fahrzeug- und Steuergerätedaten auslesen*
1 Fahrzeugdaten
2 Programmstand, mit dem das Fahrzeug das Werk verlassen hat
3 Aktueller Programmstand des Fahrzeugs
4 Version und System, mit dem das Fahrzeug zuletzt programmiert wurde
5 Liste aller im Fahrzeug verbauten Sonderausstattungen

Erst dann kann man in die Details einsteigen und die notwendigen Arbeiten auswählen. In unserem Beispiel bedeutet das, einen Maßnahmenplan zu erstellen. Unser gewähltes Test- und Programmiersystem hilft dabei dem Anwender, indem es erst eine Auswahlliste möglicher Arbeiten (Umrüstungen, Nachrüstungen, Steuergerätetausch, Software-Update usw.) zur Verfügung stellt und anschließend anzeigt, bei welchen Steuergeräten welche Aktionen notwendig sind (Bild 1.38). Danach kann noch, falls notwendig, korrigierend eingegriffen werden. Anschließend wird die Abarbeitung des Maßnahmenplanes gestartet, und die notwendigen Programmier- und Codierarbeiten werden in einem Prozessschritt durchgeführt.

Am Bildschirm wird dabei der Programmierfortschritt gezeigt. Nach jedem einzelnen Steuergerät erfolgt eine Rückmeldung, ob die Programmierung/Codierung erfolgreich war. Nach dem Abschluss der Arbeiten wird ein Abschlussbericht ausgegeben (Bild 1.39).

Tipp

Den Abschlussbericht sollten Sie möglichst abspeichern oder ausdrucken und in der Fahrzeugakte ablegen.

Abschließende Servicearbeiten nach einer Programmierung/Codierung

Nach einer Fahrzeugprogrammierung/ -codierung müssen in der Regel verschiedene Funktionen neu initialisiert oder adaptiert werden, z. B.:

- Endstellungen der Fensterheber und des Schiebedaches,
- Nullabgleich des Lenkwinkelsensors,
- Kalibrierung verschiedener Neigungssensoren,
- kundenspezifische Einstellungen vornehmen,
- abschließende längere Probefahrt zum Erlernen neuer Adaptionswerte.

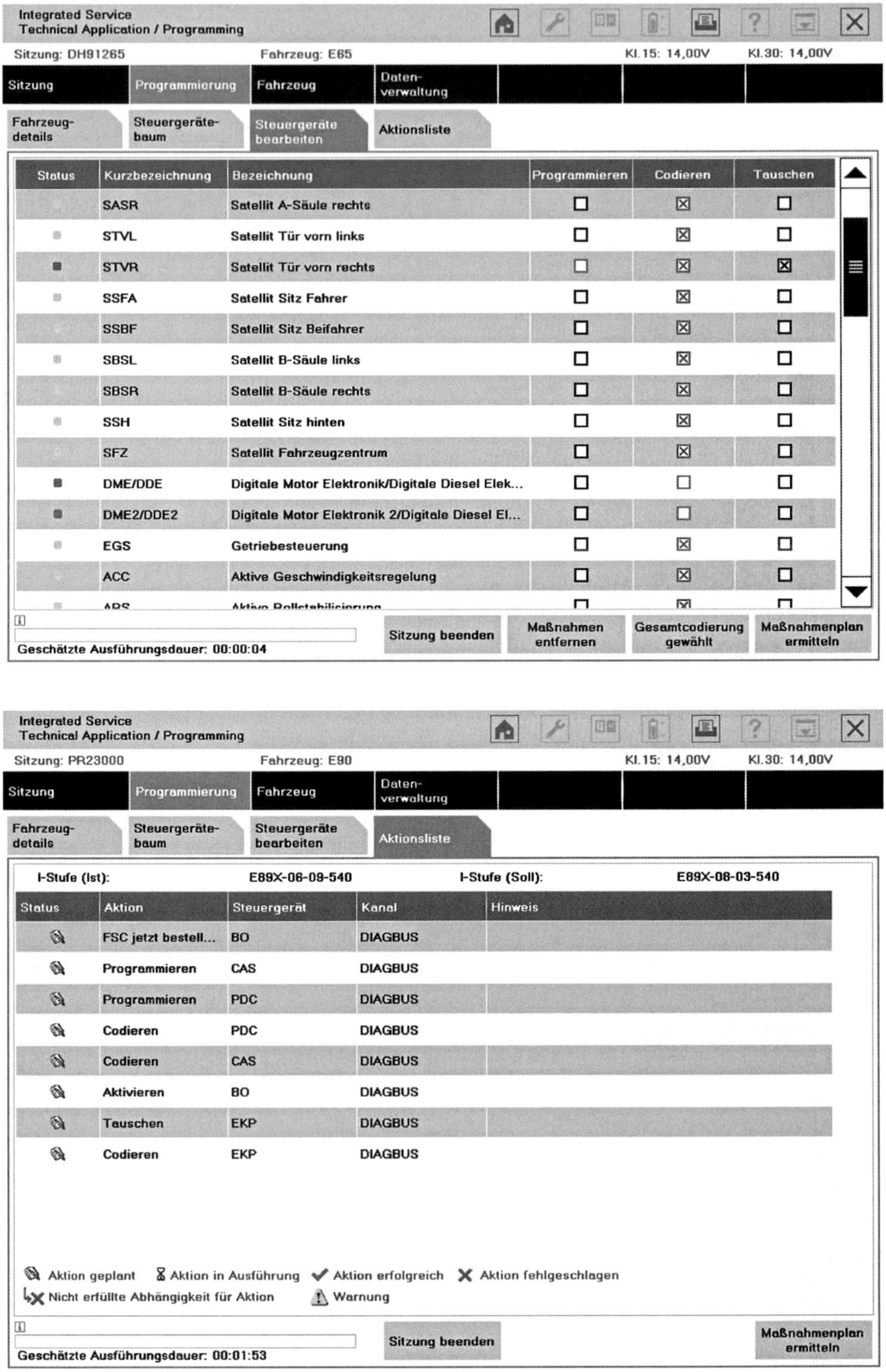

Integrated Service
Technical Application / Programming

Sitzung: DH91265 Fahrzeug: E65 Kl.15: 14,00V Kl.30: 14,00V

Sitzung | Programmierung | Fahrzeug | Daten-verwaltung

Fahrzeug-details | Steuergeräte-baum | Steuergeräte bearbeiten | Aktionsliste

Status	Kurzbezeichnung	Bezeichnung	Programmieren	Codieren	Tauschen
	SASR	Satellit A-Säule rechts	☐	☒	☐
	STVL	Satellit Tür vorn links	☐	☒	☐
	STVR	Satellit Tür vorn rechts	☐	☒	☒
	SSFA	Satellit Sitz Fahrer	☐	☒	☐
	SSBF	Satellit Sitz Beifahrer	☐	☒	☐
	SBSL	Satellit B-Säule links	☐	☒	☐
	SBSR	Satellit B-Säule rechts	☐	☒	☐
	SSH	Satellit Sitz hinten	☐	☒	☐
	SFZ	Satellit Fahrzeugzentrum	☐	☒	☐
	DME/DDE	Digitale Motor Elektronik/Digitale Diesel Elek...	☐	☐	☐
	DME2/DDE2	Digitale Motor Elektronik 2/Digitale Diesel El...	☐	☐	☐
	EGS	Getriebesteuerung	☐	☒	☐
	ACC	Aktive Geschwindigkeitsregelung	☐	☒	☐
	ARS	Aktive Rollstabilisierung	☐	☒	☐

Geschätzte Ausführungsdauer: 00:00:04

Sitzung beenden | Maßnahmen entfernen | Gesamtcodierung gewählt | Maßnahmenplan ermitteln

Integrated Service
Technical Application / Programming

Sitzung: PR23000 Fahrzeug: E90 Kl.15: 14,00V Kl.30: 14,00V

Sitzung | Programmierung | Fahrzeug | Daten-verwaltung

Fahrzeug-details | Steuergeräte-baum | Steuergeräte bearbeiten | Aktionsliste

I-Stufe (Ist): E89X-06-09-540 I-Stufe (Soll): E89X-08-03-540

Status	Aktion	Steuergerät	Kanal	Hinweis
	FSC jetzt bestell...	BO	DIAGBUS	
	Programmieren	CAS	DIAGBUS	
	Programmieren	PDC	DIAGBUS	
	Codieren	PDC	DIAGBUS	
	Codieren	CAS	DIAGBUS	
	Aktivieren	BO	DIAGBUS	
	Tauschen	EKP	DIAGBUS	
	Codieren	EKP	DIAGBUS	

Aktion geplant | Aktion in Ausführung | Aktion erfolgreich | Aktion fehlgeschlagen
Nicht erfüllte Abhängigkeit für Aktion | Warnung

Geschätzte Ausführungsdauer: 00:01:53

Sitzung beenden | Maßnahmenplan ermitteln

Bild 1.38 *Anzeige des Maßnahmenplanes*

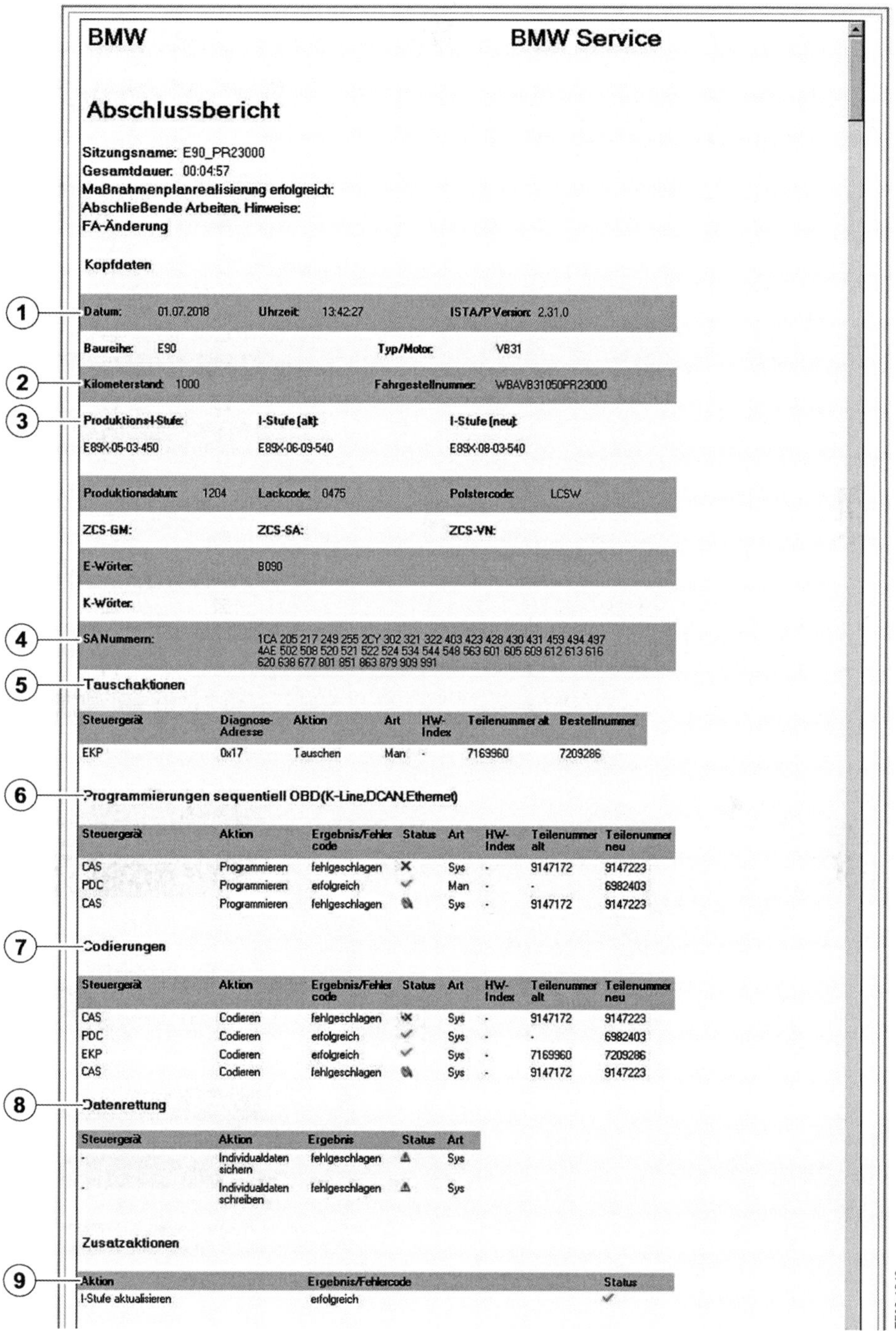

BMW BMW Service

Abschlussbericht

Sitzungsname: E90_PR23000
Gesamtdauer: 00:04:57
Maßnahmenplanrealisierung erfolgreich:
Abschließende Arbeiten, Hinweise:
FA-Änderung

Kopfdaten

Datum:	01.07.2018	**Uhrzeit:**	13:42:27	**ISTA/P Version:**	2.31.0
Baureihe:	E90			**Typ/Motor:**	VB31
Kilometerstand:	1000			**Fahrgestellnummer:**	WBAVB31050PR23000
Produktions-I-Stufe:		**I-Stufe (alt):**		**I-Stufe (neu):**	
E89X-05-03-450		E89X-06-09-540		E89X-08-03-540	
Produktionsdatum:	1204	**Lackcode:**	0475	**Polstercode:**	LCSW
ZCS-GM:		**ZCS-SA:**		**ZCS-VN:**	
E-Wörter:		B090			
K-Wörter:					
SA Nummern:		1CA 205 217 249 255 2CY 302 321 322 403 423 428 430 431 459 494 497 4AE 502 508 520 521 522 524 534 544 548 563 601 605 609 612 613 616 620 638 677 801 851 863 879 909 991			

Tauschaktionen

Steuergerät	Diagnose-Adresse	Aktion	Art	HW-Index	Teilenummer alt	Bestellnummer
EKP	0x17	Tauschen	Man	-	7169960	7209286

Programmierungen sequentiell OBD(K-Line,DCAN,Ethernet)

Steuergerät	Aktion	Ergebnis/Fehler code	Status	Art	HW-Index	Teilenummer alt	Teilenummer neu
CAS	Programmieren	fehlgeschlagen	✗	Sys	-	9147172	9147223
PDC	Programmieren	erfolgreich	✓	Man	-	-	6982403
CAS	Programmieren	fehlgeschlagen		Sys	-	9147172	9147223

Codierungen

Steuergerät	Aktion	Ergebnis/Fehler code	Status	Art	HW-Index	Teilenummer alt	Teilenummer neu
CAS	Codieren	fehlgeschlagen	✗	Sys	-	9147172	9147223
PDC	Codieren	erfolgreich	✓	Sys	-	-	6982403
EKP	Codieren	erfolgreich	✓	Sys	-	7169960	7209286
CAS	Codieren	fehlgeschlagen		Sys	-	9147172	9147223

Datenrettung

Steuergerät	Aktion	Ergebnis	Status	Art
-	Individualdaten sichern	fehlgeschlagen	⚠	Sys
-	Individualdaten schreiben	fehlgeschlagen	⚠	Sys

Zusatzaktionen

Aktion	Ergebnis/Fehlercode	Status
I-Stufe aktualisieren	erfolgreich	✓

29 - Abschlussbericht

Bild 1.39 *Abschlussbericht*

1 Aktuelle Programmierdaten: Datum, Uhrzeit, ISTA Q/P-Version
2 Fahrzeugdaten: Kilometerstand und Fahrgestellnummer
3 I-Stufen Werk
4 SA Nummern
5 Tauschaktionen
6 Programmierungen mit Ergebnis
7 Codierungen mit Ergebnis
8 Datenrettung mit Ergebnis
9 Zusatzaktionen

2 Bordnetzmanagement und Bordnetzstrukturen

Die zunehmende Anzahl der elektronischen Systeme verlangte neben der Vernetzung der Systeme auch neue Wege in der Strom- und Spannungsversorgung. Einerseits müssen alle Systeme immer mit ausreichend Energie versorgt werden, andererseits darf dafür nur so viel Energie aufgewendet werden wie unbedingt notwendig. Außerdem wird von den Kunden ein «Liegenbleiben» wegen einer leeren Batterie heute kaum mehr akzeptiert. Eine zusätzliche Komponente ist die zunehmende Elektrifizierung des Antriebstranges.

Daraus entstanden mittlerweile einige unterschiedliche Ansätze in der Bordnetzstruktur und in der Energieversorgung der verschiedenen elektronischen Systeme. Zusätzlich ist oftmals eine Priorisierung der Systeme in der Versorgung mit elektrischer Energie entstanden, das sogenannte Bordnetzmanagement. Weitere Schwerpunkte sind natürlich auch möglichst kurze Wege (Kabellängen) und die Gewichtsverteilung des Fahrzeuges sowie die Lage der Steuergeräte/Systeme.

2.1 Bordnetzstrukturen

2.1.1 12-Volt-Bordnetz mit einer Batterie

Standard und noch immer am weitesten verbreitet ist das 12-Volt-(Einspannungs-) Bordnetz. Die Stromerzeugung mit dem Generator, die Energiespeicherung mit der Batterie und alle Verbraucher arbeiten mit 12 Volt Nennspannung. Der Generator, der Anlasser, die Batterie und der Stromverteiler sind zentral im Motorraum untergebracht und viele Versorgungsleitungen führen von dort zu den verschiedenen Verbrauchern.

Mit der zunehmenden Anzahl von elektronischen Systemen und der damit verbundenen Zunahme von elektrischen Leitungen waren andere Wege der Stromversorgung notwendig. Dies führte zum Aufbau einer dezentralen Versorgungsstruktur wie sie beispielhaft in Bild 2.1 dargestellt ist.

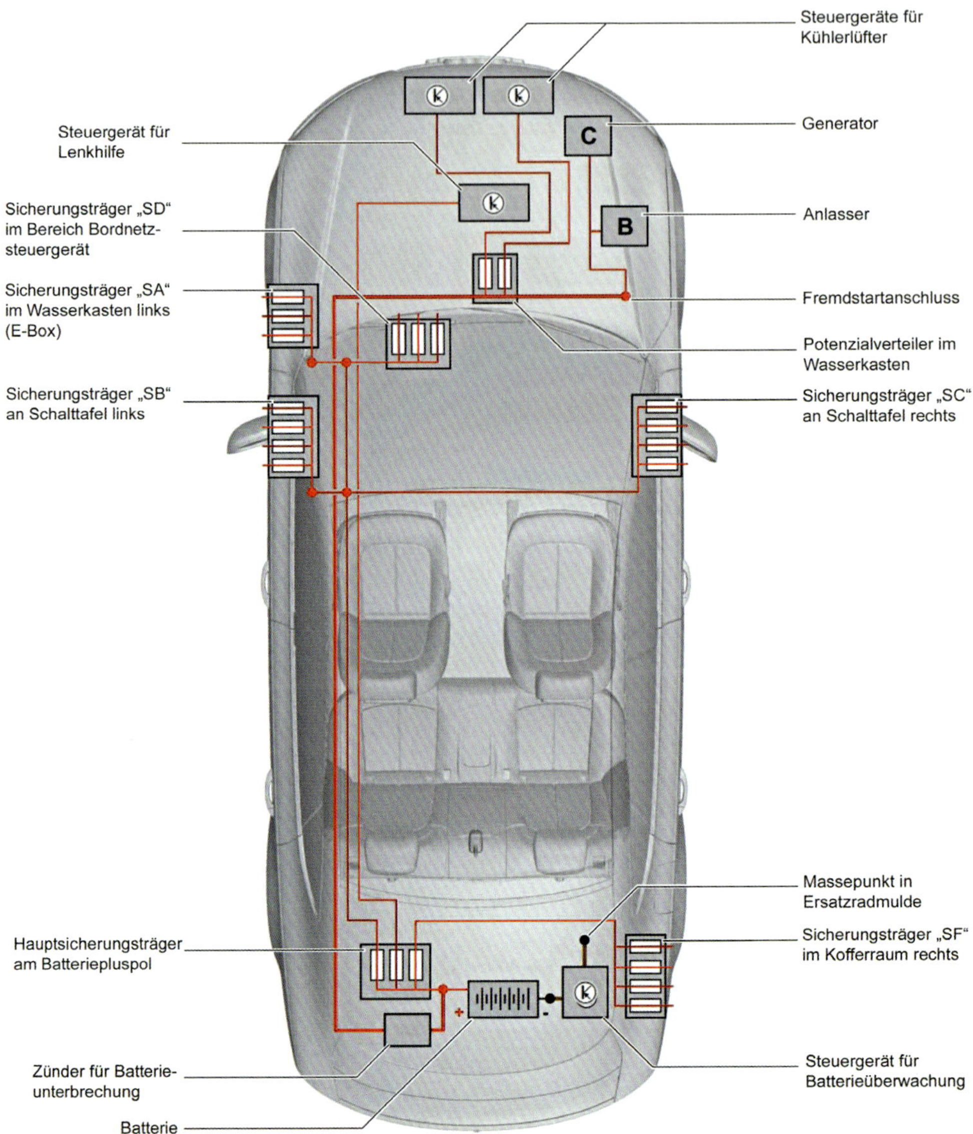

Bild 2.1 *Prinzipdarstellung einer dezentralen Versorgungsstruktur mit einer Batterie* [Bild: Audi]

Generator und Anlasser sind hier immer noch mit dem Motor verbunden. Vom Generator zur Batterie führt eine «dicke» Versorgungsleitung vom Motorraum zum Heck, die bei einem Unfall mittels eines Zünders unterbrochen werden kann. Bereits im Motorraum werden die ersten Verbraucher über Sicherungen mit Strom versorgt. Die weiteren Verteilerpunkte über Sicherungen sind über das Fahrzeug verteilt. Sie sind direkt mit der Batterie verbunden und bleiben auch nach einem Unfall mit dieser verbunden. Der Ladungsaustausch der Batterie wird von einem Steuergerät überwacht und der Generator entsprechend der Notwendigkeiten angesteuert. (Details dazu in den späteren Abschnitten.)

Bei einer Fehlersuche kann es – ähnlich wie bei der Vernetzung mit den Bussystemen – hilfreich sein, sich die betroffene Stromverteilung und alle daran angeschlossenen Systeme, Aktoren usw. zu betrachten – insbesondere dann, wenn mehrere Funktionen betroffen sind. Dabei muss man immer die Plus- und die Masseverbindungen betrachten.

2.1.2 Einspannungsbordnetz mit zwei Batterien

Wenn die Anzahl der Verbraucher und die Belastungen für eine Batterie zu groß werden oder wenn man aus Sicherheitsgründen einen Fahrzeugstart immer gewährleisten will, verbaut man eine zweite Batterie. Bild 2.2 zeigt ein 12-Volt-(Einspannungs-)Bordnetz mit zwei Batterien und dezentraler Versorgungsstruktur.

Eine größere Batterie (14) befindet sich im Heck des Fahrzeuges und eine kleinere (7) zusätzlich im Motorraum. Geladen werden beide Batterien durch den Generator (3) und überwacht wird die Funktion durch ein Energie-Management-Steuergerät (18). Wobei die (Lade-)Anforderungen an den Generator durch den Batteriesensor (13) über eine LIN-Bus Verbindung an das Motorsteuergerät (1) übertragen werden, das seinerseits den Erregerstrom für den Generator vorgibt. Die «dicke» Versorgungsleitung vom Motorraum zum Heck kann auch hier durch einen Zünder (16) unterbrochen werden, der vom Airbag-Steuergerät (11) ausgelöst wird. Die Versorgung der Systeme erfolgt dezentral über mehrere Stromverteiler (2, 5, 8, 9, 12, 19). Bei unklaren Fehlfunktionen von verschiedenen Systemen muss man auch hier die verschiedenen Stromverteiler genau unter die Lupe nehmen.

Das Einspannungsbordnetz mit zwei Batterien ist keine neue Erfindung und wurde in der Vergangenheit auch schon oft bei speziellen Einsatzfahrzeugen (Feuerwehr, Notarzt, Sicherheitsfahrzeugen usw.) verwendet oder z. B. auch bei den ersten Fahrzeugen mit Autotelefon. Die zwei Batterien waren dabei häufig mit einem Relais getrennt / verbunden. Die Ladung über den Generator erfolgt für beide Batterien, die Verbraucher sind jedoch getrennt und den verschiedenen Batterien zugeordnet. Heute übernimmt die Trennung / Verbindung und das Energiemanagement häufig ein Bordnetzsteuergerät.

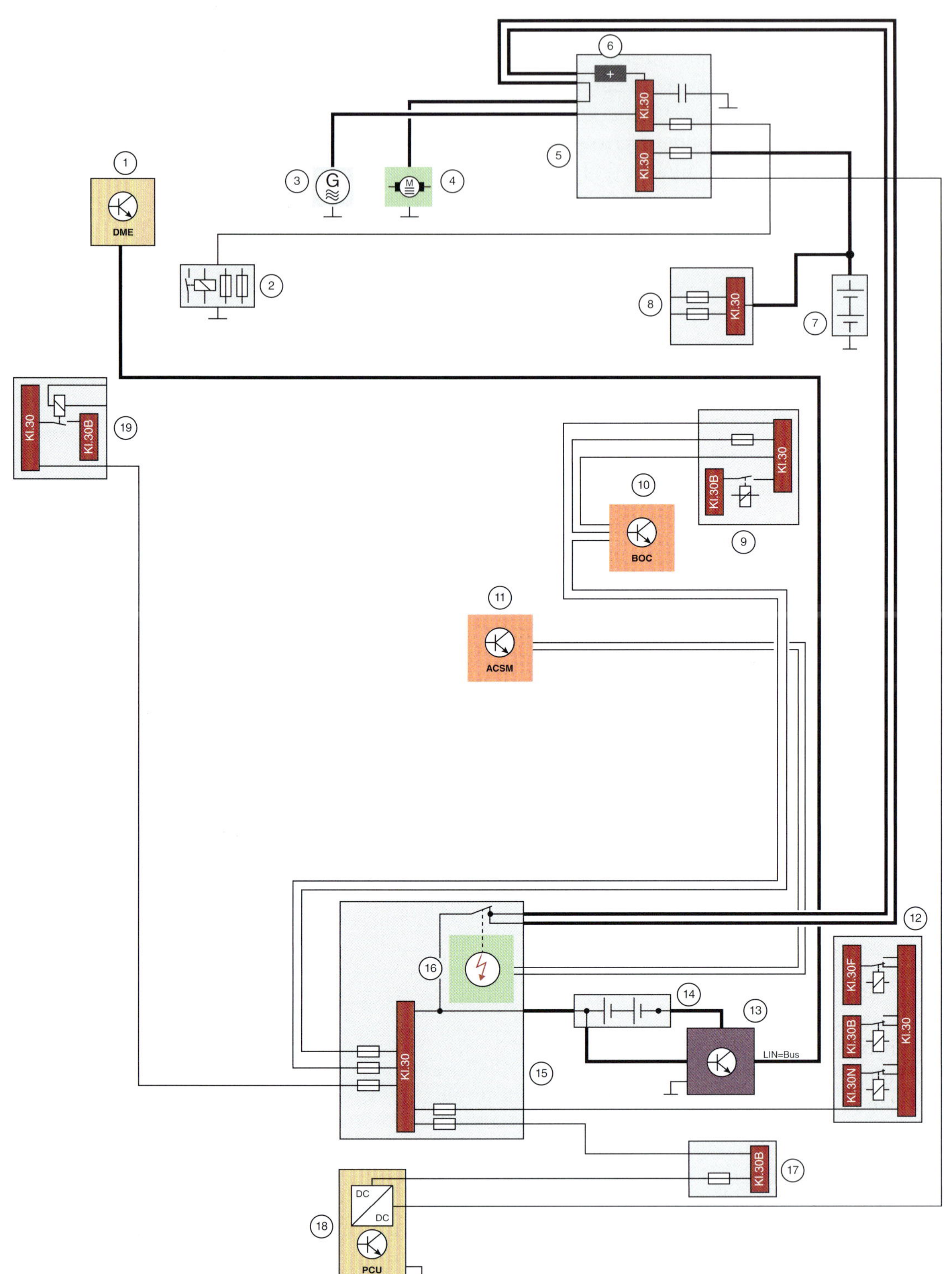

Bild 2.2 *Dezentrale Versorgungsstruktur mit zwei Batterien*

2.1.3 Zweispannungsbordnetz mit 48-Volt-Teilbordnetz

Aktuelle Entwicklungen von Verbrauchern und Systemen benötigen eine sehr hohe Leistung, die über das 12-Volt-Bordnetz schwer zu realisieren ist. Dies führte im ersten Schritt zur Entwicklung eines Teilbordnetzes mit einer höheren Spannung (24 bzw. 48 V). Im Bild 2.4 ist beispielhaft der schematische Schaltplan eines Zweispannungsbordnetzes mit einem 48-Volt-Teilbordnetz dargestellt.

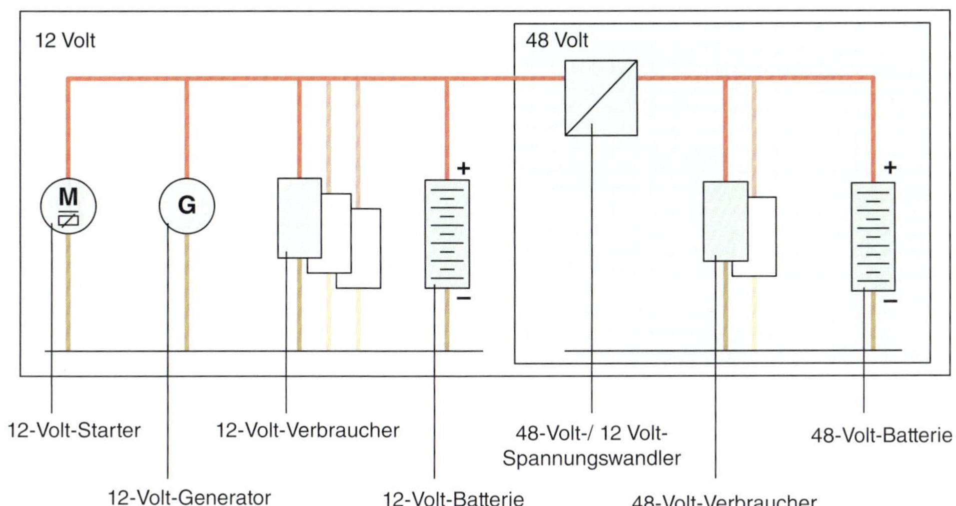

Bild 2.3 *Schaltplan mit 48-Volt-Teilbordnetz*
[Bild: Audi]

Das bekannte 12-Volt-Bordnetz mit Generator, Starter, Batterie und Verbrauchern wird bei dieser Variante über einen (Gleichstrom-) Spannungswandler mit einem zusätzlichen Teilbordnetz mit höherer Spannung ergänzt. Die Stromversorgung erfolgt hier nach wie vor über den 12-Volt-Generator. Das Teilbordnetz besitzt ebenfalls eine Batterie, bei der es sich in unserem Beispiel um eine Lithium-Ionen-Batterie mit 48 V handelt. Verbraucher des Teilbordnetzes mit höherer Spannung sind z. B. eine elektromechanische Lenkung, eine Wankstabilisierung, ein elektrischer Zusatzverdichter für den Turbolader, ein elektrisch betriebener Klimakompressor usw. Heute wird das 48-Volt-Bordnetz meist als Mildhybrid genutzt (vgl. Abschnitt 5.3.1). Es bietet dann eine elektrische Boostfunktion, eine effizientere Rekuperation und einen schnelleren Motorstart im Start-Stopp-Betrieb. Für den Kaltstart besitzen die Fahrzeuge oft noch einen 12-Volt-Anlasser.

Bild 2.4 zeigt die praktische Anwendung an einem Fahrzeug, bei dem ein 48-Volt-Teilbordnetz für eine Wankstabilisierung und einen elektrischen Zusatzverdichter eingesetzt wird. Beim 48-Volt-Bordnetz wird die Plusversorgung mit Klemme 40, die Minus- / Masseseite mit Klemme 41 bezeichnet. Das 12-Volt-Bordnetz entspricht dem üblichen Standard. Die Plusversorgung erhält das 48-Volt-Teilbordnetz über einen Klemme-30-Stromverteiler, an den der Spannungswandler (48 V / 12 V) angeschlossen ist. Von diesem führt dann eine 48-Volt-Leitung zum 48-Volt-Stromverteiler. Von dem

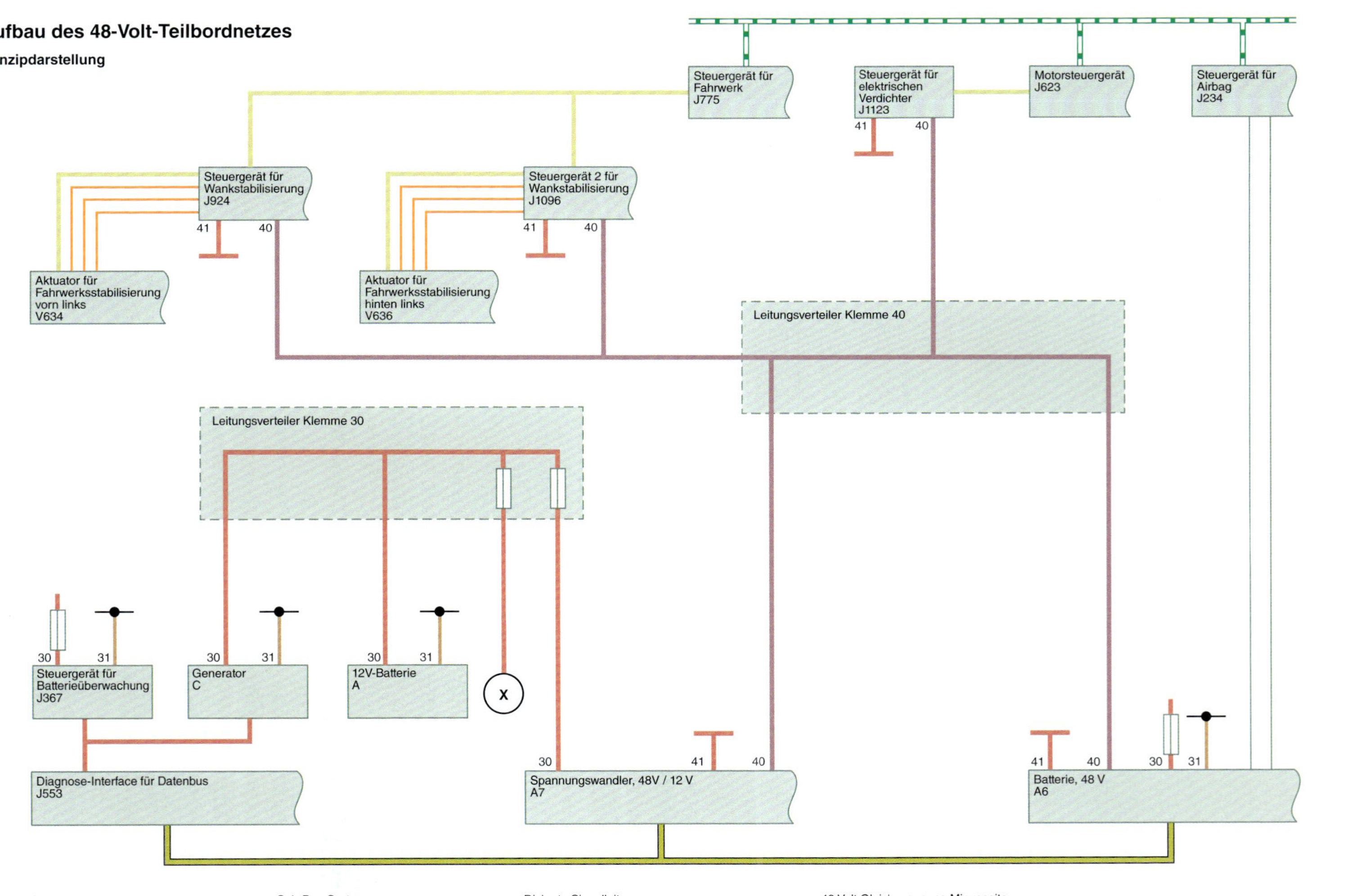

***Bild 2.4** Aufbau des 48-Volt-Teilbordnetzes*

Stromverteiler wird die Klemme 40 an die Steuergeräte der Wankstabilisierung links und rechts sowie den elektrischen Verdichter und die 48-Volt-Batterie geführt. Überwacht wird das 48-Volt-Teilbordnetz durch das Diagnose-Interface mit der CAN-Hybrid Busverbindung. Dieses überwacht auch das 12-Volt-Bordnetz über den LIN-Bus und steuert über diesen gleichzeitig die Ladeleistung des Generators.

Für Arbeiten an dem 48-Volt-Bordnetz gelten folgende Hinweise:

- 48-Volt-Bordnetze zählen zwar noch nicht zu den Hochvoltsystemen, bei einigen Herstellern dürfen trotzdem nur unterwiesene Mitarbeiter an den Systemen arbeiten.
- Vor Arbeiten an dem 48-Volt-Bordnetz muss dieses im spannungsfreien Zustand sein.
- Dies erfolgt durch einen Diagnosetester und vorgegebene Programmschritte.
- Diese wiederum sind zu dokumentieren.
- Kurzschlüsse und Störlichtbögen sind deutlich gefährlicher.

Zunehmend erfolgt die Stromerzeugung auch über einen 48-Volt-Generator und der Speicherung in einer 48-Volt-Batterie. Das 12-Volt-Bordnetz wird dann umgekehrt über einen DC/DC-Wandler vom 48-Volt-Bordnetz gespeist.

2.2 Elektrisches Energiemanagement / Bordnetzmanagement

Durch die enorme Zunahme von elektronischen Systemen und Verbrauchern ist ein gutes Energiemanagement heute für eine möglichst hohe Wirtschaftlichkeit und geringen Verbrauch unerlässlich. Tabelle 2.1 zeigt eine kleine Zusammenstellung aller gängigen Verbraucher ohne die Systeme, die heute zusätzlich in Oberklassefahrzeugen im Einsatz sind.

Tabelle 2.1

Leistungsbedarf elektrischer Verbraucher im Kfz (Durchschnittswerte)		
	Komponente	**Leistungsbedarf**
Dauerverbraucher	Zündung	20 W
	Elektrische Kraftstoffpumpe	50 – 70 W
	Elektronische Benzineinspritzung	50 – 70 W
	Ottomotor-Management	175 – 200 W
	Dieseleinspritzung	50 – 70 W
	Gebläse für Lüftung/Klimatisierung	100 – 500 W

Tabelle 2.1

Leistungsbedarf elektrischer Verbraucher im Kfz (Durchschnittswerte)		
	Komponente	**Leistungsbedarf**
Langzeitverbraucher	Autoradio	10 – 30 W
	Navigationssystem	15 W
	Begrenzungsleuchten	4 – 5 W
	Instrumentenleuchten	je 2 W
	Kennzeichenleuchte(n)	je 10 W
	Parkleuchte	je 3 – 5 W
	Scheinwerfer Abblendlicht	je 55 W
	Scheinwerfer Fernlicht	je 60 W
	Schlussleuchte	je 5 W
	Elektrisches Kühlergebläse	200 – 800 W
	Scheibenwischer für Windschutzscheibe	80 – 150 W
Kurzzeitverbraucher	Blinkleuchten	je 21 W
	Bremsleuchten	je 18 – 21 W
	Deckenleuchte	5 – 10 W
	Elektrischer Fensterheber	150 W
	Elektrisches Schiebedach	150 – 200 W
	Heckscheibenheizung	120 W
	Heckscheibenwischer	30 – 65 W
	Hörner und Fanfaren	je 25 – 40 W
	Nebelscheinwerfer	je 35 – 55 W
	Rückfahrleuchten	je 21 W
	Scheiben und Scheinwerferreinigung	50 – 100 W
	Elektrische Sitzverstellung	100- 150 W
	Elektrische Spiegelverstellung	20 W
	Sitzheizung je Sitz	100 – 200 W
	Lenkradheizung	50 W
	Elektrische Zusatzheizung	300 – 1000 W
	Zusatz-Fernscheinwerfer	je 55 W
	Glühkerzen für den Start beim Dieselmotor	je 100 W
	Starter (Pkw)	800 – 3000 W
	Zigarettenanzünder	100 W

Allein diese Übersicht zeigt, dass der früher übliche Standard die Batterie mit dem Generator immer (bei allen Betriebsarten) möglichst voll zu laden, heute einen sehr hohen Energieverbrauch bedeuten würde. Das heutige elektrische Energiemanagement ist ein koordiniertes Zusammenspiel des Generators und evtl. eines Spannungswandlers mit den Verbrauchern und der Batterie (Bild 2.5).

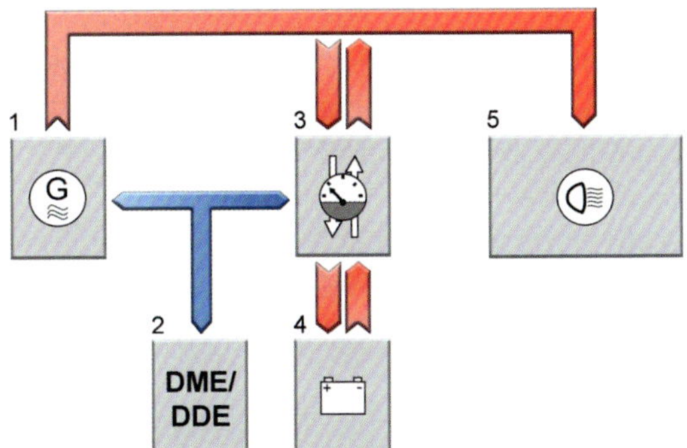

Bild 2.5
Energie und Informationsfluss des elektrischen Energiemanagements
[Bild: Schmidt]

1 Generator
2 Motorsteuerung
3 Intelligenter Batteriesensor (IBS)
4 Fahrzeugbatterie
5 Verbraucher im Fahrzeug
Rot: Energiefluss im Fahrzeug
Blau: Informationsfluss im Fahzeug

Wichtigster Bestandteil des elektrischen Energiemanagements ist das Batteriemanagement. Es wird immer versucht möglichst wenig Energie zu verbrauchen um damit auch möglichst wenig aufzuwenden und wenn möglich in «günstigen» Betriebsarten zurück zu gewinnen. Das elektrische Energie- und Batteriemanagement ist üblicherweise in der Motorsteuerung (2) integriert. Erst bei aufwendigeren und komplexeren Bordnetzen gibt es ein eigenes Energiemanagement-Steuergerät. Wichtiger Bestandteil des Systems ist der elektronische Batteriesensor (3), der sich meist am Minuspol befindet und die Spannung, den Strom und die Temperatur erfasst. Anhand dieser Werte wird der Zustand der Batterie erkannt und der Ladestrom des Generators gesteuert. Der Ladezustand der Batterie wird in, von den Umfeldbedingungen abhängigen, definierten Bandbreiten gehalten. Eine vollgeladene Batterie ist die Ausnahme. Die Batterie soll damit immer aufnahmefähig für den Ladestrom sein. Folgend einige Beispiele zur Erläuterung der Ladestrategie abhängig von den verschiedenen Betriebszuständen:

Beim **Starten des Motors** ist der Generator inaktiv. Der Startstrom wird aus der Batterie entnommen. Die Verbraucher werden beim Starten, abhängig von dem Batteriezustand, ebenfalls überwiegend abgeschaltet.

Im **Leerlauf** erfolgt nur eine Ladung der Batterie, wenn es der Ladezustand der Batterie erfordert. Sollte eine höhere Ladeleistung benötigt werden, erfolgt eine Leerlaufdrehzahlanhebung. Reicht diese ebenfalls nicht, werden in einer definierten Reihenfolge Verbraucher abgeschaltet oder in ihrer Leistung reduziert.

Beim **Beschleunigen** wird die Stromabgabe des Generators, soweit es der Batteriezustand zulässt, auf ein Minimum reduziert bzw. vollständig abgeschaltet. Die Verbraucher werden aus der Batterie gespeist.

Auch bei der **Konstantfahrt** wird die Stromabgabe auf ein Minimum reduziert. Erst wenn die Batterie bei einer längeren Konstantfahrt einen unteren Minimalladezustand erreicht hat, wird die Stromabgabe des Generators nur soweit gesteigert, dass der Minimalladezustand nicht unterschritten wird.

Die Bewegungsenergie des Fahrzeuges wird im **Schubbetrieb** und beim **Bremsen** ausgenutzt und die Stromabgabe des Generators maximal gesteigert. Damit wird die Batterie geladen. Das bezeichnet man als **Rekuperation** (*recuperare*, lat. wiedererlangen, wiedergewinnen). Diese Funktion beinhaltet das wesentliche Einsparpotenzial des elektrischen Energiemanagements. In Brems- und Schubphasen wird die Energie («kostenlos») zurückgewonnen, ohne dass neu oder zusätzlich Energie aufgewendet werden muss.

Bei einem **stehenden Fahrzeug** (Motor aus) werden die Verbraucher so weit möglich zeitgesteuert und abhängig von dem Batterieladezustand und der Außentemperatur automatisch abgeschaltet. Je kälter und je geringer der Ladezustand der Batterie, umso schneller erfolgt die Abschaltung. Es muss immer noch für einen Motorstart reichen.

Eine **alte Batterie** bzw. langsam alternde Batterie wird durch das elektrische Energiemanagement (Batteriemanagement) erkannt und die Schwellwerte der erlaubten Ladungsschwankungen werden langsam aber stetig angehoben. Die Batterie wird in einem höheren Ladungszustand gehalten.

Bei **kalten Außentemperaturen** wird die Batterie ebenfalls in einem höheren Ladezustand gehalten. Ein Motorstart muss immer gewährleistet sein.

Bei verschiedenen Arbeiten am Fahrzeug, insbesondere während einer Fehlersuche bzw. Diagnose, sollte immer ein ausreichend großes Batterieladegerät angeschlossen werden. Dadurch wird die Batterie nicht umsonst entladen und evtl. geschädigt. Außerdem könnte eine niedrige Batterieladung zu ungewollten Abschaltungen von verschiedenen Funktionen führen. Das Ladegerät immer an den Fremdstartstützpunkten und nicht direkt an den Polen der Batterie anschließen. Wenn die Batterie im Fahrzeug geladen wird, kann das elektronische Energiemanagement den Ladestrom in die Berechnungen mit einbeziehen.

Wird die Batterie außerhalb des Fahrzeuges geladen oder eine neue Batterie verbaut, muss dies dem elektrischen Energiemanagement mittels eines Diagnosetesters «mitgeteilt» werden.

2.3 Aktuelle Bestandteile des Bordnetzes im Detail

2.3.1 Batteriesensor

Der elektronische Batteriesensor (Bild 2.6) befindet sich am Minuspol der Batterie und misst dort den gesamten Strom, der sowohl aus der Batterie entnommen wird als auch den Strom, der der Batterie zugeführt wird.

Der gesamte Strom fließt durch einen Shunt-Widerstand, der einen sehr geringen Widerstand im Milliohm-Bereich hat. Durch die am Shunt-Widerstand abfallende Spannung, die proportional zum Stromfluss ist, kann der Stromfluss berechnet werden. Die «richtige» Batteriespannung dazu als Vergleichsgröße wird vom Pluspol über eine Messleitung in den Sensor geführt. Damit wird gleichzeitig auch die absolute Spannung der Batterie ermittelt. Zusätzlich befindet sich im Batteriesensor noch ein NTC-Temperatursensor, über den die Batterietemperatur erfasst wird. Mit diesen Daten kennt das elektronische Energiemanagement den Batteriezustand und kann damit den Generator steuern.

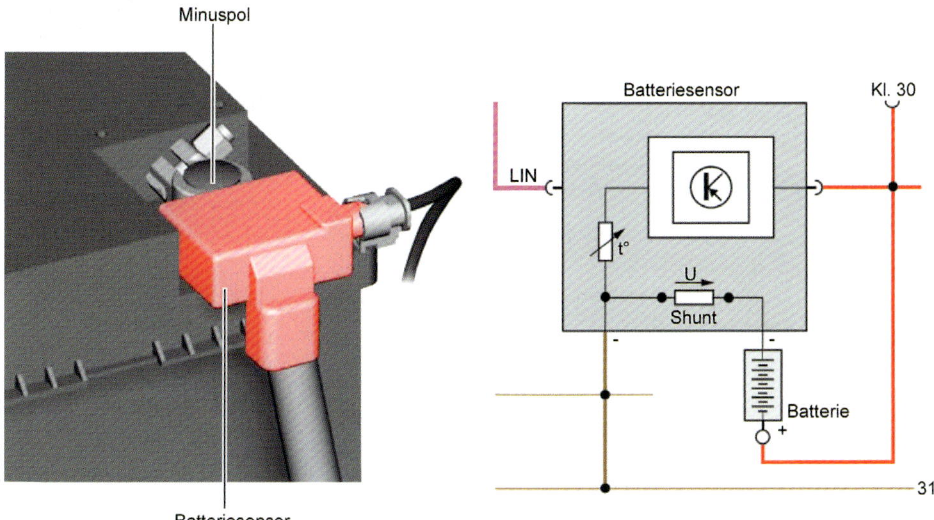

Bild 2.6 Aufbau und Anschluss des elektronischen Batteriesensors. [Bild: Audi]

2.3.2 Fahrzeuggeneratoren

Für eine bedarfsgerechte und effiziente Stromerzeugung ist natürlich der Generator der Dreh- und Angelpunkt. Durch das Energiemanagement und die entsprechende Generatorsteuerung /-regelung können ca. 4 bis 5 % Kraftstoff eingespart werden, gegenüber einer herkömmlichen Generatorsteuerung.

Generatoren müssen heute sehr leistungsfähig sein (bis zu 300 A Ladestrom), sehr schnell auf unterschiedliche (Last-) Anforderungen reagieren und sehr effizient arbeiten. Der erste Schritt ist die lastabhängige Regelung des Ladestroms. Der Generatorregler ist dazu mit einem Energiemanagement-Steuergerät über ein Bussystem (i.d.R. LIN-Bus) verbunden. Der Regler steuert den Erregerstrom entsprechend der «Anweisung» des Energiemanagement-Steuergeräts und damit den daraus resultierenden Ladestrom. Ohne Busverbindung und entsprechender Signale erfolgt keine Ladung. Auch die Ansteuerung der Ladekontrollleuchte ist abhängig von den Bussignalen.

Bei den modernen Hochleistungsgeneratoren hat man außerdem die Dioden zur Gleichrichtung des Wechselstromes durch Leistungstransistoren (MOSFET, **M**etal-**O**xid-**S**emiconductor-**F**eld**e**ffekt**t**ransistor) ersetzt und anstatt der drei nun eine fünf-phasige Statorwicklung (sog. Pentagrammverschaltung) eingesetzt (Bild 2.7).

Der elektronische Regler eines aktuellen 12-Volt-Hochleistungsgenerators hat fünf Anschlüsse (B+, Masse B-, Busanschluss, Kohlebürstenfeld DF /D- und einen Anschluss Phase P). Der Phasenanschluss liefert die Drehzahlinformation des Generators. Wenn sich der Generator dreht, steht am Phasenanschluss ein Spannungssignal mit einer der Drehzahl entsprechenden Frequenz an. Nur bei einem sich drehenden Generator wird die Erregerwicklung ab einer bestimmten Drehzahl bestromt.

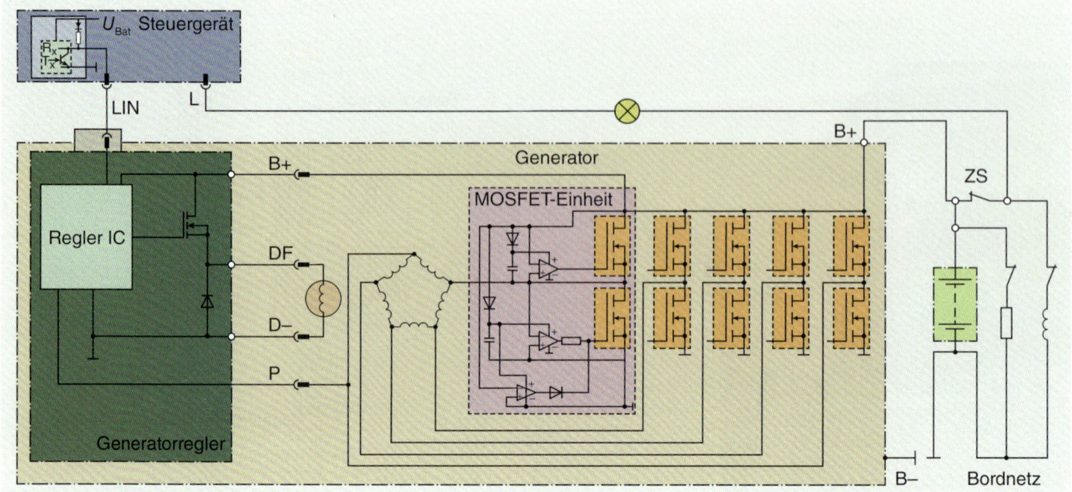

Bild 2.7 *Prinzipdarstellung eines Generators mit 5-strängiger Statorwicklung und MOSFET-Gleichrichtung*

Grundsätzlich wird bei einer intelligenten Generatorregelung die Ladebilanz und der Batteriezustand durch das Energiemanagement-Steuergerät überwacht und im Fehlerfall abgespeichert. Durch einen Diagnosetester kann die Funktion überprüft und die aktuellen Werte angezeigt werden. Sollte dennoch eine Ladestrommessung notwendig sein, muss man die verschiedenen Betriebsbedingungen berücksichtigen und die entsprechenden Werte interpretieren.

Achtung: Es können sehr hohe Ladeströme fließen und aktuell werden immer mehr 48-Volt-Generatoren verbaut. Deshalb immer die fahrzeug- und herstellerspezifischen Unterlagen beachten und die Bezeichnungen und Warnschilder auf den Generatoren anschauen.

2.3.3 Aktuelle Entwicklungen (Startergenerator)

Durch die fortschreitende Entwicklung bei der Elektrifizierung des Antriebsstranges (vgl. Kapitel 5) und die Zunahme von Zweispannungsbordnetzen, werden immer häufiger Generatoren verbaut, die sowohl eine Generatorfunktion als auch eine Elektromotorfunktion haben. Dadurch können sie in Schubphasen Strom erzeugen (rekuperieren) und beim Beschleunigen den Verbrennungsmotor unterstützen (boosten). Die sogenannten Startergeneratoren können klassisch über einen Riemen (Bild 2.10) mit dem Verbrennungsmotor verbunden sein, oder sich inline (Bild 2.11) in der Getriebeglocke befinden.

Riemenstartergeneratoren finden sowohl in 12-Volt-Bordnetzen als auch in 48-Volt-Bordnetzen Anwendung. Inline-Starter-Generatoren gibt es in 48-Volt-Bordnetzen und überwiegend bei den Hochvoltanwendungen mit mehreren hundert Volt.

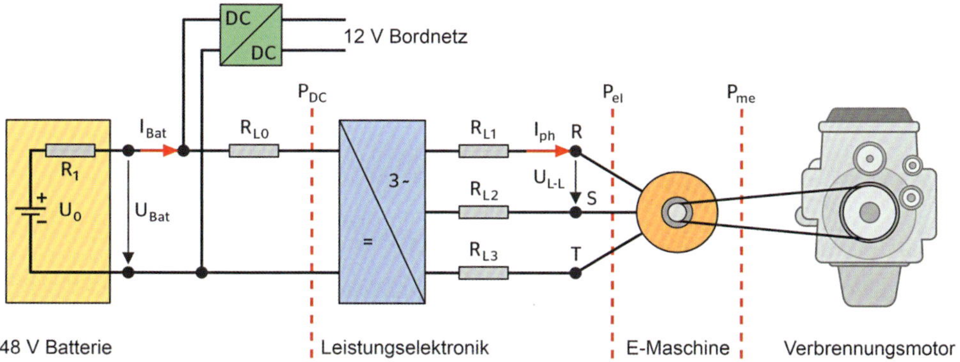

Bild 2.8 *Schematischer Aufbau eines 48-Volt-Systems mit Riemen-Starter-Generator.*
[Bild: Continental]

Bild 2.9 *Inline-Startergenerator in der Getriebeglocke*
[Bild: ZF]

Startergeneratoren haben eine vorgeschaltete Leistungselektronik (siehe Kapitel 5), die die Funktion des Startergenerators (E-Maschine) entsprechend der Anforderungen und Betriebsbedingungen steuert.

2.3.4 Batterien

Die Anforderungen an die Batterietechnologie haben sich in den letzten Jahren aufgrund der Zunahme von elektrischen Verbrauchern, des Energiemanagements und der teilweisen Elektrifizierung des Antriebsstranges ebenfalls deutlich verändert. Eine höhere Zyklenfestigkeit (Laden/Entladen) und die Steigerung der Energiedichte standen dabei im Vordergrund. Neben den normalen, althergebrachten wartungsarmen Nassbatterien mussten weitere Varianten entwickelt werden.

Erster Schritt waren die wartungsfreien **VRLA-Batterien** (***V**alve **R**egulated **L**ead **A**cid Battery*), die einen festgelegten Elektrolytanteil haben und diesen über ein Kanalsystem im Kopf der Batterie kaum entweichen lassen. Für zu hohe Gasdrücke beim Laden haben sie ein Entgasungsventil als Sicherheitsventil. Die Zellverschlussstopfen lassen sich nicht herausdrehen.

Eine daraus entstandene Variante ist die **Gelbatterie**, bei der durch die Zugabe von Kieselsäure zur Schwefelsäure der Elektrolyt in eine gelartige Masse eingebunden ist. Die Batterie ist ebenfalls mit einem Batteriedeckel verschlossen, in dem Entgasungskanäle integriert sind.

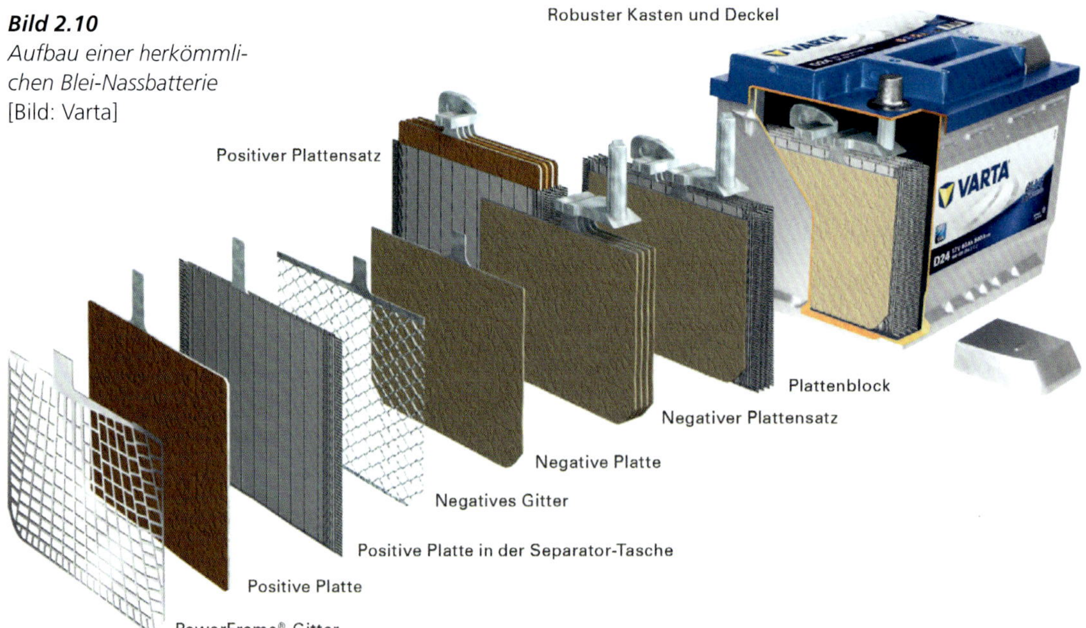

Bild 2.10
Aufbau einer herkömmlichen Blei-Nassbatterie
[Bild: Varta]

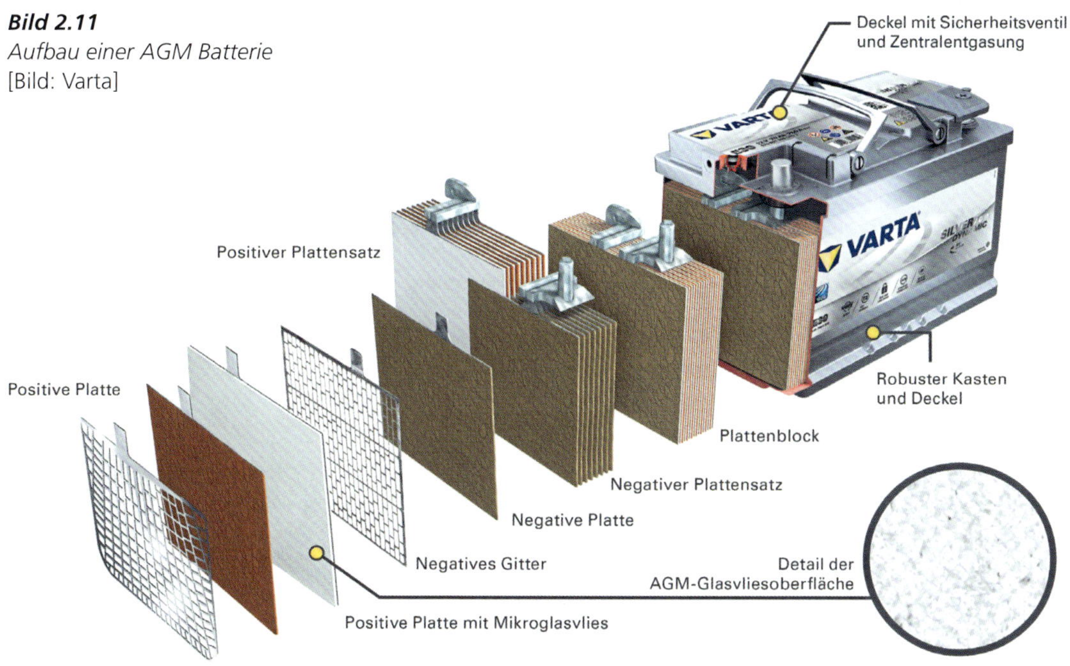

Bild 2.11
Aufbau einer AGM Batterie
[Bild: Varta]

Einen weiteren Entwicklungsschritt stellt die **AGM-Batterie** dar (Bild 2.11). Bei den AGM-Batterien (***A**bsorbent **G**lass **M**at Battery*) ist der Elektrolyt in einem äußerst saugfähigen Mikroglasvlies gebunden, das aus sehr feinen, vernetzten Glasfasern besteht. AGM-Batterien gelten dadurch als auslaufsicher, obwohl bei einem beschädigten Batteriegehäuse weiterhin eine kleine Menge Elektrolyt austreten kann. AGM-Batterien werden wegen ihrer hohen Zyklenfestigkeit, Kaltstart- und Auslaufsicherheit eingesetzt.

Bei Fahrzeugen, die als Neufahrzeuge mit AGM-Batterien ausgestattet sind, müssen beim Batteriewechsel wieder AGM-Batterien eingebaut werden, da konventionelle Batterien den hohen Anforderungen mit Start/Stopp-Systemen nicht gewachsen sind! Bei der Ladung von VLRA-, Gel- und AGM-Batterien muss unbedingt ein Batterieladegerät mit einer Ladebegrenzung von 14,4 V Ladespannung eingesetzt werden!

Eine immer weitere Verbreitung im Zuge der Elektrifizierung des Antriebsstranges erfahren die **Lithium-Ionen-Batterien** (Bild 2.12). Wobei es sich dabei nur um einen Sammelbegriff für diese Technik handelt, da es eine Vielzahl an möglichen Materiealien für Anode, Kathode und den Separator gibt (vgl. Kapitel 5). Lithium-Ionen-Batterien zeichnen sich durch eine relativ hohe Energiedichte aus. Außerdem haben sie eine hohe Energie-Effizienz, zeigen keinen Memory-Effekt, sind thermisch stabil, die Selbstentladung ist sehr gering und sie haben bei einem entsprechenden Energiemanagement eine sehr hohe Lebensdauer. Aber auch bei Lithium-Ionen-Batterien laufen bei Kälte die chemischen Prozesse langsamer und die abgebbare Leistung sinkt.

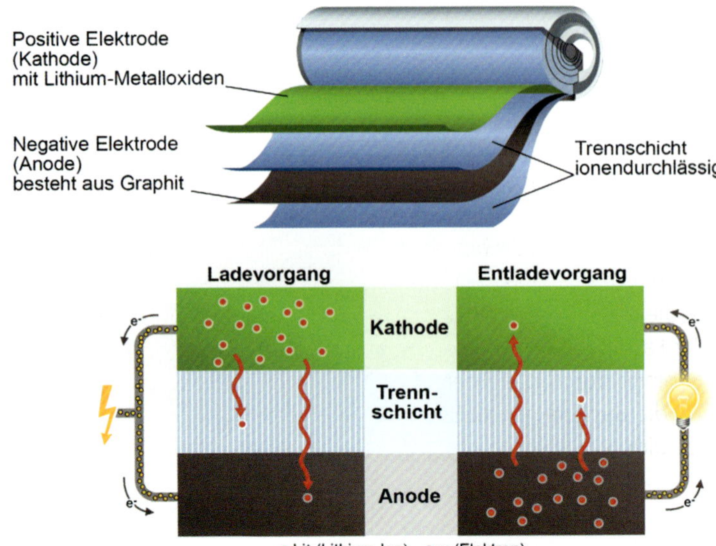

Bild 2.12
Aufbau und Funktion eines Lithium-Ionen-Akkus. Beim Ladevorgang wandern Lithium-Ionen zur Anode. Dort speichern sie Elektronen aus der externen Stromquelle. Beim Entladevorgang gibt das Lithium in der Anode Elektronen ab. Diese können einen externen Verbraucher betreiben.
[Bild: Bosch]

Beim Umgang mit Lithium-Ionen-Akkus gilt es zusätzliche Gefahren zu beachten: Mechanische Beschädigungen – z. B. bei Unfällen – können innere Kurzschlüsse verursachen, die zu einer hohen Wärmeentwicklung und sogar zu einem Brand führen können. Dabei kann es auch einige Zeit dauern, bis der Brand entsteht und entdeckt wird.

Lithium ist ein hochreaktives Metall, deshalb kann es auch zu **chemischen Reaktionen** kommen. Auch wenn es in den Lithiumbatterien «nur» als chemische Verbindung vorliegt, so sind die verschiedenen Komponenten leicht brennbar. Sie sollten auch nicht mit Wasser in Berührung kommen, da dies heftige Reaktionen hervorruft. Brennende Akkus sollten deshalb mit Sand gelöscht werden.

Bei **thermischen Belastungen** kann es in den Lithium-Ionen-Akkus zum Schmelzen des Separators und damit zu einem Kurzschluss mit Brand kommen. Durch interne Schutzschaltungen, Temperatursensoren und eine Spannungsüberwachung wird eine Überladung oder Überlastung in der Regel verhindert.

Für Lithium-Ionen-Batterien gilt, wie auch für alle anderen Batterien, dass Kurzschlüsse unbedingt zu vermeiden sind.

Außerdem gilt für alle Batterien, die bekannten Sicherheitsvorschriften zu beachten.

- Schutzbefohlene Personen, wie z. B. Auszubildende oder Praktikanten, dürfen nur unter Aufsicht Arbeiten an Fahrzeugbatterien durchführen.
- Säure hat eine stark ätzende Wirkung. Deshalb Schutzhandschuhe und Augenschutz tragen sowie ein geeignetes Gegenmittel wie z. B. Seifenlauge bereithalten.
- Das Austreten von Elektrolyt unbedingt vermeiden. Dies kann, neben den direkten Gesundheitsgefahren, auch Fahrzeugkomponenten beschädigen.

- Das beim Laden entstehende Knallgas ist hoch explosiv, deshalb Arbeiten an Batterien nur in geeigneten Räumen mit einer ausreichenden Belüftung durchführen.
- Funkenbildung durch Schweißen, Schleifen, Trennarbeiten und offene Flammen in der Nähe von Batterien sind verboten. Auch eine Funkenbildung durch eine mögliche elektrostatische Aufladung vermeiden.

Vergewissern Sie sich bei einer Fehlersuche oder verschiedenen Messungen an einer Batterie, um welche Art von Batterie es sich dabei handelt und welchen Spannungsbereich diese abdeckt. Beachten Sie die Hinweise auf der Batterie und gegebenenfalls auch in der Fahrzeugbetriebsanleitung und den weitergehenden technischen Unterlagen.

Bedingt durch das Energiemanagement kann es durchaus auch in Ordnung sein, wenn die Batterie nur zu 50 % geladen ist oder auch keine Ladung durch den Generator erfolgt, weil bestimmte Ladebedingungen nicht erfüllt sind.

3 Elektronische Motorsteuerung

Die elektronische Motorsteuerung ist in der Regel im Bussystem des Antriebsstranges eingebunden. Hierbei handelt es sich immer um ein Bussystem mit einer hohen Datenübertragungsrate, hoher Datensicherheit und hoher Ausfallsicherheit. Folgende Daten werden über das Bussystem des Antriebsstranges ausgetauscht:

Informationen, die das Steuergerät der elektronischen Motorsteuerung immer auf das Bussystem des Antriebsstranges setzt:

- Lastwunsch des Fahrers (Stellung/Winkel des Fahrpedalmoduls),
- Motordrehzahl,
- Motortemperatur.

Informationen, die von Steuergeräten im Bussystem des Antriebsstranges empfangen werden:

- Geschwindigkeit des Fahrzeuges,
- Außentemperatur,
- Regeleingriffe der Fahrstabilitätsregelung,
- Anforderung zur Drehmomentreduzierung bei Schaltvorgänge des Automatikgetriebes.

Die grundsätzliche Aufgabe der elektronischen Motorsteuerung ist immer den Lastwunsch des Fahrers möglichst effizient und unter Beachtung der Komfort-, Sicherheits- und Umweltanforderungen umzusetzen. Natürlich besteht ein grundsätzlicher Unterschied zwischen den elektronischen Motorsteuerungen für Benzin und Dieselmotoren in ihrer originären Ausprägung. Jedoch sind daneben mittlerweile viele zusätzliche Funktionen in den Steuergeräten der jeweiligen Motorsteuerung integriert, die zum Teil vergleichbar, zum Teil ähnlich und zum Teil gleich sind.

3.1 Motorelektronik für Benzin-Direkteinspritzer

3.1.1 Systemübersicht und Beschreibung einer digitalen Motorelektronik eines Benzin-Direkteinspritzers

Bei der in Bild 3.1 gezeigten Systemübersicht handelt es sich um eine elektronische Motorsteuerung für einen Benzin-Direkteinspritzer. Sie hat eine vollelektronische Zündung mit ruhender Hochspannungsverteilung und intermittierender Einspritzung direkt in den Verbrennungsraum. Das ist die aktuell überwiegend angewandte Technik bei neuen Fahrzeugen. (Die historische Entwicklung der verschiedenen Zünd- und Einspritzsysteme ist ab Abschnitt 3.5 nachzulesen).

Neben der Zündung und Einspritzung sind in der Motorsteuerung häufig auch die folgenden Funktionen integriert:

- Lambdaregelung,
- Nockenwellenverstellung,
- Motortemperaturregelung,
- Ansteuerung diverser Verstellungen im Ansaugtrakt,
- Ansteuerung diverser Luftklappen,
- Abgasrückführung,
- Steuerung der Tankentlüftung mit Aktivkohlebehälter,
- Klopfregelung,
- Turbolader- oder Kompressorregelung,
- Motorleistungsregelung für Fahrdynamiksysteme,
- Fahrgeschwindigkeitsregelung,
- Generatorregelung und Energiemanagement,
- Wegfahrsicherung,
- Motor-Start-Stopp-Funktion.

Den Lastwunsch des Fahrers erfasst das Fahrpedalmodul und übermittelt ihn an das Steuergerät. Alle nun folgenden Funktionen sind lediglich dafür da, den Lastwunsch des Fahrers effizient und unter Einhaltung aller abgasrelevanter Vorschriften umzusetzen.

Das geschieht unter anderem über die Stellung der elektronischen Drosselklappe. Denn damit ist die mögliche Luftmasse verbunden, die für die Verbrennung zur Verfügung steht. Gemessen wird die Luftmasse durch einen Luftmassenmesser oder wie im Beispiel über einen Saugrohrdruck- und Temperatursensor (p-n-Steuerung) mit Berechnung der damit möglichen Luftmasse. Die gemessene bzw. berechnete Luftmasse wiederum beeinflusst die eingespritzte Kraftstoffmenge. Dazu muss der über die bedarfsgeregelte Elektrokraftstoffpumpe geförderte Kraftstoff über eine Hockdruckpumpe in die Einspritzleiste, das sogenannte *Rail* (engl. Schiene, Querstange), gedrückt werden. Über einen Drucksensor und ein Drucksteuerventil regelt die Motorsteuerung den Druck im Rail. Je nach Lastanforderung, Drehzahl und programmierten Kennfeldern wird der Druck zwischen 50 bis 150 bar eingestellt. Die Einspritzung erfolgt über Hochdruck-Einspritzventile, die die Kraftstoffmenge schnell und genau zumessen, gut zerstäuben sowie den Kraftstoffstrahl exakt in die gewünschte vorgegebene Richtung spritzen können. Die Einspritzung direkt in den Brennraum erfolgt außerdem während des Verdichtungstaktes. Dadurch kann als

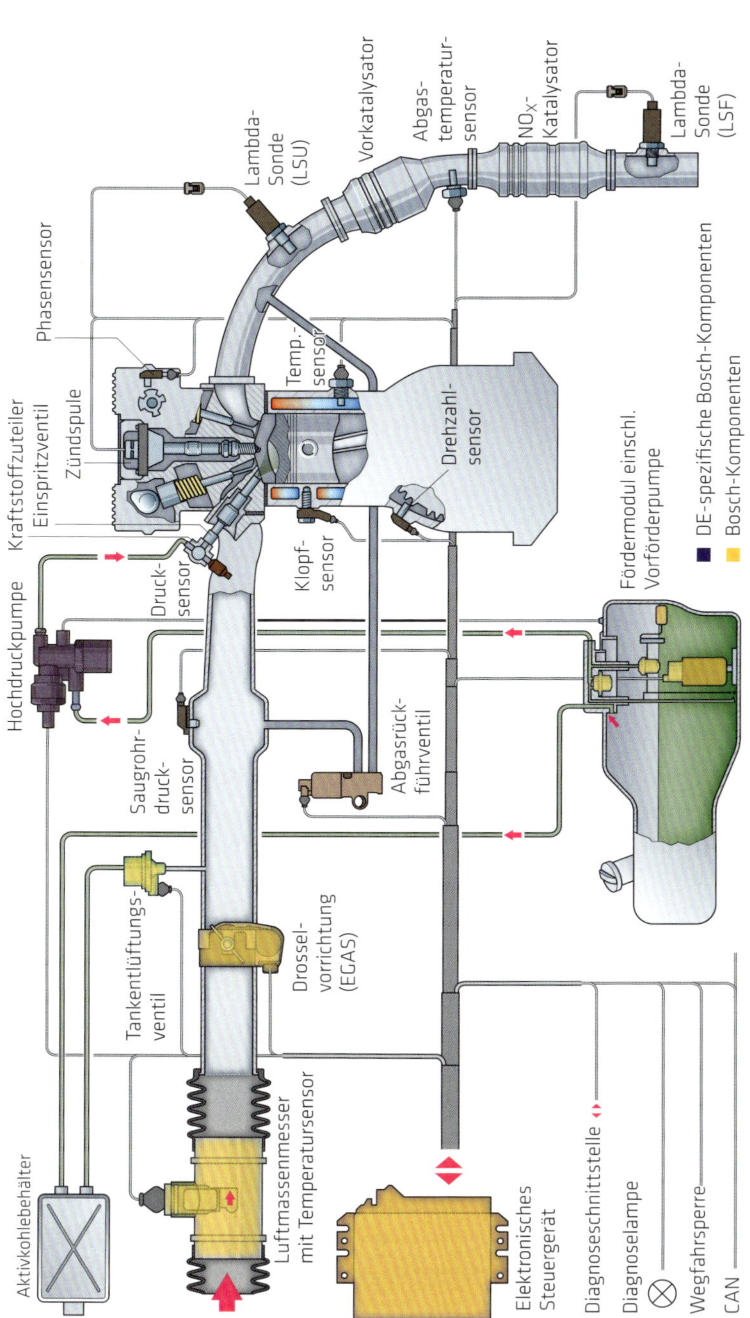

Bild 3.1 *Systemübersicht einer digitalen Motorelektronik (DME) eines Benzin-Direkteinspritzers*

großer Vorteil der Benzin-Direkteinspritzung der Motor im unteren Drehzahl- und Lastbereich im sparsamen Schichtbetrieb (Bild 3.2) bewegt werden.

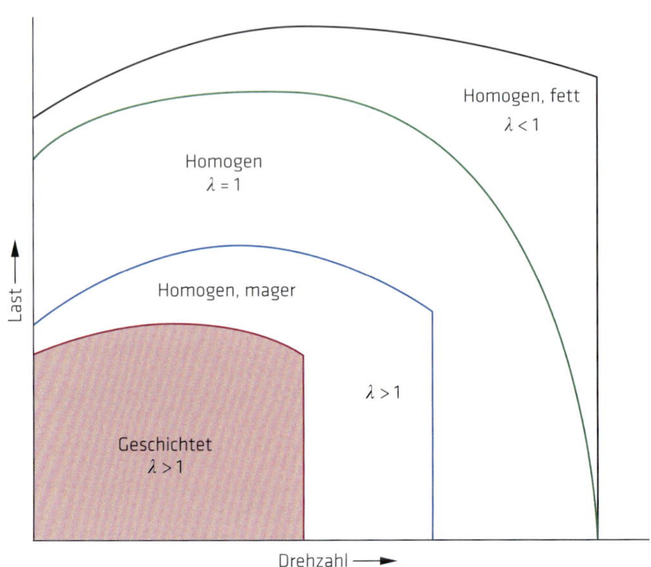

Bild 3.2
Im unteren Last- und Drehzahlbereich laufen viele Benzin-Direkteinspritzer im Schichtbetrieb.

Dabei bildet sich nur in der Nähe der Zündkerze ein zündfähiges Gemisch. Im Gegensatz dazu befindet sich beim sogenannten Homogenbetrieb im gesamten Brennraum ein zündfähiges Gemisch. Zwischen Schichtbetrieb und Homogenbetrieb gibt es viele Abstufungen; Homogen-Mager-Betrieb, Homogen-Schicht-Betrieb, Homogen-Klopfschutz-Betrieb und Schicht-Katalysator-Heizen.

Ein besonderes Problem bei der Verbrennung ist jedoch der hohe Anfall von Stickoxiden durch das magere Gemisch. Diese müssen durch die Abgasrückführung, spezielle NO_X-Speicherkatalysatoren und regelmäßigen kurzzeitigen Betrieb mit Kraftstoffüberschuss so weit wie möglich reduziert werden. Dazu werden die Abgaszusammensetzung und die Temperatur ständig durch die Lambdasonden (vor und nach Katalysator), einen Abgastemperaturfühler und einen NO_X-Sensor überwacht und die Gemischbildung entsprechend den Erfordernissen verändert.

Damit die Einspritzung und die Zündung zum jeweils richtigen Zeitpunkt erfolgen, muss das Steuergerät die exakte Stellung des Motors kennen. Diese Informationen erhält es durch einen Drehzahlgeber an der Kurbelwelle und einen Geber (hier: Phasengeber) an einer Nockenwelle. Damit sowohl die Zündung als auch die Einspritzung zum optimalen und damit effizientesten Zeitpunkt erfolgen kann, wird das Kennfeld so nah wie möglich an der Klopfgrenze des Motors ausgelegt. Als Sicherheit vor Motorschäden werden Klopfsensoren eingesetzt, dessen Signale bei einer klopfenden Verbrennung zu einer Zurücknahme des Kennfeldes (Zündverstellung und Einspritzung) führen.

Zur Feinsteuerung und weiteren Verbesserung der Effizienz werden auch die Nockenwellen verstellt, die Tankentlüftung entsprechend getaktet, die Motortemperatur ermittelt und geregelt sowie diverse Luftklappen gesteuert. Natürlich obliegt dem Steuergerät der elektronischen Motorsteuerung sofern vorhanden auch die Regelung eines oder mehrerer Turbolader bzw. eines Kompressors.

Weiterhin ist mittlerweile häufig auch die Generatorregelung und damit das gesamte Energiemanagement in der Motorsteuerung integriert. Die Ladung der Batterie erfolgt überwiegend im Schiebebetrieb. Die Motor-Start-Stopp-Funktion ist ebenfalls Aufgabe der Motorsteuerung in Abhängigkeit von vielen Parametern, die dafür erfüllt werden müssen.

Weitere Aufgaben der elektronischen Motorsteuerung können eine Motorleistungsregelung für Fahrdynamiksysteme und die Fahrgeschwindigkeitsregelung sein.

Eine grundsätzliche Freigabe der Zündung und Einspritzung sowie der weiteren Funktionen erfolgt nur bei einer entsprechenden Legitimation durch die Wegfahrsicherung (siehe Abschnitt 10.3). Diese Funktion kann ebenfalls in der elektronischen Motorsteuerung integriert sein.

Die detaillierte Beschreibung und historische Entwicklung der K-Jetronic, der KE-Jetronic, der L-Jetronic usw., beziehungsweise der Transistorzündung, der elektronischen Zündung und der Vollelektronischen Zündung usw., mit den Grundlagen dazu, steht ab Abschnitt 3.5.

3.1.2 Ein- und Ausgangssignale im Detail, ihre Bedeutung für die Funktion und Auswirkung im Fehlerfall

Betrachten Sie bitte im Folgenden zu den jeweiligen Sätzen den Systemschaltplan (Bild 3.3) und Sie sollten die Aussagen an den Ein- und Ausgängen nachvollziehen/

Index	Erklärung	Index	Erklärung
1	DME-Steuergerät (Digitale Motorelektronik)	34	Diagnoseanschluss
2	Temperatursensor im DME-Steuergerät	35	Lambdasonde (Monitorsonde mit sprunghafter Kennlinie)
3	Umgebungsdrucksensor im DME-Steuergerät	36	Lambdasonde (Regelsonde mit stetiger Kennlinie)
4	DME-Hauptrelais	37	Lambdasonde (Monitorsonde mit sprunghafter Kennlinie)
5	Diagnosemodul für Tankleck (DMTL)	38	Lambdasonde (Regelsonde mit stetiger Kennlinie)
6	Elektrolüfter (Motorkühlung)	39–40	Klopfsensoren
7	E-Box-Lüfter	41	Heißfilmluftmassenmesser (HFM)
8	Kennfeldthermostat	42	Nockenwellensenor Einlass
9	Tankentlüftungsventil (TEV)	43	Nockenwellensenor Auslass
10	VANOS-Magnetventil Einlass	44	Kurbelwellensensor
11	VANOS-Magnetventil Auslass	45	Druck-/Temperatursensor vor Drosselklappe (Ladedruck)
12	Soundklappe	46	Drosselklappe
13	Abgasklappe	47	Fahrpedalmodul
14	Mengensteuerventil	48	Kühlmitteltemperatursensor am Motoraustritt
15	Waste-Gate-Ventil Bank 1	49	Kühlmitteltemperatursensor am Kühleraustritt
16	Waste-Gate-Ventil Bank 2	50	DSC-Steuergerät (Dynamische Stabilitäts Control)
17–22	Piezo-Injektoren	51	Bremslichtschalter
23–28	Zündspulen	52	Kupplungsschalter
29	Elektrische Kühlmittelpumpe	53	Drucksensor nach Drosselklappe (Saugrohrdruck)
30	Intelligenter Batteriesensor	54	Öldruckschalter
31	Generator	55	Kraftstoffniederdrucksensor
32	Ölzustandssensor	56	Kraftstoffhochdrucksensor (Raildrucksensor)
33	Masseanschluss	57	CAS-Steuergerät (Car Access System)

Bild 3.3 *Das Bild zeigt bespielhaft (schematisch als Systemschaltplan) die Ein- und Ausgänge einer elektronischen Motorsteuerung.* [Quelle: BMW]

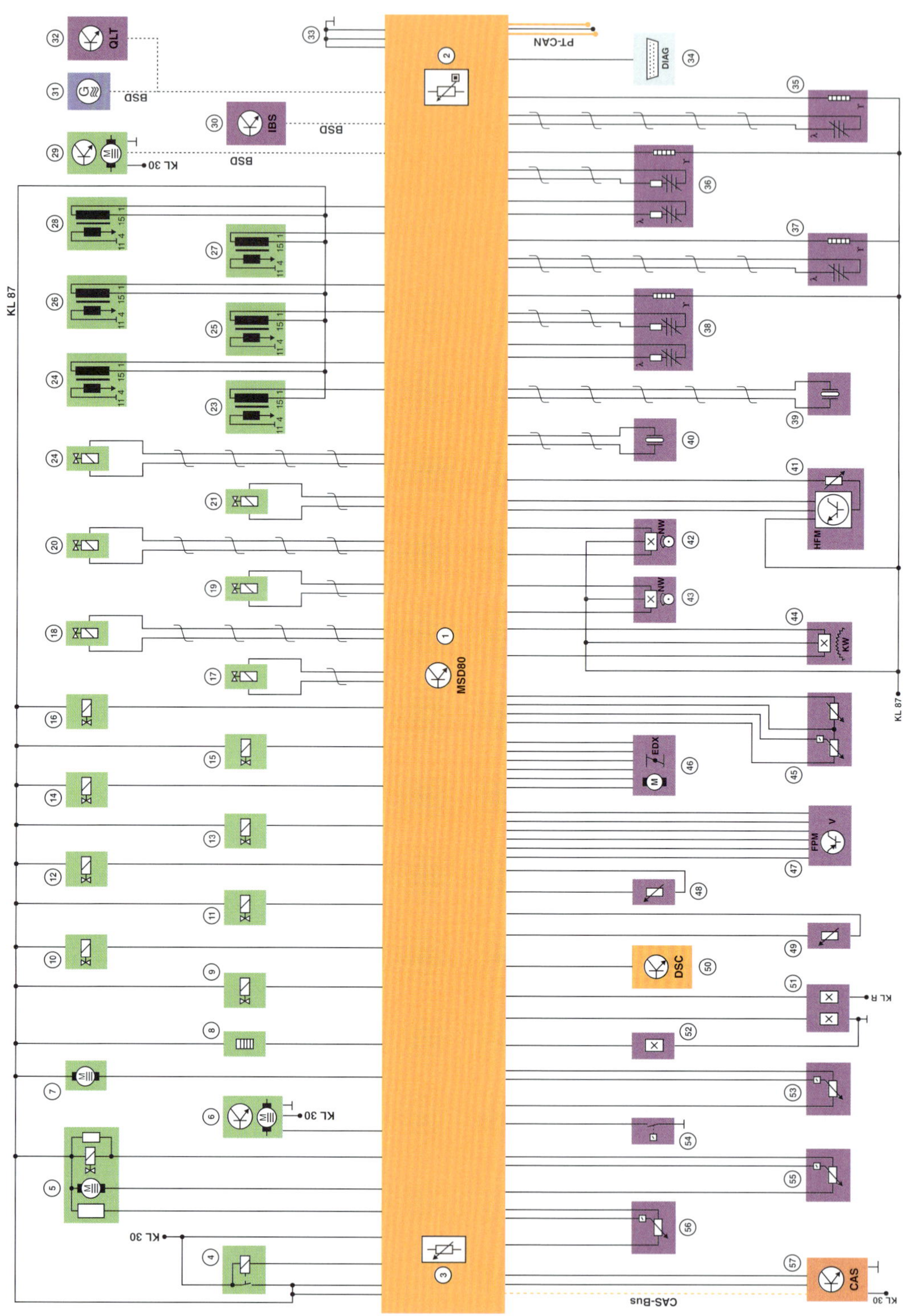

QLT
BSD
IBS
PT-CAN
DIAG
KL 30
KL 87
MSD80
HFM
NW
KW
EDX
FPM
V
DSC
KL R
CAS
CAS-Bus

nachverfolgen können. Die Zahlen in den Klammern sind die Indexziffern an der beispielhaft gewählten elektronischen Motorsteuerung.

Das wichtigste Eingangssignal für die elektronische Motorsteuerung (1) ist natürlich die Stromversorgung über das DME-Relais (4). Das DME-Relais versorgt auch alle weiteren Magnetventile, Schaltelemente und die Zündspulen mit Klemme 87. Die Ansteuerung des Steuerstromkreises durch das DME-Steuergerät erfolgt jedoch erst, wenn das Fahrzeugzugangssystem (57, Wegfahrsperre, Wegfahrsicherung) die Berechtigung/Freigabe erteilt hat. Ohne Signal des Fahrzeugzugangssystems bleibt die DME stromlos.

Zum Starten des Motors muss aber auch das Signal des Bremslichtschalters (51, gedrücktes Bremspedal) und bei manuellem Getriebe zusätzlich das Signal des Kupplungsschalters (52, gedrücktes Kupplungspedal) eingehen. Die Signale des Bremslichtschalters und sofern vorhanden des Kupplungsschalters werden auch für die Start-Stopp-Funktion des Motors benötigt. Die weiteren Informationen wie z. B. das Geschwindigkeitssignal, die Außentemperatur, die Kühlmitteltemperatur, den Batteriezustand usw. erhält das elektronische Motorsteuergerät über den CAN-Bus, soweit diese nicht direkt im Steuergerät verarbeitet werden. Für die Fahrgeschwindigkeitsregelung, die meistens auch im Steuergerät der elektronischen Motorsteuerung integriert ist, werden die Signale dieser beiden Schalter ebenfalls benötigt.

Bei einem falsch eingestellten oder nicht funktionsfähigen, bzw. zu wenig gedrückten Bremslichtschalter (und evtl. Kupplungsschalter), kann der Motor nicht gestartet werden.

Wichtig für die Funktion des Steuergerätes sind natürlich auch die verschiedenen Masseanschlüsse (33). Gerade bei «unerklärlichen» Fehlfunktionen unter hoher Last bei älteren Fahrzeugen liegt die Ursache manchmal auch in schlechten Masseverbindungen.

Im Steuergerät integriert sind ein Temperatursensor (2) zum Schutz des Steuergerätes und ein Umgebungsdrucksensor (3), dessen Signal in die Berechnung der Gemischzusammensetzung mit eingeht. Bei einem defekten Temperatursensor wird zum Schutz des Steuergerätes die hier vorhandene Belüftung (7 Lüftermotor zur Steuergerätekühlung) auf maximaler Stufe laufen. Bei anderen Systemen und motornaher Unterbringung des DME-Steuergerätes kann die Motorkühlung ebenfalls auf maximaler Stufe laufen. Bei einem Ausfall des Umgebungsdrucksensors wird als Ersatzwert ein mittlerer Luftdruckwert benutzt. Dies wiederum wird man eventuell nur bei größeren Höhendifferenzen und damit größeren Luftdruckunterschieden in einem unrunden Motorlauf und verzögerter Gasannahme sowie leichtem Ruckeln wahrnehmen.

Das Signal des Umgebungsdrucksensors dient lediglich zur Feinabstimmung der möglichen Luftmasse. Die wichtigste Eingangsgröße für die Bestimmung der zur Verbrennung zur Verfügung stehenden Luftmasse ist das Signal des Luftmassenmessers (41). Es gibt auch Systeme ohne Luftmassenmesser, speziell bei kleineren, leistungsschwächeren Motoren. Bei diesen Systemen wird die Luftmasse berechnet. Die Berechnung der theoretisch möglichen Luftmasse erfolgt dann über die Drehzahl und den Drosselklappenwinkel (Alpha-N-Steuerung) oder über die Drehzahl und den Saugrohrdruck (p-n-Steuerung). Genauere Informationen dazu im Abschnitt 3.7. Bei einem Ausfall des Luftmassenmessers greift auch dieses System auf diese «Hilfsmittel» zurück. Die Gasannahme ist dann verzögert und der Motor kann leicht ruckeln.

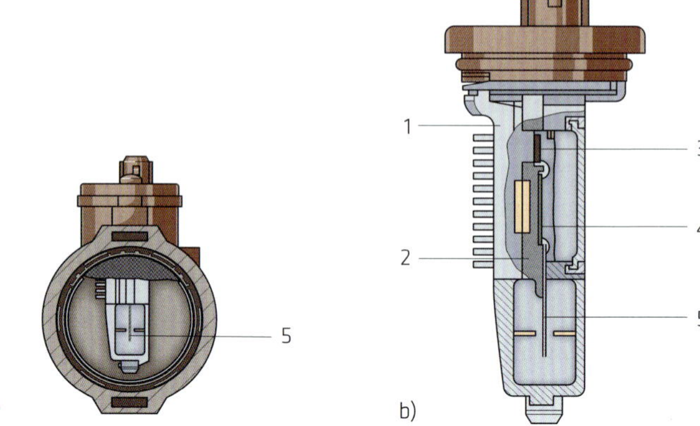

Bild 3.4 *Aufbau eines Heißfilm-Luftmassenmessers*
[Bild: AS-Illu]

a) Gehäuse
b) Heißfilmsensor (in Gehäusemitte eingebaut)
1 Kühlkörper
2 Zwischenbaustein
3 Leistungsbaustein
4 Hybridschaltung
5 Sensorelement

Unser hier gezeigtes System arbeitet zusätzlich mit Drucksensoren. Mit einem Temperatur-/Drucksensor vor der Drosselklappe (45) und einem Drucksensor nach der Drosselklappe (53). Jedoch haben diese hier eine andere Funktion. Über den Drucksensor vor der Drosselklappe wird der an der Drosselklappe anstehende Ladedruck gemessen und über den Drucksensor nach der Drosselklappe der Saugrohrdruck. Entsprechend der Lastanforderung und der gemessenen Drücke erfolgt hier die Ansteuerung des Waste-Gate-Ventiles (15) für die Turboladersteuerung und der verstellbaren Leitschaufeln (16) des Turboladers. Bei Fehlern erfolgt keine Ansteuerung des Turboladers. Das hat eine deutlich verringerte Leistungsabgabe des Motors zur Folge.

Wobei die mögliche Luftmasse grundsätzlich durch den Öffnungswinkel der Drosselklappe vorgegeben wird. Die Anstellung erfolgt durch den Drosselklappenstellmotor (46) und die Überprüfung durch die Rückmeldung des Öffnungswinkels über das Drosselklappenpotentiometer und das immer in Abhängigkeit vom Lastwunsch des Fahrers, der über das Fahrpedalmodul (47) erfasst wird. Sollte der Drosselklappenstellmotor ausfallen, ist die Ruheposition (Notlaufposition) der Drosselklappe eine leicht geöffnete Position, wodurch ein eingeschränkter Notlauf gewährleistet wird.

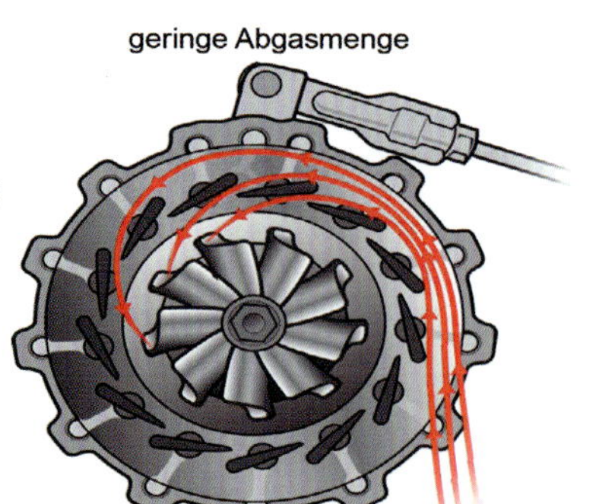

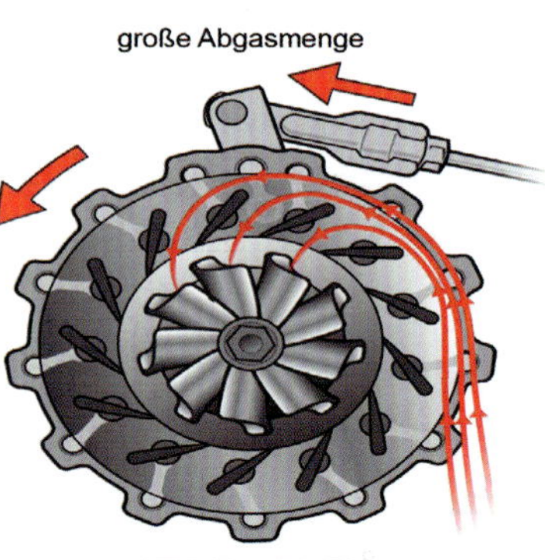

Bild 3.5 *Prinzipielle Wirkungsweise eines Turboladers mit verstellbarer Turbinengeometrie (VTG)*
[Bild: AS-Illu]

Eines der wichtigsten Ausgangssignale der elektronischen Motorsteuerung ist die Ansteuerung der Primärwicklungen der sechs Einzelfunkenspulen (23 - 28) und damit die Auslösung der Zündung. Damit dies zum richtigen Zeitpunkt geschieht, werden die Stellung der Kurbelwelle über den Kurbelwellensensor (44) und die Stellung der Nockenwellen über die Signale der Nockenwellensensoren (Ein- und Auslass, 42und 43) erfasst. Diese sind entscheidend für die Erkennung der Drehzahl und der Bezugsmarke zur Stellung des Motors. Dies sind essenzielle Informationen für die Feinsteuerung der richtigen Zeitpunkte der Zündung und Einspritzung. Ohne diese Signale bzw. bei permanentem Ausfall der Signale kann der Motor nicht laufen. Kurzzeitige, sporadische, einzelne Signalausfälle kann die Elektronik durch verschiedene steuergerätinterne Algorithmen überbrücken. Über die Signale der Nockenwellensensoren zusammen mit dem Kurbelwellensensor wird aber auch die Stellung der Nockenwellen im Vergleich zur Kurbelwelle und die Verstellung der Nockenwellen überprüft. Die Ansteuerung der Verstellung der Ein- und Auslassnockenwellen erfolgt über die Magnetventile 10 und 11.

Die nächsten sehr wichtigen Ausgangssignale sind die Ansteuerung der Einspritzventile (17 - 22). Die Leitungen zu den Einspritzventilen sind geschirmt, damit sowohl die Störausstrahlung als auch eine Störeinstrahlung verhindert wird. Die Leitungen und Bauteile für die Einspritzung und die Zündung sind bei aktuellen Motoren räumlich immer sehr nahe aneinander. Für die Funktionssicherheit ist es sehr wichtig, dass die Abschirmungen (gesamte Leitungen) unbeschädigt sind und alle Anschlüsse sicher und fest verbunden sind. Die Abschirmung ist notwendig, da der Zeitpunkt und die Länge der Einspritzung genau passen müssen und es nicht zu von außen beeinflussten Störungen kommen darf. Die exakte und harte (Strom aus/ein) Ansteuerung der Einspritzventile könnte aber auch die umliegenden Leitungen beeinflussen.

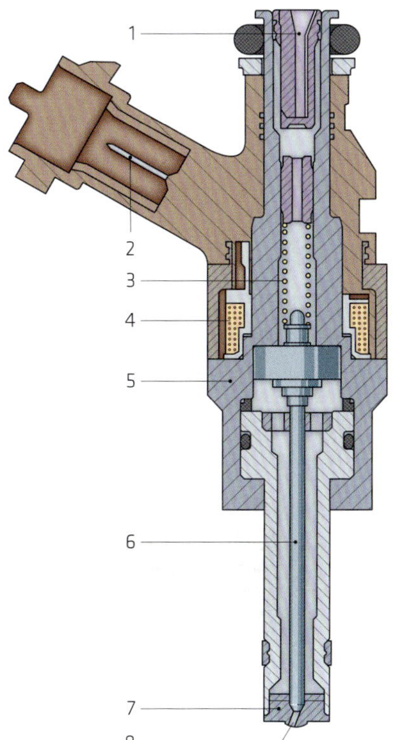

Bild 3.6
Aufbau des Hochdruckeinspritzventils
1 Zulauf mit Feinsieb
2 elektrischer Anschluss
3 Feder
4 Spule
5 Gehäuse
6 Düsennadel mit Magnetanker
7 Ventilsitz
8 Ventilauslassbohrung
[Bild: AS-Illu]

Neben der Dauer der Öffnung der Einspritzventile wird die eingespritzte Kraftstoffmenge auch durch den Druck im Verteilerrohr (Rail) der Einspritzung und damit auch durch den Druck in den Einspritzventilen bestimmt. Dieser wird über den Raildrucksensor (56) gemessen und durch das elektronische Motorsteuergerät auf die gewünschten Werte geregelt. Das geschieht einerseits durch die bedarfsgeregelte Ansteuerung der Kraftstoffpumpe für den Kraftstoffvorlauf und andererseits durch die Hochdruckpumpe. Der Druck im Kraftstoffvorlauf wird über den Kraftstoffniederdrucksensor (55) gemessen. Für die Feinregelung des Drucks in der Hochdruckpumpe dient das Mengensteuerventil (14).

Die bedarfsgeregelte Kraftstoffpumpe ist in dem sogenannten Tankmodul (5) integriert. Damit hat man auch gleichzeitig eine Überwachung des Kraftstofftanks und der Kraftstoffleitungen vor Leckagen. Ein zu großer Druckabfall trotz laufender Kraftstoffpumpe bzw. ein zu schnell absinkender Kraftstoffstand im Tank würden als Leckage diagnostiziert und zur (Sicherheits-) Abschaltung der Kraftstoffpumpe führen. Auch bei einem Unfall wird die Stromversorgung der Kraftstoffpumpe sofort unterbrochen. Die Information erfolgt in diesem Fall durch die Auslösung eines Airbags über das Bussystem. In diesem Zusammenhang muss man auch die Spülung des Aktivkohlebehälters für die Tankentlüftung erwähnen. Sie wird über das Tankentlüftungsventil (9) gesteuert.

Die Feinjustierung der eingespritzten Kraftstoffmenge wird auch durch die Signale der – in diesem Bespiel insgesamt vier – verbauten Lambdasonden (35-38) bestimmt. Es handelt sich dabei um zwei Lambdasonden mit stetiger Kennlinie und zwei Lambdasonden mit sprunghafter Kennlinie (zur Funktion der verschiedenen Lambdasonden siehe Abschnitt 3.7). Alle vier Lambdasonden sind beheizt und die Signalleitungen geschirmt.

Ebenfalls geschirmte Signalleitungen haben die beiden Klopfsensoren (39, 40). Fehlerhafte Klopfsensoren bzw. Leitungen der Klopfsensoren führen zu einer deutlichen Rücknahme des Zündwinkels und der Einspritzung und damit zu einem deutlichen Leistungsverlust. Die Motorkühlung wird ebenfalls zum Schutz des Motors maximiert.

Zur Regelung der Motortemperatur dienen die Ansteuerung diverser Lüftungsklappen (12, 13), des Elektrolüfters (6), des Kennfeldthermostates (8) und der elektrischen Kühlmittelpumpe (29) in Abhängigkeit von den Signalen der Kühlmitteltemperatursensoren (48, 49). Ein Kühlmitteltemperatursensor befindet sich direkt am Motor und einer am Ausgang des Kühlers. Bei einem Ausfall der Sensoren wird aus Motorschutzgründen ebenfalls maximal gekühlt.

Bei dieser elektronischen Motorsteuerung wird das Laden der Fahrzeugbatterie ebenfalls durch das Motorsteuergerät geregelt. Dazu erhält es die Signale des Batteriesensors (30) zum Ladezustand der Batterie und steuert über die Leitung zum Generator (31) die Generatorleistung. Geladen wird überwiegend im Schiebebetrieb des Fahrzeuges bei geschlossener Drosselklappe. Damit wird die kinetische Energie des Fahrzeuges zur Ladung der Batterie genutzt (in elektrische Energie umgewandelt) ohne dafür zusätzliche Leistung vom Motor abzuverlangen bzw. Kraftstoff zu verbrauchen. Bei schlechtem Batteriezustand bzw. zu geringer Batterieladung muss man aus Sicherheitsgründen davon abweichen und auch während der Fahrt laden.

Im Weiteren wird auch der Füllstand und der Zustand (Konsistenz) des Motoröls durch den Ölzustandssensor (32) sowie der Öldruck durch den Öldruckschalter (54) überwacht. Mangelnder Öldruck führt zur Motorabschaltung bzw. verhindert ein Starten des Motors.

Direkten und unmittelbaren Einfluss auf die Motorleistung hat auch das Signal der Fahrdynamikregelung (50, hier DSC), die in diesem Fall nicht nur über das Bussystem (PT-CAN), sondern zusätzlich über eine direkte Leitung mit der elektronischen Motorsteuerung verbunden ist.

Bei einigen Systemen gibt es auch eine direkte Verbindung zur Klimaanlage. Dadurch wird die Kompressorsteuerung beeinflusst. Der Betrieb des Klimaanlagenkompressors benötigt im Schiebebetrieb keine Motorleistung und andererseits kann bei einem vollen Lastwunsch des Fahrers eine kurzzeitige Abschaltung des Klimaanlagenkompressors die Leistungsabgabe des Motors begünstigen.

Bei den verschiedenen am Markt befindlichen elektronischen Motorsteuerungen können weitere Magnetventile und Schaltelemente zur Steuerung verschiedener Funktionen verbaut sein; z. B. für Saugrohrumschaltungen, Valvetronic, Zylinder- bzw. Ventilabschaltungen, zusätzliche Auspuffklappen usw.

Fehler im System werden immer, sofern sie abgasrelevant sind, über eine Motorwarnleuchte angezeigt. Alle Steuergeräte haben eine umfassende Systemüberwachung, einen ausführlichen Fehlerspeicher, ausgeklügelte Notfallstrategien mit Ersatzwerten und umfangreiche Diagnosemöglichkeiten (34).

Wenn Sie im Detail noch wissen wollen, wie die verschiedenen Bauteile funktionieren, wie sie aussehen, welche Signale sie übermitteln und wie diese gemessen werden, informieren Sie sich darüber bitte im Grundlagenteil ab Kapitel 14.

3.2 Motorelektronik für Diesel-Direkteinspritzer

Bei den Dieselmotoren war die Einspritzung des Kraftstoffes direkt in den Brennraum bzw. in die mit dem Brennraum verbundenen Vorkammern schon immer die vorherrschende Technik, auch bei den zuerst mechanischen Einspritzpumpen. Aber auch beim Dieselmotor wirkte sich die elektronische Regelung der Einspritzmenge und des Einspritzbeginnes positiv auf den Verbrauch, das Laufverhalten und die Abgase aus. Jedoch war man bei der Elektrifizierung der mechanischen Einspritzsysteme immer an die mechanischen Grenzen der Bauteile gebunden. Dies änderte sich erst durch die Common-Rail-Technik, die sich mittlerweile durchgesetzt hat und aktuell das Standarteinspritzsystem für Diesel-Direkteinspritzer ist.

3.2.1 Speichereinspritzsystem – Common Rail für Dieselmotoren

Bei der Common-Rail-Technik bzw. dem Speichereinspritzsystem sind die Hochdruckerzeugung und die Einspritzung völlig entkoppelt. Vergleichbar mit der zuvor beschriebenen intermittierenden Benzindirekteinspritzung, wenn auch mit den Abweichungen der dieselspezifischen Notwendigkeiten.

Der unter hohem Druck (bis ca. 2000 bar) stehende Kraftstoff wird in einem gemeinsamen (engl. *common*) Verteilerrohr, dem sogenannten *Rail* (engl. Schiene, Querstange) gespeichert und über daran befestigten Injektoren eingespritzt, die auch mit Strom angesteuert werden. Die Einspritzmenge und der Einspritzzeitpunkt können völlig frei

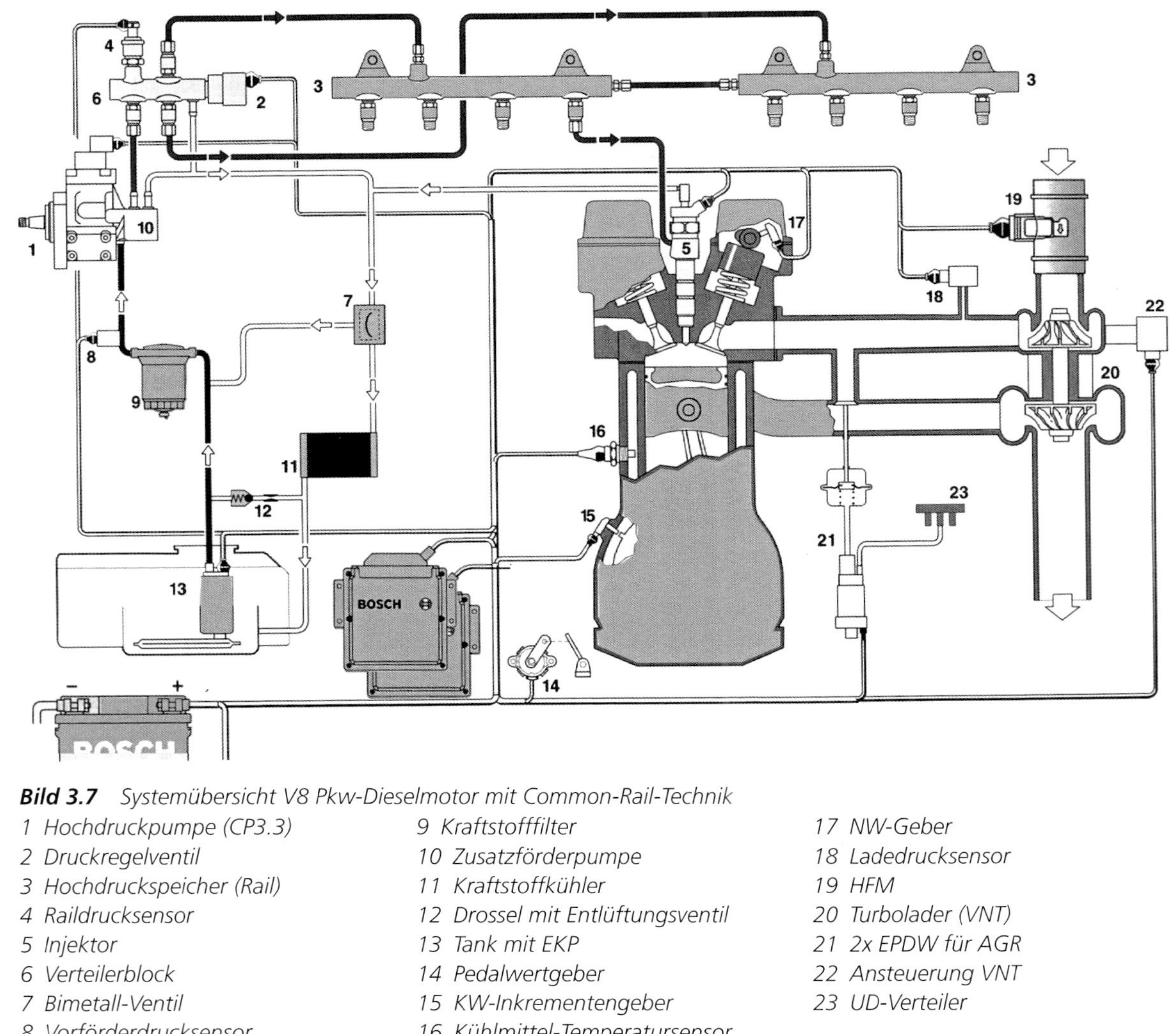

Bild 3.7 *Systemübersicht V8 Pkw-Dieselmotor mit Common-Rail-Technik*

1 Hochdruckpumpe (CP3.3)
2 Druckregelventil
3 Hochdruckspeicher (Rail)
4 Raildrucksensor
5 Injektor
6 Verteilerblock
7 Bimetall-Ventil
8 Vorförderdrucksensor
9 Kraftstofffilter
10 Zusatzförderpumpe
11 Kraftstoffkühler
12 Drossel mit Entlüftungsventil
13 Tank mit EKP
14 Pedalwertgeber
15 KW-Inkrementengeber
16 Kühlmittel-Temperatursensor
17 NW-Geber
18 Ladedrucksensor
19 HFM
20 Turbolader (VNT)
21 2x EPDW für AGR
22 Ansteuerung VNT
23 UD-Verteiler

von mechanischen Begrenzungen nur entsprechend der Erfordernisse der Betriebszustände zur Optimierung von Verbrauch, Leistung, Abgas und Geräuschentwicklung vom Steuergerät festgelegt werden.

Bild 3.7 zeigt die Systemübersicht eines V8-Pkw-Dieselmotors mit Common-Rail-Technik. Der Kraftstoff wird aus dem Tank mit einer Elektrokraftstoffpumpe durch ein Kraftstofffilter in die Hochdruckpumpe gefördert. Durch den Vorförderdrucksensor wird der Vorförderdruck überwacht und bei zu geringem Druck (zu geringe Zulaufmenge zur Hochdruckpumpe) die Einspritzmenge reduziert bzw. der Motor abgestellt, um Schäden an der Hochdruckpumpe zu vermeiden.

Vor der Hochdruckpumpe befindet sich nochmals eine Zusatzförderpumpe, bei diesem Motor eine Zahnradpumpe, um die Hochdruckpumpe immer mit genügend Kraftstoff bereits unter höherem Druck zu versorgen. Die Hochdruckpumpe fördert nun den Kraftstoff über einen Verteilerblock in die Hochdruckspeicher (Rail), an denen die Injektoren befestigt sind. Über die Injektoren wird der Kraftstoff in den Brennraum direkt eingespritzt. Der Verteilerblock in diesem Beispiel (V8-Motor) wird bei nur einem Rail nicht benötigt. Der daran befestigte Raildrucksensor, der dem Steuergerät den Druck im Rail meldet, ist dann am Rail direkt befestigt. Bild 3.8 zeigt den schematischen Aufbau des Raildrucksensors mit der Membrane, die bei Druck ihren Widerstand ändert.

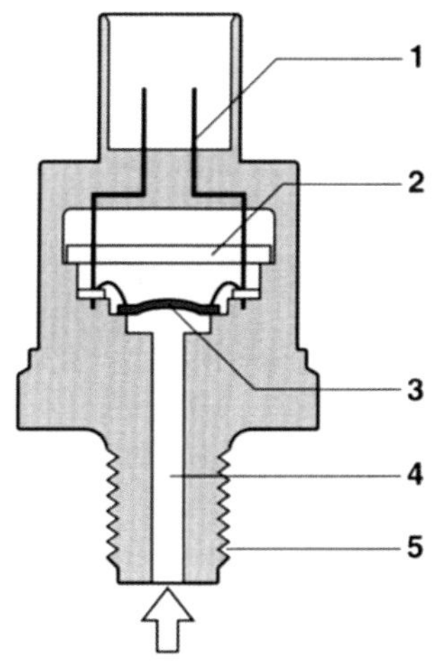

Bild 3.8
Schematischer Aufbau eines Raildrucksensors
1 elektrische Anschlüsse
2 Auswerteschaltung
3 Membran mit Sensorelement
4 Hochdruckanschluss
5 Befestigungsgewinde

Die mit 5 V versorgte Auswerteschaltung verstärkt die durch die Widerstandsänderung entstehende Spannungsänderung auf einen Wert zwischen 0,5 und 4,5 V. Durch die Signale des Raildrucksensors und abhängig vom Lastzustand des Motors wird der Druck im Rail durch ein Druckregelventil auf die notwendigen Werte eingestellt. Die Ansteuerung des Druckregelventils geschieht durch das Steuergerät. Das Druckregelventil befindet sich meistens an der Hochdruckpumpe, selten wie im Beispiel Bild 3.7 am Verteilerblock. Die Funktionsweise des Druckregelventils und der gesamten Hochdruckpumpe wird anhand von Bild 3.9 erläutert.

Der Kraftstoff wird in der Hochdruckpumpe über die Exzenternocken und das Pumpenelement mit Pumpenkolben verdichtet und über das Auslassventil zum Rail gefördert. Durch einen pulsweitenmodulierten Ansteuerstrom wird das Druckregelventil über die daraus resultierende magnetische Kraft so angesteuert, dass es zum Druckaufbau in der Pumpe und damit im Rail den Kraftstoffrücklauf über ein Kugelventil verschließt. Stromlos wird der Rücklauf nur über eine Feder, die bis 100 bar eingestellt ist, verschlossen. Bei laufendem Motor und Hochdruckpumpe und ohne Ansteuerung des Druckregelventils wird der Rücklauf durch den höheren Pumpendruck freigegeben und somit erfolgt keine Druckerhöhung. Die Hochdruckpumpe besitzt drei oder vier radial angeordnete Pumpenelemente. Bei geringem Kraftstoffbedarf kann durch das Steuergerät ein Pumpenelement abgeschaltet werden. Dazu wird ein Elementabschaltventil angesteuert (bestromt), wodurch das Ansaugventil öffnet. Somit erfolgen an diesem Pumpenelement keine Kraftstoffförderung und kein Druckaufbau. Dadurch wird der Leistungsbedarf der Hochdruckpumpe reduziert und eine unnötige Kraftstofferwärmung vermieden. Ist genügend verdichteter Kraftstoff im Rail (ca. 1350 bis 1800 bar – je nach System und Hersteller), kann die Einspritzung über die Injektoren erfolgen. Das Steuergerät schaltet dazu den sog. Anzugsstrom (ca. 20 A) auf ein 2/2-Magnetventil im Injektor. Solange dieses bestromt wird, erfolgt die Einspritzung; stromlos wird es geschlossen. Bild 3.10 zeigt den schematischen Aufbau eines Injektors im geöffneten und geschlossenen Zustand.

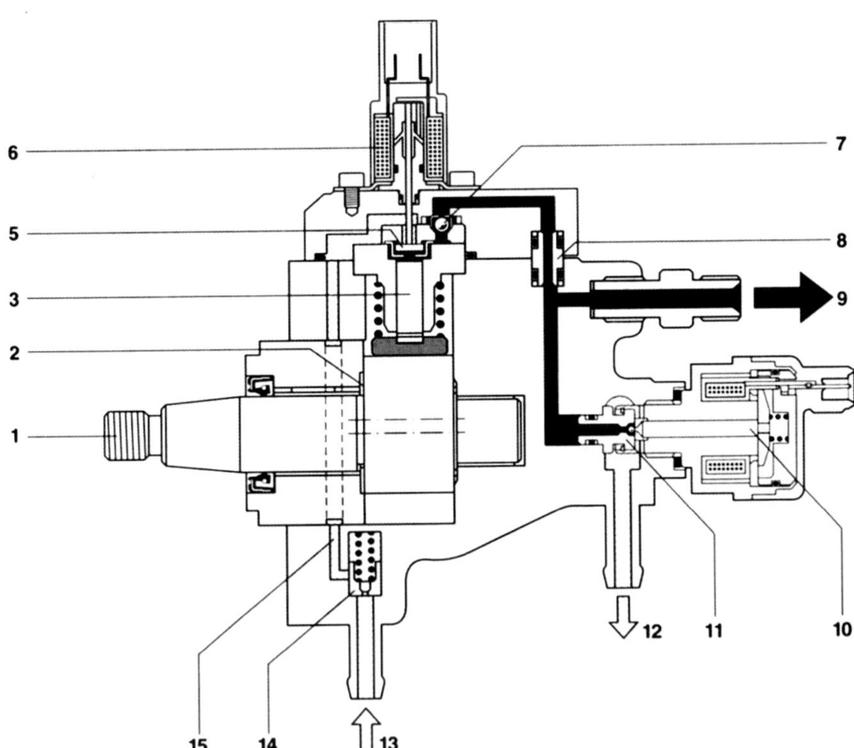

Bild 3.9 *Hochdruckpumpe (Schema, Längsschnitt)*

1 Antriebswelle
2 Exzenternocken
3 Pumpenelement mit Pumpenkolben
4 Elementraum
5 Ansaugventil
6 Elementabschaltventil
7 Auslassventil
8 Dichtstück
9 Hochdruckanschluss zum Rail
10 Druckregelventil
11 Kugelventil
12 Kraftstoffrücklauf
13 Kraftstoffzulauf
14 Sicherheitsventil mit Drosselbohrung
15 Niederdruckkanal zum Pumpenelement

Die indirekte Ansteuerung der Düsennadel im Injektor erfolgt durch ein sogenanntes hydraulisches Kraftstoffverstärkersystem, da die zum schnellen Öffnen der Düsennadel benötigten hohen Kräfte durch das Magnetventil nicht direkt erbracht werden können bzw. der ansonsten benötigte Anzugsstrom sehr hoch sein müsste. Im geschlossenen Zustand (stromlos) verschließt die Ventilkugel durch die Kraft der Ventilfeder die Ablaufdrossel. Der Druck im Rail/Injektor wirkt durch den Zulaufkanal zur Düse auf die

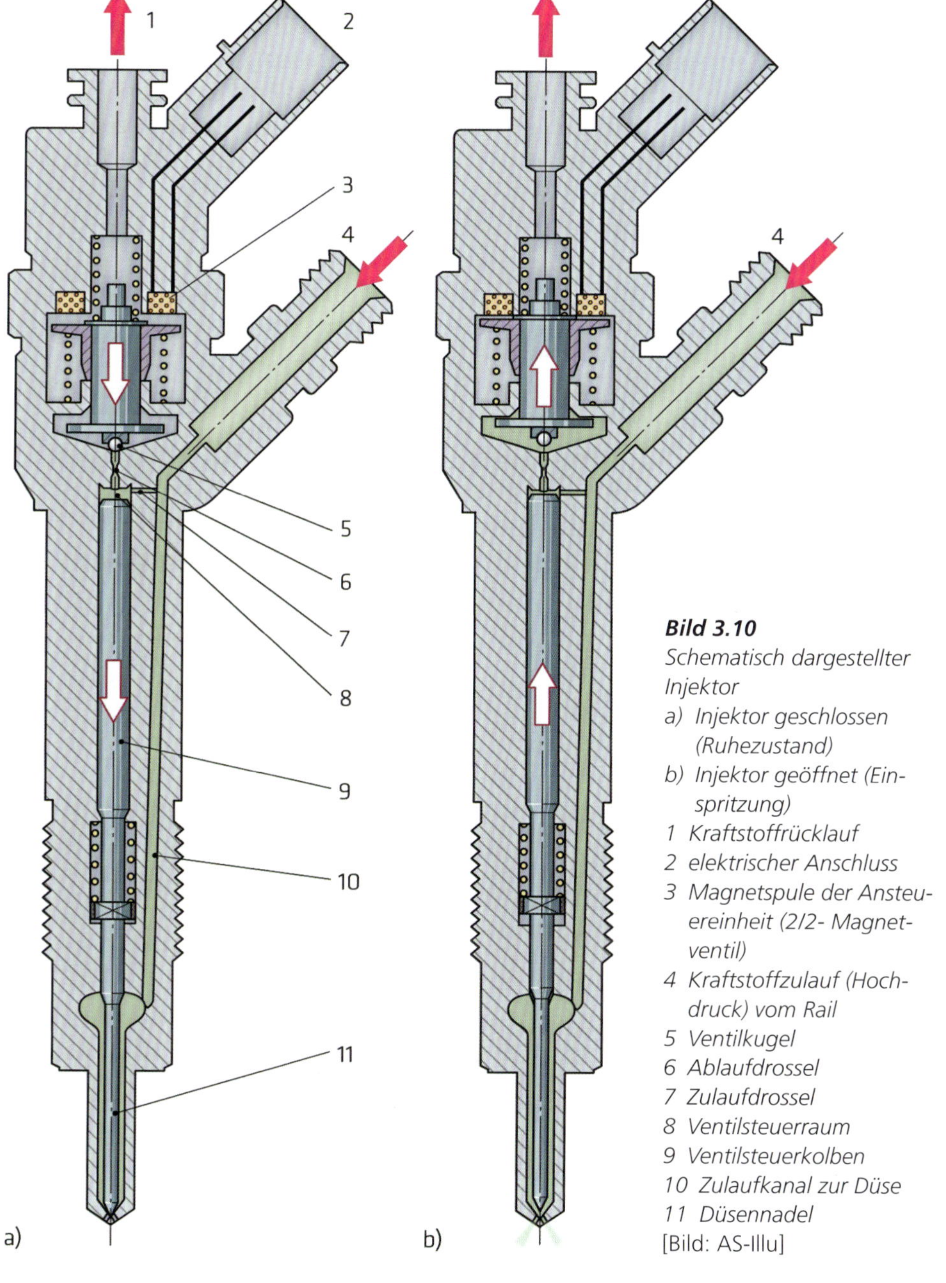

Bild 3.10
Schematisch dargestellter Injektor
a) Injektor geschlossen (Ruhezustand)
b) Injektor geöffnet (Einspritzung)
1 Kraftstoffrücklauf
2 elektrischer Anschluss
3 Magnetspule der Ansteuereinheit (2/2- Magnetventil)
4 Kraftstoffzulauf (Hochdruck) vom Rail
5 Ventilkugel
6 Ablaufdrossel
7 Zulaufdrossel
8 Ventilsteuerraum
9 Ventilsteuerkolben
10 Zulaufkanal zur Düse
11 Düsennadel
[Bild: AS-Illu]

Düsennadel und durch die Zulaufdrossel auf die Stirnfläche des Ventilsteuerkolbens. Da die Kraft auf den Ventilsteuerkolben durch die größere Fläche überwiegt, bleibt die Düsennadel geschlossen. Zum Öffnen der Düsennadel wird das Magnetventil bestromt, wodurch es anzieht und die Ventilkugel die Ablaufdrossel freigibt. Der Druck über dem Ventilsteuerkolben baut sich ab, somit wird die Düsennadel durch den Systemdruck angehoben, womit die Einspritzung erfolgt. Zum Schließen der Düsennadel wird das Magnetventil stromlos und verschließt durch die Ventilfederkraft auf die Ventilkugel wieder die Ablaufdrossel. Damit kann sich über dem Ventilsteuerkolben der Systemdruck wieder aufbauen und die Düsennadel nach unten drücken (Ende Einspritzung). Somit können – wie eingangs erwähnt – der Einspritzbeginn und die Einspritzmenge nur abhängig von den Betriebszuständen des Motors vom Steuergerät ohne mechanische Beschränkungen völlig frei gewählt werden. Man nutzt diese Freiheit auch dazu, kurz vor der eigentlichen Haupteinspritzung eine geringe Voreinspritzung vorzunehmen, um den Zündverzug der Haupteinspritzung zu verkürzen und die dieseltechnischen Verbrennungsdruckspitzen zu verringern.

Noch größere Freiheiten bei der Einspritzsteuerung als die Injektoren, die über Magnetventile angesteuert werden, bieten Piezoinjektoren (Bild 3.11). Diese Injektoren haben ein Piezo-Stellmodul, bei dem mehrere Piezo-Elemente übereinandergestapelt sind. Zur Spannungsversorgung der einzelnen Elemente dienen Metallkontaktplatten, die sich zwischen den einzelnen Elementen befinden. Da die Ansprechzeit des Piezoinjektors sehr kurz ist (ca. 150 Mikrosekunden), können bis zu fünf Teileinspritzungen je Einspritzzyklus verwirklicht werden. Außerdem kann die Längenänderung des Piezo-Stellmoduls abhängig von der angelegten Spannung (100 bis 200 Volt) gesteuert werden. Für jeden Injektor werden nach der Herstellung die Abweichungen von den Sollwerten ermittelt und als Code auf den Injektor geschrieben. Bei einem Austausch eines oder mehrerer Injektoren müssen die neuen Daten dem Steuergerät zur Kompensation der Mengen- und Schaltstreuung mitgeteilt werden.

Zur Erfassung der Betriebszustände des Motors verarbeitet das Steuergerät folgende Eingänge (vgl. auch Bild 3.7):

- Kurbelwellensensor für die Kolbenstellung der Zylinder und die Motordrehzahl,
- Nockenwellensensor für die Zylinderzuordnung und Ersatzdrehzahl bei Ausfall des Kurbelwellensensors,
- Temperatursensoren für Kühlmittel-, Ansaugluft- und evtl. Motorenöl- und Kraftstofftemperatur,
- Heißfilm-Luftmassenmesser für die Ansaugluftmasse, um für die Verbrennung immer einen Luftüberschuss zu erhalten,
- Ladedrucksensor zur Ansteuerung eines Bypassventils oder einer variablen Turbinengeometrie bei Abgas-Turboaufladung,
- Raildrucksensor zur permanenten Regelung des Hochdrucks,
- evtl. Vorförderdrucksensor zur Überwachung der Vorfördermenge,
- Fahrpedalsensor zur Ermittlung der Fahrpedalstellung,
- verschiedene Signale bei integriertem Fahrgeschwindigkeitsregler,
- Signale von anderen Steuergeräten, z. B. Antriebsschlupfregelung, Getriebesteuergerät, Wegfahrsicherung usw.

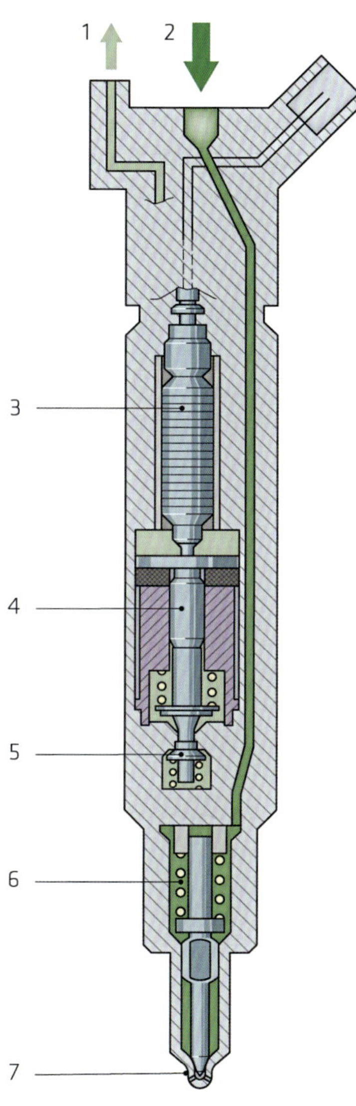

Bild 3.11
Injektor mit Piezo-Stellmodul
1 Kraftstoffrücklauf
2 Hochdruckanschluss (vom Rail)
3 Piezo-Stellmodul (Aktor)
4 hydraulischer Koppler (Übersetzer)
5 Servoventil (Steuerventil)
6 Düsenmodul mit Düsennadel
7 Spritzlöcher
[Bild. AS-Illu]

Aus den zuvor erwähnten Eingangsparametern ermittelt das Steuergerät primär den Einspritzbeginn und die Einspritzmenge und bestromt entsprechend das Magnetventil des jeweiligen Injektors. Dabei berücksichtigt es auch verschiedene notwendige Anpassungen neben dem normalen Fahrbetrieb für den Start, die Leerlaufregelung, die Laufruheregelung, die Ruckeldämpfung, die Mengenbegrenzung und das Abstellen (keine Einspritzung). Der Druck im Rail, die Glühzeitsteuerung, der Ladedruck des Turboladers und die evtl. integrierte Fahrgeschwindigkeitsregelung sowie die kurzzeitige Abschaltung des Klimakompressors werden ebenfalls ausgangsseitig durch das Steuergerät vorgegeben. Das Steuergerät stellt für andere Systeme/Steuergeräte verschiedene Informationen, wie z. B. Drehzahl, Verbrauch usw. zur Verfügung, die über ein Datenbussystem übertragen werden – ebenso wie die umfangreiche Eigendiagnose.

3.2.2 Maßnahmen zur Abgasreduzierung bei Dieselmotoren

Ein Hauptproblem bei den Dieselmotoren sind die bei der Verbrennung entstehenden Rußpartikel und die Stickoxide. Deshalb benötigt man für die Nachbehandlung der Dieselabgase ein mittlerweile relativ aufwendiges Abgassystem. Bild 3.12 zeigt den kompletten Abgasstrang mit Oxidationskatalysator und Dieselpartikelfilter (in einem Gehäuse), den SCR-Katalysator mit der Harnstoffeinspritzung, den Nachschalldämpfern und vielen Sensoren zur Überwachung und Regelung der Funktionen.

Abgassystem

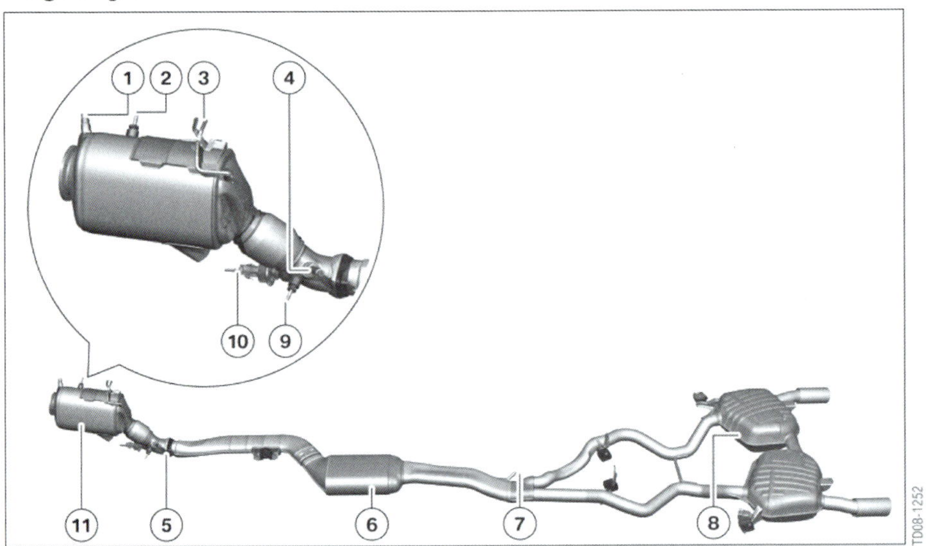

Bild 3.12 *Abgassystem eines Pkw-Dieselmotors*

1 Lambdasonde und verdeckt Abgastemperatursensor vor Oxidationskatalysator
2 Abgastemperatursensor nach Oxidationskatalysator
3 Differenzdrucksensor
4 NO_x-Sensor vor SCR-Katalysator
5 Mischer
6 SCR-Katalysator
7 NO_x-Sensor nach SCR-Katalysator
8 Nachschalldämpfer
9 Abgastemperatursensor nach Dieselpartikelfilter
10 Dosiermodul
11 Dieselpartikelfilter

Der **D**iesel**p**artikel**f**ilter (DPF) – manchmal auch als **R**uß**p**artikel**f**ilter (RPF) bezeichnet – ist ähnlich den sonstigen Katalysatoren; häufig ein poröser Keramik- bzw. Metallfilter, der vom Abgas durchströmt werden muss. Während dadurch die Rußpartikel herausgefiltert werden, setzt sich der Dieselpartikelfilter dabei jedoch langsam zu und der Abgasgegendruck steigt. Dies wird durch einen Differenzdrucksensor oder auch durch zwei Drucksensoren vor und nach dem Dieselpartikelfilter erkannt. Ab einem fest definiertem Schwellwert wird durch das Motorsteuergerät eine Regeneration des Dieselpartikelfilters eingeleitet. Dies geschieht durch eine Verbrennung der Rußpartikel. Da die Verbrennung der Rußpartikel erst ab ca. 600 °C beginnt und die Abgastemperatur in der Regel bei niedriger Leistungsanforderung auch nur bei ca. 200 °C sein kann, muss die Abgastemperatur zur Regeneration angehoben werden. Dies wird bei aktuellen Common-Rail-Systemen durch eine sehr späte Nacheinspritzung erreicht, wodurch die Abgastemperatur steigt und im Dieselpartikelfilter die Verbrennung der Rußpartikel einleitet. Bei den ersten Systemen mit Dieselpartikelfilter wurde dies auch durch Additive erreicht, die die notwendige Verbrennungstemperatur absenkten. Ein noch höherer Ascheanfall war jedoch die negative Begleiterscheinung.

Die Regeneration wird je nach Fahrweise und Fahrzyklus durchschnittlich nach ca. 500 bis 1000 km eingeleitet und ist nach einigen Minuten abgeschlossen. Der Fahrer bemerkt dies in der Regel nicht. Bei überwiegendem Langstreckeneinsatz mit höherem Leistungseinsatz und höheren Außentemperaturen ist eine Regeneration nur selten notwendig, wohingegen es bei überwiegendem Kurzstrecken-, Stadtverkehr und kalten Außentemperaturen auch zu Problemen mit verstopften Dieselpartikelfiltern kommen kann, da für die Regeneration bestimmte Mindesttemperaturen, gemessen durch zwei Abgastemperatursensoren vor und nach dem Oxidationskatalysator, vorhanden sein müssen. Im Extremfall wird eine zu hohe Beladung/Verstopfung des Dieselpartikelfilters durch eine Warnlampe angezeigt. Spätestens dann sollte der Fahrer (oder auch die Werkstatt) aktiv eine entsprechende Regenerationsfahrt unter den notwendigen Bedingungen (längere Strecke, höherer Leistungseinsatz) durchführen.

Der SCR-Katalysator (***S****elective* ***C****atalytic* ***R****eduction*, Bild 3.13) mit Harnstoffeinspritzung dient der Reduktion der Stickoxide (NO_X). Dabei wird durch ein Dosiermodul eine 32,5%ige Harnstofflösung (AdBlue) vor dem Katalysator eingespritzt, die dabei zu Ammoniak (NH_3) zerfällt und im Katalysator die Stickoxide (NO, NO_2) in ihre Bestandteile aufspaltet (chemisch: reduziert). Anschließend verbinden sich die freien Elemente zu Stickstoffmolekülen (N_2) und Wasser (H_2O).

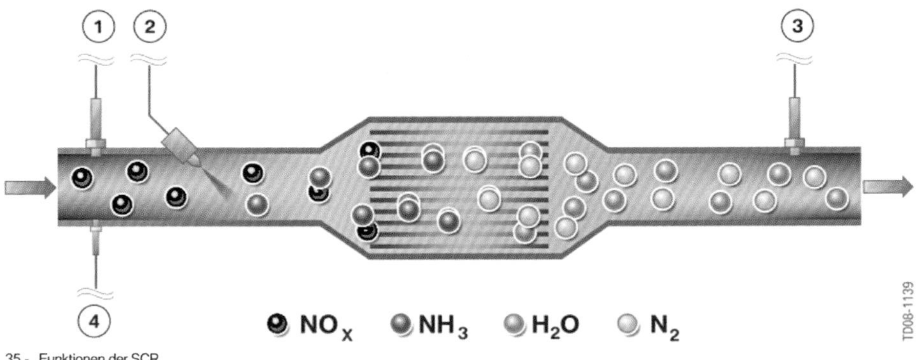

Bild 3.13 *Funktionsweise des SCR-Katalysators*
1 NO_X-Sensor vor dem SCR-Katalysator
2 Dosiermodul
3 NO_X-Sensor nach dem SCR-Katalysator
4 Temperatursensor nach dem Dieselpartikelfilter

Die Menge des eingespritzten Harnstoffes wird durch die Motorsteuerung geregelt. Sie ist abhängig von der Menge des eingespritzten Kraftstoffes und dem Wert des NO_X-Sensors vor dem SCR-Katalysator. Durch einen weiteren NO_X-Sensor nach dem Katalysator wird die Funktion überprüft. Mit dem Temperatursensor nach dem Dieselpartikelfilter bzw. vor dem SCR-Katalysator wird die Abgastemperatur gemessen. Die Harnstofflösung wird erst ab 200 °C eingespritzt, da erst ab dieser Temperatur die Funktion des Katalysators gewährleistet ist.

Die Harnstofflösung wird in einem extra Behälter (ca. 20 l) gespeichert. Da die Lösung bei -11 °C gefriert, muss dies über eine Beheizung vermieden werden. Der Gesamtverbrauch beträgt ca. 0,5 bis 5 % des Kraftstoffverbrauches. Die gespeicherte Menge ist bei einigen Pkw so groß, dass sie bis zum nächsten Ölwechsel reicht. Damit kann die Werkstatt bei einem Ölwechsel zusätzlich eine neue Harnstofflösung einfüllen.

3.3 Europäische On-Board-Diagnose (E-OBD)

Seit Mitte der 80er-Jahre wurden die ersten diagnosefähigen Motorsteuergeräte mit Fehlerspeicher verbaut, deren Diagnoseumfang im Laufe der Jahre immer weiter gewachsen ist. Dies war die Voraussetzung, um abgasrelevante Fehler zu erkennen, abzuspeichern, anzuzeigen und über ein Diagnosetool auszugeben. Das war der Beginn der On-Board-Diagnose, die in Europa zunächst nur in den Werkstätten genutzt wurde.

Gleichzeitig wurden mit den Jahren die Abgasvorschriften immer weiter verschärft, und der Wunsch, die Einhaltung der vorgeschriebenen Werte durch die staatlichen Organe schnell überprüfen zu können, führte (nach US-amerikanischem Vorbild) zur Einführung der E-OBD.

Diese wurde mit Beginn der EU 3 für alle Fahrzeuge mit Ottomotor eingeführt, die ab dem 1.1.2000 neu typzugelassen wurden. Mit einem Jahr Nachlauf, also ab dem 1.1.2001 mussten alle neu zugelassenen Pkw mit Ottomotor eine E-OBD haben. Bei Pkw mit Dieselmotor war der 1.1.2003 der Einführungszeitpunkt für alle neu typzugelassenen und der 1.1.2004 für alle neu zugelassenen Pkw.

Der Umfang der Funktionsüberwachung bezieht sich auf folgende abgasrelevante Systeme und Komponenten und ist in der Motorsteuerung integriert:

- Abgasrückführung (wenn vorhanden),
- Katalysator(en),
- Katalysatorheizung (wenn vorhanden),
- Kraftstoffsystem,
- Ladedruckregelung (wenn vorhanden),
- Lambdasonden,
- Motorsteuergerät,
- Partikelfilterüberwachung (nur Diesel, wenn vorhanden),
- Sekundärluftsystem (wenn vorhanden),
- Tankentlüftungssystem,
- Tankdeckel (unverlierbar oder überwacht),
- Verbrennungsaussetzer.

Dabei unterscheidet man Systeme, die permanent überwacht werden müssen, wie z. B. die Erkennung von Verbrennungsaussetzern, Einspritzzeiten sowie alle Stromkreise abgasrelevanter Bauteile und Systeme, die nur zyklisch während spezieller

Betriebsbedingungen (bzw. festgelegter Fahrzyklen) überwacht werden, wie z. B. die Katalysatorfunktion oder das Sekundärluftsystem.

Wird ein abgasrelevanter Fehler festgestellt, der in mindestens zwei aufeinander folgenden (Fahr-) Zyklen auftritt, leuchtet eine gelbe Fehlfunktionsanzeige mit einem Motorsymbol auf, die so genannte MIL (***M**alfunction **I**ndicator **L**amp*). Die MIL blinkt, wenn ein Fehler auftritt, der zur Zylinderabschaltung führt, z. B. bei Verbrennungsaussetzern, solange der Fehler aktuell vorhanden ist. Bei «Zündung ein» leuchtet die MIL ebenfalls kurz als Glühlampenkontrollfunktion, bis der Motor läuft. Die MIL kann auch wieder erlöschen, wenn der erkannte Fehler z. B. in drei aufeinander folgenden (Fahr-) Zyklen mit gleichen Umfeldbedingungen nicht mehr aufgetreten ist. Der Fehler bleibt aber trotzdem gespeichert.

Die E-OBD verlangt außerdem einen genormten Diagnosestecker mit einer genormten Pinbelegung, der vom Fahrerplatz aus gut erreichbar sein muss. Zusätzlich muss sich die Datenverbindung nach Anschluss eines universellen Diagnosecomputers, dem so genannten Scantool, automatisch aufbauen und die Datenübertragung nach festgelegten Regeln erfolgen. Der Diagnosestecker wird auch als CARB-Stecker (Bild 3.14) bezeichnet, weil er dem zuerst von den kalifornischen Behörden geforderten Stecker entspricht (***C**alifornia **A**ir **R**esources **B**oard*).

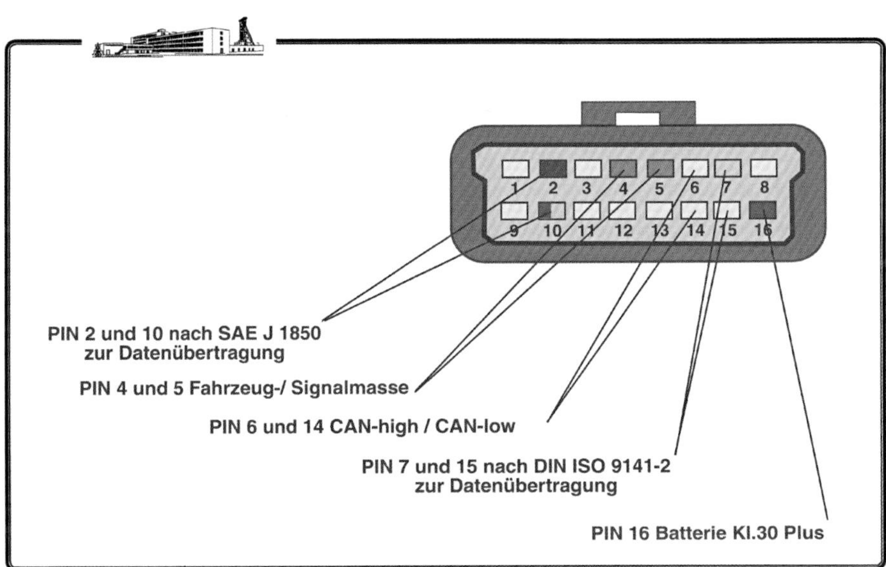

Bild 3.14 *CARB-Iso-Schnittstelle*

Die Fehlercodes wurden ebenfalls genormt und haben folgenden Aufbau:

z. B. P 0 2 2 0

1. Stelle: P = Powertrain (Antriebsstrang), B = Body (Karosserie), C = Chassis (Fahrwerk)
2. Stelle: 0 = genormter Code SAE/ISO, 1 = herstellerspezifischer Code
3. Stelle: 0 = Gesamtsystem, 1 = Gemischaufbereitung, 2 = Kraftstoffsystem, 3 = Zündanlage/-aussetzer, 4 = Abgasüberwachung, 5 = Leerlauf-/Geschwindigkeitskontrolle, 6 = Ein-/Ausgangssignale Steuergerät, 7 = Getriebe
4. und 5. Stelle sind Fehlercodes mit einer fortlaufenden Nummerierung der Bauteile/Systeme

Auch die verschiedenen Programme des Diagnosetesters folgen festen Regeln und bieten folgende Funktionen:

- Auslesen der aktuellen Istwerte,
- Auslesen der Umfeldbedingungen, die beim Auftreten eines Fehlers herrschten,
- Auslesen der abgasrelevanten und bestätigten Fehlercodes,
- Löschen des Fehlerspeichers,
- Anzeigen von Messwerten und Schwellen der λ-Sonden,
- Anzeigen von Messwerten spezieller Funktionen,
- Auslesen der abgasrelevanten und noch nicht bestätigten Fehlercodes,
- verschiedene herstellerspezifische Testfunktionen,
- Auslesen von Fahrzeuginformationen.

Um Manipulationen zu vermeiden bzw. um diese aufzudecken, wurde auch der so genannte Readiness-Code eingeführt. Der Readiness-Code zeigt, ob z. B. seit dem letzten Löschen des Fehlerspeiches ein Diagnoseergebnis zu allen Einzelsystemen vorhanden ist, d. h., dass jedes System die entsprechenden Betriebsbedingungen und Fahrzyklen durchlaufen hat. Der Readiness-Code besteht aus 4 Bytes mit jeweils 8 Bits, die mit 0/1 codiert sind.

0 = Test/Zyklus abgeschlossen oder nicht durchführbar/notwendig

1 = Test/Zyklus noch nicht vollständig durchgeführt/abgeschlossen

Nach einem Löschen des Fehlerspeichers bzw. bei einem Ausfall der Spannungsversorgung wird immer die 1 gesetzt.

3.4 Alternative Antriebe mit Gas

Ständig steigende Benzin- und Dieselpreise sowie die stetig wiederkehrenden CO_2-Diskussionen und die Endlichkeit fossiler Brennstoffe führen zu vielen alternativen Entwicklungen. Neben einigen technischen Möglichkeiten der Kraftstoffeinsparung, der Hybridtechnik (vgl. Kapitel 5) und Fahrzeugen mit reinem Elektroantrieb wurde auch der Antrieb mit Gas wiederentdeckt. Fahrzeuge mit Gasantrieb gibt es sowohl in der Serie ab Werk von einigen Fahrzeugherstellern als auch über Nachrüstlösungen von freien Anbietern.

3.4.1 Einführung und Begriffsdefinitionen

Dieses Kapitel soll einen Überblick über die unterschiedliche Technik und die verschiedenen Begriffe geben. Wenn man aber Fahrzeuge mit Gasantrieb warten, reparieren oder sogar ein Nachrüstsystem einbauen will, muss man die Schulungen der Fahrzeug- und/oder Systemhersteller besuchen und die jeweils dem System zugehörigen, detaillierten Unterlagen beachten. Außerdem sind die gesetzlichen Vorgaben einzuhalten, da diese Systeme bei unsachgemäßer Handhabung eine nicht zu unterschätzende Gefahrenquelle darstellen könnten.

Erdgas

Die gebräuchlichste Abkürzung für Erdgas im Kraftfahrzeugsektor ist CNG (***C**ompressed **N**atural **G**as*, engl. komprimiertes, natürliches Gas), weil es in der Regel auf einen Druck bis zu 200 bar komprimiert wird. Wird das Erdgas für den Transport durch Kälte (-162 °C) verflüssigt, bezeichnet man es als LNG (***L**iquified **N**atural **G**as*, engl. verflüssigtes, natürliches Gas). Im Zusammenhang mit Fahrzeugen mit Erdgasantrieb spricht man auch manchmal von NGV (***N**atural **G**as **V**ehicle*, engl. Naturgasfahrzeug).

Erdgas besteht zum überwiegenden Teil aus Methan, ist farb- und geruchlos und leichter als Luft. Abhängig vom Methananteil gibt es sogenanntes Low- (80 bis 87 % Methan) und High- (84 bis 99% Methan) Erdgas. High-Erdgas besitzt eine höhere Energiedichte als Low-Erdgas. Grundsätzlich entsteht bei Erdgas gegenüber der Benzin- und Dieselverbrennung eine geringere Schadstoffbelastung beim Kohlenmonoxid, unverbrannten Kohlenwasserstoffen, Stickoxiden, Rußpartikeln und Kohlendioxid. Außerdem hat Erdgas auch eine höhere Klopffestigkeit.

Biogas

Biogas entsteht durch die Vergärung von Biomasse und besteht überwiegend aus Methan (45 bis 70 %) und Kohlendioxid (25 bis 55 %). Zur Verwendung im Kraftfahrzeug muss es durch Entfernung des Kohlendioxids auf Erdgasqualität aufbereitet werden und besitzt dann die gleichen Eigenschaften. Es wird manchmal auch als Biomethan oder Bioerdgas bezeichnet.

Autogas

Die gebräuchlichsten Abkürzungen für Autogas sind LPG (***L**iquified **P**etroleum **G**as*, engl. verflüssigtes Mineralölgas) und GPL (***g**az de **p**etrole **l**iquefie*, franz. verflüssigtes Mineralölgas). Autogas besteht aus Propan (40 %) und Butan (60 %), im Winter kann das Verhältnis genau umgekehrt sein, da Propan einen niedrigeren Siedepunkt hat als Butan und das Gemisch bei tiefen Temperaturen dann besser verdampft. Es ist ebenfalls farb- und geruchlos und im Gegensatz zum Erdgas schwerer als Luft. Beim Autogas entstehen bei der Verbrennung im Motor gegenüber der Benzin- und Dieselverbrennung ebenfalls weniger Schadstoffe. Außerdem verfügt Autogas auch über eine höhere Klopffestigkeit.

Wasserstoff

Wasserstoff (H_2) ist das häufigste und leichteste, chemische Element. Bei seiner Verbrennung entsteht Wasser. Er kann in einem herkömmlichen Verbrennungsmotor genutzt werden, oder in sogenannten Brennstoffzellen in elektrischen Strom gewandelt werden, der dann einen E-Motor antreibt. Wasserstoff kommt auf der Erde nicht in reiner Form vor, d. h., er ist immer mit anderen Elementen gebunden. Herstellung, Speicherung und Verwendung setzen hohe technischen Anforderungen voraus.

Monovalent/Bivalent

Gasfahrzeuge sind sehr oft sowohl auf Benzin- als auch auf Gasantrieb ausgelegt. Wenn beide Antriebsformen möglich sind und zwischen beiden gewechselt werden kann, spricht man von einem bivalenten Antrieb (*bi*, lat. in Zusammensetzungen für zwei, valens, lat.: kräftig, stark, mächtig).

Bei einem monovalenten (*mónos*, griech.: allein) Antrieb ist das Fahrzeug nur auf den Gasbetrieb ausgelegt. Es sind aber max. 15 l Benzin erlaubt. Damit erfolgt die Schadstoffeinstufung entsprechend der Emissionen im Gasbetrieb. In der Regel werden dadurch deutlich geringere Abgaswerte und damit eine günstigere steuerliche Einstufung erreicht.

GSP

Die Gassystemeinbauprüfung (GSP) ist eine einmalige Prüfung des eingebauten Systems (Details in Abschnitt 3.4.4).

GAP

Die Gasanlagenprüfung (GAP) ist eine vorgeschriebene regelmäßige Überprüfung der gesamten Komponenten der Gasanlagen im Kraftfahrzeug (siehe Abschnitt 3.4.4).

3.4.2 Erdgasantrieb

Für den Antrieb mit Erdgas werden gegenüber den bekannten Systemen einige zusätzliche gasspezifische Bauteile benötigt. Bild 3.15 zeigt diese am Beispiel eines Erdgasantriebs von Audi.

Beginnend mit dem Erdgaseinfüllstutzen, der in der Regel zusammen mit dem Benzineinfüllrohr hinter der Tankklappe sitzt, wird über einen Bajonettverschluss beim Betankungsvorgang das Erdgas mit etwa 200 bar in die Erdgastanks gedrückt. Die Tankklappe ist bei Fahrzeugen mit Gasantrieb über einen Schalter abgesichert, wodurch ein versehentliches Starten und Wegfahren bei einem Tankvorgang und geöffneter Tankklappe verhindert wird. Die Tankabsperrventile an jedem Gastank dienen ebenfalls der Sicherheit. Über den Gasdruckregler wird der Druck des unter Hochdruck stehenden Erdgases so weit reduziert, dass über die an der Gasverteilerleiste befestigten Einblasventile das Gas in die Ansaugrohre eingeblasen werden kann. Dies geschieht bei aktuellen Fahrzeugen auch zylinderselektiv und sequenziell.

An jedem Erdgastank befindet sich ein Tankabsperrventil (Bild 3.16). Jedes Tankabsperrventil hat einen Durchflussmengenbegrenzer, ein Rückschlagventil, eine Thermosicherung, ein mechanisches und ein elektromagnetisches Absperrventil. Über das elektromagnetische Absperrventil wird der Gaszufluss im Motorbetrieb gesteuert. Es ist stromlos geschlossen und die Funktion wird über die Eigendiagnose überwacht. Über das mechanische Absperrventil kann der Tank manuell geschlossen werden. Dies muss bei allen Arbeiten am Gassystem vor Beginn der Arbeiten durchgeführt werden.

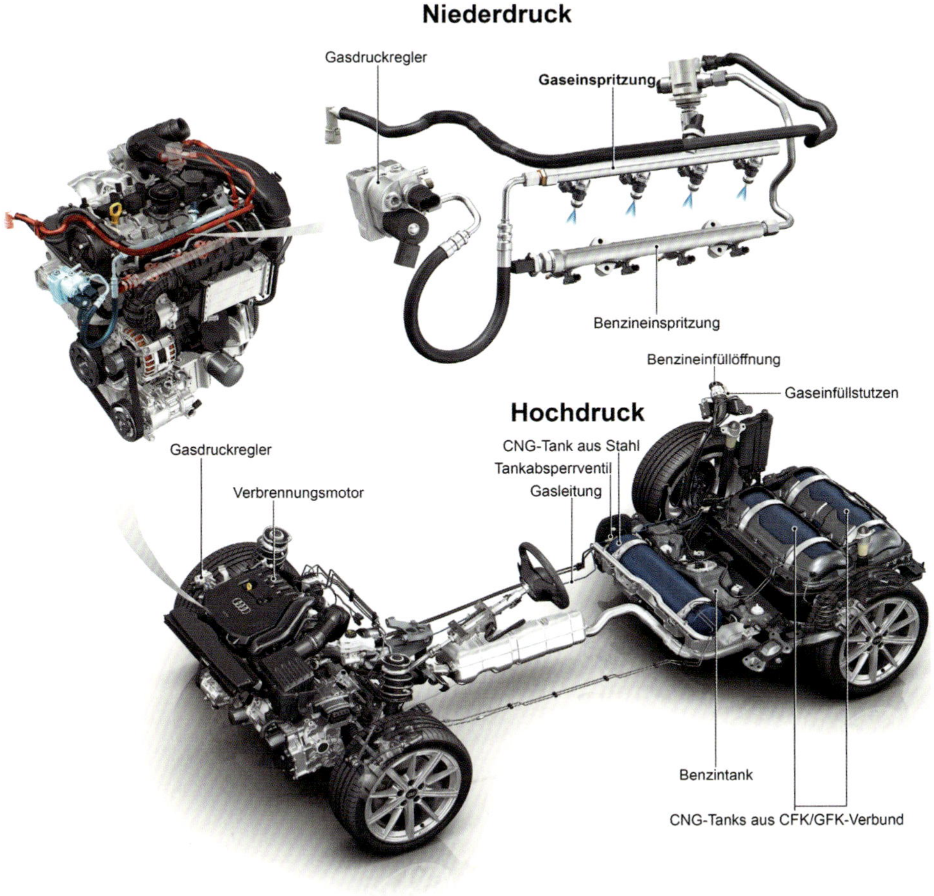

Niederdruck
Gasdruckregler
Gaseinspritzung
Benzineinspritzung
Benzineinfüllöffnung
Gaseinfüllstutzen
Hochdruck
CNG-Tank aus Stahl
Tankabsperrventil
Gasleitung
Gasdruckregler
Verbrennungsmotor
Benzintank
CNG-Tanks aus CFK/GFK-Verbund

Bild 3.15 *Übersicht über eine Erdgasanlage in einem Audi A3 g-tron* [Bild: Audi]

Ventil für Tankabsperrung
elektromagnetisches Absperrventil 1-4
mechanisches Absperrventil
Anschlussgewinde Erdgasleitung
Erdgastank
Thermosicherung
Durchflussmengenbegrenzer
Rückschlagventil* mit Anschlussgewinde

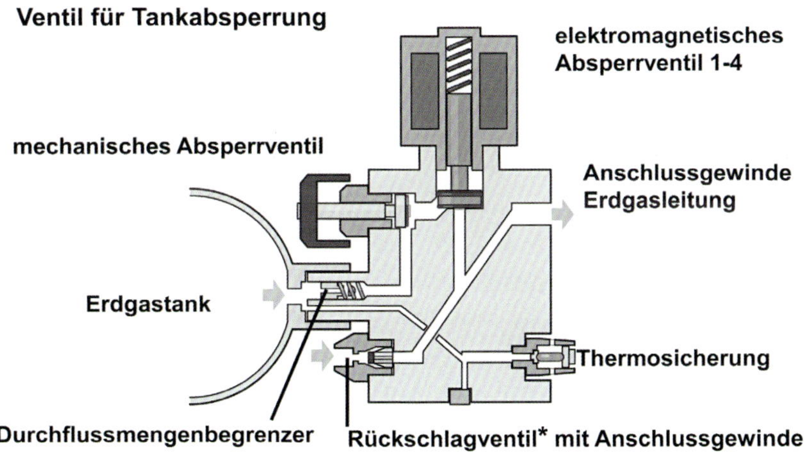

Bild 3.16 *Schematische Darstellung eines Tankabsperrventils*

Der Durchflussmengenbegrenzer verschließt bei einem zu großen Druckabfall die Leitung, indem er bei einer zu hohen Druckdifferenz in den Konus gedrückt wird. Die Thermosicherung ermöglicht bei einem Brand ein definiertes Ausströmen des Gases, um eine Explosion der Gastanks zu vermeiden. Das Rückschlagventil verhindert nach dem Tanken ein Ausströmen des Gases.

Zentrales Bauteil bei einer Gasanlage ist der Gasdruckregler (Bild 3.17). Durch ihn wird der Hochdruck aus der Tankanlage in den benötigten Niederdruck (ca. 6 bar) verringert. Das elektromagnetische Hochdruckventil wird dazu von der Motorelektronik angesteuert. Stromlos ist es geschlossen. Über den Hochdrucksensor wird der Tankdruck und damit der Füllstand der Tankanlage gemessen und überwacht. Einerseits wird der Füllstand im Kombiinstrument angezeigt und andererseits wird bei einem zu geringen Füllstand automatisch auf die andere Kraftstoffart umgeschaltet. Der Gasdruckregler ist mit dem Kühlmittelkreislauf verbunden, da die bei der Expansion des Gases (bei der Druckreduktion) entstehende Kälte sonst zum Vereisen des Gasdruckreglers führen könnte.

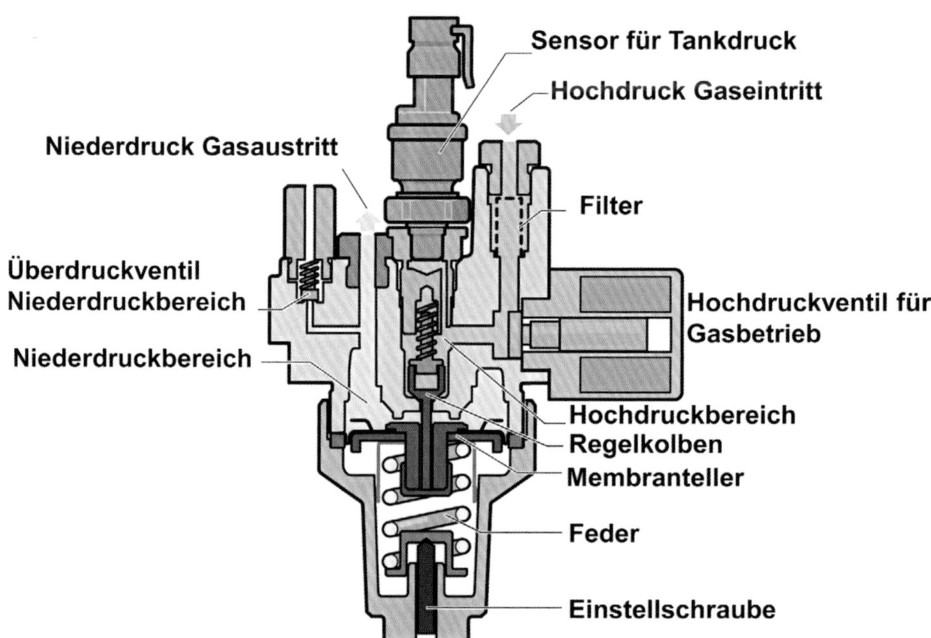

Bild 3.17 *Schematisch dargestellter Aufbau eines Gasdruckreglers*

Über die Einblasventile (Bild 3.18), die an der Gasverteilerleiste befestigt sind, erfolgt schließlich die Gaszuteilung über die Motorelektronik. Die Funktion und der Aufbau der Gaseinblasventile sind ähnlich den Benzineinspritzventilen, lediglich die Abdichtung über den Dichtsitz und der Gasaustritt sind gasspezifisch angepasst.

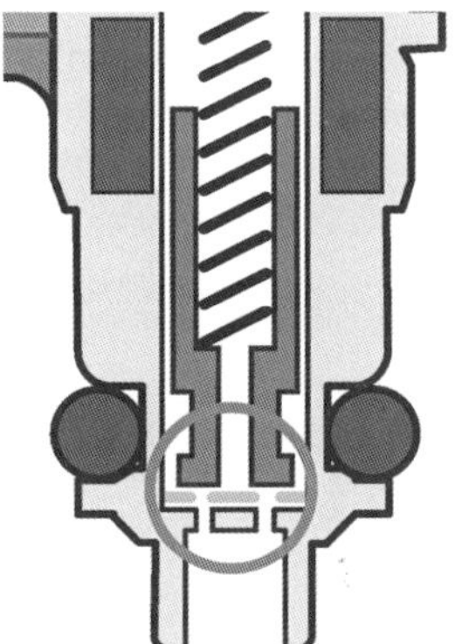

Bild 3.18
Schnittbild eines Gaseinblasventils

Bild 3.19 zeigt den Schaltplan einer monovalenten Erdgasanlage mit p/n-Steuerung. Diese Motorelektronik steuert den Gas- und Benzin(not)betrieb gleichzeitig in einer Einheit, jedoch mit einer getrennten On-Board-Diagnose für Gas- und Benzinbetrieb. (Zur Vereinfachung wurde der bekannte Benzinteil weggelassen.) Im Folgenden sind die Unterschiede im Aufbau und in der Funktion zu einer herkömmlichen Benzin-Motorelektronik kurz beschrieben.

Die Ansteuerung der elektromagnetischen Absperrventile an den Gastanks erfolgt über das Kraftstoffpumpenrelais. Das Signal der Lambdasonde wird neben der Abgasregelung auch zur Erkennung des getankten Erdgases (high/low) verwendet. Deshalb wird nach einer Erdgasbetankung immer zunächst im Benzinbetrieb gestartet und auf Gasbetrieb erst umgeschaltet, wenn die Lambda-Regelung bereits aktiviert wurde. Bei kaltem Motor (<15 °C) wird ebenfalls erst im Benzinbetrieb gestartet. Nur bei einem warmen Motor ohne vorherige Betankung wird sofort im Gasbetrieb gestartet. Bei einigen älteren Erdgasfahrzeugen konnte die Umschaltung der Betriebsart auch manuell durch einen zusätzlichen Kraftstoffschalter erfolgen. Das Signal vom Airbag-Steuergerät schaltet das Erdgassystem bei einem Unfall mit Airbag-Auslösung sofort ab. Die Ansteuerung der Einblasventile bestimmt den Zeitpunkt und die Dauer der Gaseinblasung. Der Gasdrucksensor und der «NTC Gas» dienen zur Feinsteuerung, da sich durch Temperatur- und Druckschwankungen die Gasdichte verändert. Sie sind aber auch Teil der Sicherheitsüberwachung (s. o.).

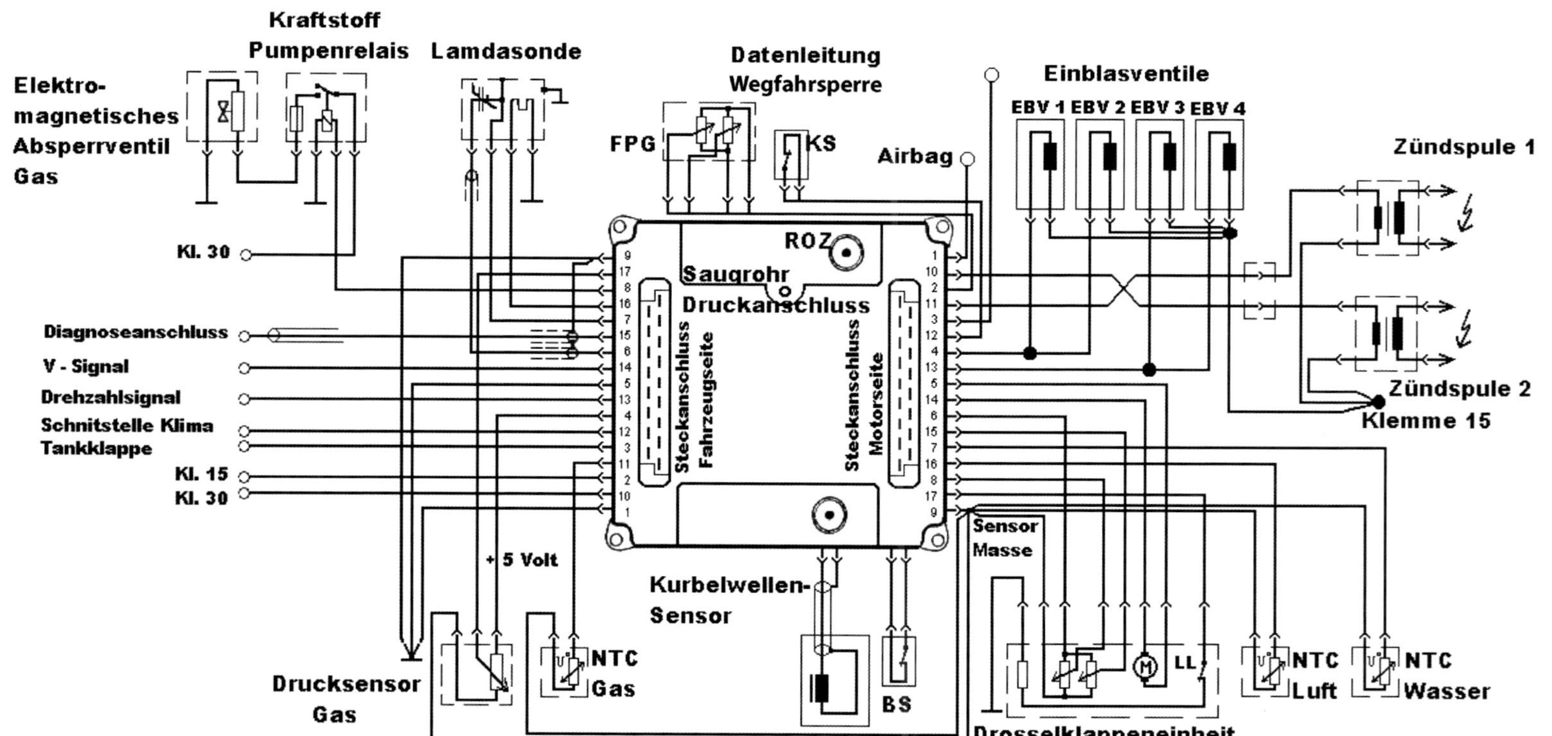

Bild 3.19 *Schaltplan einer Motorelektronik mit monovalenter Erdgasanlage*
FPG Fahrpedalgeber
BS Bremsschalter
KS Kraftstoffschalter
LL Leerlauf

3.4.3 Autogasanlagen und Nachrüstungen

Autogasanlagen (LPG) sind durch den niedrigeren Druck (6 bis 8 bar) technisch nicht so aufwendig wie Erdgasanlagen und deshalb in der Nachrüstung wirtschaftlich günstiger. Darum wird bei einer Gasnachrüstung meist eine Autogasanlage nachgerüstet. Es gibt von einigen Fahrzeugherstellern aber auch Modelle mit Autogasanlagen in Neufahrzeugen ab Werk.

Entsprechend dem Fahrzeug, an dem eine Autogasanlage nachgerüstet werden soll, gibt es einfache Anlagen nach dem Venturi-Prinzip, teilsequenzielle und vollsequenzielle Autogasanlagen.

Bei Nachrüstanlagen für ältere Fahrzeuge nach dem Venturi-Prinzip wird in die Ansauganlage ein Gas-Ausströmring integriert, der kontinuierlich Gas ausströmen lässt, wenn mit dem Gas- Benzin-Umschalter der Gasbetrieb eingeschaltet wird. Hier handelt es sich um ein überwiegend mechanisches System; die Gasmenge wird dabei über den Unterdruck nach der Drosselklappe mit Hilfe einer Steuerleitung durch den Druckregler gesteuert. Durch den Gas-Benzin-Umschalter wird das (stromlos geschlossene) Abschaltmagnetventil angesteuert.

Bei den aktuelleren teil- und vollsequenziellen Autogasanlagen wird die vorhandene Motorsteuerung um eine zusätzliche Gassteuereinheit ergänzt. Das von der Motorsteuerung errechnete Benzin-Einspritzsignal dient dabei als Grundinformation und wird durch die Gassteuereinheit im Gasbetrieb für die von den Gasinjektoren benötigten veränderten Steuerimpulse umgewandelt. Zusätzlich erhält die Gassteuereinheit für die Berechnung der Gaseinblaszeit das Motordrehzahlsignal, die Kühlmitteltemperatur, die Gastemperatur, das Gasdrucksignal und die Information des Gasfüllstandsensors.

Das Motordrehzahlsignal dient neben der Feinsteuerung der Gaseinblaszeit auch zur (Sicherheits-) Kontrolle des Motorlaufs. Die Kühlmitteltemperatur wird ebenfalls sowohl zur Feinsteuerung der Gaseinblaszeit als auch für den Benzin-Gas-Übergang benötigt. Die Gastemperatur dient ebenfalls zur Feinsteuerung der Gaseinblaszeit, da sich die Dichte des Gases mit der Temperatur verändert. Die Dichte des Gases ist aber auch sehr stark abhängig vom Druck des Gases, weshalb natürlich auch das Gasdrucksignal einen wesentlichen Einfluss auf die Gaseinblaszeit hat. Zusätzlich dient es auch zur Erkennung von Problemen (z. B. verstopfter Gasfilter) oder dem zu Ende gehenden Gasvorrat im Gastank. Letztere Information liefert auch der Gasfüllstandsensor zur Anzeige für den Fahrer.

Zusätzlich zu den Verdampfer-Anlagen, bei denen das LPG gasförmig in den Ansaugtrakt eingeblasen wird, gibt es auch Anlagen, die das Gas in der flüssigen Phase in den Ansaugtrakt einspritzen sowie Anlagen, die das Gas in der flüssigen Phase direkt in den Brennraum einspritzen. Bei den flüssig einspritzenden Systemen befindet sich eine Pumpe im Tank, die das flüssige Gas zu den Einspritzventilen befördert. Überschüssiges Autogas wird über eine Rücklaufleitung wieder in den Tank zurück gefördert. Die Gasförderpumpe regelt den benötigten Einspritzdruck. Gleichzeitig enthält sie ein Sicherheitssystem, das den Gasstrom bei einem plötzlichen Druckabfall (z. B. durch einen Schaden in der Gasleitung) stoppt. Direkt einspritzende Autogasanlagen haben zusätzlich eine Hochdruckpumpe, die den Einspritzdruck auf rund 100 bar erhöht. Bei diesen Anlagen erfolgt die Gas- und die Benzineinspritzung durch dieselben Injektoren. Sie haben deshalb eine aufwendige Umschaltlogik. Direkt einspritzende Anlagen können

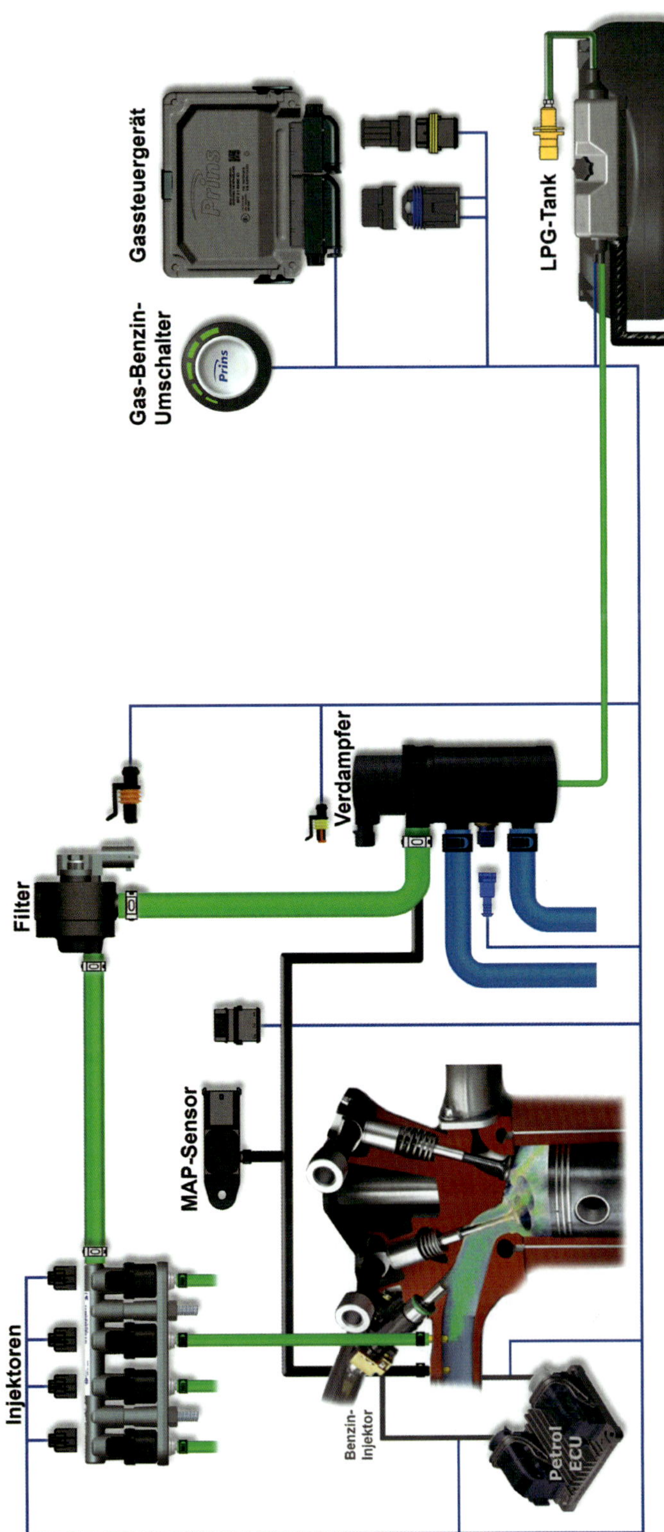

Bild 3.20 *Prinzipieller Aufbau einer Autogasanlage mit Verdampfer*
[Bild: Prins]

auch bei kaltem Motor direkt mit Autogas starten. Bei Verdampferanlagen und flüssig einspritzenden Saugrohranlagen muss der Motorstart dagegen mit Benzin erfolgen. Erst wenn der Motor seine Betriebstemperatur erreicht hat, kann die Anlage auf den Betrieb mit Autogas umschalten.

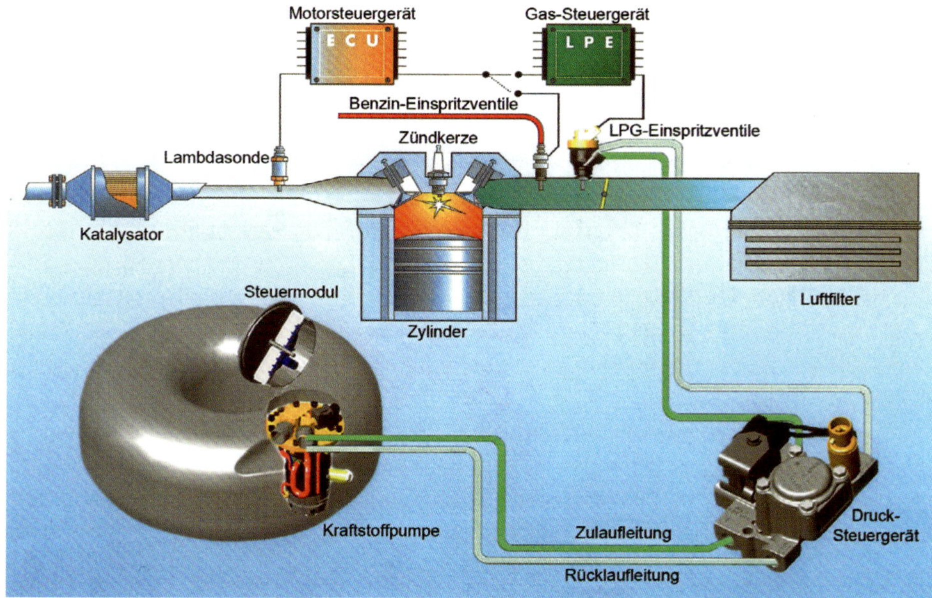

Bild 3.21 *Prinzipieller Aufbau einer Autogasanlage mit flüssiger Saugrohreinspritzung* [Bild: Vialle]

Bei der Nachrüstung von Gasanlagen ist zu beachten, dass es genaue rechtliche Vorschriften für Gasanlagen gibt und diese einzuhalten sind.

3.4.4 Gesetzliche Anforderungen

Die gesetzlichen Vorschriften (ECE R 67, ECE R 110) regeln die detaillierten Bau- und Prüfvorschriften der einzelnen Bauteile von Gasanlagen. Die ECE R67 gilt dabei für Bauteile von Autogasanlagen, die ECE R 110 für Bauteile von Erdgasanlagen. Zusätzlich gibt es die ECE R 115, die für komplette Gassysteme gilt. Die einzelnen Bauteile in einer nach ECE R 115 genehmigten Anlage müssen der ECE R 67 oder ECE R 110 entsprechen. Darüber hinaus unterliegen die vorgeschriebenen gasspezifischen Überprüfungen und natürlich auch die Motordaten und Abgasemissionen den gesetzlichen Vorschriften.

Die Motorleistung darf sich bei Nachrüstungen im Gasbetrieb um maximal 5 % gegenüber dem Benzinbetrieb verändern. Die Grenzwerte der Abgasemissionen müssen sowohl im Gas- als auch im Benzinbetrieb eingehalten werden.

Das notwendige Benutzerhandbuch beschreibt für den Endkunden die sichere Benutzung, die besonderen Eigenschaften und notwendige Sicherheitshinweise der Gasanlage. Das sind im Detail unter anderem die Erstinbetriebnahme, das Öffnen und Schließen der Handventile, das Befüllen des Systems, die Betriebsarten und deren Wechsel, die Wartung, die Maßnahmen bei einem Defekt, die Sicherheitsanweisungen und Vorsichtsmaßnahmen.

Das in der ECE R 115 geforderte Einbauhandbuch muss neben der genauen fahrzeugspezifischen Beschreibung und der Genehmigungsnummer des Nachrüstsystems eine detaillierte Einbauanleitung mit entsprechenden Grafiken bzw. Bildern enthalten. Dabei sind alle Bauteile in ihrer Lage, ihren Befestigungen, Abständen, Prüfvorschriften usw. detailliert beschrieben. Natürlich muss auch ein elektrischer Schaltplan mit den entsprechenden Hinweisen zum korrekten Einbau und einer Fehlersuche bei Funktionsstörungen Bestandteil des Einbauhandbuches sein. Die Beschreibungen für die Erstinbetriebnahme, Sicherheitshinweise und Wartungsarbeiten dürfen ebenfalls nicht fehlen.

Nach dem Einbau eines Gasnachrüstsystems muss eine Gassystemeinbauprüfung (GSP) durchgeführt und dokumentiert werden. Dabei werden sowohl der korrekte Einbau, die Funktion, die Dichtheit als auch die Übereinstimmung mit allen gesetzlichen Regelungen überprüft. Anschließend wird ein GSP-Nachweis zur Vorlage bei der Zulassungsstelle ausgestellt. Dies darf nur von geschultem und zertifiziertem Personal (analog AU) vorgenommen werden.

Dies gilt auch für die Gasanlagenprüfung, die in regelmäßigen Abständen (analog AU, HU) durchgeführt werden muss. Sie umfasst zuerst die Identifikation des Fahrzeuges und der Bauteile und anschließend eine Sicht-, Funktions- und Dichtheitsüberprüfung. Der Fahrzeughalter erhält darüber einen Nachweis.

3.5 Historische Entwicklung der elektronischen Zündung

Die Aufgabe der Zündung ist es bekanntlich, einen **Zündfunken** in **ausreichender Stärke** und zum jeweils **richtigen Zeitpunkt** für die Entzündung des Kraftstoff-Luft-Gemisches zur Verfügung zu stellen. Je genauer dies gelingt, desto besser sind die Leistungsausbeute sowie die Effizienz des Motors. Das heißt, der Motor ist damit sparsam und wirtschaftlich bei möglichst geringem Schadstoffausstoß. Da die kontaktgesteuerte Zündungsauslösung über Unterbrecherkontakte diese Aufgabe nie so richtig erfüllen konnte, war die Zündung immer ein lohnendes Feld für die Entwicklung und Einführung der Elektronik im Kraftfahrzeug.

3.5.1 Kontaktlos gesteuerte Zündung

Bei der kontaktgesteuerten Zündung war die maximal übertragbare Zündenergie begrenzt und durch den permanenten Verschleiß an den Kontakten war außerdem eine exakte Einhaltung des vorgegebenen Zündzeitpunktes nicht möglich. Dies führte zu häufigen Zündaussetzern, verbunden mit erhöhtem Kraftstoffverbrauch, und somit zu einer Erhöhung des Schadstoffausstoßes. Dies war für immer schneller laufende Motoren mit immer höherer Kompression der Engpassfaktor und nicht mehr zeitgemäß. Durch die Elektronik gelang es in einem ersten Schritt, die Zündung kontaktlos und damit verschleißfrei und wartungsarm auszulösen. Dadurch ließ sich der vorgegebene Zündzeitpunkt beinahe über die gesamte Lebensdauer exakt einhalten.

Man erreichte dies durch eine induktive Steuerung (Transistorspulenzündung mit induktiver Auslösung, TSZ-i) bzw. durch eine Auslösung durch Hallgeber (TSZ-h). (Signalentstehung und -auslösung werden in den folgenden Abschnitten beschrieben.)

Da diese beiden Systeme nicht zu aufwendig und relativ preisgünstig waren sowie eine deutliche Verbesserung brachten, wurden sie speziell auch für kleinere Motoren lange eingesetzt.

Die wesentlichen Vorteile einer kontaktlos gesteuerten Zündung waren:

- verschleißfrei und wartungsfrei,
- konstanter Zündzeitpunkt,
- keine Kontaktpreller und damit höhere Drehzahlen möglich,
- Schließwinkelsteuerung und Primärstrombegrenzung (durch niederohmige Zündspulen schnellerer Magnetfeldaufbau und mehr Zündenergie bei hohen Drehzahlen),
- höhere Zündspannung,
- Ruhestromabschaltung.

Anhand von Bild 3.22 wird im Folgenden die Funktion kurz erläutert:
Nach dem Einschalten der Zündung (2) steht an Klemme 15 der Zündspule (3) die Batteriespannung an. Durch die Primärwicklung fließt Strom, sobald durch das Schaltgerät (4) die Klemme 1 der Zündspule mit Masse verbunden wird. Die Unterbrechung des Primärstroms wird durch ein elektronisches Signal (5) ausgelöst und induziert in der Sekundärwicklung die Zündspannung. Die Zündspannung wird durch die Klemme 4 der Zündspule über den Zündverteiler dem jeweiligen Zylinder bzw. der Zündkerze zugeleitet.

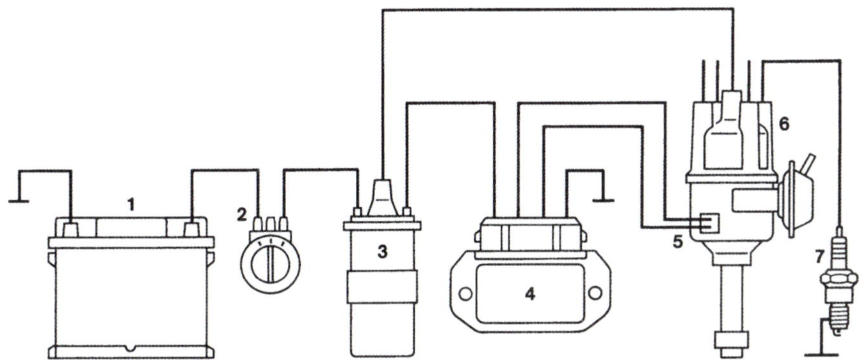

Bild 3.22 *Komponenten einer Transistorzündanlage*
1 Batterie
2 Zündstartschalter
3 Zündspule
4 Schaltgerät
5 Geber
6 Zündverteiler
7 Zündkerze(n)

Das Schaltgerät erkennt über die elektronischen Signale (Gebersignale) die Drehzahl und steuert dementsprechend den Schließwinkel (Schließzeit) und den Primärstrom. Dazu benötigt es auch die Batteriespannung über Klemme 15. Entsprechend der Drehzahl und der Batteriespannung wird der Schließwinkel (bzw. die Stromflusszeit) so gesteuert, dass kurz vor der Auslösung des Zündfunkens der benötigte Soll-Primärstrom erreicht wird, d. h., bei höherer Drehzahl vergrößert sich der Schließwinkel ebenso wie bei niedrigerer Batteriespannung.

Bei eingeschalteter Zündung und stehendem Motor (kein Gebersignal) wird nach kurzer Zeit (i. d. R. eine Sekunde) der Primärstrom elektronisch abgeschaltet. Sobald das Steuergerät ein Gebersignal erhält (z. B. beim Starten), ist es wieder betriebsbereit.

Zur Anpassung des Zündzeitpunktes an verschiedene Lastzustände bzw. Drehzahlen erfolgt die Verstellung analog der kontaktgesteuerten Zündanlagen mechanisch über Unterdruckdose(n) sowie Fliehgewichten. Damit wird das Gebersignal (und damit der Zündzeitpunkt) entsprechend nach früh oder auch nach spät (Leerlauf, Schiebebetrieb) verstellt (Bild 3.23).

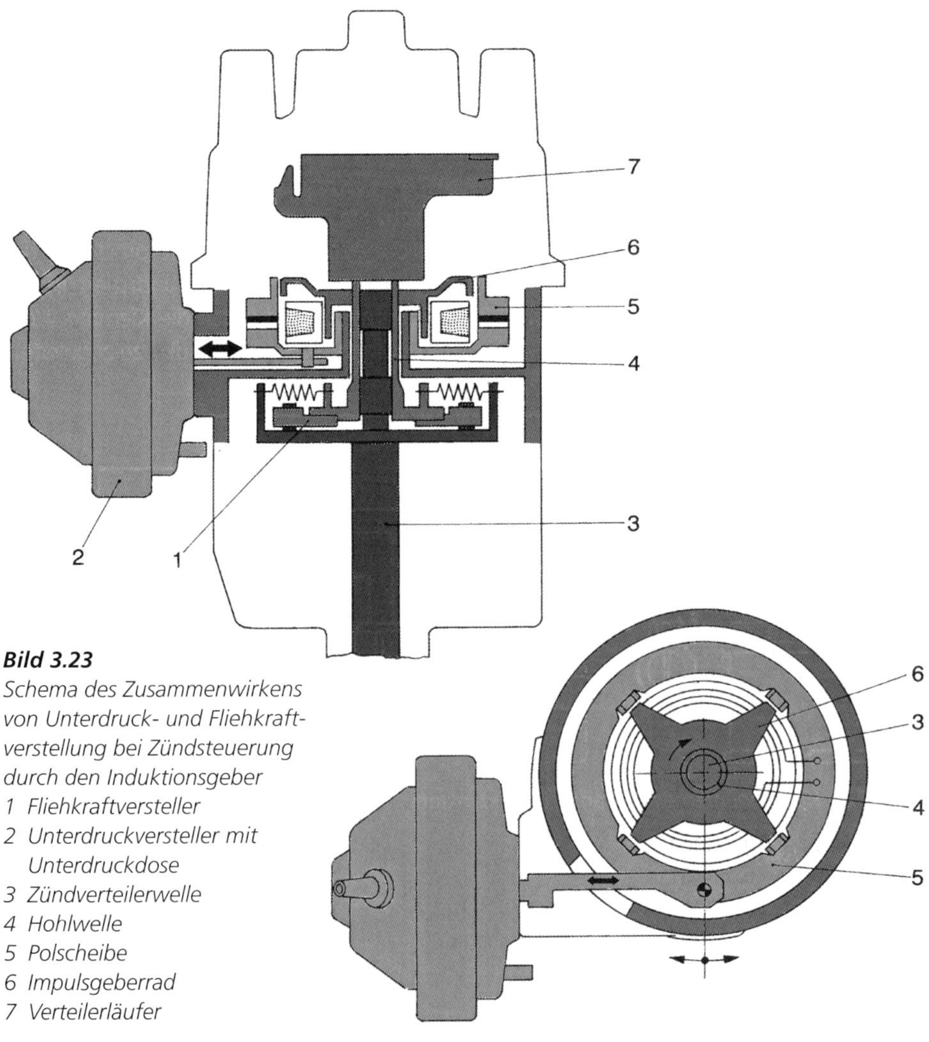

Bild 3.23

Schema des Zusammenwirkens von Unterdruck- und Fliehkraftverstellung bei Zündsteuerung durch den Induktionsgeber

1 Fliehkraftversteller

2 Unterdruckversteller mit Unterdruckdose

3 Zündverteilerwelle

4 Hohlwelle

5 Polscheibe

6 Impulsgeberrad

7 Verteilerläufer

3.5.1.1 Induktive Signalauslösung bei der Transistorspulenzündung

Durch die Drehung des Impulsgeberrades (Rotor) wird durch die Magnetfeldänderung die in Bild 3.24 gezeigte Wechselspannung in der Induktionswicklung (Stator) erzeugt. Dabei steigt die Spannung bei Annäherung der Rotorzacken an die Statorzacken. Die positive Halbwelle der Spannung hat ihren höchsten Wert, wenn der Abstand zwischen Stator- und Rotorzacken am geringsten ist. Vergrößert sich der Abstand wieder, wechselt der Magnetfluss schlagartig seine Richtung, und die Spannung wird negativ. In diesem Zeitpunkt (t_z) wird die Zündung ausgelöst durch die Primärstromunterbrechung durch das Schaltgerät.

Die Anzahl der Rotor- und Statorzacken entspricht meist der Zylinderzahl. Der Rotor dreht sich dann mit halber Kurbelwellendrehzahl. Die Scheitelspannung (±U) beträgt bei niedrigen Drehzahlen ca. 0,5 V, bei hoher Drehzahl bis ca. 100 V.

Die Kontrolle des Zündzeitpunktes kann nur bei laufendem Motor erfolgen, da ohne Drehung des Rotors keine Magnetfeldänderung stattfindet und damit kein Signal erzeugt wird.

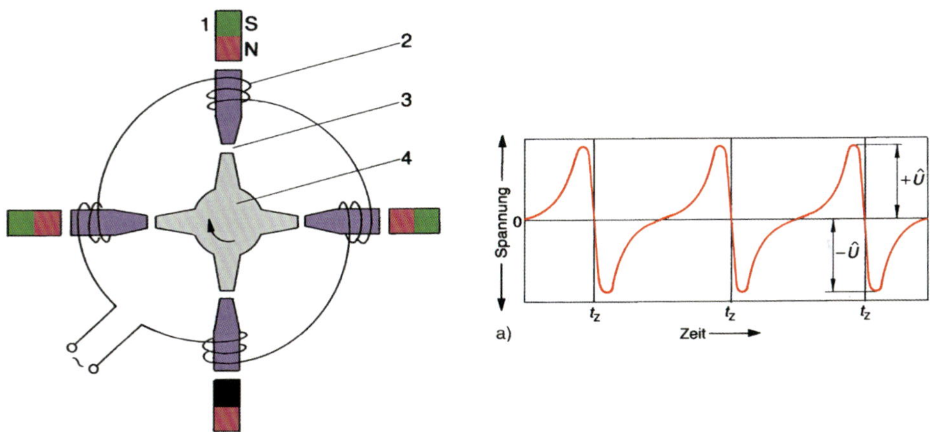

Bild 3.24 *Zündimpulsgeber nach dem Induktionsprinzip*
1 Dauermagnet
2 Induktionswicklung mit Kern
3 veränderlicher Luftspalt
4 Impulsgeberrad
Rechts daneben: Zeitlicher Verlauf der vom Zündimpulsgeber erzeugten Wechselspannung
tz = Zündzeitpunkt

3.5.1.2 Signalauslösung durch Hallgeber

Eine zweite Möglichkeit, die Zündung kontaktlos auszulösen, bietet der Hallgeber. Die Zündauslösung durch den Hallgeber wurde häufig auch bei einer Umrüstung von einer Unterbrecher- auf eine kontaktlose Zündanlage verwendet, da der Hallgeber statt des Unterbrechers auf die bewegliche Trägerplatte montiert werden konnte. Dadurch konnte der ursprüngliche Zündverteiler weiterverwendet werden.

Bei der Signalauslösung durch einen Hallgeber greift man auf den Hall-Effekt (nach seinem Entdecker Edwin Hall benannt) zurück (Bild 3.25). Dabei werden in einem stromdurchflossenen Leiter die Elektronen durch ein von außen einwirkendes Magnetfeld senkrecht zur Stromrichtung und senkrecht zur Magnetfeldrichtung abgelenkt. Bei speziellen Halbleitern ist dieser Hall-Effekt besonders stark wirksam. Ein im Hallgeber integrierter Schaltkreis (***i**ntegrated **c**ircuit*, IC) verstärkt das Signal nochmals (Bild 3.26).

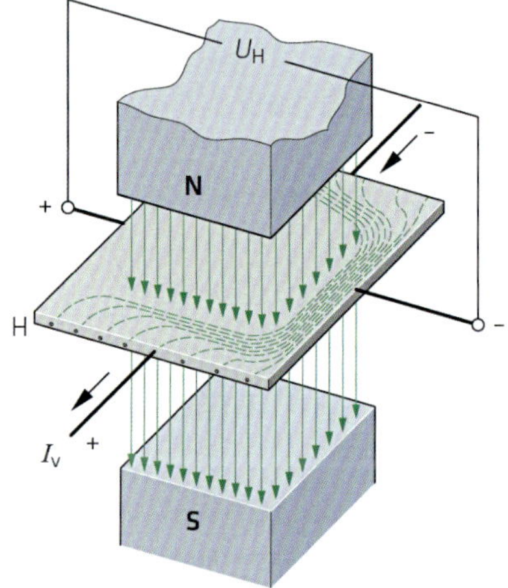

Bild 3.25
Das Hallprinzip: Abhängig vom Magnetfeld werden die Elektronen des Versorgungsstroms I_V quer zur Richtung der Kraftlinien verdrängt. An den seitlich angebrachten Elektroden entsteht dadurch die Hallspannung U_H.
[Bild: AS-Illu]

Durch eine rotierende Blende mit Fenstern wirken die Magnetfeldlinien periodisch auf den Hallgeber. Ist zwischen den magnetischen Leitstücken die Blende offen (sogenannte Fenster), wird die Hallspannung erzeugt. Befindet sich im Luftspalt zwischen den magnetischen Leitstücken die geschlossene Blende, so können die Magnetfeldlinien auf den Hallgeber nicht einwirken, und die Spannung ist nahe Null. (Geringe Streufelder können nicht völlig unterdrückt werden.) Durch den Verlauf der Hallspannung hat man nun wieder ein eindeutiges Signal für die Auslösung der Zündung.

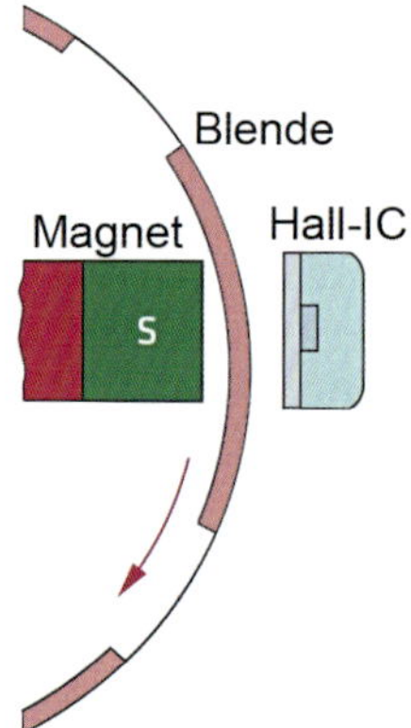

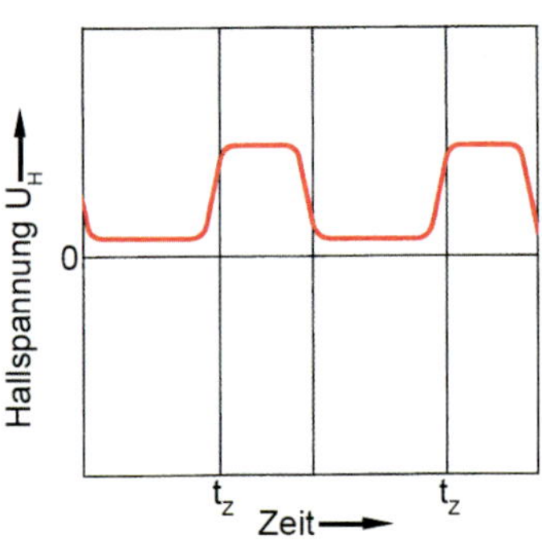

Bild 3.26
Arbeitsprinzip eines Zündimpulsgebers nach dem Hallprinzip mit dem Verlauf der Hallspannung.

Die Anzahl der Fenster entspricht auch hier meist der Zylinderzahl, und die Blende dreht sich gemeinsam mit dem Verteilerläufer mit halber Kurbelwellendrehzahl. Für die Zündverstellung wird die Platte, auf der der Hallgeber befestigt ist, entsprechend dem bereits bekannten Prinzip mechanisch verstellt. Die Auslösung der Zündung erfolgt beim Einschalten des Hallgebers (t_z), d. h., sobald ein Fenster die Wirkung der Magnetfeldlinien auf den Hallgeber zulässt. Die Einstellung der Zündung kann hier bei stehendem Motor vorgenommen werden (Herstellerangaben beachten!).

3.5.1.3 Fehlersuche an kontaktlos gesteuerten Zündanlagen

Bei einer Fehlersuche an der kontaktlos gesteuerten Zündanlage beachten:

Die Zündsysteme arbeiten bereits mit sehr hohen Leistungen, sodass bei Berührung von spannungsführenden Teilen Lebensgefahr bestehen kann – sowohl auf der Primär- als auch auf der Sekundärseite. Deshalb ist bei Arbeiten an der Zündanlage die Zündung auszuschalten bzw. die Spannungsversorgung zu unterbrechen!

Bevor man mit der Fehlersuche beginnt, sei nochmals an die Aufgaben der Zündung erinnert (Zündfunke – ausreichende Stärke – richtiger Zeitpunkt).

Als erstes heißt es, sicherzustellen, dass ein Zündfunke vorhanden ist. Die schnellste Prüfung ist, eine neue Zündkerze an das Zündkabel anzuschließen (die Zündkerze muss mit der Motormasse verbunden sein) und kurz zu starten. Eine Sichtprobe bestätigt den Zündfunken. Ist kein Zündfunke vorhanden, überprüft man durch eine Sichtkontrolle das Zündsystem auf Beschädigungen wie Risse oder Scheuerstellen sowie die Steckkontakte auf Korrosion oder Feuchtigkeit und auf festen Sitz.

Zeigen sich dadurch keine offensichtlichen Fehler, verfolgt man die Entstehung des Zündfunkens zurück, d. h. von der Zündkerze über den Zündkerzenstecker und die Zündleitung zum Stecker am Verteiler, vom Verteiler die Hochspannungsleitung zur Zündspule und von der Zündspule zum Steuergerät. Ebenso überprüft man alle Eingänge am Steuergerät.

In dieser Reihenfolge des Vorgehens bei der Fehlersuche werden nun im Folgenden die einzelnen Prüfschritte mit den Überprüfungsmöglichkeiten dargestellt (Bild 3.27). In dem Zusammenhang ist es bedeutend, ob nur an einer Zündkerze kein Zündfunke vorhanden ist oder an allen. Ist nur an einer Zündkerze kein Zündfunke vorhanden, kann sich der Fehler nur im Bereich zwischen der Zündkerze des jeweiligen Zylinders und dem Verteiler befinden. Ist an allen Zündkerzen kein Zündfunke vorhanden, so ist es sehr wahrscheinlich, dass generell keine Auslösung der Zündung erfolgt und der Fehler sich im Bereich zwischen dem Verteiler und dem Steuergerät bzw. der Eingänge am Steuergerät befindet.

Im erstgenannten Fall überprüft man die Zündleitung vom Verteiler zu der Zündkerze. Eine einfache Widerstandsprüfung zeigt den Durchgang der Leitung auf. Die Widerstände des Zündkerzensteckers und des Verteilersteckers addieren sich. Bei einer Zündleitung mit Vorfunkenstrecke ist eine Überprüfung auf diese Art nicht möglich.

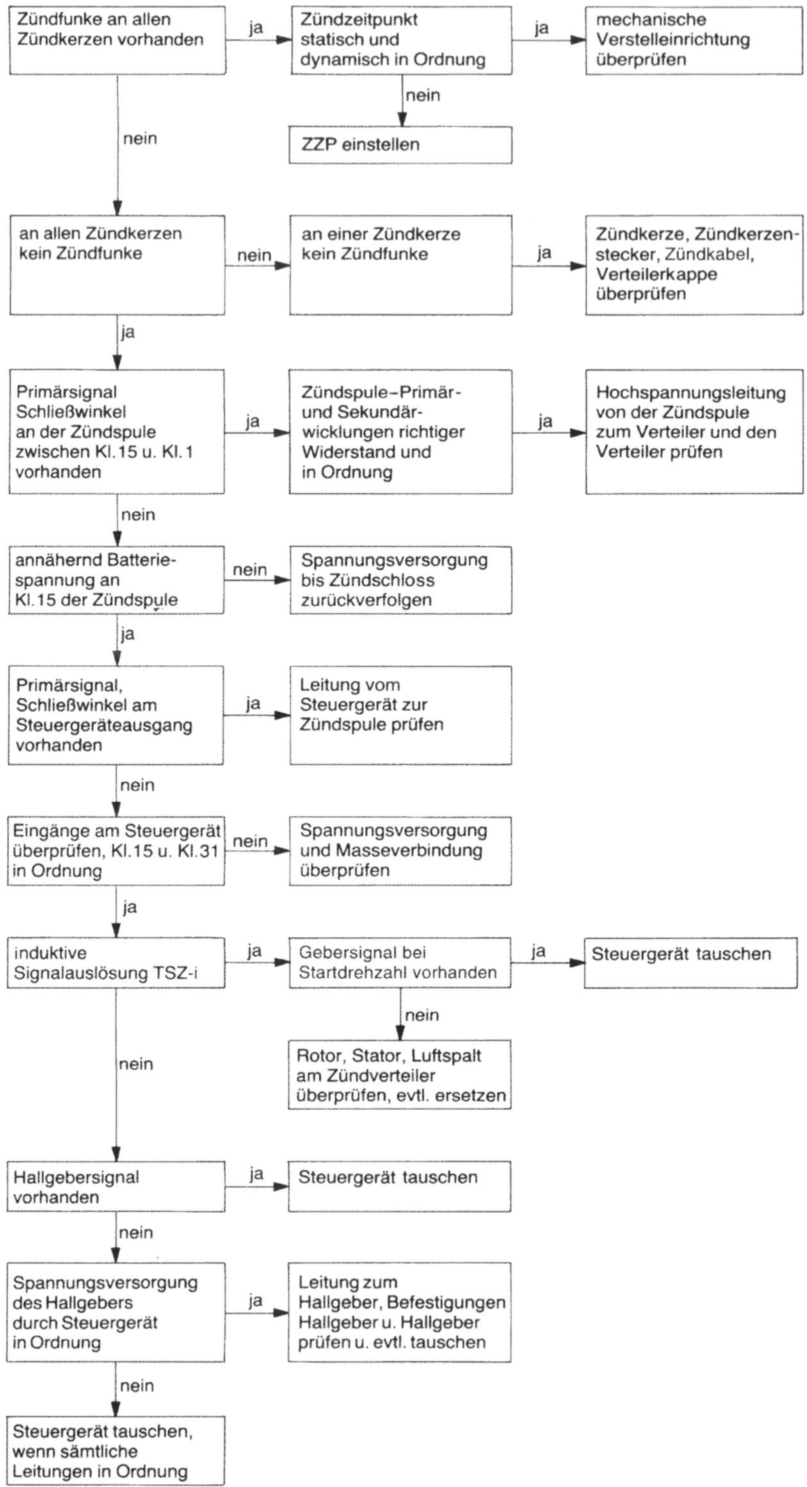

Bild 3.27 *Fehlersuchbaum für die Fehlersuche in einer kontaktlos gesteuerten Zündanlage.*

Man kann dann nur mit einer Induktionszange, die man über die Zündleitung klemmt, prüfen, ob die Zündspannung über die Leitung übertragen wird. Ansonsten ist die Funktion durch probeweises Tauschen der entsprechenden Zündleitung zu überprüfen.

Ist die Zündleitung in Ordnung, überprüft man als Nächstes den Verteiler und die Verteilerkappe. Stellen Sie dabei durch eine Sichtkontrolle sicher, dass die Kontakte nicht abgebrannt sind und die Verteilerkappe keine Risse oder sonstigen Beschädigungen aufweist.

Ist generell kein Zündfunke vorhanden, kontrolliert man den Verteilerläufer auf dieselbe Art (Sichtkontrolle, Widerstandsmessung); ebenso ist beim Hochspannungskabel vom Verteiler zur Zündspule zu verfahren.

Die nächste Widerstandsmessung bezieht sich auf die Zündspule. Dabei misst man den Widerstand zwischen Klemme 1 und Klemme 15 für den Primärkreis. Die Sekundärseite der Zündspule wird zwischen Klemme 4 und Klemme 1 gemessen. Bei beiden Messungen sind die Sollwerte der Hersteller zu beachten. Es kann vorkommen, dass sich Unterbrechungen in der Primär- bzw. Sekundärwicklung der Zündspule erst bei höheren Temperaturen zeigen und damit Zündaussetzer bei hohen Motor- bzw. Außentemperaturen verursachen.

Für die Widerstandsmessungen an der Zündspule müssen sämtliche Kontakte abgeklemmt sein.

Außerdem überprüft man an der Zündspule die Spannungsversorgung durch die Klemme 15. Dabei sollte annähernd die Batteriespannung vorhanden sein (minus Spannungsabfall am Vorwiderstand). An der Klemme 1 kann des Weiteren der Schließwinkel bzw. das Tastverhältnis geprüft werden. Bei der Schließwinkelregelung durch das Steuergerät ergibt sich bei Leerlauf-Drehzahl meist ein Schließwinkel zwischen 5 und 15 %, der bei zunehmender Drehzahl ansteigt. Bei älteren Fahrzeugen ohne Schließwinkelregelung, jedoch mit kontaktloser TSZ, ergibt sich ein konstanter Wert.

Ist die Zündspule in Ordnung, jedoch an Klemme 15 keine Spannung vorhanden, ist die Leitung bis zum Zündschloss zurückzuverfolgen und die Fehlerursache zu beheben.

Erfolgt bei Startdrehzahl keine Schließwinkelregelung bzw. ist kein Tastverhältnis messbar bei jedoch vorhandener Spannungsversorgung durch die Klemme 15, ist zu überprüfen, ob am Steuergerät das entsprechende Ausgangssignal vorhanden ist.

Ist das ebenfalls nicht der Fall, sind sämtliche Eingänge am Steuergerät zu überprüfen. Hierbei muss als Erstes sichergestellt werden, dass das Steuergerät mit Spannung versorgt wird, d. h. auch hier wieder Eingangssignal Klemme 15. An Klemme 31 muss eine gute Masseverbindung vorhanden sein. Ist beides vorhanden, überprüft man nun den Eingang der Zündauslösung. Dabei unterscheidet man, wie oben bereits erwähnt, die induktive Auslösung bzw. die Auslösung durch Hallgeber.

Bei der induktiven Auslösung kann an Klemme 7 mit einem Oszilloskop das Signal von der induktiven Auslösung überprüft werden. Sollten Sie kein Oszilloskop zur Verfügung haben, so können Sie auch eine Wechselspannung messen. Beachten Sie jedoch hierbei, dass die gemessene Wechselspannung zwischen 0,5 und 100 V liegen kann – je nach Drehzahl.

Bei der Zündauslösung durch Hallgeber überprüft man an der entsprechenden Klemme das Hallgeber-Signal durch eine Tastverhältnismessung. Je nach Hersteller kann das Tastverhältnis bei Startdrehzahl zwischen ca. 10 und 30 % betragen. Ist kein Signal des

Hallgebers vorhanden, wird die Spannungsversorgung des Hallgebers überprüft. Prüfen Sie außerdem die Leitungen auf Durchgang im abgeklemmten Zustand.

Der Hallgeber kann durch eine Widerstandsmessung zerstört werden!

Nach der Überprüfung der elektrischen Funktionsfähigkeit gilt es im zweiten Teil der Aufgabe sicherzustellen, dass der Zündfunke zum richtigen Zeitpunkt vorhanden ist.

Die Zündzeitpunkt-Kontrolle kann sowohl statisch, d. h. in ruhendem Zustand, als auch dynamisch bei höheren Drehzahlen geprüft werden. Hierzu ist auch die Kontrolle der mechanischen Verstelleinrichtungen notwendig, da bei diesen durch Verschleiß die korrekte Funktion beeinträchtigt sein kann.

Die drehzahlabhängige Fliehkraftverstellung wird mit der Stroboskoplampe bzw. dem Motortester und langsamem Erhöhen der Drehzahl geprüft. In einem vom Hersteller festgelegten Drehzahlbereich muss sich der Zündzeitpunkt um einen ebenfalls festgelegten Wert nach früh verstellen. Die Unterdruckleitungen sind vorher abzuziehen.

Die unterdruckabhängige Zündzeitpunktverstellung nach früh bzw. auch nach spät kann sehr einfach durch Abziehen und Aufstecken des jeweiligen Unterdruckschlauches und gleichzeitiger Beobachtung der Verschiebung des Zündzeitpunktes mittels einer Stroboskoplampe oder eines Motortesters geprüft werden. Die Spät-Verstellung wird im Leerlauf, die Früh-Verstellung bei 2000 bis 3000 min^{-1} wirksam. Jedoch sind auch hier die genauen Werte und Überprüfungen herstellerabhängig.

Die Ursachen für eine nicht ausreichende Funktion der drehzahlabhängigen Verstelleinrichtungen können eine ausgeschlagene Zündverteilerwelle, korrodierte Fliehgewichte oder erlahmte Federn sein. Die lastabhängigen, mechanisch-pneumatischen Verstelleinrichtungen können durch eine defekte Unterdruckdose (schwergängig, undicht), mechanische Beschädigungen, undichte Unterdruckschläuche, aber auch durch eine falsch eingestellte Drosselklappe (dadurch andere Unterdruckverhältnisse) in ihrer Funktion beeinträchtigt werden.

3.5.2 Elektronische Zündung

Bei der kontaktlos gesteuerten Transistorzündung konnte der Zündzeitpunkt über die Lebensdauer bereits relativ exakt eingehalten werden. Durch die mechanische Verstellung war man jedoch noch an enge Grenzen und lineare Verstellkurven gebunden. Der Abstand zum optimalen Zündzeitpunkt bei bestimmten Lastzuständen und Drehzahlen war z. T. aber noch sehr groß, um bei ungünstigen Betriebspunkten des Motors einen ausreichenden Abstand zur Klopfgrenze zu haben.

Die Lösung dafür war die elektronische Zündung, die für jeden Betriebspunkt einen optimalen Zündzeitpunkt besitzt, ohne durch benachbarte Betriebspunkte gebunden zu sein.

Das optimale Zündkennfeld (Bild 3.28) wird durch Versuche in der Motorenentwicklung ermittelt und im Steuergerät fest programmiert. Je genauer der Betriebszustand des Motors durch Sensoren erfasst wird, desto exakter kann der jeweils optimale Zündzeitpunkt eingehalten werden.

Die elektronische Zündung ist oftmals schon mit anderen Systemen, z. B. einer Einspritzanlage, gekoppelt bzw. war bei den ersten Motorsteuergeräten (Motronic) auch schon mit der Einspritzung in einem Steuergerät zusammengefasst. Sehr häufig ist die elektronische Zündung bereits mit einem Fehlerspeicher und Ersatzwerten (bei einem Ausfall von Eingangssignalen) ausgestattet. Die Schließzeitregelung, Primärstrombegrenzung und Ruhestromabschaltung sind bereits im Steuergerät integriert.

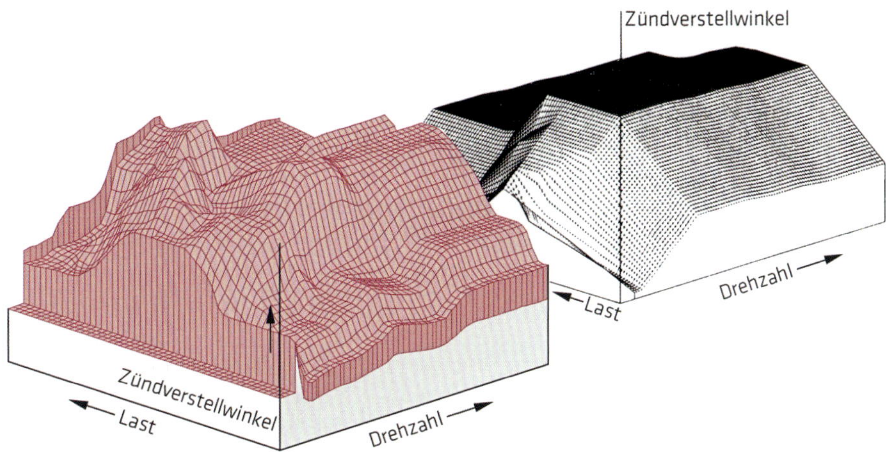

Bild 3.28 *Optimiertes elektronisches Zündkennfeld (links) im Vergleich zum Zündkennfeld eines mechanischen Verstellsystems (rechts)*

3.5.2.1 Funktionsschema mit Ein- und Ausgängen am Steuergerät

Zur Erfassung des Betriebszustandes des Motors benötigt die Elektronik im Steuergerät die in Tabelle 3.1 dargestellten Eingangsinformationen.

Tabelle 3.1 *Funktionsschema «Elektronische Zündung»*

Notwendige Eingangssignale	Verarbeitung			Ausgangssignale
Drehzahl und Bezugsmarke	→	Steuergerät	→	td-Signal (für Drehzahlmesser, Kombiinstrument, Einspritzanlage)
Motorlast	→			
Motortemperatur	→			
Zündung Kl. 15	→			
Masse Kl. 31	→		→	Primärsignal für Zündspule
Zusätzliche mögliche Eingangssignale				
Ansauglufttemperatur	→			
Drosselklappenschalter	→			
Codierstecker	→			
Klopfsensor(en)	→			
Batteriespannung Kl. 30	→			
Schaltsignal bei Automatikgetriebe	→			

3.5.2.2 Die Eingangssignale der elektronischen Zündung

Drehzahl und Bezugsmarke (Stellung der Kurbelwelle) sind die wichtigsten Informationen für das Steuergerät. Die Erfassung kann induktiv (TSZ-i) oder durch einen Hallgeber (TSZ-h, vgl. Abschnitt 3.5.1) erfolgen.

Der entsprechende Sensor kann im Verteiler integriert sein. Es gibt aber auch die Möglichkeit der induktiven Drehzahl- und Bezugsmarken-Erfassung durch induktive Stabsensoren. Dabei kann durch die Zähne des Schwungrades die Drehzahl und durch einen zusätzlichen Geber eine Bezugsmarke ebenfalls am Schwungrad erfasst werden.

Eine weitere Möglichkeit bietet eine Zahnscheibe am Schwingungsdämpfer mit einer Lücke (ein Zahn fehlt). Dabei werden durch einen Stabsensor sowohl die Drehzahl als auch die Bezugsmarke (Lücke) erfasst (Bild 3.29) und im Steuergerät ausgewertet. Die Signale werden mit dem Oszilloskop geprüft. Bei einem Ausfall dieser Eingangssignale kann keine Berechnung des Zündzeitpunktes stattfinden. Hierfür kann es auch keine im Steuergerät gespeicherten oder programmierten Ersatzwerte geben.

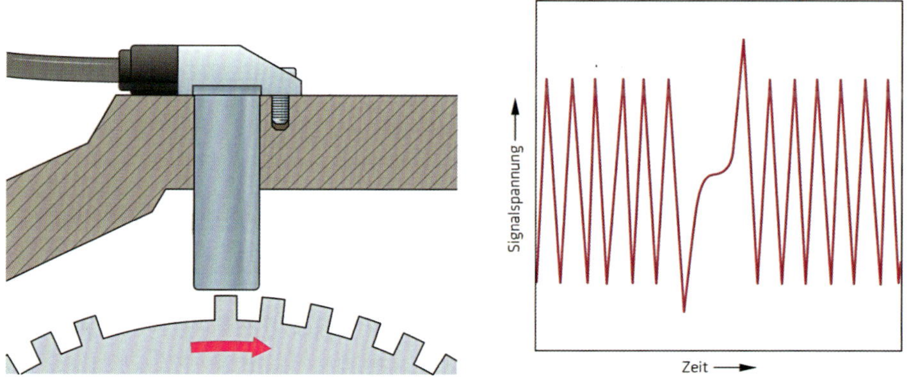

Bild 3.29 *Induktiver Drehzahlgeber mit Spannungsverlauf der Induktionsspannung. Die größere Amplitude markiert die Bezugsmarke (Zahnlücke).*
Bild [AS-Illu]

Die Motorlast ist das zweite Hauptkriterium für das Steuergerät zur Berechnung des Zündzeitpunktes. Durch einen Schlauch kann der Saugrohrdruck (relativer Unterdruck) auf einen Drucksensor im Steuergerät wirken und so die entsprechende Motorlast berechnet werden. Für eine korrekte Funktion ist es sehr wichtig, dass der Schlauch zwischen Saugrohr und Steuergerät nicht undicht, an keiner Stelle geknickt oder anderweitig beschädigt ist.

Ist das entsprechende Fahrzeug mit einer elektronischen Einspritzanlage ausgerüstet, erhält das Zündsteuergerät von dieser die Lastinformation über ein Rechtecksignal (ti-Signal). Es wird über das Tastverhältnis geprüft.

Die Information der Motorlast kann auch über ein Potentiometer an der Drosselklappe erfolgen (Bild 3.30). Die veränderten Widerstandswerte erkennt das Steuergerät durch einen entsprechenden Spannungsabfall am Potentiometer.

Erhält das Steuergerät keine Motorlastinformation, ist nur ein eingeschränkter Notlauf möglich, da aus Motorschutzgründen das Zündkennfeld auf einen späteren Zündzeitpunkt zurückgeht.

Die Motortemperatur wird durch einen vom Kühlmittel umspülten NTC-Sensor ermittelt. Sie geht als Korrekturfaktor in die Berechnung des Zündzeitpunktes im Steuergerät mit ein. Der NTC wird durch eine Widerstandsmessung geprüft. Beachten Sie dabei, ob ein oder zwei NTCs im Sensorgehäuse verbaut sind.

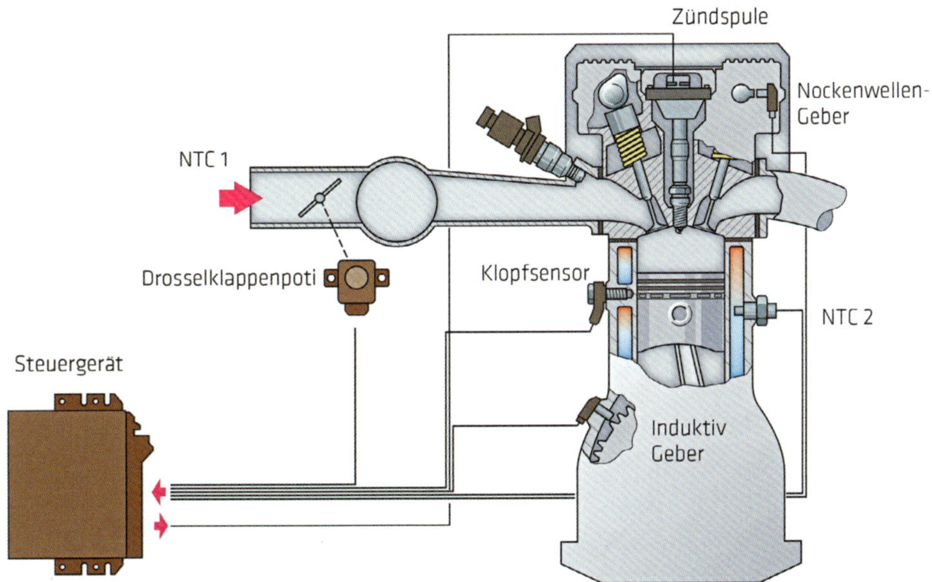

Bild 3.30 *Die Information über die Motorlast erfolgt bei einigen Motoren über ein Potentiometer an der Drosselklappe. Motor- und Ansauglufttemperatur werden über NTC-Sensoren erfasst. Hier das Übersichtsschema einer Einzelfunken-Hochspannungszündung.*
[Bild: AS-Illu]

Erhält das Steuergerät keine Information über die Motortemperatur, wird ein Ersatzwert (Betriebstemperatur, ca. 80 bis 110 °C) zur Berechnung herangezogen und ein späterer Zündzeitpunkt gewählt (Motorschutz, aber Leistungseinbuße). Durch die Zündung ein (Klemme 15) erhält das Steuergerät die Versorgungsspannung und schaltet auf Betriebsbereitschaft.

Je nach Höhe der Spannung korrigiert das Steuergerät die Schließzeit (Schließwinkel), um auch bei ungünstigen Spannungsverhältnissen einen ausreichenden Magnetfeldaufbau in der Primärwicklung zu gewährleisten. Ohne ausreichende Spannungsversorgung kann das Steuergerät nicht arbeiten. Ebenso muss eine gute Masseverbindung vorhanden sein.

Die oben genannten Signale sind für die elektronische Zündung notwendige Eingangssignale. Die im Folgenden dargestellten zusätzlichen (eine oder mehrere) Eingangsinformationen können zur weiteren Optimierung der ZZP-Berechnung vorhanden sein. Die Batteriespannung (Klemme 30) muss permanent anliegen, wenn das Steuergerät einen Fehlerspeicher besitzt.

Merke: Bei einem Ausfall der Batteriespannung (z. B. Abziehen des Steckers) verliert das Steuergerät die gespeicherten Fehler. Deshalb ist vor Beginn der Fehlersuche unbedingt der Fehlerspeicher auszulesen.

Über die Ansauglufttemperatur nimmt das Steuergerät nochmals eine Feinkorrektur des Zündwinkels vor. Das Signal liefert ein im Ansaugsystem verbauter NTC (selten ein PTC). Der Ersatzwert beträgt meist zwischen 20 bis 40 °C. Zur Überprüfung des NTCs wird ebenfalls eine Widerstandsmessung durchgeführt. Die Werte sind meist identisch mit den Werten des NTCs für das Kühlmittel (20 °C ≙ 2,5 kΩ ± 10 %).

Durch den Drosselklappenschalter (Bild 3.31) werden bei geschlossenem Leerlaufkontakt bzw. geschlossenem Volllastkontakt im Steuergerät eigene Leerlauf- bzw. Volllastkennlinien ausgewählt. (Ist für die Motorlastkennung ein Drosselklappenpotentiometer verbaut, erübrigt sich der Drosselklappenschalter.) Durch eine Widerstandsmessung und Betätigen der Drosselklappe werden die entsprechenden Schaltkontakte (LL, VL) auf ihre Funktion geprüft.

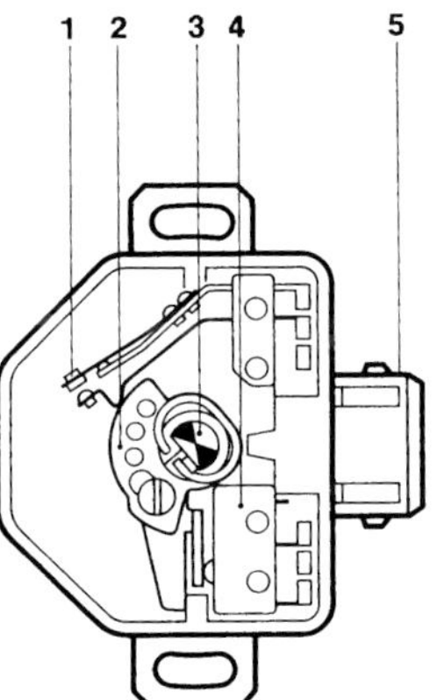

Bild 3.31
Drosselklappenschalter:
1 Volllastkontakt
2 Schaltkulisse
3 Drosselklappenwelle
4 Leerlaufkontakt
5 elektrischer Anschluss

Der Leerlaufkontakt muss kurz bevor die Drosselklappe ganz geschlossen ist bereits schalten, ansonsten ist er über Langlöcher entsprechend einzustellen. Falsche oder fehlende Signale vom Drosselklappenschalter bewirken einen unrunden, z. T. sägenden Leerlauf. Über den Codierstecker (Bild 3.32) können im Steuergerät diverse Zündkennfelder – entsprechend der verfügbaren Kraftstoffqualität – abgerufen werden.

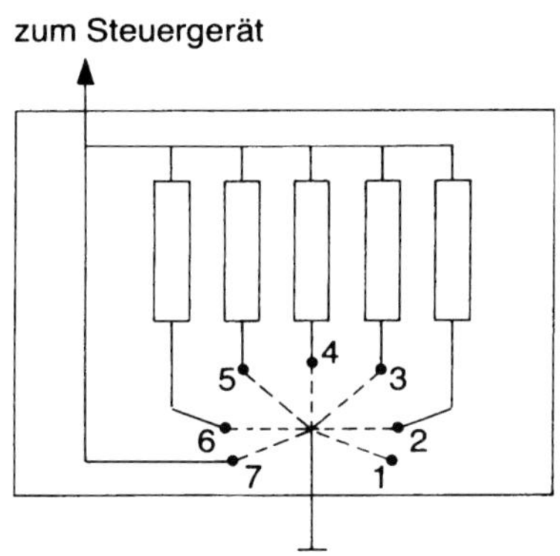

Bild 3.32
Codierstecker

Zur Überprüfung misst man die verschiedenen Widerstände je nach Schalterstellung und vergleicht sie mit den Sollwertangaben des Herstellers. Bei einem fehlenden Codierstecker-Signal oder falscher Auswahl durch den Benutzer wählt das Steuergerät evtl. ein nicht passendes Zündkennfeld. Dies kann eine erhebliche Leistungseinbuße des Motors (bei Spätverstellung) oder einen Motorschaden (bei Frühverstellung) bedeuten.

Die bessere Lösung, um auf verschiedene Kraftstoffqualitäten eingehen zu können, ist die Verwendung von Klopfsensoren. Der am Motorblock angeschraubte Klopfsensor registriert bereits das leichteste Klopfen bei einer Verbrennung und veranlasst das Zündsteuergerät, den Zündwinkel entsprechend zurückzunehmen (z. B. in 3°-Schritten). Erkennt das Steuergerät keine klopfende Verbrennung mehr, wird das ursprünglich ermittelte Zündkennfeld in kleinen Schritten (z. B. 0,5°) wieder angefahren.

Die Rücknahme des Zündzeitpunktes kann für alle Zylinder, aber auch nur für einen betroffenen Zylinder geschehen (zylinderselektiv). Es können ein oder mehrere Klopfsensoren (Bild 3.33) verbaut sein. Durch die Klopfregelung kann die Auslegung des Zündkennfeldes bis an die Klopfgrenze herangeführt werden, ohne einen Sicherheitsabstand einhalten zu müssen. Dies steigert die Effizienz in der Kraftstoffausnutzung und erhöht die Sicherheit vor Klopfschäden – auch bei ungünstigsten Bedingungen.

Da das Signal der Piezokeramik des Klopfsensors in einem sehr hohen Frequenzbereich liegt, ist die Leitung geschirmt. Jeder Klopfsensor wird vom Steuergerät ständig auf seine Funktion überwacht und bei einem Ausfall bzw. einer Störung im Fehlerspeicher eingetragen sowie das Zündkennfeld zurückgenommen.

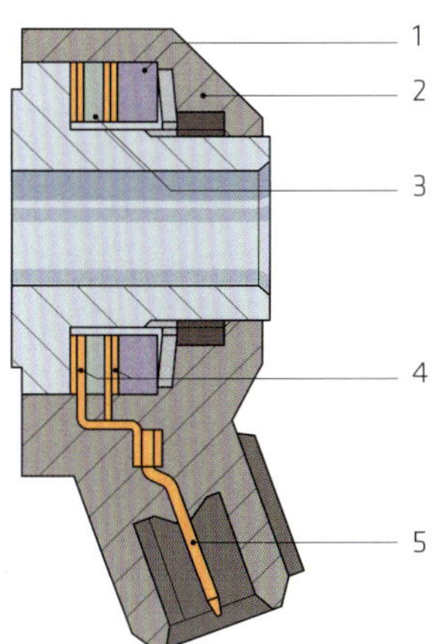

Bild 3.33
Aufbau eines Klopfsensors
1 Seismische Masse
2 Vergussmasse
3 Piezokeramik
4 Kontaktierung
5 Elektrischer Anschluss
[AS-Illu]

Merke: Eine aussagefähige Überprüfung eines Klopfsensors durch verschiedene Messungen ist nicht möglich. Lediglich die Stecker sind auf gute Kontaktierung zu überprüfen. Bei mehreren verbauten Klopfsensoren ist es wichtig, die Stecker nicht zu vertauschen.

Auf eine weitere Beeinflussung des Kennfeldes wird noch hingewiesen: Ein Schaltsignal bei Fahrzeugen mit elektronisch geregeltem Automatikgetriebe veranlasst das Steuergerät, während eines Schaltvorganges die Zündung zurückzunehmen, um so einen weicheren Schaltvorgang zu gewährleisten.

3.5.2.3 Ausgangssignale und Hinweise zur Fehlersuche

Erhält das Steuergerät die vorgesehenen Eingangsinformationen (je nach Ausführung), wird ausgangsseitig die Klemme 1 der Zündspule so gesteuert, dass zu den jeweils vorgesehenen Zeitpunkten der Zündfunke in ausreichender Stärke vorhanden ist. Der Verteiler übernimmt hier größtenteils nur noch die Funktion der Hochspannungsverteilung auf den jeweiligen Zylinder. Sehr häufig ist er deshalb direkt am vorderen Ende einer Nockenwelle befestigt, die direkt den Verteilerläufer antreibt.

Das ebenfalls aus dem Steuergerät kommende td-Signal dient als Drehzahlinformation für verschiedene weitere Steuergeräte und Instrumente. Es ist ein Rechtecksignal und wird über das Tastverhältnis gemessen.

Bei einer Fehlersuche beginnt man auch hier mit der Zündkerze und verfolgt die Ursache zurück bis zum Steuergerät (analog TSZ-i, -h). Dort misst man das Signal für die Klemme 1 der Zündspule über Tastverhältnis bzw. Schließwinkel. Ist kein Signal vorhanden, müssen alle Eingangssignale überprüft werden. Sind alle Eingangssignale vorhanden und liegen sie innerhalb festgelegter Toleranzen, wird das Steuergerät getauscht.

Merke: Immer erst Fehler auf Eingangs- bzw. Ausgangsseite beheben, um die Zerstörung eines Steuergerätes durch «Probetauschen» zu vermeiden! Bei einem eigendiagnosefähigen Steuergerät wird – bevor man mit der eigentlichen Fehlersuche beginnt – der Fehlerspeicher ausgelesen.

3.5.3 Vollelektronische Zündung

3.5.3.1 Aufbau und Vorteile der ruhenden Hochspannungsverteilung

Die vollelektronische Zündung baut auf der elektronischen Zündung auf. Eingangsseitig benötigt sie die gleichen Signale. Auf der Ausgangsseite entfällt der Hochspannungsverteiler. Jeder Zylinder wird direkt über eine eigene Zündspule bedient (Bild 3.34).

Dazu benötigt das Steuergerät jedoch eine zusätzliche Eingangsinformation (Bild 3.35), den Nockenwellengeber. Über einen Stabsensor (seltener Hall-Geber) erkennt das Steuergerät die Zylinderzuordnung und steuert entsprechend der Zündreihenfolge jede Zündspule einzeln an. Die ruhende Hochspannungsverteilung der vollelektronischen Zündung hat durch den Entfall des Hochspannungsverteilers keine rotierenden Teile mehr.

Das bedeutet:

- keine Einschränkung der maximal möglichen Zündverstellung (durch Entfall der Funkenstrecke im Verteiler),
- kein Verschleiß durch Funkenstrecken im Verteiler,
- weniger Hochspannungsverbindungen,
- wesentlich kleinere elektromagnetische Störquellen (keine offenen Funkenstrecken mehr),
- noch höhere Zündleistung möglich.

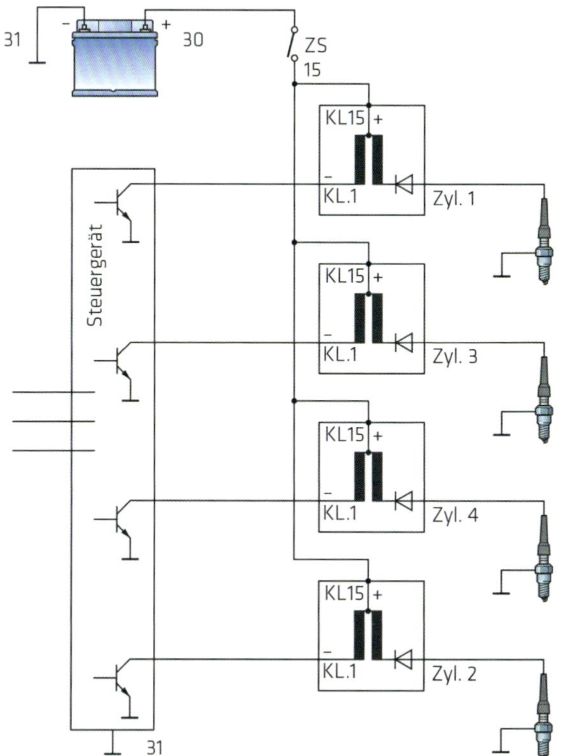

Bild 3.34
Ruhende Hochspannungsverteilung über Einzelfunken-Zündspulen

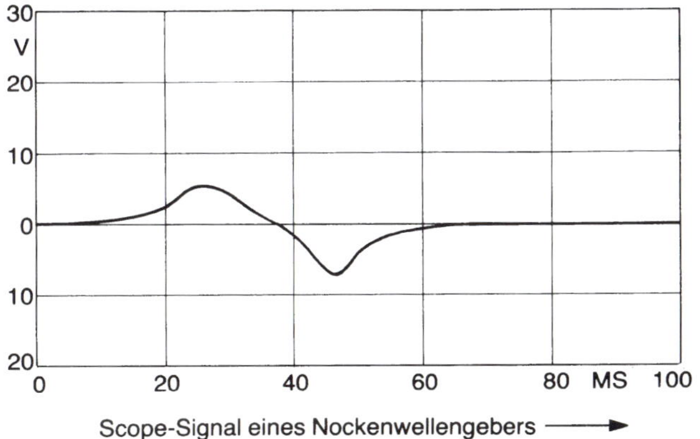

Bild 3.35
Scope-Signal eines Nockenwellengebers

3.5.3.2 Ruhende Hochspannungsverteilung über Doppelfunkenspulen

Eine kostengünstigere Alternative bei Motoren mit gerader Zylinderzahl ist die ruhende Hochspannungsverteilung durch Doppelfunken-Zündspulen (Bild 3.36), bei der zwei Zündfunken gleichzeitig ausgelöst werden.

Dabei ist an einem Zylinder der Zündfunke Arbeitsfunke, und am zweiten Zylinder ist es ein Leerfunke (bzw. Stützfunke), der in die Ventilüberschneidung hinein zündet. 360° später ist es dann umgekehrt.

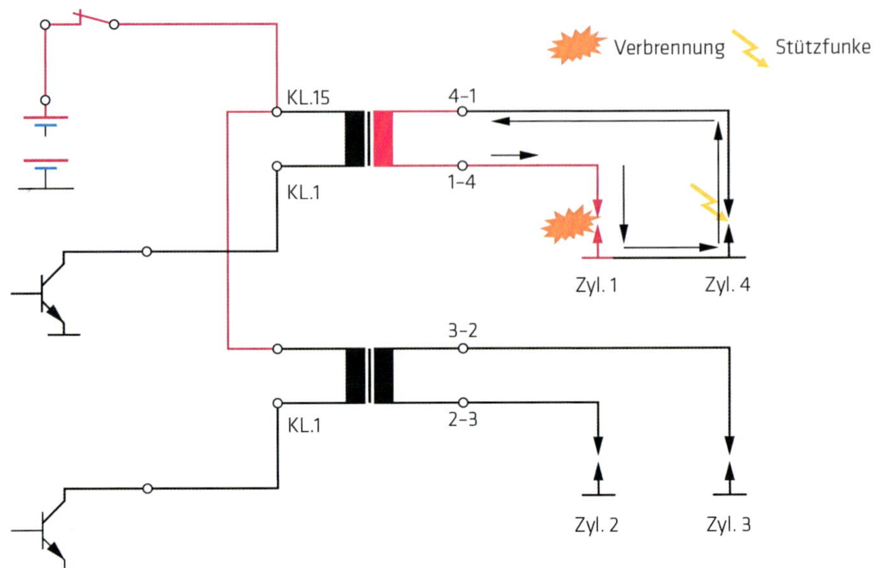

Bild 3.36 *Ruhende Hochspannungsverteilung durch Doppelfunken-Zündspulen*

Da hierbei keine Zylinderzuordnung durch einen Nockenwellensensor notwendig ist, kann dieser entfallen. Zudem ist der Aufbau der Steuergeräte einfacher (keine Zylinderzuordnung, weniger Endstufen). Bei verschiedenen Herstellern sind mehrere Doppelfunkenspulen zu einem Bauteil zusammengefügt (Bild 3.37).

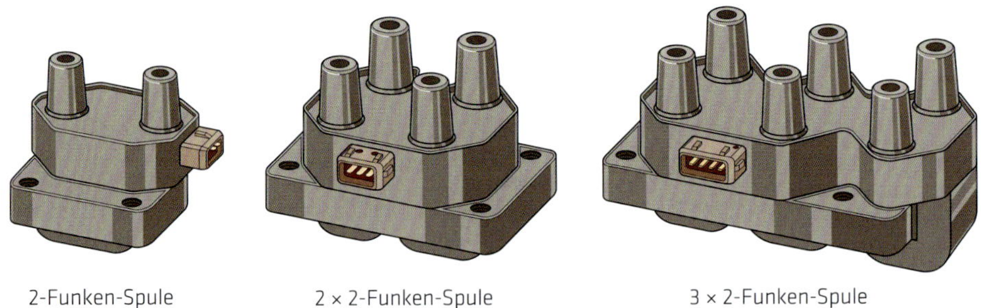

Bild 3.37 *Doppelfunkenspulen für ruhende Hochspannungsverteilung*

3.5.3.3 Zündstromrückmeldung bei der ruhenden Hochspannungsverteilung

Bei Einzelfunkenspulen für jeden Zylinder kann durch einen Shunt-Widerstand in der gemeinsamen Masseleitung der Sekundärwicklungen der Zündspulen das Steuergerät die Funktion der Zündauslösung für jede Zündspule nicht nur primär-, sondern auch sekundärseitig überwachen (Bild 3.38). Anhand des Spannungsverlaufs ist eine eindeutige Aussage möglich, ob der Zündfunke an der Zündkerze übergesprungen ist.

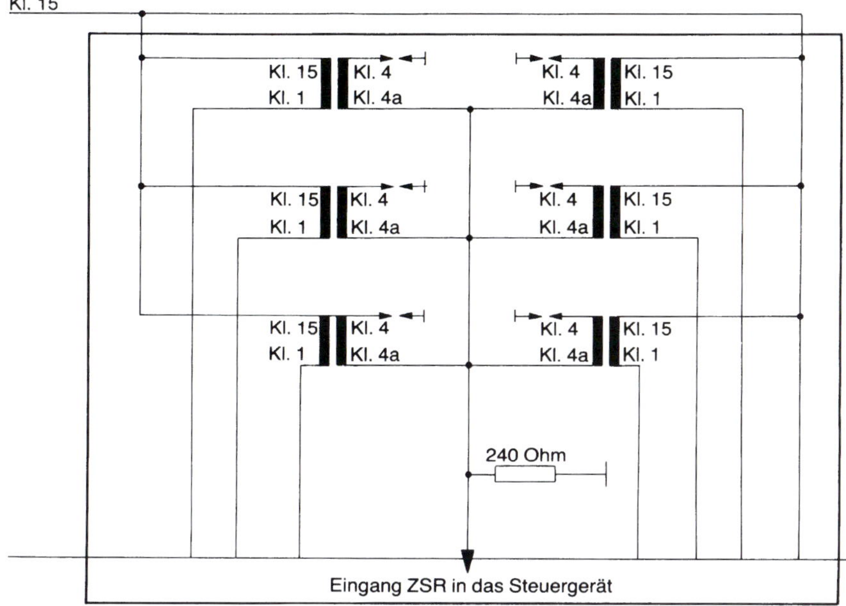

Bild 3.38 *Zündkreisüberwachung durch Zündstromrückmeldung (ZSR)*

Eventuelle Fehlfunktionen werden im Fehlerspeicher abgelegt. Ist dieses System mit einer modernen elektronischen Einspritzanlage kombiniert, kann das Steuergerät für diesen Zylinder die Einspritzung abschalten.

3.5.3.4 Hinweise zur Fehlersuche

Bei einer Fehlersuche müssen an jeder Zündspule mit dem Oszilloskop und entsprechenden Adaptern das Primär- und das Sekundärbild geprüft werden. Eine Widerstandsmessung auf der Sekundärseite der Zündspule ist häufig wegen einer zur Unterdrückung des Schließfunkens eingebauten Sperrdiode nicht möglich. Beachten Sie die charakteristischen Oszillogramme in Bild 3.39.

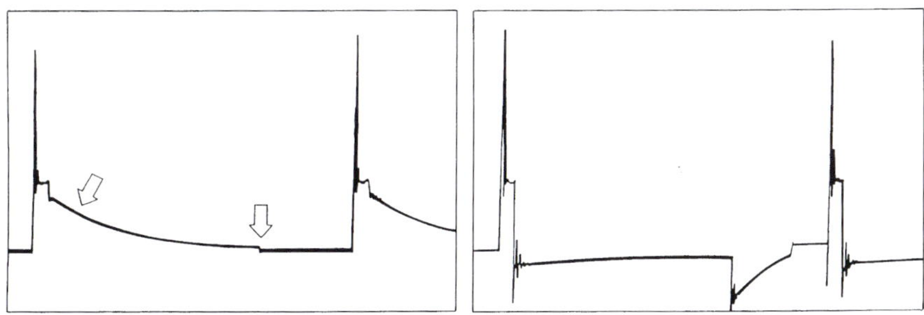

Bild 3.39 *links: Oszillogramm einer RUV-Zündanlage mit Einzelfunkenspule (EFS) mit Hochspannungsdioden zur Schließfunken-Unterdrückung.*
rechts: Normal-Oszillogramm einer RUV-Zündanlage mit Einzelfunkenspule (EFS)

Bei der Prüfung einer DFS und EFS mit Zündstromrückmeldung besteht keine Verbindung des Primär- und Sekundärkreises, d. h., der Sekundärwiderstand ist zwischen 4 und 4a oder 4a und 4b zu messen. Verfügt das System über einen Fehlerspeicher und eine Zündstromrückmeldung, so gibt das Steuergerät über einen Diagnosecomputer den Fehlerpfad eindeutig an. Ansonsten müssen alle Eingangssignale gemessen (s. Abschnitt 3.5.2) sowie die Ausgänge zu den einzelnen Zündspulen auf ihre Funktion geprüft werden.

3.6 Historische Entwicklung der Benzineinspritzsysteme

Die Aufgabe von Gemischaufbereitungssystemen besteht bekanntlich darin, dass benötigte Kraftstoff-Luft-Gemisch möglichst exakt zur Verfügung zu stellen. Dabei soll es die sich ständig verändernden Betriebszustände des Motors berücksichtigen.

Der ursprünglich eingesetzte Vergaser konnte die gestiegenen Anforderungen an Fahrkomfort, Wirtschaftlichkeit sowie an die Schadstoffemissionen irgendwann nicht mehr erfüllen. Denn bei Vergaseranlagen ergaben sich beispielsweise durch Entmischungsvorgänge und Kraftstoffkondensierung (an den Saugrohrwänden) unterschiedliche Gemischzusammensetzungen für die verschiedenen Zylinder. Um auch für den am schlechtesten versorgten Zylinder ein genügend fettes Gemisch zu haben, wurde das gesamte Gemisch entsprechend angereichert.

Durch das Einspritzen des Kraftstoffs unmittelbar vor das Einlassventil konnte man jedem Zylinder exakt die gleiche Menge Kraftstoff entsprechend der angesaugten Luft zuteilen. Zudem konnten die Ansaugwege strömungsgünstiger ausgelegt werden, ohne auf oben erwähnte Effekte Rücksicht zu nehmen. Damit erreichte man eine bessere Zylinderfüllung und eine gleichmäßigere Luftverteilung auf die einzelnen Zylinder (höheres Drehmoment, effizientere Ausnutzung des Kraftstoffs, geringere Schadstoffwerte).

Die Einspritzanlagen für Ottomotoren beschränkten sich im Wesentlichen auf zwei Systeme mit einer Vielzahl von Varianten: Die kontinuierlich einspritzenden, z. B. K-, KE-Jetronic, und die intermittierend einspritzenden, z. B. L-, LE-, LH-Jetronic, die sich letztlich durchgesetzt hat. Die ursprünglich von der Firma Bosch stammenden Bezeichnungen sind mittlerweile in den allgemeinen Sprachgebrauch übergegangen und werden daher im weiteren Verlauf ohne Anführungszeichen verwendet.

3.6.1 Kontinuierliche Einspritzung (K-Jetronic)

Die K-Jetronic von Bosch war nicht die erste Einspritzanlage, aber die erste, die in höheren Stückzahlen bei vielen Fahrzeugen eingebaut wurde und heute noch in vielen Oldtimern zu finden ist.

3.6.1.1 Funktionsbeschreibung und Systemübersicht (Bild 3.40)

Die Elektrokraftstoffpumpe (3) fördert aus dem Tank (2) über den Kraftstoffspeicher (4) und durch das Kraftstofffilter (5) den Kraftstoff in den Gemischregler (1). Der Druckregler (6) hält den Systemdruck konstant bei ca. 5 bar. Der zu viel geförderte Kraftstoff kann

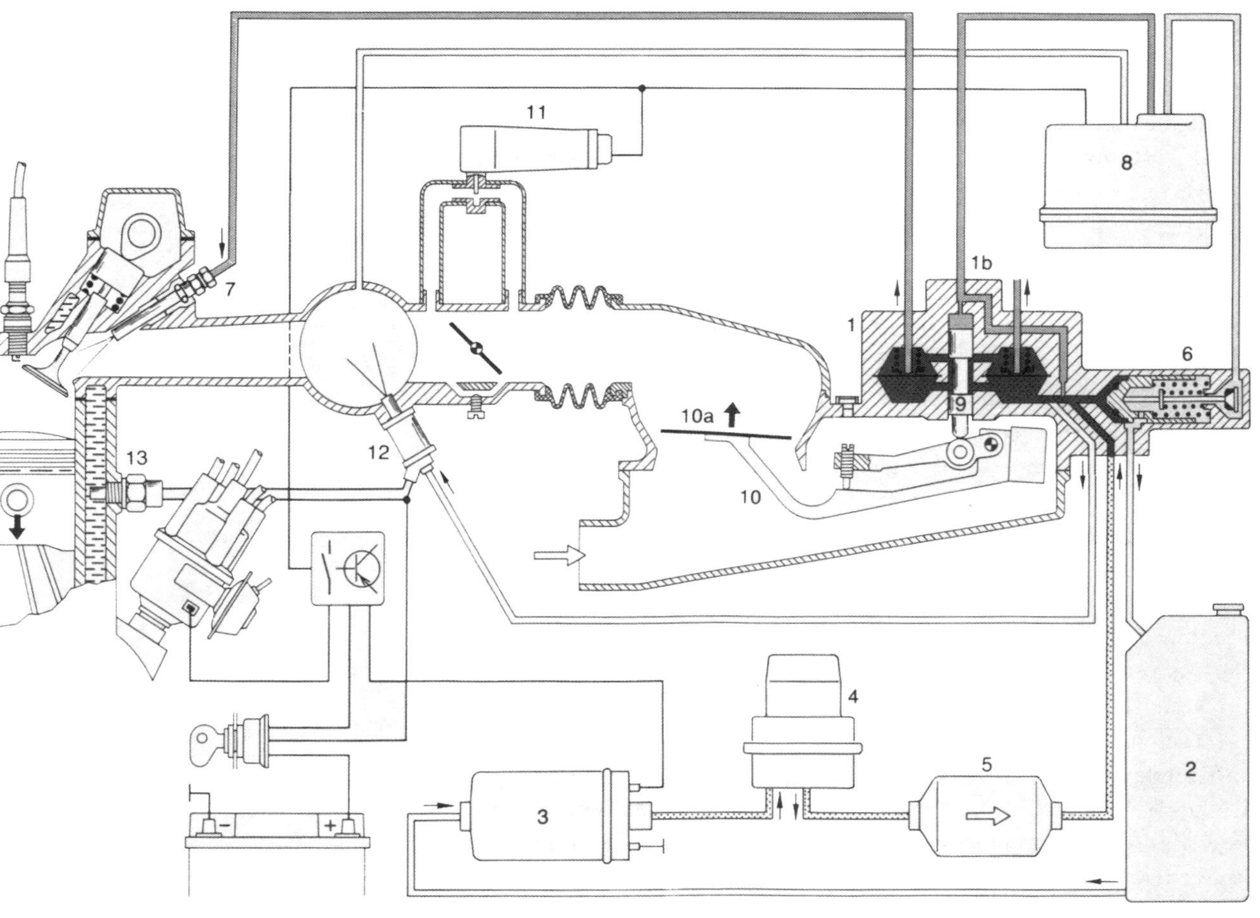

Bild 3.40
Schema der Kraftstoffversorgung der K-Jetronic
1 Gemischregler
1b Kraftstoffmengenteiler
2 Kraftstoffbehälter
3 Elektrokraftstoffpumpe
4 Kraftstoffspeicher
5 Kraftstofffilter
6 Druckregler
7 Einspritzventile
8 Warmlaufregler
9 Steuerkolben
10 Luftmengenmesser
10a Stauscheibe
11 Zusatzluftschieber
12 Kaltstartventil
13 Thermozeitschalter

durch die Rücklaufleitung zurück zum Tank. Durch den Warmlaufregler (8) wird entsprechend der Motortemperatur der Steuerdruck, der auf den Steuerkolben (9) wirkt, variiert. Der Auslenkung der Stauscheibe (10a) des Luftmengenmessers (10) durch die angesaugte Luftmenge wirkt der Steuerdruck entgegen. Dadurch wird die Kraftstoffmenge, die der Steuerkolben im Kraftstoffmengenteiler (1b) zu den einzelnen Einspritzventilen (7) durchlässt, in der Warmlaufphase zusätzlich gesteuert. Bei betriebswarmem Motor ist der Steuerdruck konstant (ca. 3,7 bar) und damit die eingespritzte Kraftstoffmenge direkt proportional zur angesaugten Luftmenge (durch die Auslenkung der Stauscheibe, die den Steuerkolben über das Hebelsystem betätigt). Durch den Zusatzluftschieber (11) wird dem Motor beim Kaltstart eine zusätzliche Luftmenge zur Leerlauferhöhung (an der Drosselklappe vorbei) zugeführt.

Das Kaltstartventil (12) spritzt während der Startphase zeitlich begrenzt zusätzlichen Kraftstoff in das Ansaugsystem zur Starterleichterung und zum Ausgleich von Kondensationsverlusten. Gesteuert wird es durch den elektrisch beheizten Thermozeitschalter (13).

3.6.1.2 Bauteile und ihre Funktionsweise

Die Kraftstoffpumpe (Bild 3.41) ist eine Rollenzellenpumpe, die von einem Elektromotor angetrieben wird. Sie fördert mehr Kraftstoff als der Motor benötigt. Dadurch kann bei allen Betriebsbedingungen der Druck im Kraftstoffsystem konstant gehalten werden. Die Förderleistung beträgt mindestens ca. 0,75 l/min.

Bild 3.41
Elektrokraftstoffpumpe
1 Saugseite
2 Überdruckventil
3 Rollenzellenpumpe
4 Motoranker
5 Rückschlagventil
6 Druckseite

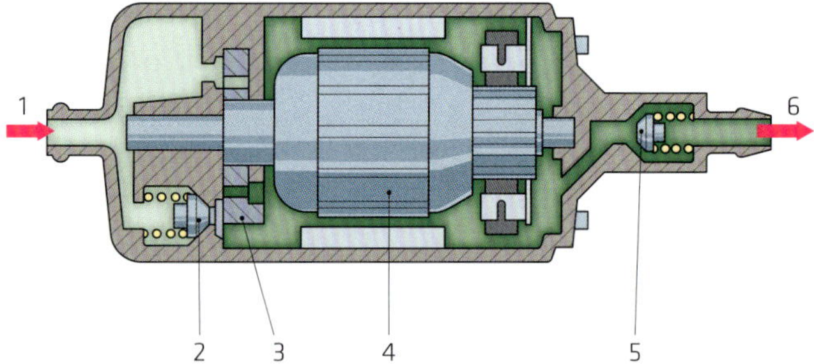

Die Kraftstoffpumpe wird nur während des Startens bzw. bei laufendem Motor durch ein Steuerrelais mit Spannung versorgt. Ohne Signal der Klemme 1 unterbricht das Steuerrelais aus Sicherheitsgründen (z. B. Unfall) die Stromversorgung.

Zur Geräuschreduzierung wurde die Elektrokraftstoffpumpe häufig im Tank eingebaut. Eine Explosionsgefahr durch den Kraftstoff in der Pumpe bzw. im Tank besteht nicht, da kein zündfähiges Gemisch vorhanden ist.

Die Kraftstoffpumpe wird auch bei der L-Jetronic (und deren Varianten) bzw. Motronic verwendet. Bei ungünstigen Einbauverhältnissen des Kraftstofftanks kann eine Vorförderpumpe notwendig sein.

Der Kraftstoffspeicher (Bild 3.42) vor dem Filter vermindert das Fördergeräusch der Kraftstoffpumpe und die von ihr verursachten Druckschwankungen. Bei stehendem Motor hält der Kraftstoffspeicher den Druck im Kraftstoffsystem aufrecht.

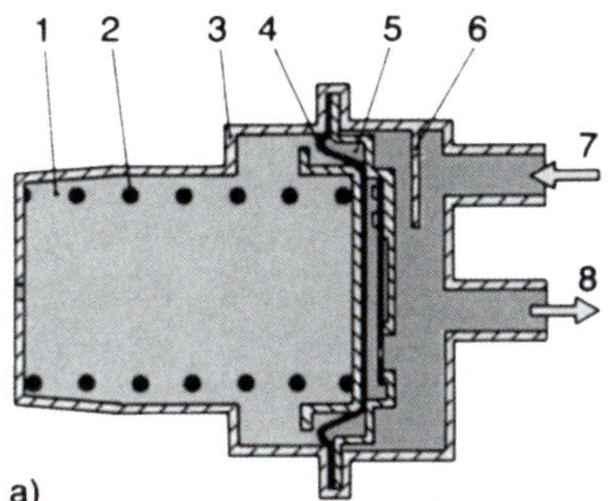

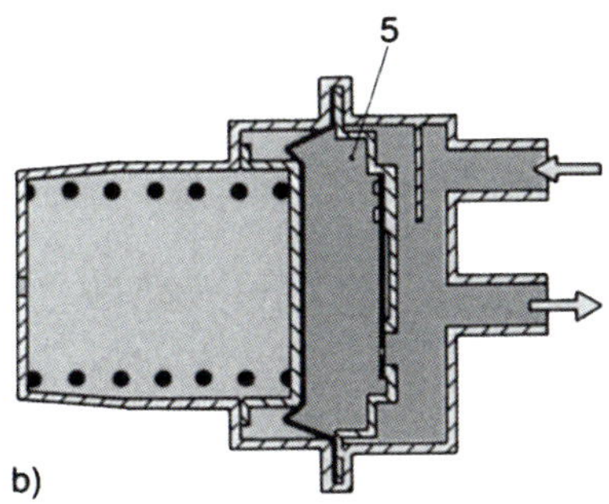

Bild 3.42 *Kraftstoffspeicher*
a) leer
b) gefüllt
1 Federkammer
2 Feder
3 Anschlag
4 Membran
5 Speichervolumen
6 Umlenkblech
7 Kraftstoffzufluss
8 Kraftstoffabfluss

Der Kraftstofffilter (Bild 3.43) schützt die empfindlichen Bauteile des Einspritzsystems vor Verschmutzungen. Er wird in regelmäßigen Abständen gewechselt. Dabei ist der Pfeil (Durchflussrichtung) auf dem Filtergehäuse unbedingt zu beachten.

Ein verschmutztes, defektes oder falsch montiertes Kraftstofffilter kann zu Leistungseinbußen (zu geringe Kraftstoffmenge) führen.

Der Systemdruckregler (Bild 3.44) im Gehäuse des Kraftstoffmengenteilers regelt den Systemdruck mit der Regelfeder bei laufendem Motor auf ca. 5 bar. Der zu viel geförderte Kraftstoff fließt zurück zum Kraftstofftank. Bei stehendem Motor geht der Druck unter den Öffnungsdruck der Einspritzventile zurück.

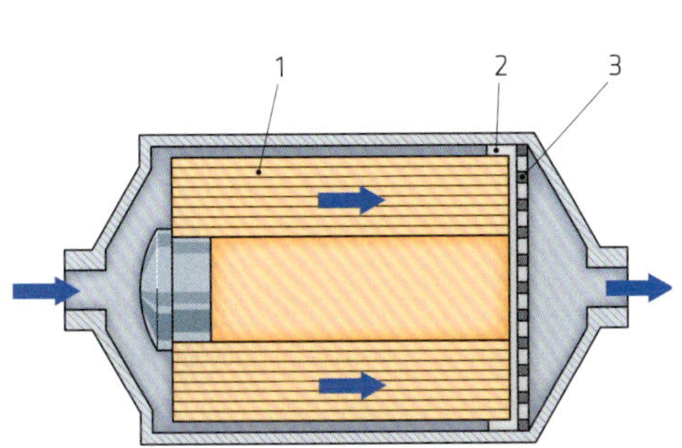

Bild 3.43 *Kraftstofffilter*
1 Papierfilter
2 Sieb
3 Stützplatte

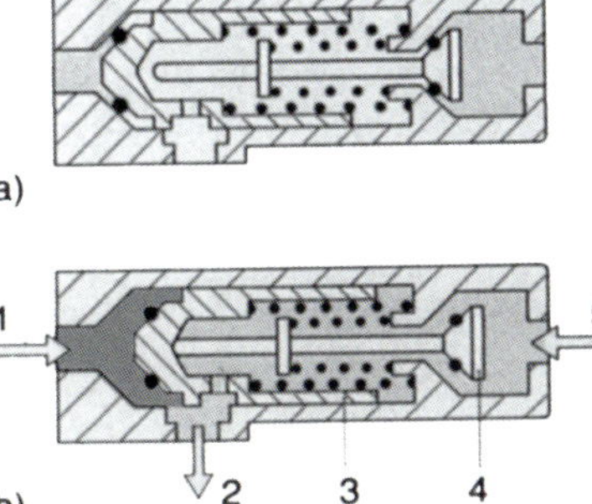

Bild 3.44 *Systemdruckregler am Mengenteiler*
a) in Ruhestellung
b) in Arbeitsstellung
1 Zulauf Systemdruck
2 Dichtung
3 Rücklauf zum Kraftstoffbehälter
4 Kolben
5 Regelfeder

Ein falscher Systemdruck durch Undichtigkeiten, Verschmutzungen oder zu geringe Förderleistung der Kraftstoffpumpe beeinflusst die Gemischzusammensetzung erheblich und damit das Laufverhalten des Motors. Bei größeren Abweichungen lässt sich der Motor nicht mehr starten. Durch eine Messung mit einem Druckmanometer wird der Systemdruck überprüft.

Die Einspritzventile (Bild 3.45) spritzen den Kraftstoff kontinuierlich (K-Jetronic) in die Ansaugrohre vor das Einlassventil des jeweiligen Zylinders. Sie öffnen bei ca. 3 bis 4 bar. Durch das Schwingen (Druckpulsationen) der Ventilnadel («Schnarren») wird der Kraftstoff fein zerstäubt.

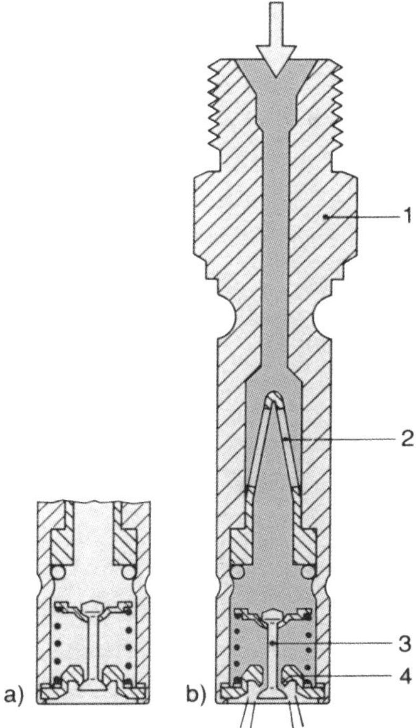

Bild 3.45
Einspritzventil
a) in Ruhestellung
b) in Betriebsstellung
1 Ventilgehäuse
2 Filter
3 Ventilnadel
4 Ventilsitz

Sinkt der Systemdruck unter den Öffnungsdruck der Einspritzventile (nach dem Abstellen des Motors oder durch unzureichende Kraftstoffversorgung), müssen diese dicht abschließen. Es darf kein Kraftstoff nachtropfen (Druckprüfung und Sichtkontrolle).

Im Gemischregler wird der Kraftstoff entsprechend der Auslenkung der Stauscheibe des Luftmengenmessers (angesaugte Luftmenge) durch den Steuerkolben im Kraftstoffmengenteiler den Einspritzventilen zugeteilt (Bild 3.46).

Die vom Motor angesaugte Luftmenge hebt die Stauscheibe entsprechend dem freizugebenden Öffnungsquerschnitt im Lufttrichter an. Über ein Hebelsystem wirkt die Stauscheibe des Luftmengenmessers auf den Steuerkolben (Bild 3.47). Eine Korrekturmöglichkeit besteht über die Gemischeinstellschraube. Der durch den Warmlaufregler in Abhängigkeit von der Motortemperatur geregelte Steuerdruck wirkt dieser Kraft entgegen.

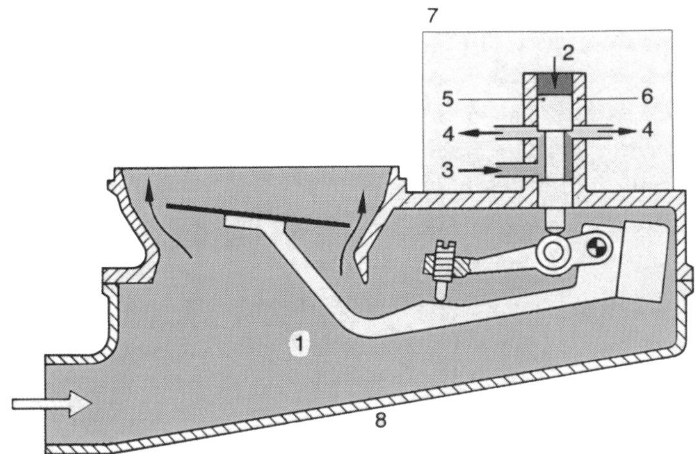

Bild 3.46
Schlitzträger, Steuerdrossel
1 Ansaugluft
2 Steuerdruck
3 Kraftstoffzulauf
4 zugemessene Kraftstoffmenge
5 Steuerkolben
6 Schlitzträger
7 Kraftstoffmengenteiler
8 Luftmengenmesser

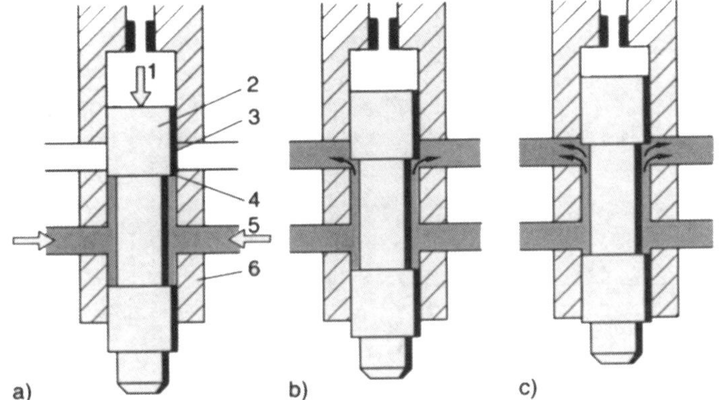

Bild 3.47
Schlitzträger mit Steuerkolben
a) Ruhestellung
b) Teillast
c) Volllast
1 Steuerdruck
2 Steuerkolben
3 Steuerschlitz im Schlitzträger
4 Steuerkante
5 Kraftstoffzulauf
6 Schlitzträger

Je mehr der Steuerkolben ausgelenkt wird (entsprechend der angesaugten Luftmenge), desto mehr Kraftstoff wird den Einspritzventilen zugeteilt. Der Steuerdruck regelt damit die Gemischzusammensetzung. Er wird durch die Entkoppeldrossel (4) vom Systemdruck abgezweigt (Bild 3.48). Bei kaltem Motor beträgt der Steuerdruck ca. 0,5 bar. Dadurch wird der angesaugten Luftmenge durch den Steuerkolben eine geringere Kraft entgegengesetzt und mehr Kraftstoff eingespritzt (Warmlaufanreicherung). Der Steuerdruck steigt mit zunehmender Motorerwärmung an und reduziert dadurch die Anreicherung. Bei betriebswarmem Motor beträgt der Steuerdruck ca. 3,7 bar.

Die Dämpfungsdrossel (2) verhindert ein zu starkes Schwingen der Stauscheibe durch die Ansaugluftpulsation. Sie lässt jedoch beim schnellen Öffnen der Drosselklappe ein kurzes Überschwingen der Stauklappe zu. Dadurch erhöht sich kurzzeitig die eingespritzte Kraftstoffmenge (Beschleunigungsanreicherung). Bei stehendem Motor verhindert ein Absperrventil im Rücklauf des Warmlaufreglers den Druckverlust im Steuerdruckkreis. Dieses Ventil ist im Systemdruckregler integriert (Bilder 3.49a und b).

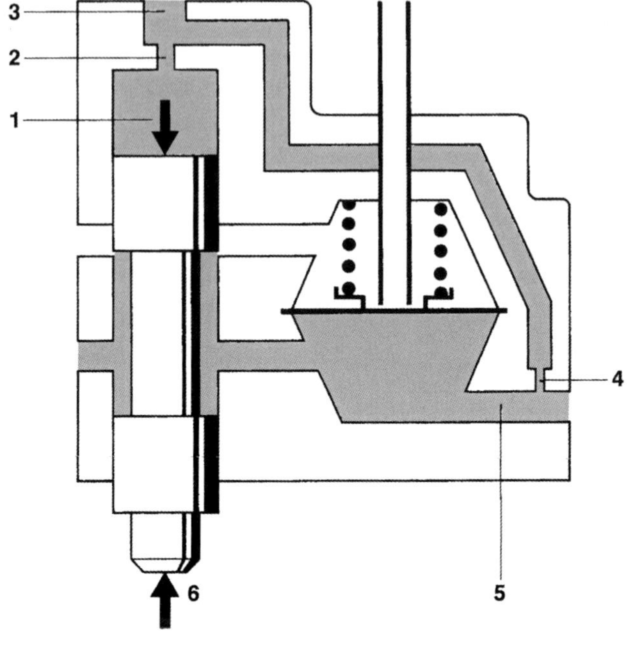

Bild 3.48
Systemdruck und Steuerdruck
1 Wirkung des Steuerdrucks (hydraulische Kraft)
2 Dämpfungsdrossel
3 Leitung zum Warmlaufregler
4 Entkoppeldrossel
5 Systemdruck (Förderdruck)
6 Wirkung der Luftkraft

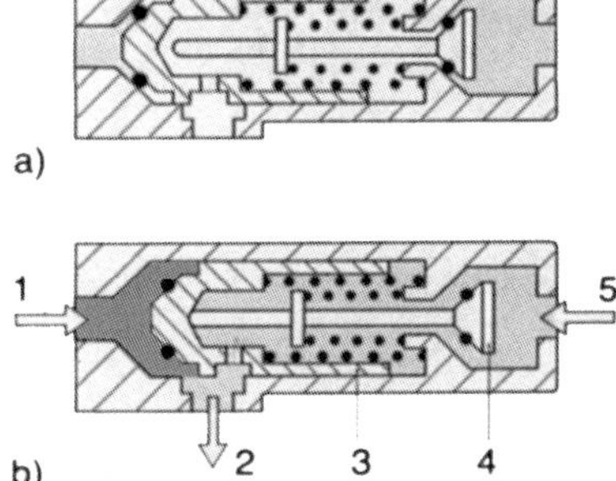

Bild 3.49
Systemdruckregler mit Aufstoßventil im Steuerdruckkreis
a) in Ruhestellung
b) in Arbeitsstellung
1 Zulauf Systemdruck
2 Rücklauf (zum Kraftstoffbehälter)
3 Kolben des Systemdruckreglers
4 Aufstoßventil
5 Zulauf Steuerdruck (vom Warmlaufregler)

Mögliche Fehler können sich hier durch Undichtigkeiten (Leitungsanschlüsse, Absperrventil) oder durch einen defekten Warmlaufregler ergeben. Der am Motor befestigte Warmlaufregler (Bild 3.50) wird durch die Motorwärme sowie zusätzlich elektrisch beheizt. Im kalten Zustand drückt die Bimetallfeder auf die Ventilfeder (Bild 3.50a). Dadurch wird die Federkraft auf die Ventilmembran verringert und diese lässt mehr Kraftstoff über den Rücklauf zurückfließen. Mit zunehmender Erwärmung verringert sich die Gegenkraft auf die Ventilfeder, bis der Steuerdruck nur durch die Kraft der Ventilfeder geregelt wird (Bild 3.50b). Durch die Verringerung des Absteuerquerschnitts der Ventilmembran stellt sich der Steuerdruck (3,7 bar) ein. Angepasst an die Erfordernisse des Motors wird die Zeit für die Kaltstartanreicherung durch die Auslegung der elektrischen Beheizung festgelegt.

Merke: Bei Startschwierigkeiten (kalt/heiß) sowie unrundem Motorlauf sind der Steuerdruck mit einem Druckmanometer sowie dessen Veränderung mit steigender Motortemperatur zu prüfen.

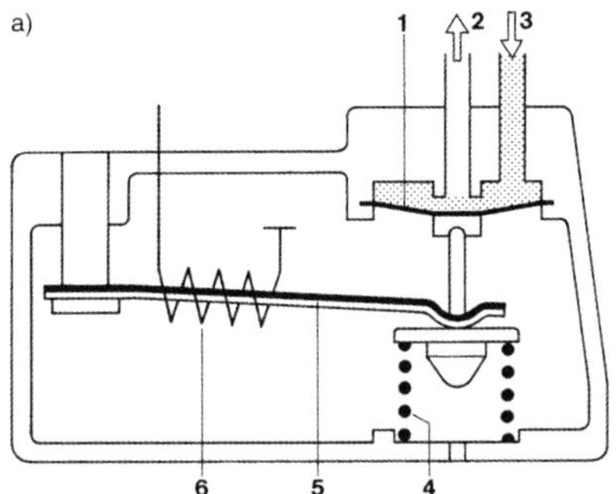

Bild 3.50 *Warmlaufregler*

a) bei kaltem Motor
b) bei betriebswarmem Motor
1 Ventilmembran
2 Rücklauf
3 Steuerdruck (vom Gemischregler)
4 Ventilfeder
5 Bimetall
6 elektrische Heizung

Zusätzlich gibt es Warmlaufregler, die den Steuerdruck auch abhängig vom Saugrohrunterdruck regeln (Bilder 3.51a und b). Durch einen starken Saugrohrunterdruck (Leerlauf/Teillast) wird die Membran (10) bis an den oberen Anschlag (8) gezogen. Die

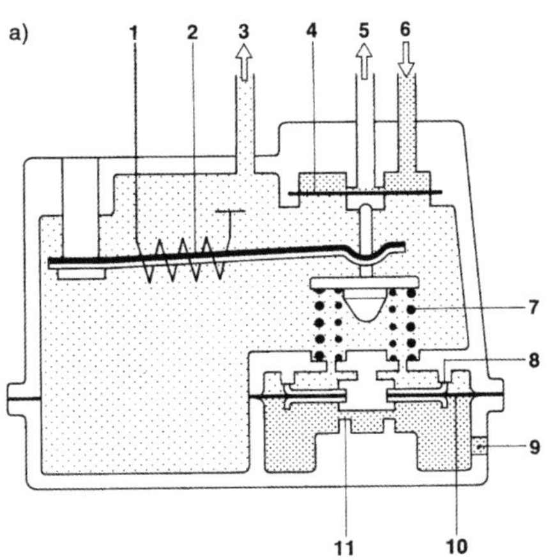

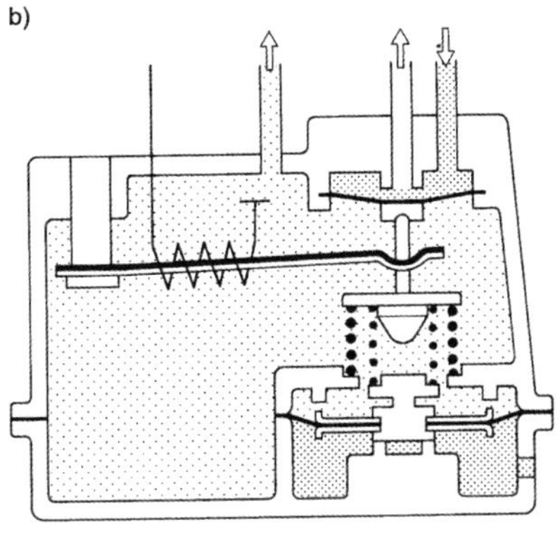

Bild 3.51 *Warmlaufregler (Steuerdruckregler) mit Volllastmembran*

a) bei Leerlauf und Teillast
b) bei Volllast
1 elektrische Heizung
2 Bimetall
3 Unterdruckanschluss (vom Saugrohr)
4 Ventilmembran
5 Rücklauf zum Kraftstoffbehälter
6 Steuerdruck (vom Mengenteiler)
7 Ventilfedern
8 oberer Anschlag
9 Entlüftung
10 Membran
11 unterer Anschlag

innere Ventilfeder drückt dadurch stärker auf die Ventilmembran (Verringerung des Absteuerquerschnitts), und der Steuerdruck steigt. Dies bewirkt eine Reduzierung der eingespritzten Kraftstoffmenge. Bei Volllast (geringer Saugrohrunterdruck) ist die Membran (10) am unteren Anschlag (11), und der Steuerdruck wird abgesenkt (Volllastanreicherung). Diese Variante unterstützt die Lastanpassung (zusätzlich zur Lufttrichterform) bei Motoren, die im unteren Lastbereich sehr mager betrieben werden.

Merke: Fehlfunktionen können durch einen undichten Saugrohranschluss auftreten, der zu prüfen ist, wenn im Leerlauf oder bei Teillast der Motor zu fett läuft.

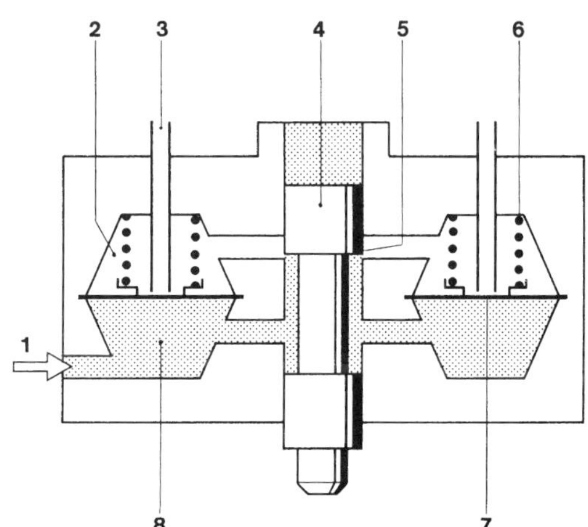

Bild 3.52
Kraftstoffmengenteiler mit Differenzdruckventilen
1 Kraftstoffzulauf (Systemdruck)
2 Oberkammer des Differenzdruckventils
3 Leitung zum Einspritzventil (Einspritzdruck)
4 Steuerkolben
5 Steuerkante und Steuerdrossel
6 Ventilfeder
7 Ventilmembran
8 Unterkammer des Differenzdruckventils

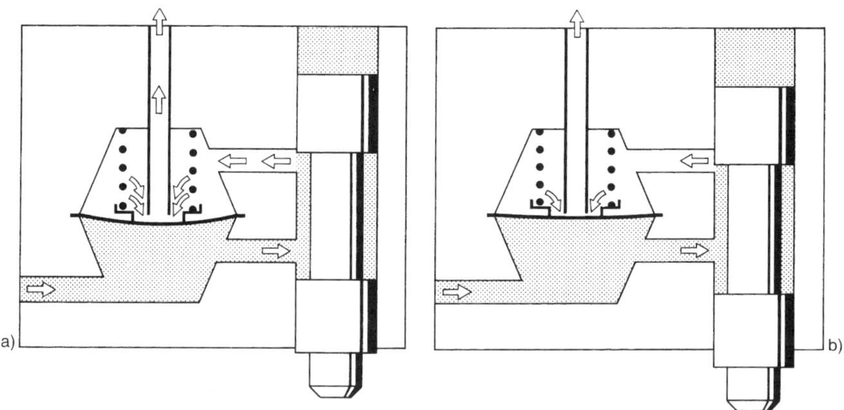

Bild 3.53 *Differenzdruckventil*
a) Stellung bei großer Einspritzmenge
b) Stellung bei kleiner Einspritzmenge

Die Differenzdruckventile im Kraftstoffmengenteiler (Bilder 3.52 und 3.53) halten an den Steuerdrosseln einen konstanten Druckabfall von 0,1 bar – unabhängig von der durchfließenden Kraftstoffmenge. Dieser Differenzdruck wird durch die Kraft der

Ventilfeder (6) und die Ventilmembran (7) erzeugt. Durch den konstanten Druckabfall erreicht man eine hohe Regelgenauigkeit in der Menge des einzuspritzenden Kraftstoffs. Die Unterkammern der Differenzdruckventile sind durch eine Ringleitung miteinander verbunden und stehen unter Systemdruck. Die Oberkammern sind nur mit dem jeweiligen Einspritzventil verbunden.

3.6.1.3 Zusätzliche elektrisch gesteuerte Bauteile

Beim Kaltstart wird durch ein Kaltstartventil (Bild 3.54) zusätzlicher Kraftstoff in das Sammelsaugrohr eingespritzt, um die Kondensationsverluste auszugleichen und das Anspringen des Motors zu erleichtern. Das Kaltstartventil erhält seinen Kraftstoff vom Gemischregler. Wird die Magnetwicklung (4) im Kaltstartventil mit Strom durchflossen, so hebt das entstehende Magnetfeld das Ventil (3) ab, und der unter Systemdruck stehende Kraftstoff wird über die Dralldüse (5) eingespritzt.

Merke: Im stromlosen Zustand schließt das Ventil durch die Federkraft dicht ab (Sichtkontrolle!).

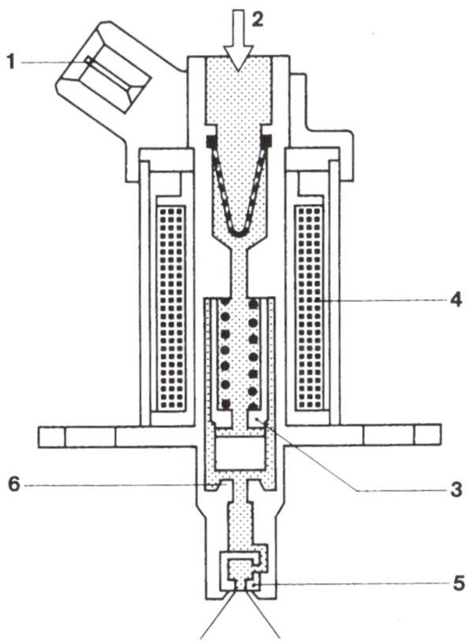

Bild 3.54
Kaltstartventil, betätigt
1 elektrischer Anschluss
2 Kraftstoffzufluss mit Filtersieb
3 Ventil (Magnetanker)
4 Magnetwicklung
5 Dralldüse
6 Ventilsitz

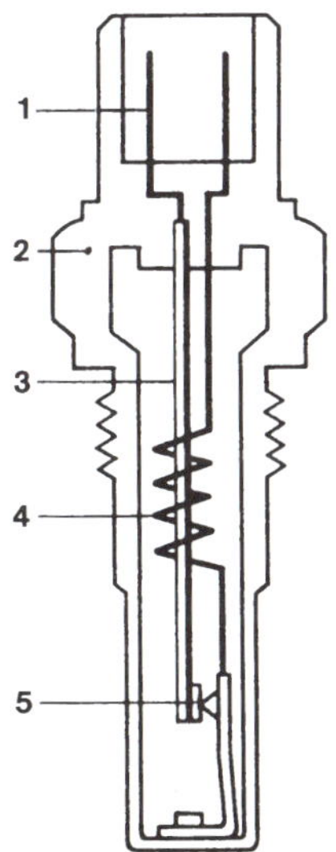

Bild 3.55
Thermozeitschalter
1 elektrischer Anschluss
2 Gewindebolzen
3 Bimetall
4 Heizwicklung
5 Schaltkontakt

Die Ansteuerung erfolgt durch den Thermozeitschalter (Bild 3.55), der am Motor befestigt ist.

Bei kaltem Motor ist der Schaltkontakt geschlossen. Beim Starten wird die Heizwicklung mit Strom durchflossen, und die Bimetallfeder öffnet den Schaltkontakt. Somit wird beim Kaltstart die Ansteuerung des Kaltstartventils zeitlich begrenzt. Bei warmem Motor bleibt der Schaltkontakt offen (keine Startanreicherung).

Durch den Zusatzluftschieber (Bild 3.56) wird beim Kaltstart und in der Warmlaufphase die Leerlauf-Luftmenge (und damit auch die Kraftstoffmenge) zum Ausgleich der höheren Reibmomente erhöht. Der Zusatzluftschieber ist so am Motor angebracht, dass er dessen Wärme aufnimmt. Außerdem wird er elektrisch beheizt. Im warmen Zustand wird der Luftkanal durch den Blendenschieber (1) verschlossen.

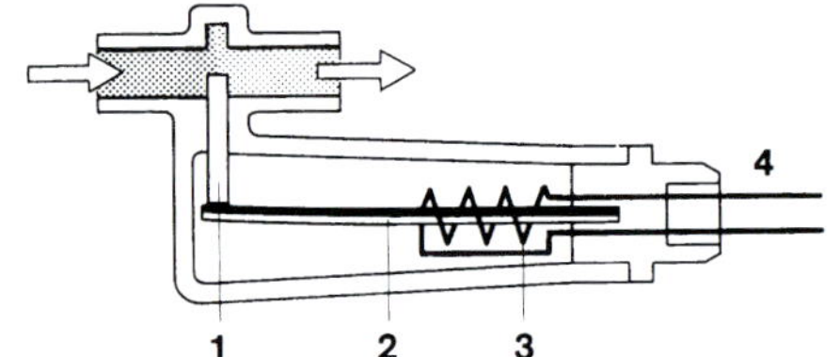

Bild 3.56
Zusatzluftschieber
1 Blendenschieber
2 Bimetall
3 elektrische Heizung
4 elektrischer Anschluss

3.6.1.4 Elektrische Schaltung (Bild 3.57)

Beim Starten werden durch den Zündstartschalter (1) das Kaltstartventil (2) und der Thermozeitschalter (3) über Klemme 50 mit Spannung versorgt. Das Kaltstartventil kann so lange Kraftstoff einspritzen, wie die Klemme 50 anliegt und die Masseversorgung durch den Thermozeitschalter besteht.

Ist der Schaltkontakt (W) durch die elektrische Beheizung oder die Motorwärme geöffnet, besteht keine Masseverbindung, und das Kaltstartventil bleibt geschlossen. Das Steuerrelais (4) wird durch die Klemme 15 (Zündung) mit Spannung versorgt

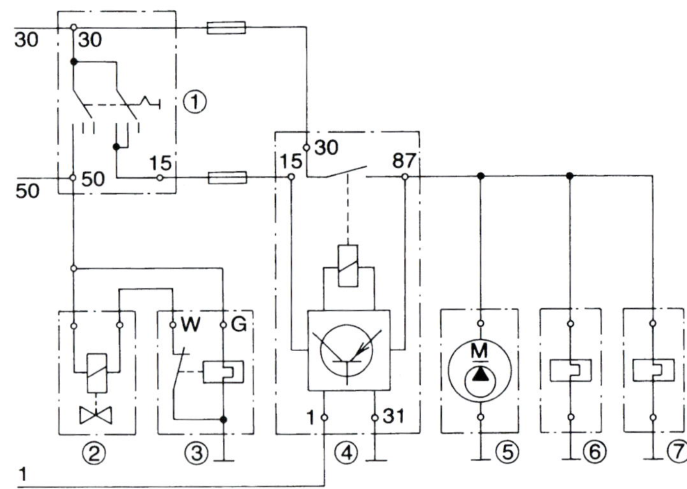

Bild 3.57
Schaltung im Ruhezustand
1 Zündstartschalter
2 Kaltstartventil
3 Thermozeitschalter
4 Steuerrelais
5 Elektrokraftstoffpumpe
6 Warmlaufregler
7 Zusatzluftschieber

und liegt an Masse (Klemme 31). Es schließt den Arbeitsstromkreis (Klemme 30 auf Klemme 87), sobald es über die Klemme 1 Zündimpulse erhält. Erst dann werden die Elektrokraftstoffpumpe (5) und die Beheizung des Warmlaufreglers und des Zusatzluftschiebers mit Spannung versorgt.

Damit wird sichergestellt, dass die Elektrokraftstoffpumpe bei einem plötzlichen Stillstand des Motors (z. B. Unfall) trotz eingeschalteter Zündung keinen Kraftstoff mehr fördert bzw. keine Beheizung trotz stehendem, kaltem Motor erfolgt.

Merke: Für eine Überprüfung der Funktionsfähigkeit der elektrischen Bauteile in der Werkstatt ist der Motor zu starten, oder nach dem Abziehen des Steuerrelais sind die Kontakte 30 und 87 mit einer Sicherung zu überbrücken (z. B. für die Messung der Förderleistung der elektrischen Kraftstoffpumpe).

3.6.1.5 K-Jetronic mit Lambdaregelung

Bei Fahrzeugen mit Dreiwege-Katalysator muss das Gemisch auf $\lambda = 1$ geregelt werden, um eine möglichst hohe Konvertierungsrate zu erreichen. Dies geschieht durch ein Steuergerät, das das Signal der Lambdasonde auswertet und entsprechend die Gemischbildung beeinflusst (Aufbau der Lambdasonde, Erklärung der Lambda-Regelung siehe Abschnitt 3.7).

Bei der K-Jetronic mit Lambda-Regelung (Bild 3.58) wird dazu der Druck in den Unterkammern der Differenzdruckventile verändert. Sie sind deshalb durch eine Festdrossel vom Systemdruck entkoppelt. Durch ein Taktventil (3) wird der Druck in den Unterkammern entsprechend variiert. Das Taktventil (Öffnen, Schließen) wird durch das Steuergerät angesteuert. Stromlos ist es geschlossen, und in den Unterkammern herrscht dann Systemdruck.

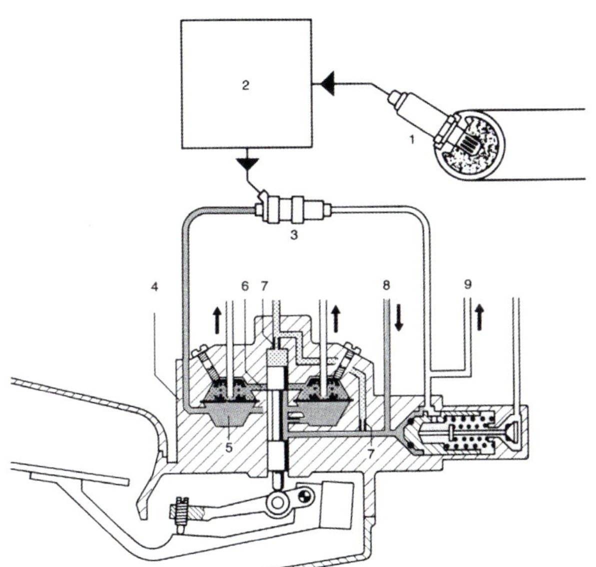

Bild 3.58
Zusätzliche Bauteile für Lambda-Regelung
1 Lambdasonde
2 Lambda-Regler
3 Taktventil (variable Drossel)
4 Kraftstoffmengenteiler
5 Unterkammern der Differenzdruckventil
6 Steuerschlitze
7 Entkoppeldrossel (Festdrossel)
8 Kraftstoffzulauf
9 Kraftstoffrücklauf

3.6.2 KE-Jetronic

In der Grundfunktion baut die KE-Jetronic (Bild 3.59) auf der K-Jetronic auf. Die Feinsteuerung der Einspritzmenge erfolgt jedoch – den verschiedenen Betriebszuständen angepasst – durch ein elektronisches Steuergerät. Dieses verarbeitet verschiedene Eingangssignale und steuert auf der Ausgangsseite einen elektrohydraulischen Drucksteller an. Dieser verändert die Druckdifferenz im Kraftstoffmengenteiler zwischen den Unterkammern der Differenzdruckventile und dem Systemdruck. Die Veränderung der mechanisch vorgegebenen Einspritzmenge erfolgt also bei der KE-Jetronic durch die Steuerung des Unterkammerdruckes – im Gegensatz zur Veränderung des Steuerdruckes bei der K-Jetronic.

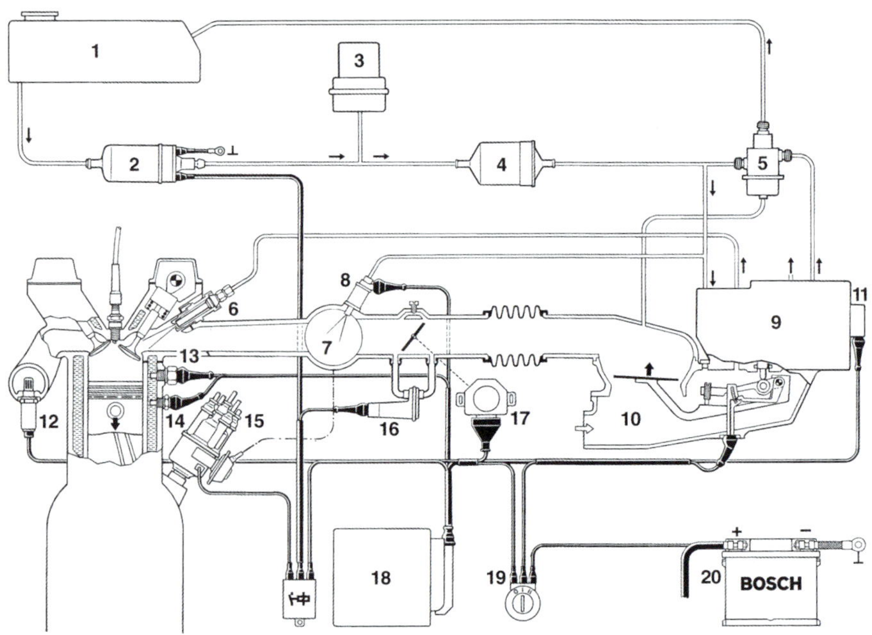

Bild 3.59 *KE-Jetronic Systemübersicht*

1 Kraftstoffbehälter
2 Elektrokraftstoffpumpe
3 Kraftstoffspeicher
4 Kraftstofffilter
5 Systemdruckregler
6 Einspritzventil
7 Sammelsaugrohr
8 Kaltstartventil
9 Kraftstoffmengenteiler
10 Luftmengenmesser
11 elektrohydraulischer Drucksteller
12 Lambdasonde
13 Thermozeitschalter
14 Motortemperaturfühler
15 Zündverteiler
16 Zusatzluftschieber
17 Drosselklappenschalter
18 elektronisches Steuergerät
19 Zündstartschalter
20 Batterie

Die Kalt- bzw. Warmlaufanreicherung wird durch das Steuergerät mittels des elektrohydraulischen Druckstellers gesteuert. Somit konnte der Warmlaufregler entfallen, und deshalb gibt es keinen Steuerdruck mehr. Der Steuerkolben wird hier mit Systemdruck beaufschlagt. Der Systemdruckregler ist nicht mehr im Kraftstoffmengenteiler integriert, sondern ein eigenes Bauteil (Bild 3.60). Der Systemdruck ist bei der KE-Jetronic höher als bei der K-Jetronic und muss auch hier unbedingt exakt eingehalten werden.

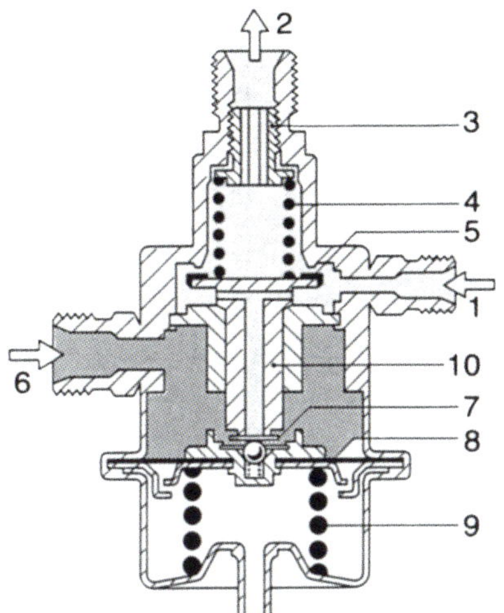

Bild 3.60
Kraftstoff-Systemdruckregler
1 Rücklauf vom Mengenteiler
2 zum Tank
3 Einstellschraube
4 Gegenfeder
5 Dichtung
6 Zulauf
7 Ventilteller
8 Membran
9 Regelfeder
10 Ventilkörper

3.6.2.1 Eingangssignale und deren Bedeutung für die elektronische Steuerung (Bild 3.61)

Ein mit der Drosselklappe verbundener Drosselklappenschalter (Bild 3.62) hat einen Leerlauf- und einen Volllastkontakt. Bei weit geöffneter Drosselklappe schließt der Volllastkontakt, und das Steuergerät erhält ein Spannungssignal. Bei höheren Drehzahlen wird dadurch eine Volllastanreicherung ausgelöst. Ist bei höheren Drehzahlen hingegen der Leerlaufkontakt geschlossen (geschlossene Drosselklappe), wird die Schubabschaltung

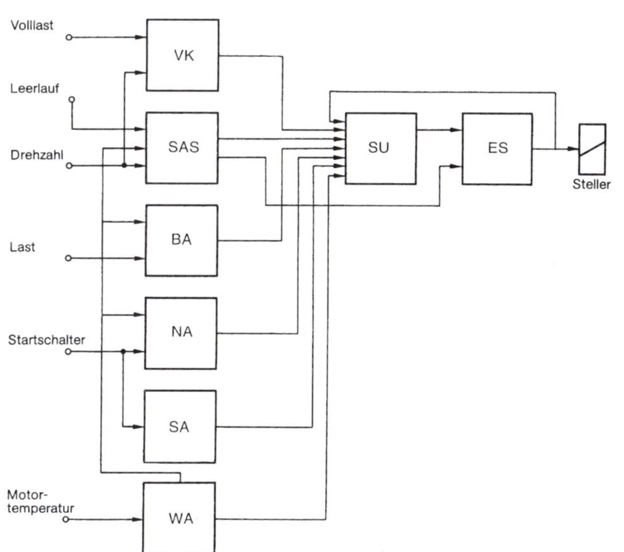

Bild 3.61
Blockschaltbild eines KE-Jetronic-Steuergerätes in Analogtechnik. Die Korrektursignale aus den verschiedenen Blöcken werden im Summierer zusammengefasst, in der Endstufe verstärkt und dem elektrohydraulischen Drucksteller zugeleitet.
VK Volllastkorrektur
SAS Schubabschaltung
BA Beschleunigungsanreicherung
NA Nachstartanhebung
SA Startanhebung
WA Warmlaufanreicherung
SU Summierer
ES Endstufe

aktiviert. Bis zu einer programmierten Drehzahl erfolgt im Schiebebetrieb keine Einspritzung. Dies trägt zur Kraftstoffeinsparung und Verminderung der Abgase bei.

Merke: Die Funktion des Drosselklappenschalters wird durch eine Widerstandsmessung überprüft und kann durch Langlöcher eingestellt werden. Der Leerlaufkontakt muss bei geschlossener Drosselklappe sicher geschlossen sein.

Bild 3.62
Drosselklappenschalter
a) Schaltzeichnung
b) Gesamtansicht
1 Volllastkontakt
2 Schaltkulisse
3 Drosselklappenwelle
4 Leerlaufkontakt
5 elektrischer Anschluss

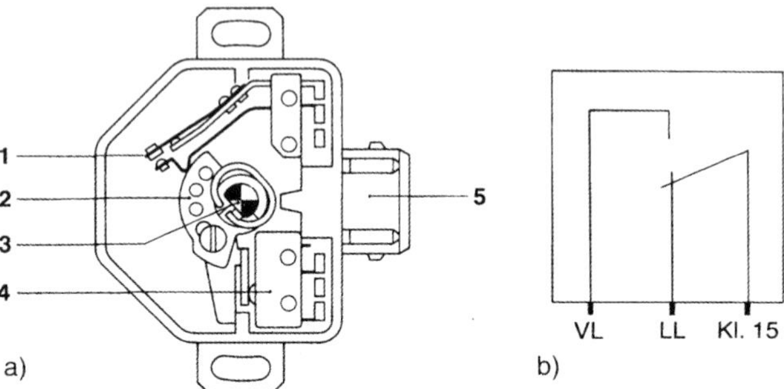

Das Drehzahlsignal erhält das KE-Jetronic-Steuergerät vom Zündsteuergerät. (Bei einigen Herstellern wird es auch zur Drehzahlbegrenzung durch die KE-Jetronic verwendet.) Es kann über eine Tastverhältnis- bzw. Schließwinkelmessung überprüft werden. Die Lasterfassung erfolgt mit einem Potentiometer an der Stauscheibe des Luftmengenmessers. Durch den sich verändernden Spannungsabfall (durch die Widerstandsänderung) erkennt das Steuergerät die Stellung der Stauscheibe und deren Auslenkung (Bild 3.63). Abhängig von der Veränderung der Stauscheibenposition und der Zeit, in der sie stattfindet, erfolgt eine definierte Beschleunigungsanreicherung. Das Potentiometer wird mit einer Widerstandsmessung (oder Spannungsabfallmessung) überprüft. Mit der Auslenkung der Stauscheibe muss sich der Widerstand (oder Spannungsabfall) kontinuierlich verändern. Durch die Klemme 50 erkennt das Steuergerät den Startvorgang und gibt für ca. 1,5 Sekunden einen Maximalstrom an den elektrohydraulischen Drucksteller

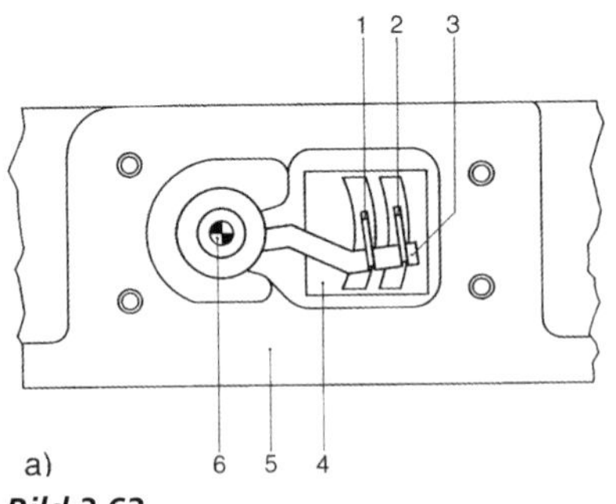

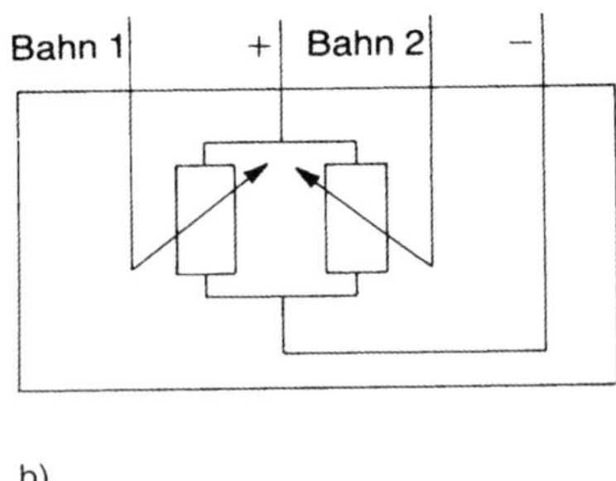

Bild 3.63
a) Potentiometer zur Ermittlung der Stauscheibenstellung
b) Schaltzeichnung
1 Abgriffbürste
2 Hauptbürste
3 Schleiferhebel
4 Potentiometerplatte (aus der Bildebene gerückt)
5 Gehäuse des Luftmengenmessers
6 Luftmengenmesserachse

zur Startanhebung. Anschließend wird die Nachstartanhebung in Abhängigkeit von der Motortemperatur (Warmlaufanreicherung) gesteuert. Die Motortemperatur wird durch einen NTC ermittelt und beeinflusst auch die Beschleunigungsanreicherung sowie die Funktion der Schubabschaltung. Ist das Fahrzeug mit einem geregelten Dreiwege-Katalysator ausgestattet, wird durch das Signal der Lambdasonde der errechnete Steuerstrom für den elektrohydraulischen Drucksteller nochmals einer Korrektur unterzogen.

Merke: Das Steuergerät wird mit Spannung versorgt. Dies ist bei einer notwendigen Fehlersuche als erstes zu überprüfen sowie sämtliche Masseverbindungen.

Zusätzlich können herstellerspezifisch weitere Eingangssignale verarbeitet werden. Sie sind für die Grundfunktion aber nicht bedeutend.

3.6.2.2 Beeinflussung der Einspritzmenge durch den elektrohydraulischen Drucksteller

Der elektrohydraulische Drucksteller (Bild 3.64) verändert den Druck in den miteinander verbundenen Unterkammern der Differenzdruckventile. Dies bedeutet eine Veränderung

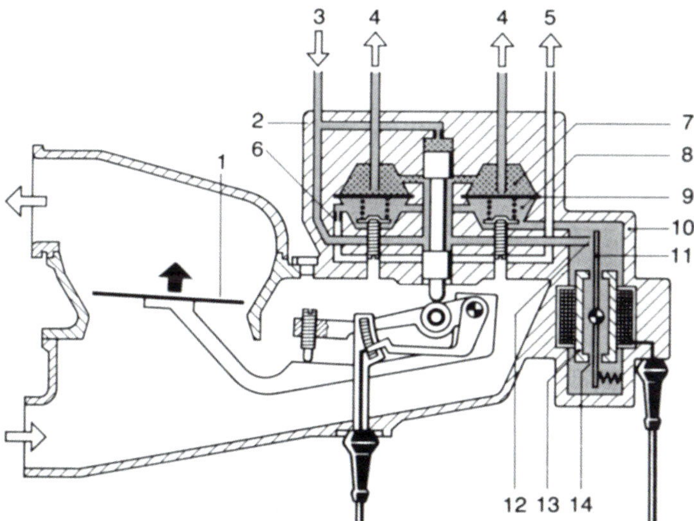

Bild 3.64 *Elektrohydraulischer Drucksteller am Mengenteiler. Durch die vom Steuergerät erzielte Beeinflussung der Prallplatte (11) lässt sich der Kraftstoffdruck in den Oberkammern der Differenzdruckventile beeinflussen und somit die zugeteilte Kraftstoffmenge. Auf diese Weise sind Anpassungs- und Korrekturfunktionen möglich.*

1 Stauklappe
2 Mengenteiler
3 Kraftstoffzufluss (Systemdruck)
4 Kraftstoff zu den Einspritzventilen
5 Kraftstoff-Rücklaufleitung zum Druckregler
6 Festdrossel
7 Oberkammer
8 Unterkammer
9 Membran
10 Drucksteller
11 Prallplatte
12 Düse
13 Magnetpol
14 Luftspalt

der Druckdifferenz zwischen den Unterkammern und dem Systemdruck. Den Stellstrom hierfür liefert das Steuergerät.

Bei einem Stromfluss durch die Wicklungen am Magnetpol (13) bewirkt das Magnetfeld, dass die Membranplatte aus federelastischem Werkstoff (Prallplatte, 11) gegen die Düse (12) gedrückt wird. Dadurch verringert sich der Druck in den Unterkammern, und die mechanisch vorgegebene Grundeinspritzmenge vergrößert sich. Bei maximalem Stromfluss ist die Einspritzmengenkorrektur am höchsten. Bei einem Ausfall des Stellstroms (z. B. Defekt im Steuergerät) wird die Prallplatte durch einen Dauermagneten in einer definierten Stellung gehalten und ermöglicht so die mechanisch vorgegebene Einspritzmenge ohne Korrektur.

Merke: Der vom Steuergerät vorgegebene Stellstrom wird mit einem Multimeter gemessen. Bei eventuellen Abweichungen sind sämtliche Eingänge am Steuergerät zu überprüfen.

3.6.3 Intermittierende Einspritzung (L-Jetronic)

3.6.3.1 Allgemeine Funktionsbeschreibung

Die L-Jetronic und ihre Varianten (LU-, LE-, LH-Jetronic) spritzen die vom Motor benötigte Kraftstoffmenge intermittierend durch elektrisch angesteuerte Einspritzventile in die Ansaugrohre vor die Einlassventile. Die Ansteuerung erfolgt durch ein Steuergerät. Zur Berechnung der Einspritzzeit (Einspritzmenge) erfasst das Steuergerät durch verschiedene Eingangssignale den Betriebszustand des Motors. Hauptsteuergröße ist die angesaugte Luft (L-Jetronic).

Die Elektrokraftstoffpumpe (2) fördert den Kraftstoff aus dem Tank (1) durch das Filter (3) in das Verteilerrohr. Der Druckregler (5) hält den Kraftstoffdruck konstant in Abhängigkeit vom Saugrohrdruck. Der zu viel geförderte Kraftstoff fließt zurück zum Tank. Werden die Einspritzventile (9) durch elektrische Impulse vom Steuergerät (7) geöffnet, wird aufgrund des Kraftstoffdruckes der Kraftstoff in die Ansaugrohre gespritzt. Die Menge des eingespritzten Kraftstoffs ist abhängig von der Öffnungszeit der Einspritzventile, d. h. durch die vom Steuergerät ausgehende Impulsdauer bestimmt.

Die Drehzahl, die angesaugte Luftmenge, die Motortemperatur, die Ansauglufttemperatur und die Signale vom Drosselklappenschalter dienen dem Steuergerät zur Berechnung der Einspritzmenge.

Das Kaltstartventil (11) spritzt beim Kaltstart in Abhängigkeit vom Thermozeitschalter (14) kurzzeitig Kraftstoff zur Startanreicherung ein (analog K-, KE-Jetronic). Bei modernen Anlagen wird dies durch das Steuergerät und die Einspritzventile übernommen (Entfall Kaltstartventil und Thermozeitschalter). Die Drehzahlanhebung durch den Zusatzluftschieber erfolgt analog der K-/KE-Jetronic. Heute wird dazu häufig ein Leerlaufsteller verwendet, über den auch der Leerlauf stabilisiert und geregelt werden kann.

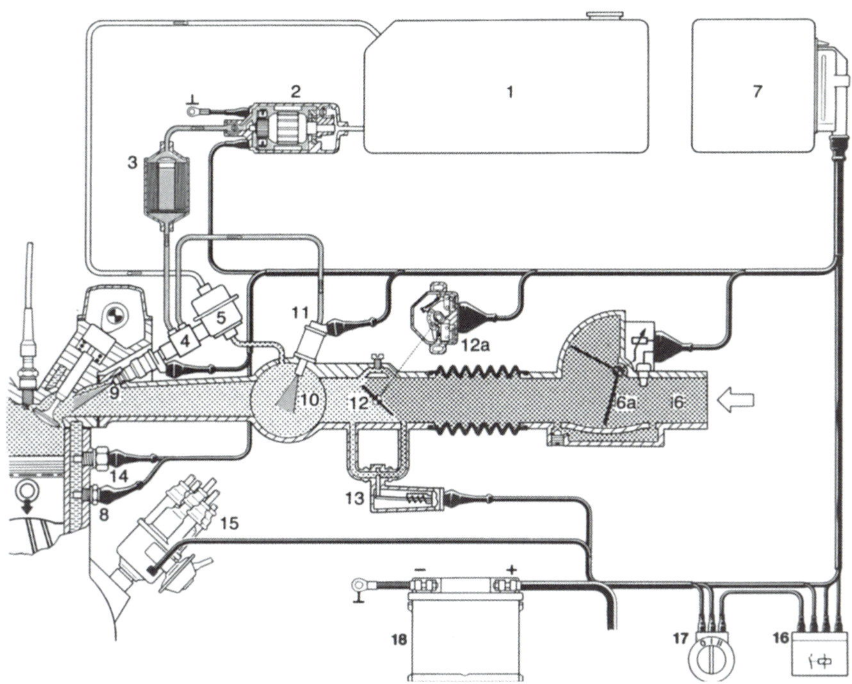

Bild 3.65 Druckverhältnisse und Komponenten der L-Jetronic

1 Kraftstoffbehälter
2 Elektrokraftstoffpumpe
3 Feinfilter
4 Verteilerrohr
5 Druckregler
6 Luftmengenmesser mit Stauklappe (6a)
7 Steuergerät
8 Temperaturfühler
9 Einspritzventil
10 Sammelsaugrohr
11 Kaltstartventil
12 Drosselklappe mit Drosselklappenschalter (12a)
13 Zusatzluftschieber
14 Thermozeitschalter
15 Zündverteiler
16 Relaiskombination
17 Zündstartschalter
18 Batterie

3.6.3.2 Bauteile und ihre Funktionen

Die Elektrokraftstoffpumpe und das Kraftstofffilter sind in Aufbau und Funktion meist gleich denen der K-Jetronic (Abschnitt 3.6.1). Die Förderleistung wird am Rücklauf des Druckreglers (Bild 3.67) gemessen. Die Sicherheitsschaltung der Kraftstoffpumpe wird durch Pumpenkontakt im Luftmengenmesser, Steuerrelais oder durch das L-Jetronic-Steuergerät direkt geschaltet.

Das Verteilerrohr mit dem daran befestigten Druckregler bietet eine Speicherfunktion, um Druckschwankungen durch und an den Einspritzventilen zu verhindern. Außerdem werden die Einspritzventile daran meist direkt befestigt. Der Druckregler hält den Kraftstoffdruck konstant bei 2,5 oder 3 bar (herstellerbedingt) in Abhängigkeit vom Saugrohrdruck.

Der Gummischlauch zum Saugrohranschluss darf nicht beschädigt, undicht oder geknickt sein. Nur so kann sichergestellt werden, dass der Druckunterschied zwischen

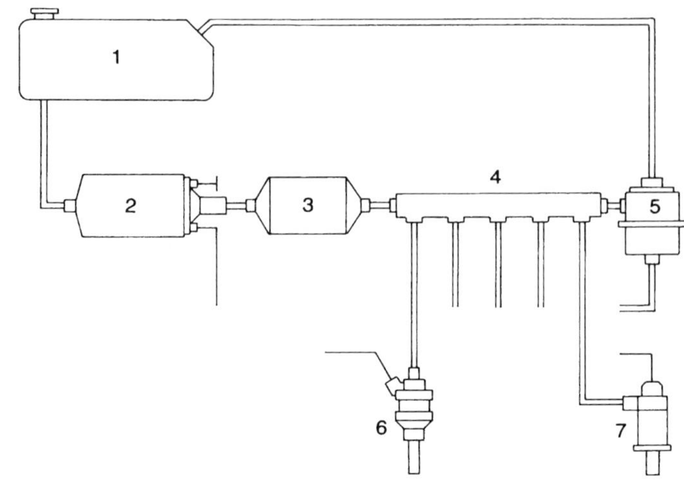

Bild 3.66
Blockschema des Kraftstoffsystems
1 Kraftstoffbehälter
2 Kraftstoffpumpe
3 Kraftstofffilter
4 Verteilerrohr
5 Druckregler
6 Einspritzventil
7 Kaltstartventil

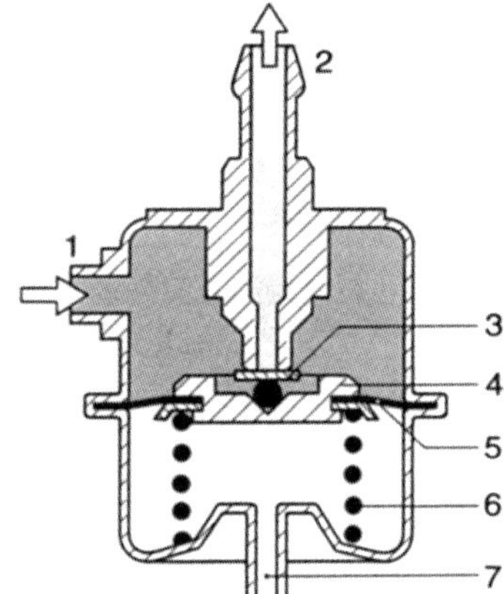

Bild 3.67
Druckregler
1 Kraftstoffanschluss
2 Rücklaufanschluss
3 Ventilplatte
4 Ventilträger
5 Membran
6 Druckfeder
7 Saugrohranschluss

dem Kraftstoffdruck und dem Saugrohrdruck abhängig von der Motorlast gleichbleibt (immer gleicher Druckabfall vom Einspritzventil zum Saugrohr).

Der Kraftstoffdruck wird am Verteilerrohr vor dem Druckregler und meist mit abgezogenem Unterdruckanschluss (Gummischlauch) gemessen. Beim Aufstecken des Saugrohranschlusses muss im Leerlauf durch den Unterdruck im Saugrohr der absolute Druck um ca. 0,3 bis 0,6 bar absinken.

Der Aufbau der Einspritzventile (Bild 3.68) entspricht im Wesentlichen dem des Kaltstartventils. Wird die Magnetwicklung (2) mit Strom beaufschlagt, zieht das Magnetfeld den Magnetanker (3) mit der Düsennadel (4) entgegen der Schraubenfeder nach oben. Damit gelangt der unter Druck stehende Kraftstoff in das Ansaugrohr. Die Form des Düsennadelsitzes bestimmt zusammen mit der Düsennadel das Spritzbild. Im stromlosen Zustand muss die Schraubenfeder das Einspritzventil dicht verschließen.

Merke: Tropfende oder undichte Einspritzventile führen durch die Gemischüberfettung zu Startschwierigkeiten. Außerdem kann durch Ablagerungen an der Düsennadel bzw. am Düsennadelsitz («Verkoken») die eingespritzte Kraftstoffmenge reduziert bzw. das

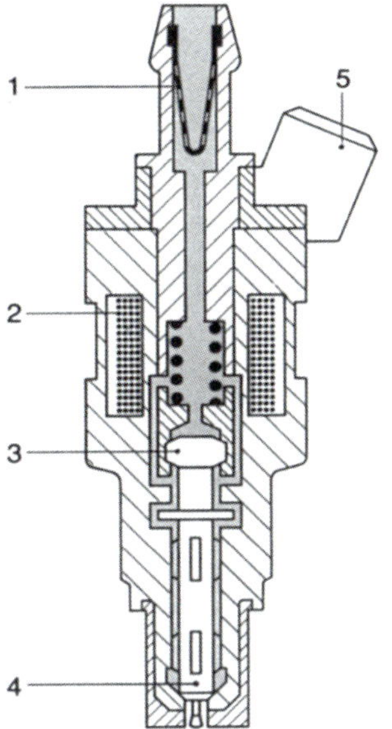

Bild 3.68
Einspritzventil
1 Filter
2 Magnetwicklung
3 Magnetanker
4 Düsennadel
5 elektrischer Anschluss

Spritzbild verändert werden. Dies führt zu einem schlechten Warmlauf- und Übergangsverhalten. Fahrzeuge mit überwiegendem Kurzstreckenbetrieb oder mit längeren Standzeiten sind davon häufig betroffen.

Merke: Einspritzventile können durch entsprechende Kraftstoffzusätze (Katalysatorverträglichkeit beachten!) oder im ausgebauten Zustand im Ultraschallbad gereinigt werden (keine mechanische Reinigung!).

Die Ansteuerung der Einspritzventile geschieht meist durch ein Massesignal aus dem Steuergerät. Über Klemme 15 bzw. über das Steuerrelais werden die Einspritzventile mit Batterie-Plus versorgt. In seltenen Fällen (ältere Fahrzeuge) sind die Einspritzventile permanent mit Masse verbunden, und das Steuergerät gibt ein Plus-Signal aus. Das entsprechende Einspritzsignal vom Steuergerät kann für alle Einspritzventile gleichzeitig, in zwei Gruppen oder für jedes Einspritzventil extra ausgegeben werden (Abschnitt 3.6.3 Steuergerätfunktionen).

Merke: Das Einspritzsignal (ti-Signal) kann über Tastverhältnis gemessen werden. Auch eine Überprüfung mit dem Oszilloskop ist möglich. Die Spannungsversorgung wird mit einer Spannungsmessung überprüft. Werden Einspritzventile aus- oder eingebaut, ist darauf zu achten, dass keiner der Dichtungsringe beschädigt wird.

Lasterfassung durch den Luftmengenmesser

Bei der (Grundvariante der) L-Jetronic erfolgt die Messung der Ansaugluftmenge durch einen Luftmengenmesser (Bild 3.69). Dieser befindet sich zwischen Drosselklappe und Luftfilter, wo die Ansaugluftpulsation bereits gering ist.

Die vom Motor angesaugte Luftmenge lenkt die Stauklappe (4) entgegen der Kraft einer Feder aus. Ein mit der Stauklappe verbundener Schleiferkontakt verändert an einem

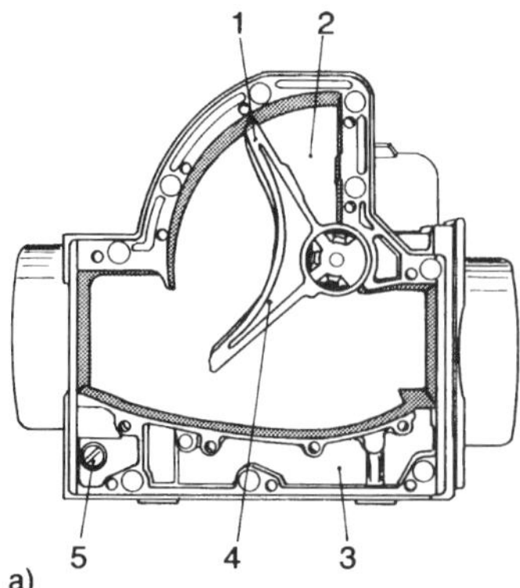

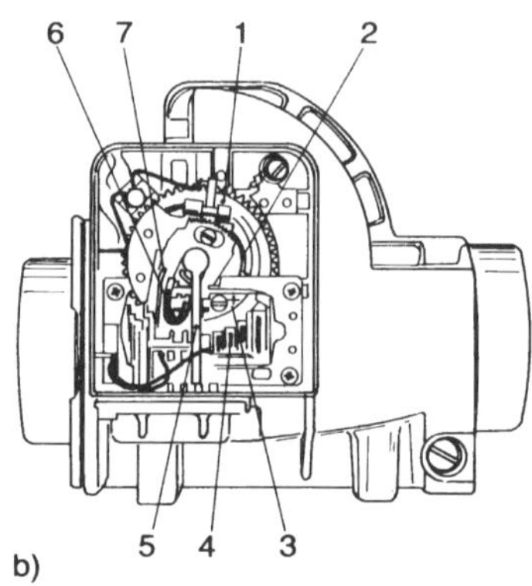

Bild 3.69 *Luftmengenmesser*

a) Luftseite
1 Kompensationsklappe
2 Dämpfungsvolumen
3 Bypass
4 Stauklappe
5 Leerlaufgemisch-Einstellschraube (Bypass)

b) Anschlussseite
1 Zahnkranz für die Federvorspannung
2 Rückholfeder
3 Schleiferbahn
4 Keramikplatte mit Widerständen und Leitungszügen
5 Schleiferabgriff
6 Schleifer
7 Pumpenkontakt

Potentiometer (Schleiferbahn) den Widerstand. Durch die Veränderung des Widerstandes und damit verbunden einer Änderung des Spannungsabfalls erkennt das Steuergerät die Stellung der Stauklappe und damit die angesaugte Luftmenge. Die Kompensationsklappe (1) verhindert in Zusammenhang mit dem Dämpfungsvolumen (2) ein zu starkes Schwingen der Stauklappe durch die Ansaugluftpulsation bzw. bei plötzlichen Laständerungen.

Merke: Durch die Leerlaufgemisch-Einstellschraube (5) wird die Luftmenge korrigiert, die an der Stauklappe ohne Messung vorbeigeleitet wird. Damit wird der CO-Gehalt im Leerlauf verändert. Bei Fahrzeugen mit Lambda-Regelung entfällt sie meist.

Für eine exakt dosierte Einspritzmenge muss die Luftmenge um die Ansauglufttemperatur korrigiert werden. Damit errechnet das Steuergerät die angesaugte Luftmasse. Der Temperaturfühler für die Ansaugluft ist ein NTC (selten PTC) und häufig im Luftmengenmesser integriert (Bild 3.70).

Die Sicherheitsschaltung der Elektrokraftstoffpumpe wurde bei L-Jetronic-Systemen häufig über einen Pumpenkontakt im Luftmengenmesser realisiert (Bild 3.71). Sobald die Stauklappe ausgelenkt wird, schließt sich der Pumpenkontakt. Bei stehendem Motor ist der Kontakt offen und die Spannungsversorgung der Elektrokraftstoffpumpe trotz eingeschalteter Zündung unterbrochen. Die Sicherheitsschaltung wurde aber z. T. auch – ähnlich wie bei den K-Jetronic-Systemen – durch ein Sicherheitsrelais geschaltet. Heute ist diese Funktion häufig im Steuergerät integriert über eine Drehzahlerkennung (durch das td-Signal).

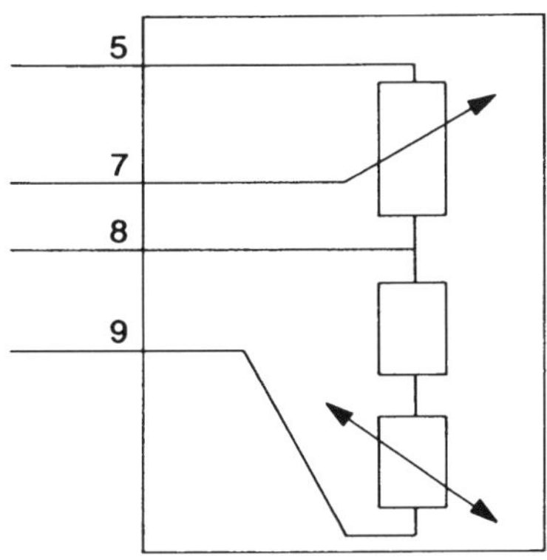

Bild 3.70 Schaltzeichnung Luftmengenmesser

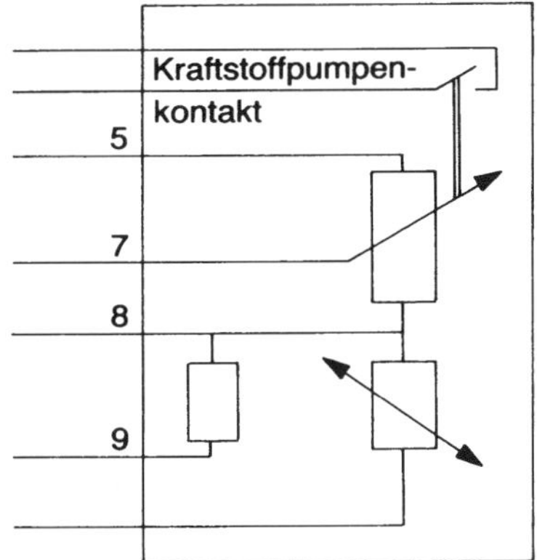

Bild 3.71 Schaltzeichnung Luftmengenmesser mit Kraftstoffpumpenkontakt.

Merke: Die Überprüfung des Luftmengenmessers umfasst die drei oben beschriebenen Funktionen. Der Pumpenkontakt wird durch eine einfache Widerstandsmessung überprüft. Er schließt bei leichtem Öffnen der Stauklappe aus der Ruhelage heraus.

Merke: Der Ansaugluft-Temperaturfühler (NTC) wird ebenfalls durch eine Widerstandsmessung überprüft. Bei Temperaturänderung muss sich auch der Widerstandswert entsprechend verändern. Beachten Sie, ob Sie nur den Widerstand des NTCs oder auch den Vorwiderstand mitmessen. (Vergleichen Sie die zwei verschiedenen Ausführungen in Bild 3.70 und 3.71.)

Merke: Die Funktion des Potentiometers und des Schleiferkontaktes muss überprüft werden, wenn Aussetzer bei bestimmten Lastzuständen auftreten.

Als Erstes wird dabei die Potentiometerbahn als Ganzes durch eine Widerstandsmessung auf Unterbrechung oder Kurzschluss geprüft. Der Abgriff des Schleiferkontaktes wird mit einer Spannungsverlustmessung überprüft. Eine Widerstandsmessung ist hier zu ungenau. Beim langsamen Öffnen der Stauklappe von Hand ergibt sich der in Bild 3.72 dargestellte Spannungsverlauf. Dabei muss natürlich, wie auch am Eingang zum NTC, Batteriespannung anliegen.

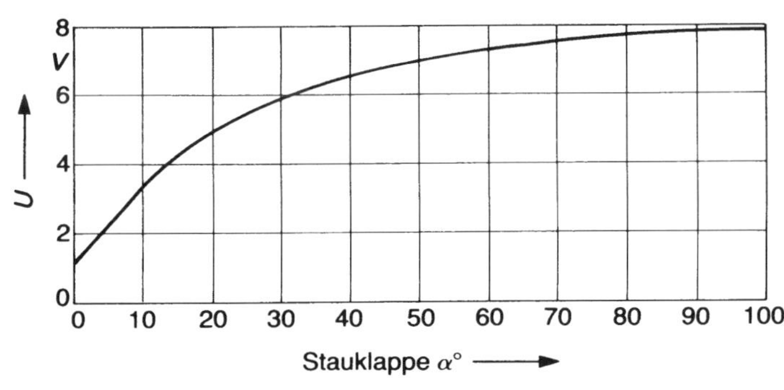

Bild 3.72 Schleiferspannung

Merke: Die genaueste Überprüfungsmöglichkeit der Potentiometerbahn und des Schleiferkontaktes erreicht man bei ausgebautem Luftmengenmesser, indem man eine vorgegebene Frequenz (günstig ca. 500 bis 800 Hz) am Potentiometereingang anschließt und diese am Ausgang des Schleiferkontaktes (Pin 7) abnimmt und auf einem Oszilloskop sichtbar macht. Beim langsamen Öffnen der Stauklappe verändert sich die Größe des Oszilloskop-Bildes kontinuierlich. Eventuelle Sprünge oder Ausfälle des Bildes weisen auf eine Unterbrechung bzw. Beschädigung der Schleiferbahn bzw. des Schleiferkontaktes hin.

Merke: Bei einer Fehlersuche ist es neben der Funktionsüberprüfung des Luftmengenmessers sehr wichtig, dass durch Undichtigkeiten keine Falschluft in das Ansaugsystem gelangen kann. Die Luft würde ohne Messung und Berücksichtigung bei der Einspritzzeit-Berechnung zu einem zu mageren Gemisch führen. Besonders bei unrundem Leerlauf und zu geringem Leerlauf-CO-Wert ist die Dichtheit des Motors und Ansaugsystems zu überprüfen.

Merke: Bei zu hohem und nicht mehr korrigierbarem Leerlauf-CO-Wert kann neben mechanischen Ursachen im Motor oder zu hohem Kraftstoffdruck auch eine erlahmte Feder der Stauklappenvorspannung die Ursache sein. Von einer Öffnung des Luftmengenmessers und Erhöhung der Federvorspannung wird abgeraten, da sich dies auf den gesamten Lastbereich auswirkt.

Lasterfassung durch Messung der Luftmasse

Auch bei den Einspritzsystemen versucht man mechanische Bauteile durch verschleißfreie, elektronische Bauteile zu ersetzen. So entstand aus der L-Jetronic mit Lufmengenmesser die LH-Jetronic mit einem Hitzdraht-Luftmassenmesser (Bild 3.73). (Die übrigen Funktionen sind analog zur L-Jetronic.) Dabei strömt die angesaugte Luft an einem beheizten Draht (Hitzdraht) vorbei. Entsprechend der Masse der vorbeiströmenden Ansaugluft muss der Draht beheizt werden, um eine konstante «Übertemperatur» zu halten. Die Temperatur des Hitzdrahtes liegt um einen immer konstanten Wert (meist ca. 130 bis 150 °C) über der Ansauglufttemperatur. Deshalb spricht man dabei von einer konstanten Übertemperatur. Der dazu benötigte Heizstrom dient als Lastinformation.

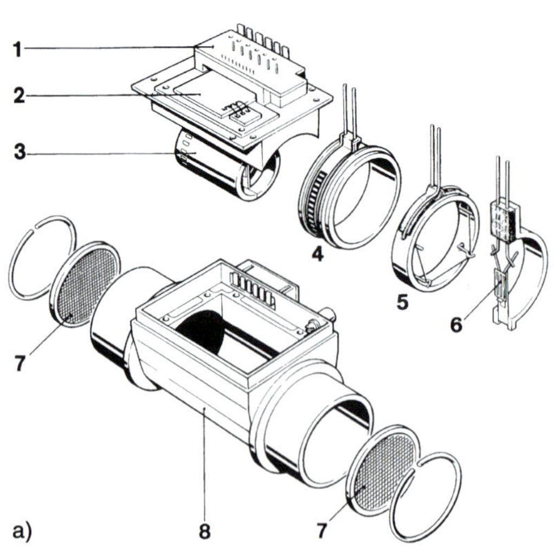

Bild 3.73
Aufbau des Hitzdraht-Luftmassenmessers
1 Leiterplatte
2 Hybridschaltung. Sie enthält neben den Widerständen der Brückenschaltung noch die Regelschaltung für das Konstanthalten der Temperatur und die Reinigungs-(Freibrenn-) Schaltung
3 Innenrohr
4 Präzisionsmesswiderstand
5 Hitzdrahtelement
6 Temperaturkompensationswiderstand
7 Schutzgitter
8 Gehäuse

Merke: Verschmutzungen und Ablagerungen auf dem Hitzdraht würden das Messergebnis verfälschen. Deshalb wird nach dem Abstellen des Motors der Hitzdraht auf eine erhöhte Temperatur gebracht (Freibrennen).

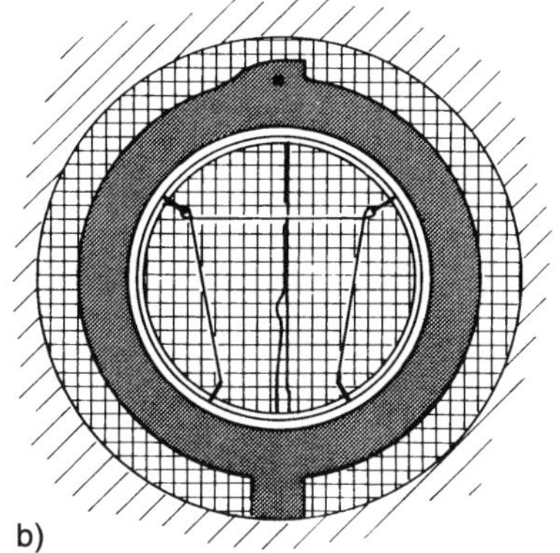

Bild 3.74
Im Innern des Messrohres eines Hitzdraht-Luftmassenmessers ist der 70 µm dünne Platindraht aufgespannt.

Zusätzlich kann – vorwiegend bei nicht lambda-geregelten Systemen – das Leerlaufluft-Kraftstoff-Gemisch durch ein Potentiometer eingestellt werden. Der Hitzdraht setzt dem Ansaugluftstrom nur sehr geringen Strömungswiderstand entgegen und wirkt sich deshalb auch positiv auf den Wirkungsgrad des Motors aus. Eine Weiterentwicklung des Hitzdraht-Luftmassenmessers ist der Heißfilm-Luftmassenmesser (Bild 3.75).

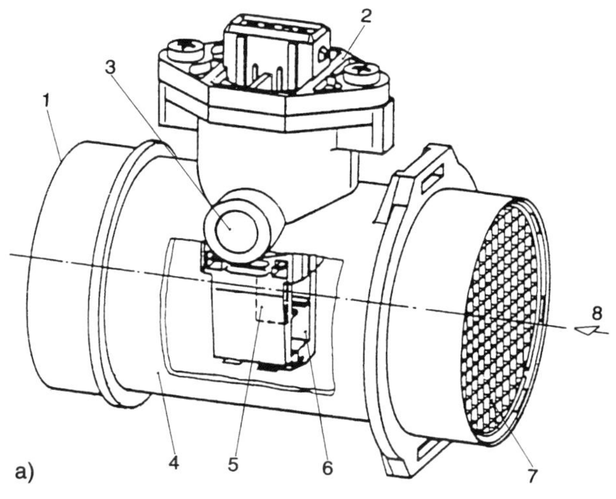

Bild 3.75
Gesamtansicht des Heißfilm-Luftmassenmessers
1 Berührungsschutzgitter
2 Steckteil
3 Auge für Laserabgleich (Fertigung)
4 Anschlussgehäuse
5 Heißfilmsensor
6 Messkanal
7 Strömungsgitter
8 Lufteintritt

Der Heißfilmsensor (5) wird auf eine konstante Übertemperatur von 180 °C zur angesaugten Luft geregelt. Ein Freibrennen ist durch die hohe Übertemperatur (Selbstreinigung) nicht mehr nötig. Zudem ist der Heißfilmsensor sehr schüttelfest und unempfindlich gegen elektromagnetische Einstrahlung.

Durch die Brückenschaltung (Bild 3.76) wird die Übertemperatur konstant gehalten. Beim Abkühlen des Heizelementes sinkt der Widerstand, was zu einem höheren

a)

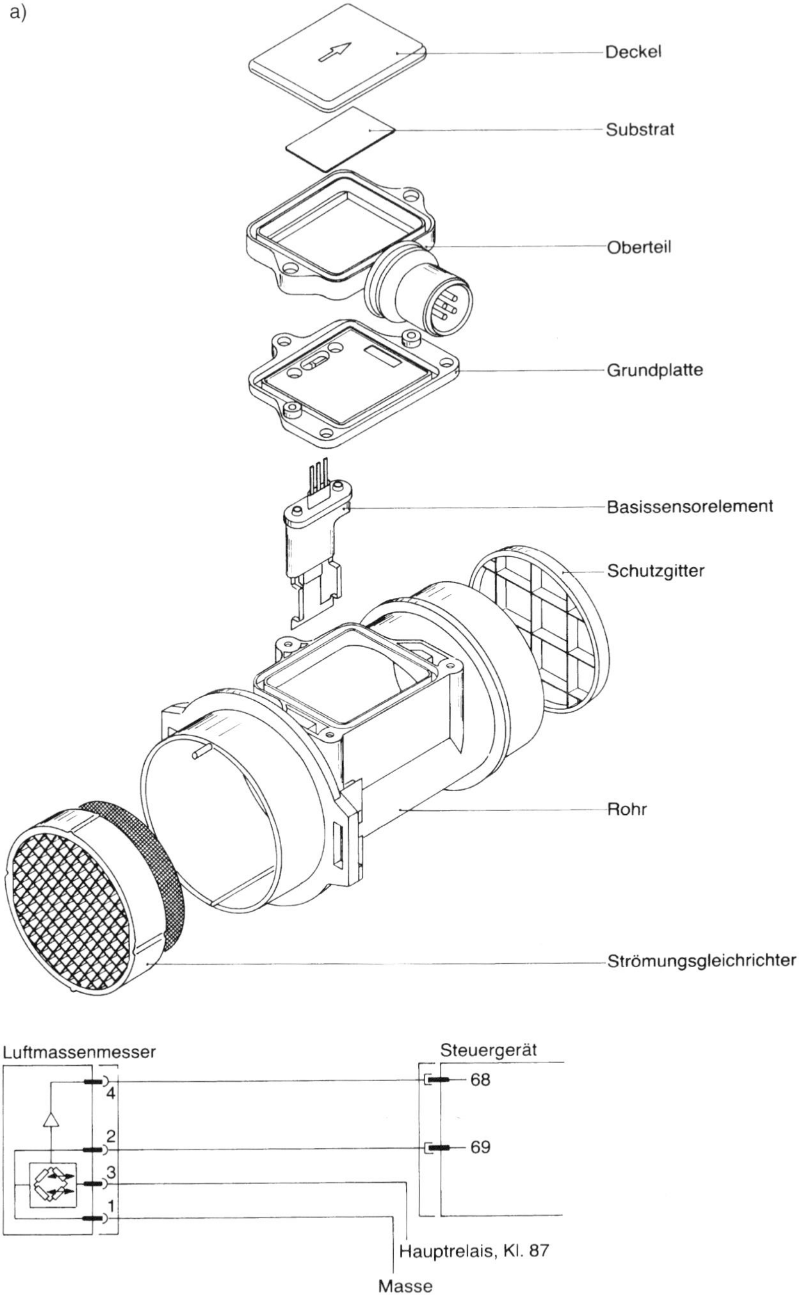

Deckel
Substrat
Oberteil
Grundplatte
Basissensorelement
Schutzgitter
Rohr
Strömungsgleichrichter
Luftmassenmesser
Steuergerät
4
2
3
1
68
69
Hauptrelais, Kl. 87
Masse

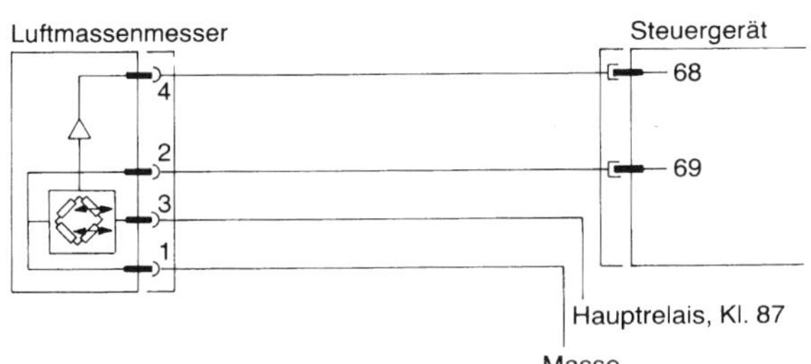

Bild 3.76 *Anschluss eines Heißfilm-Luftmassenmessers*

Steckerbelegung:

Luftmassenmesser		***Steuergerät***	
Pin	***Typ***	***Pin***	***Typ***
4	*Ausgangssignal*	*68*	*Eingang*
2	*Bezugsmasse*	*69*	*Eingang*
3	*Versorgung*		
1	*Masse*		

Stromfluss und damit wieder stärkere Beheizung zur Folge hat. Der benötigte Heizstrom dient dem Steuergerät als Lastinformation (direkt abhängig von der Masse der angesaugten Luft).

Weitere Eingangssignale zur Erfassung des Betriebszustandes

Der Kühlmittel-Temperaturfühler (NTC) übermittelt dem Steuergerät die Motortemperatur. Bei kaltem Motor wird entsprechend abgelegter Kennlinien im Steuergerät das Gemisch angereichert. Die Höhe der Anreicherung und die Temperaturgrenze sind bei den verschiedenen Herstellern unterschiedlich.

Bei einem Ausfall des Signals wird häufig mit einem Ersatzwert im Steuergerät gearbeitet. Dabei kann es zu Kaltstartschwierigkeiten und unrundem Warmlauf kommen, da der Ersatzwert meist nahe an der Betriebstemperatur gewählt wird.

Ohne Ersatzwert und Ausfall des Signals erfolgt bei Kurzschluss (geringer Widerstand, entspricht dem Wert bei heißem Motor) keine Anreicherung, bei einer Unterbrechung (unendlich hoher Widerstand, d. h. extrem kalter Motor) eine ständige, extrem hohe Anreicherung. Ein weiteres Signal zur Feinkorrektur der Einspritzmenge liefert der Drosselklappenschalter. Bei geschlossenem Leerlaufkontakt wird ein eigenes Leerlaufprogramm ausgewählt. Bei höheren Drehzahlen und geschlossenem Leerlaufkontakt ist dadurch die Schubabschaltung aktiv. Durch den Volllastkontakt wird ebenfalls drehzahlabhängig das Gemisch angereichert.

Merke: Funktion und richtige Einstellung des Drosselklappenschalters sind bei jeder Fehlersuche zu prüfen.

Werden an die Funktionssicherheit und Genauigkeit der Einspritzsteuerung höchste Ansprüche durch den Hersteller gestellt, wird der Drosselklappenschalter häufig durch ein Drosselklappenpotentiometer ersetzt. Dadurch erkennt das Steuergerät jede Drosselklappenposition und kann somit selbst bei einem Ausfall der Lastinformation (durch Luftmengenmesser usw.) einen eingeschränkten Notlauf sicherstellen. Bei voller Funktionsfähigkeit sichert es durch die Voreilung der Drosselklappe vor der Ansaugluftänderung eine noch genauer dosierte Einspritzsteuerung (v. a. Beschleunigungsanreicherung).

Das wichtigste Signal für die L-Jetronic ist jedoch das Klemme-1-(td)Signal, das das Steuergerät von der Zündspule oder direkt vom Zündsteuergerät erhält. Es dient zusammen mit der Lastinformation zur Berechnung der Einspritzmenge und natürlich entsprechend der Drehzahl der Einspritzzeit. Ohne td-Signal erfolgt keine Einspritzung. Das td-Signal wird mit Schließwinkel bzw. Tastverhältnis gemessen.

Das Sicherheits- oder Steuerrelais (Bild 3.77) stellt die Spannungsversorgung des Steuergerätes, der Einspritzventile, des Zusatzluftschiebers, des Drosselklappenschalters und des Luftmengenmessers mit Batterie-Plus bei eingeschalteter Zündung sicher. Ist die Kraftstoffpumpenversorgung darin integriert, muss auch das Signal der Klemme 1 mit eingehen. Ohne Klemme-1-Signal ist die Spannungsversorgung unterbrochen.

Die Spannungsversorgung des Steuergerätes kann außer durch das Steuerrelais auch direkt mit Batterie-Plus erfolgen bzw. über Klemme 15. Ist das System mit einem Fehlerspeicher bestückt, muss permanent Batterie-Plus anliegen.

Das Spannungssignal nutzt das Steuergerät auch für die Anpassung der Einspritzzeit in Abhängigkeit von der Höhe der Bordnetzspannung. Die Spannungskompensation ist notwendig, um die Anzugszeit der Einspritzventile (Ansprechverzögerung) mit zu berücksichtigen und die berechnete Einspritzmenge durch z. B. eine niedrige Batteriespannung nicht zu verfälschen.

Bild 3.77 *Steuerrelais*

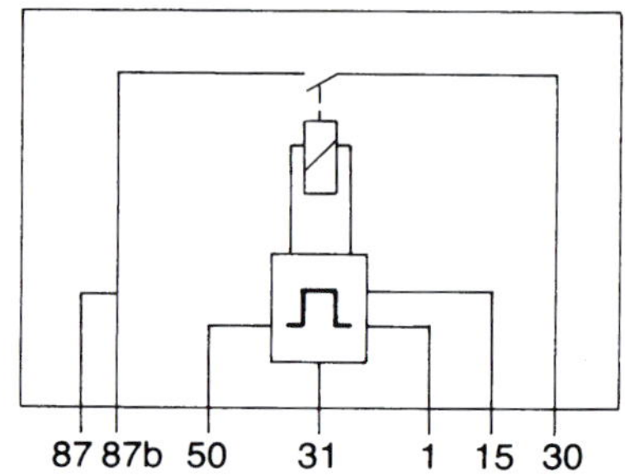

Merke: Auch die Masse sollte immer überprüft werden.

Zu erwähnen sind noch zwei Eingangssignale, die speziell am Anfang der L-Jetronic notwendig waren. Über Klemme 50 erhielt das Steuergerät die Startinformation und veranlasste entsprechende Startanhebungs- und Nachstartprogramme. Bei den aktuellen Steuergeräten wird der Startzustand über die Drehzahl erkannt.

Das Eingangssignal Höhengeber kam von einer Barometer-Druckdose mit Potentiometer. Es diente dem Steuergerät bei der Luftmengenmessung zum Abgleich und zur Berechnung der Luftmasse. Der Höhengeber kann auch direkt im Steuergerät verbaut sein. Bei Systemen mit Luftmassenmessung oder auch Lambda-Regelung ist dieser Korrekturwert nicht mehr erforderlich. Bei heutigen Fahrzeugen mit geregeltem Dreiwege-Katalysator geht natürlich auch das Signal der Lambdasonde ins Steuergerät mit ein.

3.6.3.3 Steuergerätefunktionen

Mit den vorher beschriebenen Eingangssignalen kann das Steuergerät den Betriebs- und Lastzustand des Motors erkennen und die benötigte Einspritzmenge bzw. die Öffnungszeit der Einspritzventile berechnen. Die Ansteuerung der Einspritzventile erfolgt durch Masseimpulse (ti-Signal). In der Anfangsphase bzw. bei einfacheren L-Jetronic-Systemen werden alle Einspritzventile gleichzeitig angesteuert. Sie spritzen dann bei jeder Kurbelwellenumdrehung jeweils die halbe Menge ein. Die nächste Entwicklungsstufe war die Gruppenbildung von Einspritzventilen (sequenzielle Einspritzung). Sie spritzen in einer Gruppe gleichzeitig bei jeder zweiten Kurbelwellenumdrehung die volle Menge ein. Im Wechsel dazu spritzt die zweite Gruppe ein. Die Gruppenbildung erfolgt durch in der Zündreihenfolge benachbarte Zylinder.

Bei beiden oben genannten Verfahren kann es vorkommen, dass die Einspritzung auf ein offenes Einlassventil trifft. Dabei sind die gewollte Gemischvorlagerung und feine Vermischung nicht vollkommen gewährleistet. Die Ideallösung ist die vollsequenzielle Einspritzung, wobei jedes Einspritzventil entsprechend der Zündreihenfolge einzeln zum jeweils richtigen Zeitpunkt angesteuert wird. Dadurch wird sichergestellt, dass der Einspritzvorgang beendet ist, bevor das jeweilige Einlassventil öffnet.

Das Steuergerät benötigt dazu die jeweilige Anzahl von Endstufen und ein Nockenwellengeber-Signal bzw. eine Zylindererkennung. Die vollsequenzielle Einspritzung ist meist nur bei kombinierten Zünd- und Einspritzsystemen (z. B. Motronic) verwirklicht. Die Einspritzvarianten sind in Bild 3.78 vergleichend dargestellt.

Neben diesem grundsätzlichen Aufbau gibt es im Steuergerät einige Funktionen, die herstellerindividuell programmiert sind.

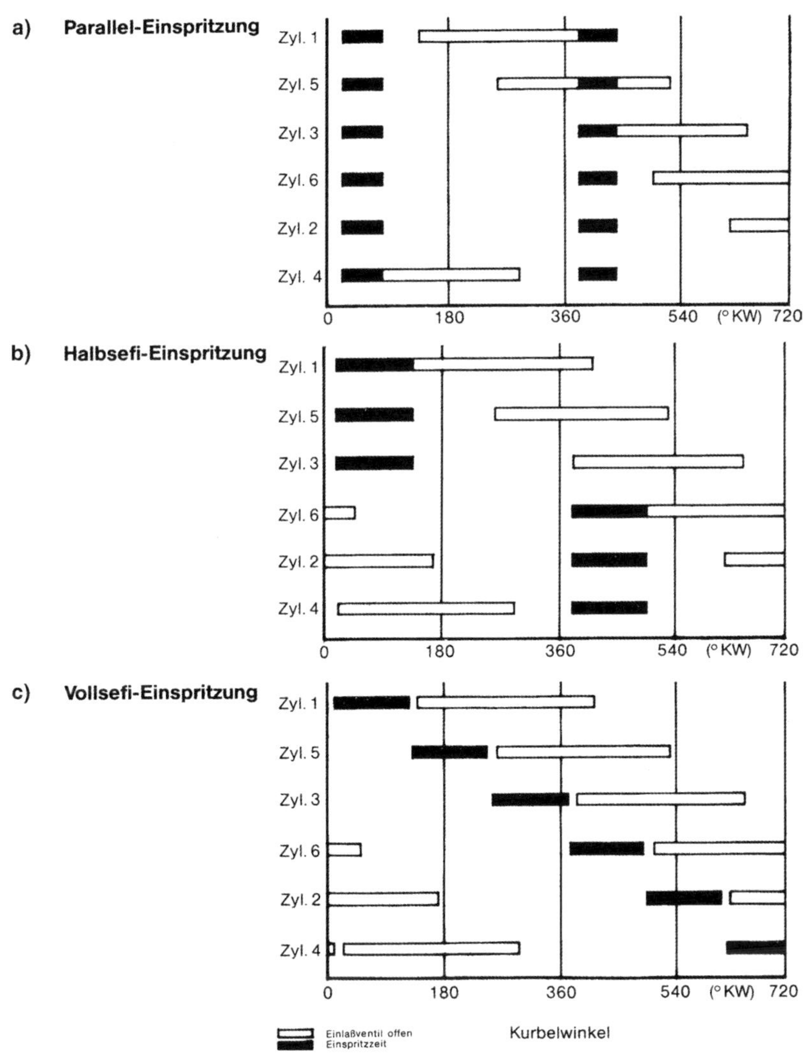

Bild 3.78 *Einspritzvarianten im Vergleich*
a) parallel-Einspritzung
b) Halbsefi-Einspritzung
c) Vollsefi-Einspritzung
(sefi, sequential fuel injection)

Beim Kaltstart wird zum Ausgleich der Kondensationsverluste entweder durch das Kaltstartventil und/oder durch eine im Steuergerät programmierte Kaltstartsteuerung durch die Einspritzventile das Gemisch angereichert. Die programmierte Kaltstartsteuerung wird bei der Starterkennung und in Abhängigkeit von der Kühlmitteltemperatur aktiviert. Im Anschluss an die Startsteuerung erfolgt die zeit- und temperaturabhängige Nachstartanhebung (Bild 3.79).

Bild 3.79
Verlauf der Warmlaufanreicherung.
Anreicherungsfaktor als Funktion der Zeit
a überwiegend zeitabhängiger Anteil
b motortemperaturabhängiger Anteil

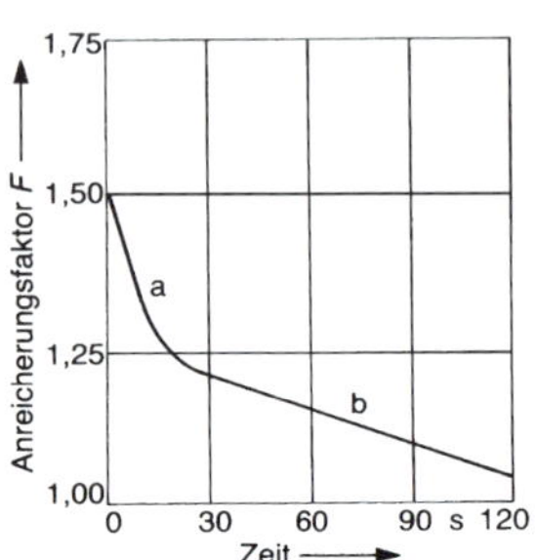

Die Motortemperatur wird häufig auch bei der Funktion Schubabschaltung zur Feinsteuerung herangezogen, d. h., bei kaltem Motor erfolgt keine Schubabschaltung oder erst bei höheren Drehzahlschwellen. Für die programmierte Funktion Beschleunigungsanreicherung (abhängig von der Änderung des Lastsignals in einer bestimmten Zeit) spielt die Motortemperatur für die Höhe der Anreicherung ebenfalls eine große Rolle.

Merke: Ein fehlendes Motortemperatur-Signal würde beim Beschleunigen mit kaltem Motor ein Übergangsruckeln («Verschlucken») hervorrufen.

Die Lambda-Regelung ist ebenfalls von der Motortemperatur abhängig. Sie setzt erst bei einer bestimmten Temperaturschwelle (nicht nur Katalysatortemperatur) mit der Regelung ein.

Merke: Durch eine zu frühe Lambda-Regelung würde der kalte Motor unrund laufen bzw. absterben.

Die Begrenzung der max. Motordrehzahl durch Ausblenden der Einspritzung ist bei Fahrzeugen mit Katalysator ebenfalls im Steuergerät programmiert. Weitere programmierte Funktionen im Steuergerät sind ein eigenes Leerlaufprogramm sowie drehzahl- und motortemperaturabhängige Volllastanreicherung. Das Leerlaufprogramm kann auch eine Leerlaufregelung enthalten, wenn statt des Zusatzluftschiebers ein Leerlaufsteller verbaut ist. Somit kann der Leerlauf, allen Betriebszuständen angepasst, exakt geregelt werden.

3.6.3.4 Gesamtübersicht mit Schaltplan

Mit dem Schaltplan in Bild 3.80 werden an einer einfachen L-Jetronic-Anlage ohne Lambda-Regelung kurz die Signale und Überprüfungsmöglichkeiten gezeigt/wiederholt.

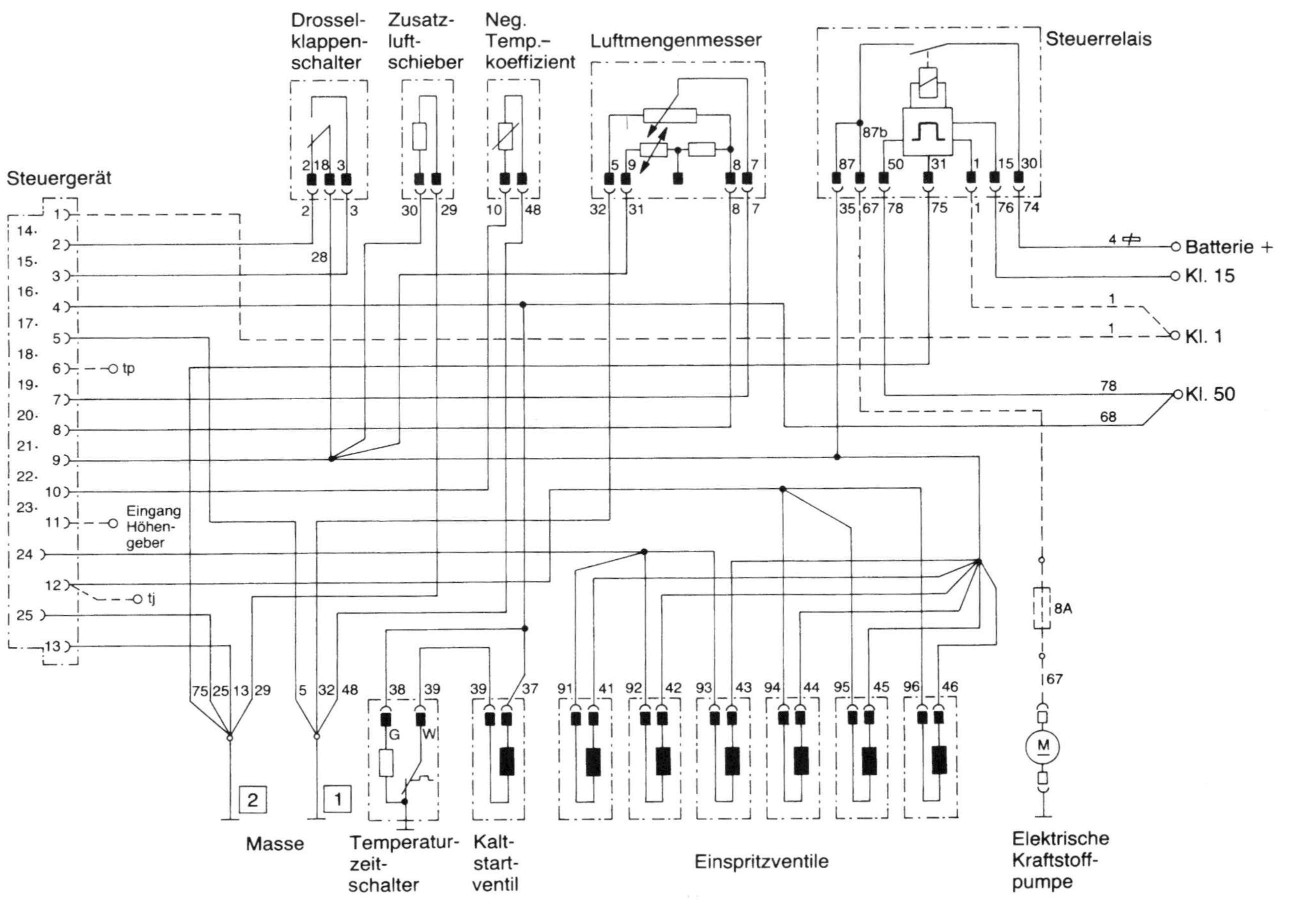

Bild 3.80 *Elektrischer Schaltplan der L-Jetronic*

Pin 1: Signale Klemme 1 (auch am Steuerrelais); Schließwinkel- oder Tastverhältnismessung
Pin 2: Batteriespannung bei geschlossenem Leerlaufkontakt und aktiviertem Steuerrelais; Spannungsmessung
Pin 3: analog Pin 2, jedoch bei geschlossenem Volllastkontakt
Pin 4: Batteriespannung beim Starten über Klemme 50; Spannungsmessung
Pin 5: Masse; Widerstandsmessung
Pin 7: Spannungssignal vom Schleiferkontakt, je nach Stauklappenöffnung zwischen ca. 1 bis 10 V. Voraussetzung: Batteriespannung an Pin 9 vom Luftmengenmesser; Spannungsmessung
Pin 8: Spannungssignal vom NTC im Luftmengenmesser (temperaturabhängig) zwischen 8 bis 10 V; Spannungsmessung
Pin 9: Spannungsversorgung mit Batteriespannung durch das Steuerrelais; Spannungsmessung
Pin 10: Spannungsausgang vom Steuergerät für NTC; Widerstandsmessung bei abgezogenem Steuergerätestecker zwischen Pin 10 und Masse (2,5 kΩ ± 10% bei 20 °C)
Pins 12, 24: ti-Signal für Einspritzventile; Tastverhältnismessung gegen Batterie-Plus, lastabhängig von ca. 3 % LL bis 99,9 % VL
Pins 13, 25: Masse; Widerstandsmessung
Pins 6, 11, 14 bis 23: nicht belegt

3.6.4 Mono-Jetronic

Die Mono-Jetronic (Bild 3.81) ist ein kompaktes, einfaches Einspritzsystem für kleinere Motoren. Die Einspritzung erfolgt zentral über nur ein Einspritzventil, das in einem kompakten Einspritzaggregat über der Drosselklappe sitzt. Bei jedem Zündimpuls wird durch das Steuergerät die Einspritzung (intermittierend) ausgelöst. Die Grundfunktionen sind ähnlich der L-Jetronic.

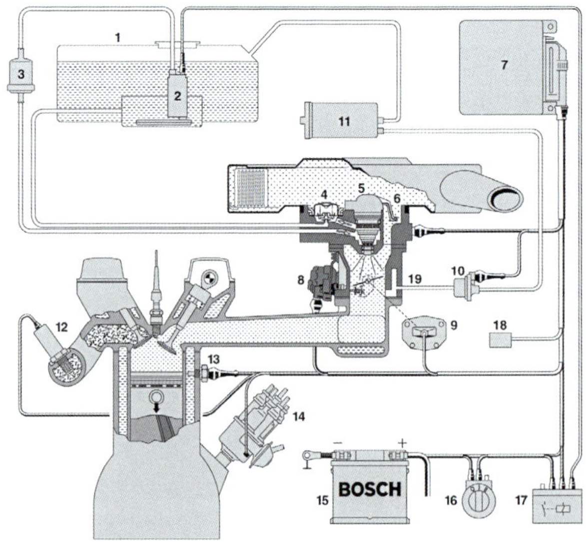

Bild 3.81
Mono-Jetronic-Systemübersicht
1 Kraftstoffbehälter
2 Elektrokraftstoffpumpe
3 Kraftstofffilter
4 Systemdruckregler (1 bar)
5 Einspritzventil
6 Lufttemperaturfühler
7 Steuergerät
8 Thermosteller
9 Drosselklappenpotentiometer
10 Regenerierventil
11 Aktivkohlebehälter
12 Lambdasonde
13 Motortemperaturfühler
14 Zündverteiler
15 Batterie
16 Zündstartschalter
17 Relais

3.6.4.1 Kraftstoffsystem

Bei der Mono-Jetronic wird häufig eine nach dem Strömungsprinzip arbeitende Elektrokraftstoffpumpe verbaut, selten eine Verdrängungspumpe (Rollenzellenpumpe). Durch den geringen Kraftstoffverbrauch bei kleineren Motoren und den niedrigeren Systemdruck (ca. 1 bar) werden an die Förderleistung geringere Anforderungen gestellt. Der Einbau ist sehr häufig im Tank direkt in Baueinheit mit einem Hebelgeber (Bild 3.82). Der Kraftstoff wird durch die Drehung des Laufrades (2) und den Schaufelkranz der Seitenkanalpumpe (3) angesaugt. Durch Kanäle im Ansaugdeckel und Pumpengehäuse gelangt der Kraftstoff zur Peripheralpumpe (4), die ihn wieder durch einen Schaufelkranz weiterbefördert. Die Pumpenleistung ist stark von der Drehzahl und damit von der Bordnetzspannung abhängig. Die Förderleistung wird ebenfalls am Rücklauf gemessen.

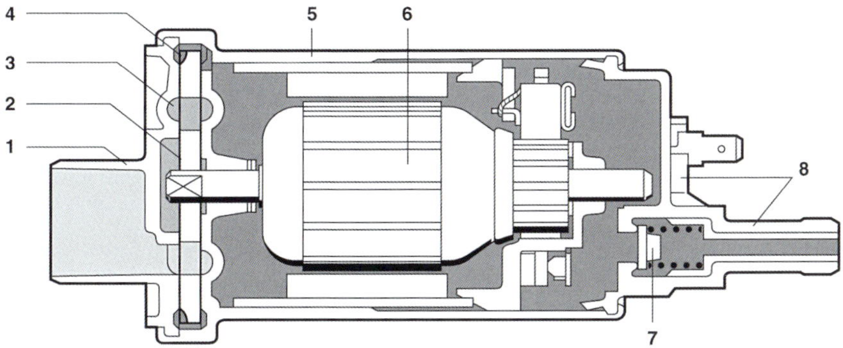

Bild 3.82 *Zweistufige Elektrokraftstoffpumpe für Tankeinbau mit Seitenkanalpumpe (Vorstufe) und Peripheralpumpe (Hauptstufe)*

1 Ansaugdeckel mit Sauganschluss
2 Laufrad
3 Seitenkanalpumpe
4 Peripheralpumpe
5 Pumpengehäuse
6 Anker
7 Rückschlagventil
8 Anschlussdeckel mit Druckanschluss

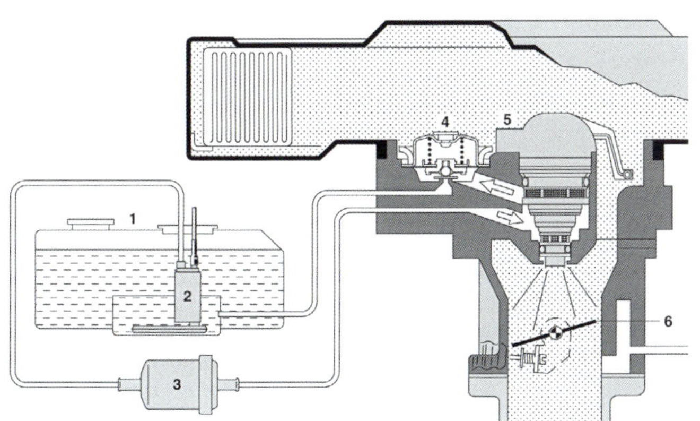

Bild 3.83
Kraftstoffversorgung der Mono-Jetronic
1 Kraftstoffbehälter
2 Elektrokraftstoff-pumpe
3 Kraftstofffilter
4 Druckregler
5 Einspritzventil 6 Drosselklappe

Nach der Kraftstoffpumpe passiert der Kraftstoff das Kraftstofffilter und umspült anschließend das Einspritzventil (Bild 3.83). Der zu viel geförderte Kraftstoff kann durch den Druckregler zurück zum Tank entweichen. Der Druckregler hält den Kraftstoffdruck konstant bei ca. 1 bar (100 kPa) Überdruck zum Umgebungsdruck. Das Einspritzventil spritzt den Kraftstoff kegelförmig vor den Drosselklappenspalt. Der Einbauort wurde so gewählt, dass durch die dort herrschende Strömungsgeschwindigkeit der Ansaugluft eine gute Vermischung mit dem Kraftstoff gewährleistet ist.

Die verschiedenen Einspritzventile (Bilder 3.84 und 3.85) entsprechen in ihrer Funktion den herkömmlichen Einspritzventilen. Eine stromdurchflossene Magnetwicklung (Spule) hebt durch die Kraft des Magnetfeldes einen Magnetanker mit der Ventilnadel (bzw. Ventilkugel) an und spritzt den unter Druck stehenden Kraftstoff in das Ansaugsystem. Die Feder verschließt das Einspritzventil im stromlosen Zustand. Durch den geringeren Systemdruck (weniger Federkraft) ist eine geringere Kraft des Magnetfeldes notwendig; damit verringert sich die Anzugszeit des Ventils. Dies ist für die schnelle Abfolge der Einspritzimpulse (bei jeder Zündung) unbedingt notwendig. Die Gestaltung des Einspritzventils und des sich daraus ergebenden Einspritzstrahls ist von der Konstruktion der Sauganlage und Motorgröße abhängig.

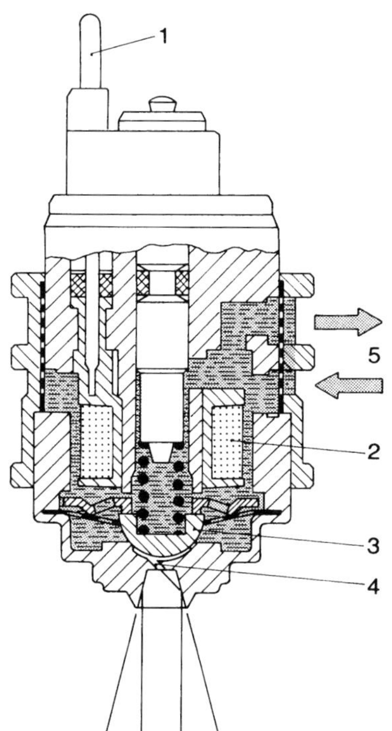

Bild 3.84 *Niederdruck-Einspritzventil*
1 elektrischer Anschluss
2 Spule
3 Ventilkugel
4 schräg verlaufende Bohrungen
5 Kraftstoffzulauf und -ablauf

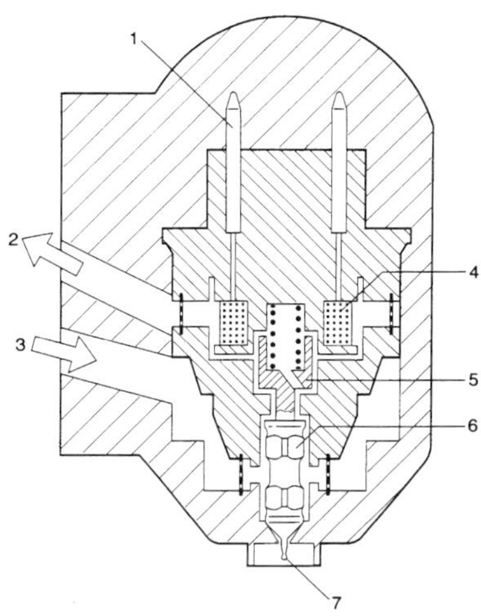

Bild 3.85 *Einspritzventil*
1 elektrischer Anschluss
2 Kraftstoffrücklauf
3 Kraftstoffzulauf
4 Magnetwicklung
5 Magnetanker
6 Ventilnadel
7 Spritzzapfen

3.6.4.2 Eingangssignale zur Erfassung des Betriebszustandes

Der wesentliche Unterschied zu den vorher beschriebenen Einspritzanlagen besteht bei der Mono-Jetronic darin, dass die angesaugte Luftmenge (-masse) nicht gemessen wird, sondern aufgrund des Drosselklappenwinkels (α) und der Drehzahl (α/n) berechnet wird (α/n-Steuerung). Bei einer bestimmten Drosselklappenöffnung und einer bestimmten Drehzahl kann nur eine bestimmte Luftmenge angesaugt werden. Das dazu gehörige Kennfeld wird durch Versuche auf dem Motorenprüfstand ermittelt und im Steuergerät programmiert. Die entsprechenden Eingangssignale erhält das Steuergerät durch das Klemme-1-Signal (Drehzahl n) und das Drosselklappenpotentiometer (Drosselklappenwinkel α).

Das Klemme-1-Signal (td-Signal) erhält das Mono-Jetronic-Steuergerät vom Zündsteuergerät (bzw. bei der Mono-Motronic steuergeräteintern). Das Signal kann über Schließwinkel bzw. Tastverhältnis gemessen werden. Ohne Drehzahlsignal erfolgt keine Einspritzung.

Den Drosselklappenwinkel erkennt das Steuergerät an den Widerstandsänderungen am Drosselklappenpotentiometer (Bild 3.86).

Das Drosselklappenpotentiometer enthält zwei Widerstandsbahnen mit unterschiedlicher Charakteristik: eine für den unteren Lastbereich (Öffnungswinkel 0 bis 24°), wo sich bei geringen Öffnungswinkelunterschieden starke Veränderungen in der angesaugten Luftmenge ergeben. Die zweite Bahn ist für den oberen Lastbereich (Öffnungswinkel 18 bis 90°). Leerlauf und Volllast werden durch das Steuergerät bei bestimmten Öffnungswinkeln erkannt.

Die verschiedenen Bahnen können durch Widerstandsmessungen überprüft werden. Beim Öffnen der Drosselklappe müssen sich die Widerstandswerte kontinuierlich verändern. Wichtig ist dabei auch, dass eine gute Kontaktierung besteht und keine Feuchtigkeit bzw. Korrosion vorhanden ist.

Merke: Das Potentiometer darf in seiner Lage zur Drosselklappe nicht verändert werden. Bei einem evtl. notwendigen Austausch sind die herstellerspezifischen Einstellangaben exakt zu beachten.

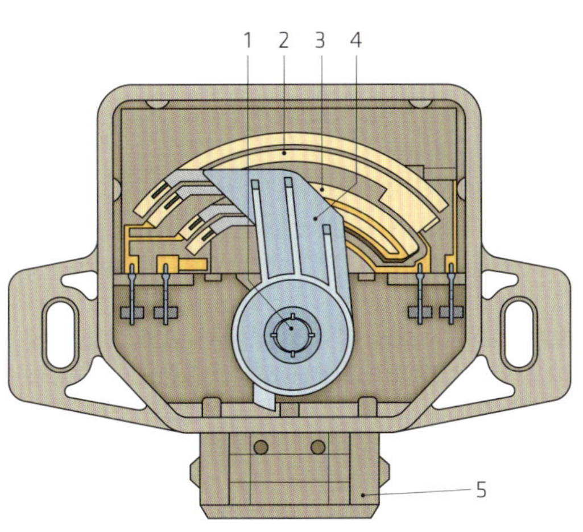

Bild 3.86
Drosselklappenpotentiometer
[Bild: AS-Illu]
1 Drosselklappenwelle
2 Widerstandsbahn 1
3 Widerstandsbahn 2
4 Schleifarm mit Schleifer
5 Elektrischer Anschluss

Beim Ausfall des Drosselklappenpotentiometers ordnet das Steuergerät verschiedenen Drehzahlen feste Einspritzzeiten zu und gewährleistet so einen eingeschränkten Notlaufbetrieb. Die Erfassung der Motortemperatur erfolgt auch hier durch einen NTC. Die Ansauglufttemperatur wird ebenfalls durch einen NTC ermittelt, der im Einspritzaggregat am Einspritzventil angebracht ist (Bild 3.87).

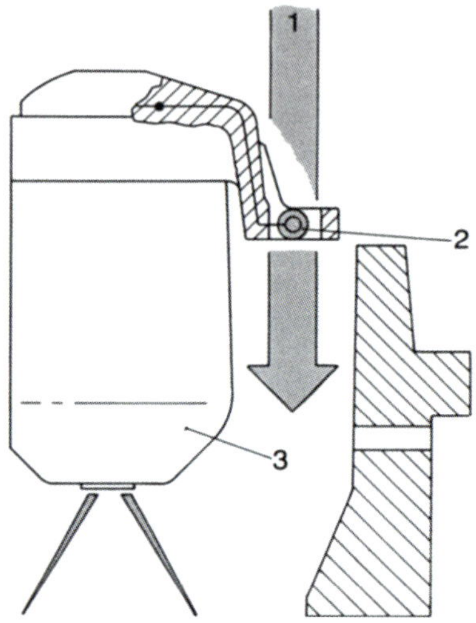

Bild 3.87
Ansaugluft-Temperaturfühler
1 Ansaugluft
2 NTC-Widerstand
3 Einspritzventil

Die Batteriespannung (über Klemme 15) wird bei diesem System nicht nur zur Versorgung des Steuergerätes verwendet, sondern deren Höhe beeinflusst auch hier die Berechnung der Einspritzzeit. Die Masseverbindung muss ebenfalls in Ordnung sein. Eine permanente Versorgung mit Batterie-Plus ist für den Fehlerspeicher vorhanden. Durch das Signal der Lambdasonde wird die Berechnung der Einspritzzeit korrigiert und nachgeregelt. Ist eine Leerlauf-Drehzahlregelung durch einen Drosselklappenansteller (anstelle eines Thermostellers) verbaut, können zusätzliche, verschiedene Schaltsignale (z. B. Klimaanlage, Automatikgetriebe) dem Steuergerät zur Leerlauf-Drehzahlstabilisierung mitgeteilt werden (s. folgenden Abschnitt).

3.6.4.3 Steuergerätefunktionen und Ausgangssignale

Das wichtigste Ausgangssignal ist der Masseimpuls für das Einspritzventil, der mit Tastverhältnis gemessen wird. Die berechnete Einspritzzeit ergibt sich aus den Eingangssignalen und programmierten Funktionen wie Startanreicherung, Nachstart- und Warmlaufanreicherung, Leerlaufprogramm, Volllastanreicherung, Schubabschaltung und Drehzahlbegrenzung (analog den sonstigen Einspritzsystemen). Auch die Gemischanpassung durch die Ansauglufttemperatur entspricht in ihrer Funktion den anderen Einspritzsystemen. Deren Einfluss soll Bild 3.88 nochmals verdeutlichen.

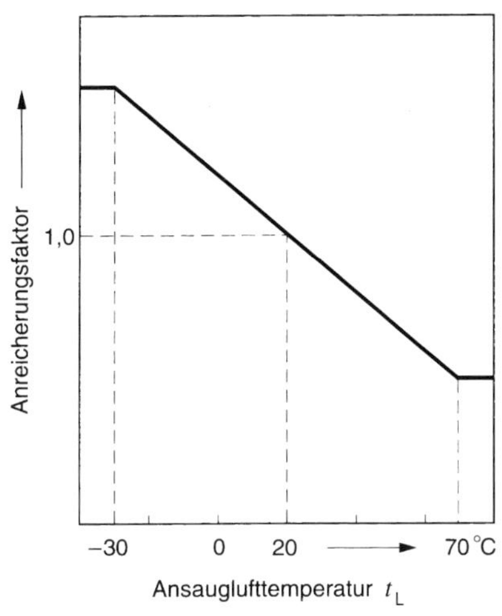

Bild 3.88
Anreicherungsfaktor in Abhängigkeit von der Ansauglufttemperatur

Die Ansauglufttemperatur und die Motortemperatur müssen neben den herkömmlichen Funktionen speziell im Übergangsverhalten bei Laständerungen durch Programme im Steuergerät berücksichtigt werden. Durch die Zentraleinspritzung vor die Drosselklappe baut sich beim Beschleunigen ein Wandfilm an den Saugrohrwänden auf, der sich beim Schließen der Drosselklappe wieder abbaut. Dieser Wandfilm-Aufbau/-Abbau ist neben der Temperatur auch von der Drehzahl sowie der Größe und Geschwindigkeit der Änderung des Drosselklappenwinkels abhängig.

Die Laständerung wird durch die Änderung des Drosselklappenpotentiometer-Widerstandes erkannt und im Steuergerät dadurch das entsprechende Programm ausgelöst, um die oben beschriebene «Problematik» zu kompensieren. Eine weitere Besonderheit in der Steuergerätefunktion ist die Spannungskompensation – nicht nur für die Funktion des Einspritzventils, sondern auch für die Förderleistung der Kraftstoffpumpe. Bei niedriger Bordnetzspannung – und dadurch geringerer Förderleistung der Strömungspumpe (durch geringere Drehzahl) – wird die berechnete Einspritzzeit nochmals verlängert, um den geringeren Kraftstoffdruck auszugleichen.

Die Notwendigkeit dieses Programms (d. h., dass eine Strömungspumpe verbaut ist) erkennt das Steuergerät durch eine entsprechende Pinbelegung. Die Ansteuerung der Elektrokraftstoffpumpe (Sicherheitsschaltung) erfolgt über ein Relais durch das Steuergerät. Ist anstelle des Thermostellers ein Drosselklappenansteller (Bild 3.89) verbaut, wird dieser vom Steuergerät für die Leerlaufregelung angesteuert.

Durch das Signal des Leerlaufschalters und der Drehzahl wird die Leerlaufregelung ausgelöst. Der Elektromotor ist über zwei Leitungen mit dem Steuergerät verbunden, das die Stromrichtung und damit die Drehrichtung des Elektromotors vorgibt. Durch die Leerlaufregelung kann die Leerlaufdrehzahl reduziert werden. Sie wird nur falls erforderlich (beim Kaltstart oder bei laufendem Klimakompressor) erhöht. Zusätzlich bietet der Drosselklappenansteller die Möglichkeit, im Schiebebetrieb und bei aktiver Schubabschaltung die Drosselklappe leicht zu öffnen und dadurch den Unterdruck im Motor zu reduzieren. Durch die Leerlauf-Drehzahlregelung werden auch verschleiß- und alterungsbedingte Abweichungen ausgeglichen.

Was die Leerlauf-Drehzahlregelung bei der Leerlauf-Drehzahl auszugleichen vermag, kann durch die Lambda-Regelung bei der Gemischzusammensetzung über den gesamten Bereich ausgeglichen bzw. angeglichen (adaptiert) werden (siehe Abschnitt 3.7).

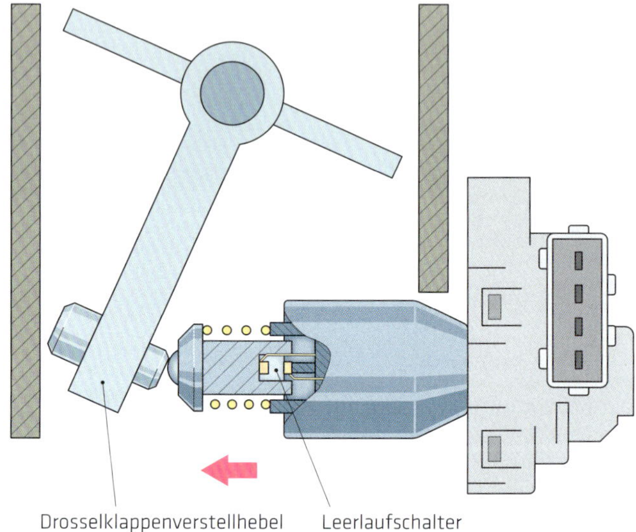

Bild 3.89
Drosselklappenansteller: Die Drosselklappe ist geöffnet, der Drosselklappenansteller entsprechend ausgefahren und der Leerlaufschalter geöffnet.
[Bild: AS-Illu]

Merke: Die Adaptionswerte werden – ebenso wie der Fehlerspeicher – nur bei permanent anliegender Spannungsversorgung durch Batterie-Plus im Steuergerät erhalten. Dies ist für eine eventuelle Fehlersuche und Diagnose unbedingt zu beachten.

3.7 Lambda-Regelung

Die gestiegenen gesetzlichen Anforderungen machten in den 1980er-Jahren die Einführung des geregelten Dreiwege-Katalysators notwendig. Damit die Abgasentgiftung bzw. die chemischen Reaktionen durch den Katalysator möglichst wirkungsvoll stattfinden kann, muss sich die Gemischzusammensetzung in engen Grenzen bewegen (Bild 3.90), im so genannten Katalysatorfenster.

Für die Einhaltung der Gemischzusammensetzung innerhalb des Katalysatorfensters ist die Steuerung der Einspritzmenge nicht exakt genug. Hier werden keine Veränderungen des Motors durch Verschleiß bzw. Bauteiltoleranzen berücksichtigt. Deshalb ist es erforderlich, die tatsächliche Abgaszusammensetzung nach der Verbrennung zu messen und entsprechend den gemessenen Abweichungen die Einspritzmenge bzw. das Gemisch nachzuregeln.

Die Zusammensetzung der Abgase wird durch die Lambdasonde gemessen. Durch das Signal der Lambdasonde kann das Steuergerät die Einspritzmenge und damit das Gemisch entsprechend verändern. Da es sich hierbei um einen geschlossenen Regelkreis handelt, spricht man von einer Regelung (Bild 3.91).

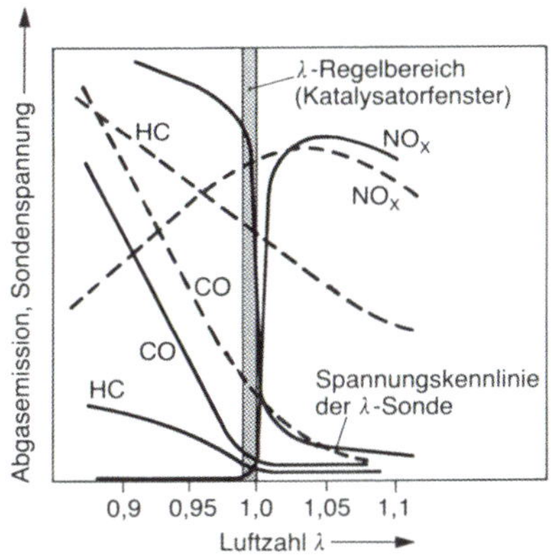

Bild 3.90
Regelbereich der Lambdasonde und Verringerung des Schadstoffanteils im Abgas
--- Emission ohne katalytische Nachbehandlung
— Emission mit katalytischer Nachbehandlung

Die Bezeichnung der Lambdasonde stammt von dem griechischen Buchstaben Lambda (λ), der in der Technik für das Verhältnis zwischen theoretischem Luftbedarf und tatsächlich zugeführter Luftmasse verwendet wird.

$$\lambda = \frac{\text{zugeführte Luftmasse}}{\text{theoretischer Luftbedarf}}$$

Tatsächlich misst die Lambdasonde den Restsauerstoffgehalt im Abgas. Entsprechen sich der theoretische Luftbedarf und die zugeführte Luftmasse ($\lambda = 1$), findet eine exakte Verbrennung mit den in der Summe geringsten Schadstoffemissionen statt. Ist die zugeführte Luftmasse geringer ($\lambda < 1$), ist das Gemisch zu fett, bei Luftüberschuss ($\lambda > 1$) zu mager. (Bei dem Lambda-Verhältnis wird oft die Bezeichnung Luftmenge verwendet; richtig ist jedoch Luftmasse.)

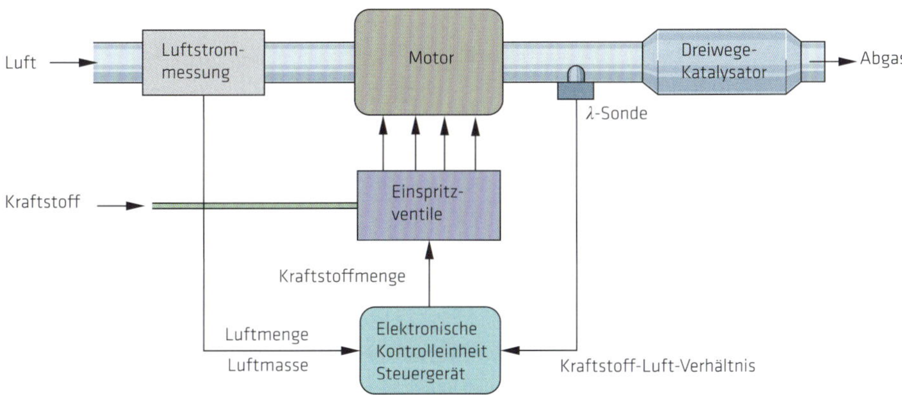

Bild 3.91 *Funktionsschema Lambda-Regelung*

1 Luftmengenmesser
2 Motor
3 Lambdasonde
4 Katalysator
5 Einspritzventile
6 Steuergerät mit Regler
U_S Sondenspannung
U_V Ventilsteuerspannung
V_E Einspritzmenge

Das Steuergerät regelt durch den Lambda-Integrator die berechnete Einspritzzeit nach. Bei einem zu fetten Gemisch wird die Einspritzzeit verkürzt (Abmagern), bei zu magerem verlängert (Anfetten). Dieser Regelprozess findet permanent statt und pendelt ca. ± 1 % um $\lambda = 1$.

Für diese Regelung gibt es jedoch einige Ausnahmen, sogenannte Regelverbote, um das Laufverhalten des Motors nicht negativ zu beeinflussen: in der Start- und Warmlaufphase, bei Beschleunigung und Schubabschaltung und meist auch im Volllastbetrieb. Bei einem Ausfall des Lambdasonden-Signals schaltet das Steuergerät auf Steuerung.

3.7.1 Gemischadaption

Bei modernen Einspritzsystemen wird das Signal der Lambdasonde auch dazu verwendet, um die Grundsteuerung der Einspritzmenge entsprechend den tatsächlichen Motorgegebenheiten anzupassen (adaptieren).

Muss die Einspritzmenge in einem bestimmten Bereich ständig nachgeregelt werden, erkennt dies das Steuergerät und berücksichtigt das bei der weiteren Berechnung der Einspritzzeit. Dadurch wird die absolute Höhe der notwendigen Korrektur durch den Lambda-Integrator geringer. Den Adaptionswert legt das Steuergerät im Arbeitsspeicher ab.

Bei der Gemischanpassung (Adaption) unterscheidet man die additive und die multiplikative Adaption. Bei der additiven Adaption wird zur berechneten Einspritzmenge eine konstante Abweichung hinzugezählt (addiert). Dies ist häufig der Fall, wenn z. B. durch einen Leckluft-Fehler das Gemisch zu mager ist. Die angesaugte Menge an Leckluft ist immer gleich groß, unabhängig von Drehzahl und Motorlast. Deshalb muss permanent zur Einspritzmenge ein gewisser Korrekturwert addiert werden. Dies wirkt sich besonders bei niedrigen Drehzahlen und im unteren Teillastbereich aus.

Die multiplikative Adaption wird bei Fehlern, die drehzahl- oder lastabhängig sind, angewendet. Dabei wird die berechnete Grundeinspritzzeit mit einem Korrekturwert multipliziert. Dies kann z. B. der Fall sein, wenn der Kraftstoffdruck zu hoch ist.

Die additive bzw. multiplikative Adaption kann sowohl einen positiven als auch negativen Korrekturwert bedeuten. Hohe Adaptionswerte weisen auf mechanischen Verschleiß bzw. Veränderungen am Motor hin. (Dieser Zusammenhang kann bei der Fehlersuche hilfreich sein.) Für die Adaption gelten ebenso wie für die eigentliche Lambda-Regelung programmierte Grenzwerte.

Merke: Bei einem Ausfall des Lambdasonden-Signals werden für die Gemischsteuerung die Adaptionswerte vom Steuergerät berücksichtigt. Diese sind häufig in einem «flüchtigen» Speicher abgelegt, d. h., bei einer Unterbrechung der Spannungsversorgung verliert das Steuergerät die Adaptionswerte. Dadurch kann es im anschließenden Fahrbetrieb zu unrundem Motorlauf usw. kommen, bis durch die Lambdasonden-Signale die Adaptionswerte neu gelernt wurden.

3.7.2 Aufbau und Funktion der Lambdasonde

Die Lambdasonde besteht aus einem Keramikelement aus Zirkoniumdioxid (ZnO_2), das mit einer dünnen gasdurchlässigen Platinschicht überzogen ist. Auf der dem Abgas zugewandten Seite ist sie außerdem noch mit einer porösen, keramischen Schutzschicht versehen. Ein darüber angebrachtes Schutzrohr mit Schlitzen verhindert mechanische Beschädigungen (Bild 3.92).

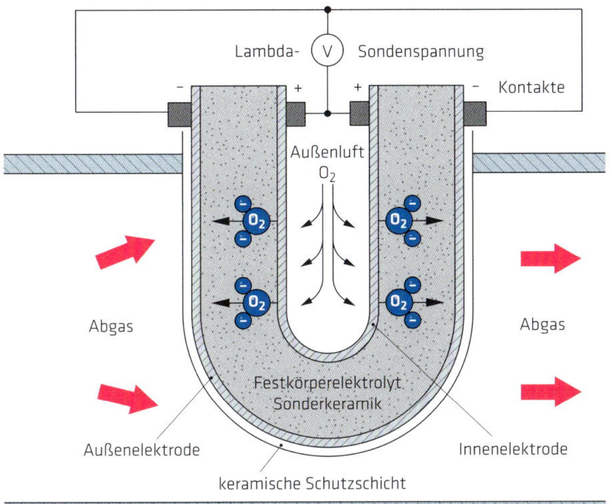

Bild 3.92
Schematisch dargestellte Anordnung der Lambdasonde im Abgasrohr
[Bild: AS-Illu]

Zirkoniumdioxid wirkt bei einer unterschiedlichen Sauerstoffkonzentration und höheren Temperaturen (>300 °C) wie ein galvanisches Element und erzeugt eine Spannung. Das bereits vermischte Abgas aus allen Zylindern strömt an der in das Abgasrohr eingeschraubten Lambdasonde vorbei. Der Restsauerstoff im Abgas und der Sauerstoff der Umgebungsluft, der sich im Inneren der Sonde befindet, erzeugen durch die unterschiedliche Sauerstoffkonzentration (Sauerstoffpartialdruck) auf der Sondenkeramik eine Spannung, die über einen Kontakt und eine geschirmte Leitung dem Steuergerät zugeführt wird.

Die Sonde ist so ausgelegt, dass sie bei $\lambda = 1$ einen Spannungssprung macht (Bild 3.93). Die von der Lambdasonde abgegebene Spannung beträgt bei $\lambda = 1$ ca. 450 mV, bei fettem Gemisch ca. 800 mV und bei magerem Gemisch ca. 100 mV.

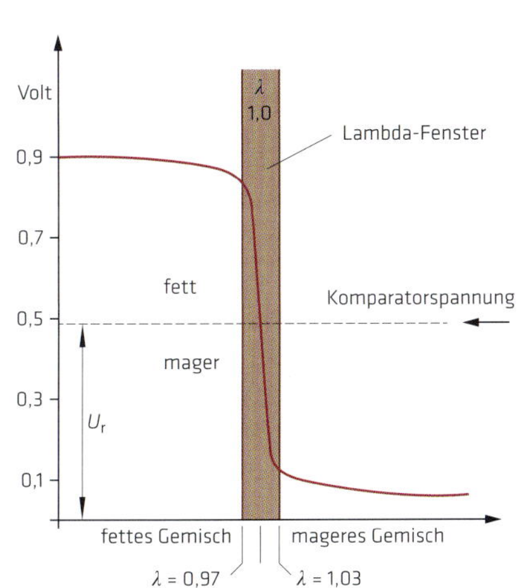

Bild 3.93
Spannungskennlinie der Lambdasonde bei etwa 600 °C Arbeitstemperatur
[Bild: AS-Illu]

Da die Gemischzusammensetzung bei normaler Funktion stets um $\lambda = 1$ pendelt, schwankt die Spannung permanent im o. g. Bereich. Die optimale Betriebstemperatur der Sonde liegt bei ca. 600 °C.

Da diese Temperatur nicht immer durch den richtigen Einbauort und unter allen Betriebsbedingungen erreicht bzw. eingehalten werden kann, wird häufig eine beheizte Lambdasonde (Bild 3.94) eingesetzt. Durch die Beheizung der Lambdasonde wird die Betriebstemperatur schneller erreicht (d. h. frühere Gemischregelung möglich) und genauer eingehalten (d. h. genauere Messung und exaktere Regelung möglich). Zudem kann der Einbauort weiter weg vom Motor gewählt und damit eine Überhitzung vermieden werden.

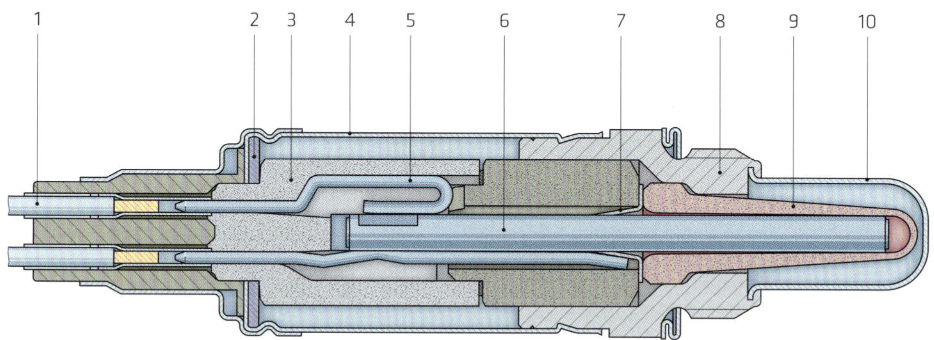

Bild 3.94 *Beheizte Lambdasonde*
[Bild: AS-Illu]

1 Anschlusskabel
2 Tellerfeder
3 keramisches Stützrohr
4 Schutzhülse
5 Klemmanschluss für Heizelement
6 Heizelement
7 Kontaktteil
8 Sondengehäuse
9 aktive Sondenkeramik
10 Schutzrohr

Merke: Die Funktion der Lambdasonde kann durch ein Lambda-Prüfgerät, aber auch durch eine Spannungsprüfung getestet werden. Eine ständig wechselnde Spannung bei laufendem Motor zeigt hinreichend genau die Funktion an. Dabei ist zu beachten, dass das Steuergerät eine permanente Gleichspannung von ca. 475 mV als Teil einer Auswerteschaltung im Steuergerät zur genaueren Regelung ausgibt. Deshalb ist bei einer einfachen Spannungsprüfung die Lambdasonde vom Steuergerät zu trennen. (Voraussetzung: Motor, Lambdasonde und Katalysator müssen auf Betriebstemperatur sein.)

Merke: Die Abschirmung der Signalleitung ist auf Beschädigungen und eine gute Masseverbindung zu überprüfen. Auch die Lambdasonde selbst benötigt eine ausreichende Masseversorgung – entweder durch eine eigene Leitung oder durch das Abgasrohr. Besonders bei Fahrzeugen mit höherer Laufleistung muss hierauf geachtet werden.

Merke: Bei der beheizten Lambdasonde überprüft man zusätzlich das Heizelement durch eine Widerstandsmessung sowie die Beheizung durch eine Strommessung. Die Stromversorgung für die Sondenheizung wird meist über ein Relais geschaltet.

Merke: Durch eine Sichtprobe muss sichergestellt sein, dass die Umgebungsluft in die Lambdasonde eintreten kann, d. h. die «Atmungsöffnungen» nicht verstopft oder z. B. durch Unterbodenschutz verklebt werden. Es darf jedoch kein Spritzwasser eindringen können.

Merke: Die Sondenkeramik darf nicht mit Ablagerungen überzogen sein. Solche «Vergiftungen» können durch verbleites Benzin (bei einer nicht bleibeständigen Sonde), bei übermäßigem Verbrauch von Öl oder Kühlflüssigkeit usw. verursacht werden.

3.7.3 Titandioxid-Lambdasonde

Funktion und Aufbau sind im Wesentlichen gleich wie bei der Zirkoniumdioxid-Sonde. Der Unterschied besteht lediglich darin, dass das verwendete Titandioxid (TiO_2) als Sondenkeramik auf unterschiedliche Sauerstoffkonzentrationen nicht als galvanisches Element reagiert, d. h. keine Spannung erzeugt. Es verändert dagegen seinen Widerstand sprunghaft (Bild 3.95).

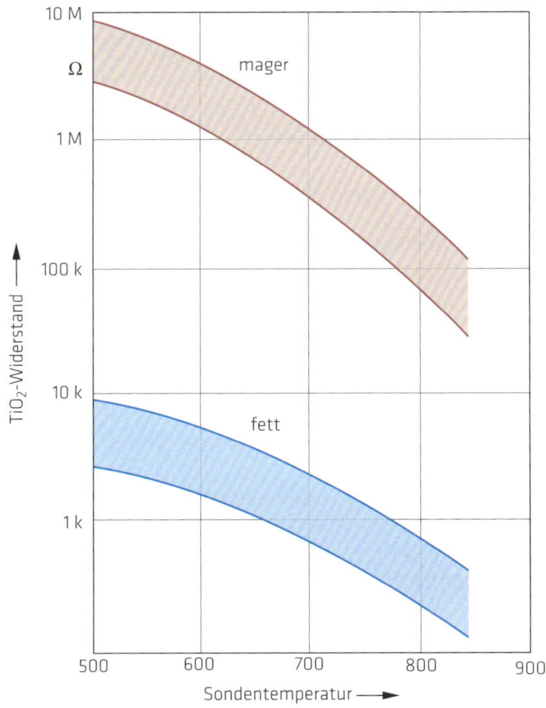

Bild 3.95
Widerstandsverhalten der TiO_2-Lambdasonde
[Bild: AS-Illu]

Das Steuergerät gibt bei dieser Sonde eine Spannung aus und erkennt durch den Spannungsabfall die Abgaszusammensetzung. Zusätzlich erkennt das Steuergerät durch den Spannungsabfall auch die Sondentemperatur und regelt entsprechend die Sondenheizung durch eine Stromtaktung (Bild 3.96).

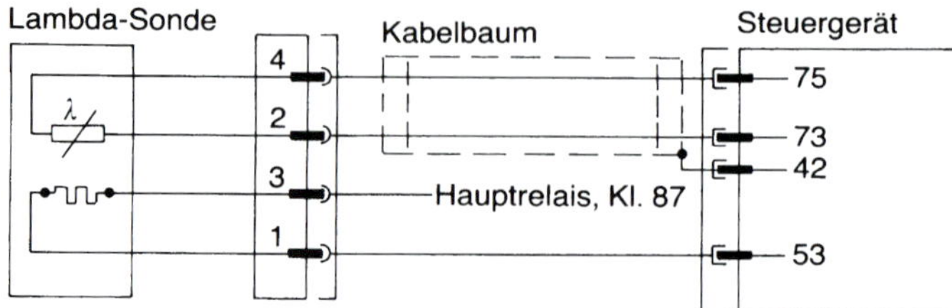

Bild 3.96 *Anschluss, Auswertung und Ansteuerung der Lambdasonde Steckerbelegung:*

Lambdasonde		*Steuergerät*	
Pin	*Typ*	*Pin*	*Typ*
4	*Sensor-Signal*	*75*	*Eingang*
2	*Sensor-Versorgung*	*73*	*Ausgang*
3	*Versorgungsleitung*	*53*	*Ausgang*
1	*Steuerleitung Heizung*	*42*	*Schirm*
	– Schirm		

Merke: Die Sonde kann durch eine Widerstandsmessung überprüft werden. Ebenso können durch einen Fehlerspeicher im Einspritzsteuergerät und eine Diagnoseschnittstelle zu einem Tester – wie bei der Zirkoniumdioxid-Lambdasonde – eventuelle Fehlfunktionen ausgelesen werden. Ansonsten sind die gleichen Bedingungen zu beachten, z. B. Bleivergiftung, Spritzwasser usw.

3.7.4 Planarsonde

Die Planarsonde ist eine Weiterentwicklung der Spannungssprungsonde und hat das gleiche Funktionsprinzip. Anstatt der festen Sondenkeramik besteht sie jedoch aus mehreren aufeinander aufgetragenen flachen Schichten, in denen die Elektroden, die Isolationsschichten und Heizelemente integriert sind. Die Planarsonde hat aufgrund der kompakten Bauweise ein geringeres Gewicht und benötigt weniger Heizleistung, da die Sonde schneller die Betriebstemperatur erreicht. Außerdem ist sie auch in der Herstellung preisgünstiger, sodass sie sich mittlerweile auf breiter Basis durchgesetzt hat.

3.7.5 Planare Breitband-Lambdasonde

Für die Benzin-Direkteinspritzung und dem dabei möglichen Magerbetrieb sowie der Einführung der On-Board-Diagnose und der dafür geforderten Funktionsüberwachung des Katalysators sowie für den Einsatz bei den Dieselmotoren benötigte man eine Lambdasonde die die Sauerstoffkonzentration im Abgas in einem größeren Bereich messen konnte. Dies führte zur Entwicklung der planaren Breitband-Lambdasonde (Bild 3.97), die den Restsauerstoff in einem Bereich zwischen $\lambda = 0{,}7$ und $\lambda = 4$ stufenlos messen kann. Die planare Breitbandsonde besteht dazu im Prinzip aus zwei Teilen. Einer Messzelle, die aus einer Spannungssprungsonde besteht, und einer so genannten Sauerstoff-Pumpzelle.

Die Sauerstoff-Pumpzelle ist mit der Messzelle über einen Diffusionsspalt verbunden, durch den Sauerstoffionen hinein- bzw. herausgepumpt werden können. Dies ist abhängig von der, über Platinelektroden an der Sauerstoff-Pumpzelle angelegten, Spannung. Die Spannung wird nun so geregelt, dass sich in der Messzelle $\lambda = 1$ ergibt. Dabei ist der für den Konzentrationsausgleich benötigte Strom proportional zur Sauerstoffkonzentration im Abgas und damit ein Messkriterium für diese. Die planare Breitbandsonde besitzt je nach Hersteller 5 bzw. 6 Anschlüsse, für das Messsignal, die Heizung und den Pumpstrom. Die Funktionen der Sonde werden, wie bei allen Sonden, durch die Motorelektronik überwacht und bei Fehlfunktionen erfolgt ein Fehlerspeichereintrag und das Aufleuchten einer Warnlampe.

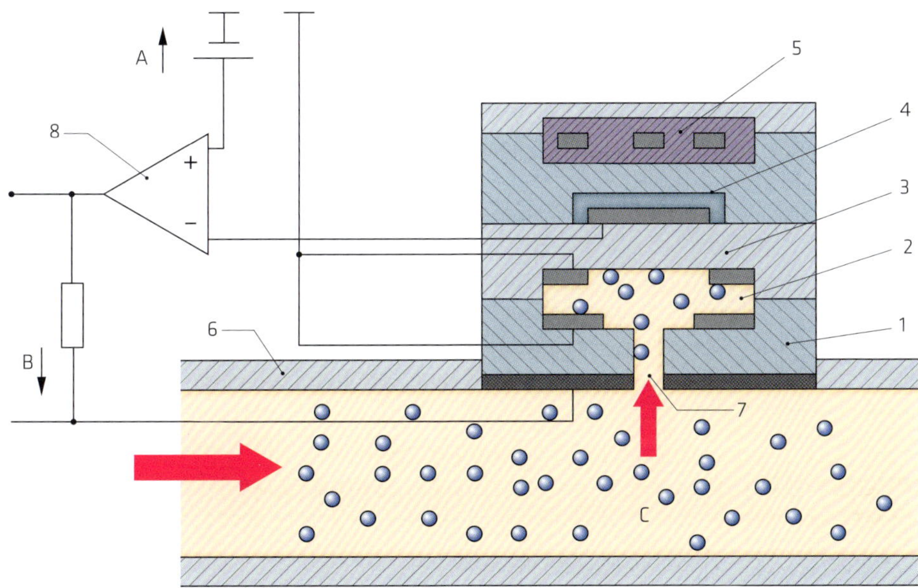

Bild 3.97 *Schematischer Aufbau einer Breitband-Lambdasonde*

1 Pumpzelle
2 Diffusionsspalt (Messkammer)
3 Nernstzelle (vergleichbar mit Zweipunkt-Sonde)
4 Referenzzelle (mit Verbindung zur Außenluft)
5 Heizung
6 Abgasrohr
7 Diffusionskanal
8 Regelschaltung im Motronic-Steuergerät
A Sondenspannung/Regelspannung
B Pumpstrom
C Abgas

3.8 Historische Entwicklung der elektronisch geregelten Dieseleinspritzsysteme

Die elektronische Regelung der Einspritzmenge und des Einspritzbeginns wirkte sich auch beim Dieselmotor positiv auf den Verbrauch, das Laufverhalten und die Abgase aus. In einem ersten Schritt wurden Mitte der 1980er-Jahre die mechanischen Einspritzpumpen (Verteiler- und Reiheneinspritzpumpe) für die Vorkammer- bzw.

Wirbelkammereinspritzung um elektrische / elektronische Bauteile ergänzt und durch ein elektronisches Steuergerät angesteuert. Beginnend in den 1990er-Jahren hat sich dann auch im Pkw-Bereich die Diesel-Direkteinspritzung durchgesetzt, jedoch zuerst noch mit den bekannten und bereits elektrifizierten Dieseleinspritzpumpen. Dadurch konnte der Verbrauch nochmals reduziert und gleichzeitig die Leistungsabgabe erhöht werden. Mitte bis Ende der 1990er-Jahre kamen dann bei einigen Herstellern die Einzelpumpensysteme (PDE, PLD), bevor sich ab Ende der 1990er-Jahre die heute übliche Dieseldirekteinspritzung mit der Common-Rail-Technik durchsetzte.

3.8.1 Allgemeine Beschreibung mit Systemübersicht

Auch bei den Dieseleinspritzsystemen werden die Umfeld- und Motorbetriebsbedingungen erfasst, ausgewertet und durch entsprechende Stellsignale die Einspritzmenge sowie der Einspritzbeginn an der Einspritzpumpe eingestellt und bei Bedarf nachgeregelt. Somit können für jeden Betriebspunkt des Motors die Einspritzmenge und der Spritzbeginn exakt angepasst werden, ohne auf Verstellkurven mechanischer Regler Rücksicht nehmen zu müssen.

Bei den elektronisch geregelten Dieseleinspritzpumpen konnten deshalb der mechanische Fliehkraftregler, der ladedruckabhängige Volllastanschlag, der temperaturabhängige Startmengenanschlag, der fliehkraftabhängige Spritzversteller und der Kaltstartbeschleuniger entfallen. Diese und noch weitere Funktionen, wie z. B. die Laufruheregelung und aktive Ruckeldämpfung, werden durch das Steuergerät geregelt. Tabelle 3.1 stellt eine Systemübersicht mit den Ein- und Ausgängen am Steuergerät dar.

Tabelle 3.1 *Systemübersicht «Dieseleinspritzung»*

Eingangssignale	Verarbeitung	Aussgangssignale
▪ Pedalweggeber (Fahrpedalstellung) ▪ Drehzahlgeber ▪ Spritzbeginnfühler (Lade-/Atmosphären-/Luftdruckfühler) ▪ Temperaturfühler für Kühlmittel ▪ Temperaturfühler für Luft ▪ Temperaturfühler für Kraftstoff ▪ Regelschieberpositionsgeber bzw. Regelstangenweggeber ▪ Geschwindigkeit ▪ Wasserstandssonde ▪ Klimaanlage ▪ Diebstahl-Warnanlage ▪ Bremsschalter ▪ Kupplungsschalter ▪ Fahrgeschwindigkeitsregler (Bedienteil) ▪ Spannungsversorgung über Klemmen 15 und 30 ▪ Masse	Steuergerät ⇧ ⇩ Diagnose	▪ Mengenstellwerk der Einspritzpumpe ▪ Spritzbeginnverstellung ▪ Elektrisches Abschaltventil ▪ Abgasrückführungsventil ▪ Ladedruckregelventil ▪ Glühzeitsteuerung ▪ td-Signal ▪ Kraftstoffsverbrauchssignal ▪ Klimakompressor-Abschaltung

3.8.2 Eingangssignale im Detail und ihr Einfluss auf die Funktion

Der Pedalweggeber (Bild 3.98) übermittelt dem Steuergerät die Stellung des Fahrpedals. Es gibt keine mechanische Verbindung zwischen Fahrpedal und Einspritzpumpe. Der Pedalweggeber besteht aus einem Drehpotentiometer, das beim Betätigen des Fahrpedals über einen Schleifkontakt den Widerstand ändert. Durch den entsprechenden Spannungsabfall erkennt das Steuergerät die Stellung des Fahrpedals. Im Pedalweggeber befinden sich zwei Rückstellfedern. Bei einem eventuellen Austausch sind die Einstellmaße des Herstellers für den Pedalweggeber exakt zu beachten. Überprüft werden kann der Pedalweggeber über eine Widerstandsmessung; genauer ist jedoch eine Messung des Spannungsabfalls.

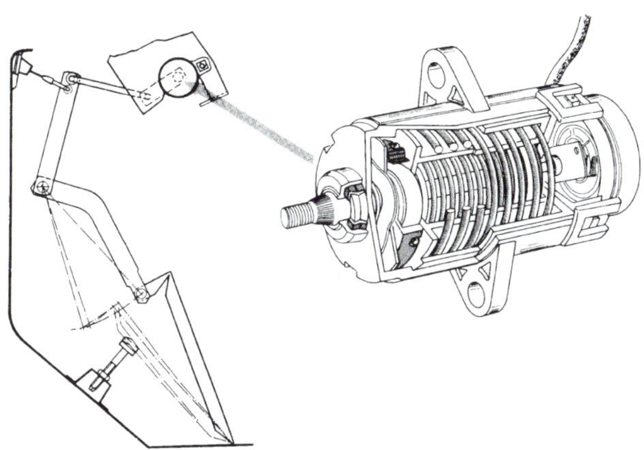

Bild 3.98
Fahrpedal mit Pedalweggeber

Bei einem Ausfall des Pedalweggeber-Signals wird die Einspritzpumpe so angesteuert, dass sich eine Drehzahl zwischen ca. 1200 bis 1500 min^{-1} ergibt. Damit ist eine ausreichende Notlaufeigenschaft sichergestellt. Die Drehzahl des Motors erhält das Steuergerät über einen Induktivsensor und berechnet daraus zusammen mit dem Signal des Pedalweggebers die Grundeinspritzmenge. Ein Feinabgleich der Kraftstoffmenge erfolgt über die verschiedenen Temperaturfühler (Kühlmittel, Ansaugluft, Kraftstoff) und den Luftdruckfühler.

Das Drehzahlsignal wird auch zur Drehzahlbegrenzung und zur Leerlauf-Drehzahlregelung verwendet. Durch das Drehzahlsignal kann das Steuergerät zusätzlich Drehungleichförmigkeiten und Ruckeln des Motors erkennen und durch phasenrichtiges Verstellen der Kraftstoffmenge dämpfen. Das Drehzahlsignal kann über Wechselspannung gemessen oder auf dem Oszilloskop sichtbar gemacht werden. Bei einem Ausfall des Drehzahlgeber-Signals kann das Steuergerät die Signale des Spritzbeginnfühlers zur Drehzahlerkennung verwenden (Notlauf).

Der Spritzbeginnfühler oder Nadelbewegungsfühler (Bild 3.99) gibt dem Steuergerät beim Einspritzbeginn ein Signal. Das Steuergerät vergleicht dies mit gespeicherten Kennfeldern – abhängig von der Kraftstoffmenge, der Drehzahl, der Kühlmitteltemperatur und

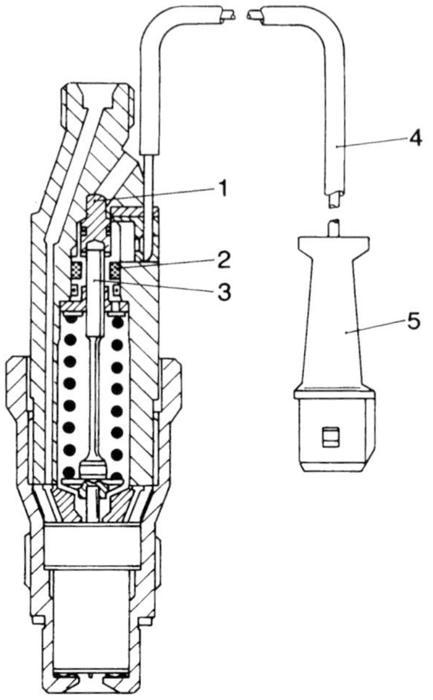

Bild 3.99
Düsenhalterkombination mit Nadelbewegungsfühler (NBF)
1 Einstellbolzen
2 Geberspule
3 Druckbolzen
4 Kabel
5 Stecker

des Luftdruckes – und regelt den Einspritzbeginn an der Einspritzpumpe nach, bis der tatsächliche Einspritzbeginn mit den gespeicherten Werten übereinstimmt.

Bei einem Ausfall des Spritzbeginnfühlers erfolgt keine Spritzbeginnregelung. Dies führt zu einer Drehmomentreduzierung und u. U. einer stark «nagelnden» Verbrennung. Das Signal des Nadelbewegungsfühlers wird über Tastverhältnis gemessen. Durch das Signal des Luftdruckfühlers erfolgt eine Feinabstimmung der Einspritzmenge und des Einspritzbeginns. Der Luftdruckfühler bei Turbomotoren in Funktion eines Ladedruckfühlers ermöglicht zusätzlich durch das Steuergerät eine Ladedruckregelung durch Ansteuern eines Ladedruckregelventils. Ohne Ladedrucksignal ist keine Ladedruckregelung möglich. Dies bedeutet eine Drehmomentreduzierung.

Auch bei Saugdieselmotoren bewirkt der Ausfall des (Atmosphären-) Luftdruckfühlers eine geringfügige Drehmomentreduzierung, da auf einen Ersatzwert zurückgegriffen wird, der einem geringeren Luftdruck entspricht. Damit wird sowohl beim Saug- als auch beim Turbodieselmotor ein «Schwarzrauchen» verhindert. Der Luftdruckfühler (Barometerdose mit Potentiometer) kann durch eine Widerstandsmessung überprüft werden.

Die Kühlmittel-, Luft- und Kraftstofftemperatur werden durch NTC-Temperaturfühler erfasst und tragen zur Feinsteuerung der Einspritzmenge und des Einspritzbeginns bei.

Sie werden durch Widerstandsmessungen überprüft. Bei Ausfall eines Signals werden Ersatzwerte herangezogen, wodurch sich ein schlechteres Ansprechverhalten und ein reduziertes Drehmoment ergeben.

Die fehlende Kühlmitteltemperatur führt zudem zu einem erhöhten Leerlauf, evtl. «Startrauchen» und einer Nichtansteuerung des Abgasrückführventils. Die Funktion der Abgasrückführung wird auch bei einem fehlenden bzw. nicht korrigierten Lufttemperatursignal nicht ausgeführt.

Der Regelschieberpositionsgeber (Verteilereinspritzpumpe) bzw. der Regelstangenweggeber (Reiheneinspritzpumpe) melden dem Steuergerät durch einen entsprechenden

Spannungsabfall an einem Potentiometer bzw. durch einen induktiven Regelweggeber die eingestellte Kraftstoffmenge.

Auf diese Weise regelt das Steuergerät das Mengenstellwerk der Einspritzpumpe so lange nach, bis eingestellte und berechnete Kraftstoffmenge übereinstimmen. Ohne Positions- und Weggebersignal und somit ohne Rückmeldung wird das Mengenstellwerk stromlos geschaltet (Nullförderung), und der Motor bleibt stehen. Es gibt keine Ersatzwerte bzw. keine Notlauffunktion.

Eine Überprüfung des Regelschieberpositionsgebers bzw. des Regelstangenweggebers durch eine Widerstandsmessung oder dergleichen ist wenig sinnvoll, da ohne Ansteuerung des Mengenstellwerks die verschiedenen Regelschieberpositionen bzw. der Regelstangenweg nicht geprüft werden können. Hier ist nur durch das Auslesen des Fehlerspeichers eine Diagnose möglich. Das Geschwindigkeitssignal löst im Steuergerät eine Anhebung der Leerlauf-Drehzahl aus. Dadurch wird ein starkes Ruckeln bei langsamer Geschwindigkeit und niedriger Drehzahl vermieden. Ist im Steuergerät die Funktion einer Fahrgeschwindigkeitsregelung integriert, wird das Geschwindigkeitssignal auch dafür verwendet. Das Geschwindigkeitssignal kann je nach verwendeter Signalart über Tastverhältnis (bei einem Rechtecksignal) bzw. Wechselspannung gemessen werden. Eine Frequenzmessung kann sowohl bei einem Rechtecksignal als auch bei einer Wechselspannung erfolgen.

Eine Wasserstandssonde im Kraftstofffilter wird bei zu hohem Wasserstand elektrisch leitend, wodurch das Steuergerät eine Warnlampe im Kombiinstrument ansteuert. Meist wird diese Warnung jedoch nicht über das Steuergerät, sondern direkt geschaltet. Durch ein Spannungssignal von der Klimaanlage wird die Leerlauf-Drehzahl erhöht. Außerdem ist die Klimakompressor-Abschaltung durch das Steuergerät möglich. Ein Spannungssignal von der «geschärften» Diebstahl-Warnanlage verhindert das Einspritzen des Kraftstoffs und damit ein Anspringen des Motors.

Das Signal des Bremslichtschalters (Plus) bzw. eines Bremstestschalters (Masse) unterbindet bei höheren Drehzahlen die Kraftstoffeinspritzung (Sicherheitsschaltung). Bei einer im Steuergerät integrierten Fahrgeschwindigkeitsregelung wird durch den Bremsschalter die Fahrgeschwindigkeitsregelung bei Betätigen der Bremse ausgeschaltet, ebenso wie beim Betätigen der Kupplung durch den Kupplungsschalter.

Das Setzen, Ausschalten und Wiederaufrufen einer Geschwindigkeit im Rahmen der Fahrgeschwindigkeitsregelung erfolgen über die Eingangssignale von einem Bedienteil/Lenkstockhebel. Nicht zu vergessen bei den Eingangssignalen ist eine ausreichende Spannungsversorgung des Steuergerätes über die Klemmen 15 und 30. Die Masseverbindungen müssen ebenfalls in Ordnung sein.

3.8.3 Ansteuerung der verschiedenen Einspritzpumpen und sonstige Ausgangssignale

Die Ansteuerung der Einspritzpumpe, und hier speziell das Mengenstellwerk und die Spritzbeginnverstellung, ist die wichtigste Aufgabe des Steuergerätes, da dadurch sämtliche Betriebszustände und Leistungsdaten des Motors, wie z. B. Leerlauf, Laufverhalten, Drehmoment usw., beeinflusst werden.

Im Wesentlichen unterscheidet man zwei Arten von Einspritzpumpen:

- die Verteilereinspritzpumpe (Bild 3.100) – überwiegend im Pkw-Bereich verwendet und
- die Reiheneinspritzpumpe (Bild 3.101); sie findet vorwiegend im Nutzfahrzeugbereich Verwendung.

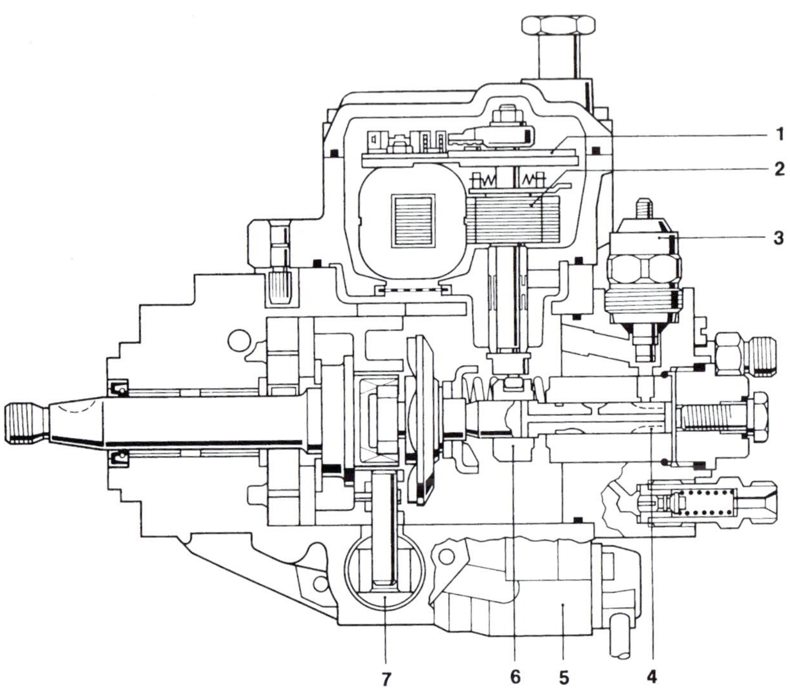

Bild 3.100 *Verteilereinspritzpumpe mit elektronischem Regler*

1 Regelschieberweggeber
2 Stellwerk für Einspritzmenge
3 elektromagnetisches Abstellventil (ELAB)
4 Förderkolben
5 Magnetventil für Spritzbeginn
6 Regelschieber
7 Spritzversteller

Im Folgenden werden nur die elektrischen/elektronischen Funktionen beschrieben. Bei der Verteilereinspritzpumpe (Bild 3.100) wird das elektromagnetische Dreheisen-Stellwerk für die Einspritzmenge (2) vom Steuergerät mit einem Stellstrom versorgt. Die daraus resultierende Drehbewegung wird über einen Exzenter auf den Regelschieber (6) übertragen. Durch den Regelschieber wird der Förderhub der Einspritzpumpe und damit die Kraftstoffmenge vorgegeben, die von Nullförderung bis Maximalmenge stufenlos eingestellt werden kann. Die Drehung des Elektromagneten entgegen einer Feder ist vom Stellstrom abhängig, der direkt durch das Steuergerät pulsweitenmoduliert ausgegeben wird. Ohne Stellstrom wird durch die Federkraft der Elektromagnet und mit ihm der Regelschieber auf Nullförderung eingestellt.

Durch den Regelschieberweggeber (1) wird die Position des Regelschiebers durch das Steuergerät ständig überwacht und bei Abweichungen zwischen der Soll- und Ist-Position nachgeregelt.

Der Stellstrom vom Steuergerät für die Kraftstoffmenge wird mit Tastverhältnis gemessen. Der Einspritzbeginn wird bei der Verteilereinspritzpumpe durch einen mit Kraftstoffdruck beaufschlagten Kolben (7), der den Rollenring verdreht, verstellt. Der Einspritzbeginn wird über die Kraftstoffdruckmodulation durch ein Magnetventil (5) gesteuert. Abweichungen vom Soll- und Ist-Einspritzbeginn werden über das Signal des Nadelbewegungsfühlers vom Steuergerät erkannt und durch ein verändertes Antakten des Magnetventils nachgeregelt. Dies kann über eine Messung des Tastverhältnisses geprüft werden.

Aus Sicherheitsgründen ist an der Einspritzpumpe noch ein elektromagnetisches Abstellventil (3) vorhanden. Es wird durch das Steuergerät im Betrieb mit Strom versorgt, wodurch es anzieht. Stromlos verschließt es den Kraftstoffzulauf. Die Stromversorgung wird mit einer Spannungsmessung überprüft. Ohne Spannungsversorgung stirbt der Motor ab. Die Regelung der Einspritzmenge und des Einspritzbeginns erfolgt bei der Reiheneinspritzpumpe sehr ähnlich (Bild 3.101).

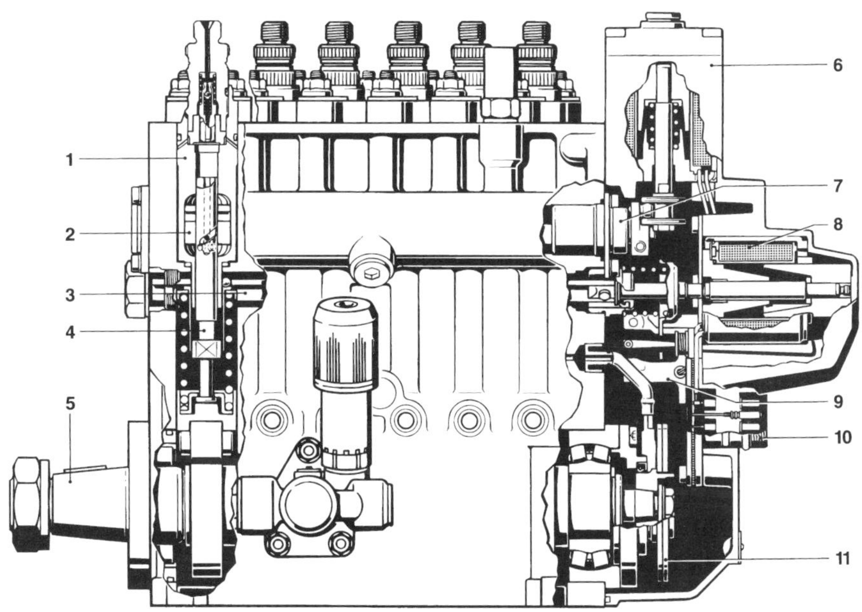

Bild 3.101 *Hubschieber- Reiheneinspritzpumpe*

1 Pumpenzylinder
2 Hubschieber
3 Regelstange
4 Pumpenkolben
5 Nockenwelle
6 Förderbeginn-Stellmagnet
7 Hubschieber-Verstellwelle
8 Regelweg-Stellmagnet
9 induktiver Regelstangenweggeber
10 Stecker
11 induktiver Drehzahlgeber

Die Kraftstoffmenge wird über die Regelstange (3), die wiederum die Pumpenkolben (4) verstellt, verändert. Die Regelstange wird durch einen Stellmagnet (8) bewegt. Der Erregerstrom für den Regelweg-Stellmagnet wird durch das Steuergerät vorgegeben. Der Ist-Regelstangenweg wird durch das Signal des Regelstangenweggebers (9) im Steuergerät erfasst und bei Abweichungen des Ist- und Soll-Regelstangenweges durch die Veränderung des Erregerstroms nachgeregelt. Der Erregerstrom kann mit einer Spannungsmessung überprüft werden. Bei einem stromlosen Stellmagneten wird die Regelstange aus Sicherheitsgründen durch eine Feder zurückgedrückt (Nullförderung).

Der Einspritzbeginn wird durch den Förderbeginn-Stellmagnet (6) über die Hubschieber-Verstellwelle (7) und die Hubschieber (2) verändert. Der Erregerstrom für den Förderbeginn-Stellmagnet wird ebenfalls durch das Steuergerät geregelt. Die Rückmeldung über den Ist-Einspritzbeginn kommt wieder vom Nadelbewegungsfühler. Der Erregerstrom wird mit einer Spannungsmessung überprüft. Stromlos ist der Einspritzbeginn maximal spät, was eine Drehmomentreduzierung bedeutet.

Bei der Abgasrückführung (Bild 3.102) wird durch eine Verringerung der Verbrennungstemperatur der Anteil der Stickoxide im Abgas reduziert. Dies erreicht man, indem ein Teil des Abgases wieder der Ansaugluft zugeführt wird. Das Abgasrückführventil wird durch den von der Vakuumpumpe erzeugten Unterdruck geöffnet. Dies geschieht, wenn das vom Steuergerät über Masse geschaltete Magnetventil offen ist. Stromlos, d. h. ohne Massesignal aus dem Steuergerät, ist das Magnetventil geschlossen. Die Abgasrückführung ist abhängig von der Motordrehzahl, der Kühlmitteltemperatur, dem Pedalweggeber, dem Luftdruck und der Einspritzmenge.

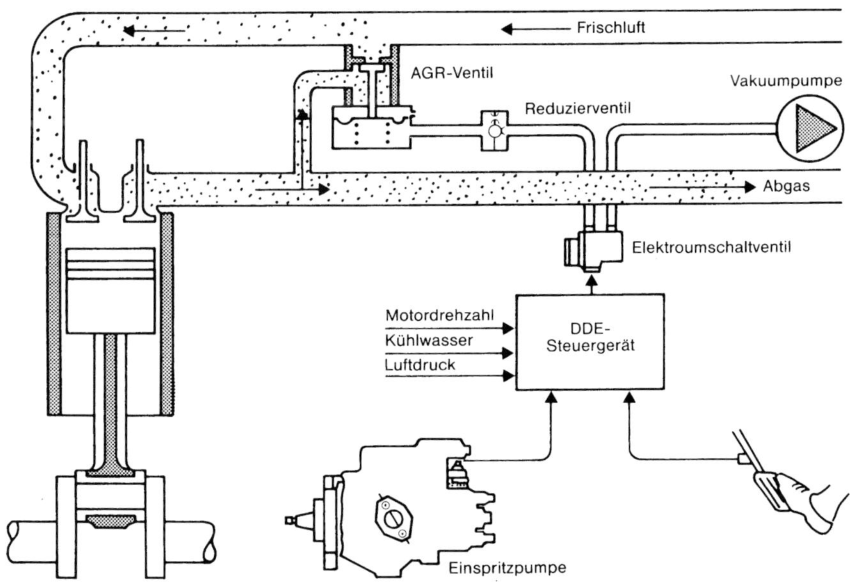

Bild 3.102 *Abgasrückführung*

Das Ladedruckregelventil beeinflusst über eine pneumatisch betätigte Bypass-Klappe den Abgasstrom, der den Turbolader antreibt (Bild 3.103). Die Bypass-Klappe wird durch den von der Vakuumpumpe erzeugten Unterdruck betätigt. Das Ladedruckventil (2; hier elektropneumatischer Druckwandler) moduliert entsprechend den Unterdruck, sodass sich der gewünschte Ladedruck einstellt. Die Ansteuerung des Ladedruckregelventils erfolgt durch das Steuergerät in Abhängigkeit vom Ist-Ladedruck (Signal vom Ladedruckfühler) und der Lufttemperatur. Stromlos ist es geschlossen und dadurch die Bypass-Klappe voll geöffnet (starker Drehmomentverlust).

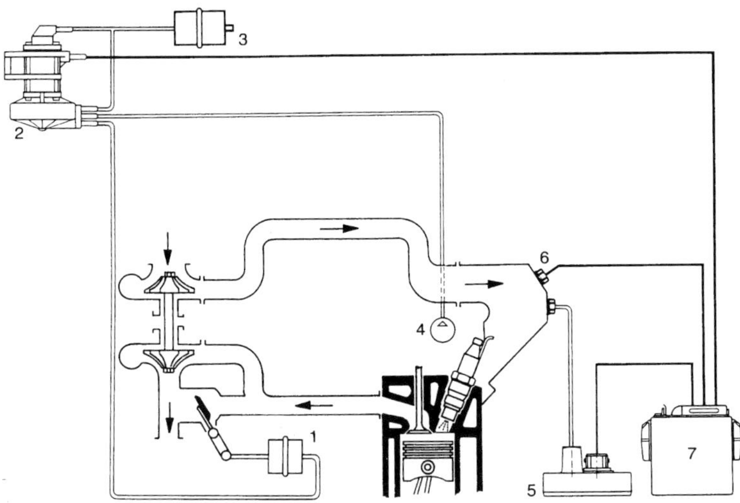

Bild 3.103 *Ladedruckregelung*

1 Bypass-Klappensteller
2 elektropneumatischer Druckwandler
3 Luftfilter für Druckwandler und Atmosphärenbelüftung
4 Vakuumpumpe
5 Ladedruckfühler
6 Ladeluft-Temperaturfühler
7 Steuergerät

Überprüft wird die Ansteuerung sowohl des Ladedruckregelventils als auch des Magnetventils für die Abgasrückführung durch eine Spannungsmessung. Die Glühzeitsteuerung (Bild 3.104) für die Glühkerzen kann ebenfalls durch das Steuergerät erfolgen, indem es ein Massesignal an das Glühkerzenrelais gibt. Dadurch wird der Laststrom auf die Glühkerzen geschaltet. Über einen Diagnoseausgang werden die Glühkerzen in ihrer Funktion überwacht.

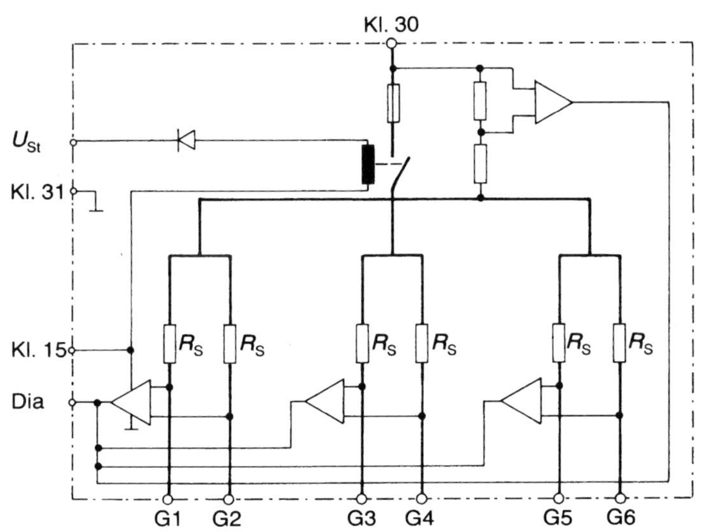

Bild 3.104
Glühzeitsteuerung

Das td-Signal aus dem Steuergerät wird als Rechtecksignal (Tastverhältnismessung) für andere Steuergeräte (oder z. B. für den Drehzahlmesser) zur Verfügung gestellt. Dies trifft auch für das Kraftstoffverbrauchs-Signal zu (z. B. für Kraftstoffverbrauchs-Anzeige, Bordcomputer usw.).

3.8.4 Dieseldirekteinspritzung mit einer Radialkolben-Verteilereinspritzpumpe

Wie bereits eingangs erwähnt, wurde die Dieseldirekteinspritzung zuerst mit den «bekannten» Verteilereinspritzpumpen realisiert. Um die dieselspezifischen Eigenheiten, die gerade bei der Direkteispritzung besonders ausgeprägt sind, wie Geräusche (Nageln) und Laufruhe (Drehungleichförmigkeit, Ruckeln) zu verbessern, musste die Steuerung der Einspritzmenge und des Einspritzbeginns sowie der Zylinderabgleich weiter verfeinert und der Einspritzdruck erhöht werden. Dies erreichte man durch die Radialkolben-Verteilereinspritzpumpe.

Die Radialkolben-Verteilereinspritzpumpe (Bild 3.105) besteht aus einer Flügelzellen-Förderpumpe mit Druckregelventil und Überströmdrosselventil zur Vorförderung des Kraftstoffes und Erzeugung eines Speicherraumdruckes (ca. 20 bar) für die Radialkolben-Hochdruckpumpe, die den für die Einspritzung notwendigen hohen Druck (bis ca. 1600 bar) aufbaut.

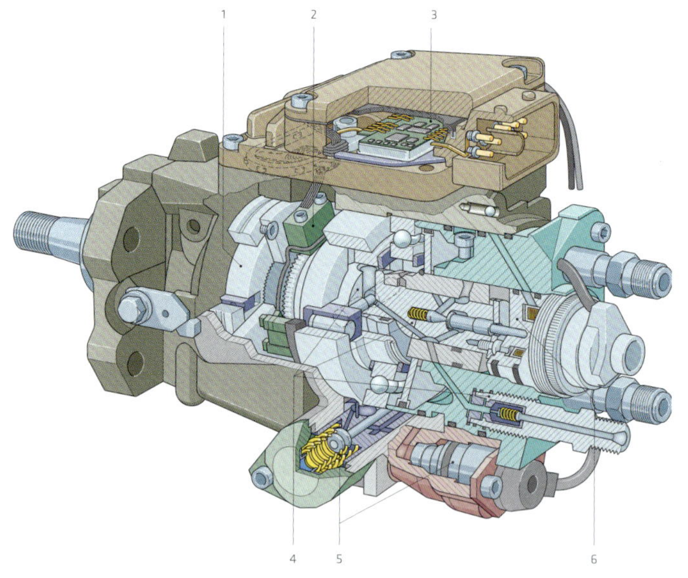

Bild 3.105
Komponenten einer Radialkolben-Verteilereinspritzpumpe
[Bild: AS-Illu]
1 *Flügelzellen-Förderpumpe mit Druckregelventil*
2 *Drehwinkelsensor*
3 *Pumpensteuergerät*
4 *Radialkolben-Hochdruckpumpe mit Verteilerwelle und Auslassventil (Druckventil)*
5 *Spritzversteller und Spritzversteller-Magnetventil (Taktventil)*
6 *Hochdruckmagnetventil (Mengenmagnetventil)*

Mit der Hochdruckpumpe dreht sich eine Verteilerwelle, die den Kraftstoff auf den jeweiligen Zylinder verteilt. Das Hochdruckmagnetventil ist für die Kraftstoffmenge zuständig. Es wird von dem ebenfalls auf der Pumpe befindlichen Pumpensteuergerät mit einem variablen Taktverhältnis angesteuert, wodurch es öffnet und schließt und die Förderdauer der Hochdruckpumpe bestimmt. Dafür tastet ein Drehwinkelsensor, der auf einem mit dem Nockenring der Hochdruckpumpe synchron drehbaren Haltering befestigt ist, die Zähne eines mit der Antriebswelle verbundenen Geberrades (Inkrementenrad) ab, das entsprechend der Zylinderzahl Zahnlücken hat. Durch die Signale des Drehwinkelsensors wird sowohl die momentane Winkelposition als auch die Drehzahl der Einspritzpumpe erfasst sowie die aktuelle Verstellposition des Spritzverstellers durch den Vergleich mit den Signalen des Kurbelwellensensors.

Der Spritzversteller wird durch ein Spritzversteller-Magnetventil, das vom Pumpensteuergerät angesteuert wird, positioniert und verdreht entsprechend den Nockenring der Hochdruckpumpe. Den inneren Aufbau zeigt schematisch das Bild 3.106.

Für eine Spritzbeginnregelung werden die Signale eines Nadelbewegungsfühlers mit den Signalen des Drehwinkelsensors verglichen und der Spritzversteller eventuell entsprechend nachjustiert.

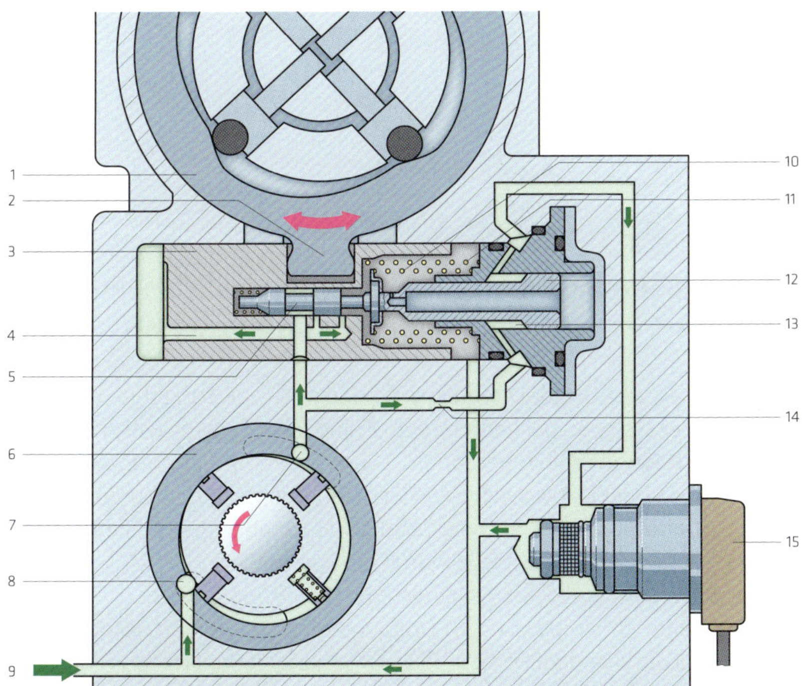

Bild 3.106 *Hydraulischer Spritzversteller mit Spritzversteller-Magnetventil, schematisch in einer Ebene dargestellt*
[Bild: AS-Illu]

1 Nockenring
2 Kugelzapfen
3 Spritzverstellerkolben
4 Zulaufkanal/Ablaufkanal
5 Regelschieber
6 Flügelzellen-Förderpumpe
7 Pumpenablauf (Druckseite)
8 Pumpenzulauf (Saugseite)
9 Zulauf vom Kraftstoffbehälter
10 Steuerkolbenfeder
11 Rückstellfeder
12 Steuerkolben
13 Ringraum des hydraulischen Anschlags
14 Drossel
15 Spritzversteller-Magnetventil

Den Zusammenhang zwischen den Signalen des Drehwinkelsensors, der Ansteuerung des Hochdruckmagnetventils, des Ventilhubs (tatsächliche Einspritzung) und dem Nockenhub zeigt Bild 3.107.

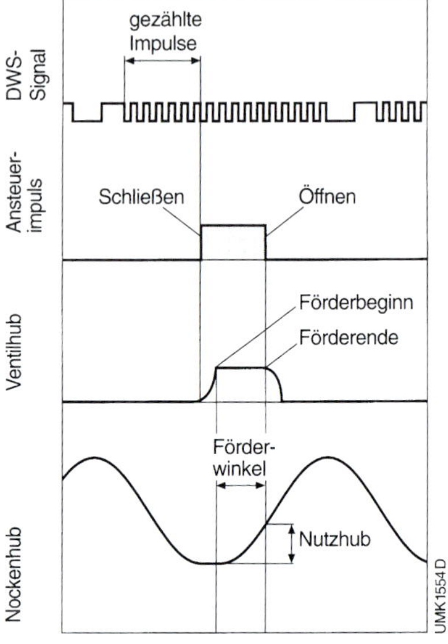

Bild 3.107
Erzeugung des Ansteuersignals für das Hochdruckmagnetventil (Beispiel)

3.8.5 Dieseldirekteinspritzung mit Einzelpumpensystemen (Pumpe-Düse-Einheit, Pumpe-Leitung-Düse)

Eine weitere Möglichkeit der Diesel-Direkteinspritzung mit elektronischer Regelung bildeten die Einzelpumpensysteme, bei denen jedem Zylinder eine eigene Einspritzpumpe mit Einspritzdüse und Magnetventil zugeordnet ist. Die als **P**umpe-**D**üse-**E**inheit (PDE) und als **P**umpe-**L**eitung-**D**üse (PLD) bezeichneten Einzelpumpensysteme wurden im Lkw und Pkw eingesetzt. Der Antrieb der Pumpen erfolgt direkt über die Nockenwelle(n). Bei Motoren mit obenliegender Nockenwelle wurde die Pumpe-Düse-Einheit verwendet (Bild 3.108), bei unten liegender Nockenwelle die Pumpe-Leitung-Düse.

Das Steuergerät schaltet abhängig von den Eingangssignalen und den gespeicherten Kennfeldern ein Magnetventil in der PDE bzw. PLD. Das Magnetventil ist stromlos offen, und die Pumpe fördert in eine Überlauf-(Rücklauf-)Leitung. Wenn es mit Strom angesteuert wird, schließt es, und über die Einspritzdüse wird eingespritzt. Der Schließzeitpunkt und die Schließdauer bestimmen den Einspritzbeginn und die Einspritzmenge. Die Funktionen und Zusatzfunktionen durch das Steuergerät sind analog den anderen Systemen.

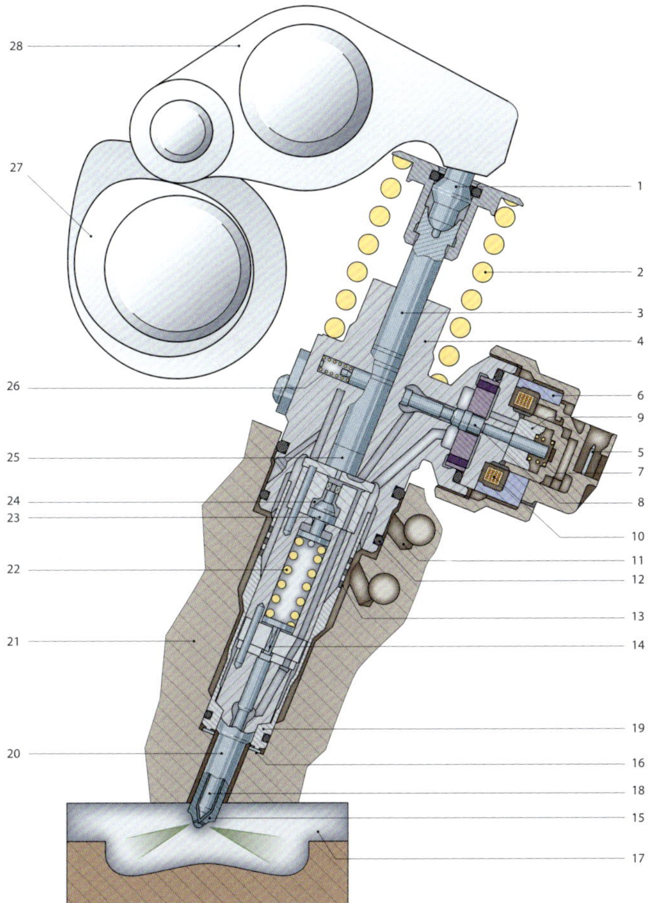

Bild 3.108 *Aufbau einer Pumpe-Düse-Einheit (PDE) (Unit Injector System, UIS) für Pkw*
[Bild AS-Illu]

1 Kugelbolzen
2 Rückstellfeder
3 Pumpenkolben
4 Pumpenkörper
5 Stecker
6 Magnetkern
7 Ausgleichsfeder
8 Magnetventilnadel
9 Anker
10 Spule des Elektromagneten
11 Kraftstoffrücklauf (Niederdruckteil)
12 Dichtung
13 Zulaufbohrung (ca. 350 lasergebohrte Löcher als Filter)
14 hydraulischer Anschlag (Dämpfungskolben)
15 Nadelsitz
16 Dichtscheibe
17 Brennraum des Motors
18 Düsennadel
19 Spannmutter
20 integrierte Einspritzdüse
21 Zylinderkopf des Motors
22 Düsenfeder
23 Speicherkolben (Ausweichkolben)
24 Speicherraum
25 Hochdruckraum (Element)
26 Magnetventilfeder
27 Antriebsnockenwelle
28 Rollenkipphebel

4 Elektronische Getriebesteuerung

4.1 Allgemeine Systembeschreibung

Die elektronische Getriebesteuerung ist immer in die Vernetzung des Antriebsstranges eingebunden. Die meisten Informationen werden zwischen der Motorelektronik und der elektronischen Getriebesteuerung ausgetauscht. Aber auch die Fahrstabilitätsregelung muss einige Informationen liefern. Bild 4.1 zeigt eine allgemeine Übersicht der über den Bus des Antriebsstranges ausgetauschten Informationen für die Funktion der elektronischen Getriebesteuerung.

Dabei spielt es bei den ausgetauschten Informationen eigentlich keine Rolle, ob die elektronische Getriebesteuerung ein elektrohydraulisches Automatikgetriebe, ein stufenloses Getriebe, ein automatisiertes Schaltgetriebe oder ein Doppelkupplungsgetriebe steuert. In jedem Fall ermöglicht die elektronische Getriebesteuerung einen verbesserten Schalt- und Fahrkomfort sowie eine deutliche Verbrauchsreduzierung und verschiedene Funktionserweiterungen. Dazu erfasst sie die verschiedenen Betriebsbedingungen, wertet sie aus und steuert dann entsprechend hinterlegter Programme mehrere Magnetventile und/oder elektromagnetische Aktuatoren an. Damit werden dann die Schaltungen (Veränderung der Getriebeübersetzung) und das Öffnen und Schließen der Kupplung(en) ausgelöst. Während eines Schaltvorganges reduziert das Motorsteuergerät zusätzlich das Drehmoment, was zu einer weichen, ruckfreien und möglichst verschleißfreien Schaltung führen soll.

Der Fahrer hat mittlerweile bei fast allen Systemen die zusätzliche Möglichkeit, zwischen mehreren Fahrprogrammen mit unterschiedlichen Schaltkennlinien zu wählen. Dabei setzt die Elektronik die Schaltpunkte entsprechend dieser Programme besonders verbrauchsoptimiert oder leistungsorientiert oder sie hält die manuell vorgewählten Gänge. Aufwendiger programmierte Systeme können auch selbstständig unter verschiedenen Schaltkennlinien wählen, abhängig von den erkannten Fahrsituationen, dem erkannten Fahrertyp, den Umfeldbedingungen oder zusätzlichen manuellen Eingriffen. Anforderungen von der Fahrstabilitätsregelung und entsprechende Aktionen (Schaltverbot oder Kupplung öffnen usw.) haben jedoch höchste Priorität und «überstimmen» kurzzeitig während eines Regeleingriffs den Fahrerwunsch.

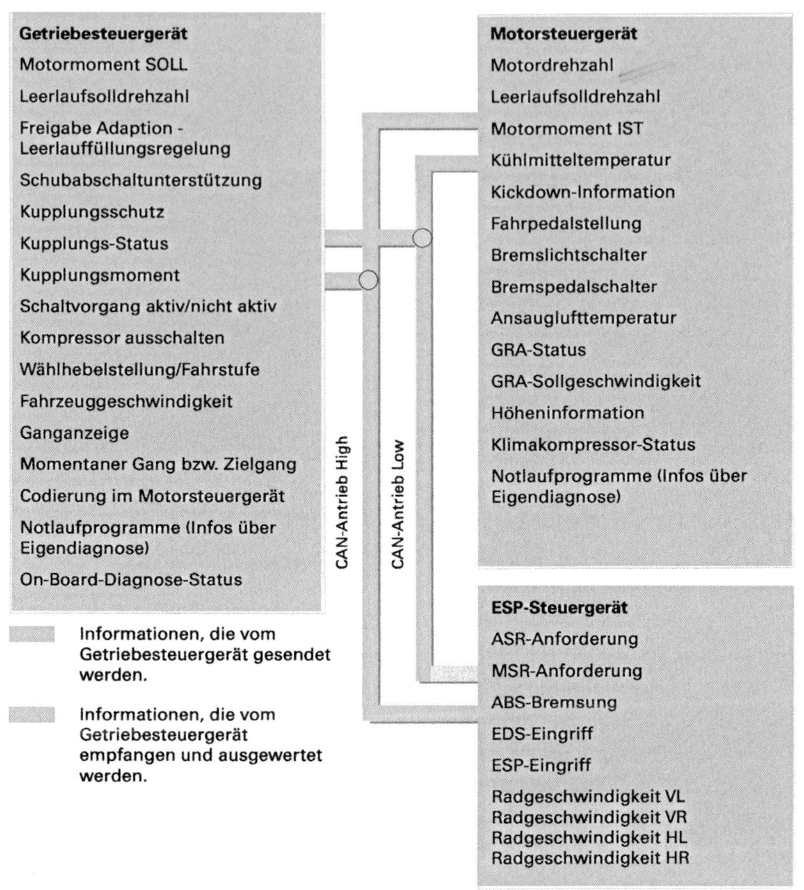

Bild 4.1
CAN-Informationsaustausch mit der Getriebesteuerung

Die elektronische Getriebesteuerung ermöglichte außerdem zusätzliche Sicherungsmaßnahmen:

- Schaltungen werden nur ausgeführt, wenn der Motor danach nicht überdreht oder wenn diese für die Fahrstabilität keinen negativen Einfluss haben.
- Das Einlegen eines Ganges ist nur möglich, wenn der Fahrer das Bremspedal betätigt (*Shift-Lock*).
- Das Abziehen des Fahrzeugschlüssels ist nur möglich, wenn das Fahrzeug gegen Wegrollen gesichert ist (*Interlock*) bzw. das Fahrzeug wird automatisch gesichert, wenn die Zündung ausgeschaltet wird.
- Bei vielen elektronischen Getriebesteuerungen gibt es zwischen dem Schalt-/Wählhebel und dem Getriebe keine mechanische Verbindung mehr (*Shift-by-Wire*).

Bei erkannten Fehlern wird soweit möglich ein Notprogramm/Notlauf sichergestellt. Die Störungs-/Funktionslampe bzw. Fehlertexte informieren den Fahrer. Das Fahrzeugdisplay kann bei Bedarf auch Handlungsanweisungen für den Fahrer anzeigen.

4.2 Elektrohydraulische Automatikgetriebe-Steuerung

Die ursprünglich rein hydraulische Getriebesteuerung haben die Hersteller seit Anfang der 1980er-Jahre zunehmend durch eine elektrohydraulische Getriebesteuerung ersetzt. Bei der hydraulischen Getriebesteuerung erfolgte die Zuordnung der Gänge und der notwendigen Schaltvorgänge durch ein kompliziertes System von Ölkanälen und mechanischen Ventilen im Getriebeschaltgerät, abhängig von der Fahrgeschwindigkeit und der Fahrpedalstellung.

Die heute üblichen 6, (7), 8, 9 oder (10) -Gang-Automatikgetriebe wurden erst durch die elektrohydraulische Getriebesteuerung möglich. In einem durch die elektrohydraulische Steuerung vereinfachten Getriebeschaltgerät werden die Schaltungen und das Öffnen und Schließen der Wandlerüberbrückungskupplung durch das Ansteuern von Magnetventilen in den Ölkanälen ausgelöst. Der Druck in den Ölkanälen wird ebenfalls durch das elektronische Steuergerät entsprechend den Erfordernissen moduliert. Bild 4.2 zeigt einen vereinfachten Hydraulikplan des hydraulischen Schaltgerätes mit den verschiedenen Regelventilen.

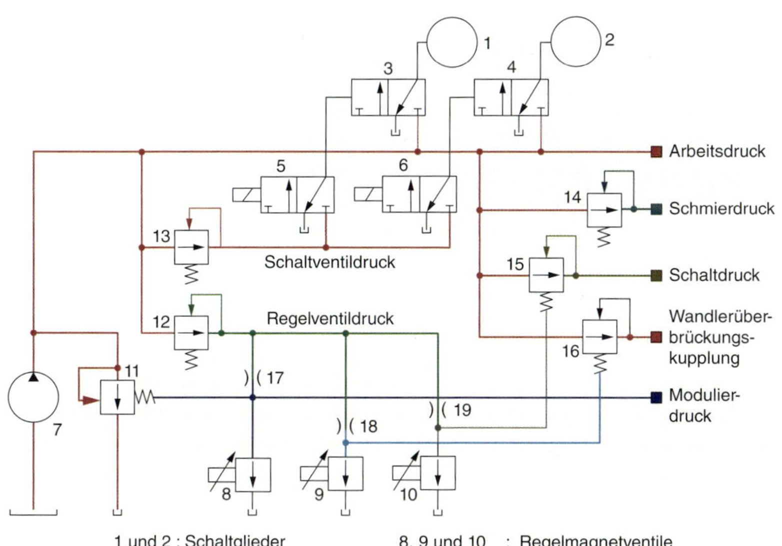

1 und 2 : Schaltglieder
3 und 4 : Schaltventile
6 und 6 : Schaltmagnetventile
7 : Ölpumpe
8, 9 und 10 : Regelmagnetventile
11 bis 16 : Druckregeventile
17,18 und 19 : Drosselventile

Bild 4.2
Schematisierter Hydraulikplan eines Hydraulikschaltgerätes

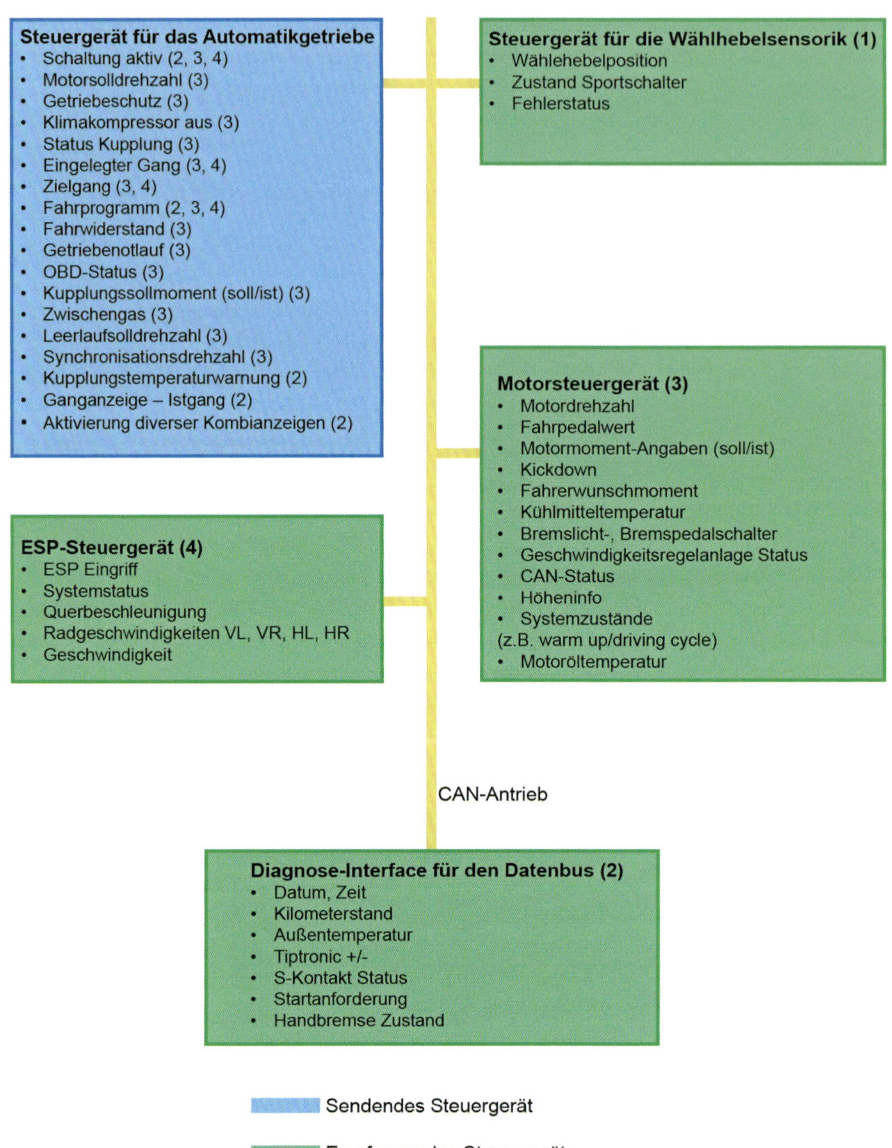

Bild 4.3 *Beispiel für den Austausch wichtiger Informationen in einer elektrohydraulischen Automatikgetriebesteuerung. Die Zahlen in Klammern geben an, an welchen Busteilnehmer die jeweilige Information gesendet wird.*
[Bild: Audi]

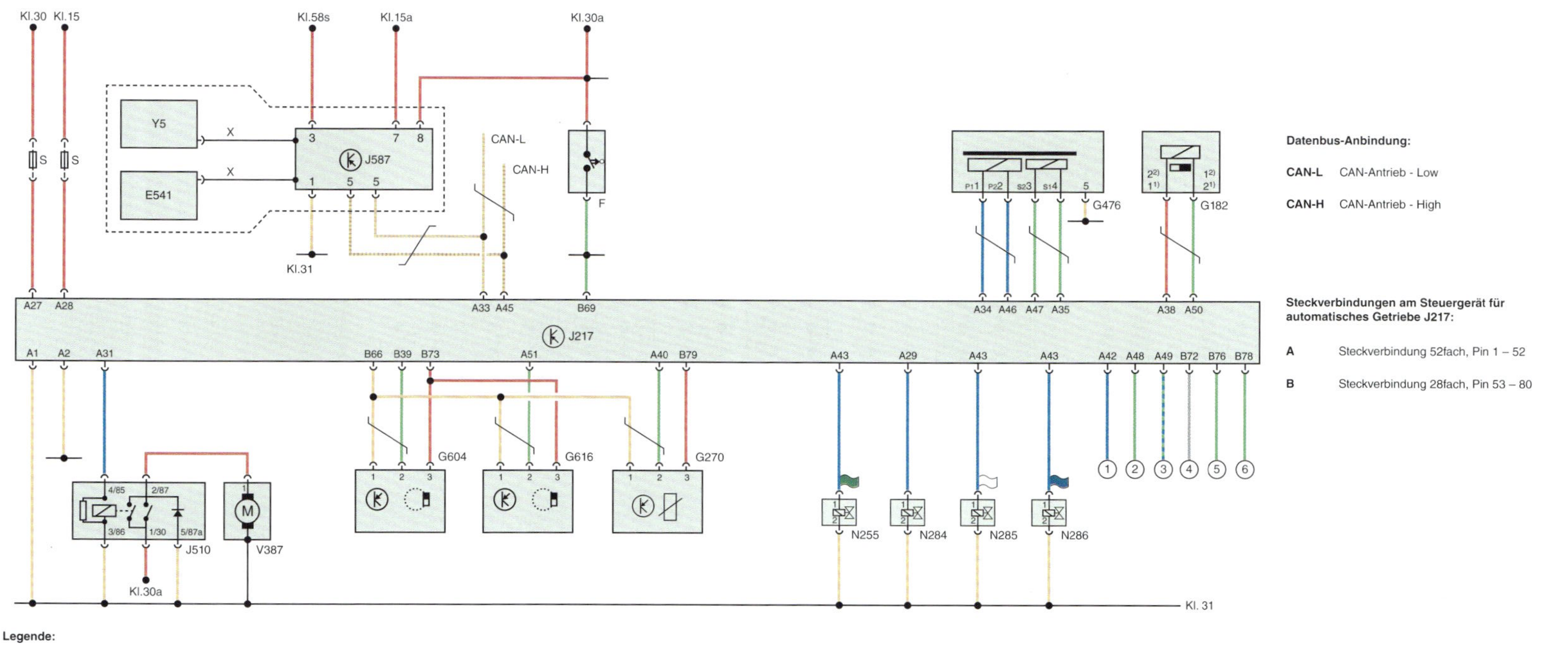

Legende:

E541	Taster für Sportprogramm
F	Bremslichtschalter
G182	Geber für Getriebeeingangsdrehzahl
G270	Hydraulikdruckgeber für Getriebe
G476	Kupplungspositionsgeber
G604	Sensor für Gangerkennung
G616	Sensor 2 für Gangerkennung
J217	Steuergerät für automatisches Getriebe
J510	Relais für Hydraulikpumpe des Getriebes
J587	Steuergerät für Wählhebelsensorik
N255	Ventil für Kupplungssteller
N284	Ventil 1 für Gangwahl
N285	Ventil 2 für Gangwahl
N286	Ventil 3 für Gangwahl
S	Sicherung
V387	Hydraulikpumpe für Getriebe
Y5	Wählbereichsanzeige

Bild 4.4 *Funktionsplan einer elektrohydraulischen Automatikgetriebesteuerung*
[Bild: Audi]

Die Übersicht in Bild 4.3 zeigt die ausgetauschten Informationen im Systemverbund für die Funktion einer Automatikgetriebesteuerung und Bild 4.4. den dazugehörigen Schaltplan. Im Folgenden eine Beschreibung dieser ausgetauschten Informationen sowie weiterer, notwendiger Ein- und Ausgangssignale einer elektrohydraulischen Automatikgetriebesteuerung.

Die Information der **Wählhebelposition** wird bei aktuellen Fahrzeugen über ein Gangwahlschaltermodul erfasst und über das Bussystem des Antriebsstranges übertragen (vgl. Bild 4.3 und 4.8). Bei älteren Systemen benötigte man dafür einen Multifunktionsschalter am Wählhebel, der über mehrere Leitungen die Wählhebelpositions-Signale an das Steuergerät übermittelte. Durch die geschlossenen Schalter und Kombinationen daraus bzw. Kontaktbrücken erkannte das Steuergerät die Wählhebelposition. Bild 4.5 kann einen Eindruck von der Komplexität des Multifunktionsschalters am Wählhebel am Beispiel einer «nur» 4-Gang-Automatik zeigen.

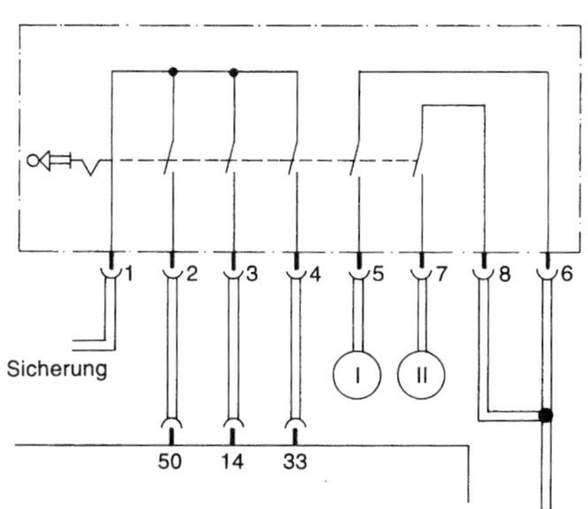

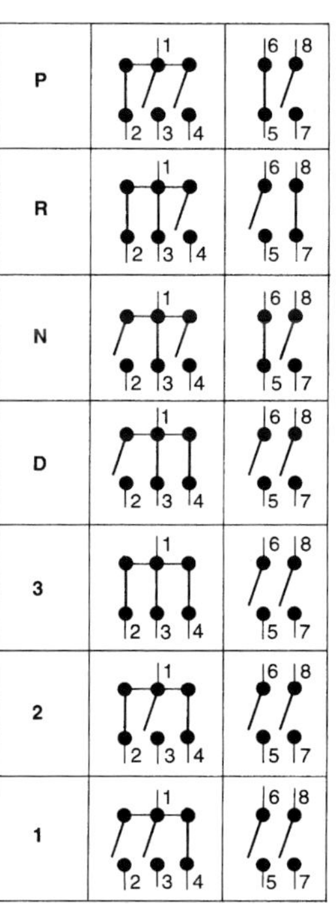

Bild 4.5 *Wählhebel-Positionsschalter eines 4 Gang Automatikgetriebes*

Schalterstellungen:

P Getriebeausgang mechanisch gesperrt

R Rückwärts-Fahrbereich

N Leerlauf, keine Drehmomentübertragung

D Vorwärts-Fahrbereich, alle 4 Gänge schalten automatisch

3 Vorwärts-Fahrbereich, 3 Gänge schalten automatisch, 4. Gang wird nicht benutzt

2 Vorwärts-Fahrbereich, 1. und 2. Gang schalten automatisch, 3. und 4. Gang werden nicht benutzt

1 Vorwärts-Fahrbereich, es wird nur der 1. Gang benutzt

Schaltzeichen:

2 Wählhebelposition, Codierung (in)

3 Wählhebelposition, Codierung (in)

4 Wählhebelposition, Codierung (in)

I + II vom Relais für Anlasssperre und Rückfahrlicht J226

Abhängig von der Wählhebelposition schaltet das Steuergerät die entsprechenden Fahrstufen. Damit werden auch die weiteren notwendigen Schaltungen ausgelöst, wie z. B. die Ansteuerung der Rückfahrscheinwerfer oder das Relais für die Anlasssperre. Dies geschieht entweder direkt durch den Multifunktionsschalter oder durch entsprechende Botschaften auf dem Bussystem. Ohne Wählhebelpositionssignale finden keine Schaltungen statt.

Der Multifunktionsschalter (bei älteren Systemen) kann durch Widerstandsmessungen oder auch durch Spannungsmessungen an den verschiedenen Leitungen und durch Betätigen des Wählhebels überprüft werden. Das Gangwahlschaltermodul mit Hallsensoren nur entsprechend der Herstellervorgaben prüfen (Widerstandsmessungen könnten die Hallsensoren beschädigen).

Mit dem **Fahrprogrammschalter** lassen sich die verschiedenen Fahrprogramme wählen. Er kann Teil des Gangwahlschaltermoduls sein, dann wird das gewählte Fahrprogramm digital auf dem Bussystem übertragen. Alternativ ist er, je nach Anzahl der zu wählenden Fahrprogramme, mit mehreren Leitungen mit dem Steuergerät verbunden. Ohne die Betätigung des Fahrprogrammschalters oder auch bei einem Ausfall des Signals wählt die Elektronik in der Regel das verbrauchsorientierteste Schaltprogramm aus.

Das gewählte Fahrprogramm sowie die Wählhebelposition werden dem Fahrer entweder direkt durch die Beleuchtung der entsprechenden Schaltpositionen oder durch ein Signal des Steuergerätes im Kombiinstrument angezeigt.

Durch den **Kick-down-Schalter** verschiebt das Steuergerät die Schaltzeitpunkte, schaltet evtl. sofort zurück und schaltet erst bei der Motorhöchstdrehzahl wieder hoch. Es kann sich dabei um einen Schalter handeln oder die Kick-down-Information wird am Fahrpedalmodul durch den veränderten Widerstand des Fahrpedalpotentiometers erkannt.

Die **Getriebeöltemperatur** wird über einen NTC erfasst. Entsprechend der veränderten Viskosität bei kaltem Öl werden die Magnetventile für die Hoch-/Rückschaltung, die Wandlerkupplung und der Modulationsdruck nach anderen Kennfeldern angesteuert.

Die **Fahrzeuggeschwindigkeit** ist ein wesentliches Eingangssignal für die Berechnung der richtigen Übersetzung und des Schaltzeitpunktes. Das Geschwindigkeitssignal wird über das Bussystem übertragen. Nur bei ganz alten Fahrzeugen werden die Raddrehzahlsignale vom ABS oder Kombiinstrument direkt übertragen. Das Geschwindigkeitssignal ermöglicht außerdem zusätzliche Sicherheitsfunktionen. So verhindern eine Rückschaltsicherung und eine Rückwärtsgangsicherung Motorschäden. Die Shift-Lock-Funktion verhindert, dass man einen Gang im Stand einlegt, ohne die Bremse zu betätigen.

Die **Getriebeeingangs- und die Abtriebsdrehzahl** werden durch induktive Stabsensoren im Getriebe erfasst und dienen dem Steuergerät für die Berechnung der Schaltzeit und Veränderungen des Modulationsdruckes, sofern es durch die evtl. unterschiedlichen Drehzahlen einen überhöhten Schlupf beim Schalten in den verschiedenen Kupplungen erkennt.

Das **Signal des Bremslichtschalters** und/oder **eines zusätzlichen Bremstestschalters** wird hauptsächlich für die Funktion des Shift-Lock verwendet.

Von der Motorsteuerung kommen u. a. folgende Informationen über den Betriebszustand des Motors, die zur Berechnung der Schaltzeitpunkte verwendet werden:

- Drosselklappenstellung bzw. Stellung des Fahrpedals,
- Motorlastsignal,
- Drehzahlsignal,
- Motortemperatur.

Das **Signal der Drosselklappenstellung** bzw. **des Fahrpedals** übermittelt den Lastwunsch des Fahrers und beeinflusst ganz wesentlich die Gangwahl und die Steuerung der Wandlerüberbrückungskupplung. Je nach Signal initiiert die Regelung Rückschaltungen, hält den aktuellen Gang oder verzögert Hochschaltungen. Bei einem niedrigen Lastsignal schaltet die Elektronik verbrauchsoptimiert in den nächsthöheren Gang. Bei einem Ausfall des Signals arbeitet das Steuergerät mit einem Ersatzwert, der einen eingeschränkten Notlauf gewährleistet. Dann ist beispielsweise kein Kick-down mehr möglich.

Das gilt auch für das **Motorlastsignal**. Es beeinflusst außerdem den Modulationsdruck. Bei höherer Motorlast wird normalerweise auch der Modulationsdruck erhöht und die Schaltzeit verkürzt. Zusätzlich beeinflusst das Motorlastsignal (und voreilend der Lastwunsch des Fahrers) ganz entscheidend die Gangwahl und die Steuerung der Wandlerüberbrückungskupplung.

Das **Drehzahlsignal** (des Motors) ist eine der wichtigsten Eingangsinformationen, da die Schaltpunkte immer drehzahlabhängig festgelegt werden. Bei einem Ausfall des Drehzahlsignals ist nur eine sehr eingeschränkte Notlauffunktion möglich.

Die **Motortemperatur** beeinflusst speziell bei kaltem Motor die Schaltpunkt-Berechnung. Für eine schnellere Katalysator-Erwärmung werden höhere Schaltpunkte gewählt. Aber auch bei zu hohen Motortemperaturen kann die Software spezielle Motor schonende Schaltkennlinien auswählen. Bei einem Signalausfall greift sie auf einen für den Motor und das Getriebe sicheren Ersatzwert zurück.

Von der Fahrstabilitätsregelung können ebenfalls einige Informationen kommen, die die Getriebesteuerung beeinflussen. Bei aktuellen Systemen über das Bussystem, bei älteren Fahrzeugen über eigene Signalleitungen.

- Bei einer **ABS-Regelung** werden die Räder vom Getriebe und Motor entkoppelt, d. h. z. B. Wandlerüberbrückungskupplung auf;
- die **ASR-Regelung** sollte nicht durch verschiedene Schaltungen erschwert werden, z. B. durch ein Schaltverbot zur Vermeidung von Pendelschaltungen;
- bei der **Motorschleppmomentregelung** kann ein höherer Gang oder eine teilweise Entkoppelung von Motor und Getriebe sinnvoll sein.

Andererseits gibt auch die elektronische Getriebesteuerung ausgangsseitig einige Signale auf das Bussystem, bzw. bei älteren Fahrzeugen über eigene Signalleitungen zu den entsprechenden Steuergeräten. Primär ist das immer eine kurzzeitige **Motormomentreduzierung** während einer (Hoch-)Schaltung. Bei Ottomotoren wird das Motormoment durch eine Zündwinkelrücknahme reduziert, bei Dieselmotoren durch die Reduzierung der Einspritzmenge.

Die **Abschaltung des Klimaanlagenkompressors** bei einer Kick-down-Betätigung kann ebenfalls durch die elektronische Getriebesteuerung initiiert sein, damit die volle

Motorleistung für die Beschleunigung zur Verfügung steht. Häufiger ist diese Funktion jedoch durch das Motorsteuergerät realisiert.

Die **Magnetventile in der** (hydraulischen) **Getriebesteuerung** für die Schaltungen, die Wandlerüberbrückungskupplung und die Modulationsdrucksteuerung werden direkt durch das Steuergerät der elektronischen Getriebesteuerung angesteuert (siehe auch Bild 4.2). Sie geben bei Schaltvorgängen den Hydraulikdruck auf die jeweiligen Ölkanäle im hydraulischen Schaltgerät des Automatikgetriebes frei.

Die **Wandlerüberbrückungskupplung** wird so oft wie möglich geschlossen, sofern die Drosselklappe nicht vollständig geöffnet ist bzw. der Kick-down nicht betätigt wurde.

Das **Magnetventil für den Modulationsdruck** ist ein Druckregelventil und steuert die Stärke des Druckes mit dem die Schaltungen ausgeführt werden. Bei einem hohen Drehmoment wird z. B. der Druck erhöht und dadurch werden die Schaltkupplungen schneller geschlossen. Die Ansteuerung der Magnetventile kann adaptiv verändert werden, d. h., das Steuergerät berücksichtigt bei der Ansteuerung Veränderungen durch Verschleiß usw., indem es den Modulationsdruck anpasst und die Öffnungs- und Schließzeiten der Magnetventile für die Schaltungen verändert. Wie bereits eingangs erwähnt, erkennt das Steuergerät die Größe und die Zeit des Schlupfes durch den Vergleich der Eingangs- bzw. Turbinendrehzahl mit der Abtriebsdrehzahl.

Erkennt das Steuergerät einen Defekt im System, der die Funktion beeinflusst, kann es sich ganz oder teilweise abschalten. Dies wird durch eine Fehlerlampe (Störungs-/Funktionslampe) angezeigt. Je nach Fehler versucht die Software noch in ein Notprogramm zu gehen. Das kann z. B. im äußersten Fall zur Folge haben, dass der Fahrer nur noch einen Vorwärtsgang und den Rückwärtsgang einlegen kann. Als Vorwärtsgang wird (soweit möglich) eine mittlere Übersetzung gewählt, die Wandlerüberbrückungskupplung wird nicht mehr geschlossen und eine Kick-down-Rückschaltung ist nicht mehr möglich. Die Software kann aber auch eine Notlauffunktion wählen, bei der sie nur den Modulationsdruck auf maximal erhöht (harte Schaltungen!) und alle anderen Funktionen weiterhin ausführt. Die Fehler werden natürlich im Fehlerspeicher abgelegt und können über die Diagnose ausgelesen werden.

4.3 Stufenloses Automatikgetriebe

Das stufenlose Automatikgetriebe, oft auch CVT-Getriebe (***c**ontinuously **v**ariable **t**ransmission*) genannt, konnte ebenfalls durch den Einsatz der Elektronik und moderner Entwicklungen entscheidend verbessert werden. War es anfangs nur für kleine Fahrzeuge mit geringer Motorleistung ausgelegt, so ist es heute auch für Fahrzeuge über 100 kW einsetzbar. Der Vorteil des stufenlosen Getriebes liegt in der kontinuierlichen, stufenlosen Übersetzungsveränderung, die völlig ruckfrei und ohne Zugkraftunterbrechung erfolgen kann. Bild 4.6 zeigt ein solches stufenloses Getriebe, bei dem der Variator mit einer Kette betrieben wird. Das hydraulische und das elektronische Steuergerät befinden sich am Getriebe und über einen Planetenradsatz werden über zwei ineinander sitzende Kupplungen die Drehrichtungen geschaltet.

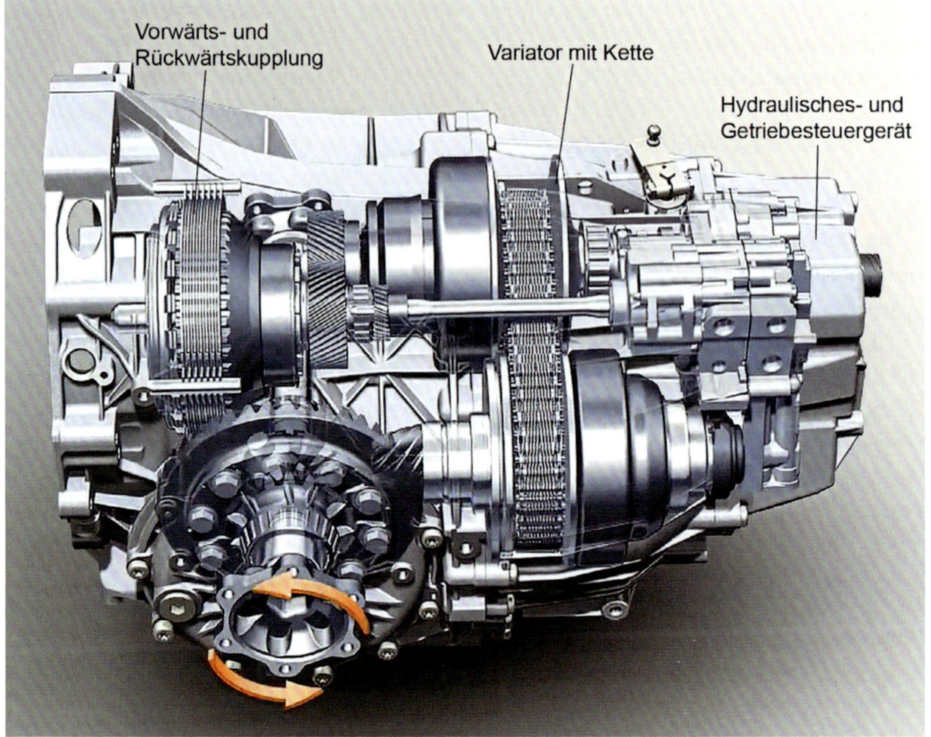

Bild 4.6 *Schnittdarstellung einer stufenlosen Automatik mit Variator-Kette*
[Bild: Audi]

Anhand des Funktionsplanes (Bild 4.7) und der Ein- und Ausgangssignale wird im Folgenden das System näher beschrieben. Das elektronische Steuergerät (J217) befindet sich, wie bereits erwähnt, am Getriebe (7), wodurch für die Erfassung der verschiedenen Betriebszustände und die Ansteuerung der Aktoren nur kurze Wege/Leitungen notwendig sind.

Dies gilt insbesondere für die

- Getriebeöltemperatur (G93),
- Getriebeeingangsdrehzahl (G182),
- Getriebeausgangsdrehzahl (G195 und G196),
- die verschiedenen Drucksensoren für die Kupplungsregelung (G193) und Variatorregelung (G194),
- die dazu gehörenden Druckregelventile (N215 und N216) und für
- ein Sicherheitsmagnetventil (N88).
- Auch die Multifunktionsschalter (F125) für die Wählhebelstellung sind im Getriebe mit verbaut.

Das Steuergerät wird mit Klemme 15 versorgt. Gleichzeitig geht die Klemme 15 zum Relais für das Rückfahrlicht (J226 links), das die Klemme 15 zu den Rückfahrleuchten

(w) durchschaltet, wenn vom Getriebesteuergerät ein Massesignal ausgegeben wird. Die Klemme 15 geht auch zum Schalter der «Tiptronic» (F189). Über die Tiptronic-Funktion können 6 fest definierte Übersetzungen (Gänge) vom Fahrer manuell angewählt werden.

Die Klemme 50 vom Zündanlassschalter (x) wird am Relais für die Anlasssperre (J226 rechts) ebenfalls erst zum Anlasser (y) durchgeschaltet, wenn das Getriebesteuergerät ein Massesignal ausgibt.

Der Magnet für die Wählhebelsperre (N110) wird über Klemme 30 nur freigegeben, wenn die Bremse betätigt und damit der Bremslichtschalter (F) geschlossen wird. Dadurch wird dann auch der Schalter für die Tiptronic und die Bremsleuchten (z) mit Klemme 30 versorgt. Außerdem muss aus dem Steuergerät ein Massesignal anliegen, das auch zum Schalter der Tiptronic geführt wird.

Der Tiptronic-Schalter ist also mit Klemme 15, Klemme 31 permanent, Klemme 30 bei betätigter Bremse, einem Massesignal aus dem Steuergerät und Klemme 58d (v) verbunden und gibt über drei Leitungen die Schaltsignale für die vom Fahrer gewünschten Eingriffe, die auch über das Lenkrad (u) erfolgen können, an das Steuergerät weiter. Weitere notwendige Informationen tauscht das Steuergerät mit anderen Systemen überwiegend über den CAN-Antriebsbus (1, 2) aus.

Dabei werden aber das Signal für die Ganganzeige (3), das Signal für die Fahrgeschwindigkeit (4) und das Motordrehzahlsignal (5) noch zusätzlich über eigene Leitungen übertragen. Auch die Diagnose (6) erfolgt zusätzlich über eine eigene Leitung.

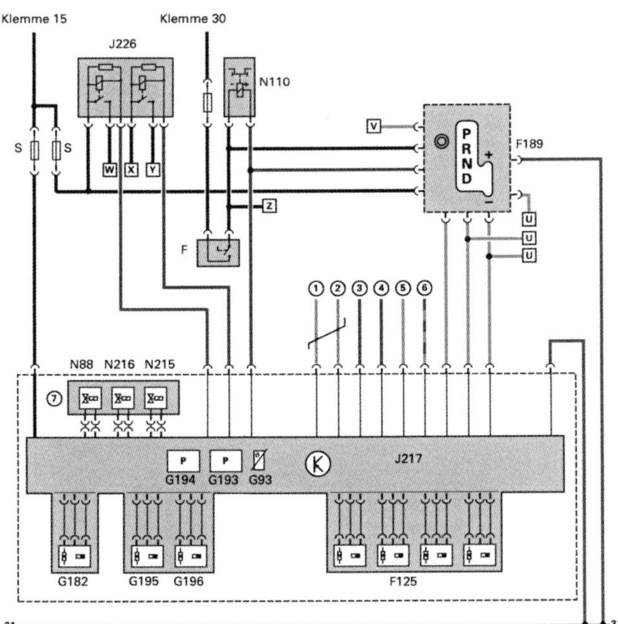

Bild 4.7
Funktionsplan eines stufenlosen Automatikgetriebes.
[Bild: Audi]

4.4 Automatisierte Schaltgetriebe und Doppelkupplungsgetriebe

Die automatisierten Schaltgetriebe haben mittlerweile einen hohen Verbreitungsgrad mit steigender Tendenz. Das gilt speziell für eine «Unterart», die sogenannten Doppelkupplungsgetriebe. Bei den automatisierten Schaltgetrieben werden die Schaltungen bei den meisten Herstellern elektrohydraulisch, seltener elektromechanisch ausgeführt. Alle Schaltungen und Kupplungsbetätigungen werden auch hier anhand der vielen Eingangssignale durch das System berechnet und ausgeführt. Der Schalthebel/ Wählhebel hat keine mechanische Verbindung zum Getriebe, sondern liefert lediglich elektrische Signale, die den Fahrerwunsch (Automatikmodus oder manuelle Schaltbefehle) übermitteln. Die Wählhebelpositionen können, wie in Bild 4.8 beispielhaft gezeigt, über mehrere Hallsensoren oder sonstige Schalter und Kontakte erkannt werden. Die Sensoren sind dabei oft mehrfach vorhanden, um die Fehlfunktionen zu verhindern und Diagnosemöglichkeiten zu haben.

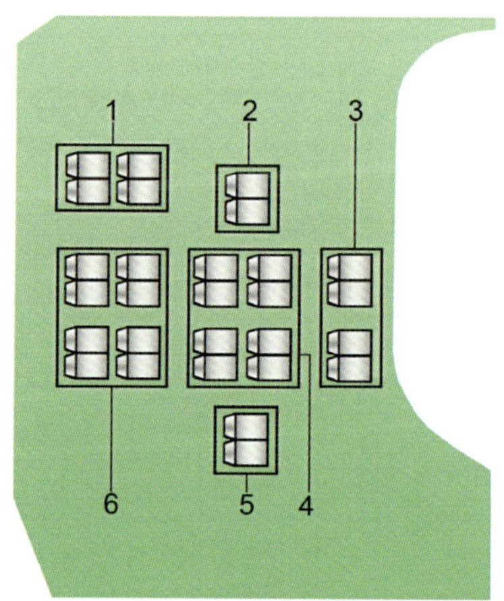

Bild 4.8
Beispiel für die Anordnung von Hallsensoren für Wählhebelpositionen

1 Gangwahl «R» Rückwärtsgang
2 «-» Zurückschlaten
3 Fahrprogramm «D/S» automatischer oder sequenzieller Modus
4 Wählhebelgrundposition
5 «+» Hochschalten
6 Gangwahl «N» Neutral

Die Wählhebelpositionen werden meist von einem eigenen Wählhebelmodul ausgewertet und per Bussystem (meist Antriebs-CAN) an das Steuergerät der elektronischen Getriebesteuerung übertragen, zum Teil auch redundant auf einer zweiten Busverbindung (z. B. LIN-Bus). Das gilt auch für viele weitere Eingangssignale, die doppelt erfasst bzw. doppelt übertragen werden, da ein Systemausfall oder Fehlfunktionen nicht nur zum Liegenbleiben des Fahrzeuges führen könnten, sondern auch zu gefährlichen Fahrsituationen. Auch das Steuergerät selbst ist in vielen Einzelbauteilen doppelt mit vielen Sicherheitsschaltungen versehen. Bild 4.9 gibt einen Überblick über die (zum Teil doppelten) Ein- und Ausgangssignale. Ein Großteil des Datenaustausches erfolgt bei den meisten Systemen über den CAN-Datenbus des Antriebsstranges.

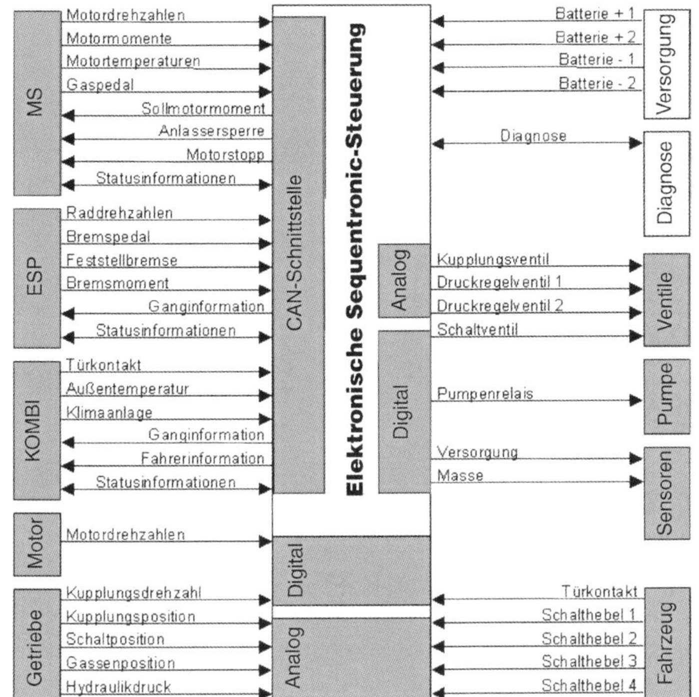

Bild 4.9 *Ein- und Ausgangssignale der elektronischen Getriebesteuerung eines automatisierten Schaltgetriebes*

Die wichtigsten Eingangssignale für die Grundsteuerung sind die Motordrehzahl, der Lastwunsch des Fahrers (Gaspedalstellung) und die Schalthebelsignale. Daraus werden im Automatikmodus die Schaltzeitpunkte berechnet und die Schaltungen ausgeführt. Im manuellen Modus werden die Schaltungen durch die Schalthebelsignale (Antippen des Schalthebels durch den Fahrer) ausgelöst und ausgeführt. Das System ist gegen Missbrauch und Fehlbedienungen abgesichert.

Die Motortemperatur, das Motormoment, die Außentemperatur, das Klimaanlagensignal und das Bremsmoment dienen zur Feinsteuerung der Schaltprogrammberechnung und Kupplungssteuerung.

Die Raddrehzahlen, die Bremspedalbetätigung und der Status der Feststellbremse sind für die Kupplungssteuerung wichtig.

Ausgangsseitig werden für die Schaltungen die Druckregelventile, das Kupplungsventil und die verschiedenen Schaltventile sowie die Hydraulikpumpe über das Pumpenrelais angesteuert. Den hydraulischen Aufbau zeigt Bild 4.10.

Zur Überprüfung der Schaltungen und Kupplungsbetätigung dienen die Rückmeldungen vom Getriebe, durch die Kupplungsdrehzahl, die Kupplungsposition, die Position des Schaltaktuators (Schaltposition, Gassenposition) und die Überwachung des Hydraulikdruckes.

Außerdem übernimmt das Getriebesteuergerät während der Schaltungen und Kupplungsbetätigungen die Drehmomentführung der Motorsteuerung über die Vorgabe des Sollmotormoments, da der Fahrer die Gaspedalstellung nicht verändern muss.

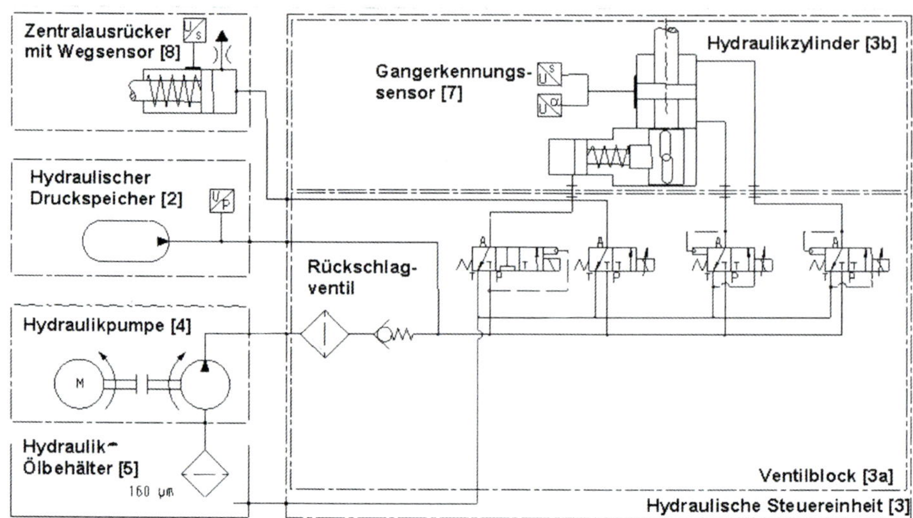

Bild 4.10 *Hydraulischer Aufbau eines automatisierten Schaltgetriebes*

Bei einigen Systemen kann der Fahrer auch die Schaltkennlinien und Geschwindigkeit der Schaltungen und Kupplungsbetätigung wählen. Bei einem eingelegten Gang und nicht betätigter Kupplung oder Fehlern im System, wird die Anlassersperre und unter Umständen auch ein Motorstopp-Signal gesendet. Alle Systeme besitzen eine umfangreiche Eigendiagnose und einen Fehlerspeicher.

Doppelkupplungsgetriebe

Das Doppelkupplungsgetriebe oder Direktschaltgetriebe besteht aus zwei einzelnen Teilgetrieben mit jeweils einer eigenen Kupplung (Bild 4.11).

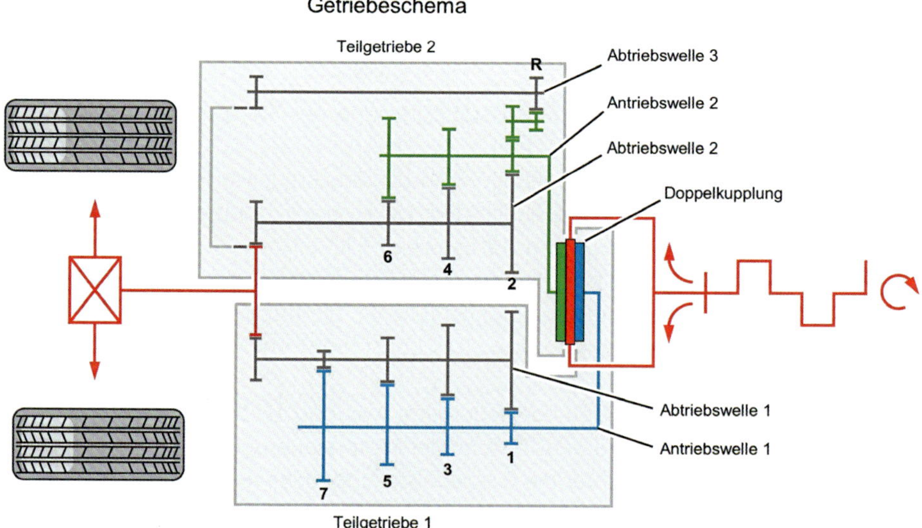

Bild 4.11 *Schematische Darstellung eines 7-Gang-Doppelkupplungsgetriebes.* [Bild: Volkswagen]

Das erste Teilgetriebe mit seiner Kupplung ist z. B. für die ungeraden Gänge (1, 3, 5, 7 und R) und das zweite Teilgetriebe mit Kupplung für die geraden Gänge (2, 4, 6) zuständig. Während mit einem Teilgetriebe und der dazugehörenden geschlossenen Kupplung der Antrieb mit einem eingelegten Gang erfolgt, wird auf dem anderen Teilgetriebe mit offener Kupplung der nächsthöhere oder nächstniedrigere Gang bereits eingelegt. Das Wechseln der Gänge erfolgt durch das Öffnen der einen Kupplung und dem Schließen der anderen Kupplung. Die Kupplungssteuerung erfolgt dabei so, dass sich praktisch (fast) keine Zugkraftunterbrechung ergibt (siehe Bild 4.12).

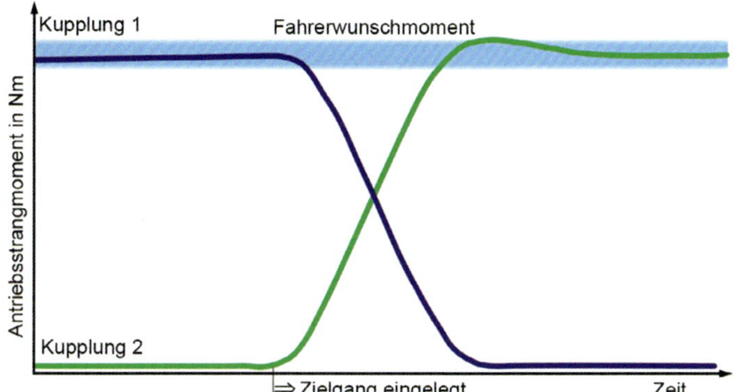

Bild 4.12
Vereinfacht dargestellte Drehmomentübergabe bei einem Gangwechsel in einem Doppelkupplungsgetriebe

5 Elektrische und elektrifizierte Antriebe

Die Elektrifizierung des Antriebsstranges wird auch in den nächsten Jahren weiter zunehmen. Somit wird in naher Zukunft jeder in irgendeiner Form damit konfrontiert werden. Da die Entwicklung hier noch in vollem Gange ist, gibt es viele verschiedene Wege, die momentan beschritten werden. Vom Micro-Hybrid-Antrieb über den Plug-In-Hybrid-Antrieb bis zum reinen Batterie-Betrieb elektrisch angetriebenen Elektrofahrzeug. Nicht zu vergessen dabei die Brennstoffzellenfahrzeuge. Die haben zwar bereits Serienreife erreicht, als Pkw-Antrieb wird die Brennstoffzelle aber wohl nur eine kleine Rolle spielen.

Wichtig: Die elektrischen und elektrifizierten Antriebe arbeiten überwiegend im «Hochvolt»-Bereich und stellen ein erhöhtes Gefahrenpotenzial dar, das bis zum tödlichen Stromschlag reichen kann. Deshalb sind alle Hochvoltkomponenten mit der Signalfarbe Orange und entsprechenden Warnaufklebern gekennzeichnet. Für alle Arbeiten an Fahrzeugen mit elektrischen oder elektrifizierten Antrieben müssen Sie eine entsprechende Qualifikation besitzen und eine fahrzeugspezifische Einweisung haben!

Dieses Kapitel beschreibt nur allgemein diese Technik und kann niemals eine entsprechende Qualifikation und eine fahrzeugspezifische Einweisung ersetzen!

5.1 Elektrischer Antrieb

Die reinste Form des elektrischen Antriebes sind Elektrofahrzeuge, die von Elektromotoren angetrieben werden und ihre Antriebsenergie aus der mitgeführten Batterie beziehen. Man bezeichnet sie deshalb auch als BEV, ***B**attery **E**lectric **V**ehicle* (engl. für Batterie-Elektro-Fahrzeuge).

5.1.1 Komponenten und Bordnetz eines BEVs

Für den Antrieb eines Elektrofahrzeuges benötigt man im Prinzip nur einen Elektromotor mit Untersetzungsgetriebe, eine Steuerelektronik für den Betrieb des Elektromotors, eine Batterie und eine Ladeelektronik. Zusätzlich muss man einige Nebenaggregate, wie z. B. den Klimakompressor und die Heizung (vgl. Kapitel 10) elektrisch betreiben. Diese sind auch in das Hochvoltnetz eingebunden. Insbesondere die Abstimmung der Komponenten, die Ladeelektronik sowie das Batteriemanagement machen den Aufbau eines BEV dennoch sehr komplex. Die Bilder 5.1 und 5.2 zeigen den Aufbau und die Komponenten zweier sehr unterschiedlicher BEVs.

Zentraler Bestandteil eines batteriebetriebenen Elektrofahrzeuges ist die Hochvoltbatterie, die mittlerweile bei fast allen Fahrzeugen im Fahrzeugboden untergebracht ist. Diese speist die Leistungs- und Steuerelektronik mit Gleichstrom über zwei dicke Gleichstromkabel. Die wichtigste Aufgabe der Leistungs- und Steuerelektronik ist die Versorgung des oder der Drehstrommotoren mit der Wechselspannung, die dem Fahrerwunsch für Beschleunigung und Geschwindigkeit entspricht. Außerdem versorgt sie über die Ladeelektronik den elektrischen Klimakompressor und die Hochvoltheizung mit Gleichstrom. Das Laden der Batterie kann über Gleichstrom (DC, ***d**irect **c**urrent*) erfolgen, der dann direkt von der Ladesteckdose an die Hochvoltbatterie angeschlossen wird. Wird mit Wechselstrom (AC, ***a**lternating **c**urrent*) geladen, muss dieser erst durch das Ladegerät in Gleichstrom umgewandelt werden. Die Überwachung des Ladevorganges geschieht ebenfalls über die Leistungs- und Steuerelektronik.

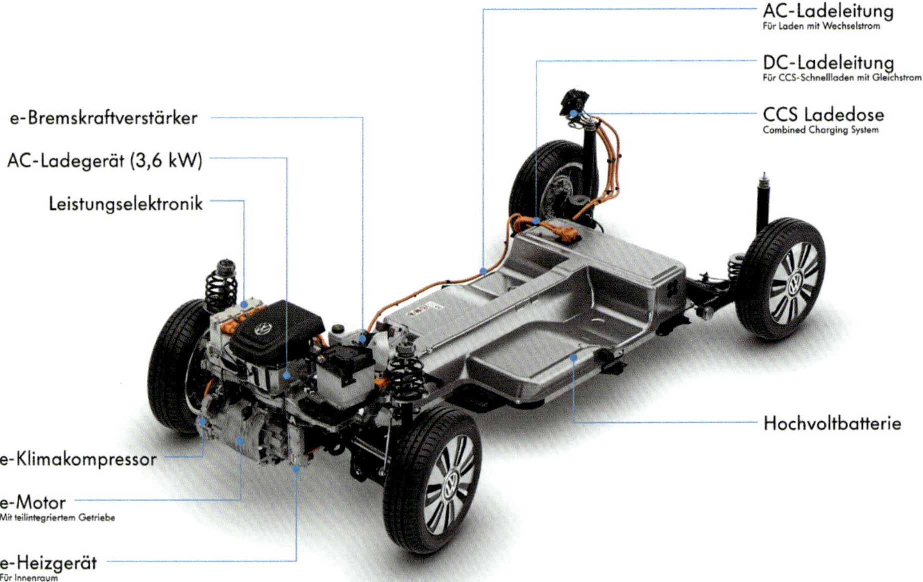

Bild 5.1 *Einbauorte der Hochvoltkomponenten bei einem einfachen HV-System in einem Kleinwagen*
[Bild: Volkswagen]

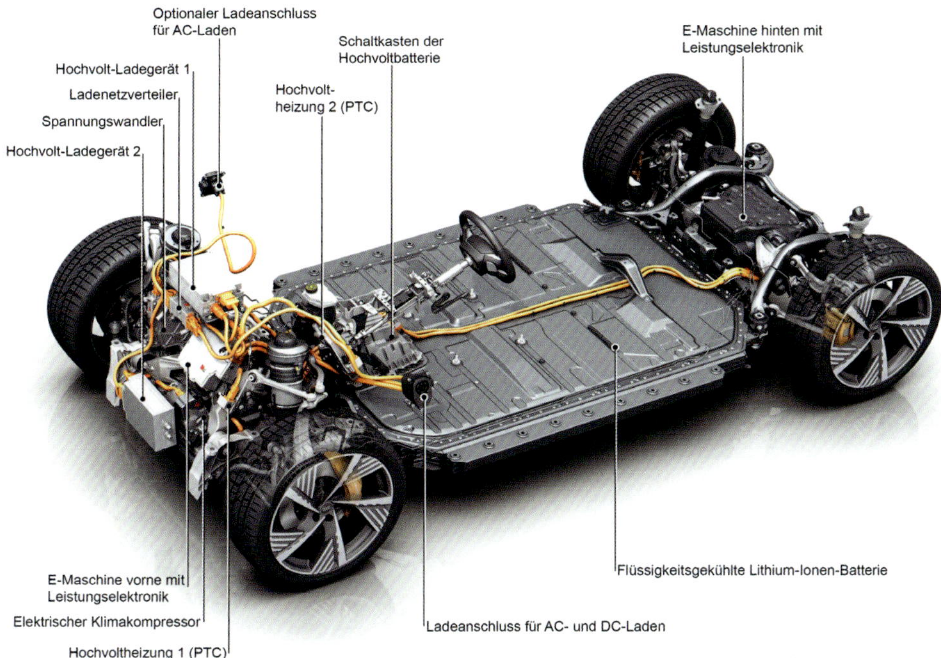

Bild 5.2 *Aufwendiges HV-System mit zwei Ladegeräten, zwei E-Motoren und einem Flüssigkeitsgekühlten Lithium-Ionen-Akku*
[Bild: Audi]

Jedes aktuelle Elektrofahrzeug verfügt neben dem Hochvolt-Bordnetz über ein zusätzliches, «normales» 12-Volt-Bordnetz. Das 12-Volt-Bordnetz übernimmt die bekannten Aufgaben wie die Versorgung von Steuergeräten, Radio, Beleuchtung, Zentralverriegelung usw. BEVs sind deshalb immer noch von einem funktionierenden 12-Volt-Bordnetz abhängig – selbst wenn die Hochvoltbatterie zu 100 % geladen ist. Denn ohne die 12-Volt-Versorgung lässt sich die Fahrbereitschaft nicht herstellen und es findet auch keine Kommunikation zwischen den Steuergeräten statt. Die 12-Volt-Batterie wird während der Fahrt über einen Spannungswandler aus der Hochvoltbatterie geladen. Sinkt der Ladestand der Hochvoltbatterie unter einen bestimmten Wert, lädt das System auch die 12-Volt-Battterie nicht mehr. Bild 5.3 zeigt das Zusammenspiel und die Vernetzung der Steuergeräte in einem einfachen Bordnetz eines BEV.

Die Vernetzung geschieht über mehrere CAN-Datenbusse, wobei im CAN-Datenbus Antrieb auch die Hochvoltsteuergeräte integriert sind. Zusätzlich sind diese aber auch noch direkt in einem eigenen CAN-Datenbus vernetzt. Die gesamte Steuerung regelt das Bordnetzsteuergerät bzw. das Bordnetzsteuergerät ist auch hier das Hauptsteuergerät.

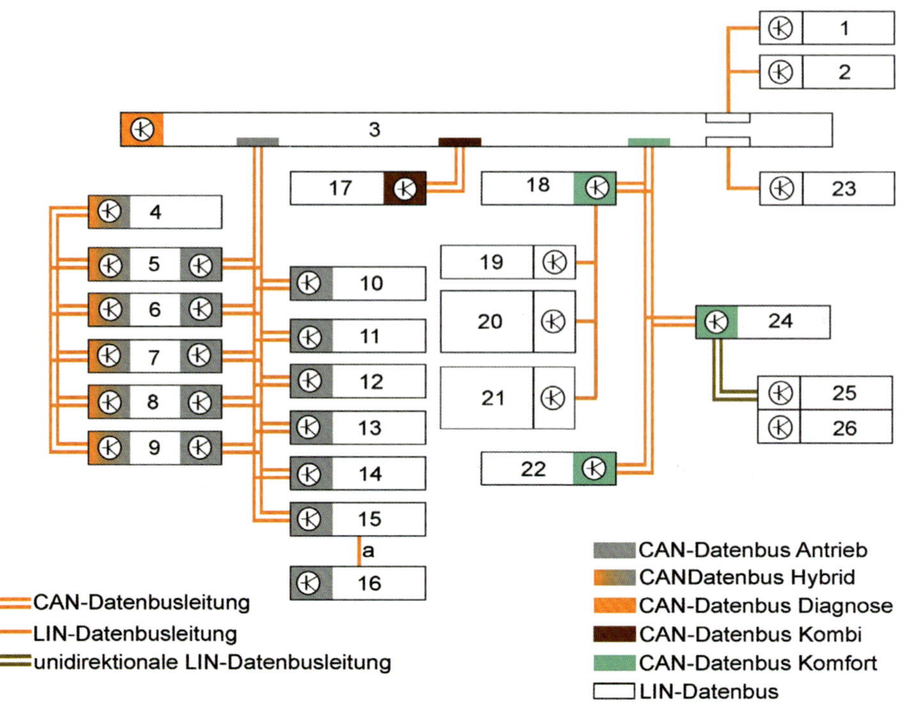

Bild 5.3 *Gesamtbordnetz eines Elektrofahrzeuges*
[Bild: Volkswagen]

1 *Steuergerät für das Schiebedach*
2 *Luftfeuchtigkeitsgeber für die Klimaanlage*
3 *Bordnetzsteuergerät und Diagnoseinterface für den Datenbus*
4 *Wählhebel*
5 *Motorsteuergerät*
6 *Steuergerät für die Batterieregelung*
7 *Steuergerät für den Elektroantrieb*
8 *Steuergerät für die Ladespannung der Hochvoltbatterie*
9 *Steuergerät für das Hochvolt-Batterieladegerät*
10 *Steuergerät für die Airbags*
11 *Steuergerät für die Einparkhilfe*
12 *Sensoreinheit für die Notbremsfunktion*
13 *Steuergerät für die Lenkhilfe*
14 *Steuergerät für das ABS*
15 *Steuergerät für die Bremskraftverstärkung*
16 *Motor im Bremsdruckspeicher für die Rekuperation*
17 *Steuergerät im Schalttafeleinsatz und Steuergerät für Wegfahrsicherung*
18 *Steuergerät für die Klimaautomatik*
19 *Hochvoltheizung (PTC)*
20 *Frischluftgebläse mit Steuergerät*
21 *elektrischer Klimakompressor mit Steuergerät*
22 *Steuergerät für Notrufmodul und Kommunikationseinheit*
23 *Steuergerät für die Batterieüberwachung*
24 *Radio*
25 *Schnittstelle für portables Navigations- und Infotainmentsystem*
26 *portables Navigations- und Infotainmentsystem*
a *privater CAN*

5.1.2 Elektromotoren

In den aktuellen Elektrofahrzeugen werden Drehstrommotoren zum Antrieb verwendet, die in Schubphasen auch als Generator funktionieren. Der Drehstrommotor (Bild 5.4) besteht aus dem feststehenden Stator und dem auf einer Achse drehbaren Läufer (Rotor). Beides ist in einem kühlbaren Motorgehäuse untergebracht und mit einem 1- (selten 2-) Gang-Getriebe verbunden.

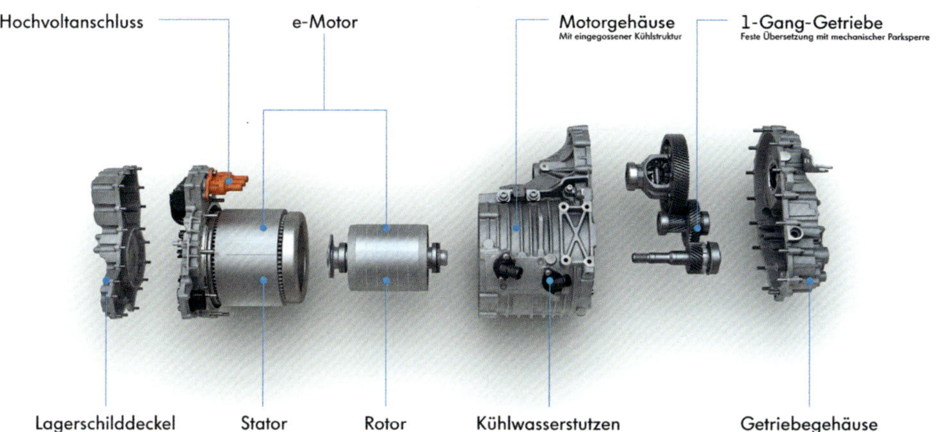

Bild 5.4 *Aufbau eines Elektroantriebes*
[Bild: Volkswagen]

Die Wirkungsweise von Drehstrommotoren basiert auf einem elektrischen Drehfeld, das von einem dreiphasigen Wechselstrom erzeugt wird. Durch das sich drehende Magnetfeld im Stator wird der Läufer/Rotor angezogen und dadurch ein Drehmoment erzeugt. Das sich drehende Magnetfeld wird durch die Frequenz des Drehstroms entsprechend der Drehzahl und des gewünschten Drehmomentes durch die Leistungs- und Steuerelektronik initiiert. In Bild 5.5. sind vier verschiedene Arten von zurzeit bei den Elektrofahrzeugen verwendeten Drehstrommotoren dargestellt.

PSM: **P**ermanenterregter **S**ynchron**m**otor
SM (oder auch FESM): **F**remd**e**rregter **S**ynchron**m**otor
ASM: **As**ynchron**m**otor (auch als IM, **I**nduktions**m**otor, bezeichnet)
SynRM: **Syn**chron-**R**eluktanz**m**otor

Wobei sich die fremderregten Synchron- und Asynchronmotoren immer mehr durchsetzen. Diese benötigen keine sogenannten Seltenen Erden für die Dauermagnete und haben keine negativen Bremsmomente bzw. erzeugen auch keine Schleppmomente, da sie stromlos komplett inaktiv sind.

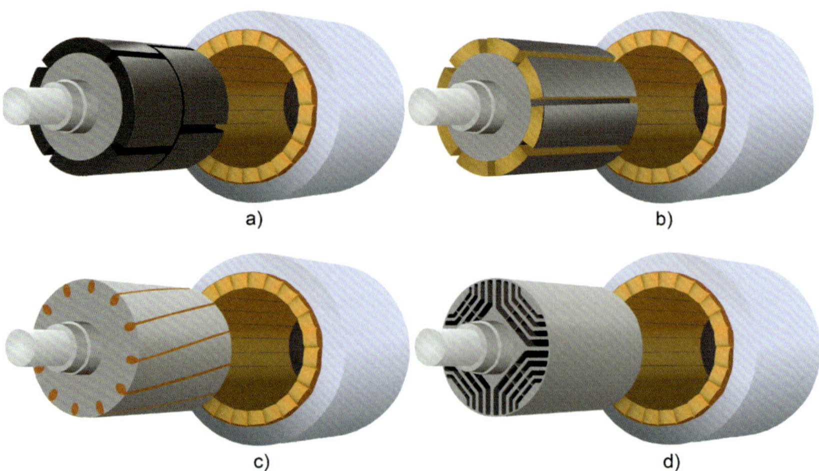

Bild 5.5 *Vereinfachte Darstellung der Bauformen verschiedener Elektromotoren*
a) Permanent erregter Synchronmotor: hier sorgen Permanentmagnete für die Magnetisierung des Rotors
b) Fremderregter Synchronmotor: Hier befindet sich eine Erregerwicklung im Rotor, die erst durch fließenden Strom magnetisiert wird.
c) Asynchronmotor: Der Drehstrom im Stator induziert im Rotor ebenfalls einen Strom. Beide bilden ein Magnetfeld aus, das die Drehbewegung verursacht.
d) Synchron-Reluktanzmotor: Er nutzt die Reluktanzkraft, die aus einer Änderung des magnetischen Widerstands resultiert. Spezielle Schnitte im Rotor führen die Magnetlinien im Innern des Rotors und erzeugen so das Reluktanzmoment, das die Drehbewegung verursacht.
[Bild: Schmidt]

5.1.3 Leistungs- und Steuerelektronik (Inverter/Konverter)

Die Leistungs- und Steuerelektronik übernimmt die elektronische Steuerung des elektrischen Antriebes. Sie kann sich in einem Bauteil/Steuergerät befinden oder auf mehrere Steuergeräte aufgeteilt sein. Sie ist die zentrale Steuereinheit des elektrischen Antriebes und in ihren Aufgaben vergleichbar mit der elektronischen Motorsteuerung von kraftstoffbetriebenen Fahrzeugen.

In der Leistungs- und Steuerelektronik sind folgende Komponenten und Funktionen integriert:

- Inverter wandelt die Gleichspannung der Hochvoltbatterie um und liefert den Drehstrom phasenrichtig in der notwendigen Frequenz und Stärke für den Elektromotor (auch zum Rückwärtsfahren);
- In Schub- und Bremsphasen wird die Bewegungsenergie wieder als Strom in die Hochvoltbatterie gespeist (Motor arbeitet als Generator = Rekuperation);
- Dafür notwendig ist die Auswertung des Drehzahlsensors und der präzisen Position des Läufers (Rotors);
- Auswertung verschiedener weiterer Eingangssignale, wie Lastwunsch des Fahrers (Stellung des Fahrpedals), Geschwindigkeit des Fahrzeuges usw.;
- Bremsfunktion über den Elektromotor (Generatorfunktion) und Funktion der Handbremse (Automatisches Halten) durch ein entsprechendes Gegendrehmoment;

- Aktivierung und Deaktivierung der mechanischen Parksperre;
- Ansteuerung der elektrischen Unterdruckpumpe für den Bremskraftverstärker;
- Überwachung der Temperatur des Elektromotors mit zwei NTCs und entsprechender Steuerung der Heizung oder Kühlung;
- Konverter wandelt die Gleichspannung von der Hochvoltbatterie in die niedrigere Gleichspannung der 12-Volt-Batterie für das 12-Volt-Bordnetz um und versorgt dieses mit dem benötigten Strom;
- Überwachung der Batterieladefunktionen.

5.1.4 Hochvoltbatterie

Die Hochvoltbatterie, deren Kapazität und damit die Reichweite des Elektrofahrzeuges ist ein wesentlicher und aus Kundensicht oft entscheidender Bestandteil eines Elektrofahrzeuges. Die Hochvoltbatterie speist den Elektromotor und alle weiteren elektrischen Hochvolt-Verbraucher im Auto. Gleichzeitig dient sie zur Pufferung der elektrischen Energie bei der Bremsenergierückgewinnung und natürlich beim externen Ladevorgang. Momentan werden bei BEVs überwiegend Lithium-Ionen-Akkus (Bild 5.6) eingesetzt. Wobei es sich hierbei nur um einen Oberbegriff handelt. In der Praxis gibt es viele verschiedene Lithium-Ionen-Akkus, die für jeweils unterschiedliche Anwendungsgebiete eingesetzt werden (Lithium-Eisenphosphat, Lithium-Mangan-Oxid, Lithium Titanat, Lithium-Polymer, Lithium-Nickel-Mangan-Kobalt-Oxid, Lithium-Nickel-Kobalt-Aluminium-Oxid). In der Anfangszeit gab es vereinzelt noch Nickel-Cadmium-Batterien, die später durch Nickel-Metallhydrid-Akkus ersetzt wurden. Letztere sind relativ robust und werden heute teilweise noch in Fahrzeugen mit Vollhybridantrieb eingesetzt.

Die Hochvoltbatterie besteht immer aus mehreren Zellen, die in Serie zu Batteriemodulen zusammengeschaltet werden, um damit die Spannung (auf mehrere hundert, bis zu 800 V) zu erhöhen. Mehrere Batteriemodule werden wiederum dann parallel geschaltet zur Erhöhung der Kapazität.

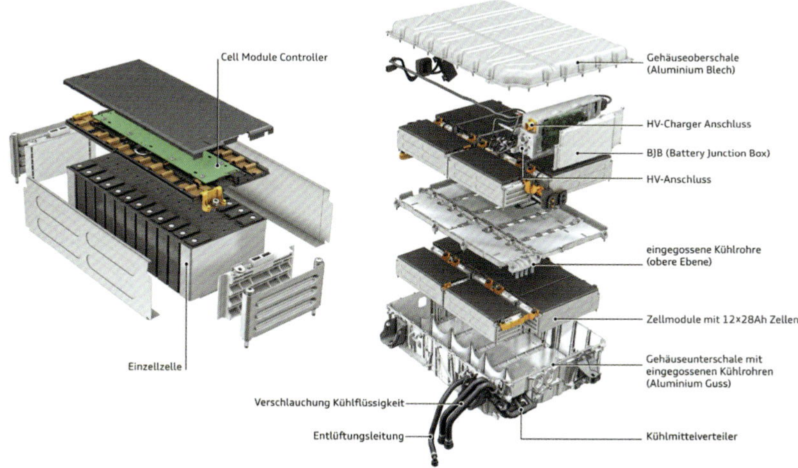

Bild 5.6 *Eine komplette Lithium-Ionen-Akku-Einheit besteht aus deutlich mehr Bauteilen als nur den Batteriezellen.*
[Bild: Audi]

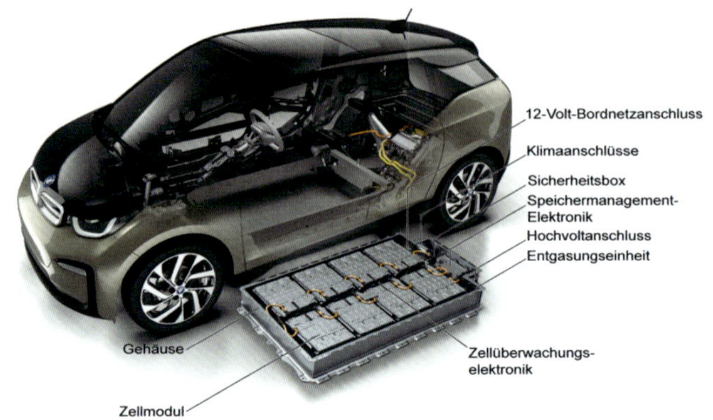

Bild 5.7
Aufbau eines (Lithium-Ionen-) Hochvolt-Batteriepacks

Alle Batteriemodule werden in einem (Aluminium-) Gehäuse zusammengefasst, das sowohl eine Kühlung und in vielen Fällen auch eine Heizung der Batteriemodule ermöglicht. Zusätzlich befinden sich in diesem Hochvoltbatteriegehäuse noch Temperatursensoren, eine Entgasungseinheit, einige verschiedene elektrische Anschlüsse sowie eine Lade- und Entladeelektronik. Außerdem besitzt jedes einzelne Batteriemodul eine Zellüberwachungselektronik. Bild 5.7 zeigt beispielhaft den Aufbau eines Hochvolt-Batteriepacks für ein BEV.

Wichtig für die Lebensdauer und Einsatzbereitschaft der Hochvoltbatterie im Ganzen ist die Software, die alles steuert und überwacht, das sogenannte Batteriemanagementsystem. Es umfasst das Einzelzell-, Temperatur- und Kapazitätsmanagement, die Lade- und Entladesteuerung, die allgemeine Zustandsüberwachung und die Fehleranalyse.

Das Batteriemanagement ist neben der Erhaltung der Funktionsfähigkeit auch wichtig, um die thermischen, elektrischen und chemischen Gefahren so gering wie möglich zu halten (siehe Kapitel 2).

5.1.5 Heizung und Kühlung

Bei den Elektrofahrzeugen müssen neben dem Fahrgastraum auch Hochvolt-Komponenten gekühlt oder erwärmt werden. Da bei einem Elektrofahrzeug sowohl keine Abwärme eines Verbrennungsmotors als auch kein ständig sich drehender Motor zur Verfügung steht, muss man andere Wege gehen. Ein einfacher und bekannter Weg ist ein Heiz- und Kühlkreislauf mit einer Kühlflüssigkeit (Bild 5.8), der über zwei elektrisch betriebene Pumpen betrieben wird.

Der Drehstrommotor, die Leistungs- und Steuerelektronik sowie das Lagegerät und manchmal auch der Hochvoltspeicher werden mit kaltem Kühlmittel umspült. Die Kühlmittelpumpen werden aber nur angesteuert, wenn einer der vielen Temperatursensoren einen Kühlbedarf meldet. Andererseits wird das Kühlmittel mit einer Hochvoltheizung (siehe Kapitel 10) bei Bedarf erwärmt und wieder über eine elektrisch betriebene Kühlmittelpumpe in Umlauf gebracht. Die Klimaanlage entspricht ebenfalls dem bekannten Standard. Lediglich der Klimaanlagenkompressor (siehe auch Kapitel 10) wird elektrisch (Hochvolt) angetrieben.

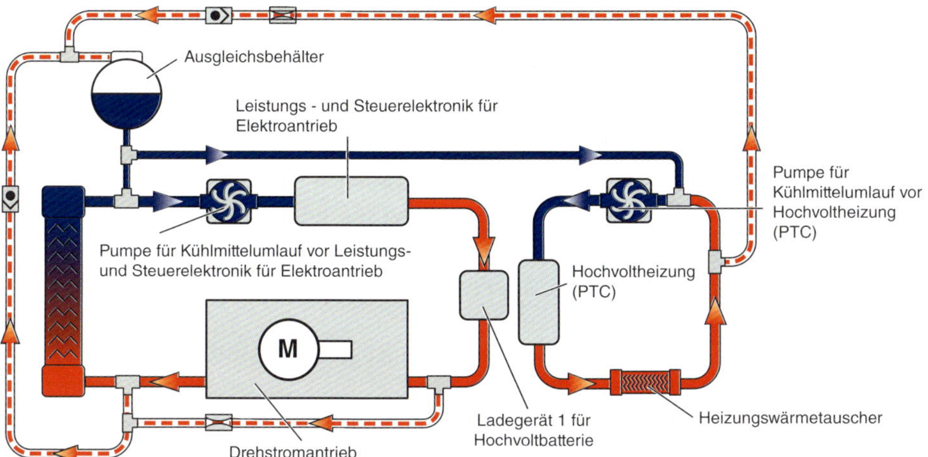

Bild 5.8 *Kühlmittelkreislauf eines Elektrofahrzeuges*
[Bild: VW]

Ein anderer zusätzlicher Weg ist die Klimaanlage mit einigen zusätzlichen Leitungen und Ventilen zu versehen und für die Heizung das Funktionsprinzip einer Klimaanlage umzudrehen und mit einer Wärmepumpe das Fahrzeug zu beheizen. Damit kann der für die Heizung notwendige Energieeinsatz deutlich reduziert werden (vgl. Bild 5.9). Die genaue Beschreibung des Aufbaus und der Funktion des Wärmepumpensystems erfolgt in Abschnitt 10.2.1.1.1 Da die Frontscheibe ebenfalls nicht mit der Abwärme des Verbrennungsmotors beschlagfrei gehalten werden kann bzw. abgetaut werden kann, wird bei Elektrofahrzeugen häufig eine elektrische Frontscheibenheizung verbaut.

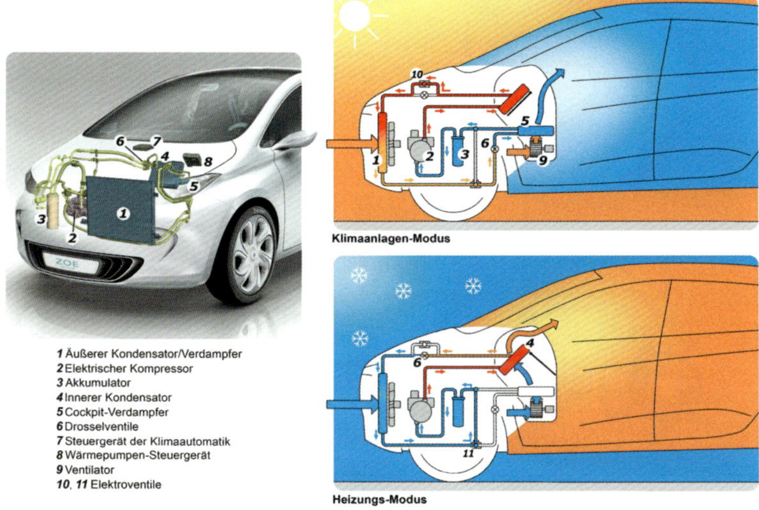

Bild 5.9 *Aufbau des Wärmepumpensystems*
[Bild: Renault]

5.1.6 Bremsen und Rekuperation

Die Effizienz und damit auch Reichweite eines Elektrofahrzeuges hängt in nicht unerheblichen Maße von der Qualität der Rekuperation ab, d. h., wie viel Bewegungsenergie im Schubbetrieb und beim Bremsen in die Hochvoltbatterie zurückgespeist werden kann und nicht an den Bremsscheiben in Wärme umgewandelt wird. Dafür entscheidend ist das Zusammenspiel der Antriebskomponenten mit der Bremse (Bild 5.10). Wobei der hydraulische Teil der Bremse überwiegend gleich mit anderen Fahrzeugen ist. Lediglich die Unterdruckpumpe für den Bremskraftverstärker wird nicht mechanisch, sondern elektrisch angetrieben.

Die Stellung des Fahrpedals wird durch das Steuergerät der Motorsteuerung permanent ausgewertet und an die Elektromaschinen-Elektronik weitergegeben. Sobald der Fahrer die Stellung des Fahrpedals reduziert bzw. den Fuß vom Fahrpedal nimmt, schaltet die Elektromaschinen-Elektronik die Elektromaschine von der Motorfunktion auf die Generatorfunktion um. Damit entsteht ein Bremsmoment an der Antriebsachse und der entstehende Wechselstrom von der Elektromaschine wird über die Elektromaschinen-Elektronik gleichgerichtet und als Gleichstrom in die Hochvoltbatterie gespeist. Dies wird als Rekuperation bezeichnet (lat. *recuperare*, wiedererlangen, wiedergewinnen, wiedergutmachen). Die einmal eingesetzte Energie für die Bewegung des Fahrzeuges wird (teilweise) wieder zurückgewonnen. Bei manchen Elektrofahrzeugen ist die Stärke der Rekuperation einstellbar.

Wenn der Fahrer zusätzlich die Fußbremse betätigt, setzt sich der weitere Bremsvorgang meist aus einem Teil «elektrischer» und einem Anteil «hydraulischer» Bremsleistung zusammen. Denn das Motorsteuergerät übermittelt dem Steuergerät für die

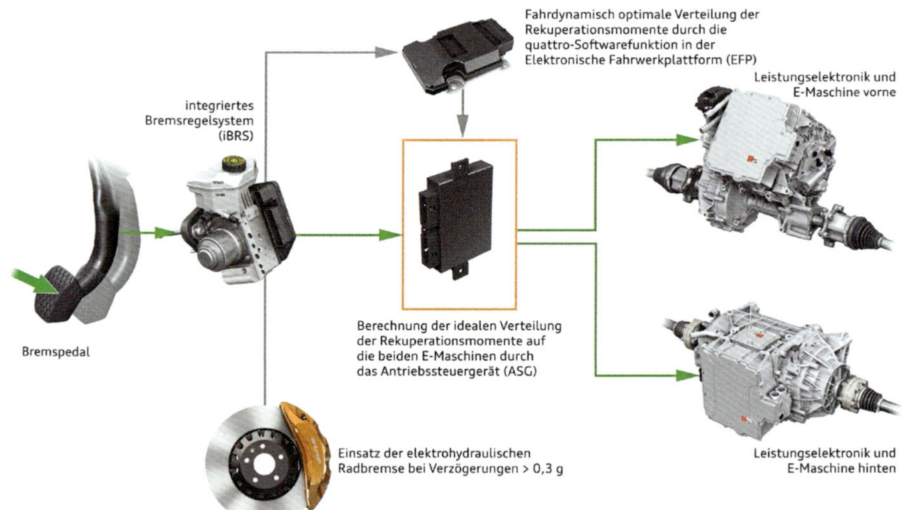

Bild 5.10 *Zusammenspiel der Komponenten bei der Bremsenergierückgewinnung* [Bild: Audi]

Fahrdynamikregelung die jeweils aktuell verfügbare Rekuperationsleistung (Bremsleistung). Betätigt der Fahrer das Bremspedal, ermittelt dieses Steuergerät, ob die Abbremsung ausschließlich durch die E-Maschine möglich ist oder ob die Bremsanlage zusätzlich hydraulischen Bremsdruck aufbauen muss. Dann schickt es dem Antriebssteuergerät das umzusetzende «Generator-Sollmoment». Verfügt das BEV über je einen Elektromotor an der Vorder- und an der Hinterachse, sendet das Steuergerät für die Fahrdynamikregelung zusätzlich die gewünschte Verteilung der Rekuperationsmomente auf die E-Maschinen.

5.1.7 Laden

Welche Ladearten gibt es, welche Stecker passen in welche Anschlüsse, was passiert dabei im Fahrzeug, was muss man beachten und wie ist das Sicherheitskonzept?

5.1.7.1 Ladearten

Grundsätzlich stehen drei unterschiedliche kabelgebundene und eine kabellose (induktive) Ladeart zur Verfügung.

- Laden mit einphasigem Wechselstrom (einphasiges AC Laden; nur mit Ladekabel ca. 2 kW, mit Wallbox bis ca. 7 kW)
- Laden mit dreiphasigem Wechselstrom (dreiphasiges AC Laden mit Wallbox bis zu ca. 11 kW)
- Schnellladen mit Gleichstrom (DC Laden mit DC Charger bis zu 350 kW)
- Induktives Laden mit bis zu 22 kW

Für das Laden mit Wechselstrom (AC-Laden) wird der im Elektrofahrzeug integrierte Spannungswandler (die Ladeelektronik) genutzt. Damit wird der Wechselstrom in Gleichstrom für die Hochvoltbatterie umgewandelt. Die maximale Ladeleistung wird durch die im Fahrzeug eingesetzte Ladeelektronik begrenzt. Beim Laden mit Gleichstrom kann man mit diesem gleich direkt die Hochvoltbatterie laden. Dabei wird aber in der Regel nur bis zu 80 % der Batteriekapazität mit hoher Leistung geladen, um diese nicht zu schädigen. Die letzten 20 % erfolgen zum Schutz der Akkuzellen mit deutlich reduzierter Ladeleistung. Die verschiedenen möglichen Ladearten und der maximale Ladestrom sind hersteller- und fahrzeugabhängig und zum Teil auch von Sonderausstattungen bzw. auch Länderausführungen abhängig.

5.1.7.2 Ladestecker und Ladeanschlüsse

Die Ladestecker und Ladeanschlüsse am Elektrofahrzeug sind ebenfalls abhängig von den Ladearten und nicht zuletzt von den verschiedenen Länderausführungen. Beim AC-Laden haben sich zwei Steckerformen und Anschlüsse für Asien und Amerika (Typ 1) und Europa (Typ 2) durchgesetzt (siehe Bild 5.11).

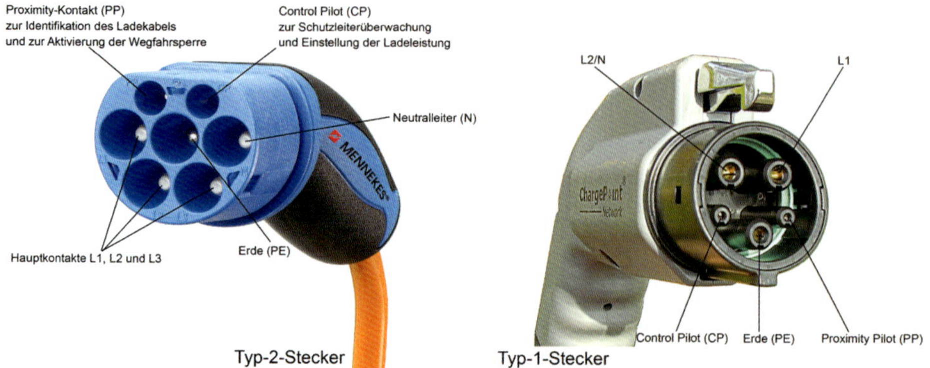

Bild 5.11 *Typ-1- und Typ-2-Stecker, in Europa hat sich der Typ-2-Stecker durchgesetzt.* [Bild: Mennekes, CC BY 2.0 Michael Hicks]

Da einige Länder zusätzlich einen Berührungsschutz-Mechanismus forderten, wurde ein System mit sogenanntem *Shutter* (engl., Schließer) entwickelt (Bild 5.12). Die Ausführungen mit und ohne Shutter sind kompatibel.

Wird ein Elektrofahrzeug nur mit einem Ladekabel an einer Haushaltssteckdose geladen, muss ein spezielles Mode-2-Ladekabel mit einer integrierten Laderegelung, einer sogenannten Controlbox, (Bild 5.13) verwendet werden. Dieses Kabel wird auch oft als Notladekabel bezeichnet. Es sollte nur dann regelmäßig für Ladungen verwendet werden, wenn die Hauselektrik auf die hohe Belastung ausgelegt ist.

Bild 5.12
Typ 2 Stecker mit Shutter
[Bild: Mennekes]

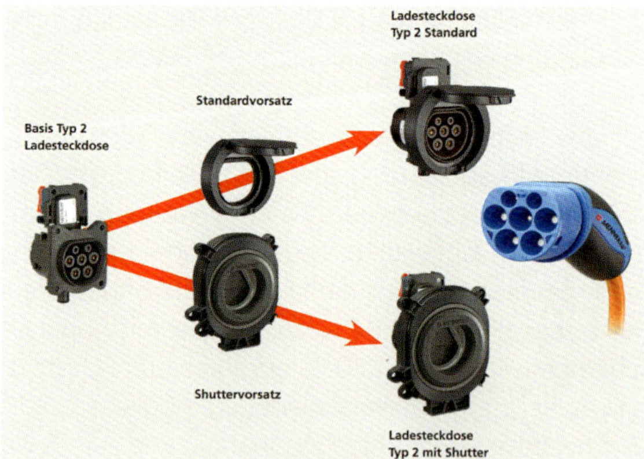

Bild 5.13
Das Mode-2-Ladekabel kommuniziert für eine sichere Ladung mit dem Fahrzeug. Die Überwachung übernimmt die in das Kabel integrierte Controlbox.
[Bild: Mennekes]

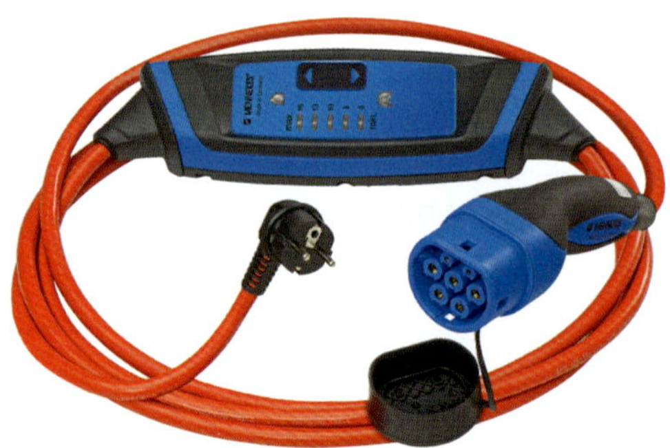

Für das DC-Laden gibt es zwei Systeme: Das japanische CHAdeMO-System (Bild 5.14), das ausschließlich für Gleichstromladungen verwendbar ist, und das europäisch-amerikanische ***C****ombined* ***C****harging* ***S****ystem* (CCS, Bild 5.15). Letzteres hat sich inzwischen in Europa durchgesetzt und ermöglicht sowohl AC- als auch DC-Ladungen.

Allen Anschlüssen gemein ist, dass neben den Stromanschlüssen für die eigentliche Ladung auch Anschlüsse für die Kommunikation zwischen der Ladeeinrichtung und dem Fahrzeug sowie für Sicherheitsanforderungen vorhanden sind.

Bild 5.14
Belegung des CHAdeMO Steckers
[Bild: Schmidt]

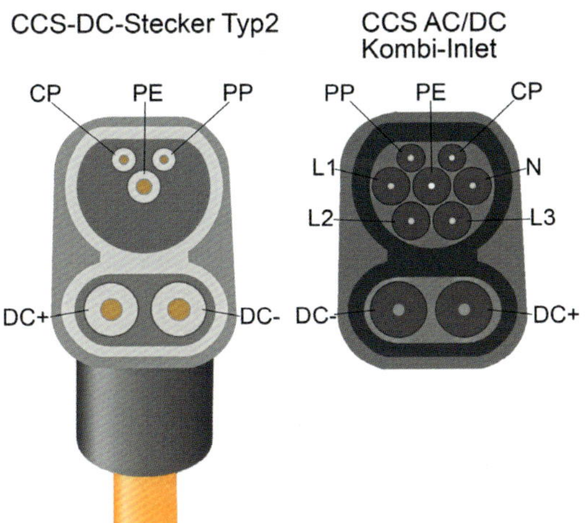

Bild 5.15
Belegung des CCS-Typ-2 Combo-Steckers
[Bild: Schmidt]

5.1.7.3 Ladesteuerung und Kommunikation im und mit dem Fahrzeug

Das Einstecken eines Ladesteckers initiiert einige Abläufe und Routinen, bevor mit dem eigentlichen Laden begonnen wird. Dazu gehört zuerst das Verriegeln des Ladesteckers und im Weiteren werden alle Hochvoltsteuergeräte aktiviert und in Betriebsbereitschaft versetzt. Das allgemeine Bordnetzsteuergerät wird ebenfalls aktiviert und das wiederum aktiviert einige Steuergeräte und Anzeigen, damit die aktuellen Ladeinformationen angezeigt und abgerufen werden können. Gleichzeitig wird auch ein Wegfahrschutz aktiviert, damit nicht versehentlich weggefahren werden kann.

Erst wenn alle Steuergeräte betriebsbereit sind und fehlerfrei funktionieren, wird die Ladefreigabe erteilt. Während des Ladens werden alle Steuergeräte ständig überwacht und im Fehlerfall wird das Laden sofort abgebrochen. Neben der Fehlerfreiheit werden auch der aktuelle Ladezustand der Batterie, die Ladespannung, die Stromstärke und die verschiedenen Temperatursensoren laufend überwacht. Bei Fehlern oder Überschreiten bestimmter Werte wird der Ladestrom in Stufen reduziert bzw. wenn erforderlich wird das Laden sofort unterbrochen. Dies kann auch das Ladekabel mit der integrierten Laderegelung leisten. Deshalb kann und darf auch nur ein Ladekabel mit der Laderegelung verwendet werden.

Der aktuelle Zustand der Ladung und des Ladevorganges kann in der Regel im Fahrzeugdisplay abgelesen werden, aber auch durch das Blinken oder Leuchten einer Kontroll-LED in verschiedenen Farben.

Das Fahrzeug ist in der Kommunikation mit der Ladesäule oder auch nur der Laderegelung beim einfachen Ladekabel immer der Master und bestimmt die Abläufe, die Ladung usw. Wenn ein Fahrzeug nicht geladen werden kann, kann es sehr oft an Fehlern im Fahrzeug liegen und deshalb kann vom Fahrzeug keine Ladefreigabe erfolgen.

Zusätzlich zu kabelgebundenem Laden ist auch kabelloses, induktives Laden eines Hochvoltakkus möglich. Viele Autohersteller haben hier bereits Systeme vorgestellt, bisher aber noch nicht auf den Markt gebracht. Beim induktiven Laden soll die Kommunikation mit dem Fahrzeug über W-LAN erfolgen. Damit die Sekundärspule im Fahrzeug möglichst genau über der Primärspule des induktiven Ladegerätes steht, muss das Fahrzeug zusätzlich noch auf die richtige Position geleitet werden. Der Ablauf und die Kommunikation sowie die Ladefreigabe erfolgt im Weiteren genauso wie bei den kabelgebundenen Ladearten.

5.1.7.4 Sicherheitskonzept

Damit der Ladevorgang bei Elektrofahrzeugen ausreichend abgesichert wird, gibt es ein mehrstufiges Sicherheitskonzept. Es besteht aus den folgenden Sicherungsmaßnahmen:

- Wegfahrschutz: Über einen eigenen Stromkreis wird überprüft, ob der Ladestecker angesteckt ist und der angesteckte Stecker verriegelt. In der Motorsteuerung wird ein Wegfahrschutz aktiviert. Damit lässt sich sowohl ein versehentliches Wegfahren als auch nicht-autorisiertes Herausreißen des Ladekabels verhindern.
- Mechanischer Schutz: Der Ladestecker ist so ausgelegt, dass selbst das Überfahren des Steckers kein Risiko darstellt. Außerdem sind die Stecker an beiden Seiten (Fahrzeug und Ladestation) verriegelt, wenn der Ladestrom fließt.
- Elektrischer Schutz: Nur wenn der Ladestecker vollständig eingesteckt ist, wird eine Ladespannung angelegt.
- Fehlerstromschutz: Der aus Hausinstallationen bekannte Fehlerstromschutz wird ebenfalls genutzt.
- Überlastungsschutz: Elektrische Widerstände in den Ladesteckern codieren den zulässigen Einsatzbereich der Stecker.

- Komponentenschutz: Eine intelligente Laderegelung ermittelt permanent den Strom- und Spannungsbedarf des Fahrzeuges und den Zustand der elektrischen Komponenten.
- Temperaturüberwachung: Mehrere Temperatursensoren überwachen ständig die Temperatur der verschiedenen Komponenten, inkl. dem Ladekabel. Bei zu hohen Temperaturen wird der Ladestrom in mehreren Stufen reduziert. Das kann auch zur vollständigen Abschaltung des Ladevorganges führen.

5.1.8 BEV mit Range Extender (REX)

Bei batterieelektrischen Fahrzeugen kann prinzipiell auch ein zusätzlicher Range Extender verbaut sein. Damit soll die Reichweite (engl. *range*) ausgeweitet, verlängert (engl. *to extend*) werden. Es handelt sich dabei um einen zusätzlichen (Hilfs-)Motor, der über einen Generator Strom erzeugt, der in die Hochvoltbatterie eingespeist wird. Er ist nicht mit dem Antrieb verbunden und seine Leistung ist meist deutlich geringer als die des Elektromotors. Beim Hilfsmotor kann es sich sowohl um einen Ottomotor oder Wankelmotor als auch um einen gasbetriebenen Motor bzw. auch eine Brennstoffzelle handeln.

Der Hilfsmotor ist fest mit einem eigenen Generator verbunden und wird im optimalen, d. h. effizientesten, Betriebsmodus betrieben. Die zusätzliche Reichweite hängt von der Größe des Tanks ab. Sie ist aber in der Regel nicht sehr groß und soll nur eine zusätzliche Sicherheit bieten. Bei einer fast leeren Hochvoltbatterie und im Range Extender Betrieb kann die Leistung, Höchstgeschwindigkeit deutlich reduziert sein.

5.2 Sicherheitshinweise für Arbeiten an Hochvoltsystemen

Wie bereits eingangs hingewiesen, sind jegliche Arbeiten an Fahrzeugen mit Hochvoltsystemen durch die hohen Spannungen mit erheblichen Gefahren verbunden. Deshalb bedürfen alle Arbeiten an Fahrzeugen einer bestimmten Qualifikation. Jedoch sind alle Hochvoltkomponenten durch Warnaufkleber und die grell orangen Leitungen zu erkennen. Außerdem gibt es natürlich einige Sicherungssysteme, die die Gefahren geringhalten.

5.2.1 Warnkennzeichnungen

Die wichtigsten Gefahrenzeichen, die auf ein Hochvoltsystem hinweisen, zeigt Bild 5.17. Der gezackte Blitz ist immer eine Warnung vor einer gefährlichen Spannung (mit oder ohne «Achtung Hochvolt») in Verbindung mit dem Informationshinweis, die Gebrauchsanweisung zu beachten und der Warnung spannungsführende Teile nicht zu berühren. Im Motorraum und Fahrgastraum befinden sich Hinweise für Rettungstrennstellen (Bild 5.18).

Diese fordern dazu auf, die Anweisungen des Rettungsdatenblattes zu befolgen und erklären, wie die Stecker zu trennen sind. Durch das Trennen der Rettungstrennstelle wird die Spannungsversorgung der Hochvoltsteuergeräte unterbrochen. Weitere Details dazu im übernächsten Abschnitt. Auf der Hochvoltbatterie befinden sich weitere Warnhinweise (Bild 5.19).

Bild 5.17
Gefahrenzeichen, die auf ein Hochvoltsystem hinweisen.

Bild 5.18
Beispiele für Hinweise zu Rettungstrennstellen
a) Hinweis auf die Sicherung mit Rettungsmarkierung
b) Hinweis auf den Trennstecker

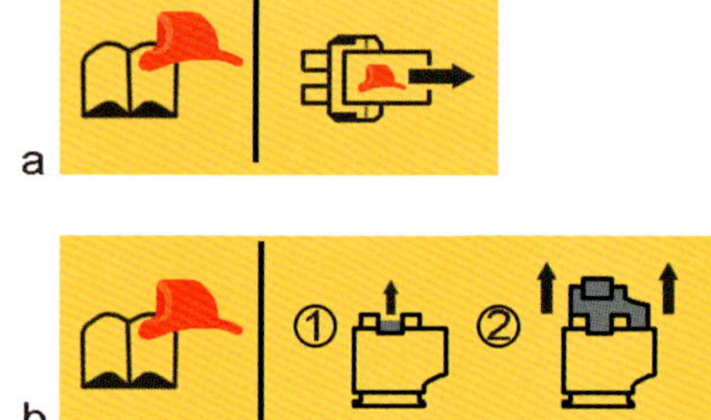

Bild 5.19
Warnhinweise auf einer Hochvoltbatterie

1. *Warnung vor hohen Spannungen, die zu Verletzungen oder zum Tode führen können.*
2. *Warnung vor gefährlichen Stoffen, die zu Verätzungen und Blindheit führen können. Deshalb Augenschutz und Schutzkleidung tragen.*
3. *Die Hochvoltbatterie ist brennbar. Deshalb darf sie nie Feuer, Funken oder einer offenen Flamme ausgesetzt werden.*
4. *Kinder von der Hochvoltbatterie fernhalten.*
5. *Gebrauchsanweisungen, Betriebsanleitungen, Werkstatthandbuch usw. beachten.*
6. *Niemals den Deckel der Hochvoltbatterie entfernen oder die Hochvoltbatterie demontieren oder sonstige Veränderungen vornehmen.*
7. *Die (geöffnete oder beschädigte) Hochvoltbatterie darf nicht mit Wasser oder anderen Flüssigkeiten in Kontakt kommen, da diese Kurzschlüsse, Stromschläge und Verbrennungen verursachen können.*

5.2.2 Qualifikation für HV

Für jeglichen Umgang mit Hochvoltfahrzeugen ist eine spezielle Qualifikation nötig. Bild 5.24 zeigt dies in einer Übersicht.

Wobei die erste grundsätzliche Unterscheidung zwischen Bedienung des Fahrzeuges, nichtelektrischen Arbeiten und elektrotechnischen Arbeiten liegt. Für das Bedienen des Fahrzeuges reicht eine Einweisung in die Eigenschaften und den bestimmungsgemäßen Gebrauch sowie der Gefahren. Dies gilt im Wesentlichen auch für nichtelektrische Arbeiten, wie z. B. den Wechsel der Scheibenwischerblätter, den Räderwechsel und sonstigen rein mechanischen Arbeiten, die immer mit Abstand zum Hochvoltsystem durchgeführt werden können. Lediglich eine zusätzliche fahrzeug- und tätigkeitsbezogenen Einweisung ist dafür zusätzlich nötig.

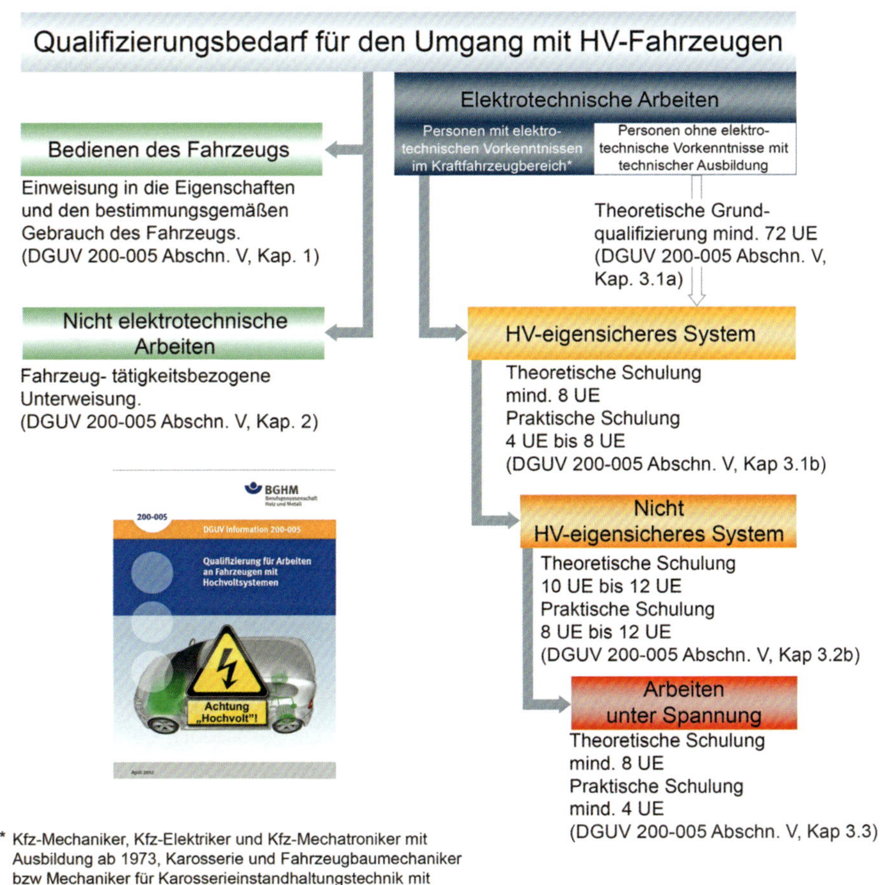

Bild 5.20 *Der Qualifizierungsbedarf für den Umgang mit HV-Fahrzeugen ist in der DGUV-Information 200-005 geregelt.*
[Bild: TAK/Schmidt]

Bei allen elektrotechnischen Arbeiten an Fahrzeugen mit Hochvoltsystemen ist immer eine zusätzliche, umfangreiche Qualifikation Voraussetzung, um bestimmte Arbeiten durchführen zu dürfen. Die erste Stufe ist eine theoretische Grundqualifizierung, die Personen ohne elektrotechnische Vorkenntnisse mit technischer Ausbildung erst erwerben müssen. Personen mit elektrotechnischen Vorkenntnissen im Kraftfahrzeugbereich haben diese bereits während ihrer Ausbildung erworben. Beide Personengruppen können dann mit einer theoretischen und praktischen Schulung im Anschluss an «eigensicheren Fahrzeugen» arbeiten (Die Erklärung zu eigensicheren und nicht eigensicheren Fahrzeugen folgt im nächsten Abschnitt). Für das Arbeiten an nicht eigensicheren Fahrzeugen ist eine weitere theoretische und praktische Schulung notwendig und für Arbeiten unter Spannung nochmals eine weitere theoretische und praktische Schulung.

Wichtig: Für alle Arbeiten und Qualifikationen ist immer zusätzlich eine fahrzeugspezifische Einweisung notwendig, d. h. genau für das Fahrzeug, den Fahrzeugtyp, der bedient oder an dem gearbeitet werden soll.

5.2.3 Sicherheitsprinzipien und technische Schutzmaßnahmen

Hochvolt-Fahrzeuge aus der Großserie gelten als eigensicher. Das heißt, sie sind so konstruiert und abgesichert, dass bei normaler Benutzung und bei allgemeinen Arbeiten keine Gefährdung besteht. Selbst kleine Fehler dürfen zu keiner Gefährdung führen. Jedoch gibt es dafür ein paar Dinge zu beachten.

5.2.3.1 Eigensicherheit von Hochvolt-Fahrzeugen

Die Eigensicherheit eines Stromkreises oder hier Hochvolt-Fahrzeuges hängt von der sicheren Begrenzung von Strom und Spannung und damit der zugeführten Leistung ab. Weder im normalen Betrieb noch unter Berücksichtigung bestimmter Fehlerfälle beim Öffnen oder Schließen des Stromkreises oder bei Kurzschlüssen dürfen zündfähige Funken oder ein Lichtbogen entstehen. Auch eine Berührung darf keine Gefahr darstellen.

Neben der Funkenzündung muss auch eine Entzündung durch Wärme oder heiße Oberflächen vermieden werden. Die im eigensicheren Zustand auftretenden maximalen Ströme, Spannungen und Leistungen dürfen also zu keinen unzulässig hohen Oberflächentemperaturen an sämtlichen Bauteilen inklusive Leitungen führen. Dies muss durch geeignete technische Maßnahmen sichergestellt werden. Für die Einhaltung dieser Kriterien kommt es dabei nicht nur auf die einzelnen Komponenten an. Auch das komplette Zusammenwirken aller Komponenten inclusive der Verbindungsleitungen muss dies gewährleisten. Eine Sicherheitsmaßnahme in diesem Zusammenhang ist die sogenannte Pilot- oder Sicherheitslinie, mit der alle Komponenten des Hochvoltsystems verbunden sind (Bild 5.21).

Eine Unterbrechung führt zum sofortigen Abschalten des Gesamtsystems über das Batteriehauptrelais und der einzelnen Komponenten und das gesamte System wird spannungsfrei geschaltet. Die Sicherheits- bzw. Pilotlinie führt auch über einen Wartungsstecker, der bei Wartungs- und Reparaturarbeiten unterbrochen werden muss. Neben dem Wartungsstecker gibt es häufig auch zwei sogenannte Rettungs-

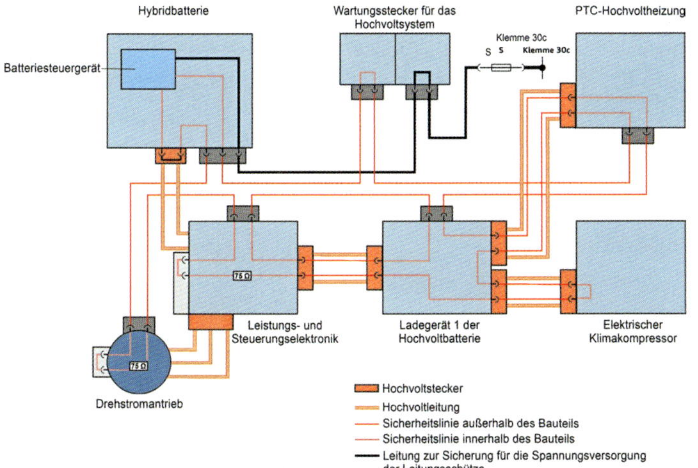

Bild 5.21
Beispiel für die Sicherheitslinie in einem Hochvoltsystem
[Bild: Audi]

trennstellen im Motorraum und im Fahrgastraum, die ebenfalls die Sicherheitslinie unterbrechen.

Eine weitere konstruktive Sicherheitsmaßnahme ist, dass der gesamte Hochvoltstromkreis immer aus zwei Leitungen (plus und minus) besteht und nicht mit der Fahrzeugkarosserie verbunden ist. Wegen der hohen Spannungen und Ströme ist dies enorm wichtig. Deshalb wird der Isolationswiderstand zwischen dem Fahrzeug und den Systemen auch permanent überwacht. Die Elektronik überprüft dabei den Widerstand zwischen den spannungsführenden Hochvoltleitungen und der Fahrzeugmasse. Wird dabei ein Fehler entdeckt, führt dies wieder sofort zum Abschalten des Gesamtsystems über das Batteriehauptrelais und der einzelnen Komponenten und das gesamte Hochvoltsystem wird wieder spannungsfrei geschaltet.

Aus der oben genannten Sicherheitsmaßnahme resultiert auch eine strikte Trennung des Hochvoltsystems zum 12-Volt-Bordnetz. Die einzige und auch notwendige Verbindung ist der DC/DC-Spannungswandler, der sich an der Hochvoltbatterie befindet. Damit kann bei Fehlern im Hochvoltsystem die Spannung direkt an der Hochvoltbatterie unterbrochen werden.

Wenn alle Systeme im sicheren Zustand sind, befindet sich das Fahrzeug/Hochvoltsystem im eigensicheren Zustand. Die Eigensicherheit wird dem Nutzer im Fahrzeug angezeigt. Wird die Eigensicherheit nicht angezeigt, evtl. auch nur durch Fehler im Anzeigesystem, befindet sich das Fahrzeug im nicht eigensicheren Zustand. An dem Fahrzeug darf dann nur ein eingeschränkter, speziell ausgebildeter Personenkreis (siehe Qualifizierungsbedarf) arbeiten.

5.2.3.2 Vorgehensweise bei Arbeiten an HV-Fahrzeugen

Arbeiten an Hochvoltfahrzeugen dürfen nur durch qualifiziertes Personal durchgeführt werden (siehe Qualifikation für HV).

Bevor man mit irgendwelchen Arbeiten an der elektrischen Anlage eines Hochvolt-Fahrzeuges beginnt, muss das System spannungsfrei geschaltet werden. Dies muss außerdem durch geeignete Maßnahmen für die gesamte Dauer der Arbeiten sichergestellt werden. Dies macht man durch das Ziehen eines Wartungssteckers, auch oft als Disconnect-Stecker bezeichnet (*to disconnect*, engl. Unterbrechen). Der Disconnect-/Wartungs-Stecker (Bild 5.22) muss so gesichert sein, dass er während der Arbeiten nicht versehentlich, irrtümlich oder leichtsinnig wieder aufgesteckt werden kann. Am besten durch ein Schloss mit Schlüssel gesichert oder weggesperrt. Dies gilt auch für den Fahrzeugschlüssel, damit ein unbefugtes oder versehentliches Wiedereinschalten ausgeschlossen werden kann.

Anschließend überprüft man sicherheitshalber nochmals die Spannungsfreiheit durch eine entsprechende Messung.

Bei den Hochvoltsystemen gibt es zwei weitere notwendige Messungen, die bisher nicht notwendig waren: die Überprüfung des Isolationswiderstandes und des Potenzialausgleichs. Bei der Potenzialausgleichsmessung misst man den Widerstand zwischen den leitfähigen

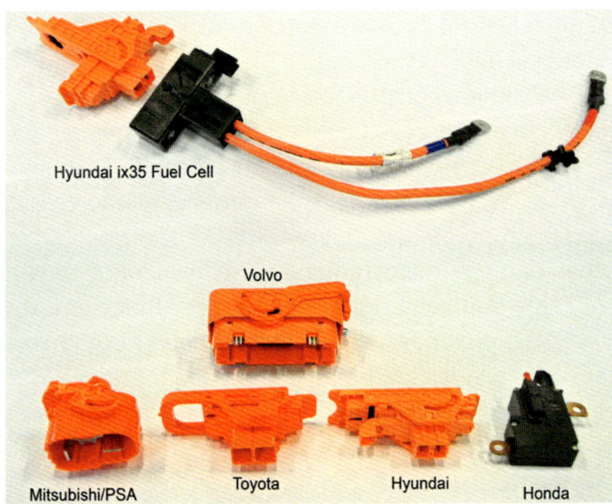

Bild 5.22
Disconnect-Stecker von verschiedenen Herstellern
[Bild: Schmidt]

Bild 5.23 *Messung des Isolationswiderstandes bei einem Hochvoltfahrzeug. Wichtig ist dabei, ein geeignetes Messgerät zu verwenden.*
[Bild: TAK]

Gehäuseteilen der Hochvolt-Komponenten und der Fahrzeugmasse. Die Messpunkte an den Hochvolt-Gehäuseteilen und den Karosserieteilen sind in der Regel von den Fahrzeugherstellern genau vorgegeben. Die Messpunkte dürfen nicht verschmutzt, korrodiert oder mit Farbe überzogen sein, da dies die Messungen verfälschen würde.

Bei der Isolationswiderstandsmessung (Bild 5.23) misst man den Widerstand zwischen HV + und HV -, HV + und Karosserie, HV – und Karosserie. Als Messpunkte für HV + und HV – dienen in der Regel die Kontaktstellen, an denen auch die Spannungsfreiheit gemessen wird und die ebenfalls von den Fahrzeugherstellern genau vorgegeben sind.

Wichtig für alle Messungen und Arbeiten ist, dass man nur Messgeräte und Werkzeuge verwendet, die dafür geeignet und zugelassen sind. Die Vorgaben der Geräte-, Werkzeuge- und Fahrzeughersteller sind unbedingt zu beachten.

5.2.3.3 Allgemeine Hinweise für Arbeiten an HV-Fahrzeugen

Hochvoltfahrzeuge bedürfen zusätzlich einiger besonderer Aufmerksamkeit und Sicherheitshinweisen.

- Kennzeichnen Sie den Hochvoltarbeitsplatz durch Verbots- und Warnschilder.
- Bei einem verunfallten Hochvoltfahrzeug oder Arbeiten am Hochvoltsystem ist außerdem das Fahrzeug durch ein auffälliges Sperrband abzusichern.
- Zusätzlich soll ein Hinweisschild «WARNUNG: HOCHSPANNUNG, NICHT BERÜHREN» gut sichtbar angebracht werden, um alle anderen auf die Gefahren hinzuweisen.
- Die Hinweise, Reparatur- und Diagnoseanleitungen des Herstellers sind unbedingt zu beachten.
- Mit den Rettungsdatenblättern der Hersteller kann man bei einem Unfall schnell die Lage der Hochvolt-Komponenten und deren Verbindungsleitungen herausfinden.
- Nach der Demontage oder dem Freilegen eines Hochspannungssteckers oder einer Hochspannungsklemme müssen diese sofort mit Isolierband umwickelt werden.
- Bei Arbeiten an Hochvoltfahrzeugen dürfen keine Metallteile (z. B. Schraubenschlüssel) in den Brust- oder Hosentaschen aufbewahrt werden, da diese versehentlich einen Kurzschluss verursachen könnten.
- Aus dem gleichen Grund dürfen keine Uhren, Brust- oder Armketten usw. getragen werden.
- HV Leitungen dürfen nicht instandgesetzt werden.
- Der Biegeradius von HV-Leitungen muss größer als 7 cm sein, damit der Leitungsschirm und die Isolation nicht beschädigt werden.
- Schrauben oder Muttern von Hochspannungsklemmen usw. sind immer mit dem vorgeschriebenen Anzugsdrehmoment anzuziehen.
- Die Hochvoltbatterie darf beim Ausbau nicht auf den Kopf gestellt werden oder in zu starke Schräglage gebracht werden.

- Nach der Beendigung der Arbeiten und vor dem Wiedereinsetzen des Wartungssteckers muss sorgfältig überprüft werden, dass keine Teile oder Werkzeuge im Hochspannungssystem vergessen wurden.

5.3 Hybridsysteme

Ein Hybridfahrzeug ist ein Fahrzeug mit mindestens zwei verschiedenen Energiewandlern (Verbrennungsmotor und Elektromotor) und zwei verschiedenen Energiespeichersystemen (Kraftstofftank und Batterie im Fahrzeug) für den Antrieb des Fahrzeuges. Die Hybridsysteme sollen die Vorteile des elektrischen Antriebes mit den Vorteilen des Verbrennungsmotors verbinden und damit zu einer Reduzierung des Kraftstoffverbrauches, einem lokal emissionsfreien Fahren und teilweise auch zu einer Erhöhung der Fahrleistungen beitragen.

5.3.1 Einteilung der verschiedenen Arten von Hybridsystemen

Hybridfahrzeuge werden einerseits nach der Bauweise (paralleler, serieller, Misch- oder verzweigter Hybrid, Bild 5.24) und andererseits nach dem Elektrifizierungsgrad (Micro, Mild, Full Hybrid) unterschieden. Lässt sich der Hochvoltakku auch aus dem Stromnetz laden, dann bezeichnet man den Antrieb als Plug-In-Hybrid.

Paralleler Hybrid

Beim parallelen Hybriden wirken der Verbrennungsmotor und der Elektromotor gemeinsam auf den Antriebsstrang ein. Beide Motoren können kleiner ausgelegt werden, als wenn sie allein das Fahrzeug antreiben müssten. Da der Elektromotor gleichzeitig auch als Generator verwendet wird, ist es nicht möglich, während des Fahrens mit dem Elektromotor Energie zu produzieren. Der Akku wird ausschließlich durch Rekuperation und während des Betriebs mit dem Verbrennungsmotor geladen.

Serieller Hybrid

Beim seriellen Hybrid wirkt nur der Elektromotor auf den Antriebsstrang. Der Verbrennungsmotor treibt einen elektrischen Generator an, der die Batterie lädt und der Elektromotor bewegt das Fahrzeug. Daher bezeichnet man dies auch als Elektrofahrzeug mit Range Extender (siehe 5.1.8 REX).

Mischhybrid oder leistungsverzweigter Hybrid

Der Mischhybrid vereinigt den parallelen und seriellen Hybrid. Dafür ist der Verbrennungsmotor über ein Planetengetriebe mit zwei Motorgeneratoren (MG1 und MG2) verbunden. Im seriellen Betrieb übernimmt MG2 den Vortrieb und der Verbrenner produziert über MG1 den Strom dafür. Im Parallelbetrieb kann MG2 bei niedrigen Geschwindigkeiten allein für Vortrieb sorgen. Dabei bezieht er den Strom aus dem Hochvoltakku. Der Verbrenner ist in dieser Phase abgestellt. Ruft der Fahrer wider mehr Leistung ab, startet MG1 den Verbrenner wieder, sodass dieser gemeinsam mit MG2 für Vortrieb sorgen

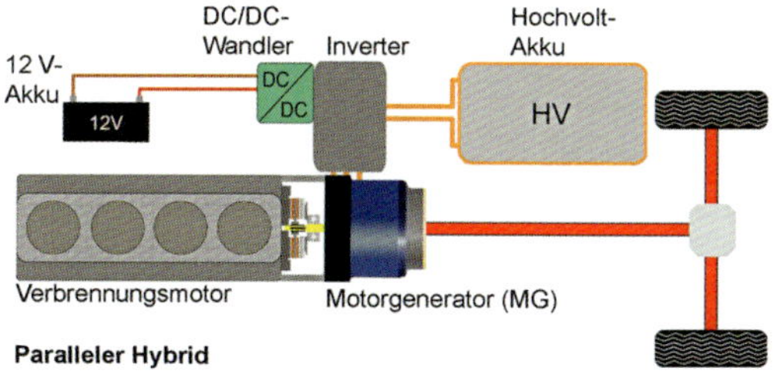

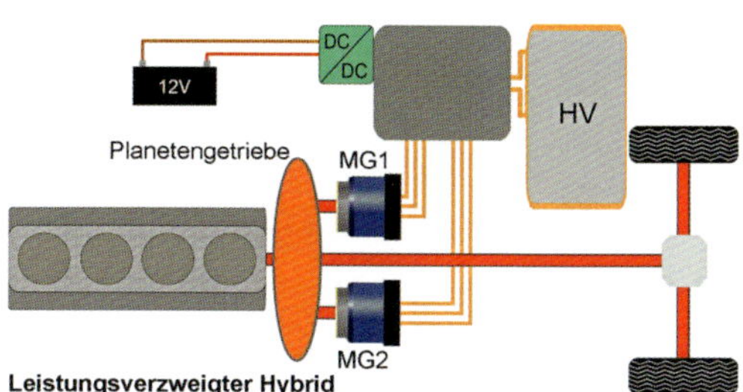

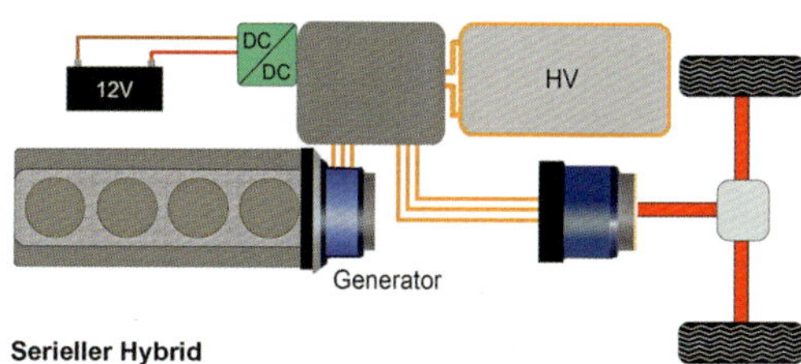

Bild 5.24
Paralleler, serieller, Misch- und verzweigter Hybrid

kann. Zwischen den Zuständen wechselte das System automatisch. MG1 fungiert also hauptsächlich als Generator und als Start-Stopp-System für den Verbrenner.

Plug-In-Hybrid

Beim Plug-In-Hybriden wird die Batterie nicht nur durch den Verbrennungsmotor und beim Rekuperieren geladen, sondern sie kann auch am Stromnetz aufgeladen werden. Außerdem hat sie eine größere Kapazität. So kann der Plug-In-Hybrid längere Strecken rein elektrisch zurücklegen.

5.3.1.1 Micro-Hybrid

Als Micro-Hybride bezeichnet man oft Fahrzeuge mit einer Start-Stopp-Funktion und einem intelligenten Energiemanagementsystem (vgl. Abschnitt 2.2). Micro-Hybride sind im Sinne der Eingangsdefinition aber keine echten Hybridfahrzeuge, da sie außer dem Verbrennungsmotor über keine zusätzliche Antriebsquelle verfügen. Micro-Hybride (Bild 5.25) haben nach wie vor ein 12-Volt-Einspannungsbordnetz, jedoch mit einer größeren, zyklenfesteren Batterie, damit für die häufigeren Startvorgänge genügend Energie vorhanden ist.

Die Energie für die häufigeren Startvorgänge wird über den Generator in den Schubphasen des Fahrzeuges gewonnen. Die regenerative Bremsfunktion tritt in Aktion, sobald

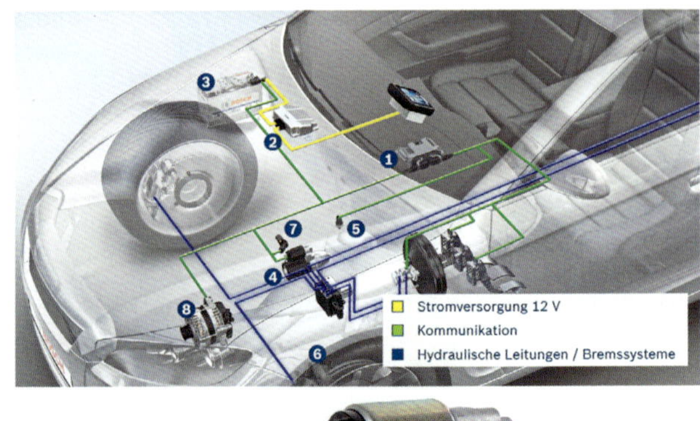

Bild 5.25
Aufbau eines Micro Hybrid Systems:
1 Motorsteuergerät
2 DC/DC-Wandler 12 Volt
3 Zyklenfeste Batterie mit Batteriesensor
4 Start-Stopp-Starter
5 Neutralgangsensor
6 Raddrehzahlsensor
7 Kurbelwellensensor
8 Generator
[Bild: Bosch]

der Fahrer den Fuß vom Fahrpedal nimmt. Dann sendet das System ein elektrisches Signal an den Starter-Generator, wodurch die kinetische Energie des Fahrzeuges sofort in elektrische Energie (Batterieladung) umgewandelt wird. Durch die teilweise Umwandlung der überschüssigen Bewegungsenergie in elektrische Energie und der Abkoppelung der Generatorfunktion in Konstantfahrt- und Beschleunigungsphasen kann bereits eine bedeutende Verringerung des Kraftstoffverbrauches erreicht werden.

5.3.1.2 Mild Hybrid

Der Mild Hybrid ist der erste, echte Hybrid. Er fährt aber noch nicht elektrisch. Der Elektromotor unterstützt lediglich den Verbrennungsmotor. Da der Verbrennungsmotor seine Leistung hauptsächlich bei mittleren und hohen Drehzahlen realisiert, ist der Elektromotor, der seine Kraft bereits bei niedrigen Drehzahlen entwickelt, die ideale Ergänzung. Der Mild Hybrid kann deshalb überwiegend als Leistungs- und Effizienz-Booster gesehen werden.

Der Mild Hybrid war anfangs sehr häufig mit einem Hochvoltsystem kombiniert. Die Verbreitung am Markt war aber bei allen Herstellern eher gering. Ebenso die Mild-Hybrid-Variante mit 12-Volt-Bordnetz. Mittlerweile geht der Trend bei den Mild Hybrid Fahrzeugen zum 48-Volt-Zweispannungs-Bordnetz (Bild 5.26).

Im Gegensatz zum Zweispannungsbordnetz in Abschnitt 2.1.3, bei dem das 12-Volt-Bordnetz das Hauptnetz ist, wird bei dem in Bild 5.26 gezeigten System der **R**iemen-**S**tarter-**G**enerator (RSG) mit 48 V betrieben und das 12-Volt-Bordnetz über einen DC/DC-Wandler gespeist. Der Riemen-Starter-Generator ist Elektromotor und Generator. Er kann den Motor starten, ihn unterstützen oder in den Schubphasen Energie in die Batterie laden. Für die Anordnung des Startergenerators gibt es drei Möglichkeiten (Bild 5.27), wobei die im Getriebe integrierte (**I**nline-**S**tarter-**G**enerator, ISG) Variante die effizienteste ist und immer häufiger angewendet wird. Durch ein entsprechendes Kupplungsmanagement kann durch die Steuerungselektronik immer der effizienteste Fahrmodus gewählt werden.

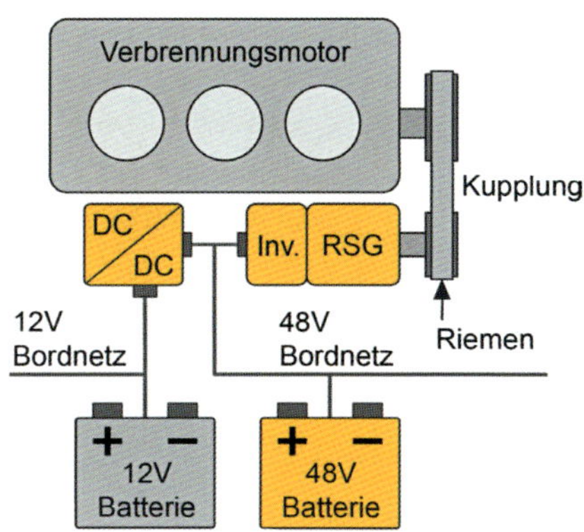

Bild 5.26
Ladesystem in einem Zweispannungsbordnetz mit 12 und 48 V
[Quelle: Continental]

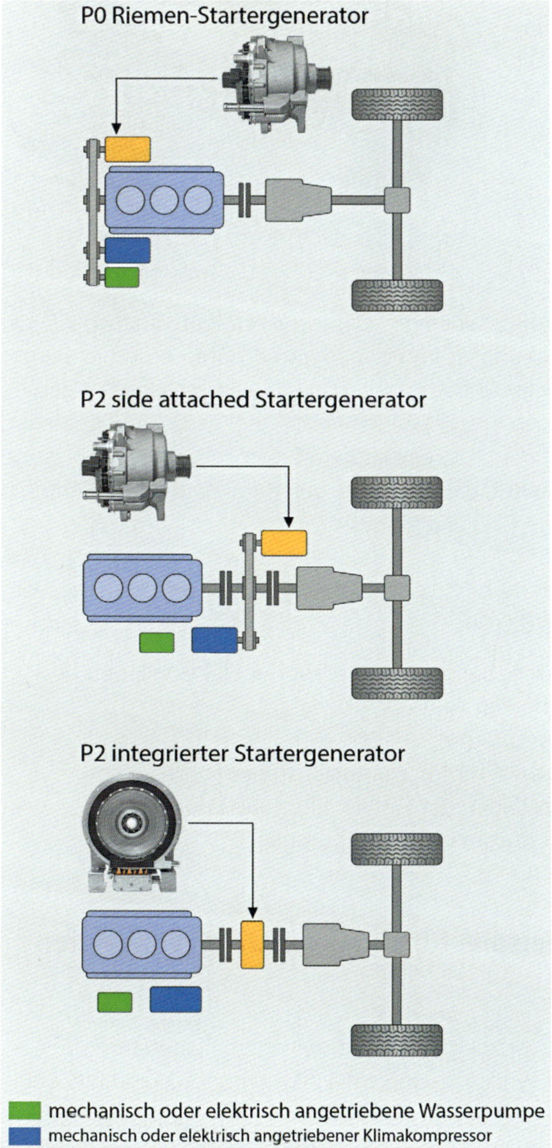

Bild 5.27
Mögliche Varianten der Starter-Generator Anbindung beim Mild Hybrid
[Bild: Continental]

5.3.1.3 Full Hybrid (HEV) und Plug-in-Hybrid (PHEV)

Erst der Full Hybrid (Vollhybrid) kann größere Strecken allein elektrisch angetrieben zurücklegen. Full Hybride arbeiten entweder mit einer leistungsverzweigten oder mit einer parallelen Architektur. Technisch ist ein Vollhybrid (Bild 5.28) ein Hochvoltfahrzeug mit einem zusätzlichen vollwertigen, konventionellen Verbrenner-Antrieb. Wenn die Hochvoltbatterie extern geladen werden kann, spricht man von einem Plug-in-Hybrid (***P****lug-In-****H****ybrid* ***E****lectric* ***V****ehicle,* PHEV).

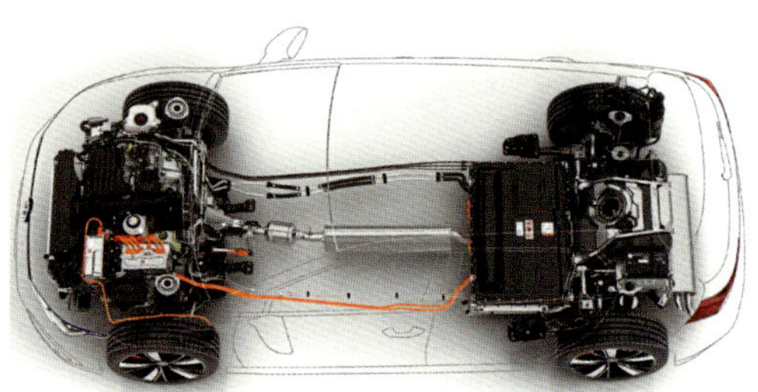

Bild 5.28
Anordnung der Antriebskomponenten bei einem Plug-In-Hybrid
[Bild: Volkswagen]

Der Antrieb der Nebenaggregate muss allerdings elektrisch erfolgen, ebenso wie die Heizung und Klimatisierung. Die Lenkung ist immer elektromechanisch und es bedarf einer elektrischen Unterdruckpumpe. Im Getriebe gibt es eventuell auch eine zusätzliche elektrische Getriebeölpumpe. Zusätzlich muss man den Verbrenner extra konditionieren, da er trotz längerer elektrischer Fahrt sofort einsatzbereit sein muss und z. B. seine Abgaswerte einhalten muss. Das bedeutet, dass man evtl. den Katalysator auch elektrisch beheizen muss.

Ein Full Hybrid, und speziell ein Plug-In-Hybrid, verfügt meistens über verschiedene, vom Fahrer auswählbare Betriebsarten, z. B.:

- ein automatisches Fahrprogramm, bei dem der Fahrer der Elektronik den besten, effizientesten Einsatz der beiden Antriebe überlässt,
- ein besonders effizientes Fahrprogramm,
- ein rein elektrisches Fahrprogramm für lokal emissionsfreies Fahren,
- ein Fahrprogramm bei dem das Laden der Hochvoltbatterie Priorität hat,
- ein «Sport» Fahrprogramm für maximale Leistungsabgabe.

5.3.2 Toyota Prius als Beispiel für einen leistungsverzweigten Hybriden

Der Toyota Prius arbeitet als leistungsverzweigter Hybrid mit einem Planetengetriebe als sogenannte Kraftweiche sowie einer Synchron- und einer Asynchron-E-Maschine. Beide können als Elektromotor und als Generator betrieben werden.

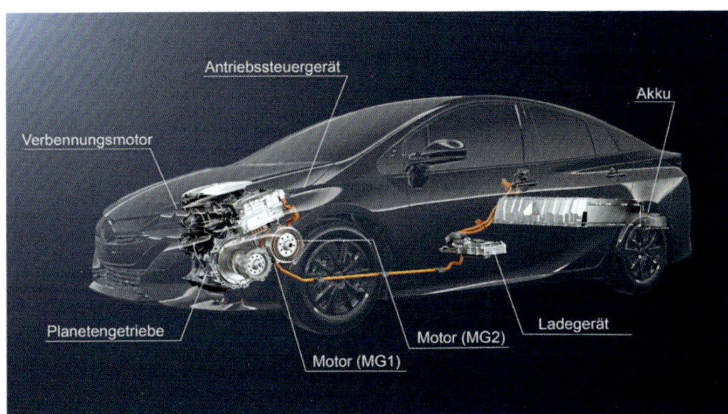

Bild 5.29
Position der Hybrid-Komponenten beim Prius
[Bild: Toyota]

Die Kraftweiche oder auch Leistungsverzweigung ist direkt am Verbrennungsmotor angeflanscht und befindet sich zwischen den beiden Elektromaschinen. Die vom Benzinmotor gelieferte Antriebsenergie wird zum Teil auf die Antriebsräder und zum Teil auf den Motor-Generator (MG 1) aufgeteilt. Die Kraftteilung erfolgt effektiv durch ein Planetengetriebe, das aus Hohlrad, Ritzel, Sonnenrad und Planetenträger besteht (Bild 5.30).

Die rotierende Achse des Planetenradträgers ist direkt mit dem Benzinmotor verbunden, der über die Planentenräder das äußere Hohlrad und das innere Sonnenrad bewegt. Die rotierende Achse des Hohlrades ist mit dem Motor-Generator 2 (MG2) gekoppelt, sodass beide immer mit gleicher Drehzahl umlaufen. Vom Hohlrad wird die Antriebskraft über eine Antriebskette (Zahnkette) und zwei Zahnradübersetzungen an das Differential und damit letztendlich an die Antriebsräder weitergeleitet. Demzufolge sind die Antriebsräder quasi «drehfest» mit dem MG 2 verbunden. Die Achse des Sonnenrades ist mit dem

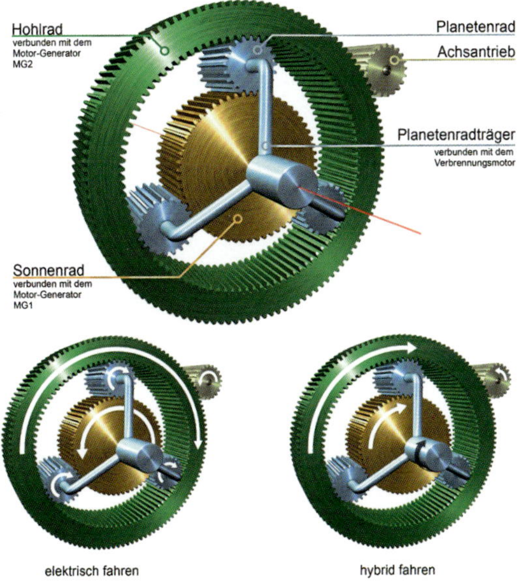

Bild 5.30
Arbeitsweise des Planetengetriebes im Hybridantrieb von Toyota
[Bild: Toyota]

Generator MG1 verbunden. Der Vorteil des Hybridsystems ist laut Unternehmensangaben die vollständig variable Regelung der Drehzahlen und des Kraftflusses zwischen dem Benziner und den Motorgeneratoren MG1 und MG2: Der Verbrenner kann gleichzeitig die Räder antreiben und über die E-Maschine MG1 Ladestrom für die Hybridbatterie erzeugen. Bei Beschleunigung ruft die elektronische Steuerung die dort gespeicherte Energie wieder ab, um sie zum Antrieb des MG2 einzusetzen. Umgekehrt kann der Benziner während der Fahrt über den Widerstand des MG1 praktisch jederzeit abgeschaltet und wieder angelassen werden. Der MG1 fungiert somit nicht nur als «Ladegerät» für die Hybridbatterie, sondern auch als «Start-Stopp-System» für den Benzinmotor.

5.3.3 Paralleler Hybridantrieb

Eine mittlerweile häufig angewendete Form des Hybridantriebes, ist die Unterbringung einer Elektromaschine (Starter/Motor/Generator) in der Getriebeglocke. Die Elektromaschine befindet sich also anstatt z. B. einem hydraulischen Drehmomentwandler direkt zwischen Verbrennungsmotor und Getriebe (Bild 5.31). Nachgelagert kann ein Automatikgetriebe oder ein automatisiertes Schaltgetriebe (Doppelkupplungsgetriebe) angebunden sein.

Durch eine Hohlwelle und eine entsprechende Steuerung der Trennkupplung können die verschiedenen Betriebszustände je nach Notwendigkeit und vom Fahrer gewünschten Fahrprogramm realisiert werden, d. h. rein elektrisch fahren, nur mit dem Verbrenner fahren oder Strom rekuperieren und alle möglichen Zwischenstufen. Die Unterbringung einer Elektromaschine in der Getriebeglocke findet mittlerweile auch bei Mild-Hybrid-Fahrzeugen und 48-Volt-Zweispannungsbordnetz immer mehr Anwendung.

Bild 5.31
Einbauort der Elektromaschine bei einem parallel Hybrid
[Bild: BMW]

5.4 Brennstoffzellenantrieb

Eine besondere Form eines elektrischen Antriebes ist der Brennstoffzellen- (engl. *fuel cell*) Antrieb. Dabei wird die elektrische Energie für den Antrieb durch die gesteuerte Fusion von Wasserstoff und Sauerstoff zu Wasser gewonnen. Der in Tanks mit bis zu

700 bar gespeicherte Wasserstoff wird dosiert in sogenannten Brennstoffzellen auf einer Seite an einer Membrane (Anode) vorbeigeführt. Auf der anderen Seite der Membrane (Kathode) wird der Sauerstoff der Umgebungsluft zugeführt (Bild 5.32). Bei der Vereinigung der beiden Gase wird Energie frei, die für den Antrieb genutzt werden kann.

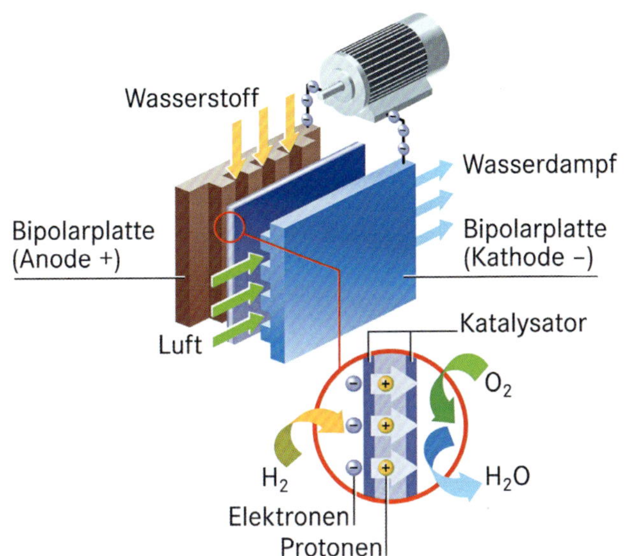

Bild 5.32
Prinzipielle Funktionsweise einer Brennstoffzelle
[Bild: Mercedes-Benz]

Damit die pro Zelle freiwerdende Energie genutzt werden kann, muss man viele einzelne Zellen in sogenannte *Stacks* (engl. Stapel) hintereinanderschalten, um so die notwendige Spannung zu erhalten. Die erzeugte Gleichspannung wird dann über eine Leistungselektronik an den Antriebsmotor weitergeleitet. Da die während der Fahrt benötigte Energie, jedoch über die Brennstoffzellen nicht in gleicher Geschwindigkeit variiert werden kann, hat das Fahrzeug auch eine Hochvoltbatterie. Zuviel produzierte Energie wird einerseits darin gespeichert, aber auch bei kurzfristigen höheren Leistungsanforderungen entnommen. Bei der Fahrzeugverzögerung wird die Bewegungsenergie ebenfalls wieder in die Hochvoltbatterie gespeist (Rekuperation). Gesteuert wird die «Stromproduktion», die Entnahme oder Zuführung von Energie aus der Hochvoltbatterie durch eine Leistungssteuereinheit. Die Leistungssteuereinheit regelt auch die Gasversorgung und Kühlung der Brennstoffzellen, damit diese im optimalen Betriebsbereich gehalten werden. Alle Komponenten befinden sich beispielsweise im Toyota Mirai im Fahrzeugboden (siehe Bild 5.33).

Das Fahrzeug besitzt, wie alle anderen Fahrzeuge auch, zusätzlich eine 12-Volt-Batterie und ein 12-Volt-Bordnetz, das über einen DC/DC-Wandler versorgt wird.

Da Wasserstoff hoch reaktiv ist, gibt es einige zusätzliche Sicherheitsmaßnahmen:

- Im Fahrzeug befinden sich zusätzlich einige Wasserstoffsensoren. Wird ein Leck oder Fehlfunktionen entdeckt, wird das System sofort abgeschaltet und der Fahrer gewarnt.

- Die Wasserstoffdrucktanks besitzen ein Haltbarkeitsdatum
- Beim Tankvorgang kann das Fahrzeug nicht gestartet werden.
- **Bedienung und Arbeiten an Brennstoffzellenfahrzeugen benötigen eine zusätzliche Qualifikation und Sicherungsmaßnahmen.**
- Wird an Fahrzeugen mit Brennstoffzellenantrieb gearbeitet, müssen an der Werkstattdecke ebenfalls Wasserstoffsensoren installiert sein.
- Es muss für eine ausreichende Belüftung speziell im Deckenbereich gesorgt werden, da Wasserstoff leichter als die Umgebungsluft ist und nach oben steigt.

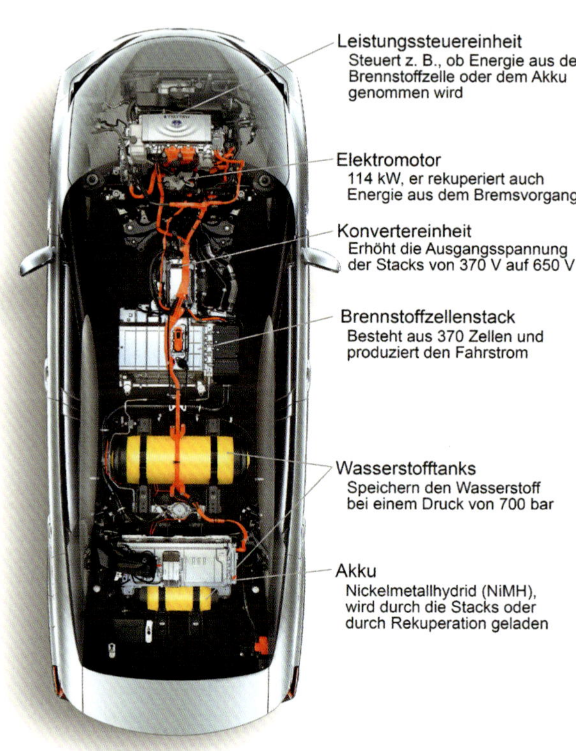

Bild 5.33
Antriebsstrang eines Brennstoffzellenfahrzeuges
[Bild: Toyota]

5.5 Exkurs: NEFZ/WLTP

Die Ablösung des seit 1992 gültigen NEFZ (**N**euer **E**uropäischer **F**ahr**z**yklus) durch den WLTP (***W**orldwide Harmonized **L**ight-Duty Vehicles **T**est **P**rocedure*) für neue Typzulassungen ab 09/2017 hat gerade auch auf die Fahrzeuge mit elektrifiziertem Antriebsstrang nicht unerhebliche Auswirkungen. Bild 5.41 zeigt im direkten Vergleich die Unterschiede beider Testzyklen.

Die höhere Durchschnittsgeschwindigkeit, Beschleunigung, Höchstgeschwindigkeit, Fahrzeugausstattung usw. bedingt eine Steigerung des nominalen Verbrauchswertes

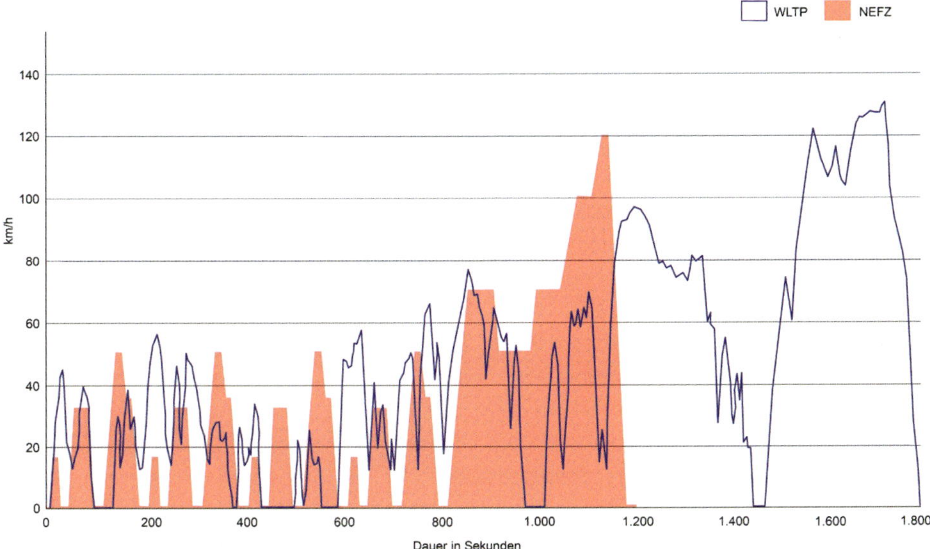

Bild 5.34 *Unterschiede im Fahrprofil NEFZ und WLTP*
[Quelle: Mercedes-Benz]

Tabelle 5.1 *Unterschiede zwischen WLTP und NEFZ (Auszüge)*

Anforderung	NEFZ	WLTP
Starttemperatur	Kalt	Kalt
Zykluszeit	20 min	30 min
Standzeitanteil	25 %	13 %
Zykluslänge	11 km	23,25 km
Testzyklus	Einfach	Dynamisch
Streckenprofile	2 Phasen	4 Phasen
Testtemperatur	20-30 °C	14 und 23 °C
Geschwindigkeit	Mittel: 34 km/h Maximal: 120 km/h	Mittel: 74 km/h Maximal 131 km/h
Antriebsleistung	Mittel: 4 kW Maximal: 34 kW	Mittel: 7kW Maximal: 47 kW
Beschleunigung	Mittel: 0,39 m/s² Maximal: 1,04 m/s²	Mittel: 0,50 m/s² Maximal: 1,58 m/s²
Sonderausstattung	Wurde nicht berücksichtigt	Wird berücksichtigt

[Quelle: VDA]

um ca. 20 % und ist damit näher an dem realen Kundenverbrauchswert, an dem sich dadurch natürlich nichts ändert. Auch für Fahrzeuge mit elektrifiziertem Antriebsstrang (BEVs, HEVs und PHEVs) gilt der WLTP für die Typzulassung und bedeutet hier ebenso einen höheren Energieverbrauch (kWh / 100 km) und daraus resultierend geringere (praxisorientiertere) Reichweiten.

Rein batterieelektrische Fahrzeuge (BEV) starten den Prüfzyklus mit einer vollen Hochvoltbatterie. Nach dem Testende wird die Batterie wieder geladen und der Ladestrom (inkl. der Ladeverluste) erfasst.

Plug-In-Hybride beginnen den Test ebenfalls mit vollgeladener Hochvoltbatterie. Der Testzyklus wird jedoch so oft wiederholt bis die Batterie leer ist und zum Schluss sogar einmal mit vollständig leerer Batterie. Bei allen Zyklen werden die Emissionen und der Verbrauch gemessen und daraus der Gesamtverbrauch, die elektrische als auch die Gesamtreichweite errechnet und der auszuweisende CO_2-Wert bestimmt.

Bei der Berechnung bedient man sich eines sogenannten *Utility Factor* (engl. Nutzenfaktor), bei dem die Gesamtreichweite und die elektrische Reichweite ins Verhältnis gesetzt werden. Der **U**tility **F**actor (UF) bei einem BEV ist 100 %, bei einem reinen Verbrenner 0 %, bei einem Hybriden irgendwo dazwischen. Je höher also der UF, desto höher die elektrische Reichweite und desto niedriger die CO_2-Emissionen.

In Deutschland dürfen nach jeweils aktuellem Prüfzyklus die (berechneten) CO_2-Emissionen nicht mehr als 50 g CO_2/km betragen oder die (berechnete) elektrische Reichweite mindestens 40 km, damit ein E-Kennzeichen vergeben wird. Damit gilt auch ein Hybrid als elektrisches Fahrzeug. Die Anforderungen an die rein elektrische Reichweite von Plug-in-Hybrid-Fahrzeugen wird in den kommenden Jahren schrittweise erhöht: ab 2022 auf 60 Kilometer und ab 2025 auf 80 Kilometer.

6 Fahrdynamische Regelsysteme

Fahrdynamische Regelsysteme sollen den Fahrer unterstützen und primär helfen, gefährliche Fahrsituationen zu vermeiden, und dadurch Unfälle zu verhindern. Sie können aber auch den Komfort erhöhen oder die Fahrdynamik steigern. Eingebunden sind die Steuergeräte für die fahrdynamischen Regelsysteme häufig in die Vernetzung des Antriebsstranges, d. h., sie sind Teil des Antriebs-CAN. In unserem Beispiel sind die Fahrstabilitätsregelung und die Steuergeräte für die verschiedenen fahrdynamischen Regelsysteme Teil des FlexRay-Bussystems. Sie sind über eine Headunit (zentrales Bordnetzsteuergerät) mit dem Antriebs-CAN und den anderen Steuergeräten des Antriebsstrangs verbunden.

6.1 Fahrstabilitätsregelung

Das häufigste fahrdynamische Regelsystem ist die Fahrstabilitätsregelung, die mittlerweile seit einigen Jahren bei allen neuen Fahrzeugen Pflicht ist. Teilfunktionen aus denen in der weiteren Entwicklung die Fahrstabilitätsregelung hervorgegangen ist, sind das Anti-Blockier-System und die Antriebsschlupfregelung.

6.1.1 Anti-Blockier-System (ABS)

Bei einer Vollbremsung bestand bei einer Bremsanlage ohne ABS die Gefahr, dass die Räder blockieren und das Fahrzeug schleudert bzw. nicht mehr lenkbar ist. Durch das ABS wurde das Problem gelöst, indem es den Bremsdruck an jedem Rad so regelt, dass bei allen Fahrbahnbelägen das Blockieren der Räder zuverlässig verhindert wird und das Fahrzeug lenkfähig bleibt. Die Fahrstabilität muss sowohl bei trockenem, griffigem Asphalt als auch auf Glatteis und bei allen sich daraus ergebenden Kombinationen erhalten, und das Fahrzeug muss nur durch geringe Lenkbewegungen für einen «Normal-Fahrer» beherrschbar bleiben.

6.1.1.1 Grundsätzliche Funktionen des ABS und allgemeiner Aufbau

Bild 6.1 zeigt den vereinfachten, ursprünglichen Aufbau eines Fahrzeuges mit ABS. Das Steuergerät erhält zur Regelung des Bremsvorganges Eingangsinformationen von den Raddrehzahlfühlern. Diese teilen dem Steuergerät durch eine sinusförmige Wechselspannung die Radgeschwindigkeit mit. Die Auswertelogik im Steuergerät bildet daraus eine Fahrzeug-Referenzgeschwindigkeit, auf die bei Regelvorgängen Bezug genommen wird.

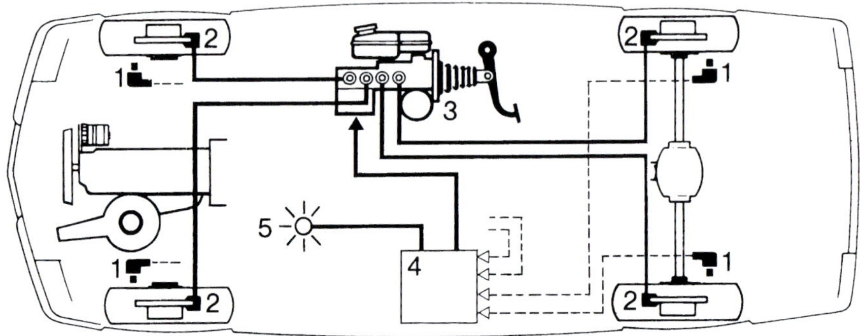

Bild 6.1 *Pkw mit ABS*

1 *Raddrehzahlfühler*
2 *Radbremszylinder*
3 *Hauptbremszylinder mit Hydroaggregat,*
4 *Steuergerät*
5 *ABS Warnlampe*

Jegliche Drehzahländerungen eines oder mehrerer Räder werden wahrgenommen und bei zu starkem Absinken der Raddrehzahl innerhalb einer Zeitspanne bzw. in Bezug zur Referenzgeschwindigkeit als Blockiergefahr erkannt. Um das Blockieren eines Rades zu verhindern, wird der Bremsdruck zum Radbremszylinder zunächst auf dem erreichten Wert gehalten und nicht gesteigert (Druck halten). Nimmt die Drehbewegung eines Rades weiter ab, wird der Bremsdruck zurückgenommen (Druck senken), sodass das Rad weniger abgebremst wird. Dadurch können die Drehbewegungen des Rades wieder zunehmen und das Fahrzeug bleibt beherrschbar. Sobald ein bestimmter Grenzwert erreicht ist, erkennt das Steuergerät, dass der Bremsdruck wieder erhöht werden muss, um die Radumdrehungen zu verringern (Druck steigern). Danach beginnt die Regelung von neuem. Abhängig vom Fahrbahnbelag können 4 bis 15 Regelzyklen pro Sekunde ablaufen, bis zu einer untersten Regelschwelle von meist ca. 4 km/h. Jedes Rad wird so immer nahe an dem Punkt mit der bestmöglichen Bremswirkung (ca. 20 % Schlupf am Rad) gehalten.

Vom Steuergerät werden bei allen Vorgängen – Druck halten, Druck senken, Druck aufbauen – ein oder mehrere Magnetventile angesteuert, die im Hydroaggregat zu einem Bauteil zusammengefasst sind. Je nach Hersteller gab es bei den ersten Systemen grundsätzlich drei Varianten der Regelung:

1. Jeweils ein Vorderrad und das diagonal entgegengesetzte Hinterrad werden gemeinsam geregelt.
2. Die Vorderräder werden einzeln und die Hinterräder gemeinsam geregelt. Hier spricht man von einer Select-low-Regelung, d. h., die Regelung bezieht sich immer auf das Rad, das sich am nächsten zur Blockiergrenze befindet. Dieses System wurde in der Anfangszeit des ABS sehr häufig verwendet.
3. Der Bremsdruck wird für jedes Rad einzeln geregelt. Dies hat sich mittlerweile durchgesetzt und ist auch die Voraussetzung für alle weiteren Funktionen der Fahrstabilitätsregelung.

Die ABS-Systeme waren von Anfang an mit einer Eigendiagnose und einem nichtflüchtigen Fehlerspeicher ausgestattet. Das Steuergerät überprüft sich und die angeschlossenen Komponenten permanent ab Zündung ein. Wird ein Fehler im ABS-System erkannt, schaltet das Steuergerät, sofern noch möglich, auf ein Notprogramm bzw. sich ab. Eine Warnleuchte signalisiert dann dem Fahrer, dass nur noch die normale Funktion der Bremsanlage ohne ABS-Regelung möglich ist.

6.1.1.2 Raddrehzahlfühler

Die Signale der einzelnen Raddrehzahlfühler sind bei allen Funktionen der Fahrstabilitätsregelung nach wie vor die wichtigsten Eingangssignale und werden bei allen aktuellen Systemen auch immer für die Berechnung der Fahrzeuggeschwindigkeit herangezogen, die von dem Steuergerät der Fahrstabilitätsregelung auf das Bussystem des Antriebsstranges übertragen wird.

Die Funktion der Raddrehzahlfühler ist bei allen Systemen grundsätzlich gleich. Sie liefern für jedes einzelne Rad die Raddrehzahl. Es gibt jedoch verschiedene Arten von Drehzahlfühlern. Die bei den ersten ABS-Systemen am häufigsten verwendeten (passiven) Drehzahlfühler (Bild 6.2) liefern durch die Drehung eines mit der Radnabe (manchmal auch mit dem Differential) verbundenen Impulsrades eine sinusförmige Wechselspannung. Die Frequenz der Wechselspannung ist direkt proportional zur Drehgeschwindigkeit des Rades. Die Funktion und die Signale der Drehzahlfühler werden permanent ab einer Fahrzeuggeschwindigkeit von ca. 4 bis 6 km/h durch das Steuergerät überprüft und ausgewertet.

Die Zähne des Impulsrades verändern durch die Drehbewegung das Magnetfeld des Dauermagneten und induzieren dadurch die Wechselspannung. Diese kann mit einem Scope überprüft werden. Eine Tastverhältnismessung ist ebenfalls hinreichend genau. Die Drehzahlfühler können statisch auch durch eine Widerstandsmessung auf Unterbrechungen überprüft werden.

In der weiteren Entwicklung gab es auch Drehzahlfühler ohne Dauermagneten. Diese werden erst bei betriebsbereiter Anlage von Strom durchflossen und bauen dadurch ein Magnetfeld auf, das dann wieder durch die Drehbewegung des Impulsrades eine sinusförmige Wechselspannung liefert. Hier muss bei einer Fehlersuche zusätzlich die Spannungsversorgung der Drehzahlfühler durch das Steuergerät kontrolliert werden.

Seit Anfang 2000 verwendet man Raddrehzahlsensoren, die mit zwei-poligen Hallgebern arbeiten. Diese werden im Gegensatz zu den anfangs verwendeten passiven Sensoren auch als aktive Drehzahlsensoren bezeichnet. Eine an der Radnabe befestigte Lochblechscheibe schaltet abwechselnd das Hallsignal durch bzw. unterbricht es. Das

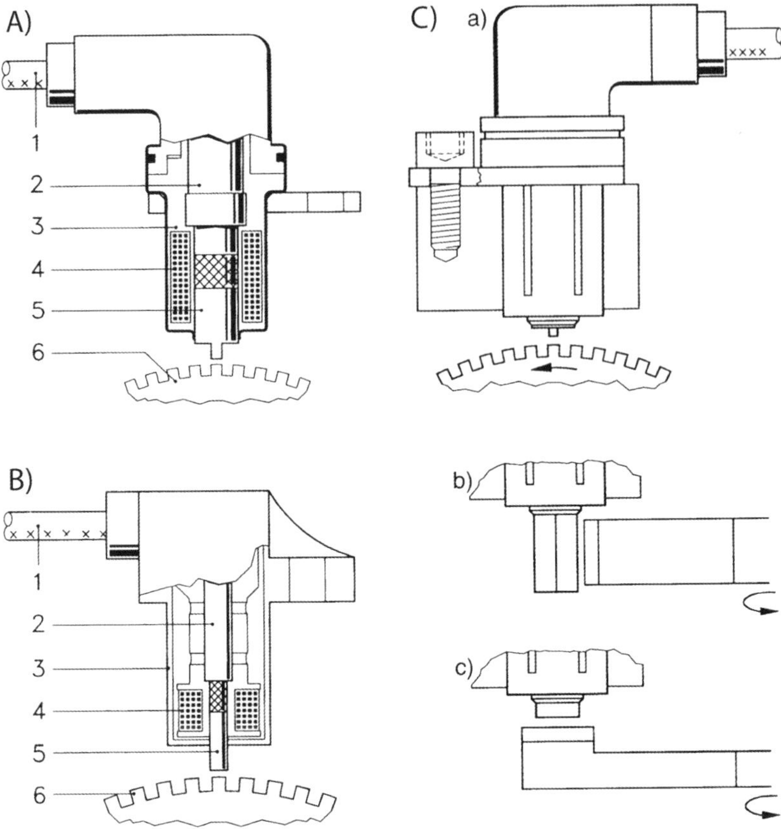

Bild 6.2 *Drehzahlfühler (Schnitt) und Einbauarten*

A) Drehzahlfühler DF2 mit Meißelpolstift
B) Drehzahlfühler DF3 mit Rundpolstift
1 elektrische Leitung
2 Dauermagnet
3 Gehäuse
4 Wicklung
5 Polstift
6 Impulsrad
C) Einbauarten
a) Einbau radial, Abgriff radial mit Meißelpolstift
b) Einbau axial, Abgriff radial mit Rautenpolstift
c) Einbau radial, Abgriff axial mit Rundpolstift

Drehzahlsignal kann ebenfalls mit dem Tastverhältnis gemessen werden. Anstatt der Lochblechscheibe verwendet man mittlerweile häufig einen sogenannten Multipolring, in den Magnete mit wechselnder Polrichtung eingebaut sind (Bild 6.3).

Durch die aktiven Sensoren ist eine Drehzahlerfassung bereits ab einer Fahrzeuggeschwindigkeit von ca. 0,1 km/h möglich. Außerdem können sie auch die Drehrichtung des Rades (vorwärts/rückwärts) erkennen. «Intelligente» Raddrehzahlsensoren haben eine integrierte Auswerteelektronik und übertragen die Raddrehzahlinformation an das Steuergerät digital. Weitere Details zu den Raddrehzahlsensoren im Kapitel 22 Sensoren und Aktoren.

Für alle Systeme und Arten von Drehzahlsensoren ist es wichtig, dass der Abstand (Luftspalt) zwischen Impulsrad und Drehzahlfühler genau dem vom Hersteller angegebenen Wert entspricht. Der Luftspalt misst in der Regel bis ca. 1 mm. Außerdem muss darauf geachtet werden, dass Impulsrad und Drehzahlfühler richtig befestigt sind und sich dadurch keine Störschwingungen aufbauen können.

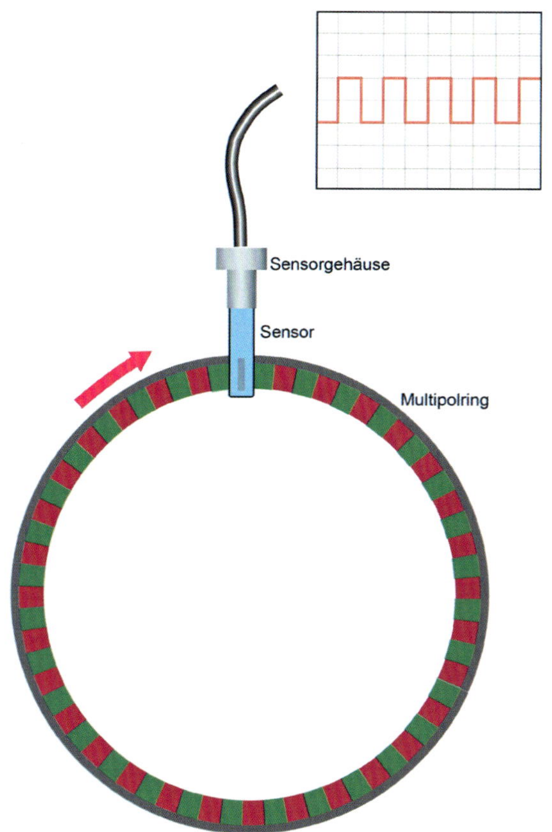

Bild 6.3
Raddrehzahlsensor mit Multipolring
[Bild: Schmidt]

Grobe Verschmutzungen, Rost und Feuchtigkeit können ebenfalls die Funktion beeinträchtigen. Besonders bei älteren Fahrzeugen und unklaren Fehlfunktionen sollte man das prüfen. Das gilt unabhängig von den verschiedenen Einbauarten und verwendeten Sensoren.

6.1.1.3 Geschlossenes System mit 2/2-Magnetventilen

Das zuerst von Bosch eingeführte Anti-Blockier-System regelte den Bremsdruck durch 3/3-Magnetventile in einem geschlossenen System. Das später von Teves entwickelte System regelte den Bremsdruck durch jeweils zwei 2/2-Magnetventile in einem offenen System (siehe historische Entwicklung der Systeme im Abschnitt 6.4).

Nach dem Auslauf verschiedener patentrechtlicher Schutzbestimmungen setzte sich bei vielen Herstellern das Anti-Blockier-System als geschlossenes System mit 2/2-Magnetventilen durch. Es vereint die Vorteile beider zuvor erwähnten Systeme: schnelle feinabgestimmte Bremsdruckmodulation durch je ein 2/2-Magnetventil für Ein- und Auslass an jedem Radbremszylinder und keinen Bremsflüssigkeitsverlust aus dem mit Druck beaufschlagten Teil des Hydraulikkreislaufes durch eine ABS Regelung. Bild 6.4 zeigt den Hydraulikkreislauf eines geschlossenen Vierkanal-Anti-Blockier-Systems in diagonaler Bremskreisaufteilung mit 2/2-Magnetventilen.

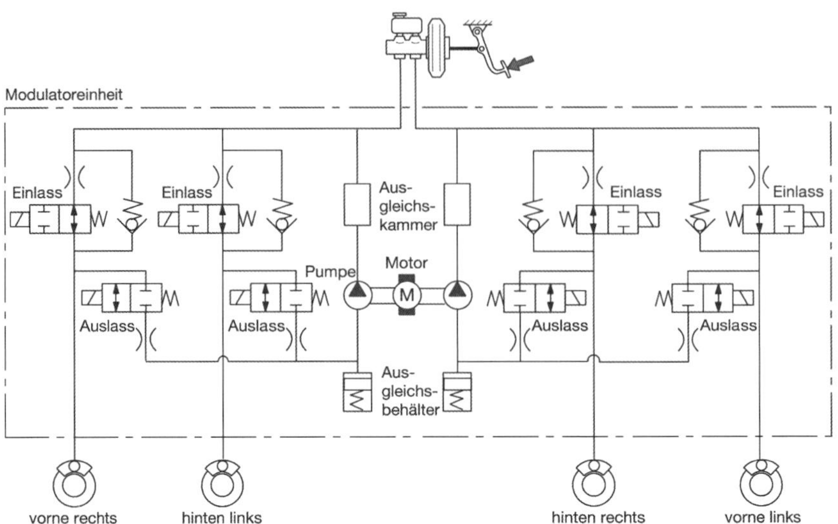

Bild 6.4 *Geschlossener Hydraulikkreislauf ABS mit 2/2-Magnetventilen*

Im Folgenden die kurze Beschreibung der Ansteuerung der Magnetventile beim Druckaufbau, Druckhalten und Druckabbauen bei einer ABS-Regelung.

Normallage bzw. Druck aufbauen: Alle Einlassventile stromlos offen, alle Auslassventile stromlos geschlossen. Der Druck vom Hauptbremszylinder bei der Betätigung des Bremspedals kann ungehindert auf die Radbremszylinder wirken.

Druck halten: Das Einlassventil wird geschlossen (bestromt), das Auslassventil bleibt stromlos geschlossen. Der Bremsflüssigkeitsdruck am entsprechenden Radbremszylinder wird konstant gehalten.

Druck abbauen: Das Einlassventil bleibt geschlossen (bestromt), das Auslassventil wird geöffnet (bestromt). Der Druck kann sich über das Auslassventil zum Ausgleichsbehälter reduzieren.

Die Rückförderpumpe läuft an, sobald an einem Radbremszylinder der Druck reduziert werden muss. Dadurch wird die Bremsflüssigkeit vom Ausgleichsbehälter über die Ausgleichskammer zum Hauptbremszylinder zurückgefördert. Die Pumpe wird erst wieder abgeschaltet, wenn eine Regelung nicht mehr notwendig ist.

Bei einer ABS-Regelung erfolgt eine fein dosierte Druckmodulation durch kurzes Ein- und Ausschalten der Magnetventile, der Druck wird nur geringfügig erhöht oder reduziert. Den Ablauf einer Regelung eines Radbremszylinders wie er in Wirklichkeit ablaufen könnte, zeigt das Beispiel in Bild 6.5.

Das Einlassventil wird geschlossen (Strom ein), um den Druck zu halten und einen weiteren Druckaufbau zu verhindern, da die Raddrehzahl deutlich unter die Fahrzeuggeschwindigkeit abfällt. Da die Raddrehzahl weiter abfällt, wird das Auslassventil kurzzeitig geöffnet (Strom ein), damit der Druck geringfügig reduziert wird. Der Pumpenmotor wird eingeschaltet. Durch den geringeren Druck und die reduzierte Bremswirkung nähert sich die Raddrehzahl wieder der Fahrzeuggeschwindigkeit. Der Druck kann wieder erhöht werden;

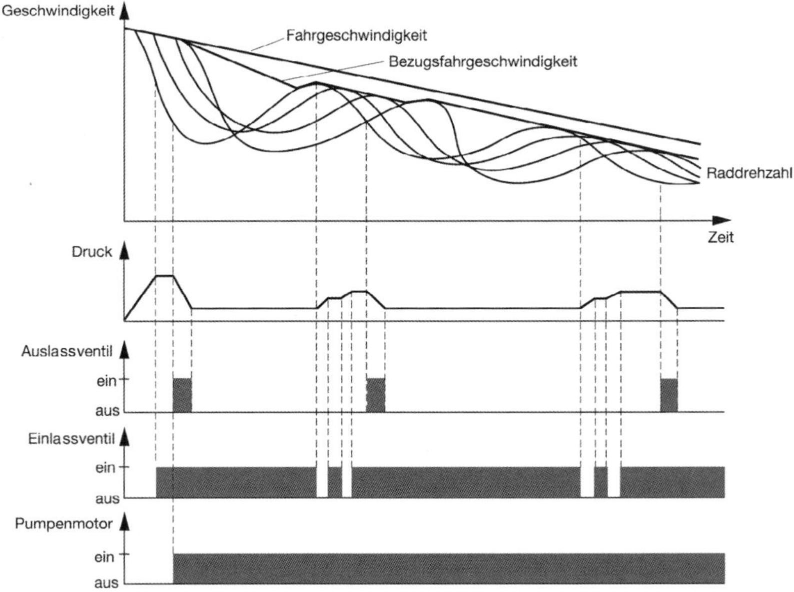

Bild 6.5 *Raddrehzahl und Modulatorsteuerung*

dazu wird das Einlassventil kurz geöffnet (stromlos). In dem gezeigten Beispiel wird das Einlassventil unmittelbar darauf nochmals kurz geöffnet, da der Druck noch weiter aufgebaut werden kann. Anschließend wird das Auslassventil wieder kurz geöffnet usw.

Die Möglichkeit der fein dosierten Druckmodulation nutzt man häufig auch für die Funktion einer **e**lektronischen **B**remskraft**v**erteilung (EBV). Diese setzt ein, sobald bei leichten Bremsvorgängen der Schlupf der Hinterräder zu groß wird, und endet mit dem ABS-Regelbereich. Bild 6.6 zeigt den Arbeitsbereich der elektronischen Bremskraftverteilung.

Durch die ABS-Elektronik kann die Bremskraftverteilung exakt auf die jeweils verschiedenen Beladungszustände des Fahrzeuges angepasst werden, um immer ein höchstmögliches Maß an Fahrstabilität zu erreichen. Eine mechanische Bremskraftverteilung oder ein Druckminderventil für die hinteren Radbremsen ist dabei nicht mehr notwendig und kann entfallen.

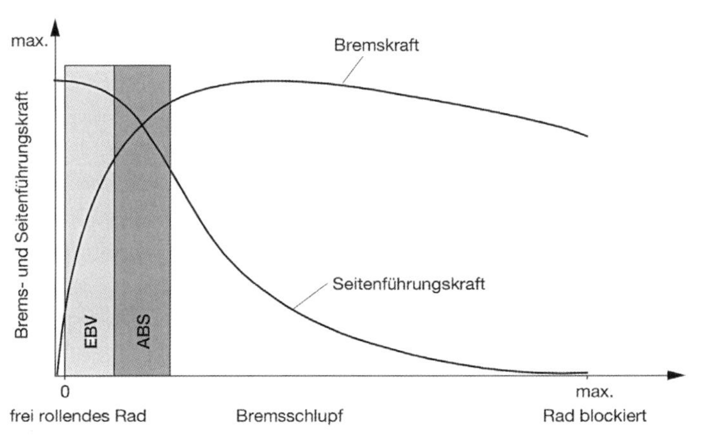

Bild 6.6
Arbeitsbereich der EBV-Regelung

6.1.2 Antriebsschlupfregelung

Eine Umkehrung des Anti-Blockier-Systems stellt die **A**ntriebs**s**chlupf-**R**egelung (ASR) dar. Sie verhindert beim Beschleunigen das Durchdrehen der Antriebsräder und somit einen Stabilitätsverlust.

Die Antriebsschlupf-Regelung greift ebenfalls auf die Raddrehzahlfühler zurück. Antriebsschlupf-Regelung und Anti-Blockier-System bildeten durch viele gemeinsame Funktionen bzw. Bauteile schon immer eine Einheit und waren schon immer in einem Steuergerät untergebracht. Das gilt auch für das bereits vom ABS bekannte Hydroaggregat, das mit kleinen Modifikationen für beide Funktionen verwendet wurde. Und das gilt auch für die aktuellen Fahrstabilitätsregelsysteme, die für alle Teilfunktionen immer nur ein gemeinsames Hydroaggregat haben.

Um das Durchdrehen der Antriebsräder zu verhindern, gibt es prinzipiell drei Möglichkeiten des Eingriffs für das ASR-Steuergerät, die in der folgenden Aufzählung nach der Schnelligkeit der gewünschten Reaktion angeordnet sind.

1. **Bremseneingriff**, d. h., das oder die Antriebsräder, die sich im erhöhten Schlupf befinden, werden durch die Druckbeaufschlagung der oder des entsprechenden Radbremszylinders abgebremst.
2. **Drehmomentreduzierung**, d. h., durch das Motorsteuergerät wird bei einem Ottomotor zuerst die Zündung nach spät verstellt und im Weiteren die Zündung und Einspritzung ausgeblendet; bei einem Dieselmotor zuerst der Spritzbeginn verstellt und auch im Weiteren die Einspritzmenge reduziert.
3. **Drosselklappeneingriff**, d. h., die Drosselklappe wird entgegen dem Fahrerwunsch geschlossen bzw. beim Diesel die Einspritzmenge bis zur Leerlaufmenge reduziert.

Bei den aktuellen Fahrstabilitätsregelsystemen werden bei einer ASR-Regelung alle drei Möglichkeiten entsprechend programmierter Regelschwellen bei Bedarf einzeln oder in Kombination aufeinander abgestimmt eingesetzt. Bei den ersten ASR-Regelsystemen gab es unterschiedliche Ausprägungen in unterschiedlichen Kombinationen; mit oder ohne Bremseneingriff, mit oder ohne Drehmomentreduzierung, mit oder ohne Drosselklappeneingriff, mit einer zweiten vorgelagerten Drosselklappe usw.

Häufig ist in Verbindung mit der ASR auch die Funktion einer **M**otor**s**chleppmoment**r**eduzierung (MSR) verbunden. Werden beim Gaswegnehmen oder Zurückschalten auf rutschigem Fahrbahnbelag die Räder durch das Motorbremsmoment zu stark abgebremst, ergibt sich ein zu hoher Bremsschlupf. Um in dieser Situation die Fahrstabilität zu erhalten, hebt die MSR die Gaszufuhr bzw. beim Diesel die Einspritzmenge wieder leicht an (Drehmomenterhöhung).

Analog dem ABS gab es auch bei der ASR zuerst geschlossene Systeme mit 3/3-Magnetventilen und offene Systeme mit 2/2-Magnetventilen (siehe historische Entwicklung der Systeme im Abschnitt 6.4). Aber auch hier hat sich mittlerweile das geschlossene System mit 2/2-Magnetventilen (siehe Bild 6.7) etabliert.

Bei einem Bremseneingriff wird der Druck am Radbremszylinder durch jeweils zwei 2/2-Magnetventile (1, 1a, 2, 2a) variiert.

Der Druck wird durch die Förderpumpe erzeugt und im Druckspeicher gehalten. Dem Druckspeicher vorgeschaltet ist ein eigenes 2/2-Magnetventil (5), das die Leitung zum Druckspeicher öffnet bzw. verschließt. Stromlos ist es geschlossen.

Damit der Druck nicht über den Hauptbremszylinder entweichen kann (bei geöffnetem Druckspeicher-Ladeventil und laufender Förderpumpe) wird das Trennventil (6) angesteuert, das damit die Verbindung zum Hauptbremszylinder verschließt (stromlos offen).

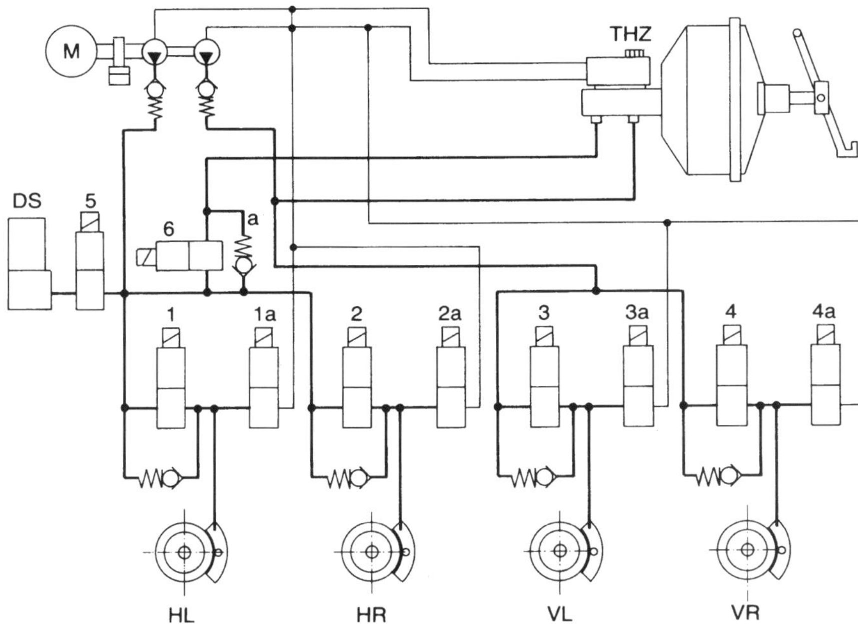

Bild 6.7 *Hydrauliksystem Antriebsschlupf-Regelung ASC+T, nicht aktiv*

THZ Tandem-Hauptbremszylinder
DS Druckspeicher
Magnetventile:
1 Einlassventil Radbremszylinder hinten links
1a Auslassventil hinten links
2 Einlassventil hinten rechts
2a Auslassventil hinten rechts
3 Einlassventil vorne links
3a Auslassventil vorne links
4 Einlassventil vorne rechts
4a Auslassventil vorne rechts
5 Druckspeicher-Ladeventil vorne rechts
6 Trennventil
6a Überdruckventil

Bei einer Regelung werden aber zuerst die Ventile des nicht zu regelnden Rades mit Strom beaufschlagt. Damit schließt das Einlassventil und lässt an diesem Rad keinen Druckaufbau zu, das Auslassventil wird dabei sicherheitshalber geöffnet.

Als Nächstes wird das Trennventil angesteuert, um die Verbindung zum Hauptbremszylinder zu verschließen.

Wird nun das Druckspeicher-Ladeventil bestromt (geöffnet), kann sich der Druck im Radbremszylinder des zu regelnden Rades ungehindert aufbauen, da hier die Magnetventile anfangs stromlos bleiben, d. h. Einlassventil offen, Auslassventil geschlossen.

Ist die Bremswirkung ausreichend, wird das Einlassventil angesteuert (geschlossen) und der Druck gehalten. Wird anschließend das Auslassventil geöffnet, baut sich der Druck ab.

Kommt es an diesem Rad erneut zu einem erhöhten Schlupf, werden beide Ventile stromlos geschaltet, und ein erneuter Druckaufbau ist möglich.

Damit der Druck im Druckspeicher bzw. bei einer Regelung nicht zu weit absinkt, öffnet ein Druckschalter im Druckspeicher. Dadurch wird die Förderpumpe angesteuert.

Das Laden des Druckspeichers kann auch außerhalb einer Regelung erfolgen. Dazu werden die Einlassventile geschlossen, die Auslassventile aus Sicherheitsgründen geöffnet, das Trennventil geschlossen und das Druckspeicherventil geöffnet.

Damit kann die Förderpumpe den Druckspeicher laden. Ist dieser Vorgang beendet, werden alle Ventile wieder stromlos, also:

- Druckspeicher-Ladeventil geschlossen,
- Trennventil geöffnet,
- Einlassventile geöffnet,
- Auslassventile geschlossen.

Die normale Funktion der Betriebsbremsanlage steht augenblicklich wieder zur Verfügung.

Bei einem Bremsvorgang, den das Steuergerät durch das Signal des Bremslichtschalters sowie des Pedalwegsensors erkennt, werden deshalb als erstes alle Ventile stromlos geschaltet – unabhängig davon, ob der Druckspeicher geladen wird oder ein Bremseneingriff im Rahmen der ASR ausgeführt wurde.

Durch diese Sicherheitsschaltung ist gewährleistet, dass die normale Bremsanlage nach einer ASR-Funktion oder bei einem Ausfall des Systems ohne Verzögerung zur Verfügung steht.

6.1.3 Funktionsbeschreibung der Fahrstabilitätsregelung

Aufbauend auf das Anti-Blockier-System, das beim Bremsen die Räder vor dem Blockieren schützt, und auf die Antriebsschlupf-Regelung, die ein Durchdrehen der Räder beim Beschleunigen verhindert, sorgt die Fahrstabilitätsregelung für ein stabilisiertes Fahrverhalten bei kritischen Fahrzuständen – unabhängig davon, ob gerade die Bremse oder das Gaspedal oder keines von beiden betätigt wird. Auswertungen von Unfallstatistiken zeigten, dass ca. 1/6 aller Unfälle durch ins Schleudern geratene Fahrzeuge verursacht wurden, speziell wenn die Fahrbahn einen niedrigen Reibwert (bei Eis, Schnee, Regen) besitzt. Vor allem bei schnellen Ausweichmanövern, Panikreaktionen oder einem Unter- bzw. Übersteuern des Fahrzeuges und auch wechselnden Fahrbahnzuständen (Reibwerten) greift die Fahrstabilitätsregelung ein. Sie stabilisiert das Fahrzeug dann durch radindividuelles Bremsen und mit Eingriffen in die Motorsteuerung. Die Elektronik mit ihren Sensoren ist auch hier – wie bei ABS und ASR – besser und schneller, als jeder Fahrer es sein könnte. Während das ABS und die Antriebsschlupfregelung vor allem in die Längsdynamik des Fahrzeuges eingreifen, hat die Fahrstabilitätsregelung die zusätzliche Aufgabe, das Fahrzeug um seine Hochachse zu stabilisieren. Hierbei spricht man von einer Giermomentenregelung. Als Giermoment bezeichnet man die Drehung um die Fahrzeughochachse. Bild 6.8 zeigt schematisch die Aufgabe und die notwendigen Sensoren der Fahrstabilitätsregelung.

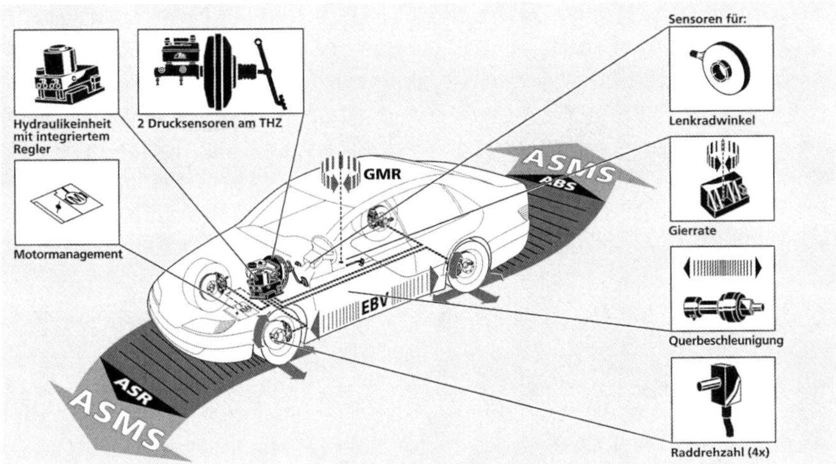

Bild 6.8 *Komponenten des automatischen Stabilitäsmanagementsystems (ASMS)*

Je nach Hersteller existieren für die Fahrstabilitätsregelung einige verschiedene Bezeichnungen und entsprechende Abkürzungen z. B.

- DSC = **D**ynamic **S**tability **C**ontrol,
- ESP = **E**lectronic **S**tability **P**rogram,
- ASMS = **A**utomatisches **S**tabilitäts-**M**anagement-**S**ystem,
- FDR = **F**ahr-**D**ynamik-**R**egelung,
- VSC = **V**ehicle **S**tability **C**ontrol,
- VSA = **V**ehicle **S**tability **A**ssist.

Bild 6.9 zeigt durch zwei einfache Beispiele einen Regeleingriff bei einem übersteuernden und einem untersteuernden Fahrzeug.

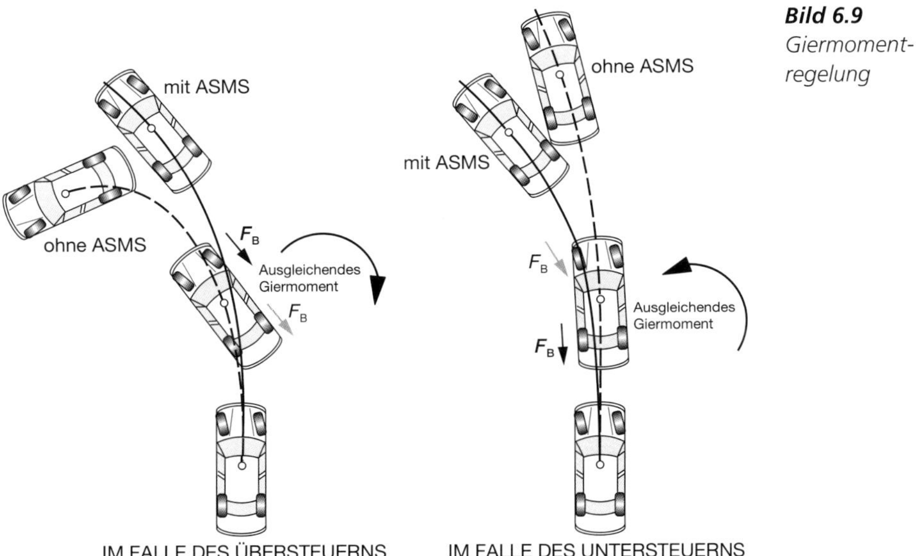

Bild 6.9 *Giermoment-regelung*

Beim Übersteuern droht das Fahrzeugheck auszubrechen, und das Fahrzeug dreht sich in die Kurve. Deshalb werden als Gegenmaßnahme das kurvenäußere Hinterrad leicht und das kurvenäußere Vorderrad stärker abgebremst, wodurch ein ausgleichendes Giermoment entgegen der Fahrzeugtendenz entsteht und es stabilisiert. Beim Untersteuern schiebt das Fahrzeug über die Vorderräder aus der Kurve. Als Gegenmaßnahme werden das kurveninnere Vorderrad leicht und das kurveninnere Hinterrad stärker abgebremst. Die Fahrstabilitätsregelung kann somit dem Fahrer, ebenso wie das ABS und die Antriebsschlupf-Regelung, in kritischen Fahrsituationen helfen bzw. vermeiden, in kritische Fahrsituationen zu kommen. Unter Umständen bemerkt der Fahrer einen Regeleingriff nur an der blinkenden Warnlampe, die auch signalisieren soll, dass das Fahrzeug sich im Grenzbereich bewegt. Die Fahrphysik bzw. physikalische Grenzen kann jedoch auch die Fahrstabilitätsregelung nicht aufheben!

Aufgrund der Eingangssignale, die später noch genauer beschrieben werden, erkennt das Steuergerät, welche Maßnahmen zur Erhaltung der Fahrstabilität ergriffen werden müssen. Es unterscheidet dabei prinzipiell nach den folgenden Betriebsarten:

- Normalbetrieb: Keine Regelung notwendig, alle Magnetventile sind stromlos und das System ist bremsbereit. Diese Betriebsart wird auch bei Störungen gewählt.
- ABS-Regelung: Die entsprechenden Magnetventile in der Hydraulikeinheit der Fahrstabilitätsregelung werden für jedes Rad einzeln (4-Kanal-System) angesteuert, um ein Blockieren der Räder zu verhindern.
- Antriebsschlupf-Regelung: Ansteuerung der Hochdruck- und Rückförderpumpe sowie der entsprechenden Magnetventile in der Hydraulikeinheit, sobald eines der angetriebenen Räder zum Durchdrehen neigt.
- Motorschleppmomentregelung: Erhöhung des Motordrehmoments, sobald ein oder mehrere Räder beim Gaswegnehmen oder Zurückschalten zu hohen Schlupf haben.
- **E**lektronische **B**remskraft**v**erteilung (EBV): Ansteuerung der entsprechenden Magnetventile in der Hydraulikeinheit, wenn an den Hinterrädern zu großer Schlupf erkannt wird, jedoch noch keine ABS-Regelung erforderlich ist.
- Fahrstabilitätsregelung: Ansteuerung der Hochdruck- und Rückförderpumpe sowie der erforderlichen Magnetventile in der Hydraulikeinheit zur Regelung des Bremsdruckes im erforderlichen Umfang zur Stabilisierung des Fahrzeuges, wenn durch die Eingangssignale kritische Fahrzustände erkannt werden, die die Fahrstabilität gefährden könnten.
- Fahrstabilitätsregelung ausgeschaltet: durch Betätigung eines Schalters werden die Antriebsschlupfregelung, Motorschleppmomentregelung sowie die Fahrstabilitätsfunktion beim Beschleunigen und «Freirollen» ausgeschaltet. In diesem Fall brennt die Warnlampe der Fahrstabilitätsregelung permanent. Die Fahrstabilitätsfunktion beim Bremsen (EBV) und ABS bleibt aktiv.

Aktuelle Systeme in höherwertigen Fahrzeugen haben noch einige zusätzliche Funktionen, unter anderem auch im Zusammenwirken mit den Fahrerassistenzsystemen (siehe Kapitel 11).

- Bei einer erkannten Gefahrensituation, wenn der Fahrer sehr schnell vom Gas geht, wird durch die Hydraulikeinheit sofort ein Bremsdruck aufgebaut, damit bei einer anschließenden Bremsbetätigung die Bremswirkung unvermittelt einsetzen kann. Nutzt der Fahrer, trotz erkannter Gefahrenbremsung, nicht den maximalen Bremsdruck, wird dieser durch die Hydraulikeinheit erhöht.

- Die zeitweise Betätigung der Bremsbeläge bzw. Anlegen der Bremsbeläge an die Bremsscheiben durch die Hydraulikeinheit, können zum Trockenbremsen bei Regen genutzt werden, als Anfahrhilfe an Steigungen oder auch zum Festhalten des Fahrzeuges nachdem es zum Stillstand gekommen ist.
- Durch gezielte Bremseingriffe kann im Anhängerbetrieb und Schlingern des Gespannes dieses stabilisiert werden.
- Bei Seitenwind und dadurch Versetzen bzw. Abtriften des Fahrzeuges kann ebenfalls durch gezielte Bremseingriffe das Fahrzeug in die gewünschte Fahrspur und Fahrrichtung zurückgesteuert werden.
- Der Reifendruck und Abweichungen sowie ein Druckverlust an einem einzelnen Rad können durch die Auswertung der Raddrehzahlsignale erkannt werden (siehe Abschnitt 10.4)

6.1.4 Ein- und Ausgangssignale

Die für die Funktion der Fahrstabilitätsregelung benötigten Eingangssignale und die daraus resultierenden Ausgangssignale zeigt schematisch Bild 6.10. Wobei bei aktuellen Systemen nur noch die Spannungsversorgung und die Raddrehzahlsignale direkt in das Steuergerät der Fahrdynamikregelung eingehen. Alle anderen Ein- und Ausgangssignale/Informationen werden über das Bussystem des Antriebsstranges übertragen.

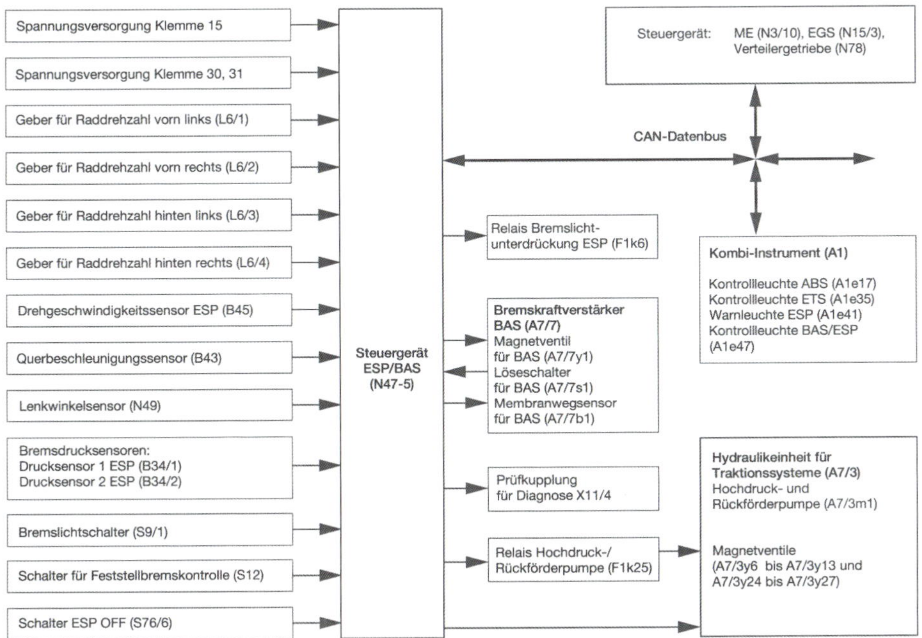

Bild 6.10 *Ein- und Ausgangssignale Fahrstabilitätsregelung*

Die Radgeschwindigkeiten liefern die vier Raddrehzahlsensoren, deren Signale ständig überprüft und verglichen werden. Daraus werden die Fahrgeschwindigkeit, die Beschleunigung und Verzögerung, der Bremsschlupf (für ABS) und der Antriebsschlupf (für ASR) sowie der Schubschlupf (für MSR) ermittelt. Die Fahrgeschwindigkeit wird über den Datenbus (CAN) auch für andere Systeme zur Verfügung gestellt.

Der Lenkeinschlagwinkel wird vom Signal des Lenkwinkelsensors berechnet, und zusammen mit den unterschiedlichen Raddrehzahlsignalen der Vorderräder wird die Fahrtrichtungsänderung erkannt und als Fahrerwunsch im Steuergerät verarbeitet. Als Lenkwinkelsensor (Bild 6.11) kann ein optischer, digitaler Sensor mit Leuchtdioden verwendet werden, die durch mehrere Blenden den Lenkwinkel in 2,5°-Schritten erfassen. Bild 6.12 zeigt schematisch einen geöffneten Lenkwinkelsensor mit Signalmessring und neun Leuchtdioden (a), die durch acht verschieden lang ausgebildete Blenden (b) in einem Lichtschrankenkanal durchfahren werden.

Zur Auswertung der verschiedenen Stellungen bzw. des Signalbildes (hell/dunkel) der neun Lichtschranken bei der Lenkraddrehung befinden sich zwei Mikroprozessoren auf dem Signalmessring (N49). Die Mittelstellung des Lenkrades wird durch eine definierte Stellung der Leuchtdioden und Blenden erkannt. Der Lenkwinkelsensor wird permanent über Klemme 30 mit Spannung versorgt. Beim Ersetzen des Lenkwinkelsensors oder auch einer Unterbrechung der Spannungsversorgung muss dieser neu initialisiert werden. Dies geschieht durch Drehen des Lenkrades von Anschlag zu Anschlag oder durch eine Geradeausfahrt mit mehr als 20 km/h und über 50 m.

Eine andere Art eines Lenkwinkelsensors besteht aus zwei um 90° versetzten Schleifkontakten auf einer Potentiometerbahn und einem elektronischen Baustein, der die

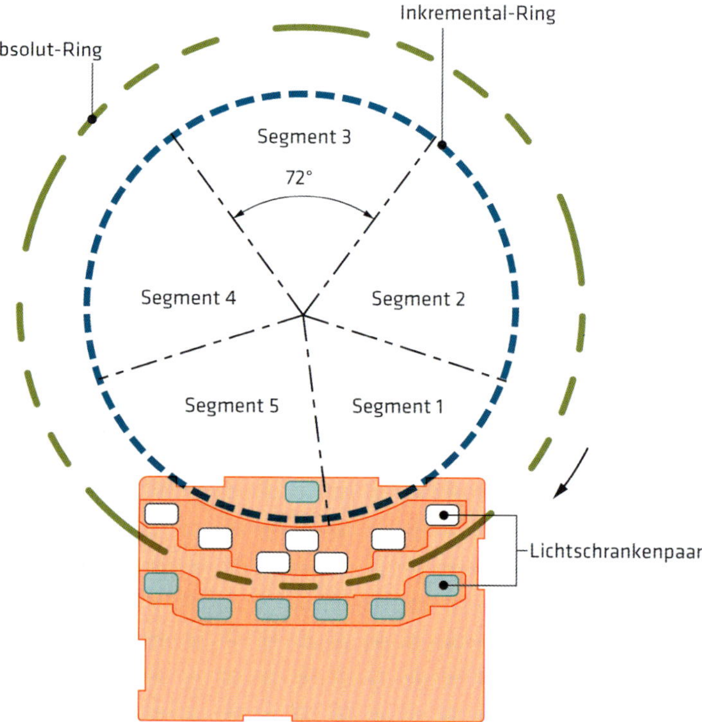

Bild 6.11
Schema eines fotoelektrischen Lenkwinkelsensors

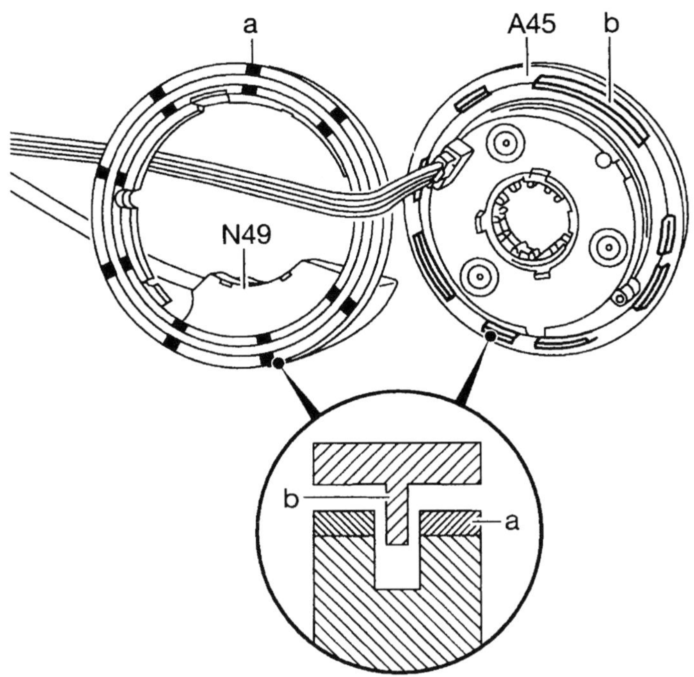

Bild 6.12
Aufbau eines Lenkwinkelsensors
A45 Kontaktspirale
N49 Lenkwinkelsensor
a Leuchtdiode Lichtschranke
b Blende

Lenkraddrehbewegungen in digitale Datentelegramme umwandelt und über eine Datenleitung dem Steuergerät mitteilt. Bei diesem Lenkwinkelsensor muss der Nullabgleich, wenn er ausgebaut bzw. ersetzt wird, über einen Diagnosetester und bei gerade gestellten Vorderrädern durchgeführt werden. Die Querbeschleunigung wird durch einen Sensor ermittelt, der nach dem Feder-Masse-Prinzip arbeitet. Bild 6.13 zeigt den Querbeschleunigungssensor in seinem schematischen Aufbau.

Durch den Querbeschleunigungssensor erhält das Steuergerät die Information über die auftretenden Querkräfte bei einer Kurvenfahrt. Zusammen mit der Information über die Drehwinkelgeschwindigkeit errechnet das Steuergerät den aktuellen fahrdynamischen

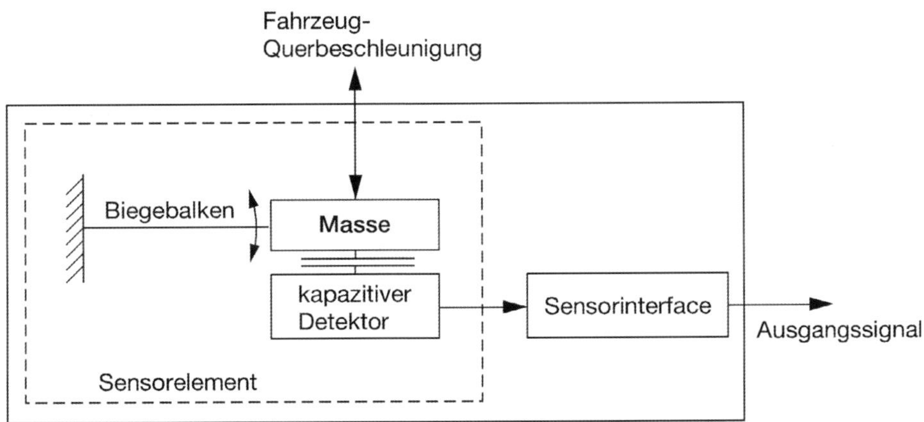

Bild 6.13 *Querbeschleunigungssensor (B43)*

Zustand des Fahrzeuges. Die Drehwinkelgeschwindigkeit ist die Geschwindigkeit der Drehung des Fahrzeuges um die Hochachse, d. h. das Giermoment bzw. die Drehrate. Der Drehgeschwindigkeitssensor (Bild 6.14) arbeitet mit einer Schwingmasse, die in einer Siliziumscheibe federnd gelagert ist, und einer integrierten Auswerteelektronik.

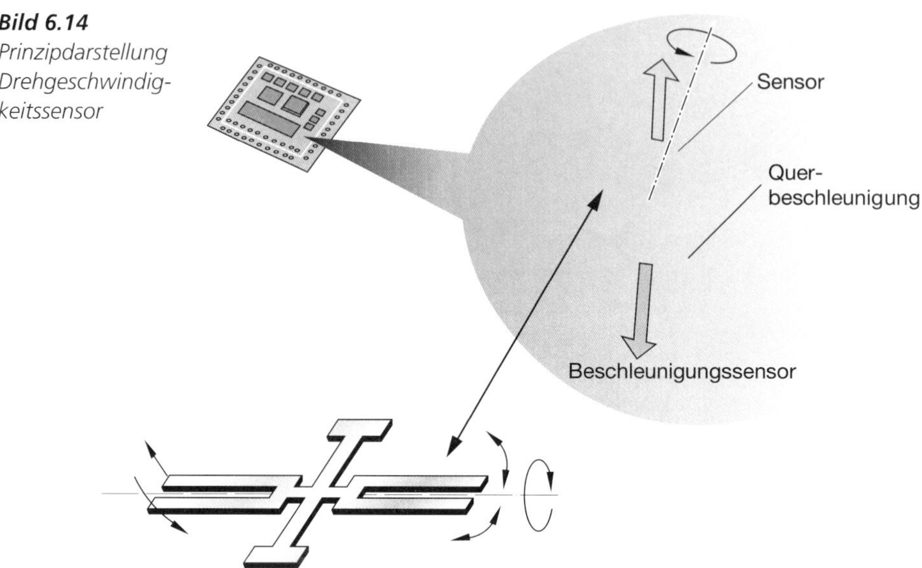

Bild 6.14
Prinzipdarstellung Drehgeschwindigkeitssensor

Der Druck in den beiden Bremskreisen wird durch zwei Drucksensoren am Hauptbremszylinder erfasst und in die Berechnung der Radbremskräfte miteinbezogen. Außerdem sind sie ein Teil der Sicherheitsschaltung zur Systemüberwachung. Zusätzlich dienen sie zusammen mit dem Signal des Bremslichtschalters dazu, ein Betätigen der Bremse sicher zu erkennen, wodurch eine Antriebsschlupf- Regelung sofort abgebrochen wird und eine Fahrstabilitätsregelung durch die veränderten Bremsdruckvorgaben sich schnell darauf einstellen muss. Das Eingangssignal für den Membranweg im Bremskraftverstärker durch den Membranwegsensor dient zur Berechnung der Pedalweggeschwindigkeit, mit der der Fahrer das Bremspedal betätigt hat. Ab einer bestimmten Pedalweggeschwindigkeit wird von einer Notbremsung ausgegangen, und die Bremsassistentfunktion wird ausgelöst. Dafür wird im Bremskraftverstärker ein Magnetventil (BAS) geschaltet, das die fahrerseitige Kammer belüftet und so die maximale Bremskraftunterstützung gewährleistet.

Bei einer Fahrstabilitätsregelung kann außerdem durch das geschaltete Magnetventil des Bremsassistenten ein Vordruck von ca. 5 bar für die Hochdruckpumpe erzeugt werden. Für diesen Fall ist auch der Ausgang zum Relais «Bremslichtunterdrückung» vorgesehen, damit bei einer Fahrstabilitätsregelung kein Bremslicht aktiviert wird, ohne dass der Fahrer die Bremse betätigt. Die Motor- und Getriebedaten über die Datenleitung (CAN) informieren das Steuergerät über das abgegebene Motormoment und den aktuellen Getriebegang (bei Automatik-Fahrzeugen), womit die auf die Antriebsräder wirkenden Antriebskräfte errechnet werden. Dies ist bei einer Fahrstabilitätsregelung für die Antriebsschlupf-Regelung wichtig bzw. daraus resultiert die Vorgabe an das

Motorsteuergerät über die notwendige Veränderung des Motormoments zur Unterstützung der Fahrstabilitätsregelung. Die wichtigsten Ausgangssignale – neben den bereits im Zusammenhang mit den Eingangssignalen beschriebenen – sind die Signale zur Ansteuerung der Magnetventile in der Hydraulikeinheit. Die Bilder 6.15a, b, c zeigen den Hydraulikkreis mit den Phasen Druckaufbau, Druckhalten, Druckabbau bei einer Regelung (Bremseneingriff) am Beispiel des Radbremszylinders hinten rechts.

Zuerst werden die beiden Umschaltmagnetventile (y24/y25) geschlossen und die Hochdruck-/Rückförderpumpe (m1) eingeschaltet sowie das Magnetventil BAS (y1) im Bremskraftverstärker (A7/7) geöffnet, wodurch an den Saugseiten der Hochdruck-/Rückförderpumpe (p1/p2) ein Vordruck von ca. 5 bar anliegt. Die selbst ansaugende Hochdruck-/Rückförderpumpe (p1) saugt über das geöffnete Ansaug-Magnetventil (y26) die unter Vordruck stehende Bremsflüssigkeit an und erzeugt den notwendigen Bremsdruck am Radbremszylinder hinten rechts (6a). Damit der Bremsdruck bei dieser diagonalen Bremskreisaufteilung nicht am Radbremszylinder vorne links (5b) wirken kann, wird das Einlassventil (y6) geschlossen. Zum Druckhalten werden das Ausgangsmagnetventil (y26) und das Einlassmagnetventil (y12) geschlossen. Der Druck im Radbremszylinder wird somit gehalten und kann nicht mehr erhöht werden.

Zum Druckabbau wird das Auslassmagnetventil (y13) geöffnet. Der Druck kann sich über die Hochdruck-/Rückförderpumpe und das im Umschaltmagnetventil (y24) integrierte Druckbegrenzungsventil abbauen. Wenn nach der Druckabbauphase kein erneuter Druckaufbau notwendig ist, d. h., die Fahrstabilitätsregelung beendet wird, werden alle Magnetventile wieder stromlos geschaltet und gehen in ihre Ruhelage

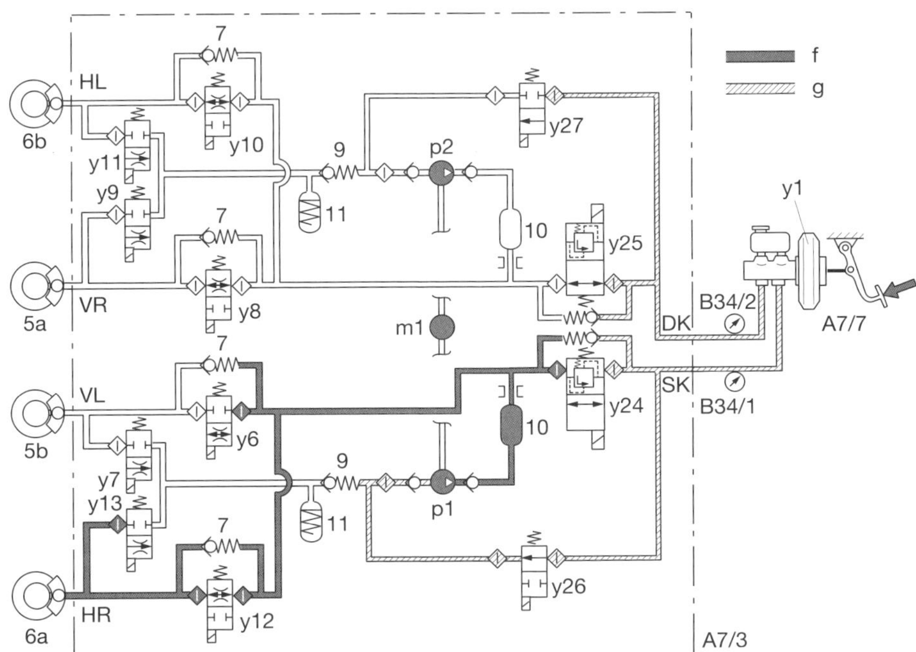

Bild 6.15a *Hydraulikkreis: Druck aufbauen*
f Hochdruck
g Vordruck

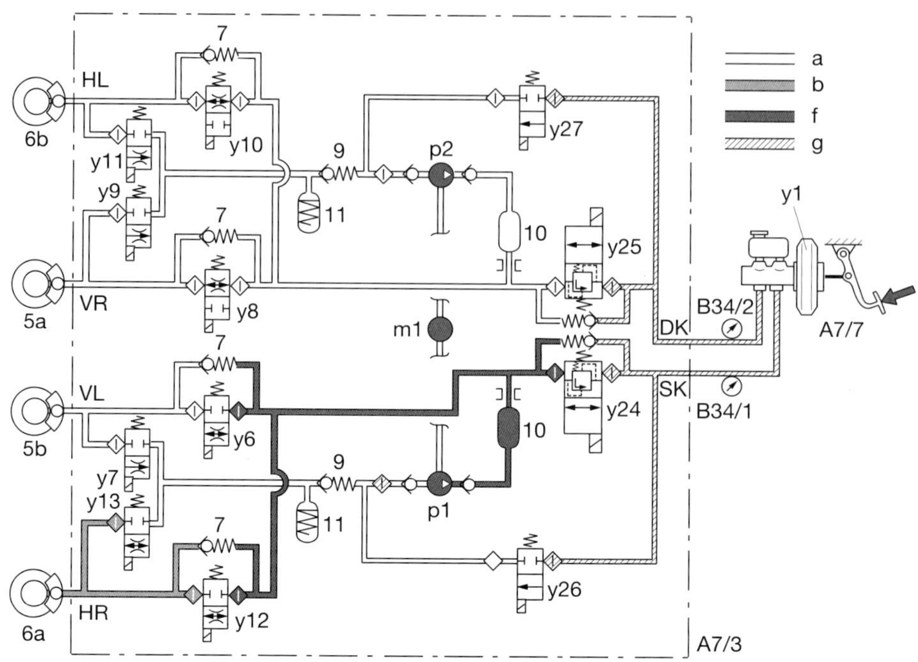

Bild 6.15b *Hydraulikkreis: Druck halten*

a Saugleitung
b Bremsdruck
f Hochdruck
g Vordruck

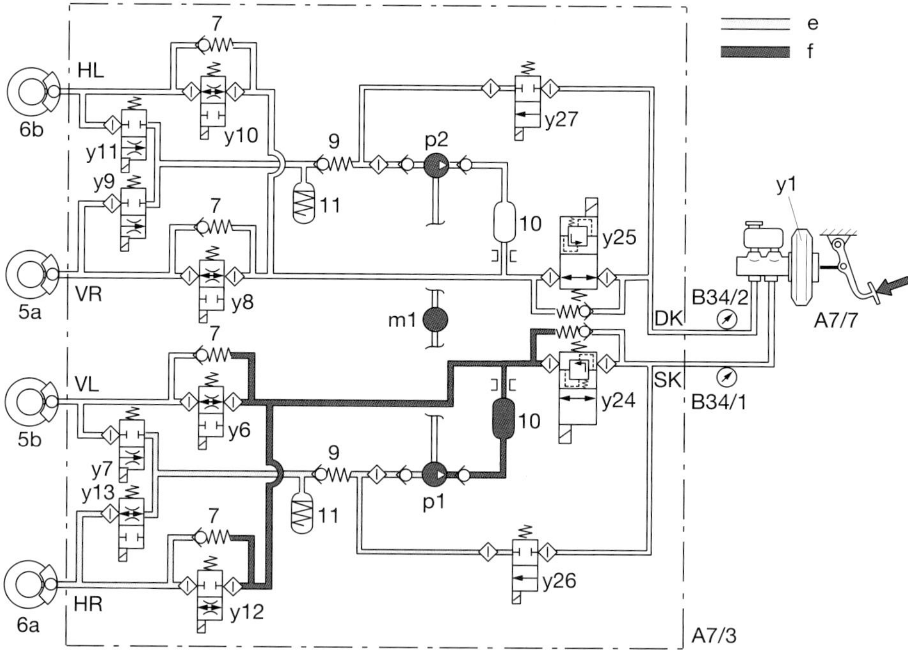

Bild 6.15c *Hydraulikkreis: Druckabbau*

e Reduzierter Druck
f Hochdruck

zurück. Die Hochdruck-/Rückförderpumpe wird dann ebenfalls abgeschaltet, und der noch anstehende Restsystemdruck (noch ca. 150 bar) kann sich über das ganze System abbauen. Ergänzend erwähnt werden müssen bei den Ein- und Ausgangssignalen der Fahrstabilitätsregelung noch die Signale des Schalters für die Feststellbremse, das Signal des Schalters «Fahrstabilitätsregelung aus» und die Ansteuerung der Kontrollleuchten. Wird die Feststellbremse aktiviert, erfolgt keine Motorschleppmomentregelung. Wird der Schalter «Fahrstabilitätsregelung aus» aktiviert, werden die Antriebsschlupf-, Motorschleppmoment- und Fahrstabilitätsreglung ausgeschaltet. Die Warnlampe wird dabei durch das Steuergerät über die Datenleitung (CAN) zum Kombi-Instrument aktiviert und brennt permanent, ebenso wie bei einem Fehler, wenn die Fahrstabilitätsregelung nicht mehr funktionsfähig ist. Auch die Signale von den Bremsbelagverschleißkontakten und die Ansteuerung der Warnlampen für elektronische Traktionssysteme und ABS werden durch das Steuergerät über die Datenleitung zum Kombi-Instrument aktiviert. Ebenso wie alle bisher beschriebenen Systeme besitzt es eine umfangreiche Eigendiagnose mit einem Fehlerspeicher, der über den Diagnosetester ausgelesen werden kann.

6.2 Geregelte Sperren

Um die Traktion und die Fahrstabilität zu erhöhen, bremst bei den meisten Fahrzeugen das Steuergerät der Fahrstabilitätsregelung das durchdrehende Rad ab. Das machen sehr viele Fahrzeughersteller, unabhängig davon, ob es sich um ein Fahrzeug mit Frontantrieb, Heckantrieb oder Allradantrieb handelt. Der bessere aber auch aufwendigere Weg ist die elektronische Regelung von Differentialsperren, sowohl elektromagnetisch als auch elektrohydraulisch.

Auch hier ermöglicht die Elektronik eine feine Abstimmung, ohne auf die Nachteile der mechanischen Differentialsperren Rücksicht nehmen zu müssen. Die elektronische Regelung kann die Sperrwirkung je nach Erfordernis zwischen 0 und 100 % variieren. Bei einer Bremsung wird die Sperrwirkung sofort aufgehoben. Es ergeben sich also im Gegensatz zu mechanischen Sperren keine negativen Einflüsse auf eine ABS-Regelung, da alle vier Räder entkoppelt sind. Die geregelten Sperren werden entweder nur beim Hinterachs-Differential oder beim Allrad auch beim Verteilergetriebe verbaut. Eine elektronisch geregelte Sperre bei Allradfahrzeugen am Vorderachs-Differential ist selten. Die Sperrwirkung kann durch ein Hydrauliksystem, das auf ein Lamellenpaket drückt, oder durch einen starken Elektromagneten, der ebenfalls ein Lamellenpaket zusammendrückt, erreicht werden. Sowohl für das Hinterachs-Differential als auch für das Verteilergetriebe kommen beide Varianten vor, sogar ein Mix beider Varianten bei einem Fahrzeug. Dies ist von dem zu übertragenden maximalen Drehmoment, der Achslastverteilung sowie der Momentenverteilung zwischen Vorder- und Hinterachse abhängig und nicht zuletzt auch von der Hersteller-Philosophie und den Kostengesichtspunkten.

Die Regelung und Ansteuerung der Sperren übernimmt in der Regel ein eigenes Steuergerät nach fest programmierten Kennfeldern und in Abhängigkeit von den Eingangssignalen. Die Erhaltung der Fahrstabilität hat mit zunehmender Fahrzeuggeschwindigkeit meist eine höhere Priorität als die Erhöhung der Traktion.

6.2.1 Ein- und Ausgänge am Steuergerät

Das Steuergerät für die geregelten Sperren ist bei aktuellen Fahrzeugen in die Vernetzung/Bussystem des Antriebsstranges bzw. die Vernetzung der Fahrdynamiksysteme eingebunden. Beispielhaft im Folgenden in die Beschreibung integriert aber auch ein «älteres» System, das noch ohne Bussysteme mit den anderen Steuergeräten vernetzt war (vgl. Bild 6.15). Die benötigten Eingangssignale sind prinzipiell die Gleichen. Die Tabelle 6.1 zeigt schematisch in der Gegenüberstellung die Ein- und Ausgangssignale, wohingegen Bild 6.16 den tatsächlichen Informationsfluss in der Vernetzung der Systeme darstellt.

Die **Raddrehzahl-Signale** erhält das Steuergerät aktuell von der Fahrstabilitätsregelung über das Bussystem des Antriebsstranges bzw. das Bussystem der Fahrdynamiksysteme. Bei den früheren Systemen kamen sie vom ABS-Steuergerät als aufbereitete Rechtecksignale, die man über das Tastverhältnis messen kann. Anhand der einzelnen Raddrehzahl-Signale erkennt das Steuergerät einen erhöhten Schlupf an einem oder

Tabelle 6.1 *Systemübersicht «Geregelte Sperren»*

Eingangssignale	Verarbeitung	Ausgangssignale
Raddrehzahl VL	Steuergerät	Funktionslampe
Raddrehzahl VR		
Raddrehzahl HL		
Raddrehzahl HR		Druckaufbauventil
Fahrzeuggeschwindigkeit		HA-Sperre
Lastzustand		Druckabbauventil
Lastwunsch		HA-Sperre
Drosselklappen-Istwert		Durckaufbauventil
		Verteilergetriebe
td-Signal		Druckabbauventil
		Verteilergetriebe
Bremslichtschalter		
Bremsteststchalter		oder: Ansteuerung der elektromagnetischen Sperre im Verteilergetriebe
Fülldruckschalter		
Speicherladedruckschalter		
Querbeschleunigungsgeber		oder: Ansteuerung der elektromagnetischen Sperre im HA Differential
Sperrenschalter		
Batterie-Plus Kl. 30	⇑ ⇓ Diagnose	
Batterie-Plus Kl. 15		
Masse Kl. 31		

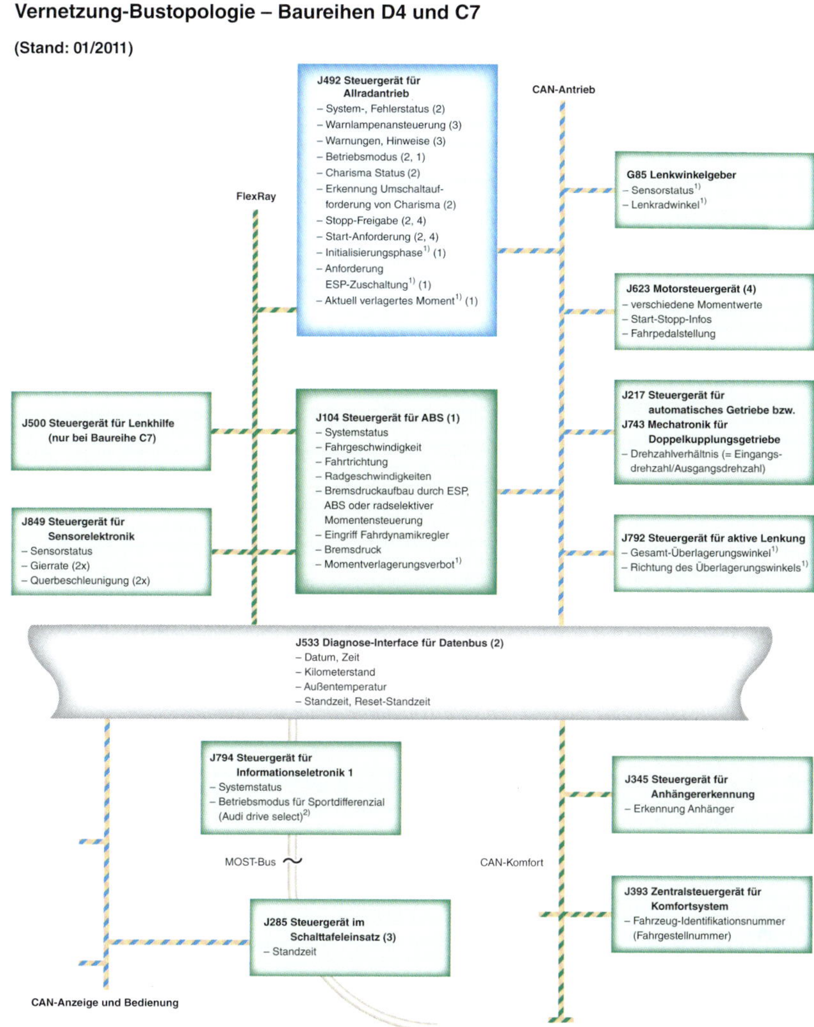

Bild 6.16 *Übersicht Vernetzung und Informationsaustausch eines Allrad Steuergerät (Audi D4 und C7)*

mehreren Rädern sowie eine eventuelle Kurvenfahrt. Früher wurde daraus auch die Referenzgeschwindigkeit (**Fahrzeuggeschwindigkeit**) aus dem Signal des langsamsten Rades errechnet. Bei den aktuellen Systemen wird die Fahrzeuggeschwindigkeit auch über die verschiedenen Bussysteme übermittelt. Ohne die Raddrehzahl-Signale und die Fahrzeuggeschwindigkeit kann es keine Regelung der Sperren geben.

Das Motorsteuergerät liefert den **Lastzustand**, **Lastwunsch des Fahrers** und die **Motordrehzahl**. Daraus wird die Notwendigkeit und Schnelligkeit einer Regelung erkannt, bevor ein erhöhter Schlupf an den einzelnen Rädern auftritt. Bei aktuellen Systemen kommen die Informationen ebenfalls wieder über die verschiedenen Bussysteme. Bei den älteren Systemen werden die einzelnen Signale über einzelne Leitungen über pulsweitenmodulierte bzw. Rechtecksignale übertragen, die über das Tastverhältnis gemessen werden können. Ohne diese Signale ist nur eine sehr eingeschränkte Regelung der Sperren möglich.

Durch das Signal des **Bremslichtschalter**s erkennt das Steuergerät eine Bremsenbetätigung und hebt augenblicklich die Sperrenbetätigung auf. Dadurch sind alle vier Räder entkoppelt und es ergeben sich keine negativen (Antriebs-) Einflüsse auf die Bremswirkung sowie eine etwaige ABS-Regelung. Die Bremsbetätigung ist auch eine übertragene Information auf dem Bussystem. Früher wurde das Spannungssignal des Bremslichtschalters in das Steuergerät übertragen. Die Funktion kann über eine Spannungsmessung und Betätigen der Bremse überprüft werden.

Das gleiche gilt für das Signal des **Bremstestschalter**s. Auch bei den aktuellen Systemen ist die Betätigung der Bremse meist durch einen zweiten Schalter, der erst bei einem weiteren Weg des Bremspedals anspricht, abgesichert.

Die Information der **Querbeschleunigung** geht nur bei sportlichen Fahrzeugen mit sehr hoher möglicher Kurvengeschwindigkeit in die Regelung mit ein um die Fahrstabilität auch in extremen Fahrsituationen zu gewährleisten. Bei älteren Systemen war das ein eigener Beschleunigungssensor, durch den hohe Querbeschleunigungsraten bei Rechts- und Linkskurven erkannt wurden. Aktuell ist diese Funktion immer im Steuergerät der Fahrstabilitätsregelung integriert und wird ebenfalls über das Bussystem zur Verfügung gestellt.

Unabhängig davon ob alt oder neu, elektromechanisch oder elektrohydraulisch, benötigt auch bei diesen Systemen das Steuergerät eine intakte **Spannungsversorgung** mit Plus und Minus, die bei einer Fehlersuche immer überprüft werden muss.

Durch einen **Sperrenschalter** können bei manchen Systemen die Sperren manuell geschaltet werden. Dies geht in der Regel aus Sicherheitsgründen meist aber nur bis zu einer (programmierten) maximalen Geschwindigkeit (ca. 30 km/h). Darüber hinaus wird das Signal vom Steuergerät ignoriert.

Die **Funktionslampe** zeigt die Systembereitschaft, den Ausfall des Systems und eine momentane Regelung. Je nach Hersteller wird eine Regelung meist durch eine blinkende oder seltener durch eine permanent leuchtende Funktionslampe angezeigt.

Die weiteren Ein- und Ausgangssignale sind davon abhängig, ob eine oder mehrere elektromechanische oder elektrohydraulische Sperren zum Einsatz kommen. Bei einem elektrohydraulischen System muss in einem Hydrauliksystem ein Hydraulikdruck erzeugt und gehalten werden. Die Regelung erfolgt durch die Ansteuerung der **Druckaufbauventile** und **Druckabbauventile** durch das Steuergerät und durch die Druckvariation wird die gewünschte Sperrwirkung erreicht. Die Funktion des Hydrauliksystems und der Ventile wird im folgenden Abschnitt ausführlicher beschrieben. Der Aufbau und die **Ansteuerung der elektromagnetischen Sperre** schließen sich daran an.

6.2.2 Elektrohydraulische und elektromagnetische Sperren

Für die Regelung des hydraulischen Druckes der elektrohydraulischen Sperre sind die Magnetventile in einem Hydraulikblock (Bild 6.17) zusammengefasst. Das Speicherladeventil (2/2-Magnetventil) ist stromlos offen. Die von der mechanisch angetriebenen Hydraulikpumpe geförderte Flüssigkeit fließt durch das offene Speicherladeventil zum Anschluss für andere Hydrauliksysteme oder zurück zum Hydrauliktank. Sinkt der Druck im Druckspeicher (unter ca. 120 bar), schließt der Speicherladedruckschalter und steuert das Speicherladeventil direkt an. (Eine Abzweigung der Leitung gibt parallel diese Information an das Steuergerät.)

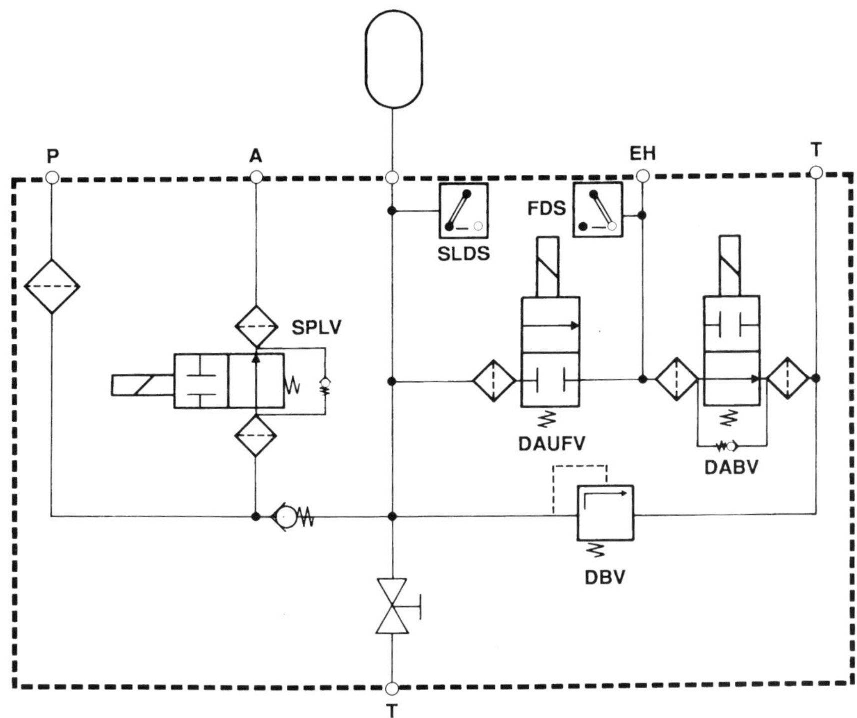

Bild 6.17 *Blockschaltbild Hydraulikeinheit*

P Anschluss Tandempumpe
T Anschluss Hydrauliktank
A Anschluss Niveauanlage oder Hydrauliktank
EH Anschluss EH-Sperre im Hinterachsgetriebe
SPLV Speicherladeventil
DABV Druckabbauventil
DAUFV Druckaufbauventil
SLDS Speicherladedruckschalter
FDS Fülldruckschalter
DBV Druckbegrenzungsventil

Das Speicherladeventil schließt, und der von der Pumpe erzeugte Druck lädt den Druckspeicher. Bei genügend hohem Druck (ca. 180 bar) öffnet der Speicherladedruckschalter wieder und unterbricht die Stromversorgung zum Speicherladeventil, das dann wieder stromlos offen ist. Durch den Speicherladedruckschalter kann auch eine elektrisch angetriebene Hochdruckpumpe direkt angesteuert werden.

Die Funktion des Speicherladens dient dazu, ständig einen ausreichend hohen Speicherdruck zur Verfügung zu haben, damit eine notwendige Sperrenregelung sofort ohne Verzögerung und mit voller Sperrwirkung möglich ist.

Erkennt das Steuergerät die Notwendigkeit eines Sperreneingriffs, werden das Druckaufbau- und das Druckabbauventil mit Strom beaufschlagt. Das stromlos offene Druckabbauventil wird geschlossen, und das stromlos geschlossene Druckaufbauventil wird geöffnet. Damit kann der im Druckspeicher vorhandene Druck unmittelbar auf ein Lamellenpaket im Differentialgetriebe (Hinterachsdifferential oder Verteilergetriebe) wirken und eine Sperrung des Differentials hervorrufen.

Werden das Druckaufbau- und das Druckabbauventil wieder stromlos, baut sich der Druck ab, und die Sperrwirkung wird aufgehoben. Der Druck kann je nach Ansteuerung der einzelnen Ventile aufgebaut, gehalten, abgebaut oder beliebig variiert werden. Somit ist eine stufenlose Sperrwirkung von 0 bis 100 % möglich – je nach Anforderung. Durch das Massesignal des geschlossenen Fülldruckschalters (über ca. 8 bar) erkennt das Steuergerät den Beginn der Sperrwirkung und der hydraulischen Funktionsfähigkeit.

Die elektromagnetische Sperre ist in ihrem Aufbau und in ihrer Funktionsweise sehr einfach (Bild 6.18).

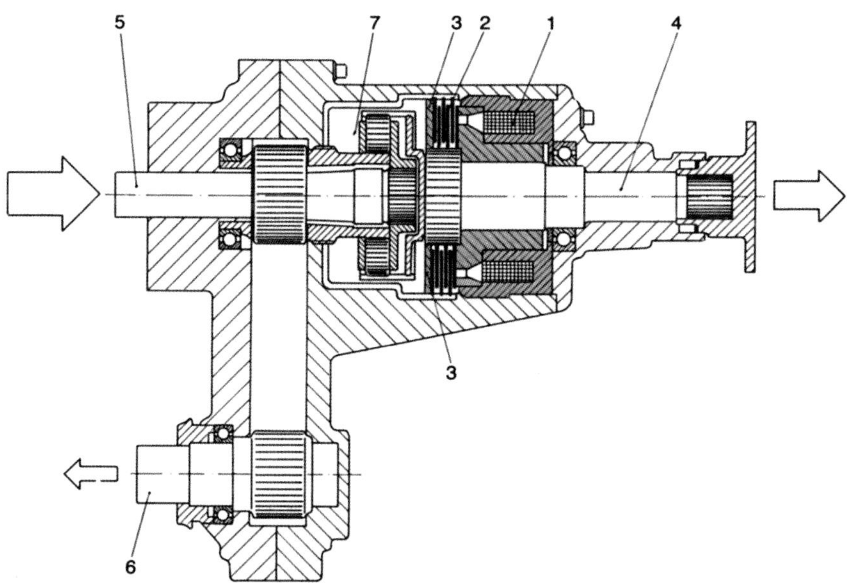

Bild 6.18 *Elektromagnetische Sperre*

1 Elektromagnet
2 Lamellenpaket
3 Druckscheibe
4 Abtriebswelle hinten
5 Antriebswelle
6 Abtriebswelle vorne
7 Differentialgetriebe

Der Elektromagnet wird stromdurchflossen und baut ein Magnetfeld auf. Durch dieses Magnetfeld wird die (Abschluss-)Scheibe zum Magneten hingezogen und drückt das Lamellenpaket zusammen. Durch den Druck können sich die innen- und außenverzahnten Lamellen nicht mehr gegeneinander drehen, und das Differential im Verteilergetriebe ist damit gesperrt. Die Stromversorgung (Plus und Minus) dazu kommt direkt aus dem

Steuergerät. Die Stromstärke ist immer konstant, d. h. bei Stromfluss 100 % Sperrwirkung. Jedoch kann die Dauer des Stromflusses individuell je nach Anforderung variiert werden. Dadurch ergibt sich über die Zeit ebenfalls eine stufenlos einstellbare Sperrwirkung von 0 bis 100 %.

6.2.3 Systemschaltplan geregelte Sperren

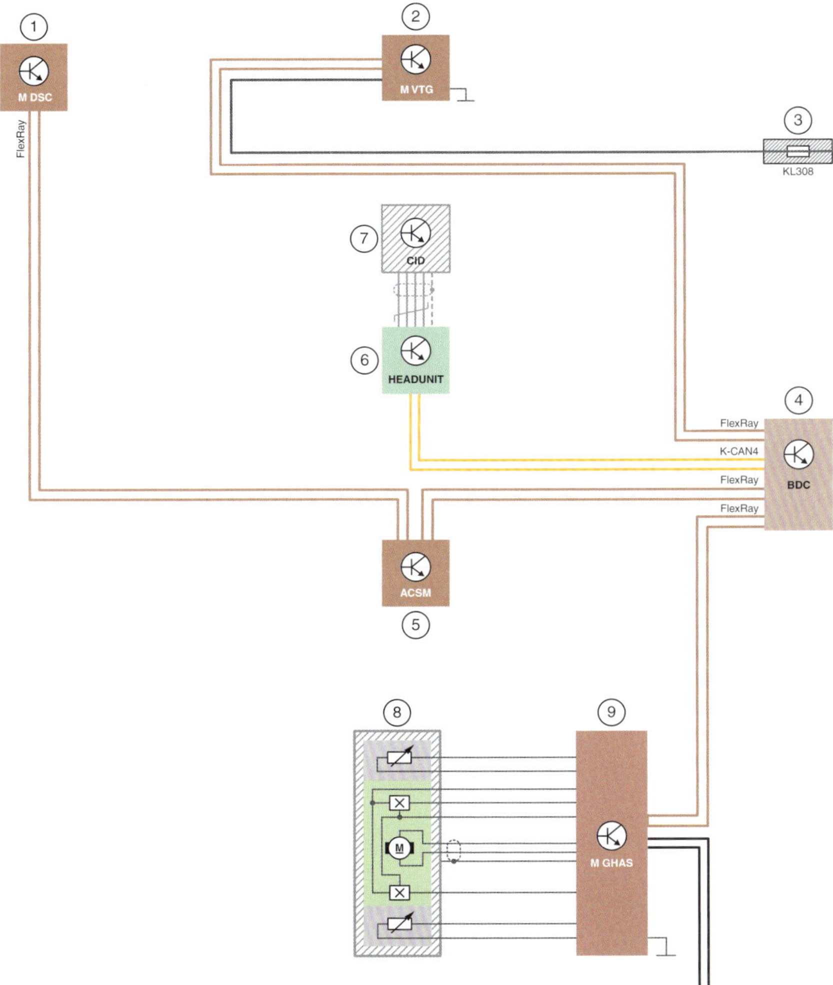

Bild 6.19 *Aktueller Systemschaltplan mit zwei elektromechanischen Sperren*

1 Steuergerät Fahrdynamikregelung
2 Steuergerät Sperre Verteilergetriebe
3 Sicherung
4 zentrales Bordnetzsteuergerät
5 Airbagsteuergerät
6 Headunit
7 Kombiinstrument
8 HA Sperre mit Torque Vektoring
9 Steuergerät für die HA Sperre und Torque Vectoring

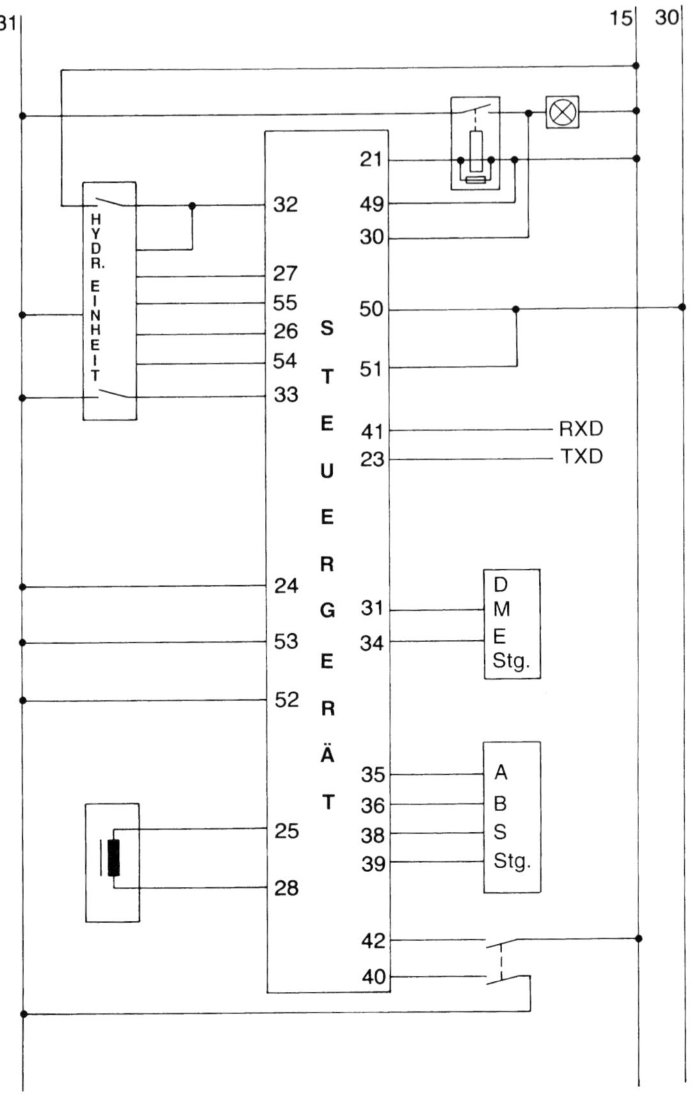

Bild 6.20 *Stromlaufplan mit einer elektrohydraulischen und einer elektromagnetischen Sperre*

Pin 34: td-Signal
Pin 31: DKi-Signal
Pins 35, 36, 38, 39: Drehzahlfühler-Signal
Pin 40: Bremstestschalter
Pin 42: Bremslichtschalter
Pin 30: Ansteuerung Funktionslampe
Pin 21: Ansteuerung Relais für Funktionslampe
Pin 49: Klemme 15
Pins 50, 51: Klemme 30 permanent
Pins 41, 23: Diagnose
Pins 25, 28: EM-Sperre
Pin 32: Speicherladedruckschalter-Rückmeldung
Pins 27, 55: Ansteuerung des Druckaufbauventils
Pins 26, 54: Ansteuerung des Druckabbauventils
Pin 33: Fülldruckschalter-Signal
Pins 24, 52, 53: Masse

6.3 Elektronische Dämpferkraftverstellung

Die konventionelle Abstimmung der Federung und Dämpfung eines Fahrzeuges ist immer ein Kompromiss zwischen noch komfortorientierter und der Fahrsicherheit genügender Dämpfung. Auch hier können durch die Elektronik und dem Ansteuern von Magnetventilen mehrere Dämpferkennlinien in einem Stoßdämpfer verwirklicht werden (Bild 6.21).

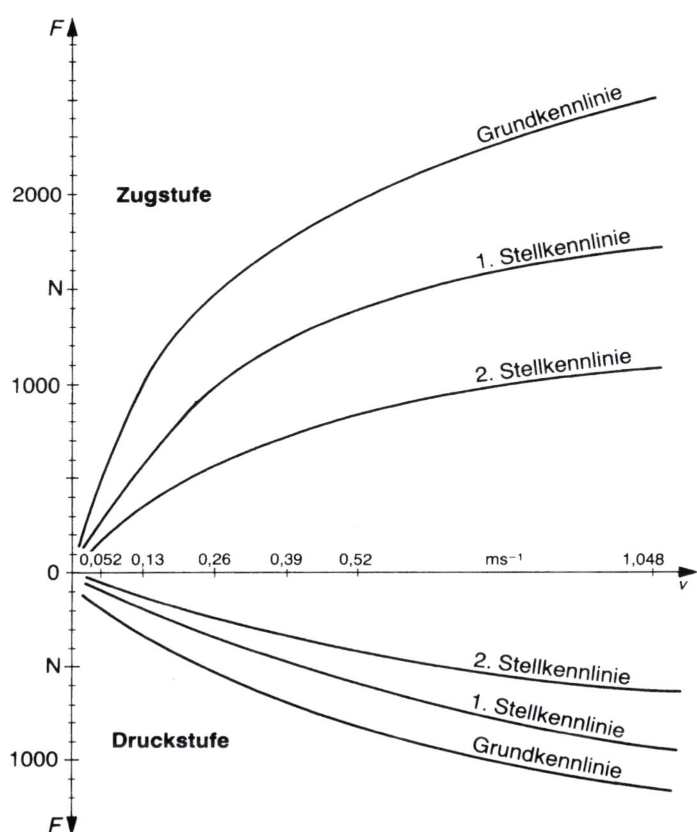

Bild 6.21
Kennlinien-Beispiel eines Dämpfers mit zwei Stellventilen

Der Fahrer hat die Möglichkeit über einen Programmschalter (Taster) zwischen maximal drei Einstellungen zu wählen (z. B. Komfort, Normal, Sport). Die Einstellmöglichkeiten können auch eine eigene Funktion in einem Fahrzeugkonfigurationsmenü (Fahrzeugeinstellungen) sein. Das Steuergerät der elektronischen Dämpferkraftverstellung verarbeitet dazu neben dem Fahrerwunsch noch zusätzliche Eingangssignale, die den fahrdynamischen Zustand des Fahrzeuges erfassen. Es ist aktuell ebenfalls Teil des Bussystems des Antriebsstranges bzw. des Bussystems der fahrdynamischen Regelsysteme. Ausgangsseitig steuert es Magnetventile an den Stoßdämpfern an. Die elektronische Dämpferkraftverstellung gibt es sowohl für Gasdruckdämpfer als auch bei einer Luftfederung (Bild 6.22).

Die Magnetventile an den Dämpfern werden so angesteuert, dass der Fahrerwunsch so weit möglich berücksichtigt und gleichzeitig ein Höchstmaß an Fahrsicherheit gewährleistet wird. Zur Erkennung des fahrdynamischen Zustandes eines Fahrzeuges werden die Geschwindigkeit sowie die horizontale und vertikale Beschleunigung der Karosserie erfasst. Die horizontale Beschleunigung wird über Längs- und Querbeschleunigungsgeber gemessen. Die vertikale Beschleunigung (Aufbaubeschleunigung durch Fahrbahnunebenheiten) wird sowohl an der Vorderachse als auch an der Hinterachse durch eigene Beschleunigungsaufnehmer erfasst. Die Erfassung der Fahrbahnunebenheiten kann zusätzlich auch vorausschauend durch die Frontkamera erfolgen.

Tabelle 6.2 *Systemübersicht Dämpferkraftverstellung*

Eingangssignale	Verarbeitung	Aussgangssignale
Fahrerwunsch Geschwindigkeit Querbeschleunigung Lenkwinkel Längsbeschleunigung Vertikalbeschleunigung vorne/hinten Spannungsversorgung	Steuergerät	4x2 Magnetventile Störungs-/Funktionslampe bzw. Programmanzeige
	⇑ ⇓ Diagnose	

Für die in der Tabelle 6.2 aufgeführten Eingangsinformationen gibt es viele verschiedene Wege, wie sie erfasst und in die Berechnung im Steuergerät eingehen. Es können einerseits alle Eingangssignale über andere Systeme erfasst und über ein Bussystem übertragen werden. Die elektronische Dämpferkraftverstellung hätte dabei keine eigenen Sensoren. Die andere Alternative ist, fast alle Eingangssignale durch eigene hochgenaue, schnelle Sensoren abzusichern. Bei älteren Systemen ohne die heute übliche Systemvernetzung mussten ohnehin alle Eingangssignale mit extra Sensoren erfasst werden. Und zwischen diesen drei genannten Beispielen gibt es unzählige Varianten.

Der **Fahrerwunsch** kann über ein Fahrzeugeinstellungsmenü, einen Schalter mit mehreren Stellungen oder einen Taster eingegeben werden.

Die **Geschwindigkeit** wird vom Steuergerät der Fahrstabilitätsregelung über das Bussystem übertragen. Bei älteren Systemen kommt vom ABS Steuergerät ein Rechtecksignal mit veränderlicher Frequenz.

Die **Querbeschleunigung** (Kurvenfahrt) wird aktuell meist ebenfalls vom Steuergerät der Fahrstabilitätsregelung über das Bussystem übertragen. Es gibt aber zum Teil auch extra ausgelagerte Querbeschleunigungsgeber. Von Vorteil für eine gezielte Regelung der Dämpferkraftverstellung ist, auch die Information des Lenkwinkels in die Berechnung der Querbeschleunigung mit einfließen zu lassen, da er der Fahrzeugbewegung voreilt. Somit ist eine schnellere Dämpferkraftverstellung möglich, bevor sich die Karosserie neigt. Die Dämpferkraftverstellung hängt dabei von der Fahrzeuggeschwindigkeit und der Größe und Zeit der Änderung des Lenkwinkels ab und der bereits auftretenden

Querbeschleunigungskräfte. Der Lenkwinkel kann über das Bussystem übertragen werden oder über einen eigenen Lenkwinkelsensor erfasst werden.

Die Information über die **Längsbeschleunigung** (Bremsen, Beschleunigen) kann durch das Lastsignal, den Drosselklappenwinkel und die Bremsbetätigung vom Bussystem des Antriebsstranges übertragen werden. Es kann evtl. aber auch ein Längsbeschleunigungssignal aus dem Fahrstabilitätssteuergerät übermittelt werden. Eine weitere und die exakteste Möglichkeit ist ein eigener Längsbeschleunigungssensor.

Für die **Vertikalbeschleunigung** gilt im Prinzip das Gleiche, wie für die vorhergehenden Informationen. Es kann auch über ein Bussystem aus einem anderen System übertragen werden, oder es werden eigene Sensoren dafür verbaut. Mittlerweile gibt es auch Systeme, bei denen die Fahrbahnbeschaffenheit zusätzlich durch die Frontkamera erfasst, ausgewertet und in die Dämpferkraftverstellung voreilend einberechnet werden. Aus der Vertikalbeschleunigung erkennt das Steuergerät die Karosserieschwingungen und steuert die Dämpfer so an, dass sich die Karosserieschwingungen in ihrer Frequenz und Amplitude in einem Bereich befinden, in dem keine starken Stöße auf die Insassen übertragen werden.

Die **Ansteuerung der Magnetventile** an den Stoßdämpfern (Bild 6.22) ist das Ergebnis aller vorhergehenden Eingangsinformationen und Berechnungen und erfolgt direkt durch das Steuergerät. Änderungen der Magnetventilstellungen werden durch eine

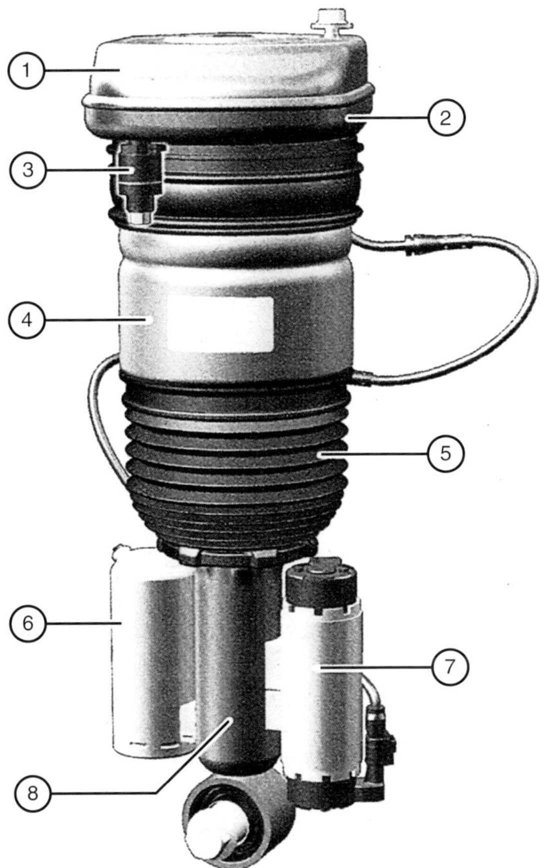

Bilder 6.22
Luftfederbein
1 Topf Oberteil
2 Topf-Unterteil
3 Pneumatischer Anschluss mit integriertem Restdruckhalteventil
4 Außenführung Rollbalg
5 Staubschutzmanschette
6 Gasdruckspeicher EDC-Dämpfer
7 Regeventil der elektronischen Dämpfer-Control EDC
8 Dämpferrohr

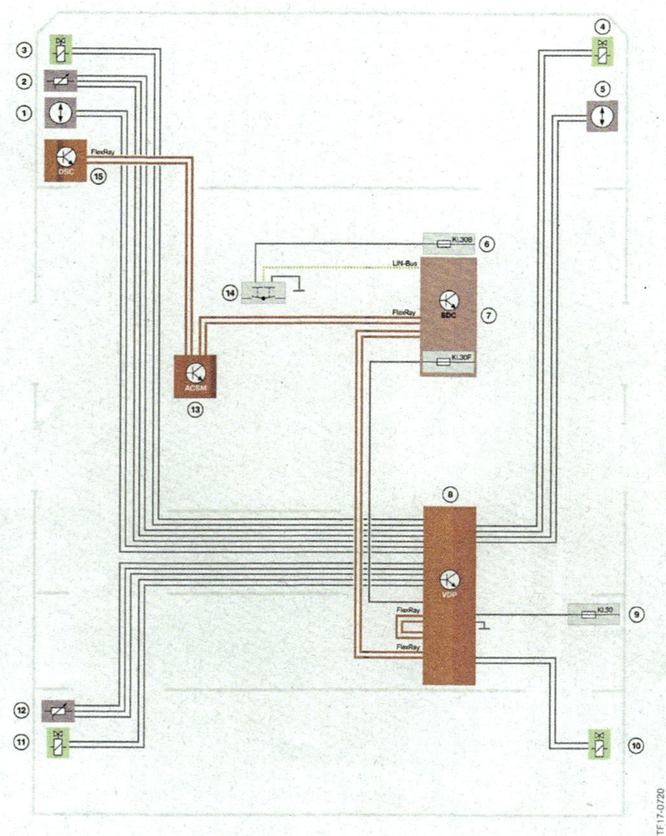

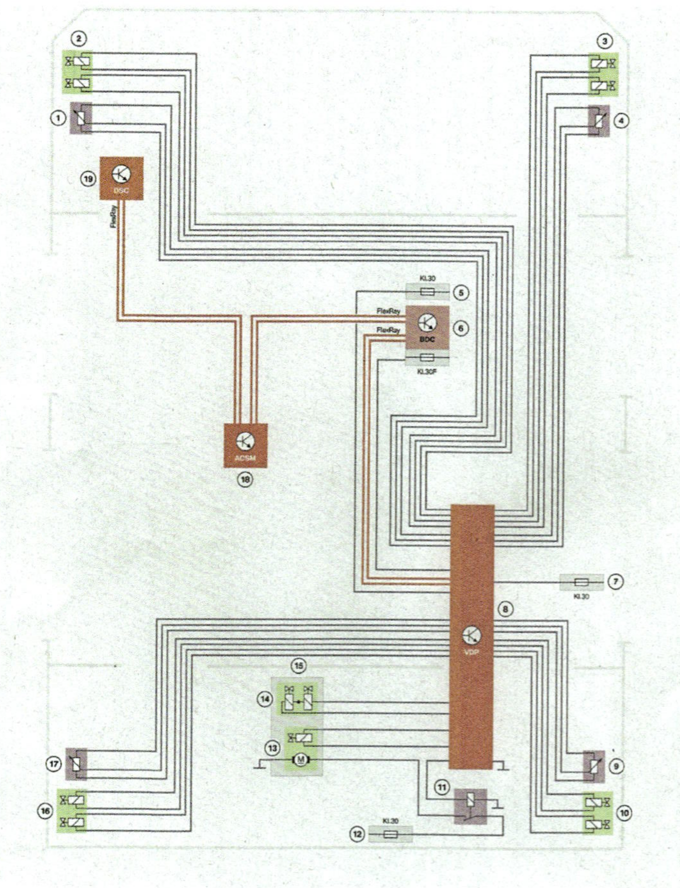

Bild 6.23 *Systemschaltplan elektronische Dämpferkraftverstellung*

Änderung der Stromstärke gesteuert. Dies geschieht innerhalb weniger Millisekunden (< 20 ms). Stromlos sind die Magnetventile über eine Feder mechanisch geschlossen. Dies entspricht einer «harten» Dämpferkennung bzw. der «Sport»-Stufe. Dadurch wird bei einem Systemausfall der Fahrsicherheit oberste Priorität eingeräumt. Dies ist in der Regel auch das «Notprogramm», wenn einzelne Eingangsinformationen fehlen. Eine defekte Dämpferkraftverstellung wird meist durch die Störungs-/Funktionslampe angezeigt.

Bild 6.23 zeigt den Systemschaltplan einer aktuellen, umfangreichen elektronischen Dämpferkraftverstellung mit Gasdruckdämpfern vorne und Luftfederbeinen mit einer Niveauregulierung hinten. Herzstück ist das Steuergerät (8), das über ein FlexRay-Bussystem der Fahrdynamiksteuergeräte mit dem Fahrstabilitätssteuergerät (19/15) und einem zentralen Bordnetzsteuergerät (6/7) vernetzt ist. Nicht eingezeichnet sind die anderen Busteilnehmer des Antriebsstranges (Motorsteuerung, Getriebesteuerung usw.). Das System bekommt zusätzlich zu den Eingangsinformationen des Bussystems, die Signale von vier eigenen Höhenstandsensoren, zwei zusätzlichen Vertikalbeschleunigungssensoren und einem Programmwahlschalter. Ausgangsseitig steuert es direkt die vier Dämpferelemente mit jeweils zwei Magnetventilen und die Luftversorgungsanlage.

6.4 Historische Entwicklungen

6.4.1 Geschlossenes Antiblockiersystem mit 3/3-Magnetventilen

Das anfangs von Bosch entwickelte System regelt den Bremsdruck (Bremsdruckmodulation) durch 3/3-Magnetventile. Die Bilder 6.24a, b und c zeigen den Regelvorgang für ein einzelnes Rad.

Im Ruhezustand (stromlos) lässt das Magnetventil den Druck, den der Fahrer durch die Kraft auf das Bremspedal im Hauptbremszylinder erzeugt, ungehindert auf den Radbremszylinder wirken. Dies entspricht der normalen Funktion der Bremsanlage. Der Druck baut sich auf und verzögert das Rad. Erkennt das Steuergerät über den Raddrehzahlsensor eine zu große Radverzögerung im Vergleich zur Referenzgeschwindigkeit, wird das Magnetventil zuerst mit der Hälfte des Maximalstroms beaufschlagt. Dadurch verschließt es den Zulauf vom Hauptbremszylinder, und der Druck im Radbremszylinder kann nicht weiter steigen.

Nimmt nach dieser «Druckhalten»-Phase die Raddrehzahl nicht wieder zu bzw. sinkt sie weiter, wird das Magnetventil mit dem Maximalstrom erregt. Dadurch wird der Rücklauf freigegeben und der Druck im Radbremszylinder kann sich über den Speicher abbauen.

Das Rad wird durch die Haftreibung der Fahrbahn wieder beschleunigt. Sobald es die Referenzgeschwindigkeit beinahe erreicht hat, schaltet das Steuergerät das Magnetventil stromlos, das damit wieder in die Ausgangslage zurückgeht (d. h. Rücklauf verschlossen, ungehinderter Druckaufbau wieder möglich). Der Zyklus kann von vorne beginnen.

Damit der Bremsdruck im Hauptbremszylinder beim Regelvorgang nicht verloren geht bzw. der Druck über den Speicher sich immer abbauen kann, wird durch die Rückförderpumpe die Bremsflüssigkeit vom Speicher in den Zulauf vom Hauptbremszylinder gepumpt. Dieser Vorgang macht sich durch ein Pulsieren am Bremspedal bemerkbar. Dadurch erhält der Fahrer auch eine Rückinformation, dass das ABS regelt.

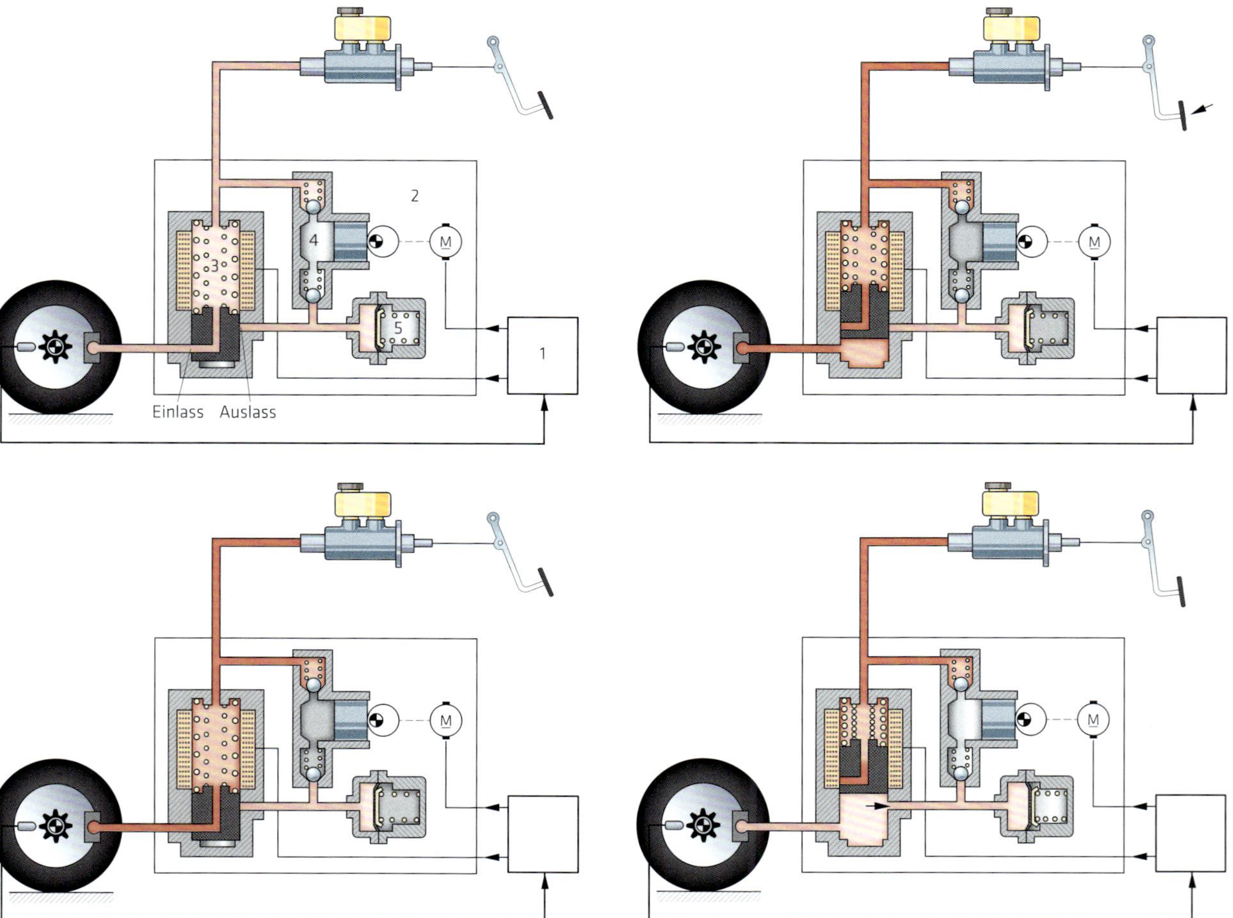

Bild 6.24
Bremsdruckmodulation
a) Druck aufbauen
b) Druck halten
c) Druck absenken
1 Drehzahlfühler
2 Radbremszylinder
3 Hydroaggregat
3a Magnetventil
3b Speicher
3c Rückförderpumpe
4 Hauptbremszylinder
5 Steuergerät

Die Regelung des Bremsdruckes durch das Steuergerät und die Magnetventile läuft so lange, bis das Fahrzeug beinahe steht oder der Fahrer die Bremse loslässt bzw. den Bremsdruck reduziert, sodass keine Blockiergefahr des Rades mehr besteht.

Bei einem Ausfall des ABS bleiben die Magnetventile stromlos. Somit steht die normale Funktion der Bremsanlage unbeeinflusst zur Verfügung. Sollte im unwahrscheinlichsten Fall das ABS während eines Regelvorganges durch die Eigendiagnose eine Störung bemerken, wird – soweit möglich – die Regelbremsung noch zu Ende geführt. Bild 6.25 zeigt die Ein- und Ausgänge am Steuergerät sowie das Zusammenwirken der

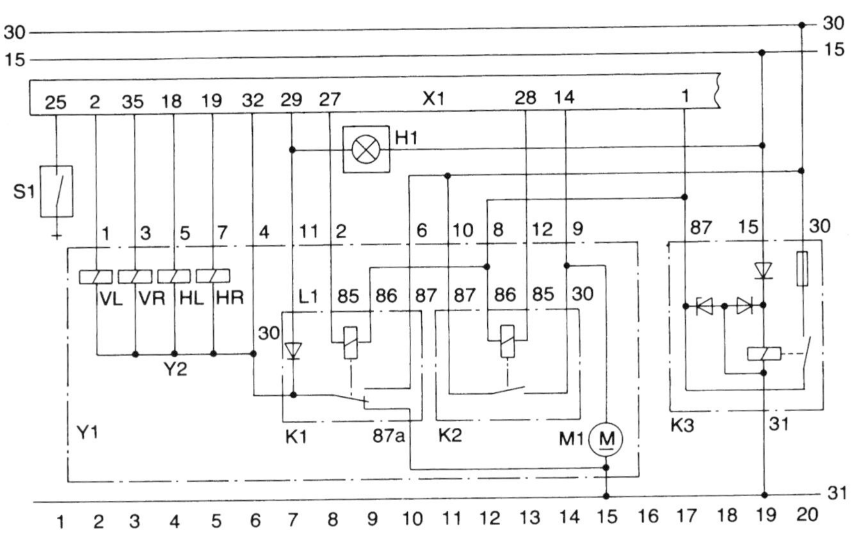

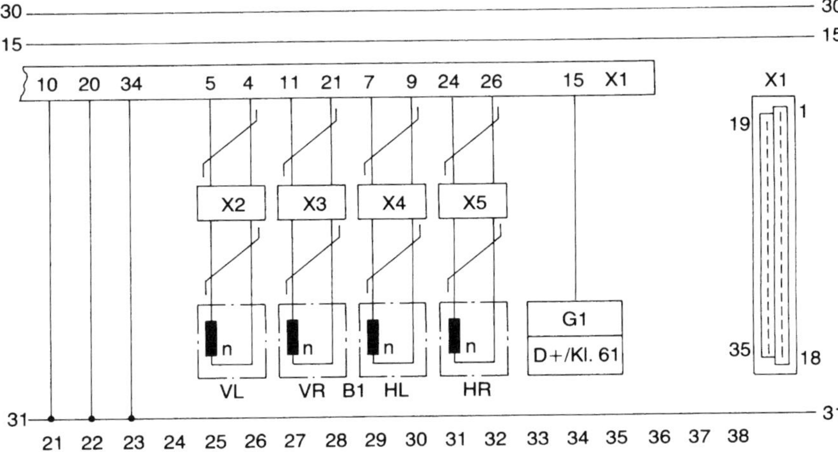

Bild 6.25 *Stromlaufplan 4-Kanal-ABS 2*

B1 Drehzahlfühler
G1 Generator
H1 Sicherheitsleuchte
K1 Ventilrelais
K2 Motor-Relais
K3 Elektronik-Schutzrelais
M1 Rückförderpumpe
S1 Bremslichtschalter
Y1 Hydroaggregat
Y2 Magnetventile
X1 Steckverbindung Steuergerät
X2 bis X5 Steckverbindungen der Drehzahlfühler

Bauteile mit Hilfe eines Stromlaufplans. Beim Einschalten der Zündung (Klemme 15) schließt das Elektronik- Schutzrelais (K3) und verbindet Klemme 30 mit Klemme 87. Am Steuergerät (Pin 1) und am Steuerstromkreis (86) des Ventilrelais (K1) und Motor-Relais (K2) liegt somit Batterie-Plus an. Über die Pins 10, 20 und 34 liegt das Steuergerät permanent an Masse.

Durch Klemme 15 wird die ABS-Warnlampe (H1) ebenfalls mit Spannung versorgt. Diese leuchtet so lange, wie sie entweder mittels der Leitung 1 durch das Ventilrelais über Klemme 87a Masse erhält oder über Pin 29 vom Steuergerät. Gibt das Steuergerät über Pin 27 Masse an den Anschluss 87 des Ventilrelais, zieht dieses an und verbindet über Anschluss 87 die Magnetventile mit Klemme 30. Durch Pin 32 am Steuergerät wird die Funktion des Ventilrelais überwacht. Die Funktion der Warnlampe wird über Pin 29 durch das Steuergerät überprüft.

Über Pin 14 vom Steuergerät wird das Motor-Relais überprüft, nachdem es durch ein Massesignal von Pin 28 angesteuert wurde. Dies geschieht, wenn bei einer ABS-Regelung die Rückförderpumpe mit Batterie-Plus versorgt wird. In diesem Fall werden auch die Magnetventile vom Steuergerät durch ein Massesignal angesteuert bzw. angetaktet. Das alles ist abhängig von der Frequenz der Wechselspannung der Drehzahlfühler (B1). Der Eingang vom Bremslichtschalter dient als zusätzliche Sicherheit – ebenso wie das «Motor-läuft-Signal» über die Klemme 61 des Generators. Erst bei laufendem Motor mit funktionsfähigem Generator erlischt wegen der notwendigen hohen Stromreserve bei einer ABS-Regelung die Warnlampe.

6.4.2 Offenes Antiblockiersystem mit 2/2-Magnetventilen

Ein wesentlicher Unterschied des anfangs von Teves entwickelten Anti-Blockier-Systems bestand darin, dass es sich um ein sogenanntes offenes System handelte und für die Bremsdruckmodulation jeweils zwei 2/2-Magnetventile verwendet wurden: ein Einlassventil und ein Auslassventil (Bild 6.26).

Die Einlassventile sind stromlos offen und ermöglichen dadurch die normale Funktion der Betriebsbremsanlage. Die Auslassventile sind stromlos geschlossen und verschließen damit den Rücklauf. Wird durch eine zu starke Radverzögerung beim Bremsen eine ABS-Regelung notwendig, wird zuerst das jeweilige Einlassventil mit Strom beaufschlagt und dadurch geschlossen. Somit kann sich der Druck im Radbremszylinder nicht weiter aufbauen.

Ist der so gehaltene Druck zu hoch, wird auch das Auslassventil angesteuert, das dann öffnet. Der Druck kann sich über den Rücklauf zum Ausgleichsbehälter des Hauptbremszylinders abbauen. Erhöht sich die Raddrehzahl wieder, werden beide Ventile stromlos geschaltet (Einlass offen, Auslass geschlossen), und der Druck kann sich wieder aufbauen. Durch eine fein abgestimmte, getaktete Strombeaufschlagung der Ventile kann eine beinahe stufenlose Druckmodulation erfolgen.

Da beim Druckabbau die Bremsflüssigkeit zum Ausgleichsbehälter entweicht, spricht man hier von einem offenen System. Um zu verhindern, dass bei einer längeren Regelbremsung und mehrmaligem Druckabbau das Bremspedal zu weit «durchfällt», wird durch das Steuergerät eine Hydraulikpumpe angesteuert, die die Bremsflüssigkeit vom Ausgleichsbehälter in den Hauptbremszylinder zurückfördert. Das Signal für die Ansteuerung der Pumpe liefert dem Steuergerät der Pedalwegschalter (Bild 6.27).

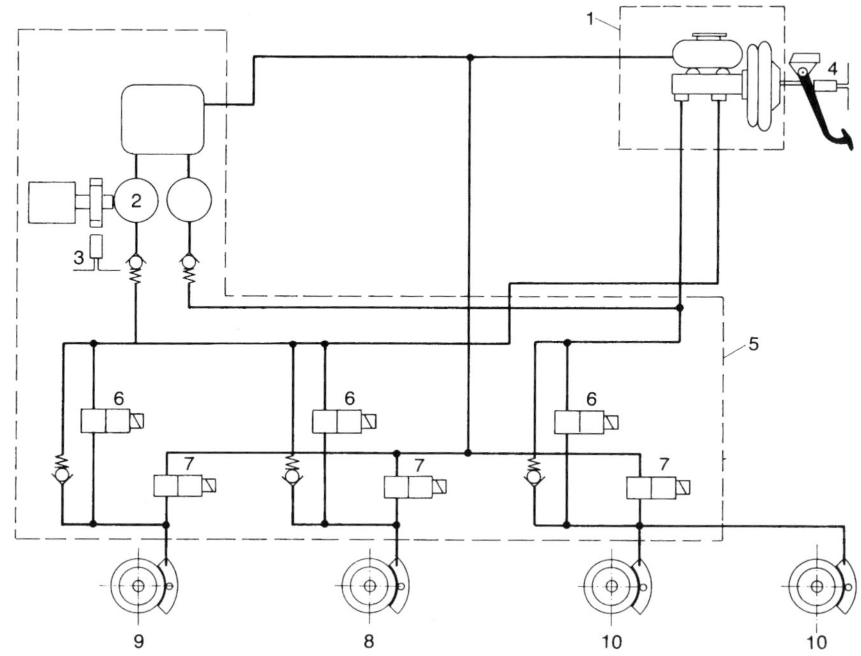

Bild 6.26 *Bremsanlage, unbetätigt*

1 Unterdruck-Bremsverstärker mit Tandem- Hauptbremszylinder
2 ABS-Pumpeneinheit
3 Sensor Pumpenmotor
4 Bremswegschalter
5 Mark-IV-Hydroeinheit
6 Einlassventil
7 Auslassventil
8 Bremse vorne links
9 Bremse vorne rechts
10 Bremse hinten links/rechts

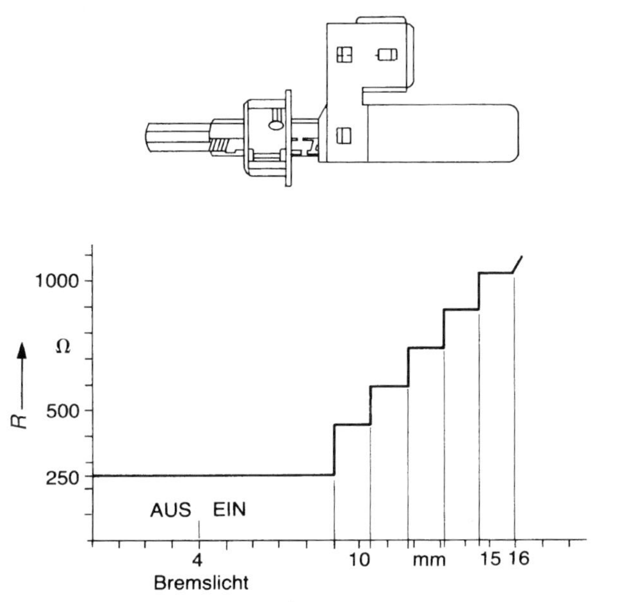

Bild 6.27
Mehrstufiger Pedalwegschalter

Abhängig vom Pedalweg verändert der Pedalwegschalter in mehreren Stufen den Widerstand. Durch einen entsprechenden Spannungsabfall erkennt das Steuergerät damit die Stellung bzw. Senkung des Bremspedals. Es kann nun die Hydraulikpumpe so lange ansteuern, bis der ursprüngliche Wert wieder erreicht ist.

Die Funktion der Pumpe ist bei diesem System sehr wichtig und wird deshalb durch einen Drehzahlsensor überwacht. Zusätzlich wird die Pumpe beim Selbsttest des ABS nach Einschalten der Zündung beim Anfahren kurz in Bewegung gesetzt.

6.4.3 Die ersten Antriebsschlupf-Regelungen mit 3/3-Magnetventilen

Für den Bremseneingriff wurde das Hydroaggregat von Bosch um das **U**m**s**chalt**v**entil (USV), das **L**ade**v**entil (LV) und ein **D**ruck**b**egrenzungs**v**entil (DBV) erweitert (Bild 6.28). Das Umschaltventil ist ein 3/2-Magnetventil, das Druckbegrenzungsventil ein federbelastetes, mechanisches Ventil und das Ladeventil wird hydraulisch durch den Druck im Bremssystem betätigt.

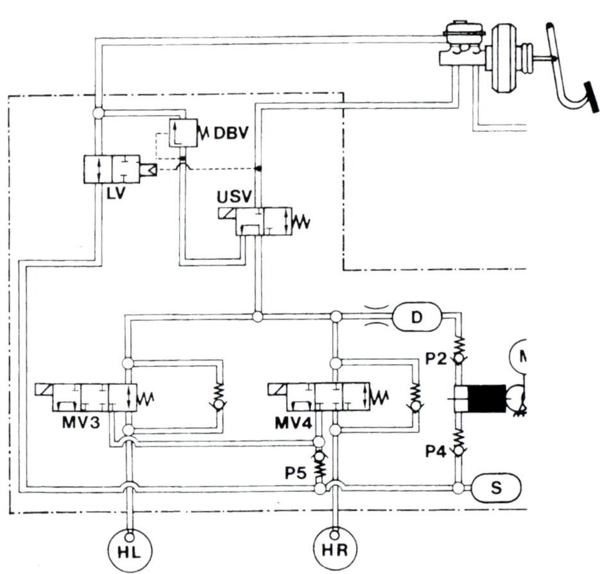

Bild 6.28
Druckaufbau
DBV Druckbegrenzungsventil
LV Ladeventil
USV Umschaltventil
MV3 Magnetventil für Radbremszylinder hinten links
MV4 Magnetventil für Radbremszylinder hinten rechts
P2, P4, P5 mechanische Überdruckventile
S Druckspeicher

Zusätzlich wurde eine Leitung vom Bremsflüssigkeits-Vorratsbehälter zum Sauganschluss der Rückförderpumpe für deren Versorgung mit Bremsflüssigkeit gelegt. Erkennt das Steuergerät durch die Drehzahlfühler eine Drehzahländerung eines Rades, die so groß ist, dass ein Bremseneingriff notwendig ist, werden das Umschaltventil, das Magnetventil für den Radbremszylinder des nicht abzubremsenden Rades und die Rückförderpumpe angesteuert.

Das Umschaltventil verschließt damit den Rücklauf zum Hauptbremszylinder (das Druckbegrenzungsventil öffnet erst bei ca. 70 bar). Die Rückförderpumpe saugt durch die Leitung mit dem offenen Ladeventil Bremsflüssigkeit aus dem Vorratsbehälter und baut durch das stromlos offene Magnetventil am Radbremszylinder Druck auf. Deshalb wird das Magnetventil des nicht zu regelnden Rades angesteuert und damit verschlossen, d. h., an diesem Rad erfolgt kein Druckaufbau.

Wird das zu regelnde Rad durch den Druck im Radbremszylinder ausreichend abgebremst, wird auch dieses Magnetventil mit halbem Maximalstrom angesteuert, somit verschlossen und der Druck gehalten. Für den Druckabbau wird das Magnetventil mit dem Maximalstrom beaufschlagt, das dann den Rücklauf freigibt.

Diese Regelung erfolgt (ähnlich einer ABS-Regelung) für jedes angetriebene Rad einzeln und so lange, bis kein Rad mit zu hohem Schlupf mehr erkannt oder die Bremse betätigt wird.

Sobald das Steuergerät über den Bremslichtschalter ein Betätigen der Bremse registriert, werden alle Magnetventile stromlos geschaltet. Damit steht die normale Funktion der Betriebsbremsanlage augenblicklich wieder zur Verfügung. Der Bremseneingriff erfolgt bis zu einer Fahrzeuggeschwindigkeit von max. 80 km/h.

Das zweite Instrument der ASR ist der Eingriff in die Zündung durch die Motronic. Abhängig von der Motordrehzahl wurde über bis zu drei Signalleitungen dem Motronic-Steuergerät die Stärke des Eingriffs durch das ASR-Steuergerät vorgegeben. Zusätzlich wurde das Motronic-Steuergerät über eine Drosselklappenreduzierung informiert (Bild 6.29). Bei heutigen Systemen geschieht dies natürlich im Rahmen des Datenaustausches über die Bussysteme.

D M E	⇐1 ⇐2 ⇐3 td-Si- gnal⇒	A S R

Bild 6.29
Steuergerätekopplung

Die Kombination, auf welchen Leitungen Signale bzw. keine Signale übertragen werden, veranlasst das Motronic-Steuergerät, die entsprechende Maßnahme durchzuführen bzw. eigene Programmfunktionen zu unterdrücken (z. B. Schubabschaltung oder Leerlaufregelung während einer ASR-Regelung). Die Signale sind kurze Spannungssignale, die jeweils weniger als zwei Sekunden anliegen.

Für die Praxis in der Werkstatt bedeutet dies, dass man nur die entsprechenden Leitungen auf Durchgang und Isolation prüfen kann. Die Simulation einer Regelung und gleichzeitige Messung ist kaum möglich und in der Praxis auch nicht notwendig.

Der Drosselklappeneingriff ist die dritte Möglichkeit der ASR. Die Reaktionszeit ist dabei am längsten bzw. die Reaktion am langsamsten. Bei kleinen Drehzahlunterschieden ist dies jedoch ausreichend und stellt den komfortabelsten Eingriff dar. Für den Drosselklappeneingriff gibt es mittlerweile drei verschiedene Ausführungen.

Den Anfang bildete der Eingriff durch die elektronische Motorleistungssteuerung, EMS («elektronisches Gaspedal»). Bei diesem System besteht zwischen dem Fahrpedal und der Drosselklappe keine mechanische Verbindung. Die Stellung des Fahrpedals (Gaspedal) wird durch ein Potentiometer erfasst und dem EMS-Steuergerät übermittelt.

Dieses steuert dann entsprechend der Vorgabe und nach programmierten Kennlinien einen Stellmotor an der Drosselklappe an. Signale vom ASR-Steuergerät zum Reduzieren bzw. Erhöhen (MSR) der Drosselklappenöffnung behandelt das EMS-Steuergerät mit Priorität. Die Rückmeldung zum ASR-Steuergerät erfolgt über die Drosselklappenvorgabe.

Die Schnittstellenübersicht in Bild 6.30 zeigt nochmals das Zusammenwirken der verschiedenen Steuergeräte einschließlich einer elektronischen Getriebesteuerung. Der Datenaustausch erfolgt heute meist über ein Datenbussystem und die Steuerung des Drosselklappenmotors erfolgt durch das Motorsteuergerät.

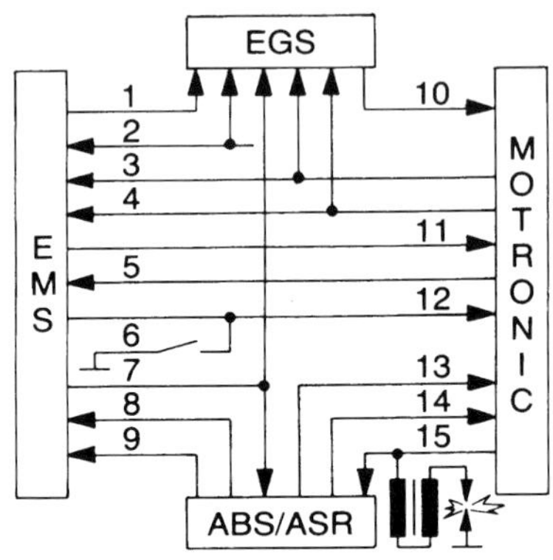

Bild 6.30
Schnittstellenübersicht
EGS-Steuergerät (elektrohydraulische Getriebesteuerung),
EMS-Steuergerät,
ABS/ASR-Steuergerät,
Motronic-Steuergerät
1 Kickdown
2 Fahr-/Programmstellungen
3 Zündzeitpunkt
4 Einspritzzeit
5 Motortemperatur
6 Bremslicht-/ Fahrpedalschalter
7 Drosselklappenvorgabe
8/9 Drosselklappenreduzierung/-erhöhung
10 Motoreingriff
11 Volllastkontakt
12 Leerlaufkontakt (Schubabschaltung)
13 Leerlaufdrehzahl-Anhebung (keine Schubabschaltung)
14 Zündungsausblendung

Die zweite Variante des Drosselklappeneingriffs hat einen eigenen Stellmotor zum Schließen der Drosselklappe; diese ist dabei mit dem Bowdenzug des Gaspedals nur über eine Feder verbunden. Der Stellmotor kann also gegen die Kraft der Feder und gegen das durchgetretene Gaspedal die Drosselklappe schließen. Der Stellmotor wird durch das ASR-Steuergerät über ein Relais angesteuert. Die Position der Drosselklappe wird über ein Potentiometer und die Funktion des Stellmotors über einen Sensor dem Steuergerät zurückgemeldet.

Der Fahrer bemerkt den Drosselklappeneingriff durch die höhere Kraft, die er auf das Gaspedal ausüben muss. Will man diesen kleinen Komfortmangel auch noch beseitigen, verbaut man eine zweite Drosselklappe, die Vordrosselklappe, die sich dann vor der eigentlichen Drosselklappe befindet (Bild 6.31.

Die Vordrosselklappe (DK 1) ist im Ruhezustand federbelastet offen. Erst bei einer Regelung wird sie durch den Stellmotor (ADS) geschlossen. Über ein Potentiometer erhält das ADS-II-Steuergerät die Rückmeldung über die Stellung der Vordrosselklappe. Durch das Motronic-Steuergerät bekommt das ADS-II-Steuergerät über ein pulsweitenmoduliertes

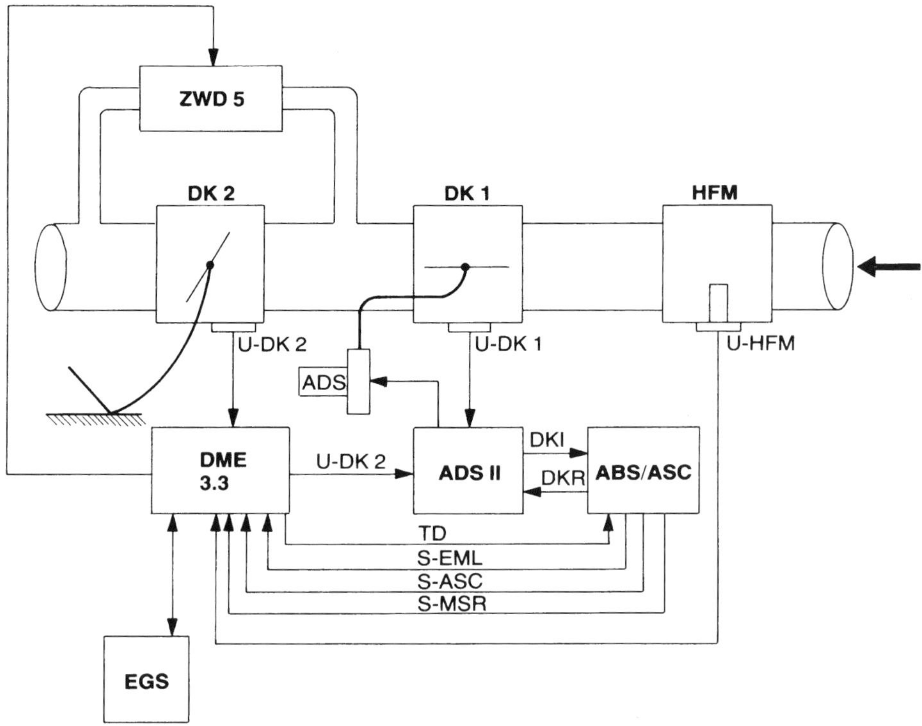

Bild 6.31 *Systemverbund für Füllungseingriff*

Signal die Lagemeldung der eigentlichen Drosselklappe (DK 2). Das ADS-II-Steuergerät bildet daraus einen gemeinsamen Drosselklappen-Istwert (DKI), den es dem ASR-Steuergerät ebenfalls durch ein pulsweitenmoduliertes Signal übermittelt.

Ist der Drosselklappen-Istwert noch über der vom ASR-Steuergerät errechneten Drosselklappenvorgabe, gibt es ein Signal an das ADS-II- Steuergerät zur weiteren Drosselklappenreduzierung (DKR).

Das ADS-II-Steuergerät errechnet nun – entsprechend der Vorgabe durch das ASR-Steuergerät und der Lagemeldung der DK 2 durch das Motronic-Steuergerät – den Winkel für die Vordrosselklappe. Durch das ADS-II-Steuergerät erhält der Stellmotor so lange ein Spannungssignal, bis die errechnete Stellung der Vordrosselklappe erreicht ist. Wird die Lage der Drosselklappe (DK 2) verändert oder wird durch das ASR-Steuergerät eine neue Vorgabe ausgegeben, wird die DK 1 entsprechend nachgeregelt.

Die drei Signalleitungen (EML, ASC, MSR) vom ASR-Steuergerät übermitteln dem Motronic-Steuergerät die notwendigen Regelschritte (z. B. Zündwinkel reduzieren usw.), wie bereits beschrieben. Für die Motorschleppmoment-Regelung (MSR) wird der Leerlaufsteller durch ein Signal des Motronic-Steuergerätes geöffnet. Dadurch wird gemeinsam mit einer Zündwinkel-Frühverstellung das Motordrehmoment erhöht. Die CAN-Verbindung vom Motronic- zum Getriebe-Steuergerät (EGS) verhindert während einer Regelung (ASR bzw. MSR) ein ungewolltes, unkontrolliertes Schalten des Automatikgetriebes.

Entdeckt das Steuergerät durch den Selbsttest des Systems einen Fehler, schaltet es sich ab. Dem Fahrer wird dies durch das Aufleuchten der Funktionslampe angezeigt. Ist das ABS ebenfalls davon betroffen, leuchtet auch die ABS-Warnlampe.

Ein Blinken der ASR-Funktionslampe im Fahrbetrieb signalisiert einen Regelvorgang. Die Antriebsschlupf-Regelung kann bei verschiedenen Herstellern durch einen Schalter auch ausgeschaltet werden, wenn ein Durchdrehen der Antriebsräder dem Fahrer sinnvoll erscheint, z. B. auf Schnee, damit sich die Räder bis zum festen Untergrund «durchgraben» können. Eine andere Möglichkeit zur Beeinflussung der ASR durch den Fahrer bietet, falls vorhanden, ein Schneekettenschalter. Dadurch werden die Regelschwellen nach oben. gesetzt und ein höherer Radschlupf bei aufgelegten Schneeketten zugelassen.

Bei einem Ausfall des Systems ist eine Diagnose mit dem entsprechenden Tester des Herstellers und mit Hilfe des Fehlerspeichers sinnvoll. Die Vorgehensweise bzw. die zu überprüfenden Bauteile werden dann vorgegeben.

6.4.4 Schaltplan einer offenen Antriebsschlupfregelung mit 2/2-Magnetventilen

Der Schaltplan in Bild 6.32 soll beispielhaft nochmals das Zusammenwirken der Bauteile sowie die zu messenden Signale bei einer Fehlersuche bei einer offenen Antriebsschlupfregelung mit 2/2-Magnetventilen aus der frühen Phase zeigen. Natürlich ist es aber auch hier empfehlenswert, zuerst den Fehlerspeicher mit einem Diagnosetester auszulesen und die Anweisungen des Herstellers zu beachten.

Pinbelegung am Steuergerät, Signalarten und mögliche Messungen:
Pins 1, 3, 19: Masseverbindungen, Widerstandsmessung
Pin 2: Spannungsversorgung über das Hauptrelais für den Stellmotor durch das Steuergerät
Pin 33: Spannungsversorgung über Hauptrelais für die Steuergerätversorgung
Pin 51: Spannungsversorgung Kl. 30 permanent
Pin 16: Spannungsversorgung des Hydroaggregates über das Hauptrelais; der Eingang ins Steuergerät dient als Referenzspannung.
Pin 35: Spannungsversorgung über Kl. 15
Pins 40, 54, 22, 37, 17, 18, 39, 55: Massesignal für die Ansteuerung der jeweiligen Ein-/Auslassventile der Radbremszylinder im Hydroaggregat. Die Plus-Versorgung der Ventile erfolgt über das Hauptrelais, d. h., bei betriebsbereitem System ist eine, um den Widerstand der Spulen der Ventile verringerte Batteriespannung, zu messen.
Pin 36: Massesignal für die Ansteuerung des Trennventils
Pin 38: Massesignal für die Ansteuerung des Druckspeicher-Ladeventils; beide Ventile werden ebenfalls über das Hauptrelais mit Plus versorgt, d. h., bei betriebsbereitem System ist eine, um den Widerstand der Spulen der Ventile verringerte Batteriespannung, zu messen.
Pins 48, 30, 47, 11, 46, 29, 45, 10: Eingangssignale der Raddrehzahlfühler, sinusförmige Wechselspannung, aber auch über Tastverhältnis messbar bzw. am Scope sichtbar (bei drehendem Rad)
Pins 34, 44: Ansteuerung der ABS- und ASR-Warnlampe mit einem Massesignal, solange sie leuchten, anschließend wird Batteriespannung ausgegeben.

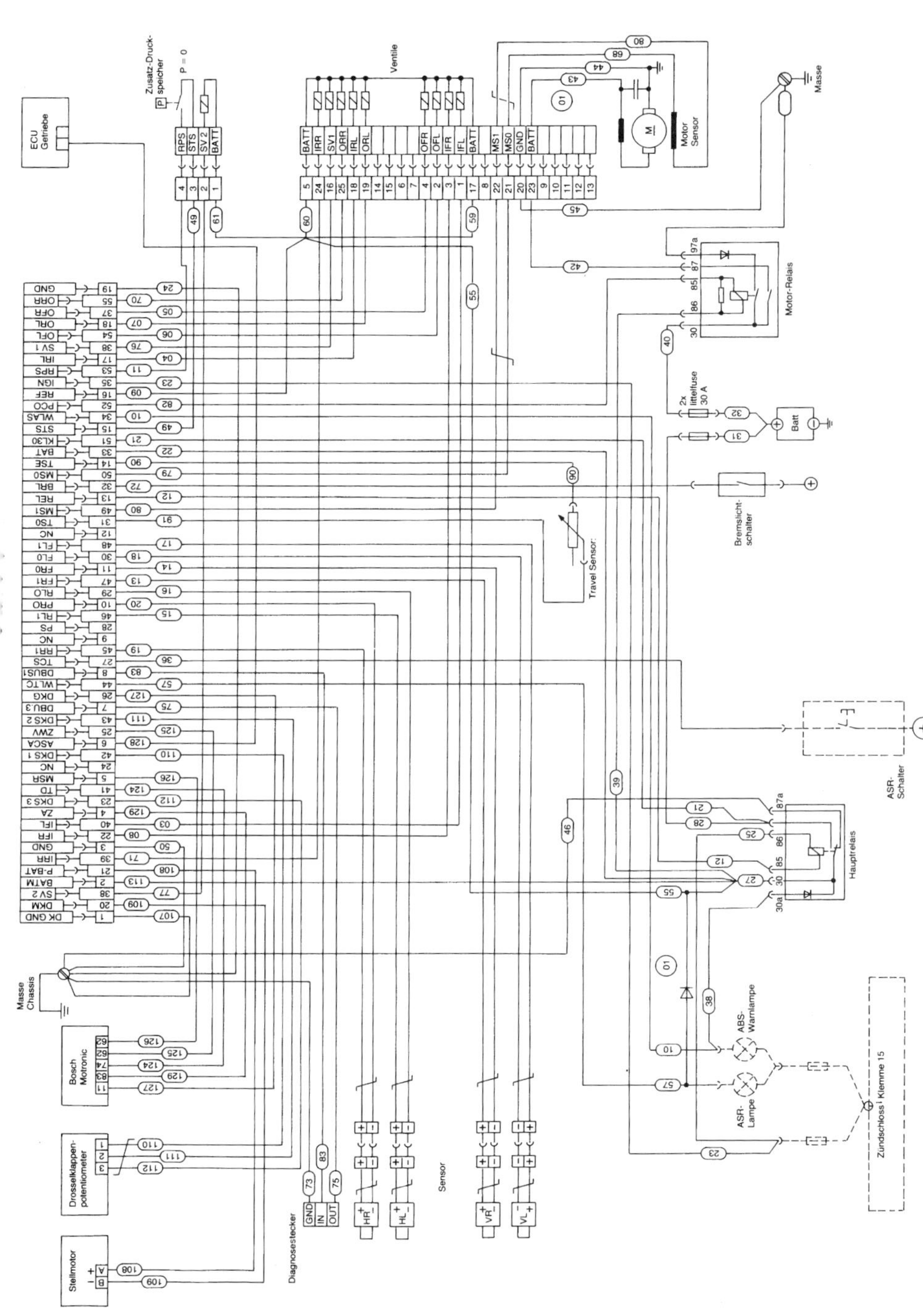

Bild 6.32 *Schaltplan ASC+T*

Pin 52: Ansteuerung des Motor-Relais für die Förderpumpe durch ein Massesignal, d. h., bei nicht geschaltetem Signal und betriebsbereitem System ist die um den Widerstand der Relaisspule verringerte Batteriespannung messbar.
Pins 49, 50: Sensorsignal für die Förderpumpenüberwachung; bei laufender Pumpe kann über Tastverhältnis ein Signal gemessen bzw. am Scope sichtbar gemacht werden (Pumpe durch Ansteuerung über Motor-Relais laufen lassen).
Pins 14, 31: Pedalwegsensor; Überprüfung entweder über eine Widerstandsmessung bei abgezogenem Steuergerätestecker und Betätigen des Bremspedals oder besser eine Spannungsabfallmessung bei betriebsbereitem System und Betätigen des Bremspedals
Pins 15, 53: Druckspeicherschalter, Widerstandsprüfung bei abgezogenem Steuergerätestecker; Durchgang bei geschlossenem Schalter (Druck ausreichend), unterbrochen bei geöffnetem Schalter (Druck zu gering)
Pin 32: Plus-Signal bei betätigtem Bremslichtschalter
Pin 13: Massesignal für den Steuerstromkreis des Hauptrelais
Pins 20, 21: Ansteuerung des Drosselklappen-Stellmotors; lediglich Überprüfung des Motors und der Leitungen durch Widerstandsmessung sinnvoll, da ein Spannungssignal nur bei einem Regelvorgang für einen kurzen Augenblick messbar wäre
Pins 42, 43, 23: Signal Drosselklappenpotentiometer, Widerstandsmessung der Schleiferbahn bei Betätigung der Drosselklappe bzw. Spannungsabfallmessung bei eingeschaltetem System
Pins 5, 25, 4: Ausgangssignale für Eingriffe in das Motormanagement durch die Motronic; lediglich Überprüfung der Leitungen durch Widerstandsmessung sinnvoll, da Spannungssignale nur bei einem Regelvorgang kürzer als zwei Sekunden anliegen
Pin 41: Eingang td-Signal bei laufendem Motor, Tastverhältnismessung
Pin 26: Eingangssignal über die Drosselklappenstellung vom Motronic-Steuergerät, pulsweitenmoduliertes Signal, d. h. Tastverhältnismessung
Pin 6: Ausgang für das Automatikgetriebe (Schaltverbot) bei einer Regelung; lediglich Überprüfung der Leitung sinnvoll
Pin 27: Plus-Signal bei betätigtem ASR-Schalter zum Ausschalten des Systems
Pins 7, 8: Diagnose-Anschluss

7 Lichtsysteme

Auch die Fahrzeugbeleuchtung wurde in den letzten Jahren zunehmend in die Vernetzung der elektronischen Systeme mit einbezogen; allen voran die verschiedenen Entwicklungen bei den Frontscheinwerfern. Beginnend mit dem Abbiegelicht, über das Kurvenlicht bis hin zur automatischen Fahr- und Fernlichtsteuerung, von der H4-/H7-Lampe über die Xenonscheinwerfer, dem LED-Matrixlicht bis zum Laserlicht. Aber auch die Beleuchtung am Heck und die Innenbeleuchtung sind immer mehr Teil einer Gesamtvernetzung.

In unserem beispielhaft gewählten Busstrukturplan sind die Steuergeräte (Frontlichtelektronik) für die Scheinwerfer links und rechts sowie für den Fernlichtassistenten und die Night-Vision-Elektronik Teil des Komfort-CAN und mit dem zentralen Bordnetzsteuergerät verbunden. Dieses steuert auch die Beleuchtung hinten und innen direkt.

7.1 Beleuchtung vorne

Vor der Beschreibung der verschiedenen Funktionen und Details im übernächsten Abschnitt ist es sinnvoll, sich zuerst die notwendige Systemvernetzung zu betrachten.

7.1.1 Vernetzung und mögliche Funktionen eines aktuellen Matrix-LED-Scheinwerfer-Systems

Bild 7.1 zeigt einen aktuellen Systemschaltplan der Beleuchtung vorne mit LED-Scheinwerfern. Gesteuert werden die LEDs durch eine eigene sogenannte Frontlichtelektronik (3/4) je Scheinwerfer, die die einzelnen LEDs gezielt ein- und ausschaltet, sowie auch in ihrer Leistung regelt. Die Frontlichtelektronik wiederum erhält ihre «Anweisungen» für die verschiedenen Funktionen von dem zentralen Bordnetzsteuergerät (6), übermittelt durch den K-CAN. Die Frontlichtelektronik ist permanent mit Klemme 30 und 31 verbunden. Die verschiedenen Funktionen sind jedoch grundsätzlich erst einmal abhängig von der Stellung des Lichtschalters (14). Die verschiedenen Schalterpositionen werden über einen LIN-Bus übertragen. Abhängig davon wird das Standlicht oder das

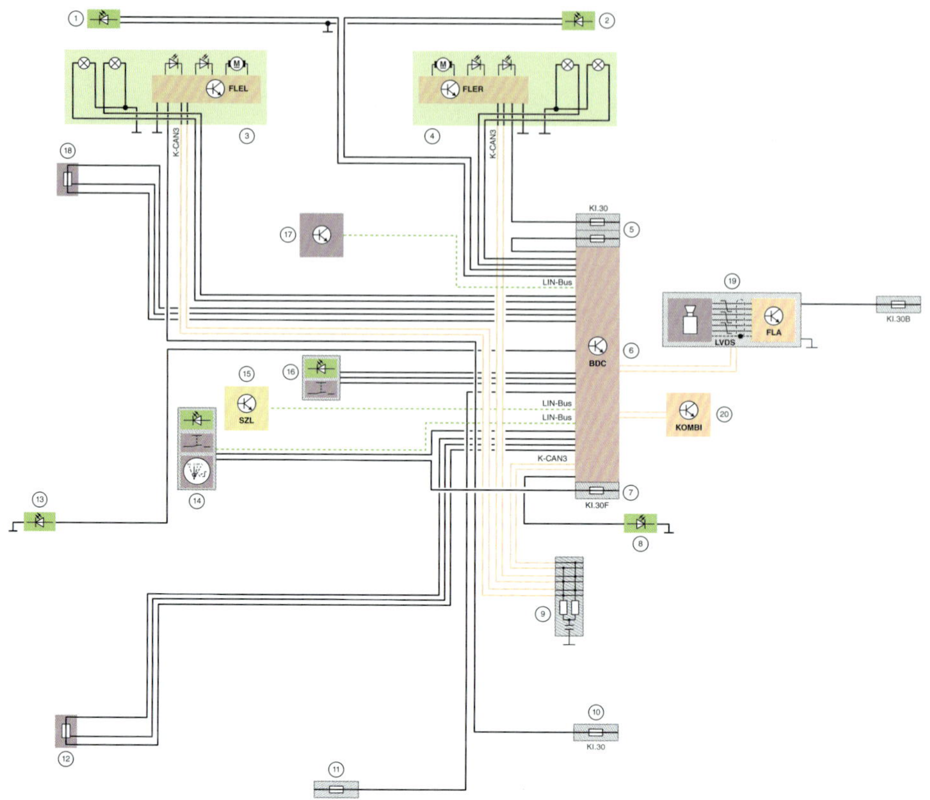

Bild 7.1 *Systemvernetzung LED-Scheinwerfersystem mit Automatikfunktionen*

«normale» Fahrlicht ein- oder ausgeschaltet. Für die Zusatzfunktionen (Abbiegelicht, Kurvenlicht, Fernlichtsteuerung usw.) braucht es in der Regel eine bestimmte Schalterstellung. In der Instrumentenkombi (20) wird dem Fahrer angezeigt, ob das Licht ein oder aus ist, das Fernlicht und evtl. automatische Zusatzfunktionen aktiviert sind. Die Übertragung des Lichtstatus an die Instrumentenkombination erfolgt über den PT-CAN. Ebenfalls über den PT-CAN erhält das zentrale Hauptsteuergerät vom Fernlichtassistenten und die vorgeschaltete Frontkamera die Informationen über Lichtquellen und welche Segmente eventuell ausgeblendet werden müssen bzw. das Fernlicht eventuell auch ganz ausgeschaltet werden muss. Zusätzlich gibt es durch die Kamera und den Fernlichtassistenten auch Informationen über den Straßenverlauf für das Kurvenlicht. Bei vielen Herstellern wird das Kurvenlicht aber meist nur durch die Veränderung des Lenkwinkels gesteuert. In unserem Beispielsystem benutzt das zentrale Hauptsteuergerät die Information der Lenkwinkelveränderung von anderen Systemen. Auch das Geschwindigkeitssignal, das ebenfalls für die automatischen Zusatzfunktionen der Beleuchtung vorne (z. B. Abbiegelicht) verarbeitet wird, erhält das zentrale Hauptsteuergerät von anderen Systemen. Das Fernlicht kann aber auch konventionell durch den Fernlichthebel an der Lenksäule ein- und ausgeschaltet werden. Die Betätigung des Fernlichthebels durch den Fahrer «überstimmt» alle Automatikfunktionen. Übertragen wird das Betätigen des Fernlichthebels ebenfalls durch einen LIN-Bus vom Schaltzentrum Lenksäule (15) zum zentralen Hauptsteuergerät. In unserem Beispiel wird der Fernlichtassistent erst durch einen zusätzlichen Schalter am Fernlichthebel aktiviert, ebenfalls übertragen durch den LIN-Bus. Ein weiteres Signal das durch einen LIN-Bus zum zentralen Hauptsteuergerät übertragen wird, ist vom Regen-Licht-Sensor (17). Abhängig von der Helligkeit (Tageslicht) wird das Fahrlicht ein- oder ausgeschaltet. Die Funktion der automatischen Fahrlichtsteuerung ist grundsätzlich abhängig vom Signal des Regen-Licht-Sensors.

Bei allen aktuellen Lichtsystemen ist eine automatische Leuchtweitenregulierung vorgeschrieben, wenn der Soll-Lichtstrom 2.000 Lumen überschreitet. Abhängig vom Beladungszustand des Fahrzeuges muss die Neigung des Scheinwerfers und damit des Lichtstrahles / der Leuchtweite verändert werden. Erfasst wird der Höhenstand der Karosserie vorne und hinten durch zwei Höhenstandsensoren (12,18), die direkt mit dem zentralen Hauptsteuergerät verbunden sind und z. B. auch für die elektronische Dämpferkraftverstellung und weitere Systeme verwendet werden. Die Einstellung der Frontscheinwerfer wird entsprechend der Signale der Höhenstandsensoren angepasst. Dazu ist es aber auch notwendig, dass bei jedem Einschalten der Zündung bzw. des Lichts die Frontscheinwerfer zuerst ganz nach unten gefahren (initialisiert) werden und dann im Anschluss die definierte Stellung angefahren wird.

Die Nebelscheinwerfer (1,2 in unserem Beispiel, ebenfalls LEDs) werden ebenfalls direkt durch das zentrale Hauptsteuergerät ein- und ausgeschaltet, abhängig von der Stellung des Nebelscheinwerferschalters und eventuell verschiedener Zusatzfunktionen.

7.1.2 Verschiedene Komponenten und Funktionen im Detail

Durch das **Tagfahrlicht** kann das Fahrzeug von anderen Verkehrsteilnehmern besser und früher gesehen werden. Es wurde deshalb ab 2011 für alle neuen Fahrzeuge Pflicht. Das Tagfahrlicht wird automatisch mit dem Einschalten der Zündung aktiviert und muss sich ausschalten, wenn das Standlicht/Begrenzungslicht oder Fahrlicht eingeschaltet wird. Das Tagfahrlicht muss mindestens viermal so stark leuchten wie das Standlicht/Begrenzungsleuchten, es muss aber nicht die Fahrbahn ausleuchten. In Deutschland sind beim Tagfahrlicht in der Regel die Armaturenbrettbeleuchtung, die Kennzeichenbeleuchtung und sehr oft auch die Heckbeleuchtung/Rücklicht ausgeschaltet. Für das Tagfahrlicht gibt es unzählige herstellerspezifische Lösungen und länderspezifische Vorschriften. Es ist daher bei einer Fehlersuche unerlässlich, sich zuerst über die genauen Schaltungen, Einstellungen und Vorschriften zu informieren.

Die **automatische Fahrlichtsteuerung** schaltet das Fahrlicht abhängig von der Helligkeit (Tageslicht) und evtl. anderen Parametern ein oder aus. Die Helligkeit wird durch den (Regen-)Licht-Sensor erfasst. Voraussetzung dafür ist bei fast allen Herstellern eine bestimmte Stellung des Lichtschalters. Zusätzlich berücksichtigt werden kann z. B. auch das Wischintervall des Scheibenwischers bzw. auch die aktive Betätigung (Einschalten) des Scheibenwischers bei Regen. Ab einer bestimmten Häufigkeit (z. B. drei Wischzyklen pro Minute) wird ebenfalls das Fahrlicht eingeschaltet. Damit es bei der einsetzenden Dämmerung, bei Tunnelfahrten oder häufigem Wechsel von Hell/Dunkel nicht zu einem ständigen Ein- und Ausschalten kommt, besitzt die Fahrlichtsteuerung einen Hysteresemodus. Das Fahrlicht bleibt dann immer länger an. Zusätzlich wird auch bei der automatischen Fahrlichtsteuerung bei eingeschaltetem Fahrlicht die Beleuchtung der Instrumentenkombination usw. eingeschaltet, die Helligkeit von Bildschirmen gedimmt usw. Die automatische Fahrlichtsteuerung entbindet den Fahrer aber nicht von seiner Verantwortung das Fahrlicht selbst einzuschalten, wenn die automatische Steuerung an ihre Grenzen stößt, bei Regen, Schnee, Nebel oder wenn während der einsetzenden Dämmerung man gegen die Sonne fährt und der Lichtsensor mehr Licht bekommt, als es der Umgebungshelligkeit entspricht.

Durch das **Abbiegelicht** werden zusätzliche Bereiche vor und vor allem seitlich vom Fahrzeug ausgeleuchtet (Bild 7.2). Dadurch können Hindernisse und andere Verkehrsteilnehmer früher erkannt werden.

◢ **Standard-Abblendlicht**

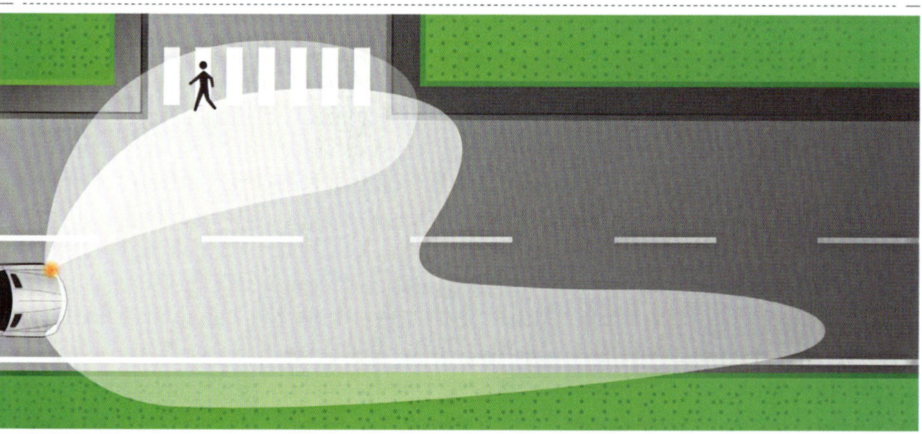

◢ **Mit Abbiegelicht**

Bild 7.2 *Wirkungsbereich des Abbiegelichts*

Das Abbiegelicht wird beim Abbiegen oder in engen Kurven aktiviert. Eingangssignale dafür sind das Geschwindigkeitssignal, das Signal des Lenkwinkelsensors und das Betätigen des Fahrtrichtungsanzeigers. Das Abbiegelicht kann durch das Aktivieren spezieller Bereiche beim LED-Scheinwerfer, durch die Nebelscheinwerfer oder durch eigene Glühlampen und Reflektoren realisiert sein.

Das **Kurvenlicht** sorgt für eine bessere Ausleuchtung des Straßenverlaufes bei einer Kurvenfahrt (Bild 7.4) und damit auch zu einem schnelleren Erkennen von Hindernissen und einer Erhöhung der Verkehrssicherheit.

▲ Standard-Abblendlicht

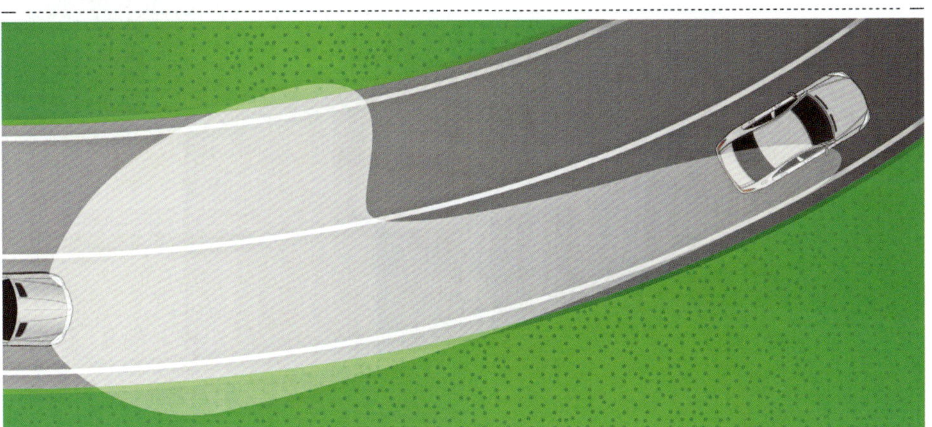

▲ Mit aktivem Kurvenlicht

Bild 7.4 *Schwenkbereich des Kurvenlichts*

Wichtige Eingangssignale für die Funktion des Kurvenlichts sind das Geschwindigkeitssignal und der Lenkwinkelsensor. Bei aktuellen Systemen werden auch die ausgewerteten Informationen der Frontkamera(s) und des Navigationssystems berücksichtigt. Die Funktion des Kurvenlichts kann bei LED-Scheinwerfern wieder durch das Aktivieren spezieller Bereiche ermöglicht werden. Ansonsten werden beide Abblend- und Fernscheinwerfer durch Stellmotoren gleichzeitig geschwenkt. Der Schwenkbereich des Kurvenlichts beträgt in beide Richtungen jeweils maximal 15° zur Fahrzeuglängsachse. Die Schwenkgeschwindigkeit beträgt bis zu 30°/Sekunde, d. h., dass bei schneller Kurvenfahrt innerhalb einer Sekunde von maximal links bis maximal rechts (oder umgekehrt) geschwenkt werden kann. Als Stellmotoren verwendet man in der Regel Schrittmotoren, die immer exakt auf die von einem Steuergerät berechnete Stellung geschwenkt werden können. Da bei den Schrittmotoren keine Lagerückmeldung erfolgt, muss bei jedem Einschalten des Lichts immer zuerst ein Referenzlauf erfolgen. Dadurch wird auch immer die Funktion überprüft.

Die **automatische Fernlichtsteuerung** bzw. der **adaptive Fernlichtassistent** passt die Lichtverteilung automatisch dem Verkehrsgeschehen an, sodass die Fahrbahn maximal ausgeleuchtet wird, aber ohne dass andere Verkehrsteilnehmer geblendet werden. Voraussetzung hierfür ist eine hochauflösende Kamera, die hinter der Frontscheibe montiert ist, eine intelligente Auswerteelektronik, eine schnelle Verarbeitung und Vernetzung sowie entsprechende Frontscheinwerfer, die die gewünschten Funktionen umsetzen. Die Kamera(s) und die Auswerteelektronik erfassen den Straßenverlauf, entgegenkommende und vorausfahrende Fahrzeuge, externe Lichtquellen und meist auch Fußgänger. Zusätzliche Eingangssignale sind wieder der Lenkwinkel und die Geschwindigkeit. Daraus wird die optimale Lichtverteilung berechnet und über die Frontscheinwerfer eingestellt (Bild 7.5).

Stadtlicht

Kreuzungslicht

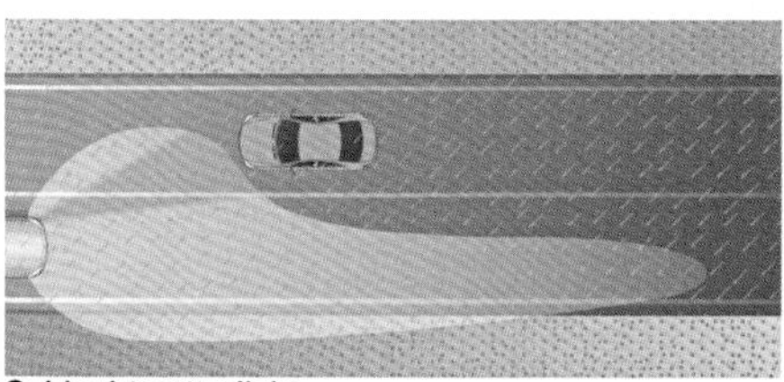
Schlechtwetterlicht

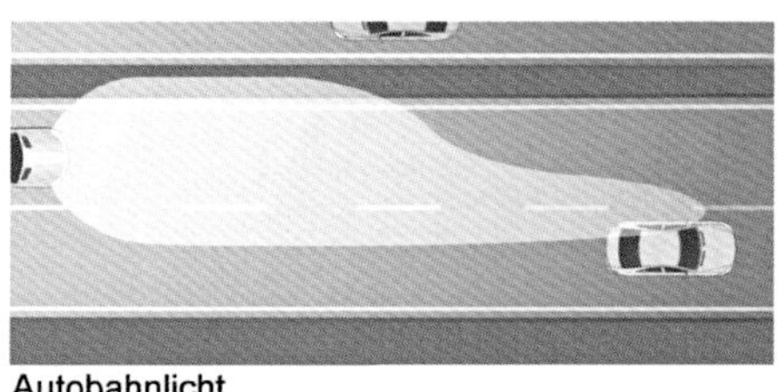
Autobahnlicht

Bild 7.5 *Adaptive Lichtverteilung*

Es ist keine starre Abblend- oder Fernlichtfunktion mehr, sondern sowohl die Leuchtstärke, als auch die Reichweite und die ausgeleuchteten Bereiche werden entsprechend den Erfordernissen individuell angepasst. Dies ist über LED-Scheinwerfer, aber auch über bewegliche/schwenkbare Bi-Xenon-Scheinwerfer möglich. Zusätzlich können auch einzelne Bereiche aus dem Lichtkegel «ausgeschnitten» werden (Bild 7.6). Muss die Frontscheibe oder die Kamera ersetzt werden, ist eine Neukalibrierung der Kamera notwendig.

Das **Matrix-LED**-Licht (Bild 7.7) besteht aus vielen einzelnen LEDs (Beschreibung und Funktion einer LED siehe Abschnitt 22.14.2) mit vorgeschalteten Linsen und Reflektoren, die einzeln oder in Gruppen ein- und ausgeschaltet und in der Leistung variiert werden können. Damit können neben dem Abblend- und Fernlicht auch alle zuvor beschriebenen Zusatzfunktionen ohne bewegliche Bauteile bzw. Schwenkmechanismus realisiert werden.

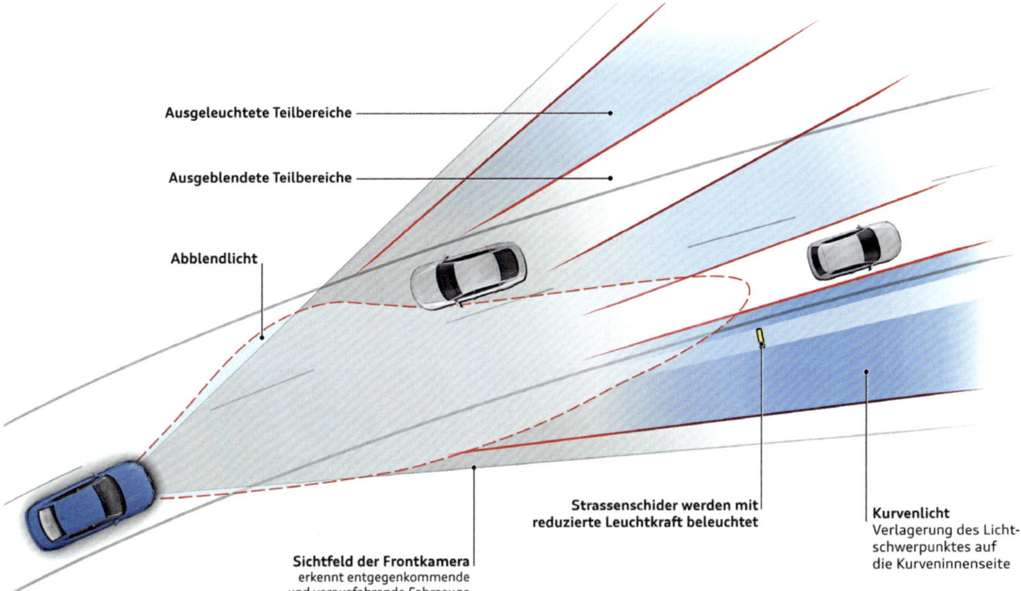

Bild 7.6 *Ausgeblendete Teilbereiche beim adaptiven Fernlichtassistenten*

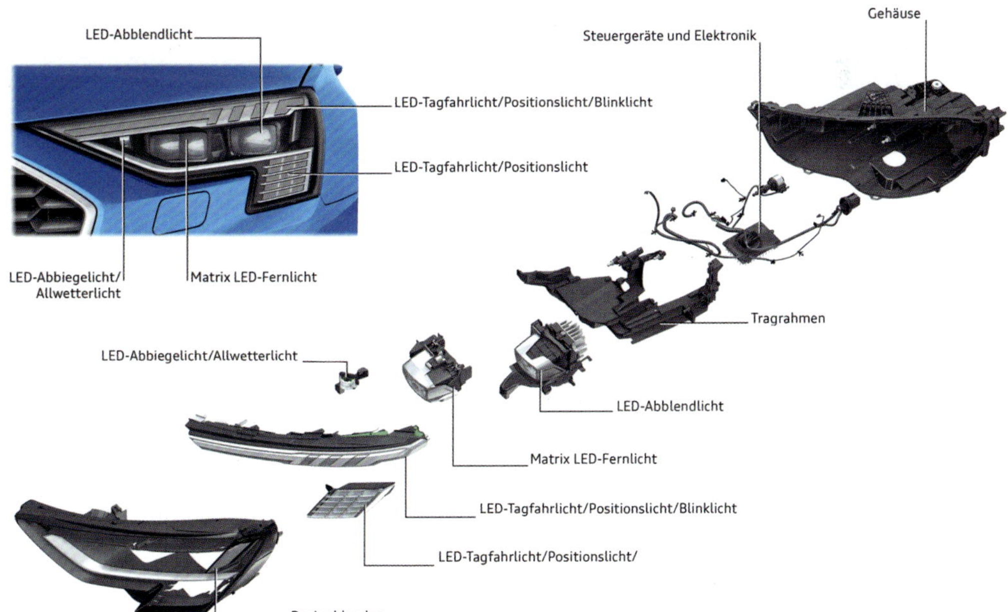

Bild 7.7 *Matrix-LED-Scheinwerfer*
[Bild: Audi]

Das LED-Matrix-Licht hat zusätzlich auch einen geringeren Stromverbrauch als die herkömmliche Lichttechnik. Wichtig für die Funktion ist eine gute Kühlung des sehr schnell arbeitenden Lichtsteuergerätes und der LEDs, da diese bei hoher Leistung sehr heiß werden. Neben ausgeprägten Kühllamellen haben LED-Scheinwerfer zum Teil auch ein extra Kühlgebläse.

Erkennt die Auswerteelektronik Fußgänger, Tiere oder andere gefährliche Hindernisse, können diese durch die **Spotlight**-Funktion extra angestrahlt werden. Es werden dabei einzelne LEDs, die auf das Hindernis ausgerichtet sind, mit höherer Leistung angesteuert.

Eine weitere Steigerung der Reichweite wird durch das **Laserlicht** erreicht. Spezielle Laserdioden, die trotz nochmals verringerter Energieaufnahme viermal so stark wie LEDs leuchten, werden als zusätzliches Fernlicht mit bis zu 600 m Reichweite (Bild 7.8) eingesetzt.

Bild 7.8 *Reichweite Laserlicht*
[Bild: BMW]

Das Laserlicht wird erst ab ca. 60 km/h eingeschaltet und erst dann, wenn durch die Frontkamera keine vorausfahrenden oder entgegenkommenden Fahrzeuge oder Fußgänger erkannt werden. Die Laserdioden erzeugen ein blaues Licht, das erst durch ein teildurchlässiges Phosphorblättchen (Konverter) geleitet werden muss (Bild 7.9).
Das ursprünglich punktscharfe und blaue Licht wird dadurch weiß und zusätzlich etwas gestreut, wodurch es für das menschliche Auge nicht mehr gefährlich ist. (Man sollte es aber trotzdem vermeiden, in das Licht zu schauen.)

Trotz aller Fortschritte in der Lichttechnik begrenzt die Blendungsgefahr des entgegenkommenden Fahrzeuges immer wieder die Sichtweite. Dies führte zur Entwicklung von **Infrarot-Nachtsichthilfen**. Die Fahrbahn wird durch zwei zusätzliche Infrarotlichtquellen, die für das menschliche Auge nicht sichtbar sind, beleuchtet (Bild 7.10). Eine Infrarotkamera erfasst dabei das von Gegenständen, Hindernissen oder Lebewesen reflektierte Infrarotlicht.

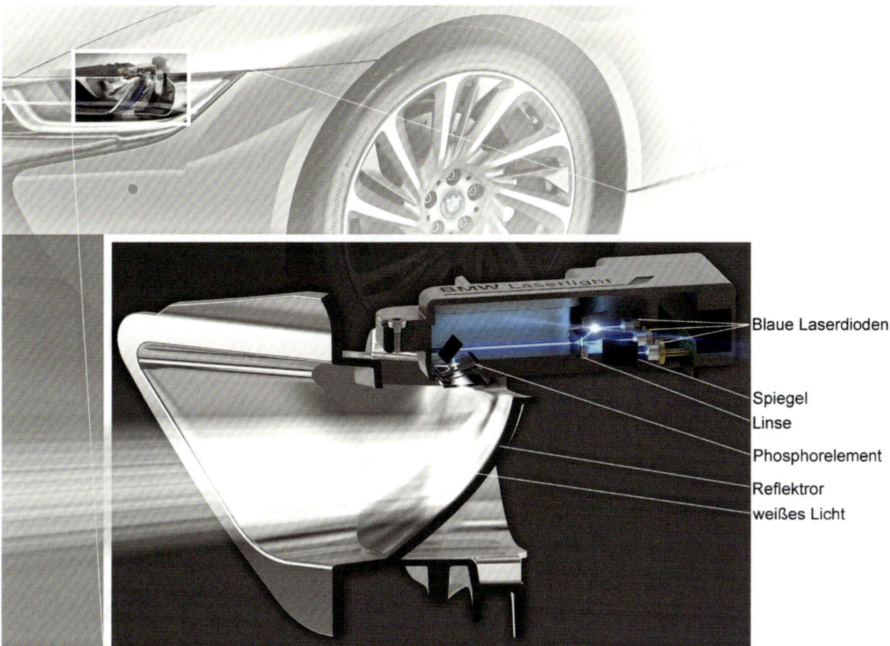

Bild 7.9 *Funktionsprinzip des Laserlicht Konverters*
[Bild: BMW]

Bild 7.10
Reichweite des Infrarotlichts

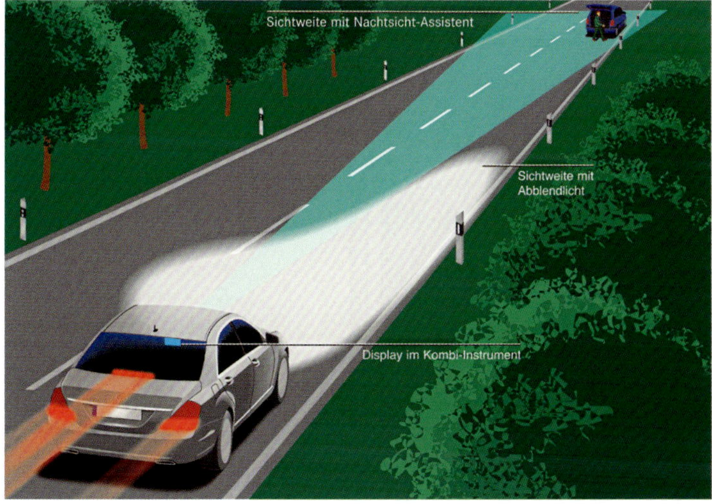

Erkennt die Auswerteelektronik dabei gefährliche Situationen, werden die Bilder oder entsprechende Gefahrensymbole dem Fahrer in einem Display angezeigt (Bild 7.11) und/oder die Gefahrenstelle evtl. auch über die Spotlight Funktion angestrahlt.

Die Infrarotlichtquellen sind in den Scheinwerfereinheiten bzw. in der Fahrzeugfront integriert, die Infrarotkamera ebenfalls. Das System muss extra eingeschaltet werden und wird erst ab ca. 15 km/h aktiviert.

Bild 7.11 *Displayanzeige Infrarot-Nachtsicht-Hilfe*

Es gibt grundsätzlich zwei unterschiedliche Systeme, die von den verschiedenen Herstellern entwickelt wurden:

- Das **Nahbereich-Infrarotsystem**, das alle Hindernisse, die das Infrarotlicht reflektieren, in einem Bereich bis ca. 175 m erkennt und auf dem Bildschirm/ Display zeigt.
- Das **Fern-Infrarotsystem** zeigt hingegen nur die Hindernisse, die wärmer als ihre Umgebung sind. Es hat dafür aber eine Reichweite bis ca. 300 m und damit können Menschen und Tiere noch früher erkannt und auf dem Bildschirm angezeigt werden.

Das **Xenonlicht** (Litronic, D1- bzw. D2-Lampen) ist als Lichttechnik zwischen den Halogenlampen und dem LED-Licht noch weit verbreitet. Die auch als Gasentladungslampen bezeichneten Leuchtmittel (Bild 7.12) haben im Gegensatz zu den herkömmlichen «Glühlampen» keine metallische Glühwendel.

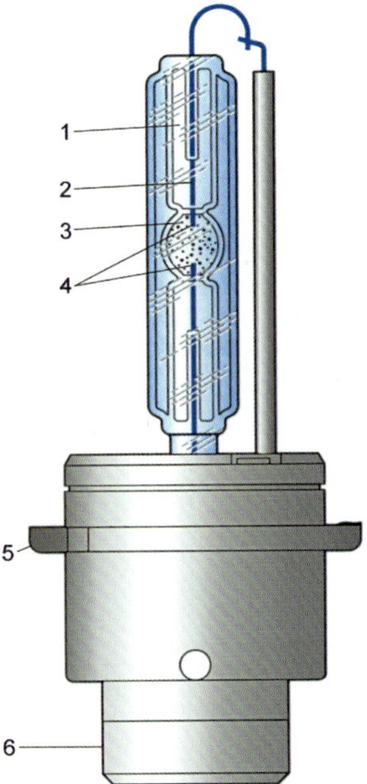

Bild 7.12 Gasentladungslampe
1 UV Schutzglaskolben
2 elektrische Durchführung
3 Entladungsraum
4 Elektroden
5 Lampensockel
6 elektrischer Anschluss

Eine im Entladungsraum befindliche Mischung aus dem Edelgas Xenon und verschiedenen Metallhalogeniden wird durch Wechselstrom ionisiert und damit leitend. Dadurch wird ein Lichtbogen erzeugt, der eine hohe Lichtausbeute liefert. Gasentladungslampen benötigen ein elektronisches Vorschaltgerät, das eine Zündspannung zwischen 10 bis 20 kV und eine Betriebsspannung von ca. 85 V erzeugt. Die Gasentladungslampen gibt es sowohl für das Fernlicht als auch für das Abblendlicht mit integrierter Abdeckung. Eine direkte Umschaltung von Abblend- auf Fernlicht mit einer Lampe, analog dem Halogenlicht ist jedoch nicht möglich, da es einige Sekunden dauert, bis die Gasentladungslampe die volle Lichtausbeute erreicht. Es gibt jedoch Scheinwerfer (als Bi-Xenon bezeichnet), bei denen eine mechanische Abdeckklappe für das Abblendlicht durch einen Elektromotor bewegt wird und damit Abblend- und Fernlicht in einem Scheinwerfer mit einer Gasentladungslampe ermöglicht wird.

Scheinwerfer mit Gasentladungslampen müssen wegen der hohen Lichtausbeute mit einer automatischen Leuchtweitenregelung und einer Scheinwerferreinigungsanlage kombiniert sein, um eine Blendung des Gegenverkehrs zu vermeiden.

Wegen der hohen Zünd- und Betriebsspannung besteht bei unsachgemäßer Wartung bzw. Beschädigung des Scheinwerfers Lebensgefahr.

7.2 Beleuchtung hinten

Bild 7.13 zeigt den Schaltplan eines aktuellen Fahrzeuges für die Beleuchtung hinten mit Schlusslicht, Bremslicht, Zusatzbremsleuchte, Fahrtrichtungsanzeiger, Nebelschlussleuchte, Kennzeichenbeleuchtung und Rückfahrscheinwerfer. Das beispielhaft gewählte Fahrzeug entspricht dem Fahrzeug aus Bild 7.1.
Die Heckleuchten links und rechts sind jeweils zweigeteilt; ein äußerer Teil (6,11) mit Schlusslicht, Bremslicht und Blinker befindet sich am Fahrzeugheck und ein innerer (7,10) mit Nebelschlussleuchte und Rückfahrscheinwerfer an der Heckklappe. Die Zusatzbremsleuchte (12) und die Kennzeichenbeleuchtung (8,9) sind ebenfalls in der Heckklappe integriert. Es werden sowohl Glühbirnen als auch LEDs verwendet. Da die LEDs eine sehr viel kürzere Ansprechzeit (nur ca. 2 ms) bis zur Erreichung der maximalen Leuchtkraft haben, werden sie als Bremsleuchten und für die Zusatzbremsleuchte eingesetzt.

Die Steuerung der gesamten Beleuchtung hinten erfolgt direkt durch das zentrale Bordnetzsteuergerät (3). Natürlich abhängig von den Eingangssignalen des Lichtschalters (14), des Warnblinkschalters (15), der Betätigung des Blinkers am Schaltzentrum Lenksäule (16), des Regen-Licht-Sensors (17) und der Betätigung der Bremse (18).

Da dieses Fahrzeug über eine Geschwindigkeitsregelung mit Bremsfunktion und evtl. Rückschaltung bei einer Bergabfahrt verfügt, muss das Motorsteuergerät (1) und die elektronische Getriebesteuerung (2) zur Ansteuerung der Bremsleuchten auch für diese Funktion über den Antriebs-CAN mit dem zentralen Bordnetzsteuergerät vernetzt sein.

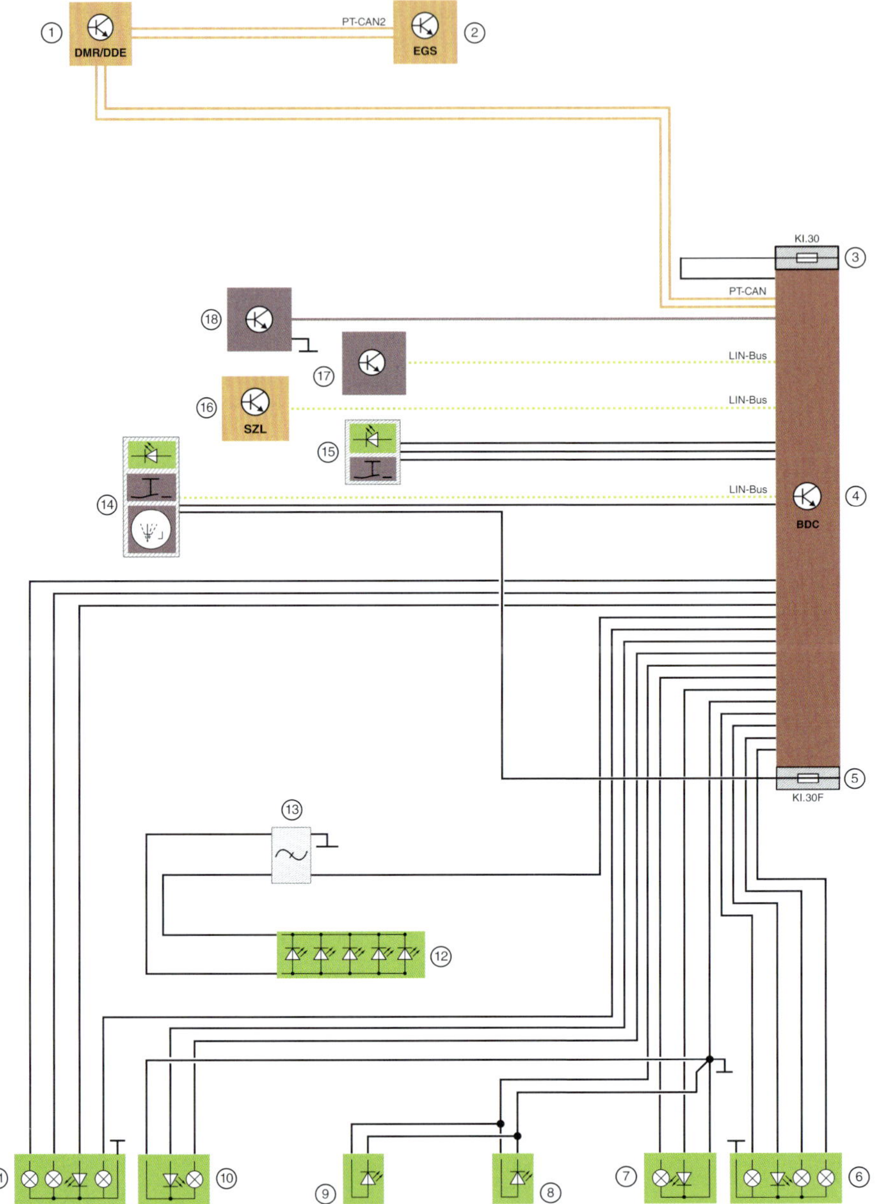

Bild 7.13 *Schaltplan Beleuchtung hinten*

7.3 Beleuchtung innen

Auch die Innenraumbeleuchtung ist mittlerweile in die Vernetzung der Systeme und Funktionen integriert. Bild 7.14 zeigt den Schaltplan einer sehr umfangreichen Innenraumbeleuchtung. Anstatt einer zentralen Innenraumleuchte werden viele einzelne LEDs über den Innenraum verstreut und für die Beleuchtung des Innenraums verwendet.

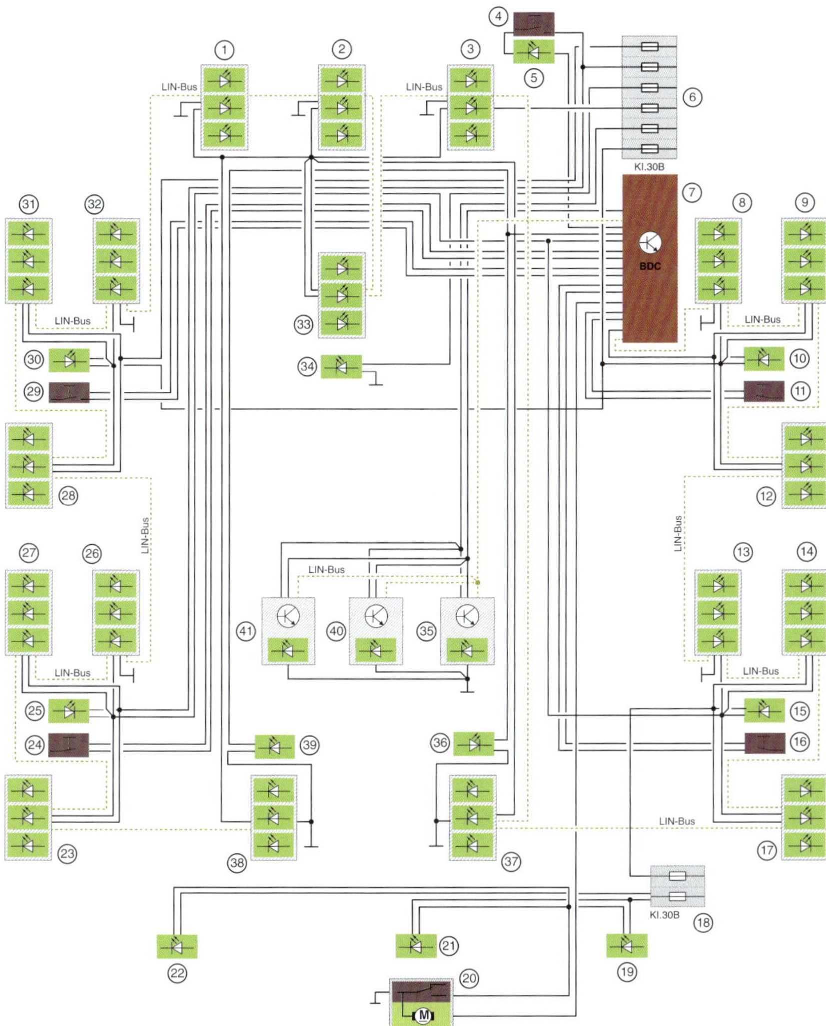

Bild 7.14 *Schaltplan Beleuchtung innen*

Der auf den ersten Blick sehr umfangreich und kompliziert erscheinende Systemschaltplan löst sich bei der näheren Betrachtung doch sehr schnell auf. Gesteuert wird die gesamte Innenraumbeleuchtung durch das zentrale Bordnetzsteuergerät (7), in Abhängigkeit von den Türkontakten (11,16,24,29) und dem Fahrzeugstatus (Auf- oder Abschließen, Zündung ein oder aus usw.). Alle LED-Leuchteinheiten werden über Sicherungen (6,18) mit Batterieplus versorgt und durch das zentrale Bordnetzsteuergerät masseseitig geschaltet. LED-Leuchteinheiten befinden sich

- im Fußraum vorne links (1) und rechts (3),
- im Fußraum hinten links (38) und rechts (37),
- in der Instrumententafel Beifahrerseite (2), in der Mittelkonsole (34) und als Leseleuchten (33),

- in allen vier Türen vierfach (im Ablagefach 8,13,26,32, in der Türverkleidung 9,14,27,31 und als Konturlinienbeleuchtung 12,17,23,28 sowie als Einstiegsleuchte 10,15,25,30),
- an der C-Säule links (41) und rechts (35) oder hinten oben mittig (40),
- und zur Beleuchtung der Sitze hinten links (36) und rechts (39).

Die Beleuchtung des Handschuhkastens (5) wird direkt durch den Handschuhkastenschalter (4) ein- und ausgeschaltet. Ebenso die Gepäckraumbeleuchtung links (22) und rechts (19) sowie die Beleuchtung der Heckklappe (21), die direkt durch die Betätigung des Heckklappenschalters (20) ein- und ausgeschaltet werden. Jedoch wird auch hier der Status durch das zentrale Bordnetzsteuergerät überwacht.

Alle LED-Leuchteinheiten, die aus drei LEDs (blau, rot, grün) bestehen, sind über ein LIN-Bus System mit dem zentralen Bordnetzsteuergerät verbunden. Über ein Auswahlmenü am zentralen Bordmonitor können mehrere verschiedene Farben und Innenlichtdesigns gewählt werden. Der LIN-Bus ist mit allen Leuchteinheiten in Reihe verbunden. Sollte eine teilweise Funktionsstörung auftreten, ist die Unterbrechung oder Ausfallursache nach der letzten noch funktionierenden LED-Leuchteinheit zu suchen.

7.4 Servicehinweise und Begriffe rund ums Licht (von A bis Z)

Candela (cd) ist die Einheit für die Lichtstärke der verschiedenen Beleuchtungseinrichtungen (candela, lat. die Kerze). Gemessen wird die Lichtausstrahlung in eine bestimmte Richtung. Candela ist also der Quotient aus Lumen und Raumwinkel. Tagfahrlicht beispielsweise muss mindestens 400 cd je Scheinwerfer haben.

Muss die **Frontkamera oder Frontscheibe aus- und eingebaut** oder ersetzt werden, müssen die definierten Einbaulagen eingehalten werden. Dafür gibt es bei den verschiedenen Herstellern unterschiedliche Hilfsmittel bzw. Abstandshalter usw. In der Regel ist anschließend ein exakte Einstellung/Kalibrierung erforderlich, damit die Fernlichtsteuerung und der Fernlichtassistent wieder richtig funktionieren.

Kelvin (K) ist eine Temperatureinheit, die sich am absoluten Nullpunkt orientiert. Die Farbtemperatur des Lichts wird auch in Kelvin ausgedrückt. Je höher der Wert in Kelvin, desto heller ist das Licht. Eine Kerze liegt bei ca. 1.500 Kelvin, eine Glühlampe bei ca. 2.800 Kelvin. Xenon-Licht liegt bei ca. 4.000 Kelvin, LED-Scheinwerfer bei ca. 5.500 Kelvin (das entspricht der Farbtemperatur eines sonnigen Tages). Maximal 6.000 Kelvin sind für Scheinwerfer erlaubt.

Eine **Leuchtweitenregulierung** ist seit 1.1.1990 für alle neuen Fahrzeuge vorgeschrieben. Damit wird die Neigung des Lichtstrahles und damit die Leuchtweite der Scheinwerfer an die Beladungszustände/Längsneigung des Fahrzeuges angepasst. Bei der **manuellen (statischen) Leuchtweiteneinstellung** werden über einen Handschalter und hydromechanische, pneumatische oder elektrische Stellelemente die Scheinwerferreflektoren bzw. der gesamte Scheinwerfer vertikal verstellt. Bei der **automatischen Leuchtweitenregelung** wird der Beladungszustand/Längsneigung des Fahrzeuges über Sensoren permanent erfasst, durch ein Steuergerät ausgewertet und über Elektromotoren werden die Scheinwerfer verstellt (Bild 7.15).

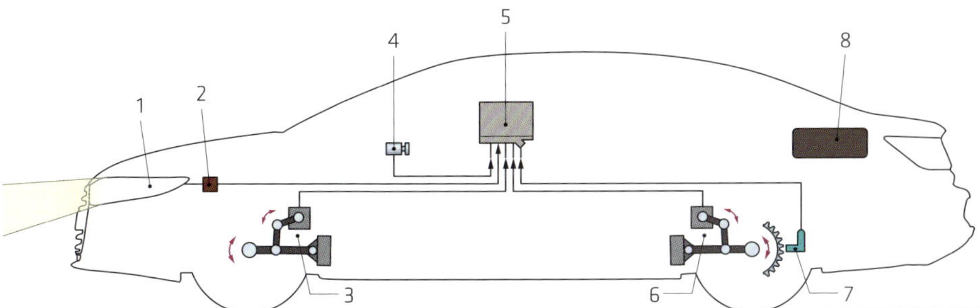

Bild 7.15 *Prinzipdarstellung der automatischen Leuchtweitenregelung*
1 Scheinwerfer
2 Stellglied
3 Vorderachssensor
4 Lichtschalter aus/ein
5 Steuergerät
6 Hinterachssensor
7 Drehzahlsensor
8 Beladung

Einfache Systeme der Leuchtweitenregelung arbeiten mit einer starken Dämpfung und gleichen nur die Beladungszustände aus. Sie werden deshalb auch als **statische Leuchtweitenregelung** bezeichnet. Die **dynamischen Leuchtweitenregelungen** gleichen mit schnellen Verstellgeschwindigkeiten alle Veränderungen der Fahrzeuglängsneigung in Sekundenbruchteilen (ca. 0,3 s) aus. Somit werden auch Karosserieneigungen beim Anfahren, Beschleunigen, Bremsen und bei starken Bodenwellen ausgeglichen. Ab 2.000 Lumen je Lichtquelle ist eine automatische Leuchtweitenregelung Pflicht. Als Stellmotoren verwendet man in der Regel Schrittmotoren ohne Lagerückmeldung. Deshalb ist beim Einschalten der Zündung bzw. des Lichts ein Referenzlauf notwendig. Die Sensoren für die automatische Leuchtweitenregelung können auch für andere Systeme genutzt werden, bzw. die Höhenstandsensoren der fahrdynamischen Regelsysteme liefern über das Bussystem die notwendigen Informationen auch an die Leuchtweitenregelung. Eine Niveauregulierung ersetzt in der Regel die Leuchtweitenregelung, da sie die verschiedenen Beladungszustände des Fahrzeugs immer ausgleicht und nachreguliert.

Lumen (lm) bezeichnet den gesamten Lichtstrom einer Lichtquelle (lumen, lat. Licht, Kerze, Fackel, Tageslicht). Vereinfacht gesagt ist es die Helligkeit einer Lichtquelle. Eine Kerze liefert ca. 12 lm, eine 100 Watt Glühbirne ca. 1.400 lm, eine Xenonlampe ca. 3.000 lm. Wichtig dabei ist heute, wie viel Energie für eine bestimmte Lichtausbeute eingesetzt werden muss. Die Effizienz einer Lichtquelle wird in Lumen pro Watt ausgedrückt. Eine herkömmliche Glühbirne liefert ca. 13 lm/W, eine LED ca. 60 - 170 Lm/W.

Lux (lx) ist die Einheit der Beleuchtungsstärke (lux, lat. Licht, Glanz, Helligkeit). Sie drückt aus, wie viel eines Lichtstromes (in Lumen) auf eine Fläche in m^2 trifft und diese erhellt. $Lx = Lm / m^2$ (Die unterschiedlichen lateinischen Wörter Lumen und Lux geben eine praktische Unterscheidungshilfe. Einmal die Lichtquelle und das Licht das sie aussendet und andererseits was dieses Licht mit der Umgebung macht bzw. wie es sich auswirkt)

Die **Scheinwerfereinstellung** bei den modernen Scheinwerfersystemen erfordert präzise Scheinwerfereinstellplätze und genaueste Befolgung der Herstelleranweisungen unter Zuhilfenahme eines Diagnosetesters. Eine exakte Vermessung und Einstellung der Scheinwerfer erfolgt sowohl in der Neigung als auch in der Seitenrichtung. Verschiedene Lichtfunktionen sind nur mit einem Tester einschaltbar und prüfbar. Der Scheinwerfereinstellplatz und das Scheinwerfereinstellgerät müssen auf einer ebenen Fläche sein und eine sogenannte messtechnische Einheit bilden. Die Einhaltung aller vorgeschriebenen Maße muss alle zwei Jahre überprüft und dokumentiert werden. Die Fahrzeuglängsachse und die Längsachse des Scheinwerfereinstellgerätes müssen absolut parallel zu einander sein. Das Fahrzeug muss sich in einer definierten Nulllage, mit vorgeschriebener Beladung und richtig eingestelltem Luftdruck befinden.

Durch eine **Scheinwerferreinigungsanlage** wird die Verschmutzung der Scheinwerfer beseitigt. Sie ist Pflicht bei Scheinwerfern ab 2.000 lm (und muss auch funktionieren, da sonst die Betriebserlaubnis erlischt!). Verschmutzte Scheinwerfer verringern die Lichtausbeute und somit die Ausleuchtung der Fahrbahn. Aber vor allem steigt die Blendung des Gegenverkehrs durch das Streulicht der verschmutzten Scheinwerfer. Moderne Hochdruck-Waschanlagen spritzen das Waschwasser mit bis zu 50 bar auf die Scheinwerfer. Bei den meisten Fahrzeugen ist die Scheinwerferreinigungsanlage bei eingeschaltetem Licht mit der Frontscheibenreinigung parallelgeschaltet, d. h., beides wird gleichzeitig gereinigt und häufig auch aus dem gleichen Behälter gespeist. Wichtig für die Funktion und die Reinigungswirkung ist im Sommer der Zusatz von Scheibenreiniger-Flüssigkeit mit Insektenentferner und im Winter ausreichender Frostschutz.

Bei älteren Fahrzeugen gab es manchmal eine Wisch-Waschanlage mit kleinen Scheibenwischern, die im Prinzip wie eine Frontscheibenreinigung funktioniert. Auch hier ist für eine gute Funktion der Frostschutz im Winter und der Zustand der Scheibenwischergummis wichtig.

Als **Sichtweite** bezeichnet man die Entfernung, in der Objekte für den Fahrer noch deutlich erkennbar sind.

Die **Tragweite** ist die Entfernung, in der ein Lichtsignal von anderen Verkehrsteilnehmern noch erkannt werden kann.

Eine sehr starke **Verschmutzung** der Frontscheibe im Bereich der Frontkamera oder des Regen-Licht-Sensors, bzw. auch eine schlechte oder **mangelhafte Verklebung** der Frontkamera oder des Regen-Licht-Sensors kann zu einer erheblichen Beeinträchtigung der Funktion der Fahrlichtsteuerung und der automatischen Fernlichtsteuerung bzw. des adaptiven Fernlichtassistenten führen.

8 Elektronische Einparkhilfen

Auch das Einparken wird seit vielen Jahren elektronisch unterstützt. Zunächst mit einem einfachen System, das den Abstand zu Hindernissen misst und akustisch warnt; später zusätzlich mit einer optischen Anzeige. Eine Rückfahrkamera kann das Einparksystem zusätzlich unterstützen, bzw. auch als alleinige Einparkhilfe dienen. Der nächste Schritt war der Parkassistent, der die Parklücke vermisst und die Lenkbewegungen übernimmt sowie zusätzliche Hinweise gibt. Der aktuelle Stand ist ein ferngesteuertes Einparken, ohne dass der Fahrer im Auto sitzen muss. In unserem beispielhaft gewählten Fahrzeug ist das entsprechende Parksystem-Steuergerät Teil des Karosserie-CAN mit Unterstützung durch ein Sonderausstattungssteuergerät, das über den FlexRay-Bus mit den anderen für die Funktion notwendigen Steuergeräten vernetzt ist.

8.1 Funktionsweise der elektronischen Einparkhilfe

Der Beginn der elektronischen Einparkhilfen war ein System, das den Abstand zu Hindernissen, anderen Fahrzeugen usw. berührungslos messen und entsprechend auswerten kann. Es liefert dadurch einen Beitrag zur Sicherheit vor Fahrzeugbeschädigungen bzw. Unfällen und wird auch heute noch so angeboten und ist mittlerweile weit verbreitet. Bei diesen Einparkhilfen befinden sich an den Stoßstangen (bei den meisten Systemen nur hinten) sogenannte Ultraschallwandler, die nach dem Echolot-Prinzip den Abstand bestimmen. Bild 8.1 zeigt den schematischen Aufbau eines Ultraschallwandlers in der Schnittdarstellung.

Eine Piezokeramik (ein Piezoelement kann elektrische in mechanische Energie umsetzen und umgekehrt) wird durch ein kurzes Impulspaket auf einer Resonanzfrequenz zu Schwingungen angeregt, die über eine Membran als Ultraschallsignale ausgesendet werden. Nach dem Abklingen der (Sende-) Schwingungen ist der Ultraschallwandler wieder empfangsbereit für die zurückkehrenden (Echo-) Wellen. Diese regen nun ihrerseits über die Membrane die Piezokeramik zu Schwingungen an, wodurch Stromimpulse erzeugt werden. Ein Steuergerät wertet die Echolaufzeit aus und berechnet daraus die Entfernung zum Hindernis. Das Ansteuerungs- und Auswerteprinzip ist in Bild 8.2 nochmals dargestellt.

Bild 8.1
Innerer Aufbau eines Ultraschalwandlers

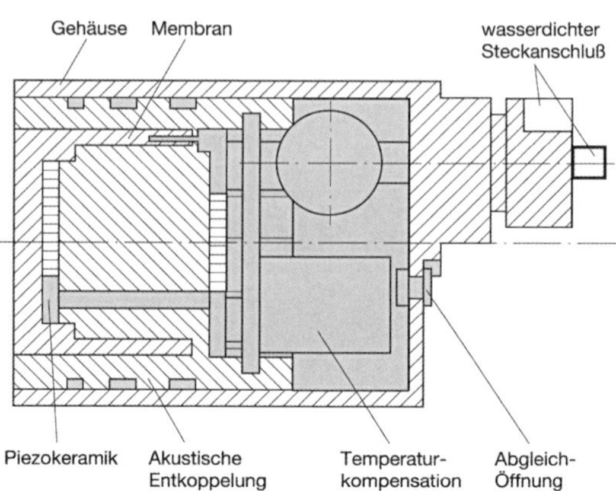

Bild 8.2
Ansteuerungs- und Auswertungsprinzip

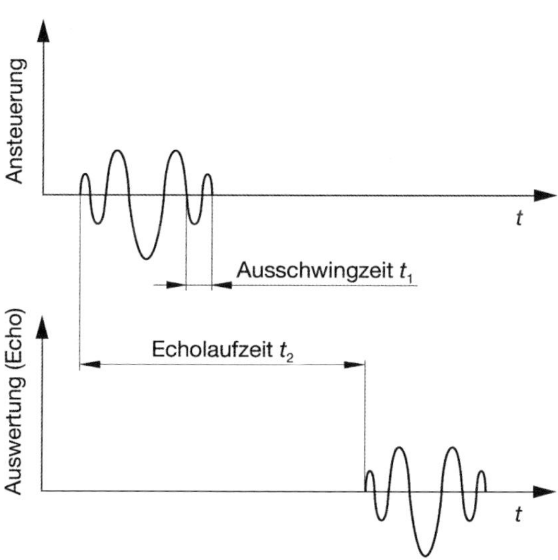

Die Ausschwingzeit und Ausschwingimpulse werden vom Steuergerät zusätzlich für die Funktionskontrolle der Ultraschallwandler verwendet. Eingeschaltet werden die meisten Systeme über das Einlegen des Rückwärtsganges. Die Abstandswarnung erfolgt immer akustisch. Bei neueren, höherwertigen Systemen kann die Abstandswarnung zusätzlich optisch angezeigt werden. Doch zunächst wird im Folgenden das System beschrieben, das 1992 erstmals eingesetzt wurde. Der Systemaufbau hat sich bis heute bei vielen Fahrzeugen der verschiedenen Hersteller nicht geändert. Sehr häufig wird jedoch eine vereinfachte Variante mit einer Abstandsmessung nur im Heckbereich verbaut. Bild 8.3 zeigt den Aufbau des Systems, das bei dem Hersteller als ***P**ark-**D**istance-**C**ontrol* (PDC) bezeichnet wird.

Die PDC besitzt acht Ultraschallwandler, wovon jeweils vier in der vorderen Stoßstange und vier in der hinteren Stoßstange integriert sind. Die Funktion wird im Normalfall durch Einlegen des Rückwärtsganges aktiviert, kann aber auch durch Betätigen der PDC-Taste erfolgen, wenn man sich z. B. einem Hindernis von vorne nähert. Eine

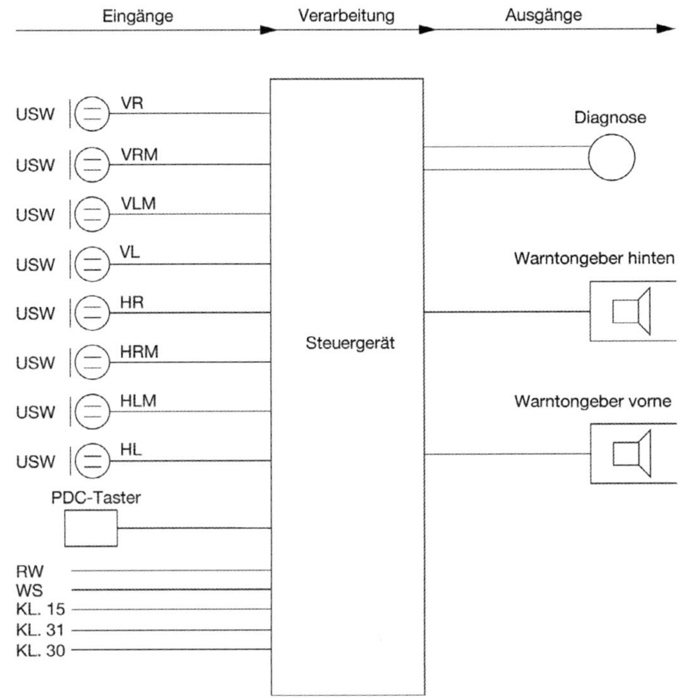

Bild 8.3
Ein- und Ausgänge am Steuergerät der PDC

Abstandswarnung erfolgt durch zwei Warntongeber, die in ihrer Tonhöhe unterschiedlich sind. Die Warntongeber sind für hinten in der Hutablage und für vorne im Armaturenbrett untergebracht, womit auch die Zuordnung eindeutig ist. Eine akustische Warnung durch Verringerung der Tonpausen zwischen den Tönen, proportional zum Abstand vom Hindernis, wird nur ausgegeben, solange sich der Abstand nicht vergrößert. Bild 8.4 zeigt den Zusammenhang zwischen Abstand zum Hindernis, der Fahrzeugbewegung und der akustischen Warnung.

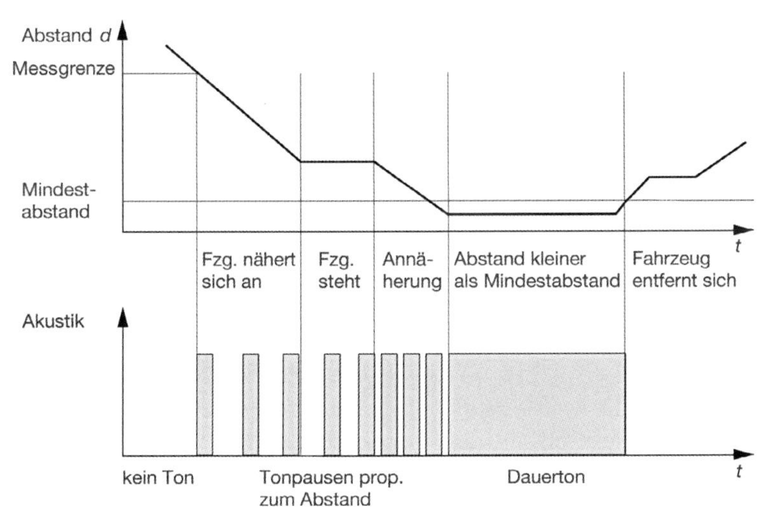

Bild 8.4
Zusammenhang zwischen Abstand, Fahrzeugbewegung und akustische Meldung

Über die PDC-Taste könnte die Abstandswarnung auch abgeschaltet werden, sollte diese einmal stören. Ansonsten schaltet sich die Abstandswarnung selbst ab, wenn sich – wie bereits erwähnt – der Abstand zum Hindernis vergrößert oder wenn die Geschwindigkeit von 30 km/h überschritten wird. Die Messbereiche bzw. Warngrenzen der PDC sind von 60 bis 20 cm bzw. für die zwei mittleren Ultraschallwandler in der hinteren Stoßstange von 150 bis 20 cm (vgl. Bild 8.5). Unter 20 cm Abstand erfolgt ein Dauerton.

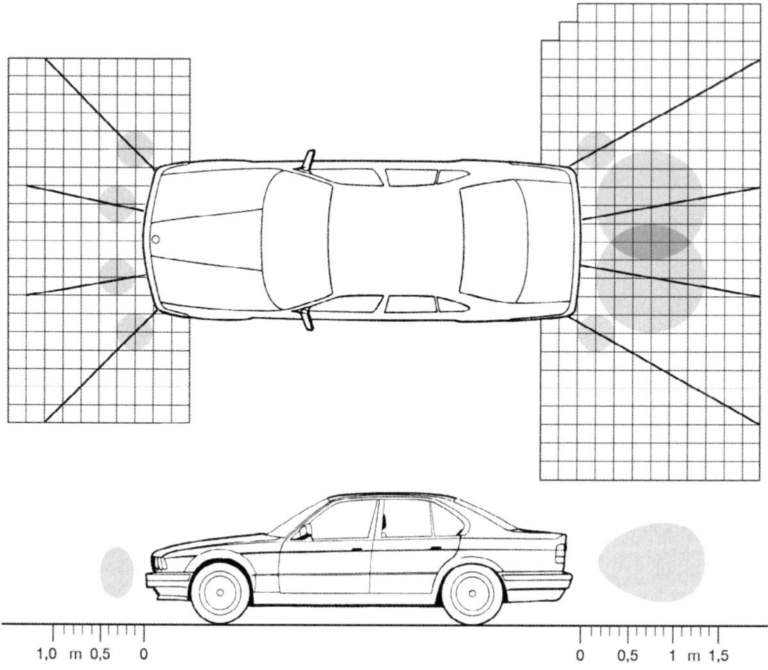

Bild 8.5 *Messbereiche der PDC*

Die Angaben zu den Messbereichen, Warngrenzen, Ein- und Ausschaltbedingungen sind hersteller- und fahrzeugspezifisch und können bei den verschiedenen Systemen geringfügig voneinander abweichen. Dies gilt auch für das in Bild 8.6 gezeigte System, bei dem je sechs Ultraschallwandler vorn und hinten verbaut sind.

Die Erkennung und damit die Warnung vor Hindernissen erfolgt bei diesem System sowohl akustisch als auch optisch nicht nur getrennt nach hinten und vorne, sondern auch nach links und rechts. Die akustische Warnung erfolgt analog dem bereits beschriebenen Ablauf. Die optische Warnung erfolgt durch Leuchtdioden in den Anzeigemodulen. Die grünen Segmente in den Anzeigemodulen leuchten, wenn das System aktiviert und in Bereitschaft ist. Die gelben (hier: hellgrauen) Leuchtdioden werden nacheinander aktiviert, sobald sich der Abstand (zwischen 130 bis 40 cm) zu einem Hindernis verringert. Ab 40 cm Abstand leuchtet die erste rote, ab 25 cm die äußerste rote Leuchtdiode, begleitet durch einen Dauerton. Eine weitere Möglichkeit der optischen Anzeige ist in Bild 8.7 dargestellt. Dabei werden die Warnzonen in drei Farben auf einem zusätzlichen Bildschirm gezeigt, der auch für verschiedene andere Anzeigen genutzt wird (vgl. Kapitel 9). Bei der

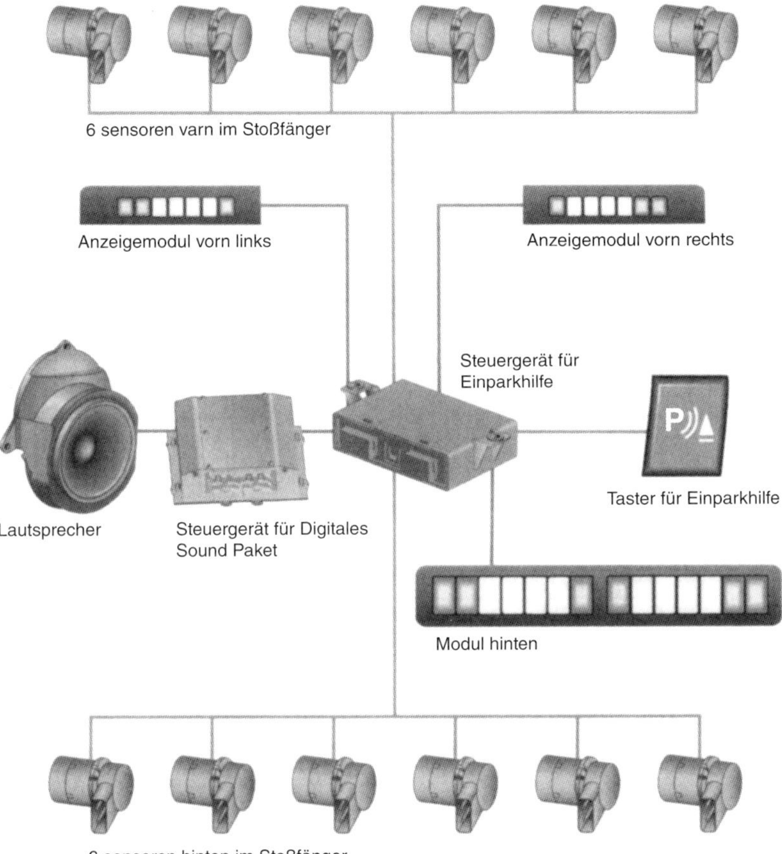

Bild 8.6 *Systemübersicht Einparkhilfe*

Annäherung an ein Hindernis wechseln analog der akustischen Warnung die entsprechenden Farben von Grün über Gelb auf Rot. Funktionsstörungen werden dem Fahrer ebenfalls über den Bildschirm durch eine entsprechende Fehlermeldung angezeigt.

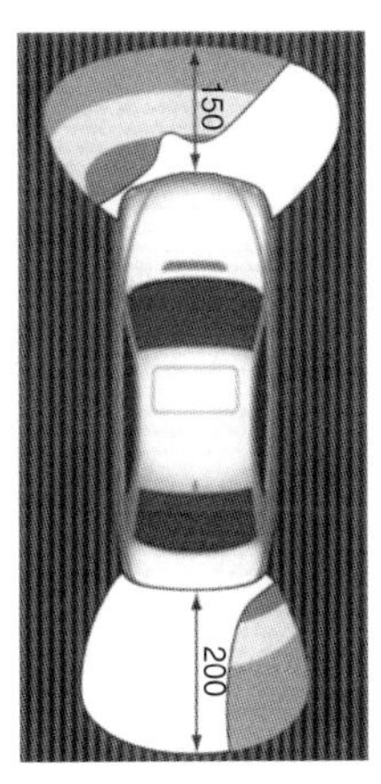

Bild 8.7
Optische PDC-Warnung

Bei allen Systemen der Einparkhilfen wird die Funktionssicherheit ständig durch das Steuergerät überwacht. Störungen oder Ausfälle werden im Fehlerspeicher abgelegt. Bei Störungen schaltet sich die Einparkhilfe immer selbst ab. Dies wird dem Fahrer immer durch einen Gong oder einen Dauerton und/oder durch blinkende Dioden oder durch eine Fehlermeldung mitgeteilt, sobald das System aktiviert wird (Rückwärtsgang oder manuelle Betätigung eines Schalters). Grundsätzlich sollen die Einparkhilfen dem Fahrer helfen, Abstände zu einem Hindernis richtig abzuschätzen. Sie entbinden den Fahrer allerdings nicht von der Sorgfaltspflicht, sich selbst per Augenschein einen Überblick zu verschaffen. Funktionsstörungen können neben anderen Ursachen auch durch starke Verschmutzungen, Eis oder Schnee auf der Membrane eines Ultraschallwandlers hervorgerufen werden.

In der Nachrüstung gab es auch einfache Systeme mit nur zwei Ultraschallsensoren. Diese waren an einem speziellen Kennzeichenträger befestigt und deren Kabel wurden hinter dem Kennzeichenträger durch ein Loch in der Heckklappe in den Kofferraum geführt.

Anschließend erfolgte die weitere Verlegung der Kabel entlang des Fahrzeugkabelbaumes in den Fahrzeuginnenraum, wo sowohl das Steuergerät als auch ein einfacher Signalgeber befestigt wurden. Für die Aktivierung des Systems wurde es am Kabel des Rückfahrscheinwerfers angeschlossen.

8.2 Rückfahrkamera

Eine Ergänzung bzw. Alternative zu den Echolotsystemen ist eine Rückfahrkamera, die im Heckbereich installiert ist. Bild 8.8 zeigt verschiede Einbauorte.

Bild 8.8
Mögliche Einbaupositionen von Rückfahrkameras
[Bilder: Daimler, BMW]

Aktiviert wird die Rückfahrkamera ebenfalls wieder über das Einlegen des Rückwärtsganges oder durch das Betätigen eines Schalters. Das über die Rückfahrkamera erfasste Bild wird auf einem Display/Bildschirm angezeigt (vgl. Bild 8.9).

Bild 8.9 *Parkhilfslinien im Monitorbild der Rückfahrkamera*
[Bild: BMW]

Dabei können bei aktuellen, integrierten Systemen auch Parkhilfslinien, Fahrspurhilfslinien oder Wendekreislinien entsprechend dem Lenkradeinschlag angezeigt werden. Eine optische Kennzeichnung oder Hervorhebung von Hindernissen sowie ein Kamerazoom sind bei diesen Systemen ebenfalls möglich.

8.3 Parkassistent

Der Parkassistent (auch als Parklenkassistent, Parkmanöverassistent, Park Pilot usw. bezeichnet) erkennt durch zusätzliche Ultraschallsensoren bei langsamer Vorbeifahrt freie Parklücken und vermisst dabei deren Länge. Die Geschwindigkeit sollte dabei ca. 30 km/h nicht überschreiten und der Abstand zu den geparkten Fahrzeugen darf maximal 1,5 m sein. Passende Parklücken können mittlerweile bei den meisten Systemen sowohl in Längsrichtung als auch in Querrichtung sein (vgl. Bild 8.10).

Die passende Parklücke muss beim Längsparken ca. 0,8 m länger sein als das Fahrzeug, beim Querparken ca. 0,7 m breiter als das Fahrzeug und mindestens so tief wie die eigene Fahrzeuglänge. Der Ultraschallwandler erkennt bei der Suche nach der Parklücke die Entfernung bis zu einem Bordstein oder Hindernis/Begrenzung und über den zurückgelegten Weg die Länge (vgl. Bild 8.11).

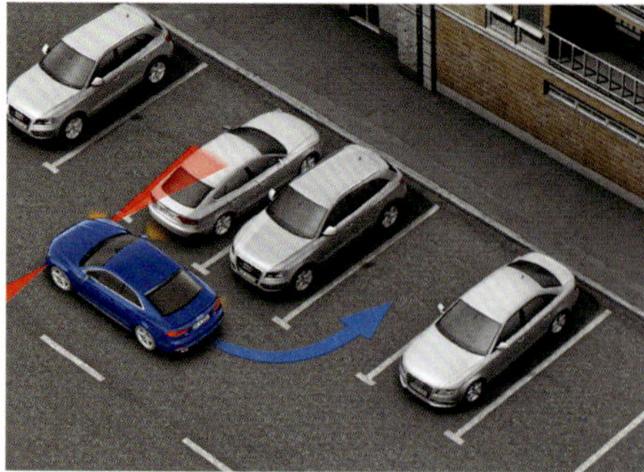

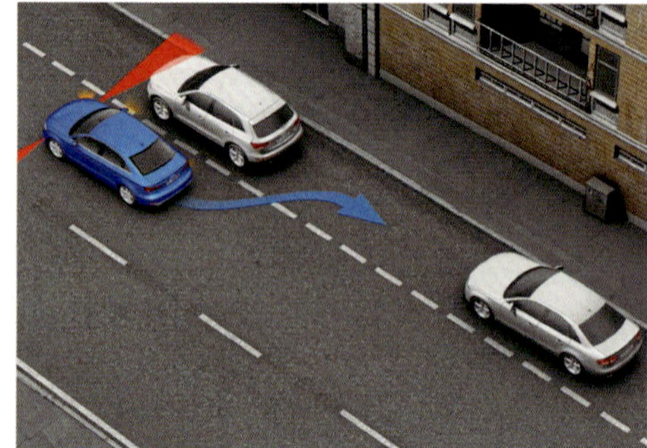

Bild 8.10 *Parkassistenten können das Auto meist in passende Lücken in Längs- und Querrichtung einparken. Vorher vermessen sie die Parklücke mit seitlich angeordneten Ultraschallsensoren.* [Bild: Audi]

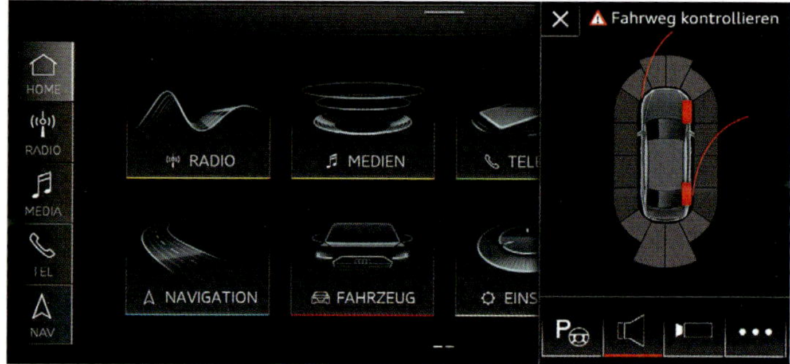

Bild 8.11 *Die Systeme erkennen Bordsteinkannten, manche warnen dann, wenn diese die Reifen schädigen könnten.* [Bild: Audi]

Damit wird in der Regel die Parklücke (längs oder quer) eindeutig erkannt. Sollten beim Querparken mindestens zwei freie Parklücken nebeneinander sein und erkennt das System die Wahlmöglichkeit, wird dies dem Fahrer angezeigt. Dann muss zunächst eine Auswahl erfolgen, bevor der Parkvorgang gestartet werden kann.

Anhand der Übersicht der verschiedenen Komponenten (Bild 8.14) folgt die detaillierte Beschreibung des Systems und der Funktion.

Die Erfassung der Parklücke erfolgt durch die zwei zusätzlichen Ultraschallsensoren (1), die sich links und rechts an der seitlichen Fahrzeugfront befinden. Es kann auch in eine Parklücke auf der linken Seite eingeparkt werden. Aktiviert wird der Einparkvorgang durch die Parkassistenztaste (6). Es wird immer rückwärts eingeparkt. Bei dem in Bild 8.14 gezeigten System kann das Fahrzeug vollständig automatisch einparken, wenn die Parkassistenztaste gedrückt wird, inklusive Gangeinlegen, Bremsen, Lenken, Korrigieren, Gang und Fahrtrichtung wechseln usw. Dies funktioniert jedoch nur bei Fahrzeugen mit vollständig automatisierten Getrieben.

Der Fahrer bleibt aber bei jedem System immer in der Verantwortung und kann jederzeit eingreifen bzw. übernehmen. Die Abschaltbedingungen (in Klammern) der Systeme bei Fehlern oder wenn der Fahrer eingreift, bzw. bei Fehlbedienungen sind bei allen Systemen gleich. Nach der Aktivierung des Parkassistenten erfolgen die weiteren Anweisungen über ein Fahrzeugdisplay, manchmal auch akustisch. Zuerst muss der Fahrtrichtungsanzeiger in der gewünschten Einparkrichtung und anschließend der Rückwärtsgang eingelegt werden, unabhängig von der Getriebeart (Handschaltgetriebe,

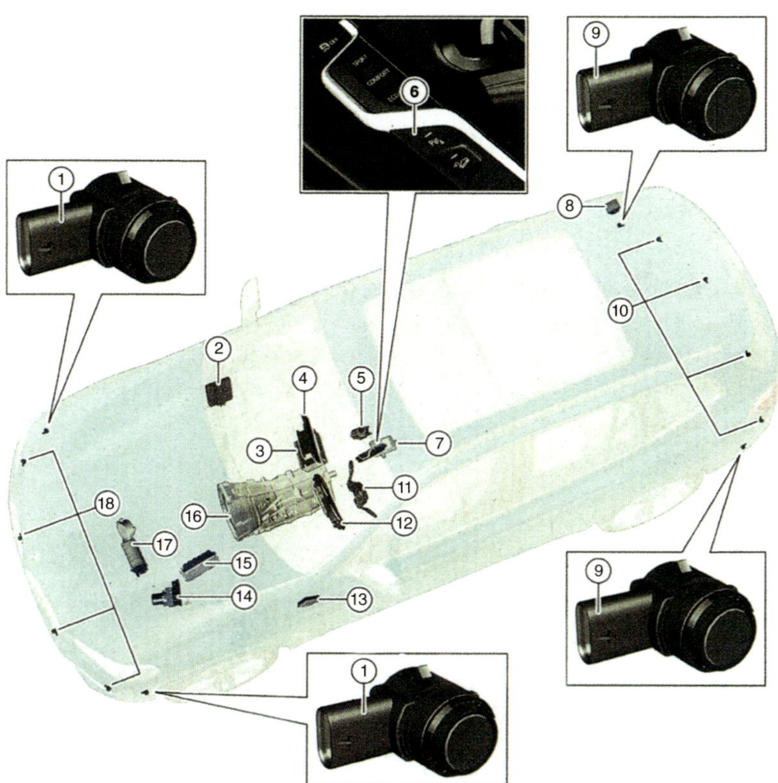

Bild 8.12 *Systemübersicht des Parkassistenten*

1 Ultraschallsensoren Parkmanöverassistent
2 Body Domain Controller BDC
3 Headunit
4 Central Information Display CID
5 Controller CON
6 Parkassistenztaste
7 Crash-Sicherheits-Modul ACSM
8 Steuergerät Parkmanöverassistent PMA
9 Ultraschallsensoren Park Distance Control hinten seitlich
10 Ultraschallsensoren Park Distance Control hinten
11 Schaltzentrum Lenksäule SZL
12 Instrumentenkombination KOMBI
13 Steuergerät Sonderausstattung SAS
14 Dynamische Stabilitäts-Control DSC
15 Digitale Motor Elektronik DME
16 Elektronische Getriebesteuerung EGS
17 Electronic Power Steering EPS
18 Ultraschallsensoren Park Distance Control vorn

DKG, CVT oder Automatik). (Das Setzen des Fahrtrichtungsanzeigers auf der falschen Seite führt zur Abschaltung.) Anschließend muss man bei einem manuellen Getriebe einkuppeln, bei einem automatisierten Getriebe die Bremse loslassen. Das Fahrzeug setzt sich in Bewegung und das System übernimmt über die elektronische Lenkung die notwendigen Lenkeinschläge. (Eingriffe in die Lenkung durch den Fahrer, zu hohe Geschwindigkeit oder plötzlich auftauchende Hindernisse führen wieder zur Abschaltung.) Nähert man sich rückwärts dem Ende der Parklücke wird der Fahrer aufgefordert zu bremsen, stehen zu bleiben, den Vorwärtsgang einzulegen und vorwärts zu fahren. Das System übernimmt wieder die notwendigen Lenkbewegungen. Die Anweisungen für vorwärts und rückwärts erfolgen solange bis der Einparkvorgang abgeschlossen ist. (Wird die maximale Anzahl von Vorwärts-/Rückwärtsfahrten oder eine bestimmte festgelegte Zeit des Einparkvorganges überschritten, erfolgt wieder die Abschaltung des Systems).

Die Abschaltung des Systems bei unerlaubten oder falschen Handlungen des Fahrers wird im Display/Bildschirm angezeigt. Systemausfälle, Fehler im System oder einzelner Komponenten können ebenfalls angezeigt werden. Natürlich gelten auch hier die Grenzen der Ultraschallsysteme, wie Schnee, Eis, Verschmutzung, sehr dünne Hindernisse usw. (siehe auch Abschnitt 11.5.7).

Die Informationen, die von den zusätzlichen, seitlichen Ultraschallsensoren erfasst werden, können beim Einparken auch unterstützen, ohne dass der Parkassistent genutzt wird. Die erfassten Informationen zu Hindernissen usw. werden beim Vorbeifahren gespeichert und beim Einparken mit der Information der Wegstrecke, der Fahrtrichtung und des Lenkwinkels abgeglichen. Somit kann auch an der Fahrzeuglängsseite (Bild 8.13) eine optische und akustische Warnung erfolgen, wenn man sich Hindernissen usw. nähert, die aktuell eigentlich nicht im Erfassungsbereich der Sensoren liegen. Das optische Parksystem für die Fahrzeuglängsachsen wird gleichzeitig mit der Einparkhilfe aktiviert.

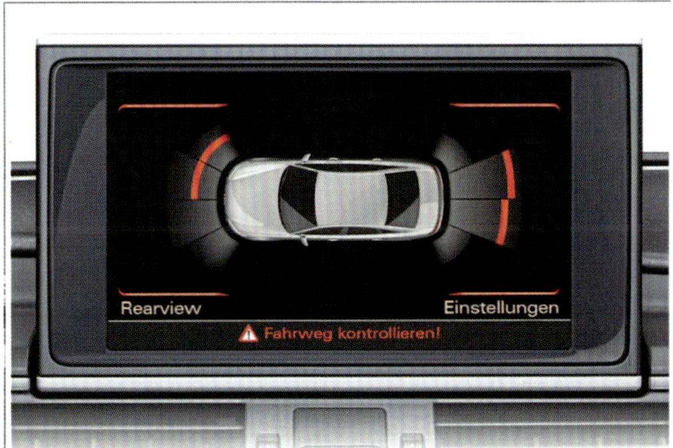

Bild 8.13
Optisches Parksystem

8.4 Ferngesteuertes Einparken

Beim ferngesteuerten Parken kann das Fahrzeug in festgelegten, engen Grenzen (Bild 8.14) ein- und ausgeparkt werden, ohne dass sich der Fahrer im Fahrzeug befindet. Gestartet wird der Ein- oder Ausparkvorgang über eine Fernbedienung (erweiterter Fahrzeugschlüssel mit Display) oder ein gekoppeltes Smartphone. Das Fahrzeug wird selbstständig gestartet, der entsprechende Gang eingelegt, in Bewegung gesetzt, gelenkt und gebremst. Nach Abschluss des Ein- oder Ausparkvorgangs wird der Gang wieder herausgenommen und das Fahrzeug mit der Parkbremse gesichert usw. Der Fahrer muss während des gesamten Vorganges die entsprechende Taste gedrückt halten, sich im Bedienbereich aufhalten und alles beobachten, da er weiterhin die Verantwortung trägt. Er kann den Ein-/Ausparkvorgang jederzeit abbrechen, bzw. dieser wird von der Elektronik abgebrochen, wenn der Bedienbereich verlassen wird, das Signal unterbrochen wird oder unvermittelt ein Hindernis auftaucht. Eine Unterbrechung des Ein-/Ausparkens bedeutet, dass das Fahrzeug sofort auf Neutral geschaltet und abgebremst wird und anschließend die Parkbremse aktiviert wird.

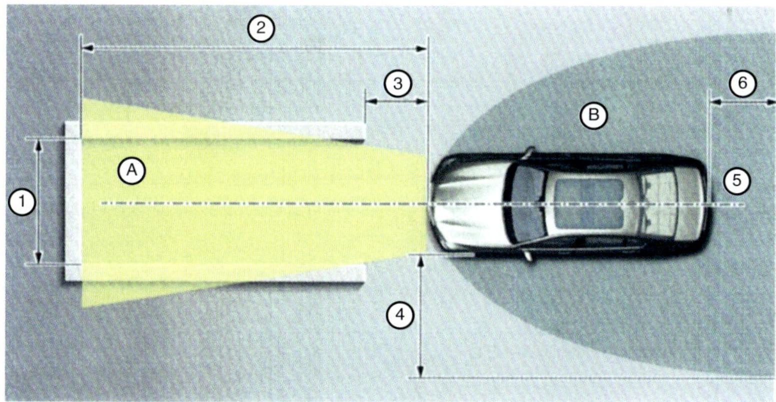

Bild 8.14 *Ferngesteuertes Parken*
A Möglicher Parkbereich
B Möglicher Bedienbereich
1 Parklückenbreite
2 Verfahrweg
3 Max. Abstand zur Parklücke
4 Max. seitlicher Abstand vom Fahrer zu Fahrzeug
5 Max. Versatz und Verdrehung zur Parklücke
6 Max. Abstand des Fahrers hinter dem Fahrzeug

Grundsätzlich würden die in Bild 8.12 gezeigten Komponenten, erweitert um eine Antenne und einen Fernbedienungsempfänger, reichen, um das ferngesteuerte Parken auch mit den Einparkmöglichkeiten des Parkassistenten zu realisieren. Jedoch sind hier die Fahrzeughersteller sehr vorsichtig und erweitern die notwendigen Komponenten noch um einige Kameras (Bild 8.15) und begrenzen zusätzlich auch noch den möglichen Parkbereich (vgl. Bild 8.14).

Anhand des Systemschaltplanes in Bild 8.16 folgt nochmals die Beschreibung des Zusammenwirkens aller Komponenten.

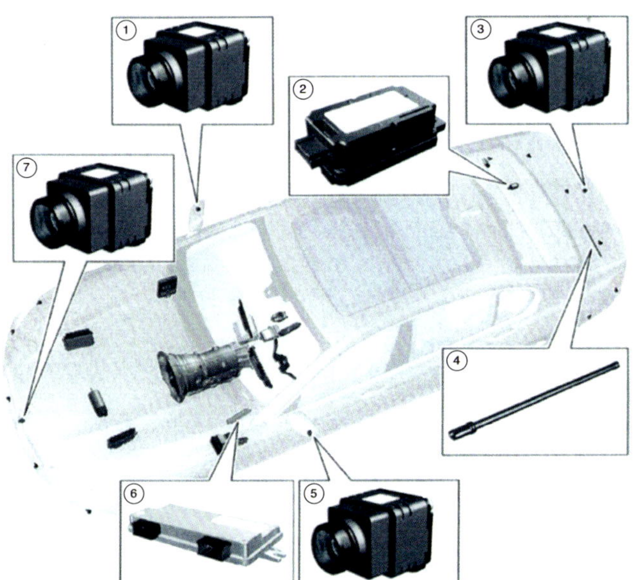

Bild 8.15
Zusätzliche Komponenten für das ferngesteuerte Parken

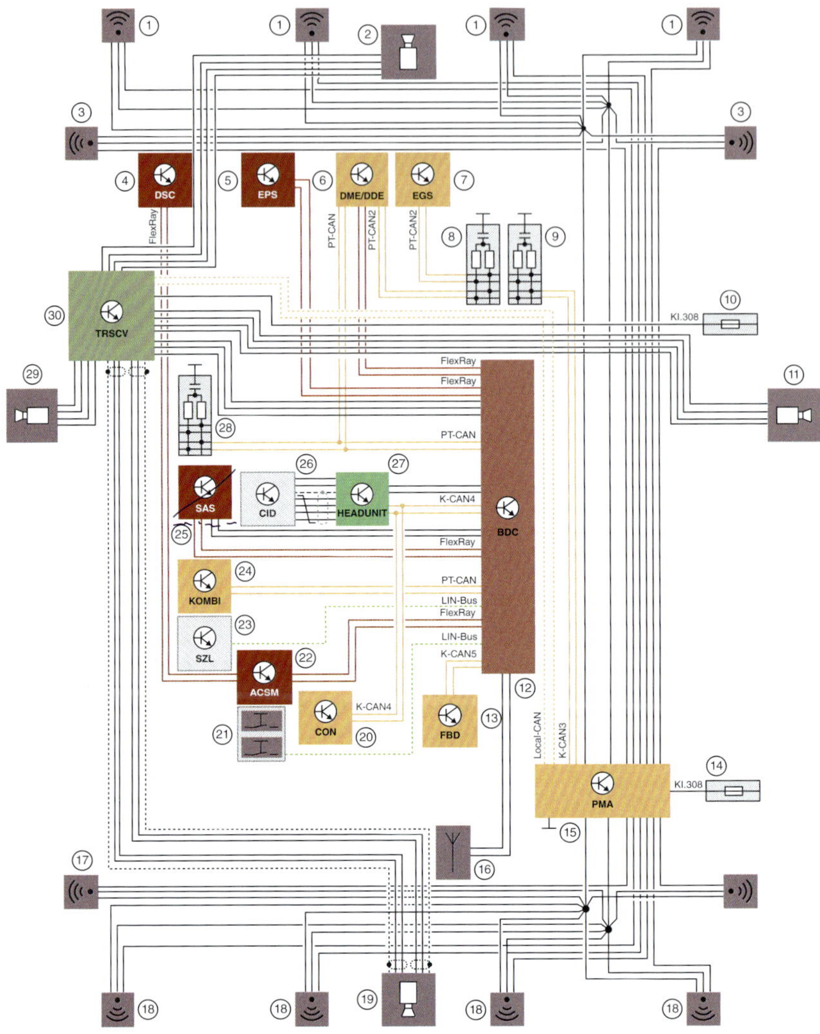

Bild 8.16 *Systemschaltplan ferngesteuertes Parken*

1 Ultraschallsensoren Park Distance Control vorn
2 Frontkamera
3 Ultraschallsensoren für Parkmanöverassistenten
4 Dynamische Stabilitäts-Control
5 Electronic Power Steering EPS
6 Digitale Motor Elektronik DME/Digitale Diesel Elektronik DDE
7 Elektronische Getriebesteuerung
8 CAN-Terminator
9 CAN-Terminator
10 Sicherung im Stromverteiler vorn rechts
11 Side View Camera rechts
12 Body Domain Controller BDC
13 Fernbedienungsempfänger FBD
14 Sicherung im Stromverteiler hinten rechts
15 Steuergerät Parkmanöverassistent PMA
16 Remote Control Parking Antenne
17 Ultraschallsensoren Park Distance Control hinten seitlich
18 Ultraschallsensoren Park Distance Control hinten
19 Rückfahrkamera RFK
20 Controller CON
21 Parkassistenztaste und Bedientaste für Kameraaktivierung
22 Crash-Sicherheits-Modul ACSM
23 Schaltzentrum Lenksäule SZL
24 Instrumentenkombination KOMBI
25 Steuergerät Sonderausstattungssystem SAS
26 Central Information Display
27 Headunit High
28 CAN-Terminator
29 Side View Camera links
30 Steuergerät Top Rear Side View Camera TRSVC

Die Ultraschallwandler für vorne (1) und hinten (18) sind direkt mit dem Steuergerät des Parkassistenten (15) verbunden, ebenso wie die seitlichen Ultraschallwandler (3 und 17). Die Bilder aller Kameras (2, 11, 19, 29) werden in einem eigenen Steuergerät (30) ausgewertet. Der Austausch der Kamerainformationen mit dem Steuergerät des Parkassistenten erfolgt über einen CAN-Bus (Local-CAN). Das Steuergerät des Parkassistenten ist außerdem mit einem weiteren CAN-Bussystem (K-CAN3) mit der elektronischen Getriebesteuerung (7) und dem Motorsteuergerät (6) direkt vernetzt. Die eigentliche Steuerung des ferngesteuerten Parkens erfolgt aber über das zentrale Bordnetzsteuergerät (12). Es erhält die Signale von der Fernbedienung direkt über die Antenne (16) und steuert dann das Motorsteuergerät, die elektrische Lenkung (5) und die Fahrdynamikregelung (4) über den FlexRay-Bus. Die Ent- bzw. Verriegelung der Lenkung (23) wird über einen LIN-Bus gesteuert. Die notwendigen Informationen während des Ein-/Ausparkens erhält der Fahrer auf seinem Display der Fernbedienung, übertragen werden diese wieder über die Antenne. Gleichzeitig werden diese Informationen aber auch im Fahrzeug auf dem Kombiinstrument (24) und einem Display (26) angezeigt. Die Verbindungen übernehmen zwei verschiedene CAN-Bussysteme. Die Anzeigen auf dem Kombi und Display werden auch benötigt, wenn der Fahrer «nur» den Parkassistenten über die Parkassistenztaste (21) aktiviert. Oder einfach auch bei der Anzeige der Abstände zu Hindernissen beim «normalen» Einparken oder für die Bilder der Rückfahrkamera. Auch für das ferngesteuerte Parken gelten die bereits mehrfach erwähnten Grenzen, wie Schnee, Eis, Verschmutzung, sehr schmale Hindernisse usw.

9 Passive Sicherheitssysteme (pyrotechnische Rückhaltesysteme)

Bild 9.1 *Heutige Autos sind oft mit einer ganzen Reihe von Airbags ausgestattet. bei einer Vollausstattung können es inzwischen mehr als zehn solcher Insassenschutzsysteme sein.* [Bild: Audi]

Das Steuergerät der Passiven Sicherheitssysteme ist heute üblicherweise mit einem schnellen Bussystem mit den anderen Fahrzeugsystemen verbunden. Damit kann man sowohl vor dem Unfall (*PreCrash, Pre-Safe*), als auch nach dem Unfall (*PostCrash*) bestimmte Sicherheitsvorkehrungen und weitere Schutzmaßnahmen ergreifen. Das Steuergerät des ***S****upplemental* ***R****estraint* ***S****ystems* (SRS) ist häufig Teil eines Karosserie- oder Komfort-CAN und/oder des Fahrdynamik-CAN. In unserem übergreifend gewählten Beispiel und bei dem in Bild 9.1 gezeigten, aktuellen System mit fast maximaler Ausstattung ist das Crash-Sicherheitsmodul (***A****dvanced* ***C****rash* ***S****afety* ***M****odule*, ACSM) über den FlexRay-Bus der Fahrdynamiksysteme und des Antriebsstranges mit den anderen Fahrzeugsystemen verbunden.

9.1 Aktuelles System

Das in Bild 9.2 gezeigte System der passiven Sicherheitssysteme stellt den zurzeit aktuellen und fast maximalen Ausrüstungsstand dar.

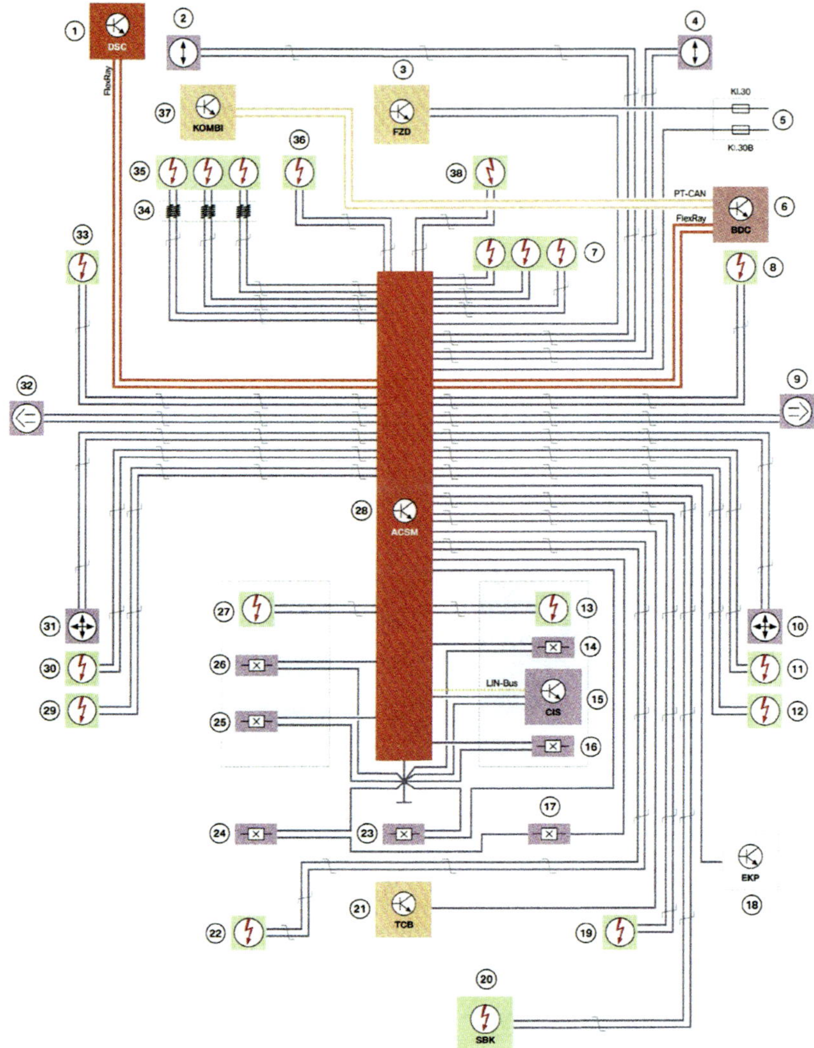

Bild 9.2 *Systemschaltplan eines passiven Sicherheitssystems*

1 Dynamische Stabilitäts Control DSC
2 Airbagfrontsensor links
3 Funktionszentrum Dach FZD
4 Airbagfrontsensor rechts
5 Sicherungen Stromverteiler vorne rechts
6 Body Domain Controller BDC
7 Beifahrerairbag
8 Kopfairbag rechts
9 Airbagsensor Tür rechts (Druck)
10 Beschleunigungssensor B-Säule rechts
11 Adaptiver Gurtkraftbegrenzer Beifahrer
12 Gurtstrammer Beifahrer
13 Seitenairbag Beifahrer

14 Sitzpositionssensor vorne rechts (nur Fahrzeuge ohne Sitzmodul)
15 Sitzbelegungsmatte CIS-Matte
16 Gurtschlossschalter Beifahrer
17 Gurtschlossschalter hinten rechts
18 Elektronische Kraftstoffpumpensteuerung EKPS
19 Sicherheitsgurt hinten links (abhängig von der Länderausführung mit Automatenstrammer)
20 Sicherheitsbatterieklemme SBK
21 Telematic Communication Box 2 TCB2
22 Sicherheitsgurt hinten links (abhängig von der Länderausführung mit Automatenstrammer)
23 Gurtschlossschalter hinten Mitte
24 Gurtschlossschalter hinten links
25 Gurtschlossschalter Fahrer
26 Sitzpositionssensor vorne links (nur Fahrzeuge ohne Sitzmodul)
27 Seitenairbag Fahrer
28 Crash-Sicherheits-Modul ACSM
29 Gurtstrammer Fahrer
30 Adaptiver Gurtkraftbegrenzer Fahrer
31 Beschleunigungssensor B-Säule links
32 Airbagsensor Tür links (Druck)
33 Kopfairbag links
34 Wickelfeder
35 Fahrerairbag
36 Knieairbag Fahrer
37 Instrumentenkombination Kombi
38 Knieairbag Beifahrer
[Bild: BMW]

Herzstück ist das Steuergerät (28), das sich in der Mitte des Fahrzeuges befindet und fest mit der Karosserie verbunden ist. Primäre Aufgabe des zentralen Steuergerätes der passiven Sicherheitssysteme ist selbstverständlich die permanente Überwachung der Sensorsignale und aller mit dem Steuergerät verbundenen Bauteile sowie die Eigenüberwachung und die Auslösung der dem Unfallgeschehen entsprechenden Airbags und Gurtstrammer. Zur Erkennung eines Unfalles, der Schwere des Unfalles und der Unfallrichtung befinden sich im Steuergerät entsprechende Sensoren (Beschleunigungsaufnehmer). Das Steuergerät ist mit den anderen Fahrzeugsystemen über den FlexRay verbunden und dadurch können vor, während und nach einem Unfall bestimmte Sicherungsmaßnahmen ergriffen werden. Zuallererst wird nach dem Einschalten der Zündung die Betriebsbereitschaft hergestellt und dem Fahrer durch das Erlöschen der Airbag-Kontrolllampe im Kombiinstrument (37) angezeigt. Wird ein Fehler festgestellt, bleibt die Kontrolllampe an und der Fehler wird gespeichert. Nach Fahrtbeginn werden die geschlossenen Gurte auf der Fahrer- und Beifahrerseite vorgespannt, um die Gurtlose zu verringern. Sind die Gurte nicht geschlossen, obwohl z. B. über die Sitzbelegungserkennung (15) ein Beifahrer erkannt wird, erfolgt eine optische und akustische Gurtwarnung (abhängig von Länderausführungen evtl. auch permanent).

Werden im weiteren Verlauf nach Fahrtbeginn durch das passive Sicherheitssystem, bzw. auch durch das Fahrdynamiksteuergerät (1) oder auch durch verschiedene Assistenzsysteme kritische Situationen erkannt, die zu einem Unfall führen könnten, erfolgen vorsorglich bereits einige Sicherungsmaßnahmen. Das Schiebedach (FZD 3) und die Fenster (über BDC 6) werden geschlossen und die vorderen Sicherheitsgurte nochmals vorgespannt. Außerdem können bei einer elektrischen Sitzverstellung, diese in eine bestmögliche Position (14,26) verfahren werden. Ausgelöst wird dies durch ein «Vorwarnungssignal» auf den Bussystemen. Bei einem tatsächlichen Unfall wird neben dem Auslösen der entsprechenden Bauteile ein Unfallsignal (Crash-Signal) auf die Bussysteme abgesetzt, wodurch wieder zusätzliche Sicherungsmaßnahmen ausgelöst werden. Dazu gehören das Abschalten der Kraftstoffpumpe (18), das Einschalten der Warnblinkanlage und des Innenlichts (beides über BDC 6), die Aktivierung der Bremse, das Öffnen der Zentralverriegelung und das Absetzen eines Notrufs über das Telefonsteuergerät (21).

Neben den (Crash-)Sensoren im Steuergerät gibt es bei dem beschriebenen System zusätzliche, ausgelagerte Frontsensoren (2,4), Sensoren in der B-Säule (10,31) und Sensoren in den Türen (9,32). Ausgelöst werden können der Fahrer- (35) und der Beifahrerairbag (7) zweistufig, die Knieairbags Fahrer (36) und Beifahrer (38), die Kopfairbags links (33) und rechts (8), die Seitenairbags links (27) und rechts (13), sowie die Gurtstrammer (29,12,22,19,) inklusive der Gurtkraftbegrenzer (11,30) und die Sicherheitsbatterieklemme (20). Nicht abgebildet bei unserem Beispielsystem sind die Seitenairbags in den Fondtüren, die ebenfalls möglich sind. Neben der Unfallschwere und der Stoßrichtung beim Unfall, ist die Auslösung der verschiedenen Bauteile und der zeitlichen Reihenfolge der Auslösung auch abhängig vom Status der verschiedenen Gurtschlösser (16,17,23,24,25), ob die Insassen angeschnallt sind, bzw. auch ob auf den verschiedenen Sitzplätzen sich auch Insassen befinden.

9.2 Funktion und Bauteile des Fahrer- und Beifahrerairbags

Bei einem Unfall mit Frontalaufprall können sich Fahrer und Beifahrer schwere Kopf- und Brustverletzungen zuziehen, wenn sie ungebremst gegen Lenkrad, Armaturenbrett oder sogar gegen die Windschutzscheibe geschleudert werden. Deshalb wurden bereits in den 1950er-Jahren Versuche mit Airbags (engl. für «Luftsack») unternommen und die ersten Patente dafür erteilt. Jedoch erst in den 1960er-Jahren wurden durch die zusätzliche Entwicklung von geeigneten Auslösemechanismen diese weiterentwickelt und dann in den 1970er-Jahren zuerst in den USA und in den 1980er-Jahren auch in Europa eingeführt. Gleichzeitig erfolgte auch eine Verbesserung der Karosseriestrukturen mit definiertem Deformationsverhalten bei einem Unfall und die Weiterentwicklung der Sicherheitsgurte. Somit konnte die passive Fahrzeugsicherheit enorm gesteigert werden und ein Rückgang der bei einem Unfall getöteten bzw. schwerstverletzten Personen erreicht werden.

Der Airbag (zuerst als Fahrer- und später auch als Beifahrerairbag) wurde, wie gerade erwähnt, als erstes in den USA eingeführt, wegen der dort damals verabschiedeten Vorschriften zum Insassenschutz und fehlender Gurtanlegepflicht. Unbestritten ist jedoch, dass sich ein angelegter Dreipunkt-Sicherheitsgurt und der Airbag optimal ergänzen und zusammen die beste Schutzwirkung erzielen. Bei einem Aufprall im unteren Geschwindigkeitsbereich übernimmt zunächst der Gurt die Rückhaltefunktion, erst bei höheren Aufprallgeschwindigkeiten werden zusätzlich ein oder mehrere Airbags gezündet. Der Airbag kann aber unter keinen Umständen das Anlegen des Sicherheitsgurtes ersetzen. Bild 9.3 zeigt den zeitlichen Ablauf einer Airbag-Auslösung bei Fahrer und Beifahrerairbag.

Die angegebenen Zeitwerte sind fahrzeugspezifisch und weichen entsprechend der definierten Deformation der Karosseriestruktur bei anderen Fahrzeugen minimal ab. Bei den heute zum Teil verwendeten zweistufigen Airbag-Modulen erfolgt die Zündung der zwei Stufen, abhängig von der Schwere des Unfalles und zeitlich versetzt.

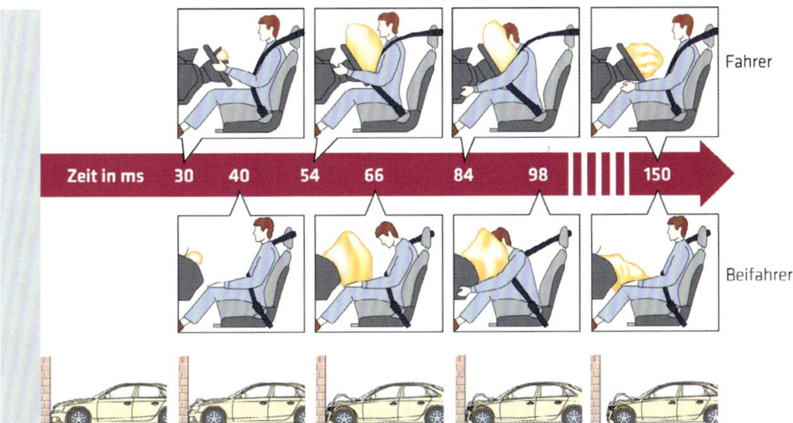

Bild 9.3 *Beispiel für den zeitlichen Verlauf der Airbag-Auslösung bei einem Frontaufprall mit einer Geschwindigkeit von 56 km/h. Kurz nach dem Aufprall auf das Hindernis wird die Auslöseschwelle überschritten und der Airbag gezündet. Während sich Fahrer und Beifahrer nach vorne bewegen entfalten sich die Airbags. Die Deformationselemente am Vorderwagen sind zu diesem Zeitpunkt bereits zum Teil verformt. Wenn sich der Airbag voll entfaltet hat, wird die Aufprallenergie zum Teil von ihm und zu einem anderen Teil vom anliegenden und sich dehnenden Sicherheitsgurt verringert.*
[Bild: AS-Illu]

Bild 9.4 zeigt die Bauteile des Fahrerairbags, aus den Anfangsjahren der Airbagsysteme. Es bestand aus:

- aufblasbarem Luftsack mit Öffnungsschlitzen,
- Gasgenerator mit Zündpille zum Aufblasen des Luftsackes,
- elektronischem Auslöse-(Steuer-)gerät mit integriertem Beschleunigungsaufnehmer (Stoßsensor), Kondensator (als Energiereserve) und einem Spannungswandler,
- Kontrolllampe zur Systemüberwachung,
- je nach Hersteller ein oder zwei Frontsensoren,
- einer Wickelfeder (Spiralkabel) zur sicheren Kontaktübertragung von der Lenksäule zum Lenkrad (nicht bei allen Herstellern / Fahrzeugen).

Die Funktionsfähigkeit jedes Airbagsystems wird laufend selbst überwacht und durch eine Kontrolllampe angezeigt. Nach dem Herstellen der Spannungsversorgung (ab Zündschlossstellung 1) leuchtet diese. Erlischt sie nach 4 bis 6 Sekunden, wurde durch die Überwachungselektronik im Steuergerät kein Fehler entdeckt, und das System ist funktionsbereit. Kommt es nun zu einem Unfall mit Frontaufprall, bei dem die definierte Fahrzeugverzögerung/Auslöseschwelle überschritten wird, so wird durch ein Spannungssignal eines Beschleunigungsaufnehmers im Steuergerät ein Zündstrom ausgelöst, der über eine Leitung zum Gasgenerator gelangt. Beim Fahrerairbag wird zur sicheren Kontaktierung häufig eine Wickelfeder (auch Spiralkabel oder Kabelrolle) anstelle eines normalen Schleifkontaktes verwendet (Bild 9.5).

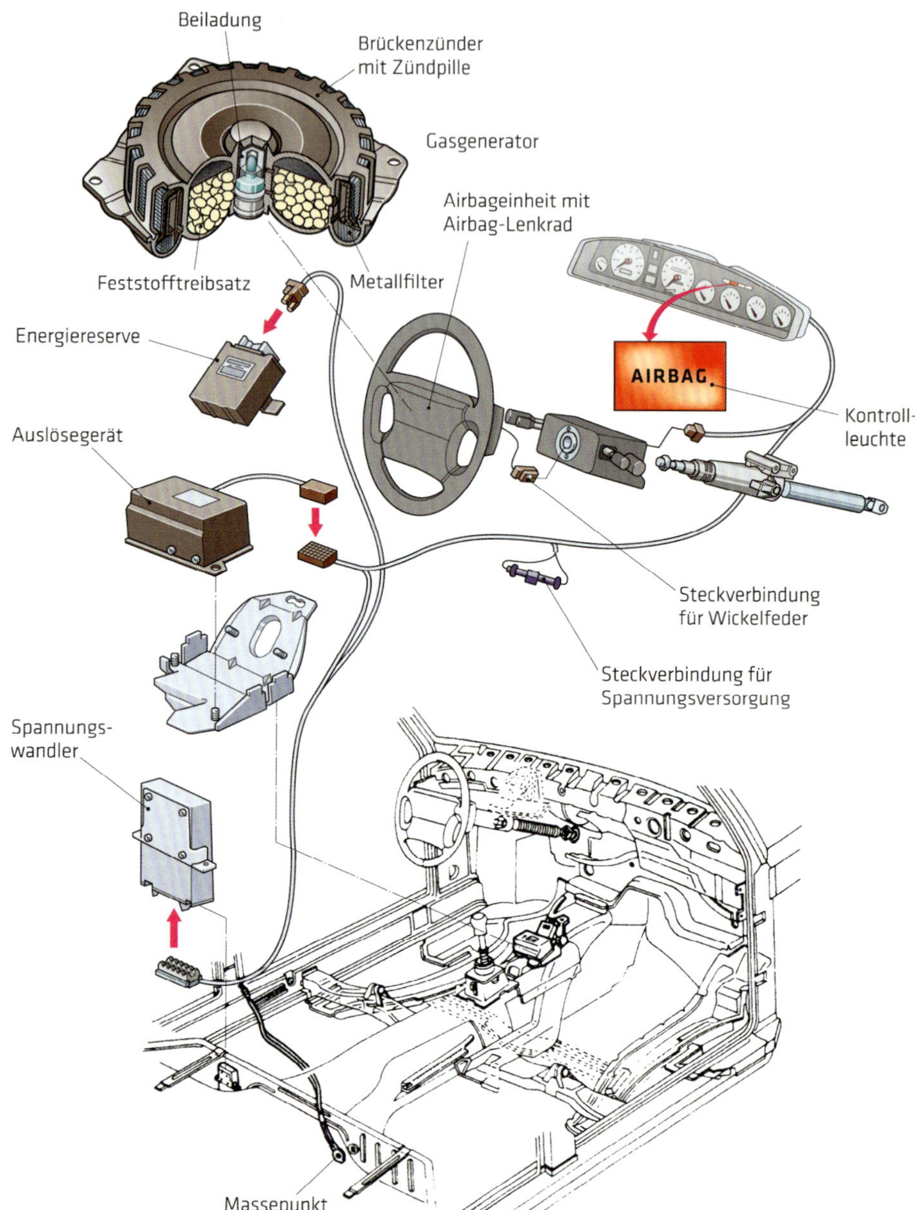

Bild 9.4 *Bauteile eines Fahrerairbags*
[Bild: AS-Illu]

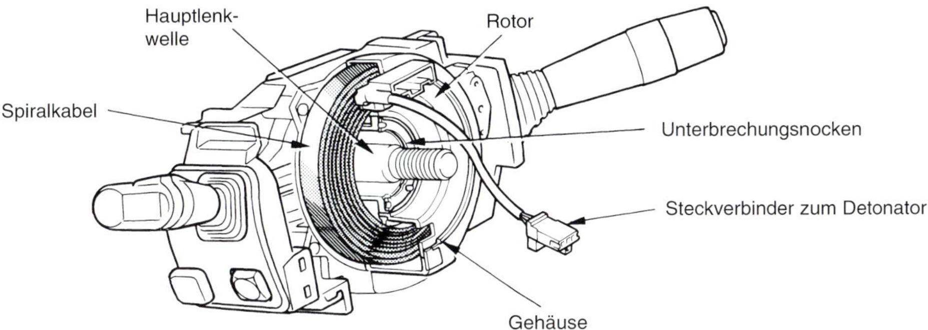

Bild 9.5 *Spiralkabel*

Der Zündstrom (ca. 35 V) wird durch einen Kondensator im Steuergerät – auch bei unfallbedingter Unterbrechung der Spannungsversorgung durch die Fahrzeugbatterie – bereitgestellt. Falls Frontsensoren verbaut sind, muss ebenfalls mindestens einer dieser einen zusätzlichen Kontakt schließen. Die Bilder 9.6 und 9.7 zeigen zwei verschiedene Arten von Frontsensoren.

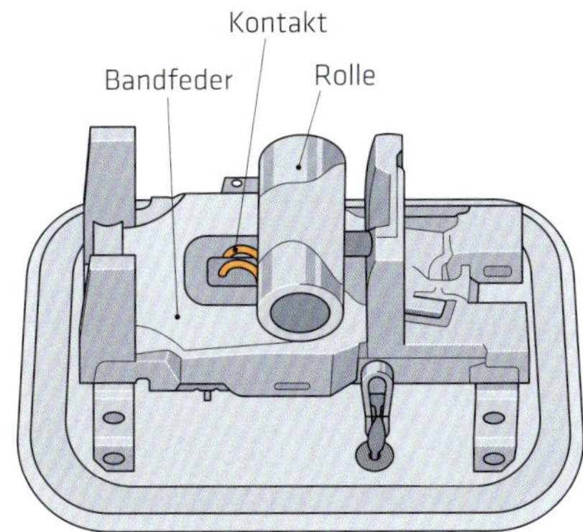

Bild 9.6
Mechanischer Frontsensor mit Rolle und Bandfeder. Bei einem Unfall ist die Massenträgheit der Rolle stärker als die Federkraft. Dadurch schließt sie den Kontakt.
[Bild: AS-Illu]

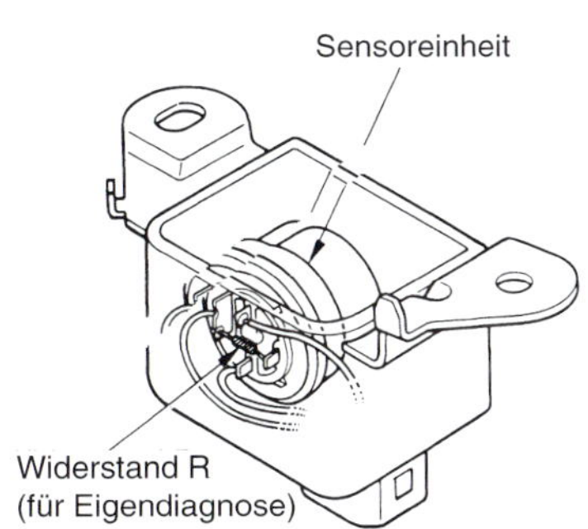

Bild 9.7 *Frontsensor*

Bei einem Frontsensor wird eine Rolle entgegen der Vorspannung durch eine Bandfeder über einen Kontakt bewegt (Bild 9.6), bei dem anderen wird ein Exzenterrotor mit Exzentergewicht entgegen einer Schraubenfeder verdreht, sodass die Drehkontakte und Festkontakte verbunden werden.

Der Zündstrom löst im Gasgenerator (Bild 9.8) mittels einer Zündpille die Entzündung des Festtreibstoffes aus. Dabei entsteht ein Gas, das den Luftsack aufbläst. Das Treibgas wird zuvor durch das Metallfilter gereinigt und abgekühlt.

Bild 9.8
Schnittzeichnung eines (Topf-) Gasgenerators
[Bild: AS-Illu]

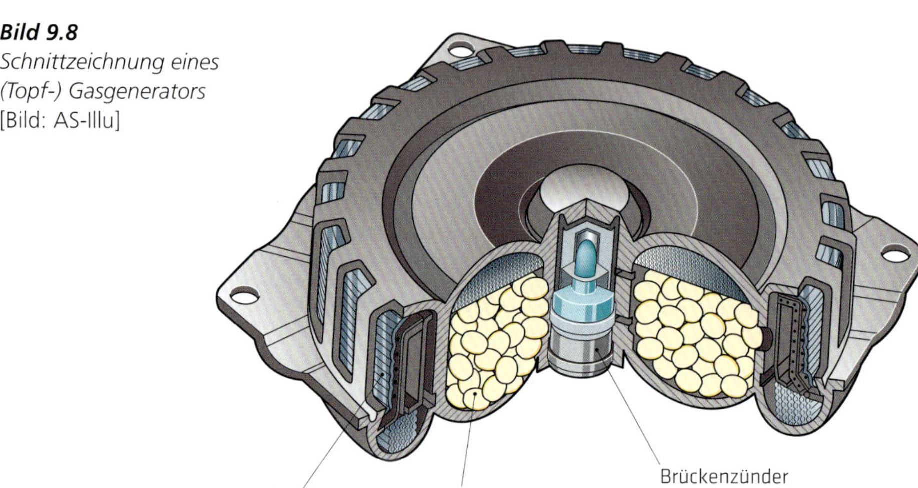

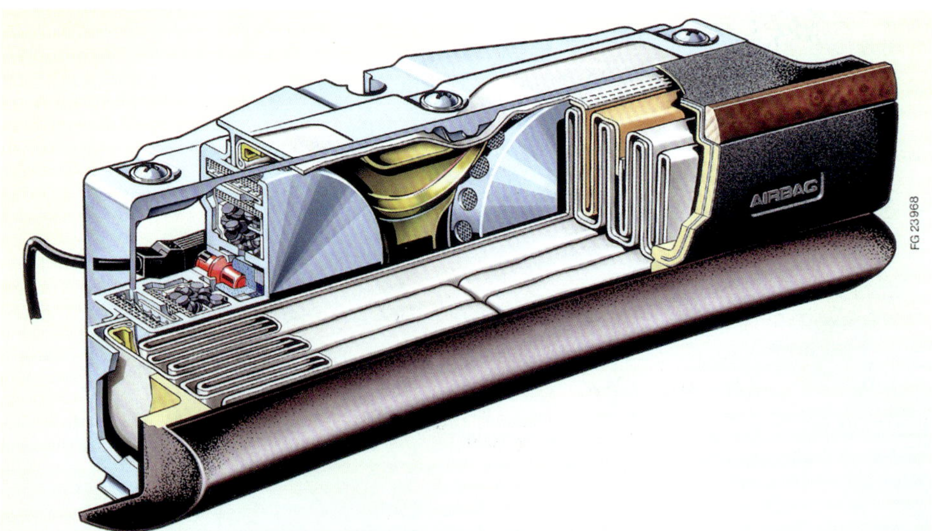

Bild 9.9 *Beifahrerairbag mit zwei Topfgasgeneratoren.*
[Bild: Mercedes]

Nach einigen Millisekunden hat der Luftsack sein volles Volumen von bis zu 80 l (Fahrerairbag je nach Hersteller) erreicht. Durch Öffnungen auf der vom Körper abgewandten Seite des Luftsackes entweicht ein Teil des Gases wieder, nach 120 bis 150 ms ist der Luftsack größtenteils wieder leer (vgl. Bild 9.3). Der Luftsack für die Beifahrerseite fasst bis zu 150 l (je nach Hersteller) und wird deshalb zum Teil durch zwei – in kurzem Abstand (5 bis 10 ms) gezündete – Topfgasgeneratoren (Bild 9.9) aufgeblasen. Häufig verwendet man für den Beifahrer-Airbag jedoch einen Rohrgasgenerator. Die Funktion ist identisch mit dem Topfgasgenerator. Unterschiedlich in der Funktion ist der zum Teil ebenfalls für den Beifahrer-Airbag verwendete Kaltgasgenerator, auch Hybridgenerator genannt. Bei diesem ist ein Druckgasbehälter mit Gas bis ca. 200 bar befüllt. Bei einer Auslösung wird durch die Zündeinheit der Druckgasbehälter geöffnet, und das komprimierte Gas kann über eine Ausströmöffnung den Luftsack entfalten und befüllen.

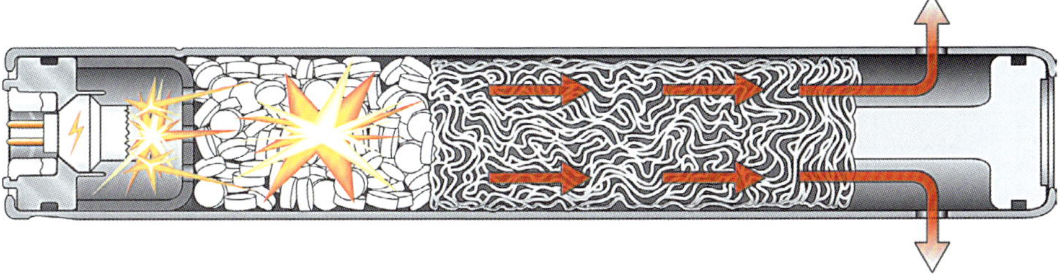

Bild 9.10 *Rohrgasgenerator mit Feststofftreibsatz für einen Beifahrerairbag.*
[Bild Audi]

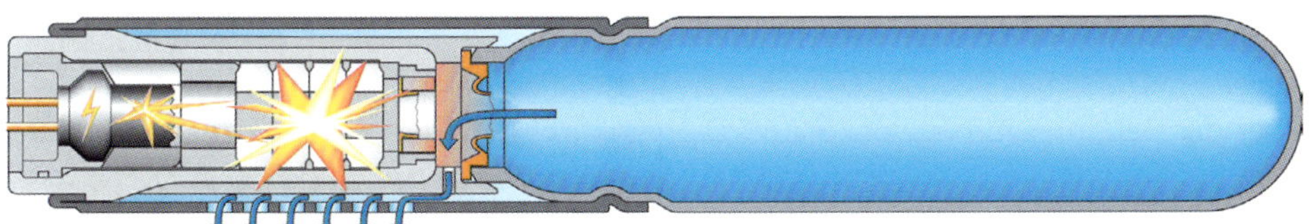

Bild 9.11 *Aufbau eines Hybridgasgenerators in Röhrenform; gut zu erkennen ist die axial angeflanschte Druckgasflasche.*
[Bild: Audi]

Auch beim Beifahrer-Airbag entleert sich der Luftsack – unabhängig vom verwendeten Gasgenerator/System – wieder durch Austrittsöffnungen auf der den Insassen abgewandten Seite. Der Beifahrer-Airbag wird meist gemeinsam mit dem Fahrerairbag ausgelöst. Mittlerweile gibt es bei einigen Herstellern für den Fahrer- und Beifahrer-Airbag zweistufige Gasgeneratoren, die je nach Unfallart und Unfallschwere in unterschiedlichen Zeitintervallen gezündet werden, um damit eine optimale Schutzwirkung zu erzielen.

Ist die Beifahrerseite nicht besetzt, was häufig der Fall ist, ist die Auslösung umsonst und verursacht dadurch zusätzliche, unnötige Reparaturkosten. Das gilt ebenso für die hinteren Sitze, wenn diese ebenfalls mit Airbags ausgestattet sind. Um Auslösungen von Airbags an nicht besetzten Sitzen zu vermeiden, wird in vielen Fahrzeugen eine Sitzbelegungserkennung eingebaut. Es handelt sich hierbei um eine Matte unter dem Sitzbezug, die mit Drucksensoren und einer kleinen Auswerteelektronik versehen ist (Bild 9.12).

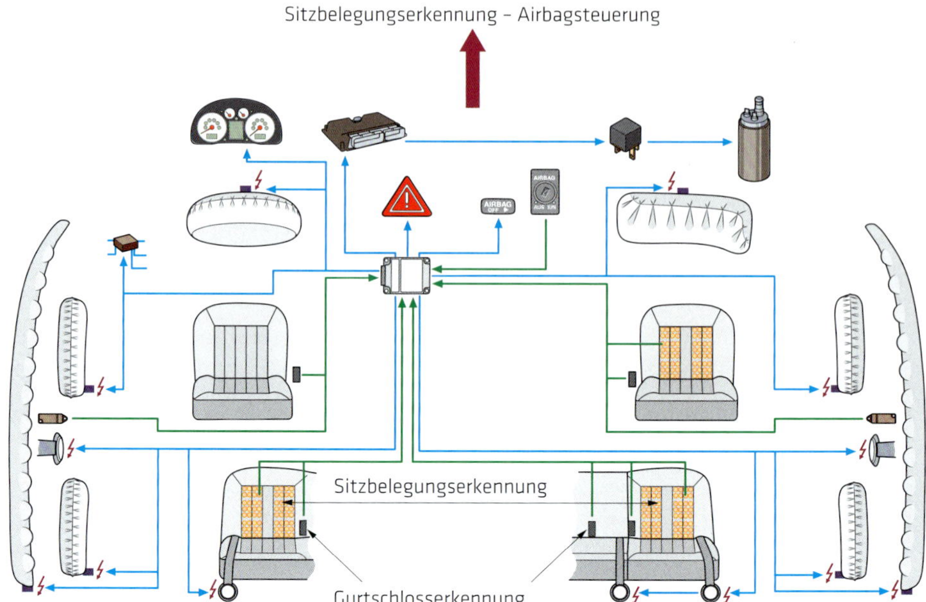

Bild 9.12 *Sitzbelegungserkennungen erlauben es, im Falle eines Unfalls nur Airbags an belegten Sitzen zu zünden. Das reduziert die Reparaturkosten.*
[Bild: AS-Illu]

Ab einem Gewicht von ca. 12 kg wird von der Auswerteelektronik ein Signal an das Airbag-Steuergerät gesandt und der Beifahrersitz als belegt erkannt. Ist der Beifahrersitz bei einem Unfall mit Frontairbagauslösung nicht belegt, wird nur der Fahrerairbag, nicht aber der Beifahrer-Airbag, gezündet. Die Funktion der Sitzbelegungserkennung wird vom System ständig überwacht und bei Fehlern neben der Anzeige der Airbag-Warnlampe der Sitz aus Sicherheitsgründen als belegt geschaltet. Der Beifahrer-Airbag wird dann immer mit dem Fahrerairbag ausgelöst. Bild 9.13 zeigt ergänzend noch beispielhaft den Schaltplan eines Systems mit Fahrer- und Beifahrer-Airbag, wie es anfangs eingesetzt wurde.

9.3 Seitenairbag

Die Seitenairbags haben ein Volumen zwischen 10 und 20 l. Sie sind in den Türen oder in den Sitzen integriert. Seitenairbags sind auch im Fond möglich. Für die Entfaltung und Füllung des Luftsackes werden, je nach Hersteller, Topfgasgeneratoren, Rohrgasgeneratoren oder auch Kaltgasgeneratoren eingesetzt. Da beim Seitenaufprall fast kein Deformationsweg zur Verfügung steht, müssen die Auslösung und Positionierung des Seitenairbags noch schneller als bei den Frontairbags ablaufen.

Ein Seitenaufprall wird innerhalb von nur 6 ms erkannt (Bild 9.14). Nach insgesamt 20 ms ist der Airbag aufgeblasen und voll funktionsfähig. Damit der Seitenaufprall und die Notwendigkeit einer Auslösung sofort richtig ausgewertet werden, befinden sich

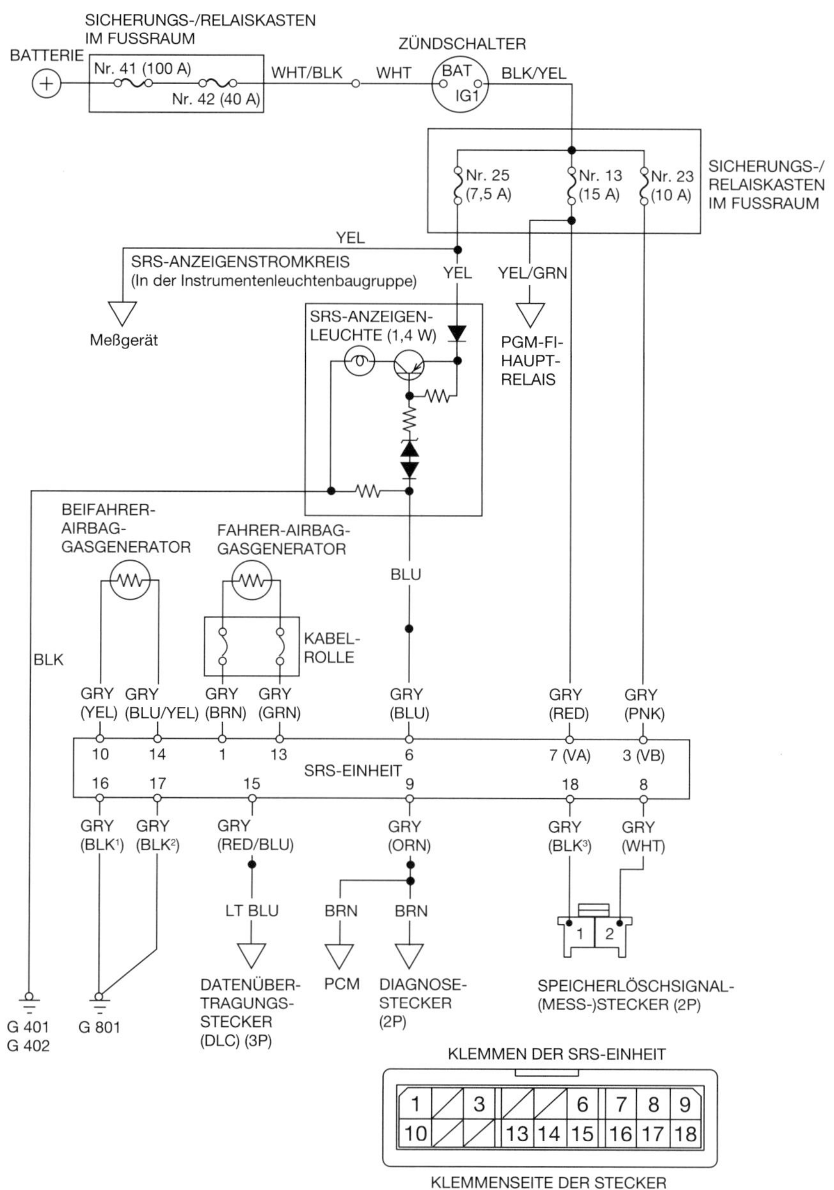

Bild 9.13 *Schaltplan eines Fahrer- und Beifahrer-Airbag-Systems.*

links und rechts möglichst weit außen je ein Sensor. Diese geben dem «Hauptsteuergerät» ein entsprechendes Signal. Bei einem Austausch eines Sensors muss die Einbaulage beachtet werden (z. B. Pfeil nach außen).

Es wird immer der Airbag aktiviert, der dem Anstoß zugewandt ist. Die Aufgabe des Seitenairbags ist einerseits, Verletzungen durch den Aufprall auf der Türbrüstung, Seitenscheibe usw. abzudämpfen, andererseits aber auch eine rechtzeitige Beschleunigung/Bewegung des Insassen in Stoßrichtung. Dadurch werden die auftretenden Spitzenbelastungen für den Körper verringert.

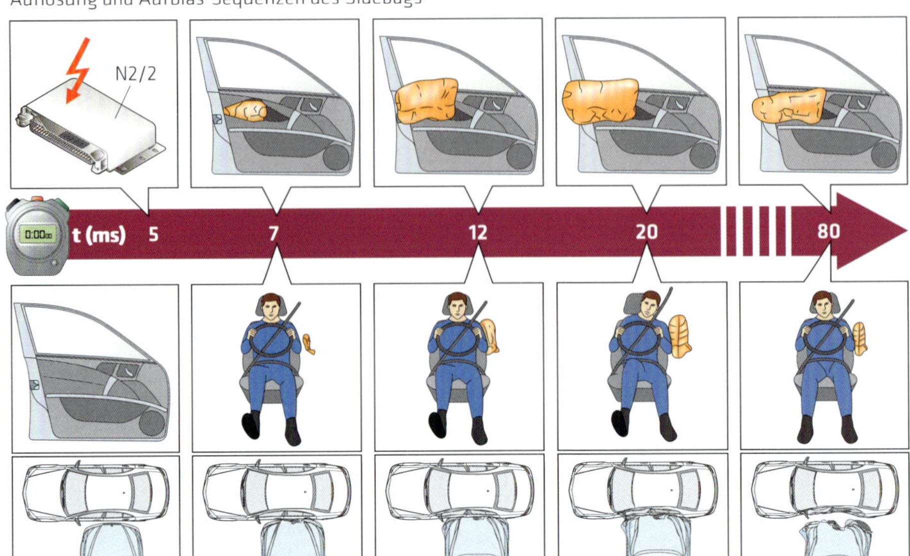

Bild 9.14 *Zeitlicher Ablauf der Auslösung eines Seitenairbags. Die zur Verfügung stehende Zeitspanne ist hier deutlich kürzer als bei Fahrer- und Beifahrerairbag.*
[Bild: AS-Illu]

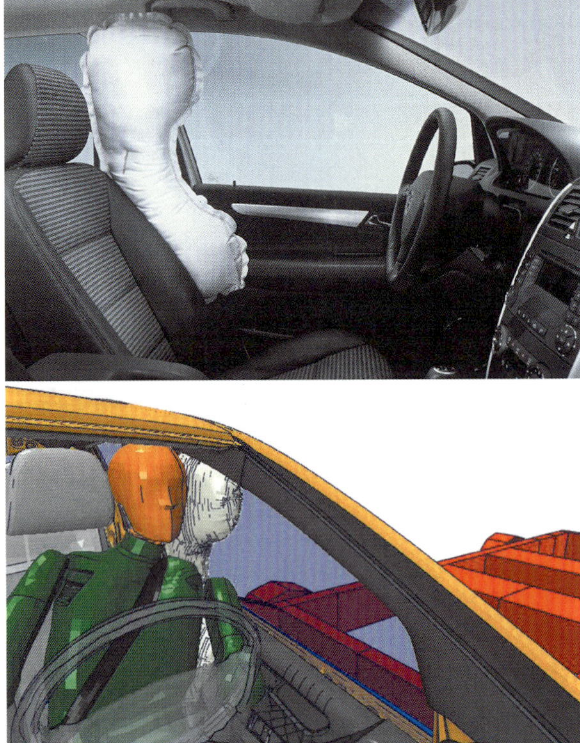

Bild 9.15
In Autos ohne zusätzlichen Windowbag reichen die Seitenairbags oft bis hoch zum Kopf.
[Bild: Daimler]

Als neue Variante des Seitenairbags setzen immer mehr Hersteller zusätzlich sogenannte Center-Bags ein. Diese sind in den Sitzen zwischen Fahrer und Beifahrer bzw. in der Mitte der Rücksitzbank angebracht. Sie werden ausgelöst, sobald die Sensoren entsprechende Kräfte durch einen seitlichen Aufprall erkennen. Dann entfaltet sich der Airbag in dem Raum zwischen den Insassen. Sollte der Beifahrersitz nicht besetzt sein, schützt der Airbag den Fahrer vor den Folgen einer Kollision auf der rechten Seite. Nach einer Statistik des Europäischen Automobilverbandes ACEA werden rund 45 % der Folgeschäden eines Unfalls durch den Zusammenprall der Köpfe oder durch den Aufprall des Kopfes ans Interieur verursacht.

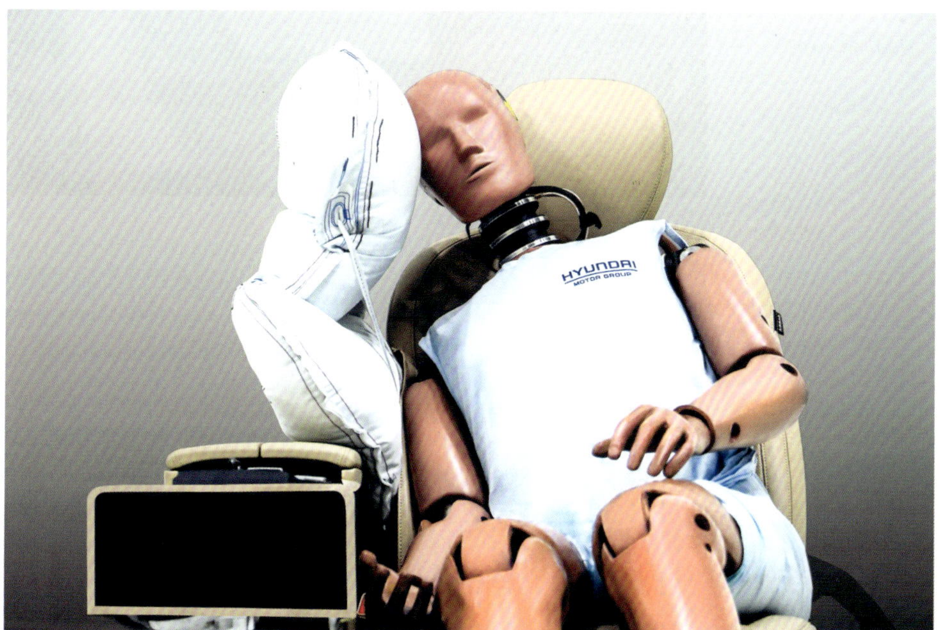

Bild 9.16 *Der sogenannte Center-Bag soll verhindern, dass Fahrer und Beifahrer bei einem Seitencrash zusammenprallen und den Fahrer bei einem Seitencrash von rechts schützen.* [Bild: Hyundai]

9.4 Kopfairbag/Windowbag

Bei einem Seitenaufprall sind trotz Seitenairbag die Belastungen für den Kopf und die Halswirbel sehr hoch. Um auch diese Spitzenbelastungen zu reduzieren, wurde als Ergänzung zum Seitenairbag (für den Becken-/Brustbereich) der Kopfairbag (Kopf-/Halsbereich) entwickelt. Der Kopfairbag wird gemeinsam mit dem Seitenairbag ausgelöst. Für den Kopfairbag gibt es zwei verschiedene Varianten. Im Gegensatz zu allen anderen Airbags ist der Kopfairbag bei einer Variante, dem ITS (***I****nflatable* ***T****ubular* ***S****tructure*), gasdicht, d. h., dass durch den Gasgenerator erzeugte Gas kann aus dem Luftsack/Schlauch nicht entweichen. Das Besondere an diesem Kopfairbag (Bild 9.16) darüber hinaus ist die Gewebestruktur des Luftsackes/Schlauches. Im leeren Zustand kann er entlang der A-Säule und im Dachbereich verlegt werden.

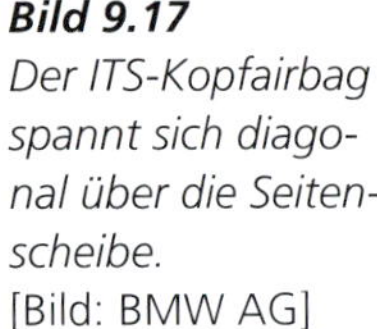

Bild 9.17
Der ITS-Kopfairbag spannt sich diagonal über die Seitenscheibe.
[Bild: BMW AG]

Erst wenn er befüllt und mit Druck beaufschlagt wird, vergrößert sich sein Durchmesser um ein Vielfaches, seine Länge verkürzt sich hingegen um ca. 10 %. Dadurch «zieht» sich der Kopfairbag mit einer Kraft von ca. 1500 Newton in die vorgegebene Position. Sein Volumen beträgt dann 11 l.

Befestigt ist dieser Kopfairbag mit einem Ende und dem Gasgenerator im Knotenbereich der A-Säule, mit dem anderen Ende im oberen Bereich der C-Säule. Bei Arbeiten in diesem Bereich oder Austausch des Kopfairbags ist eine sorgfältige Arbeitsausführung mit exakter Einhaltung der Befestigungs- und Fixierungspunkte sehr wichtig. Dies gilt auch für die zweite Variante eines Kopfairbags, der auch als Windowbag bezeichnet wird. Bei diesem System entfaltet sich eine Art luftbefüllter Vorhang aus der Dachrahmenverkleidung über die Seitenscheiben (Bild 9.18).

Bild 9.18
Der Windowbag entfaltet sich wie ein luftbefüllter Vorhang über die kompletten Seitenscheiben.
[Bild: Daimler AG]

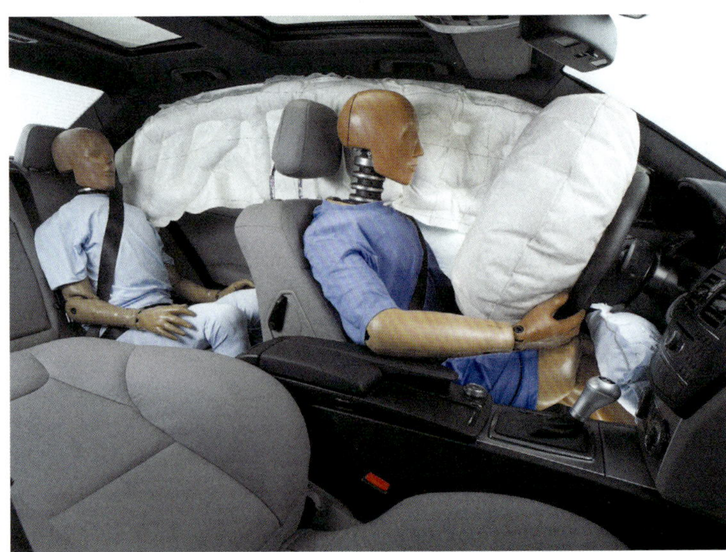

Der Windowbag erstreckt sich – je nach Hersteller – von der A- bis zur B-Säule oder über die gesamte Fahrzeugseite. Auch der Windowbag entleert sich nach einer Aktivierung nicht sofort, sondern bleibt längere Zeit befüllt, um vor evtl. nachfolgenden Überschlägen weiterhin Schutz zu bieten.

9.5 Knieairbag

Eine weitere Airbag-Anwendung, die sich in den letzten Jahren immer mehr durchsetzt, ist der Knieairbag. Überwiegend auf der Fahrerseite, aber auch für den Beifahrer. Der Knieairbag befindet sich im unteren Teil des Armaturenbrettes (Bild 9.18).

Bild 9.19 *Knieairbags für Fahrer und Beifahrer.*
[Bild: ZF]

Der Knieairbag soll die Beine und das Knie vor Verletzungen schützen, aber auch das Durchrutschen unter dem Sicherheitsgurt verhindern. Durch die damit erreichte (bleibende) aufrechte Sitzposition kann der Fahrer und Beifahrer letztendlich durch den Sicherheitsgurt und den Fahrer- und Beifahrer-Airbag noch besser geschützt werden. Die Belastungen für den Hüftbereich werden ebenfalls geringer. Das Volumen des Knieairbags beträgt zwischen ca. 15 bis 20 l. Er muss bei einem Unfall in ca. 20 ms positioniert sein, bevor die Vorverlagerung des Insassen beginnt.

9.6 Pyrotechnischer Gurtstraffer

Das wichtigste und originäre Rückhaltesystem ist zweifelsfrei der Sicherheitsgurt, der bei einem Unfall den angegurteten Insassen am Sitz hält und dafür sorgt, dass diese an der Verzögerung des Fahrzeugs teilnehmen. Je früher der Insasse an der Fahrzeugverzögerung teilnimmt, desto geringer sind die auftretenden Spitzenbelastungen. Dafür wäre ein stets enganliegender, straff gezogener Sicherheitsgurt notwendig. Da dies in der Praxis kaum der Fall ist, ergibt sich immer eine Gurtlose. Bild 9.20 verdeutlicht durch die verschiedenen Verzögerungskurven die genannten Zusammenhänge nochmals und zeigt die Bedeutung der Verringerung/Verhinderung der Gurtlose.

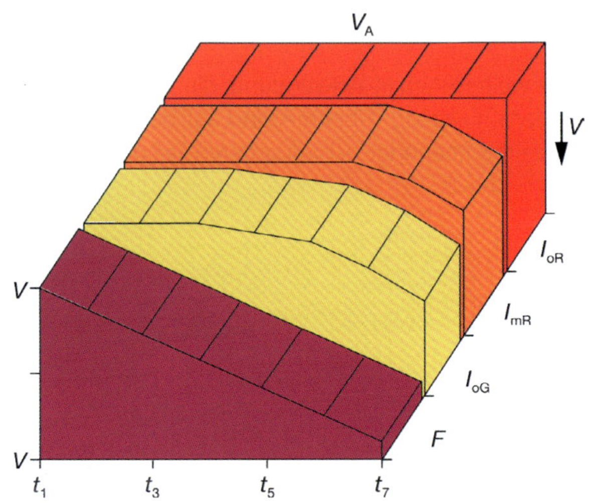

Bild 9.20
Simulierter 0°-Maueraufprall bei 50 km/h
V_A Aufprallverzögerung
↓V Geschwindigkeitsverzögerung Geschwindigkeit 0 50 km/h
t_1 Zeit 0
t_3 Zeitpunkt der Insassenverzögerung ohne Gurtlose IoG
t_5 Zeitpunkt der Insassenverzögerung mit Gurtlose ImR
t_7 Zeitpunkt zum Ende der Verzögerung
F Verzögerung des Fahrzeuges
I_{oG} Verzögerung Insasse ohne Gurtlose
I_{mR} Verzögerung Insasse mit Gurtlose
I_{oR} Verzögerung Insasse ohne Rückhaltesystem

Um die Gurtlose zu verringern, ohne den Tragekomfort im Normalbetrieb zu beeinflussen, hat man verschiedene Systeme entwickelt, den Gurt bei einem Unfall zu straffen. Dafür gibt es prinzipiell zwei Möglichkeiten: Man kann zum einen die Gurtaufrollautomatik benutzen, den Gurt einzuziehen und damit zu straffen, oder aber zum anderen das Gurtschloss zurückziehen und dadurch den Gurt straffen. Neben dem rein mechanischen Gurtschlossstrammer (Bild 9.21), der hier der Vollständigkeit wegen erwähnt wird, gibt es pyrotechnische Systeme mit mechanischer Auslösung (Bild 9.22), aber auch elektronischer Auslösung durch das Airbag-Steuergerät.

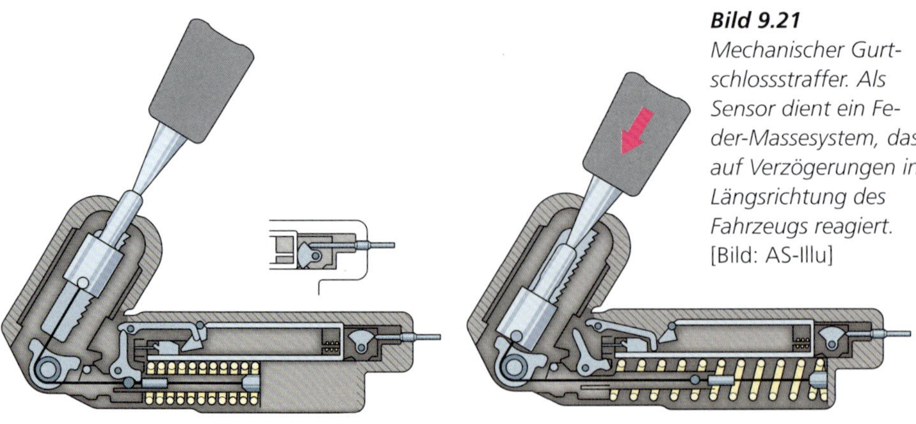

Bild 9.21
Mechanischer Gurtschlossstraffer. Als Sensor dient ein Feder-Massesystem, das auf Verzögerungen in Längsrichtung des Fahrzeugs reagiert.
[Bild: AS-Illu]

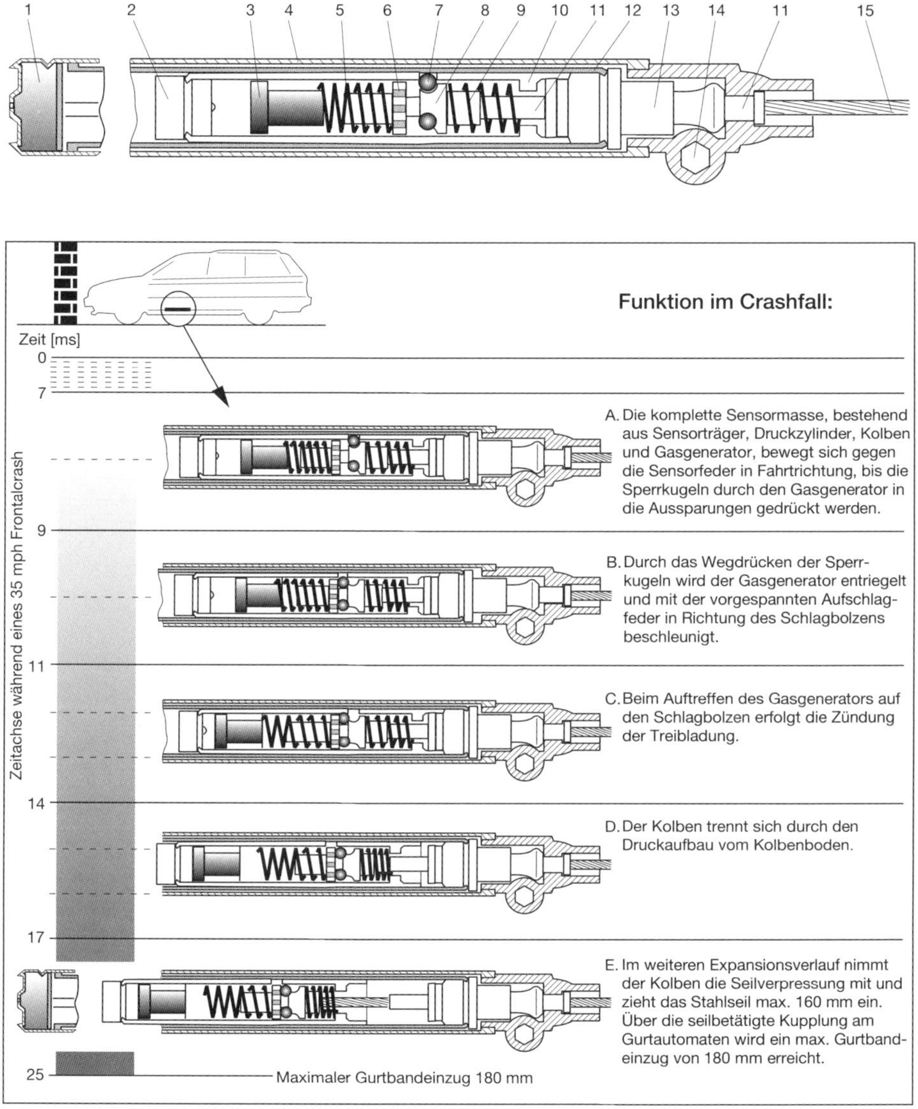

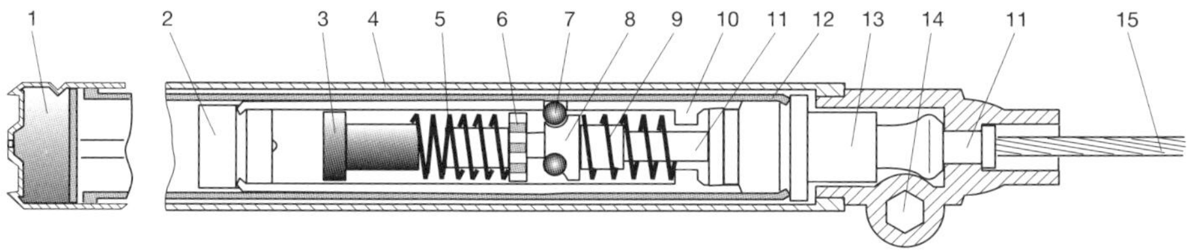

Funktion im Crashfall:

Zeit [ms]

0

7

A. Die komplette Sensormasse, bestehend aus Sensorträger, Druckzylinder, Kolben und Gasgenerator, bewegt sich gegen die Sensorfeder in Fahrtrichtung, bis die Sperrkugeln durch den Gasgenerator in die Aussparungen gedrückt werden.

9

B. Durch das Wegdrücken der Sperrkugeln wird der Gasgenerator entriegelt und mit der vorgespannten Aufschlagfeder in Richtung des Schlagbolzens beschleunigt.

11

C. Beim Auftreffen des Gasgenerators auf den Schlagbolzen erfolgt die Zündung der Treibladung.

14

D. Der Kolben trennt sich durch den Druckaufbau vom Kolbenboden.

17

E. Im weiteren Expansionsverlauf nimmt der Kolben die Seilverpressung mit und zieht das Stahlseil max. 160 mm ein. Über die seilbetätigte Kupplung am Gurtautomaten wird ein max. Gurtbandeinzug von 180 mm erreicht.

25 Maximaler Gurtbandeinzug 180 mm

Zeitachse während eines 35 mph Frontalcrash

Bild 9.22 *Straffeinheit des VW-Gurtstraffsystems*

1 Lagerkappe
2 Schlagbolzen
3 Gasgenerator
4 Schutzrohr
5 Aufschlagfeder
6 Seilverpressung
7 Sperrkugel (3x)
8 Sensorkopf
9 Sensorfeder
10 Kolben
11 Rohrniet
12 Druckzylinder
13 Sensorträger
14 Transportsicherung
15 Bowdenzug

Die Bilder 9.23 und 9.24 zeigen zwei unterschiedliche pyrotechnische Gurtstraffer, die über das Airbag-Steuergerät ausgelöst werden können.

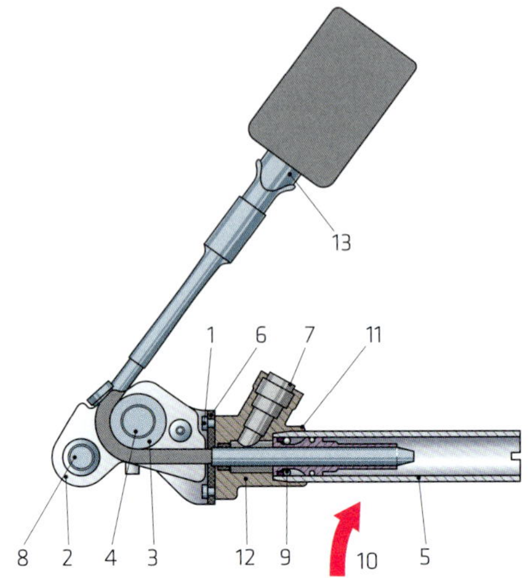

Bild 9.23

Pyrotechnischer Gurtschlossstraffer, elektrisch gezündet
1 Träger
2 Verstärkungsplatte
3 Rolle
4 Rollenniet
5 Rohr
6 Befestigungsschraube
7 Treibsatz
8 Distanzring
9 Kugeln
10 Schild mit Sicherheitshinweisen
11 Führungsrohr
12 Aufschrift Datumscode,
13 Seil und Gurtschloss
[Bild: AS-Illu]

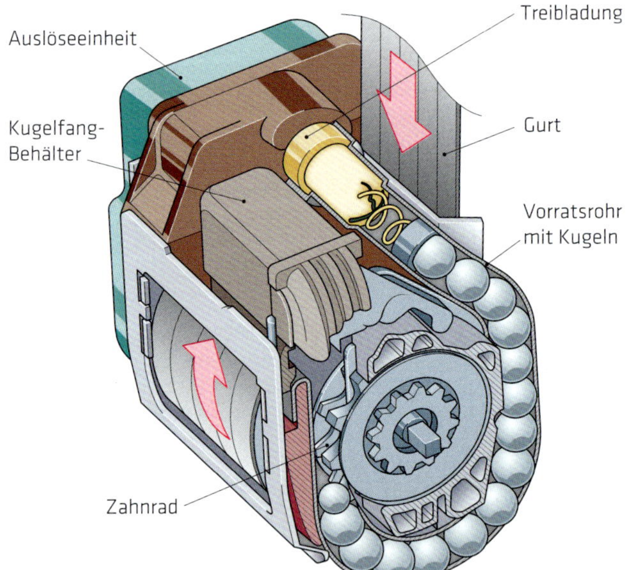

Bild 9.24

Kugelgurtstraffer. Die Kugeln werden durch eine pyrotechnische Treibladung angetrieben. Diese Bewegungsenergie wird über ein Zahnrad an die Gurthaspel übertragen. Durch Aufwickeln des Gurts wird vorhandene Gurtlose abgebaut.

Es gibt auch pyrotechnische Gurtschlossstrammer, die zusätzlich im Gurtschloss einen Schalter besitzen, wodurch bei angegurtetem Insassen die Airbag-Auslöseschwellen höher gesetzt werden. Für alle pyrotechnischen Gurtstraffer und Gurtschlossstrammer gilt, dass sie nach einer Auslösung, ebenso wie die Airbag-Einheiten, komplett ersetzt werden müssen. Bei den rein mechanischen bzw. halbmechanischen Systemen ist die Transportsicherung zu beachten. Die pyrotechnischen Systeme unterliegen ebenfalls den gleichen Sicherheitsvorschriften wie die verschiedenen Airbagsysteme.

9.7 Airbag-Gurte

Eine weitere Entwicklung bei den Airbag-Anwendungen ist der Airbag-Gurt (Bild 9.25 und 9.26). Das ist ein im Sicherheitsgurt integrierter Airbag, der die Auflagefläche des Sicherheitsgurtes vergrößert, das Anliegen des Gurtes am Körper unterstützt und damit die Belastungen der Insassen durch den Gurt nochmals etwas «abfedert». Dafür muss der Airbag-Gurt ebenfalls innerhalb weniger Millisekunden aufgeblasen sein, bevor die Vorverlagerung des Insassen beginnt.

Bild 9.25 *Der Gurt-Airbag ist ein aufblasbarer Sicherheitsgurt für die Rücksitze. Das verbreiterte Gurtband soll das Verletzungsrisiko bei Unfällen verringern. Das Gurtband ist aus einem Stück gewebt und mit Reißnähten versehen.* [Bild: Daimler]

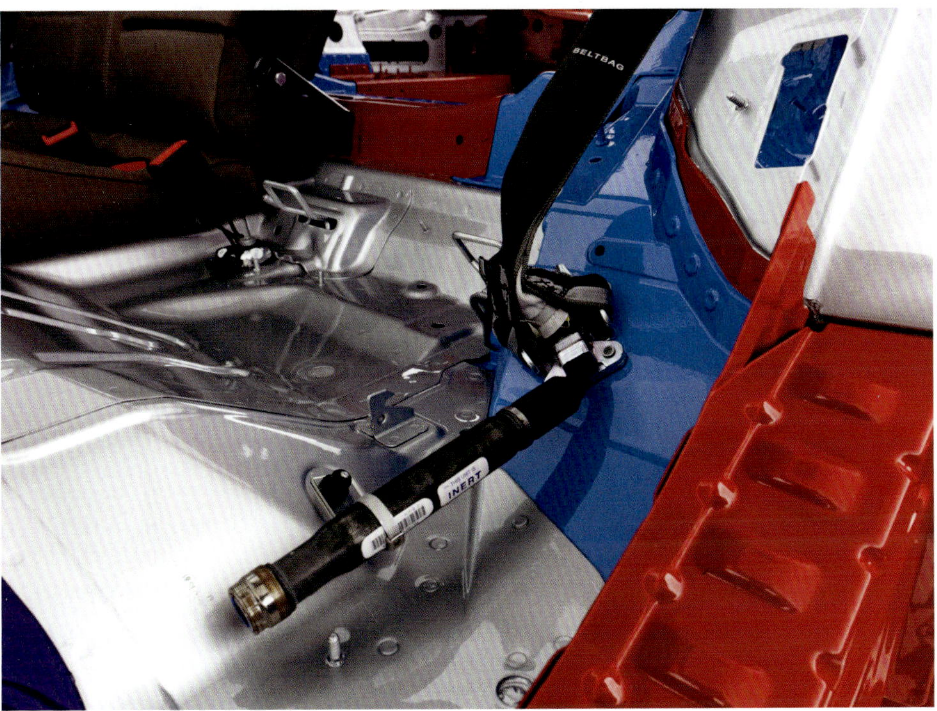

Bild 9.26 *Anordnung des Gasgenerator für den Gurt-Airbag.* [Bild: Daimler]

9.8 Aktive Kopfstütze

Sehr oft ist durch falsch eingestellte Sitzlehnen und Kopfstützen sowie einer nicht adäquaten Sitzposition der Abstand zwischen Kopf und Kopfstütze sehr weit. Deshalb ist gerade bei einem Heckaufprall die Belastung der Halswirbelsäule sehr groß, was sehr häufig auch schon bei kleineren Unfällen zu einem **H**als**w**irbel**s**chleudertrauma (HWS) führt.

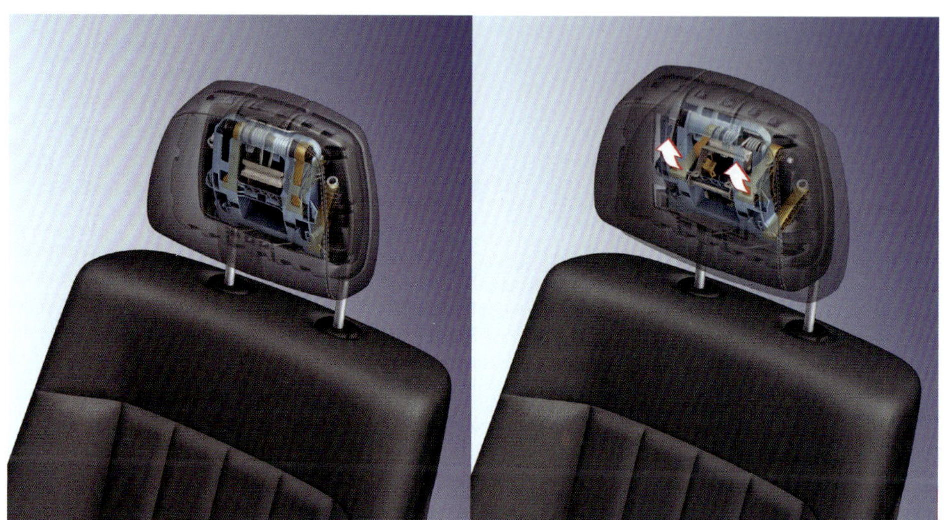

Bild 9.27 *Aktive Kopfstützen werden beim schweren Heckaufprall mittels Sensors ausgelöst und vermindern das Risiko eines Schleudertraumas.*
[Bild: Daimler]

Bei der aktiven Kopfstütze (Bild 9.27) wird das Verletzungsrisiko bei einem Heckaufprall vermindert, da es die Entfernung zwischen dem Kopf des Insassen und der Kopfstütze verringert, bevor die Rückverlagerung des Kopfes beginnt. Dazu wird über einen pyrotechnischen Auslöser die vorgespannte Kopfstütze nach vorne verlagert.

Wenn das Fahrzeug mit einer aktiven Kopfstütze ausgerüstet ist, dürfen keine Sitzbezüge oder Kopfstützenbezüge verwendet werden, die die Schutzwirkung beeinträchtigen könnten. Außerdem darf an der Kopfstütze und im oberen Bereich des Sitzes nichts zusätzlich befestigt werden.

9.9 Kompakt-Airbag (Eurobag)

Kurzzeitig gab es Anfang der 90er-Jahre als spezielle Entwicklung für den europäischen Markt den sogenannten Kompakt-Airbag (daher auch z. T. die Bezeichnung «Eurobag»). Bei diesem System ging man davon aus, dass der Fahrer angegurtet ist und das Verletzungsrisiko durch den Aufprall von Kopf und Brust auf das Lenkrad mittels eines kleineren Airbags ausreichend verringert werden kann. Eine ideale Ergänzung zu diesem System stellte je ein mechanischer Gurtschlossstrammer für den Fahrer und den Beifahrer dar. Dieser Kompakt-Airbag benötigte durch sein kleineres Volumen (30 l) weniger Treibmittel. Dadurch war die Schalldruck- und Rauchbelastung bei einer Auslösung geringer. Darüber hinaus stand für das kleinere Volumen die gleiche Aufblaszeit wie beim herkömmlichen Airbag (30 ms) zur Verfügung. Außerdem war im Vergleich dazu das Gesamtgewicht des Systems sowie das Gewicht des Lenkrades geringer. Durch den einfacheren Systemaufbau konnten die Herstellkosten niedriger gehalten werden. Der Auslösemechanismus und die Funktion entsprechen im Wesentlichen dem bereits beschriebenen Airbagsystem. Der Unterschied besteht darin, dass sämtliche Bauteile im Lenkrad integriert sind, d. h., auch die Steuerelektronik befindet sich dort (Bild 9.28).

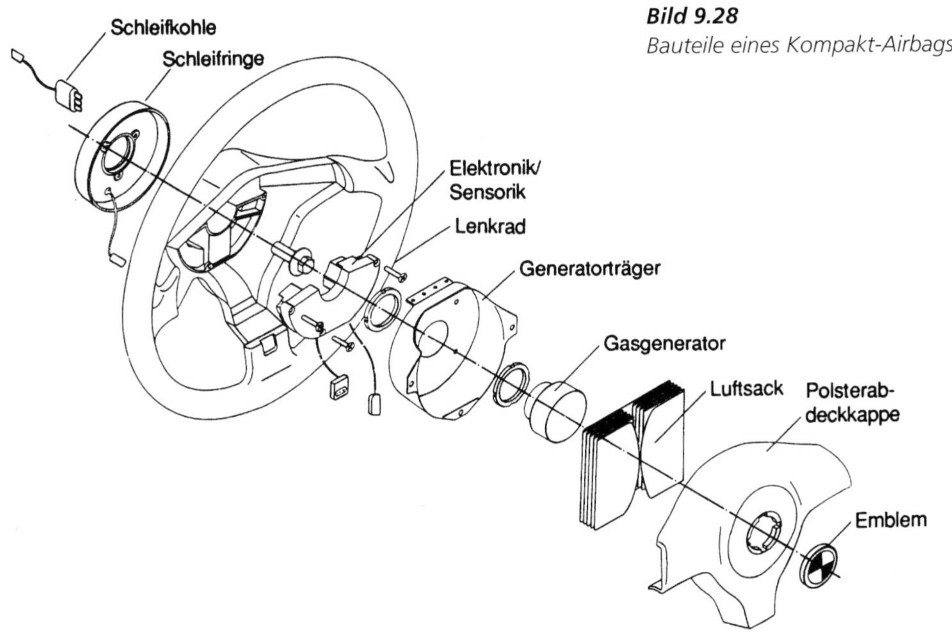

Bild 9.28
Bauteile eines Kompakt-Airbags

Die Spannungsversorgung erfolgt über zwei Schleifkontakte im Lenkrad; über einen Schleifring liegt permanent Masse an, über den anderen wird ab Zündschlossstellung *R* bzw. 1 Batterie-Plus zugeschaltet. Die Betriebsbereitschaft wird durch eine Kontrolllampe angezeigt, die im Lenkrad oder im Kombiinstrument verbaut sein kann. Erlischt die Lampe nicht oder leuchtet sie nach Einschalten der Klemme *R* bzw. 1 nicht für ca. 6 s auf, liegt eine Störung vor, die durch die Eigendiagnose/Sensorik festgestellt wurde. In diesem Fall ist das komplette Elektronikteil mit dem darin integrierten Beschleunigungsaufnehmer zu tauschen, wenn der Gasgenerator und die Spannungsversorgung geprüft und in Ordnung sind. Vor dem Ausbau ist die Spannungsversorgung zu unterbrechen. Auch hier muss gewährleistet sein, dass sich der Zündkondensator vollständig entladen hat. Da es sich beim Kompakt-Airbag ebenfalls um ein pyrotechnisches System handelt, das dem Sprengstoffgesetz unterliegt, sind die Sicherheitshinweise auch hier einzuhalten (siehe Abschnitt 9.11).

9.10 Fußgängerschutz

Das Schutzsystem für Fußgänger ist kein passives Sicherheitssystem für die Fahrzeuginsassen, sondern soll die Verletzungen und Schwere der Verletzungen von Fußgängern bei einem Unfall verringern. Die Auslösung des Fußgängerschutzsystems ist jedoch üblicherweise auch pyrotechnisch. Die schwersten Verletzungen für einen an einem Unfall beteiligten Fußgänger kommen sehr häufig vom Aufprall auf die Motorhaube (und evtl. auch Frontscheibe) und dem nicht vorhandenen Deformationsraum wegen des darunterliegenden Motors. Deshalb wird bei einem Zusammenstoß mit einem Fußgänger die Motorhaube in ca. 50 ms um mindestens ca. 10 cm angehoben. Noch einen Schritt weiter ist ein System, bei dem zusätzlich ein Fußgängerschutzairbag aufgeblasen wird (Bild 9.29).

Bild 9.29
Fußgängerschutzsystem mit angehobener Motorhaube und Fußgängerschutzairbag
[Bild: Volvo]

Erkannt wird der Zusammenprall mit dem Fußgänger durch einen im Stoßfänger eingebauten Druckschlauch und zwei Drucksensoren an den jeweiligen Enden (Bild 9.30).

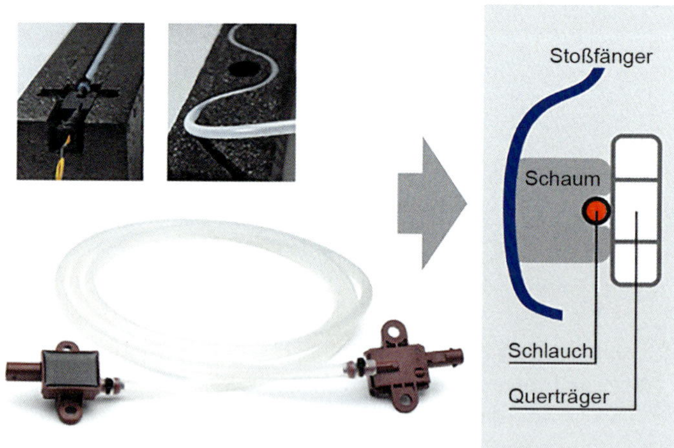

Bild 9.30 *Druckschlauchsensor zur Erkennung von Fußgängerunfällen. An den Enden des Druckschlauches sitzt je ein herkömmlicher Drucksensor.*
[Bild: Continental]

Die Drucksensoren geben an das Airbag-Steuergerät ein Signal, wenn durch den Aufprall der Druckschlauch zusammengedrückt wird und somit der Druck im Schlauch steigt.

9.11 Systemüberwachung und Sicherheitsvorschriften

Leuchtet nach Herstellen der Spannungsversorgung die Kontrolllampe nicht auf bzw. bleibt sie permanent an oder blinkt, hat das Steuergerät durch die Überwachungselektronik einen Fehler festgestellt. Das Airbagsystem ist dann unter Umständen teilweise oder vollständig nicht funktionsbereit. In diesem Fall ist der Fehlerspeicher auszulesen, und die entsprechenden Bauteile müssen erneuert werden. Reparaturen an Bauteilen sowie am gesamten Airbagsystem sind durch die Hersteller meist nicht erlaubt. Da es sich sowohl beim Airbag bzw. den verschiedenen Airbags als auch meist bei den Gurtstraffersystemen um pyrotechnische Gegenstände handelt, unterliegt deren Umgang, Beförderung und Lagerung dem «Gesetz über explosionsgefährliche Stoffe» (Sprengstoffgesetz). Außerdem sollte man bei Reparaturen und dergleichen auch bedenken, dass ein Fehler schwerwiegende Folgen haben, Verletzung nach sich ziehen oder schlimmstenfalls auch tödlich enden könnte. Die nachfolgenden Hinweise wurden mit bestem Wissen und Gewissen zusammengestellt, können aber leider nicht alle Eventualitäten ausschließen. Deshalb sind grundsätzlich alle

- Prüf-, Montage- und Demontagearbeiten nur von geschultem, sachkundigem Personal mit größtmöglicher Sorgfalt durchzuführen.
  - Außerdem müssen diese Personen, die an den pyrotechnischen Systemen arbeiten, mindestens 18 Jahre alt sein. Nur im Ausnahmefall zu Ausbildungszwecken darf unter fachkundiger Aufsicht ab 16 Jahren daran gearbeitet werden.
  - Der erstmalige Umgang mit pyrotechnischen Gegenständen, wie z. B. dem Airbag oder pyrotechnischen Gurtstraffern, muss dem zuständigen Gewerbeaufsichtsamt mit Angabe der verantwortlichen Person rechtzeitig gemeldet werden.
  - Zusätzlich muss eine Betriebsanweisung aushängen und eine jährliche Unterweisung stattfinden.
  - Vor allen Arbeiten an Airbags bzw. Gurtstraffern ist – falls vorhanden – der Sicherheitsschalter zu entfernen bzw. durch Abklemmen der Batterie die Spannungsversorgung zu unterbrechen. Dies gilt auch für Richt- und Schweißarbeiten sowie Karosserie-, Ausbeul- und Lackierarbeiten.
  - Nach Unterbrechung der Spannungsversorgung muss einige Minuten gewartet werden, um sicherzustellen, dass sich der (die) Zündkondensator(en) im Steuergerät vollständig entladen hat (haben).
  - Die Rückhaltesysteme dürfen nur mit den vom Hersteller vorgeschriebenen Prüfkabeln und Testern und nur im eingebauten Zustand geprüft werden.
  - Eine Überprüfung der Rückhaltesysteme ist je nach Herstellervorschrift in regelmäßigen Abständen durchzuführen.
  - Beschädigte, heruntergefallene oder gebrauchte Systembauteile dürfen nicht verbaut werden (ausschließlich Neu- und Originalteile sind zu verwenden!).
  - Defekte Systembauteile sowie die dazu gehörige Verkabelung dürfen nicht repariert werden, sondern müssen immer ausgetauscht werden.

- Aus Sicherheitsgründen sind bei allen pyrotechnischen Systemen viele Stecker mit einem integrierten Kurzschlusskontakt versehen, der beim Lösen des Steckers die Stromversorgung und Masseklemme kurzschließt. Häufig werden bei Steckern dieser Systeme auch verschiedene Arten von Verriegelungsmechanismen verwendet, um eine sichere Steckverbindung zu gewährleisten. Die Funktionsfähigkeit dieser Stecker muss immer sichergestellt sein; Reparaturen sind nicht erlaubt. Bild 9.33 zeigt beispielhaft einige verschiedene Stecker.
- An den gesamten Rückhaltesystemen dürfen keine Veränderungen vorgenommen werden, wie z. B. zusätzliche Aufkleber, Verkleidungen oder eine Veränderung der konstruktiv vorgegebenen Einbaulage.
- Pyrotechnische Bauteile müssen unmittelbar nach der Entnahme aus dem Lager eingebaut werden und dürfen nicht unbeaufsichtigt liegen bleiben.
- Die Airbag-Einheiten sind im ausgebauten Zustand grundsätzlich so abzulegen, dass sie mit der gepolsterten Seite (Prallpolster) nach oben zeigen bzw. der Gasgenerator unten liegt.
- Systembauteile dürfen nicht mit Fett, Öl, Wasser, Reinigungsmitteln und dergleichen in Berührung kommen.
- Temperaturen über 100 °C (auch kurzfristig) sind unbedingt zu vermeiden.
- Beim Wiederherstellen der Spannungsversorgung darf sich niemand im Fahrzeug befinden.
- Versand und Lagerung von pyrotechnischen Gegenständen dürfen nur in der Originalverpackung erfolgen (dies gilt auch für nicht ausgelöste Airbag-Einheiten bzw. Gurtstraffer, die an den Hersteller zurückgesendet werden).
- Der Transport von pyrotechnischen Gegenständen darf nur im Kofferraum oder Laderaum eines Fahrzeuges erfolgen.
- Vor dem Transport von pyrotechnischen Bauteilen muss geprüft werden, ob der Transporteur bzw. beauftragte Dienstleister die erforderlichen Genehmigungen besitzt.
- Auch für die Entsorgung oder Verwertung von nicht ausgelösten pyrotechnischen Bauteilen muss der Verwerter/Entsorger spezielle Genehmigungen haben.
- Das verwendete pyrotechnische Treibsatzmaterial ist giftig und hochentzündlich. Deshalb ist bei beschädigten, nicht ausgelösten pyrotechnischen Bauteilen größte Vorsicht geboten. Nur mit Schutzkleidung, Handschuhen und Atemmaske entsprechend den Herstellervorschriften (im Sicherheitsdatenblatt) daran arbeiten.
- Wurde trotz größter Sorgfalt etwas eingeatmet oder ist etwas mit der Haut in Kontakt gekommen oder sogar verschluckt, müssen sofort Gegenmaßnahmen ergriffen werden und für eine ärztliche Behandlung gesorgt werden.

Wurden die Rückhaltesysteme bei einem Unfall ausgelöst, kann es unter Umständen sinnvoll sein, das Steuergerät aus Beweissicherungsgründen o. Ä. auszubauen und aufzubewahren. Dies kann eventuell auch bei einem nicht ausgelösten Airbag der Fall sein.

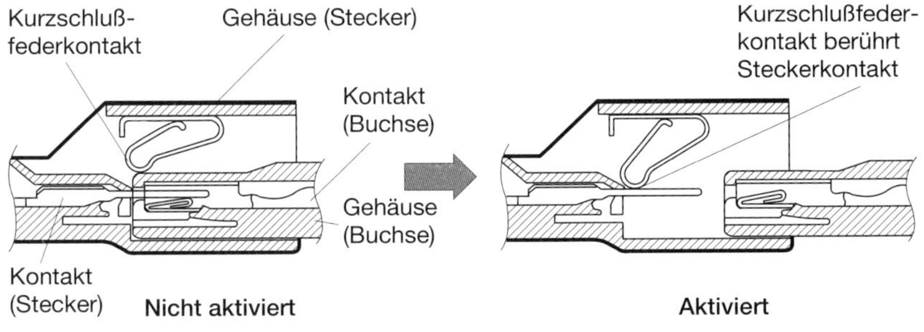

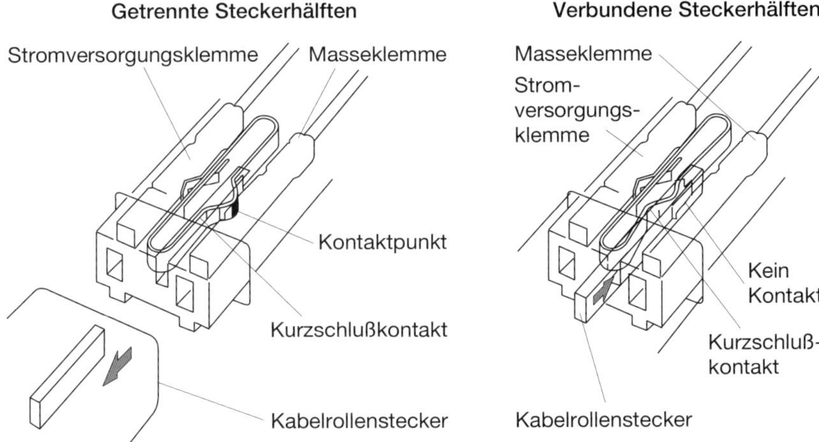

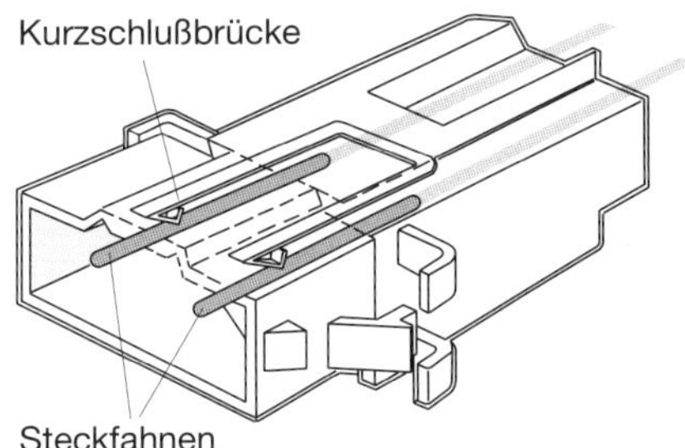

Bild 9.31 *Beispiele von Steckern für pyrotechnische Systeme.*

Bei Fahrzeugen mit Beifahrer-Airbag ist darauf zu achten, dass kein Kindersitz (Babyschale) entgegen der Fahrtrichtung montiert werden darf, da dies bei einem Unfall mit Airbagauslösung tödliche Folgen haben könnte. Sofern es der Hersteller erlaubt, kann aber auf Kundenwunsch der Beifahrer-Airbag stillgelegt werden. Dies geschieht entweder bei älteren Systemen durch eine entsprechende Umprogrammierung des Steuergerätes und sicherheitshalber zusätzlich durch Trennen der Steckverbindung zum Beifahrer-Airbag. Der Wunsch des Kunden, die entsprechende Information und die ausgeführte Arbeit sollten schriftlich festgehalten und zu Ihrer Sicherheit vom Kunden unterzeichnet werden. Bei einigen Herstellern bzw. Fahrzeugen kann der Beifahrer-Airbag auch durch Drehen eines Schlosses, das mit dem Fahrzeugschlüssel bedient werden kann, deaktiviert werden. Eine entsprechende Warnlampe leuchtet dann als Erinnerung permanent auf.

Nach einem Unfall mit einem oder mehreren ausgelösten Airbags sind die ausgelösten Airbag-Einheiten mit Prallplatte/Abdeckungen und Gasgenerator(en) sowie die Frontsensoren (falls vorhanden) bzw. auch die entsprechenden Seitenairbagsensoren auszuwechseln, manchmal auch das Steuergerät (sofern die Herstellerangaben nicht noch weitreichender sind). Das Gleiche gilt für Gurtstraffer.

Vor der Verschrottung eines Fahrzeuges müssen noch nicht ausgelöste Airbags bzw. Gurtstraffer fremdgezündet werden. Dies geschieht durch ein Auslösewerkzeug (Zündkabel), sofern der jeweilige Hersteller ein solches zur Verfügung stellt und die Fremdzündung erlaubt. Ansonsten sind sämtliche pyrotechnischen Bauteile auszubauen und an den Hersteller zurückzusenden. Bei der Fremdzündung wird das Zündkabel zum einen an die pyrotechnische Einheit (Gasgeneratoren), zum anderen an eine Batterie angeschlossen. Die Fremdzündung verschiedener Airbag-Einheiten kann in fest eingebautem, originalem Zustand erfolgen, wie in Bild 9.32 dargestellt, oder mittels eines vorbereiteten Reifenpaketes, wie in Bild 9.33 gezeigt und am Ende dieses Abschnittes beschrieben. Beide Male gilt, dass lose Gegenstände aus dem Ausdehnungsbereich zu entfernen sind und beim Zünden ein Sicherheitsabstand von 10 m eingehalten werden muss. (Dies gilt auch für unbeteiligte Personen.)

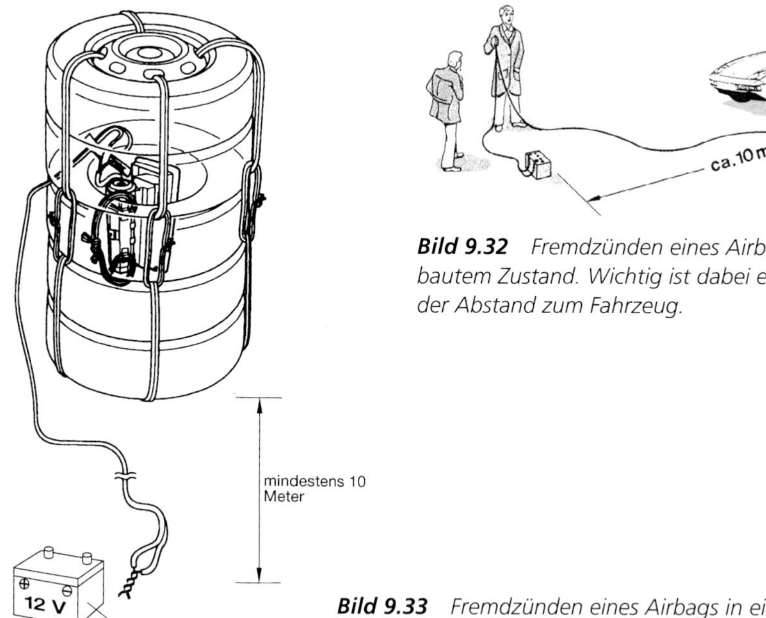

Bild 9.32 *Fremdzünden eines Airbags in eingebautem Zustand. Wichtig ist dabei ein ausreichender Abstand zum Fahrzeug.*

Bild 9.33 *Fremdzünden eines Airbags in einem Paket aus Reifen.*

Das Fahrzeug bzw. der Reifensatz ist auf einen geeigneten, freien Platz zu stellen und die Schallentwicklung vorher bei evtl. betroffenen Personen anzukündigen. Nach der Zündung muss die Airbag-Einheit abkühlen (unter Beobachtung); bei einem Zündversagen ist ebenfalls einige Minuten zu warten, bevor man sich dem Fahrzeug bzw. Reifenpaket nähert.

Das Reifenpaket zur Zündung von Airbag-Einheiten – wie in Bild 9.33 gezeigt – wird mit vier gebrauchten Reifen ohne Felgen und einem Reifen mit Felge «geschnürt». Zuerst werden jeweils zwei Reifen mit einem Draht fest (mehrmals umwickeln) zusammengebunden, wobei bei einem Reifenpaar die Felge nach außen zeigt. In einem Reifen wird nun der zu zündende Airbag ebenfalls mit einem Draht so befestigt, dass der Luftsack zur Mitte zeigt und sich frei entfalten kann. An den Anschlüssen des Gasgenerators sind zwei Kabel (mit je mehr als 10 m Länge) zu befestigen. Anschließend legt man das Reifenpaar ohne Felge nach unten, darauf den Reifen mit dem Airbag und darüber das Reifenpaar mit der Felge nach oben. Die beiden Reifenpaare werden nun so miteinander verbunden, dass der Reifen mit der Airbag-Einheit dadurch fixiert ist. Die Zündung/Auslösung erfolgt durch Verbinden der beiden Kabel mit den Batteriepolen.

Prüfschritte

Zuallererst wird der Fehlerspeicher ausgelesen. Dies geschieht bei aktuellen Systemen am besten immer mit dem entsprechenden Diagnosetester bzw. Fehlerauslesegerät. Die anfängliche Fehlerspeicherausgabe durch einen Blinkcode wird immer seltener und ist nur noch bei älteren Fahrzeugen gelegentlich zu finden. Dafür benötigt man die herstellerspezifischen Unterlagen. Wichtig ist außerdem – wie bei jedem elektronischen System – die Überprüfung der Spannungsversorgung (Plus und Minus/Masse). Durch Widerstandsmessungen überprüft man neben den Masseverbindungen die Kontrolllampe, den Kontaktring/Wickelfeder/Spiralkabel und falls vorhanden die Frontsensoren und ausgelagerten Sensoren sowie alle Leitungen und Steckverbindungen zu den verschiedenen pyrotechnischen Bauteilen.

Aber niemals eine Widerstandsmessung in die pyrotechnischen Bauteile und Zündmechanismen machen!

Eine Sichtkontrolle auf Beschädigungen oder sonstige Veränderungen ist ebenfalls sinnvoll. Und zum Schluss, sowohl nach einer Fehlersuche als auch nach evtl. Reparaturen oder Austauschen von Bauteilen, **immer** die Funktion der Kontrolllampe überprüfen.

10 Systeme der Sicherheits- und Komfortelektronik

Die Systeme der Sicherheits- und Komfortelektronik sind in der Regel Teil eines Bussystems, das die Steuergeräte des Fahrzeuginnenraumes und angrenzender Türen und Klappen miteinander verbindet. Die verschiedenen Fahrzeughersteller benennen das entsprechende Bussystem deshalb auch oft als «Karosserie-», «Komfort-» oder «Innenraumbus». In der Anfangszeit der Systemvernetzung verwendete man dafür Bussysteme mit einer niedrigen Datenübertragungsrate. Bei aktuellen Fahrzeugen kommunizieren diese Systeme meist über ein Hochgeschwindigkeitsbussystem miteinander. Häufig findet auch hier das CAN-Bussystem Anwendung.

10.1 Heiz und Klimaregelung

Das Steuergerät der Heiz- und Klimaregelung ist bei unserem beispielhaft gewählten Bussystem Teil des als Karosserie-CAN bezeichneten Busses. Es kommuniziert seinerseits wiederum mit den Bedieneinheiten der Heiz- und Klimaregelung im Armaturenbereich und im Fondbereich sowie dem Steuergerät der Standheizung und dem Kältemittelkompressor über eigene LIN-Bussysteme.

10.1.1 Allgemeine Funktionsweise und Systemaufbau

Die grundsätzliche Aufgabe der Heiz- und Klimaregelung ist, die vom Fahrer und evtl. von weiteren Bedienstellen eingestellte Temperatur möglichst schnell zu erreichen und dann konstant zu halten. Je nach System kann dies für Fahrer und Beifahrer, aber auch für die Fondpassagiere getrennt eingestellt und geregelt werden. Man spricht dann z. B. von einer 4-Zonen-Klimaautomatik (Bild 10.1).

Das System muss dazu die angesaugte (Außen-)Luft aufheizen oder abkühlen und die Luftverteilung so beeinflussen, dass sich in den verschiedenen Zonen die vorgewählte Temperatur einstellt. Wobei die gewünschte Temperatur durch eine als angenehm

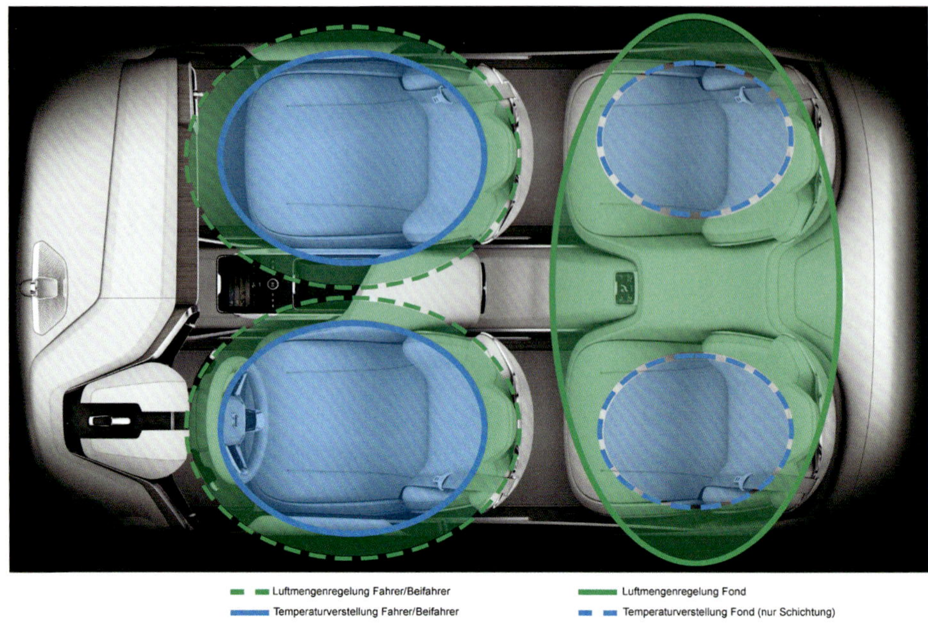

Bild 10.1 *4-Zonen-Klimaautomatik*
[Bild: Volvo, bearbeitet Schmidt]

empfundene «Luftschichtung» (warme Füße, kühler Kopf) eingestellt wird. Ein weiterer Korrekturfaktor ist die sogenannte Physiologieanpassung (Bild 10.2).

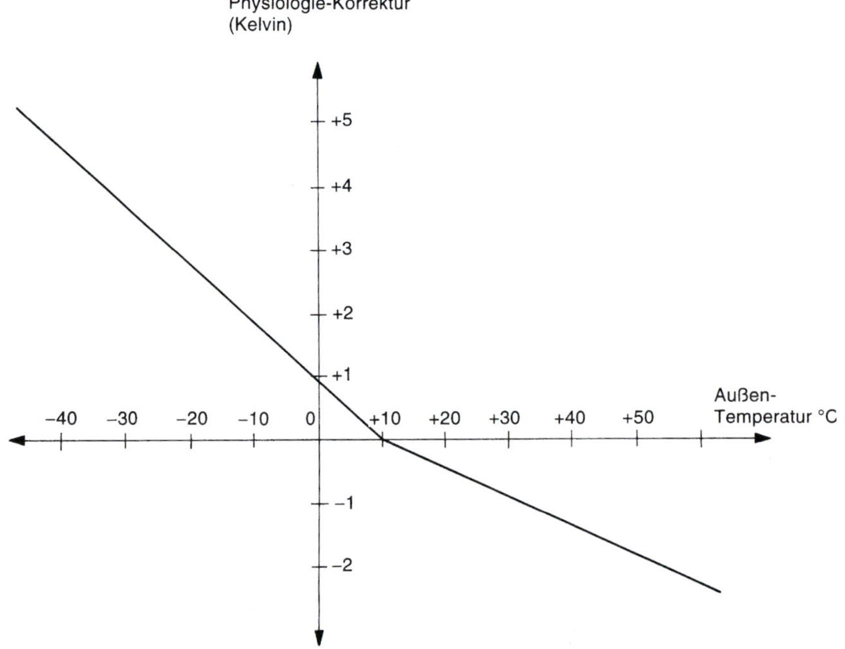

Bild 10.2 *Physiologie Korrektur*

In Abhängigkeit von der Außentemperatur wird die gewählte Temperatur minimal verändert/angepasst, um die Wärme- bzw. Kälteabstrahlung der Front- und Seitenscheiben zu kompensieren. Durch die Heiz- und Klimaregelung wird die angesaugte Luft auch gereinigt und die Luftfeuchtigkeit verändert.

Bei Elektrofahrzeugen, aber auch bei Hybrid- und Plug-in-Hybridfahrzeugen muss die Heiz- und Klimaregelung neben der Innenraumtemperatur auch die Temperaturregelung der Hochvoltbatterie übernehmen. Das kann ebenfalls sowohl ein Erwärmen, als auch ein Kühlen des/der Batterieblöcke bedeuten. Dies geschieht unabhängig vom Fahrer nach festgelegten Parametern entsprechend der Temperatur der Batterieblöcke (Hochvoltbatterie).

Außer den Temperaturwünschen und der eingestellten Gebläsedrehzahl durch die Bediener, benötigt das Steuergerät der Heiz- und Klimaregelung weitere Eingangssignale zur Erfassung der Umfeldbedingungen, damit es ausgangsseitig die entsprechenden Stellmotoren, Wasserventile, Gebläse, den Klimakompressor usw. richtig ansteuern kann. Bild 10.3 zeigt in einer Übersicht die möglichen Ein- und Ausgänge, unabhängig davon,

Eingangssignale	Verarbeitung	Ausgangssignale für
Temperaturwählhebel/-wählräder	STEUERGERÄT	Gebläse
Gebläsedrehschalter		Klimakompressor
Programmschalter (Klima-, Defrost-Umluftschalter, Schalter für autom. Temperaturverteilung)		bis zu 20 Stellmotoren für Luftklappen
Heckscheibenheizungsschalter		Wasserventile
Außentemperaturfühler		Zusatzwasserpumpe
Zusatzwasser-, 2 Wärmetauschertemperaturfühler		Front- und Heckscheibenheizung
Verdampfertemperaturfühler		Motorsteuergerät zur Leerlaufdrehzahl-Anhebung (nur bei Klimaregelung)
Innenraumtemperaturfühler		
Tachosignal		
Schaltsignal d. Zeituhr für Standlüftung, -heizung		
Standlicht (Lichtschalter)		
Klemme 50		
Klemme 15		
Klemme 30		
Klemme 31		
	⇑ ⇓ Diagnose	

Bild 10.3 *Systemübersicht Heiz- und Klimaregelung.*

wie die Information/das Signal an das Steuergerät gelangt. Der dazu gehörige Schaltplan eines aktuellen Fahrzeuges wird in Abschnitt 10.1.4 (Bild 10.10) detailliert beschrieben.

10.1.2 Funktionsprinzip einer Klimaanlage

Bevor man sich mit der Heiz- und Klimaregelung näher beschäftigt, ist es wichtig, sich mit dem allgemeinen Funktionsprinzip einer Klimaanlage vertraut zu machen.

Die Wirkungsweise einer Klimaanlage beruht darauf, dass ein sogenanntes Kältemittel (wie jedes chemische Element) bei der Änderung seines Aggregatszustandes (fest, flüssig, gasförmig) Energie aufnimmt bzw. abgibt. Beim Übergang vom flüssigen in den gasförmigen Zustand benötigt das Kältemittel Energie, die es der Umgebung in Form von Wärme entzieht. Umgekehrt gibt das Kältemittel beim Übergang vom gasförmigen in den flüssigen Zustand Wärme ab.

Als Kältemittel muss ein Stoff verwendet werden, der einen möglichst niedrigen Siedepunkt (flüssig zu gasförmig) hat. Der Siedepunkt kann durch Einwirken von Druck verschoben werden; gleichzeitig findet dadurch eine Erwärmung statt. Das aktuell noch bei vielen Fahrzeugen verwendete Kältemittel R134a (Tetrafluorethan) hat seinen Siedepunkt bei ca. -26 °C bei atmosphärischem Druck. Bei 15 bar Überdruck liegt der Siedepunkt von R134a bereits bei ca. 55 °C.

Da sich R134a sehr negativ auf den Treibhauseffekt (sogenanntes **G**lobal **W**arming **P**otenzial; GWP = 1430) auswirkt, befindet es sich entsprechend gesetzlicher Vorgaben gerade in der Auslaufphase. Eine Alternative mit ähnlichen Eigenschaften (Siedepunkt: -29 °C) ist R1234yf (GWP = 4,4), das jedoch **hochentzündlich** ist. Bei Arbeiten an diesen Systemen sind besondere Sicherheitsvorschriften zu beachten (siehe Abschnitt 10.1.5). In der Erprobung ist aktuell auch das als R744 bezeichnete Kohlendioxid (GWP = 1). Es bedingt jedoch größere konstruktive Anpassungen mit deutlich höheren Kosten. Das früher (vor 1991) verwendete Kältemittel R12 (enthielt Fluorchlorkohlenwasserstoffe, die an der Zerstörung der Ozonschicht großen Anteil hatten) ist mittlerweile vollständig vom Markt verschwunden.

Unabhängig vom gerade verwendeten Kältemittel sind die oben dargestellten chemischen/physikalischen Regeln bei allen Klimaanlagen gleich und werden bei den Klimaanlagen für Kraftfahrzeuge wie folgt genutzt (Bild 10.4).

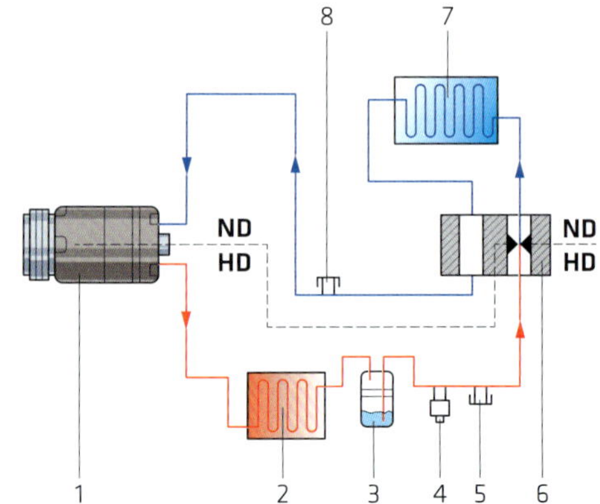

Bild 10.4
Schematische Darstellung einer Klimaanlage mit Expansionsventil
1 Kompressor mit Magnetkupplung
2 Kondensator
3 Filtertrockner mit Flüssigkeitsbehälter
4 Hochdruckschalter
5 Serviceanschluss Hochdruck
6 Expansionsventil
7 Verdampfer
8 Serviceanschluss Niederdruck
ND Niederdruckbereich
HD Hochdruckbereich

Der vom Motor über eine Magnetkupplung angetriebene Kompressor (1) saugt das gasförmige Kältemittel an und verdichtet es (etwa 15 bar). Die Temperatur des unter Druck stehenden Kältemitteldampfes steigt dabei auf etwa 70 °C an. Durch den Kondensator (2) kann es diese erhöhte Temperatur an die Umgebungsluft abgeben. Beim Abkühlen wird das unter Druck stehende Kältemittel flüssig, da der Siedepunkt bei einem Druck von 15 bar bei etwa 55 °C liegt. Das flüssige Kältemittel gelangt dann in die Trocknerflasche/den Kältemittelsammler (3), wo es durch Filter gereinigt und ihm Wasser entzogen wird.

Bei Überschreiten des Öffnungsdruckes kann das Kältemittel durch das Expansionsventil (6) aus der Hochdruckseite in den Niederdruckbereich gelangen. Dabei sinkt der Siedepunkt durch den geringeren Druck ab, und das flüssige Kältemittel wird gasförmig. Im Verdampfer (7) entzieht es der Umgebungsluft dabei Wärme. Die durch das Gebläse an den Kühlrippen des Verdampfers vorbeigeleitete Außenluft wird dadurch abgekühlt.

Die Feuchtigkeit der Außenluft kondensiert durch die Abkühlung am Verdampfer und wird über Abläufe ins Freie geleitet. Ein Absinken der Temperatur am Verdampfer unter 2 °C würde zur Vereisung führen. Um dies zu verhindern, ist am Verdampfer ein Temperaturfühler angebracht, durch dessen Signal das Steuergerät die Magnetkupplung am Kompressor trennt und damit der Kreislauf unterbrochen wird.

Ein angenehmer Nebeneffekt bei der Kondensation der Luftfeuchtigkeit ist zum einen eine Frischluft mit geringerer Feuchtigkeit, zum anderen die Ausscheidung von in der Feuchtigkeit gebundenen Schmutzpartikeln.

Mit dem Kältemittelkreislauf wird gleichzeitig ein so genanntes Kälteöl umgewälzt, das zur Schmierung des Kompressors und des Expansionsventils dient. Aus Sicherheitsgründen kann die Stromversorgung der Magnetkupplung zusätzlich durch einen Nieder- und einen Hochdruckschalter unterbrochen werden. Bei etwaigen Defekten (z. B. Expansionsventil öffnet nicht) schützt der Hochdruckschalter das System vor zu hohen Drücken. Der Niederdruckschalter unterbricht die Magnetkupplung bei Unterschreiten einer unteren Druckschwelle, da dabei von einer Undichtigkeit ausgegangen wird. Dies würde durch zu geringen Kältemittelumlauf (und das damit umlaufende Schmieröl) eine mangelhafte Schmierung bedeuten.

Statt der Magnetkupplung am Kompressor, die nach Bedarf ein- und ausgeschaltet wird, verwendet man immer häufiger einen volumengeregelten (Taumelscheiben-) Kompressor. Neuere Kompressoren, bei denen die Fördermenge zwischen 0 % und 100 % geregelt werden kann, benötigen keine Magnetkupplung mehr.

Bei «intelligenten» Heiz- und Klimaregelungen wird der Kompressor so weit wie möglich überwiegend nur im Schiebe- oder Teillastbetrieb aktiviert, um den Zusatzverbrauch an Energie möglichst gering zu halten.

Bei Elektro oder Hybridfahrzeugen wird der Klimakompressor elektrisch angetrieben. Der elektrische Klimakompressor (Bild 10.5.) wird über das Hochvoltsystem mit Energie versorgt und ist eine Hochvoltkomponente für die besondere Sicherheitsvorschriften gelten (siehe Kapitel 5). Er ist auch mit einem entsprechenden Warnhinweis gekennzeichnet.

Die unterschiedlichen Systeme mit den unterschiedlichen Kältemitteln bedingen auch unterschiedliche Kälteöle. Es dürfen keine Vermischungen oder Verwechslungen bzw. Falschbefüllungen stattfinden. In der Regel sind die unterschiedlichen Systeme auch mit farblich unterschiedlich codierten Kappen bzw. Anschlüssen gekennzeichnet. Die Herstellervorschriften sind immer exakt einzuhalten.

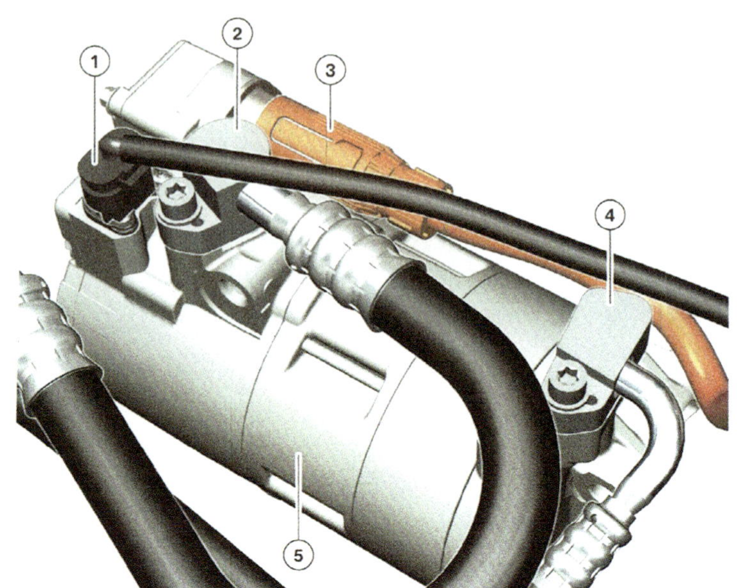

Bild 10.5
Elektrischer Klimakompressor
1 Signalstecker
2 Niederdruckleitung (gasförmiges Kältemittel mit niedriger Temperatur und niedrigem Druck)
3 Hochvolt-Stecker
4 Hochdruckleitung (gasförmiges Kältemittel mit hoher Temperatur und hohem Druck)
5 Elektrischer Klimakompressor EKK

10.1.3 Ein- und Ausgangssignale und deren Wirkungsweise

Abgesehen von der Stromversorgung (Plus/Minus) des Steuergerätes und aller Bauteile, gehören die eingestellte Temperatur und die gewünschte Gebläsestufe, neben den Umfeldbedingungen, zu den entscheidenden Eingangssignalen für die weitere Funktionsweise. Die Eingabe der Wunschtemperatur, der Gebläseintensität und evtl. Programmtasten erfolgt bei aktuellen Fahrzeugen über ein oder zwei ausgelagerte Bedienteile, die über ein Bussystem mit dem eigentlichen Steuergerät der Heiz- und Klimaregelung kommunizieren. Je nach Komplexität des Systems gibt es bei einfachen Systemen eine Wunschtemperatur und einen Gebläseregler, oder bei einer Vierzonenklimaautomatik bis zu vier unterschiedliche Temperatureinstellungen und mindestens zwei voneinander unabhängig zu bedienende Gebläse. Entsprechend der Anzahl der «Klimazonen», benötigt das Steuergerät natürlich auch eine entsprechende Anzahl an Temperatursensoren im Innenraum. Unsere beispielhaft gewählten Heiz- und Klimaregelungen (vgl. übergreifenden Busstrukturplan und Schaltplan unter 10.1.4) haben zwei Bedienteile, zwei Gebläse und vier Temperaturwunschmöglichkeiten und somit auch vier Innenraumtemperaturfühler und mehrere Temperaturfühler an den verschiedenen Ausströmern der Belüftungsanlage.

Bei Elektrofahrzeugen oder Hybridfahrzeugen ist die wichtigste Eingangsinformation die Temperatur der Hochvoltbatterie. Die Temperaturregelung der Hochvoltbatterie hat höchste Priorität vor der Temperaturregelung für die Insassen.

Die Temperaturregelung wird natürlich auch ganz entscheidend von der Außentemperatur beeinflusst. Da die Außentemperatur auch von vielen weiteren Steuergeräten und Funktionen benötigt wird, wird die Information über die Außentemperatur über die verschiedenen Bussysteme übertragen. Die Erfassung der Außentemperatur erfolgt natürlich primär über einen Außentemperatursensor.

Zusätzlich zur Außentemperatur ist auch z. B. die Sonneneinstrahlung/Helligkeit ein Korrekturfaktor für die Temperaturregelung. Die entsprechende Information wird über den Regen-/Lichtsensor erfasst und über ein Bussystem zur Heiz- und Klimaregelung übertragen. Zusätzliche Eingangsinformation zur Feinregelung ist auch das Geschwindigkeitssignal. Die Fahrgeschwindigkeit beeinflusst (in geringem Maße) auch die Abstrahltemperatur der Fenster, aber überwiegend wird dadurch der höhere Staudruck bei höheren Geschwindigkeiten durch ein schrittweises Schließen der Aussenklappen kompensiert. Die Aussenklappen werden vollständig geschlossen im Umluft-Betrieb. Dies kann durch einen Sensor, der bestimmte Schadstoffe in der Außenluft erkennt, initiiert werden.

Ausgangsseitig muss die Heiz- und Klimaregelung zur Temperaturregelung und der gewünschten Luftverteilung primär die Stellmotoren der Luftklappen, das (die) Gebläse, ein oder mehrere Wasserventile für die Beheizung des Wärmetauschers und evtl. den Klimakompressor ansteuern. Die Stellmotoren, der Wärmetauscher, der Verdampfer und das Gebläse sind im Heiz- und Klimaaggregat zusammengefasst. Ein Beispiel für die Anordnung der einzelnen Komponenten zeigen die Darstellungen in den Bildern 10.6 und 10.7.

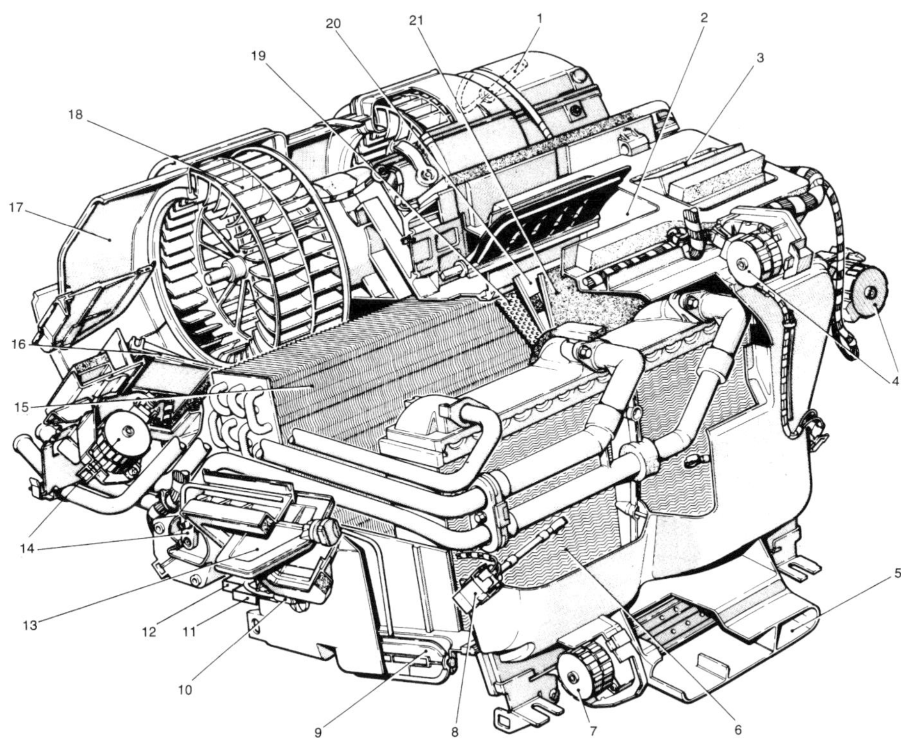

Bild 10.6 *Heiz-Klima-Aggregat*

1 Temperaturfühler außen
2 Belüftung vorn
3 Entfrostung
4 elektrischer Stellantrieb
5 Belüftung Fond
6 Heizkörper
7 elektrischer Stellantrieb
8 Temperaturfühler Heizkörper
9 Fußraum Fond
10 Temperaturfühler Verdampfer
11 Steuerelektronik
12 Endstufe
13 Fußraum vorn
14 elektrischer Stellantrieb
15 Verdampfer
16 Umluft
17 Frischluft
18 Gebläse
19 Lochblechklappe
20 Klappe für temperierbare Belüftung
21 Rückschlagklappe

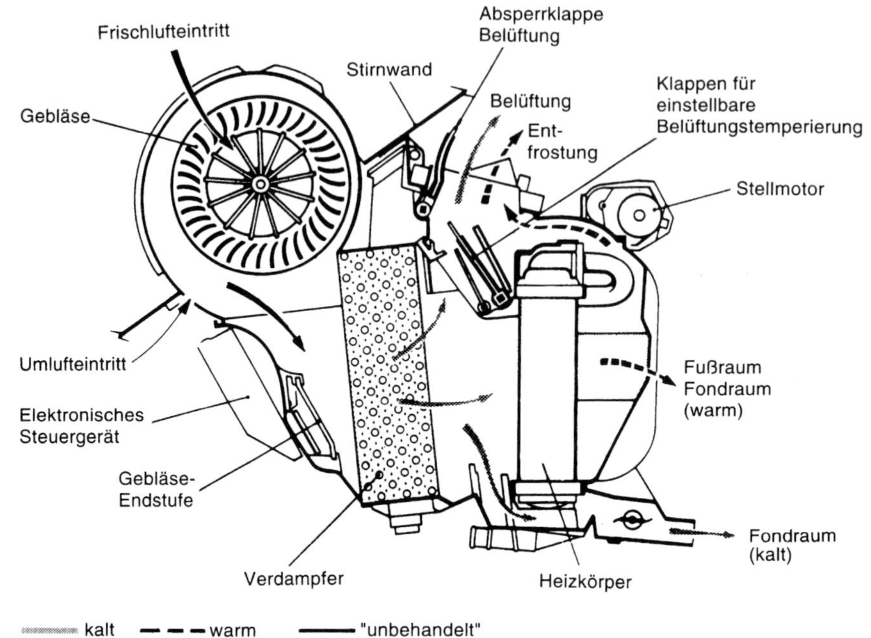

Bild 10.7 *Schnittzeichnung Heiz-Klima-Aggregat*

Das Gebläse (18) kann direkt über das Steuergerät oder wie in unserem Beispiel über das zentrale Gateway über die Signale des LIN-Busses angesteuert werden. Bei der direkten Ansteuerung erfolgt die Stromregelung und damit die Gebläsedrehzahl masseseitig über das Steuergerät und die Plus-Versorgung geschieht über ein Relais, das ab Klemme 15 geschlossen ist. Bei dem aktuellen System ist das Gebläse permanent mit Klemme 30 und 31 verbunden und wird durch die LIN-Bus-Informationen geregelt.

Die Wasserventile (Magnetventile) bzw. elektronisch geregelte Thermostate befinden sich meist im Motorraum vor dem Eingang zum Heiz-Klima-Aggregat. Stromlos sind sie aus Sicherheitsgründen offen. Plusseitig werden sie über Klemme 15 versorgt und durch ein Massesignal gesteuert. Abhängig von der eingestellten Innenraumtemperatur und der Temperatur des Kühlmittels erfolgt die Ansteuerung der Wasserventile. Damit wird der Wärmetauscher (6) mit der jeweils benötigten Kühlmittelmenge durchflossen. Reicht der Kühlmitteldurchlauf durch den Wärmetauscher bei tiefen Außentemperaturen und völlig offenen Wasserventilen bei Leerlaufdrehzahl und maximal eingestellter Heizleistung nicht aus, kann z. B. eine im Kühlmittelkreislauf integrierte, elektrische Zusatzwasserpumpe angesteuert werden. Bei dem aktuell gewählten System (siehe Schaltplan Bild 10.10) wird die zusätzliche Wärmeanforderung durch einen elektrischen Zuheizer realisiert. Zur Unterstützung kann aber auch die Aktivierung der Standheizung herangezogen werden. Die Zusatzmaßnahmen werden aus Kostengründen in der Regel nur bei höherwertigen Fahrzeugen eingesetzt. Bei Hybrid und auch reinen Elektrofahrzeugen benötigt man zur Erwärmung des Heiz-/Kühlmittels grundsätzlich eine elektrische Heizung (siehe Abschnitt 10.2).

Die Ansteuerung des Klimakompressors übernimmt in unserem System (siehe Schaltplan Bild 10.10) das zentrale Bordnetz-Steuergerät. Bei einfacheren Systemen wird die Magnetkupplung des Klimakompressors oder die Stellung der Taumelscheiben über ein Relais geschaltet. Ein Steuergerät wiederum übernimmt die Ansteuerung des Relais. In der Regel wird der Steuerstromkreis des Relais zusätzlich über den Sicherheitsdruckschalter geführt. Damit ist gewährleistet, dass bei Problemen im Kältemittelkreislauf der Klimakompressor abgeschaltet wird. Bei der Ansteuerung des Klimakompressors im Leerlauf erfolgt in der Regel eine Leerlaufdrehzahlanhebung. Der Klimakompressor kann nicht nur bei aktiv gewünschter Klimaregelung eingeschaltet sein, sondern auch im Umluftbetrieb, im Defrost-Programm, bei hoher Luftfeuchtigkeit, beschlagenen Scheiben und bei Hybrid und Elektrofahrzeugen zur Kühlung der Hochvoltbatterie. Die Regelung des Klimakompressors ist auch von den Signalen des Kältemitteldrucksensors (früher: Hochdruck- und Niederdruckschalter) und des Temperatursensors des Verdampfers abhängig. Durch die höhere Motorlast bei aktiviertem Klimakompressor kann auch die Ansteuerung eines zusätzlichen Motorlüfters notwendig sein.

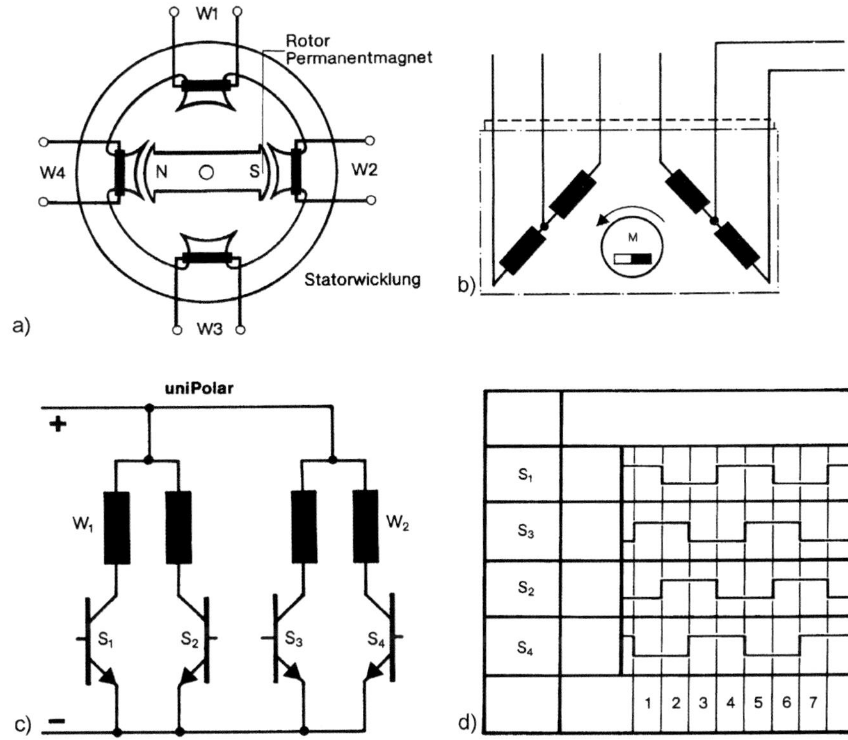

Bild 10.8 *Schrittmotorensteuerung*
a) Schaltzeichen eines Schrittmotors
b) Prinzipaufbau eines Schrittmotors
c) Ersatzdarstellung eines Schrittmotors
d) Signal-Zeit-Plan einer Schrittmotorensteuerung

Die Ansteuerung der Stellmotoren an den Luftklappen durch das Steuergerät bestimmt im Wesentlichen die Luftverteilung und Temperaturschichtung. Bei den Stellmotoren handelt es sich häufig um sogenannte Schrittmotoren, die in exakt festgelegten Schritten bewegt werden können und in der gewünschten Stellung verbleiben. Die Ansteuerung kann durch digitale Impulse direkt über das Steuergerät erfolgen oder durch die Anbindung über ein LIN-Bussystem.

Der Schrittmotor ist ein Gleichstrommotor und besteht aus einem Permanentmagnet-Rotor und mehreren Statorwicklungspaaren. Die Drehung des Permanent-Rotors

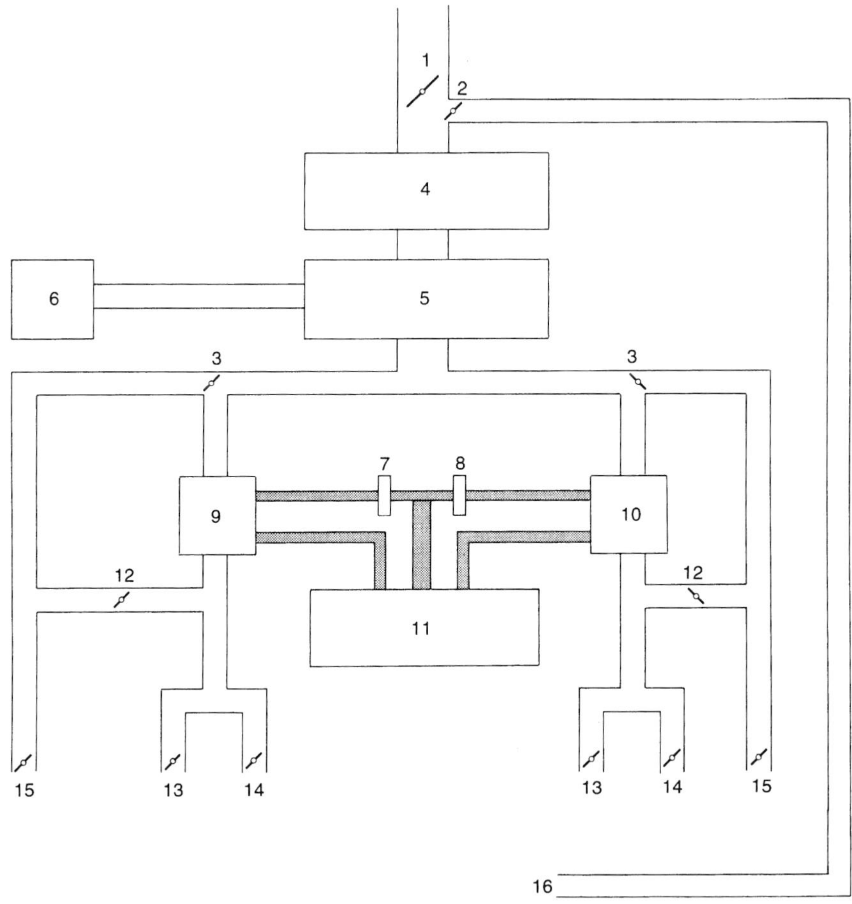

Bild 10.9 *Luftverteilung*

1 Frischluftklappe
2 Umluftklappe
3 Belüftungsklappen Fahrer-/Beifahrerseite
4 Gebläse
5 Verdampfer
6 Klimakompressor
7 Wasserventil Fahrerseite
8 Wasserventil Beifahrerseite
9 Wärmetauscher Fahrerseite
10 Wärmetauscher Beifahrerseite
11 Kühler
12 Schichtungsklappen
13 Fußraumklappe
14 Entfrostungsklappe
15 Absperrklappen in den Grills
16 Innenraumluft

wird durch die Magnetfelder der stromdurchflossenen Statorwicklungen bewirkt. Durch eine geeignete Signalabfolge (Stromimpulse) der Statorwicklungen erreicht man die gewünschte Drehung (Drehrichtung). Der Schrittmotor kann in jeder beliebigen Winkelstellung angehalten und wieder bewegt werden. Die Anzahl der Statorwicklungspaare und deren mechanische Anordnung bestimmen die Anzahl der Impulse für eine Umdrehung des Motors und die Größe des Drehwinkels pro Schritt (üblich zwischen 2 bis 15°).

Da bei dem beschriebenen System mit Schrittmotoren keine Lagerückmeldung erfolgt, werden die Motoren nach einer Unterbrechung der Spannungsversorgung zuerst automatisch in definierte Stellungen (auf/zu) gefahren (Eichlauf); erst dann werden die gewünschten Stellungen angetaktet.

Einstellmöglichkeiten, Umfeldbedingungen und herstellerspezifische Ausführungen ergeben eine Vielzahl von Kombinationen, welche Luftklappen wann, wie weit, wie lange offen sind. Der in Bild 10.9 dargestellte, vereinfachte Funktionsplan zur Luftverteilung soll die Zusammenhänge der Heiz- und Klimaregelung aufzeigen.

Durch die Vorschaltung des Verdampfers vor den Wärmetauscher ist es möglich, die Außenluft ständig durch den Verdampfer bei aktiver Klimaanlage zu reinigen und zu trocknen. Die Innenraumtemperatur wird dadurch überwiegend nur durch die Taktung der Wasserventile des Wärmetauschers bestimmt. Dies ist besonders im Defrost-Programm und bei Umluft-Betrieb notwendig, da bei diesen Programmen der Luft die Feuchtigkeit entzogen werden muss. Im Umluft-Betrieb ist die Außen(Frischluft-)-Klappe (1) geschlossen und durch die geöffnete Umluft-Klappe (2) wird die Innenraumluft angesaugt. Nach einigen Minuten wird allerdings immer wieder Außenluft angesaugt und dazu gemischt, damit es zu keinem Sauerstoffmangel im Innenraum kommt.

Bei der Vielzahl der verschiedenen Systeme und Varianten und der aktuell üblichen Aufteilung von Funktionen in verschiedene Steuergeräte, gibt es unzählige weitere mögliche Ausgangssignale, die von der Heiz- und Klimaregelung angesteuert werden können, wie z. B. eine Front- und Heckscheibenheizung, eine Standlüftung, eine Standheizung usw.

10.1.4 Schaltplan

Der in Bild 10.10 gewählte Schaltplan zeigt die Zusammenhänge bei einer 4-Zonen-Heiz- und Klimaregelung. Der Schaltplan zeigt auch beispielhaft die Aufteilung der verschiedenen Ein- und Ausgangssignale auf unterschiedliche Steuergeräte und sonstige elektronische Bausteine.

Die Steuerung der verschiedenen Komponenten sind hier im Wesentlichen auf das eigentliche Steuergerät der Heiz- und Klimaregelung (41) und das zentrale Bordnetz-Steuergerät (8) verteilt. Der Datenaustausch zwischen den beiden Steuergeräten ist überwiegend über einen CAN-Bus (K-CAN) realisiert.

Zur Erfassung der Temperatur- und Gebläse- sowie Schichtungs- und Programmwünsche gibt es ein Bedienteil für den Fahrer und Beifahrer (42) sowie ein Fondbedienteil (20). Der Datenaustausch erfolgt hier über einen LIN-Bus. Die für die Regelung notwendigen Temperatursensoren (12,13,39,40) sind direkt mit dem Steuergerät der Heiz- und

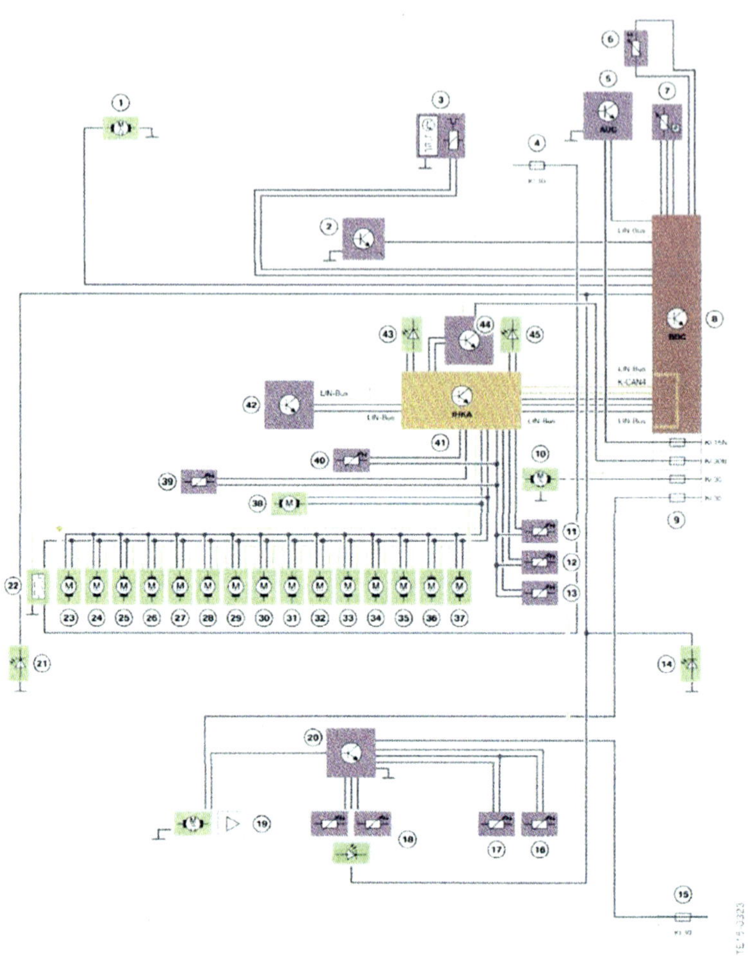

Bild 10.10 *Schaltplan Heiz- und Klimaregelung*

1 Standheizung
2 Regen-Licht-Solar-Beschlagsensor
3 Klimakompressor
4 Sicherung Stromverteiler Motorraum
5 AUC Sensor
6 Außentemperatursensor
7 Kältemitteldrucksensor
8 Body Domain Controller BDC = zentrales Bordnetzsteuergerät
9 Sicherungen Stromverteiler vorn rechts
10 Gebläsemotor
11 Temperatursensor Verdampfer
12 Temperatursensor Fußraum links
13 Temperatursensor Fußraum rechts
14 Beleuchtung Frischluftgrill B-Säule rechts
15 Sicherung Stromverteiler hinten rechts
16 Temperatursensor Fußraum hinten rechts
17 Temperatursensor Fußraum hinten links
18 Temperatursensor Fond mittel Frischluftausströmer
19 Gebläsemotor
20 IHKA Bedienteil Fond
21 Beleuchtung Frischluftgrill B-Säule links
22 Elektrischer Zuheizer
23 Schrittmotor Frischluft
24 Schrittmotor Umluft
25 Schrittmotor Defrost
26 Schrittmotor Belüftung links
27 Schrittmotor Belüftung rechts
28 Schrittmotor Schichtung links
29 Schrittmotor Schichtung rechts
30 Schrittmotor Fußraum links
31 Schrittmotor Fußraum rechts
32 Schrittmotor Luftverteilung Fond links

33 Schrittmotor Luftverteilung Fond rechts
34 Schrittmotor Mischklappe Fond links
35 Schrittmotor Mischklappe Fond rechts
36 Schrittmotor Mischklappe Fond links
37 Schrittmotor Mischklappe Fond rechts
38 Schrittmotor indirekte Belüftung
39 Temperatur Sensor Belüftung links
40 Temperatur Sensor Belüftung rechts
41 IHKA Steuergerät
42 IHKA Bedienteil Fahrer/Beifahrer
43 Beleuchtung Rändelrad Ausströmer
44 Schichtungssteller mit Touchbedienung
45 Beleuchtung Rändelrad Ausströmer

Klimaregelung verbunden, bzw. bei den Fondtemperatursensoren (16,17,18) direkt mit dem Fondbedienteil. Dies ist die räumlich kürzeste Anbindung. Die Weiterleitung der (Temperatur-) Informationen erfolgt wieder über den LIN-Bus.

Der Verdampfertemperatursensor (11) ist ebenfalls direkt mit dem Steuergerät der Heiz- und Klimaregelung verbunden, wohingegen der ebenfalls für die Steuerung des Klimakompressors wichtige Kältemitteldrucksensor (7) direkt mit dem zentralen Bordnetz-Steuergerät verbunden ist. Ebenso wie der Außentemperatursensor (6), der Regen-Lichtsensor (2) und der AUC Sensors (5), der die Schadstoffbelastung der Außenluft erfasst. Das zentrale Bordnetz-Steuergerät übernimmt durch eine direkte Anbindung auch die Ansteuerung des Klimakompressors (3) und der Standheizung (1).

Die Signale für die Ansteuerung der Schrittmotoren (23 - 38) für die gesamte Steuerung der diversen Klappen kommen wieder aus dem Steuergerät der Heiz- und Klimaregelung und werden über einen eigenen LIN Bus übertragen. Mit diesem LIN Bus ist auch die Ansteuerung eines elektrischen Zuheizers (22) verbunden.

10.1.5 Sicherheitshinweise/-vorschriften

Die bei Klimaanlagen verwendeten Kältemittel waren schon immer problematisch (R12 war schädlich für die Ozonschicht, R134a hat ein hohes Treibhauspotenzial und R1234yf ist hochentzündlich). Zusätzlich entweichen jährlich im Durchschnitt ca. 8 bis 10 % des Kältemittels in die Umwelt (ca. 6 % durch Undichtigkeiten, ca. 2 % durch Unfall und ca. 2 % durch Bedienungs- und Entsorgungsfehler). Außerdem hat der Anteil der mit Klimaanlagen ausgerüsteten Fahrzeuge ständig zugenommen. Heute sind fast alle (>95 %) neuzugelassenen Fahrzeuge damit ausgerüstet. Die Klimaanlagen in allen Fahrzeugen sind heute die mit Abstand größte Emissionsquelle fluorierter Treibhausgase, die eine sehr hohe klimaschädigende Wirkung haben.

Dies alles (und zusammen mit dem Kyoto-Protokoll) veranlasste das europäische Parlament 2006 eine sogenannte F-Gase Verordnung zu erlassen, bei der es um die Reduzierung der fluorierten Treibhausgase geht und die von allen Mitgliedsländern in nationales Recht umgesetzt werden musste. In Deutschland wurde das mit der Chemikalien-Klimaschutzverordnung umgesetzt, mit allen Richtlinien und Qualifizierungsverordnungen.

Eine Maßnahme daraus ist, dass Arbeiten an Klimaanlagen nur von sachkundigem Fachpersonal durchgeführt werden dürfen. Diese benötigen eine mindestens eintägige Schulung und die Sachkundebescheinigung. Tabelle 10.1 zeigt die Anforderungen an die Qualifizierung zur Erlangung des Sachkundenachweises.

Tabelle 10.1

Fachliche Mindestanforderungen an Fertigkeiten und Kenntnissen für den Sachkundenachweis		
1. Funktionsweise von Klimaanlagen in Kraftfahrzeugen, die fluorierte Treibhausgase enthalten. Umweltauswirkung von Kältemitteln, die fluorierte Treibhausgase enthalten sowie die entsprechenden Umweltvorschriften		
1.1	Grundkenntnisse der Funktionsweise von Klimaanlagen in Kraftfahrzeugen	T
1.2	Grundkenntnisse des Einsatzes und der Eigenschaften fluorierter Treibhausgase, die als Kältemittel in Kfz-Klimaanlagen verwendet werden, sowie der Auswirkungen von Emissionen dieser Gase auf die Umwelt (ihr GWP-Wert im Kontext des Klimawandels)	T
1.3	Grundkenntnisse der einschlägigen Bestimmungen der Verordnung (EG) Nr. 842/2006 und der Richtlinie 2006/40/EG	T
2. Umweltverträgliche Rückgewinnung fluorierter Treibhausgase		
2.1	Kenntnis der gängigen Verfahren für die Rückgewinnung fluorierter Treibhausgase	T
2.2	Umgang mit einem Kältemittel-Container	P
2.3	Anschließen und Abklemmen eines Rückgewinnungsgerätes an die bzw. von der Anschlussstelle einer Kfz-Klimaanlage, die fluorierte Treibhausgase enthält.	P
2.4	Bedienen eines Rückgewinnungsgerätes	P

Auch der Betrieb/die Werkstatt muss dafür zertifiziert sein und die erforderliche technische Ausstattung besitzen. Die Richtlinie regelt außerdem die umweltgerechte Entsorgung des Kältemittels und die Anforderungen an die Druckgasbehälter und die Servicegerätetechnik sowie deren vorschriftsmäßige, praktische Anwendung. Sowohl die Druckgasbehälter als auch die Servicegeräte müssen zugelassen und eindeutig gekennzeichnet sein, damit eine sichere und sachgemäße Anwendung gewährleistet ist. Eine Verwechslung oder Vermischung der unterschiedlichen Kältemittel muss so auch ausgeschlossen werden.

Kältemittel sind immer unter Druck verflüssigte Gase! Kältemittel darf nicht ins Freie bzw. in die Umwelt entweichen. Dies muss durch die Verwendung passender Servicegeräte und die entsprechende Sachkenntnis in der Anwendung und Bedienung vermieden werden.

Bei Arbeiten an Fahrzeugen mit Klimaanlagen müssen umfangreiche Sicherheitsmaßnahmen eingehalten werden.

- Immer eine Schutzbrille tragen, damit unter keinen Umständen Kältemittel in die Augen gelangen kann.
- Schutzhandschuhe und langärmelige Arbeitskleidung tragen! Da Kältemittel Fette und Öle gut lösen, entfernen sie den schützenden Fettfilm der Haut. Flüssiges Kältemittel entzieht der Umgebung Wärme beim Verdampfen und kann zu örtlichen Erfrierungen der Haut führen.
- Kältemittel-Dämpfe nicht einatmen.
- Auf keinen Fall rauchen; offenes Feuer und Schweißen sind verboten.
- Schweißen und Löten an Teilen der Klimaanlage ist nicht erlaubt. Defekte Bauteile immer Austauschen.

- Die besonderen Schutzvorschriften für Druckbehälter einhalten, d. h. nicht werfen, gegen Umfallen oder Wegrollen sichern, nicht in die Nähe von Heizkörpern oder anderen Wärmequellen stellen, leere Behälter wieder verschließen und immer nur zugelassene und gekennzeichnete Behälter verwenden, die Schutzkappen nach Gebrauch immer aufschrauben.
- Für ausreichende Belüftung sorgen.
- Speziell R1234yf ist hoch entzündlich und brennbar, d. h. auch nicht an Fahrzeugen arbeiten, an denen der Motor und speziell der Turbolader und die Abgasrohre noch heiß sind.
- Sollte doch einmal Kältemittel auf die Haut oder in die Augen gelangen, sofort mit viel Wasser spülen und unverzüglich einen Arzt aufsuchen.

10.1.6 Servicearbeiten an Klimaanlagen (Evakuieren, Befüllen, Warten und Lecksuche)

Auch wenn Klimaanlagen in der Regel von Seiten des Fahrzeugherstellers keinen vorgeschriebenen Wartungsintervallen unterliegen, macht es doch Sinn auch die Klimaanlagen von Zeit zu Zeit zu überprüfen. Bei den Klimaanlagen sind natürlich zusätzlich auch manchmal Reparaturen bzw. der Austausch von Komponenten usw. notwendig. Bei den verschiedenen Arbeiten an Klimaanlagen gibt es neben den Sicherheitsvorschriften noch zusätzliche Hinweise, die in diesem Zusammenhang beachtet werden müssen.

Dabei nicht zu vergessen sind die vorgeschalteten (Luft-) Filter, die in bestimmten Intervallen gewechselt werden müssen. Bei hohem Staubanfall, Schadstoffkonzentrationen oder wenn die Gebläseleistung spürbar abnimmt, empfiehlt sich auch ein häufigerer Wechsel als vorgeschrieben.

Druckprüfung, Absaugen, Evakuieren und Befüllen

Ein weiterer Grund für die Verringerung der Kühlleistung der Klimaanlage ist der permanente Verlust von Kältemittel. Trotz allem konstruktiven Aufwand entweichen jährlich ca. 6 % des Kältemittels durch die Wellendichtung des Kompressors, das Schlauchsystem und die verschiedenen Dichtungsringe. Da mit dem Kältemittel unter Umständen auch das Kältemittelöl zur Schmierung der verschiedenen Komponenten weniger wird, kann es dadurch auch zu weiteren Schäden an der Klimaanlage und speziell am Klimaanlagenkompressor kommen. Deshalb ist es bei deutlich nachlassender Kühlleistung ratsam, das Kältemittel der Klimaanlage mit dem richtigen Servicegerät abzusaugen, die Anlage zu evakuieren und neu zu befüllen. Dafür gibt es im Nieder- und Hochdruckbereich Serviceanschlüsse, an die das passende Servicegerät angeschlossen wird. Die sogenannte Klimaanlagen-Servicestation (Bild 10.11) besteht aus einem Füllzylinder, mehreren Manometern, einer Vakuumpumpe, verschiedenen Füllschläuchen und Absperrventilen und den passenden Schnellkupplungsadaptern für die Serviceanschlüsse. Durch die Servicestation wird das abgesaugte Kältemittel getrocknet, gereinigt und anschließend wieder befüllt

Bild 10.11 *Klimaanlagen-Servicestation*
[Bild: Bosch]

Bitte beachten Sie dazu die folgenden Hinweise:

- An erster Stelle steht die Information welches Kältemittel, mit welchem Kältemittelöl und in welchen Mengen in die Klimaanlage eingefüllt werden müssen. Dazu das Hinweisschild, die Betriebs- oder Reparaturanleitung oder sonstige Quellen des Herstellers zu Rate ziehen.
- Vor dem Beginn der Arbeiten immer zuerst den Fehlerspeicher der Klimaanlage/Klimaautomatik auslesen und eventuelle Fehler beseitigen.
- Immer das entsprechende Servicegerät verwenden. Eine Verwechslung oder Vermischung muss immer ausgeschlossen werden. Wenn man sich nicht sicher ist, zuvor evtl. nochmals die Unterlagen des Herstellers zu Rate ziehen. Unterschiedliche Farben oder schlecht passende Anschlüsse sind immer auch ein Hinweis, dass hier etwas nicht richtig ist und bedeutet, die Unterlagen nochmals genau zu überprüfen.
- Im Anschluss eine Druckprüfung bei eingeschalteter Klimaanlage durchführen. Damit kann erkannt werden, ob eine Klimaanlage einwandfrei arbeitet und dicht ist. Vergleichen Sie dazu die Messwerte mit den fahrzeugspezifischen Diagrammen.
- Bei einem Klimaanlagenservice an einem Fahrzeug mit R1234yf muss vor dem Beginn des Absaugens immer eine Gasbeprobung durchgeführt werden. Dadurch wird eine Verunreinigung mit anderen Kältemitteln oder Substanzen vermieden.

- Wenn das Fahrzeug bei sehr tiefen Außentemperaturen vor Beginn der Arbeiten im Freien stand, kann es sinnvoll sein den Motor erst warmlaufen zu lassen oder das Fahrzeug erst in der Werkstatt einige Zeit «aufzuwärmen».
- Für alle Arbeiten an der Klimaanlage mit einer Servicestation bedarf es einer intensiven Einweisung.

Lecksuche

Sollten Sie bei der Dichtheitsprüfung erkennen, dass evtl. eine Undichtigkeit die Ursache für die mangelnde Kühlleistung ist, muss die undichte Stelle mit einem geeigneten Lecksuchgerät gefunden werden.

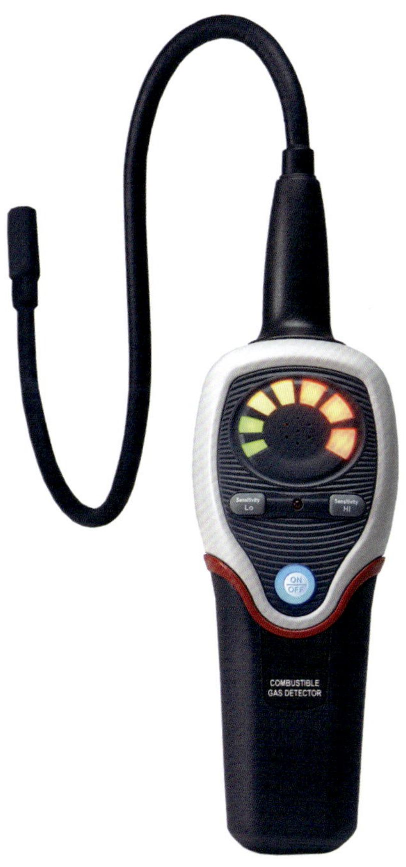

Bild 10.12
Lecksuchgerät
[Bild: Dostmann]

Damit können kleinste Undichtigkeiten gefunden werden. Wenn keine äußere offensichtliche Ursache/Beschädigung vorliegt, überprüft man speziell alle Anschlüsse, Verbindungen und den Wellendichtring des Klimakompressors. Denken Sie daran, dass auch bei einer Lecksuche kein Kältemittel wissentlich in die Umwelt entweichen darf. Wenn Sie die Klimaanlage zuerst befüllen, um dann die Lecksuche zu beginnen, machen Sie sich strafbar.

Austausch von Komponenten

Ergibt es sich bei der Lecksuche, durch andere Beschädigungen oder auch durch einen Unfall, dass einzelne Komponenten ausgetauscht werden müssen, gibt es auch dazu einige Hinweise:

- Ersatzteile von Klimaanlagen immer trocken und verschlossen lagern.
- Bei Arbeiten an der Klimaanlage Öffnungen immer sofort wieder verschließen.
- Kältemittel (und auch das Kältemittelöl) sind hygroskopisch.
- Feuchtigkeit in der Klimaanlage führt zu Schäden und Korrosionen und letztendlich zum Ausfall der Klimaanlage.
- Immer nur originale und zu der Anlage und dem eingefüllten Kältemittel passende Ersatzteile verwenden.
- Wenn der Kältemittelkreislauf z. B. nach einem Unfall oder beim Austausch des Kompressors zu lange geöffnet war, muss dieser zuerst mit getrockneter Druckluft gereinigt und anschließend mit Stickstoff entfeuchtet werden.
- Nach jedem Austausch von Komponenten und Öffnen des Kältemittelkreislaufes muss die Trocknerflasche ersetzt werden. Durch den Trockner wird die Feuchtigkeit, die während der Montage eingedrungen ist, chemisch gebunden. Ebenso kann sich Abrieb, sonstige Verunreinigungen und evtl. Schmutz in der Trocknerflasche ablagern.

Kältemittelöl

Das Kältemittelöl dient zur Schmierung aller beweglichen Teile in der Klimaanlage, indem es sich zum Teil mit dem Kältemittel vermischt und mit dem Kältemittelkreislauf mitläuft. Das Kältemittelöl muss zum Kältemittel und zu den einzelnen Bauteilen der Klimaanlage passen. Auch hier sind die Herstellerangaben verbindlich, da es sonst durch verschiedene chemische Reaktionen und Unverträglichkeiten zu Schäden kommen kann. Bei einem Austausch von einzelnen Komponenten der Klimaanlage kann die in Bild 10.13 gezeigte Verteilung der Kältemittelölmenge einen Anhaltspunkt für die neu aufzufüllende Kältemittelölmenge liefern. Auch hier sind die genauen Herstellerangaben und Verfahrensanweisungen verbindlich zu beachten.

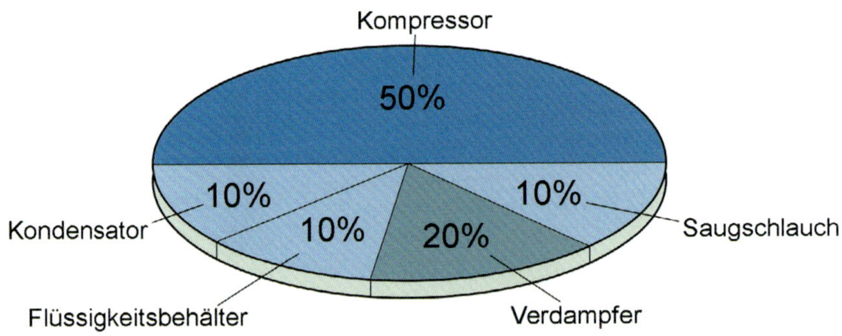

Bild 10.13 *Verteilung des Kältemittelöles in der Klimaanlage*

Das Kältemittelöl immer in geschlossenen Behältern lagern und nach Gebrauch sofort wieder verschließen (stark hygroskopisch). Nie ein gebrauchtes Kältemittelöl nochmals verwenden. Kältemittelöl ist Sondermüll und darf nicht mit anderen Ölen vermischt und entsorgt werden.

Desinfektion des Verdampfers

Durch Kondenswasser zusammen mit Staub und sonstigen Verunreinigungen auf dem Verdampfer können sich mit der Zeit unangenehme Gerüche bilden. Deshalb macht es Sinn den Verdampfer von Zeit zu Zeit zu reinigen. Dafür gibt es Reinigungssysteme bei denen der Verdampfer mit einer Desinfektionslösung eingesprüht wird und nach einer kurzen Einwirkungszeit anschließend abgespült wird. Auch hier sind die Herstellervorschriften und die Anwendungshinweise der Reinigungssysteme zu beachten.

Recyclingvorschriften

Weder Kältemittel noch Kältemittelöl dürfen in die Umwelt entweichen. Übermäßig verschmutztes Kältemittel, z. B. bei mechanischen Kompressorschäden, sollte nicht mehr gereinigt werden, sondern mit einer separaten Absaugstation abgesaugt und entsorgt werden. Dafür gibt es eine separate Recyclingflasche, die bei der Anlieferung evakuiert ist und in die das zu entsorgende Kältemittel eingefüllt wird. Da die Recyclingflaschen nur zu 75 % der angegebenen Füllmenge gefüllt werden dürfen, muss die Befüllung mit einer geeichten Waage gewogen werden. Somit hat das abgefüllte Kältemittel noch genügend Platz, um sich auch bei Wärme noch ausdehnen zu können ohne einen zu hohen Druck zu entwickeln (Teil der Druckgasbehälterverordnung).

10.2 Zusatzheizungssysteme

Neben der klassischen Heiz- und Klimaregelung gibt es mittlerweile bei vielen Fahrzeugen ein zusätzliches Heizungssystem. Dies kann bei hocheffizienten Direkteinspritzmotoren, deren Motorabwärme bei tiefen Außentemperaturen nicht ausreicht, um den Innenraum angenehm aufzuheizen, ein so genannter Zuheizer sein. Aber auch die Ausrüstungsquote mit Standheizungen nimmt stetig zu. Es sind auch Kombinationen aus beiden möglich. Bei Elektro- und Hybridfahrzeugen braucht es durch die fehlende Motorwärme immer ein eigenes (evtl. zusätzliches) Heizungssystem. Bei diesen Fahrzeugen muss außer der Erwärmung des Innenraums auch immer eine Möglichkeit für die Temperaturregelung der Hochvoltbatterie vorhanden sein.

10.2.1 Verschiedene Varianten

Grundsätzlich unterscheidet man elektrisch- und kraftstoffbetriebene Zuheizer. Elektrisch betriebene Zuheizer haben entweder ein Heizelement, das ähnlich einem Tauchsieder das Kühlmittel erwärmt oder einem Heizlüfter ähnlich mit Glühdrähten bzw. -gitter, welche die über die Belüftung in den Fahrgastraum strömende Luft erwärmen. Kraftstoffbetriebene Zuheizer arbeiten wie eine Standheizung mit einem eigenen Heizgerät.

10.2.1.1 Elektrische Heizung bei einem Elektro-/Hybridfahrzeug

Elektro- oder Hybridfahrzeuge brauchen immer eine elektrische Heizung. Bild 10.14 zeigt beispielhaft eine elektrische Heizung mit drei Heizwendeln zur Erwärmung des Kühlmittels.

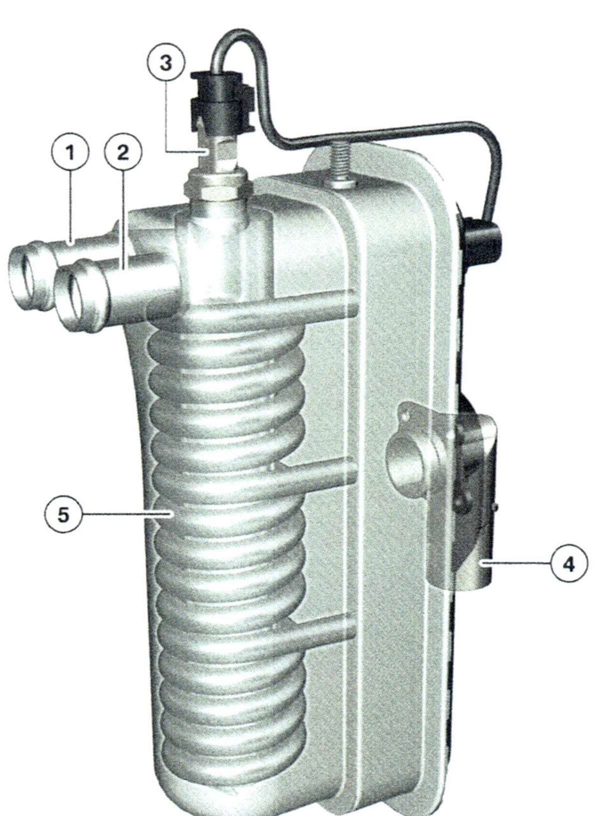

Bild 10.14
Elektrische Heizung
1 Anschluss Kühlmittel-Vorlaufleitung (von elektrische Kühlmittelpumpe)
2 Anschluss Kühlmittel-Vorlaufleitung (zum Heizungswärmetauscher)
3 Kühlmitteltemperatursensor
4 Anschluss Hochvoltstecker
5 Heizwendel (dreimal)

Die Stromversorgung für die Heizwendeln (5) kommt über einen Hochvoltanschlussstecker (4) aus der Hochvoltbatterie. Über den integrierten Kühlmitteltemperatursensor (3) wird die Erwärmung kontrolliert. Der Zu- und Abfluss des Kühlmittels erfolgt über die Kühlmittelanschlüsse (1 und 2). Die maximale Heizleistung beträgt in unserem Beispiel bis zu 5,5 KW.

Achtung Lebensgefahr: Die Spannung variiert in einem Bereich zwischen ca. 250 und bis zu 800 V, einhergehend mit einem Maximalstrom bis ca. 20 A. (siehe auch Kapitel 5)!

Die elektrische Schaltung der Heizung ist in Bild 10.15 dargestellt. Die Stromversorgung von der Hochvoltbatterie wird nach dem Stecker (9) im Heizgerät auf die drei Heizwendeln (16, 17, 18) verteilt.

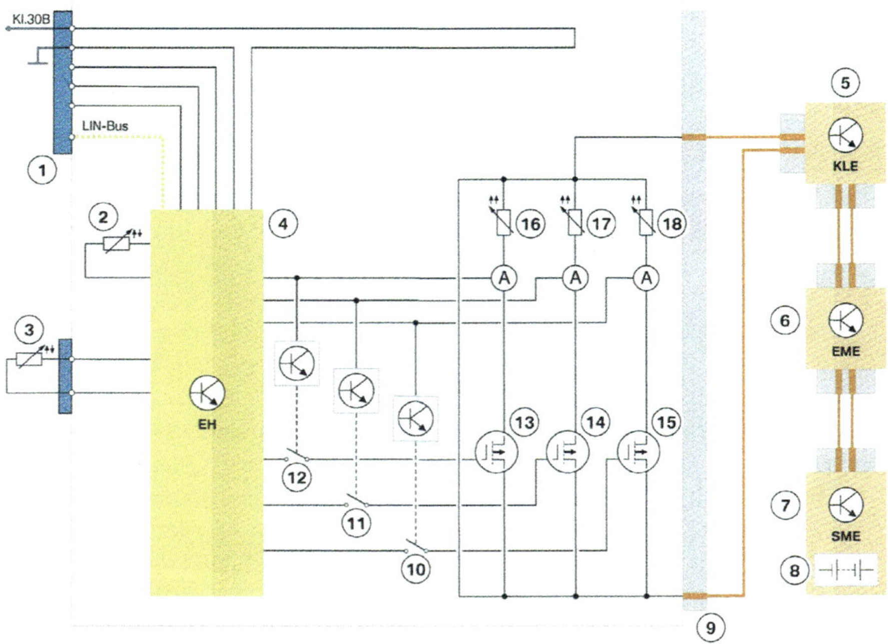

Bild 10.15 *Innere Schaltung der elektrischen Heizung*

1 Niedervolt-Stecker
2 Temperatursensor (Platine des Steuergeräts)
3 S Kühlmitteltemperatursensor
4 Elektrische Heizung (Steuergerät)
5 Komfortladeelektronik KLE
6 Elektromaschinen-Elektronik EME
7 Speichermanagement-Elektronik SME
8 Hochvolt-Batterieeinheit
9 Hochvolt-Stecker an elektrischer Heizung
10 Hardwareabschaltung bei zu hohem Strom in Heizwendel 3
11 Hardwareabschaltung bei zu hohem Strom in Heizwendel 2
12 Hardwareabschaltung bei zu hohem Strom in Heizwendel 1
13 Elektronischer Schalter (Power MOSFET) für Heizwendel 1
14 Elektronischer Schalter (Power MOSFET) für Heizwendel 2
15 Elektronischer Schalter (Power MOSFET) für Heizwendel 3
16 Heizwendel 1
17 Heizwendel 2
18 Heizwendel 3

Die Regelung des Heizstromes erfolgt über elektronische Schalter (13, 14, 15), die wiederum über das im Heizgerät integrierte Steuergerät (4) angesteuert werden. Der tatsächliche Stromfluss wird über das Steuergerät auch wieder gemessen (A) und bei Bedarf nachgeregelt. Aus Sicherheitsgründen kann der Steuerstrom für die elektronischen Schalter der einzelnen Heizwendeln durch thermische Schalter (10, 11, 12) unterbrochen werden, wenn die Stromaufnahme (im Fehlerfall) zu hoch werden würde. Die Stromversorgung für das integrierte Steuergerät kommt über einen Niedervoltstecker (1) über den auch ein LIN-Bussystem mit dem Steuergerät verbunden ist. Darüber erhält das Steuergerät die Vorgaben für die gewünschte Erwärmung der Heizung, die durch das

Signal des Kühlmitteltemperatursensors (3) eingeregelt wird. Der Temperatursensor (2) auf der Platine des Steuergerätes soll dieses vor Überhitzung schützen.

Grundsätzlich ist die elektronische Heizung wartungsfrei. Erkennt das System Fehler, wird die elektrische Heizung abgeschaltet und die Fehler werden im Fehlerspeicher abgelegt. Eine zu niedrige Spannung bzw. auch ein zu niedriger Ladezustand der Hochvoltbatterie oder aber auch spezielle Fahrprogramme können zur Reduzierung der Heizleistung führen.

Aufbau und Funktion eines Wärmepumpensystem

Energiesparender als der Betrieb der elektrischen Heizung ist ein zusätzliches Wärmepumpensystem. Gerade bei nicht zu tiefen Außentemperaturen funktioniert das System sehr effizient und verbraucht ca. 30 % weniger Energie als die elektrische Heizung. Es ist vom Funktionsprinzip die Umkehrung einer Klimaanlage. Das Heiz- und Klimaanlagensystem wird dazu mit einigen zusätzlichen Leitungen und Ventilen versehen (Bild 10.16).

Bild 10.16a zeigt die Heiz- und Klimaanlage im Kühlbetrieb. Das Kältemittel wird durch den elektrischen Kältemittelkompressor (3) angesaugt und verdichtet. Durch das geöffnete Kältemittelabsperrventil (17) und das geschlossene Kältemittelabsperrventil (18) wird das Kältemittel durch den Kondensator geleitet und abgekühlt. Im weiteren Verlauf kann sich das Kältemittel an den geöffneten Expansionsventilen (6) und (9) entspannen/verdampfen und damit die Hochvoltbatterie (5,7) und den Verdampfer im Fahrzeuginnenraum (10) kühlen. Bevor es wieder über das Kältemittelrückschlagventil (19) und das Kältemittelabsperrventil (21) über die Trocknerflasche vom Kühlmittelkompressor angesaugt wird.

Bild 10.16b zeigt die Heiz- und Klimaanlage im Heizbetrieb. Das vom elektrischen Kältemittelkompressor (3) angesaugte und verdichtete Kältemittel wird durch das nun geschlossene Kältemittelabsperrventil (17) und das geöffnete Kältemittelabsperrventil (20) im erwärmten Zustand direkt über den Wärmepumpentauscher (13) geführt. Über das elektrisch geregelte Expansionsventil (14) und den Verdampfer (10) sowie ein weiteres Expansionsventil (9) wird das abgekühlte Kältemittel über den Kondensator wieder erwärmt. Die Erwärmung des Kältemittels über den Kondensator ist abhängig von der Außentemperatur. Im weiteren Verlauf wird das erwärmte Kältemittel über das geöffnete

Bild 10.16 *Heiz- und Klimaanlage mit Wärmepumpenfunktion*
a) Kühlbetrieb
b) Heizbetrieb

1 Kondensator
2 Elektrolüfter
3 Elektrischer Kältemittelkompressor EKK
4 Trockerflasche
5 Hochvolt Batterieeinheit
6 Expansionsventil EXV
7 Kühlschleife in der HV-Einheit
8 Gebläse Innenraum
9 Expansionsventil EXV
10 Verdampfer Fahrzeuginnenraum
11 Heizungswärmetauscher
12 Elektrische Heizung
13 Wärmepumpenwärmetauscher
14 Elektrisch geregeltes Expansionsventil EXV
15 Elektrische Kühlmittelpumpe
16 Ausgleichsbehälter für Kühlmittel
17 Kältemittelabsperrventil
18 Kältemittelabsperrventil
19 Kältemittelrückschlagventil
20 Kältemittelabsperrventil
21 Kältemittelabsperrventil

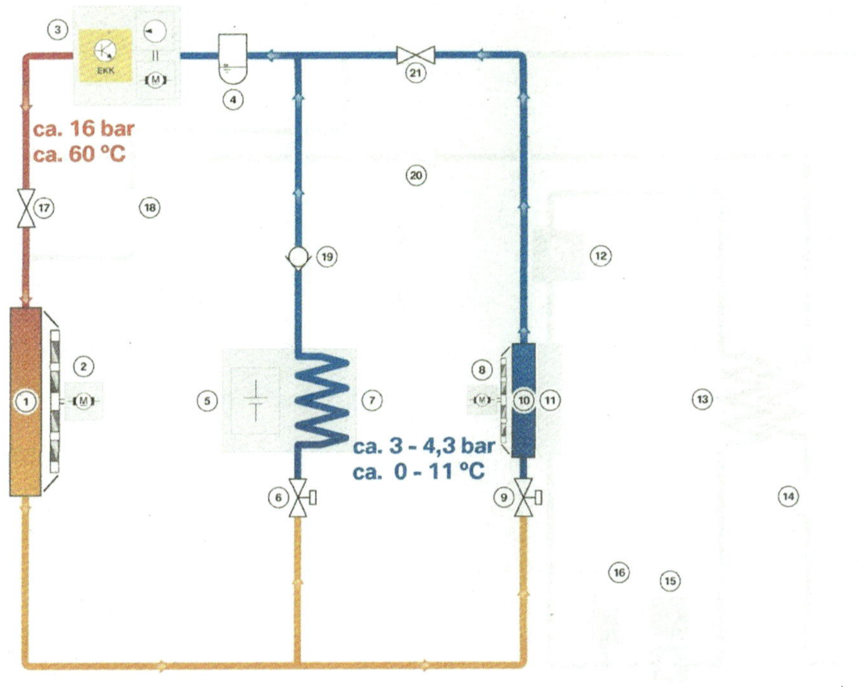
EKK
ca. 16 bar
ca. 60 °C
ca. 3 - 4,3 bar
ca. 0 - 11 °C

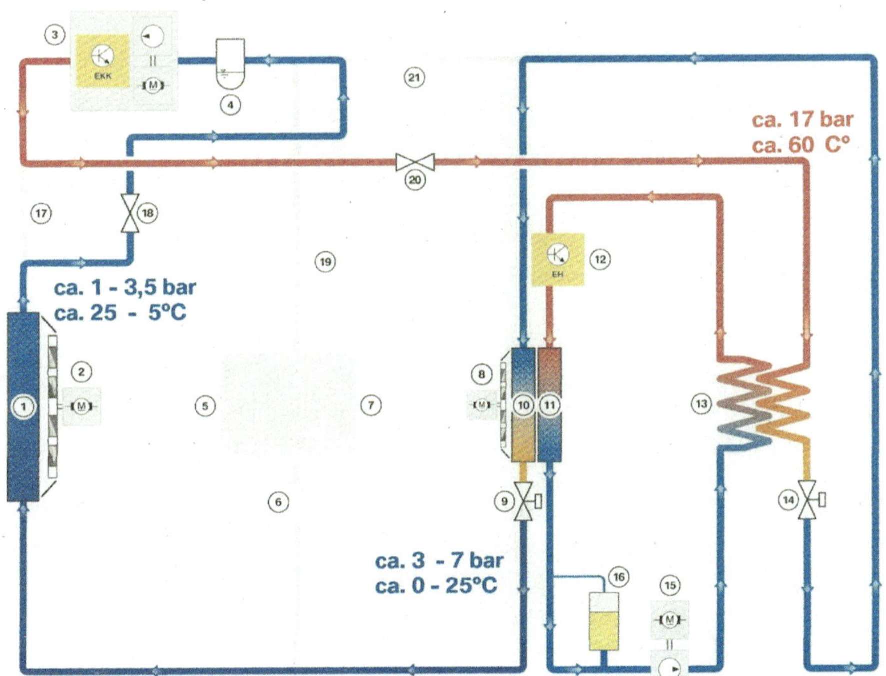
EKK
ca. 17 bar
ca. 60 C°
EH
ca. 1 - 3,5 bar
ca. 25 - 5°C
ca. 3 - 7 bar
ca. 0 - 25°C

Kältemittelabsperrventil (18) wieder über die Trocknerflasche (4) vom elektrischen Kältemittelkompressor angesaugt und verdichtet, wodurch sich das Kältemittel weiter erwärmt.

Die Erwärmung des eigenen Kühlmittelkreislaufes erfolgt zuerst über den Wärmepumpenwärmetauscher (13) und falls notwendig zusätzlich über die elektrische Heizung (12), bevor es über den Heizungswärmetauscher (11) geführt wird. Angetrieben wird der Kühlmittelkreislauf mittels einer elektrischen Kühlmittelpumpe (15). Der Kühlmittelkreislauf besitzt natürlich auch einen Ausgleichsbehälter (16).

Die Luft des Innenraumgebläses wird über Klappen im Heiz- und Kühlaggregat (10,11) entweder zum Kühlen am Verdampfer (10) oder zum Heizen am Heizungswärmetauscher (11) vorbeigeführt.

10.2.1.2 Kraftstoffbetriebene Zuheizer / Standheizung

Die Steuerung der kraftstoffbetriebenen Zuheizer kann im Steuergerät der Heiz- und Klimaregelung integriert sein oder auch über ein eigenes Steuergerät realisiert sein. Ist der Zuheizer als autarkes Standheizungssystem ausgeführt, wird es in der Regel über ein eigenes Standheizungssteuergerät gesteuert. Aber bei aktuellen Systemen natürlich im ständigen Datenaustausch mit den anderen Systemen der Komfortelektronik und hier speziell mit der Heiz- und Klimaregelung (siehe auch übergreifenden Busstrukturplan und Schaltplan Bild 10.10).

Bei den im Pkw-Bereich genutzten Standheizungen (kraftstoffbetriebenen Zuheizern) wird ebenfalls das Kühlmittel erwärmt. Dabei gibt es Inline-, Bypass- und so genannte Komforteinbau-Systeme.

Bei der Inline-Variante einer Standheizung wird diese im Kühlmittelkreislauf in Reihe mit dem Fahrzeugmotor und dem Wärmetauscher des Fahrzeuges eingebaut (Bild 10.17).

Bei dieser Einbauvariante wird der gesamte Kühlmittelkreislauf einschließlich des Motors erwärmt. Dadurch werden beim anschließenden Starten des Motors der Kraftstoffverbrauch und damit die Schadstoffemissionen verringert und der Motor erreicht schneller seine Betriebstemperatur. Allerdings verlangt diese Anbindung eine längere Heizphase für eine angenehme Innenraumerwärmung und Scheibenentfrostung. Durch diese längere Heizphase im Vergleich mit der Bypass-Anbindung wird die Fahrzeugbatterie stärker belastet.

Bei der Bypass-Anbindung der Standheizung wird nur das Kühlmittel im Wärmetauscher und den dazugehörigen Leitungen erwärmt (Bild 10.18). Dadurch ist eine deutlich schnellere Erwärmung des Innenraumes mit entsprechender Scheibenentfrostung möglich. Beim anschließenden Starten des Fahrzeugmotors, der nicht erwärmt wurde, wird durch ein Umschaltventil der Bypass-Betrieb so lange aufrechterhalten, bis der Motor im Fahrbetrieb seine Betriebstemperatur erreicht hat.

Komforteinbau-System. Eine Kombination aus der Inline- und Bypass-Anbindung ist ein Komforteinbau-System. Bei diesem wird zuerst der Innenraum beheizt (Bild 10.19a). Ab ca. 75 °C öffnet ein Thermostat und gibt den Wasserkreislauf zur zusätzlichen Motorerwärmung frei (Bild 10.19b). Das Komforteinbau-System ist die aufwendigste Standheizungsvariante, da es zusätzliche Leitungen, ein Rückschlagventil und ein Thermostat benötigt.

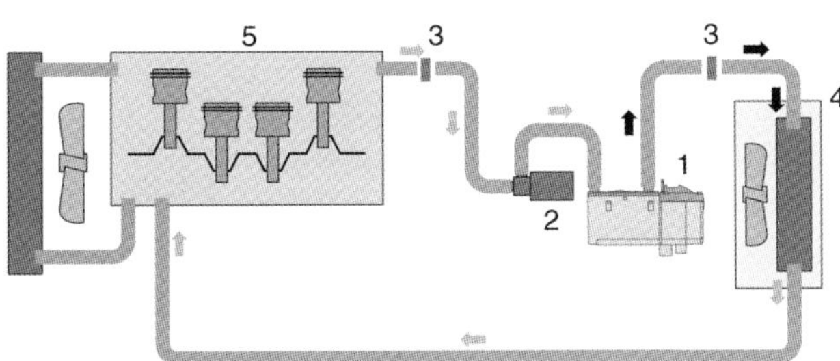

Bild 10.17
«Inline»-Standheizung
1 Heizgerät
2 Wasserpumpe
3 Verbindungsstück
4 Wärmetauscher
5 Fahrzeugmotor

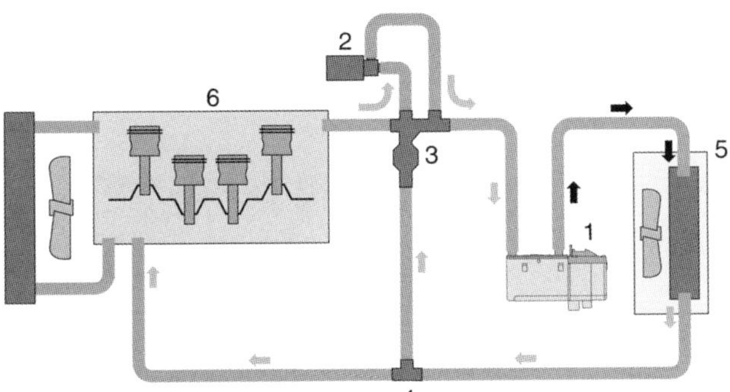

Bild 10.18
Bypass-Anbindung der Standheizung
1 Heizgerät
2 Wasserpumpe
3 Kombiventil (5 Anschlüsse)
4 T-Stück
5 Wärmetauscher
6 Fahrzeugmotor

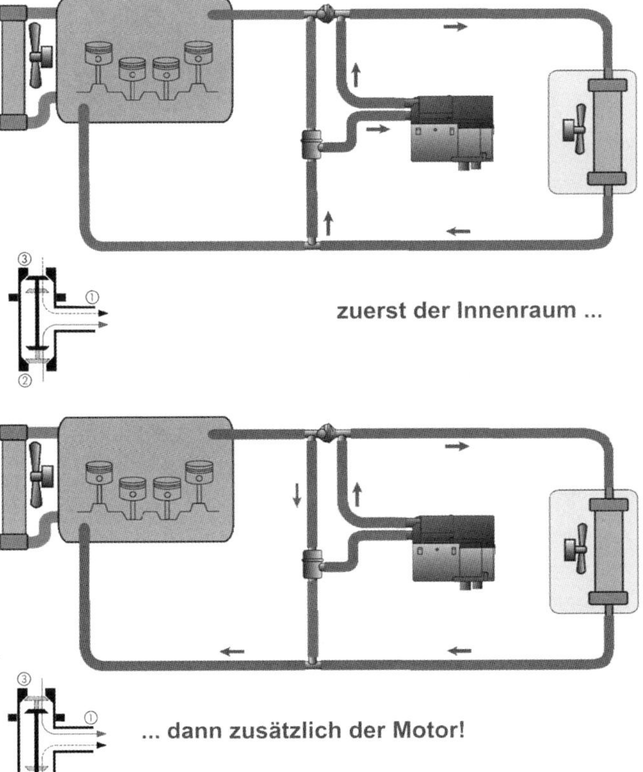

Bild 10.19
Wasserkreislauf Komforteinbausatz

Eine Standheizung kann über eine vorgewählte Zeit, eine Fernbedienung oder ein Telefon bzw. eine Smartphone-App eingeschaltet werden.

Die Multifunktionsuhr zum Aktivieren einer Standheizung und das Vorwählen einer Einschaltzeit ist die preisgünstigste Möglichkeit. Dies ist ausreichend, wenn der Kunde immer zur gleichen Zeit sein Fahrzeug benötigt oder Alternativen nicht möglich sind. Die Fernbedienung bietet sich an, wenn der Kunde unregelmäßige Zeiten hat, aber die Aktivierung der Standheizung rechtzeitig vornehmen kann, bevor er das Fahrzeug benötigt. Das Fahrzeug muss in Reichweite der Fernbedienung stehen. Die Standheizung kann auch über Telefonanrufe oder eine Smartphone-App bedient werden. Dies ist die komfortabelste Möglichkeit. Wenn das Fahrzeug mit dem entsprechenden Telefonsteuergerät häufig in Gegenden mit schlechter Telefonnetzabdeckung bewegt wird bzw. steht, kann es aber zu Funktionsstörungen kommen.

10.2.2 Funktion des kraftstoffbetriebenen Heizgerätes

Das in den Kühlwasserkreislauf eingebundene Heizgerät (Bild 10.20) wird über eine eigene Dosierpumpe mit Kraftstoff aus dem Kraftstofftank des Fahrzeuges versorgt. Je nach Fahrzeug (Benzin/Diesel/Gas) gibt es deshalb geringfügig unterschiedliche

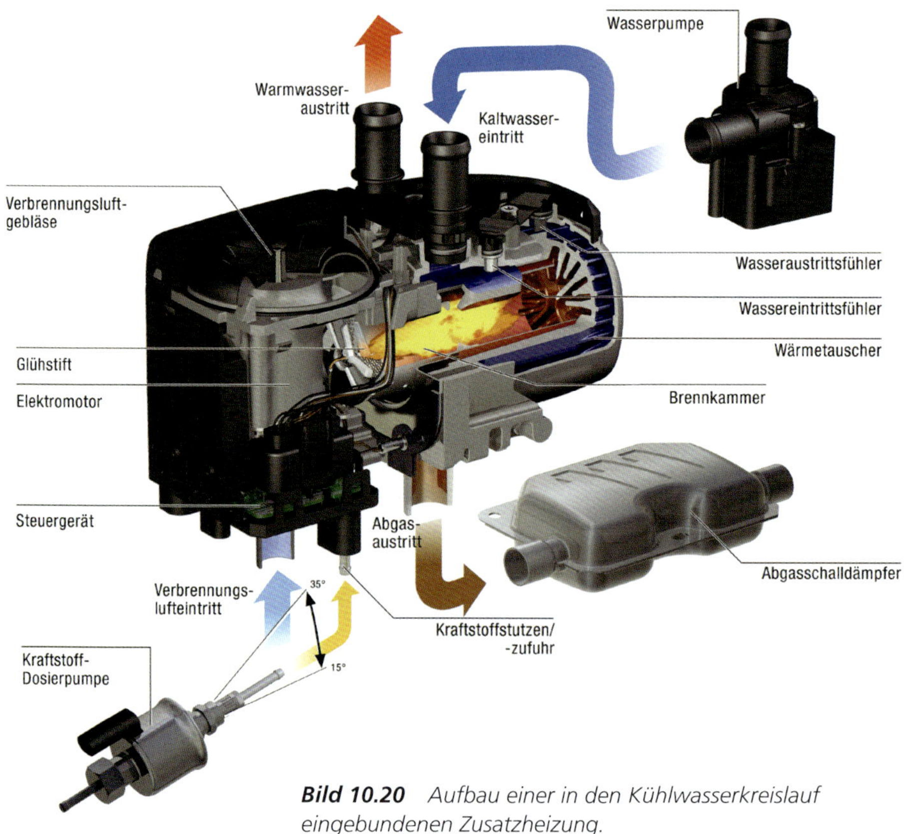

Bild 10.20 *Aufbau einer in den Kühlwasserkreislauf eingebundenen Zusatzheizung.*
[Bild: Ebespächer]

Heizgeräte. Die durch die Verbrennung des Kraftstoffes im Inneren des Heizgerätes erzeugte Wärme wird an das Kühlmittel abgegeben. Eine eigene Wasserpumpe im Heizgerät sorgt dafür, dass das Kühlmittel des Fahrzeuges das Heizgerät durchströmt.

Nach dem Einschalten der Standheizung wird zuerst die Wasserpumpe aktiviert. Anschließend wird der Glühstift vorgeglüht. Erst dann erfolgen die Kraftstoffförderung und Dosierung, und damit der Beginn der Verbrennung. Damit setzt das Frischluftgebläse ein. Die Verbrennung wird durch einen Flammfühler ständig überwacht. Der Glühstift wird bei einer stabilen Flamme zeitgesteuert abgeschaltet. Zündet die Flamme innerhalb 90 Sekunden nach dem Beginn der Kraftstoffförderung nicht, wird der Start einmal wiederholt. Erfolgt dann erneut keine Zündung, geht das Standheizungssystem in eine Störabschaltung. Dies gilt auch für das Erlöschen der Flamme während des Betriebes. Eine Störabschaltung des Heizgerätes erfolgt auch bei einer Überhitzung, Unter- bzw. Überspannung, defektem Glühstift, Kraftstoffmangel und Defekten bei der Drehzahl des Gebläsemotors.

Die Störabschaltung kann nach der Beseitigung der Ursachen durch kurzes Aus- und Wiedereinschalten der Standheizung aufgehoben werden. Nach zweimaligem Wiederauftreten der Störabschaltung oder sicherheitsrelevanten Mängeln erfolgt eine Störverriegelung!

10.2.3 Hinweise für die Nachrüstung einer Standheizung und gesetzliche Vorschriften

Da eine Nachrüstung meist abhängig vom Fahrzeug mehrere Stunden bis zu zwei Tage dauert und damit mit nicht unerheblichen Kosten verbunden ist, muss man sich gerade bei der Nachrüstung einer Standheizung besonders gut vorbereiten. Für die Nachrüstung einer Standheizung gibt es unterschiedliche Nachrüstsätze. Wegen der Komplexität ist in der Regel zu einem fahrzeugspezifischen Einbausatz mit detaillierter Einbauanleitung zu raten. Bei der Nachrüstung einer Standheizung gibt es viele Vorschriften und Hinweise, die beachtet werden müssen. Die wichtigsten sind im Folgenden ausgeführt. Grundsätzlich wird das Heizgerät mit der Wasserpumpe im Motorraum verbaut.

Gesetzliche Vorschriften

- Es dürfen nur Standheizungsgeräte mit einer «Allgemeinen Bauartgenehmigung» mit amtlichem Prüfzeichen auf dem Typenschild verbaut werden.
- Der Einbau darf nur von geschultem Personal und nach der Einbauanweisung vorgenommen werden.
- Die Nachrüstung muss durch den Hersteller bei der Typprüfung nach §20 StVZO oder der Einzelprüfung nach §21 StVZO überprüft werden.
- Falls o. g. Typprüfungen nicht vorliegen, muss der Einbau nach §19 StVZO begutachtet werden.
- Das Jahr der ersten Inbetriebnahme muss auf dem Typenschild dauerhaft eingetragen werden.
- Ein Hinweisschild («Vor dem Tanken Heizgerät abstellen») muss an geeigneter Stelle nahe dem Kraftstoff-Einfüllstutzen angebracht werden.

- Das Heizgerät, kraftstoffführende Leitungen und die Abgasleitungen dürfen nicht im Fahrzeuginneren verbaut werden.
- Die Verbrennungsluft muss aus dem Freien angesaugt werden; Abgasleitungen sind so zu verlegen, dass keine Abgase in den Fahrzeuginnenraum eindringen.

Die Montage der Kraftstoffleitungen hat mit der größten Sorgfalt zu erfolgen. Sie müssen einen ausreichenden Abstand zu heißen Fahrzeugteilen, wie z. B. der Abgasführung, haben, müssen gegen mechanische Beschädigungen geschützt sein und sicher befestigt werden. Dabei dürfen Motorbewegungen oder sonstige Fahrzeugverwindungen die Haltbarkeit nicht beeinflussen. Bei Undichtigkeiten darf sich abtropfender Kraftstoff an heißen Teilen oder elektrischen Verbindungen nicht entzünden. Grundsätzlich darf die Förderung des Kraftstoffes nicht durch Schwerkraft oder Überdruck erfolgen, d. h. keine Kraftstoffentnahme an unter Druck stehenden Kraftstoffleitungen oder nach der fahrzeugeigenen Kraftstoffpumpe. Deshalb sollten die Kraftstoffleitungen ab der Dosierpumpe bis zum Heizgerät stetig steigend verlegt werden. In den meisten Fällen wird ein separater Tankanschluss verwendet.

Die Verlegung des Verbrennungsluftschlauches und der Abgasführung muss so erfolgen, dass die Öffnungen immer frei sind, sich nicht durch Schmutz und Schnee zusetzen können, nicht gegen den Fahrtwind gerichtet sind und leicht fallend montiert werden, damit Kondenswasser ablaufen kann. Außerdem dürfen ausströmende Abgase nicht wieder als Verbrennungsluft angesaugt werden. Da das Abgasrohr im Betrieb sehr heiß wird, ist auf ausreichenden Abstand zu wärmeempfindlichen Teilen zu achten.

Das Heizgerät und die Wasserpumpe müssen grundsätzlich immer unter dem minimalen Kühlwasserspiegel des Fahrzeuges eingebaut werden. Dadurch können sich das Heizgerät und die Wasserpumpe selbst entlüften und die Gefahr einer Überhitzung wird verringert. Die Einbindung des Heizgerätes mit der Wasserpumpe in den Kühlkreislauf des Fahrzeuges erfolgt in der Regel in den Wasservorlaufschlauch vom Fahrzeugmotor zum Wärmetauscher. Bei der Verlegung der Wasserschläuche ist ebenfalls auf genügend großen Abstand zu heißen Fahrzeugteilen, aber auch zu temperaturempfindlichen Teilen zu achten. Außerdem sind die Wasserschläuche knickfrei zu verlegen, sodass sie nirgends scheuern können und die Schlauchverbindungen dicht sind. Vor dem endgültigen Anschluss an den Kühlkreislauf sollten sie bereits mit Kühlmittel befüllt werden.

Wenn bereits ein kraftstoffbetriebener Zuheizer verbaut ist, beschränkt sich die Nachrüstung nur auf die Bedienteile und die Steuerung sowie die Änderung der Fahrzeugprogrammierung. Daraus kann sich eine sehr kostengünstige Möglichkeit einer Standheizungsnachrüstung ergeben.

Für eine qualifizierte Kundenberatung vor einer Nachrüstung ist immer auch das Fahrprofil des Kunden zu erfragen, da die Fahrzeugbatterie durch den Standheizungsbetrieb nicht unerheblich belastet wird. Als Faustregel gilt: Zeit des Standheizungsbetriebes = notwendige anschließende Fahrzeit zum Wiederaufladen der Batterie. Deshalb empfiehlt es sich häufig, bei der Nachrüstung einer Standheizung die verbaute Fahrzeugbatterie durch eine stärkere Batterie zu ersetzen.

Außerdem ist der Kunde darauf hinzuweisen, dass eine Standheizung in geschlossenen Räumen wie Garagen und Werkstätten oder in der Nähe von Tankstellen oder Tankanlagen nicht betrieben werden darf.

10.2.4 Diagnose und Schaltplan einer Standheizung

Bei der Diagnose einer defekten Standheizung betrachtet man, wie sonst auch, zuerst die einfachen Ursachen. Eine zu geringe Batteriespannung, geknickte oder verstopfte Leitungen der Kraftstoffzufuhr, eine zu geringe Kraftstoffmenge im Fahrzeugtank und defekte Sicherungen sind die häufigsten Fehler. Erst im zweiten Schritt benötigt man einen Diagnosecomputer/-tester. Bei serien- oder sonderausstattungsgleichen Nachrüstungen kann die Diagnose über die Diagnosesysteme des Fahrzeugherstellers erfolgen. Ansonsten benötigt man einen Computer mit der Diagnosesoftware des Heizgeräteherstellers und den dazugehörenden PC-Diagnoseadapter. Damit lassen sich der Fehlerspeicher auslesen, verschiedene Funktionen ansteuern und die Störverriegelung aufheben.

Werkstatthinweis: Die Störverriegelung kann nach der Beseitigung der Ursache auch manuell aufgehoben werden. Dazu muss man erst die Standheizung einschalten, innerhalb 30 s die Stromversorgung unterbrechen, anschließend die Standheizung wieder ausschalten und einige Minuten warten. Nach dem Wiederherstellen der Stromversorgung ist die Störverriegelung aufgehoben.

Das eigentliche Standheizungsaggregat mit Brennermotor, Glühstift, Überhitzungsfühler, Flammfühler, Temperaturfühler und Steuergerät ist in der Regel über zwei Stecker mit der Fahrzeugelektrik verbunden. Dadurch wird die Spannungsversorgung mit den

Bild 10.21 *Mit entsprechendem Diagnosetool und Software des Heizungs-Herstellers können nachgerüstete Standheizungen bei Bedarf diagnostiziert werden.*
[Bild: Eberspächer]

entsprechenden Sicherungsmaßnahmen sichergestellt und das Fahrzeuggebläse sowie die Wasserpumpe und die Brennstoffdosierpumpe angesteuert. Bild 10.22 zeigt den Schaltplan einer Standheizung.

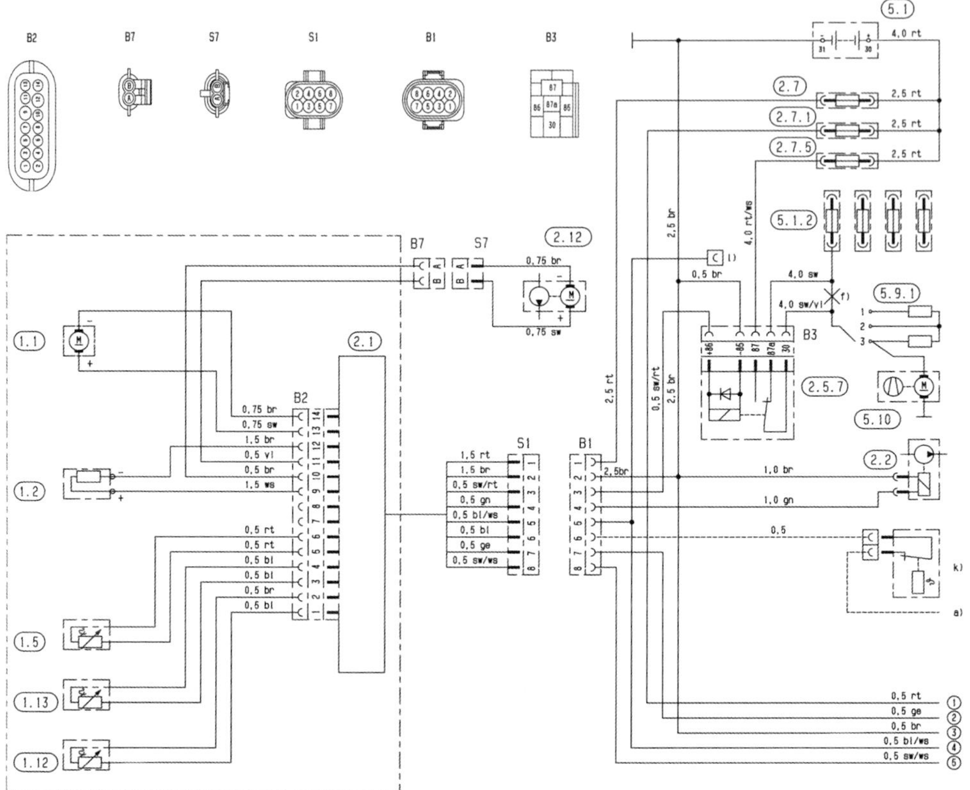

***Bild 10.22** Schaltplan einer Standheizung*

1.1 Brennermotor
1.2 Glühstift
1.5 Überhitzungsfühler
1.12 Flammfühler
1.13 Temperaturfühler
2.1 Steuergerät
2.2 Brennstoffdosierpumpe
2.5.7 Relais Fahrzeuggebläse
2.7 Hauptsicherung 20 A
2.7.1 Sicherung, Betätigung 5 A
2.7.5 Sicherung Fahrzeuggebläse 25 A
2.12 Wasserpumpe
5.1 Batterie
5.1.2 Sicherungsleiste im Fahrzeug
5.9.1 Schalter Fahrzeuggebläse
5.10 Fahrzeuggebläse
a) a) Für Zuheizoption an D+ anschließen
b) f) Leitung auftrennen
c) k) Schalter (Zuheizen, z.B. Außentemperatur <5 °C oder Sommer-Winter-Umschalter)
[Bild: Eberspächer]

Nach dem vollständigen Einbau bei einer Nachrüstung oder nach der Wiedermontage nach einer Diagnose und Reparatur muss die Standheizung zuerst durch die Werkstatt wieder in Betrieb genommen werden. Zuvor muss der Kühlmittelkreislauf sorgfältig entlüftet werden, die Kraftstoffversorgung und die Verbindung aller elektrischen Anschlüsse überprüft werden. Nicht vergessen, den Temperaturregler vorher auf warm zu stellen!

Werkstatthinweis: Wenn die Standheizung in die Fahrzeugsysteme eingebunden ist, muss vor einer Erstinbetriebnahme eine entsprechende Fahrzeug-Neuprogrammierung durchgeführt werden. Während des Erstbetriebes müssen sämtliche Leitungen, Schläuche, Anschlüsse, Verbindungen und die Richtung des ausströmenden Abgases genau überprüft werden. Sollte dabei eine Störung auftreten, ist unmittelbar eine Fehlersuche notwendig.

Werkstatthinweis: Nach zwei Betriebsstunden des Fahrzeuges sollten alle Schlauchschellen nochmals nachgezogen werden.

10.3 Diebstahlschutzsysteme

Der einfachste Diebstahlschutz ist zunächst alle Türen und Klappen zu verschließen und zu verriegeln. Dies geschieht mittlerweile seit Jahren über eine Zentralverriegelung mit Fernbedienung. Standard seit mehr als zwanzig Jahren ist auch eine elektronische Wegfahrsicherung. Zusätzlichen Schutz bietet darüber hinaus die Diebstahl-Alarmanlage. Diese Systeme sind (je nach Ausbaustufe) in die Karosseriesysteme integriert und meist über einen CAN-Bus verbunden.

10.3.1 Zentralverriegelungen

Die Funktion der Zentralverriegelung kann über Steuergeräte in den Türen gesteuert werden, die wiederum über einen CAN-Bus mit einem zentralen «Karosserie-/Komfort-» Steuergerät verbunden sind.

Die Türsteuergeräte haben eine direkte Stromversorgung (Klemme 30/31) und einen CAN-Bus Anschluss. Ein- und Ausgangssignale sind die direkte Ansteuerung der Stellmotoren für die Türverriegelung, deren Lagerückmeldungen und die Türkontakte. Dies gilt auch für den Kofferraum und die Tankklappe. Bei den Stellmotoren handelt es sich um kleine Elektromotoren, die die mechanische Verriegelung der Türschlösser vornehmen bzw. aufheben.

Ausgelöst werden die Verriegelungs- oder Entriegelungsvorgänge über die Signale der Fernbedienung, die von einem zentralen Steuergerät empfangen und ausgewertet werden. Dieses wiederum setzt entsprechende Botschaften auf den CAN-BUS, wodurch die Türsteuergeräte die entsprechenden Aktionen ausführen und evtl. Fehler zurückmelden. Eine andere Möglichkeit die Funktion der Zentralverriegelung umzusetzen, zeigt Bild 10.23.

Bei diesem System wird die Zentralverrieglung über ein zentrales Karosseriesteuergerät gesteuert. Die Befehle zum Verriegeln/Entriegeln werden durch ein Fernbedienungsmodul empfangen und über ein CAN-Bussystem zum zentralen Karosseriesteuergerät übermittelt. Eine direkte Bedienung über einen Zentralverriegelungstaster in der Fahrertür (und Beifahrertür) ist ebenfalls möglich. Das Karosseriesteuergerät ist mit jeweils drei Leitungen direkt mit den einzelnen Motoren der Türschlösser verbunden und versorgt diese entsprechend der gewünschten Funktion mit Strom.

Die Detailbeschreibung der Zentralverriegelung und die historische Entwicklung verschiedener Systeme können Sie im Abschnitt 10.3.4 nachlesen.

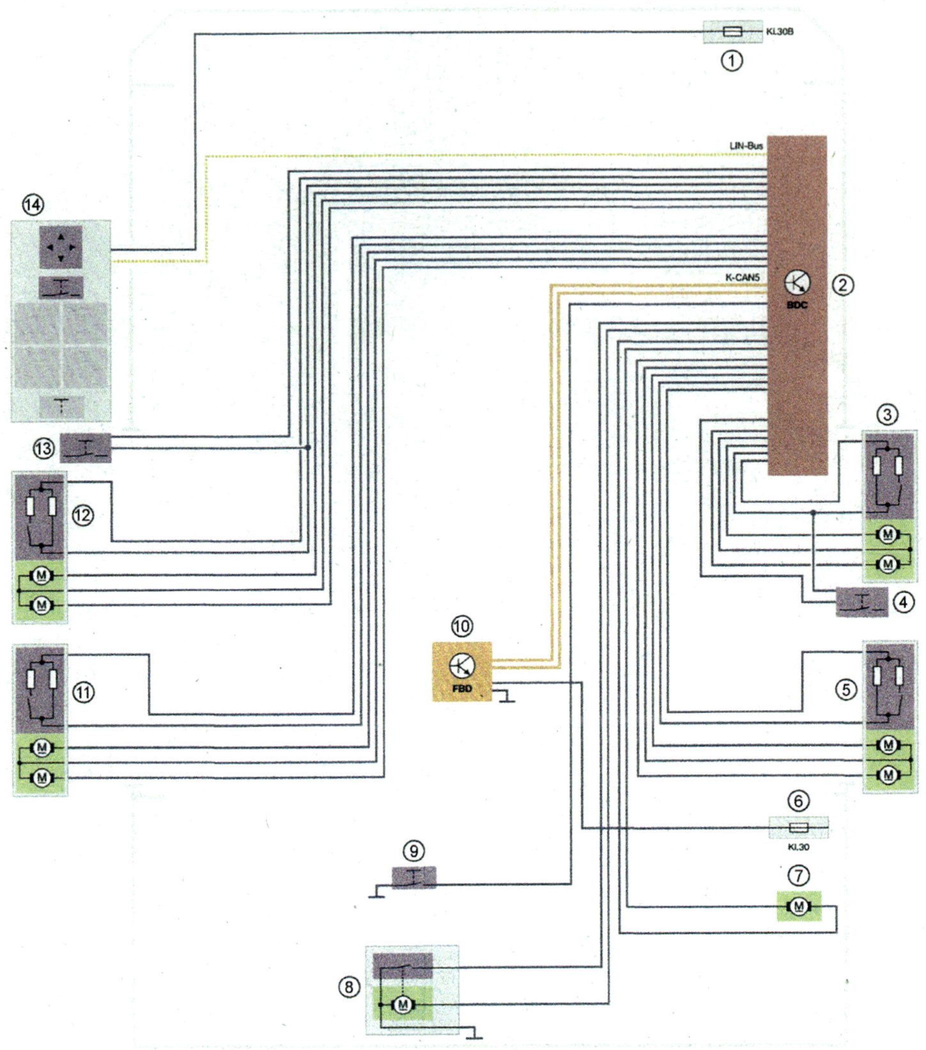

Bild 10.23 *Steuerung der Zentralverrieglung über ein zentrales Karosseriesteuergerät*

1 Sicherung im Stromverteiler vorn rechts
2 Body Domain Controller BDC
3 Türschloss Beifahrertür
4 Zentralverriegelungstaste Beifahrertür
5 Türschloss Beifahrerseite hinten
6 Sicherung im Stromverteiler hinten
7 Stellantrieb für Tankklappe
8 Heckklappenkontrollschalter im Heckklappenschloss
9 Taster für Heckklappe schließen
10 Fernbedienungsempfänger FBD
11 Türschloss Fahrerseite hinten
12 Türschloss Fahrertür
13 Zentralverriegelungstaste Fahrertür
14 Schalterblock Fahrertür
[Quelle: BMW]

Komfortzugang

Der Komfortzugang, häufig auch als *keyless go*, *keyless entry* oder *advanced key* bezeichnet, ermöglicht den Fahrzeugzugang (Verriegeln/Entriegeln) und das Starten des

Motors ohne die direkte Betätigung des Fahrzeugschlüssels oder einer Fernbedienung. Die Berechtigung des Nutzers wird durch induktive Codeabfragen über verschiedene Antennen erkannt. Dazu muss der Nutzer jedoch den Fahrzeugschlüssel oder eine spezielle Chipkarte bei sich tragen.

Über die Antennen im Innenraum und außen in den Türgriffen sowie über die Heckantennen erkennt das System neben der Berechtigung des Nutzers auch dessen Position. Die Außenantennen haben einen Detektionsbereich von ca. 1,50 m um jede Antenne (in einer Höhe zwischen 0,1 bis 1,8 m) und überschneiden sich nicht mit dem Innenbereich. Die Innenantennen erfassen den gesamten Innenraum lückenlos. In allen Türaußengriffen (Bild 10.24) befindet sich neben der Antenne auch ein kapazitiver Sensor, der seine Kapazität ändert, sobald sich eine Hand dem Türgriff nähert bzw. berührt. Ein Verriegelungstaster ist ebenfalls Bestandteil jedes Türgriffes. Die verschiedenen Funktionen werden nachfolgend im Einzelnen beschrieben:

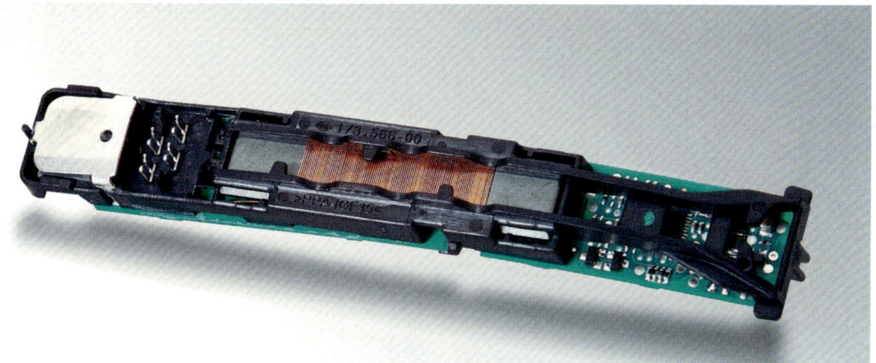

Bild 10.24 *Die Türaußengriffe sind mit Antennen und kapazitiven Sensoren ausgestattet.* [Bild: Hella]

Die Berührung eines Türaußengriffs löst eine induktive Codeabfrage über die Außenantenne aus. Wird der Fahrzeugschlüssel bzw. die Chipkarte des Nutzers als berechtigt anerkannt, wird das Fahrzeug entriegelt. Die Entriegelung kann je nach Programmierung/Individualisierung türselektiv, seitenselektiv oder gesamt erfolgen.

Motor starten

Zum Starten des Motors besitzen alle Systeme einen Start/Stopp-Schalter/-Taster. Dieser kann sich je nach Hersteller auf der Mittelkonsole (hier: Taster für Zugang und Startberechtigung), im Armaturenbrettbereich oder auch im Wähl-/Schalthebel befinden. Bei Betätigung des Schalters/Tasters erfolgt eine induktive Codeabfrage über die Innenraumantennen. Die erste Raste bzw. einmaliges Betätigen schaltet die Zündung ein und entriegelt elektromechanisch die Lenksäule, zweimalige Betätigung bzw. zweite Raste startet den Motor, wenn die Chipkarte bzw. der Fahrzeugschlüssel als berechtigt erkannt wurde. Zum Starten des Motors gelten ansonsten die gleichen Bedingungen wie herkömmlich, d. h. Bremse getreten, Wählhebel P oder N und bei manuellem Getriebe Kupplung getreten.

Motorstopp

Der laufende Motor wird durch erneute Betätigung des Tasters/Schalters abgestellt.

Verriegeln

Nach Verlassen des Fahrzeuges muss beim Schließen der Tür der Verriegelungstaster im Türaußengriff betätigt werden. Es erfolgt eine erneute induktive Codeabfrage über die Außenantennen. Wird der Fahrzeugschlüssel bzw. die Chipkarte als berechtigt und außerhalb des Fahrzeuges erkannt, erfolgt der Befehl zum Verriegeln der Fahrzeugtüren, der Lenksäule und zur Aktivierung der Diebstahl-Warnanlage.

Bild 10.25 zeigt einen Systemschaltplan eines Komfortzugangs. Alle Funktionen werden über ein zentrales Karosseriesteuergerät gesteuert.

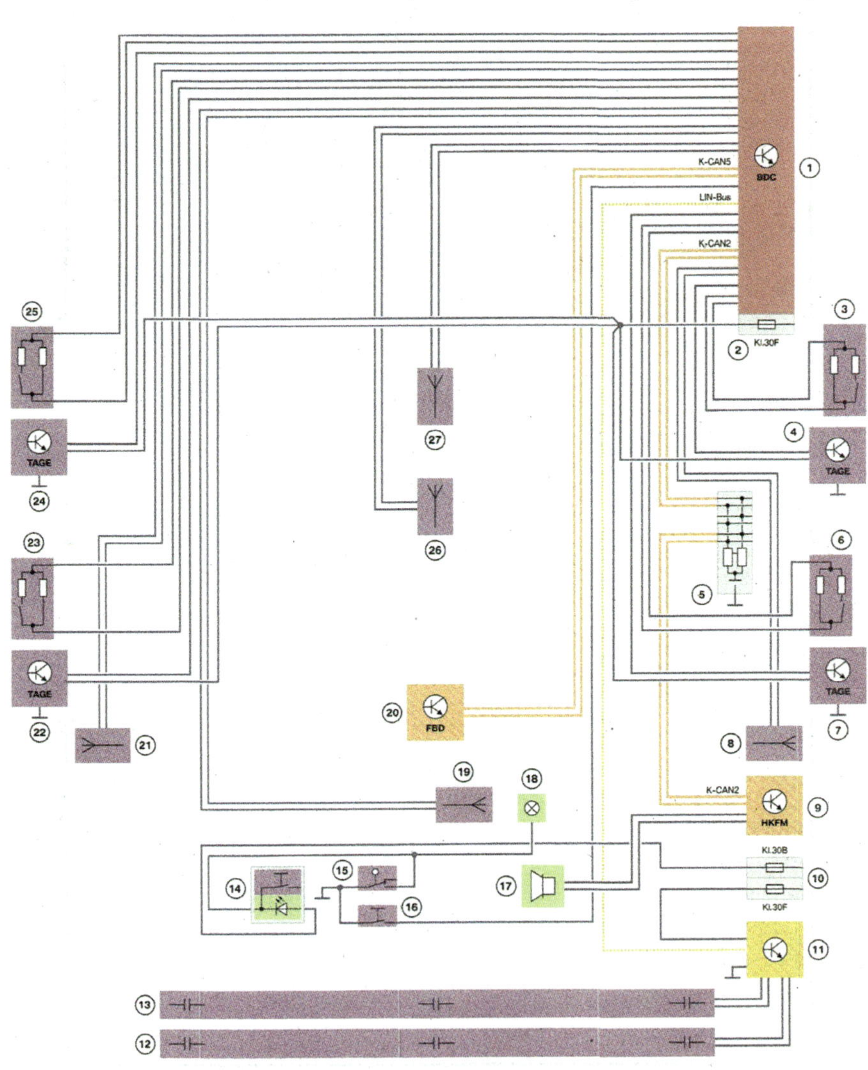

Bild 10.25 *Systemschaltplan Komfortzugang*

1 Body Domain Controller (BDC)
2 Sicherung im Body Domain Controller
3 Schalter im Türschloss Beifahrertür
4 Türaußengriffelektronik TAGE Beifahrertür
5 CAN-Terminator
6 Schalter im Türschloss Beifahrertür hinten
7 Türaußengriffelektronik TAGE Beifahrertür hinten
8 Antenne Comfort Access Seitenschweller rechts
9 Heckklappenfunktionsmodul HKFM
10 Sicherungen im Stromverteiler hinten rechts
11 Steuergerät berührungslose Heckklappenöffnung
12 Sensor unten berührungslose Heckklappenöffnung
13 Sensor oben berührungslose Heckklappenöffnung
14 Taster für Heckklappe schließen
15 Heckklappenkontaktschalter im Heckklappenschloss
16 Taster für Heckklappe
17 Akustischer Warngeber für Heckklappenbetätigung
18 Gepäckraumleuchte
19 Antenne Comfort Access Gepäckraum
20 Fernbedienungsempfänger FBD
21 Antenne Comfort Access Seitenschweller links
22 Türaußengriffelektronik TAGE Fahrertür hinten
23 Schalter im Türschloss Fahrertür hinten
24 Türaußengriffelektronik TAGE Fahrertür
25 Schalter im Türschloss Fahrertür
26 Antenne Comfort Access Innenraum
27 Antenne Comfort Access Innenraum

10.3.2 Elektronische Wegfahrsicherungen

Eine weitere Möglichkeit Fahrzeugdiebstähle zu verhindern oder zumindest zu erschweren bietet die elektronische Wegfahrsicherung. Sie wurde Mitte der 1990er-Jahre auf Druck der Versicherungen eingeführt, nachdem die Zahl der gestohlenen Fahrzeuge Höchstwerte erreichte. Die Fahrzeughersteller mussten einen «qualifizierten Diebstahlschutz» entwickeln. Darunter versteht man eine «selbstschärfende, elektronisch codierte Wegfahrsicherung mit Eingriff in eine betriebsrelevante Steuereinheit».

In den Jahren 1992 und 1993 wurden zusammen ca. 280.000 Fahrzeuge in Deutschland gestohlen. Deshalb änderten ab 1993 die Versicherungsgesellschaften ihre Bedingungen für die Kaskoversicherung. Bei Diebstahl (auch von fast neuen Fahrzeugen) wurde nur noch der Zeitwert (und nicht mehr der Wiederbeschaffungswert) ersetzt. Ohne «qualifizierten Diebstahlschutz» wurde zusätzlich eine Leistungskürzung von 10 % vorgenommen.
Die Fahrzeughersteller und deren Zulieferer entwickelten sehr schnell die verschiedensten Systeme – sowohl für den Serieneinsatz als auch zur Nachrüstung (siehe auch Abschnitt 10.3.4.3). Bild 10.26 zeigt die damals verwendeten Möglichkeiten in der Serienausstattung.

Die elektronische Wegfahrsicherung sowie verschiedene mechanische Maßnahmen, die den Fahrzeugdiebstahl erschweren, wie z. B. verstärkte Schließzylinder, Freilaufschlösser, Abschirmbleche usw. haben sich mittlerweile bei allen Fahrzeugen und Herstellern durchgesetzt. Eine weitere Maßnahme der Fahrzeughersteller war aber auch, dass die Weitergabe von detaillierten Informationen über Sicherungsmaßnahmen sehr restriktiv gehandhabt wird und die Bestellung bzw. Lieferung von Ersatzteilen bzw. Bauteilen, die

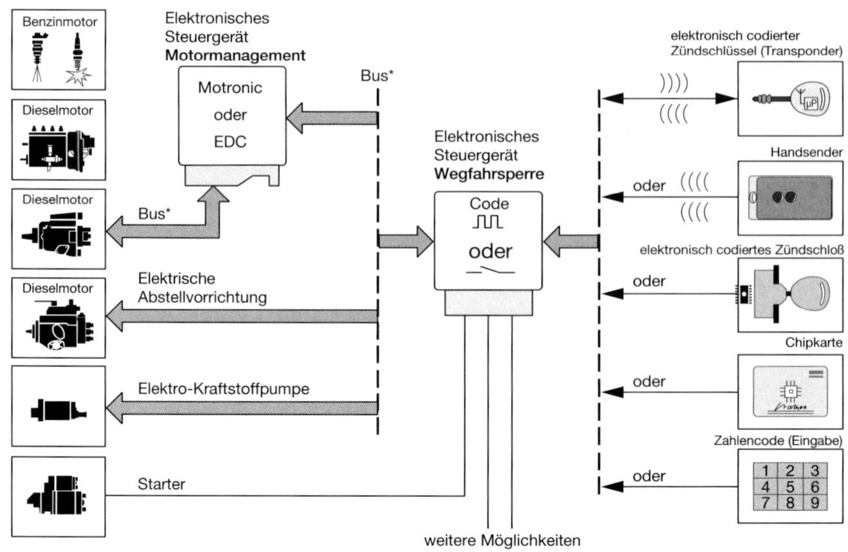

Bild 10.26 *Funktionsumfang der elektronischen Wegfahrsperren*

die Wegfahrsicherung betreffen, mit hohen Auflagen und einer genauen Dokumentation verbunden wurde.

Das System, das sich durchgesetzt hat, ist der elektronisch codierte Zündschlüssel mit Transponder (*transmittere*, lat. senden + *responder*, engl. Anwortgeber), häufig verbunden mit einer Fernbedienung für die Zentralverriegelung. Bei dieser Lösung musste sich der Fahrzeugnutzer bei der Bedienung nicht umstellen.

Wegfahrsicherungen können mit einem im Zündschlüssel integrierten Transponder ausgestattet sein. Weitere Bestandteile des Systems sind dann eine Ringantenne (Lesespule) am Zündanlassschloss, über die die Daten vom Transponder gelesen werden, sowie das Steuergerät der Wegfahrsicherung, das die Informationen auswertet, und das Motorsteuergerät.

Konkret läuft der Datenaustausch nach dem Einstecken des Schlüssels und Einschalten der Zündung folgendermaßen ab: Der Transponder schickt an das Steuergerät der Wegfahrsicherung einen Festcode, der dort überprüft wird. Wird dieser Festcode als richtig erkannt, bildet das Steuergerät per Zufallsgenerator einen Wechselcode, der zum Transponder gesendet wird. Der Wechselcode initiiert im Transponder einen bestimmten geheimen Rechenvorgang, der gleichermaßen im Steuergerät vollzogen wird. Sind die Ergebnisse gleich, d. h. das vom Transponder gesendete identisch mit dem im Steuergerät ermittelten Ergebnis, wird der Fahrzeugschlüssel als berechtigt bzw. richtig erkannt. Im Anschluss daran tauschen das Steuergerät der Wegfahrsicherung und das Motorsteuergerät ebenfalls einen Wechselcode aus. Wird eine Übereinstimmung erzielt, kann das Fahrzeug gestartet werden. Diese Vorgänge (Datenaustausch) dauern nur einige Millisekunden, sodass der Fahrzeugnutzer keine Startverzögerung bemerkt. Da für den Wechselcode bis zu 1023 verschiedene Kombinationen möglich sein können und auch der Rechenvorgang geheim ist, ist ein Kopieren des Fahrzeugschlüssels bzw. Manipulation durch Scannen nicht möglich. Bei verschiedenen Systemen werden auch einzelne Fahrzeugschlüssel erkannt, die bei Verlust oder Diebstahl durch einen Diagnosetester systemintern gesperrt werden können, d. h., mit dem «gesperrten» Fahrzeugschlüssel kann das Fahrzeug nicht mehr gestartet werden. Für diesen Vorgang (einzelne(n) Fahrzeugschlüssel sperren oder auch entsperren) sind alle Fahrzeugschlüssel, die noch zugelassen bzw. als berechtigt anerkannt sein sollen, in einem bestimmten Diagnoseablauf für einen Datenaustausch mit dem Steuergerät der Wegfahrsicherung in das Zündanlassschloss zu stecken. Dies ist auch erforderlich, wenn einzelne Komponenten, z. B. Steuergerät der Wegfahrsicherung, ersetzt werden müssen. Ein herstellerspezifischer Diagnosetester ist dafür immer erforderlich, bzw. mit herstellerspezifischer Software, mit dessen Hilfe bestimmte Codierdaten übertragen werden müssen. Vereinzelt gab es auch die Möglichkeit – aber auch unter Verwendung eines Diagnosetesters – für eine Neuprogrammierung einen zusätzlichen «Lernschlüssel» zu verwenden.

Bei unserem beispielhaft gewählten Bussystem obliegt die Funktion der Wegfahrsicherung dem zentralen Bordnetz-Steuergerät in Zusammenarbeit mit dem Fahrzeugfernbedienungs-Steuergerät. Diese sind über einen CAN-Bus und FlexRay-Bussystem mit den verschiedenen Steuergeräten des Antriebsstranges verbunden, u. a. mit der Motorsteuerung und der Getriebesteuerung. Aber auch das Steuergerät der Servolenkung und des elektronischen Lenkradschlosses sind damit vernetzt. Die Freigabe zur Entriegelung des Lenkradschlosses, der Motorsteuerung usw. geschieht über eine Botschaft des zentralen Bordnetz-Steuergerätes. Gleichzeitig sind die Steuergeräte über das CAN-Bussysteme zusätzlich nochmals mit der Headunit verbunden. Somit kann die Freigabe oder auch die Meldung bei Fehlern bzw. einer Nichtfreigabe an verschiedene Anzeigestellen übertragen werden. Das zentrale Bordnetz-Steuergerät ist außerdem noch mit dem Diagnose CAN (CAN D) vernetzt.

10.3.3 Diebstahl Alarmanlagen

10.3.3.1 Systembeschreibung und Notwendigkeit

Die Verriegelung des Fahrzeuges soll den einfachen Diebstahl erschweren. Die elektronische Wegfahrsicherung soll ein Inbetriebnehmen des Fahrzeuges verhindern und den Diebstahl des Fahrzeuges erschweren. Beide bieten jedoch wenig Schutz, wenn das Fahrzeug wegtransportiert wird oder Gegenstände aus dem Fahrzeug bzw. wertvolle Ein- oder Anbauteile gestohlen werden. Auch eine Diebstahl-Alarmanlage kann dies nicht verhindern. Sie kann jedoch Alarm auslösen, wenn am Fahrzeug Manipulationen vorgenommen werden und durch den Alarm evtl. Diebe abschrecken. Eine Diebstahl-Alarmanlage sollte erkennen, wenn unbefugt die Türen, die Front- oder Heckklappe geöffnet werden, Scheiben eingeschlagen werden bzw. Bewegungen im Innenraum stattfinden, das Fahrzeug bewegt oder angehoben wird und wenn im geschärften Zustand an Leitungen oder der Fahrzeugbatterie manipuliert wird. Gleichzeitig darf das System jedoch keinen Fehlalarm auslösen, z. B. durch ein Insekt im Fahrzeuginnenraum bzw. durch Karosseriebewegungen, die durch vorbeifahrende Fahrzeuge oder durch den Wind hervorgerufen werden.

Der Alarm wird in der Regel sowohl akustisch durch das Fahrzeugsignalhorn oder ein eigenes Alarm-Signalhorn als auch optisch durch Einschalten der Warnblinkanlage und evtl. durch das blinkende Fahrlicht angezeigt.

Die Funktion der Diebstahl-Alarmanlage beruht heute auf der Vernetzung/dem Datenaustausch der meist ohnehin vorhandenen verschiedenen Bauteile und Steuergeräte mit der entsprechenden Software. Die Koordination/Funktion unterliegt überwiegend dem zentralen Steuergerät der Karosserieelektronik. Bei einfachen Systemen bzw. bei älteren Fahrzeugen gab es ein eigenes Steuergerät der Diebstahl-Alarmanlage, das – um Manipulationen zu erschweren – möglichst schwer zugänglich verbaut war. Die Bedienung/Aktivierung/Deaktivierung der Diebstahl-Alarmanlage ist heute nur noch über die Fernbedienung oder den Komfortzugang möglich. Der Zustand (Aktiviert/Deaktiviert/Fehler/Manipulationen/Alarm) der Diebstahl-Alarmanlage wird über eine gut sichtbare rote LED angezeigt. Ein «Schärfen» der Diebstahl-Alarmanlage sollte nur möglich sein, wenn alle Türen usw. richtig verriegelt sind bzw. dem Bediener angezeigt wird, wenn dies nicht der Fall ist.

Tabelle 10.2

Eingang	Verarbeitung	Ausgang
Türkontaktschalter (Fahrer- / Beifahrertür, Türen hinten links / rechts)	STEUERGERÄT	Akustischer Alarm (Alarmhorn, Fahrzeug-Signalhorn)
Motorhauben-, Heckklappenkontakt (evtl. auch Handschuhfach und Radio)		Optischer Alarm (Warnblinkanlage, Fahrlicht)
Fensterscheibenkontakt bzw. Glasbuchsensoren (auch Heckscheibe)		Startblockierung (Motorelektronik, Dieselelektronik, Zündung Kl. 15 oder Starter (Kl. 50))
Innenraumüberwachung (Ultraschall- oder Funksensor)		Funktions- / Statusanzeige
Wegimpulsgeber / Wegstreckensignal		Evtl. zusätzlicher Ausgang für Zustandsmeldungen über Bussysteme
Neigungsgeber bzw. Winkelgeber		
Zentralverriegelung		
Fernbedienung		
Evtl. weitere Daten über Bussysteme		
Klemme 30		
Klemme 31		
Klemme 15		
Klemme 61		
	↑Diagnose↓	

Die für die Funktion benötigten Ein- und Ausgänge am Steuergerät sind in einer Systemübersicht (Tabelle 10.2) für ein umfassendes Komplettsystem dargestellt. Auch bei der Diebstahl-Alarmanlage gibt es herstellerspezifisch zahlreiche Varianten, die die eine oder andere Funktion vernachlässigen.

10.3.3.2 Ein- und Ausgangssignale im Detail

Die Signale der Türkontaktschalter werden über die Türsteuergeräte auf das Bussystem gesetzt, das die Karosseriesysteme miteinander verbindet. Meist ist das ein CAN-Bus. Primär sind es die gleichen Signale/Informationen, die auch für die Funktion der Zentralverriegelung und die Innenlichtsteuerung genutzt werden. Bei älteren Fahrzeugen waren es immer elektromechanische Schalter, die beim Öffnen einer Tür schließen und dadurch einen Massekontakt herstellen. Das gleiche gilt für den Heckklappenkontakt. Der Status der Heckklappe (offen/geschlossen/verriegelt) wird ebenfalls über ein Heckklappenmodul auf das Bussystem der Karosserie übertragen und sowohl für die Zentralverriegelung, die Diebstahl-Alarmanlage und die Steuerung der Kofferraumbeleuchtung verwendet. Lediglich für die Motorhaube und das Handschuhfach werden extra Mikroschalter verbaut. Die Funktion der verschiedenen Kontaktschalter kann immer mit einem angeschlossenen Diagnosetester und entsprechender Betätigung der Türen und Klappen überprüft werden.

Außer dem unbefugten Öffnen der Türen und Klappen müssen auch die Scheiben des Fahrzeuges überwacht werden. Dies kann durch Kontaktschleifen, die auch in evtl. vorhandene Dreiecksfenster bzw. Ausstellfenster eingezogen sind, geschehen. Die Heckscheibe wird über die Heizdrähte der Heckscheibenheizung überwacht. Eine eingeschlagene Scheibe wird durch eine Unterbrechung der Kontaktschleifen bzw. Heizdrähte erkannt. Eine zusätzliche/alternative Möglichkeit der Überwachung der Fahrzeugscheiben sind elektronische Kontaktschalter, wie z. B. über Reedkontakt-Geber (vgl. Abschnitt 17.13.3). An den Scheibenunterkanten werden dazu Magnete befestigt, die den Reedkontakt im Türinnenblech schließen. Sobald eine Scheibe zerbricht, fallen die Magnete zusammen mit der Scheibe nach unten. Dadurch wird der Reedkontakt geöffnet und Alarm ausgelöst. Die Frontscheibe wird meist nicht überwacht, da sie durch ihre hohe Festigkeit und durch den inneren Aufbau des verklebten Verbundglases einen ausreichenden Schutz vor Glasbruch bietet.

Statt Fensterscheibenkontakten bzw. Glasbruchsensoren wird die Innenraumüberwachung sehr oft von einem Ultraschallsensor (oder auch Funksensor) übernommen, der sämtliche Bewegungen im Fahrzeuginnenraum erkennt. Nach dem Aktivieren der Diebstahl-Alarmanlage wird der Ultraschallwandler mit einer hochfrequenten Wechselspannung versorgt, durch die eine Piezokeramik in Schwingungen gerät. Die ausgesandten Ultraschallwellen mit einer Frequenz von ca. 40 kHz werden an den Innenwänden des Fahrgastraumes reflektiert und von einem zweiten Ultraschallwandler empfangen (Bild 10.27).

Etwaige Störungen des so aufgebauten Ultraschallfeldes durch Bruch einer Scheibe oder Eindringen eines Gegenstandes in den Fahrgastinnenraum werden damit sicher erkannt und führen zur Alarmauslösung. Die beiden Ultraschallwandler und die Elektronik zur Erzeugung der hochfrequenten Wechselspannung sind in einem Ultraschallbewegungsdetektor (vgl. Abschnitt 22.3.2) zu einem Bauteil zusammengefasst, das sich meist im vorderen Bereich des Dachhimmels befindet. Er ist ebenfalls per Bussystem mit den anderen Karosseriesystemen vernetzt. Mit Hilfe eines Diagnosetesters kann die Funktion überprüft werden und meist auch die «Empfindlichkeit», bei der das System auf Bewegungen reagiert, eingestellt werden.

Neben dem unbefugten Eindringen in den Fahrgastinnenraum muss das Fahrzeug auch gegen Wegschieben oder Abtransportieren geschützt werden, bzw. auch gegen

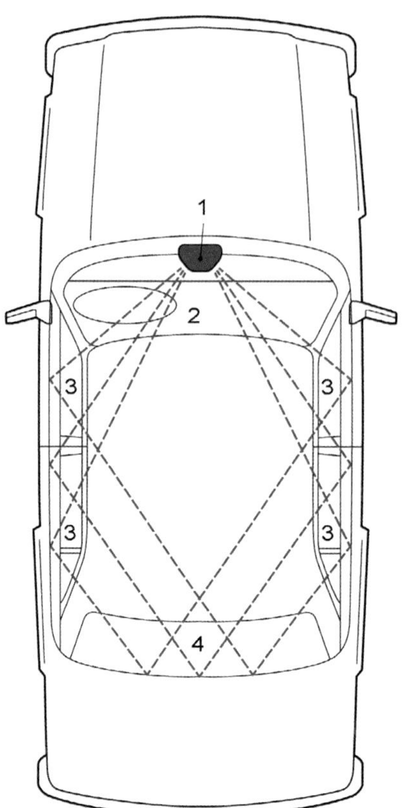

Bild 10.27
Innenraumüberwachung mittels Ultraschallsensor
1 Ultraschallsonde mit Sender und Empfänger
2 Frontscheibe
3 Seitenfenster
4 Heckscheibe
[Bild: AS-Illu]

ein Anheben wie es beim Räderdiebstahl erforderlich ist. Dafür verwendete man in der Vergangenheit eigene Wegimpulsgeber sowie Neigungs- oder Winkelgeber (vgl. Abschnitt 22.11). Bei den aktuellen Fahrzeugen nutzt man die ohnehin vorhandenen Sensoren. Die Drehzahlfühler sowie die Beschleunigungssensoren und Lagesensoren der Fahrdynamik- bzw. Fahrwerkssysteme, die über das Bussystem der Fahrdynamiksysteme (z. B. FlexRay) mit dem zentralen Gatewaymodul, bzw. Karosseriesteuergerät kommunizieren. Auch für diese Sensorinformationen kann die «Empfindlichkeit» eingestellt werden. In der Regel kann der Fahrzeugnutzer die Funktion des Neigungsgebers auch ausschalten, wenn z. B. eine Duplexgarage genutzt wird.

Wichtig für die Funktionsfähigkeit der Diebstahl-Alarmanlage ist auch die Spannungsüberwachung. Sowohl die Information an den Fahrzeugnutzer, wenn die Batteriespannung bei der Aktivierung des Systems zu niedrig ist, als auch die Alarmauslösung, wenn Manipulationen an der Batterie bzw. ein plötzlicher Spannungsabfall erkannt werden.

Integraler Bestandteil der Funktion der Diebstahl-Alarmanlage ist selbstverständlich die elektronische Wegfahrsicherung und das Zusammenspiel mit der Zentralverriegelung inkl. der Fernbedienung. Ein Aktivieren der Diebstahl-Alarmanlage kann nur bei geschlossenen/verriegelten Türen und Klappen erfolgen. Zusätzlich darf kein «Motor läuft»/ Motordrehzahlsignal als Botschaft auf dem Bussystem anliegen und auch bei einem fahrenden Fahrzeug mit Wegstreckensignalen/Geschwindigkeitssignalen ist aus Sicherheitsgründen eine Aktivierung nicht möglich. Ein Deaktivieren ist in der Regel auch mit dem Öffnen des Fahrzeuges verbunden und die Freigabe sämtlicher Systeme nach der Identifizierung durch die elektronische Wegfahrsicherung.

Wichtig für die fehlerfreie Funktion ist, wie bei allen elektronischen Systemen, eine gute Spannungsversorgung. Und gerade bei älteren Fahrzeugen auch immer an die Steck- und Masseverbindungen denken! Das gilt natürlich neben allen Modulen und Steuergeräten für die Eingangssignale auch für die Funktion der Ausgangssignale.

Wichtigste Ausgangssignale der Diebstahl-Alarmanlage sind der akustische und optische Alarm. Für den akustischen Alarm wird in der Regel sowohl ein eigenes Signalhorn angesteuert, als auch zusätzlich die «normalen» Signalhörner des Fahrzeuges. Der optische Alarm besteht aus der Warnblinkanlage und evtl. dem blinkenden Fahrlicht (abhängig von verschiedenen Ländervorschriften). Dazu werden über die Bussysteme entsprechende Botschaften zum Lichtsteuergerät übertragen. Die verschiedenen Alarmausprägungen sind codierbar.

Bei aktivierter Diebstahlalarmanlage ist keine (Motor-)Startfreigabe möglich. Bei einer ausgelösten Alarmanlage ebenso nicht. Dies geschieht ebenfalls über Botschaften auf den Bussystemen. Bei älteren Systemen gab es dafür eine extra Leitung/Verbindung zum Motorsteuergerät.

Die Statusanzeige durch eine rote, gut sichtbare LED wird bei aktuellen Fahrzeugen ebenfalls ausgangsseitig durch das Steuergerät mittels Busbotschaften gesteuert. Bei älteren Fahrzeugen erfolgte dies direkt durch Leitungen vom Steuergerät zur Statusanzeige.

10.3.4 Historische Entwicklung der Diebstahlschutzsysteme

Die Zentralverriegelung war eines der ersten Komfortsysteme, die zuerst bei Fahrzeugen der gehobenen Kategorie und später allmählich in allen Fahrzeugsegmenten eingeführt wurde. In der Anfangszeit wurden die Stellelemente für die Schlossfunktionen (Ver- und Entriegeln) an den Türen, am Kofferraum und an der Tankklappe bei einigen Fahrzeugherstellern pneumatisch und bei einigen bereits elektromotorisch betätigt. Die Ansteuerung der Stellelemente erfolgt immer durch ein Steuergerät, das Eingangssignale von einem oder mehreren Mikroschaltern erhält. Zusätzliche Funktionen, wie z. B. eine Sicherung der Stellelemente gegen unbefugtes Öffnen, die in einer späteren Entwicklungsstufe ergänzt wurden, werden immer elektrisch ausgeführt.

10.3.4.1 Zentralverriegelung mit pneumatischen Stellelementen

Bild 10.28 zeigt eine Gesamtübersicht einer pneumatisch betätigten Zentralverriegelung.

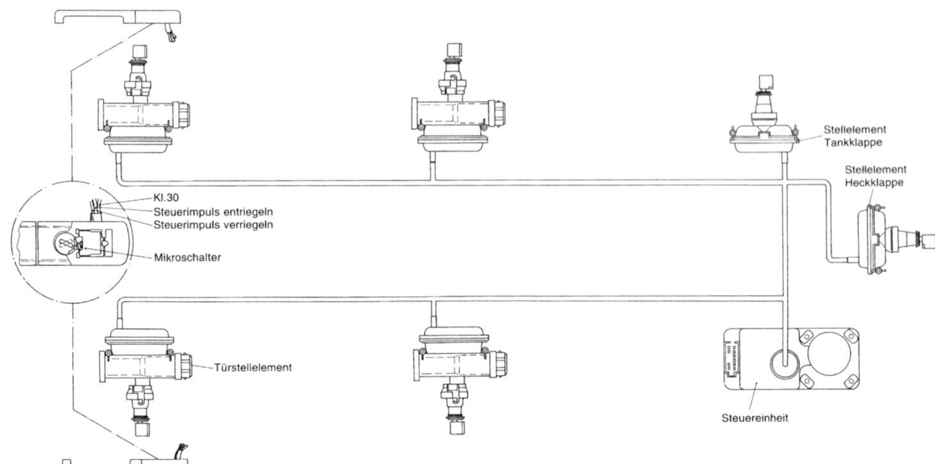

Bild 10.28 *Zentralverriegelung mit pneumatischen Stellelementen*
[Bild: Volkswagen]

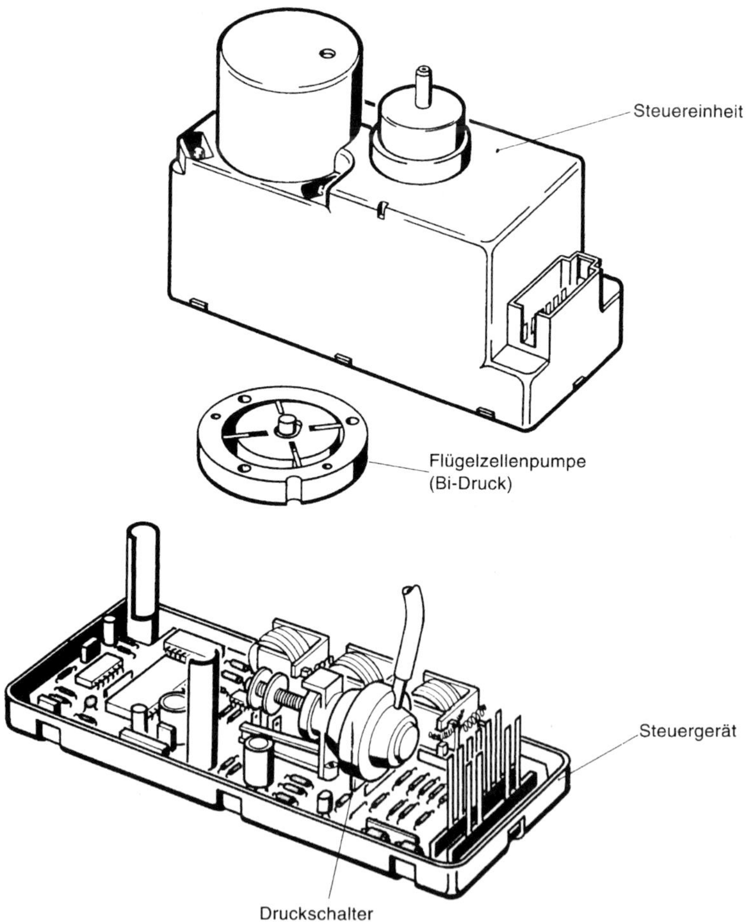

Bild 10.29 *Steuereinheit mit Bidruckpumpe und Druckschalter*
[Bild: Volkswagen]

Die Steuerimpulse zum Ver- oder Entriegeln erhält die Steuereinheit durch Mikroschalter (Wechsler) in den Schlössern oder auch bereits über eine Fernbedienung. Dadurch läuft eine sogenannte Bidruckpumpe (Bild 10.29) an, die je nach Schließvorgang (Ver- oder Entriegeln) und Drehrichtung einen Unter- bzw. Überdruck erzeugt, der über Druckluftleitungen auf die Stellelemente wirkt.

Der so erzeugte Unter-/Überdruck wirkt auf eine Membrane in den Stellelementen (Bild 10.30). Durch die an der Membrane befestigte Zug- und Druckstange wird im Weiteren über ein Gestänge die Kraft auf das jeweilige Schloss übertragen. Ein in der Steuereinheit integrierter Druckschalter schaltet die Bidruckpumpe bei Erreichen eines Unter-/Überdruckes von ca. 0,5 bar im System ab.

Bei einigen Systemen in der Frühphase war die Betätigung der Zentralverriegelung nur über die Fahrer- und Beifahrerschlösser und die Fahrer- und Beifahrersicherungsknöpfe

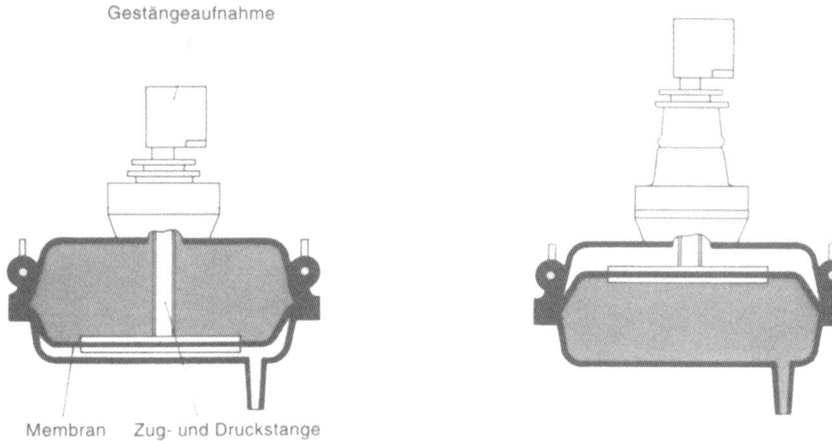

Bild 10.30 *Pneumatisches Stellelement*
[Bild: Volkswagen]

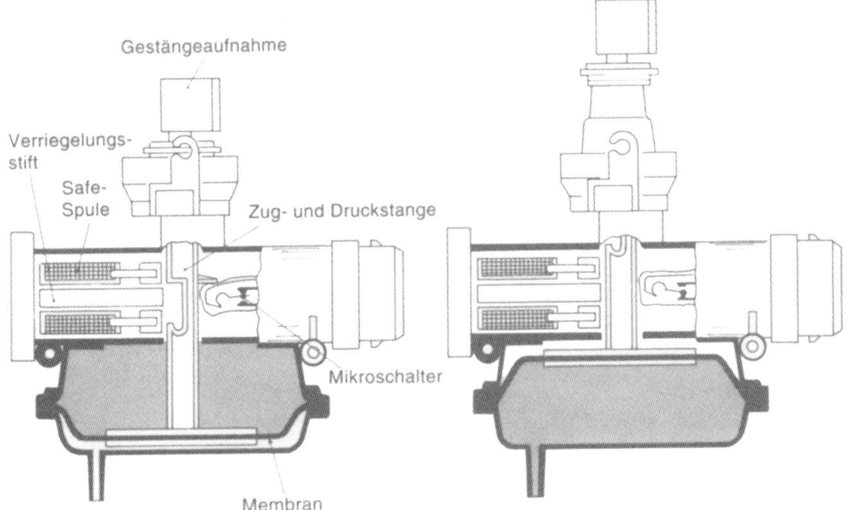

Bild 10.31 *Pneumatisches Stellelement mit zusätzlichem Sicherungssystem.*

möglich, da weder in den hinteren Türen, noch in der Heck-/Kofferraumklappe Mikroschalter verbaut waren. Es erfolgt auch keine Rückmeldung, wenn an einem Schloss durch einen Defekt keine Verriegelung stattgefunden hat.

Da bei dieser Zentralverriegelung ein unbefugtes Öffnen einer Tür über die Sicherungsknöpfe relativ leicht möglich war, wurde sie durch elektromechanisch wirkende Safespulen mit einem Verriegelungsstift (Bild 10.31) ergänzt. Bei einem Diebstahlversuch wird die Zug- und Druckstange durch den ausfahrenden Verriegelungsstift mechanisch blockiert.

In Bild 10.32 ist das System einer pneumatisch betätigten Zentralverriegelung mit zusätzlichem Sicherungssystem in den Stellelementen der Türen, den elektrischen Anschlüssen und der Steuereinheit dargestellt. Das Leitungssystem für die pneumatische Betätigung ist wegen der besseren Übersichtlichkeit im Bild nicht eingezeichnet. Nach dem pneumatischen Verriegeln der Türen liegt an allen Stellelementen weiterhin Klemme 30 an. Zusätzlich ist jedes Stellelement mit zwei Leitungen mit der Steuereinheit verbunden. Versucht jemand in diesem Zustand das Fahrzeug über die Sicherungsknöpfe zu öffnen, in Bild 10.32 z. B. an der Beifahrertür, gibt der Mikroschalter Klemme 30 über die Signalleitung als Signal von der Beifahrertür (BFT) an die Steuereinheit. Das Steuergerät schaltet am Safe-Anschluss Masse auf die anderen Leitungen zu den Stellelementen. Dadurch werden die Spulen mit Strom durchflossen, und die Sicherungsstößel fahren in die Aussparung der Zug- und Druckstangen und blockieren somit diese mechanisch.

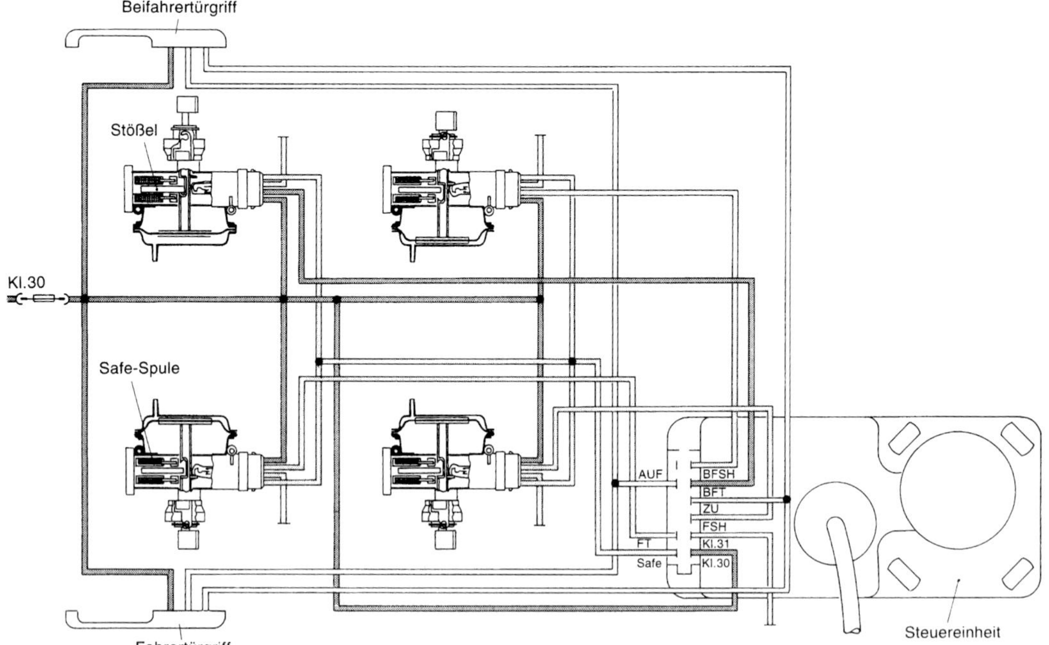

Bild 10.32 *Elektrische Anschlüsse einer pneumatisch betätigten Zentralverriegelung mit Sicherungssystem (Funktionsdarstellung bei einem Einbruchversuch)*
FT Fahrertür
FSH Fahrerseite hinten
BFT Beifahrertür
BFSH Beifahrerseite hinten
[Bild: Volkswagen]

Gleichzeitig läuft auch die Bidruckpumpe an und wirkt der unbefugten Öffnung entgegen. Die beschriebenen Vorgänge laufen in wenigen Millisekunden ab, noch ehe der Sicherungsknopf weit genug geöffnet werden kann.

Bei Funktionsstörungen überprüft man zuerst die Plus-Versorgung über die Klemme 30 an den Türgriff-Mikroschaltern der vorderen Türen, an den Stellelementen und auch an der Steuereinheit. Gleichzeitig mit der Plus-Versorgung werden auch die Masseverbindungen kontrolliert.

Der nächste Schritt ist die Überprüfung der Steuersignale durch eine Spannungsmessung am Stecker der Steuereinheit an den Anschlüssen

«Auf» und «Zu». Beim Betätigen des Sicherungsknopfes bzw.

Türschlosses sowohl an der Fahrer- als auch an der Beifahrertür muss jedes Mal abhängig von der Funktion Auf/Zu annähernd Batteriespannung am jeweiligen Anschluss zu messen sein.

Die Funktion der Mikroschalter in den Stellelementen kann ebenfalls durch eine Spannungsmessung überprüft werden. Dazu muss das Fahrzeug verriegelt sein und an jedem Sicherungsknopf leicht angezogen werden. Dabei muss am jeweiligen Anschluss an der Steuereinheit (BFT, BFSH, FT, FSH) Batteriespannung anliegen. Außerdem darf sich kein Sicherungsknopf nach oben ziehen lassen und die Öffnung einer Tür ermöglichen.

10.3.4.2 Zentralverriegelung mit elektrischen Stellmotoren

Bei der elektrischen Zentralverriegelung werden die verschiedenen Stellelemente direkt durch kleine Gleichstrom-Elektromotoren mit Untersetzungsgetriebe betätigt. Die zeitgeschaltete Stromversorgung erfolgt direkt durch das Steuergerät. Abhängig von der Stromflussrichtung drehen sich die Elektromotoren links- bzw. rechtsläufig und verriegeln oder entriegeln das jeweilige Schloss. Die Drehbewegung der Elektromotoren wird über

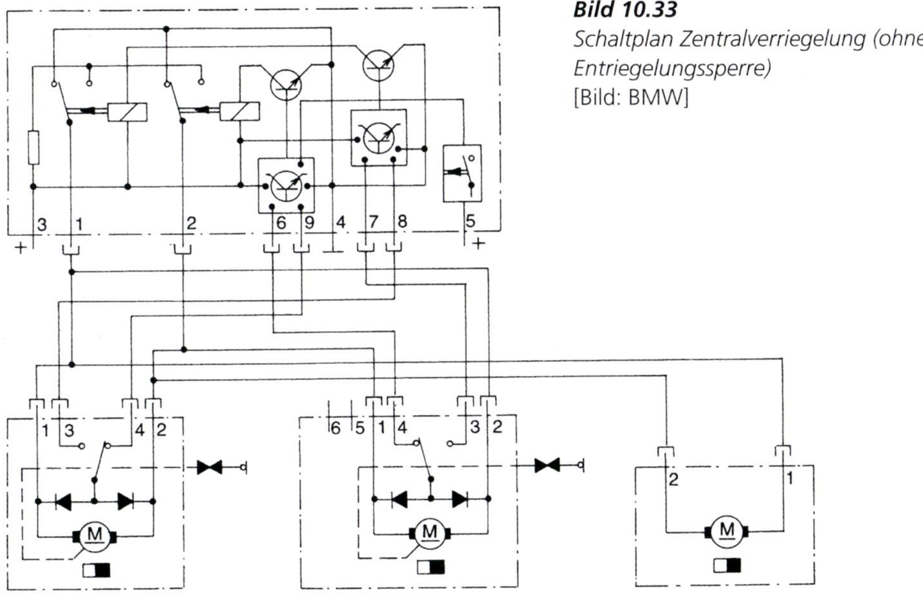

Bild 10.33
Schaltplan Zentralverriegelung (ohne Entriegelungssperre)
[Bild: BMW]

die Zahnstange in eine Zug- oder Schubbewegung umgesetzt. Die Zentralverriegelungsfunktion wurde anfangs nur über Mikroschalter in den Schlössern der Fahrer- bzw. Beifahrertür und Kofferraumklappe ausgelöst. Diese können in der Schlossmechanik oder in den Stellmotoren integriert sein. Spätere Systeme können auch über eine Fernbedienung betätigt werden.

In Bild 10.33 ist der Schaltplan einer solchen einfachen Zentralverriegelung abgebildet. Der besseren Übersichtlichkeit wegen wurden im Schaltplan nur jeweils ein Zentralverriegelungs-Aggregat z. B. für die vorderen Türen bzw. die hinteren Türen und Tankklappe eingezeichnet. Die Funktion der nicht eingezeichneten Stellantriebe sind jeweils gleich.

Die Spannungsversorgung erhält die Steuerelektronik über Pin 3 (Batterie-Plus) und Pin 4 (Masse). Pin 1 und Pin 2 sind in der Ruhestellung mit Masse verbunden. Wird ein Schloss über den Fahrzeugschlüssel bzw. den Sicherungsknopf und damit ein Zentralverriegelungs-Stellantrieb betätigt, erhält die Steuerelektronik an Pin 6 oder 9 («auf») oder an Pin 7 oder 8 («zu») ein Massesignal über den Mikroschalter und die Dioden in den Stellantrieben, die mit Pin 1 bzw. Pin 2 verbunden sind. Dadurch gibt die Steuerelektronik auf Pin 1 («zu») bzw. auf Pin 2 («auf») ein kurzes Plus-Signal. Der jeweils andere Pin bleibt auf Masse. Damit laufen alle Elektromotoren kurz an und verriegeln bzw. entriegeln die Schlösser. Durch die Bewegung aller Elektromotoren werden auch die anderen Mikroschalter betätigt. Bleibt ein Elektromotor bzw. Mikroschalter beim Verriegeln in der Stellung «auf», behandelt die Steuerelektronik dies wie ein neues Signal und öffnet alle Stellantriebe wieder (Rückmeldung bei Fehlfunktion).

Gestiegene Anforderungen an die Diebstahlsicherheit erforderten auch bei der Zentralverriegelung mit elektrisch betätigten Stellantrieben zusätzliche Sicherungsmöglichkeiten. Dabei gibt es grundsätzlich verschiedene Möglichkeiten, die aber das gleiche Ergebnis liefern: die Entriegelung z. B. über die Sicherungsknöpfe ist im gesicherten Zustand auch mit größter Gewalt nicht mehr möglich. Dazu werden für die Türen Stellantriebe verwendet, in denen entweder ein zweiter Elektromotor verbaut ist oder auch Elektromotoren, die in drei Stellungen fahren können (entriegelt, verriegelt, gesichert) und in der gesicherten Stellung in eine mechanische Übertotpunktlage fahren, sodass nur eine elektrische Entriegelung möglich ist. Zusätzliche Varianten sind eine mechanische Schlossentkopplung oder eine mechanische Übertotpunktlage des Schlosses im gesicherten Zustand.

Bei allen Varianten ist aber sichergestellt, dass eine mechanische Notentriegelung bei einem Batterieausfall zumindest über das Schloss der Fahrertür mit dem Fahrzeugschlüssel möglich ist. Die Schaltbilder (Bild 10.34a und b) zeigen die Funktion eines Stellantriebes mit zusätzlichem Sperrmotor. Die Stellantriebe für das Heckklappenschloss und die Tankklappe benötigen keinen Sperrmotor.

Die Stromversorgung für die Verriegelung wird über Pin 1 und Pin 2 geschaltet, wodurch sich der Elektromotor kurz dreht und über ein Antriebsritzel eine Zahnstange betätigt, die wiederum das Schloss verriegelt. Bei dieser Bewegung wird ein im Antrieb integrierter Mikroschalter betätigt, der als Rückmeldung an das Steuergerät ein Signal sendet. Eine weitere Funktion des Mikroschalters ist das Ent-/Verriegeln über die Sicherungsknöpfe der Fahrer- und Beifahrertür. In den Stellantrieben für die hinteren Türen ist – wie in Bild 10.34b dargestellt – kein Mikroschalter integriert. Um die Zentralverriegelung in den gesicherten Zustand zu bringen, wird nach dem Verriegeln der Türen der

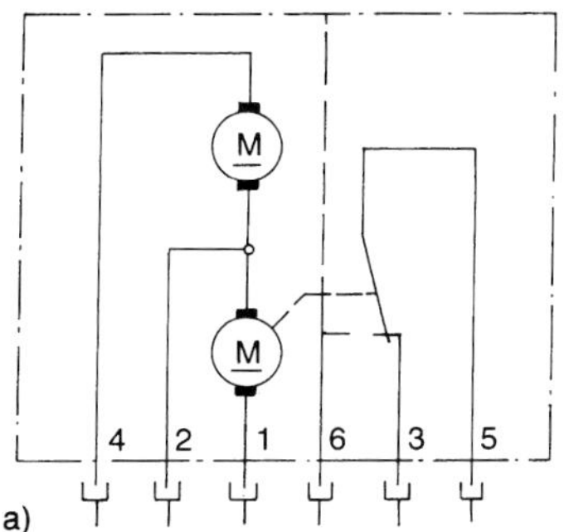

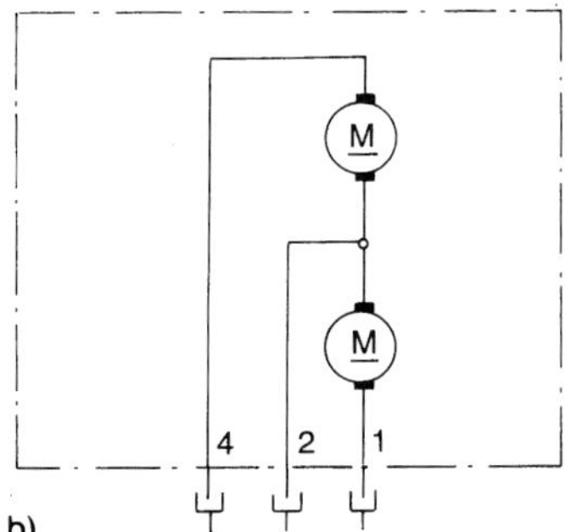

Bild 10.34 *Schaltbild eines Stellantriebes mit Sperrmotor*
a) mit Mikroschalter
b) ohne Mikroschalter

Sperrmotor über Pin 4 und Pin 2 mit Strom versorgt. Über einen Exzenter und die Sperrklinke wird der Stellantrieb dadurch mechanisch blockiert.

Beim Entriegeln werden beide Elektromotoren über Pin 4 und Pin 1 mit Strom in entgegengesetzter Richtung beaufschlagt – unabhängig davon, ob die Zentralverriegelung nur verriegelt war oder sich im gesicherten Zustand befand. Die Betätigung der Zentralverriegelung im gesicherten Zustand über die Sicherungsknöpfe der Türen ist aufgrund der mechanischen Blockierung der Stellantriebe nicht möglich. Ausgelöst wird das Entriegeln/Verriegeln/Sichern durch zwei Mikroschalter in der Fahrertür und einem entsprechenden Signal (Klemme 30) an das Zentralverriegelungs-Steuergerät. Eine Betätigung über die Beifahrertür durch zwei Mikroschalter ist häufig ebenfalls möglich. Von der Heckklappe aus kann das Fahrzeug ebenso verriegelt/entriegelt werden, falls die Zentralverriegelung sich nicht im gesicherten Zustand befindet. Im gesicherten Zustand kann die Heckklappe mit dem Fahrzeugschlüssel lediglich geöffnet und geschlossen werden.

Wie bereits eingangs erwähnt, kann die Sicherungsfunktion auch durch einen einzigen Elektromotor mit Stellantrieb verwirklicht werden. Der Elektromotor muss dabei in drei Stellungen fahren können (entriegelt, verriegelt, gesichert). Bei dieser Variante gibt es drei Möglichkeiten, die Sicherungsfunktion zu verwirklichen.

Der Elektromotor fährt im gesicherten Zustand in eine Übertotpunktlage, das Schloss wird durch den Elektromotor in eine Übertotpunktlage gebracht oder die Sicherungsknöpfe und die Türgriffe (innen/außen) werden im gesicherten Zustand mechanisch vom Schloss entkoppelt. Bild 10.35 zeigt den Schaltplan einer derartigen Zentralverriegelung, deren Funktion mit den dazugehörigen Ein- und Ausgängen nachfolgend kurz erläutert wird.

Das Zentralverriegelungs-Steuergerät erhält von den Mikroschaltern der Fahrer-/Beifahrertür bzw. der Heckklappe an den entsprechenden Eingängen ein Plus-Signal (Klemme 30), wenn das Fahrzeug entriegelt, verriegelt oder gesichert werden soll. (Überprüfung der Mikroschalter durch eine Spannungsmessung der verschiedenen Pins am Steuer- geräte-Eingang und durch Betätigen des entsprechenden Schlosses.) Je nach gewünschter Funktion werden die Elektromotoren durch das Steuergerät mit Strom in der entsprechenden Richtung versorgt. Im Einzelnen bedeutet dies:

Verriegeln: Auf Pin 17 wird Plus ausgegeben und Pin 16 liegt an Masse. Die Motoren drehen sich und verriegeln. Dabei wird der in den Stellelementen der Türen integrierte Schalter betätigt.

Sichern: Auf Pin 18 wird nun Plus ausgegeben und Pin 16 liegt noch an Masse. Die Motoren drehen sich weiter und sichern.

Entriegeln: Pin 17 und 18 liegen an Masse und Pin 16 gibt ein Plus- Signal aus. Die Motoren drehen sich entgegengesetzt und entriegeln – unabhängig davon, ob nur verriegelt oder aber auch gesichert war. Die Mikroschalter in den Stellelementen der Türen nehmen wieder ihre Ausgangsstellung ein.

Pin 1 liefert die Plusversorgung für den Laststrom und Pin 15 die Masseversorgung. Pin 14 ist eine zusätzliche Masseanbindung für die Steuerelektronik. Pin 12 ist der Eingang der Klemme 15. Liegt diese an, wird bei einem Masse-Signal vom Crash-Sensor auf Pin 11 (bei einem Unfall) die Zentralverriegelung immer geöffnet, wenn verriegelt oder gesichert war.

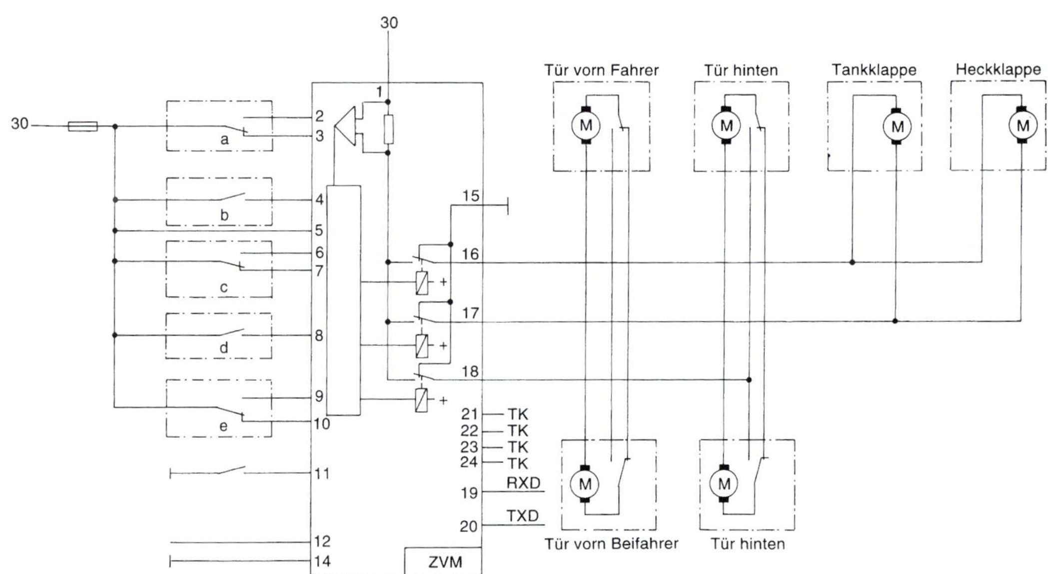

Bild 10.35 *Schaltplan «Zentralverriegelung mit Sicherungsfunktion durch mechanische Schlossentkopplung»*

a) Mikroschalter Fahrertür Verriegeln/Entriegeln
b) Mikroschalter Fahrertür Zentralsichern
c) Mikroschalter Beifahrertür Verriegeln/Entriegeln
d) Mikroschalter Beifahrertür Zentralsichern
e) Mikroschalter Heckklappe Verriegeln/Entriegeln

10.3.4.3 Beispiel einer nachgerüsteten Wegfahrsicherung

Der Druck der Versicherer war Mitte der 1990er-Jahre so groß, dass auch viele Nachrüstlösungen angeboten und eingebaut wurden. Bild 10.36 zeigt beispielhaft die grundsätzliche Darstellung eines Nachrüstsystems, die häufig auch mit Transpondern arbeiteten.

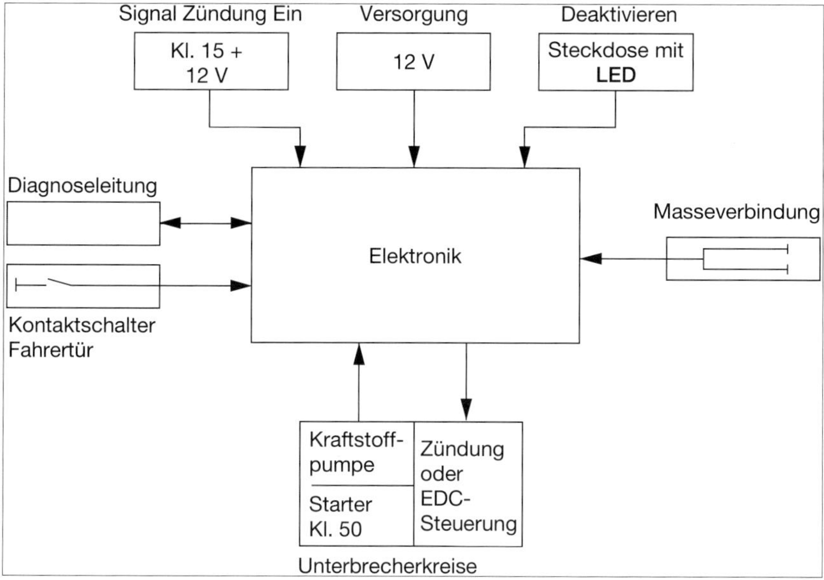

Bild 10.36 *Blockschaltbild einer nachgerüsteten Wegfahrsicherung*

Ein Steuergerät unterbricht die Ansteuerung der Kraftstoffpumpe, den Starter und die Zündung bzw. ein sonstiges wichtiges Ausgangssignal der Motorsteuerung. Das Steuergerät ist mit Spannung versorgt und hat zwei Masseverbindungen. Über das Signal «Zündung aus» und den Kontaktschalter der Fahrertür wird es geschärft, d. h. nach «Zündung aus» nach 10 Minuten bzw. nach Öffnen der Fahrertür nach 30 Sekunden. Entschärft wird es durch einen Schlüssel oder Sender mit Transponder, der in eine Steckdose gesteckt wird. Die LED an der Steckdose zeigt den Zustand (geschärft/entschärft) des Systems. Über eine Diagnoseleitung kann der Fehlerspeicher ausgelesen und eine

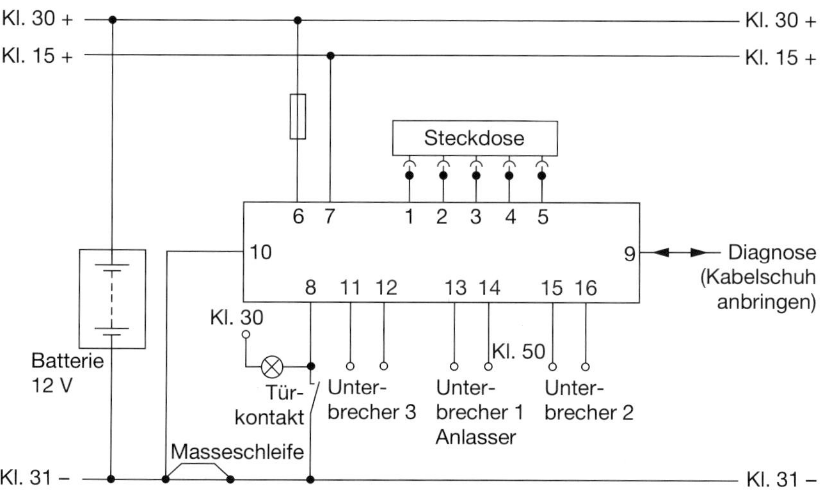

Bild 10.37 *Anschlussplan*

Neuprogrammierung vorgenommen werden. Dies kann bei einem Defekt oder auch bei Verlust eines Schlüssels erforderlich sein. Bild 10.37 zeigt den Schaltplan/Anschlussplan des Systems.

Für die Unterbrecherkreise 1, 2 und 3 wurde direkt in die entsprechenden Kabel eingegriffen und über das Steuergerät geführt. Die Steckdose mit der LED ist häufig im Armaturenbereich platziert. Das Steuergerät hingegen ist meist an einer schwer zugänglichen Stelle und versteckt untergebracht, da bei all diesen Nachrüstsystemen durch Abziehen der Stecker vom Steuergerät und entsprechenden Kurzschlussbrücken in den Unterbrecherkreisen das System außer Funktion gesetzt werden kann.

10.4 Reifendruckkontrollsysteme

Bei fast jedem Rad verringert sich im Laufe der Zeit der Luftdruck. Andererseits wird von vielen Fahrzeugnutzern die regelmäßige Luftdruckkontrolle der Räder stark vernachlässigt. Dies führt dazu, dass die meisten Fahrzeuge mit zu geringem Luftdruck fahren, mit den daraus resultierenden negativen Auswirkungen (erhöhter Kraftstoffverbrauch, Verminderung der Fahrstabilität, längerer Bremsweg, erhöhter Reifenverschleiß usw.).

Das war auch das Ergebnis bei einer groß angelegten Studie und führte in der Folge zu gesetzlichen Regelungen, d. h. zur Einführung von Reifendruckkontrollsystemen. Grundsätzlich unterscheidet man indirekt und direkt messende Systeme.

10.4.1 Indirekt messende Reifendruckkontrollsysteme

Bei den indirekt messenden Systemen werden die Signale der Raddrehzahlsensoren für die Funktion der Reifendruckkontrolle genutzt (Bild 10.38). Die Funktion ist deshalb in der Regel im Steuergerät der Fahrstabilitätsregelung integriert.

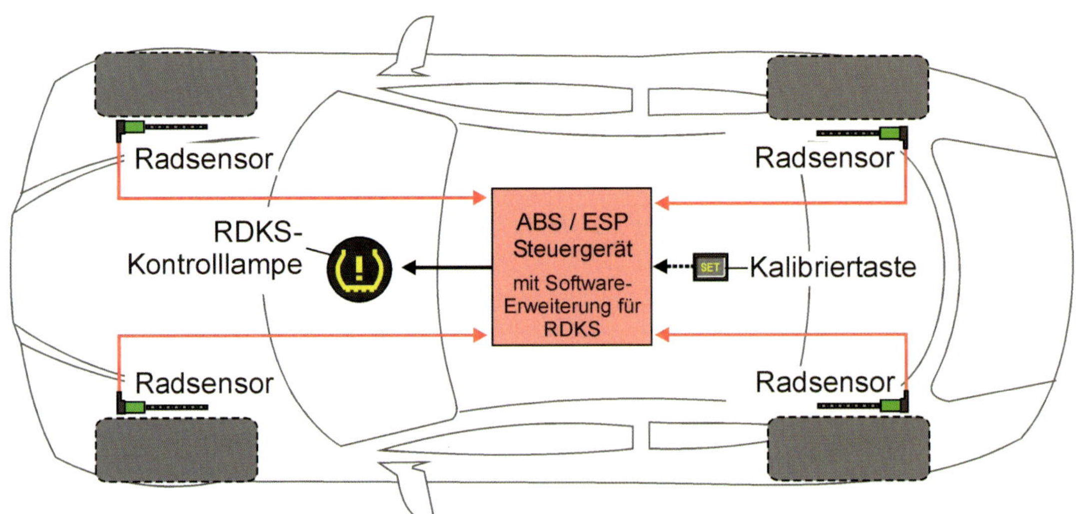

Bild 10.38 *Prinzipieller Aufbau eines indirekt messenden Reifendruckkontrollsystems*

Räder/Reifen mit unterschiedlichen Drücken haben unterschiedliche Reifenumfangsgeschwindigkeiten und damit unterschiedliche Raddrehzahlen. Je niedriger der Druck, desto niedriger der Reifenumfang und desto höher die Raddrehzahl. Dieser Effekt wird für die Erkennung von Reifenpannen bzw. Reifendruckverlusten genutzt. Dafür muss bei jedem Räder-/Reifenwechsel bzw. Änderung der Reifendrücke das System neu angelernt werden. Dieser Anlernprozess wird durch die sog. Kalibriertaste angestoßen. Die Funktion der Kalibriertaste kann sich auch in einem Menüpunkt der Fahrerinformationssysteme befinden.

Während der Anlernphase, die mehrere Kilometer und Minuten dauern kann, ermittelt das Steuergerät die Abrollcharakteristik der einzelnen Räder in verschiedenen Fahrsituationen. Diese werden nach Abschluss der Anlernphase als Referenzwerte abgelegt und für die Berechnungen und Erkennung von Fülldrückverlusten genutzt. Erkennt das System eine Abweichung wird die Reifendruckkontrollsystem-Kontrolllampe angesteuert.

Gleichmäßiger, schleichender Fülldruckverlust an allen vier Rädern wird bei gemäßigten Geschwindigkeiten sehr lange nicht erkannt. Eine Reifenpanne am stehenden Fahrzeug sowie ein Fülldruckverlust am Reserverad kann ebenfalls nicht angezeigt werden. Dies ist nur über direkt messende Systeme möglich.

10.4.2 Direkt messende Reifendruckkontrollsysteme

Bei den direkt messenden Systemen werden die Reifendrücke und Reifentemperaturen von batteriebetriebenen Drucksensoren (vgl. Abschnitt 22.11) direkt in den Rädern erfasst und per Funk an ein Steuergerät gesendet. Das System vergleicht die Messwerte mit hinterlegten Sollwerten und gibt bei Druckverlust eine Warnmeldung aus. Die einzelnen Reifendrücke können im Fahrerinformationsdisplay angezeigt werden (Bild 10.39)

Dazu sendet jeder Reifendrucksensor neben dem Reifendruck und der Temperatur auch Informationen über den Batteriezustand und eine eigene Identifizierungsnummer, die im Steuergerät der richtigen Radposition zugeordnet werden muss.

Jede Veränderung der Einbauposition der Räder bzw. bei einer Umbereifung (Sommer/Winter), oder auch der Montage anderer Räder/Reifen bzw. dem Austausch eines Sensors

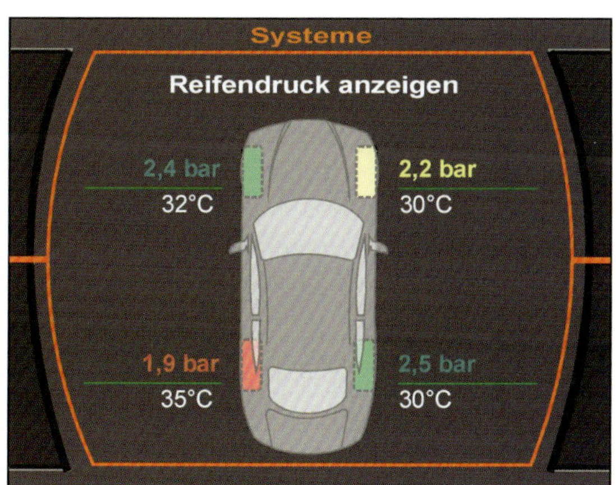

Bild 10.39
Darstellung der Reifendrücke im Fahrerinformationsdisplay

muss im Steuergerät hinterlegt werden. Nur so ist die einwandfreie und richtige Funktion und Darstellung der Reifendruckwerte möglich.

In Abhängigkeit von Fahrzeug- und Systemherstellern gibt es auch bei den direkt messenden Reifendruckkontrollsystemen verschiedene Ausführungen.

- Systeme mit mehreren Empfängern
- Systeme mit einem Empfänger ohne Eigenraderkennung
- Systeme mit einem Empfänger mit Eigenraderkennung

Bei den **direkt messenden Reifendruckkontrollsystemen mit mehreren Empfängern** ist jedem Radsensor ein Empfänger zugeordnet (Bild 10.40).

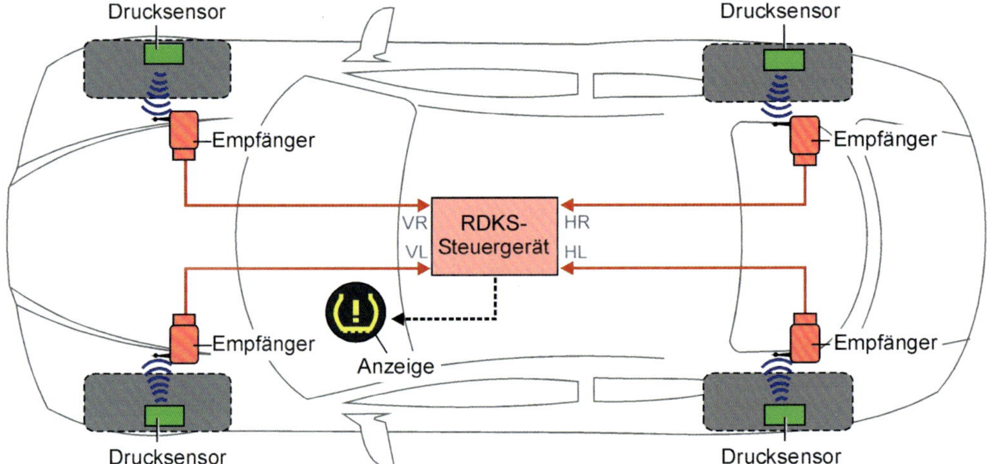

Bild 10.40 *Direkt messendes Reifendruckkontrollsystem mit vier Sensoren und vier Empfängern*

Die Empfänger sind meist in den Radkästen untergebracht. Wenn das Reserverad auch überwacht wird, befindet sich evtl. auch ein Empfänger in der Reserveradmulde. Fahrzeugabhängig kann zur Überwachung des Reserverades aber auch einer der Empfänger in den Radkästen (z. B. hinten links) genutzt werden. Durch eine entsprechende Konfiguration werden dann die Signale des Reserveraddrucksensors zusätzlich zum überwachten Laufradsensor empfangen und ausgewertet (Doppelerfassung). Durch eine begrenzte Sende- und Empfangsleistung der Bauteile wird erreicht, dass ein Empfänger nur die Funksignale des nächstgelegenen Drucksensors empfängt. Die einzelnen Messwerte werden anschließend über Leitungen an das RDKS-Steuergerät übertragen.

Da bei diesem System das Steuergerät die Identifikationsnummer des Drucksensors und dessen Einbaulage eigenständig erkennt, ist keine weitere manuelle Zuordnung über Tester- oder Diagnosesysteme notwendig. Trotzdem muss bei jeder Veränderung (Reifen, Räder, Druck, Sensor usw.) immer wieder eine Kalibrierung und damit die Anlernphase neu gestartet werden, damit die neuen Werte wieder im Steuergerät abgelegt werden können.

Während der Kalibrierung dürfen sich keine anderen Räder mit Drucksensoren in unmittelbarer Nähe oder im Fahrzeuginnenraum/Kofferraum befinden.

Bei den **direkt messenden Reifendruckkontrollsystemen mit einem Empfänger ohne Eigenraderkennung** werden alle Funksignale von einer einzelnen Empfangseinheit im Steuergerät aufgenommen und verarbeitet (Bild 10.41). Damit spart man sich die weiteren Empfänger und die notwendigen Leitungen.

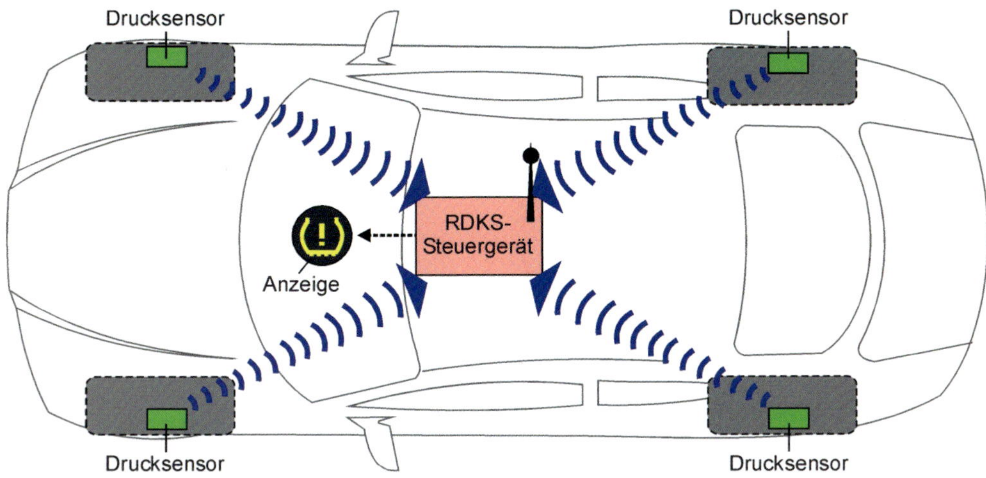

Bild 10.41 *Reifendruckkontrollsystem mit vier Sensoren und einem Empfänger im Steuergerät*

Bei diesem System ist jedoch eine manuelle Zuordnung der Drucksensoren über einen Tester bzw. Diagnosesystem zur jeweiligen Radposition notwendig. Nur so kann das System den aktuellen Druck des dazugehörigen Rades richtig anzeigen. Grundsätzlich werden nur die Messwerte der Sensoren verarbeitet, die mit ihrer Sensor-Identifikationsnummer im Steuergerät angemeldet sind. Störungen durch Fremdeinstrahlungen sind somit ausgeschlossen. Es können meist bis zu acht Sensoren (von vier Sommer-/vier Winterrädern) angemeldet werden. Wichtig ist dann allerdings, dass bei der saisonalen Umbereifung jedes Rad wieder an die richtige Position kommt. Einige Fahrzeughersteller verwenden dazu auch verschiedene Farbmarkierungen für die unterschiedlichen Radpositionen.

Aber auch bei diesem System muss bei jeder Veränderung (Reifen, Räder, Druck, Sensor, Einbauposition usw.) immer wieder eine neue Kalibrierung gestartet werden bzw. evtl. auch die neuen Sensoren oder Einbaupositionen im Steuergerät abgelegt werden.

Direkt messende **Reifendruckkontrollsysteme mit einem Empfänger und Eigenraderkennung** (Bild 10.42).

Durch eine bewusst dezentrale Anordnung der Empfangseinheit und damit einhergehend einer variierenden Signalstärke der Sensoren, kann wieder eine automatische Eigenraderkennung (Positionserkennung) erreicht werden. Dabei werden noch weitere Eingangssignale, wie z. B. die Raddrehzahlen, sowie die Veränderung der Raddrehzahlen bei Beschleunigung und Verzögerung aus dem ABS-Steuergerät in die Signalverarbeitung und Berechnung mit einbezogen.

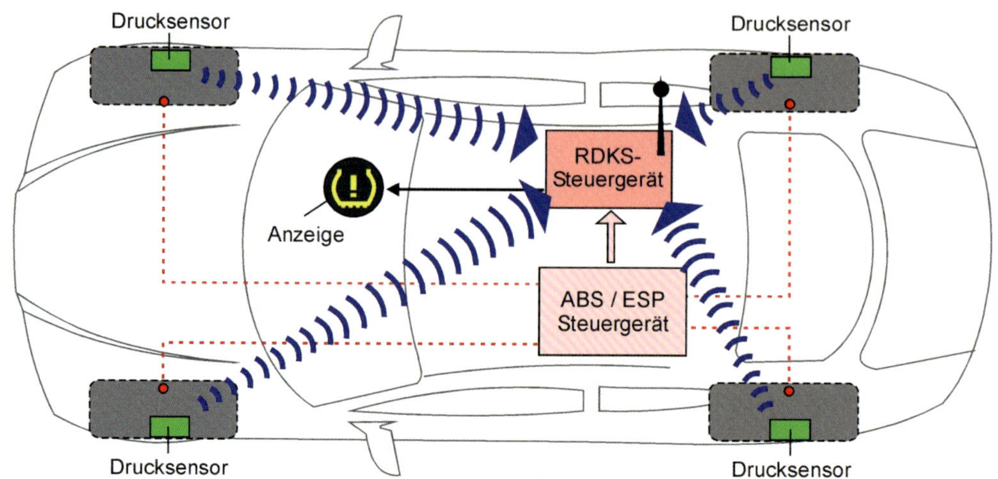

Bild 10.42 *Direkt messendes Reifendruckkontrollsystem mit vier Sensoren und dezentral angeordnetem Empfänger*

Der Anlernprozess für die Positionserkennung der Drucksensoren erfordert bei diesem System eine in der Regel etwas längere Kalibrierungsfahrt und muss, wie bei den anderen Systemvarianten auch, durch die Kalibrierungstaste oder ein Diagnosegerät bei jeder Veränderung angestoßen werden. Während der Anlernphase sollten sich auch bei diesem System keine anderen Drucksensoren in der Nähe bzw. im Fahrzeuginnenraum/Kofferraum befinden.

11 Integrierte Fahrerinformations- und Assistenzsysteme

Im Zuge der ständig fortschreitenden Technik und im Vorgriff auf das autonome Fahren (siehe Kapitel 12) gibt es heute schon viele Systeme, die den Fahrer mit vielen Informationen versorgen, ihn entlasten, ihn warnen, unterstützen und in Notsituationen helfend eingreifen, um letztendlich Unfälle zu vermeiden. Alle diese Systeme benötigen viele Sensoren, vernetzte Strukturen, einen hohen Datenaustausch untereinander, eine komplexe Software und nicht zuletzt verschiedene Eingabemöglichkeiten zur Aktivierung der Systeme und Anzeigen zur Funktionskontrolle, damit der Fahrer richtig unterstützt/assistiert werden kann.

11.1 Allgemeines zu Fahrerinformationssystemen

Heute versteht man unter dem Begriff der Fahrerinformationssysteme überwiegend die Anzeigen der Audio-, Informations- und Kommunikationssysteme, der Komfortelektronik und der Assistenzsysteme. Klassisch gehören dazu aber auch die Anzeigen für Geschwindigkeit, Motordrehzahl, Kühlmitteltemperatur und Tankinhalt sowie die diversen Kontrolllampen für Fernlicht, Bordnetzspannung, Öldruck, Bremse, Airbag usw. Nicht zu vergessen auch die fahrzeugbezogenen Kontrollfunktionsanzeigen (Überwachung von Glühlampen, Flüssigkeitsständen, Türen/Klappen offen usw.) und die Bordcomputer-Anzeigen für Außentemperatur, Verbrauch, Durchschnittsgeschwindigkeit, Reichweite usw.

Da jedes dieser Systeme und Funktionen eine Vielzahl von Anzeige und Bedienmöglichkeiten benötigt, werden diese zusammengefasst in verschiedene, integrierte Fahrerinformationssysteme (Bild 11.1). Damit wird eine einheitliche Benutzeroberfläche und Bedienerführung sowie eine deutlich reduzierte Anzahl von unterschiedlichen Anzeige- und Bedienmöglichkeiten erreicht. Viele Einzellösungen mit vielen Schaltern und Einzelanzeigen würden zu viel Platz beanspruchen und könnten auch nicht mehr sicher bedient werden.

Bild 11.1 *Anordnung von Fahrerinformationssystemen. Der Trend geht zu immer mehr und größeren Displays.*
[Bild: Audi]

Die Zusammenfassung und Integrationsphilosophie sowie die Bedienung über mehrere bzw. verschiedene Eingabemöglichkeiten ist bei den Kfz-Herstellern sehr unterschiedlich, abhängig von der Fahrzeugklasse aber natürlich auch vom Ausstattungsgrad der Fahrzeuge. Grundsätzlich sollten die integrierten Fahrerinformationssysteme aber einfach und logisch in der Bedienung und schnell und leicht abzulesen in der Bildschirmdarstellung sein. Zusammengefasst in den zentralen Anzeige- und Bedienteilen der Fahrerinformationssysteme werden die

- Audiosysteme, wie z. B. Radio, TV, Mediaschnittstellen (USB, AUX), DVD-Wiedergabe;
- Telekommunikationssysteme, wie z. B. Telefon, Telematikfunktionen, Internet, Officeanwendungen;
- Komfortsysteme, wie z. B. Navigation, Klimaanlage, Einparkhilfe usw.;
- Fahrzeugeinstellungen, wie z. B. Lichteinstellungen, Zentralverriegelung, Anzeigen, Uhr usw.;
- Assistenzsysteme, wie z. B. Spurverlassenswarnung, Seitenkollisionswarnung, Aufmerksamkeitsassistent usw.;
- Fahrzeugkontrollfunktionen, wie z. B. Reifenluftdruck, Motorölstand usw.;
- Bordcomputeranwendungen, wie z. B. Verbrauch, Durchschnittsgeschwindigkeit, Reichweite usw.;
- Diagnose- und Serviceanwendungen, wie z. B. Fälligkeit nächster Service, Software-Update usw.

Ein zentrales Anzeige- und Bedienteil der Fahrerinformationssysteme ist oft eine Headunit im Bussystem und damit das Gateway zu den anderen Bussystemen. Sehr häufig hat es auch die Masterfunktion im MOST-Verbund, wie auch in unserem beispielhaft gewählten

Bussystem. Die Headunit hat sehr oft eine entscheidende Funktion im Systemverbund fast aller Systeme im Kraftfahrzeug.

11.2 Verschiedene Eingabemöglichkeiten und Eingangssignale

Die Eingabe oder Abfrage bestimmter Funktionen kann meist an mehreren Bedienstellen erfolgen. Aktueller Stand der Technik sind momentan die folgenden Möglichkeiten der Eingabe:

- Taster oder Schalter zur direkten Bedienung,
- ein zentraler Dreh- / Drücksteller (Controller),
- evtl. mit einem zusätzlichen Touchpad und evtl. zusätzlichen (Menü-) Direktwahltasten,
- Touchscreen am Bildschirm oder mit Bedienfeldern (Softkeys) am Bildschirmrand oder durch Wischen und Streichen (analog Smartphone),
- Gestensteuerung,
- Multifunktionslenkrad,
- Spracheingabe.

Wie viele der unterschiedlichen Eingabemöglichkeiten verbaut sind, hängt natürlich zum Teil wieder vom Hersteller ab, von der Fahrzeugklasse oder auch der Fahrzeugausstattung. Die Bedienung der Systeme erfolgt in der Regel nach einfachen immer gleichen Prinzipien/Abläufen und sollte überwiegend selbsterklärend sein. Jedoch verfolgen hier die verschiedenen Fahrzeughersteller unterschiedliche Philosophien. Deshalb kann es ratsam sein, in der Bedienungsanleitung bestimmte Funktionen oder Erklärungen nachzusehen.

Deshalb ist es unter Umständen auch bei einer Kundenreklamation sinnvoll, sich erst genau die Eingabe und Funktion anzusehen, bevor eine unkoordinierte Fehlersuche begonnen wird. Es gibt auch immer wieder Fälle, in denen der Kunde mit der Bedienung oder Funktion überfordert ist bzw. diese nicht kennt oder richtig bedienen kann. Wichtig in diesem Zusammenhang ist auch, wann, was, bei welchen Bedingungen funktioniert bzw. nicht funktioniert. Die Angaben des Kunden am besten genau aufschreiben und wenn möglich nachvollziehbar zeigen lassen. Eine detaillierte Fehlersuche in den Fahrerinformationssystemen verlangt eine genaue Fehlereingrenzung. Anhand der Fehlereingrenzung ist zu prüfen, woher die notwendigen Eingaben, Signale kommen und wie sie übertragen werden. Eine weitere Prüfung sollte sein, ob ein ähnlicher Fehler auch in benachbarten Systemen auftritt. Tritt der Fehler unter Umständen nur bei der Bedienung über eine bestimmte Eingabestelle auf? Natürlich muss aber zuerst mit dem Diagnosetester und den Fehlerspeicherabfragen gearbeitet werden, evtl. gibt das Fahrzeugmenü auch schon erste Hinweise.

Die folgenden Darstellungen und Erklärungen der Eingabemöglichkeiten der verschiedenen Systeme und Vernetzungen können nur einige Beispiele sein, um die Vielfalt zu zeigen.

Alle Eingabemöglichkeiten, soweit es sich nicht nur um einfache Schalter handelt, müssen aber, wie bereits erwähnt, miteinander vernetzt sein. Bild 11.2 zeigt beispielhaft eine solche Vernetzung.

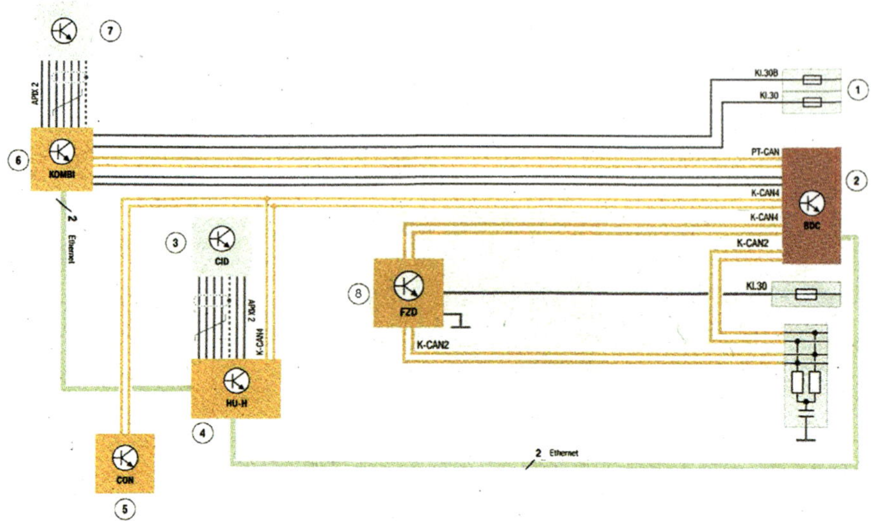

Bild 11.2 *Systemschaltplan der verschiedenen Eingabemöglichkeiten*

1 Sicherungen
2 zentrales Bordnetzsteuergerät
3 Zentraldisplay
4 Headunit
5 Controller
6 Instrumentenkombi
7 Head-up-Display
8 Funktionszentrum Dach
[Quelle: BMW]

Zentrale Elemente in diesem Beispiel sind die Headunit und das zentrale Bordnetzsteuergerät, die alle Eingaben verarbeiten und sich über einen Hochgeschwindigkeits-CAN austauschen und abstimmen. Eingabemöglichkeiten bestehen über den Controller, die Audiobedieneinheit, alle Schalter und Hebel an der Lenksäule und im Multifunktionslenkrad und über den Touchscreen im zentralen Informationsdisplay. Weitere Eingangssignale kommen vom Radioempfänger, dem Kombi, den USB-Schnittstellen, dem Telefon, der Spracheingabe, der Gestensteuerung usw. und natürlich von allen Systemen, die Daten mit der Headunit und dem zentralen Bordnetzsteuergerät austauschen. Der Controller in unserem Beispiel (Bild 11.3) ist ein Zentraler Dreh-/Drück-/Schiebesteller mit Touchpad und zusätzlichen Menüdirektwahltasten.

Bild 11.3
Controller mit Direktwahltasten und Touchpad
[Bild: BMW]

Der Controller nimmt die Bedienbefehle auf, wertet sie aus und sendet auf dem Hochgeschwindigkeits-CAN entsprechende Botschaften. Das in Bild 11.3 im Controller integrierte Touchpad kann aber auch als eigenständige Bedieneinheit auf der Mittelkonsole (Bild 11.4) oder im Multifunktionslenkrad (Bild 11.5) integriert sein.

Bild 11.4
Touchpad in der Mittelkonsole
[Bild: Daimler]

Bild 11.5
Multifunktionslenkrad mit Touch-Control
[Bild: Daimler]

Die Eingaben am Multifunktionslenkrad (Bild 11.5) und der Schalter und Hebel an der Lenksäule werden ebenfalls in einem Steuergerät erfasst, ausgewertet und über ein Bussystem an die Headunit oder ein zentrales Bordnetzsteuergerät übertragen. Die verschiedenen Multifunktionslenkräder der verschiedenen Hersteller erlauben meist eine Lautstärkeneinstellung, ein Vor- und Zurückblättern im gewählten Menü, eine Umschaltung zwischen Audio, Multimedia und Telefon und eventuell die Bedienung der Geschwindigkeitsregelung bzw. weiterer Assistenzsysteme. Manchmal gibt es auch frei programmierbare Tasten und viele herstellerspezifische Eigenheiten. Auch hier ist es sehr wichtig vor einer Fehlersuche die genauen Funktionen zu kennen. Häufig befindet sich auf dem Multifunktionslenkrad auch die Taste für die Aktivierung der Spracheingabe. Diese Taste bezeichnet man als «Push-to-talk-Taster» (Drücken-zum-Sprechen-Taste).

Die Spracheingabe (Sprachsteuerung) stellt mittlerweile bei den aktuellsten Systemen die für die Verkehrssicherheit beste Eingabemöglichkeit dar. Die Hände können am Lenkrad bleiben und der Blick muss kaum vom Verkehrsgeschehen abgewendet werden. Die Eingabe erfolgt über Mikrofone. Die ersten Spracheingabesysteme benötigten einfache, fest definierte Befehle und mussten der Logik der Menüstruktur folgen. Das Steuergerät für die Spracherkennung war im Fahrzeug in den Fahrerinformationssystemen integriert und über einen MOST-Bus oder Hochgeschwindigkeits-CAN mit den anderen zu steuernden Systemen verbunden.

Bei den aktuellen Sprachsteuerungen werden die Sprachbefehle über eine Telefonverbindung an ein cloudbasiertes Spracherkennungssystem übermittelt, dort ausgewertet und mit entsprechenden Befehlen in das Fahrzeug zurück übertragen. Es können auch ganze Sätze «verstanden» werden. Voraussetzung für eine «gute» Funktion sind möglichst wenige Hintergrundgeräusche und natürlich eine stabile Telefonverbindung. Ansonsten kann nur auf das Spracherkennungssystem in der Headunit zurückgegriffen werden. Bei der Aktivierung der Spracheingabe werden alle Audiosysteme stummgeschaltet bzw. angehalten. Zwischen den Anfängen der Spracheingabe und den aktuellen Entwicklungen der Sprachsteuerung gibt es, wie immer, eine Menge von Zwischenschritten. In der Regel können über die Sprachsteuerung das Telefon, die verschiedenen Audio- und Multimediaanwendungen, das Navigationssystem und verschiedene Fahrzeugeinstellungen bedient werden. Aber auch hier gibt es fahrzeug- und herstellerspezifisch unendliche Varianten, die man vor einer Fehlersuche genau kennen sollte.

Eine mittlerweile immer weiter verbreitete Möglichkeit der Eingabe ist ein Display mit einem Touchscreen, auch als «berührungsempfindlicher Bildschirm» bezeichnet. Die Ein- und Ausgabe geschieht an einer Stelle und erspart zusätzlichen Verkabelungsaufwand. Die Bedienung während der Fahrt ist aber teilweise problematisch. Die Funktion des Touchscreens ist in Abschnitt 22.14.4 beschrieben.

Eine der aktuellen Bedienmöglichkeiten ist die sogenannte Gestiksteuerung. Dabei werden definierte Hand- und Fingerbewegungen in einem von einer Kamera erfassten Bereich (Bild 11.6) ausgewertet und entsprechende Bedienbefehle über ein Bussystem einem «Hauptsteuergerät» übermittelt. In unserem in Bild 11.2 gewähltem Systemverbund sitzt die Kamera im sogenannten «Funktionszentrum Dach» und übermittelt die ausgewerteten Gesten auf dem Karosserie-CAN an das zentrale Bordnetzsteuergerät.

Bild 11.6
Erfassungsbereich der Gestiksteuerung
[Bild: BMW]

Weitere wichtige direkte Eingabemöglichkeiten können am Telefon, dem Radio, am Navigationssystem usw. sein. Aber auch die Signale und Botschaften, die von diesen Geräten kommen, stellen wichtige Eingangssignale dar. Alle in den verschiedenen Kapiteln beschriebenen Systeme liefern natürlich auch viele Eingangssignale, die verarbeitet und dem Fahrer angezeigt werden müssen.

11.3 Anzeige und Wiedergabe

Die Anzeige bzw. Wiedergabe der verschiedenen Informationen von allen Fahrzeugfunktionen und -systemen geschieht mittlerweile sehr häufig auf einem oder mehreren grafikfähigen Farbbildschirmen (Displays). In der Anfangszeit wurden zum Teil auch nur monochrome Bildschirme verwendet. Nicht zu vergessen, sind dabei auch die oft zusätzlichen akustischen Hinweise über Lautsprecher und sonstige elektronische Tongeber usw. Die Anzeigen auf dem (oder den) Bildschirm(en) werden in der Regel direkt von dem verursachenden System ausgelöst. Für die Anzeige gibt es verschiedene, programmierte Prioritäten. Ebenso für die akustische Wiedergabe von Informationen oder Funktionen. Ein eingehendes Telefongespräch unterbricht z. B. immer die Musikwiedergabe, Richtungshinweise einer aktiven Zielführung können aber ihrerseits das Telefongespräch überlagern, akustische und optische Warnungen beim Einparken bleiben andererseits immer präsent. Was, wo, wann und wie angezeigt bzw. akustisch aufbereitet wird, ist also immer nach programmierten Prioritäten festgelegt. Die verschiedenen Displays sind meistens in der sogenannten TFT- bzw. TFD-Technik ausgeführt (TFT, ***t****hin* ***f****ilm* ***t****ransistor*; TFD, ***t****hin* ***f****ilm* ***d****iode* (*thin*, engl. dünn), siehe auch Abschnitt 22.14.4).

Eine weitere zusätzliche Anzeigemöglichkeit bietet das Head-up-Display, das eine immer weitere Verbreitung erfährt (*head-up*, engl. Kopf hoch). Beim Head-up-Display (Bild 11.7) werden ausgewählte Informationen aus den Fahrerinformationssystemen in das Sichtfeld des Fahrers projiziert. Es handelt sich dabei meist um die Ist-Geschwindigkeit, Geschwindigkeitsbegrenzungen, Richtungshinweise des Navigationssystems, Statusmeldungen der Fahrgeschwindigkeitsregelung, aber auch um Funktionsstörungen oder Warnungen der Fahrerassistenzsysteme, die angezeigt werden.

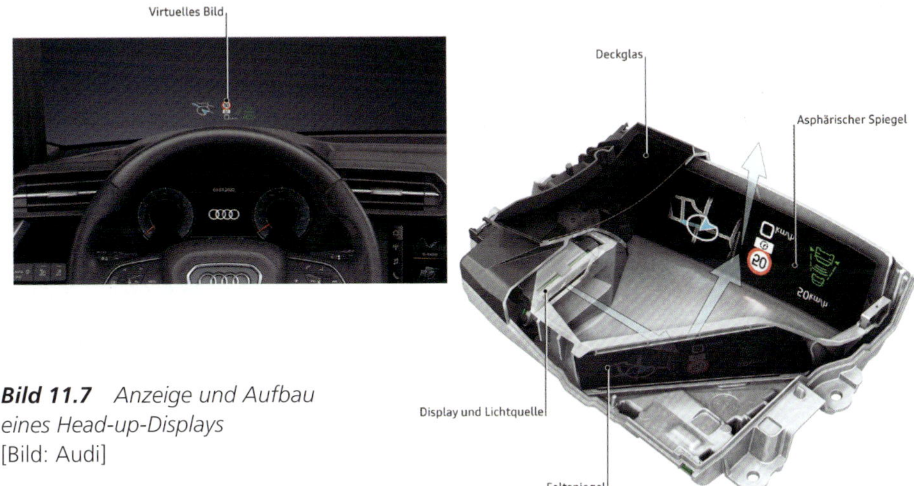

Bild 11.7 *Anzeige und Aufbau eines Head-up-Displays* [Bild: Audi]

Ähnlich einem Projektor werden die in einem TFT-Projektionsdisplay erzeugten Abbildungen über mehrere Spiegel auf die Frontscheibe projiziert. Die nur für den Fahrer sichtbare Darstellung ist ca. 20 cm auf 10 cm groß und erscheint ca. 2.20 m vom Auge entfernt auf der Fahrbahn frei schwebend. Helligkeitsunterschiede (Tag, Nacht, Sonne, Regen) werden durch die Signale des Regen- und Lichtsensors automatisch angepasst. In der Regel kann die gewünschte Helligkeit auch manuell durch den Fahrer verändert werden, ebenso wie die Höhe der Projektion und die seitliche Ausrichtung, damit sich der Kopf des Fahrers innerhalb eines bestimmten Bewegungsraumes (der sogenannten *Eyebox*) befindet. Ansonsten kann es zu Fehlern, Bildverzerrungen oder nicht sichtbaren Informationen kommen.

Bei einem Frontscheibentausch ist es wichtig die richtige Frontscheibe zu verwenden, die einen Kunststoffkeil zwischen innerer und äußerer Glasscheibe hat und diese genau zu positionieren. Außerdem muss auch das Projektionsdisplay bei einem Austausch exakt nach Herstellervorgaben ausgerichtet werden.

Wenn die verschiedenen Displays und Anzeigen, wie z. B. auch das Head-up-Display, mit den die Darstellungen aufbereitenden Steuergeräten nicht in einem Bauteil integriert sind, müssen die Bildsignale über spezielle Leitungen übertragen werden. Man verwendet dazu verdrillte und geschirmte sogenannte STP-Leitungen (***s**hielded **t**wisted **p**air*). Als Übertragungsstandard nutzt man häufig APIX (***A**utomotive **Pix**el Link*). Es handelt sich dabei um ein Hochgeschwindigkeitsbussystem speziell für Video- und Kameraanwendungen. Die Übertragungen können bidirektional und mit bis zu 12 GBit/s erfolgen. Bild 11.8 zeigt als Beispiel eine derartige Verknüpfung.

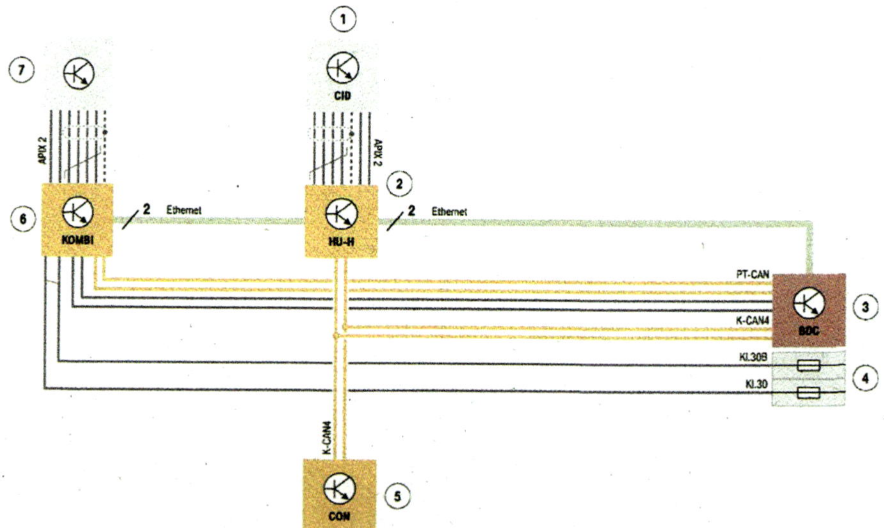

Bild 11.8 *Systemschaltplan für eine Head-up- und Bildschirm-Vernetzung mit APIX.*

1 Central Information Display CID
2 Headunit
3 Body Domain Controller BDC
4 Sicherungen Stromverteiler vorn rechts
5 Controller
6 Instrumentenkombination KOMBI
7 Head-up-Display HUD
[Bild: BMW]

11.4 Navigationssysteme

11.4.1 Allgemeines

Ein Navigationssystem muss den richtigen Weg zu einem vom Benutzer eingegebenen Ziel berechnen und ihn dahin durch entsprechende Richtungsempfehlungen/Abbiegehinweise usw. sicher führen.

Für diese Aufgabe suchte man bereits Ende der 1970er-Jahre nach Lösungen. Aber erst Mitte der 1990er-Jahre kamen die ersten brauchbaren, zielführenden Navigationssysteme auf den Markt, deren Fahrempfehlungen leicht verständlich, verlässlich und mit einer guten Kartendarstellung unterstützt wurden. Der Anteil der Navigationssysteme hat seither ständig zugenommen. Mittlerweile werden die verschiedenen Navigationssysteme in Europa von fast jedem in irgendeiner Art und Weise benutzt. Die Spanne reicht dabei aktuell von der Handynavigation, einfachen reinen Routenführern, bis zu Systemen, die in die Fahrzeugfunktionen vollständig integriert sind und neben Fahrtrichtungshinweisen, ausführlichen Kartendarstellungen auch viele zusätzliche Informationen und Funktionen bieten. Zusätzliche Informationen sind Sonderziele, wie z. B. Tankstellen mit aktuellen Preisen, Hotels, Restaurants nach verschiedenen Kategorien, Sehenswürdigkeiten, Firmen, Geschäfte usw. Zusätzliche Funktionen sind z. B. Telematikfunktionen, Übermittlung der Standortkoordinaten bei einem automatischen Notruf, Fahrhinweise aufgrund der gefahrenen Strecke, Rekuperationsempfehlungen entsprechend der Topografie, automatische Fahrlichtfunktionen abhängig vom Streckenverlauf usw. Für die Bedienung der verschiedenen Navigationssysteme gibt es alle eingangs (vgl. Abschnitt 11.2) erwähnten Möglichkeiten. In der Anfangszeit gab es auch einfache Radionavigationsgeräte mit einer Pfeilnavigation, die zusammen mit einem Radio in einem Gehäuse vereint waren.

11.4.2 Positionsbestimmung und Routenberechnung

Grundvoraussetzung für die Berechnung einer Fahrtroute und einer Zielführung ist zuallererst die Bestimmung der eigenen Position. Dies geschieht durch das ***G****lobal* ***P****ositioning* ***S****ystem* (GPS, weltumfassendes Standortbestimmungssystem). Dabei handelt es sich um 24 Satelliten, die in ca. 20.200 km Höhe die Erde in sechs Bahnebenen umkreisen. Die sechs Bahnen haben jeweils einen Abstand von 60° zueinander (6 · 60° = 360°).

Jeweils vier Satelliten befinden sich auf einer Bahnebene mit dem gleichen Abstand zueinander. Alle Satelliten kreisen in ihren Bahnen immer mit einer Neigung von 55° zum Äquator und benötigen für einen kompletten Umlauf 12 Stunden. Durch die sechs verschiedenen Bahnen und die jeweils gleichmäßige Verteilung aller Satelliten ist gewährleistet, dass an jedem bewohnten Punkt der Erde mindestens immer vier Satelliten «sichtbar» sind. Meistens sind aber die Signale von noch mehr (maximal acht) Satelliten zu empfangen. Alle Satelliten senden in gleichen Zeitabständen 50-mal pro Sekunde auf zwei Frequenzen Identifikations-, Positions- und Zeitsignale. Für eine exakte Positionsbestimmung müssen mindestens drei Satelliten gleichzeitig empfangen werden. Die Positionsbestimmung beruht auf den unterschiedlichen Signallaufzeiten aufgrund der

Entfernungen von den einzelnen Satelliten zum Empfänger. Daraus kann dann der Standort berechnet werden. Das ganze GPS basiert sozusagen auf exakten Zeitsignalen und damit exakten Uhren.

Für die zivile Nutzung (des ursprünglich nur für militärische Zwecke vorgesehenen GPS) war die Genauigkeit anfangs bei ca. 100 m in der waagrechten Achse, ca. 150 m in der senkrechten Achse und ca. 0,3 Millisekunden Zeitabweichung. Seit dem Jahr 2000 werden aber auch für die zivile Nutzung die Signale freigegeben, die eine Genauigkeit von ±10 m erlauben.

Mit den Daten der eigenen Position und dem vom Nutzer eingegebenen Ziel wird vom Navigationsrechner die Fahrtroute berechnet. Dabei bedient sich der Rechner der Daten (Straßenkarten, Zusatzinformationen usw.), die auf einer Festplatte gespeichert sind. In der Anfangszeit waren die Daten auf einer CD-ROM, später auf einer DVD gespeichert.

Die Standortkoordinaten werden also in eine Kartenposition umgewandelt und dann die verschiedenen Straßen vektorial addiert (Vektor, Richtungspfeil einer bestimmten Länge, die aneinander gelegt werden), bis das gewünschte Ziel erreicht ist. Die Berechnung muss in wenigen Sekunden im Hintergrund ablaufen. Danach kann das System dann die entsprechenden Fahrtrichtungsempfehlungen für die Zielführung geben.

Der Empfang der GPS-Satelliten-Signale kann aber in Tälern, Tunnels oder durch hohe Gebäude manchmal auch gestört sein. Damit die Navigation trotzdem noch möglich ist, erhält das Navigationssystem weitere Eingangssignale. Das sind das Geschwindigkeits-/Wegstreckensignal und für die Richtungsänderung das Signal eines Drehratensensors, auch als Gyrometer, Gyroskop oder G-Sensor bezeichnet. Mit Hilfe dieser Signale und der digitalisierten Straßenkarten kann der Navigationsrechner die Positionsbestimmung und Zielführung fortsetzen. Dies wird auch als Koppelnavigation oder «*dead reckoning*» bezeichnet (*dead reckoning,* engl. ungefähre Berechnung, Kalkulation). Zusätzlich werden mit diesen Eingangssignalen auch immer wieder Ungenauigkeiten, bzw. kleine Abweichungen der aktuellen Position, die sich daraus ergeben, mit den Straßenkarten abgeglichen und korrigiert.

Das so genannte *Map-Matching* (*map,* engl. Landkarte; *matching,* engl. angleichen, anpassen) wird in den Bildern 11.9a bis c beispielhaft gezeigt. Nach der ersten groben Ortung (11.9a) durch das GPS-System erkennt die Navigationssoftware nach wenigen Metern die befahrene Straße (11.9b). Beim Abbiegen (11.9c), dass das Navi durch das Gyrometer erkennt, kann die Software die Position exakt ermitteln. Durch das ständige Zusammenspiel und die permanenten Berechnungen aller Eingangssignale, ist mittlerweile eine sehr exakte Positionsbestimmung und Zielführung möglich.

Wichtig ist es, in diesem Zusammenhang immer die aktuellen Daten zur Verfügung zu haben, d. h., immer mal wieder ein Kartenupdate durchzuführen. Entweder durch ein aktives Hochladen der aktuellen Daten auf die Festplatte, sofern es nicht automatisiert über Datenpakete über Funk geschieht, oder bei älteren Systemen die CD-ROM/DVD durch eine aktuelle Version auszutauschen. Dies ist bei einer Handynavigation in der Regel nicht notwendig, da diese meist auf einen externen Rechner mit den aktuellen Daten zurückgreift. Es wird dabei nur die Position bestimmt und laufend übertragen sowie das gewünschte Ziel. Die Fahrtrichtungsempfehlungen usw. werden ständig direkt von dem externen Rechner zurück auf das Telefon übertragen und angezeigt.

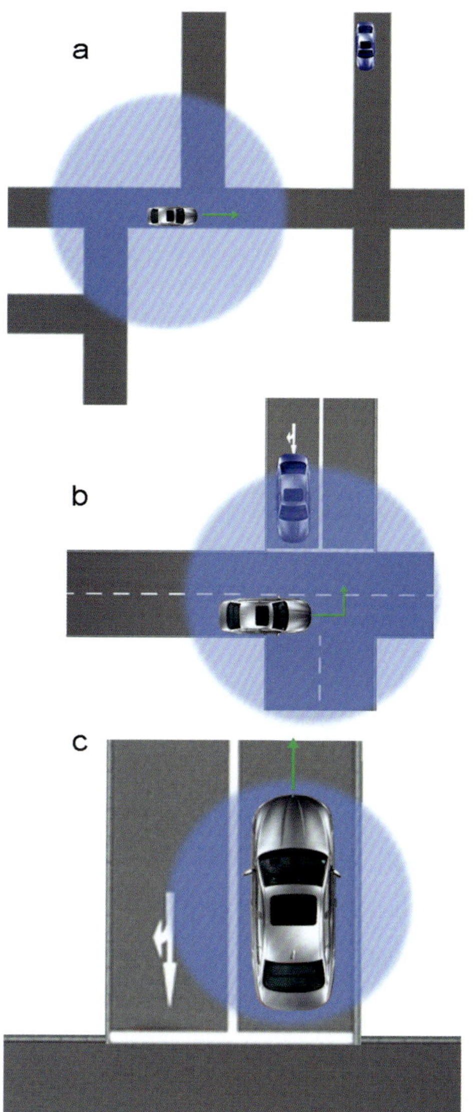

Bild 11.9
Map-Matching

11.4.3 Komponenten und Technik im Fahrzeug

Navigationssysteme benötigen einen GPS-Empfänger, eine Antenne, einen Navigationsrechner, eine Bedieneinheit und Anzeige, ein Gyroskop/Drehratensensor und ein Speichermedium für die Navigationsdaten. Diese werden bei vielen Fahrzeugen mittlerweile auf einer Festplatte im Navigationsrechner bzw. der Zentraleinheit gespeichert. In der Anfangszeit dienten CDs und später DVDs als Speichermedium. Ein zusätzliches Eingangssignal bzw. die Information über ein Bussystem ist immer das Wegstrecken-/Geschwindigkeitssignal. Häufig ist auch ein TMC-Empfänger (***T****raffic* ***M****essage* ***C****hannel,* engl. Kanal für Verkehrsmeldungen) integriert. Noch aktueller und genauer sind die

Verkehrsmeldungen, wenn das Navigationssystem mit den Informationen des RTTI (***r****eal* ***t****ime* ***t****raffic* ***i****nformation*, engl. Echtzeit Verkehrsinformationen) arbeitet (vgl. Abschnitt 13.2.2).

Die bei den ersten Navigationssystemen verwendete Erdmagnetfeldsonde wird seit vielen Jahren nicht mehr benötigt. Die einzelnen gerade erwähnten Komponenten eines Navigationssystems gibt es in verschiedenen Varianten und Kombinationen.

Das Kernelement eines Navigationssystems bildet der Navigationsrechner, der die verschiedenen Eingangssignale verarbeitet, die entsprechende Route zum Ziel berechnet und dann die notwendigen Fahrtrichtungsempfehlungen ausgibt. Integriert ist darin immer auch der GPS-Empfänger, der die Antennensignale verarbeitet. Der Navigationsrechner kann ein eigenes Bauteil sein und ist dann meist im Kofferraum oder Handschuhfachbereich untergebracht. Der Navigationsrechner kann aber auch Bestandteil eines zentralen Steuergerätes für die Anzeige und Bedieneinheit sein, bzw. die Headunit der Multimediafunktionen. In unserem eingangs gewählten Beispiel ist der Navigationsrechner Teil der Headunit. Es gibt auch Nachrüstsysteme, bei denen der Navigationsrechner, der GPS-Empfänger und ein Radio (evtl. zusätzlich noch mit Telefon und Freisprechfunktion) eine Einheit bilden. Die Bedien- und Anzeigeeinheit ist darin dann ebenfalls integriert.

Wichtiger Bestandteil des Navigationsrechners ist sowohl die Software zum Betrieb des Navigationsrechners als auch zur Berechnung der Route. Die Software ist häufig herstellerspezifisch und unterliegt auch bei den Herstellern ständiger Weiterentwicklung. Dies ist insofern von Bedeutung, da sowohl der Datenstand des Kartenmaterials als auch die Betriebssoftware zum Fahrzeug und zueinander passen müssen. Dies war gerade in der Anfangszeit der Navigationsgeräte, also heute bei älteren Fahrzeugen, mit CD-ROMs oder DVDs wichtig, ansonsten war die Funktion häufig nicht gewährleistet. Bei aktuellen Systemen mit Festplattenspeicher werden bei einer Aktualisierung der Daten automatisch die richtigen Softwarestände übertragen. Da die Speicherkapazität der CD-ROMs und DVDs nicht für z. B. ganz Europa reichte, benötigte man verschiedene CDs/DVDs für die verschiedenen Länder bzw. Regionen. Bei den aktuellen Systemen sind immer ganze Regionen (z. B. Europa) gespeichert.

Neben dem Straßennetz gehören auch sogenannte POIs (***P****oints* ***o****f* ***I****nterest*, engl. Punkte von Interesse) und Sonderziele zum gesamten Datenstand eines Navigationssystems. Dabei kann es sich um Tankstellen, Parkplätze, Hotels und Restaurants, Einkaufsmöglichkeiten, Sehenswürdigkeiten und z. B. Vertragshändler/Vertragswerkstätten des Herstellers handeln. Da sich das Straßennetz und auch die POIs ständig verändern, zum Teil bis zu 10 % jährlich, verliert der Datenstand ständig an Aktualität. Deshalb ist eine Datenaktualisierung/Software update von Zeit zu Zeit notwendig.

Eine weitere wichtige Komponente eines Navigationssystems für die Koppelnavigation ist neben dem aktuellen Datenstand ein Drehratensensor, auch als Drehwinkelsensor, Gyrometer oder Gyroskop bezeichnet. Der Drehratensensor (Bild 11.10) registriert die Fahrzeugdrehungen um die Hochachse bei Kurvenfahrten und beim Abbiegen und ist ein wichtiges Signal für das ständige Map-Matching (Abgleich der gemessenen Position mit den Kartendaten). Der Drehratensensor ist in der Regel im Navigationsrechner untergebracht.

Das zweite wichtige Eingangssignal für das Map-Matching ist das Geschwindigkeits-/Wegstreckensignal. Es wird heute bei fast allen Herstellern über ein Bussystem übertragen

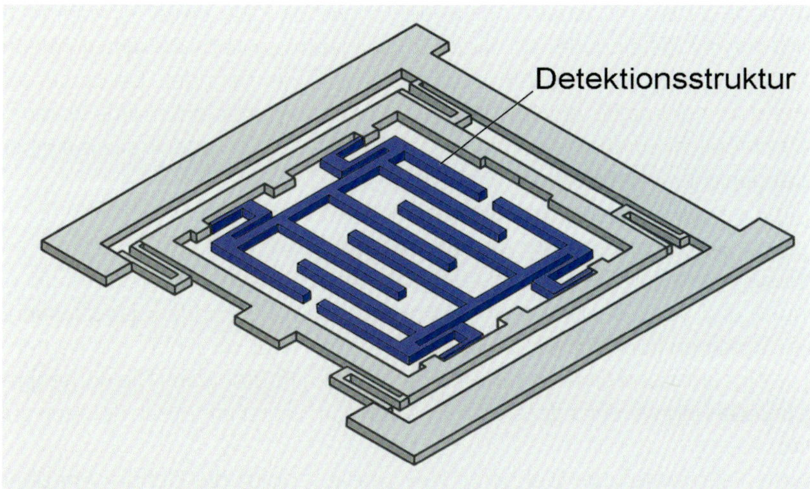

Bild 11.10 *MEM-Drehratensensor: Die äußeren Rahmen des Sensorelements werden bei einer Drehbewegung in Gegenläufige Schwingungen versetzt. Ändert das Auto seine Richtung, lenken die dabei entstehenden Kräfte Teile der inneren Detektionsstruktur (Kammstruktur) aus. Da sich dabei der Kammabstand ändert, ändert sich auch die Kapazität. Dadurch entstehen die Sensorsignale.*
[Bild Schmidt, Quelle: Bosch]

und dem Navigationsrechner als Datentelegramm zur Verfügung gestellt (vgl. Kapitel 1). Bei nachrüstbaren Radionavigationsgeräten reicht das ohnehin für das Radio vorhandene Geschwindigkeitssignal.

Aber um zuallererst die Position zu ermitteln, benötigt man die Eingangssignale der GPS-Antenne. Die GPS-Antenne muss eine «Sichtverbindung» zu den GPS-Satelliten haben, um Empfangsverluste wegen Abschattungen zu vermeiden. Sie befindet sich deshalb häufig auf dem Dach oder Kofferraumdeckel. Aber auch auf der Hutablage oder auf der Ablage des Instrumententrägers sind mögliche Einbauorte für die GPS-Antenne. Die GPS-Antenne ist immer häufiger auch zusammen mit anderen Antennen für den Radioempfang und Telefon in Kombiantennen integriert.

11.4.4 Mögliche Funktionen

Voraussetzung für eine Zielführung ist natürlich, nach der Standortbestimmung durch das Navigationssystem, die Eingabe eines Zieles durch den Fahrer. Dies kann, wie eingangs bereits beschrieben (Abschnitt 11.2), durch mehrere verschiedene Eingabemöglichkeiten geschehen. Die einfachste ist über die Spracheingabe die Nennung der Adresse und anschließendem Start der Zielführung. Am weitesten verbreitet ist aber noch die Eingabe durch die sogenannte Schreibmaschinenfunktion.

Im Navigationsmenü wird dazu der Menüpunkt «Zieleingabe» gewählt und dann das Ziel entweder über einen zentralen Dreh-/Drücksteller, oder einen Dreh-/Drücksteller am Navigationssystem oder über einen Touchscreen oder ein Touchpad eingegeben. Bei den meisten Systemen werden mit jeder Eingabe die möglichen Ziele weiter eingegrenzt. Voraussetzung für die Zieleingabe ist, dass das Navigationssystem auf den richtigen (aktuellen) Datenstand zugreifen kann, auf der sich das Ziel befindet. Ein veralteter Datenstand führt immer wieder zu vermeintlichen Kundenreklamationen. Eine weitere, selten genutzte Möglichkeit der Zieleingabe ist die Suche über ein Fadenkreuz auf einer Karte mit veränderlichem Maßstab.

Die Zieleingabe kann aber auch über Informationen zum Zielort, Sonderziele (POI), gespeicherte Adressen, Rückkehr zum Ausgangsstandort usw. erfolgen.

Nach der Zieleingabe und Bestätigung erfolgt die Berechnung der Fahrtroute, die je nach Entfernung und Rechnerleistung einige Augenblicke bis Sekunden dauern kann. Bei ganz alten Systemen konnte auch bis zu einer Minute dafür vergehen. Die Routenberechnung erfolgt aufgrund einer vom Fahrer getroffenen Routenwahl. Die Routenkriterien für die Berechnung werden erst verändert, wenn vom Fahrer eine neue Routenwahl getroffen wird.

Nachdem die Fahrtroute zum Ziel berechnet wurde, erfolgt die Zielführung über Sprachhinweise, Pfeilsymbole und heute meist zusätzlich über eine Kartendarstellung. Bei der Kartendarstellung kann der Maßstab und die Ausrichtung der Karte (nordweisend oder Fahrtrichtung) verändert werden. Die Fahrtroute wird auf der Karte angezeigt und kann meist aber auch über eine Routenliste abgerufen werden.

In der Regel werden bei einer aktiven Zielführung auch die Restwegstrecke zum Ziel und die voraussichtliche Ankunftszeit angezeigt. Bei Abweichungen von der berechneten Fahrtstrecke erfolgt eine Neuberechnung.

Eine Neuberechnung kann auch aufgrund von Verkehrsmeldungen notwendig werden, wenn das Navigationssystem über eine so genannte dynamische Zielführung verfügt. Voraussetzung für eine dynamische Zielführung ist der Empfang von Verkehrsmeldungen über einen FM-Empfänger mit RDS-Decoder oder einer codierten Verkehrsfunk SMS über das Telefon und natürlich die Aktivierung dieser Funktion. Beim ***R**adio **D**ata **S**ystem* (RDS) werden neben dem Sendernamen, Alternativfrequenzen des Senders, usw. auch so genannte TMC-Codes übertragen. Dabei handelt es sich um standardisierte Verkehrsfunkmeldungen, die auf einem digitalen Datenkanal ständig und möglichst aktuell gesendet werden. Das Navigationssystem wertet die TMC-Signale oder die codierten SMS ständig aus und überprüft deren Auswirkungen auf den berechneten Routenverlauf. Betrifft die Verkehrsbehinderung die berechnete Route, erfolgt meist eine Information des Fahrers über den Ort der Behinderung, die Länge, und die voraussichtliche zeitliche Verzögerung.

Der Fahrer kann dann entscheiden, ob eine Umleitungsroute berechnet wird und dieser dann folgen. Es gibt aber auch Navigationssysteme, die dem Fahrer keine Entscheidung überlassen und automatisch die Routenplanung verändern und entsprechende Fahrtrichtungsempfehlungen geben, wenn die dynamische Zielführung gewählt wurde. Die dynamische Zielführung gewährleistet in der Regel eine großräumige Umfahrung der Verkehrsbehinderung, da die Information über die Behinderung frühzeitig berücksichtigt wird und die Berechnung der Alternativroute entsprechend durchgeführt werden kann. Somit wird vermieden, dass man bei der Umfahrung eines Staues in den Stau der Umfahrung kommt. Die Erfassung und Aktualität der Verkehrsdaten ist dabei vereinzelt noch der Schwachpunkt der dynamischen Zielführung.

Umleitungen oder alternative Routen können bei manchen Navigationssystemen aber auch aktiv vom Fahrer eingegeben werden, wenn man weiß, dass an einer bestimmten Straße eine Baustelle ist oder es sich an einer bestimmten Stelle immer wieder staut usw.

Eine weitere Funktion von Navigationssystemen kann bei einem Notfall eine Meldung des aktuellen Standortes sein. Dazu ist jedoch auch die Vernetzung von dem Navigationssystem mit einem Telefon und anderen Fahrzeugsystemen notwendig. Siehe dazu auch Abschnitt 13.2.3.

11.4.5 Mögliche Fehlfunktionen und deren Ursachen

Natürlich wird auch bei den Navigationssystemen bei der Fehlersuche immer zuerst der Fehlerspeicher ausgelesen und entsprechend den dort gegebenen Hinweisen verfahren. Es gibt aber auch einige vermeintliche Fehler, die das System so nicht erkennt.

Grundsätzlich muss ein Navigationssystem einen ortsunkundigen Nutzer zu einem eingegebenen Ziel führen, indem es eine, entsprechend der eingegebenen Routenkriterien, günstige Route berechnet. Trotz des mittlerweile erreichten sehr hohen technischen Standes, ist es kein Fehler des Navigationssystems, wenn ein Ortskundiger einen schnelleren oder kürzeren Weg zum Ziel kennt als den vom Navigationssystem berechneten. Das Navigationssystem kann immer nur mit den zur Verfügung stehenden Programmen, dem digitalisierten Kartenmaterial und den anderen Eingangsdaten rechnen. Auch die Umfahrung eines nicht mehr vorhandenen Staus bei der dynamischen Zielführung ist kein Fehler des Navigationssystems. Ebenso der nicht angezeigte Stau, der sich eben erst gebildet hat usw.

Bei älteren Fahrzeugen beziehen sich häufig weitere Beanstandungen auf die Funktion der CD/DVD. Wie bereits erwähnt, altert der Datenstand der CD/DVD jährlich um ca. 10 %. Somit kommt es immer häufiger zu Fehlern in der Routenführung, je älter die CD/DVD ist. Eine veraltete oder beschädigte CD/DVD kann auch die Ursache für Systemabstürze sein, speziell wenn diese nach einer Zieleingabe oder Veränderung der Route auftreten. Wenn trotz eingelegter CD/DVD vom Navigationssystem die Aufforderung zum Einlegen einer CD/DVD angezeigt wird, ist die Ursache meist ebenfalls eine defekte CD/DVD. Ebenso bei den Meldungen, dass die CD/DVD verschmutzt, verkratzt oder falsch eingelegt ist, wenn sie nicht wirklich falsch eingelegt ist. Nicht kompatible CD/DVDs, auch mit nicht passenden Softwareständen, können ebenfalls zu den gerade erwähnten Fehlermeldungen und Fehlern führen. Ein veralteter Datenstand kann auch dazu führen, dass Ziele nicht eingegeben werden können, während der Zielführung vor Kreuzungen keine Abbiegehinweise erfolgen oder die Zielführung ungenau ist. Bevor eine CD/DVD mit neuerem Datenstand verwendet werden kann, muss unter Umständen eine neue Software auf den Navigationsrechner aufgespielt werden. Hier können die Details und genauen Informationen nur den Herstellerunterlagen entnommen werden.

Störungen beim GPS-Empfang oder fehlender GPS-Empfang wirken sich durch das ständige Map-Matching nicht sofort aus. Erst wenn das Navi über einen längeren Zeitraum keine GPS-Signale empfangen kann, werden die Zielführung und im Speziellen die Fahrtrichtungshinweise ungenau. Die aktuelle Position kann nicht mehr exakt abgerufen werden. Erkennbar ist das Fehlen der GPS-Signale dadurch, dass der GPS-Schriftzug oder ein GPS-Logo in der Anzeige nicht mehr sichtbar sind. Ursache für den kurzzeitig fehlenden GPS-Empfang können Abschattungen durch Gebäude, Tunnels oder atmosphärische Störungen usw. sein. Aber auch durch nachträglich angebrachtes Zubehör können, abhängig vom Verbauort der GPS-Antenne, Störungen im GPS-Empfang auftreten. Dies kann z. B. durch Dachgepäckträger bei dachmontierter GPS-Antenne oder durch Gegenstände auf der Hutablage, bei dort untergebrachter GPS-Antenne, hervorgerufen werden. Natürlich kann die Ursache auch in einer defekten GPS-Antenne, unterbrochenen Leitungen, Steckkontakten und Störeinstrahlungen bei ungünstigem Verbauort oder Leitungsverlegung liegen.

Eine ungenaue Zielführung mit nicht genau passenden Fahrtrichtungshinweisen kann ihre Ursache aber auch in einem falschen Wegstreckensignal haben. Dies kann durch die Verwendung falscher Reifengrößen oder durch Softwarefehler hervorgerufen werden.

Wenn das Navigationssystem vollständig ausgefallen ist, kann dies auch an einem Defekt im Navigationsrechner begründet sein. Vor dem Tausch des Navigationsrechners sind aber immer die klassischen Fehlerquellen, wie Leitungen, Stecker, Spannungsversorgung und Sicherungen zu überprüfen. Nach dem das Navigationssystem von der Spannungsversorgung getrennt war, z. B. auch nach einem Batteriewechsel oder abgeklemmter Fahrzeugbatterie, kann es einige Minuten dauern, bis das System wieder betriebsbereit ist.

Wurde das Fahrzeug über eine längere Strecke transportiert, kann es ebenfalls einige Minuten dauern, bis das Navigationssystem wieder einsatzbereit ist. In extremen Fällen kann eine längere Fahrtstrecke notwendig sein, bis die Zielführung wieder genau arbeitet.

Bei Navigationssystemen, die Bestandteil von integrierten Fahrerinformationssystemen sind, kann die Ursache von Fehlfunktionen auch in benachbarten Systemen liegen. Deshalb sind bei einer Fehlersuche und dem Auslesen des Fehlerspeichers auch die Systemzusammenhänge zu berücksichtigen.

Ältere Navigationssysteme, die noch eine Erdmagnetfeldsonde haben, sind empfindlich auf statische Aufladungen des Fahrzeugs. Diese stören dann die Funktion der Sonde. Starke Sonneneinstrahlung und ungünstige klimatische Bedingungen, aber auch Reifen mit einer heute üblichen Silica-Mischung, können die statische Aufladung begünstigen. Das Fahrzeug muss dann entmagnetisiert werden. Einfacher ist es jedoch, die Erdmagnetfeldsonde abzuklemmen und das Navigationssystem mit einem neueren Softwarestand zu versehen. Die Funktion der Sonde wird durch die genaueren GPS-Signale und den besseren Programmstand der Software und der CD/DVD nicht mehr benötigt.

11.5 Aktuelle Fahrerassistenzsysteme

Erst durch die zunehmende Vernetzung der Systeme, Komponenten und Sensoren sowie die weiteren Entwicklungsfortschritte in der Fahrzeugelektronik und Informationstechnologie, entstanden in den letzten Jahren viele neue Fahrerassistenzsysteme. Diese sollen den Fahrer im Normalbetrieb unterstützen und entlasten. In Gefahrensituationen aber zuerst rechtzeitig warnen, dann helfen und notfalls eingreifen, um dadurch Unfälle zu vermeiden oder zumindest die Unfallfolgen zu verringern. Dafür müssen die verschiedenen Fahrerassistenzsysteme die Umfeldbedingungen erfassen, auswerten und entsprechende weitere Schritte einleiten.

11.5.1 Sensoren und «Systemzusammenhänge»

Die Fahrerassistenzsysteme erhalten bei den aktuellen Systemen ihre Informationen zu dem Umfeldgeschehen von Kameras, Ultraschallsensoren und Radarsensoren. Die damit erhaltenen Informationen zum Verkehrsgeschehen müssen dann durch eine komplexe Software analysiert werden und bei der Erkennung von Gefahrensituationen müssen entsprechende Aktuatoren angesteuert werden.

Vereinfacht gesagt befindet sich an jeder Ecke (vorne rechts, vorne links, hinten rechts, hinten links) ein Radarsensor zur Erfassung des mittleren Umfeldes. An den Stoßfängern vorne und hinten sind Ultraschallsensoren für den Nahbereich zuständig. Für das weiter entfernte Verkehrsgeschehen befinden sich ein Fernbereichsradar sowie eine Kamera an der Front des Fahrzeuges. Bild 11.11 zeigt den «Überwachungsbereich» der verschiedenen Sensoren.

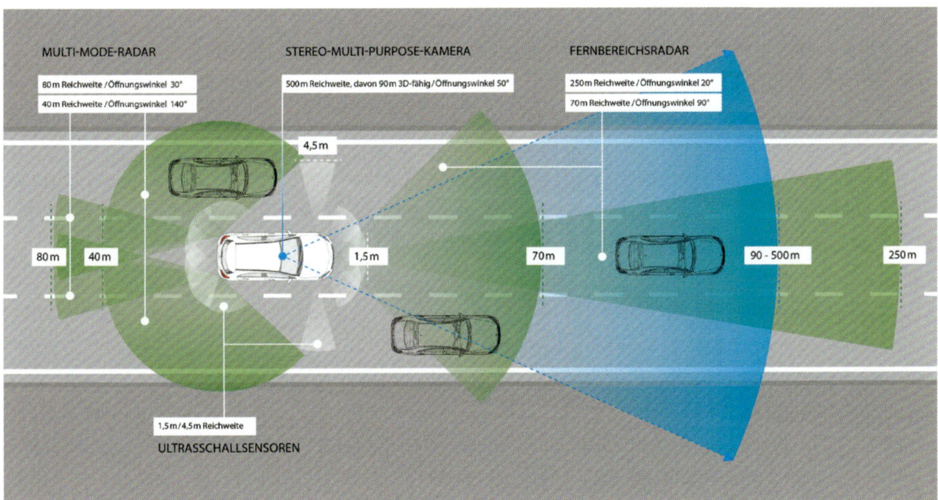

Build 11.11 *Erfassungsbereich der verschiedenen Umfeld-Sensoren*
[Bild: Mercedes-Benz]

Damit kann man alle Systeme realisieren, die mit Lenk- und Spurführungsfunktionen unterstützen bzw. vor Gefahren dabei warnen. Also die Spurverlassenswarnung, die Spurwechselwarnung und die Seitenkollisionswarnung. Greift das System neben der Warnung bei Gefahr auch ein wird es als Spurführungsassistent, Spurhalteassistent, Spurwechselassistent oder aktiver Totwinkel-Assistent usw. bezeichnet. In Verbindung mit der aktiven Geschwindigkeitsregelung kann damit auch der Stauassistent realisiert werden. *Pre-Safe*, Auffahrwarnung, Heckkollisionswarnung und *Collision Prevention Assist* usw. nutzen ebenfalls die Informationen der gesamten Sensoren und Kameras. Über die Frontkamera werden auch die Verkehrszeichen erkannt und je nach System und Vernetzung als Verkehrszeichenerkennung genutzt und dem Fahrer angezeigt oder auch als Speed-Limit-Assist, Geschwindigkeitslimit Pilot usw. weitere Fahrassistenzsysteme daraus abgeleitet.

Die für weitere Assistenzfunktionen noch offenen Überwachungslücken kann man mit weiteren Kameras schließen. Aktueller Maximalstand sind drei Frontkameras in einem definierten Abstand für das räumliche «Stereosehen», zwei weitere Kameras an der vordersten Fahrzeugfront für den Kreuzungsassistenten und die Querverkehrswarnung, eine Heckkamera, zwei Seitenkameras (meist in den Rückspiegeln integriert) und eine Nachtsichtkamera. Mit dieser (Voll-) Ausstattung ist bereits die Stufe 2 des autonomen Fahrens (das Teilautomatisierte Fahren, siehe Kapitel 12) realisierbar, auch als *Drive Pilot* oder *Driving Assistent Plus* usw. bezeichnet. Außerdem ist damit das autonome Einparken (Aktiver Park-Assistent, Parktronic usw.) möglich. Auch «surround view» bzw. «panorama view» sind damit möglich. Durch die Nachtsichtkamera können auch bei Dunkelheit Fußgänger (und auch andere Lebewesen) erkannt und der Fahrer gewarnt werden bzw. das System kann auch aktiv eine Notbremsung einleiten.

Erwähnen muss man in diesem Zusammenhang aber auch Assistenzsysteme, die mit den in der Regel vorhandenen Sensoren und Steuergeräten, also ohne zusätzliche Sensoren, Gefahren erkennen, den Fahrer warnen und evtl. auch weitere Maßnahmen einleiten. Dazu gehören der Seitenwind-Assistent und der Attention Assist bzw. die Müdigkeitswarnung und der Notfallassistent. Alle diese Assistenten werten die Informationen der verschiedenen Sensoren und Aktivitäten der verschiedenen Bedienstellen mit Hilfe entsprechender Software aus und aktivieren im Weiteren programmierte Abläufe, wie z. B. das sichere Anhalten des Fahrzeuges.

In unserem Beispielfahrzeug sind die verschiedenen Sensoren über CAN-Bussysteme, dem Fahrwerks-FlexRay und das Ethernet vernetzt. Die beiden linken (vorne / hinten) Radarsensoren und die beiden auf der rechten Seite sind jeweils über einen Local-CAN verbunden. Deren Informationen werden in den Steuergeräten für die Spurwechselwarnung (Master und Slave) ausgewertet und weitere notwendige Schritte werden über das Sonderausstattungssystem-Steuergerät auf den Fahrwerks-FlexRay gesetzt. Die am Fahrwerks-FlexRay angeschlossenen Steuergeräte steuern dann in der Folge die entsprechenden Aktuatoren an. Gleichzeitig erhalten die verschiedenen Anzeigemöglichkeiten (Kombiinstrument, Zentraldisplay) über den FlexRay und umgesetzt über das zentrale Bordnetzsteuergerät auf den Karosserie-CAN die für den Fahrer notwendigen Informationen. Die Monokamera bzw. die Stereokameras sowie die Rückfahrkamera sind Teilnehmer des Ethernets, aber auch durch das Sonderausstattungssystem-Steuergerät mit dem Fahrwerks-FlexRay verbunden. Wenn mehrere Kameras verbaut sind, können diese auch mit einem eigenen Steuergerät verbunden sein, das die Kamerabilder auswertet und die daraus abgeleiteten Informationen auf die verschiedenen Bussysteme gibt. In unserem Beispiel auf das Ethernet.

Bild 11.12 zeigt eine etwas andere Systemvernetzung der Kameras. Das Steuergerät für die Kameras ist in dem Beispiel zusätzlich mit mehreren Leitungen direkt mit dem zentralen Bordnetz-Steuergerät verbunden, das in diesem Fall die zentrale Steuerung übernimmt und auch alle Informationen zu den Anzeigemöglichkeiten weiterleitet. Bild 11.12 gibt außerdem einen kleinen Einblick in die Komplexität der Vernetzung. Bei Fehlern/Fehlfunktionen oder Systemausfällen ist auch hier, wie mittlerweile tägliche Praxis, zuerst der Fehlerspeicher auszulesen und die geführte Fehlersuche einzuleiten.

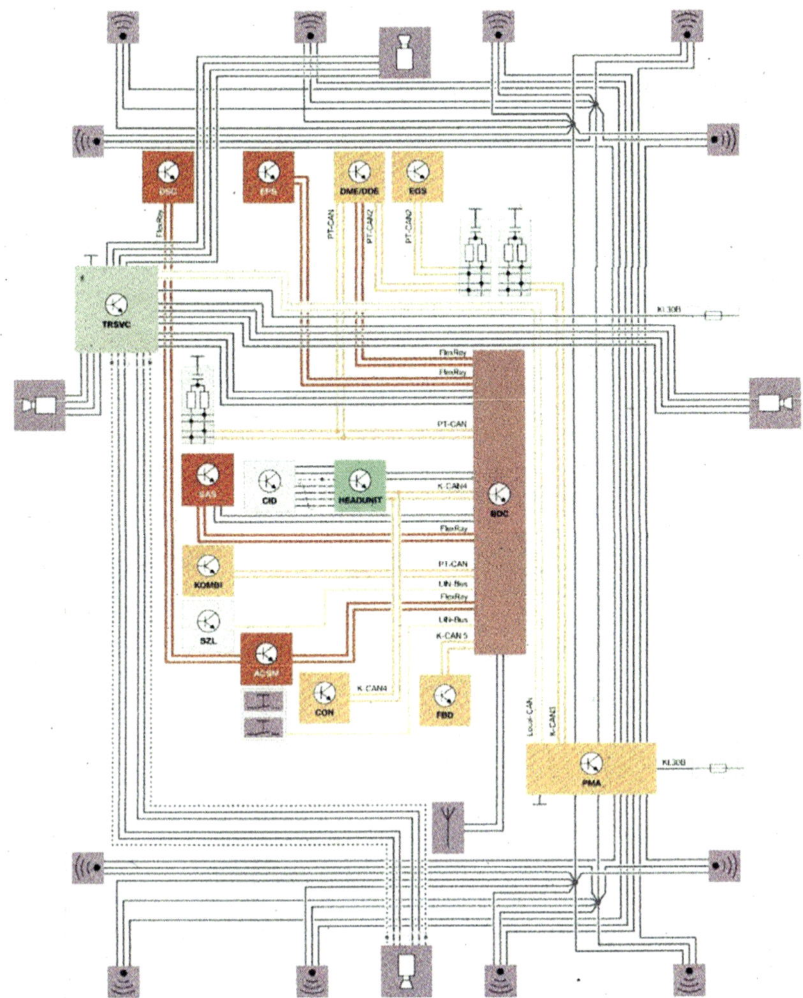

Bild 11.12 *Beispiel für die Vernetzung der Kamerasysteme*
[Bild: BMW]

Sollte dies jedoch zu keinem zufriedenstellenden Ergebnis führen, kann man trotz der Komplexität der Vernetzung doch auch jede einzelne Verbindung / Leitung überprüfen, die aufgrund des Fehlerbildes in Frage kommt.

11.5.2 Spurverlassenswarnung, aktiver Totwinkel-Assistent, Seitenkollisionswarnung und Spurhalteassistent

All diese Systeme besitzen zuerst eine Frontkamera, die die Fahrspur erfasst und die Position des Fahrzeuges auswertet. In unserem Beispiel Bussystem/Fahrzeug handelt es sich dabei um ein Stereokamerasystem, das mit dem Fahrwerks-FlexRay verbunden ist und darüber seine Informationen weiterleitet. Bei Systemen, die den Fahrer nur warnen sollen (Spurverlassenswarnung), wird, je nach Hersteller, nur ein Anzeigesymbol angesteuert oder aber auch z. B. ein vibrierendes Lenkrad und/oder ein akustisches Signal zur Warnung benutzt. Die Warnung erfolgt nicht, wenn aktiv der Blinker gesetzt wird. Erfolgt bei einer Abweichung auch ein Korrektureingriff (Spurhalteassistent, siehe Bild 11.13), kann dies direkt über die Ansteuerung der Lenkung oder aber auch durch Bremseingriffe realisiert sein.

Bild 11.13
Beim Spurhalteassistenten von Audi lässt sich einstellen, ob das System früh eingreift und den Wagen mittig in der Spur hält oder ob es erst spät eingreift, wenn der Wagen die Leitlinien berührt.
[Bild: Audi]

Dazu wird eine entsprechende Botschaft über den Fahrwerks-FlexRay an das Steuergerät der Fahrdynamikregelung und/oder das Lenkungssteuergerät gesendet. Der Korrektureingriff muss dem Fahrer außerdem angezeigt werden, d. h., die Botschaft muss über die verschiedenen Busknoten/Headunits auch weitergeleitet werden bis zu dem Fahrerinformationssystem.

Verbindet man die Informationen der Spurverlassenswarnung mit den Informationen der Radarsensoren, erhält man eine Seitenkollisionswarnung und im Weiteren mit aktivem Korrektureingriff einen aktiven Totwinkel-Assistenten bzw. Seitenkollisionsschutz. Diese Funktion ist auch bei aktivierter Fahrtrichtungsanzeige sinnvoll, um Kollisionen zu vermeiden.

Die gleichen Sensoren und Funktionen nutzen die Spurwechselwarnung (Bild 11.14). Jedoch erfolgt die Warnung erst bei aktivierter Fahrtrichtungsanzeige. Wird dann korrigierend eingegriffen, bezeichnet man dies dann wieder als aktiven Totwinkel-Assistenten oder Spurwechselwarnung mit Kollisionsschutz.

11.5.2.1 Aktiver Spurwechsel-Assistent

Beim aktiven Spurwechsel-Assistenten handelt es sich um ein System, das eine Weiterführung zu allen zuvor beschriebenen Systemen hin zum autonomen Fahren darstellt. Es nutzt die vorhandenen Kameras und Radarsensoren. Durch das längere Betätigen (mindestens 2 sec. gedrückt halten) des Blinkerhebels, erkennt das System den Willen des Fahrers die Fahrspur zu wechseln. Nach der Überprüfung des Umfeldes wird durch die Ansteuerung der Lenkung der Fahrspurwechsel durchgeführt (Bild 11.15).

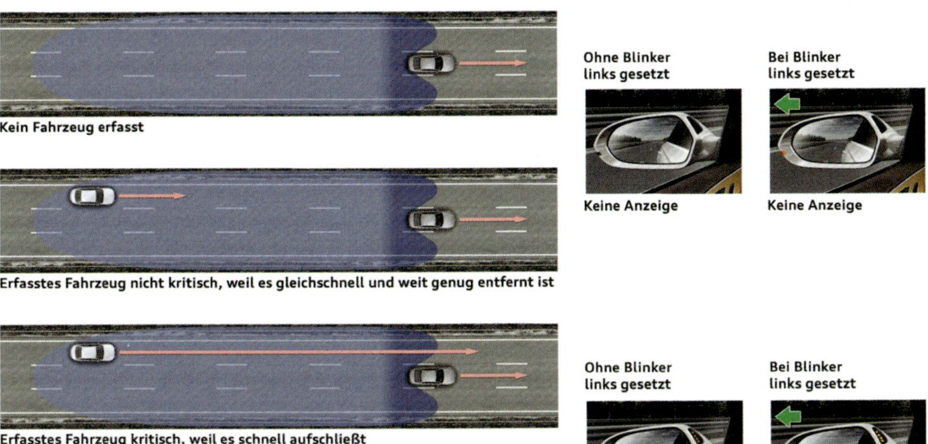

Bild 11.14 *Die Spurwechselwarnung mit Kollisionsschutz arbeitet unter anderem abhängig von der Geschwindigkeit des rückwärtigen Verkehrsteilnehmers.*
[Bild: Audi]

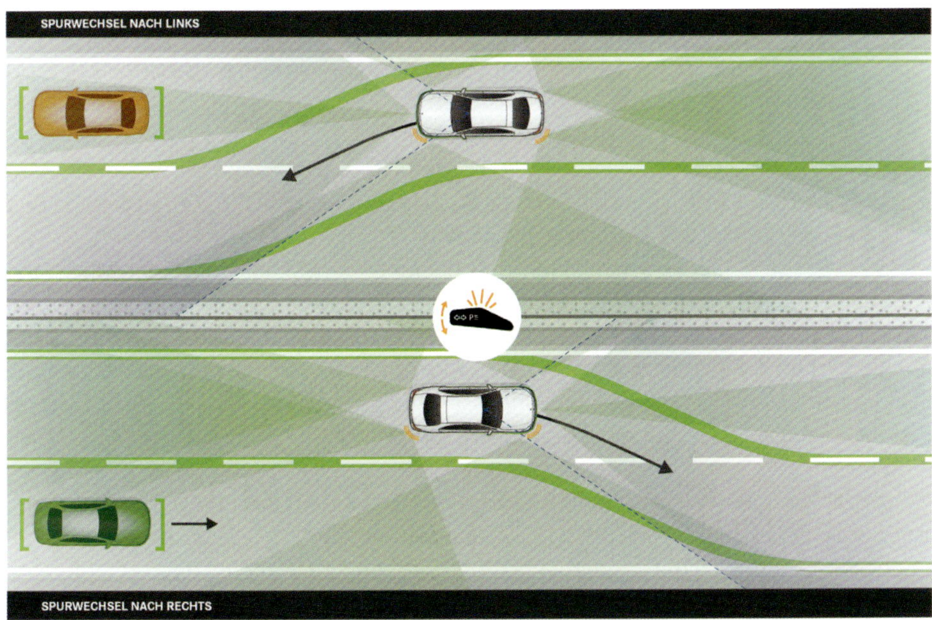

Bild 11.15 *Der aktive Spurwechsel-Assistent unterstützt den Fahrer bei Spurwechseln nach links und nach rechts.*
[Bild. Mercedes-Benz]

Das System funktioniert bei einer Geschwindigkeit zwischen 80 und 180 km/h und nur auf mehrspurigen Fahrbahnen, die sowohl durch das Navigationssystem als auch durch die Frontkamera erkannt werden müssen. Der Lenkeingriff/Spurwechsel wird abgebrochen, wenn durch den Fahrer gelenkt wird, ein neues Hindernis erkannt wird, die Markierungen der Fahrspuren fehlen oder nicht mehr erkannt werden und wenn die Funktion ausgeschaltet wird.

Wie bei allen kamerabasierten Systemen kann es bei starkem Gegenlicht, tiefstehender Sonne, starkem Regen oder Schneefall zu Funktionseinschränkungen oder Systemausfällen kommen.

11.5.3 Attention Assist und aktiver Nothalt-Assistent

Der Attention Assist ist zunächst ein reines Softwareprogramm, das das Lenkverhalten, die Geschwindigkeit und deren Veränderung, das Setzen des Blinkers, die Zeit seit der letzten Pause usw. analysiert und daraus den Aufmerksamkeitsgrad des Fahrers berechnet.

- Das Lenkverhalten ist die zentrale Eingangsinformation und wird durch den Lenkwinkelsensor/Lenkwinkelgeber erkannt,
- die Längs- und Querbeschleunigung sowie Giermomente wertet das Fahrdynamiksteuergerät (z. B. ESP) aus,
- Bedieneingriffe am Radio, das Setzen des Blinkers usw. sowie
- die Betätigung verschiedener Tasten am Multifunktionslenkrad werden über die verschiedenen Steuergeräte der Fahrerinformationssysteme weitergeleitet.
- Die Uhrzeit und damit die Tageszeit sowie die Fahrtzeit werden ebenfalls berücksichtigt.

Die Attention Assist Software/Funktion ist meist in einem «zentralen» Steuergerät/Gateway (Bild 11.16) integriert, in dem die Buskommunikation vom Antriebsstrang und von den Bedienfunktionen zusammenkommen.

Zunehmende Unaufmerksamkeiten und beginnende Müdigkeit werden durch bestimmte Lenk- und Verhaltensweisen des Fahrers erkannt. Der Attention Assist arbeitet überwiegend im Geschwindigkeitsbereich von ca. 60 bis ca. 200 km/h. Die Empfindlichkeit des Systems kann meistens im Fahrerassistenzmenü in verschiedenen Stufen eingestellt werden. Warnungen erfolgen zunächst optisch durch die Anzeige eines entsprechenden Symbols, z. B. Kaffeetasse und evtl. akustisch. Die Intensität der Warnungen kann bei einigen Systemen gesteigert werden.

Beim aktiven Nothalt-Assistenten erfolgt immer eine Steigerung der Warnungen, bevor aktiv ein Nothalt ausgelöst wird. Zuerst erfolgt zumeist eine optische Warnung, anschließend akustisch mit zunehmender Intensität und im Weiteren auch ein Vibrieren im Lenkrad. Der Nothalt-Assistent wertet ebenfalls das Lenkverhalten, die Geschwindigkeit, Brems- und Gaspedalbewegungen usw. aus und erkennt eine Notsituation des Fahrers, wenn dieser über einen gewissen Zeitraum keine relevanten Bedienelemente

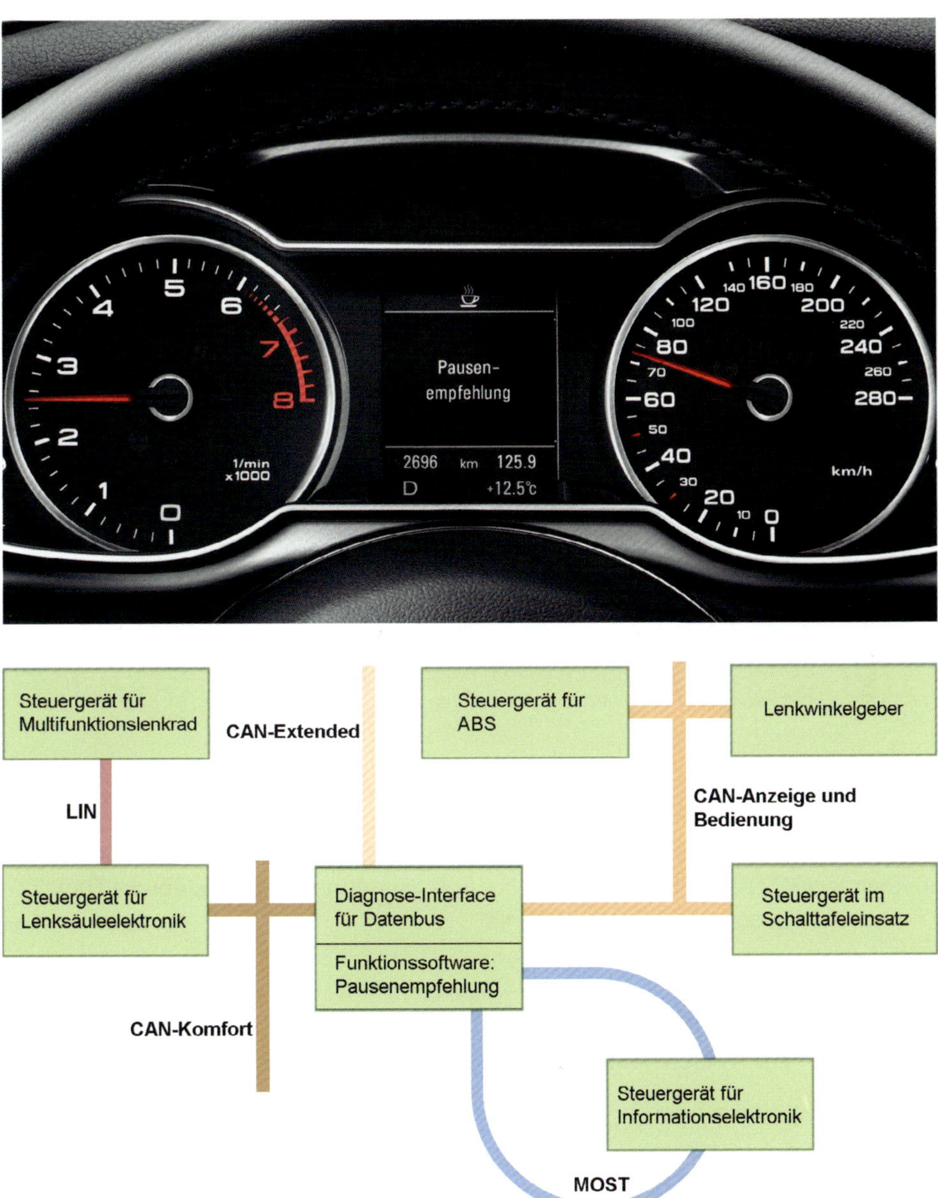

Bild 11.16 *Vernetzung für die Pausenempfehlung.*
[Bild Audi]

betätigt. Beim Nothalt versucht das System das Fahrzeug an den Straßenrand bzw. auf die Standspur zu steuern und anzuhalten (Bild 11.17).

Einfachere Systeme bringen das Fahrzeug zumindest auf der benutzten Fahrspur zum Stehen. Wenn der Nothalt-Assistent eingreift/übernimmt, wird durch diesen die Warnblinkanlage eingeschaltet, das Gas weggenommen, über das Fahrdynamiksteuergerät

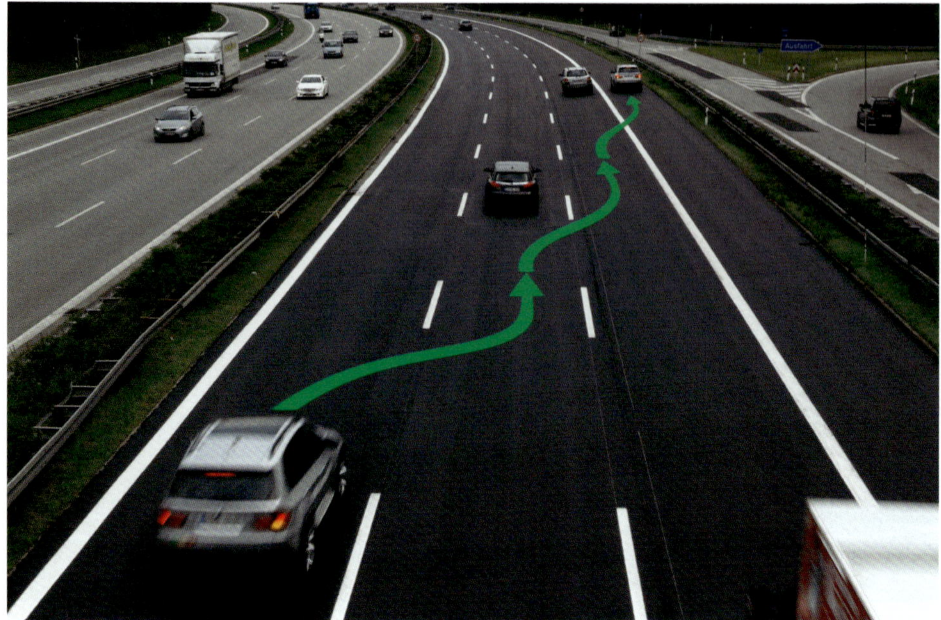

Bild 11.17 *Der Nothalt-Assistent versucht das Fahrzeug sicher an den Straßenrand zu manövrieren, wenn der Fahrer auf die Warnungen nicht reagiert.*
[Bild: BMW]

eine Verzögerung mit mittlerer Bremsintensität eingeleitet und ein automatischer Notruf abgesetzt. Sobald das Fahrzeug steht, wird die Parkbremse aktiviert. Wenn der Fahrer an irgendeiner Stelle eingreift bzw. wieder übernimmt, bricht das System die Funktion sofort ab, bleibt aber weiter betriebsbereit.

11.5.4 Collision Prevention Assist, Kreuzungs-Assistent, Ausweich-Assistent, Pre-Safe Plus

Die gesamte Radar- und Kameraarmada wird natürlich auch für Systeme genutzt, die das Verkehrsgeschehen in Längsrichtung beobachten, den Fahrer warnen und notfalls eingreifen. Auch hier erfolgt die Kommunikation über den Fahrwerks-FlexRay und die CAN-Bussysteme.

Collision Prevention Assist bzw. Auffahrwarnung mit Bremsfunktion sind also ebenfalls kamera- und radarbasierte Systeme, die den Abstand zum vorausfahrenden Fahrzeug bzw. zu Hindernissen erfassen. Bei einem zu geringen Abstand erfolgt zuerst eine optische und akustische Warnung und bei einer drohenden Kollisionsgefahr kann eine autonome Bremsung eingeleitet werden bzw. eine zu geringe Bremsung des Fahrers durch den Bremsassistenten verstärkt werden. Diese Systeme arbeiten in der Regel in einem Geschwindigkeitsbereich zwischen ca. 5 bis 210 km/h. Zusätzliche, weitergehende Systeme, die auch stehende Hindernisse sowie Fußgänger erkennen und im Gefahrenfall eine Notbremsung einleiten, arbeiten meist in einem Geschwindigkeitsbereich zwischen ca. 5 und 80 km/h. Die aktuelle Entwicklung bei diesen Systemen ist eine zusätzliche Ausweichfunktion (Ausweichassistent), wenn der Bremsweg nicht ausreicht, aber ein Ausweichen um ein Hindernis noch möglich ist (Bild 11.18).

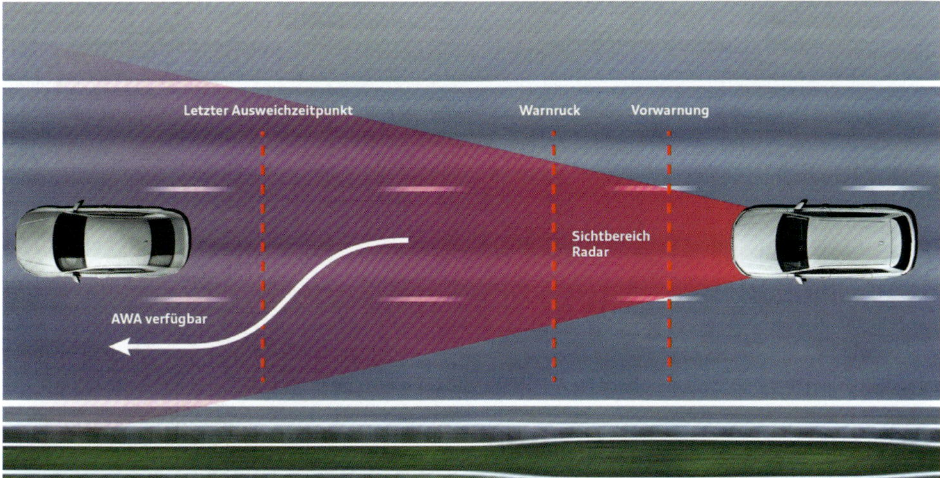

Bild 11.18 *Ausweichassistent*
[Bild: Audi]

Eine weitere Gefahrenquelle ist der Querverkehr bei Kreuzungen oder beim Ausparken (Bild 11.19). Auch dafür benutzt man die vier Radarsensoren an den vier Fahrzeugecken mit der bekannten Kommunikation über die Bussysteme. Eine Front- und auch eine Heckkamera kann eine zusätzliche Unterstützung der Systeme sein. Die Ultraschallsensoren der Parksensoren liefern im Nahbereich zusätzliche Informationen. Natürlich erfolgt auch hier zuerst eine Warnung und anschließend ein entsprechender Eingriff (Bremse), um eine Kollision zu verhindern.

Bild 11.19 *Beim Ausparken warnt der Querverkehrsassistent den Fahrer vor herannahenden Fahzeugen, die er eventuell noch nicht sehen kann.*
[Bild: Audi]

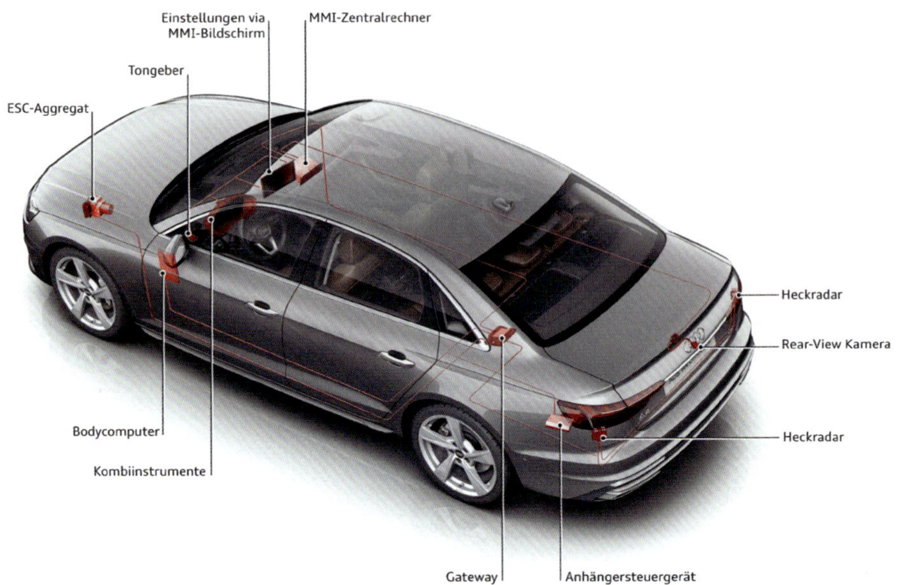

Bild 11.20 *Komponenten, die beim Querverkehrsassistenten zusammenarbeiten.* [Bild: Audi]

Die Funktionen der Sensoren und Kameras sind natürlich auch aktiv, wenn das Fahrzeug steht oder sich auch nur langsam bewegt und sich von vorne oder hinten ein anderes Fahrzeug nähert. Erkennt das System einen drohenden Aufprall, erfolgt ebenfalls wieder zuerst eine Warnung und wenn notwendig (Pre-Safe) eine Betätigung der Bremse zur «Fixierung» des Fahrzeuges, ein Vorspannen der Sicherheitsgurte, Schließen der Fahrzeugscheiben und auch schnell blinkende Warnblinkleuchten zur Warnung der anderen Verkehrsteilnehmer

11.5.5 Verkehrszeichenerkennung, Falschfahrwarnung, Vorfahrtwarnung, Personenwarnung usw.

Durch die nur von der Frontkamera erfassten und durch ein Steuergerät erkannten Verkehrszeichen, Objekte und Personen ergeben sich weitere Möglichkeiten den Fahrer zu informieren, zu warnen, zu assistieren und einzugreifen.

Durch die Erkennung von verschiedenen Verkehrszeichen (Geschwindigkeitslimit, Überholverbot, Richtungspfeilen, Kreisverkehr, Einbahn usw.) kann primär die aktuell erlaubte Geschwindigkeit und z. B. ein bestehendes Überholverbot dem Fahrer angezeigt werden. Im Weiteren kann aber durch die zusätzlichen Detailinformationen des Navigationssystems auch erkannt werden, wenn der Fahrer z. B. in falscher Richtung auf eine Autobahn auffahren würde (Bild 11.21), oder in falscher Richtung in eine Einbahnstraße einbiegen möchte, einen Kreisverkehr in falscher Richtung befahren möchte bzw. die Vorfahrt gewähren, zu missachten droht.

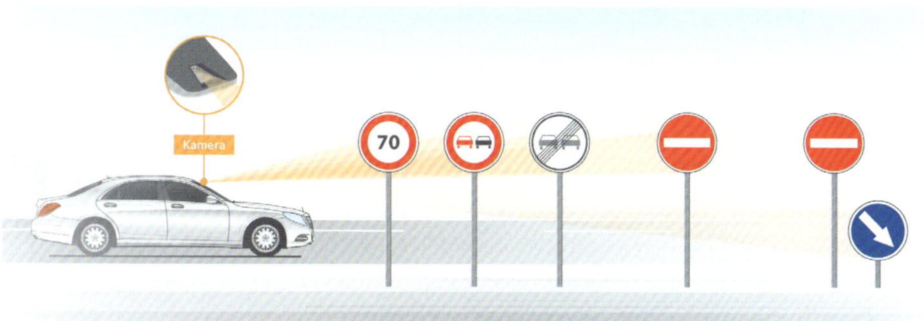

Bild 11.21 *Die Verkehrszeichenerkennung kann bei manchen Herstellern auch vor Einfahrverboten warnen.*
[Bild: Mercedes-Benz]

Die Warn- und Eingreifstrategien der Hersteller sind hier sehr unterschiedlich und zum Teil auch durch den Fahrer selbst einstellbar. Dies gilt auch für die Personenwarnung und einem evtl. Bremseneingriff. Auch für sonstige durch Kamerasysteme erkannte Hindernisse haben die Hersteller sehr unterschiedliche Philosophien, d. h., im Beanstandungsfall immer die genaue Funktion und deren Einschränkungen aus den Herstellerunterlagen nachlesen und evtl. im Fahrzeug nachsehen was der Kunde eingestellt hat.

11.5.6 Nachtsichtassistent

Beim Nachtsichtassistenten handelt es sich ebenfalls um eine Kamera, die im Frontbereich installiert ist. Jedoch ist dies meist eine sogenannte Wärmebildkamera, die auch als Thermografie- oder Infrarotkamera bezeichnet wird, weil sie Wärmeunterschiede durch die unterschiedliche Infrarotstrahlung sichtbar macht. Die von der Wärmebildkamera erfassten Objekte werden zusätzlich durch ein Steuergerät ausgewertet und dem Fahrer über ein Display angezeigt (Bild 11.22).

Build 11.22 *Nachtsichtassistenten erkennen Fußgänger und Tiere, die der Scheinwerfer noch nicht ausreichend beleuchtet.*
[Bild: Audi]

Zusätzlich vergleicht das Steuergerät die Bewegungsrichtung und Entfernung der erkannten Objekte mit der Geschwindigkeit und Bewegungsrichtung des eigenen Fahrzeugs. Je nach Gefährdung wird der Fahrer in verschiedenen Stufen über optische und akustische Signale gewarnt. Bei einigen Systemen können die erkannten Objekte auch zusätzlich durch einen Lichtspot/Markierungslicht angestrahlt werden. Dies funktioniert aber nur unter bestimmten Voraussetzungen. Grundsätzlich muss die Funktion aktiviert sein, das Fahrlicht eingeschaltet sein, die Geschwindigkeit über ca. 30 km/h betragen und es dürfen keine externen Lichtquellen bei den erkannten Objekten leuchten.

Der Erfassungsbereich des Nachsichtassistenten variiert stark abhängig von den Witterungs- und Umfeldbedingungen. Geringe Temperaturunterschiede, eine starke Sonneneinstrahlung bzw. auch eine starke Reflexion von Sonnenstrahlen sowie starker Wind, Regen und Schnee erschweren die Übertragung und Erkennung der Infrarotstrahlung. Die Größe und der Abstand der Wärmequelle zum Fahrzeug beeinflussen ebenfalls die Erkennung von Personen oder Tieren.

Für Nachtsichtassistenten, die mit einer normalen Kamera arbeiten, sind die Funktionseinschränkungen noch deutlich größer und es gelten die allgemeinen Funktionseinschränkungen von kamerabasierten Assistenzsystemen (siehe auch den nachfolgenden Abschnitt).

11.5.7 System- und Funktionsgrenzen der Assistenzsysteme, Hinweise zur Fehlersuche

Die gesamten Assistenzsysteme haben mittlerweile eine hohe technische Reife erlangt. Jedoch abhängig vom Ausrüstungsgrad der Fahrzeuge und der technischen Umsetzung bei den verschiedenen Herstellern, kann es im Einzelfall auch zu Unzulänglichkeiten führen, die ein Kunde als Fehler reklamieren könnte. Grundsätzlich muss man in diesem Zusammenhang aber nochmals ausdrücklich darauf hinweisen, dass trotz aller Unterstützung der Fahrer in der Verantwortung bleibt. Außerdem ist es vor dem Beginn einer Fehlersuche natürlich unerlässlich das jeweilige System, die Funktion aber auch deren Grenzen genau zu kennen und den Kunden entsprechend detailliert zu befragen. Die folgenden Hinweise können deshalb hier nur allgemeiner Natur sein.

Gerade bei den kamerabasierten Systemen kommt es zu Funktionseinschränkungen, wenn die Sicht beeinträchtigt ist. Dies gilt speziell bei Regen und Schnee, aber auch bei aufgewirbeltem Spritzwasser oder Schneematsch. Nebel kann ebenfalls zu erheblichen Funktionseinschränkungen oder zum Ausfall des Systems führen. Nicht zu vergessen, aber auch starker Sonneneinfall und speziell starkes Gegenlicht. Die Systeme sind in der Regel so programmiert, den Fahrer bei den genannten Einschränkungen darauf hinzuweisen, dass die Funktion des Systems zurzeit nicht zur Verfügung steht bzw. genutzt werden kann. Denken Sie in diesem Zusammenhang auch daran, dass die «Sicht» der Kameras nicht durch Verschmutzung, Beschlag, Schlieren des Scheibenwischers oder irgendwelche Aufkleber behindert wird. Durch nicht vorhandene, schlecht erkennbare oder (durch Schnee, Eis, Wasser, Verschmutzung, Hindernisse) nicht sichtbare Begrenzungslinien oder Mittelstreifen, haben verschiedene Systeme ebenfalls Probleme für eine uneingeschränkte Funktion. Funktionsgrenzen können sich auch bei sehr engen Kurven, sonstigen Hindernissen oder zu dichtem Auffahren zeigen.

Die Funktionseinschränkungen durch starken Regen, Eis und Schnee gelten auch für die Ultraschallsensoren. Außerdem kann es durch schallabsorbierende Materialien oder sehr dünne Hindernisse (Draht) oder auch spitze oder keilförmige Hindernisse zu erheblichen Störungen kommen, die dem Nutzer in der Regel nicht angezeigt werden. Bodenunebenheiten, Bodenwellen bzw. auch andere niedrige Hindernisse können zu «vermeintlichen» Fehlfunktionen führen. Bei vereisten oder mit Schnee bedeckten Sensoren kommt es zu einem Dauerton. Die Systeme können keine Fehler erkennen. Dies gilt zum Teil auch für die Radarsensoren, wenn bestimmte Oberflächen von Objekten/Hindernissen die elektromagnetische Strahlung absorbieren.

In der Regel muss bei einem Austausch von Komponenten das System oder die ausgetauschte Komponente neu kalibriert werden. Die Funktion des Systems steht so lange nicht zur Verfügung, bis dies ordnungsgemäß abgeschlossen ist. Das kann auch beim Starten des Fahrzeuges oder Aktivieren des Systems für einen kurzen Zeitraum der Fall sein.

Und wie immer: Die physikalischen Grenzen können auch die Assistenzsysteme nicht aufheben. Das heißt, wenn die Geschwindigkeitsunterschiede usw. zu groß sind, haben die Assistenzsysteme keine Chance, rechtzeitig zu warnen oder einen Unfall zu verhindern.

12 Autonomes Fahren

Kaum ein anderes Thema als das autonome Fahren wird zurzeit von der Automobilindustrie und den großen Softwareanbietern mehr forciert und von den Fachleuten und Kunden diskutiert. Autonomes Fahren, automatisiertes Fahren, assistiertes Fahren, Radar, Laserscanner, Dilemmasituation, Haftungsfragen usw., viele Begriffe, die in der aktuellen Diskussion verwendet werden. Deshalb nachfolgend einige Fakten, Begriffe und Einordnungen zu dem Thema.

Level 1: Assistiertes Fahren

Level 2: Teilautomatisiertes Fahren

Level 3: Hochautomatisiertes Fahren

Level 4: Vollautomatisiertes Fahren

Level 5: Autonomes Fahren

Bild 12.1 *Die Automobilbrache hat sich darauf geeinigt, den Weg hin zum autonomen Fahren in fünf Level einzuteilen.*
[Bild: Valeo]

12.1 Die verschiedenen Stufen des autonomen Fahrens

Mittlerweile hat sich eine Einteilung in fünf Stufen durchgesetzt. Diese werden auch oft als Ebenen bzw. englisch als *level* bezeichnet. Vollständigkeitshalber wird die Einteilung oft noch um die Stufe Null ergänzt.

Stufe Null: Das Auto bietet dem Fahrer keine Unterstützung durch irgendwelche Systeme und der Fahrer ist zu 100 % verantwortlich. Das war der Stand der Technik vor der Einführung verschiedener elektronischer Systeme.

Stufe eins (Assistiertes Fahren): Das ist heute der verbreitete Stand der Technik. Der Fahrer wird durch einzelne Systeme und Funktionen unterstützt (assistiert). Er kann beim Fahren z. B. mit Tempomat oder der adaptiven Fahrgeschwindigkeitsregelung mit Abstandsregelung die Füße von der Bremse und dem Gaspedal wegnehmen, muss aber jederzeit das Verkehrsgeschehen beobachten und kurzfristig eingreifen. Der Fahrer ist nach wie vor voll verantwortlich.

Stufe zwei (Teilautomatisiertes Fahren): Der Fahrer kann neben den Füßen auch mal die Hände wegnehmen, muss das Verkehrsgeschehen und die aktivierten Funktionen aber weiterhin ständig überwachen und bleibt in der Verantwortung. Die Systeme unterstützen den Fahrer bei der Längs- und Querführung des Fahrzeuges mit Bremsen und Beschleunigen sowie Lenkeingriffen. Beispiele für diese Systeme sind Lenk-, Stau- und Spurführungsassistenten mit Querverkehrswarnung und auch Notbremsassistenten (siehe Kapitel 11) usw. Außerdem zählen dazu die Parkassistenten sowie das automatische Einparken. Diese Systeme und Funktionen sind heute zum Teil bereits Serienstand bzw. als Sonderausstattung bestellbar.

Stufe drei (Hochautomatisiertes Fahren): Hier kann das Fahrzeug schon zeitweise die Steuerung in einfacheren Verkehrssituationen komplett übernehmen. Das gilt z. B. für Autobahnen oder autobahnähnliche Straßen, bei denen der Verkehr nur in eine Richtung fließt und keine Fahrradfahrer oder Fußgänger zu erwarten sind. Das System wird durch den Fahrer aktiviert. Das Fahrzeug übernimmt dann sämtliche Längs- und Querführungsaufgaben, d. h. Spur halten, Spur wechseln, vorher Blinken, Bremsen, Beschleunigen usw. Der Fahrer darf neben den Händen und Füßen auch seine Augen und Aufmerksamkeit abwenden. Er muss jedoch, wenn das Fahrzeug ihn dazu auffordert, weil das Verkehrsgeschehen zu komplex wird bzw. das System seine Grenzen erkennt, innerhalb einiger Sekunden die Steuerung des Fahrzeuges übernehmen können. Das Fahrzeug muss selbständig einen «Nothalt» durchführen können, wenn der Fahrer nicht übernimmt oder übernehmen kann. Der Fahrer muss hier immer noch eine Fahrerlaubnis besitzen und fahrtüchtig sein. Er trägt immer noch die Gesamtverantwortung. Mit der Serieneinführung ist in einigen Jahren zu rechnen.

Stufe vier (Vollautomatisiertes Fahren): Ab dieser Stufe fährt das Fahrzeug selbständig und kann ohne Hilfe auch komplexe Situationen beherrschen. Nur in sehr geringen Fällen und mit langer Vorwarnzeit muss der Fahrer evtl. übernehmen. Der Fahrer muss aber immer noch im Besitz einer Fahrerlaubnis und fahrtüchtig sein. Somit liegt die Verantwortung immer noch beim Fahrer. Nur wenn das System beim vollautomatisierten Fahren einen Fehler macht oder seine Grenzen nicht rechtzeitig erkennt und den Fahrer nicht mit genügend Vorlauf zum Übernehmen auffordert, haftet der Hersteller im Sinne der Produkthaftung. Serieneinführung einige Jahre nach der Serienreife von Stufe drei.

Stufe fünf (Autonomes Fahren): Das Fahrzeug fährt die gesamte Strecke alleine, kann alle Verkehrssituationen sicher erkennen und bewältigen. Es gibt keinen Fahrer mehr, kein Lenkrad, keine Pedale. Ein Eingriff ist nicht mehr vorgesehen. Alle Mitfahrer sind nur noch Beifahrer bzw. Passagiere. Die Zeitspanne bis zur Serieneinführung ist ungewiss, auch wenn es schon einzelne Pilotprojekte mit geringer Geschwindigkeit in einem abgegrenzten Umfeld gibt. Die Haftungsfrage muss bis dahin in den Details ebenfalls noch geklärt werden.

12.2 Sensoren, Karten und Software

Grundsätzlich muss über die verschiedenen Sensoren erkannt werden, was ein Fahrer sehen kann. Die restlichen Dinge, die ein Mensch (der Fahrer) über seine weiteren Sinnesorgane aufnimmt (schmecken, riechen, hören, fühlen) werden nicht erfasst. Das erfasste Verkehrsgeschehen muss dann über diverse Softwareprogramme ausgewertet werden und dann entsprechende Befehle an die verschiedenen Aktuatoren gegeben werden, um das gewünschte (Fahrt)Ziel zu erreichen.

Als Sensoren zur Erfassung des Verkehrsgeschehens verwendet man Kameras, Ultraschallsensoren, Radarsensoren für den Nah- und Fernbereich und evtl. Laserscanner.

Kamera (Bild 12.2): Durch eine Kamera kann auf optischem Weg ein Bild erzeugt werden, wodurch Umrisse und Farben erkannt werden können. Durch die Verwendung einer Stereokamera können auch zusätzlich noch die Entfernungen der erkannten Objekte berechnet werden. Bei beginnender Dämmerung und Dunkelheit werden aber sehr schnell die Grenzen der Objekterfassung durch Kameras erreicht. Ebenso bei Regen, Schnee, Nebel und Gegenlicht. Fehlende oder schlechte Fahrbahnmarkierungen sind auch problematisch (siehe auch Abschnitt 11.5.7).

Bild 12.2 *Eine Stereokamera ermöglicht es der Elektronik, Entfernungen zu ermitteln.* [Bild: Subaru]

Ultraschallsensor (Bild 12.3): Im Nahbereich sehr gut geeignet zur Abstandsmessung beim Einparken und zur Überwachung von Fahrzeugen in unmittelbarer Nähe. Die Ultraschallsensoren sind nur für geringe Distanzen vorgesehen. Sie reagieren ebenfalls empfindlich auf Schnee und Eis, sehr starken Regen und können sehr dünne und evtl. sich bewegende Hindernisse nicht ausreichend sicher erkennen.

Bild 12.3 *Mittels Ultraschallsensoren kann der Fahrer optisch und akustisch über Hindernisse vor und hinter dem Fahrzeug informiert werden.*
[Bild: Audi]

Radarsensor (Bild 12.4): Durch die Verwendung von mehreren Radarsensoren für den Nah- und Fernbereich (vgl. auch Kapitel 11) ist auf elektromagnetischem Weg eine schnelle und präzise Erfassung von Objekten, deren Abständen und Geschwindigkeiten möglich. Das gilt auch für Objekte in großer Entfernung und unabhängig von Witterungseinflüssen. Jedoch kann das System nur die verschiedenen Objekte als Objekte erkennen, sie aber nicht unterscheiden. Bestimmte Oberflächen absorbieren die elektromagnetische Strahlung der Radarsensoren, wodurch diese Objekte dann nicht erkannt werden bzw. nicht ausreichend präzise erkannt werden. Radarsensoren sind deutlich teurer als Ultraschallsensoren und Kameras.

Laserscanner (Bild 12.5): Durch einen Laserscanner kann auf optischem Weg (auf Infrarotbasis) ein scharfes dreidimensionales Bild erzeugt werden. Er funktioniert bei Tag und Nacht und vereint die Erkennung von Objekten und die Abstandsmessung. Der Laserscanner ist aber auch empfindlich auf Witterungseinflüsse wie Regen, Schnee und Nebel. Er ist außerdem sehr teuer und aufwendig.

Bild 12.4 *Radarsensoren für ACC-Systeme sind im Laufe der Zeit immer kleiner und leistungsfähiger geworden. Der Sensor hinten in der Mitter stammt aus dem Jahr 1995, der flache Sensor vorne links aus dem Jahr 2018.*
[Bild: Mercedes-Benz]

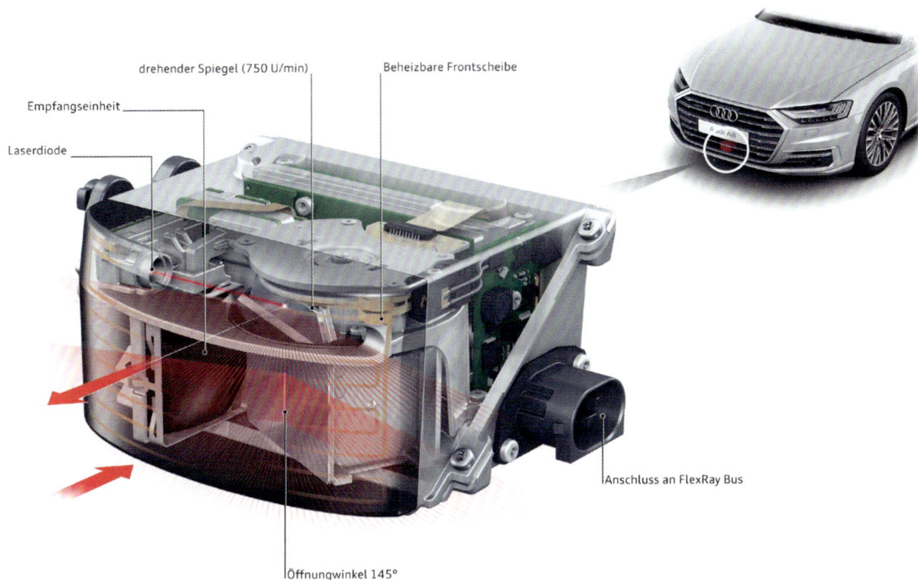

Bild 12.5 *Die erste Generation der Laserscanner war noch sehr voluminös.*
[Bild: Audi]

Für jeden Sensor muss eine aufwendige Software die gesammelten Umfeldbedingungen auswerten und bewerten. Zusammen muss dann aus den Informationen/Auswertungen aller Sensoren ein gemeinsames «Bild» des Umfeldes und Verkehrsgeschehens abgeleitet werden. Dies wird auch als Sensorfusion bezeichnet. Da jeder Sensor seine Vorteile und Einschränkungen hat, ist das Zusammenspiel der Sensoren und deren Informationen/Auswertungen das Wichtigste. Bild 12.6 zeigt einen möglichen Erfassungsbereich der verschiedenen Sensoren.

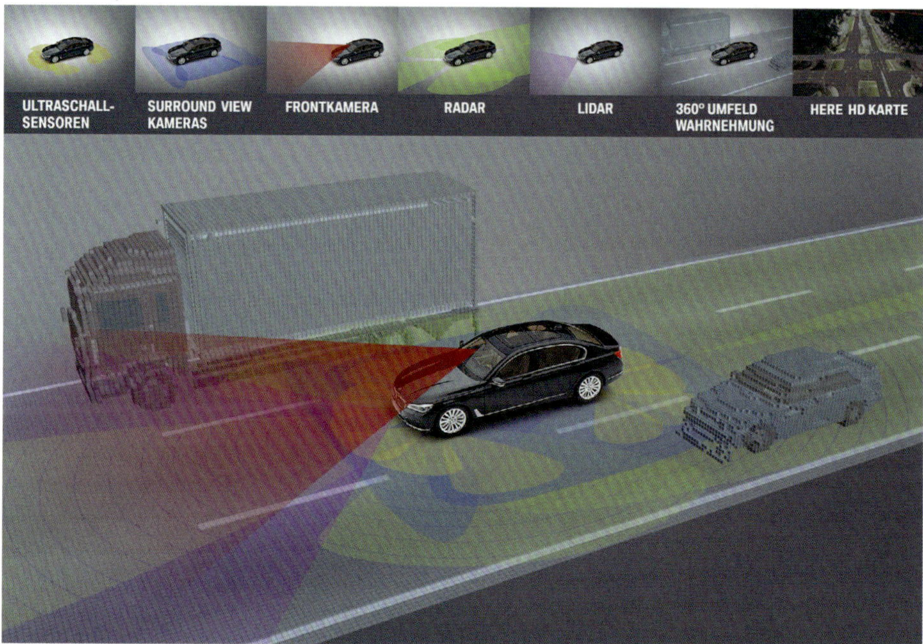

Bild 12.6 *Arbeitsbereiche der verschiedenen Sensoren. Die Assistenzsysteme greifen zudem immer öfter auch auf hochgenaue Kartendaten zurück.*
[Bild: BMW]

Eine weitere wichtige Funktion neben der Erfassung des Verkehrsgeschehens ist das Zusammenspiel mit dem Navigationssystem. Das Fahrzeug muss natürlich «wissen», wo es sich befindet und wo es hin soll. Dazu wird das GPS-Signal (+/- 10 m) benötigt und es sind genauere sog. hochauflösende Kartendaten notwendig. Mit den digitalen, hochauflösenden Kartendaten müssen z. B. auch einzelne Fahrspuren und deren Begrenzungen erkannt werden. Die Erfassung und Digitalisierung läuft aktuell. Dies ist bereits für die Stufe drei unabdingbar. Aber auch die Eingangsinformationen für das *dead reckoning* und Map-Matching (vgl. Kapitel Navigation) müssen genauer werden, wenn in Tälern, im städtischen Umfeld oder in Tunnels kein GPS-Signal empfangen werden kann.

Schließlich müssen auch noch die aktuellen Verkehrs- und Wetterdaten mitberücksichtigt werden. Dafür ist ein ständiger Austausch von Daten der Fahrzeuge mit verschiedenen zentralen Rechnern notwendig. Dies erfordert wiederum stabile Datennetze und Verbindungen.

Bild 12.7 *Die meisten Fahrerassistenzsysteme sind miteinander vernetzt und tauschen Informationen untereinander aus.*
[Bild: Audi]

12.3 Probleme, Überlegungen und offene Themen

Je mehr man sich mit dem Thema beschäftigt, desto mehr erkennt man, was ein Mensch als Fahrer kann, vermutlich meistens richtig macht und eine Maschine bzw. die Software können/lernen muss. Der Mensch als Fahrer ist nicht nur wie oft zitiert «Unfallverursacher» oder «Schwachstelle Mensch», sondern auch täglich vermutlich millionenfach ein «Unfallverhinderer». Dazu als Überlegungshilfe/Denkanstoß drei einfache Beispiele.

Beispiel 1: In einer Nebenstraße sehen Sie als Fahrer etwas weiter vorne in der gleichen Fahrtrichtung stehend einen Paketdienst, der gerade ein Päckchen aus seinem Fahrzeug holt, die Türen schließt und an der hinteren linken Ecke seines Fahrzeuges den Verkehr beobachtet. Als geübter Fahrer vermuten Sie, dass er die Straße überqueren will und sind bremsbereit oder lassen ihn als höflicher Mensch sogar den Vortritt. Jetzt verändert man die Situation leicht. Der Paketdienst legt ein Paket in sein Fahrzeug, schließt die Türen, wartet wieder an der hinteren linken Ecke seines Fahrzeuges und beobachtet den Verkehr. Jetzt gehen Sie davon aus, dass er auf der Fahrerseite einsteigen will und geben ihm eventuell etwas Platz dadurch, dass Sie, wenn es der Verkehr zulässt, etwas nach links ausweichen.

Beispiel 2: Sie fahren in einer Straße, die auf der rechten Seite mit parkenden Fahrzeugen zugestellt ist und wollen weiter vorne rechts abbiegen. Sie überholen gerade einen Radfahrer, der auf dem angrenzenden Radweg fährt. Auch wenn der Radfahrer gerade im Kreuzungsbereich durch ein parkendes, großes Fahrzeug verdeckt wird, rechnen Sie mit ihm und warten bis er wieder an ihnen vorbei ist, bevor sie weiter abbiegen.

Beispiel 3: Ein Ball rollt vor ihnen auf die Straße. Sie reduzieren die Geschwindigkeit, sind bremsbereit und haben eine erhöhte Aufmerksamkeit.

Das waren nur drei einfache Beispiele um die Komplexität aufzuzeigen. Da man für die Programmierung aber nicht an alle möglichen Situationen und Eventualitäten denken kann, werden momentan durch viele Versuchsfahrzeuge und Aufzeichnungen von Daten und Situationen Erfahrungen gesammelt und mit selbstlernenden Programmen ausgewertet.

Einige theoretisch konstruierte Verkehrssituationen, die sogenannten «**Dilemmasituationen**» sind eine immer wieder auftauchende Problemstellung in der Diskussion um das autonome Fahren. Bei einem unausweichlichen Unfall sollte die Steuerung des autonomen Fahrzeuges beim Ausweichen «entscheiden» zwischen einem älteren Fußgänger und einer Schulklasse (oder mehrere Kinder, oder, oder…). Grundsätzlich wird es diese Entscheidung nie geben. Solche Abwägungen sind in Deutschland per Grundgesetz grundsätzlich verboten und damit wird es auch keine derartige Software geben. Außerdem bewertet die Software des autonom fahrenden Fahrzeuges die Situation immer wieder neu und das im Millisekunden-Bereich. Es wird immer den maximalen Energieabbau, d. h., Verzögerung/Bremsen anstreben und weiter nach Lücken/Ausweichmöglichkeiten suchen. Die viel zitierte «Entscheidung» gibt es also nicht. Und auch der Mensch als Fahrer wird sich in Notsituationen so verhalten und keine bewusste «Entscheidung» treffen. Für diese Überlegungen ist in der echten Notsituation überhaupt keine Zeit und «Denkkapazität» vorhanden.

Nichtsdestotrotz war es notwendig die gesamte Problematik um das Thema Autonomes Fahren aufzugreifen und zu diskutieren. Dazu gab es eine hochkarätig besetzte sogenannte **Ethik-Kommission**, die aus Vertretern der verschiedensten gesellschaftlichen Gruppen zusammengesetzt war. Daraus entstanden die 20 Regeln der Ethik-Kommission, die für zukünftige Entwicklungen, Programmierungen usw. den Rahmen bilden sollten.

Eine viel diskutierte Frage ist immer auch die **Haftungsfrage**. Bis Stufe drei haftet der Fahrer. Lediglich bei Fehlfunktionen der Systeme haftet der Systemhersteller (Fahrzeughersteller) im Sinne der Produkthaftung. Der Fahrer/Unfallverursacher ist in der Beweispflicht. Das gilt im Prinzip auch noch für die Stufe vier, wenn auch mit einer deutlich ausgeweiteten Produkthaftung. Die Versicherer haben dazu ebenfalls angekündigt, die Halterhaftung auszuweiten und grundsätzlich erst einmal für den Versicherungsfall einzustehen. Für die Stufe fünf müssen noch gesetzliche Rahmenbedingungen geklärt und auch eigene Versicherungsprodukte usw. geschaffen werden.

Die Systeme beim autonomen Fahren müssen auch immer bei Fehlern/Fehlfunktionen/Ausfall usw. in der Lage sein das Fahrzeug zum Stillstand zu bringen, mit den begleitenden Maßnahmen wie Warnblinkanlage, Notruf usw.

Geklärt werden muss auch noch der **Datenschutz**. Für den dann notwendigen ständigen Datenaustausch zwischen den Fahrzeugen, evtl. verschiedenen Verkehrsinfrastrukturteilen (Signale aussendende Ampeln, aktive Verkehrszeichen,

Wechselanzeigen, Baustellenwarnungen usw.) und auch Herstellerservern muss eine gesetzliche Regelung/müssen gesetzliche Grundlagen geschaffen werden.

Über allem steht aber auch immer die Überlegung, was hat der Kunde davon, was will der Kunde. Bis Stufe vier sicher die Entlastung bei vielen Verkehrssituationen. Stufe 5 eventuell nur für begrenzte Anwendungen. Und zu guter Letzt sind die heutigen Datennetze noch nicht in der Lage diese großen Datenmengen immer und überall aufzunehmen und zu verarbeiten. ...und wie immer kommt der technische Fortschritt meist in vielen kleinen Schritten.

Die 20 Regeln der Ethikkommission

1. Teil- und vollautomatisierte Verkehrssysteme dienen zuerst der Verbesserung der Sicherheit aller Beteiligten im Straßenverkehr. Daneben geht es um die Steigerung von Mobilitätschancen und die Ermöglichung weiterer Vorteile. Die technische Entwicklung gehorcht dem Prinzip der Privatautonomie im Sinne eigenverantwortlicher Handlungsfreiheit.
2. Der Schutz von Menschen hat Vorrang vor allen anderen Nützlichkeitserwägungen. Ziel ist die Verringerung von Schäden bis hin zur vollständigen Vermeidung. Die Zulassung von automatisierten Systemen ist nur vertretbar, wenn sie im Vergleich zu menschlichen Fahrleistungen zumindest eine Verminderung von Schäden im Sinne einer positiven Risikobilanz verspricht.
3. Die Gewährleistungsverantwortung für die Einführung und Zulassung automatisierter und vernetzter Systeme im öffentlichen Verkehrsraum obliegt der öffentlichen Hand. Fahrsysteme bedürfen deshalb der behördlichen Zulassung und Kontrolle. Die Vermeidung von Unfällen ist Leitbild, wobei technisch unvermeidbare Restrisiken einer Einführung des automatisierten Fahrens bei Vorliegen einer grundsätzlich positiven Risikobilanz nicht entgegenstehen.
4. Die eigenverantwortliche Entscheidung des Menschen ist Ausdruck einer Gesellschaft, in der der einzelne Mensch mit seinem Entfaltungsanspruch und seiner Schutzbedürftigkeit im Zentrum steht. Jede staatliche und politische Ordnungsentscheidung dient deshalb der freien Entfaltung und dem Schutz des Menschen. In einer freien Gesellschaft erfolgt die gesetzliche Gestaltung von Technik so, dass ein Maximum persönlicher Entscheidungsfreiheit in einer allgemeinen Entfaltungsordnung mit der Freiheit anderer und ihrer Sicherheit zum Ausgleich gelangt.
5. Die automatisierte und vernetzte Technik sollte Unfälle so gut wie praktisch möglich vermeiden. Die Technik muss nach ihrem jeweiligen Stand so ausgelegt sein, dass kritische Situationen gar nicht erst entstehen, dazu gehören auch Dilemma-Situationen, also eine Lage, in der ein automatisiertes Fahrzeug vor der «Entscheidung» steht, eines von zwei nicht abwägungsfähigen Übeln notwendig verwirklichen zu müssen. Dabei sollte das gesamte Spektrum technischer Möglichkeiten – etwa von der Einschränkung des Anwendungsbereichs auf kontrollierbare Verkehrsumgebungen, Fahrzeugsensorik und Bremsleistungen, Signale für gefährdete Personen bis hin zu einer

Gefahrenprävention mittels einer «intelligenten» Straßen-Infrastruktur – genutzt und kontinuierlich weiterentwickelt werden. Die erhebliche Steigerung der Verkehrssicherheit ist Entwicklungs- und Regulierungsziel, und zwar bereits in der Auslegung und Programmierung der Fahrzeuge zu defensivem und vorausschauendem, schwächere Verkehrsteilnehmer («Vulnerable Road Users») schonendem Fahren.

6. Die Einführung höherer automatisierter Fahrsysteme insbesondere mit der Möglichkeit automatisierter Kollisionsvermeidung kann gesellschaftlich und ethisch geboten sein, wenn damit vorhandene Potentiale der Schadensminderung genutzt werden können. Umgekehrt ist eine gesetzlich auferlegte Pflicht zur Nutzung vollautomatisierter Verkehrssysteme oder die Herbeiführung einer praktischen Unentrinnbarkeit ethisch bedenklich, wenn damit die Unterwerfung unter technische Imperative verbunden ist (Verbot der Degradierung des Subjekts zum bloßen Netzwerkelement).
7. In Gefahrensituationen, die sich bei aller technischen Vorsorge als unvermeidbar erweisen, besitzt der Schutz menschlichen Lebens in einer Rechtsgüterabwägung höchste Priorität. Die Programmierung ist deshalb im Rahmen des technisch Machbaren so anzulegen, im Konflikt Tier- oder Sachschäden in Kauf zu nehmen, wenn dadurch Personenschäden vermeidbar sind.
8. Echte dilemmatische Entscheidungen, wie die Entscheidung Leben gegen Leben sind von der konkreten tatsächlichen Situation unter Einschluss «unberechenbarer» Verhaltensweisen Betroffener abhängig. Sie sind deshalb nicht eindeutig normierbar und auch nicht ethisch zweifelsfrei programmierbar. Technische Systeme müssen auf Unfallvermeidung ausgelegt werden, sind aber auf eine komplexe oder intuitive Unfallfolgenabschätzung nicht so normierbar, dass sie die Entscheidung eines sittlich urteilsfähigen, verantwortlichen Fahrzeugführers ersetzen oder vorwegnehmen könnten. Ein menschlicher Fahrer würde sich zwar rechtswidrig verhalten, wenn er im Notstand einen Menschen tötet, um einen oder mehrere andere Menschen zu retten, aber er würde nicht notwendig schuldhaft handeln. Derartige in der Rückschau angestellte und besondere Umstände würdigende Urteile des Rechts lassen sich nicht ohne weiteres in abstrakt-generelle Ex-Ante-Beurteilungen und damit auch nicht in entsprechende Programmierungen umwandeln. Es wäre gerade deshalb wünschenswert, durch eine unabhängige öffentliche Einrichtung (etwa einer Bundesstelle für Unfalluntersuchung automatisierter Verkehrssysteme oder eines Bundesamtes für Sicherheit im automatisierten und vernetzten Verkehr) Erfahrungen systematisch zu verarbeiten.
9. Bei unausweichlichen Unfallsituationen ist jede Qualifizierung nach persönlichen Merkmalen (Alter, Geschlecht, körperliche oder geistige Konstitution) strikt untersagt. Eine Aufrechnung von Opfern ist untersagt. Eine allgemeine Programmierung auf eine Minderung der Zahl von Personenschäden kann vertretbar sein. Die an der Erzeugung von Mobilitätsrisiken Beteiligten dürfen Unbeteiligte nicht opfern.

10. Die dem Menschen vorbehaltene Verantwortung verschiebt sich bei automatisierten und vernetzten Fahrsystemen vom Autofahrer auf die Hersteller und Betreiber der technischen Systeme und die infrastrukturellen, politischen und rechtlichen Entscheidungsinstanzen. Gesetzliche Haftungsregelungen und ihre Konkretisierung in der gerichtlichen Entscheidungspraxis müssen diesem Übergang hinreichend Rechnung tragen.
11. Für die Haftung für Schäden durch aktivierte automatisierte Fahrsysteme gelten die gleichen Grundsätze wie in der übrigen Produkthaftung. Daraus folgt, dass Hersteller oder Betreiber verpflichtet sind, ihre Systeme fortlaufend zu optimieren und auch bereits ausgelieferte Systeme zu beobachten und zu verbessern, wo dies technisch möglich und zumutbar ist.
12. Die Öffentlichkeit hat einen Anspruch auf eine hinreichend differenzierte Aufklärung über neue Technologien und ihren Einsatz. Zur konkreten Umsetzung der hier entwickelten Grundsätze sollten in möglichst transparenter Form Leitlinien für den Einsatz und die Programmierung von automatisierten Fahrzeugen abgeleitet und in der Öffentlichkeit kommuniziert und von einer fachlich geeigneten, unabhängigen Stelle geprüft werden.
13. Ob in Zukunft eine dem Bahn- und Luftverkehr entsprechende vollständige Vernetzung und zentrale Steuerung sämtlicher Kraftfahrzeuge im Kontext einer digitalen Verkehrsinfrastruktur möglich und sinnvoll sein wird, lässt sich heute nicht abschätzen. Eine vollständige Vernetzung und zentrale Steuerung sämtlicher Fahrzeuge im Kontext einer digitalen Verkehrsinfrastruktur ist ethisch bedenklich, wenn und soweit sie Risiken einer totalen Überwachung der Verkehrsteilnehmer und der Manipulation der Fahrzeugsteuerung nicht sicher auszuschließen vermag.
14. Automatisiertes Fahren ist nur in dem Maße vertretbar, in dem denkbare Angriffe, insbesondere Manipulationen des IT-Systems oder auch immanente Systemschwächen nicht zu solchen Schäden führen, die das Vertrauen in den Straßenverkehr nachhaltig erschüttern.
15. Erlaubte Geschäftsmodelle, die sich die durch automatisiertes und vernetztes Fahren entstehenden, für die Fahrzeugsteuerung erheblichen oder unerheblichen Daten zunutze machen, finden ihre Grenze in der Autonomie und Datenhoheit der Verkehrsteilnehmer. Fahrzeughalter oder Fahrzeugnutzer entscheiden grundsätzlich über Weitergabe und Verwendung ihrer anfallenden Fahrzeugdaten. Die Freiwilligkeit solcher Datenpreisgabe setzt das Bestehen ernsthafter Alternativen und Praktikabilität voraus. Einer normativen Kraft des Faktischen, wie sie etwa beim Datenzugriff durch die Betreiber von Suchmaschinen oder sozialen Netzwerken vorherrscht, sollte frühzeitig entgegengewirkt werden.
16. Es muss klar unterscheidbar sein, ob ein fahrerloses System genutzt wird oder ein Fahrer mit der Möglichkeit des «Overrulings» Verantwortung behält. Bei nicht fahrerlosen Systemen muss die Mensch/Maschine-Schnittstelle so ausgelegt werden, dass zu jedem Zeitpunkt klar geregelt und erkennbar ist, welche Zuständigkeiten auf welcher Seite liegen, insbesondere auf welcher Seite die Kontrolle liegt. Die Verteilung der Zuständigkeiten (und damit

der Verantwortung) zum Beispiel im Hinblick auf Zeitpunkt und Zugriffsregelungen sollte dokumentiert und gespeichert werden. Das gilt vor allem für Übergabevorgänge zwischen Mensch und Technik. Eine internationale Standardisierung der Übergabevorgänge und der Dokumentation (Protokollierung) ist anzustreben, um angesichts der grenzüberschreitenden Verbreitung automobiler und digitaler Technologien die Kompatibilität der Protokoll- oder Dokumentationspflichten zu gewährleisten.

17. Software und Technik hochautomatisierter Fahrzeuge müssen so ausgelegt werden, dass die Notwendigkeit einer abrupten Übergabe der Kontrolle an den Fahrer («Notstand») praktisch ausgeschlossen ist. Um eine effiziente, zuverlässige und sichere Kommunikation zwischen Mensch und Maschine zu ermöglichen und Überforderung zu vermeiden, müssen sich die Systeme stärker dem Kommunikationsverhalten des Menschen anpassen und nicht umgekehrt erhöhte Anpassungsleistungen dem Menschen abverlangt werden.
18. Lernende und im Fahrzeugbetrieb selbstlernende Systeme sowie ihre Verbindung zu zentralen Szenarien-Datenbanken können ethisch erlaubt sein, wenn und soweit sie Sicherheitsgewinne erzielen. Selbstlernende Systeme dürfen nur dann eingesetzt werden, wenn sie die Sicherheitsanforderungen an fahrzeugsteuerungsrelevante Funktionen erfüllen und die hier aufgestellten Regeln nicht aushebeln. Es erscheint sinnvoll, relevante Szenarien an einen zentralen Szenarien-Katalog einer neutralen Instanz zu übergeben, um entsprechende allgemeingültige Vorgaben, einschließlich etwaiger Abnahmetests zu erstellen.
19. In Notsituationen muss das Fahrzeug autonom, d. h. ohne menschliche Unterstützung, in einen «sicheren Zustand» gelangen. Eine Vereinheitlichung insbesondere der Definition des sicheren Zustandes oder auch der Übergaberoutinen ist wünschenswert.
20. Die sachgerechte Nutzung automatisierter Systeme sollte bereits Teil der allgemeinen digitalen Bildung sein. Der sachgerechte Umgang mit automatisierten Fahrsystemen sollte bei der Fahrausbildung in geeigneter Weise vermittelt und geprüft werden.

13 Telefon und Telematik

Die Kommunikation mit dem Telefon / Handy / Smartphone hat im Alltag mittlerweile alle Lebensbereiche durchdrungen, somit natürlich auch den Fahrzeugbereich. So unterschiedlich die genutzten Endgeräte sind, so unterschiedlich sind auch im Fahrzeugbereich die verschiedenen Varianten der Integration und Funktionsmöglichkeiten. Als Mindeststandard sollte heute bei den meisten Fahrzeugen doch eine Freisprecheinrichtung mit der Bedienung über die Fahrzeug(bedien)systeme vorhanden sein, gekoppelt über Bluetooth. Am anderen Ende der Skala der Möglichkeiten steht die volle Funktionsvielfalt eines Smartphones, vollumfänglich integriert, mit Internetzugang und mit noch zusätzlichen fahrzeugspezifischen Funktionen. Folgend zuerst beispielhaft eine aktuelle Systemintegration und daran anschließend die Beschreibung aller aktuell möglichen Funktionen. Im Weiteren die Grundlagen und anschließend mit einigen Beispielen die historische Entwicklung der Telefonie im Fahrzeug.

13.1 Aktuelles Telefonsystem

Das in Bild 13.1 gezeigte System ist der aktuelle Stand eines Komplettsystems, d. h., alle Funktionen, die im nächsten Abschnitt beschrieben werden, sind hier verwirklicht. Das zentrale Steuergerät für die Funktionen im Zusammenspiel mit dem über Bluetooth gekoppelten Telefon ist die Headunit. Sie beinhaltet und steuert sämtliche Kommunikations-, Unterhaltungs-, Navigations- und Anzeigefunktionen, das gesamte sogenannte Infotainment. Die Anzeige erfolgt überwiegend über das zentrale Informationsdisplay (CID), das direkt mit der Headunit verbunden ist. Das zentrale Informationsdisplay verfügt auch über eine Touchscreen-Oberfläche und kann damit auch für (Bedien-)Eingaben genutzt werden. Die Headunit stellt für andere mobile Endgeräte zusätzlich noch einen Hot-Spot über WLAN zur Verfügung. Die Headunit ist über den Karosserie-CAN mit dem zentralen Bordnetzsteuergerät, dem (Bedien-)Controller (CON), der **W**ireless-**C**harging-**A**blage (WCA) und der Nahfeldkommunikation (NFC) verbunden. Für die Verbindung der Headunit zum Kombiinstrument und dem Multifunktionslenkrad dient das zentrale Bordnetzsteuergerät als Gateway.

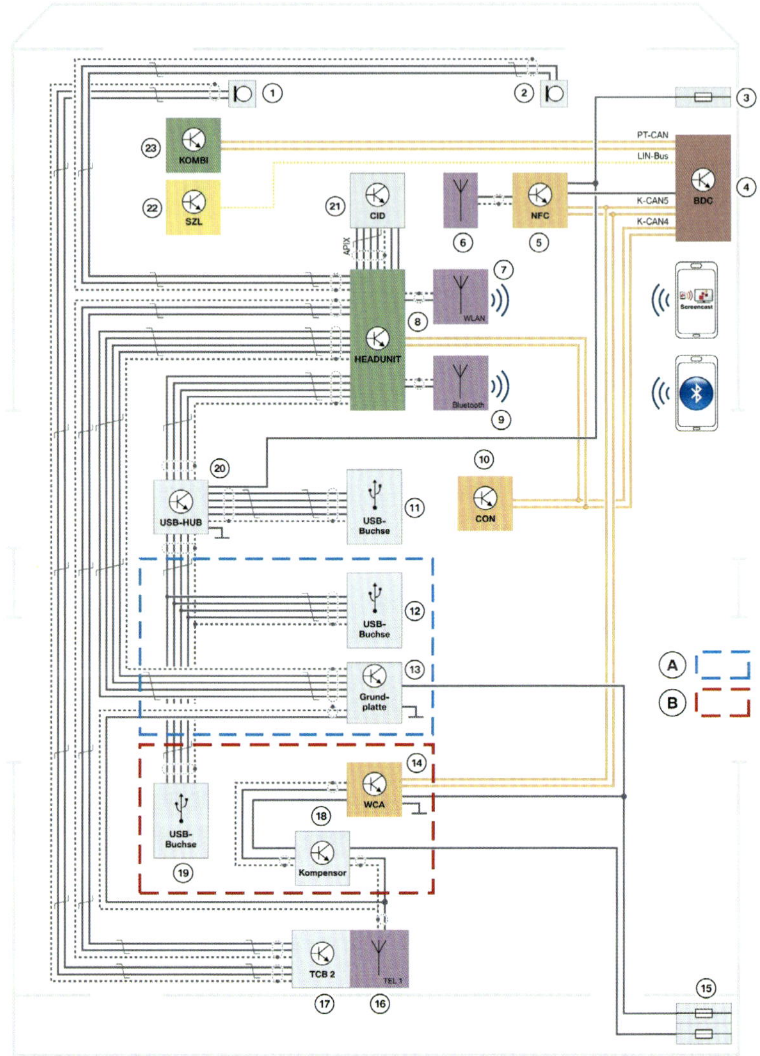

Bild 13.1 *Systemschaltplan Telefon- / Telematiksystem*

A Komforttelefonie
B Wireless Charging
1 Mikrofon-Fahrerseite
2 Mikrofon-Beifahrerseite
3 Stromverteiler vorn
4 Body Domain Controller BDC
5 Steuergerät Nahfeldkommunikation
6 Antenne Nahfeldkommunikation
7 Wi-Fi Direct Antenne Headunit
8 Headunit High 2
9 Bluetooth-Antenne
10 Controller CON
11 USB-Schnittstelle
12 Zusätzliche USB-Schnittstelle in der Mittelkonsole
13 Grundplatte für Snap-in-Adapter Smartphone (USB-Anbindung)
14 Wireless Charging Ablage
15 Stromverteiler hinten
16 Telefon-Antenne
17 TCB2 mit integrierter Finne (TEL1 für WCA und Grundplatte, integrierter WLAN-Hotspot)
18 WCA-Kompensator
19 Zusätzliche USB-Schnittstelle in der Mittelkonsole
20 USB-Hub
21 Central Information Display CID
22 Schaltzentrum Lenksäule SZL
23 Instrumentenkombination KOMBI
[Bild: BMW]

Die Mikrophone, USB-Schnittstellen und das Telefon-/Telematiksteuergerät (TCB) mit einer fahrzeugeigenen SIM-Karte und der Außenantenne sind direkt mit der Headunit über geschirmte Leitungen verbunden.

13.2 Aktuelle Telefon- und Telematikfunktionen

13.2.1 Telefonfunktionen

Die ursprünglichste Funktion ist natürlich ein Telefongespräch über die Freisprecheinrichtung in bester Qualität möglichst ohne Hintergrundgeräusche zu führen, d. h., ein im Fahrzeug integriertes Mikrophon nimmt die eigene Stimme auf und die Fahrzeuglautsprecher geben die Stimme des Anrufers wieder bei gleichzeitiger Stummschaltung der Unterhaltungssysteme. Die Bedienung erfolgt über die im Fahrzeug integrierten Anzeige- und Bedienelemente.

Über die im Fahrzeug integrierten Anzeige und Bediensysteme können aber auch Nachrichten geschrieben und gesendet oder empfangen und gelesen werden. Dies ist auch über die Spracheingabe von Texten und das Vorlesen von Texten möglich. Dies funktioniert sowohl mit SMS-Nachrichten als auch mit Emails und Nachrichten von sozialen Netzwerken

Diese Funktionen können im Telefonsystem des Fahrzeuges (z. B. in der Headunit) integriert sein oder es gibt nur eine Schnittstelle zum Smartphone und die Anzeige und Bedienung werden nur «gespiegelt». Es gibt aber auch Systeme, bei denen dies sowohl im Fahrzeugsystem integriert ist, aber auch zusätzlich die «Spiegelung» möglich ist. Die Begriffe *MirrorLink*, *Apple Car Play* und *Android Auto* bezeichnen solche Schnittstellen, bei denen spezielle Datenübertragungsstandards die Übertragung der Anwendungsprogramme des Mobilgerätes auf das Fahrzeug ermöglichen. In der Regel werden dabei die Anwendungsprogramme (Apps) nach wie vor auf dem Mobilgerät ausgeführt und nur die Anzeige und Bedienung erfolgt über die Fahrzeugsysteme.

Das Laden des Telefons / Mobilgerätes im Fahrzeug ist in der Regel ebenfalls integriert und erfolgt über Adapterkabel, spezielle Snap-in-Adapter oder mittlerweile auch schon häufig über ein kabelloses, induktives Ladesystem. Bei unserem in Bild 13.1 gezeigten System ist es eine WCA, bei dem das Telefon nur auf eine Ablage gelegt und geladen wird (Bild 13.2).

Für sämtliche Funktionen muss einerseits das Fahrzeug dafür ausgerüstet sein, als auch das Telefon / Smartphone / mobile Gerät diese Funktionen unterstützen. Zusätzlich gibt es auch immer die Problematik der Kompatibilität, gerade wenn das Fahrzeugalter und damit der Stand der Technik und die Aktualität des mobilen Gerätes weit auseinander liegen.

13.2.2 Verkehrstelematik

Unter dem Begriff Telematik versteht man in der Regel einen Informations-/Datenaustausch über ein (Fahrzeug-)Telefon und die Weiterverarbeitung der Information/Daten

Bild 13.2
Funktion drahtloses Laden
1 Mobiltelefon mit Koppelantenne für Mobilfunkempfang
2 Induktionsspule des Mobiltelefons
3 Außenhülle des Mobiltelefons mit Empfängerspule
4 Lade-/Sendespule in der Wireless-Charging-Ablage
5 Telefonantenne in der Wireless-Charging-Ablage (Induktiv)
6 Ferrit in der Wireless-Charging-Ablage
7 Elektronik mit Anschlüssen für das Bordnetz in der Wireless-Charging-Ablage
8 Außenhülle der Wireless-Charging-Ablage
[Bild: BMW]

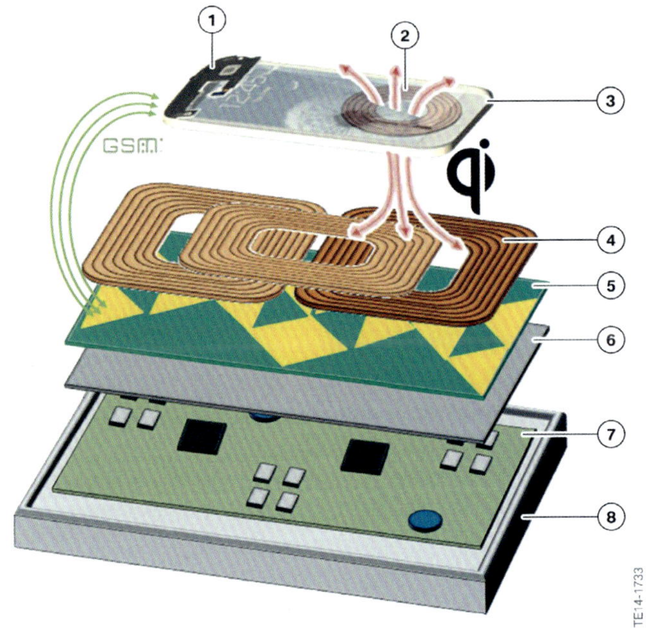

Grundprinzip drahtloses Laden

(im Fahrzeug). Telematik ist ein Kunstwort aus den Wörtern **Tele**kommunikation und Infor**matik**.

Bei den verschiedenen Telematikanwendungen können sowohl Daten aus dem Fahrzeug versendet, und bei Telematikdiensten weiterverarbeitet und eventuell auch wieder weitergeleitet werden, als auch Daten in das Auto übertragen und dort weiterverarbeitet werden.

Die «ursprünglichste» Telematikfunktion entstand aus dem Bedürfnis heraus, über Verkehrsbehinderungen, Staus und dergleichen rechtzeitig informiert zu sein und damit diese umfahren zu können, bzw. diesen Behinderungen großräumig ausweichen zu können.

Im allgemeinen Sinn versteht man unter Verkehrstelematik die Erfassung, Bearbeitung, Übertragung und Nutzung verkehrsbezogener Daten zur besseren Steuerung des Verkehrsflusses. Dazu gehören im Weiteren auch die Steuerung z. B. von Ampeln, Wechselschildern usw. Im Folgenden aber nur die Betrachtung der fahrzeugspezifischen Anwendungen.

Grundvoraussetzung ist zuerst die Sammlung von Daten zum Verkehrsfluss. Diese Verkehrsinformationen stützen sich auf die Polizeimeldestellen, Daten von Autobahnschleifen und Verkehrssensoren sowie Staumeldern usw. Zusätzlich werten private Dienstanbieter anonymisiert die Bewegungsdaten von Mobiltelefonen aus. Somit kann die Verkehrsbehinderung (Staulänge, Zeitverlust usw.) exakt definiert, in der Kartendarstellung eines Navigationsgerätes genau angezeigt werden und die Berechnung einer Alternativroute wird der Verkehrsbehinderung bestmöglich angepasst.

Für die Übermittlung der Verkehrsdaten gibt es zwei unterschiedliche Wege, die sich idealerweise ergänzen. Zum einen den über die Rundfunkanstalten ohne zusätzliche Gebühren ausgestrahlten **T**raffic **M**essage **C**hannel (TMC), dessen Daten über das Radio empfangen werden. Zum anderen die über einen Service Provider zur Verfügung gestellten Verkehrsinformationen, die per SMS über das Mobilfunknetz übertragen werden (z. B. RTTI; ***R****eal* ***T****ime* ***T****raffic* ***I****nformation*, engl. Echtzeitverkehrsinformation).

In beiden Fällen werden die Informationen, wenn gewünscht, dem Fahrer angezeigt, an das Navigationssystem weitergeleitet und bei der dynamischen Routenberechnung / Zielführung berücksichtigt. Für beide Datenquellen und Übertragungswege wurden Standards definiert, damit diese in den verschiedenen Geräten weiterverarbeitet werden können.

Der Traffic Message Channel ist Teil des bereits 1988 eingeführten ***R****adio* ***D****ata* ***S****ystems* (RDS; Anzeige Sendername, Alternativfrequenzen, Durchsagekennung usw.). Die Verkehrsinformationen werden digital codiert nach dem international standardisierten «Alert-C-Protokoll» übertragen. Dabei wird das Ereignis (Stau, Unfall, Sperrung, Glatteis usw.), der Ort (Autobahnabschnitt, Straße usw.), die Länge des Staus und ein «Verfallsdatum» für die Meldung gesendet. Im Empfangsgerät (Radio) ist sowohl eine Liste aller möglichen Ereignisse, die so genannte *event list*, abgespeichert, als auch der so genannte *location table* (Namen und Nummern von Autobahnen und Bundesstraßen). Das Radiogerät speichert und «übersetzt» die codiert empfangenen Verkehrsinformationen und zeigt sie in für den Fahrer lesbarer Form an. Gleichzeitig werden die Daten in der Regel an die Head-unit bzw. das Navigationssystem weitergeleitet, sofern nicht alles in einem Steuergerät integriert ist.

Dies gilt gleichermaßen für die per SMS von einem Service Provider übermittelten Verkehrsmeldungen. Diese werden außerdem auch nach einem festgelegten Standard, dem sogenannten **GATS** (***G****lobal* ***A****utomotive* ***T****elematics* ***S****tandard*) übertragen. Dieser Standard regelt auch die Datenübertragung für alle anderen Telematikanwendungen. Die Daten für die Übertragung in den GSM-Netzen werden zusätzlich verdichtet, um eine schnellere Datenübertragung zu erreichen. Man nennt dies auch packen bzw. GPRS (***G****eneral* ***P****acked* ***R****adio* ***S****ervice*). Die über SMS vom Service Provider übermittelten Verkehrsmeldungen können individueller und genauer auf die Behinderung, die voraussichtliche Dauer der Behinderung, den Ort, die Umleitungsempfehlung usw. eingehen.

13.2.3 Notruffunktion

Die wichtigste Telematikfunktion bei einem Unfall ist der automatische Notruf. Bei einem Unfall mit Airbagauslösung werden alle unfallrelevanten Daten automatisch an eine Notrufzentrale / Rettungsleitstelle gesendet und gleichzeitig eine Sprachverbindung aufgebaut. Dies kann auch manuell durch Drücken einer Notruftaste ausgelöst werden, wenn man einen Unfall beobachtet, als erster an einen Unfallort kommt oder selbst bzw. Mitinsassen von einem medizinischen Notfall betroffen sind.

Bei jedem Notruf werden folgende Daten übermittelt:

- Unfallzeitpunkt / Uhrzeit,
- manueller oder automatischer Notruf,
- die vollständige Fahrzeugidentifizierungsnummer,
- Fahrzeugklasse und Antriebsart (Benzin, Diesel, Hybrid, Gas usw.),
- die aktuelle und die letzten zwei Fahrzeugpositionen sowie die Fahrtrichtung,
- sofern die Sicherheitsgurte geschlossen waren oder über die Sitzbelegungserkennung, auch die Anzahl der Insassen.

Die Notruffunktion gibt es bei einigen Fahrzeugen und Herstellern bereits seit Ende der 1990er-Jahre. Andererseits müssen alle neuen Pkw und leichten Nutzfahrzeuge, deren Typgenehmigung nach dem 31.3.2018 erfolgte, mit dem sogenannten eCall (***e**mergency **c**all*, engl. Notfall Anruf) ausgerüstet sein. Damit gibt es viele verschiedene Systeme und Lösungen.

Für die Notruffunktion und um diese Daten übertragen zu können, benötigt man aber immer die GPS-Ortungsdaten, eine Mobilfunkantenne, ein Telefonsteuergerät mit SIM-Karte, eine Notstromversorgung und die Verbindung zum Airbagsteuergerät. Wo die einzelnen Komponenten in den Systemen verbaut sind und wie sie zusammenwirken, ist bei den verschiedenen Fahrzeugen und Herstellern höchst unterschiedlich. In der Anfangszeit gab es auch Systeme, die die SIM-Karte und das Telefon des Fahrzeugnutzers verwendeten. Mittlerweile ist immer eine eigene SIM-Karte im Fahrzeug verbaut. Obwohl ein Notruf in der Netzanbindung immer die höchste Priorität hat, kann es trotzdem in Einzelfällen nicht funktionieren, da in Deutschland keine hundertprozentig flächendeckende Verfügbarkeit des Telefonnetzes gewährleistet ist.

Sollte es im **! absoluten Ausnahmefall !** im Rahmen einer Fehlersuche für die Diagnose oder eine Funktionsüberprüfung unvermeidbar sein, einen manuellen Notruf auszulösen, muss man im Fahrzeug am Telefon bleiben, bis eine Sprachverbindung mit dem Service Operator oder der Rettungsleitstelle aufgebaut wurde und man erklären kann, dass es sich lediglich um einen Test handelte, damit kein unnötiger Rettungseinsatz ausgelöst wird.

13.2.4 Online-Dienste

Abhängig vom Fahrzeug und der Ausstattung kann man heute schon in vielen aktuellen Fahrzeugen auf fast die gleichen Online-Funktionen, Anwendungsprogramme (Apps), Social Media, Musikstreaming-Dienste usw. zugreifen und nutzen, die auch mit einem Smartphone möglich sind. Jedoch ist die Funktion der Onlineanwendungen im Fahrzeug stark abhängig von der Netzabdeckung und der im Fahrzeug verbauten Technik (Stand der Technik). Die ersten Onlineanwendungen gab es im Fahrzeug Ende der 1990er-Jahre. Der gleiche schnelle Wandel, der bei der Datenübertragung und bei den Smartphones sich vollzogen hat, ist mit einer kleinen Zeitverzögerung auch im Fahrzeugsektor vollzogen worden. Damit gibt es auch eine Vielzahl verschiedener Baustände und Möglichkeiten. Und so wie man mit einem 10 Jahre alten Handy samt 10 Jahre alter SIM-Karte keine aktuellen Onlinefunktionen nutzen kann, so ist auch der Stand eines 10 Jahre alten Fahrzeuges hoffnungslos veraltet. Zum Teil gibt es Nachrüstungen und Aktualisierungen – das ist aber immer fahrzeugspezifisch und vorm Einbau / der Installation immer genau zu prüfen, ob es passt.

Meist wird der Online-Zugang über Online-Dienste der Hersteller oder einem speziellen Service Provider geroutet. Dadurch kann der Online-Dienst auf die fahrzeugspezifischen Bedürfnisse zugeschnitten werden, im Hinblick auf die Größe der Anzeige, der Schrift und einer Reduzierung auf das Wesentliche sowie der Bedienbarkeit im Fahrzeug. Oftmals ist die Auswahl der zur Verfügung gestellten Seiten auch auf die fahrzeug- und reisespezifischen Notwendigkeiten beschränkt.

Man kann z. B. Hotels, Restaurants, Sehenswürdigkeiten, Parkhäuser, aber auch Apotheken und Tankstellen suchen und sich dazu weitergehende Informationen (aktuelle Kraftstoffpreise, Öffnungszeiten) anzeigen lassen. Aber auch verschiedene Börsenkurse und allgemeine Nachrichten sowie Wetterinformationen sind abrufbar. Ebenso wie persönliche Nachrichten (E-Mails, Tweets usw.) und persönliche Aufzeichnungen.

Über einen im Fahrzeug integrierten WLAN-Hotspot (vgl. Bild 13.1) haben die Mitreisenden einen «normalen» Internetzugang, nach der Registrierung und über die Fahrzeugantenne mit dem Funknetz verbunden.

Entscheidend für die verschiedenen Funktionen und die Schnelligkeit der Datenübertragung ist aber auch im Fahrzeug die Netzanbindung. Diese kann von keiner Verbindung, über normalen GSM-Empfang, über UMTS bis zum 4G-Standard reichen. Über das einfache GSM-Netz können Daten mit 9,6 kBit/Sekunde übertragen werden. Über HSCSD (*__H__igh __S__peed __C__ircuit __S__witched __D__ata*) und GPRS können bis zu 14,4 kBit/Sekunde für Datenübertragungen aus dem Fahrzeug, dem sogenannten Uplink (engl. Aufwärtsverbindung) und bis zu 43,2 kBit/Sekunde für Datenübertragungen in das Fahrzeug, dem so genannten Downlink (engl. Abwärtsverbindung) erreicht werden. Eine deutliche Steigerung der Datenübertragungsraten ist erst durch UMTS (*__U__niversal __M__obile __T__elecommunications __S__ystem*) eingetreten. Mit UMTS sind bei stehendem Fahrzeug Datenübertragungsraten bis zu maximal 2 MBit/Sekunde möglich. Beim aktuellen LTE (*__L__ong __T__erm __E__volution*) *advanced* (4G-Standard) sind bei optimalen Bedingungen bis 1.200 MBit/ Sekunde im Download möglich. Allerdings nimmt die maximal mögliche Datenübertragungsrate im Fahrbetrieb auch immer deutlich ab.

Diese doch sehr unterschiedlichen Datenübertragungsraten sind bei einer Störung oder vermeintlichen Fehlfunktion immer zu berücksichtigen. Außerdem können auch eventuelle Systemausfälle des Herstellerportals oder sogar durch das Internet eingebrachte Viren eine Ursache für Fehlfunktionen sein.

13.2.5 Fahrzeugspezifische Telematikfunktionen

Die Vernetzung aller Systeme im Fahrzeug mit der Datenbustechnik, die integrierten Fahrerinformationssysteme und die aktuellen Telefon- / Telematiksteuergeräte in Verbindung mit den möglichen Datenübertragungsraten eröffnen eine Vielzahl von fahrzeugspezifischen (Telematik-) Anwendungen. Aber natürlich gilt auch hier; der Fahrzeughersteller muss das Fahrzeug dafür programmiert haben, der Stand der Technik ist entscheidend und es wird eine entsprechende Netzanbindung benötigt. Sehr häufig ist das auch erst über zusätzlich gebuchte Dienste des Fahrzeugherstellers möglich. Die Vielfalt ist enorm und verlangt immer das fahrzeug- und herstellerspezifische Wissen.

Die wichtigsten Telematikanwendungen sind eine Vielzahl von Servicefunktionen.

- Service- / Pannenruf
- Telediagnose
- Teleprogrammierung
- Teleservice

Es gibt aber auch viele Anwendungen, die den Komfort erhöhen:

- Thermocall (für die Klimaanlage, Standlüftung und Standheizung),
- Programmupdates (z. B. für die Navigationsdaten),
- Übertragung von geplanten Fahrtrouten vom PC ins Fahrzeug,
- mit Berücksichtigung von Staus und Fahrtzeiten und Rückmeldung der notwendigen Abfahrtszeit,
- Bürofunktionen (Nachrichten empfangen und versenden),
- Informationen zum Fahrzeugstandort und Zustand (ZV, Batterie, Tankinhalt, Reichweite uvm.).

Bei einer Panne oder technischen Störung kann ein **Serviceruf** abgesetzt werden. Dies kann, je nach Fahrzeug bzw. Hersteller, über einen eigenen Schalter / Taster oder einen Menüpunkt in den Fahrerinformationssystemen realisiert sein. Dabei werden ebenfalls wieder der Standort und fahrzeugspezifische Daten (Fahrgestellnummer, Modell, Fahrzeugzustand usw.) übertragen und eine Sprachverbindung mit der Servicezentrale aufgebaut. Die Servicezentrale kann über die **Telediagnose** zusätzliche, aktuelle fahrzeugspezifische Daten abrufen, das sind z. B. Kilometerstand, Motortemperatur, Batteriespannung, Tankinhalt, Reifenluftdruck und vor allem gespeicherte Stör- und Warnmeldungen sowie der Fehlerspeicher. Vereinzelt können auch weitere Statusabfragen und in geringem Maße auch Test- und Diagnoseschritte durchgeführt werden. Damit kann im Pannenfall eine noch gezieltere technische Hilfestellung gegeben werden. Diese Daten erhält auch der Pannendienst und ist damit bestmöglich vorbereitet. Er kann damit evtl. auch schon notwendige Reparaturteile mitnehmen.

Die Servicezentrale kann auch falls notwendig eine **Teleprogrammierung** vornehmen. Dazu muss der Standort des Fahrzeuges eine gute Netzanbindung haben und es wird aus Sicherheitsgründen nur bei stehendem Fahrzeug durchgeführt.

Eine weitere Service-Funktion ist der sogenannte **Teleservice**. Dabei werden die ermittelten, wartungsrelevanten Fahrzeug- und Verschleißdaten einige Wochen vor einem fälligen Termin über einen Service Provider an den zuständigen Händler übertragen.

Damit kann der Händler sich zuerst über den Wartungsbedarf des Fahrzeuges informieren und im Weiteren mit dem Kunden einen Termin vereinbaren.

Mit dem **Thermocall** kann die Standheizung, aber auch die Standlüftung aktiviert werden. Damit kann das Fahrzeug rechtzeitig temperiert werden, ohne dass man sich bereits in der Nähe des Fahrzeuges befinden muss (siehe auch Abschnitt 10.2).

Die Übertragung von **Programmupdates** ist mittlerweile ebenfalls schon Standard. Überwiegend genutzt für die Aktualisierung von Navigationsdaten, aber mittlerweile auch immer häufiger für kleine Softwareaktualisierungen genutzt. Damit können Fehlfunktionen behoben werden und die Software auf den neuesten Programmstand gebracht werden.

Bei den oben beschriebenen Telematikfunktionen handelt es sich um Funktionen und Programme, die vom Fahrzeughersteller vorgesehen sind, bei denen die im Fahrzeug sich befindende SIM-Karte benutzt wird und der Kunde keine eigenen Einstellungen und Programmierungen vornehmen muss.

Im Weiteren gibt es einige «private» Telematikfunktionen, deren Funktion vorgesehen ist bzw. von der Programmierung und Ausstattung des Fahrzeuges ermöglicht wird, aber die der Kunde erst einrichten muss. Der Kunde muss sozusagen seine «IT-Welt» mit dem Fahrzeug vernetzen. Das sind die Übertragung von geplanten Fahrtrouten vom PC ins Fahrzeug und Übernahme in das Navigationssystem, mit Berücksichtigung von Staus und Fahrtzeiten und Rückmeldung der notwendigen Abfahrtszeit sowie diverse Bürofunktionen (Nachrichten empfangen und versenden). Darunter fallen auch die Nachrichten / Posts / Tweets / WhatsApp usw. von den verschiedenen Social-Media-Kanälen.

Eine dritte Rubrik sind Programme / Anwendungen (Apps) die Status-Informationen und Bedienmöglichkeiten des Fahrzeuges mit einem Smartphone verbinden. Mit diesen Anwendungsprogrammen können z. B. der Fahrzeugstandort und der Zustand der Zentralverriegelung, der Ladezustand der Batterie, der Tankinhalt mit der sich daraus ergebenden Reichweite, der Reifenluftdruck uvm. abgefragt werden. Es werden aber auch Bedienfunktionen damit ermöglicht, wie z. B. das Öffnen oder Schließen der Zentralverriegelung, das Licht einschalten, die Hupe betätigen usw.

Wichtig für eine einwandfreie Funktion aller Telematikfunktionen ist eine gute Netzanbindung, die in Deutschland gerade in ländlichen und dünn besiedelten Regionen oftmals nicht gegeben ist. Deshalb ist es bei einer Fehlersuche nicht unerheblich, wo und wann der Fehler auftritt. Die folgenden Ausführungen zu den Grundlagen des Mobilfunks können dafür wichtige Hinweise liefern.

13.3 Grundlagen des Mobilfunktelefons

Grundlage des Mobilfunks ist immer eine Funkverbindung zwischen einem mobilen Sende-/Empfangsgerät (Mobiltelefon) und einer Funkfeststation oder Basisstation. Die Basisstation ist ihrerseits über eine Netzzentrale oder Vermittlungsstelle wieder mit anderen Basisstationen oder auch mit dem Festnetz verbunden. Die verschiedenen Stationen sind meist mittels festen, terrestrischen (*terra* lat. die Erde) Leitungen verbunden. Sie können aber auch wieder über Funksignale und evtl. sogar über Satelliten verbunden sein.

In GSM-Netzen besteht eine Funkverbindung, ein sogenannter Verbindungskanal, aus zwei abgestimmten HF-Frequenzen. Auf einer Frequenz werden die Signale vom Mobiltelefon zur Basisstation übertragen und auf der anderen Frequenz die Signale von der Basisstation zum Mobiltelefon. Dadurch können Signale in beide Richtungen gleichzeitig übertragen werden. Dies wird als Duplex-Übertragung bezeichnet.

Ein Verbindungskanal kann aufgebaut werden, wenn sich das Mobiltelefon zuvor durch eine international eindeutig identifizierbare Kennnummer, die so genannte IMSI (***I****nternational* ***M****obile* ***S****ubscriber* ***I****dentity*), in das Netz eingebucht hat. Das Mobiltelefon bucht sich immer automatisch in das stärkste Netz mit den bestempfangbaren Signalen ein. Jedes Mobiltelefon bietet aber auch die Möglichkeit der manuellen Netzsuche.

Die individuelle Kennung (IMSI) ist durch die SIM-Karte festgelegt. Die SIM-Karte ist eine Chipkarte, auf der die Mobilfunknummer, die Zugangsdaten zum jeweiligen Netz und die PIN gespeichert sind. Die SIM- Karte wird vom Service-Provider erworben und freigeschaltet. Die SIM-Karte kann in der Regel in jedes Mobiltelefon eingelegt werden. Lediglich ältere SIM-Karten, die früher mit 5 V beschrieben wurden, können heute (Standard heute 3 V) von aktuellen Mobiltelefonen nicht mehr gelesen werden. Damit die Verbindungen möglichst überall zustande kommen, müssen die Basisstationen so verteilt sein, dass sich eine möglichst große Flächenabdeckung ergibt. Andererseits ist die Zahl der möglichen Frequenzen begrenzt. Es kann nicht jede Basisstation eigene Frequenzen benutzen. Das GSM-Netz ist deshalb als ein zellulares Netzwerk (Bild 13.3) aufgebaut.

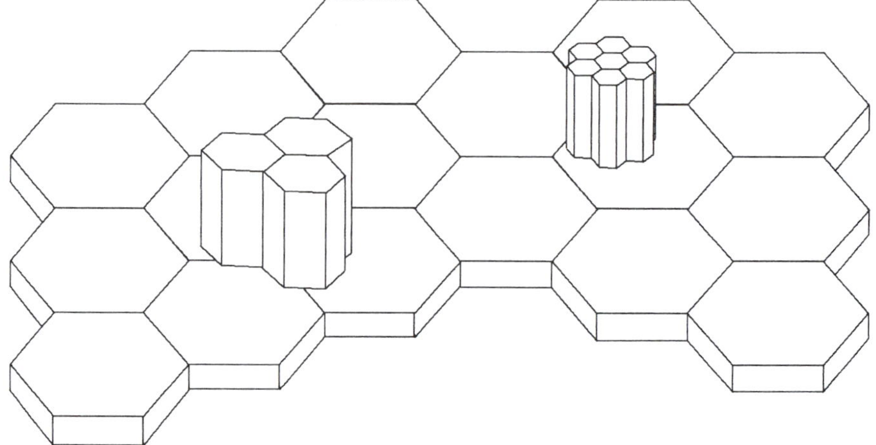

Bild 13.3 *Zelleneinteilung des Netzwerks*

Mittelpunkt einer Zelle ist immer eine Basisstation. Die Größe der Zelle ist abhängig von der Anzahl der Mobilfunkteilnehmer in diesem Bereich und von der Größe des zu versorgenden Gebietes. Jede Basisstation kann immer nur eine bestimmte Anzahl von Verbindungen gleichzeitig abwickeln. Durch den zellularen Aufbau können gleiche Frequenzen in größeren Zellabständen wieder verwendet werden.

Natürlich ist die Ausbreitung der Funkwellen nicht wabenförmig begrenzt, sondern grundsätzlich kreisförmig, wodurch sich die Frequenzen der einzelnen Zellen in der Wirklichkeit meistens überlappen. In Ballungsgebieten können sich auch mehrere Zellen überlappen. Dadurch kann in der Regel ein Telefongespräch ohne Unterbrechung von einer Zelle zu einer benachbarten Zelle übergeben werden. Den Übergabeprozess bezeichnet man auch als *Handover* (engl. Übergabe). Dies geschieht automatisch durch das Mobiltelefon und den miteinander verbundenen Vermittlungsstationen.

Es gibt aber auch viele Hindernisse, die einem Zustandekommen oder Aufrechterhalten eines Gespräches entgegenstehen und im Folgenden genannt werden. Es handelt sich dabei um Funktionseinschränkungen, die aber nicht durch Fehler oder Fehlfunktionen des einzelnen Mobiltelefons hervorgerufen werden. Bei Reklamationen muss genau hinterfragt werden, wann und wo es z. B. zu Gesprächsabbrüchen kommt.

Die Ausbreitung der Funkwellen wird in der Praxis oft durch Berge, Hügel und Gebäude behindert. Es kommt zu so genannten Abschattungen und dadurch zu Gesprächsabbrüchen. Aber auch Witterungseinflüsse in Form von Regen, Schnee und Gewitter führen zu Störungen oder auch Abbrüchen. Ein Gesprächsabbruch kann auch durch eine fehlgeschlagene Übergabe verursacht werden oder durch eine Netzüberlastung, d. h., die Anzahl der möglichen Verbindungen ist erreicht. Dies kann meist zu bestimmten Tageszeiten oder bei großen Veranstaltungen auftreten. Nur Notrufe können auch bei einer Netzüberlastung getätigt werden, da diese mit höchster Priorität geschaltet werden und dafür andere Verbindungen abgebrochen werden. In Tunnels bricht eine Verbindung meist ebenfalls ab, wenn nicht so genannte *Repeater* (engl.: Wiederholer) die Funksignale einer Basisstation gebündelt im Tunnel verstärken. Gesprächsabbrüche sind auch durch eine zu geringe Sendeleistung des Mobiltelefons bei zu großer Entfernung zur Basisstation möglich.

Grundsätzlich ist aus physikalischen Gründen eine Verbindung zu einem sich bewegenden Mobiltelefon schwieriger aufzubauen bzw. zu halten. Die GSM-Netze können theoretisch eine Verbindung bis zu einer Geschwindigkeit von ca. 250 km/h aufbauen, halten und sogar eine Übergabe durchführen. In der Praxis kann man aber feststellen, dass mit zunehmend höherer Geschwindigkeit die Verbindung schlechter wird und auch öfter abbricht, gerade wenn die zusätzlichen Randbedingungen, wie Netzversorgung, schlechter sind.

13.4 Historische Entwicklung des «Autotelefons»

13.4.1 Allgemeine Informationen

Die ersten Autotelefone gab es ab 1958, die in den 1960er- und Anfang 1970er-Jahren mit einem analogen Funknetz (**A-Netz**) betrieben wurden. Die Teilnehmerzahl war sehr gering und mit sehr hohen Kosten verbunden. Erst in den 1970er-Jahren wurden mit der Einführung des **B-Netzes** die Kosten etwas geringer und die Nutzer geringfügig mehr. Die Sende- und Empfangsgeräte in den Fahrzeugen waren noch ziemlich schwer und groß. Dies galt auch für den Bedienhörer und die notwendigen Antennen. Deshalb gab es bis dahin nur Festeinbauten. Die erste allmähliche weitere Verbreitung des Autotelefons gab es in den 1980er-Jahren mit der Einführung des **C-Netzes**, das auch die ersten Mobiltelefone ermöglichte. Allerdings waren die ersten tragbaren Mobiltelefone noch in der Größe eines Aktenkoffers. Erst in den 1990er-Jahren wurde durch die Entwicklung digitaler Mobilfunktechnologien und der Festlegung internationaler Standards der Grundstein für unsere heute verwendeten Mobiltelefone gelegt.

Durch das GSM (***G****lobal* ***S****ystem for* ***M****obile Communication*, engl. weltumfassendes System für mobile Kommunikation) wurden drei Frequenzbereiche für den Mobilfunk festgelegt. Die Übertragung erfolgt bei den GSM-Netzen digital. Die Sprache wird vom Mobiltelefon in digitale Signale umgewandelt und in Datenform weitergeleitet. Durch die digitale Umwandlung der Sprache werden die Daten auch komprimiert, wodurch deutlich höhere Kapazitäten ermöglicht werden. Außerdem können dadurch auch andere Daten von z. B. Computern oder Kurznachrichten (SMS, ***S****hort* ***M****essage* ***S****ervice*) übertragen werden.

Das GSM 900 – in Deutschland auch als **D-Netz** bekannt– ist dabei der älteste Standard und sendet mit 900 Megahertz, mit einer Reichweite von 200 m bis maximal ca. 35 km. Das GSM 1800, auch als **E-Netz** bekannt, benutzt die 1800-Megahertz-Frequenz mit einer Reichweite von 25 m bis maximal ca. 10 km und wurde wegen der geringeren Reichweite ursprünglich für den Einsatz in Ballungsräumen entwickelt. Das GSM 1900 im Frequenzbereich von 1900 Megahertz wird hauptsächlich in Nordamerika (USA, Kanada) in Ballungsräumen benutzt und in Teilen von Südamerika. Mobilfunktelefone konnten anfangs nur mit einem Netz / Frequenzbereich betrieben werden. Im weiteren Verlauf gab es dann sog. Dualband-Telefone, die zwei Mobilfunknetzte nutzen konnten. Die sogenannten Tripleband-Mobiltelefone können alle drei Frequenzbereiche nutzen.

Weitere Entwicklungsschritte waren in den 2000er-Jahren das schon unter 13.2.4 beschriebene **UMTS** und ab ca. 2010 der **LTE**-Standard. Die weitere Entwicklung geht in rasenden Schritten voran und bringt immer neue Möglichkeiten und höhere Datenübertragungsraten.

Der Blick zurück soll in den folgenden Abschnitten als roter Faden einen Überblick über die kurz zurückliegenden Entwicklungen und die verschiedenen Varianten geben von Fahrzeugen und Mobiltelefonen, die sich evtl. noch im Verkehr befinden. Wobei eine umfassende Darstellung aller Möglichkeiten bei dem Thema in diesem Rahmen nicht möglich ist. Es ist andererseits aber auch nicht notwendig, da es sich immer wieder auf die Grundlagen und Funktionen reduziert.

13.4.2 «Festeinbau» und Handyvariante im Fahrzeug integriert Stand Ende der 1990er-Jahre

Bei dem in Bild 13.4 gezeigten Telefonsystem handelt es sich um einen so genannten Festeinbau mit Bedienhörer und natürlich einer Freisprecheinrichtung. Die Bedienung des Telefons kann über das Multifunktionslenkrad oder über den Bedienhörer direkt erfolgen. Die Telefonnummer wird auch im Radiodisplay angezeigt.

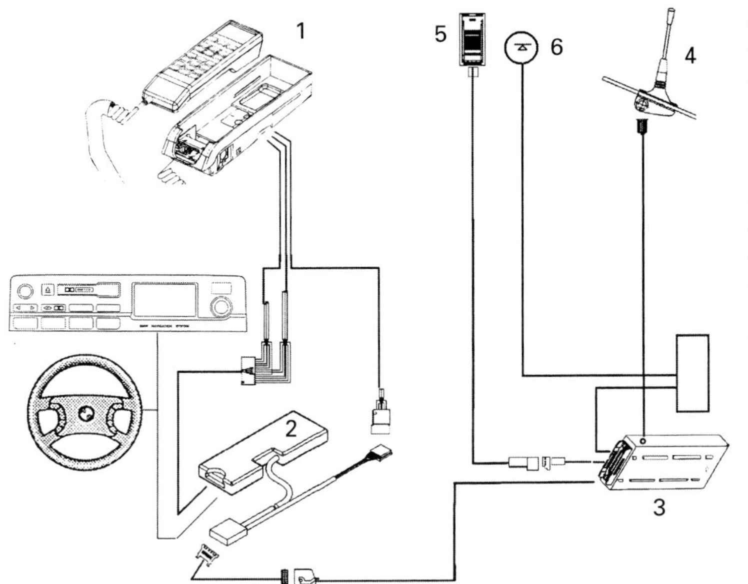

Bild 13.4
Systemvernetzung Festeinbautelefon
1 Bedienhöreraufnahme mit Kartenleser und Bedienhörer
2 Interface
3 Sende-/Empfangsgerät
4 Dachantenne
5 Mikrofon Freisprechanlage
6 Lautsprecher Freisprechanlage

Über den Bedienhörer, der die Verbindung des Nutzers zur Telefonanlage bildet, können alle bekannten Funktionen ausgeführt werden. Dies sind:

- Ein-/Ausschalten,
- den Code eingeben,
- eine Telefonnummer eingeben,
- Telefonnummern speichern und wählen,
- Gespräche beenden,
- die Wahlwiederholung nutzen,
- die Lautstärke der Freisprechanlage als auch
- die Lautstärke bei Bedienhörerbetrieb verändern.

Die zusätzliche Anzeige von Gebühren, Gesprächseinheiten, Stärke des Empfangs, das Vorliegen einer Nachricht und der verschiedenen Menüfunktionen erfolgt ebenfalls über den Bedienhörer. In der Bedienhöreraufnahme ist auch der Kartenleser für die SIM-Karte integriert. Das Interface ist die Schnittstelle des Telefonsystems mit dem Fahrzeug. Durch die Busanbindung zur Karosserie- und Komfortelektronik werden einige zusätzliche Funktionen und Bedienmöglichkeiten auch über andere Fahrzeugkomponenten ermöglicht. Die Telefonnummernanzeige im Radiodisplay, eine geschwindigkeitsabhängige Lautstärkeregelung, Helligkeitssteuerung der Bedienhörerbeleuchtung, Diagnose des Telefons mit einem Tester und die Bedienung der wichtigsten Telefonfunktionen über ein Multifunktionslenkrad.

Über das Multifunktionslenkrad können Gespräche entgegengenommen und beendet werden, im Telefonregister geblättert und die gesuchten Telefonnummern angewählt werden. Ebenso kann die Lautstärke der Freisprechanlage verändert werden, und zwischen Telefon- und Radiobetrieb kann umgeschaltet werden.

Die wichtigste Komponente des Telefonsystems ist das Sende- und Empfangssteuergerät. Es erhält alle Daten des Telefonbedienhörers, der SIM-Karte und des Interfaces und stellt über die Antenne die Verbindung zum Mobilfunknetz her. Andererseits empfängt es die Signale des Mobilfunknetzes und leitet diese an das Interface und den Bedienhörer weiter. Die Radiostummschaltung während eines Telefongespräches wird ebenfalls vom Sende- und Empfangssteuergerät über ein MUTE-Signal (*mute,* engl. still, stumm) an das Radio aktiviert. Die Steuerung der Freisprechfunktion geschieht auch direkt durch das Sende- und Empfangssteuergerät. Dazu sind das Mikrofon und die Lautsprecher der Freisprechanlage direkt mit diesem verbunden.

Bei einer Fehlersuche versucht man zuerst mit einem Diagnosetester eventuelle Fehler aufzuspüren. Hilfreich kann besonders bei sporadisch auftretenden Fehlern unter Umständen ein schrittweises Probetauschen von einzelnen Komponenten sein. Am besten verwendet man dazu die Komponenten eines gleichen funktionierenden Systems. Wenn der Fehler mitwandert, liegt es an der zuletzt getauschten Komponente. Wenn alle Komponenten getauscht wurden und der Fehler immer noch im gleichen Fahrzeug vorhanden ist, liegt die Ursache sehr oft am Kabelbaum, an Steckern und sonstigen Verbindungen. Es muss dabei aber sichergestellt sein, dass alle Komponenten den gleichen Hard- und Softwarestand besitzen.

Das in Bild 13.5 dargestellte Telefonsystem entspricht in den wesentlichen Punkten dem zuvor beschriebenen Festeinbautelefon. Die möglichen Funktionen, die verschiedenen Bedienstellen und die Fahrzeuganbindung sind vergleichbar.

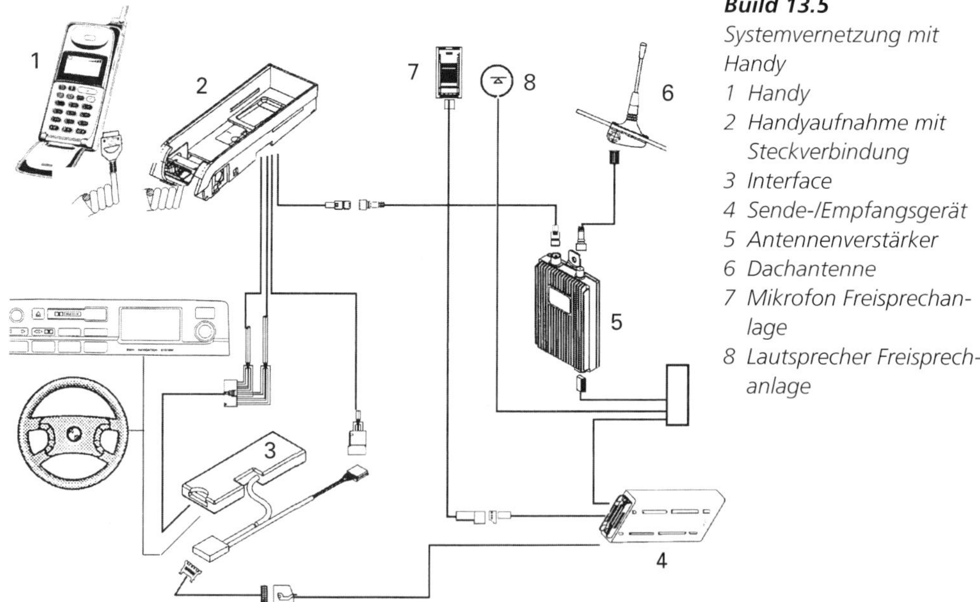

Build 13.5
Systemvernetzung mit Handy
1 Handy
2 Handyaufnahme mit Steckverbindung
3 Interface
4 Sende-/Empfangsgerät
5 Antennenverstärker
6 Dachantenne
7 Mikrofon Freisprechanlage
8 Lautsprecher Freisprechanlage

Der grundsätzliche Unterschied liegt darin, dass das Handy selbst bereits ein eigenständiges Mobilfunktelefon ist und ohne Fahrzeuganbindung auch als solches benutzt werden kann. Da die SIM-Karte deshalb bereits im Handy ist, benötigt man im Fahrzeug keinen SIM-Kartenleser. Andererseits benötigt man trotzdem eine Handyaufnahme, damit dieses fest fixiert ist und mit dem Fahrzeugtelefonsystem kommunizieren kann. Außerdem muss das Handyakku über das Bordnetz geladen werden können, d. h., die Bordspannung wird auf die Spannung des Handyakkus (meist 3 V) heruntergeregelt. Die Ladeelektronik ist in der Handyaufnahme integriert.

Da das Mobiltelefon nicht mehr über die im Handy integrierte Antenne sendet und empfängt und nur eine Ausgangsleistung von bis zu 2 W hat, benötigt dieses System einen Antennenverstärker, der die Verluste durch die im Fahrzeug verlegten langen Leitungen ausgleicht.

Wie bereits erwähnt, handelt es sich bei diesem Handy um ein eigenständiges Telefon. Um die Bedienung des Telefons z. B. über das Multifunktionslenkrad, die Freisprechfunktionen usw. genauso wie beim Festeinbau zu nutzen, muss die Software des Handys darauf ausgerichtet sein und mit der Software des Fahrzeugteilsystems Telefon übereinstimmen. Es sind also nur bestimmte Handys möglich. Der Stecker des Wendelkabels der Handyaufnahme passt deshalb jeweils nur für ein bestimmtes Handy. Aber selbst Handys des gleichen Telefonanbieters und das gleiche Modell funktionieren eventuell nicht, wenn eine spezielle Software des Fahrzeugherstellers nicht aufgespielt ist.

Das System ist ebenfalls diagnosefähig mit einem Tester und das «Probieren» bei Fehlern mit einem anderen funktionsfähigen und passenden Handy leicht möglich. Wenn man bei Funktionsstörungen den Antennenverstärker für die Ursache hält, kann man bei gutem Empfang den Ein- und Ausgang am Antennenverstärker miteinander direkt verbinden. Sind die Störungen dann weg, kann man diesen als Ursache annehmen.

13.4.3 Einfache Handynachrüstung Anfang 2000er

Mit der weiteren Verbreitung des Mobiltelefons und der während der Fahrt nicht erlaubten Benutzung dessen, waren einfache, kostengünstige Nachrüstlösungen für Freisprecheinrichtungen notwendig.

Die Bedienung und die Nutzung der verschiedenen Funktionen des Telefons erfolgen ausschließlich über das Telefon selbst. Dazu befindet sich das Telefon im Griffbereich des Fahrers. Auch die Freisprecheinrichtung wird erst durch die Rufannahme mit der entsprechenden Taste am Telefon aktiviert.

Die Nachrüstlösungen (Bild 13.6) bestehen aus einer Handyhalterung (1) mit Steckverbindung und Antennenanschluss, einem Lautsprecher (2), einem Freisprechsteuergerät (3), einer Befestigung (hier Schwanenhals) für die Handyhalterung (4 und 5), Befestigungen für das Freisprechsteuergerät (hier 6 und 7) und einem Freisprechmikrofon (9), das in diesem Beispiel mit einem doppelseitigen Klebeband (10) fixiert wird. Der Kabelsatz (8) ist je nach Hersteller und Telefon unterschiedlich passend. Modellspezifische Einbausätze des Kraftfahrzeugherstellers für bestimmte von diesem empfohlene Telefone sind meist genau vorbereitet und müssen nur zusammengesteckt werden. Je allgemeiner und universeller der Kabelsatz ist, desto mehr sind spezifische Anpassungen an Stecker usw. erforderlich. Hier liegt eine sehr häufige Fehlerquelle.

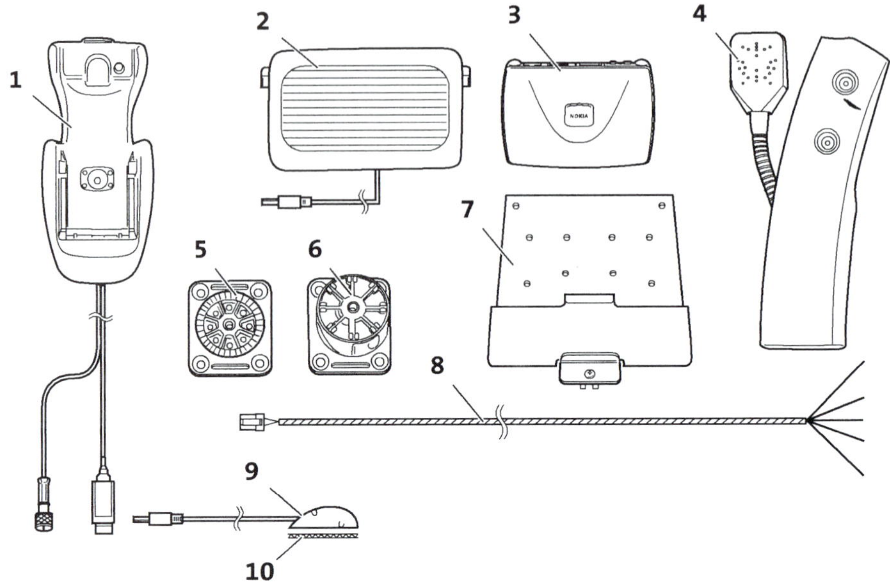

Bild 13.6 *Einzelteile für Nachrüstung*

Bei einer Fehlersuche bei diesen Systemen empfiehlt es sich, ganz klassisch einen Stromlaufplan (Bild 13.7) zur Hand zu nehmen und die einzelnen Leitungen hinsichtlich ihrer Verlegung, Verbindungen und die Signale zu überprüfen.

13.4.4 Festeinbau mit Integration in Fahrerinformationssysteme Anfang 2000er

Bei der in Bild 13.8 gezeigten Systemübersicht handelt es sich um ein Festeinbautelefon, das vollständig in die Fahrerinformationssysteme integriert ist und auch ein Bestandteil davon ist. Die Bedienung des Telefons kann über den Bedienhörer, das Multifunktionslenkrad und auch über die Zentrale Anzeige- und Bedieneinheit erfolgen. Neben den bekannten Telefonfunktionen sind mit dieser Telefonanlage und der Vernetzung mit den anderen Fahrzeugsystemen auch Telematikfunktionen möglich.

Der Bedienhörer ist noch mit einer konventionellen Leitung mit dem Steuergerät für Telefon/Telematik verbunden. Die Telefonantenne ist ebenfalls über die Antennenleitung direkt an dem Steuergerät angeschlossen. Das Steuergerät für Telefon/Telematik ist mit einem CAN-Datenbussystem mit den anderen Steuergeräten des Infotainmentsystems und damit auch mit dem Steuergerät Zentrale Anzeige- und Bedieneinheit verbunden. Das Gateway dieses Bussystems ist der Schalttafeleinsatz. Das Steuergerät für Digitales Sound Paket und das Dachmodul vorn mit dem Freisprechmikrofon sind ebenfalls Teilnehmer des CAN-Datenbusses Infotainmentsystem. Diese Telefonanlage ist vollständig eigendiagnosefähig. Auftretende Fehler werden gespeichert und können über einen Diagnosecomputer ausgelesen werden.

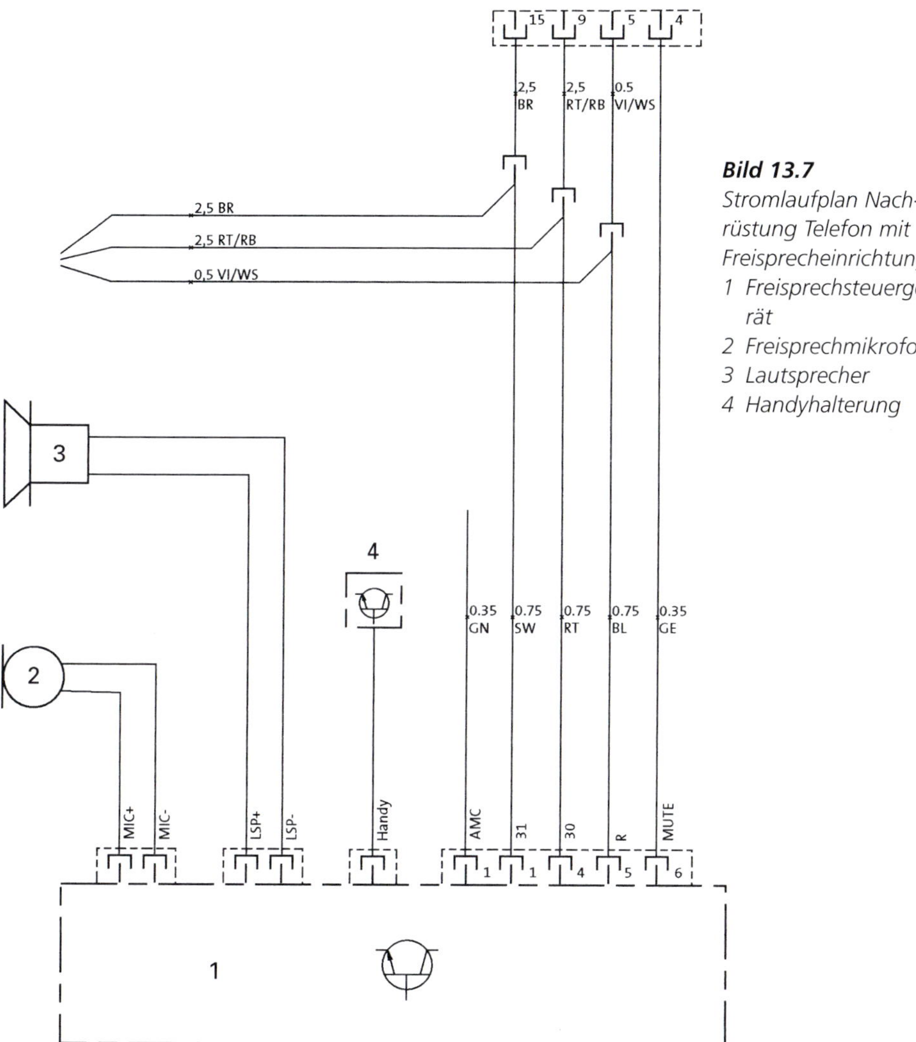

Bild 13.7
Stromlaufplan Nachrüstung Telefon mit Freisprecheinrichtung
1 Freisprechsteuergerät
2 Freisprechmikrofon
3 Lautsprecher
4 Handyhalterung

13.4.5 Telefon mit Bluetooth-Technik und integriert in Fahrerinformationssysteme ca. 2005 bis 2011

Bei dem in Bild 13.9 gezeigten Systemschaltplan handelt es sich um ein Telefonsystem, das sowohl als Festeinbau mit schnurlosem Bedienhörer als auch als Handyvariante den gleichen Systemaufbau hat.

Die Übertragung auf den Bedienhörer, aber auch zum Handy erfolgt mittels Bluetooth-Technik. Das Telefonsystem ist bereits ein integrierter Bestandteil der Fahrerinformationssysteme und schon telematikfähig.

Die Bedienung kann über den Bedienhörer/Handy, das Multifunktionslenkrad oder einen zentralen Controller erfolgen. Das Multifunktionslenkrad ist über das Schaltzentrum Lenksäule (1, SZL) und dem optischen Bussystem Byteflight mit dem Sicherheits- und

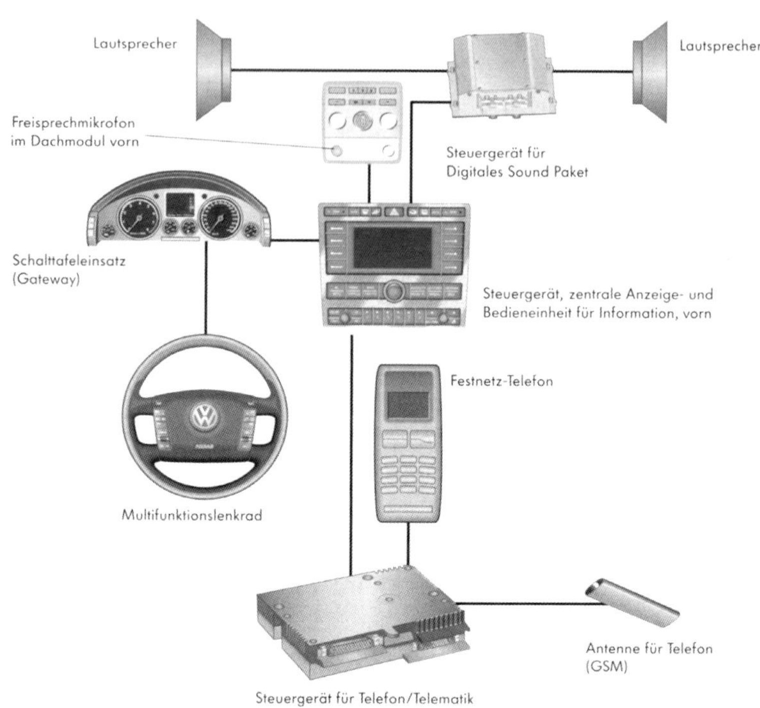

Bild 13.8
Systemübersicht Telefonfesteinbau integriert in Fahrerinformationssysteme

Gateway Modul (2, SGM) verbunden, das dann seinerseits mit dem Telefonsteuergerät (5, TCU) verbunden ist. Über diese Verbindung wird bei einem Unfall und Auslösung eines Rückhaltesystems auch ein automatischer Notruf initiiert. Der Notruf kann aber auch manuell über den Notruftaster (7) ausgelöst werden.

Für die normale Telefonbedienung geht der Weg vom Multifunktionslenkrad über das Schaltzentrum Lenksäule, über das Sicherheits- und Gateway-Modul und über den CAN-Bus zum Multi-Audio-System-Controller (8, M-ASK) und von diesem über den MOST-Bus zum Telefonsteuergerät.

Bei der Telefonbedienung über den zentralen Controller (3, CON) gehen die Steuerbefehle ebenfalls über den CAN-Bus zum M-ASK und von diesem über den MOST-Bus zum Telefonsteuergerät. Die Steuerbefehle werden auch von der zentralen Informationsanzeige (6, CID) verarbeitet, die die Anzeige aller Funktionen und Menüs ermöglicht.

Wird das Telefonsystem über den Bedienhörer oder das Handy bedient, gehen die Signale über die Bluetooth-Verbindung von der Bluetooth-Antenne (11) in das Telefonsteuergerät. Dies ist auch der Fall, wenn direkt über den Bedienhörer/Handy telefoniert wird. Alle Informationen und Gespräche werden über Bluetooth zum Telefonsteuergerät übertragen.

Wird das Telefongespräch über die Freisprechfunktion geführt, gehen die Sprachsignale über die Freisprechmikrofone (4) direkt in das Telefonsteuergerät und die Wiedergabe der Sprache erfolgt über den MOST-Bus und den Hi-Fi-Verstärker (12) über zwei Frontlautsprecher (14). Der Notfalllautsprecher (10) dient der Sprachverbindung bei einem Notruf, wenn die anderen Fahrzeugsysteme unfallbedingt aus- gefallen sein sollten. Dies

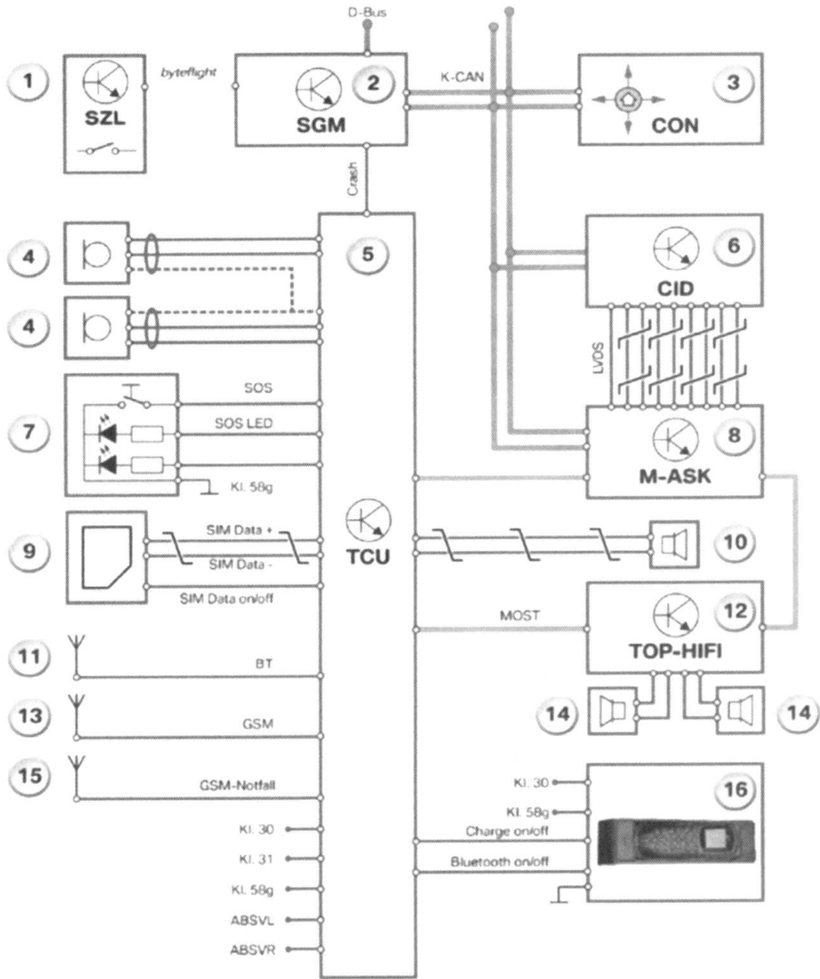

Bild 13.9 *Systemschaltplan Telefon mit Bluetooth-Technik*

gilt auch für die GSM-Notfallantenne (15), wenn die normale auf dem Dach montierte GSM-Antenne (13) unfallbedingt ausgefallen sein sollte.

Den eigenen SIM-Kartenleser (9) hat nur das Festeinbautelefon. Die Telefonaufnahme (16) ist mittels verschiedener zur Verfügung stehender Adapter spezifisch dem jeweiligen Telefon angepasst und bietet neben der Fixierung des Bedienhörers/Handys auch eine Ladeeinrichtung für die Akkus.

14 Elektrische Grundgrößen

14.1 Atomaufbau

Das Wesen der Elektrizität ist aus dem Aufbau der Atome zu erklären. Ein Atom ist ein unvorstellbar kleines Masseteilchen. Es besteht aus einem Atomkern, um den eine bestimmte Anzahl von Elektronen kreisen. Der Atomkern befindet sich im Zentrum des Atoms. Er setzt sich aus Protonen und Neutronen zusammen. Die Protonen und Neutronen haben annähernd die gleiche Masse. Die Neutronen sind Masseteilchen, die keine Ladung aufweisen. Die Protonen sind elektrisch positiv geladene Teilchen.

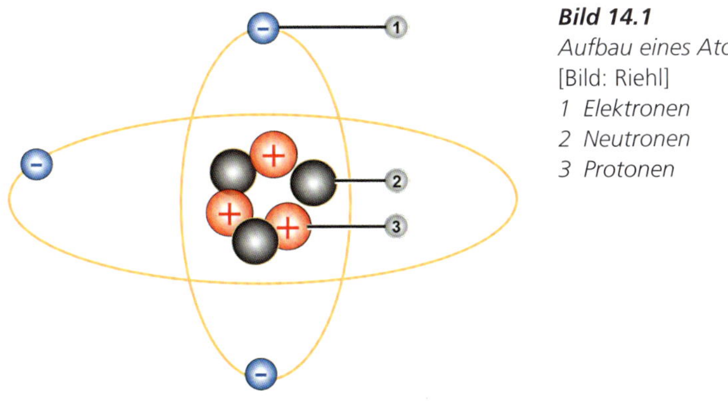

Bild 14.1
Aufbau eines Atoms
[Bild: Riehl]
1 Elektronen
2 Neutronen
3 Protonen

Deshalb ist der Atomkern positiv geladen und enthält fast die gesamte Masse des Atoms. Die Elektronen sind elektrisch negativ geladene Teilchen. Die Anzahl der Elektronen in der Atomhülle ist gleich der Anzahl der Protonen im Atomkern. Die Masse der Elektronen ist ca. 2000-mal kleiner als die Masse der Protonen oder Neutronen. Ein Atom ist nach außen hin elektrisch neutral.

➔ Der Atomkern ist positiv geladen. Die Elektronen sind negativ geladen (vgl. Bild 14.1).

Teilchen mit einer elektrischen Ladung üben aufeinander Kräfte aus. Bekannt ist dieses Verhalten vom Magnetismus.

➔ Gleichnamige Ladungen stoßen sich ab, ungleichnamige Ladungen ziehen sich an.

Bei einem vollständigen Atom hat der Atomkern genauso viele positive Ladungen, wie Elektronen um ihn kreisen.

➔ Ein vollständiges Atom ist darum elektrisch neutral.

Elektronen

Die Elektronen bewegen sich auf mehreren kreisförmigen bzw. elliptischen Bahnen um den Atomkern. Die Elektronen auf der äußersten Bahn des Atoms werden auch Valenzelektronen genannt. Sie sind für die Verbindung der Atome untereinander zuständig. Die Atome haben das Bestreben, ihre jeweils äußerste Bahn mit der maximal möglichen Anzahl der Elektronen zu besetzen. Um diesen Zustand zu erreichen, gehen die Atome Verbindungen mit anderen Atomen ein. Die Atome der verschiedenen Elemente unterscheiden sich in der Zahl ihrer Ladungsträger. So besitzt das leichteste Atom, das Wasserstoffatom, lediglich eine positive Ladung im Kern und ein Elektron auf der Schale. Beim Kupferatom sind es 29 positive Ladungen im Kern und 29 Elektronen, die mit unterschiedlichem Abstand um den Atomkern kreisen.

Ionen

Die Atome mit mehr Elektronen als Protonen oder mehr Protonen als Elektronen werden Ionen genannt. Das Wort Ion stammt aus dem Griechischen und bedeutet «der Wandernde». Die Atome, die nur wenige Valenzelektronen haben, werden diese leicht abgeben. Das Atom hat dann mehr Protonen als Elektronen und wird dadurch zu einem positiven Ion. (vgl Bilder 14.2 und 14.3)

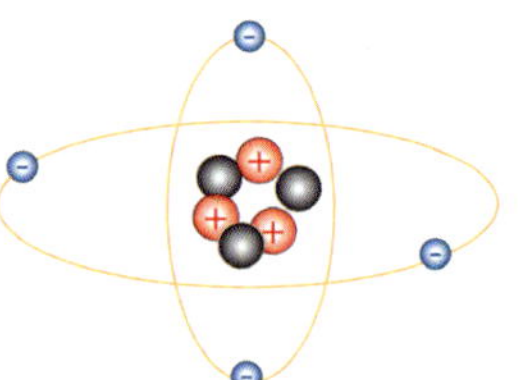

Bild 14.2 *Positiv geladenes Ion*
[Bild: Riehl]

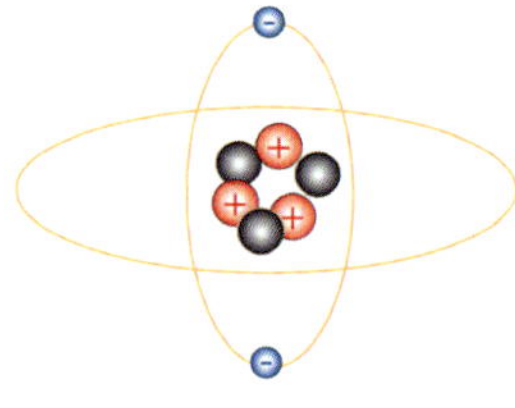

Bild 14.3 *Negativ geladenes Ion*
[Bild: Riehl]

Ladungsträger

Die Ladungsträger können Elektronen (metallische Ladungsträger) als auch Ionen (flüssige und gasförmige Ladungsträger) sein. Durch die relativ große Entfernung vom Atomkern haben die äußeren Elektronen (Valenzelektronen) eine geringere Bindung an den Kern. Durch Energiezufuhr zum Atom (z. B. Wärme, Licht und chemische Vorgänge) lösen sich die Valenzelektronen aus der äußeren Schale vom Atom. Es entstehen sogenannte freie Elektronen.

→ Die Bewegung der freien Elektronen von einem Atom zum anderen Atom wird als Elektronenfluss bzw. als elektrischer Strom bezeichnet.

Der Elektronenfluss besteht nicht nur aus einem einzigen freien Elektron, sondern aus einer Vielzahl freier Elektronen. Diese Bewegung der freien Elektronen ist ungerichtet, d. h., es lässt sich keine bevorzugte Richtung feststellen.

Ein metallischer Leiter besteht aus fest miteinander verbundenen Atomen, wobei die Elektronen der äußersten Schale nicht um einen Atomkern kreisen, sondern als «freie» Elektronen im Metallgitter umherschwirren (vgl. Bild 14.4).

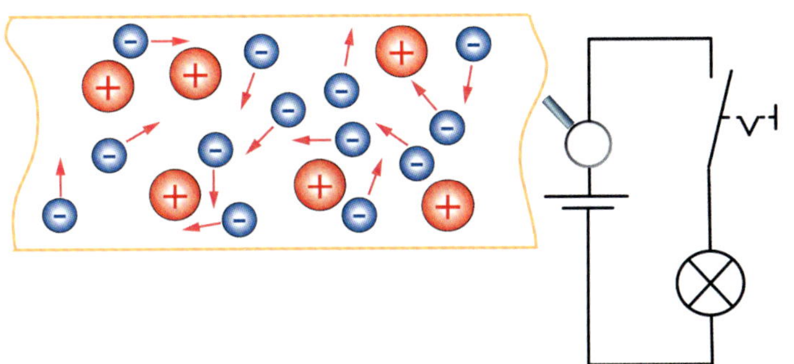

Bild 14.4
Ungerichtete Bewegung der Elektronen in einem Leiter
[Bild: Riehl]

14.2 Spannung

Eine Spannungsquelle ist dadurch gekennzeichnet, dass sich an ihren Polen unterschiedliche Ladungen befinden. Am Minuspol herrscht Elektronenüberschuss, am Pluspol herrscht Elektronenmangel (vgl. Bild 14.5a).

→ Am Minuspol einer Spannungsquelle herrscht Elektronenüberschuss, am Pluspol Elektronenmangel.

Elektrische Spannung entsteht durch Ladungstrennung. Die unterschiedlichen Ladungen haben das Bestreben sich auszugleichen. (vgl. Bild 14.5b)

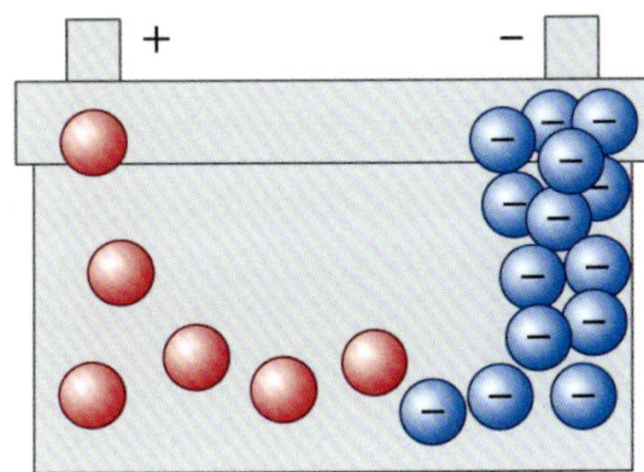

Bild 14.5a
[Bild: AS-Illu]

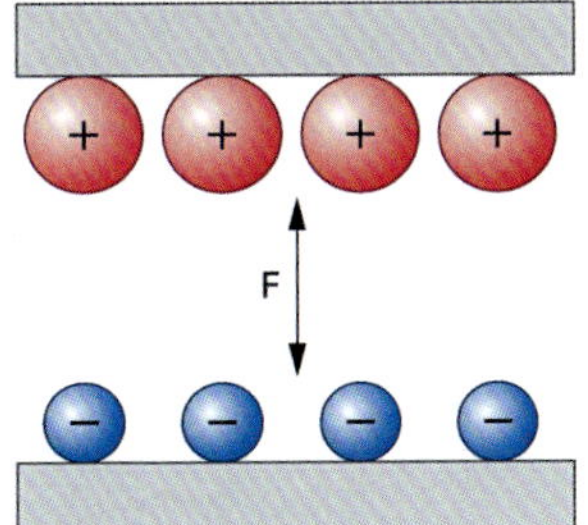

Bild 14.5b
[Bild: AS-Illu]

➔ Elektrische Spannung ist das Ausgleichsbestreben der Ladungen.

Am Beispiel einer Fahrzeugbatterie lässt sich das Prinzip der elektrischen Spannung veranschaulichen (vgl. Bild 14.6). Die elektrochemischen Prozesse in der Fahrzeugbatterie bewirken eine Ladungstrennung:

- auf einer Seite werden die Elektronen gesammelt (Minuspol),
- auf der anderen Seite herrscht Elektronenmangel (Pluspol).

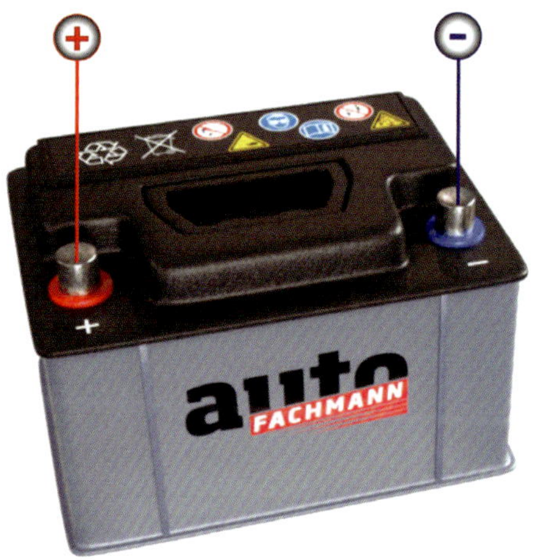

Bild 14.6
Plus- und Minuspol einer Fahrzeugbatterie
[Bild: Autofachmann Digital]
1 Minuspol der Batterie
2 Pluspol der Batterie

Zwischen den Polen entsteht eine Potenzialdifferenz, eine elektrische Spannung. Die Höhe der Spannung ist vom Unterschied der Elektronenmenge abhängig.

Über die elektrische Spannung können folgende Aussagen gemacht werden:

- Die elektrische Spannung ist der Druck oder die Kraft auf freie Elektronen.
- Die elektrische Spannung ist die Ursache des elektrischen Stromes.
- Die elektrische Spannung (Druck) entsteht durch den Ladungsunterschied zweier Punkte oder Pole.

Physikalische Größe	Formelzeichen	Einheit	Einheitenkurzzeichen
Spannung	*U*	Volt	V

14.3 Strom

Sobald der Stromkreis geschlossen wird, bewegen sich die Elektronen aufgrund dieser Spannung vom Minus- zum Pluspol durch den Leiter, denn die unterschiedlichen Ladungen haben das Bestreben, sich auszugleichen. (vgl. Bild 14.7)

Die Stromstärke ist dabei ein Maß für die Anzahl der Elektronen, die pro Sekunde durch den Leiter fließen (vgl. Bild 14.8).

➔ Der elektrische Strom ist die gerichtete Bewegung von Ladungsträgern z. B. freien Elektronen oder Ionen.

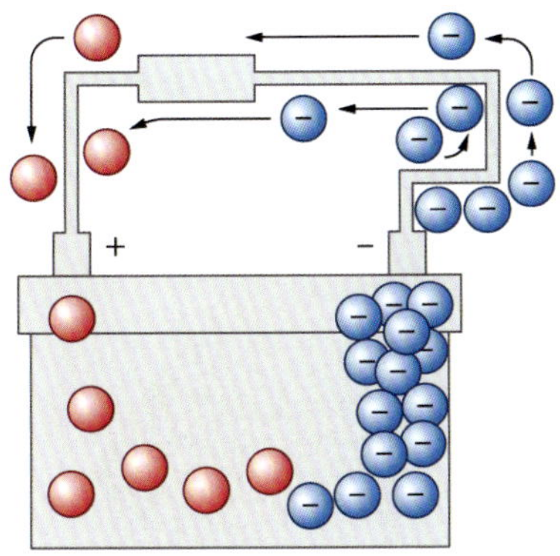

Bild 14.7 *Stromfluss als Folge einer gerichteten Elektronenbewegung*
[Bild: AS-Illu]

Ladungsmenge in der Zeiteinheit

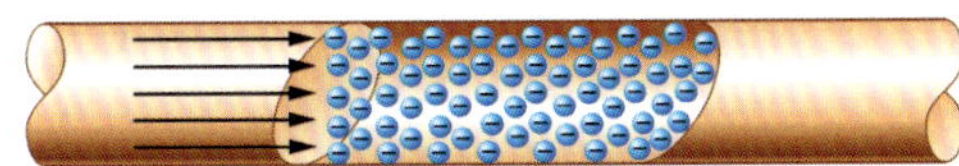

Leiterquerschnitt

$$1\ \text{A} = 6{,}25 \times 10^{18}\ \frac{\text{Elektronen}}{\text{Sekunde}}$$

$$1\ \text{A} = 6.250.000.000.000.000.000\ \frac{\text{Elektronen}}{\text{Sekunde}}$$

Bild 14.8 *Definition der Stromstärke*
[Bild: AS-Illu]

Die Bewegung der Elektronen in einem geschlossenen Stromkreis vom Minus- zum Pluspol bezeichnet man als physikalische Stromrichtung, da diese Flussrichtung der physikalischen Realität entspricht. Dagegen wird in der Technik oft eine entgegengesetzte Stromrichtung verwendet: Die technische Stromrichtung erfolgt also vom Plus- zum Minuspol. Der Grund hierfür liegt in den Anfangstagen der Elektrotechnik. Damals dachte man, dass der Strom von positiv geladenen Teilchen hervorgerufen wird, die sich von der positiven zur negativen Seite einer Schaltung bewegen. Da aber in beiden Definitionen der Potenzialunterschied über den Leiter ausgeglichen wird, hat man in der Technik die technische Stromrichtung von Plus nach Minus beibehalten.

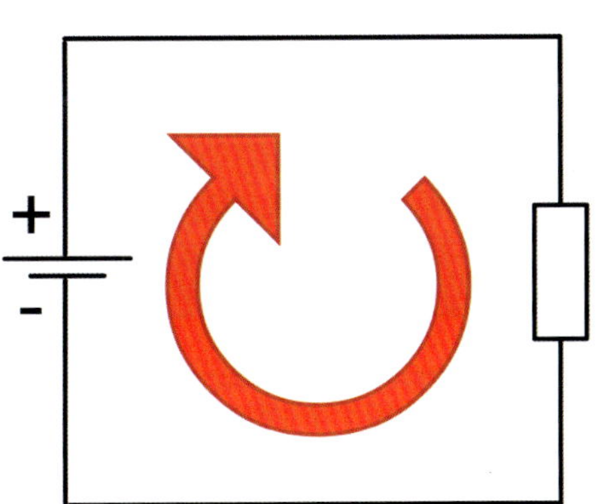

Bild 14.9a
Technische Stromrichtung
[Bild: Riehl]

Bild 14.9b
Physikalische Stromrichtung
[Bild: Riehl]

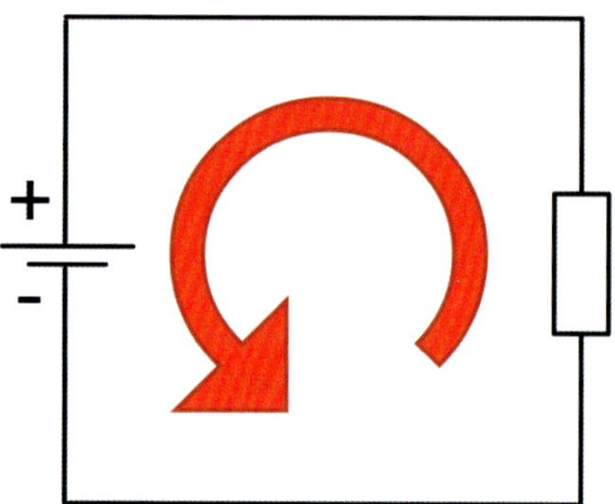

- Strom fließt nur in einem geschlossenen Stromkreis.
- Die Elektronen bewegen sich in einem geschlossenen Stromkreis vom Minuspol zum Pluspol (physikalische Stromrichtung).
- Es gilt aber die Festlegung: Der elektrische Strom fließt von Plus nach Minus (technische Stromrichtung)!

Physikalische Größe	Formelzeichen	Einheit	Einheitenkurzzeichen
Stromstärke	I	Ampere	A

14.4 Widerstand

Die Bewegung freier Ladungsträger im Inneren eines Leiters hat zur Folge, dass die freien Ladungsträger gegen Atome stoßen und in ihrem Fluss gestört werden. Diesen Effekt nennt man elektrischen Widerstand. Durch diesen Effekt hat der elektrische Widerstand die Eigenschaft, den Strom in einer Schaltung zu begrenzen. Der elektrische Widerstand wird auch als ohmscher Widerstand bezeichnet. In der Elektronik spielen Widerstände eine sehr große Rolle. Neben den klassischen Widerständen als Bauelement hat jedes andere Bauteil einen Widerstandswert, der Einfluss auf Spannungen und Ströme in Schaltungen nimmt.

Werkstoffe mit vielen freien Elektronen sind gute Leiter. Sie setzen den Elektronen bei ihrer Bewegung nur wenig Widerstand entgegen. Werkstoffe mit wenigen freien Elektronen sind schlechte Leiter: Sie setzen den Elektronen einen großen Widerstand entgegen (vgl. Bilder 14.10a+b).

Bild 14.10a
Werkstoff mit kleinem Widerstand, viele freie Elektronen; guter Leiter
[Bild: AS-Illu]

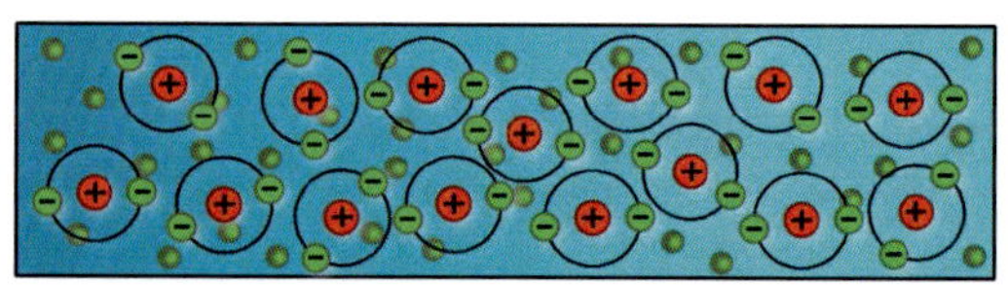

Bild 14.10b
Werkstoff mit großem Widerstand, wenig freie Elektronen; schlechter Leiter
[Bild: AS-Illu]

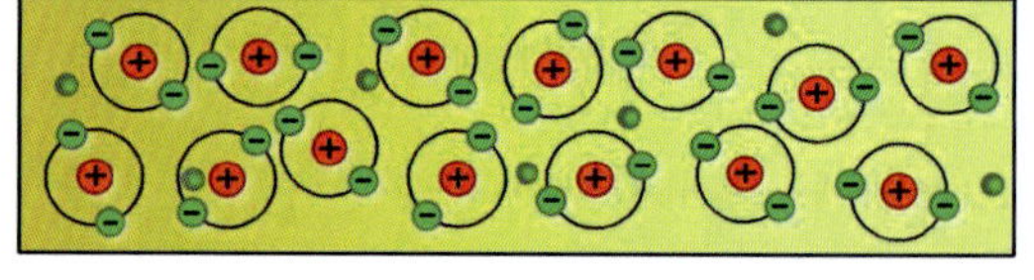

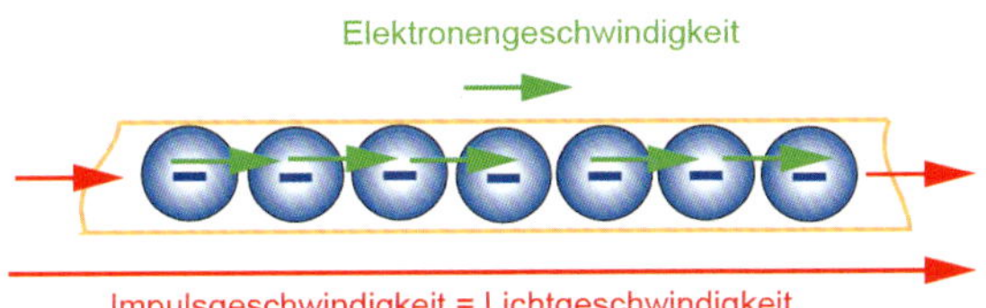

Bild 14.11
Zusammenhang zwischen Elektronengeschwindigkeit und Weitergabe des Impulses
[Bild: Riehl]

Die aus der Spannungsquelle fließenden Elektronen geben ihre Bewegung sofort an die Leitungselektronen im Draht weiter.

Drückt man von der einen Seite ein Elektron in den Leiter, so wird am anderen Ende des Leiters gleich ein Elektron mit der Impulsgeschwindigkeit = Lichtgeschwindigkeit herausgeschoben (vgl. Bild 14.11). Die Elektronen selbst bewegen sich im Leiter mit weniger als ein Millimeter in der Sekunde. Dadurch beginnen die Elektronen, beim Anlegen der Spannung praktisch gleichzeitig in allen Teilen des Leiters zu fließen. Deshalb sagt man, dass sich Strom mit Lichtgeschwindigkeit fortbewegt, was jedoch nur auf die Wirkung, aber nicht auf die Ladungsträger selbst (die Elektronen) zutrifft.

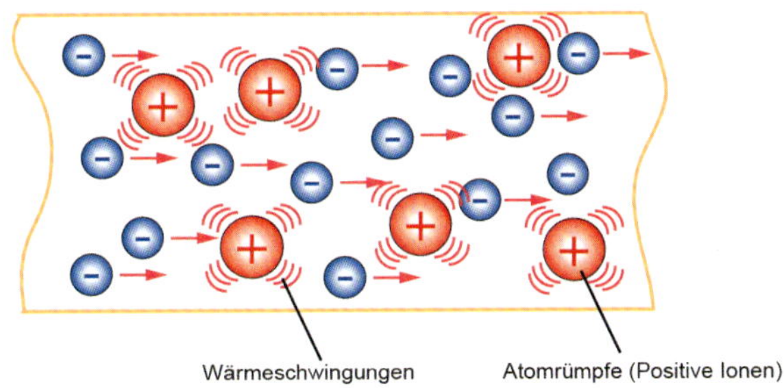

Bild 14.12
Entstehung der Wärmewirkung bei einem stromdurchflossenen Leiter
[Bild: Riehl]

Die von der Spannungsquelle den Elektronen zugeführte Energie geben sie bei Zusammenstößen mit den Atomrümpfen an diese ab. Die Wärmeschwingungen der Atomrümpfe werden verstärkt, das Metall erwärmt sich (vgl. Bild 14.12). Dadurch wird die Flussbewegung der Elektronen noch stärker gehemmt, ihrer Bewegung wird ein Widerstand entgegengesetzt. Man sagt: Jeder stromdurchflossene Leiter erwärmt sich.

- ➔ Elektrischer Widerstand ist die Behinderung der Elektronenwanderung durch den Gitteraufbau des Leiters.
- ➔ Jeder Leiter – und damit jeder Verbraucher – setzt dem Strom einen Widerstand entgegen. Durch die Verwendung gut leitender Werkstoffe lässt sich der Widerstand der Zuleitungen klein halten.

Leiter

Setzt man den Leiter einem elektrischen Druck, der elektrischen Spannung, aus, dann bewegen sich die Elektronen in eine bestimmte Richtung. Es fließt ein Elektronenstrom vom Minuspol zum Pluspol. Die Elektronen können sich wegen der Kristallstruktur der Metalle weitgehend ungehindert zwischen den Atomen bewegen.

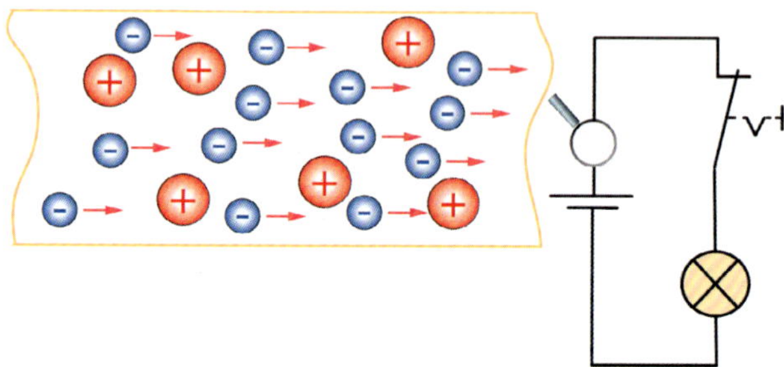

Bild 14.13
Gerichtete Bewegung von freien Elektronen
[Bild: Riehl]

Nichtleiter (Isolatoren)

In Isolatoren ist die Zahl der freien Ladungsträger gleich null. Die elektrische Leitfähigkeit ist deshalb auch verschwindend gering. Üblicherweise verwendet man Isolatoren oder Isolierstoffe, um elektrische Leiter voneinander elektrisch zu trennen (isolieren).

Zu den Nichtleitern zählen feste Stoffe, wie Kunststoff, Gummi, Glas, Porzellan, Papier, Flüssigkeiten, wie reines Wasser (H_2O), Öle und Fette, aber auch Vakuum und Gase unter bestimmten Bedingungen.

Halbleiter

Die elektrische Leitfähigkeit der Halbleiter liegt zwischen der von Metallen und Isolatoren. Die Halbleiter unterscheiden sich von den Leitern dadurch, dass die Valenzelektronen erst durch äußere Einflüsse, wie Druck, Temperatur, Belichtung oder Magnetismus frei werden und erst danach die Leitfähigkeit einsetzt. Die Halbleiterstoffe sind zum Beispiel Silizium, Germanium und Selen.

Physikalische Größe	Formelzeichen	Einheit	Einheitenkurzzeichen
Widerstand	R	Ohm	Ω

14.5 Möglichkeiten der Spannungserzeugung

Spannungen kann man auf sechs verschiedene Arte erzeugen. Egal, wie man für einen Elektronenüberschuss oder Mangel sorgt, die Elektronen sind immer um einen Ausgleich bestrebt. Diese Ausgleichskraft betrachten wir als Spannung.

Spannung durch Induktion

Die Änderung eines magnetischen Feldes erzeugt in einem Leiter eine Spannung (vgl. Bild 14.14). Diese Art der Spannungserzeugung bezeichnet man als Induktion.

Beispiele: Generator, induktive OT-Geber, Zündspule.

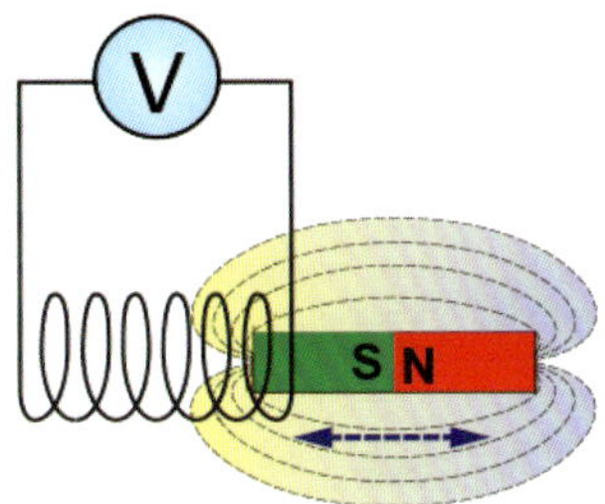

Bild 14.14
Spannungserzeugung durch Induktion
[Bild: Riehl]

Chemisch erzeugte Spannung

Werden zwei verschiedene Platten (z. B. Kohle und Zink) in eine leitende Flüssigkeit getaucht (z. B. verdünnte Schwefelsäure), kann man eine Spannung zwischen den Platten messen. Die leitende Flüssigkeit wird als Elektrolyt bezeichnet. Die Platten gehen mit dem Elektrolyt eine chemische Verbindung ein, dabei werden Ionen gelöst. Zwischen den Platten entsteht eine elektrische Ladung (vgl. Bild 14.15). Die Größe der Spannung ergibt sich aus der elektrochemischen Spannungsreihe.

Beispiel: Zink-Kohle-Element: Zink: –0,76 V und Kohle: +0,74 V. Daraus ergibt sich eine Differenzspannung von 1,5 V. Diese Energieumwandler werden als galvanische Elemente bezeichnet.

➔ Taucht man zwei verschiedene Metalle in einen Elektrolyten, so entsteht durch chemische Umsetzung eine Spannung.

Beispiel: Bleiakkumulator, Batterie, Kontaktkorrosion

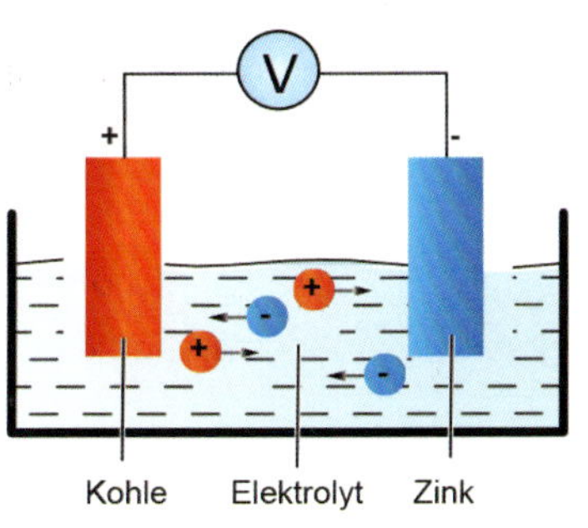

Bild 14.15
Galvanisches Element
[Bild: Riehl]

Thermisch erzeugte Spannung

An den verdrillten und zusammengelöteten Enden zweier verschiedener Metalle oder Metalllegierungsdrähten entsteht bei Erwärmung elektrische Spannung im mV-Bereich. Diese Spannung ist proportional zu der Temperaturdifferenz zwischen den kalten Leiterenden und der warmen Lötstelle.

➔ Erwärmt man die Verbindungsstelle zweier verschiedener Metalle, so entsteht eine Thermospannung.

Beispiel: Temperaturfühler für Öltemperatur

Bild 14.16
Thermospannung
[Bild: Riehl]

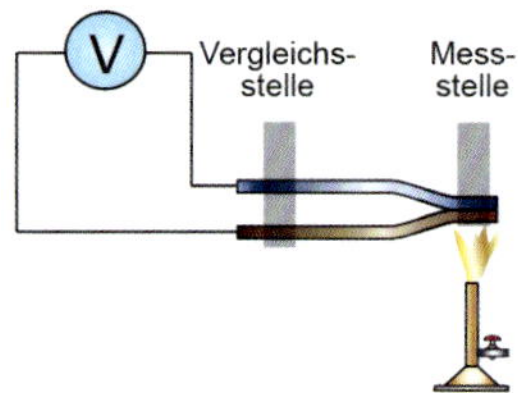

Fotospannung

Wird ein Halbleiterwerkstoff, z. B. Selen, belichtet, erfolgt im Inneren des Stoffes eine Ladungstrennung. Die dabei erzeugte Spannung ist gering (mV-Bereich) und steigt bei größer werdender Einstrahlung (Lichtstrom) an.

➔ Fällt Licht auf eine Selenzelle, so entsteht eine Fotospannung.

Beispiel: Spannungsquelle für Taschenrechner, Solardach beim Pkw

Bild 14.17
Fotozelle
[Bild: Riehl]

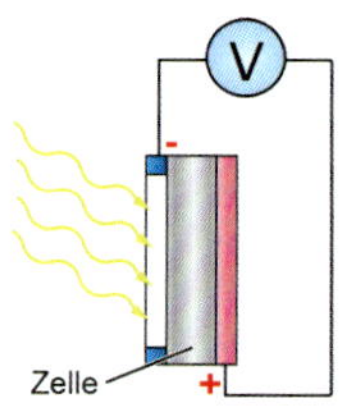

Spannung durch statische Aufladung

Werden Isolierstoffe (Kunststoff, Glas) mit Fell bzw. Leder gerieben, so entsteht eine Spannung, die sehr hoch sein kann. Auch die Blitze bei einem Gewitter entstehen durch statische Aufladung.

➔ Werden Isolierstoffe (Kunststoff, Glas) mit Fell bzw. Leder gerieben, so entsteht eine statische Aufladung.

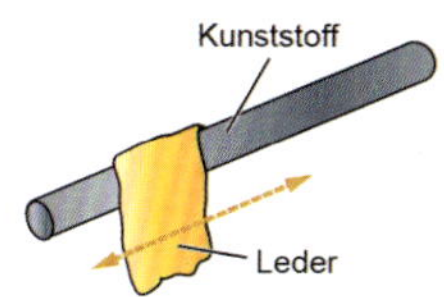

Bild 14.18
Statische Aufladung
[Bild: Riehl]

Beispiele: Teppich, Kamm

Piezospannung

Wird ein Kristall (z. B. Quarz) an zwei gegenüberliegenden Seiten durch Druck oder Zug verformt, findet im Kristall eine Ladungstrennung statt (vgl. Bild 14.19).

➔ Verschiedene Kristalle bilden bei Druck- oder Zugbeanspruchung eine elektrische Spannung, die Piezospannung.

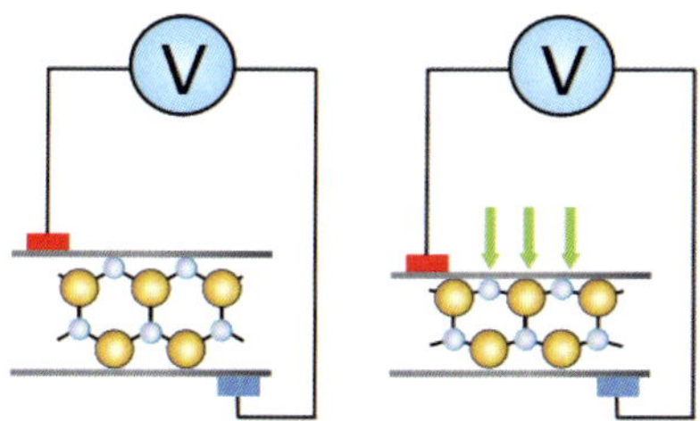

Bild 14.19
Piezospannung
[Bild: Riehl]

Beispiele: Klopfsensor, Saugrohrdruckfühler

14.6 Wirkungen des elektrischen Stroms

Die große Bedeutung, die der elektrische Strom in unserem heutigen Leben hat, liegt in seinen vielfältigen Nutzungsmöglichkeiten: Wärme, Leucht-, chemische sowie magnetische Wirkung. All diese Auswirkungen des elektrischen Stroms hat sich der Mensch zunutze gemacht – und so ist Strom aus unserem Alltag heute nicht mehr wegzudenken.

Wärmewirkung

Durch Reibung der Elektronen im Leiter entsteht Wärme.

Beispiele: Fadenglühlampen, Heizelemente, Erwärmung jedes Leiters beim Fließen des Stroms.

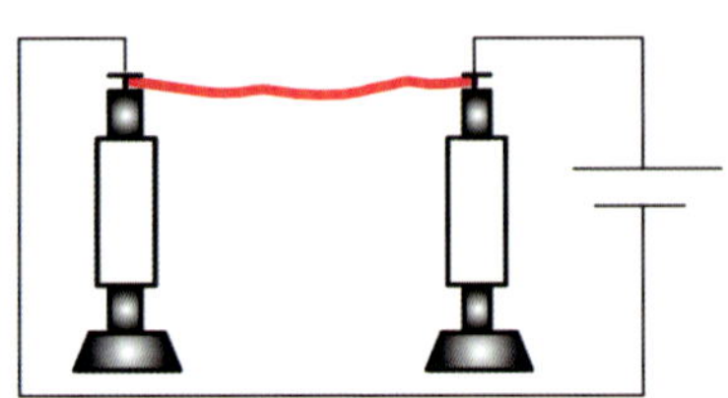

Bild 14.20
Wärmewirkung
[Bild: Riehl]

Wärmewirkung eines Zigarettenanzünders.

Chemische Wirkung

Fließt Strom durch eine elektrisch leitende Flüssigkeit (Elektrolyt), so wird diese zersetzt.

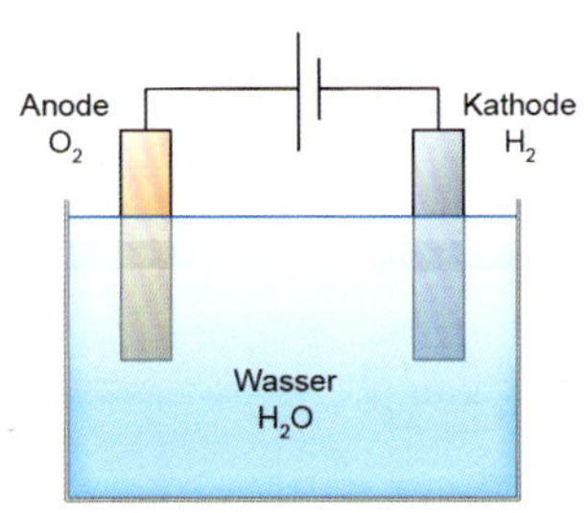

Bild 14.21
Chemische Wirkung
[Bild: AS-Illu]

Beispiele: Galvanisieren, Kontaktkorrosion.
Gasbildung bei einer überladenen Batterie.

Magnetische Wirkung

Jeder stromdurchflossene Leiter ist von einem Magnetfeld umgeben.
Beispiele: Spulen in Relais, Drehwirkung der Elektromotoren.
Die magnetische Kraft zieht den Schaltanker an.

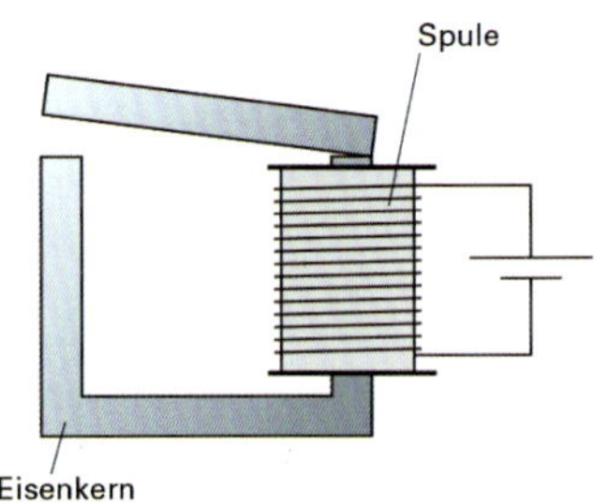

Bild 14.22
Magnetische Wirkung
[Bild: AS-Illu]

Lichtwirkung

Prallen Elektronen auf Gasteilchen, so leuchten diese auf.
Beispiele: Funken an Zündkerze, Gasentladungsröhren, Leuchtstofflampen, D1-Scheinwerferlampen.

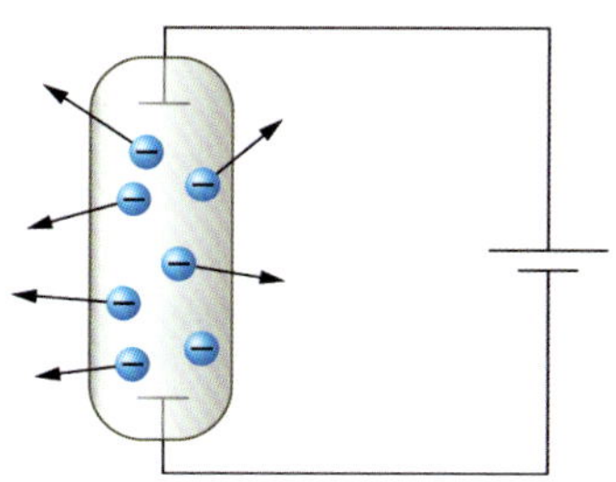

Bild 14.23
Lichtwirkung
[Bild: AS-Illu]

Physiologische Wirkung

Fließt ein Strom durch den menschlichen Körper, z. B. beim Berühren eines unter Spannung stehenden Leiters, so verkrampfen sich die Muskeln, wenn der von außen kommende Strom viel größer als der körpereigene Strom in den Nervenbahnen ist. Die Folge sind Muskelkrämpfe und Herzkammerflimmern. Dies entsteht durch Überlagerung mit den körpereigenen Spannungsimpulsen in Muskeln. Daneben gibt es noch Gefahren durch

- Wärmewirkung: Verbrennungen, Gerinnung von Eiweiß, Platzen der roten Blutkörperchen,
- chemische Wirkung: Zersetzung der Zellflüssigkeit,
- Lichtwirkung: Augenverletzungen durch Lichtbogen.

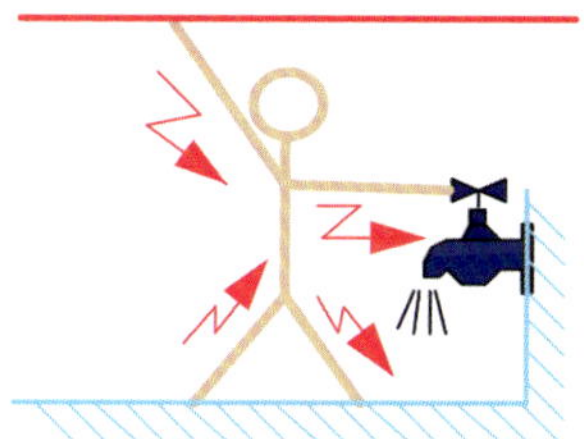

Bild 14.24
Physiologische Wirkung
[Bild: Riehl]

Beispiele: Herzschrittmacher, Gefährlichkeit der Netzspannung.
Warnhinweis im Motorraum eines Pkw.

Alle elektrischen Ströme haben vier wichtige Eigenschaften:

- Sie sind mit dem Transport von Materie verbunden. In metallischen Leitern werden Elektronen bewegt, in elektrolytischen Leitern positive und negative Ionen.
- Die Ladungsträger bewegen sich langsam, aber die Wirkung des Stromes pflanzt sich fast mit Lichtgeschwindigkeit fort.
- Der Strom erzeugt um sich herum ein Magnetfeld.
- Sie sind mit der Erzeugung von Wärme verbunden, die sich in einer Erwärmung des Leiters zeigt. Bei diesem Vorgang wird zunächst die «elektrische Energie» der Stromquelle in kinetische Energie der Ladungsträger umgesetzt. Die Ladungsträger bewegen sich durch den Leiter und stoßen dabei mit den Atomen oder Molekülen des Leiters zusammen, was eine Temperaturerhöhung bedeutet.

14.7 Sicherheitsbestimmungen

Wirkungen des elektrischen Stroms auf den Menschen

Gefahr	Spannungsbereich	Ursache
14.7.1 Nervenschädigung	25V - 1000V (AC) 60V - 1500V (DC)	Körperdurchströmung
14.7.2 Blendgefahr	18V - 1000V (AC) 18V - 1500V (DC)	Lichtbogen
14.7.3 Verbrennungen	0V - 1000V (AC) 0V - 1500V (DC)	Lichtboden, Kurzschluss
14.7.4 Anstoß- und Schnittgefahr	0V - 1000V (AC) 0V - 1500V (DC)	Sekundärschaden

14.7.1 Nervenschädigung

Fast alle Organe funktionieren aufgrund elektrischer Impulse, die vom Gehirn ausgehen. Diese Impulse mit einer Stärke von etwa 50 mV steuern unsere Bewegungen und Organe indem die Impulse vom Gehirn durch die Nerven an die Muskeln übertragen werden. Mit verschiedenen elektrischen Geräten aus der Medizin können diese Ströme gemessen werden; z. B. das EKG (**E**lektro**k**ardiodia**g**ramm), mit dem die Aktivität des Herzens gemessen wird. Auch das Herz funktioniert mit elektrischen Strömen, die es aber selbst erzeugt. Fließt ein Strom durch den menschlichen Körper, z. B. beim Berühren eines unter Spannung stehenden Leiters, so verkrampfen sich die Muskeln, wenn der von außen kommende Strom viel grösser ist als der körpereigene Strom. Der Verunglückte ist dann unfähig, die Berührungsstelle wieder loszulassen.

➔ Von außen kommende Ströme (Fremdströme) können die Funktionen von Organen beeinflussen.

Die Schwere der Schädigung durch die Stromeinwirkung hängt ab von

- der Spannungshöhe: je größer die Spannung, desto größer die Stromstärke;
- der Frequenz (bei Wechselspannung): bei Frequenzen >10 kHz rein thermische Wirkung;
- vom Stromweg im Körper und den damit verbundenen Widerstand des menschlichen Körpers;
- Dauer der Stromeinwirkung: je länger, desto größer die Folgen (vgl. Bild 14.25);
- dem Einwirkzeitpunkt bezogen auf den Herzrhythmus.
- Stromstärken ab 50 mA sind lebensgefährlich. Die Gefährdung nimmt mit höherer Stromstärke und längerer Einwirkdauer zu.

Von Bedeutung sind jedoch auch die Stromart und der Stromweg durch den Körper. Aufgrund von Untersuchungen hat man vier Wirkungsbereiche festgelegt.

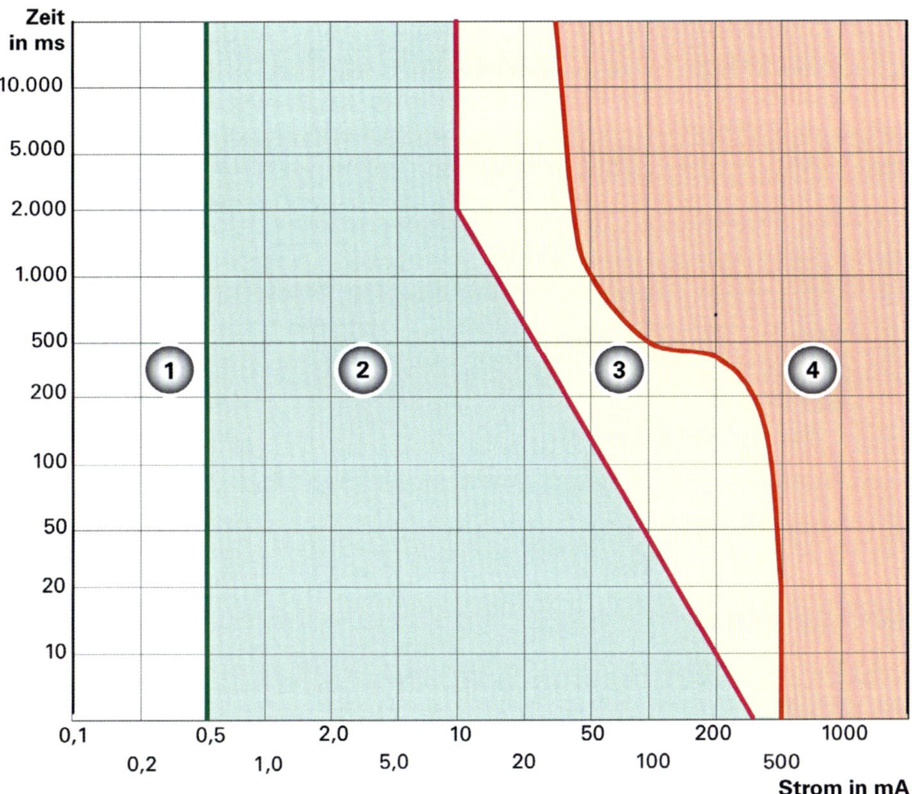

Bild 14.25 *Gefährdungsbereiche in Abhängigkeit von Stromstärke und Einwirkdauer*
[Bild: Riehl; Prüfungsvorbereiter Teil 2]
1 Keine Auswirkungen, auch bei beliebig langer Einwirkdauer
2 Strom wird wahrgenommen
3 Atemschwierigkeiten, Herzrhythmusstörungen
4 Atemstillstand, Lebensgefahr

Der durch den Körper fließende Strom hängt wiederum von der Spannung und dem Widerstand des Körpers ab.

Dieser **Körperwiderstand** R_K setzt sich aus dem inneren Widerstand des Körpers (dem **Körperinnenwiderstand** R_{Ki}) und den **Übergangswiderständen** $R_{ü1}$ und $R_{ü2}$ an der Stromeintritts- und Stromaustrittsstelle zusammen. Der durch den Körper fließende Strom (R_{Ki}) hängt von der Spannung und vom Widerstand des Körpers ab. Die Übergangswiderstände hängen auch von äußeren Verhältnissen ab. Trockene Haut und trockene Kleidung haben einen großen Widerstand. Das Gegenteil bewirkt Feuchtigkeit. Schweiß oder nasser Fußboden führen beispielsweise zu einem geringeren Übergangswiderstand. Dieser wird außerdem umso kleiner, je größer die Berührungsfläche ist.

Bei einer Stromstärke von 50 mA (Wechselstrom AC) durch den menschlichen Körper und einem Körperwiderstand R_K der aus der Ersatzschaltung von R_{Ki} und $R_{Ü1+2}$ mit 1000 Ohm angenommen wird, beginnt die gefährliche Berührungsspannung UB daher bei 50 V!

Bild 14.26
Zusammensetzung des Körperwiderstandes
[Bild: Riehl]
$R_{Ü1}$ = *Übergangswiderstand 1*
$R_{Ü2}$ = *Übergangswiderstand 2*
R_{Ki} = *Körper-Innenwiderstand*
R_K = *Körperwiderstand* = $R_{Ü1} + R_{Ki} + R_{Ü2}$

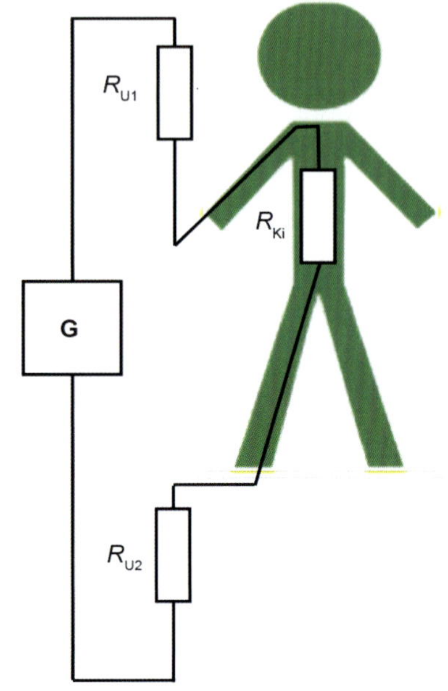

Entscheidend für die Folgen eines elektrischen Unfalls ist die Höhe des Stromes, der beim Berühren unter Spannung stehender Teile durch den Körper fließt. Besonders gefährlich ist es, wenn der Strom über das Herz fließt. Fließt Wechselstrom über das menschliche Herz, so versucht es den schnelleren und stärkeren Impulsen von außen zu folgen. Es arbeitet deshalb schneller und in der Regel unregelmäßig, evtl. mit anschließendem Kreislaufstillstand. Aufgrund des Sauerstoffmangels kommt es bereits nach kurzer Zeit zur Schädigung des Gehirns und führt im weiteren Verlauf zum Tod.

Zusammenfassung
In einem Stromkreis, der über einen menschlichen Körper geschlossen ist, wird die Stromstärke durch die Spannung, den Körperwiderstand und die Übergangswiderstände bestimmt. Das Vorhandensein von Übergangswiderständen ist zufällig, man kann sich nicht darauf verlassen. Ab 50 V Wechselspannung wird es für den Menschen gefährlich, 220 V Wechselspannung bringen im menschlichen Körper einen tödlichen Strom zum Fließen. Kurzschlüsse können auch bei kleineren Spannungen als 50 V Wechselspannung folgenschwer sein.

14.7.2 Blendgefahr

Im Gegensatz zur kontrollierten Nutzung elektrischer Lichtbögen, z. B. beim Schweißverfahren, entstehen unkontrollierte Lichtbögen – sogenannte Störlichtbögen – bei Kurzschlüssen oder Unterbrechungen unter Last. Die in Störlichtbögen auftretenden extrem hohen Temperaturen verursachen eine sehr starke UV-Strahlung. Selbst bei kurzem Einwirken auf das menschliche Auge bewirkt die Strahlung eine sogenannte «Verblitzung», eine Schädigung der obersten Schichten der Hornhaut und Bindehaut. Die Folgen sind Schmerzen, hohe Lichtempfindlichkeit, Tränenfluss, Augenrötung sowie das Gefühl, Sand in den Augen zu haben. Durch Neubildung von Zellen klingen die Symptome nach wenigen Tagen ab.

14.7.3 Verbrennungen

Bei unmittelbarer Einwirkung der extrem hohen Temperaturen eines Störlichtbogens kommt es meist zu Verbrennungen ersten und zweiten Grades. Zusätzlich entstehen in der Brandwunde meist toxische Verbrennungsprodukte durch verbranntes Isolationsmaterial und verdampfende Metallteilchen, die zusätzlich durch große Magnetfeldwirkungen aus dem Lichtbogen herausgeschleudert werden. Auch können die Zersetzungsprodukte von Isolationsmaterial oder Kunststoffteilen die Atmungsorgane schädigen.

14.7.4 Anstoß- und Schnittgefahr

Als Sekundärunfälle werden Ereignisse bezeichnet, an denen geringe elektrische Durchströmungen beteiligt sind, bei denen der Unfall aber aus einer Abwehr- oder Schreckreaktionen resultiert.

Beispiel 1: Eine Person führt auf einer Leiter Arbeiten an einer elektrischen Anlage aus und stürzt infolge der Schreckreaktion auf einen möglicherweise harmlosen elektrischen Schlag ab.

Beispiel 2: Ein Mechaniker berührt ein spannungsführendes Teil im Motorraum. Beim reflexartigen Zurückziehen der Hand aus dem Gefahrenbereich erleidet er Schnitt- und Schürfverletzungen an scharfen Bauteilkanten

14.7.5 Erste Hilfe bei Stromunfällen

Bei Unfällen durch den elektrischen Strom kommt es vor allem auf sofortige Hilfe an:

- Zuallererst: Strom abschalten!
- **Falls dies nicht möglich ist:** den Verletzten von den unter Spannung stehenden Teilen trennen, dabei niemals direkt anfassen.
- **Dann:** Bei Atemstillstand dem Verletzten sofort Sauerstoff durch Atemspende zuführen.
  - Nach der ersten Atemspende immer die Herz-Kreislauf-Funktion durch Tasten des Pulses an der Halsschlagader überprüfen.
  - Bei Kreislaufstillstand sofortige Herzdruckmassage im Wechsel mit Atemspende durchführen. Herz-Lungen-Wiederbelebung nicht unterbrechen.

- Arzt oder Rettungswagen durch Dritte herbeirufen lassen. Dabei müssen folgende Fragen beantwortet werden:
  - WER meldet?
  - WAS ist passiert?
  - WO ist es passiert?
  - WIE VIELE sind verletzt/betroffen?
- Durch die chemische Wirkung des Stromes kann, vor allem bei längerer Einwirkungsdauer, das Blut elektrolytisch zersetzt werden. Dadurch kommt es zu schweren Vergiftungserscheinungen. Solche Folgeerscheinungen können erst nach einigen Tagen eintreten. Aus diesem Grund sollte man nach einem Spannungsunfall in jedem Fall einen Arzt aufsuchen, auch wenn zunächst keine Anzeichen auftreten.

14.8 Spannungsarten

Die Bewegung der Elektronen kann sich nach Größe und Richtung ändern. Man unterscheidet daher verschiedene Spannungsarten.

Gleichspannung / DC (*Direct Current*)

Die Elektronen fließen stets mit gleicher Stärke in gleicher Richtung (vgl. Bild 14.27).

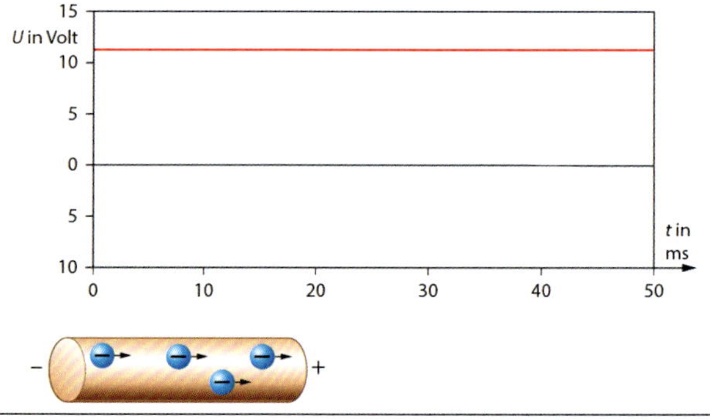

Bild 14.27 *Gleichspannung*
[Bild: AS-Illu]

Wechselspannung / AC (*Alternating Current*)

Die Elektronen ändern mehrfach ihre Richtung und die Stromstärke in der betrachteten Zeit (vgl. Bild 14.28).

Messgeräte zeigen fast ausschließlich den Effektivwert an. Er wird auch als RMS (engl: *root mean square* = quadratischer Mittelwert) bezeichnet. Der Effektivwert einer Wechselspannung ist so groß wie eine Gleichspannung mit derselben Wärmewirkung an einem Widerstand.

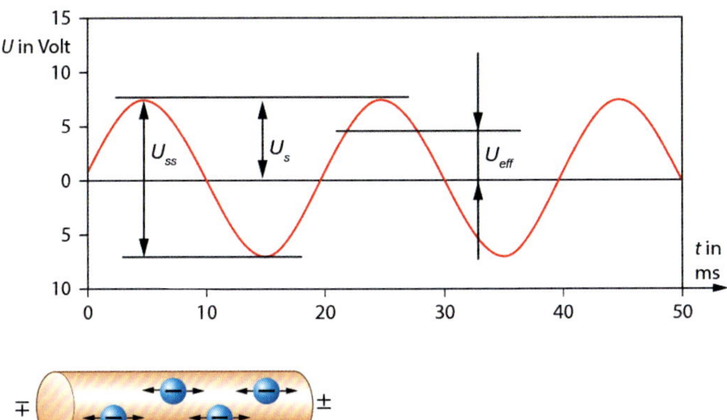

Bild 14.28 *Sinusförmige Wechselspannung*
[Bild: AS-Illu]
Charakteristische Größen einer sinus-förmigen Wechselspannung:

U_s Scheitelspannung — $U_{ss} = 2 \cdot U_s$
U_{ss} Spitze-Spitze-Spannung — $U_{eff} = 0{,}707 \cdot U_s$
U_{eff} Effektivspannung

Beispiel:
Die in Bild 14.28 dargestellte Wechselspannung mit einer Scheitelspannung von z. B. 11,3 V ergibt auf einem Multimeter im Wechselspannungsbereich die dargestellte Effektivspannung von 8,0 V.

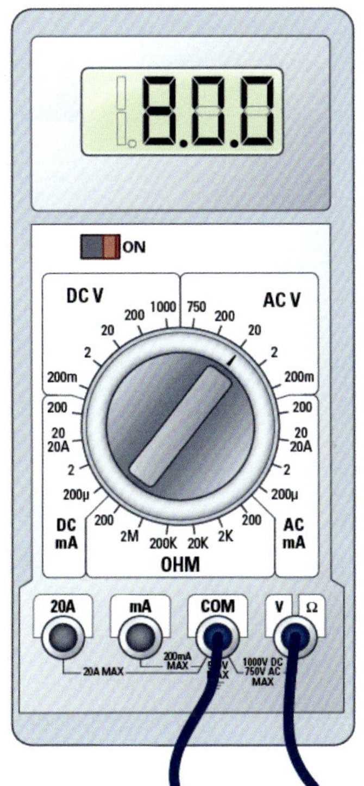

Bild 14.29
Effektivwertanzeige eines Multimeters
[Bild: Vogel Kfz-App]

Mischspannung

Durch Überlagerung (Mischung) von Gleich- und Wechselspannungen können Mischspannungen entstehen, bei denen sich nur die Spannungshöhe, nicht aber die Richtung ändert (vgl. Bild 14.30). Diese Spannung hat man im Bordnetz eines Kraftfahrzeuges, da die Welligkeit der Generatorspannung die Gleichspannung überlagert.

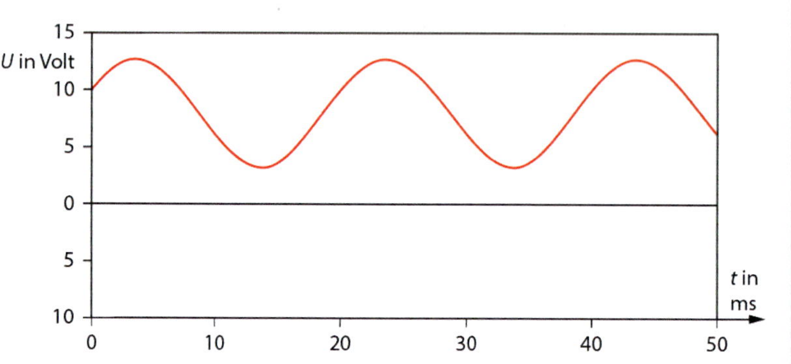

Bild 14.30 *Mischspannung*
[Bild: AS-Illu]

15 Schaltpläne

Um Fahrzeuge reparieren und warten zu können, muss man die Informationen der Fahrzeughersteller verstehen. Fehler an der Fahrzeugelektrik findet nur, wer die Stromlauf- oder Schaltpläne lesen kann.

Der Schaltplan ist die zeichnerische Darstellung elektrischer Gerate durch Schaltzeichen, gegebenenfalls durch Abbildungen oder vereinfachte Konstruktionszeichnungen. Er zeigt die Art, in der verschiedene elektrische Geräte zueinander in Beziehung stehen und miteinander verbunden sind. Die Art des Schaltplanes wird bestimmt durch seinen Zweck (z. B. Darstellung der Funktion einer Anlage) und durch die Art der Darstellung.

15.1 Bauteile und Aufbau eines Stromkreises

Der einfachste Stromkreis besteht gerade mal aus vier Komponenten:

- Spannungsquelle (Batterie),
- Hinleitung,
- Verbraucher (z. B. Lampe),
- Rückleitung.

Allgemein gilt: Die Spannungsquelle, der Verbraucher sowie die Hin- und Rückleitung bilden den Stromkreis. Die Verbraucher arbeiten nur, wenn der Stromkreis an keiner Stelle unterbrochen ist.

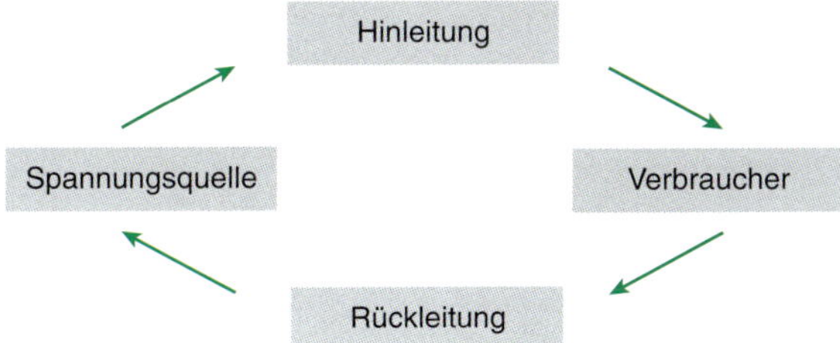

Ein- und Zweileitungssysteme

In den meisten Kraftfahrzeugen erfolgt die Rückleitung des Stroms über die metallene Karosserie. Das heißt, ein Anschlusspunkt der Glühlampe ist über ein Kabel mit der Karosserie verbunden. Die Karosserie wiederum ist über ein Kupferband mit dem Minuspol der Batterie verbunden. Da man – scheinbar – mit nur einer Leitung auskommt (die Rückleitung erfolgt ja über die Karosserie), spricht man von einer Einleitungsanlage. Das normale Bordnetz der Fahrzeuge ist als Einleitungssystem ausgelegt.

Beispiel: Innenbeleuchtung älterer Fahrzeuge

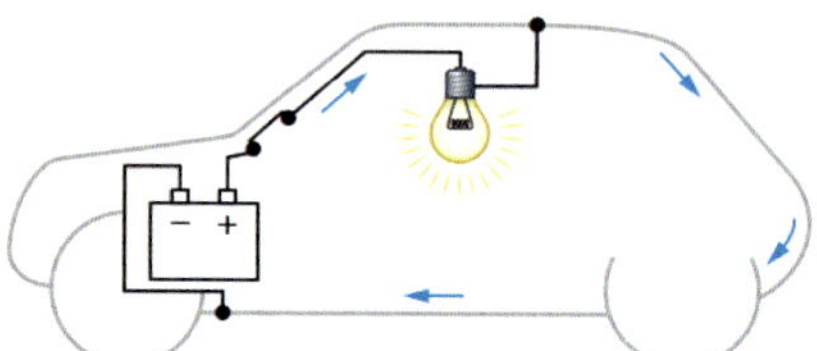

Bild 15.1a *Einleitungssystem*
[Bild: AS-Illu]

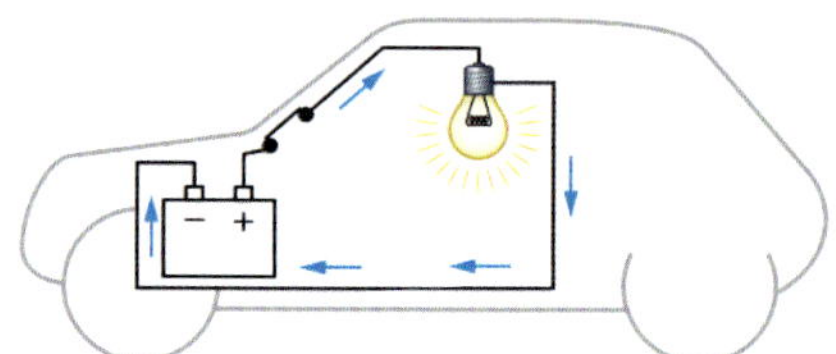

Bild 15.1b *Zweileitungssystem*
[Bild: Riehl, AS-Illu]

Problem bei neueren Fahrzeugen:

Die zunehmende Komplexität durch Verwendung von neuen Materialien, Materialmix, Hybridbauweise und neuen Fügeverfahren führen dazu, dass nicht leitende Materialen zur Anwendung kommen und somit eine Rückleitung über die Karosserie unmöglich machen. Bei einer Pkw-Karosserie ist die Bezeichnung «Hybrid» der Hinweis darauf, dass sie aus unterschiedlichen Materialien besteht.

Bei diesen Fahrzeugen werden die leitenden Werkstoffe durch Masseleitungen miteinander verbunden, die nichtleitenden mit Masseleitungen überbrückt.

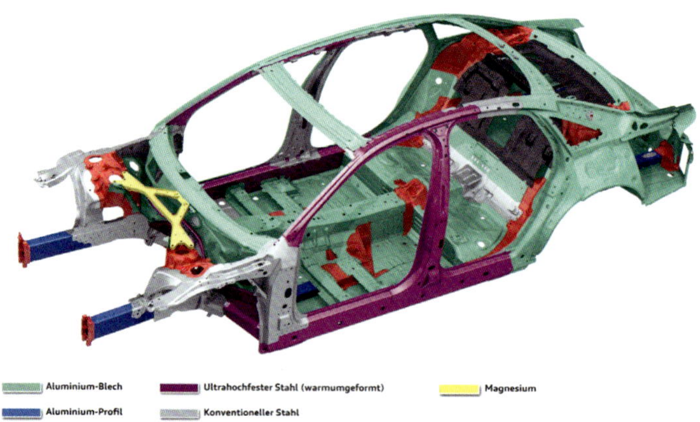

Bild 15.2
Materialmix bei modernen Fahrzeugen
[Bild: Audi]

Bei Elektro- und Hybridfahrzeugen kommt grundsätzlich das Zweileitungssystem zum Einsatz. Hier müssen auf Grund der hohen Spannungen sowohl die Hin- als auch die Rückleitung als Leitungen verlegt werden und dürfen auf keinen Fall Kontakt mit der Karosserie haben.

15.2 Schaltzeichen

Die Schaltzeichen sind genormte Symbole für elektrische Bauteile. Sie dienen dazu, den Zusammenhang zwischen den einzelnen elektrischen Bauteilen im Kraftfahrzeug

Symbol	Bedeutung	Symbol	Bedeutung	Symbol	Bedeutung
	Elektrische Leitung, der Draht		Masseanschluss, z. B. Fahrzeugmasse	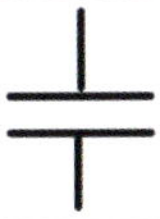	Kondensator
	Zwei Leitungen kreuzen sich im Schaltbild, haben aber keine elektrische Verbindung.	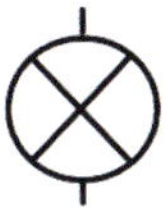	Glühlampe	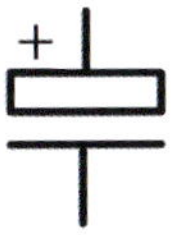 +	Gepolter Kondensator (Elektrolytkondensator) mit Angabe der Polarität
	Leitungsabzweigung mit elektrischer Verbindung, z. B. geschraubt, gelötet oder gequetscht.	 V	Messgerät: Spannungsmesser		Induktivität mit Eisenkern (Magnetspule, z. B. ein Induktivgeber)
	Steckverbindung mit Stecker (unten) und Buchse (oben)	 A	Messgerät: Strommesser	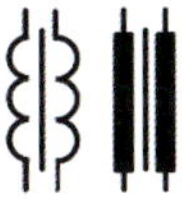	Transformator mit Eisenkern, z. B. die Zündspule
	Batterie bzw. Akkumulator. Der lange Strich kennzeichnet den Plus-und der kurze den Minuspol.	 Ω	Messgerät: Widerstandsmesser	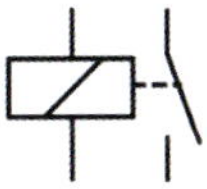	Relais, allgemein
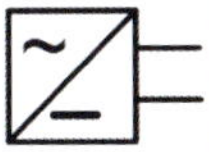 ~ –	Wandler (Netzgerät), der Wechselspannung zu Gleichspannung umformt.	 M	Gleichstrommotor, z. B. Wischermotor oder Gebläsemotor der Innenraumbelüftung		Diode
	Sicherung		Horn, Hupe	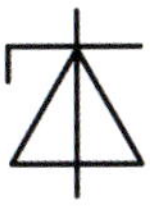	Zenerdiode

Bild 15.3 *Wichtige Schaltzeichen, Übersicht*
[Bild: Bosch, Riehl]

Symbol	Bedeutung	Symbol	Bedeutung	Symbol	Bedeutung
	Schalter, Schließer Nach der Betätigung wird der Stromkreis geschlossen. ⇨ Schließer		Widerstand		Leuchtdiode (LED)
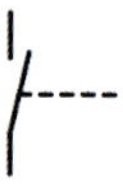	Schalter, Schließer Nach der Betätigung bleibt der Schaltzustand nicht erhalten. ⇨ Taster		Potentiometer		Fotodiode Der Stromfluss ändert sich in Abhängigkeit von der Helligkeit.
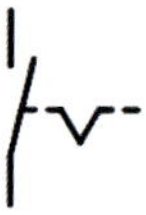	Schalter, Schließer Nach der Betätigung bleibt der Schaltzustand erhalten. ⇨ Raster		Fotowiderstand: Sein Widerstandswert ändert sich in Abhängigkeit von der Lichtstärke	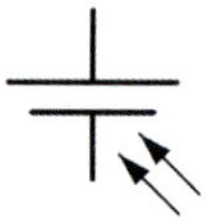	Fotoelement (Solarzelle) Das Element liefert bei Lichteinfall eine Spannung.
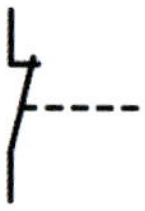	Schalter, Öffner Nach der Betätigung wird der Stromkreis geöffnet. ⇨ Öffner	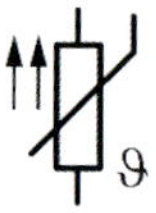 ϑ	Temperaturabhängiger Widerstand (PTC) Der Widerstandswert steigt mit steigender Temperatur.	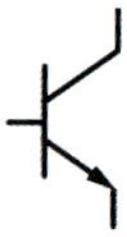	Transistor Ein Halbleiterbaustein, der elektrische Signale schalten oder verstärken kann.
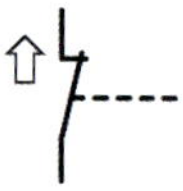	Schalter, Schließer Durch den Pfeil wird gezeigt, dass der Schalter in betätigtem Zustand gezeichnet ist.	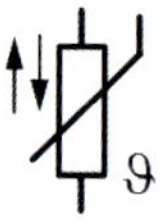 ϑ	Temperaturabhängiger Widerstand (NTC) Der Widerstandswert fällt mit steigender Temperatur·		Fototransistor Die Lichtstärke sorgt für eine Verstärkung der Spannung
	Schalter, Wechsler Der Schalter wechselt zwischen zwei Kontakten.	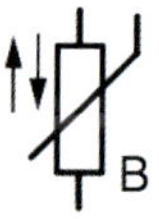 B	Feldplatte Vom Magnetfeld abhängiger Widerstandswert.		

Bild 15.3 *Wichtige Schaltzeichen, Übersicht – Fortsetzung*
[Bild: Bosch, Riehl]

übersichtlich darzustellen. Sie erfüllen damit die gleiche Aufgabe in der Elektrik wie die technische Zeichnung im Maschinenbau.

Wichtige Schaltzeichen der Kfz-Elektrik/Elektronik

15.3 Arbeiten mit Schaltplänen

15.3.1 Einteilung der Schaltpläne

Die Art des Schaltplanes wird bestimmt durch seinen Zweck (z. B. Darstellung der Funktion einer Anlage) und durch die Art der Darstellung.

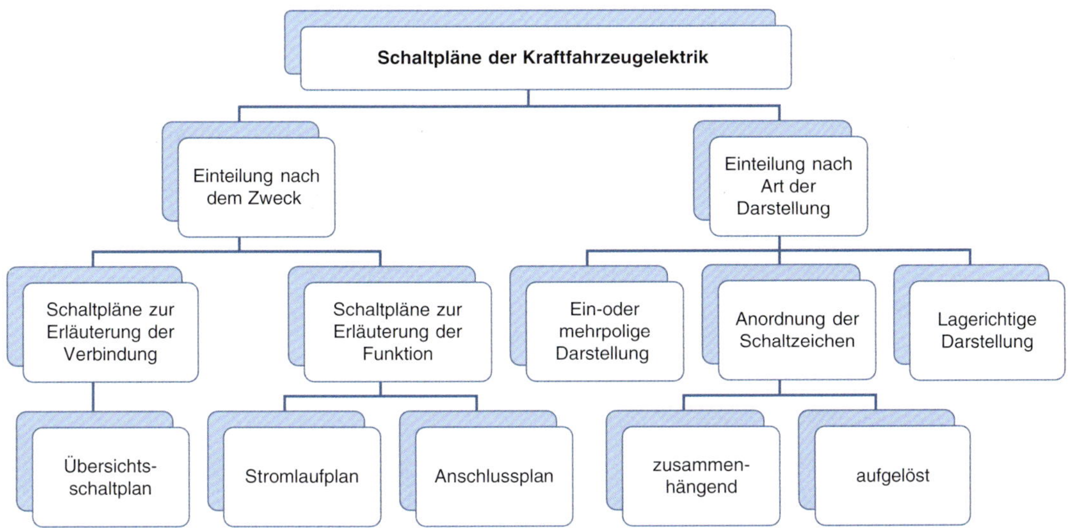

Bild 15.4 *Einteilung der Schaltpläne nach EN 61346-1*
[Bild: Bosch]

Schaltpläne zeigen genau, welche Komponenten in einem Auto in der Fahrzeugelektrik und -elektronik verbaut wurden. So weit, so gut. Allerdings verwendet jeder Hersteller eigene Schaltplandarstellungen; das macht es für Mehrmarkenbetriebe und freie Werkstätten nicht gerade leichter. Abhilfe schaffen markenunabhängige Anbieter wie Bosch Esitronic, Autodata oder Alldata. Ihre Reparatur- und Diagnoseanleitungen haben einen ähnlichen Aufbau – egal um welche Fahrzeugmarke es sich handelt. Leichte Variationen ergeben sich nur aus den Baujahren und Ausstattungsvarianten. Für den Umgang mit den Schaltplänen gilt, wie so oft im Leben: Übung macht den Meister. Und was anfangs noch verwirrend aussieht, bietet mit ein bisschen Übung einen guten und schnellen Überblick.

15.3.2 Übersichtsschaltplan

Der Übersichtsschaltplan, früher Blockdiagramm oder Blockschaltplan genannt, ist die vereinfachte Darstellung einer Schaltung, wobei nur die wesentlichen Teile berücksichtigt sind. Er soll einen schnellen Überblick über Aufgabe, Aufbau, Gliederung und Funktion einer elektrischen Anlage oder eines Teiles davon geben und als Wegweiser für ausführlichere Schaltungsunterlagen (Stromlaufplan) dienen. Die Geräte sind dargestellt durch Quadrate, Rechtecke oder Kreise mit eingezeichneten Kennzeichen, die Leitungen sind meist einpolig gezeichnet.

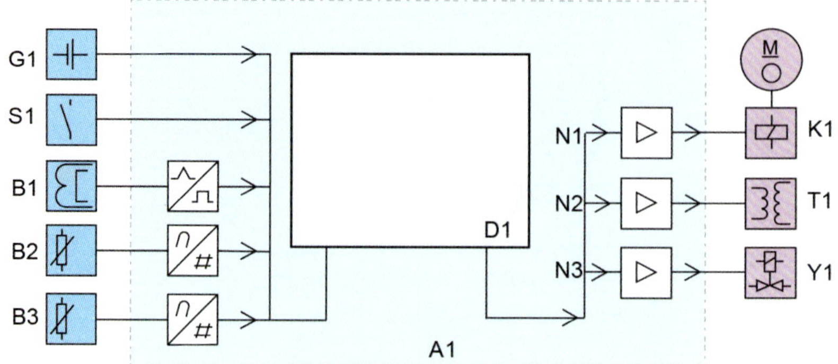

Bild 15.5 *Übersichtsschaltplan Motor-Steuergerät*
[Bild: Bosch, Riehl]

Legende zum Übersichtsplan
A1 Steuergerät
B1 Sensor für Drehzahl
B2 Sensor für Luftmasse
B3 Sensor für Motortemperatur
D1 Rechnereinheit
G1 Batterie
K1 Pumpenrelais
M1 Kraftstoffpumpe
N1 bis N3 Leistungsendstufen
S1 Zündstartschalter
T1 Zündspule
U1 bis U3 Impulsformer
Y1 Einspritzventil

Stromlaufplan

Der Stromlaufplan ist die ausführliche Darstellung einer Schaltung in ihren Einzelheiten. Er zeigt durch übersichtliche Darstellung der einzelnen Stromwege die Wirkungsweise einer elektrischen Schaltung. Im Stromlaufplan darf die übersichtliche, das Lesen der Schaltung erleichternde Darstellung der Funktion durch die Wiedergabe gerätetechnischer und räumlicher Zusammenhänge nicht beeinträchtigt werden.

Der Stromlaufplan **muss** enthalten:

- Schaltung,
- Gerätekennzeichnung,
- Anschlussbezeichnung bzw. Klemmenbezeichnung.

Der Stromlaufplan **kann** enthalten:

- Vollständige Darstellung mit Innenschaltung, um Prüfung, Fehlerortung, Wartung und Austausch (Nachrüstung) zu ermöglichen;
- Hinweisbezeichnungen dienen zum besseren Auffinden von Schaltzeichen und Zielorten, insbesondere bei aufgelöster Darstellung.

15.3.3 Unterscheidung nach Anordnung der Schaltzeichen

Beim Stromlaufplan in aufgelöster Darstellung wird die Schaltung nach Stromwegen (von + nach –) aufgelöst. Dabei werden die Schaltelemente getrennt angeordnet – ohne Rücksicht auf ihre Lage im Fahrzeug. Die Stromwege sollen geradlinig verlaufen.

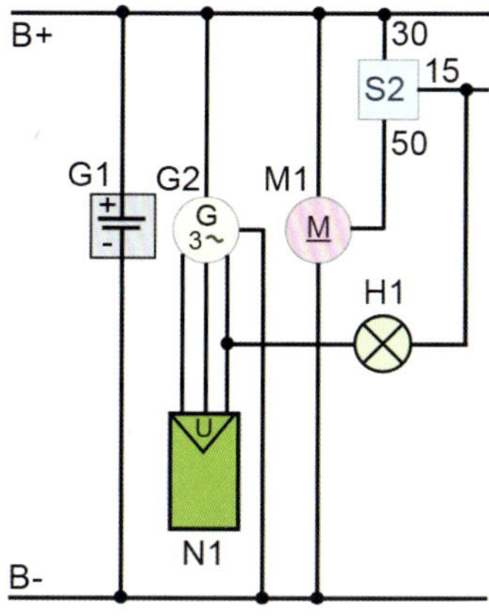

Bild 15.6
Stromlaufplan in aufgelöster Darstellung
[Bild: Bosch, Riehl]
Kennzeichnung der Geräte:
G1 Batterie
G2 Generator
H1 Ladekontrollleuchte
M1 Starter
N1 Regler
S2 Zündstartschalter

Die Kennzeichnung der Geräte gilt für alle nachfolgenden Schaltpläne.

Beim Stromlaufplan in zusammenhangender Darstellung werden die Einzelteile einer Schaltung, das Leitungsnetz und die Innenschaltung der Gerate am ausführlichsten dargestellt. Der Leitungsverlauf soll übersichtlich sein, auf die räumliche Lage der Geräte braucht keine Rücksicht genommen zu werden.

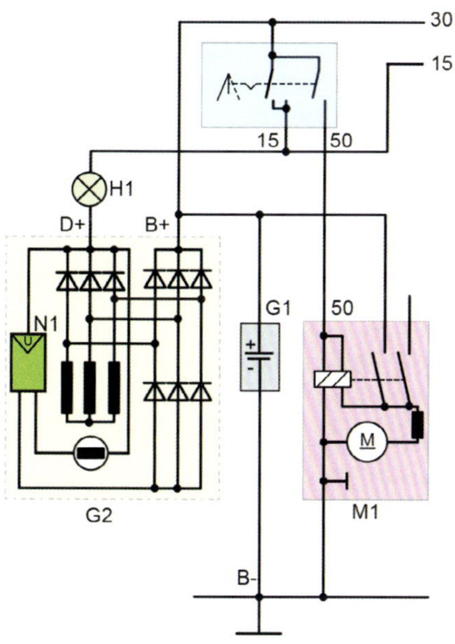

Bild 15.7
Stromlaufplan in zusammenhängender Darstellung
[Bild: Bosch, Riehl]

15.4 Kennzeichnung elektrischer Geräte

Im Schaltplanausschnitt der Bilder 15.6 und 15.7 ist ein Teil der Starter- und die Generatorschaltung eines Pkw zu sehen. Die Buchstaben kennzeichnen die Geräte, die in einem Schaltplan aufgeführt sind. Die nachfolgende Zahl dient der laufenden Nummerierung aller Bauteile. Die **Kennbuchstaben** (z. B. «G») kennzeichnen eindeutig die Geräte, die in einem Schaltplan aufgeführt sind. Die nachfolgende Zahl dient der laufenden Nummerierung aller Bauteile mit gleichen Kennbuchstaben. Betrachten Sie den Ausschnitt einmal genauer: Manche Schaltzeichen sind neben ihrer Darstellung noch mit einer Buchstaben-Zahlen-Kombination versehen; z. B. G2, S2, M1. G1 stellt beispielsweise die Fahrzeugbatterie, G2 den Generator dar. Wenn irgendein Bauteil mit G bezeichnet ist, handelt es sich um eine Spannungsquelle.

Tabelle 15.1 *Kennbuchstaben elektrischer Geräte*
[Quelle: Bosch, Riehl]

Kennbuchstaben zur Kennzeichnung von elektrischen Geraten		
Kennbuchstabe	**Art**	**Beispiele**
A	Anlage, Baugruppe,	ABS-Steuergerat, Autoradio, Autosprechfunk, Autotelefon, Diebstahlalarmanlage, Gerätebaugruppe, Schaltgerät, Steuergerät, Tempomat
B	Umsetzer von nichtelektrischen auf elektrische Größen oder umgekehrt	Sensoren aller Art, Aktoren aller Art
C	Kondensator	Kondensatoren aller Art
D	Binares Element, Speicher	Bordcomputer, digitale Einrichtung, integrierter Schaltkreis, Impulszahler, Magnetbandgerät
E	Verschiedene Geräte und Einrichtungen	Heizeinrichtung, Klimaanlage, Leuchte, Scheinwerfer, Zündkerze, Zündverteiler
F	Schutzeinrichtung	Auslöser (Bimetall), Polaritätsschutzgerät, Sicherung, Stromschutzschaltung
G	Stromversorgung, Generator	Batterie, Generator, Ladegerät
H	Kontrollgerät, Meldegerät, Signalgerät	Akustisches Meldegerät, Anzeigelampe, Blinkkontrolle, Blinkleuchte, Bremsbelagkontrolle, Bremsleuchte, Fernlichtanzeige, Generatorkontrolle, Kontrolllampe, Meldegerät, Öldruckkontrolle, optisches Meldegerät, Signallampe, Warnsummer
K	Relais, Schutz	Batterierelais, Blinkgeber, Blinkrelais, Einrückrelais, Startrelais, Warnblinkgeber
L	Induktivität	Drosselspule, Spule, Wicklung
M	Motor	Gebläsemotor, Lüftermotor, Pumpenmotor für ABS-/ASR-/ESP-Hydroaggregate, Scheibenspuler-/Scheibenwischermotor, Startermotor, Stellmotor
N	Regler, Verstärker	Regler (elektronisch oder elektromechanisch), Spannungskonstanthalter

Tabelle 15.1 (Fortsetzung)

Kennbuchstaben zur Kennzeichnung von elektrischen Geraten		
Kennbuchstabe	**Art**	**Beispiele**
P	Messgerät	Amperemeter, Diagnoseanschluss, Drehzahlmesser, Druckanzeige, Fahrtschreiber, Messpunkt, Prüfpunkt, Tachometer
R	Widerstand	Glühstiftkerze, Flammkerze, Heizwiderstand, Heißleiter, Kaltleiter, Potentiometer, Regelwiderstand, Vorwiderstand
S	Schalter	Schalter und Taster aller Art, Zündunterbrecher
T	Transformator	Zündspule, Zündtransformator
U	Modulator, Umsetzer	Gleichstromwandler
V	Halbleiter, Rohre	Darlington, Diode, Elektronenrohre, Gleichrichter, Halbleiter aller Art, Kapazitätsdiode, Transistor, Thyristor, Z-Diode
W	Übertragungsweg, Leitung, Antenne	Autoantenne, Abschirmteil, geschirmte Leitung, Leitungen aller Art, Leitungsbündel, Masse(sammel)leitung
X	Klemme, Stecker, Steckverbindung	Anschlussbolzen, elektrische Anschlüsse aller Art, Kerzenstecker, Klemme, Klemmenleiste, elektrische Leitungskupplung, Leitungsverbinder, Stecker, Steckdose, Steckerleiste, (Mehrfach-)Steckverbindung, Verteilerstecker
Y	elektrisch betätigte mechanische Einrichtung	Dauermagnet, Einspritz(magnet)ventil, Elektromagnetkupplung, elektromagnetische Bremse, Elektroluftschieber, Elektrokraftstoffpumpe, Elektromagnet, Elektrostartventil, Getriebesteuerung, Hubmagnet, Kick-down-Magnetventil, Leuchtweiteregler, Niveauregelventil, Schaltventil, Startventil, Türverriegelung, Zentralschließeinrichtung, Zusatzluftschieber
Z	elektrisches Filter	Entstörglied, Entstörfilter, Siebkette, Zeituhr

15.5 Klemmenbezeichnungen im Schaltplan

Neben den Kennbuchstaben für die Geräteart sehen Sie im Schaltplanausschnitt noch weitere Bezeichnungen an den Bauteilen. Wenn Sie z. B. das Bauteil S2 (Zündschalter) betrachten, erkennen Sie neben den Leitungen, die von dem Bauteil wegführen, die Klemmenbezeichnungen 30, 15 und 50. Für Anschlüsse, an denen eine Verwechslung keine Folgen hat, wurde auf Klemmenbezeichnungen verzichtet.

Tabelle 15.2 *Wichtige Klemmenbezeichnungen*
[Quelle: Bosch, Riehl]

Klemmenbezeichnungen nach DIN 72552 (Auszug)		
Zündanlage	1	Zündspule, Zündverteiler, Niederspannung
	4	Zündspule, Zündverteiler, Hochspannung
	7	Klemme der Basiswiderstände zum/vom Zündverteiler
	15a	Ausgang am Vorwiderstand zu Zündspule und Starter
	50	Startersteuerung
Batterie	15	Batterie Plus über Schalter
	30	Eingang von Batterie Plus direkt
	30a	Eingang von 2. Batterie und am Umschaltrelais 12/24V
	31	Rückleitung an Batterie Minus oder direkt an Masse
	31a	Rückleitung an 2. Batterie Minus, Umschaltrelais 12/24V
	31b	Rückleitung an Batterie Minus oder an Masse über Schalter
Fahrtrichtungs-anzeiger	49	Eingang Blinkgeber
	49a	Ausgang Blinkgeber, Eingang Blinkerschalter
	C	1. Blinkkontrolllampe
	L	Blinkleuchten links
	R	Blinkleuchten rechts
	R54	Ausgang für kombinierte Blink-Bremsleuchten an Zugmaschinen und Anhängern, rechts
Generator, Generatorregler	61	Ladekontrolle
	B+	Batterie Plus
	B-	Batterie Minus
	D+	Dynamo Plus
	D-	Dynamo Minus
	DF	Dynamo Feld
	U, V, W	Drehstromklemmen
Beleuchtung	54	Bremslicht
	55	Nebelscheinwerfer
	56	Scheinwerferlicht
	56a	Fernlicht und Anzeigelampe
	56b	Abblendlicht
	56d	Lichthupe
	57a	Parklicht
	57L	Parklicht links
	57R	Parklicht rechts
	58	Begrenzungs-, Kennzeichen-, Instrumenten-, Schlussleuchten
	58L	Lichtschalterklemme f. linke Begrenzungs- u. Schlussleuchten, wenn getrennt schaltbar
	58R	Lichtschalterklemme f. rechte Begrenzungs- u. Schlussleuchten, wenn getrennt schaltbar
	58d	Regelbare Instrumentbeleuchtung

Tabelle 15.2 (Fortsetzung)

Klemmenbezeichnungen nach DIN 72552 (Auszug)		
Scheibenwasch-anlage	53	Eingang Wischermotor Plus
	53a	Endabstellung Plus
	53b	Nebenschlusswicklung
	53c	Scheibenspülerpumpe
	53e	Bremswicklung
	53i	Wischermotor mit Permanentmagnet, dritte Bürste für höhere Geschwindigkeit
Relais	85	Ausgang Antrieb (Wicklungsende, Minus)
	86	Eingang Antrieb (Wicklungsanfang)
	87	Eingang Öffner und Wechsler
	87a	Ausgang Öffner und Wechsler
	88	Eingang Schließer
	88a (87)	Ausgang Schließer und Wechsler
Zusätzliches	75	Radio, Zigarettenanzünder

15.6 Leitungsfarben im Schaltplan

Um die einzelnen Leitungen einfacher auseinander zu halten, wird ein Farbsystem verwendet, mit welchem die einzelnen Leitungen gekennzeichnet sind. Viele Leitungen sind zweifarbig. Die erste Farbe (Grundfarbe) dient zur Feststellung des Verwendungszwecks, die zweite Farbe (Kennfarbe) dient zur Identifizierung der speziellen Leitung (z. B. Blinker links/rechts). Die Kennfarbe ist meist in Form einer (verdrillten) Linie oder Ringen auf der Leitung angebracht. Die gängigsten Farben mit ihren Abkürzungen (und typischen Einsatzzwecken) sind:

Tabelle 15.3 *Wichtige Leitungsfarben*
[Quelle: Bosch, Riehl]

Farbe	Deutsche Farbbezeichnung (DIN 72551)	Internationale Farbbezeichnung (IEC 60757)	Verwendungszweck
Blau	BL	BU	Kontroll- und Signalleuchten
braun	BR	BN	Masse
gelb	GE	YE	Abblendlicht
grün	GN	GN	Zündspulen zu Unterbrechern
grau	GR	GY	Schluss-, Begrenzungs- und Kennzeichenbeleuchtung
Rosa	RS	PK	Kennfarbe

Tabelle 15.3 (Fortsetzung)

Farbe	Deutsche Farbbezeichnung (DIN 72551)	Internationale Farbbezeichnung (IEC 60757)	Verwendungszweck
Orange	OR	OG	Hochvoltleitungen
Rot	RT	RD	Anlasser zur Lichtmaschine, Zünd- und Lichtschalter sowie Verbraucher/Sicherungen die direkt an Klemme 30 liegen
Schwarz	SW	BK	Batterie zum Anlasser sowie Zünd- zu Lichtschalter, Zündung allgemein
Weiß	WS	WH	Fernlicht

15.7 Anschlussplan

Aus dem Anschlussplan sind die Anschlussklemmen einer elektrischen Einrichtung und die Leitungsverbindungen ersichtlich. Der Anschlussplan hilft Ihnen, die Zusammenhänge zwischen den Bauteilen zu erkennen. Die einzelnen Geräte sind durch Quadrate, Rechtecke, Kreise und Schaltzeichen oder auch bildlich dargestellt und können lagerichtig angeordnet sein. Als Anschlussstellen dienen Kreis, Punkt, Steckverbindung oder nur die herangeführte Leitung. Folgende Darstellungsarten sind in der Kraftfahrzeugelektrik üblich:

- zusammenhängend mit Schaltzeichen,
- zusammenhängend, bildliche Gerätedarstellung,
- aufgelöst, Gerätedarstellung mit Schaltzeichen, Anschlüsse mit Zielhinweisen; Farbkennung der Leitungen möglich;
- aufgelöst, bildliche Gerätedarstellung, Anschlüsse mit Zielhinweisen; Farbkennung der Leitungen möglich.

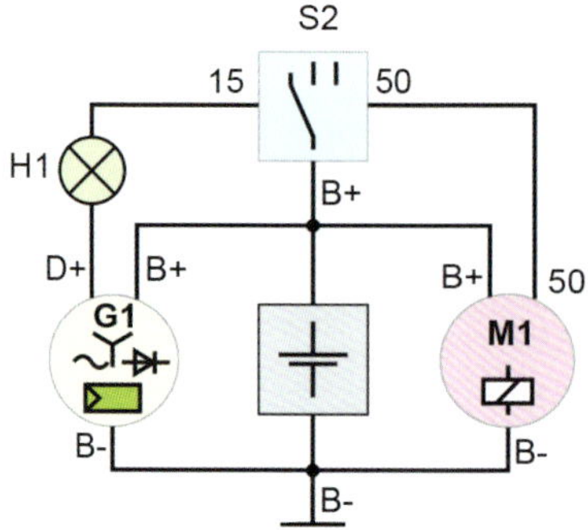

Bild 15.8a *Anschlussplan mit Schaltzeichen*
[Bild: Bosch, Riehl]

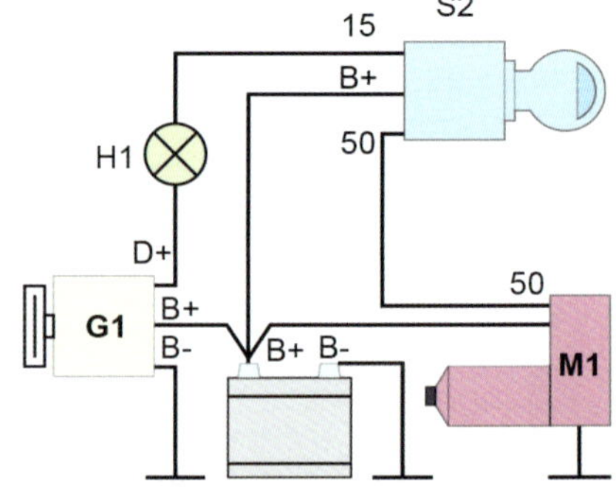

Bild 15.8b *Anschlussplan in bildlicher Darstellung*
[Bild: Bosch, Riehl]

15.8 Lesen von Schaltplänen

Aufbau der Stromlaufpläne

Die Stromlaufpläne aller Hersteller sind im Prinzip ähnlich aufgebaut. Es handelt sich um Stromlaufpläne in aufgelöster Darstellung, die im unteren Bereich die Strompfade als Zuordnungspunkte haben. Die Linie oberhalb der Strompfade wird oft als Fahrzeugmasse (Kl. 31) benutzt. Die Bauteile sind so angeordnet, dass sie durch die Strompfade eindeutig lokalisiert werden können

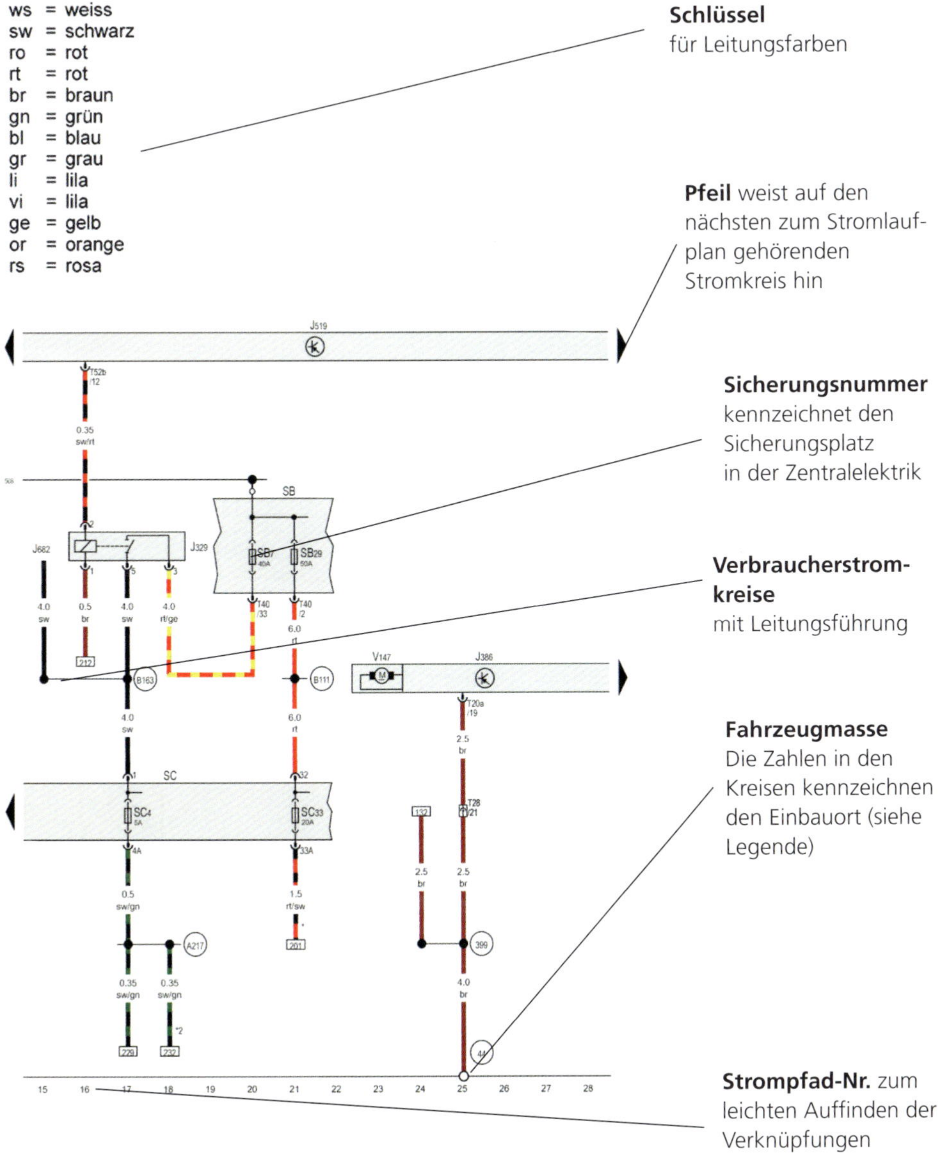

Bezeichnung des auf dieser Seite dargestellten Stromkreises

Legende
In allen StromlaufPlänen werden die gleichen Bauteile mit den gleichen Gerätebezeichnungen verwendet

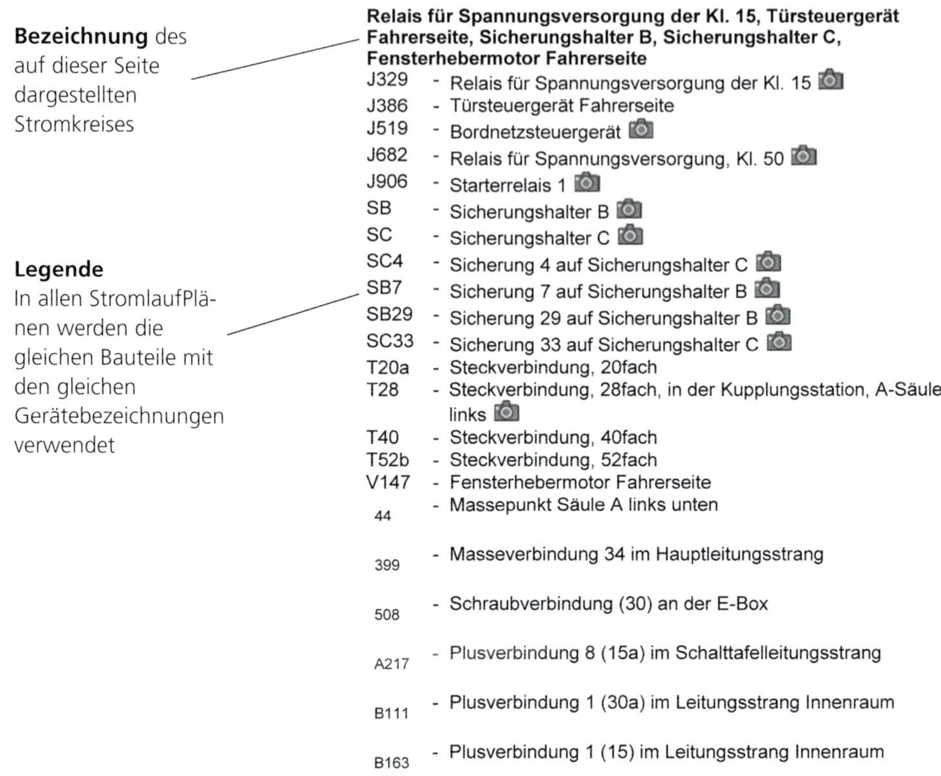

Relais für Spannungsversorgung der Kl. 15, Türsteuergerät Fahrerseite, Sicherungshalter B, Sicherungshalter C, Fensterhebermotor Fahrerseite

J329 - Relais für Spannungsversorgung der Kl. 15
J386 - Türsteuergerät Fahrerseite
J519 - Bordnetzsteuergerät
J682 - Relais für Spannungsversorgung, Kl. 50
J906 - Starterrelais 1
SB - Sicherungshalter B
SC - Sicherungshalter C
SC4 - Sicherung 4 auf Sicherungshalter C
SB7 - Sicherung 7 auf Sicherungshalter B
SB29 - Sicherung 29 auf Sicherungshalter B
SC33 - Sicherung 33 auf Sicherungshalter C
T20a - Steckverbindung, 20fach
T28 - Steckverbindung, 28fach, in der Kupplungsstation, A-Säule links
T40 - Steckverbindung, 40fach
T52b - Steckverbindung, 52fach
V147 - Fensterhebermotor Fahrerseite
44 - Massepunkt Säule A links unten
399 - Masseverbindung 34 im Hauptleitungsstrang
508 - Schraubverbindung (30) an der E-Box
A217 - Plusverbindung 8 (15a) im Schalttafelleitungsstrang
B111 - Plusverbindung 1 (30a) im Leitungsstrang Innenraum
B163 - Plusverbindung 1 (15) im Leitungsstrang Innenraum

Bild 15.9a *Schaltplanausschnitt*
[Bild: VW]

Zahl im Quadrat
kennzeichnet, in welchem Strompfad die Leitung weitergeführt wird

Leitungsquerschnitt
in mm^2

Leitungsfarbe
entspricht der Farbe im Auto

Kontaktbezeichnung bei Steckverbindungen
Sie kennzeichnet den Kontakt innerhalb einer Mehrfachsteckverbindung z. B.: T 20a/18
T 20a = Steckverbindung, 20-fach
18 = Kontakt 18

Buchstaben und/oder Zahlen an Leitungsenden
kennzeichnen Verknüpfungen zum nächsten bzw. vorher-gehenden Stromlaufplan

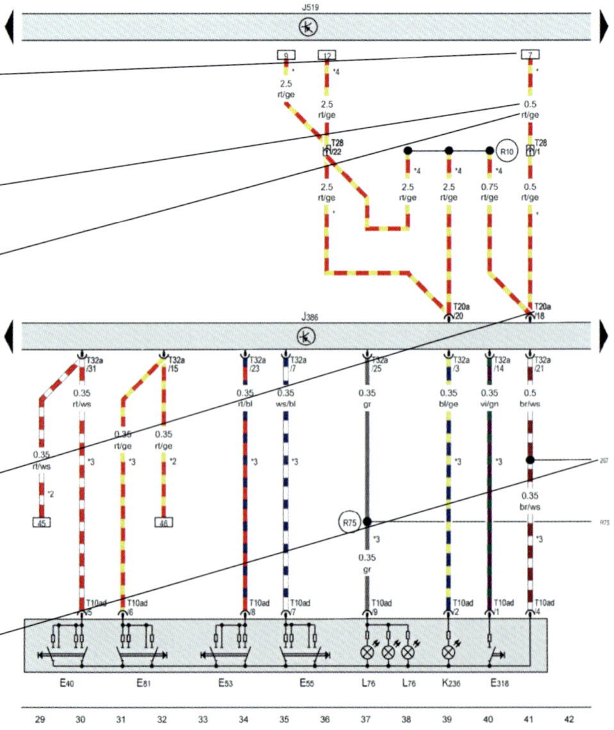

Fensterheberschalter vorn links, Fensterheberschalter hinten links in Fahrertür, Fensterheberschalter hinten rechts in Fahrertür, Fensterheberschalter vorn rechts in Fahrertür, Taster für Kindersicherung, Türsteuergerät Fahrerseite

E40 - Fensterheberschalter vorn links
E53 - Fensterheberschalter hinten links in Fahrertür
E55 - Fensterheberschalter hinten rechts in Fahrertür
E81 - Fensterheberschalter vorn rechts in Fahrertür
E318 - Taster für Kindersicherung
J386 - Türsteuergerät Fahrerseite
J519 - Bordnetzsteuergerät
K236 - Kontrollleuchte für aktivierte Kindersicherung
L76 - Lampe für Tasterbeleuchtung
T10ad - Steckverbindung, 10fach
T20a - Steckverbindung, 20fach
T28 - Steckverbindung, 28fach, in der Kupplungsstation, A-Säule links
T32a - Steckverbindung, 32fach
267 - Masseverbindung 2 im Leitungsstrang Türverkabelung Fahrerseite
R10 - Plusverbindung 1 (30) im Leitungsstrang Türverkabelung Fahrerseite
R75 - Verbindung (58d) 1 im Leitungsstrang Türsteuergerät

Gerätebezeichnung
Damit finden Sie in der Legende, zu welchem Teil das im Stromlaufplan gekennzeichnete Schaltzeichen gehört, z. B.: E318 = Taster für Kindersicherung;
Hinweis: Die Gerätebezeichnungen sind genormt; leider halten sich nicht alle Hersteller an die Normen.

Kamerasymbol
Durch einen Klick auf dieses erhalten Sie die Lage des Bauteils im Fahrzeug sowie weitere Verknüpfungen für dieses Bauteil.

Bild 15.9b *Schaltplanausschnitt*
[Bild: VW]

15.9 Systemarchitektur moderner Fahrzeuge

Zusätzlich zu den allgemeinen elektrischen und elektronisch installierten Komponenten in modernen Fahrzeugen spielt deren Verknüpfung zu komplexen Fahrzeugsystemen eine immer wesentlichere Rolle. Darüber hinaus werden in Zukunft Hybrid- und Elektrofahrzeuge an Bedeutung gewinnen. Diese komplexen Systeme zu beherrschen, wird eine der zentralen Herausforderungen bei der Wartung und Instandhaltung von Kraftfahrzeugen sein. Sie müssen die Systemkomponenten der Fahrzeuge identifizieren und sind auf Grund ihres Wissens in der Lage Zubehör, Zusatzeinrichtungen oder Sondereinrichtungen in die bestehende Systemarchitektur des digitalen Bordnetzes eines Fahrzeugs zu integrieren, indem Sie

- Vernetzungspläne identifizieren und Fehlersuchstrategien entwickeln,
- Service-Informationen aus Datenbanken entnehmen und anwenden,
- Informationsfluss zwischen den Datenübertragungssystemen, Vernetzungspläne und Fehlersuchprogramme anwenden,
- Fehler und Störungen in vernetzten Systemen eingrenzen und bestimmen.

Am Beispiel einer Bremslichtschaltung soll dies exemplarisch dargestellt werden.

Die Bremslichtschaltung eines älteren Fahrzeugs, die nur aus den Komponenten Spannungsquelle, Sicherung, Schalter, Leuchten und Verbindungsleitungen bestand, ist bei den heutigen Fahrzeugen viel komplexer. So wird die Information vom Bremslichtschalter (Bremse betätigt) an mehrere Steuergeräte geleitet, die z. B. mit den Informationen aus dem Bremsdruck darüber entscheiden, ob eine Notbremsung vorliegt und die Bremsleuchten in den Blinkmodus gehen. Die eigentliche Ansteuerung der Bremslichter übernimmt ein Steuergerät, das auch die Überwachung der Funktion der Bremsleuchten wahrnimmt und bei einem Ausfall eine andere Leuchte als Bremslicht schaltet.

15.10 Lage von Komponenten im Kraftfahrzeug

Der Schaltplan lässt keine Schlussfolgerung auf die wirkliche Lage der Bauteile im Fahrzeug zu.

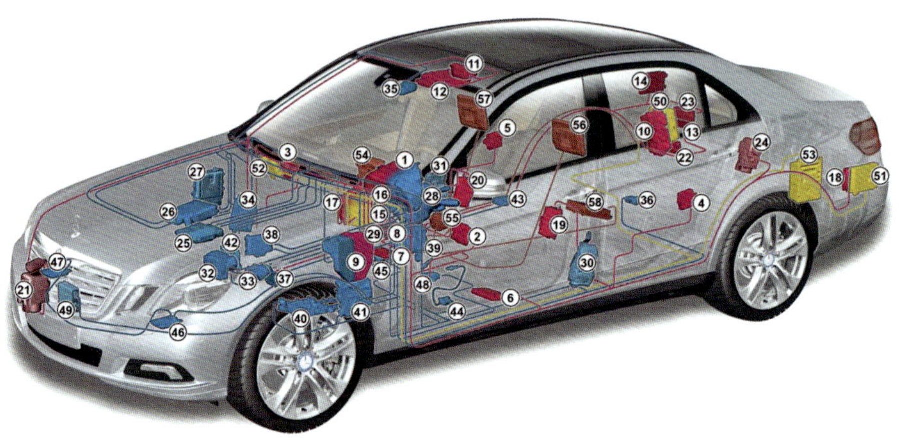

Bild 15.10 *Lage der Steuergeräte bei einem Mercedes E212*
[Bild: Mercedes]

Um die Position aller Bauteile, Steckverbindungen, Massepunkte usw., die in modernen Fahrzeugen verbaut sind, darzustellen, verwendete man früher ein Koordinatensystem.

In dem Beispiel ist einmal exemplarisch die Position des linken Außenspiegels dargestellt (vgl. Bild 15.11). Die betroffenen Rasterfelder, in denen sich der Außenspiegel befindet, sind grau hinterlegt.

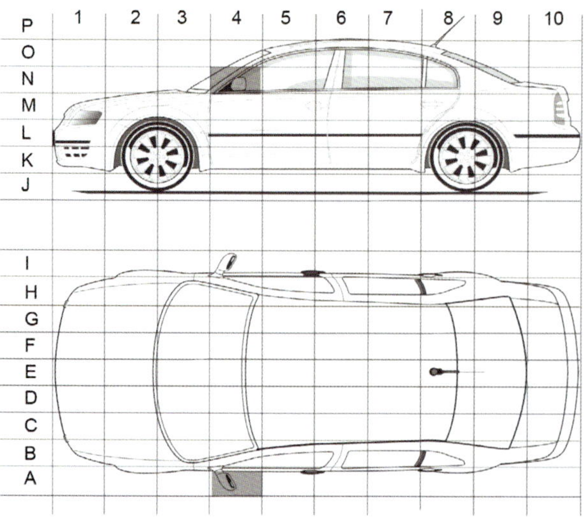

Bild 15.11
Koordinatensystem der Bauteile
[Bild: Riehl]

Entsprechend der Reihenfolge im Alphabet wird zunächst die seitliche Lage in der Draufsicht (A...F), die Position auf der Längsachse (1...7) und zuletzt die Höhe in der Seitenansicht (G...K) angegeben. Somit ergibt sich die Position des linken Außenspiegels mit A3J.

Einfacher ist die Suche in digitalen Reparaturanleitungen und Schaltplänen wie sie heute herstellerunabhängigen Anbietern verwendet werden.

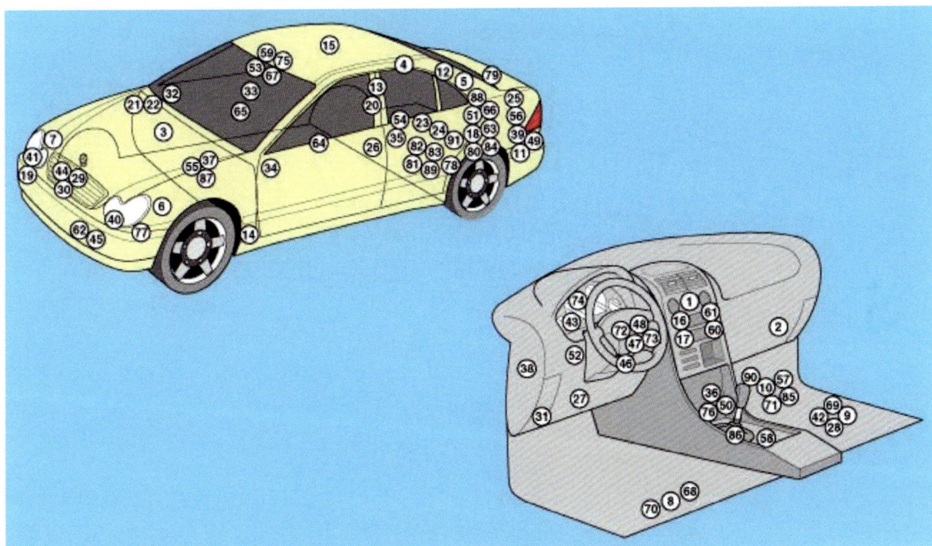

59	Multifunktionsschalter-Steuergerät (Dachkonsole)
58	Multifunktionsschalter-Steuergerät (Mittelkonsole)
55	Multifunktionssteuergerät 1 - am Sicherungskasten/Relaisplatte Motorraum befestigt - Funktionen: Innenleuchten, Leuchten vorn, Signalhörner, Windschutzscheibenwischer, Klimaanlagendrucksensorik, Scheinwerfer-Reinigungsanlage, Kühlmittelstand, Bremsflüssigkeitsstand, Außentemperatur
56	Multifunktionssteuergerät 2 - am Sicherungskasten/Relaisplatte Gepäckraum befestigt - Funktionen: Zentralverriegelung, Kraftstoffstand, Diebstahlwarnanlage, Warnblinkleuchten, Heckscheibenheizung, Heckleuchten, Kofferraumdeckelentriegelung, Kraftstoffpumpen-Relais
57	Multifunktionssteuergerät 3 - Fußraum, unter Teppich - Funktionen: Scheinwerfer rechts, Kühlerlüfterpumpenmotor, Rückfahrscheinwerferschalter
61	Navigationssystem-Steuergerät
67	Regensensor - Windschutzscheibe oben, Mitte

Bild 15.12 *Bauteil-Anordnung im Fahrzeug*
[Bild: AUTODATA]

Im dazugehörigen **Bauteile-Verzeichnis** wird das gewünschte Bauteil ermittelt. Damit ist das Bauteil im Lageplan und im Schaltplan eindeutig zugeordnet.

➔ Voraussetzungen für eine gezielte Fehlersuche am Fahrzeug sind die sichere Arbeit mit Werkstattunterlagen und Kenntnisse in der Messtechnik. Stromlaufpläne zählen ebenfalls zu den Werkstattunterlagen. Genormte Klemmenbezeichnungen sollen vermeiden, dass es beim Anklemmen oder bei der Überprüfung von Leitungen zu Verwechslungen kommt.

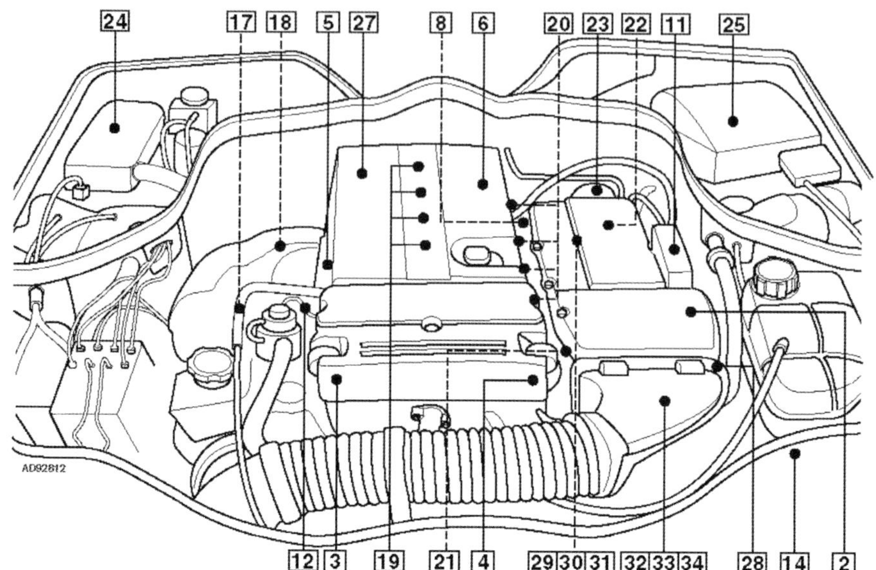

Bild 15.13 *Bauteil-Anordnung im Motorraum*
[Bild: AUTODATA]

16

Messwerterfassung mit dem Multimeter

Der Einsatz moderner Werkstatttestgeräte kann die Fehlersuche in den modernen Fahrzeugen stark vereinfachen. Trotzdem lassen sich nicht alle Fehler über die Eigendiagnose ermitteln, sodass eine manuelle Fehlersuche unerlässlich ist. Bei der Überprüfung der Spannungsfreiheit im Rahmen der Freischaltung eines HV-Fahrzeuges dient die Spannungsmessung der Kontrolle der durchgeführten Freischaltung.

16.1 Multimeterarten

Bei einem Digital-Multimeter (Bild 16.1) wird der Messwert sofort als Zahlenwert dargestellt. (Digital bedeutet: ziffernmäßig, stufenweise, sprungweise.) Die Anzeige erfolgt stets in Stufen, da die letzte Zahl immer nur um eine Ziffer springen kann.

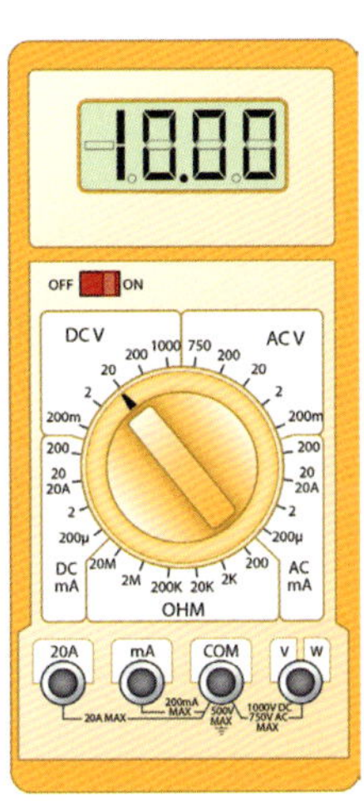

Bild 16.1
Digital-Multimeter

Bei einem Analog-Multimeter (Bild 16.2) wird der Messwert durch den Ausschlag des Zeigers dargestellt. (Analog bedeutet: gleichartig, stetig, stufenlos.) Die Anzeige erfolgt dabei stufenlos, d. h. ohne Unterbrechung.

Bei Messungen im Zusammenhang mit der Lambda-Regelung moderner Kraftfahrzeuge sind analoge Messgeräte günstiger, da man Spannungsschwankungen besser erkennen kann. Aufgrund der leichteren Ablesbarkeit werden für die meisten Messungen am Kraftfahrzeug digitale Multimeter verwendet. In letzter Zeit haben sich kombinierte Digital-Analog-Geräte durchgesetzt, die neben dem digitalen Zahlenwert auch die Tendenz bzw. die Änderungsrichtung in Balkenform anzeigen. Man spricht dann von einer «Quasi-Analoganzeige».

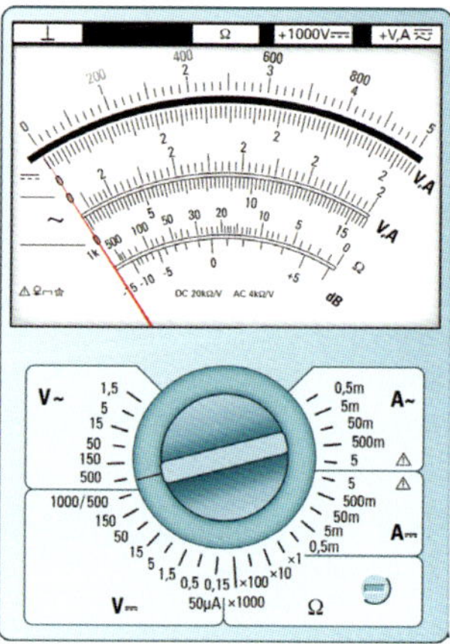

Bild 16.2
Analog-Multimeter

16.2 Bezeichnungen am Analog-Multimeter

Skala	X		Faktor
1,5 V	15	x	0,1
5 V	5	x	1
15 V	15	x	1
50 V	5	x	10
150 V	15	x	10
500 V	5	x	100

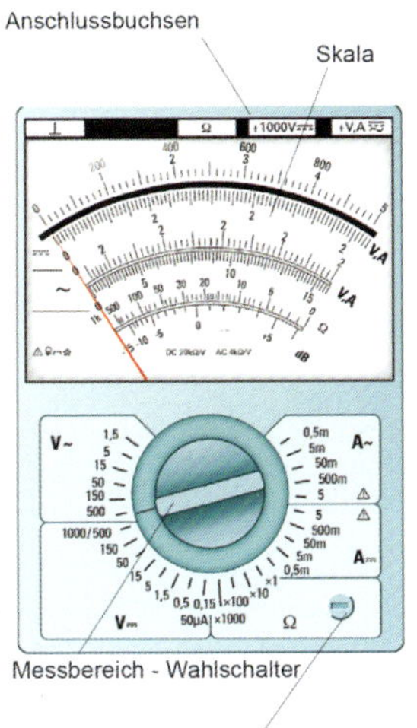

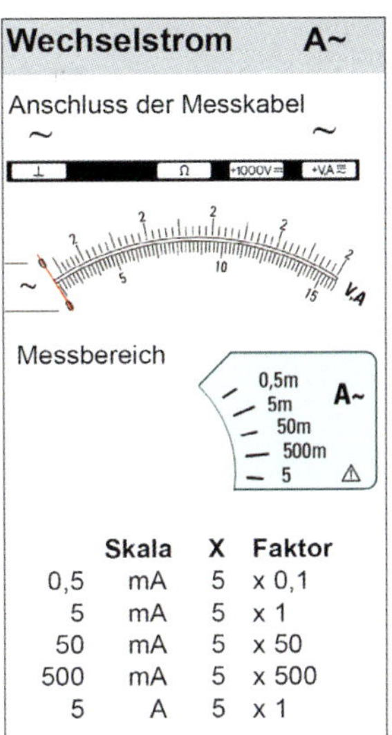

	Skala	X	Faktor
0,5	mA	5	x 0,1
5	mA	5	x 1
50	mA	5	x 50
500	mA	5	x 500
5	A	5	x 1

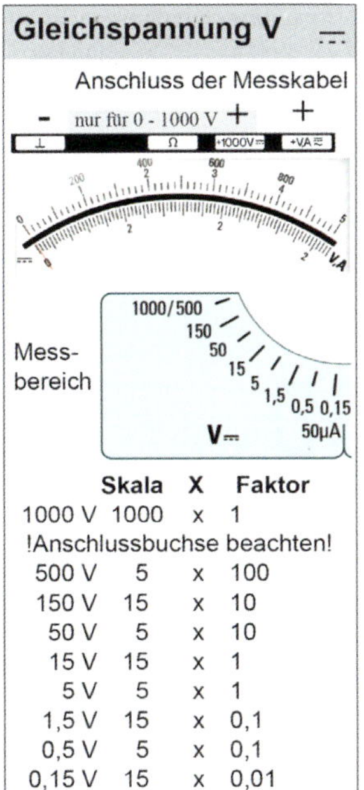

Skala	X		Faktor
1000 V	1000	x	1
!Anschlussbuchse beachten!			
500 V	5	x	100
150 V	15	x	10
50 V	5	x	10
15 V	15	x	1
5 V	5	x	1
1,5 V	15	x	0,1
0,5 V	5	x	0,1
0,15 V	15	x	0,01

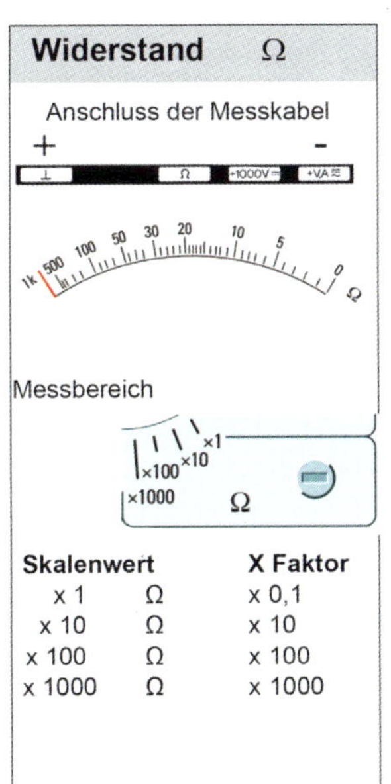

Skalenwert		X Faktor
x 1	Ω	x 0,1
x 10	Ω	x 10
x 100	Ω	x 100
x 1000	Ω	x 1000

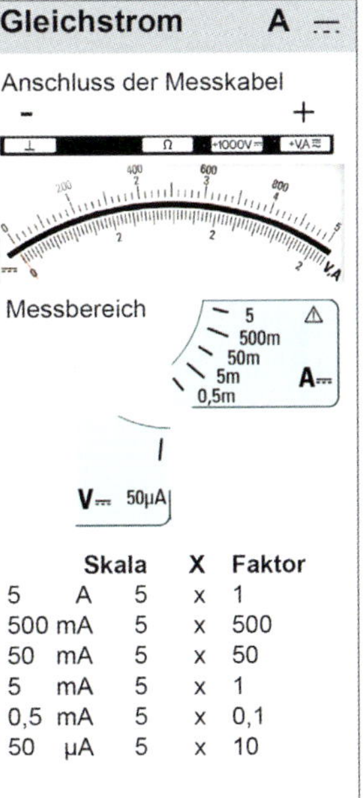

Skala			X	Faktor
5	A	5	x	1
500	mA	5	x	500
50	mA	5	x	50
5	mA	5	x	1
0,5	mA	5	x	0,1
50	μA	5	x	10

Bild 16.3 *Bezeichnungen am Analog-Multimeter*
[Bild: Riehl]

16.3 Bezeichnungen am Digital-Multimeter

Bild 16.4
Bezeichnungen am Digital-Multimeter
[Bild: Riehl]

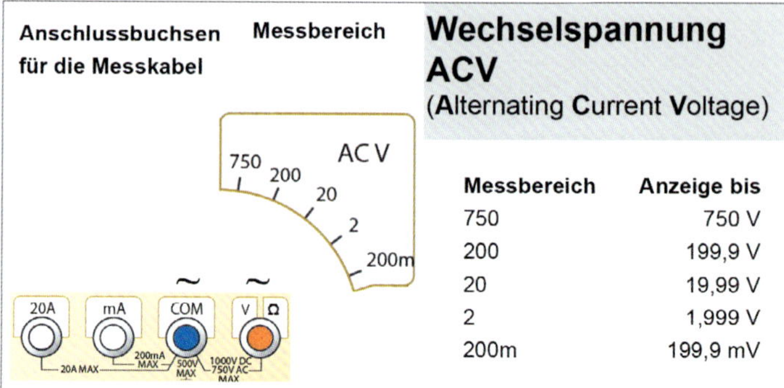

Messbereich	Anzeige bis
750	750 V
200	199,9 V
20	19,99 V
2	1,999 V
200m	199,9 mV

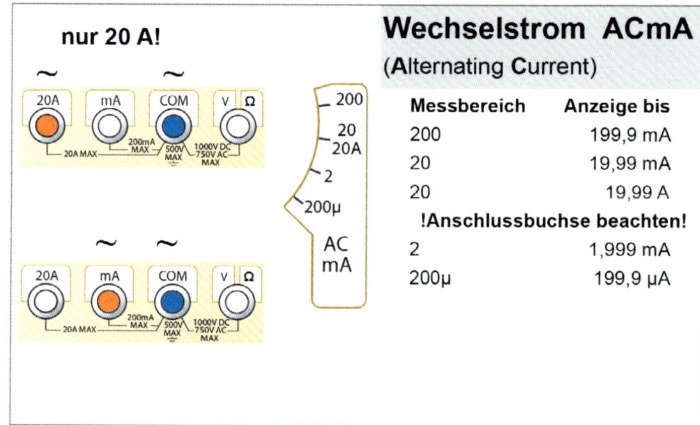

Messbereich	Anzeige bis
200	199,9 mA
20	19,99 mA
20	19,99 A
!Anschlussbuchse beachten!	
2	1,999 mA
200µ	199,9 µA

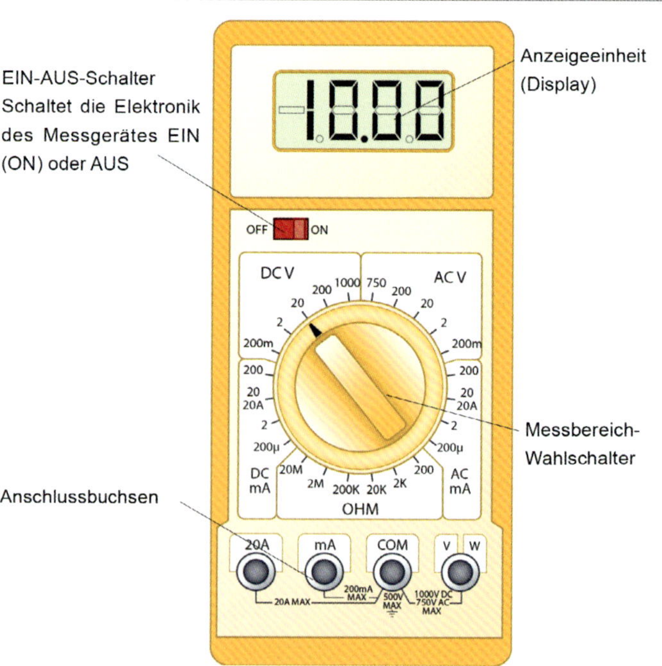

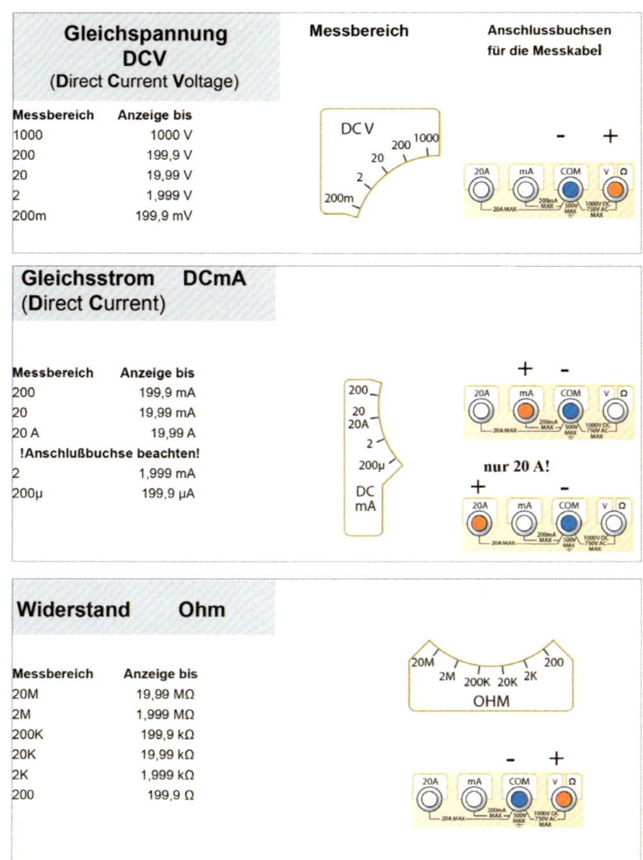

Bild 16.5
Bezeichnungen am Digital-Multimeter
[Bild: Riehl]

Allgemeine Regeln für den Umgang mit dem Multimeter

1. Für jede Messung das geeignete Messgerät verwenden. An den auf der Skala angebrachten Bezeichnungen und Sinnbildern erkennt man, für welche Messungen das Gerät vorgesehen ist. So kann man z. B. mit dem Digital-Multimeter keine Anlasserströme messen.
2. Vermeiden Sie harte Stöße und Erschütterungen.
3. Vor dem Anschluss des Messgeräts den Messbereichsschalter auf die gewünschte Messart (Spannung, Strom oder Widerstand) einstellen.
4. Werden unbekannte Werte ermittelt, immer zuerst den höchsten Messbereich einstellen, messen und dann auf einen niederen Messbereich zurückschalten.
5. Messen Sie immer im kleinstmöglichen Messbereich, in dem das Messergebnis noch ablesbar ist.
6. Die Prüfkabel immer zuerst an das Messgerät, dann erst an das Messobjekt anschließen.
7. Beachten Sie beim Messen von Gleichspannungen und Gleichströmen immer die richtige Polung. Der Minuspol kommt immer an die Buchse COM.
8. Beachten Sie bei Analog-Messgeräten die richtige Gebrauchslage.

9. Bei Widerstandsmessungen darf das Bauteil nicht unter Spannung stehen und muss elektrisch aus der Schaltung gelöst sein. Deshalb das Bauteil vorher abklemmen.
10. Vor dem Ablegen des Messgeräts den Messbereichsschalter in den höchsten Wechselspannungsbereich schalten.

➔ Führen Sie nie Messungen an der Netzspannung, z. B. Steckdose, Lichtschalter oder elektrische Maschinen im Haus bzw. in der Werkstatt, durch. Versuchen Sie keine Messungen im Hochspannungskreis der Zündanlagen. Diese Messungen können für Sie lebensgefährlich sein!

16.4 Toleranzangaben bei Multimetern

16.4.1 Analoge Multimeter

Bei analogen Multimetern wird der Messfehler prozentual angegeben. Dieser Wert (z. B. ±1,5 %) bezieht sich auf den Endausschlag des jeweiligen Messbereichs.

Beispiel: Angenommen, das Messgerät steht im Messbereich 15 V, so beträgt der Messfehler ±1,5 % von 15 V = ±0,225 V – unabhängig von der tatsächlich gemessenen Spannung. Im 15-V-Bereich beträgt bei einer gemessenen Spannung von 12 V der relative Fehler 1 %. Wird im gleichen Messgereich (15-V) eine Spannung von 1 V gemessen, dann beträgt der relative Fehler 22,5 %.

- Bei Analog-Multimetern sollte der Messbereich so gewählt werden, dass sich die Anzeige im letzten Drittel der Skala befindet.

16.4.2 Digitale Multimeter

Bei digitalen Multimetern gibt es zwei Toleranzangaben. Ein typisches Beispiel ist die Angabe «0,25 % ±1 Digit». Hier ist die prozentuale Angabe (±0,25 %) nicht auf den Endbereich, sondern auf den tatsächlich angezeigten Messwert bezogen. Zum prozentualen Fehler kommt noch der so genannte «Digitfehler» hinzu. Er bezeichnet die zusätzliche Abweichung in Digits, die die letzte Stelle des angezeigten Wertes nach oben oder unten einnehmen darf.

Beispiel: Bei einem eingeschalteten Bereich von 20 V und einer Anzeige von 12 V darf die zulässige Abweichung in unserem Beispiel ±30 mV (0,25 % von 12 V) betragen. Bei einem $3^1/_2$-stelligen Multimeter bedeutet dies eine Anzeige zwischen 11,97 V und 12,03 V. Rechnet man den Digitfehler – in unserem Beispiel ±1 Digit – dazu, ergibt sich eine mögliche Anzeige zwischen 11,96 V und 12,04 V. Der prozentuale Gesamtfehler beträgt dann für diesen Messwert ±0,33 %.

Misst man im selben Bereich eine Spannung von 1 V, kann der prozentuale Fehler von 0,25 % vernachlässigt werden, da er nur ±2,5 mV beträgt und in der Anzeige nicht mehr erscheint. Dagegen wiegt hier der Digitfehler schwerer, da dadurch eine Anzeige zwischen 1,01 V und 0,99 V möglich ist. Dies entspricht einer Abweichung von 1 %.

➔ Auch bei Digital-Multimetern sollte der Anzeigebereich so gewählt werden, dass die Anzeige möglichst im letzten Teil des Messbereichs erfolgt.

16.4.3 Umrechnungstabellen

Zeiteinheiten

Tabelle 16.1

Bezeichnung	Kurzzeichen	Umrechnung
Sekunde	s	60 s = 1 min
Minute	min	1 min = 60 s
Stunde	h	1 h = 60 min
Tag	d	1 d = 24 h
Woche	Woche	1 Woche = 7 d
Monat	m	1 m = 28 bis 31 d
Jahr	a	1 a = 365 oder 366 d

Vielfache von Einheiten

Tabelle 16.2

Terra			Giga			Mega			Kilo			Grundein-heit			milli			mikro			nano		
TV			**GV**			**MV**			**KV**			**z.B. V**			**mV**			**µV**			**nV**		
														1									
														1	0	0	0						
														1	0	0	0	0	0	0			
														1	0	0	0	0	0	0	0	0	0
											0,	0	0	1									
								0,	0	0	0	0	0	1									
					0,	0	0	0	0	0	0	0	0	1									
		0,	0	0	0	0	0	0	0	0	0	0	0	1									

- Der Umrechnungsfaktor von Stufe zu Stufe beträgt 1000.
- Diese Umrechnung lässt sich für jede Maßeinheit verwenden.

16.5 Fehlersuche mit Hilfe der Spannungsmessung

Am Beispiel einer defekten Beleuchtung wird klar, dass es im Allgemeinen mehrere Möglichkeiten gibt einen Fehler zu finden. Diese Fehlersuche muss systematisch erfolgen, wenn sie zeitsparend und erfolgreich sein soll.

Bild 16.6
Messung der Batteriespannung an der Batterie. Der abgelesene Messwert U beträgt 12,6 V.
[Bild: Autofachmann Digital]

Sicherung und Glühlampe wurden überprüft und sind in Ordnung. Im nächsten Schritt soll die Fehlersuche mit Hilfe einer Spannungsmessung durchgeführt werden.

Beachten Sie dabei:

- Um Spannungen zu messen, wird das Multimeter als Spannungsmesser verwendet und parallel zum Messort (hier: Batterie) angeschlossen;
- Vor dem Anschließen ist zuerst ein geeigneter Messbereich zu wählen! Da eine Fahrzeugbatterie ca. 12 V Gleichspannung abgibt, stellen Sie den Messbereichsschalter auf DC/V bzw. V;
- Messkabel zuerst am Messgerät anschließen;
- Schwarzes Kabel → Buchse COM;
- Rotes Kabel → Buchse V;
- Messgerät einschalten;
- Messkabel am Messort (Batterie) anschließen. Achten Sie auf polrichtigen Anschluss;
- Schwarzes Kabel (COM) → Minuspol an der Batterie;
- Rotes Kabel (V) → Pluspol der Batterie;
- Messwert auf dem Display ablesen.

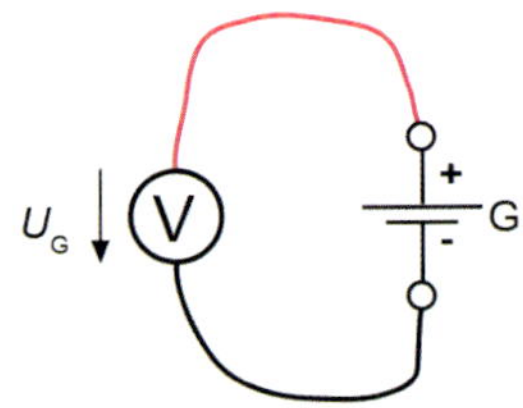

Bild 16.8
Schaltplan der Spannungsmessung an der Batterie
[Bild: Riehl]

Hinweis: Der Spannungspfeil *U* neben dem Symbol des Spannungsmessers im Schaltplan zeigt immer von dem Anschlusspunkt des Spannungsmessers, der näher am Pluspol liegt, zu dem Anschlusspunkt, der näher am Minuspol liegt.

Wenn es sich um ein bewegliches Messgerät – hier Spannungsmesser – handelt, das nicht fest mit dem Fahrzeug verbunden ist, dürfen die Verbindungsleitungen als Freihandlinien gezogen werden.

Prinzip einer einfachen Diagnose bei Unterbrechungen

Die erste Spannungsmessung erfolgt direkt am Verbraucher. Dazu muss der Verbraucher – hier die Lampe – eingeschaltet sein. Liegt dort die Bordnetzspannung U_B an, ist der Verbraucher defekt.

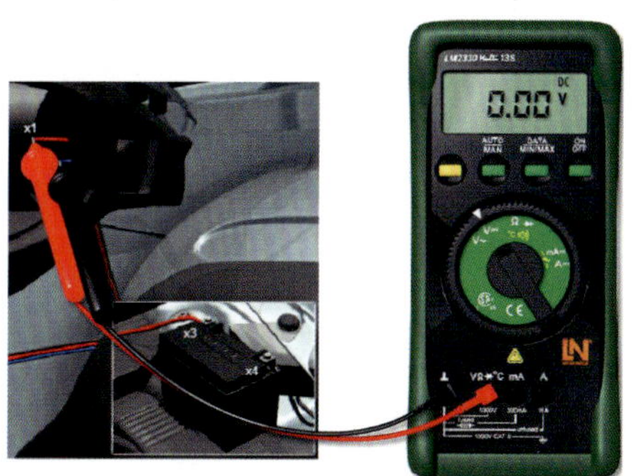

Bild 16.9
Spannungsmessung zwischen dem Plus- und Minus-Anschluss der Glühlampe. Abgelesener Messwert U = 0,00 V.
[Bild: Autofachmann Digital]

Wenn die gemessene Spannung den Wert ca. 0 V hat, muss die Verbindung zwischen den Anschlusspunkten der Glühlampe und den Anschlusspunkten der Batterie unterbrochen sein.

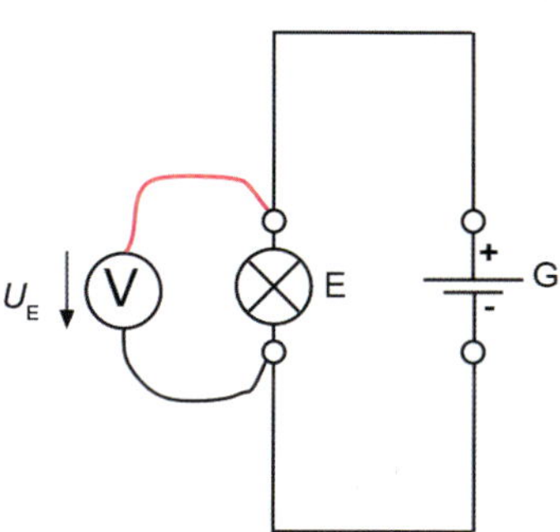

Bild 16.10
Schaltplan der Spannungsmessung an der Glühlampe.
[Bild: Riehl]

Bild 16.11
Auswertung der Messung: Im Bereich der dünn gezeichneten Leitungen muss eine Unterbrechung sein.
[Bild: Riehl]

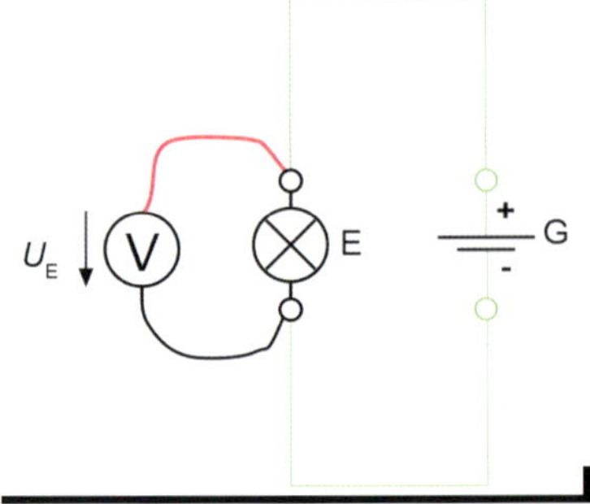

Im nächsten Schritt muss jetzt festgestellt werden, ob die Plus- oder die Minusleitung unterbrochen ist.

Dazu wird

a) die Spannung zwischen dem Plusanschluss der Lampe und dem Minusanschluss der Batterie oder
b) die Spannung zwischen dem Minusanschluss der Lampe und dem Plusanschluss der Batterie gemessen.

Bild 16.12
Spannungsmessung zwischen dem Plus-Anschluss der Glühlampe und dem Batterie-Minus. Abgelesener Messwert: *$U = 12{,}6$ V.*
[Bild: Autofachmann Digital]

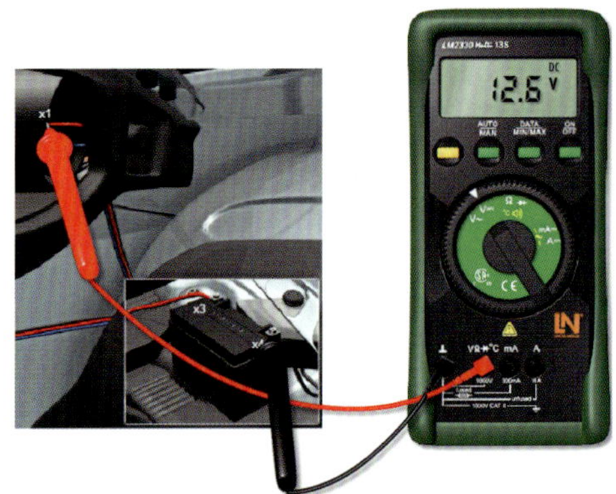

Bild 16.13
Schaltplan der Spannungsmessung zwischen dem Plus-Anschluss der Glühlampe und dem Batterie-Minus.
[Bild: Riehl]

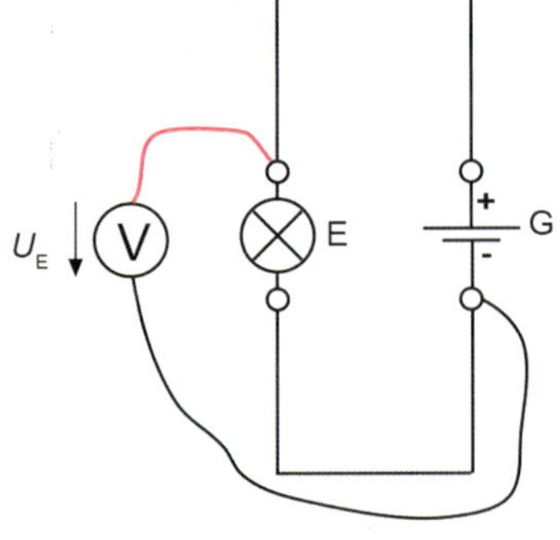

Da die gemessene Spannung den gleichen Wert wie die Batteriespannung hat, ist die Verbindung zwischen dem Batterie- Plus und dem Plus-Anschluss der Glühlampe in Ordnung.

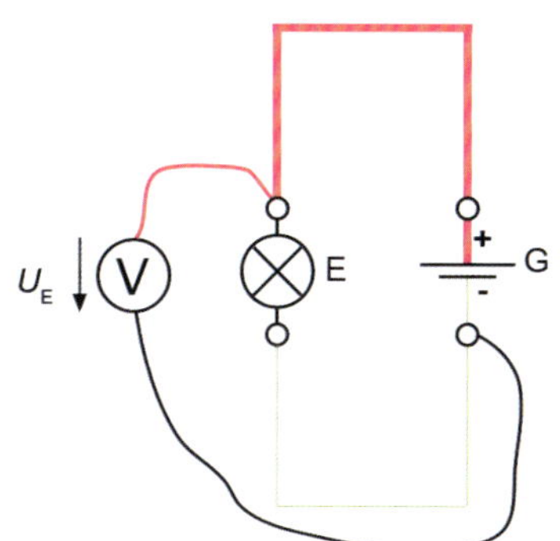

Bild 16.14
Keine Unterbrechung im Bereich der dick gezeichneten Leitungen.
[Bild: Riehl]

Die Unterbrechung muss auf der Minusseite, also der Verbindung zwischen dem Batterie-Minus (Karosserie) und dem Minus-Anschluss der Glühlampe, liegen.

Kurzschluss oder Unterbrechung?

Da sich die Vorgehensweise bei einem Kurzschluss von der bei einer Unterbrechung, bzw. einem zu großen Übergangswiderstand unterscheidet, muss zunächst herausgefunden werden, welcher Fehler vorliegt. Wenn die Sicherung nicht durchgebrannt ist, liegt eine Unterbrechung vor. Ist die Sicherung durchgebrannt, liegt ein Kurzschluss vor. Im nachfolgenden Beispiel ist die Sicherung F1 in Ordnung, somit kann nur eine Unterbrechung vorliegen.

Fehlersymptom:
Lampe H1 leuchtet nicht.

Voraussetzung:
Batteriespannung in Ordnung
Sicherung F in Ordnung
Glühlampe H in Ordnung
Schalter S betätigt

Einstellungen am Multimeter:
Gleichspannung DC/V
Spannungsbereich 20 V

1. Messung
Spannung zwischen Karosseriemasse und Eingang Schalter S

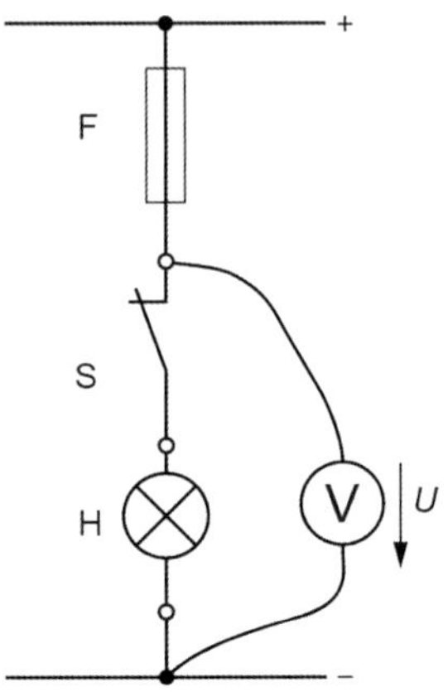

Bild 16.15
Spannung zwischen Karosseriemasse und Eingang Schalter S
[Bild: Autofachmann]

Anzeige: U > 12,19 V
Schaltung bis zu diesem Messpunkt in Ordnung
Anzeige: U = 0 V
Leitungsunterbrechung zwischen Sicherung und Eingang Schalter

2. Messung

Spannung zwischen Karosseriemasse und dem Eingang Glühlampe H

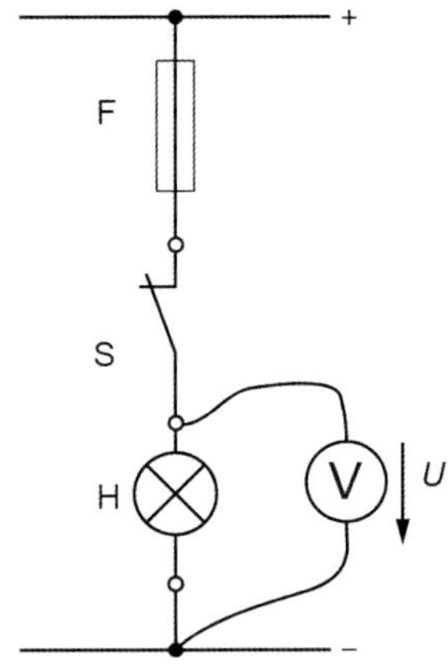

Bild 16.16
Spannung zwischen Karosseriemasse und dem Eingang Glühlampe H1
[Bild: Autofachmann]

Anzeige: U > 12,19 V
Schaltung bis zu diesem Messpunkt in Ordnung
Anzeige: U = 0 V
Leitungsunterbrechung zwischen Eingang Schalter und Eingang Glühlampe, z. B. defekter Schalter oder defekte Leitungsverbindung zwischen Schalterausgang und Glühlampeneingang

3. Messung

Spannung zwischen Karosseriemasse und Massenanschluss der Glühlampe

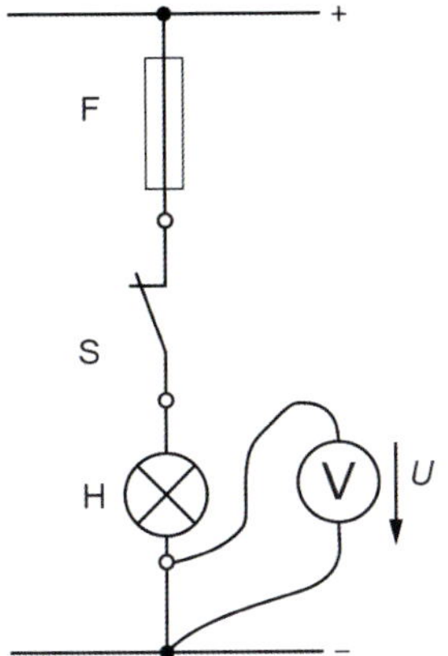

Bild 16.17
Spannung zwischen Karosseriemasse und Massenanschluss der Glühlampe
[Bild: Autofachmann]

Anzeige: $U = 0$ V
Keine Leitungsunterbrechung zwischen Karosseriemasse und Masseanschluss der Glühlampe
Anzeige: $U > 12{,}19$ V
Leitungsunterbrechung zwischen Karosseriemasse und Masseanschluss der Glühlampe

Probleme bei der Spannungsmessung

Bei falscher Polung, z. B. Minuspol der Batterie an Plusanschluss des Messgerätes und Pluspol der Batterie an Minusanschluss des Messgerätes, erscheint bei dem Digitalmultimeter ein Minuszeichen vor dem Messwert. Der Messwert selbst bleibt gleich.

Bild 16.18
Messwert bei falscher Polung. Es erscheint ein Minuszeichen vor dem Zahlenwert
[Bild: Riehl]

Bei falscher Polung erscheint bei dem Digitalmultimeter ein Minuszeichen vor dem Messwert. Der Messwert selbst bleibt gleich.

Man sollte immer im kleinsten Messbereich messen, bei dem der Messwert noch angezeigt wird. Je größer der eingestellte Messbereich, z. B. DC/V 200 bei der Messung der Batteriespannung, desto ungenauer wird das Ergebnis der Stellen nach dem Komma.

Bild 16.19
Messwert bei zu großem Messbereich. Es erfolgt nur noch die Anzeige einer Stelle nach dem Komma.
[Bild: Riehl]

Wenn der Messbereich zu klein gewählt wird, z. B. DC/V 2 bei der Messung der Batteriespannung, dann kann der Messwert nicht mehr angezeigt werden. Bei einigen Messgeräten wird dies durch eine «I.» (Bild 16.20). ohne nachfolgende Stellen, bei anderen Messgeräten durch ein OL (***O****ver****L****oad*) in der Anzeige dargestellt.

Bild 16.20
Messwert bei zu kleinem Messbereich.
[Bild: Riehl]

Die Anzeige einer I. ohne nachfolgende Stellen besagt bei einem Digitalmultimeter, dass der eingestellte Messbereich zu klein ist.

16.6 Fehlersuche mit Hilfe der Strommessung

Eine entladene Batterie, und somit Probleme mit dem Starten, sind oft Anzeichen für einen «heimlichen» Verbraucher im Bordnetz. Damit die Batterie nicht dauerhaft belastet wird, werden einige Steuergeräte nach gewisser Zeit von der Spannungsversorgung getrennt. Man spricht dabei von einem *Sleep Mode* oder Ruhezustand der Steuergeräte. Z. B. werden das Radio oder die Innenbeleuchtung nach gewisser Zeit automatisch abgeschaltet. Ausnahmen sind die Steuergeräte, die für die gesetzlich vorgeschriebenen Funktionen zuständig sind, wie z. B. die Außenbeleuchtung. Um die Batterie zu schonen, müsste im Idealfall die Batterie nach dem Abstellen und Verriegeln des Fahrzeugs vom Bordnetz getrennt werden. Das ist aber nicht möglich, weil z. B. die Diebstahlwarnanlage im Betrieb sein muss oder das Steuergerät für die Fahrzeugentriegelung immer mit Strom versorgt werden muss. Daraus folgt, dass der Batterie im Stand immer elektrische Energie entnommen wird und ein kleiner Strom, der so genannte Ruhestrom. fließt.

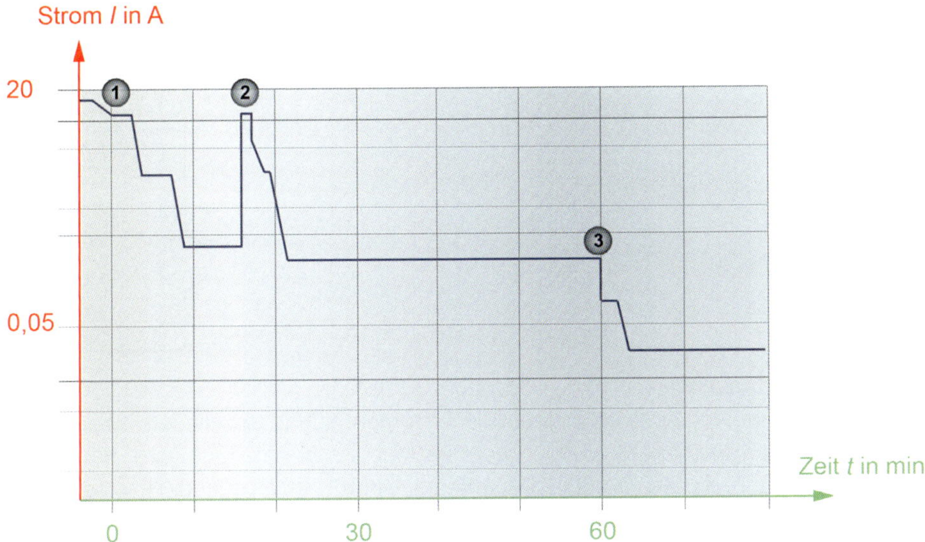

1 Zündung «AUS»
2 Abschaltung der meisten Verbraucher
3 Abschaltung Telefon
Bild 16.21 *Einschlafvorgang ohne Ruhestromverletzung*
[Bild: Riehl]

Häufige Ursachen für eine entladene Batterie sind nicht abschaltende Steuergeräte, z. B. ein nicht abschaltender Lüfternachlauf und defekte Schalter, durch die Verbraucher weiter betrieben werden (Handschuhfachbeleuchtung, Kofferraumbeleuchtung). Wie lassen sich solche «heimlichen Verbraucher» aufspüren?

Grundlagen der Strommessung

Beachten Sie dabei:

- Um die Stromstärke zu messen, wird das Multimeter als Strommesser (Amperemeter) verwendet und in den Stromkreis – in Reihe – geschaltet. Der Stromkreis muss dazu aufgetrennt werden.
- Vor dem Anschließen ist ein geeigneter Messbereich zu wählen. Im Zweifelsfall ist stets der größtmögliche Messbereich der zumessenden Stromart (Gleich- oder Wechselstrom) einzuschalten.

ACHTUNG!

Manche Messgeräte sind im Strommessbereich nicht abgesichert. Eine Überlastung zerstört das Gerät. Überlegen Sie daher vorher, ob die zu erwartende Stromstärke den größten Messbereich übersteigt.

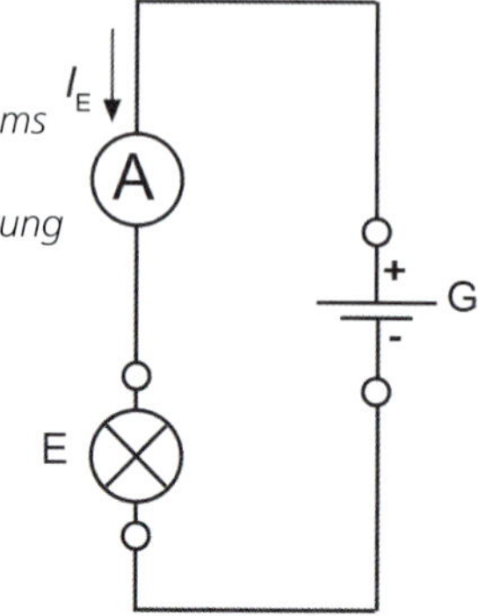

Bild 16.22
Schaltplan:
Prinzipieller Anschluss eines Strommessers, z. B. Messung des Stroms durch die Lampe.
Der Strompfeil I zeigt von + nach – und ist neben die Leitungsführung gezeichnet.
[Bild: Riehl]

Heimlicher Verbraucher

Im Kfz-Bereich handelt es sich bei einer Kriechstromentladung um eine elektrische Last, durch die bei ausgeschalteter Zündung der Batterie Strom entzogen wird. Bestimmte Ausrüstungen, z. B. die Steuergeräte der verbauten Einrichtungen oder der Radiospeicher, nehmen auch in ausgeschaltetem Zustand kontinuierlich Strom auf. Typischerweise liegt der Wert heute im Bereich von 7 bis 15 mA, auch wenn er sich bei manchen Fahrzeugen dem Maximalwert nähert. Unter normalen Umständen geben diese Entladungen keinen Anlass zur Beanstandung, da die Batterie bei jedem Fahrzyklus wieder aufgeladen wird. Bei längerer Nichtbenutzung kann aber auch hierdurch eine Batterie so weit entladen werden, dass ein Motorstart nicht mehr möglich ist, z. B. bei Neufahrzeugen auf Halde oder bei Gebrauchtwagen, die lange im Verkaufsbereich stehen. Überstarke Kriechstromentladungen können sich einstellen, wenn die Leuchte im Kofferraum oder im Handschuhfach unerkannt weiterbrennt. Oder ein elektronisches Bauteil ist schadhaft und es fließt mehr als der zulässige Strom. In diesem Fall spricht man von einem «heimlichen Verbraucher». Je nach Stärke des Stroms kann auch eine intakte Batterie über Nacht leer sein. Eine genaue Fehlereingrenzung ist also unumgänglich. Die Empfehlungen der Hersteller für die höchstens zulässige Kriechstromentladung liegen bei circa 30 mA.

Prinzip der Fehlersuche

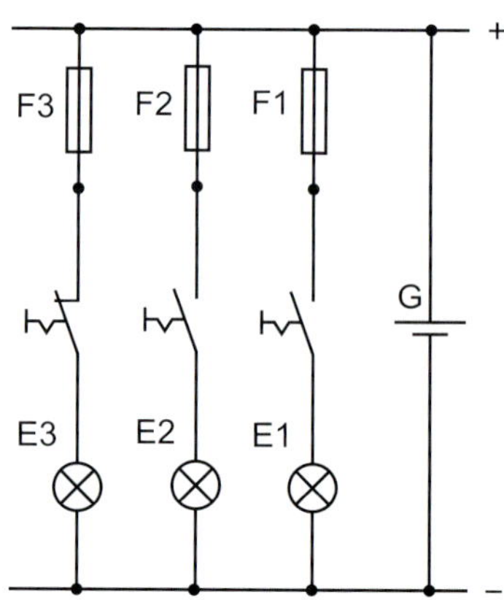

Bild 16.23
Schaltplan:
Im Stromkreis F3-E3 ist ein «heimlicher Verbraucher», da der Schalter dauerhaft geschlossen ist. Die Batterie entlädt sich über Nacht.
[Bild: Autofachmann]

Die einzelnen Teilstromkreise in einem Fahrzeug, in den Bilder 16.25 und 16.26 dargestellt durch die drei Verbraucher E1, E2 und E3, sind durch entsprechende Sicherungen, hier F1, F2 und F3, abgesichert. Ist nun ein Verbraucher, hier E3, dauerhaft als «heimlicher Verbraucher» zugeschaltet, wird der Strom bei stehendem Fahrzeug der Batterie *G* entnommen. Sie entlädt sich, das Fahrzeug springt nicht mehr an. Zur Einkreisung des Fehlers wird ein Strommesser zwischen den Minuspol der Batterie und den abgeklemmten Masseanschluss geschaltet. Nach und nach werden die einzelnen Sicherungen gezogen. Dabei beobachtet man den Strommesser und setzt anschließend die Sicherungen wieder ein. Sinkt bei einer gezogenen Sicherung der Stromfluss, so ist der Fehler in diesem Stromkreis zu suchen.

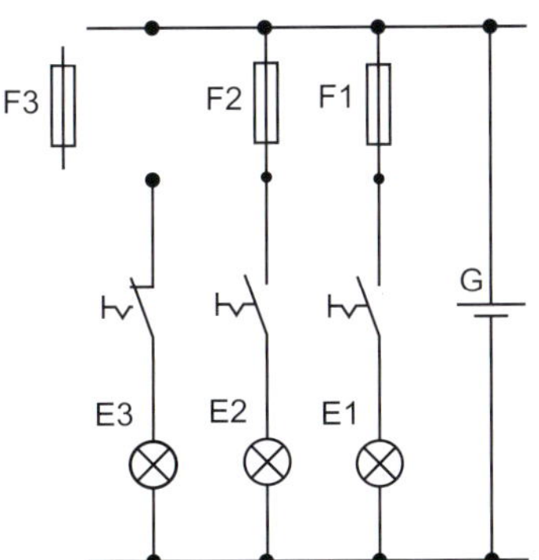

Bild 16.24
Durch Messung der Stromstärke am Minuspol der Batterie wird bei gezogener Sicherung F3 der schadhafte Stromkreis ermittelt.
[Bild: Autofachmann]

Durchführung der Strommessung

Wichtig: Die Messung wird am Minuspol der Batterie durchgeführt, da nur der Minuspol bei angeschlossenem Pluspol gefahrlos abgeklemmt werden kann. Stellen Sie, bevor Sie die Batterie abklemmen, sicher, dass Sie die entsprechenden Informationen haben, die für eine Inbetriebnahme des Fahrzeugs nach dem Abklemmen der Batterie wichtig sind, z. B. den Radiocode oder das Testgerät, um den Fehlerspeicher zurückzusetzen! Eventuell müssen einige Steuergeräte neu programmiert werden, z. B. die Fensterheber.

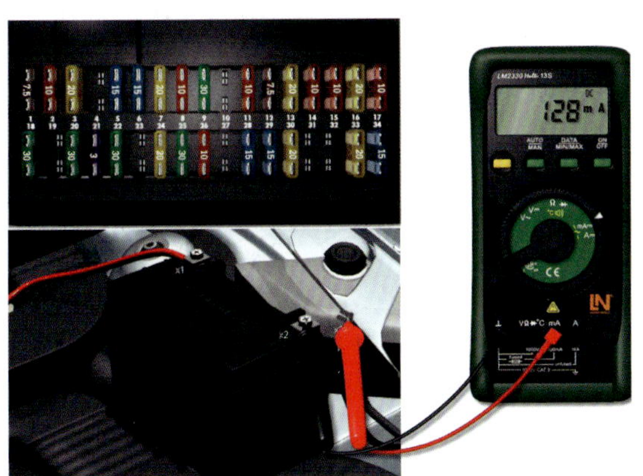

Bild 16.25
Messung des Entladestroms der Batterie zwischen Minuspol der Batterie und Anschlusskabel.
[Bild: Autofachmann Digital]

Messregeln

- Für jede Messung das geeignete Messgerät verwenden. An den auf der Skala angebrachten Bezeichnungen und Sinnbildern erkennt man, für welche Messungen das Gerät vorgesehen ist. So muss auf die maximale Stromstärke geachtet werden;
- Vermeiden Sie harte Stöße und Erschütterungen;
- Vor dem Anschluss des Messgeräts den Messbereichsschalter auf die gewünschte Messart (hier: Gleichstrom) einstellen;
- Werden unbekannte Werte ermittelt, immer zuerst den höchsten Messbereich einstellen, messen und dann auf einen niedrigeren Messbereich zurückschalten;
- Messen Sie immer im kleinstmöglichen Messbereich, in dem das Messergebnis noch ablesbar ist;
- Die Prüfkabel immer zuerst an das Messgerät, dann erst an das Messobjekt anschließen;
- Beim Anschließen muss die (technische) Stromrichtung beachtet werden;
- Rotes Kabel (A oder mA) → Pluspol bzw. Stromeingang in das Messgerät;
- Schwarzes Kabel (COM) → Minuspol bzw. Stromausgang;
- Messgerät einschalten;
- Messwert auf dem Display ablesen;
- Vor dem Ablegen des Messgeräts den Messbereichsschalter in den höchsten Wechselspannungsbereich schalten.

Warnhinweis für die Strommessung
Der EIN- und AUS-Schalter des Messgeräts unterbricht nicht den Stromkreis, sondern schaltet nur die Mess- und Anzeigeelektronik des Messgeräts ein und aus. Beim Anschließen des Messgeräts muss der zu messende Stromkreis vorher unterbrochen werden. Es genügt nicht, nur das Messgerät beim Anschließen auszuschalten!

Probleme bei der Strommessung

Der Verbraucher, dessen Stromstärke ermittelt werden sollte, funktioniert nach dem korrekten Anschließen des Messgeräts nicht mehr.

Die Sicherung im Multimeter ist defekt.

Um eine Zerstörung des Messgeräts durch zu hohen Stromfluss zu verhindern, ist der Strommessbereich häufig mit einer Sicherung abgesichert. Sollte im mA-Bereich die Glühlampe nicht leuchten, wechseln Sie in den höchsten Bereich. Dazu muss eventuell das Plus- Anschlusskabel in eine andere Buchse gesteckt und ein anderer Messbereich gewählt werden. Leuchtet nun die Lampe, ist die Sicherung für den kleineren Messbereich defekt. Zum Wechsel bitte die Bedienungsanleitung benutzen.

Sie erhalten bei einer Strommessung die Anzeige in Bild 16.26:

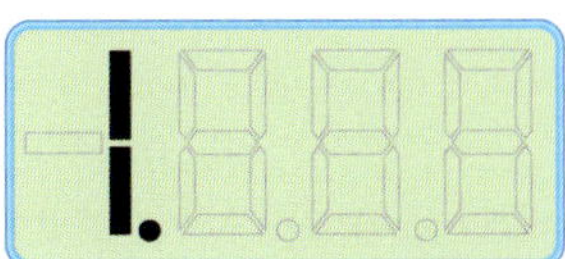

Bild 16.26
Messwert ist größer als der eingestellte Messbereich
[Bild: AS-Illu]

Der Messwert ist größer als der eingestellte Messbereich!
Schalten Sie so lange in den nächstgrößeren Messbereich, bis Sie eine Anzeige des Messwerts sehen. Sie erhalten bei der Messung die Anzeige in Bild 16.27:

Bild 16.27
Messwert bei zu kleinem Messbereich.
[Bild: AS-Illu]

Der Messwert ist bedeutend kleiner als der eingestellte Messbereich!
Schalten Sie so lange in den nächstkleineren Messbereich, bis Sie eine Anzeige des Messwerts sehen.

16.7 Fehlersuche mit Hilfe der Widerstandsmessung

Mit den elektrischen Grundgrößen elektrischer Spannung, Strom und Widerstand haben Kfz-Mechatroniker in ihrem beruflichen Alltag ständig zu tun. So müssen auch in Zeiten eigendiagnosefähiger Fahrzeuge manuell Messungen durchgeführt werden.

Prinzip der Widerstandsmessung
Es gibt mehrere Methoden, um einen Widerstandswert zu ermitteln. Man unterscheidet zwischen der indirekten und direkten Widerstandsmessung.

Die **indirekte Widerstandsmessung** ist eine Messung mit anschließender Berechnung. Bei der indirekten Widerstandsmessung muss die am Widerstand anliegende Spannung *U* und der durch den Widerstand fließenden Strom gleichzeitig gemessen werden.

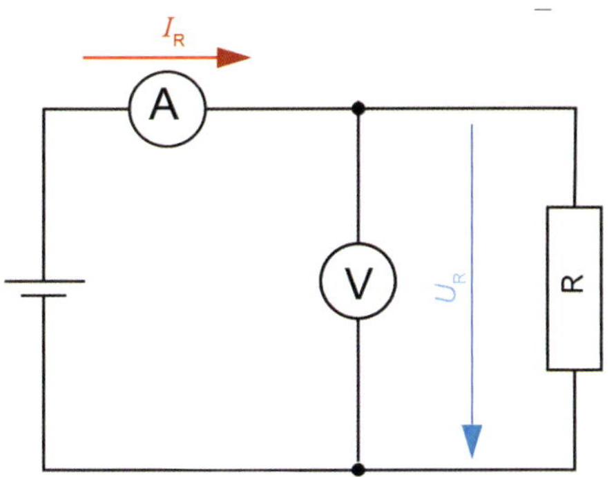

Bild 16.28
Indirekte Widerstandsmessung
[Bild: Riehl]

Aus beiden Messergebnissen kann mit Hilfe des Ohmschen Gesetzes der Widerstandswert berechnet werden.

Formel: $R = \frac{U}{I}$

Die **direkte Widerstandsmessung** ist die übliche Messmethode in einem Messgerät, bei der der Widerstandswert abgelesen werden kann oder angezeigt wird.

Die direkte Messung eines Widerstandswertes erfolgt ebenfalls über eine Strom- und Spannungsmessung mit anschließender Berechnung des Widerstandswertes.

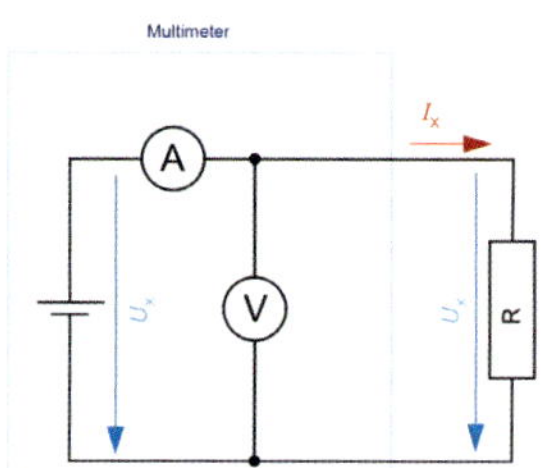

Bild 16.29
Direkte Widerstandsmessung
[Bild: Riehl]

Wenn der reale Widerstandwert R_x bestimmt werden soll, muss der Widerstand Teil eines geschlossenen Stromkreises werden, denn nur dann kann ein messbarer Strom I fließen. Da ohne Spannungsquelle in einem Stromkreis kein Stromfluss entstehen kann, besitzt jedes Ohmmeter eine interne Batterie als Spannungsquelle U, die den zu messenden Widerstand versorgt und einen Stromfluss I durch ihn verursacht

Der fließende Strom erzeugt am zu messenden Widerstand eine Spannung U_X. Sie ist die zweite notwendige Messgröße zur Berechnung des Widerstandswertes. Aus diesen Größen berechnet die Auswerteelektronik dann den Widerstandswert.

Beachten Sie dabei:

- Um Widerstände zu messen, wird das Multimeter als Widerstandsmesser verwendet;
- Multimeter in Schaltstellung «Ohmmeter» bringen;
- Stromkreis spannungsfrei schalten;
- Bauteil möglichst aus dem Stromkreis herauslösen;
- Schwarzes Kabel → Buchse COM;
- Rotes Kabel → Buchse V;
- Messgerät einschalten;
- Messkabel am Messort (zu prüfendes Bauteil) anschließen. Achten Sie evtl. auf polrichtigen Anschluss;
- Schwarzes Kabel (COM) → Minuspol eine Seite des Bauteils;
- Rotes Kabel (V) → Pluspol an die andere Seite des Bauteils;
- Messwert auf dem Display ablesen;
- Bei ungepolten Bauteilen (Lampen, Widerstande, Spulen, Leitungen) spielt die Polarität bei der Messung keine Rolle;
- Bei gepolten Bauteilen (Dioden, Transistoren usw.) muss auf die Polarität der Anschlusskabel geachtet werden;

- Vor Ablegen des Messgerätes den Messbereichsschalter in den höchsten Wechselspannungsbereich schalten;
- Widerstandsmessungen zügig durchführen, um eine unnötige Entladung der Batterie des Messgeräts zu vermeiden

Merke: Vor der Widerstandsmessung sollte das zu messende Bauteil elektrisch aus der Schaltung getrennt werden, d. h. die Anschlüsse des Bauteils müssen gelöst sein. Damit wird das Bauteil spannungsfrei.

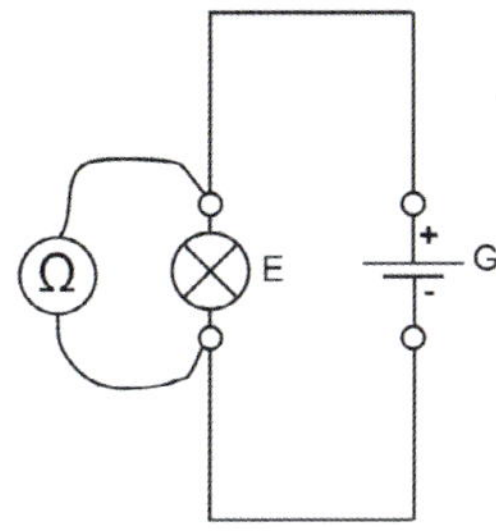

Bild 16.30
Falsche Messung des Widerstandes der Glühlampe
[Bild: Riehl]

➔ Eine Widerstandsmessung darf nie bei angeschlossenen weiteren Bauteilen durchgeführt werden, da in diesem Fall stets der Gesamtwiderstand der Schaltung gemessen wird und nicht der Widerstand des fraglichen Bauteils.

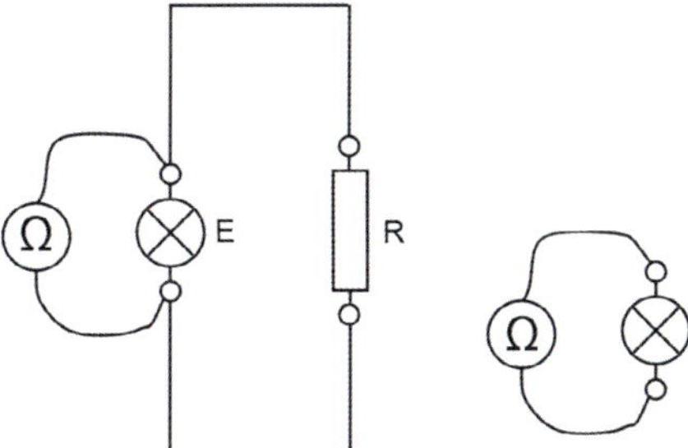

Bild 16.31
Falsche (links) und richtige (rechts) Messung des Widerstandes der Glühlampe
[Bild: Riehl]

➔ Prinzip einer einfachen Diagnose mit Hilfe der Widerstandsmessung bei Unterbrechungen

Fehlersymptom:
Lampe H leuchtet nicht.

Voraussetzungen:
- Batteriespannung in Ordnung,
- Sicherung F in Ordnung,
- Glühlampe H in Ordnung,
- Schalter S betätigt,
- die Sicherung F muss gezogen sein, damit kein Strom durch die zu messende Leitung fliesen kann!

Einstellung am Multimeter:
Ω (Widerstandsmessung) kleinster Messbereich

1. Messung

Widerstand zwischen Karosseriemasse und Eingang Schalter S

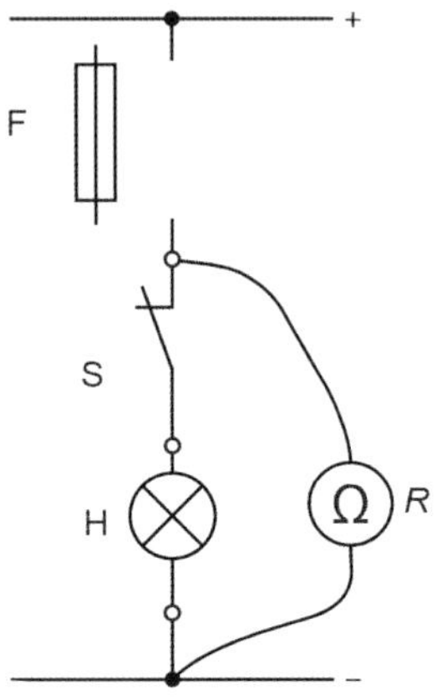

Bild 16.32
Widerstand zwischen Karosseriemasse und Eingang S
[Bild: Riehl]

Anzeige: $R < 2\ \Omega$
Der überprüfte Leitungsabschnitt ist in Ordnung; der Widerstandswert hängt von dem Widerstandswert der Glühlampe ab und kann auch höher sein. Die Leitungsunterbrechung muss außerhalb der beiden Messpunkte liegen, z. B. zwischen Ausgang Sicherung und Eingang Schalter oder zwischen Plus und Eingang Sicherung.

Anzeige: $R = \infty\ \Omega$
Leitungsunterbrechung / Kontaktschwierigkeiten in dem überprüften Leitungsabschnitt, also zwischen Eingang Schalter und Masse

2. Messung

Widerstand zwischen Karosseriemasse und Eingang Glühlampe H

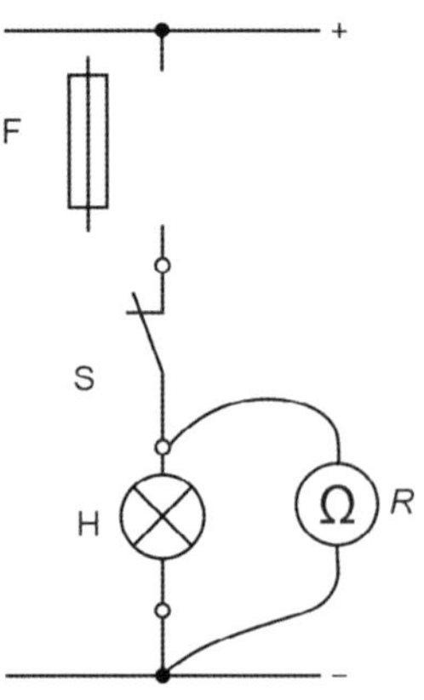

Bild 16.33
Widerstand zwischen Karosseriemasse und Eingang Glühlampe H
[Bild: Riehl]

Anzeige: $R < 2\ \Omega$
Der überprüfte Leitungsabschnitt ist in Ordnung; der Widerstandswert hängt von dem Widerstandswert der Glühlampe ab und kann auch höher sein. Die Leitungsunterbrechung muss außerhalb der beiden Messpunkte liegen, z. B. zwischen Eingang Schalter und Eingang Glühlampe als Folge eines defekten Schalters oder einer defekten Leitungsverbindung zwischen Schalterausgang und Glühlampeneingang

Anzeige: $R = \infty\ \Omega$
Leitungsunterbrechung / Kontaktschwierigkeiten zwischen Eingang Glühlampe und Masse

3. Messung

Widerstand zwischen Karosseriemasse und Massenanschluss der Glühlampe

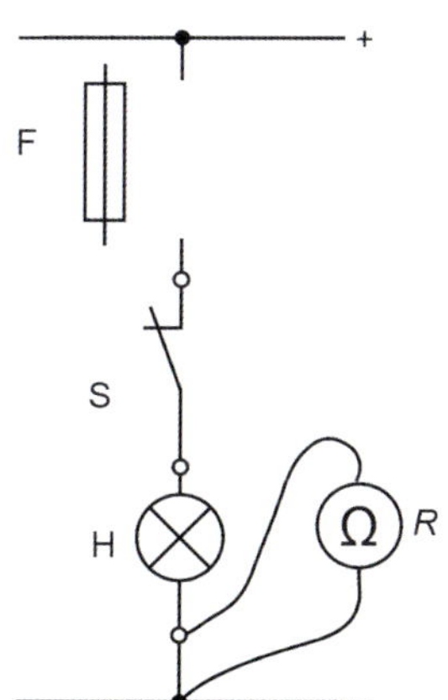

Bild 16.34
Widerstand zwischen Karosseriemasse und Massenanschluss der Glühlampe
[Bild: Riehl]

Anzeige: $R < 2\ \Omega$
Leitung in Ordnung! Auch hier wird der Widerstandswert eher bei 0 Ω sein. Einige Hersteller erlauben allerdings Werte bis 2 bzw. 5 Ohm.

Anzeige: $R = \infty\ \Omega$
Leitungsunterbrechung zwischen Karosseriemasse und Massenanschluss der Glühlampe

Messregeln für die Widerstandsmessung

- Für jede Messung das geeignete Messgerät verwenden. An den auf der Skala angebrachten Bezeichnungen und Sinnbildern erkennt man, für welche Messungen das Gerät vorgesehen ist. So kann man z. B. mit dem Digitalmultimeter keine Widerstände im mΩ-Bereich messen.
- Vermeiden Sie harte Stöße und Erschütterungen.
- Vor dem Anschluss des Messgerätes den Messbereichsschalter auf die gewünschte Messart (hier: Widerstand) einstellen.

- Werden unbekannte Werte ermittelt, immer zuerst den höchsten Messbereich einstellen, messen und dann nötigenfalls auf einen niederen Messbereich zurückschalten.
- Messen Sie immer im kleinstmöglichen Messbereich, in dem das Messergebnis noch ablesbar ist.
- Die Prüfkabel immer zuerst an das Messgerät, dann erst an das Messobjekt anschließen.
- Bei ungepolten Bauteilen (Lampen, Widerstande, Spulen, Leitungen) spielt die Polarität bei der Messung keine Rolle.
- Bei gepolten Bauteilen (Dioden, Transistoren usw.) muss auf die Polarität der Anschlusskabel geachtet werden.
- Vor Ablegen des Messgerätes den Messbereichsschalter in den höchsten Wechselspannungsbereich schalten.

Merke: Vor der Widerstandsmessung sollte das zu messende Bauteil elektrisch aus der Schaltung getrennt werden, das heißt die Anschlüsse des Bauteils müssen gelost sein. Damit wird das Bauteil spannungsfrei und es können keine Fremdwiderstande erfasst werden.

Probleme bei der Widerstandsmessung

Sie erhalten bei einem Multimeter ohne automatische Messbereichswahl die Anzeige in Bild 16.35:

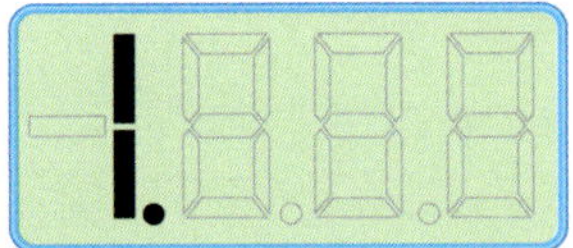

Bild 16.35
Messwert ist größer als der eingestellte Messbereich
[Bild: Riehl]

Der Messwert ist größer als der eingestellte Messbereich!

Schalten Sie so lange in den nächstgrößeren Messbereich, bis Sie eine Anzeige des Messwerts sehen. Erfolgt diese Anzeige im 20-MΩ-Bereich, dann ist der Messkreis an einer Stelle unterbrochen bzw. das Bauteil ist defekt. Sie erhalten bei einem Multimeter **mit automatischer Messbereichswahl** die Anzeige in Bild 16.36:

Bild 16.36
Unterbrechung im Messkreis
[Bild: Riehl]

Der Messkreis ist unterbrochen bzw. das Bauteil ist defekt.

Die Angabe OL (***O**pen **L**ine*) besagt, dass der Messwert größer ist als der maximale Messbereich des Geräts. Sie erhalten bei der Messung die Anzeige in Bild 16.37:

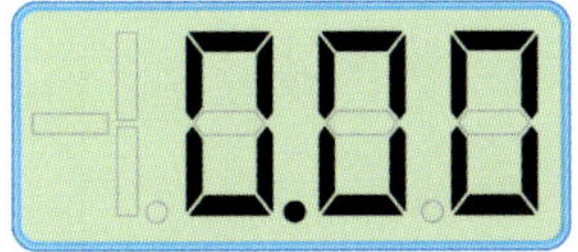

Bild 16.37
Messwert bei zu kleinem Messbereich.
[Bild: Riehl]

Der Messwert ist bedeutend kleiner als der eingestellte Messbereich!

Schalten Sie so lange in den nächstkleineren Messbereich, bis Sie eine Anzeige des Messwerts sehen. Erfolgt diese Anzeige im 200-Ω-Bereich bzw. bei Multimetern mit automatischer Bereichswahl, dann ist der Messkreis kurzgeschlossen oder der Widerstandswert beträgt 0 Ohm.

Übersicht: Spannungs-, Strom- und Widerstandsmessung

Spannungsmessung:
Das Multimeter als Spannungsmesser wird parallel zum Messobjekt geschaltet!

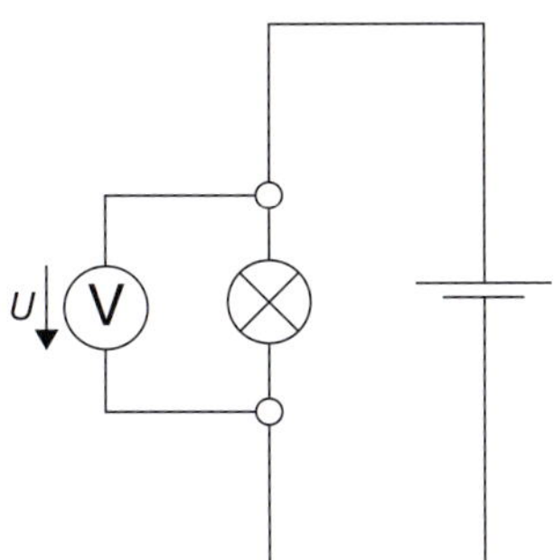

Bild 16.38
Prinzipieller Anschluss eines Spannungsmessers, z. B. zur Messung der Lampenspannung; der Spannungspfeil zeigt von + nach – und ist neben das Messgerät gezeichnet.
[Bild: Riehl]

Beispiele für die Spannungsmessung im Kfz:

- Batteriespannung
- Generator-Ladespannung
- Spannung am Anlasser
- Spannung an der Glühlampe
- Spannungsabfallmessung auf einer Leitung

Strommessung:
Das Multimeter als Strommesser wird in Reihe zum Messobjekt geschaltet!

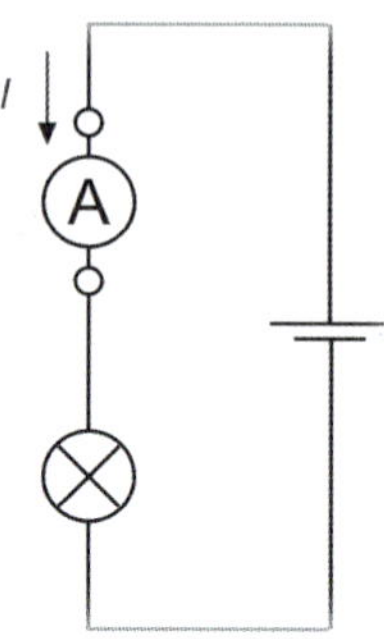

Bild 16.39
Anschluss eines Strommessers, z. B. zur Messung des Stroms durch die Lampe; der Strompfeil I zeigt von + nach – und ist neben die Leitungsführung gezeichnet.
[Bild: Riehl]

Beispiele für die Strommessung im Kfz:

- Lampenstrom
- Entladestrom der Batterie
- Fehlersuche

Zur Messung großer Ströme (Anlasserstrom und Generator-Ladestrom) benutzt man eine «indirekte Strommessung» mit einer Strommesszange.

Widerstandsmessung:
Das Multimeter als Widerstandsmesser wird parallel zum abgeklemmten Messobjekt geschaltet!

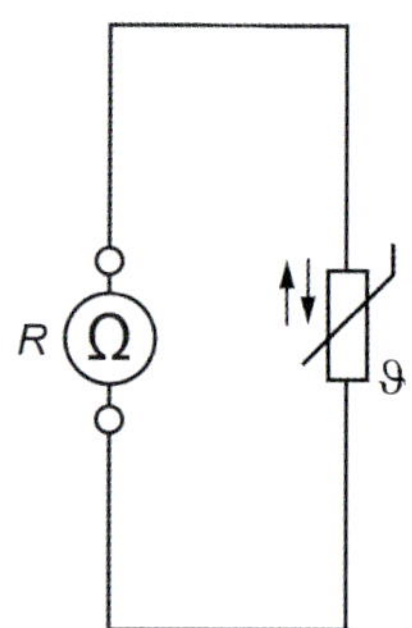

Bild 16.40
Prinzipieller Anschluss eines Widerstandsmessers (Ohmmeter), z. B. zur Überprüfung des Widerstandwerts eines Temperaturfühlers.
[Bild: Riehl]

Beispiele für die Widerstandsmessung im Kfz:

- Steuer- und Laststromkreis eines Relais
- Einspritzventil
- Temperaturfühler
- Durchgangsprüfungen

16.8 Widerstandsmessungen bei kleinen Widerständen

Bei HV-Fahrzeugen erfolgt neben der Messung der Spannungsfreiheit zusätzlich beim Tausch von Komponenten vor dem Wiedereinschalten eine Potenzial-Ausgleichsmessung. Dabei wird der Isolationswiderstand zwischen aktiven Teilen aller elektrischen Komponenten und dem Fahrzeugrahmen ermittelt. Diese Potenzial-Ausgleichmessung ist eine Widerstandsmessung, die überprüft, ob alle Gehäuse der HV-Komponenten mit einer massiven Leitungsverbindung untereinander und mit der Fahrzeugkarosserie verbunden sind.

Potenzialausgleich im HV-System

Bei einer 200-V-Hochvoltbatterie beträgt der Potenzialunterschied zwischen Plus und Minus 200 V. Jedem ist klar, was passiert, wenn man zugleich beide Pole berührt und quasi die unterschiedlichen Potenziale ausgleicht. Es passiert aber nichts, solange nur der Pluspol oder nur der Minuspol einer Batterie berührt wird. Zum Stromfluss oder Kurzschluss kommt es erst, wenn der Stromkreis zwischen Plus und Minus oder zwei Phasen mit unterschiedlichem elektrischem Potenzial geschlossen wird. Liegt das leitende Gehäuse einer Hochvolt-Komponente 1 aufgrund eines Isolationsfehlers auf dem HV-Plus-Potenzial und eine andere Hochvolt-Komponente 2 aufgrund eines weiteren Isolationsfehlers auf dem HV-Minus-Potenzial, könnte eine Berührung tödliche Folgen haben.

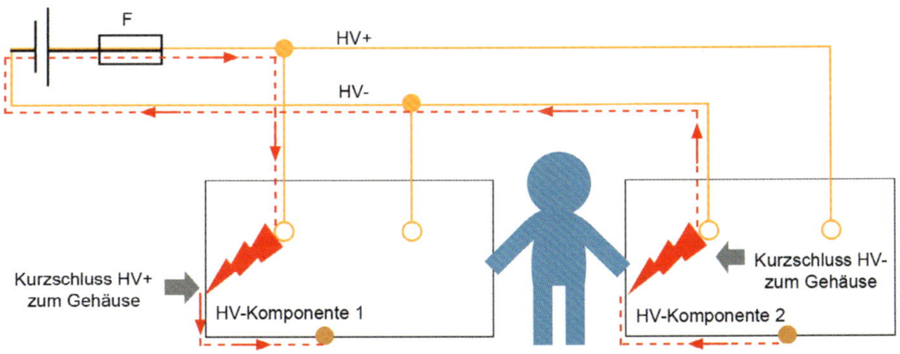

Bild 16.41 *Gefahr beim Berühren von HV-Komponenten*
[Bild: Riehl]

Der Potenzialausgleich sorgt dabei dafür, dass beide Potenziale zu einem Kurzschluss verbunden werden.

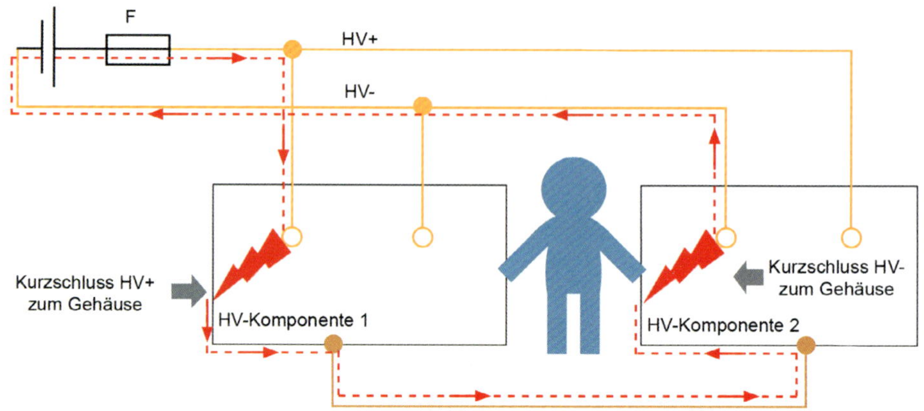

Bild 16.42 *HV-Komponenten mit Potenzialausgleich*
[Bild: Riehl]

Liegt das leitende Gehäuse einer HV-Komponente 1 aufgrund eines Isolationsfehlers auf dem HV-Minus-Potenzial und eine andere Hochvolt-Komponente 2 aufgrund eines weiteren Isolationsfehlers auf dem HV-Plus-Potenzial, sorgt der Potenzialausgleich dafür, dass beide Potenziale zu einem Kurzschluss verbunden werden. Eine gefährliche Berührspannung ist bei einwandfreiem Potenzialausgleich in diesem Fall nicht möglich. Sichergestellt wird der Potenzialausgleich durch Potenzialausgleichskabel und/oder eine Potenzialausgleichsschiene. Ist das metallische Gehäuse eines HV-Bauteils direkt an einen Massepunkt der Karosserie verschraubt, so wäre auch auf diese Weise ein Potenzialausgleich gegeben. Kurz ausgedrückt: Der Potenzialausgleich wird zum einen durch eine Verbindung der (metallischen und nicht unter Spannung stehenden) Gehäuse der HV-Komponenten zur Karosserie sichergestellt. Zum anderen sind die Gehäuse der verschiedenen HV-Komponenten miteinander verbunden.

Ziel des Potenzialausgleichs (PA): Verhinderung einer gefährlichen Berührspannung. Wenn es zu einem Körperschluss an der HV(+)-Seite einer Komponente und an der HV(-)-Seite einer Komponente kommt, fließt der «Kurzschlussstrom» nicht über den Menschen (1 kΩ), sondern hauptsächlich über den Potenzialausgleich. Die beteiligten Leitungen müssen durch eine besondere Widerstandsmessung geprüft werden, da ein sehr kleiner Widerstand (<100 mΩ) zu erwarten ist.

2-Leiter Widerstandsmessung

Hier wird der zu messsende Widerstand R_x durch eine zweiadrige Leitung mit einem Messgerät verbunden. Durch die Reihenschaltung der Leitungswiderstände *RL1* und *RL2* mit dem zu messenden Widerstand R_x wird ein höherer Leitungswiderstand erzeugt und dadurch wird das Messergebnis verfälscht. Das bedeutet, bei der Zweileitertechnik geht der Zuleitungswiderstand ganz in das Messergebnis ein. Je länger die Leitung ist, umso ungenauer ist auch das Ergebnis, das angezeigt wird.

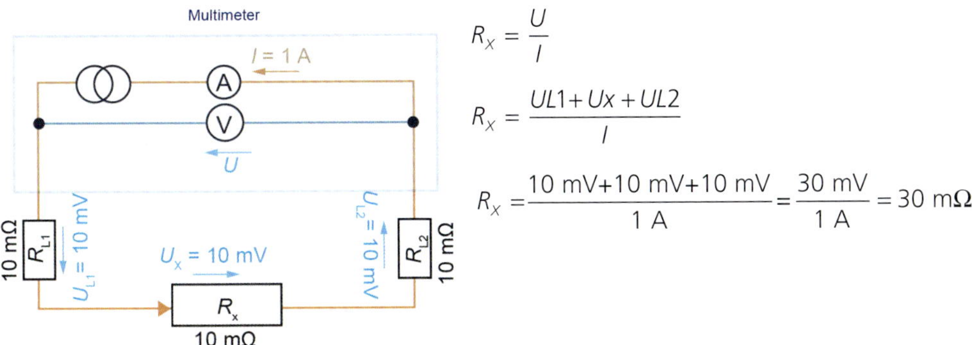

Bild 16.43 *Prinzip der 2-Leitungs-Widerstandsmessung* [Bild: Riehl]

Die Spannungsabfälle U_{L1} und U_{L2} an den Messleitungen R_{L1} und R_{L2} verfälschen das Messergebnis stark. Der Messfehler: 30 mΩ an Stelle von 10 mΩ bedeutet 300 % Fehler.

4-Leiter Widerstandsmessung

Die Vierleitermessung ist eine messtechnische Anordnung, die sich für die Messung von kleinen Widerstandswerten und Widerstandssensoren eignet. Im Gegensatz zur Zweileitermessung wird bei der Vierleitermessung mit speziellen Anschlussklemmen gearbeitet, den Kelvin-Klemmen, mit der die Leiterwiderstände der Messleitungen kompensiert werden. Bei der Vierleitermessung wird das Messobjekt durch eine Konstantstromquelle versorgt und der Spannungsabfall am Messobjekt (Widerstand) wird über ein hochohmiges Messgerät über zwei separate Messleitungen abgegriffen. Dadurch fließt in den Messleitungen kein Strom und es entsteht somit kein Spannungsabfall. Vierleitermessungen werden immer dann eingesetzt, wenn der Messwiderstand sehr niederohmig ist und von den Leitungswiderständen der Messleitungen und den

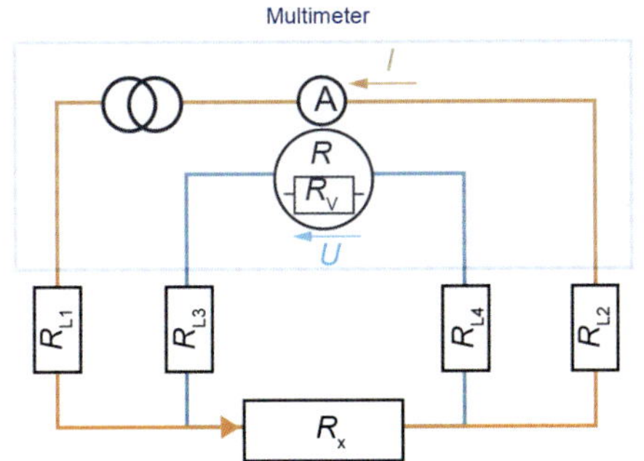

Bild 16.44
Prinzip der 4-Leitungs-Widerstandsmessung
[Bild: Riehl]

Kontaktwiderständen der Messkontakte beeinträchtigt werden könnte. Mit dieser Messtechnik können Widerstandswerte im Milli-Ohm-Bereich gemessen werden.

Das Voltmeter erfasst nahezu den richtigen Spannungswert **über** R_X. Die Messleitungen R_{L3}, R_{L4} verfälschen aufgrund des hochohmigen Rv das Ergebnis kaum. Bei HV-Fahrzeugen ist die Widerstandsmessung mit einer 4-Pol-Messung mit mind. 200 mA durchzuführen. Der Potenzialausgleichswiderstand zwischen zwei beliebig leitfähigen freiliegenden Teilen muss kleiner 100 mΩ sein.

Messen sehr hoher Widerstände

Beispiel: Isolationswiderstandsmessung bei HV-Anlagen

Die Isolationswiderstandsmessung ist zwischen jedem aktiven Leiter (HV+/ HV-) und Fahrzeugmasse zu messen.

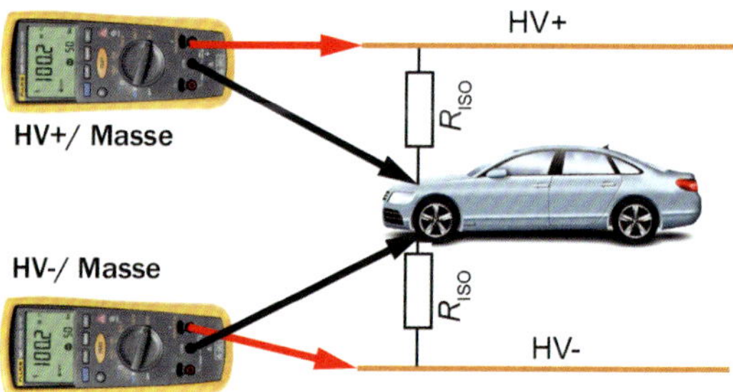

Bild 16.45
Messanordnung zur Messung des Isolationswiderstandes
[Bild: Riehl]

Die Höhe des notwendigen Isolationswiderstands R_{ISO} ist in der ECE-R100 definiert, an der sich die Autobauer beim Entwickeln von Hochvoltkomponenten orientieren. Dort steht, dass es mindestens 500 Ω/V sein müssen. Es wird ein Messgerät verwendet, das mit einer Gleichspannung arbeitet, die höher ist als die Betriebsspannung des HV-Systems.

Für die Messungen an Hochvoltfahrzeugen zugelassene Widerstandsmessgeräte vereinen drei Geräte in Einem: Ein Multimeter, ein Milliohmmeter zur Überprüfung der Masseanbindung der Komponenten (Potenzial-Ausgleichsmessung) und einen Isolationstester für die Messung des Isolationswiderstandes.

16.9 Arbeiten mit Fehlersuchprogrammen

Ein Kunde reklamiert bei der Werkstatt, dass sich der Anlasser seines Fahrzeugs nicht dreht. Das zum Fahrzeug gehörende Fehlersuchprogramm gibt eine Reihenfolge vor, in der die Messungen und Prüfungen durchzuführen sind.

Jetzt müssen noch die Messpunkte am Fahrzeug gefunden und die Messgeräte zugeordnet werden. Dafür verwenden Sie den Schaltplan des Fahrzeugs (Bild 16.47). Anhand des Schaltplanausschnitts lässt sich der Stromverlauf von der Batterie zur Klemme 50 des Starters nachvollziehen (von Batterie A zur Sicherung S176 zur Klemme 30 zur Klemme 50b zur Klemme 50). Bei dem Schaltplan in Bild 16.47 sind die Multimeter in den gleichen Farben markiert, in denen die Prüfschritte des Fehlersuchprogramms in Bild 16.46 dargestellt sind.

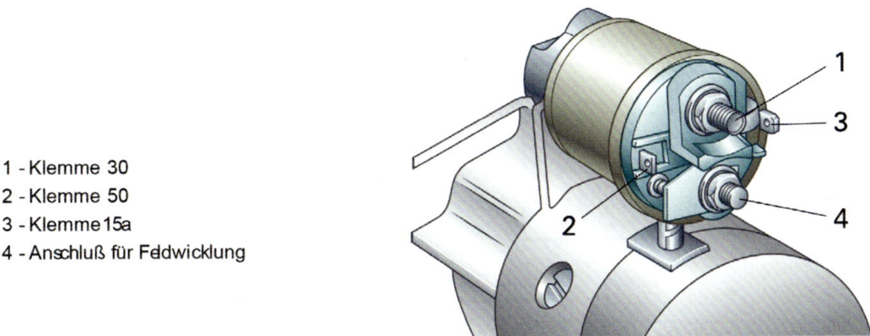

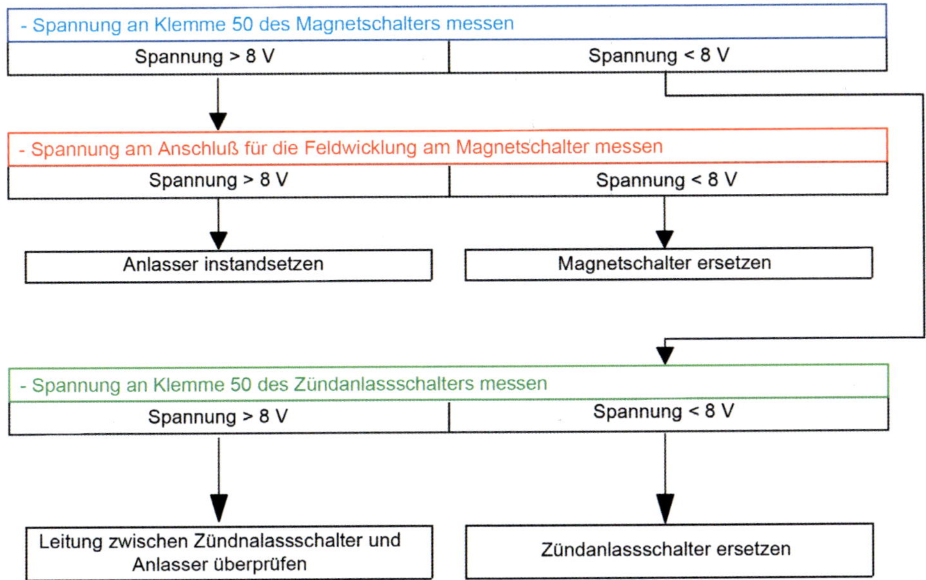

Bild 16.46 *Fehlersuchanleitung für Defekte an einem Anlasser*
[Bild: Riehl]

Struktur der Fehlersuche

Die Systematik des Fehlersuchprogramms lässt sich zusammenfassen:

1. Schritt: Überprüfung der Spannungsquelle (Batterie), anschließend Überprüfung der Masseverbindung
2. Schritt: Überprüfung der Steuerspannung für das Relais (Klemme 50 am Magnetschalter)
3. Schritt: Überprüfung des Laststromkreises am Relais (Ausgang Magnetschalter = Eingang Feldwicklung)

   Der Anschluss der Feldwicklung ist im Schaltplan nicht als Anschlusspunkt gekennzeichnet. Fündig werden Sie im Fehlersuchprogramm. Dort gibt es eine Zeichnung, die den Messpunkt am Bauteil anzeigt.
4. Schritt: Überprüfung der Spannung am Zündstartschalter (Ausgang Klemme 50 am Zündstartschalter)

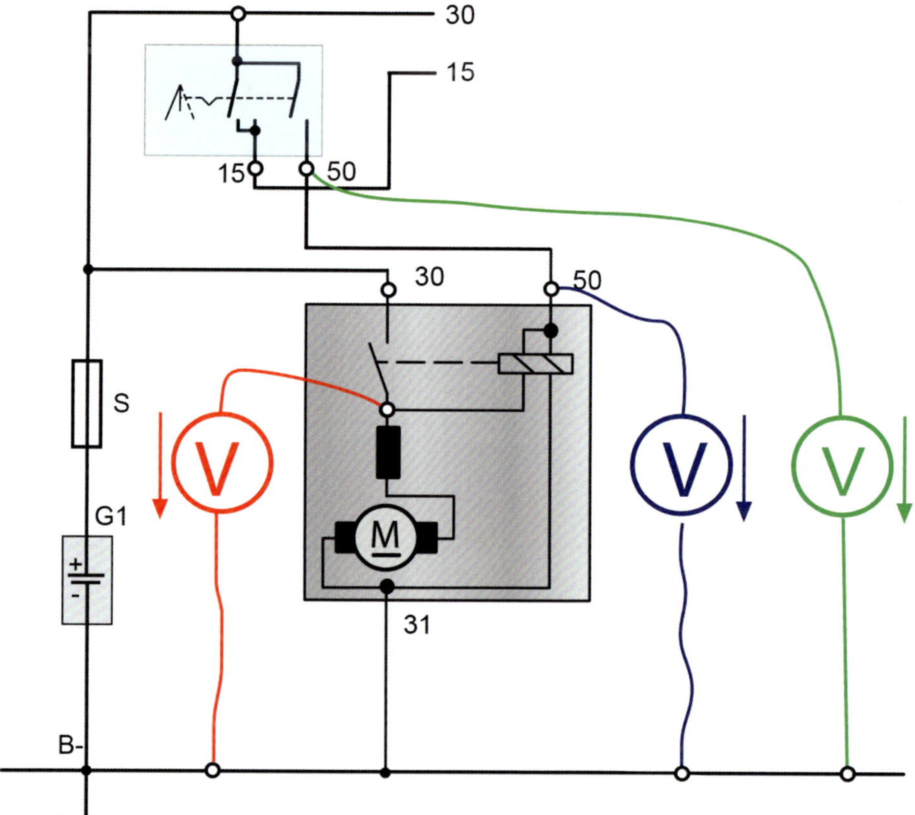

Bild 16.47 *Schaltplan des Anlassers*
[Bild: Riehl]

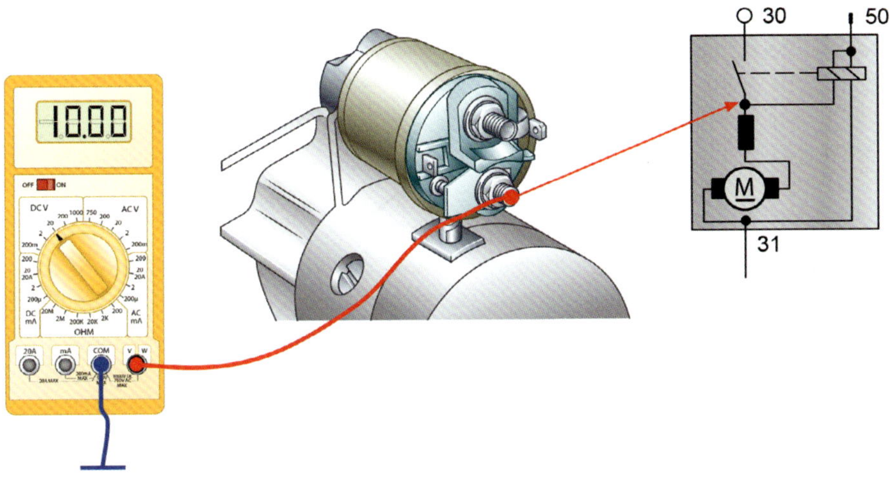

Bild 16.48
Messpunkt Eingang Feldwicklung am Starter
[Bild: Riehl]

Bei dem Fehlersuchprogramm in unserem Beispiel gibt es keine Verknüpfung zwischen dem Fehlersuchplan und dem Schaltplan. Beide müssen eigenständig herausgesucht und parallel eingesetzt werden. Neuere Testsysteme bieten eine so genannte geführte Fehlersuche an, allerdings sind auch bei diesen Programmen die Schaltpläne häufig nicht in das Programm integriert und müssen separat aufgerufen werden.

➔ Im Prinzip besteht die Fehlersuche lediglich aus Spannungsmessungen mit einer nachfolgenden Ja/Nein-Entscheidung. Beginnend mit der Spanngsmessung am defekten Bauteil lässt sich der Fehler so schrittweise eingrenzen. Auffallend bei vielen Fehlersuchprogrammen ist, dass vorwiegend die Spannungsmessung zum Einsatz kommt.

Welchen Vorteil bietet die Spannungsmessung gegenüber der Strom und Widerstandsmessung?

Vorteil der Spannungsmessung:
Ein Spannungsmessgerät wird immer parallel zum Verbraucher, Bauelement oder zur Spannungsquelle angeschlossen. Somit kann das zu messende Bauteil in seiner Schaltung verbleiben, nur die Messpunkte müssen freigelegt werden. Entweder benutzt man sogenannte Y-Kabel, oder man nimmt Prüfspitzen, wie sie mit jedem Multimeter ausgeliefert werden. Die Messung erfolgt «unter Last», d. h., der Stromkreis ist geschlossen. Somit fließt ein Strom, der an den Bauteilen, Leitungen, Sicherungen und Anschlusspunkten zu einem entsprechenden Spannungsabfall führt. Die Messgenauigkeit der Werkstattmessgeräte geht bis in den Millivolt-Bereich (mV).

Nachteil der Widerstandsmessung:
Übergangswiderstände oder Verengungen des Kabelquerschnitts würden sich mit einer Widerstandsmessung nicht feststellen lassen, da diese Messung bei elektrisch herausgelösten Bauteilen erfolgen muss. Unsere Messgeräte sind für diese kleinen Werte nicht ausgelegt.

Nachteil der Strommessung:
Für die Strommessung mit einem Multimeter muss das Messgerät in Reihe geschaltet werden, der Stromkreis muss geöffnet und durch das Multimeter geführt werden. Dazu sind entsprechende Prüfkabel nötig. Beim Arbeiten mit einer Strommesszange entfällt zwar das Auftrennen der Leitung, es muss aber das Kabel freigelegt werden, damit die Strommesszange um die Leitung geführt werden kann.

17 Elektrische Grundlagen

17.1 Ohmsches Gesetz

Das ohmsche Gesetz (nach seinem Entdecker Georg Simon Ohm) ist eines der wichtigsten Gesetze der Elektrotechnik, das die Beziehung zwischen Spannung, Strom und Widerstand beschreibt.

Definition

Das ohmsche Gesetz besagt, dass der Spannungsabfall U über einem metallischen Leiter bei konstanter Temperatur proportional zu dem hindurchfließenden elektrischen Strom mit der Stromstärke I ist.

Spannung (U) = Widerstand (R) · Strom (I)

Mit Hilfe des ohmschen Gesetzes lassen sich die drei Grundgrößen eines Stromkreises berechnen, wenn mindestens zwei davon bekannt sind. Die drei Grundgrößen sind Spannung, Strom und der Widerstand. Das ohmsche Gesetz kann in folgenden drei Formeln geschrieben werden:

$$U = I \cdot R$$
$$I = U / R$$
$$R = U / I$$

Beispiel: Wird an einen Verbraucher mit einem Widerstand von einem Ohm eine Spannung von einem Volt angelegt, beträgt die Stromstärke im Schaltkreis ein Ampere. Wird die Spannung erhöht, erhöht sich auch der Strom. Erhöht sich der Widerstand des Verbrauchers, nimmt der Strom bei gleichbleibender Spannung ab.

Das «magische Dreieck» kann als Hilfestellung verwendet werden, um die verschiedenen Formeln des ohmschen Gesetzes zu ermitteln.

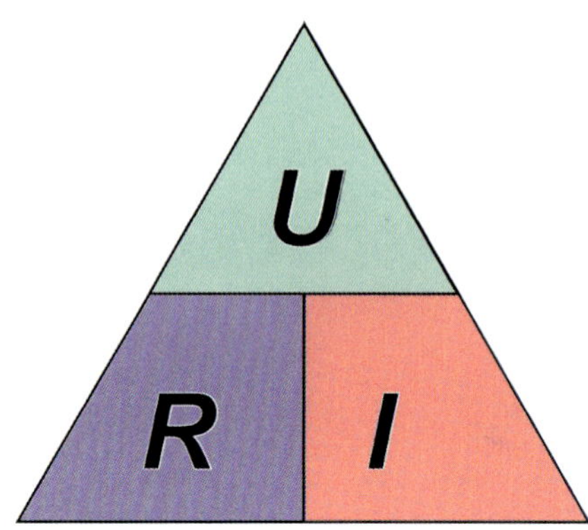

Bild 17.1
Hilfsdreieck zum ohmschen Gesetz
[Bild: Riehl]

Die Größe, die berechnet werden soll, wird abgedeckt. Mit den beiden übrigen Werten wird das Ergebnis ausgerechnet. Damit man sich die Reihenfolge der Werte merken kann, prägt man sich das Wort «URI» ein.

Praxis-Tipp:
Ist der Stromkreis nur schwer zugänglich oder darf nicht aufgetrennt werden, so ist die Spannung an einem bekannten Widerstand im Stromkreis zu messen. Danach kann mit Hilfe des ohmschen Gesetzes der Strom berechnet werden.

Merke: Das ohmsche Gesetz ist eines der wichtigsten Gesetze der Elektrotechnik, das die Beziehung zwischen Spannung, Strom und Widerstand beschreibt. Wenn eine der drei Größen U, I oder R konstant bleiben soll, dann ergeben sich aufgrund des ohmschen Gesetzes folgende Zusammenhänge:

***U* = konstant**	***I* = konstant**	***R* = konstant**
$\Rightarrow U = R \cdot I$	$\Rightarrow I = \frac{U}{R}$	$\Rightarrow R = \frac{U}{I}$
Je größer der Widerstand, desto kleiner ist die Stromstärke.	Je größer der Widerstand, desto größer die Spannung.	Je größer die Spannung, desto größer die Stromstärke.

Widerstände im Kraftfahrzeug

	Kleinleistungs-widerstände	Vorwiderstände	Heizwiderstände
Gewollte Widerstände			
	Lautstärkeregler	Einspritzventil	Glühstiftkerze

	Elektronische Schaltungen	Einstellung der Gebläsestufe	Heizbare Heckscheibe
	Wackelkontakte an Steckern und Schaltern		
Ungewollte Widerstände			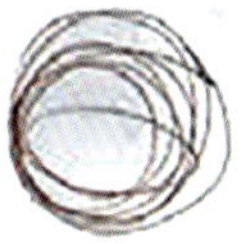
	Korrodierte Stecker oder Schalter	Korrodierte Massepunkte	Querschnitts-Verengungen

Bild 17.2
Gewollte und ungewollte Widerstände
[Bild: Autofachmann Digital]

Arbeit, Energie und Leistung

In der Mechanik und in der Elektrotechnik spielen Arbeit und Leistung eine bedeutende Rolle. Für beide Größen gelten die gleichen Einheiten. Verwechseln sollte man die beiden Begriffe dennoch nicht, denn trotz der gleichen Einheiten gibt es einige Unterschiede.

17.2 Mechanische Arbeit, Energie und Leistung

Mechanische Arbeit:

Mechanische Arbeit wird verrichtet, wenn ein Körper durch eine Kraft bewegt oder verformt wird. Das Formelzeichen für die Arbeit ist das *W*. Als Einheit wird Joule (J) bzw. Newtonmeter (Nm) verwendet. Dabei ist 1 J = 1 Nm. Die Arbeit berechnet sich aus Kraft mal Strecke. Formelmäßig dargestellt, sieht dies wie folgt aus:

$$\text{Arbeit} = \text{Kraft} \cdot \text{Weg}$$
$$W = F \cdot s$$

W (von eng. *work*) ist die Arbeit in Joule bzw. Newtonmeter [J bzw. Nm]
F (von eng. *force*) ist die Kraft in Newton [N]
s (von lat. *spatium*, die Strecke) ist die Strecke oder Weg in Meter [m]

Physikalische Größe	Formelzeichen	Einheit	Einheitenkurzzeichen
Mechanische Arbeit	*W*	Newtonmeter	Nm

Wichtig ist, dass die dafür verwendete Zeit keine Rolle spielt und Kraft und Weg die gleiche Richtung haben müssen.

In der Physik unterscheidet man verschiedene Arten der mechanischen Arbeit.

- **Hubarbeit**: Wird ein Körper angehoben, so wird Hubarbeit verrichtet. Ein Beispiel dafür ist die Hebebühne in der Kfz-Werkstatt, mit der die Fahrzeuge angehoben werden.
- **Verformungsarbeit**: Wird ein Körper verformt, so wird Verformungsarbeit verrichtet. Ein Beispiel ist die Fahrzeugfederung, bei der eine Stahlfeder verformt wird.
- **Beschleunigungsarbeit**: Wird ein Körper beschleunigt, so wird Beschleunigungsarbeit verrichtet. Ein Beispiel ist das Losfahren eines Fahrzeugs, bei dem es schneller wird.
- **Reibungsarbeit**: Wirken Reibungskräfte auf einen Körper und behindern diesen bei einer Bewegung, so sprich man von Reibungsarbeit. Beispiel: Die Reibung der Kolben an den Laufbuchsen der Zylinder.

Die goldene Regel der Mechanik:

Während Kräfte durch entsprechende Hilfsmittel in ihrer Richtung oder ihrem Betrag geändert werden können, kann die Arbeit nicht verringert werden; die Menge an Arbeit bleibt erhalten. Bei Verwendung eines Kraftwandlers ist die aufgenommene Arbeit stets gleich der abgegebenen Arbeit. Abgesehen von Reibungsverlusten bleibt das Produkt aus Weg und Kraft (entlang des Weges) stets konstant. Eine umgangssprachliche

Formulierung für das Prinzip der Kraftwandlung («die goldene Regel der Mechanik») lautet daher:

«Was an Kraft eingespart wird, muss an Weg zugesetzt werden.»

Beispiel: Schnürsenkel zum Zubinden von Schnürschuhen. Die durch die Ösen gezogenen Schnürsenkel stellen einen Flaschenzug dar, wobei die Ösen die sonst üblichen Rollen ersetzen. Mit wenig Muskelkraft lassen sich so die beiden Schuhseiten zusammenziehen. Die mechanische Arbeit bleibt gleich. Was man bei der schiefen Ebene an Kraft spart, muss durch den längeren Weg zugesetzt werden (vgl. Bild 17.3).

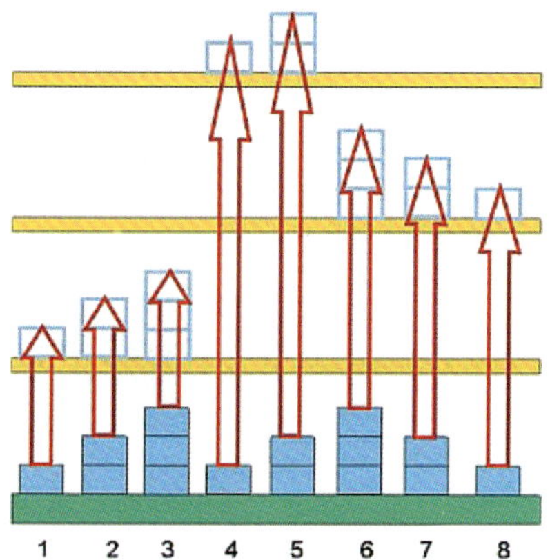

Bild 17.3
Goldene Regel der Mechanik: Werden Ersatzteile in ein Regal gehoben, dann ist die Arbeit bei 2 und 8, 3 und 4, 5 und 6 jeweils gleich groß.
[Bild: Riehl]

Energie:

Als Energie bezeichnet man grundsätzlich gespeicherte Arbeit, d. h., die Fähigkeit eines Systems, Arbeit zu verrichten. Energie und Arbeit stellen dieselbe physikalische Größe dar; demzufolge werden für beide Größen das gleiche Formelzeichen und die gleichen (Mass-) Einheiten verwendet. Im Gegensatz zur Arbeit, welche einen Vorgang umschreibt, drückt der Begriff Energie den Zustand eines Körpers oder eines Systems aus. Gemäß dem Internationalen Einheiten System (SI-System) ist jedoch für die Energie die abgeleitete Einheit Joule (*J*) gebräuchlich.

Mechanische Leistung:

Bei vielen Tätigkeiten kommt es nicht nur darauf an, welchen Betrag an Arbeit man verrichtet, sondern auch darauf, in welcher Zeit diese Arbeit erledigt wird.

Beispiel: Formel1-Rennen. Mit der Größe «Leistung» erfasst man, in welcher Zeit eine bestimmte Arbeit verrichtet wird und definiert:

$$\text{Leistung} = \frac{\text{Arbeit}}{\text{Zeit}}; \; P = \frac{W}{t}$$

P (von eng. *power)* ist die Leistung in Watt bzw. Kilowatt [W bzw. kW]
W ist die Arbeit in Newtonmeter bzw. Joule [Nm bzw. J]
t (von eng. *time*) ist die Zeit in Sekunden oder Stunden [s bzw. h]

17.3 Elektrische Arbeit, Energie und Leistung

Elektrische Arbeit und Energie:

Auch in der Elektrotechnik wird – beim Fließen des Stroms – Arbeit verrichtet. Werden unter dem Druck der elektrischen Spannung U Ladungsträger (Elektronen) bewegt, so wird dabei eine Arbeit verrichtet. Es handelt sich dabei um die elektrische Arbeit, die sich die Energieversorgungsunternehmen bezahlen lassen. Was wir unter Energie- oder Stromverbrauch verstehen, ist also nichts anderes als elektrische Arbeit. Elektrische Spannung ist vorhanden, wenn zwischen zwei Punkten ein Unterschied in der Menge der Elektronen besteht – es ist somit auch das Ausgleichsbestreben von Ladungen. Formelmäßig sieht dies folgendermaßen aus:

$$\text{Spannung} = \frac{\text{Arbeit}}{\text{Elektrizitätsmenge}}; \; U = \frac{W}{Q} \quad \rightarrow \quad W = U \cdot Q$$

Die Ladung Q wird auch als Elektrizitätsmenge bezeichnet. Diese Größe umschreibt die Menge der Elektronen, die in einer bestimmten Zeit durch den Leiter fließen. Bei einer Stromstarke von 1 Ampere (A) fließen in 1 Sekunde (s) circa $6{,}3 \cdot 10^{18}$ Elektronen durch einen Leiterquerschnitt. Ersetzt man Q durch $I \cdot t$, ergibt sich für die elektrische Arbeit:

$$W = U \cdot I \cdot t$$

Physikalische Größe	Formelzeichen	Einheit	Einheitenkurzzeichen
Elektrische Arbeit	W	Wattsekunde	Ws

Der obenstehenden Formel entsprechend, ist die elektrische Arbeit umso größer,

- je größer die Spannung U,
- je hoher die Stromstärke I und
- je länger die Zeit t ist,

in welcher ein Gerät einer Spannungsquelle elektrische Energie entnimmt.

Es kann festgehalten werden, dass für die Bestimmung der elektrischen Arbeit die Zeit eine Rolle spielt, weshalb der Vergleich mit der mechanischen Arbeit, welche ja identisch ist, recht schwerfällt.

Elektrische Leistung:

Wird eine bestimmte Arbeit W in einer gewissen Zeit verrichtet, so spricht man von Leistung P. Diese Definition der Leistung P, dass die Arbeit in einer bestimmten Zeit verrichtet wird, gilt sowohl für die elektrische als auch die mechanische Leistung. Setzt man für die elektrische Arbeit W die Formel $U \cdot I \cdot t$ ein, so ergibt sich für die elektrische Leistung:

$$\text{Leistung} = \frac{\text{Arbeit}}{\text{Zeit}};\ P = \frac{W}{t} = \frac{U \cdot I \cdot t}{t} = U \cdot I$$

Physikalische Größe	Formelzeichen	Einheit	Einheitenkurzzeichen
Leistung	P	Watt	W

Je mehr Elektronen (Strom) daran beteiligt sind oder je größer der Druck (Spannung) ist, desto mehr wird geleistet. Somit ist die elektrische Leistung P das Produkt aus Spannung U und Stromstärke I.

Beispiel: Fließt in einem Kraftfahrzeug aus dem 12-Volt-Bordnetz ein Strom von 5 A durch den Fernlichtfaden einer H4-Lampe, so nimmt die Lampe eine Leistung von 60 W auf. Je mehr Leistung ein Verbraucher fordert, desto stärker ist die Belastung des Bordnetzes. Steht der Motor und wird das Bordnetz nicht vom Generator versorgt, entleert sich die Batterie entsprechend der Leistungsaufnahme der Verbraucher und der Einschaltdauer. Hat man vergessen, das Fahrlicht auszuschalten, kann bei der hohen Leistungsaufnahme der Scheinwerferleuchten sehr schnell die Batterie entladen sein.

Da die Maßeinheit 1 W (Watt) für große Leistungen ungeeignet ist, braucht man eine noch größere Einheit. Üblich ist das Kilowatt (kW). Dabei ist 1 kW = 1.000 W. Die Leistung von Verbrennungsmotoren wurde früher in Pferdestärken (PS) gemessen. International gilt auch hier seit einigen Jahren das Kilowatt als Einheit. Dabei gilt:

1 kW = 1,359 PS
1 PS = 0,736 kW = 763 W

Ein 60-PS-Motor ist heute ein 44-kW-Motor. 60 PS · 0,736 = 44,15 kW. Dies gilt als 44 kW, weil man bei Motoren immer auf volle kW auf- bzw. abrundet.

Maßeinheit:

Die Grundeinheit der elektrischen Leistung ist das Watt (W) oder auch Voltampere (VA). Letzteres ergibt sich aus der Berechnung durch Spannung und Strom. Die Angabe der Maßeinheit VA findet man häufig auf Transformatoren und Elektromotoren. Der mathematische Zusammenhang zwischen elektrischer Leistung P, der elektrischen Spannung U, dem elektrischen Strom I und dem elektrischen Widerstand R ist in Bild 17.4 dargestellt.

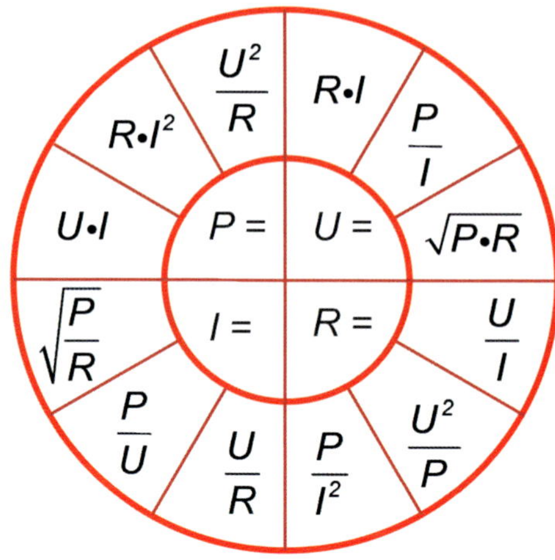

Bild 17.4
Umrechnungskreis für Strom I, Spannung U, Widerstand R und Leistung P
[Bild: Riehl]

Eine unbekannte elektrische Größe kann aus zwei bekannten elektrischen Größen berechnet werden, z. B. $P = U \cdot I$

17.4 Spannungsverlust

17.4.1 Spannungen im geschlossenen Stromkreis

In elektrischen Stromkreisen des Kfz sind die Verbraucher (Lampen, Anlasser, Hupe usw.) durch elektrische Leiter (Kabel, Schalter) mit der Spannungsquelle (Batterie, Generator) verbunden. Dabei stellen die Widerstände der Leitungen, der Sicherungen usw. eine unerwünschte Strombehinderung dar. Die Bewegung der Elektronen im Innern eines Leiters wird durch Reibung und das Zusammenstoßen mit anderen Atomen gehemmt. Fließt durch diese Widerstände ein Strom, dann muss nach dem Ohmschen Gesetz auch ein Spannungsfall auftreten. Dieser Spannungsfall wird als **Spannungsverlust** bezeichnet. Zur genauen Untersuchung des Spannungsfalls und somit des Spannungsverlustes betrachten wir einen Lampenstromkreis, bestehend aus Spannungsquelle (Batterie), Schalter, Hinleitung, Verbraucher (Glühlampe) und der Rückleitung über die Karosserie.

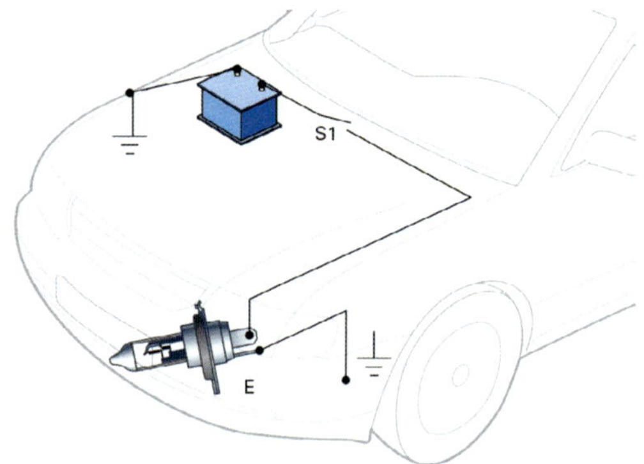

Bild 17.5
Lampenstromkreis im Kfz
[Bild: AS-Illu]

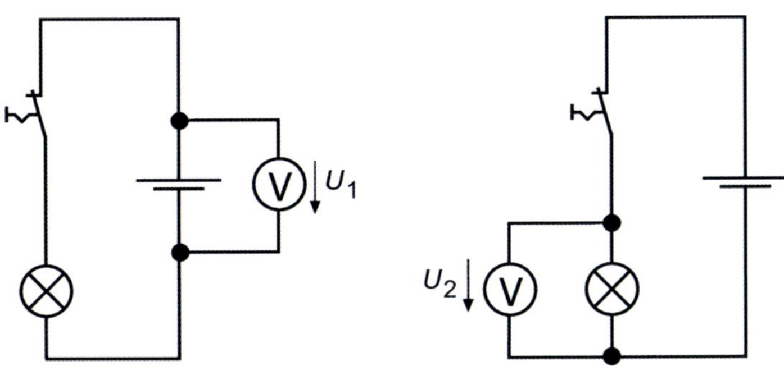

Bild 17.6
Schaltplan: Batteriespannung U_1 und Spannung U_2 am Verbraucher.
[Bild: Riehl]

Merke: Im geschlossenen Stromkreis ist die Verbraucherspannung um den Spannungsfall an dem Schalter und auf der Leitung kleiner als die Batteriespannung.

17.4.2 Spannungen im geöffneten Stromkreis

Im offenen Stromkreis liegt am Schalter stets die volle Batteriespannung. Da kein Strom fließt, machen sich auch die Widerstände (Leitung, Glühlampe usw.) nicht bemerkbar.

Merksatz: « Wo kein Strom, da kein Ohm.»

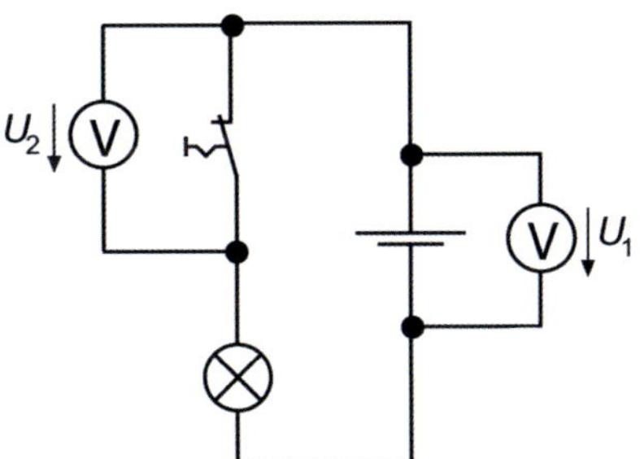

Bild 17.7
Schaltplan: Messung der Batteriespannung U_1 und der Spannung über dem geöffneten Schalter U_2
[Bild: Riehl]

Damit die Verbraucherspannung z. B. der Schlussleuchten nicht zu niedrige Werte erreicht und somit die Lichtleistung der Glühlampen zu gering wird, sind die Spannungsverluste für Kraftfahrzeugleitungen auf einen Maximalwert begrenzt. Durch Übergangswiderstände an Kontakten und Verbindungen, durch verschmutzte Batteriepole oder lose Masseverbindungen können ungeplante Erhöhungen der Spannungsfälle auftreten.

Tabelle 17.1

Zulässiger Spannungsverlust bei 12 V Nennspannung nach DIN 72 55

Leitung Batterie-Starter im Einschaltaugenblick		0,5 V
Leitung Generator-Batterie (bei Nennleistung)		0,4 V
Übrige Leitungen	< 15 W (Hin- und Rückleitung)	0,6 V
	> 15 W (Hin- und Rückleitung)	0,9 V

17.4.3 Einfluss eines zusätzlichen Verbrauchers auf den Spannungsfall in den Zuleitungen

Häufig werden Zusatzscheinwerfer, z. B. Fernlichtscheinwerfer, angebaut und einfach an die vorhandenen Leitungen des serienmäßigen Fernlichts mit angeschlossen. Der Spannungsfall auf der gleichen Leitung wird größer, wenn zusätzliche Verbraucher angeschlossen werden. Dadurch fällt am Verbraucher, z. B. bei einer Glühlampe, die Lichtleistung stark ab, da nun in der Leitung ein starker Spannungsverlust auftritt. Gleichzeitig werden die Leitungen überlastet und erwärmen sich. Beim Anschließen zusätzlicher Verbraucher sollte man stets neue, möglichst kurze Leitungen mit ausreichendem Querschnitt verwenden. Da die meisten Leitungen im Kraftfahrzeug aus Kupfer sind und deren Länge meistens vorgegeben ist, lässt sich eine Verringerung des Spannungsverlustes nur über die Wahl des Querschnitts erreichen.

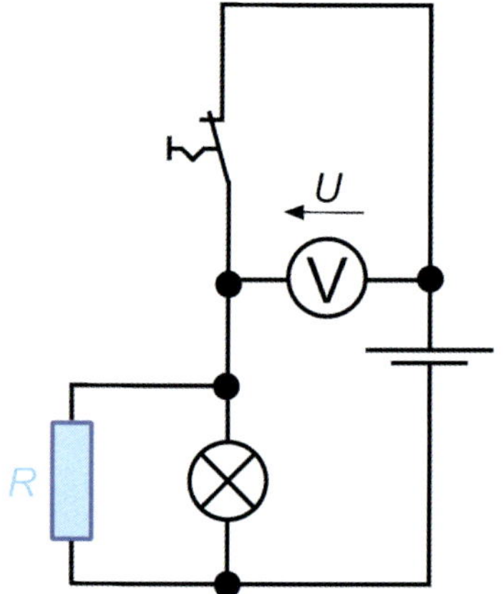

Bild 17.8
Schaltplan: Spannungsabfall U bei einem parallel geschalteten zusätzlichen Verbraucher (Widerstand)
[Bild: Riehl]

17.5 Spezifischer Widerstand eines Leiters

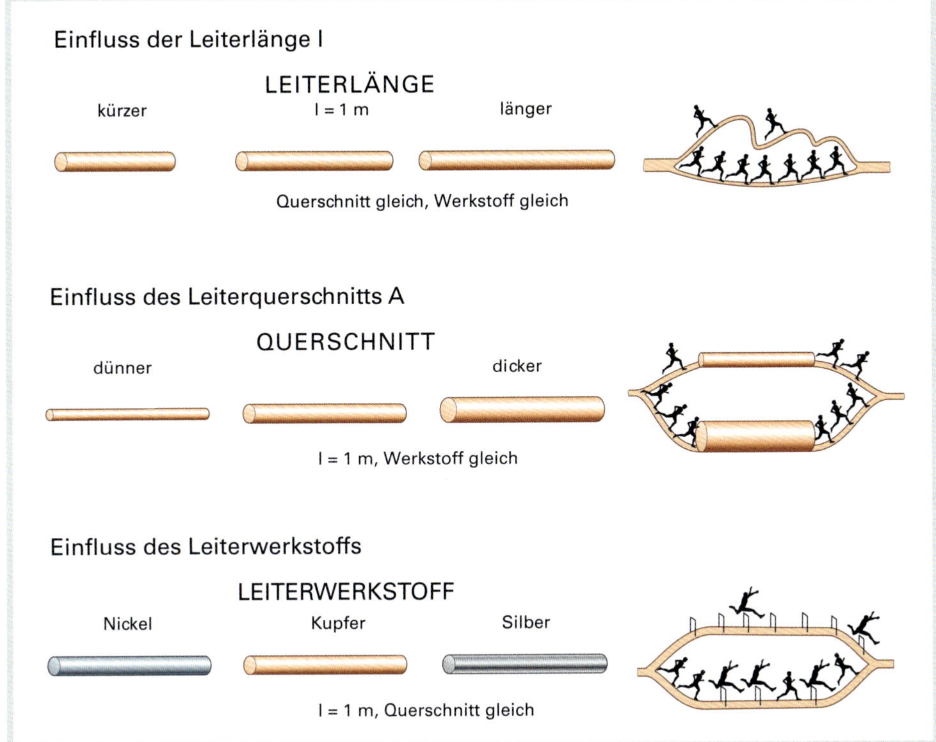

Bild 17.9 *Spezifischer Widerstand eines Leiters*
[Bild: AS-Illu]

Der Widerstand eines Leiterwerkstoffs von 1 m Länge und dem Querschnitt von 1 mm² bei 20 °C wird als spezifischer Widerstand bezeichnet.

Formelbuchstabe: ρ (rho)

Leiterwerkstoff	Spezifischer Widerstand ρ in $\frac{\Omega \cdot mm^2}{m}$
Silber	0,016
Kupfer	0,0178
Aluminium	0,029
Eisen	0,10

Mit der Leiterlänge l, dem Leiterquerschnitt A und dem spezifischen Widerstand als Materialkonstanten ergibt sich folgende Formel für den Widerstand eines Leiters:

$$R = \frac{\rho \cdot l}{A}$$

R = Leiterwiderstand Ω
ρ (rho) = spez. Widerstand $\frac{\Omega \cdot mm^2}{m}$
l = Leiterlänge in m
A = Leiterquerschnitt in mm^2

17.6 Reihenschaltung – Parallelschaltung

17.6.1 Reihenschaltung

Problem:
Warum fließt bei defekter Sitzflächenheizung kein Strom mehr durch die Heizung der Fahrerlehne?

Lösung:
Beide Verbraucher sind in Reihe geschaltet.

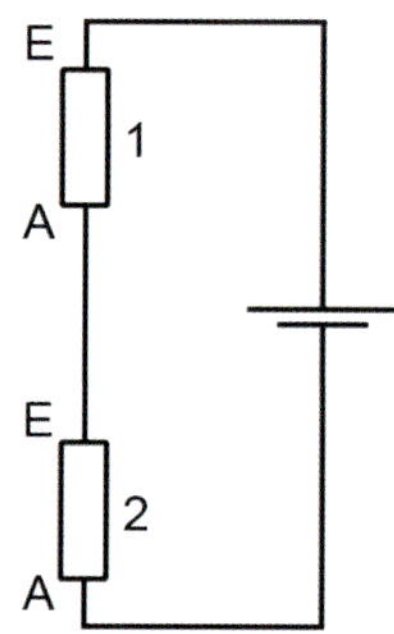

Bild 17.10
Prinzip der Reihenschaltung: Der Ausgang A des 1. Verbrauchers ist mit dem Eingang E des 2. Verbrauchers verbunden
[Bild: Riehl]

Merke: Bei der Reihenschaltung kann sich der Strom an keiner Stelle im Stromkries verzweigen. Eine Unterbrechung an einer Stelle unterbricht den gesamten Stromkreis.

Spannung

In der Reihenschaltung liegt an jedem Verbraucher ein Teil der Gesamtspannung. Am größeren Widerstand liegt auch die größere Spannung.

Merke: In der Reihenschaltung ergibt die Summe der Teilspannungen die Gesamtspannung.

$U_{Ges} = U_1 + U_2$

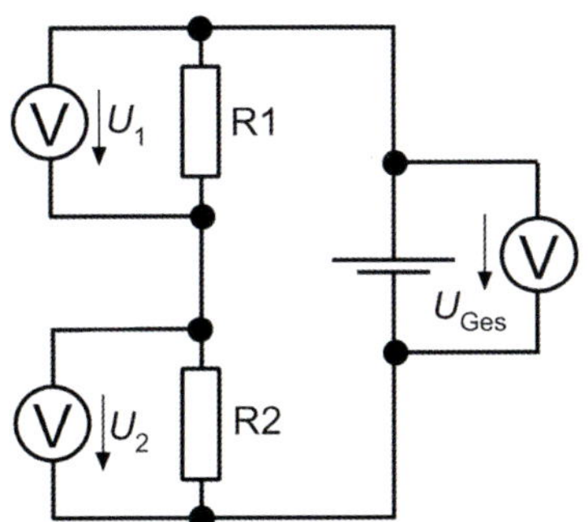

Bild 17.11
Schaltplan: Spannungen an der Reihenschaltung
[Bild: Riehl]

Strom

In der Reihenschaltung ist der Strom an allen Stellen gleich groß. Das Kennzeichen der Reihenschaltung ist die Stromgleichheit.

Merke: In der Reihenschaltung ist an jeder Stelle die Stromstärke gleich.

$I_{Ges} = I_1 = I_2$

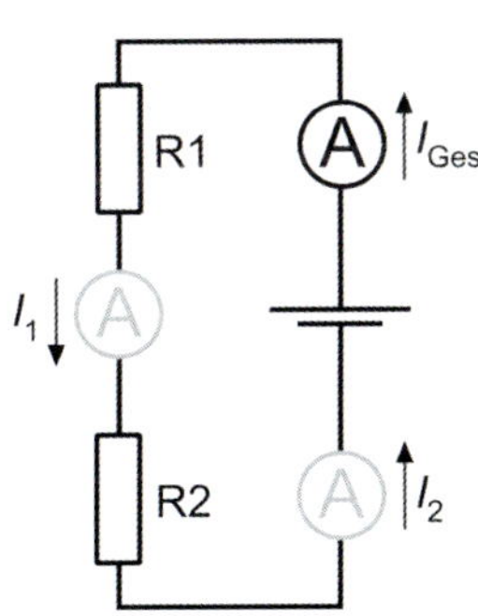

Bild 17.12
Schaltplan: Ströme in der Reihenschaltung
[Bild: Riehl]

Widerstand

Der Gesamtwiderstand R_{Ges} ist größer als die Einzelwiderstände R_1 oder R_2. Die Summe aus R_1 und R_2 ergibt den Gesamtwiderstand R_{Ges}.

Merke: In der Reihenschaltung ergibt die Summe der Einzelwiderstände den Gesamtwiderstand.

$R_{Ges} = R_1 + R_2$

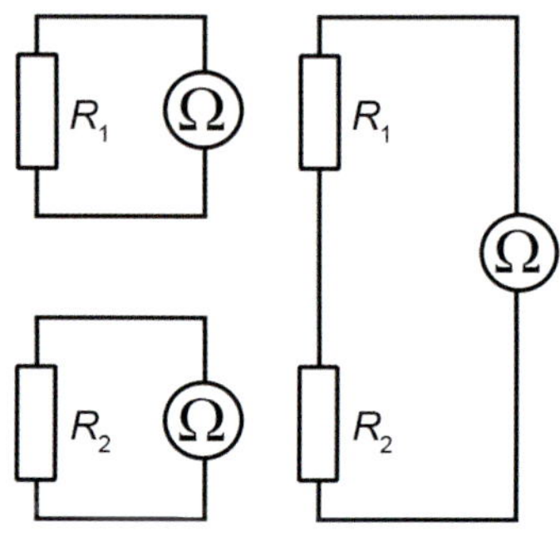

Bild 17.13
Schaltplan: Widerstände in der Reihenschaltung
[Bild: Riehl]

17.6.2 Parallelschaltung

Problem:

Warum leuchten bei Ausfall einer Glühlampe im Kfz, z. B. eines Rücklichtes, trotzdem noch alle anderen Leuchten?

Lösung:

Die Glühlampen im Kfz sind mit der Spannungsquelle parallel geschaltet.

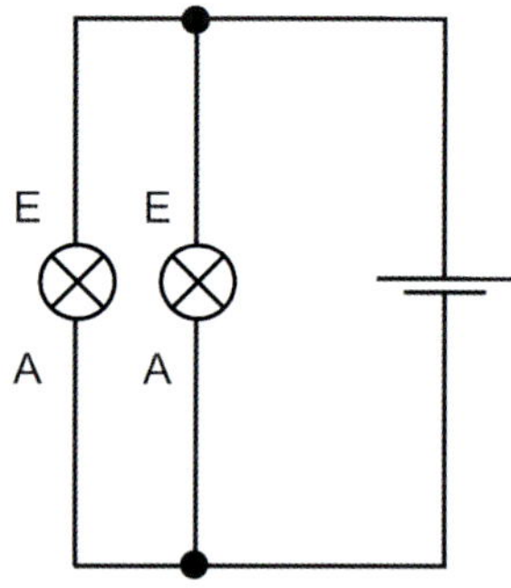

Bild 17.14
Prinzip der Parallelschaltung:
Alle Eingänge E und alle
Ausgänge A sind mit je einem Pol der Spannungsquelle verbunden.
[Bild: Riehl]

Merke: Da sich bei der Parallelschaltung der Strom auf die einzelnen Verbraucher verzweigt, hat der Ausfall eines Verbrauchers keinen Einfluss auf die anderen Verbraucher. Zum Beispiel leuchtet beim Ausfall einer Scheinwerferlampe oder einer Rücklichtlampe die andere weiter, weil die Lampen mit der Spannungsquelle parallelgeschaltet sind. Dagegen fällt bei einer Sitzflächenheizung sowohl das Heizelement in der Rückenlehne als auch das in der Sitzfläche aus, wenn einer der beiden Heizkreise defekt ist. Denn sie sind in Reihe geschaltet

Spannung

Die Spannungen U_1 und U_2 sind gleich der Gesamtspannung U_{Ges}. Das Kennzeichen der Parallelschaltung ist die Spannungsgleichheit.

Merke: An jedem Widerstand liegt die Gesamtspannung an.

$U_{Ges} = U_1 = U_2$

Bild 17.15
Schaltplan: Spannungen in der Parallelschaltung
[Bild: Riehl]

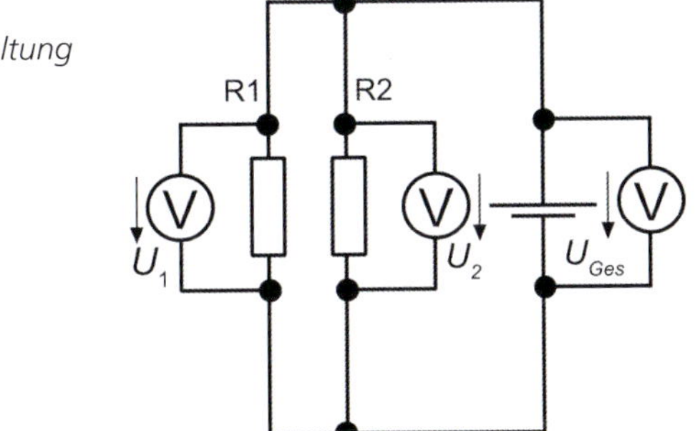

Strom

Der Strom in den Zuleitungen verzweigt sich auf die einzelnen Verbraucher. Man nennt die Ströme durch die einzelnen Verbraucher Teilströme. Durch den kleineren Widerstand fließt der größere Strom. Die Teilströme I_1 und I_2 ergeben den Gesamtstrom I_{Ges} (vgl. Bild 17.16)

Merke: Die Summe der Teilströme ergibt den Gesamtstrom.

$I_{Ges} = I_1 + I_2$

Bild 17.16
Schaltplan: Ströme in der Parallelschaltung
[Bild: Riehl]

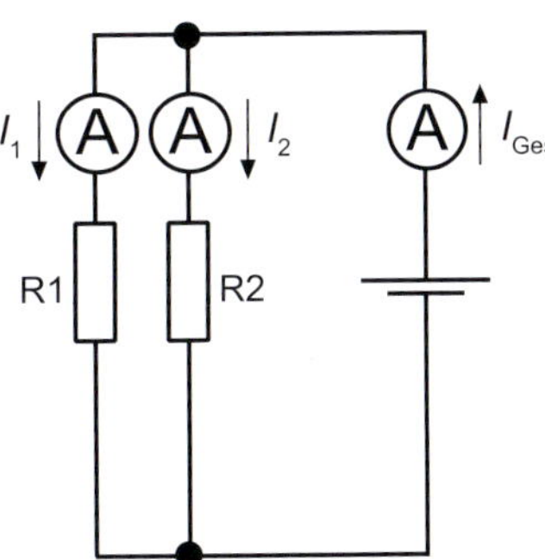

Widerstand

Der Gesamtwiderstand R_{Ges} ist kleiner als die Einzelwiderstände R_1 oder R_2.

$\frac{1}{R_{Ges}} = \frac{1}{R_1} + \frac{1}{R_2} + \frac{1}{R_3}$. Für zwei Widerstände gilt $R_{Ges} = \frac{R_1 \cdot R_2}{R_1 + R_2}$

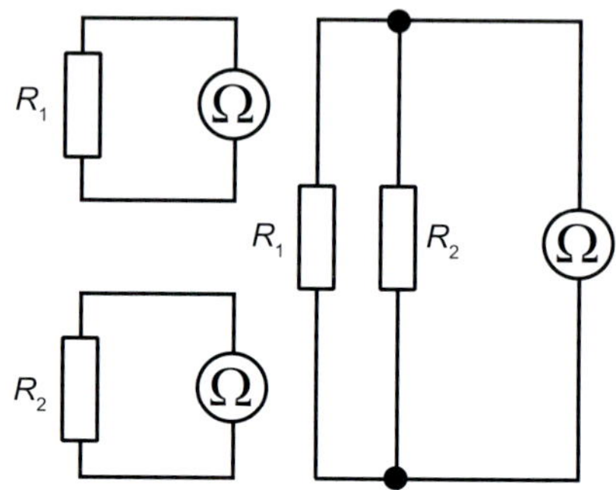

Bild 17.17
Schaltplan: Widerstände in der Parallelschaltung
[Bild: Riehl]

17.6.3 Übersicht

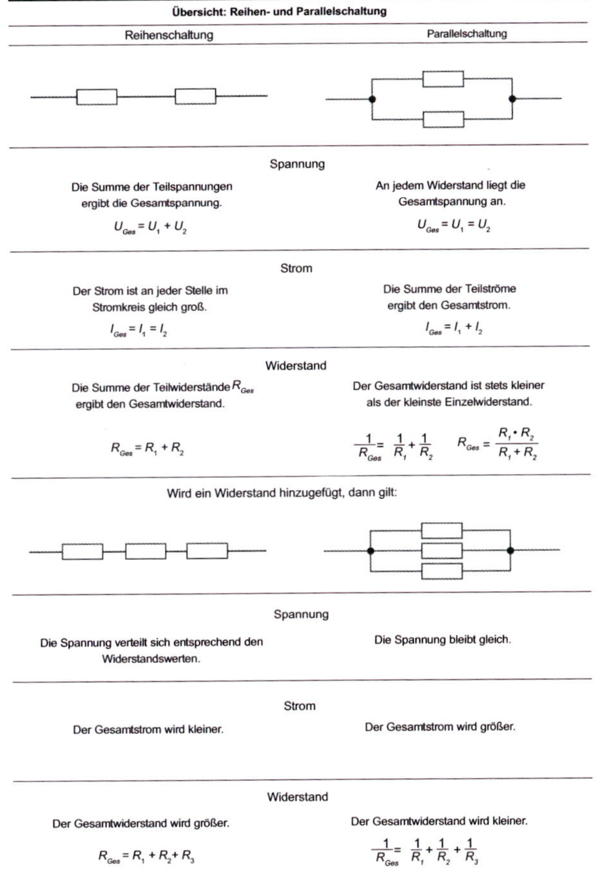

Übersicht: Reihen- und Parallelschaltung	
Reihenschaltung	Parallelschaltung
Spannung	
Die Summe der Teilspannungen ergibt die Gesamtspannung. $U_{Ges} = U_1 + U_2$	An jedem Widerstand liegt die Gesamtspannung an. $U_{Ges} = U_1 = U_2$
Strom	
Der Strom ist an jeder Stelle im Stromkreis gleich groß. $I_{Ges} = I_1 = I_2$	Die Summe der Teilströme ergibt den Gesamtstrom. $I_{Ges} = I_1 + I_2$
Widerstand	
Die Summe der Teilwiderstände R_{Ges} ergibt den Gesamtwiderstand. $R_{Ges} = R_1 + R_2$	Der Gesamtwiderstand ist stets kleiner als der kleinste Einzelwiderstand. $\frac{1}{R_{Ges}} = \frac{1}{R_1} + \frac{1}{R_2}$ $R_{Ges} = \frac{R_1 \cdot R_2}{R_1 + R_2}$
Wird ein Widerstand hinzugefügt, dann gilt:	
Spannung	
Die Spannung verteilt sich entsprechend den Widerstandswerten.	Die Spannung bleibt gleich.
Strom	
Der Gesamtstrom wird kleiner.	Der Gesamtstrom wird größer.
Widerstand	
Der Gesamtwiderstand wird größer. $R_{Ges} = R_1 + R_2 + R_3$	Der Gesamtwiderstand wird kleiner. $\frac{1}{R_{Ges}} = \frac{1}{R_1} + \frac{1}{R_2} + \frac{1}{R_3}$

Bild 17.18
Übersicht: Gesetzmäßigkeiten der Reihen- und Parallelschaltung
[Bild: Riehl]

17.7 Gemischte Schaltungen

Problem:
Fast immer gibt es im Kraftfahrzeug Schaltungen, die weder reine Reihen- noch reine Parallelschaltungen darstellen. Die wirklichen Verhältnisse sind eine Mischung aus beiden Schaltungsarten. Man nennt solche Schaltungen daher gemischte Schaltungen.

Für Berechnungen müssen gemischte Schaltungen auf Reihen- und Parallelschaltungen zurückgeführt werden. Dazu fasst man die einzelnen Widerstände zu Ersatzwiderständen zusammen, sodass reine Reihen- bzw. Parallelschaltungen entstehen. Ein Ersatzwiderstand stellt den Widerstandswert der zusammengefassten Widerstände dar. Nach und nach wird die Schaltung auf die beiden Grundschaltungen reduziert.

Beispiel: Stromkreis der Bremsleuchten eines Pkw

17.7.1 Erweiterte Reihenschaltung

Bild 17.19
Erweiterte Reihenschaltung in bildlicher Darstellung und mit Widerständen
[Bild: Riehl]

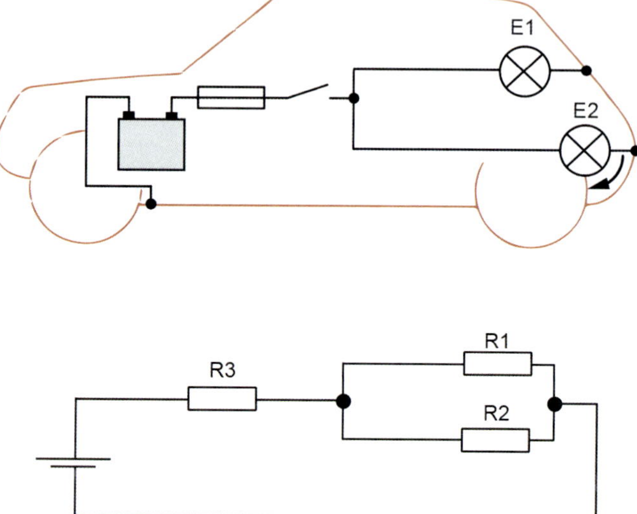

Die Stromversorgung bei der Bremslichtschaltung erfolgt von der Batterie über die Sicherung und den Bremslichtschalter über eine Hauptleitung bis zum Kofferraum, wo dann die Verzweigung zur linken und rechten Bremslichtleuchte erfolgt. Die Rückleitung erfolgt über die Fahrzeugmasse.

Schalter, Sicherung und Hinleitung bis zur Verzweigung stellen einen Widerstand dar, der mit den beiden parallelgeschalteten Bremsleuchten in Reihe geschaltet ist. Man nennt diese Schaltung: **erweiterte Reihenschaltung**

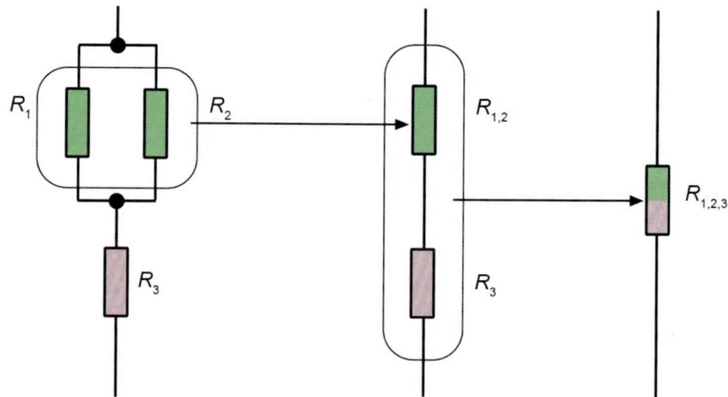

Bild 17.20 *Ermittlung des Gesamtwiderstandes in der erweiterten Reihenschaltung*
[Bild: Riehl]

Ermittlung des Gesamtwiderstandes: Bei der erweiterten Reihenschaltung können zunächst parallelgeschaltete Widerstände zu einem sogenannten Ersatzwiderstand zusammengefasst werden.
Die Schaltung wird zu einer Reihenschaltung vereinfacht.

Beispiel:
$R_1 = 470\ \Omega$
$R_2 = 1\ \text{k}\Omega$
$R_3 = 2{,}2\ \text{k}\Omega$

1. Schritt
   Berechnung des Ersatzwiderstandes $R_{1,2}$ für die beiden parallelgeschalteten Widerstände R_1 und R_2.

   $$R_{Ges} = \frac{470 \bullet 1000}{470 + 1000} = 320\ \Omega$$

   Merke: Widerstände mit gleicher Spannung sind parallelgeschaltet.

2. Schritt
   Berechnung des Gesamtwiderstandes $R_{1,2,3}$ aus der Reihenschaltung von $R_{1,2}$ und R_3.

   $$R_{1,2,3} = 320 + 2200 = 2520\ \Omega$$

   Merke: Widerstände mit gleichem Strom sind in Reihe geschaltet.

17.7.2 Erweiterte Parallelschaltung

Tritt an einer Bremsleuchte, z. B. durch Korrosion, ein zusätzlicher Übergangswiderstand R auf, liegt bei diesem Leitungsstrang ein zusätzlicher Widerstand zu einer der Leuch-

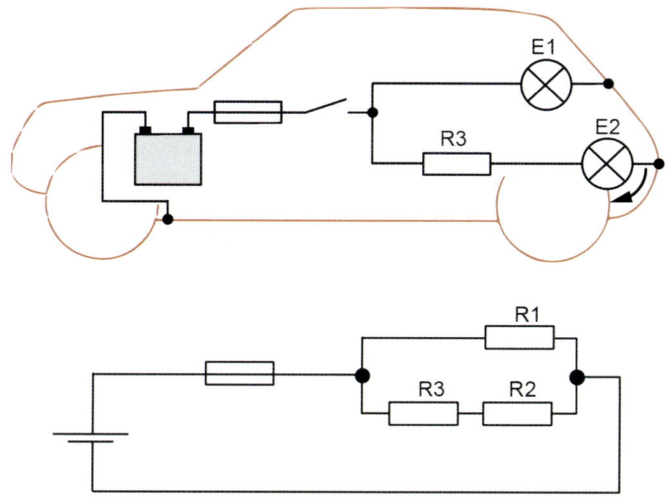

Bild 17.21
Erweiterte Parallelschaltung in bildlicher Darstellung und mit Widerständen
[Bild: Riehl]

ten in Reihe. Der Übergangswiderstand R liegt also zu Leuchte E2 in Reihe, beide sind aber parallel zur Leuchte E1 geschaltet. Man nennt diese Schaltung: **erweiterte Parallelschaltung**

Ermittlung des Gesamtwiderstandes: Bei der erweiterten Parallelschaltung können zunächst in Reihe geschaltete Widerstände als Ersatzwiderstand zusammengefasst werden. Die Schaltung wird zu einer Parallelschaltung vereinfacht.

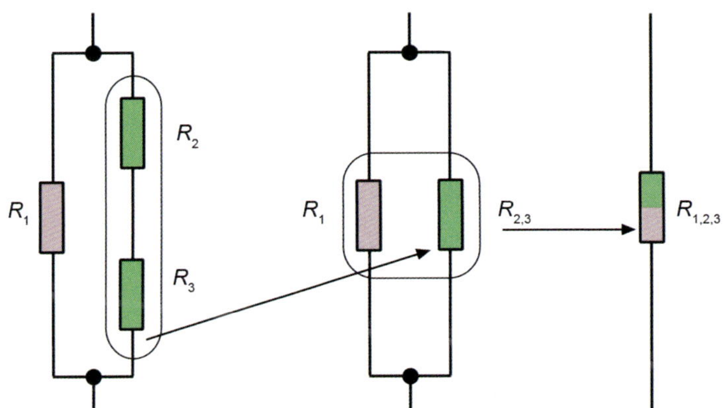

Bild 17.22 *Ermittlung des Gesamtwiderstandes in der erweiterten Parallelschaltung*
[Bild: Riehl]

Beispiel:
$R_1 = 470\ \Omega$
$R_2 = 1\ \text{k}\Omega$
$R_3 = 2{,}2\ \text{k}\Omega$

1. Schritt
   Berechnung des Ersatzwiderstandes $R_{1,2}$ für die beiden in Reihe geschalteten Widerstände R_1 und R_2.

   $R_{1,2} = 470 + 1000 = 1470\ \Omega$

   Merke: Widerstände mit gleichem Strom sind in Reihe geschaltet.

2. Schritt
   Berechnung des Ersatzwiderstandes $R_{1,2,3}$ für die beiden parallelgeschalteten Widerstände R_3 und $R_{1,2}$.

   $R_{Ges} = \frac{2200 \cdot 1470}{2200 + 1470} = 881\ \Omega$

   Merke: Widerstände mit gleicher Spannung sind parallelgeschaltet.

17.8 Spannungsteiler, Potentiometer

Neben den sogenannten Festwiderständen gibt es auch die Gruppe der einstellbaren oder veränderlichen Widerstände. Einstellbarer Widerstände ändern den Widerstandswert durch manuelle Einwirkung.

17.8.1 Unbelasteter Spannungsteiler

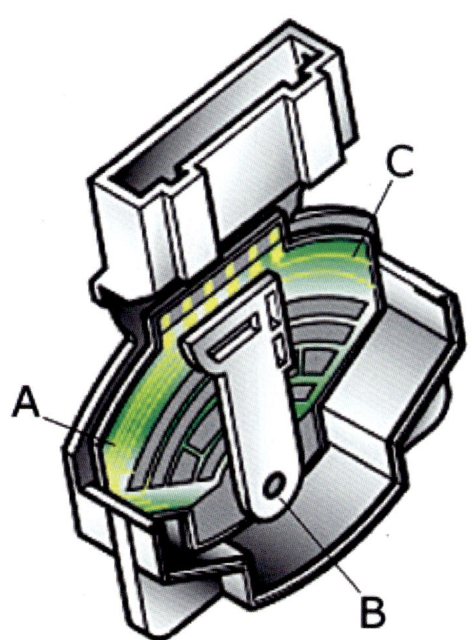

Bild 17.23
Der abgebildete Geber für die Drosselklappenstellung ist ein Schleifpotentiometer. Bei jeder Änderung der Drossel, ändert sich der Widerstandswert. Dies wird von Steuergerät als Haupteinflussgröße zur Berechnung der Einspritzmenge verwendet
[Bild: Autofachmann Digital]

Bild 17.24
Prinzip eines Potentiometers
Einstellbare Widerstände haben drei Anschlüsse. Zwei (A und C) sind an den Enden der Widerstandsstrecke. Ein Anschluss B ist der Kontakt zum Schleifer, der auf den Widerstandskörper drückt. Durch Verstellen des Schleifkontaktes, ändert sich die Länge, die der Strom vom Kontakt A über die Schleiferbahn bis zum Kontakt B zurücklegen muss.
[Bild: Autofachmann Digital]

Veränderbare oder einstellbare Widerstände sind in der Regel mechanisch veränderbare Widerstände. Je nach Bauform wird der Widerstandswert mittels eines Schiebers oder einer Drehachse verändert. Die Widerstandsstrecke kann also gerade oder kreisförmig sein. Der einstellbare Widerstandswert hat einen Kleinst- und einen Höchstwert. Der Kleinstwert kann z. B. 0 Ohm sein. Der Höchstwert ergibt sich aus der Widerstandsbezeichnung. In unbelastetem Zustand ist das Potentiometer eine Reihenschaltung von zwei Widerständen R_1 und R_2, deren Gesamtwiderstand immer gleichbleibt. Da sich in einer Reihenschaltung die Gesamtspannung auf die beiden Einzelwiderstände aufteilt, steht nach dem ersten Widerstand eine Restspannung zur Verfügung. Diese Spannung liegt an Kontakt B des Potentiometers an.

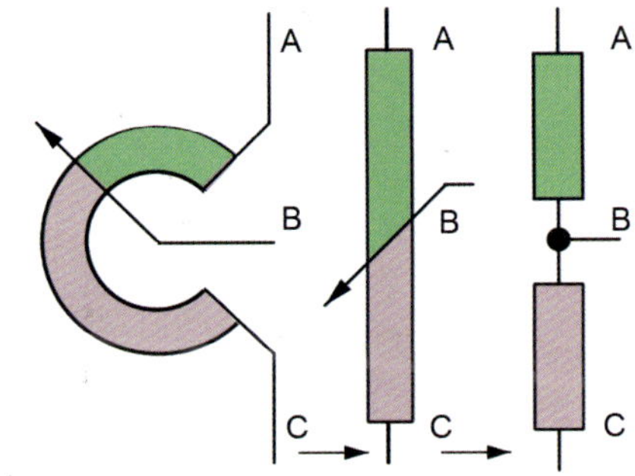

Bild 17.25
Unbelasteter Spannungsteiler als Reihenschaltung von zwei Widerständen. Prinzip eines Potentiometers
[Bild: Riehl]

17.8.2 Belasteter Spannungsteiler

Durch die Belastung ist die Teilspannung bei gleicher Stellung des Potentiometers kleiner als in unbelastetem Zustand. Durch das Anschließen eines Lastwiderstandes R_3 wurde aus der ursprünglichen Reihenschaltung zweier Widerstände eine gemischte Schaltung von drei Widerständen. Der Widerstandswert des Ersatzwiderstandes $R_{2,3}$ ist durch die Parallelschaltung kleiner als der Wert von R_2. Somit wird die abgegriffene Spannung U kleiner, da R_1 gleichgeblieben ist.

Merke: durch einen Spannungsteiler oder Potentiometer lassen sich je nach Einstellung verschiedene Spannung abgreifen. Hauptanwendung ist die Erfassung einer Winkelposition.

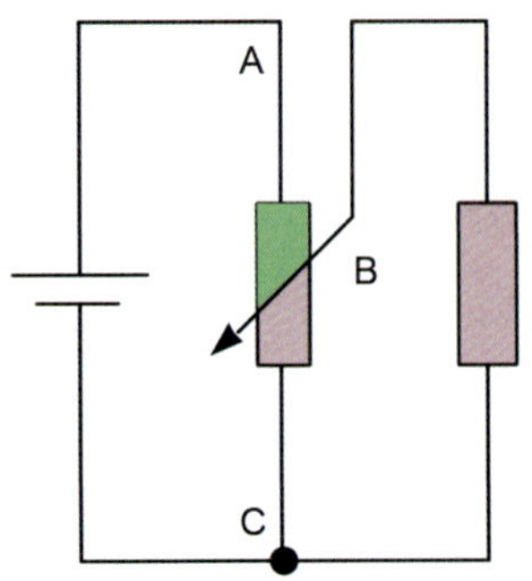

Bild 17.26
Schaltplan: Potentiometer mit Belastung
[Bild: Riehl]

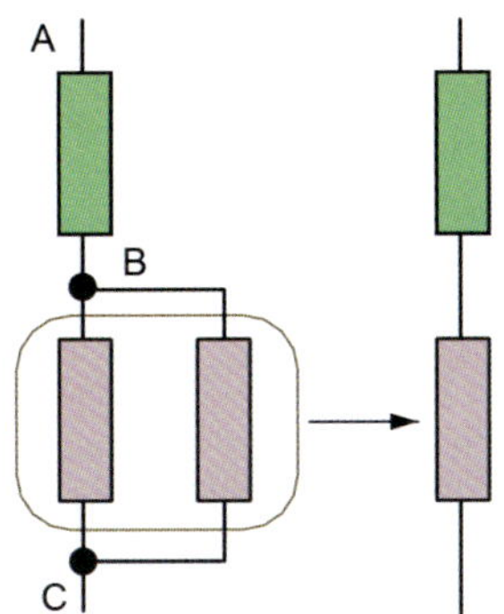

Bild 17.27
Belasteter Spannungsteiler als erweiterte Reihenschaltung
[Bild: Riehl]

17.9 Kondensator

17.9.1 Kondensator als Ladungsspeicher

17.9.1.1 Aufbau

Die einfachste Form eines Kondensators besteht aus zwei gegenüberliegenden Metallplatten und dazwischen einem Isolator. Die Kapazität (Fassungsvermögen) hängt von der Plattenfläche und nicht von der Plattendicke ab. Um auf möglichst kleinem Raum eine große Plattenoberfläche unterzubringen, rollt man zwei Metallfolien, zwischen die als Isolator eine Papierschicht eingebracht ist, zu einem Wickelpaket zusammen.

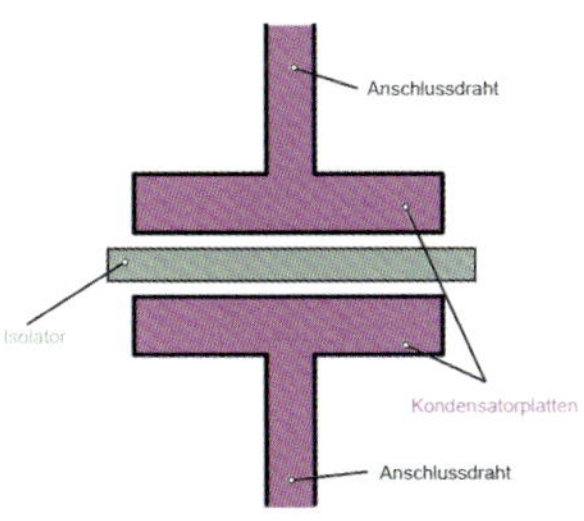

Bild 17.29a
Prinzip eines Kondensators
[Bild: Riehl]

Bild 17.29b
Technische Ausführung
[Bild: Riehl]

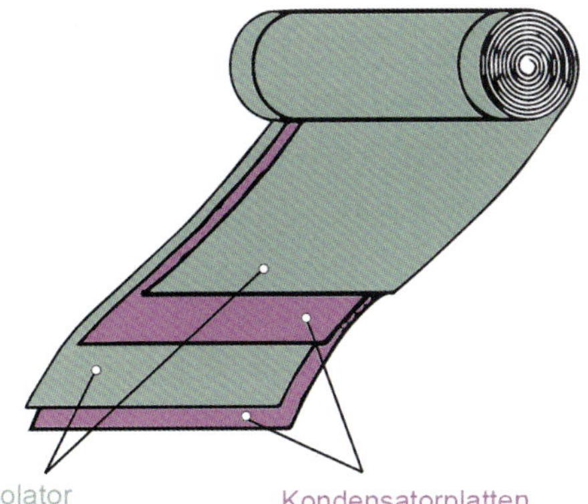

17.9.1.2 Verhalten

Laden: Ein Kondensator wird über den Schalter S2 mit einer Spannungsquelle verbunden. Nach dem Schließen des Stromkreises leuchtet die Glühlampe E kurz auf. Im Augenblick des Einschaltens (linke Schaltung) muss kurzzeitig ein Strom fließen, da die Lampe E aufleuchtet. Legt man an den Kondensator durch Schließen des Schalters eine Gleichspannungsquelle an, so werden elektrische Ladungen verschoben. Auf der einen Seite des Kondensators entsteht ein Elektronenüberschuss (negative Ladung), auf der anderen Seite Elektronenmangel (positive Ladung). Dabei fließt kurzzeitig ein Ladestrom, und zwar so lange, bis der Kondensator aufgeladen wird. Der Stromfluss kann durch das Aufleuchten der Glühlampe festgestellt werden.

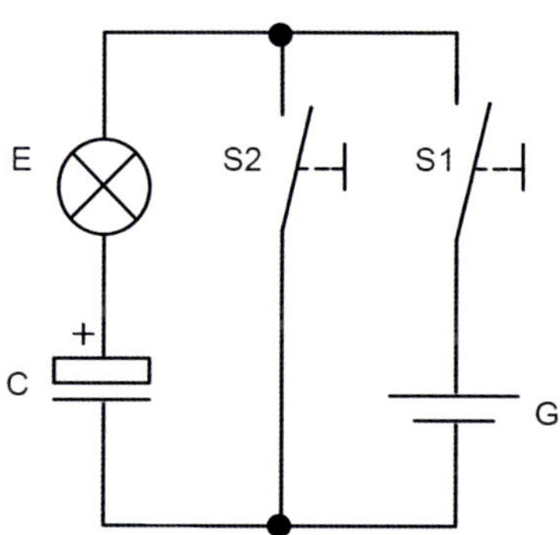

Bild 17.29
Schaltplan: Laden und Entladen eines Kondensators
C Kondensator
E Glühlampe
G Gleichspannungsquelle
S1 Schalter zum Laden
S2 Schalter zum Entladen
[Bild: Riehl]

Entladen: Wird der Kondensator durch Umschalten des Schalters kurzgeschlossen, fließt in entgegengesetzter Richtung ein Entladestrom. Der Entladestrom fließt solange, bis beide Seiten wieder elektrisch neutral sind, bzw. bis die elektrische Energie im Widerstand in die Wärmeenergie umgewandelt wird.

Merke: Der Kondensator ist ein Bauelement, welches elektrische Energie speichern kann.

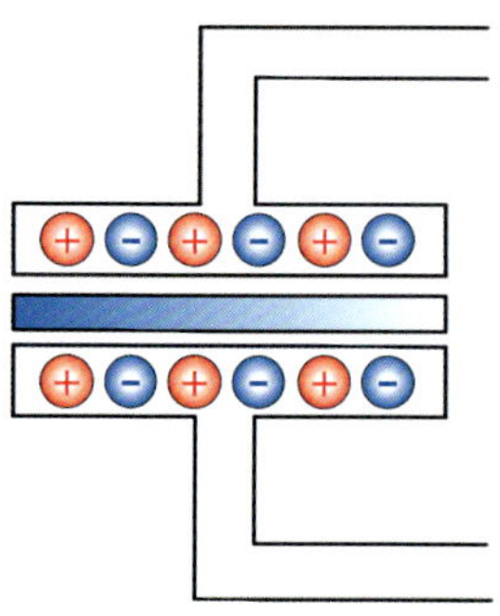

Bild 17.30a
Ungeladener Kondensator
Bild: Riehl]

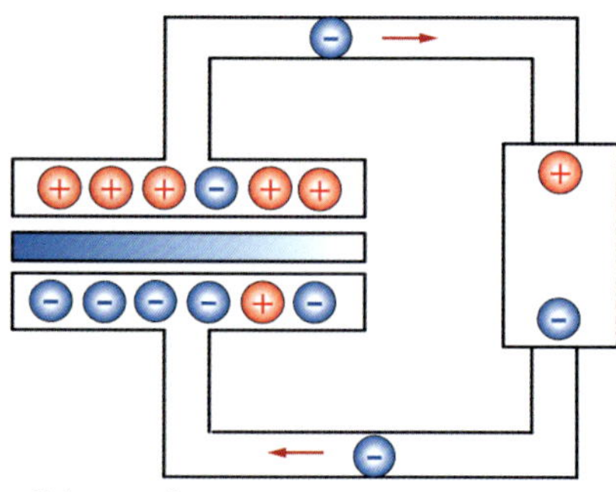

Bild 17.30b
Aufladevorgang
[Bild: Riehl]

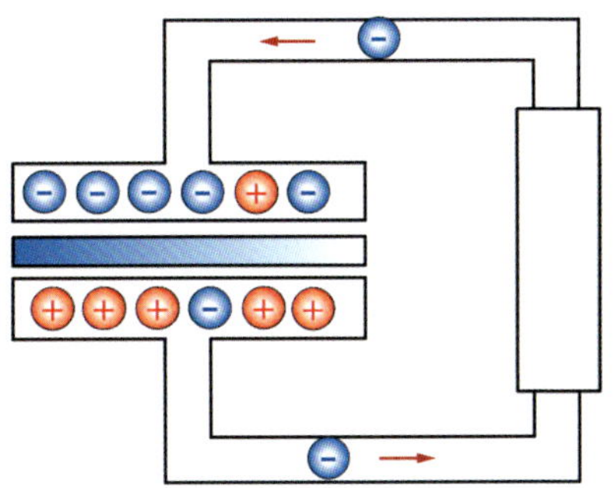

Bild 17.30c
Entladevorgang
[Bild: Riehl]

Ungeladener Kondensator

Die Platten sind neutral. Es befinden sich auf jeder Platte gleich viele negative Ladungsträger (Elektronen) (vgl. Bild 17.30a).

Aufladevorgang: Der positive Pol der Spannungsquelle entnimmt der oberen Platte die Elektronen. Der negative Pol der Spannungsquelle drückt die gleiche Menge Elektronen auf die untere Platte. Im geladenen Zustand ist die Spannung am Kondensator gleich der Spannung an der Spannungsquelle. Es fließt jetzt kein Strom mehr. Der Kondensator wirkt wie ein Isolator (vgl. Bild 17.30b).

Entladevorgang: Werden die beiden geladenen Platten über einen Widerstand verbunden, dann können sich die Ladungen wieder ausgleichen. Die Spannung des Kondensators sinkt auf null (vgl. Bild 17.30c).

17.9.1.3 Stromrichtung

Beim Laden des Kondensators fließt ein Strom vom Pluspol der Spannungsquelle zum mit einem + gekennzeichneten Pol des Kondensators. Beim Entladen des Kondensators fließt ein Strom vom Pluspol des Kondensators über den Verbraucher zum Minuspol des Kondensators.

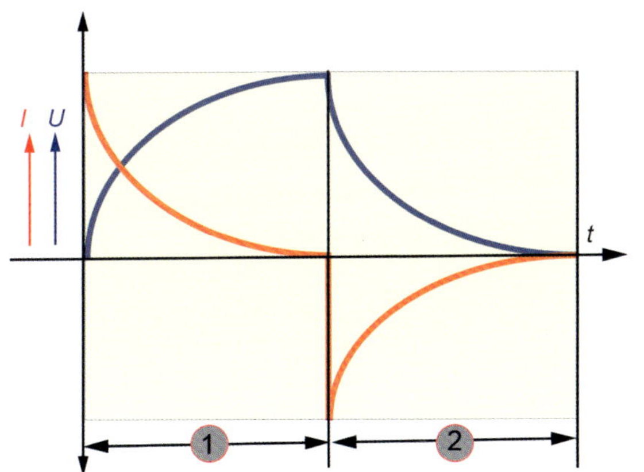

Bild 17.31a
Spannungs- und Stromverlauf beim Laden und Entladen eines Kondensators
1 Laden des Kondensators
2 Entladen des Kondensators
U Spannung
I Strom
[Bild: Riehl]

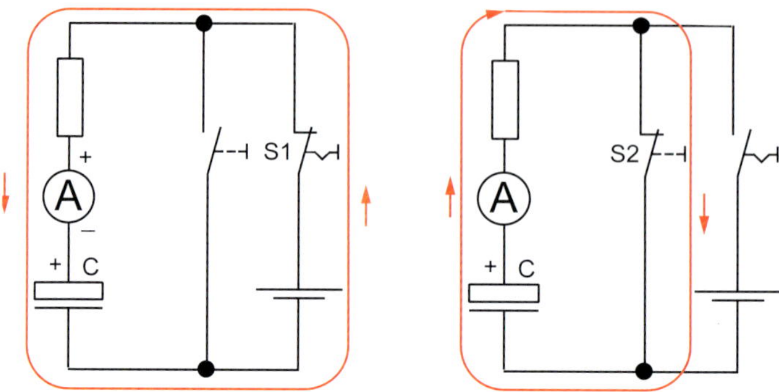

Bild 17.31b
Spannungs- und Stromverlauf beim Laden (links) und Entladen (rechts) eines Kondensators
[Bild: Riehl]

Während dem Ladevorgang des Kondensators fließt am Anfang hoher Strom. Die Spannung dagegen ist anfangs niedrig bzw. gleich 0 V. Mit zunehmender Aufladung des Kondensators wird der Strom immer kleiner und die Spannung immer größer. Bei aufgeladenem Kondensator fließt kein Strom mehr. Die Spannung erreicht den Wert der Spannungsquelle. Beim Entladen des Kondensators fließt am Anfang hoher Strom, aber in anderer Richtung als beim Laden. Die Spannung hat zunächst höchsten Wert und sinkt stetig mit Entladen des Kondensators. Wenn der Kondensator vollständig entladen ist, fließt kein Strom mehr und es gibt keinen Potenzialunterschied zwischen den Platten des Kondensators.

Merke: Der Kondensator ist ein Ladungsspeicher. Das Vermögen eines Kondensators, Ladungen zu speichern, bezeichnet man als Kapazität.

Physikalische Größe	Formelzeichen	Einheit	Einheitenkurzzeichen
Kapazität	C	Farad	F

Die in der Praxis benutzten Kondensatoren haben Werte, die kleiner als ein Farad sind:

- 1 mF = 10^{-3} F (mF = Milli-Farad)
- 1 ηF = 10^{-6} F (ηF = Mikro-Farad)
- 1 nF = 10^{-9} F (nF = Nano-Farad)
- 1 pF = 10^{-12} F (pF = Piko-Farad)

17.9.1.4 Lade- und Entladezeit des Kondensators

Zur Berechnung der Lade- bzw. Entladezeit wird der Wert des Widerstandes, durch den der Ladestrom des Kondensators fließt und der Wert des Kondensators benötigt. Die

Höhe der angelegten Spannung hat dabei keinen Einfluss auf die Ladezeit. Die Aufladung erfolgt umso schneller, je kleiner die Kapazität des Kondensators *C* und je kleiner der Widerstand *R* ist. Daher wird das Produkt aus Kondensator *C* und Widerstand *R* als Zeitkonstante *i* (tau) festgelegt.

$i = R \cdot C$

Innerhalb jeder Zeitkonstante *i* lädt oder entlädt sich ein Kondensator um 63 % der angelegten Spannung. Nach 5 Zeitkonstanten ist ein Kondensator fast aufgeladen bzw. fast entladen.

Merke: Die Größe des Ladewiderstandes und die Kapazität des Kondensators beeinflussen die Ladezeit. Die Aufladung eines Kondensators dauert umso länger, je größer der Ladewiderstand *R* und je größer die Kapazität *C* ist.

17.9.1.5 Bauarten und Schaltzeichen

Je nach Anwendung werden ungepolte oder gepolte Kondensatoren verwendet.

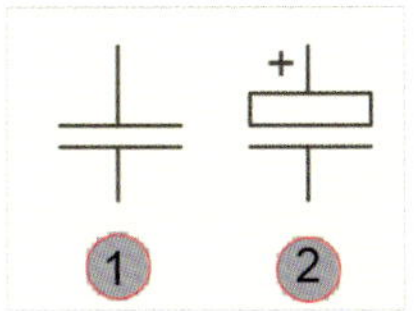

Bild 17.32
Schaltzeichen der Kondensatoren
1 Ungepolter Kondensator
2 Gepolter Kondensator
[Bild: Riehl]

Bei ungepolten Kondensatoren sind beide Anschlüsse gleichwertig, d. h., sie können vertauscht werden. Ungepolte Kondensatoren können an Gleich- und Wechselspannung betrieben werden. Die gepolten Kondensatoren dagegen haben einen Plus- und einen Minus-Anschluss. Die beiden Anschlüsse dürfen nicht vertauscht werden. Gepolte Kondensatoren dürfen nicht an Wechselspannung betrieben werden.

Ultrakondensatoren, auch Ultracaps oder Supercaps genannt, weisen eine hohe Leistungsdichte gepaart mit Zyklenfestigkeit bei langer Lebensdauer auf. Hinzu kommt ein hoher Wirkungsgrad sowie ihr zuverlässiger Betrieb auch bei tiefen Temperaturen.

17.9.1.6 Reihenschaltung und Parallelschaltung von Kondensatoren

Ähnlich wie die Widerstände können die Kondensatoren parallel und in Reihe geschaltet werden.

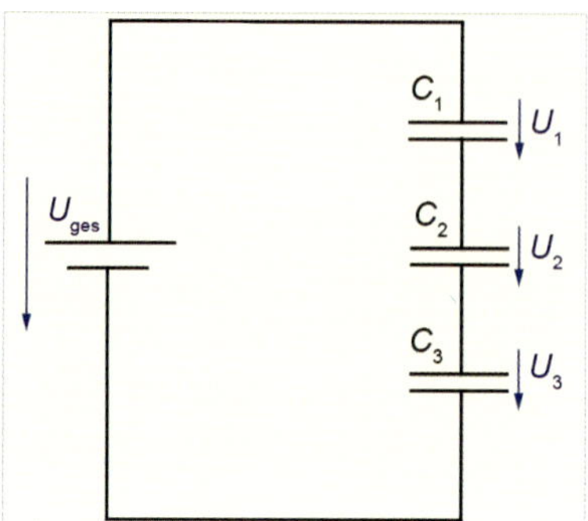

Bild 17.33
Reihenschaltung von Kondensatoren
[Bild: Riehl]

Reihenschaltung

Eine Reihenschaltung von Kondensatoren ist dann gegeben, wenn die Kondensatoren hintereinandergeschaltet sind und durch alle Kondensatoren der gleiche Strom fließt. Die Gesamtspannung U_{ges} teilt sich an den Kondensatoren in der Reihenschaltung auf. Die Summe der Teilspannung ist gleich der Gesamtspannung. An der kleinsten Kapazität fällt die größte Spannung ab. An der größten Kapazität fällt die kleinste Spannung ab. Die Gesamtkapazität der Reihenschaltung ist kleiner als die kleinste Einzelkapazität. Durch jeden weiteren Reihenkondensator sinkt die Gesamtkapazität.

$$\frac{1}{C_{ges}} = \frac{1}{C_1} + \frac{1}{C_1} + \frac{1}{C_3}$$

Bild 17.34
Parallelschaltung von Kondensatoren
[Bild: Riehl]

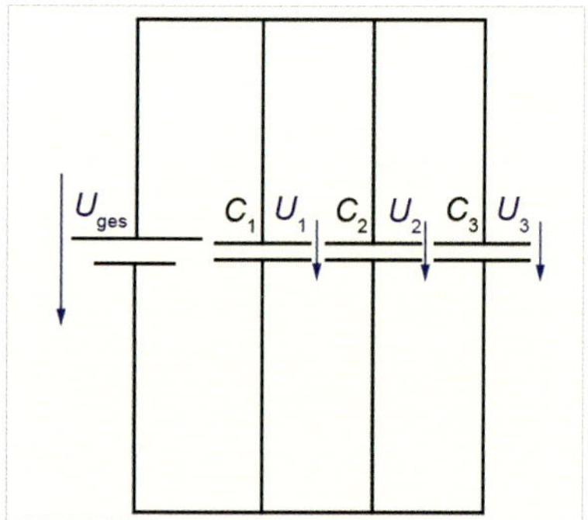

Parallelschaltung

In der Parallelschaltung von Kondensatoren liegen an allen Kondensatoren die gleiche Spannungen an.

Da der Strom die Kondensatoren auflädt, ist die Gesamtkapazität aller Kondensatoren größer als bei jedem einzelnen Kondensator. Die Gesamtkapazität ist gleich der Summe der Einzelkapazitäten. Die Kondensatoren werden sehr häufig parallelgeschaltet, um die Kapazität zu erhöhen.

$$C_{ges} = C_1 + C_2 + C_3$$

17.9.2 Kondensator als Ladungsspeicher im Kfz

17.9.2.1 Kondensator zur Glättung der Spannung im Kfz

Die Gleichrichtung im Drehstromgenerator erzeugt eine pulsierende Gleichspannung mit einer drehzahlabhängigen Frequenz, die üblicherweise durch die Batterie geglättet wird. Bei Fahrzeugen, die aus Gewichts- bzw. Platzgründen die Batterie im Kofferraum haben, kann es zu Störungen und zu Spannungseinbrüchen im Bordnetz kommen, da diese Pufferung im Motorraum fehlt. Während der normalen Bordspannung laden sich die Kondensatoren auf. Bricht die Spannung kurzzeitig durch zu hohe Stromentnahme an der Batterie zusammen, hilft der Kondensator mit einer schnellen «Energieabgabe» aus. Dadurch können die Spannungseinbrüche auf ein Minimum reduziert werden.

17.9.2.2 Kondensatoren im Airbag-Steuergerät

Sollte als Folge eines Unfalls die Energieversorgung für das Airbag-Steuergerät unterbrochen sein, übernehmen Kondensatoren die Energieversorgung der Zündkreise, unabhängig von der Fahrzeugbatterie.

17.9.2.3 Kondensatoren Im Zwischenkreis von HV-Fahrzeugen

Elektrische Energie kann in Fahrzeugbatterien nur in Form von Gleichspannung gespeichert werden. Elektrischen Maschinen, d. h. Motoren und Generatoren, werden aber wegen des besseren Wirkungsgrades und einfacheren Aufbaus mit Drehstrom betrieben. Es muss also die Möglichkeit bestehen, Spannungen in beide Richtungen umzuwandeln; Drehstrom aus dem Generator muss in Gleichspannung umgewandelt (AC/DC-Wandler) und Gleichstrom aus der Batterie muss in Drehstrom umgewandelt werden (DC/AC-Wandler)

Zusätzlich muss auch die Möglichkeit einer DC/DC-Wandlung bestehen, um aus der Hochvoltspannung die 12-Volt-Bordnetzspannung zu erzeugen und evtl. sogar die Möglichkeit einer Aufwärtswandlung (Boost-Mode), um ein Laden der Hochvolt-Batterie aus dem 12-Volt-Bordnetz zu ermöglichen. Das Wechselrichten des DC/AC-Wandlers wird durch Schalten von Transistor-Endstufen erreicht. Diese Endstufen müssen riesige Ströme für die Wicklungen der Motoren schalten. Das führt zu sehr großen und schädlichen Stromspitzenbelastungen der Hochvolt-Batterie, die die Bordelektronik stören. Um dies zu vermeiden, werden auf der Gleichspannungsseite des Inverters zwischen Hochvolt-Batterie und Wechselrichter Kondensatoren eingebaut, die genauso wie bei einer Verstärkeranlage sehr ortsnah als Puffer dienen. Dieser Bereich des Inverters wird Zwischenkreis genannt.

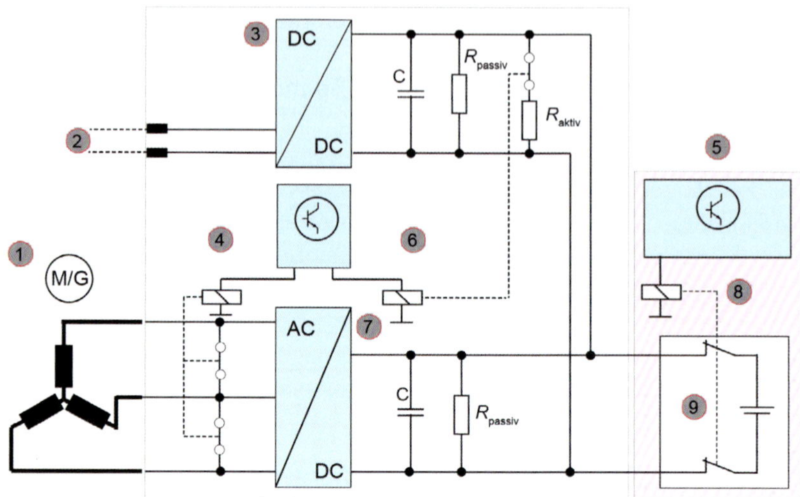

Bild 17.35
Kondensatoren im Hochvolt-Zwischenkreis
1 Drehstrommotor/Generator
2 12-Volt-Bordnetz
3 DC/DC-Wandler zwischen Hochvolt und Bordnetz
4 Relais zum Kurzschließen der Wicklungen der Elektromaschine
5 Hochvolt-Batterieeinheit
6 Relais zum aktiven Entladen der Kondensatoren
7 Bidirektionaler AC/DC-Wandler auf der Hochvoltseite
8 Schaltschütz für die Hochvoltbatterie
9 Hochvoltbatterie
C Zwischenkreiskondensator
R_{passiv} *Passiver Entladewiderstand*
R_{aktiv} *Aktiver Entladewiderstand*
[Bild: Riehl]

Probleme können beim Herunterfahren des Systems entstehen. Der DC-Wandler enthält zu diesem Zweck eine Entladeschaltung für die Zwischenkreiskondensatoren. Wenn das Abschalten des Systems nicht zu einem ausreichend schnellen Absenken der Spannung führt, erfolgt das Entladen über einen aktiv dazu geschalteten Widerstand R_{aktiv}. Auf diese Weise wird das Hochvolt-Bordnetz in wenigen Sekunden entladen. Aus Sicherheitsgründen gibt es auch noch einen permanent parallelgeschalteten sogenannten passiven Entlade-Widerstand R_{passiv}. Dieser ermöglicht selbst dann noch eine zuverlässige Entladung des Hochvolt-Bordnetzes, wenn die ersten beiden Maßnahmen zur Entladung aufgrund eines Fehlers nicht funktionieren sollten. Die Zeitdauer bis zur Entladung auf eine Spannung unter 60 V ist dann größer und beträgt maximal 2 Minuten.

17.9.2.4 Verstärkeranlage

Ähnliche Probleme kann man bei Einbau einer Verstärkeranlage im Fahrzeug bekommen. Spätestens, wenn bei intensiven Bässen die Innenbeleuchtung oder das Scheinwerferlicht flackert, ist dies ein Zeichen, dass die Spannungsversorgung kurzzeitig einbricht. Abhilfe schafft auch hier ein Hochleistungskondensator C1, der möglichst nah am Verstärker eingebaut werden sollte. Durch einen Kondensator C2 als Frequenzweiche in Reihe zu einem Lautsprecher werden nur die höheren Frequenzen durchgelassen. Die niedrigen Frequenzanteile werden gesperrt. Er wird daher in Reihe zu einem Hochtöner geschaltet.

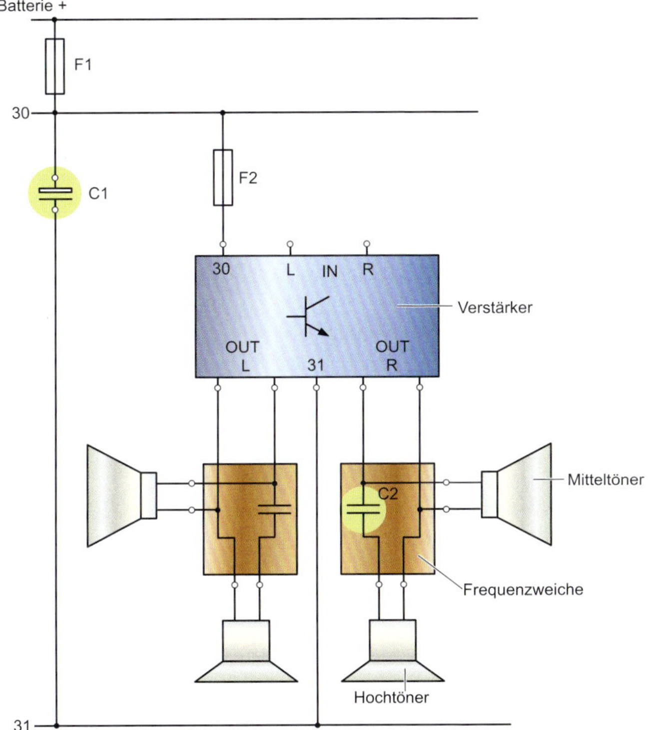

Bild 17.36a
Anschlussschema für den Kondensator zur Spannungsstabilisierung bei Verstärkeranlagen
[Bild: Riehl]

17.9.2.5 Fahrzeuge mit Start-Stopp-Systemen

Um das Absinken der Bordstromversorgung bei jedem Start zu vermeiden, verwendet man Ultrakondensatoren als Energiespeicher. Es ist ein Zusatzsystem zum bestehenden Stromnetz, welche zwischen dem negativen Anschluss der Batterie und der Gehäuseerdung des Fahrzeugs eingebaut wird. Während des Neustarts wird das System der Spannungsstabilisierung aktiviert, wenn der Systemstrom einen voreingestellten Wert überschreitet. In diesem Moment werden die geladenen Ultrakondensatoren in Reihe mit der Batterie geschaltet, wodurch die zur Verfügung stehende Spannung erhöht wird. Diese erhöht dann die Spannung des gesamten Stromnetzes. Die Ultrakondensatoren liefern die Hochleistung für den Motorstart, welcher in der Regel weniger als 1 Sekunde dauert.

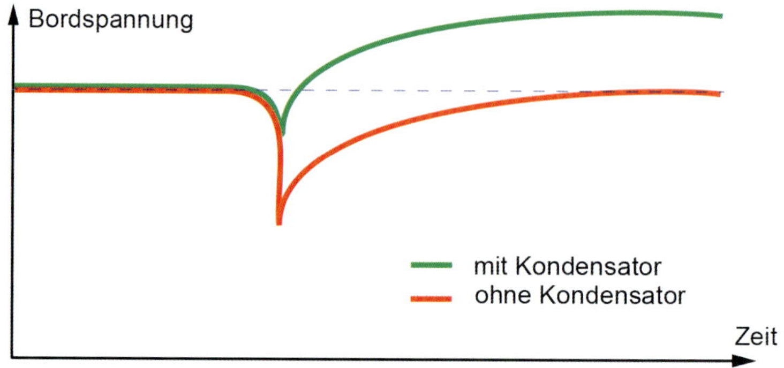

Bild 17.36b
Bordspannung beim Start ohne (rot) und mit (grün) der Zuschaltung von Ultrakondensatoren
[Bild: Riehl]

17.9.3 Kondensator im Wechselstromkreis

Wird die Zahl der Lade- und Entladevorgänge in der Zeiteinheit erhöht, z. B. durch Anlegen von Wechselspannung, so nimmt die Anzahl der Lade- und Entladeströme je Zeiteinheit zu, sodass der Mittelwert des Stromes je Zeiteinheit ebenfalls zunimmt. Dadurch wird der Strom im Kondensator größer, d. h., der Widerstand des Kondensators wird scheinbar kleiner (kapazitiver Blindwiderstand).

Merke: Der Kondensator stellt für Wechselstrom keinen unendlich großen Widerstand dar. Je größer die Frequenz der Wechselspannung, desto geringer ist der Widerstand.

Kondensator als Entstörmittel im Kfz

Im Kraftfahrzeug können durch Funken der Zündanlage, Funken an Kohlebürsten im Scheibenwischermotor, Lichtmaschine usw. im Bordnetz Spannungen entstehen, die der normalen Gleichspannung des Bordnetzes überlagert sind. Diese Spannungen sind Wechselspannungen hoher Frequenz, die früher nur den Radioempfang, heute aber die Steuergeräte bzw. die Telefonanlagen in modernen Fahrzeugen beeinträchtigen können. In solchen Fällen lassen sich die Störungen durch Entstörkondensatoren (vgl. Bild 17.37 und 17.38) beseitigen.

Bild 17.37
Entstörkondensator an der Zündung
[Bild: Riehl]

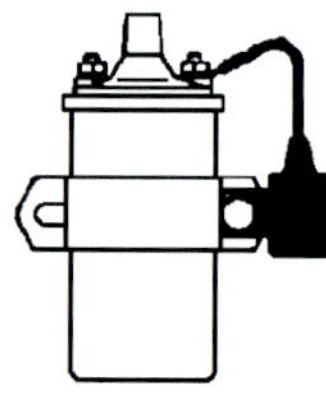

Arbeitsweise eines Entstörkondensators

Die Glühlampe E1 stellt einen Verbraucher im Bordnetz, z. B. das Autoradio, dar. Der Kondensator C ist als Entstörkondensator geschaltet. E2 dient zur Anzeige des Stromflusses durch den Kondensator (vgl. Bild 17.38)

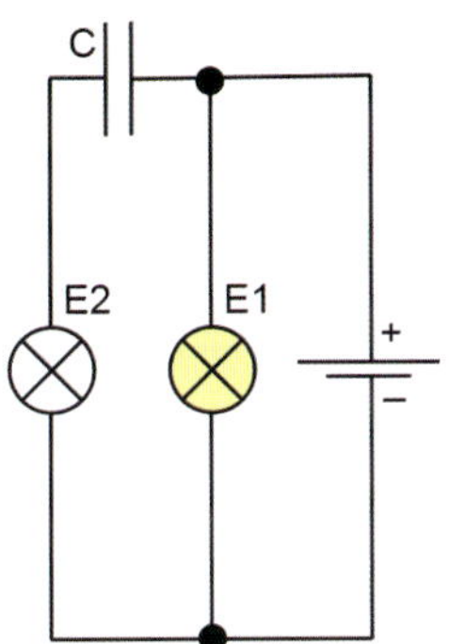

Bild 17.38a
Enststörkondensator bei Gleichspannung
[Bild: Riehl]

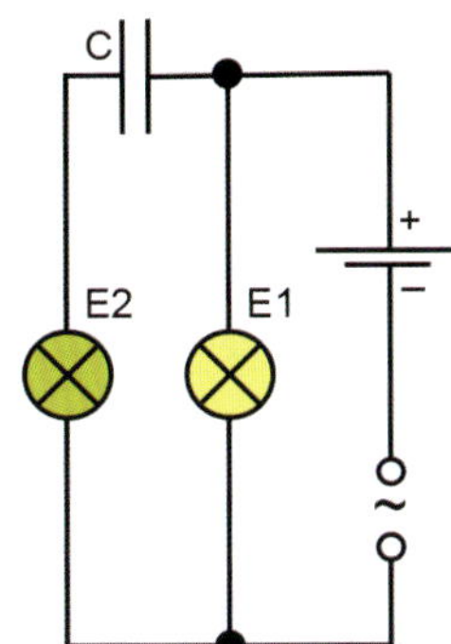

Bild 17.38b
Entstörkondensator an Mischspannung
[Bild: Riehl]

Es liegt nur eine Gleichspannung an (Bild 17.38a). Glühlampe E1 leuchtet, Glühlampe E2 leuchtet nicht, da der Kondensator, wenn er einmal aufgeladen ist, für Gleichstrom einen unendlich großen Widerstand darstellt. Es liegen eine Gleichspannung und eine (störende) Wechselspannung an (Bild 17.38b). Glühlampe E1 leuchtet, aber auch Glühlampe E2 leuchtet, allerdings schwächer als E1. Der Kondensator stellt für den Wechselstrom keinen unendlich großen Widerstand dar und leitet somit im Kfz die störende Wechselspannung gegen Masse.

17.10 Induktivität

17.10.1 Magnetismus

In allen Fahrzeugen befinden sich ein Anlasser, ein Generator, eine Vielzahl anderer Motoren, Relais und bei Ottomotoren auch eine Zündspule. Um die Funktion all dieser Bauteile zu verstehen, müssen wir uns zunächst mit dem Grundprinzip beschäftigen, dem alle diese Bauteile folgen: die magnetische Induktion.

Man kann sich jeden Magneten aus einer Vielzahl sogenannter «Elementarmagnete» zusammengesetzt denken. Im Eisen sind die Elementarmagnete normalerweise vollkommen ungeordnet, weshalb sich die magnetische Wirkung nach außen aufhebt.

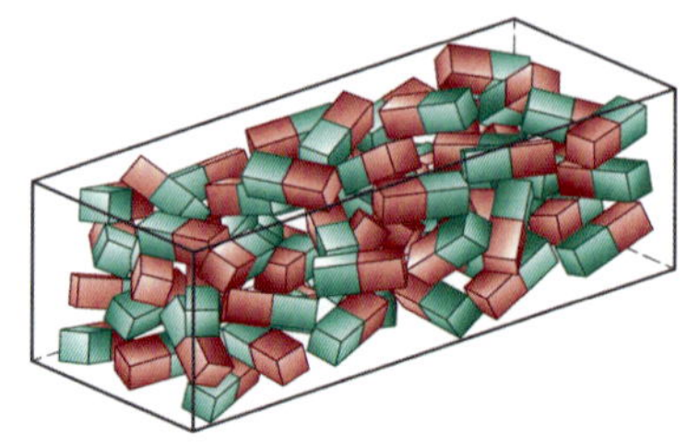

Bild 17.39
Unmagnetisches Eisen: ungeordnete Elementarmagnete
[Bild: AS-Illu]

Beim Magnetisieren richten sich die im Eisen vorhandenen Elementarmagnete aus. Materialien, die leicht zu magnetisieren sind, deren Magnetismus jedoch ebenfalls leicht verschwindet, werden als «Weicheisen» bezeichnet, z. B. die Blechpakete im Eisenkern einer Zündspule.

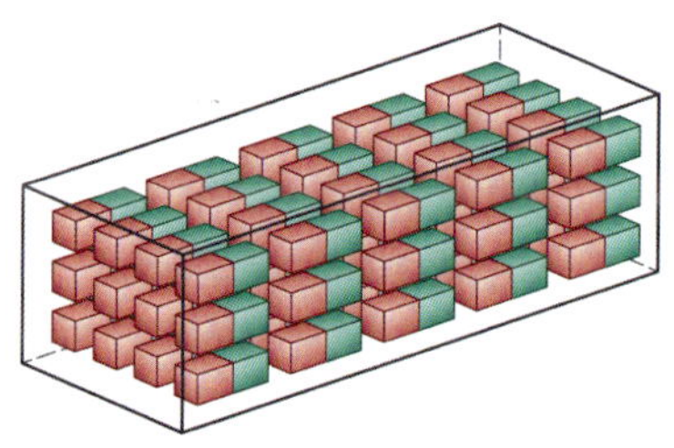

Bild 17.40
Magnetisches Eisen: geordnete Elementarmagnete
[Bild: AS-Illu]

Jeder Magnet hat zwei unterschiedliche Pole, den Nordpol N (rot) und den Südpol S (grün). Vom Nordpol verlaufen außerhalb des Magneten so genannte Kraftlinien zum Südpol und bilden ein Magnetfeld.

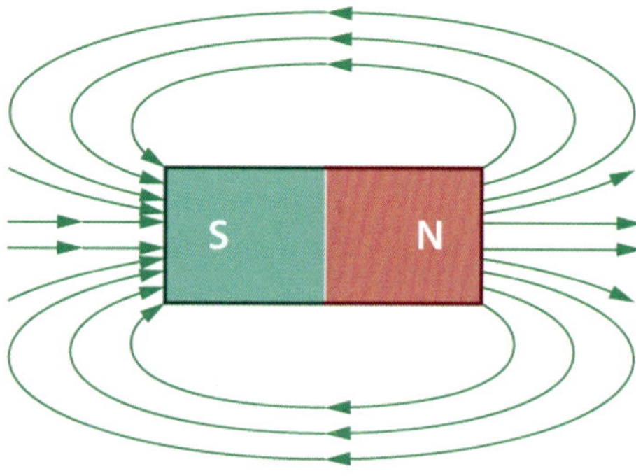

Bild 17.41
Darstellung des Magnetfeldes
[Bild: AS-Illu]

Merke: Ungleiche Pole ziehen sich an; gleiche Pole stoßen sich ab.

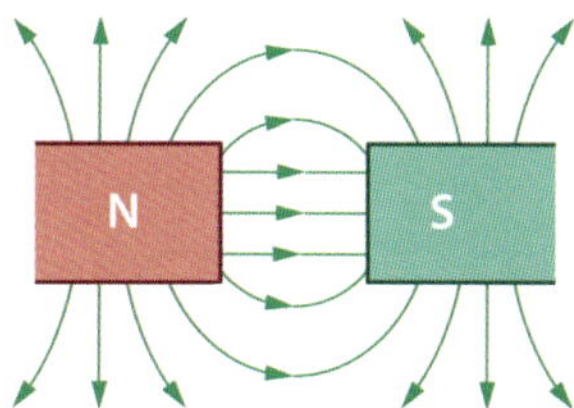

Bild 17.42 *Kraftwirkung der Magnetfelder:*
links: Ungleichnamige Pole ziehen sich an.
rechts: Gleichnamige Pole stoßen sich ab.
[Bild: AS-Illu]

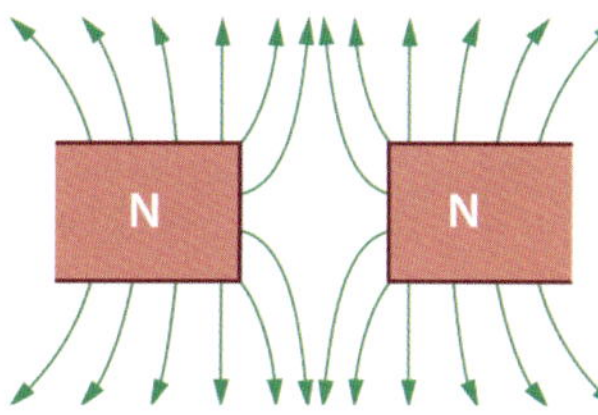

Das Magnetfeld wirkt durch Stoffe wie Holz, Papier, Glas und Kunststoffe hindurch. Hinter einer Blechabdeckung ist das Feld sehr schwach, d. h., ein Metallgehäuse schirmt das Magnetfeld ab (Bild 17.43).

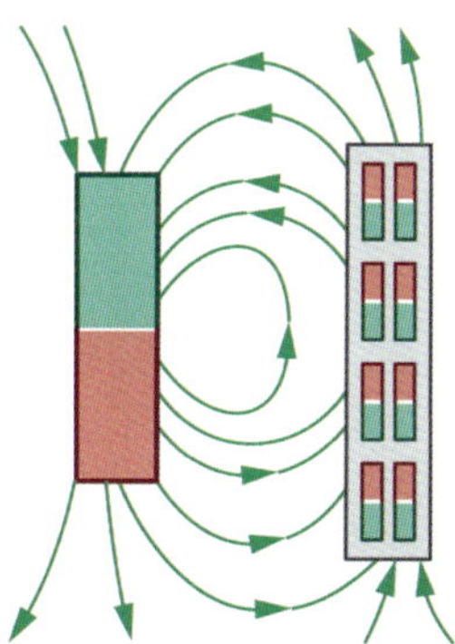

Bild 17.43 *Wirkungsbereich der Magnetfelder:*
links: Das Magnetfeld durchdringt Stoffe wie Papier, Glas oder Kunststoff.
rechts: Metall schirmt das Magnetfeld ab.
[Bild: AS-Illu]

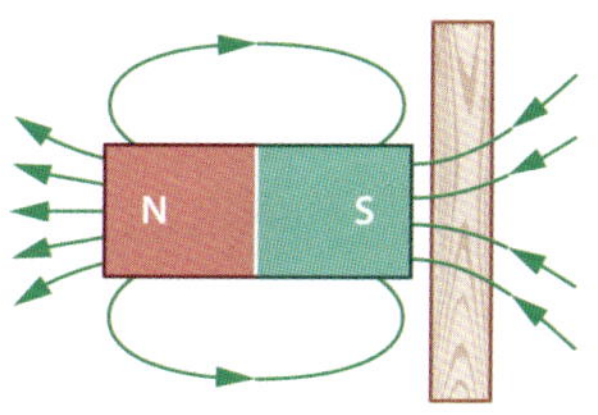

Merke: Magnetismus ist die Eigenschaft eines Materials, magnetisch leitende Stoffe anzuziehen. Man bezeichnet diese Stoffe als ferromagnetische Stoffe. Darunter fallen die Elemente Eisen, Nickel und Kobalt. Ferromagnetische Stoffe können Magnetfelder verstärken.

17.10.2 Erde als Magnetfeld

Die Erde ist ein großer Dauermagnet. Der magnetische Südpol der Erde befindet sich in der Nähe des geografischen Nordpols. Das magnetische Erdfeld hat eine ähnliche Struktur wie das **Feld eines Stabmagneten.** Vereinfacht könnte man sich im Erdinneren einen großen Stabmagneten denken, der mit seinem (magnetischen) Südpol ungefähr in die Richtung des geographischen Nordpols zeigt. Vom geografischen Südpol verlaufen außerhalb des Magneten sogenannte Kraftlinien zum geografischen Nordpol und bilden ein Magnetfeld.

Bild 17.44
Ausrichtung eines Stabmagneten im Magnetfeld der Erde
[Bild: AS-Illu]

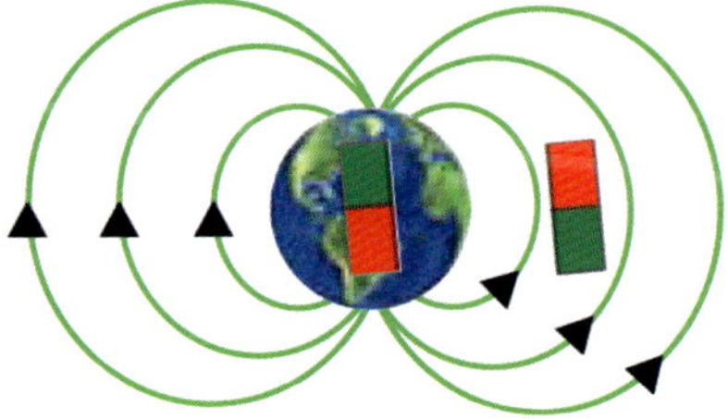

Hängt man einen Stabmagneten frei auf, z. B. in einem Kompass, so richtet er sich auf der Erde immer nach gleicher Richtung aus. Ein Pol wird nach dem Nordpol, der andere nach dem Südpol der Erde zeigen. Der nach Norden zeigende Pol eines Magneten wird als Nordpol (rot) und der nach Süden zeigende Pol als Südpol (grün) bezeichnet. Vom Nordpol verlaufen außerhalb des Magneten sogenannte Kraftlinien zum Südpol und bilden ein Magnetfeld.

17.10.3 Magnetfeld stromdurchflossener Leiter

Wie Sie bereits bei den Wirkungen des elektrischen Stromes gelesen haben, ist jeder stromdurchflossene Leiter von einem Magnetfeld umgeben.

Bild 17.45
Magnetfeld eines Leiters

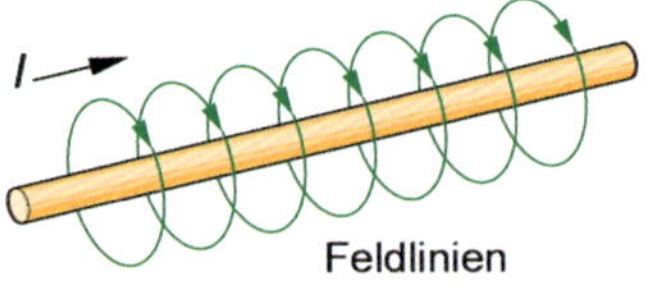

Die Richtung der magnetischen Feldlinien hängt von der Stromrichtung ab. Die Richtung der Feldlinien um einen stromdurchflossenen Leiter kann mit der Schraubenregel bestimmt werden. Denkt man sich eine Schraube mit Rechtsgewinde in Richtung des Stromes (technische Richtung) in einen Leiter hineingeschraubt, so gibt die Drehrichtung die Richtung der Feldlinien an.

Wickelt man einen Leiter in mehreren Windungen auf, so erhält man eine Spule. Als Symbol für einen in den Leiter eintretenden Strom wird das Zeichen ⊗, für einen aus dem Leiter austretenden Strom der Kreis mit einem Punkt in der Mitte verwendet. Die magnetischen Feldlinien werden im Inneren der Spule gebündelt. An der Austrittstelle der Feldlinien entsteht ein Nordpol, an der Eintrittsstelle ein Südpol.

Die Stärke des Magnetfeldes erhöht sich mit steigender Stromstärke bzw. steigender Windungszahl. Ein Kern begünstigt den Verlauf der Magnetlinien und verstärkt damit das Magnetfeld. Damit der Magnetismus nach dem Abschalten wieder verschwindet, muss der Eisenkern weichmagnetisch sein

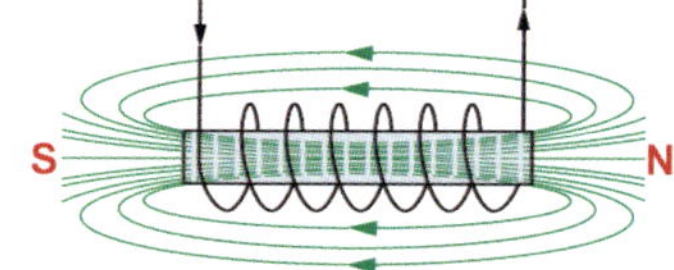

Bild 17.46
Magnetfeld einer Spule; N = Nordpol, S = Südpol

Merke: Wenn durch die Spule ein Strom fließt, entsteht ein Magnetfeld. Spulen speichern elektrische Energie in einem magnetischen Feld.

Tabelle 17.2

Physikalische Größe	Formelzeichen	Einheit	Einheitenkurzzeichen
Induktivität	L	Henry	H

Schaltzeichen

Es gibt verschiedene Schaltzeichen für die Spulen:

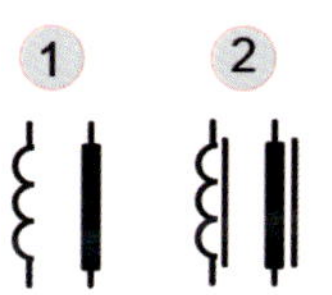

Bild 17.47
Schaltzeichen einer Spule
1 Spule ohne Kern
2 Spule mit Kern
[Bild: Riehl]

17.11 Magnetische Induktion

17.11.1 Induktion der Bewegung

Die Bewegung eines Magnetfeldes induziert (= erzeugt) in einem Leiter bzw. in einer Spule eine Induktionsspannung. Die Richtung der Spannung hängt von der Bewegungsrichtung des Magnetfeldes ab.

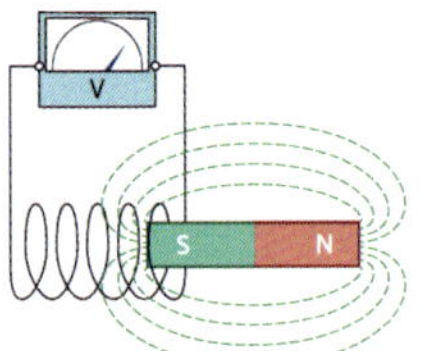

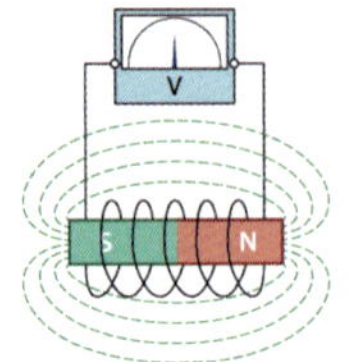

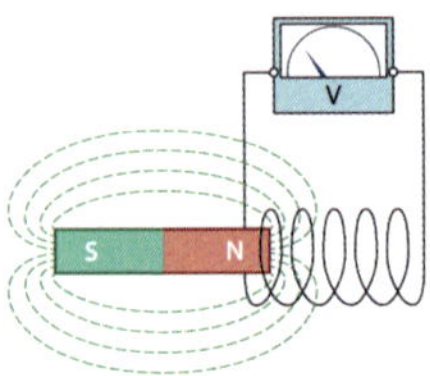

Bild 17.48 *Schematische Darstellung: Bewegung eines Magneten in einer Spule*
[Bild: AS-Illu]

Die Höhe der erzeugten Spannung hängt ab von

- der Stärke des Magnetfeldes,
- der Anzahl der Spulenwindungen,
- der zeitlichen Veränderung der Magnetfeldstärke.

Für die Spannungserzeugung spielt es keine Rolle, ob der Elektromagnet oder die Spule bewegt wird. Es muss nur eine Bewegungsänderung vorliegen. Der Vorgang ist umkehrbar; d. h., ein Stromfluss durch die Spule erzeugt eine Kraftwirkung auf den Magneten und somit eine Bewegung.

Drehzahlfühler

Die am Impulsgeber vorbeilaufenden Zähne ändern den Luftspalt zum Impulsgeber. Der sich dadurch ändernde magnetische Fluss induziert im Impulsgeber eine Wechselspannung mit der Frequenz der vorbeilaufenden Zähne. Die Höhe der abgegebenen Spannung hängt ebenfalls von der Drehgeschwindigkeit des Rades ab, sodass sich bei niedrigen Fahrgeschwindigkeiten eine sehr kleine Signalspannung ergibt.

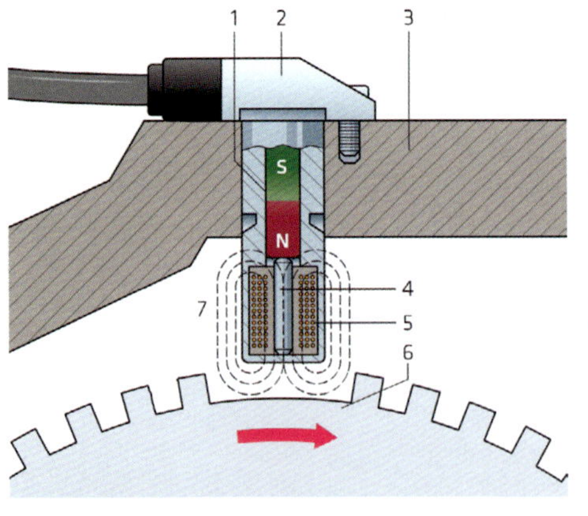

Bild 17.49a *Schnittdarstellung eines induktiven Drehzahlfühlers*
1 Dauermagnet
2 Gehäuse
3 Befestigung
4 Eisenkern
5 Spule
6 Luftspalt
[Bild: AS-Illu]

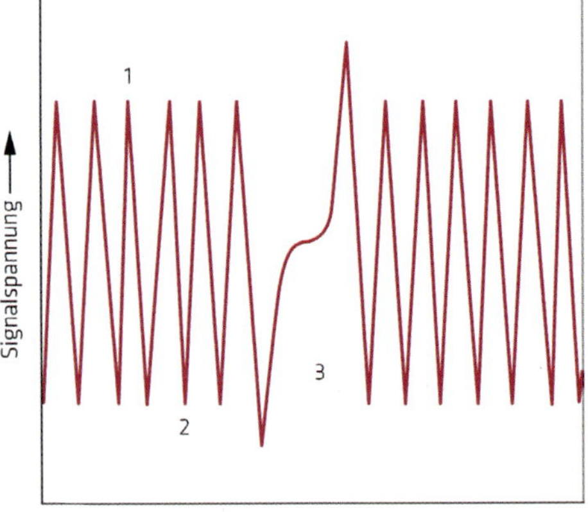

Bild 17.49b
Spannungssignal eines induktiven Drehzahlfühlers
[Bild: AS-Illu]

Drehstromgenerator

Im Generator wird mechanische Energie in Form von Drehbewegung in elektrische Energie umgewandelt.

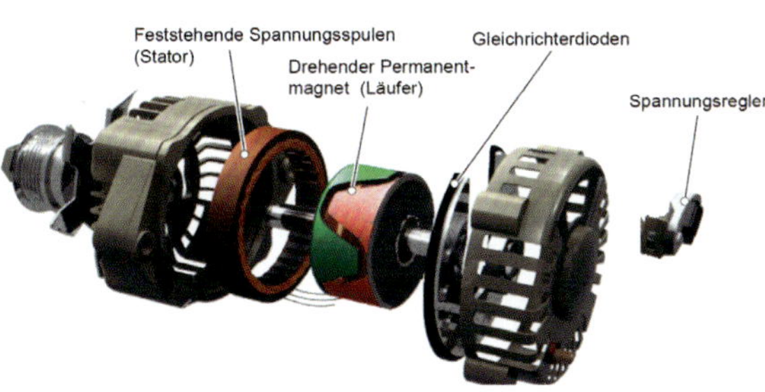

Bild 17.50 *Schnittdarstellung permanenterregter Drehstromgenerator*
[Bild: Autofachmann Digital]

17.11.2 Induktion der Ruhe

Da nur die **Änderung** des Magnetfeldes in einer Spule eine Spannungsinduktion bewirkt, müsste auch das Aus- und Einschalten des Spulenstromes der unteren Spule in der oberen eine Induktion bewirken.

Dies ist das Prinzip eines **Transformators.** Die Wicklung, deren Magnetfeld durch z. B. Ein- und Ausschalten geändert wird heißt: Primärwicklung (Eingangswicklung) und die Wicklung, in der die Spannung induziert wird heißt: Sekundärwicklung.

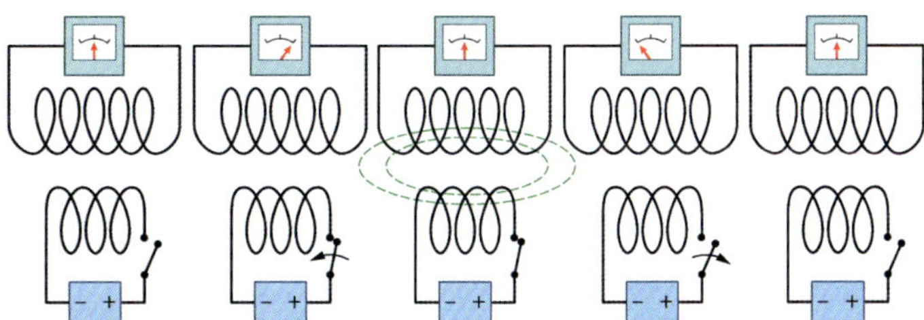

Bild 17.51 *Erzeugung einer Induktionsspannung durch Aus- und Einschalten eines Elektromagneten (schematisch)*
[Bild: AS-Illu]

Transformator

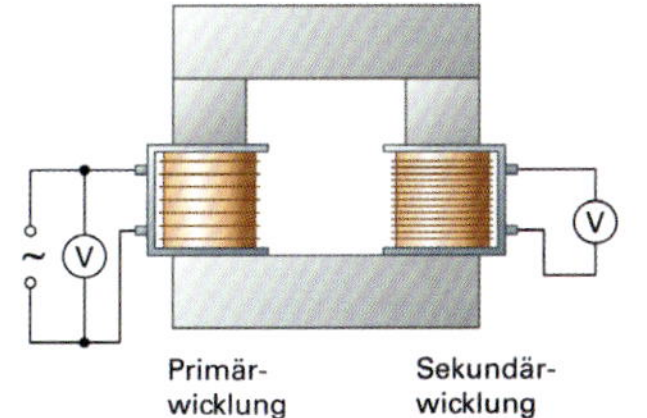

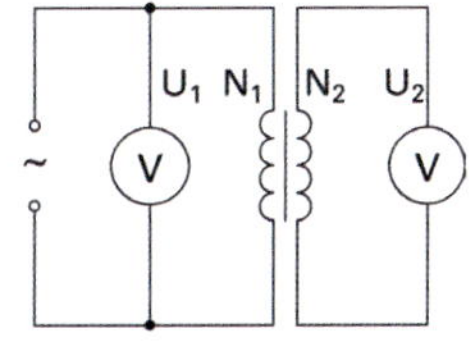

Bild 17.52 *Prinzip und Schaltplan Spannungsübersetzung eines Transformators*
[Bild: AS-Illu]

Man kann auch zwei Spulen direkt miteinander verbinden. Diese Art eines Transformators nennt an «Sparschaltung». Sie wird häufig bei Zündspulen angewendet.

In der **Zündspule** wird dieses Transformatorprinzip angewendet, um aus der 6 oder 12 V Motorradspannung die benötigte Hochspannung von ca. 20 000 V für die Zündung zu erreichen.

Bei einer Zündspule sind als Primärwicklung (Kl. 1 und Kl. 15) ca. 200 bis 300 Windungen aus dickem Draht um einen Weicheisenkern über die Sekundärwicklung (Kl. 1 und Kl. 4) von ca. 20 000 Windungen aus dünnem Draht. An der Kl. 1 sind ein Ende der Primär- und der Sekundärwicklung zusammengeschaltet. Der Schalter S war früher ein sogenannter Unterbrecherkontakt. Heute ist es ein elektronischer Schalter.

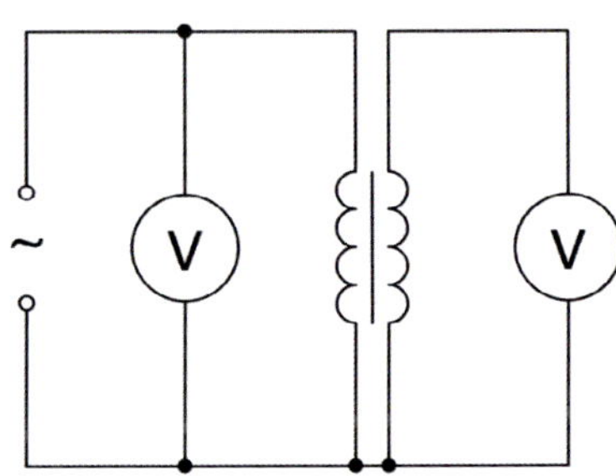

Bild 17.53
Zwei Spulen sind direkt miteinander verbunden. Die Verbindung hat keinen Einfluss auf die Spannungsübersetzung
[Bild: AS-Illu]

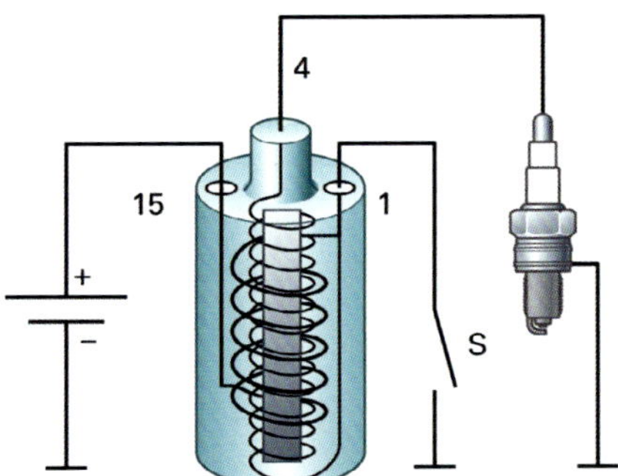

Bild 17.54
Zündspule (schematisch)
[Bild: AS-Illu]

Bei einem Transformator verhalten sich die Spannungen wie die Windungszahlen. Die induzierte (Sekundär-)Spannung hängt ab

- vom Kernmaterial,
- von dem Verhältnis der Windungszahlen,
- von der Schnelligkeit des Auf- und Abbaus des Magnetfeldes.

17.12 Spule

17.12.1 Selbstinduktion beim Einschalten einer Spule

Direkt nach dem Einschalten leuchtet nur E1. Nach kurzer Zeit leuchtet auch E2. Wird der Stromkreis durch den Schalter S geschlossen, so kann man beobachten, wie Lampe

E2 etwas später aufleuchtet als die Lampe E1. Die Spule verzögert den Stromfluss zur Lampe E2. Beim Einschalten des Stromes baut sich in der Spule ein Magnetfeld auf. Diese Magnetfeldänderung bewirkt eine Induktionsspannung, die der angelegten Spannung entgegengesetzt gerichtet ist.

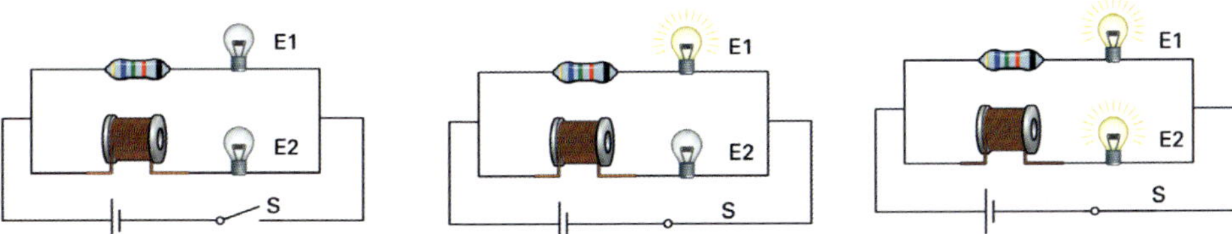

Bild 17.55 *Schaltplan: Selbstinduktion einer Spule beim Einschalten*
[Bild: AS-Illu]

Die Lenz' sche Regel besagt: Der in einer Spule induzierte Strom erzeugt selbst einen magnetischen Fluss, der so gerichtet ist, dass er der Änderung des ursprünglichen Flusses entgegenwirkt.

Merke: Beim Anlegen einer Spannung an eine Spule wird in der Spule eine Selbstinduktionsspannung erzeugt, die der angelegten Spannung entgegenwirkt und somit nur einen langsamen Stromanstieg zulässt.

Merksatz: «Induktivitäten den Strom verspäten.»

17.12.2 Selbstinduktion beim Ausschalten einer Spule

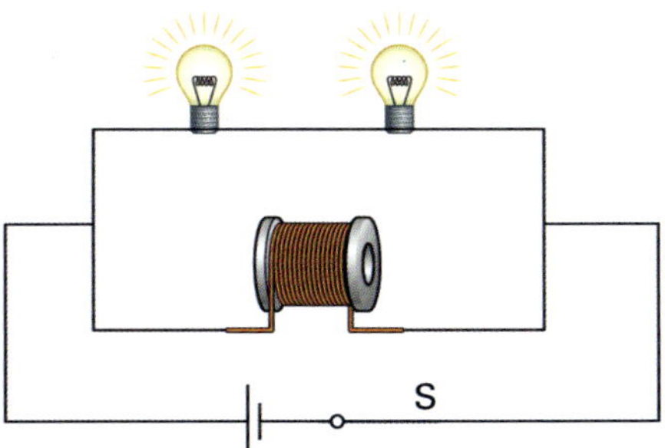

Bild 17.56 *Schaltplan: Parallelschaltung einer Spule und Glühlampe bei geschlossenem Schalter S.*
[Bild: AS-Illu]

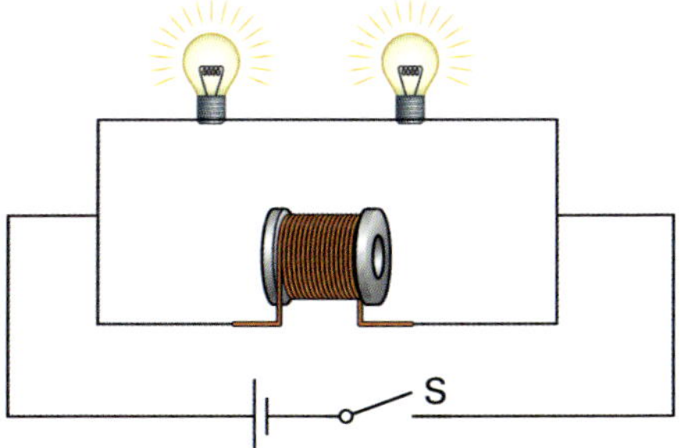

Bild 17.57 *Schaltplan: Selbstinduktion einer Spule beim Öffnen des Schalter S. Die Glühlampe leuchtet kurzfristig heller.*
[Bild: AS-Illu]

Eine Spule wird an eine Gleichspannungsquelle angeschlossen. Parallel zu der Spule sind zwei Glühlampen geschaltet. Der Schalter S wird geschlossen und wieder geöffnet. Beim Öffnen des Schalters leuchten die Glühlampen kurzzeitig heller. Es muss also beim Ausschaltvorgang eine höhere Spannung vorhanden sein als bei geschlossenem Schalter. Beim Ausschalten des Stromes wird das Magnetfeld rasch abgebaut. Diese Magnetfeldänderung bewirkt ebenfalls eine Induktionsspannung, die so gerichtet ist, dass der Strom in der Spule in gleiche Richtung weiterfließt. Da auch nach dem Abschalten der äußeren Spannungsquelle die Glühlampen weiterleuchteten, muss die Energie in der Spule gespeichert gewesen sein.

17.12.3 Elektromagnetische Verträglichkeit (EMV)

Bild 17.58
Elektromagentisches Feld um Leiter
[Bild: AS-Illu]

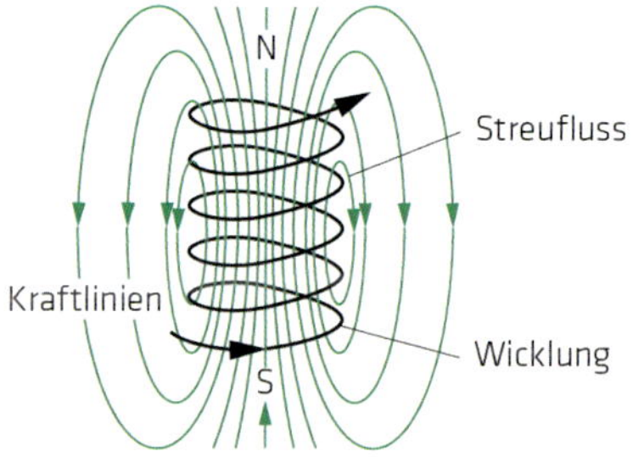

Um jeden stromdurchflossenen Leiter entsteht ein elektromagnetisches Feld. Wickelt man den Stromleiter zu einer Spule auf, so werden die magnetischen Feldlinien im Inneren der Spule gebündelt. Sie verlaufen dort parallel und in gleicher Dichte. Man spricht von einem homogenen magnetischen Feld. An der Austrittsstelle der Feldlinien entsteht ein Nordpol, an der Eintrittsstelle ein Südpol. Wenn sich in der Nähe einer Spule ein elektrisches Gerät befindet, kann es in seiner Funktion beeinflusst werden. Die elektromagnetische Verträglichkeit bedeutet, dass ein Gerät auch dann zuverlässig funktioniert, wenn es den elektromagnetischen Feldern ausgesetzt ist. Zudem dürfen auch die vom Gerät erzeugten elektromagnetischen Felder nur so stark sein, dass sie die anderen Geräte in ihrer Umgebung nicht stören.

Die elektromagnetischen Wellen können z. B. in Schaltungen die Spannungen bzw. die Ströme erzeugen. Diese können im einfachsten Fall zu einem Rauschen im Fernseher, im schlimmsten Fall zum Ausfall der Elektronik führen. In vielen Krankenhäusern ist die Benutzung der Mobiltelefone verboten, um die Funktion der Herzschrittmacher nicht zu stören. Auch in Flugzeugen ist der Betrieb von Mobiltelefonen untersagt. Selbst in Fahrzeugen (ab Baujahr 1995) ist die Inbetriebnahme eines Mobiltelefons nur gestattet, wenn eine nach den Herstellerrichtlinien montierte Außenantenne vorhanden ist. Die elektromagnetischen Felder bleiben nicht zwingend nur innerhalb der elektrischen Komponenten, sondern können sich auch außerhalb der elektrischen Komponenten ausbreiten. Das bedeutet, dass die elektromagnetischen Felder in andere elektrische Komponenten eindringen können und deren Funktion beeinflussen.

Insbesondere die elektrischen Komponenten, die der Funkkommunikation dienen, wie z. B. Mobiltelefone oder Radioempfangsgeräte, zeichnen sich durch gewollte Aussendung (Mobiltelefon) oder gewolltes Eindringen (Radioempfangsgeräte, Mobiltelefon) von elektromagnetischen Feldern aus.

In heutigen Fahrzeugen werden neben den Mobiltelefonen und Radios weitere Funkempfangsgeräte wie Navigationssysteme, Zentralverriegelung mit Funkfernbedienung, TV-Empfänger usw. verbaut. Dadurch gewinnt auch die Funkentstörung im Fahrzeug immer mehr an Bedeutung. Bereits bei der Entwicklung und Konstruktion von elektrischen Fahrzeugkomponenten wird darauf geachtet, dass sie die Richtlinien und Normen für die elektromagnetische Verträglichkeit erfüllen. So sind z. B. die Steuergeräte meistens in einem Metallgehäuse untergebracht. Damit wird einerseits erreicht, dass die elektromagnetischen Felder von außen nicht oder kaum in das Innere des Steuergerätes eindringen können. Andererseits werden auch die Abstrahlungen vom Steuergerät nach außen minimiert.

Weitere Maßnahmen sind z. B. Abschirmung einer Leitung oder verdrillen von zwei Leitungen (K-CAN). Die verdrillten Leitungen zeigen gute Symmetrieeigenschaften gegen Störungen von außen, weil die Störspannungen auf beide Busleitungen mit gleichem Vorzeichen wirken und sich dadurch bei der Differenzbildung im Empfangssteuergerät aufheben. Damit wird das sendeseitige Signal bestmöglich am Empfangsort rekonstruiert. Zugleich werden durch Verdrillung auch die Störabstrahlungen von den Busleitungen minimiert.

17.12.4 Anwendungsbeispiele im Kfz: Elektromagnetisches Einspritzventil

Moderne Fahrzeuge sind mit einem elektronischen Einspritzsystem ausgerüstet. Die Kraftstoffzumessung erfolgt dabei durch elektromagnetische Einspritzventile. Die Einspritzventile werden durch elektrische Impulse vom Steuergerät geöffnet und geschlossen. Das Einspritzventil besteht aus einem Ventilkörper und der Düsennadel mit aufgesetztem Magnetanker. Bei stromloser Magnetwicklung wird die Düsennadel durch

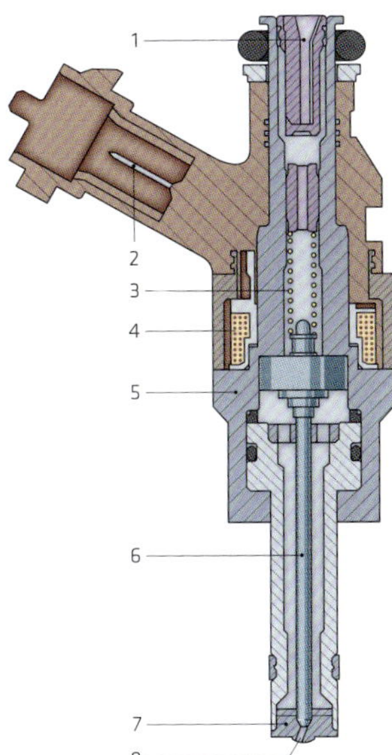

Bild 17.59
Prinzip eines Einspritzventils
1 Zulauf mit Feinsieb
2 elektrischer Anschluss
3 Feder
4 Spule
5 Gehäuse
6 Ventilnadel mit Magnetanker
7 Ventilsitz
8 Spritzbohrung
[Bild: AS-Illu]

eine Schraubenfeder auf ihren Dichtsitz am Ventilauslass gedrückt. Wird der Magnet erregt, so wird die Düsennadel um etwa 0,1 mm vom Sitz abgehoben und der Kraftstoff kann durch einen Ringspalt austreten.

Lautsprecher

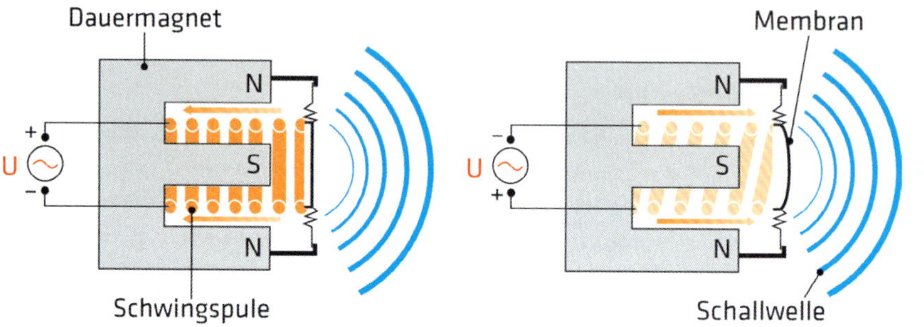

Bild 17.60 *Prinzip eines Lautsprechers*

Ein Lautsprecher wandelt elektrische Signale erst in mechanische und dann in akustische Signale um. Auf einen stromdurchflossenen Leiter wirkt in einem Magnetfeld, das senkrecht zu ihm steht, eine Kraft. Auf diesem Prinzip der Umwandlung von elektrischer in magnetische und dann mechanische Energie beruht die Funktionsweise eines elektrodynamischen Lautsprechers. An einer beweglich gelagerten Schwingspule wird der Strom vom Verstärkerausgang angelegt. Das entstehende Magnetfeld übt auf das Magnetfeld des Permanentmagneten eine Kraft aus. Da die Spule beweglich gelagert ist wird sie beschleunigt und über die Membran die Luft in Schwingungen versetzt und so akustische Signale erzeugt.

17.13 Relais

Warum werden bei steigendem Anteil der Elektronik immer noch mechanisch arbeitende Relais eingesetzt? Man könnte doch vermuten, dass die Möglichkeiten der modernen Elektronik den Einsatz von Relais überflüssig machen. Das Gegenteil ist allerdings der Fall: Mit dem Einbau elektronisch gesteuerter Komponenten steigt auch die Anzahl der benötigten Relais.

17.13.1 Arbeitsweise

Am Beispiel einer Lampenschaltung wollen wir uns die prinzipielle Arbeitsweise verdeutlichen.

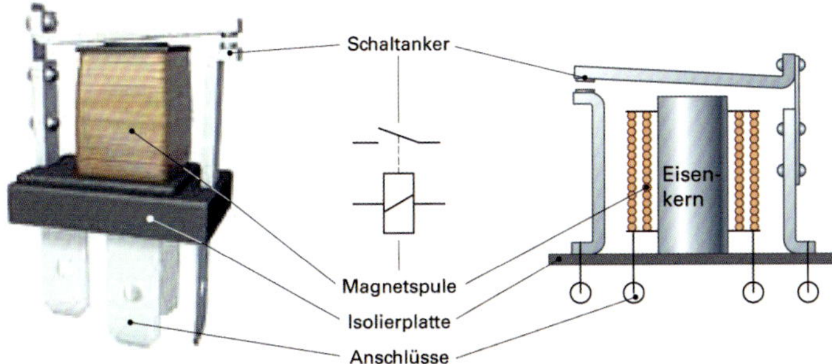

Bild 17.61 *Abbildung, Schaltzeichen und schematische Darstellung eines Relais*
[Bild: AS-Illu]

a) Licht nicht eingeschaltet: Laststromkreis offen

Wenn die Magnetspule nicht durch den Steuerstrom erregt wird (Lichtschalter S offen), hält die Rückholfeder den Arbeitskontakt geöffnet. Der Laststromkreis ist offen, die Glühlampe E1 leuchtet nicht.

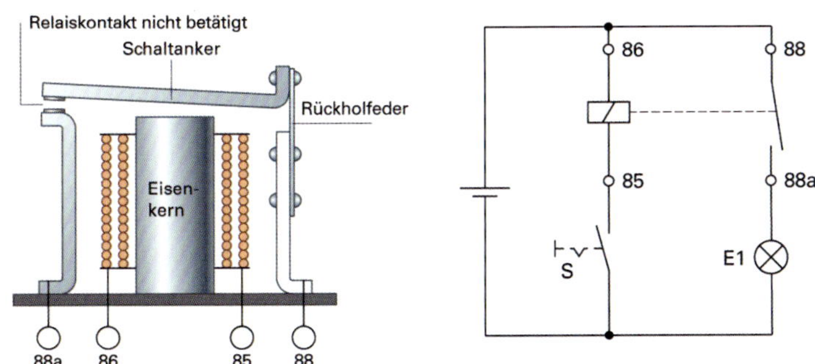

Bild 17.62 *Darstellung und Schaltplan: Relais unbetätigt*
[Bild: AS-Illu]

b) Licht wird eingeschaltet: Laststromkreis geschlossen

Durch den geschalteten Steuerstrom (Lichtschalter S geschlossen) wird die Magnetspule erregt. Der Schaltanker wird angezogen, der Arbeitskontakt geschlossen. Somit ist auch der Laststromkreis geschlossen, die Glühlampe E1 leuchtet. Ein Relais, das bei Betätigung durch den Steuerstrom den Laststromkreis schließen soll, nennt man «Schließer».

Um die Anschlusspunkte an den Steckerstiften unterscheiden zu können, sind die Relais mit Klemmenbezeichnungen versehen. Steuerstromkreis: 85 und 86, Laststromkreis 88 und 88a.

Neben dem bereits beschriebenen Relais, das als Schließer arbeitet, gibt es auch Relais, die als Öffner arbeiten, d. h., bei Betätigung durch einen Steuerstrom den Laststromkreis öffnen.

Universell einsetzbar ist das Wechsler-Relais, das beide Relaisarten vereinigt und so viele Schaltungsmöglichkeiten erlaubt.

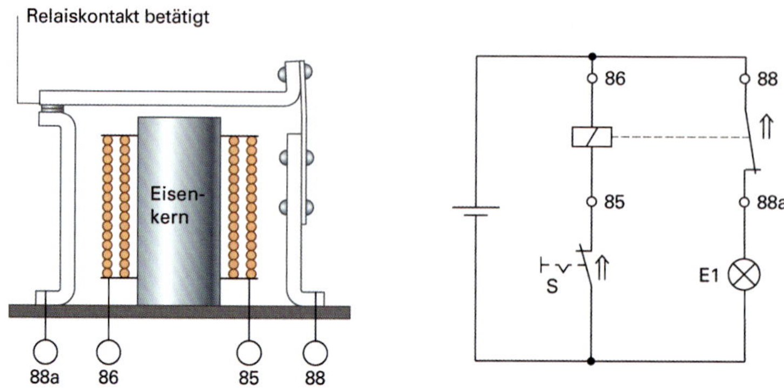

Bild 17.63 *Darstellung und Schaltplan: Relais betätigt.*
[Bild: AS-Illu]

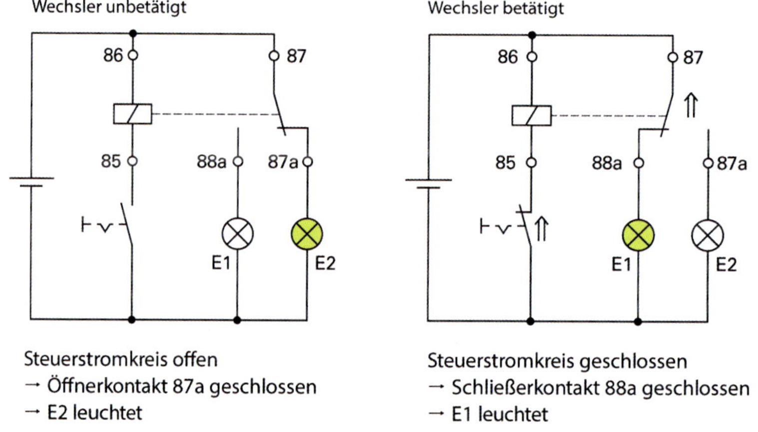

Bild 17.64 *Schaltplan: Wechsel unbetätigt und betätigt.*
[Bild: AS-Illu]

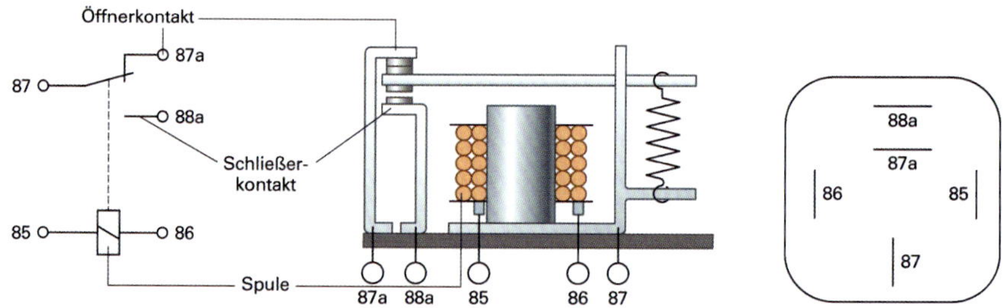

Bild 17.65 *Schaltplan, Schemazeichnung und Sockel eines Relais als Wechsler.*
[Bild: AS-Illu]

Welchen Vorteil bieten also Relais?

Ein Relais ist ein Schalter, der durch einen Elektromagneten betätigt wird. Ein kleiner Steuerstrom durch die Magnetspule bewirkt, dass der Schaltanker angezogen wird, der dann einen Schaltkontakt schließt. Dadurch wird der Laststromkreis geschaltet. So fließt zum Beispiel beim Einschalten des Fahrlichts nur der kleine Steuerstrom durch den Lichtschalter, während der hohe (Last-)Strom für die H4-Lampen durch das Relais geschaltet wird.

Welchen Vorteil bringt der Einsatz eines Relais im Kraftfahrzeug?

- Realisierung kleiner Kabelquerschnitte und schwacher Schalter, da z. B. der Lichtschalter nur den kleinen Steuerstrom verkraften muss;
- Minimierung von Gewicht und Kosten, da die Leitungen mit großem Querschnitt im Laststromkreis kurz gehalten werden können, weil sie nicht über den Schalter geführt werden müssen;
- Reduzierung von Leitungs- und Kontaktwiderständen im Laststromkreis;
- problemloses Einschalten von Verbrauchern mit hoher Anfangsstrombelastung (Starter, Glühlampen).

Klemmenbezeichnungen am Relais nach DIN 72 552

Tabelle 17.3

Klemmenbezeichnung	Bedeutung der Klemmenbezeichnung	Alte Klemmenbezeichnung
85	Steuerstromkreis(-) Wicklungsende der Spule	85
86	Steuerstromkreis(I) Wicklungsanfang der Spule	86
87	Eingangsklemme Laststromkreis bei Öffner und Wechsler	30/51
87a	Ausgangsklemme Laststromkreis Öffnerseite	87a
88	Eingangsklemme Laststromkreis bei Schließer	30/51
88a	Ausgangsklemme Laststromkreis Schließerseite	87

Überprüfung eines Relais

Im ausgebauten Zustand kann ein Relais mit einem Ohmmeter überprüft werden. Ob der Schaltkontakt wirklich arbeitet, kann nur durch eine Ansteuerung des Steuerstromkreises festgestellt werden. Dabei wird der Widerstand der Magnetspule gemessen. Dieser Wert richtet sich nach dem Sollwert des Herstellers, liegt aber normalerweise zwischen 50 und 100 Ohm. Die Schaltkontakte sollten im offenen Zustand einen Widerstandwert von ∞ Ohm aufweisen, bei geschlossenen Kontakten sollte der Wert bei ca. 0 Ohm liegen. Zwischen der Magnetspule und allen Schaltkontakten darf keine Verbindung sein, daher muss der Wert immer ∞ Ohm sein.

Tabelle 17.4 *Prüfung eines Relais im ausgebauten Zustand mithilfe eines Ohmmeters*

Zu prüfende Komponente	Ohmmeter mit folgenden Anschlusspunkten verbinden	Relais ist in Ordnung bei eine Widerstandswert von
Magnetspule, Wicklung (Steuerstromkreis)	85 und 86	50-100 Ohm
Schaltkontakte 87 und 87a (Laststromkreis)	87 und 87a 87 und 88a	0 Ohm ∞ Ohm
Verbindung zwischen Magnetspule und Schaltkontakten	86 und 87 86 und 87a 86 und 88a	∞ Ohm ∞ Ohm ∞ Ohm

17.13.2 Bauarten

Man unterscheidet prinzipiell zwei Relaisbauarten:
1. Relais mit Spule für kleinen (geringen) Strom: Man sagt dazu auch Relais mit Spannungsspule. Merkmale:

- viele Spulenwindungen aus dünnem Draht,
- hoher Widerstand der Steuerspule,
- geringer Stromfluss im Steuerstromkreis.

Anwendung: die bekannten Schaltrelais.

2. Relais mit Spule für großen Strom: Man sagt dazu auch Relais mit Stromspule. Merkmale:

- wenig Spulenwindungen aus dickem Draht,
- geringer Widerstand der Spule,
- großer Stromfluss im Steuerstromkreis.

Anwendung: Reedrelais, z. B. zur Lampenüberwachung.

17.13.3 Prinzipieller Aufbau eines Reedrelais

Ein Reedrelais besteht aus einem Glasröhrchen, in das zwei Kontaktzungen gasdicht eingeschmolzen sind. Um das Glasröhrchen ist z. B. eine Spule aus wenigen Windungen dicken Drahtes gewickelt. Kommt der Reedkontakt in den Bereich eines magnetischen Feldes, z. B. einer stromdurchflossenen Spule oder eines Dauermagneten, so versuchen sich die Feldlinien zu verkürzen und schließen dabei die Kontaktzungen. Wird der Stromkreis unterbrochen bzw. der Dauermagnet entfernt, bricht das Magnetfeld zusammen, und die Federwirkung der Kontakte öffnet die Kontaktzungen. Das Röhrchen ist mit einem Schutzgas (Edelgas) gefüllt. Dadurch wird eine längere Lebensdauer der Kontakte erreicht.

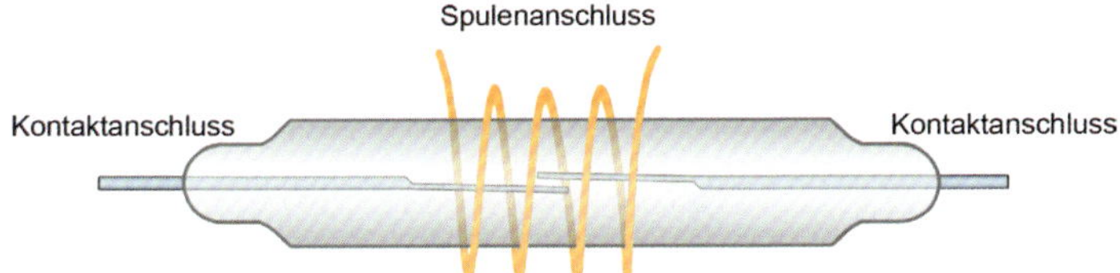

Bild 17.66 *Abbildung eines Reedrelais mit umwickelter Stromspule*

17.13.4 Beispiele für den Einsatz von Reedrelais im Kraftfahrzeug

Betätigung durch einen Dauermagneten – Füllstandsüberwachung

In modernen Kraftfahrzeugen wird der Füllstand z. B. der Bremsflüssigkeit, des Kühlmittels, des Ölstands, der Reinigungsflüssigkeit der Scheibenwaschanlage usw. überwacht.

Auf der Flüssigkeitsoberfläche schwimmt ein kleiner Ringmagnet an einem Schwimmkörper. Solange der Flüssigkeitsstand ausreichend hoch ist, wird der Reedkontakt von dem Magnetfeld des Ringmagneten geschlossen. Sinkt der Flüssigkeitsstand, so sinkt auch der Ringmagnet: Das magnetische Feld kann den Reedkontakt nicht mehr schließen. In der Auswerteeinheit führt das Öffnen des Kontaktes zu einer Anzeige für den Fahrer.

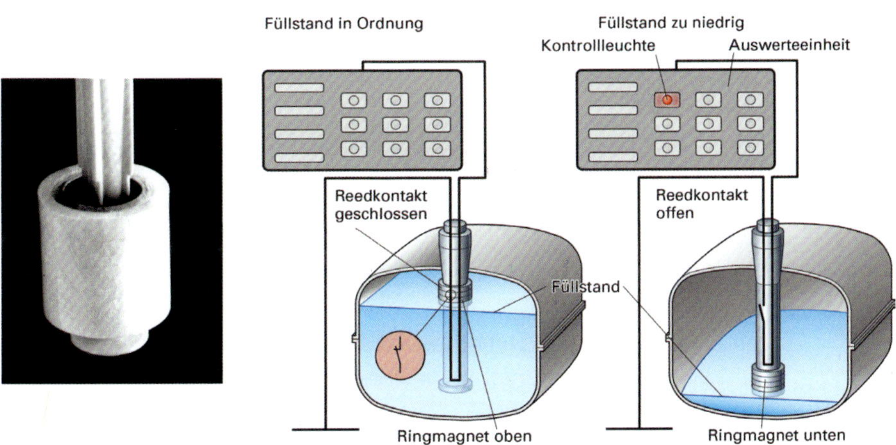

Bild 17.67 *Schemazeichnung: Füllstandsüberwachung* [Bild: Autofachmann]

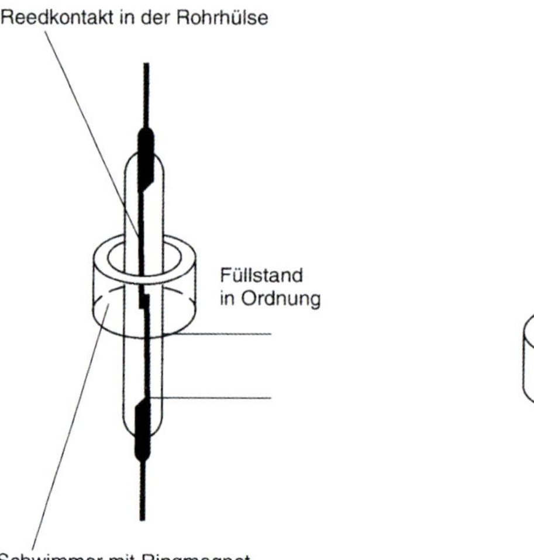

Bild 17.68 *Funktion eines Schwimmerschalters mit Reedkontakt* [Bild: Autofachmann]

Betätigung durch das Magnetfeld eines stromdurchflossenen Leiters.

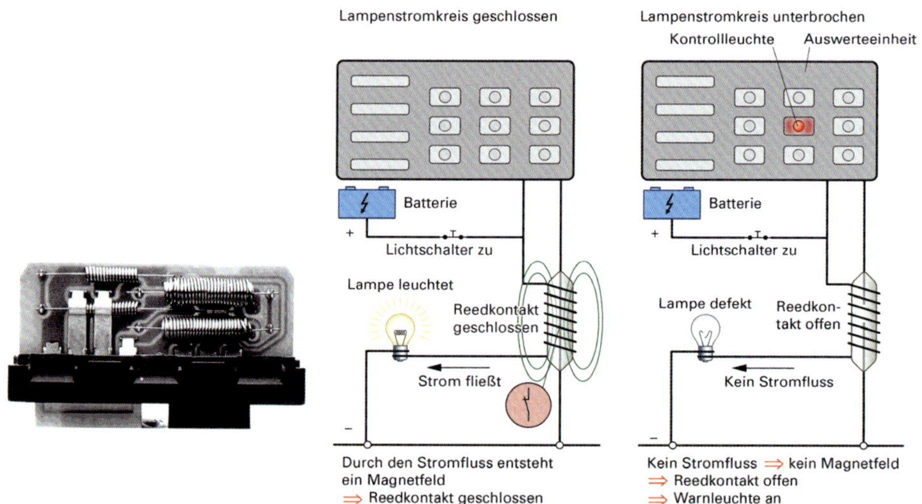

Bild 17.69 *Abbildung und Schemazeichnung: Lampenstromüberwachung* [Bild: Autofachmann]

Glühlampenüberwachung

In fast allen Fahrzeugen wird ein Funktionsausfall, z. B. des Bremslichts, dem Fahrer über eine Warnleuchte in der Armaturentafel signalisiert.

- Lampenstromkreis geschlossen: Bei geschlossenem Lampenstromkreis entsteht durch den fließenden Strom in der Spule um den Reedkontakt ein magnetisches Feld. Dieses Feld sorgt dafür, dass der Reedkontakt geschlossen ist. Bei betätigtem Lichtschalter und geschlossenem Reedkontakt, d. h. funktionierender Beleuchtung, ist die Kontrollleuchte in der Auswerteeinheit aus.

- Lampenstromkreis unterbrochen, z.B. durch defektes Leuchtmittel: Wenn der Lichtschalter betätigt ist, die Lampe aber defekt ist, dann fließt kein Lampenstrom durch die Spule des Reedkontaktes, es entsteht kein Magnetfeld und der Reedkontakt bleibt offen. Dies führt zum Aufleuchten der Kontrollleuchte in der Auswerteeinheit.

17.13.5 Fehlersuche in einer Relaisschaltung

Einfache Steuergeräte (hier das Vorglührelais) können nicht direkt überprüft werden, da sie meistens von einem Gehäuse fest umschlossen sind. Sie werden als «Black Box» betrachtet.

1. Schritt: Man überprüft die Bauteile, die vom Steuergerät angesteuert werden: die Aktuatoren.

2. Schritt: Man überprüft die Bauteile, die die Eingangssignale liefern: die Sensoren.

3. Schritt: Funktioniert das Gesamtsystem nicht, obwohl die Sensoren und die Aktuatoren in Ordnung sind, dann muss die Verarbeitung, also das Steuergerät defekt sein. Die Sensoren und Aktuatoren sind somit die Bauteile, die bei der Überprüfung von besonderem Interesse sind. Die Kenntnisse der Funktion und der Arbeitsweise sind Voraussetzung für eine sichere Fehlersuche in modernen Systemen.

➔ Mithilfe einer Plausibilitätsprüfung wird entschieden, ob ein Steuergerät defekt ist oder nicht.

Konkretes Beispiel: Ein Fahrzeug mit Dieselmotor springt schlecht an.

Bild 17.75 zeigt den Schaltplan einer Vorglühanlage. Es handelt sich um ein System, das nicht von der Eigendiagnose überwacht wird.

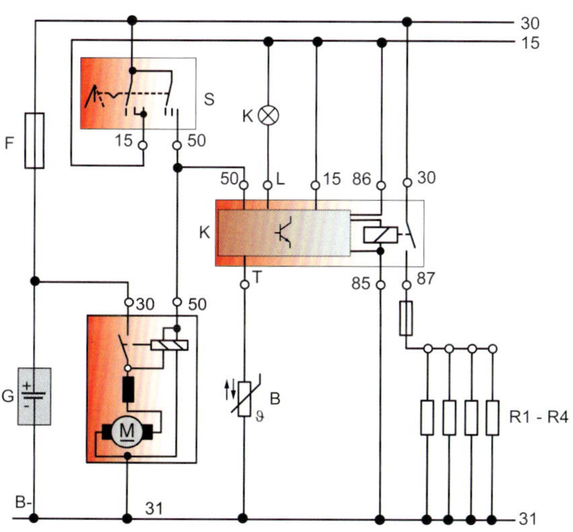

Legende:
K Glühzeit-Steuergerät
B Temperaturfühler
S Zündstartschalter
F Sicherung
K Vorglüh-Kontrollleuchte
R1 - R4 Glühkerzen

Bild 17.70 *Schaltplan einer Vorglühanlage.*
[Bild: Riehl]

EVA-Prinzip am Beispiel der Vorglühanlage

Tabelle 17.5

	Eingabe	Verarbeitung	Ausgabe
Bauteil	-Temperaturfühler G27 -«Zündung EIN» -Kl. 50 (Starten)	-Glühzeit-Steuergerät J52	-Vorglüh-Kontrollleuchte K2 -Glühkerzen Q2
Beschreibung	-In Abhängigkeit von der Motortemperatur ändert sich der Widerstandswert des Temperaturfühlers. -In der Stellung «Zündung EIN» = Vorglühen erhält wird ein Spannung von der Kl. 15 an das Steuergerät gelegt. Diese Signale gehen in das Steuergerät rein, daher spricht man von Eingabe.	Im Steuergerät werden die Informationen vom Temperaturfühler und von der Kl. 15 verarbeitet indem sie mit abgespeicherten Sollwerten vergleichen werden.	Das Steuergerät gibt ein Sig an die Kontrollleuchte und schaltet den Laststromkreis Relais. Die Glühstiftkerzen werden mit Spannung versorgt und erwärmen den Brennraum in den Zylinderr

Vorglühanlage überprüfen

Prüfvoraussetzungen: Batterie in Ordnung

1. Schritt: Es wird ermittelt, ob an den Glühkerzen Spannung anliegt. Da die Glühkerzen parallelgeschaltet sind, wird zunächst die Spannung für alle Glühkerzen an der Verteilerschiene ermittelt.

Prüfvoraussetzungen:

- Leitung am Geber für Motortemperatur abgezogen. Dadurch wird ein extrem kalter Motor simuliert, da der Temperaturfühler eine NTC-Charakteristik hat, d. h. hoher Widerstand = kalter Motor
- Zündung eingeschaltet

2. Schritt: Falls Spannung anliegt, wird der Defekt einzelner Glühkerzen mithilfe einer Durchgangsprüfung ermittelt.

3. Schritt: Falls an den Glühkerzen keine Spannung anliegt, wird die Sicherung optisch überprüft.

4. Schritt: Ist die Sicherung in Ordnung, wird die Spannungsversorgung des Relais (Kl. 30) überprüft.

5. Schritt: Ist die Spannungsversorgung des Relais (Kl. 30) in Ordnung, muss die Ansteuerung von Kl. 86 über Kl. 15 überprüft werden.

6. Schritt: Überprüfung der Masseverbindung (Kl. 85) bzw. der Verbindungsleitung Kl. 87 zur Sicherung.

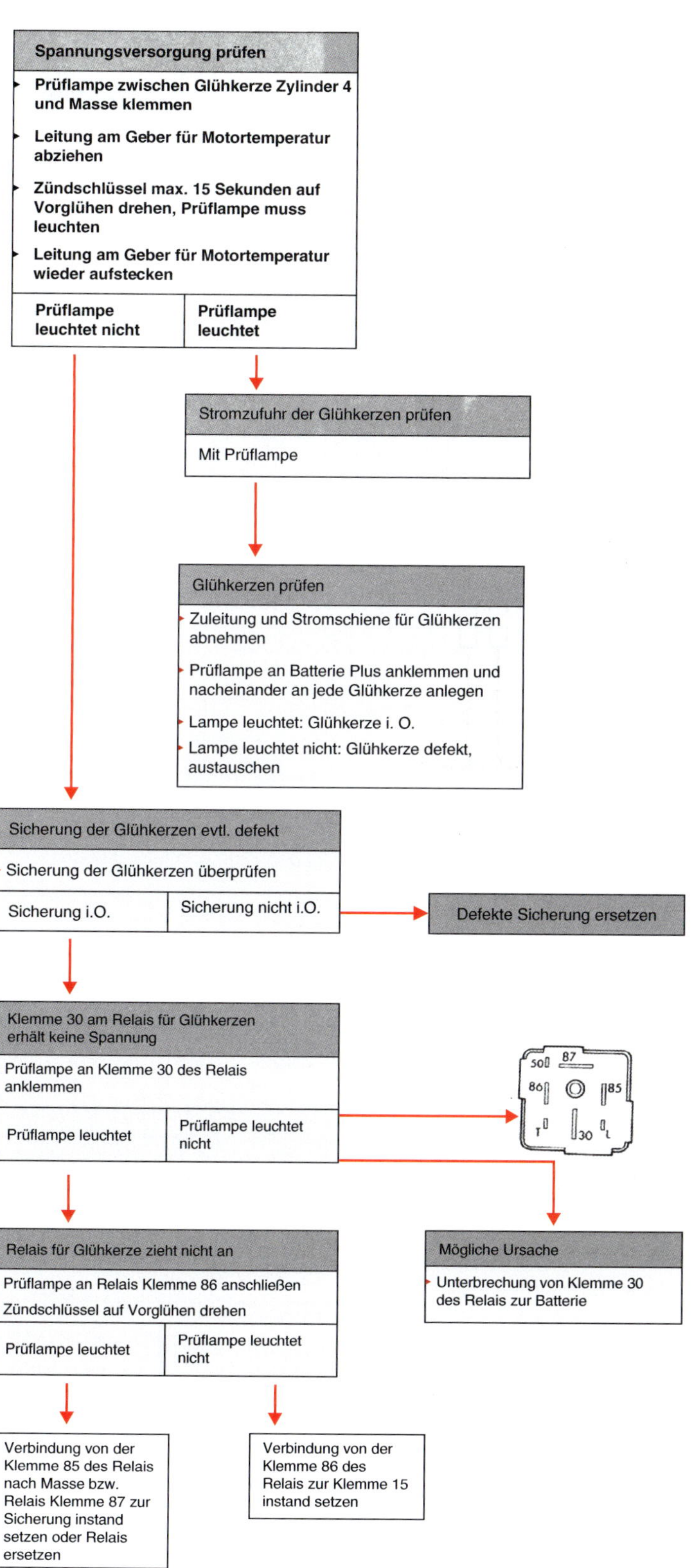

Spannungsversorgung prüfen
Prüflampe zwischen Glühkerze Zylinder 4 und Masse klemmen
Leitung am Geber für Motortemperatur abziehen
Zündschlüssel max. 15 Sekunden auf Vorglühen drehen, Prüflampe muss leuchten
Leitung am Geber für Motortemperatur wieder aufstecken
Prüflampe leuchtet nicht
Prüflampe leuchtet
Stromzufuhr der Glühkerzen prüfen
Mit Prüflampe
Glühkerzen prüfen
Zuleitung und Stromschiene für Glühkerzen abnehmen
Prüflampe an Batterie Plus anklemmen und nacheinander an jede Glühkerze anlegen
Lampe leuchtet: Glühkerze i. O.
Lampe leuchtet nicht: Glühkerze defekt, austauschen
Sicherung der Glühkerzen evtl. defekt
Sicherung der Glühkerzen überprüfen
Sicherung i.O.
Sicherung nicht i.O.
Defekte Sicherung ersetzen
Klemme 30 am Relais für Glühkerzen erhält keine Spannung
Prüflampe an Klemme 30 des Relais anklemmen
Prüflampe leuchtet
Prüflampe leuchtet nicht
50
87
86
85
T
30
L
Mögliche Ursache
Unterbrechung von Klemme 30 des Relais zur Batterie
Relais für Glühkerze zieht nicht an
Prüflampe an Relais Klemme 86 anschließen
Zündschlüssel auf Vorglühen drehen
Prüflampe leuchtet
Prüflampe leuchtet nicht
Verbindung von der Klemme 85 des Relais nach Masse bzw. Relais Klemme 87 zur Sicherung instand setzen oder Relais ersetzen
Verbindung von der Klemme 86 des Relais zur Klemme 15 instand setzen

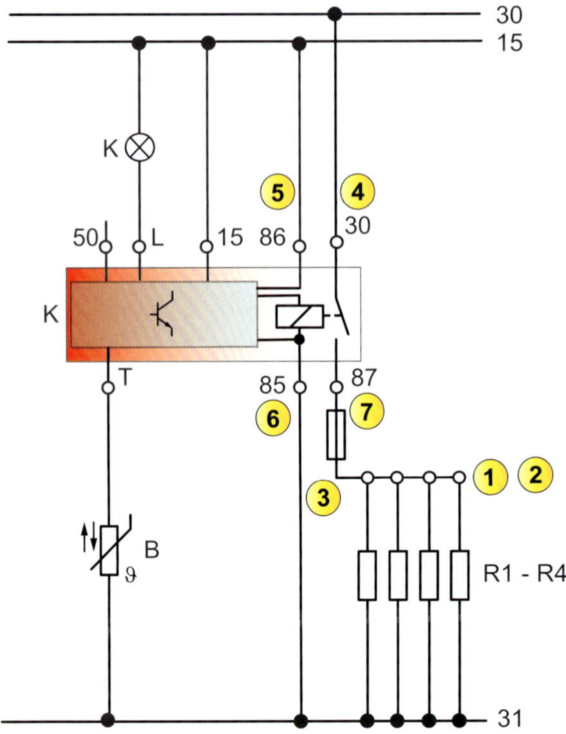

Bild 17.71 *Systematische Fehlersuche in einer Vorglühanlage*

1 Spannung an der Verteilschiene gegen Masse
Prüfvoraussetzungen:

- *Leitung am Geber für Motortemperatur abgezogen*
- *Zündung eingeschaltet*

2 Überprüfung einzelner Glühkerzen auf Durchgang
Prüfvoraussetzungen:

- *Spannung an der Verteilerschiene bei Schritt 1*
- *Verteilerschiene abgenommen*

3 Sichtprüfung der Sicherung
Prüfvoraussetzung:

- *Keine Spannung an der Verteilerschiene bei Schritt 1*

4 Spannungsversorgung Relais Kl. 30 (Eingang Laststromkreis)
Prüfvoraussetzungen:

- *Sicherung in Ordnung*
- *Keine Spannung an der Verteilerschiene bei Schritt 1*

5 Ansteuerung Kl. 86 (Eingang Steuerstromkreis)
Prüfvoraussetzungen:

- *Spannung an Kl. 30 in Ordnung*
- *Zündung «Ein»*

6 Ansteuerung Kl. 85 (Ausgang Steuerstromkreis)
Prüfvoraussetzung:

- *Spannung an Kl. 86 in Ordnung*

7 Spannung an Kl. 87 (Ausgang Laststromkreis)
Prüfvoraussetzungen:

- *Temperaturfühler abgezogen*

[Bild: Riehl]

Die Aussagen sind nur qualitativ, da mit einer Prüflampe keine exakten Spannungs- bzw. Stromwerte ermittelt werden können. Klemme 50 als Eingangssignal wird hier nicht geprüft, da dieses Signal nicht für die Glühung während des Startvorgangs verantwortlich ist.

Merke: Durch Messungen an den Ein- und Ausgängen des Relais wird der Fehler eingegrenzt. Sind alle Eingangsgrößen in Ordnung und ist auf der Ausgangsseite bei den angesteuerten Bauteilen kein Fehler zu finden, so muss das Relais defekt sein.

17.13.6 Schütze in elektrisch angetriebenen Fahrzeugen

Besonderheiten von Relais im Hochvolt-Bereich eines Elektro- oder Hybridfahrzeuges.

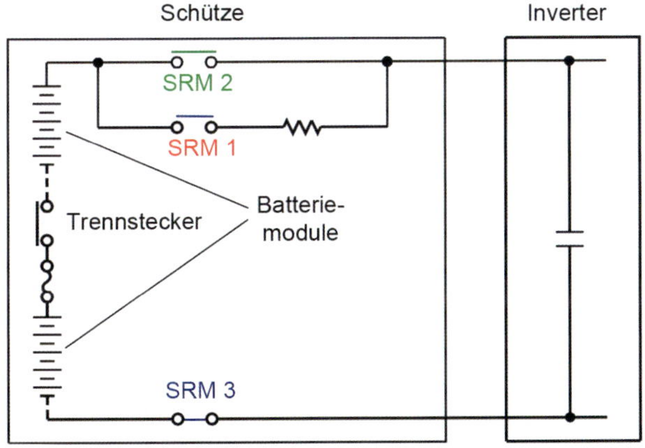

Bild 17.72
Schütze im HV-Fahrzeug
[Bild: Riehl]

Bei jedem Aktivieren des Hybridsystems (Starten) werden die (im HV-Batterie-Gehäuse untergebrachten) System Main Relais (SMR) (= Schütze) eingeschaltet. Während normale Relais im Laststromkreis nur einen Spannungspol zuschalten, spricht man von «Schütze», wenn es sich um Relais handelt, die beide Pole, also den Plus- und den Minuspol, ab- oder zuschalten. Dadurch ist das Hybridsystem, wenn es nicht «READY» ist, immer spannungsfrei, weil die SMR beim Abstellen des Hybridsystems geöffnet werden, wodurch Plus und Minus von der HV-Batterie zum Inverter unterbrochen sind.

Immer wenn etwas «unnormal» ist, das Fahrzeug einen Unfall hatte oder die Zündung ausgeschaltet wird, werden die SMR geöffnet. Trotzdem dürfen, wie eben schon gesagt, nur Fachkundige für HV-Systeme im Kfz nach Herstellervorgaben am freigeschalteten System Hochvoltsystem arbeiten. Als sicherheitsrelevantes Elektrobauteil dürfen die SMR nicht aus dem Relaisblock entfernt werden. Die SMR sind nicht einzeln bestellbar.

17.14 Motor- und Generatorprinzip

Elektromaschine

Der Begriff Elektromaschine oder E-Maschine wird anstelle von Generator, Elektromotor und Starter verwendet. Grundsätzlich kann man jeden Elektromotor auch als Generator einsetzen. Wird die Motorwelle der E-Maschine extern angetrieben, liefert sie als Generator elektrische Energie. Wird der E-Maschine elektrische Energie zugeführt, funktioniert sie als Motor.

Mechanische Energie

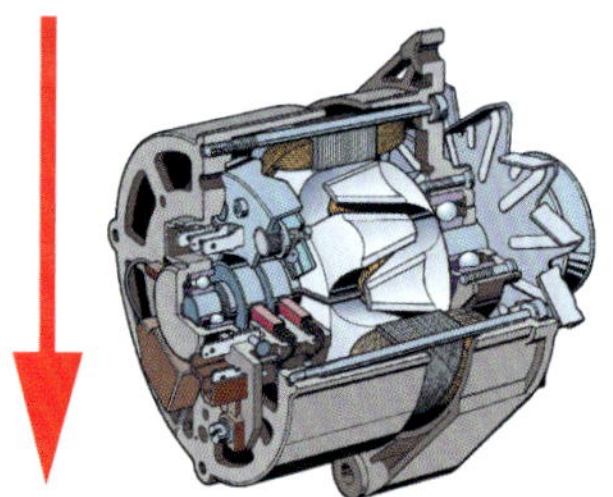

Elektrische Energie

Elektrische Energie

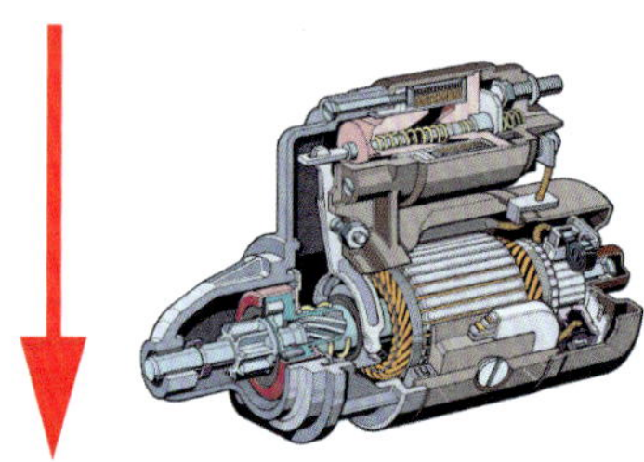

Mechanische Energie

Bild 17.73
rechts: Elektromaschine als Motor
links: Elektromaschine als Generator
[Bild: AS-Illu]

17.14.1 Motorprinzip

Motorprinzip: Elektrischer Strom + Magnetfeld => Bewegung (Kraftwirkung)

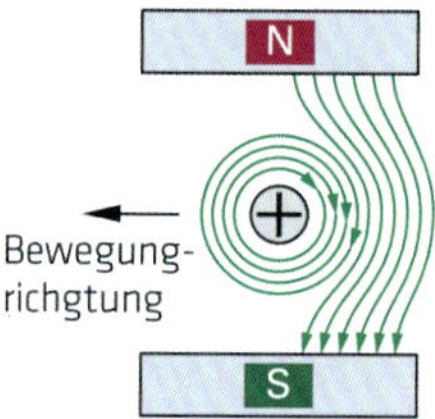

Bild 17.74 *Im rechten Bereich verlaufen die Feldlinien des feststehenden Magnetfeldes wie auch diejenigen des stromdurchflossenen Leiters in die gleiche Richtung, es gibt eine Feldlinienverstärkung. Auf der linken Seite des Leiters heben sich die Feldlinien auf, weil sie entgegengesetzt gerichtet sind.*
Folge: *Auf den Leiter wirkt eine Kraft nach links. Ein beweglich aufgehängter Leiter wird nach links ausgelenkt.*
[Bild: AS-Illu]

Die grundsätzliche Wirkungsweise der Elektromotoren beruht auf der Tatsache, dass gleichnamige Magnetpole sich abstoßen, ungleichnamige sich dagegen anziehen. Wird der Leiter durch eine Leiterschlaufe ersetzt, dann entsteht eine Drehbewegung.

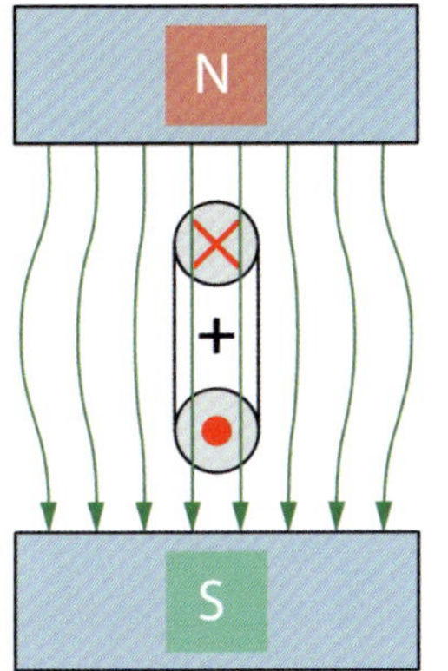

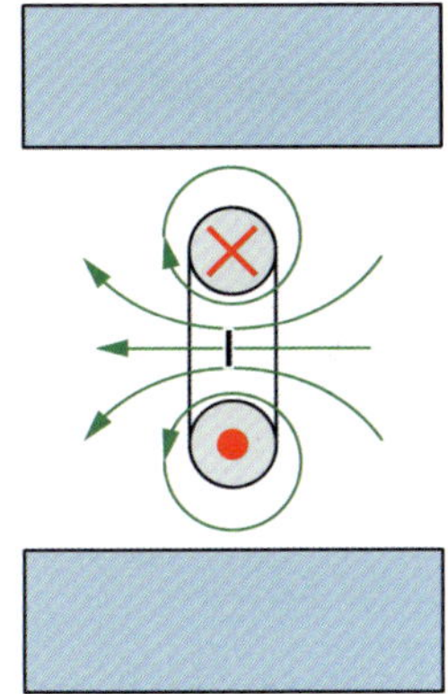
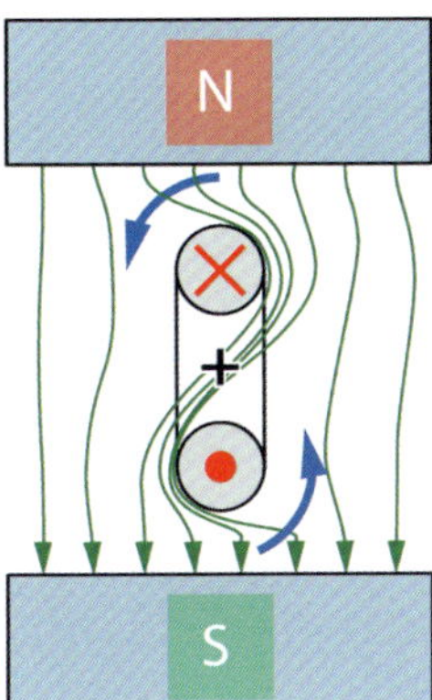

Bild 17.75 *Motorprinzip*
links: Polfeld
mitte: Feld der Leiterschleife
rechts: Resultierendes Feld
[Bild: AS-Illu]

Jedes Mal, wenn ein starker Strom durch die Leiterschlaufe fließt, wird dieser – je nach Richtung des Stromes und des Magnetfeldes – in das homogene Magnetfeld hineingezogen oder aus diesem herausgedrängt.

Im resultierenden Feld einer Leiterschleife entstehen erneut Ablenkkräfte. Sie bewirken eine Drehung der Leiterschleife um 180°. Die Drehrichtung hängt von der Stromrichtung in der Leiterschleife und von der Richtung des Magnetfeldes ab.

Um eine fortlaufende Drehung der Spule zu erreichen, muss der Strom in der Leiterschleife ständig umgepolt werden. Diese Aufgabe übernimmt der Kommutator. Spule und Kommutator drehen sich miteinander. Der Strom wird durch zwei feststehende Kohlebürsten zugeführt. Hat die Spule durch den Drehschwung ihren größten Ausschlag etwas überschritten, ändert der Kommutator die Stromrichtung. Die Spule dreht sich weiter. Der Kommutator besteht in seiner einfachsten Ausführung aus zwei voneinander isolierten Kupferhalbringen, die mit dem Spulenanfang bzw. -ende verbunden sind.

Bild 17.76
Aufbau und Arbeitsweise des Kommutators
[Bild: AS-Illu]

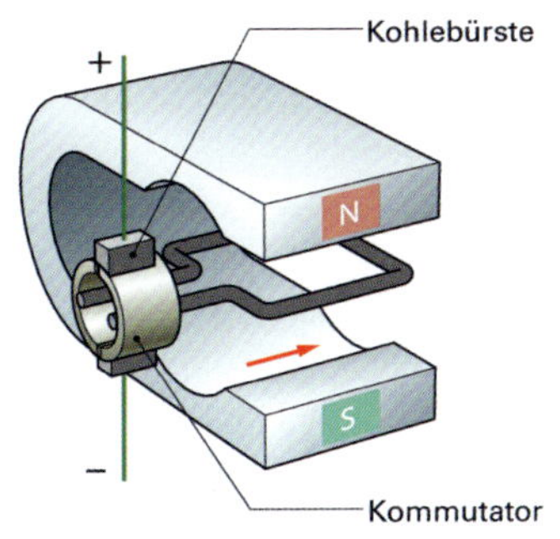

Drehen sich statt einer Leiterschleife drei Leiterschleifen im Magnetfeld, ergeben die Einzeldrehmomente ein wesentlich höheres und gleichförmigeres Gesamtdrehmoment. Verstärkt man zusätzlich das magnetische Feld um jede Leiterschleife, so wird die Drehbewegung deutlich beschleunigt.

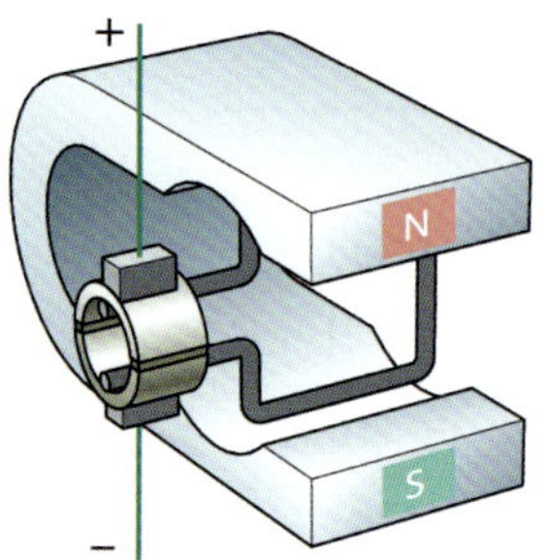

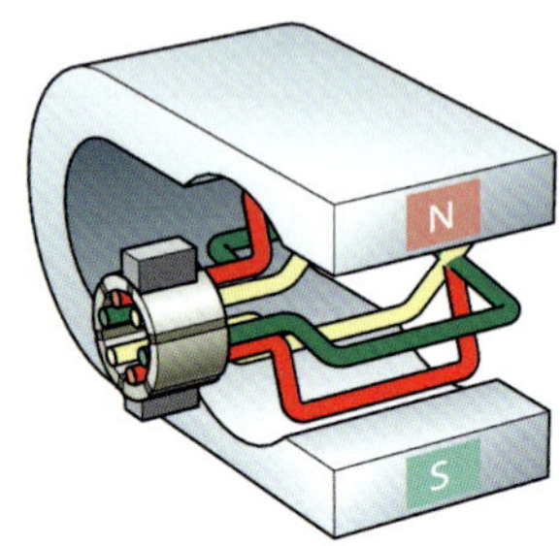

Bild 17.77
Nutzung mehrerer Leiterschlaufen
[Bild: AS-Illu]

Elektromotoren bestehen aus einem feststehenden Teil (Stator oder Ständer) und einem rotierenden Teil (Rotor, Anker oder Läufer). Die Funktion beruht auf dem Zusammenwirken des (feststehenden) Erregermagnetfeldes und des Ankermagnetfeldes.

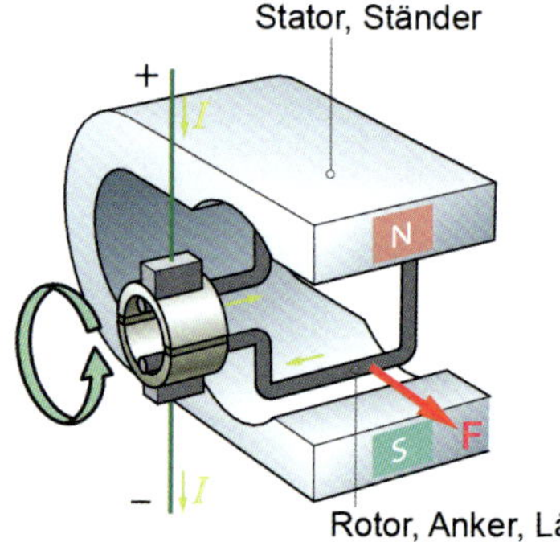

Bild 17.78
Das Erregermagnetfed wird durch einen Dauermagneten erzeugt wird. Das Ankermagnetfeld dagegen entsteht aufgrund des Stromflusses durch die Leiterschleife.
[Bild: AS-Illu]

➔ Es gilt: Motorprinzip: Umwandlung von elektrischer Energie in mechanische Energie

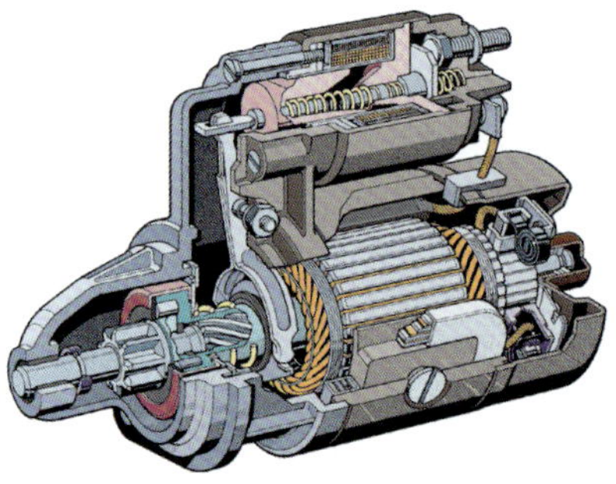

Bild 17.79
Anlasser als Beispiel für das Motorprinzip
[Bild: Vogel-Fachbuch, Meisterwissen]

17.14.2 Generatorprinzip

Generatorprinzip: Bewegung + Magnetfeld => Elektrischer Strom

Bewegt man einen geraden Leiter quer zu seiner Längsrichtung und auch quer zur Richtung des Magnetfeldes, so wird während der Dauer dieser Bewegung an seinen Enden eine Spannung induziert. Dabei spielt es keine Rolle, ob das Magnetfeld oder der Leiter bewegt wird. Es kommt nur auf die Relativbewegung an.

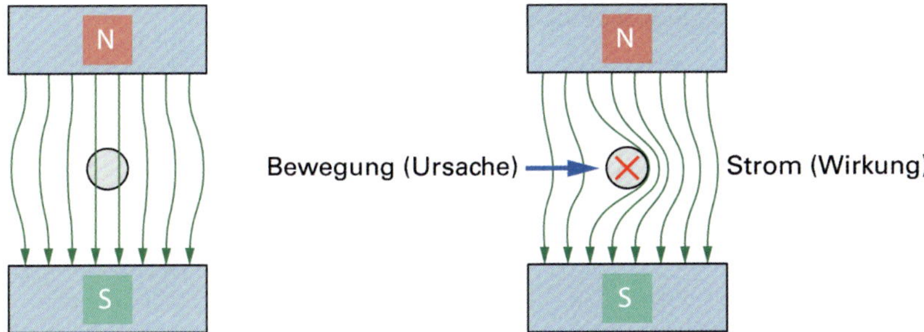

Bild 17.80 *Generatorprinzip*
[Bild: AS-Illu]

Der Generator nutzt das gleiche physikalische Grundprinzip einer Leiterschleife im magnetischen Feld. Durch die Drehung der Schleife wird eine Spannung induziert, d. h., mechanische Energie in elektrische umgewandelt. Je nach Lage der Schleife zu den Magneten ändert sich die messbare Spannung. Bei horizontaler Stellung der Leiterschleife ist die Spannung gleich Null. Sie erreicht bei vertikaler Stellung das Maximum und fällt dann wieder ab. Es kommt zu einer periodischen Spannungsänderung, die als Sinusschwingung dargestellt werden kann.
Der Induktionsstrom wächst mit:

- steigender Drehzahl,
- stärkerem Magnetfeld,
- steigender Wicklungszahl.

Arbeitsweise eines Generators

➔ Generatorprinzip: Umwandlung von mechanischer Energie in elektrische Energie.

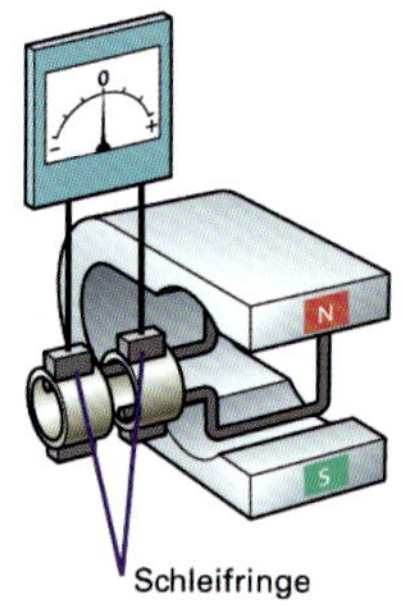

Bild 17.81
Die Enden der Leiterwicklung sind auf zwei Schleifringe geführt, die die Spannung nach draußen ableiten. Die abgegebene Spannung ist eine Wechselspannung.
[Bild: AS-Illu]

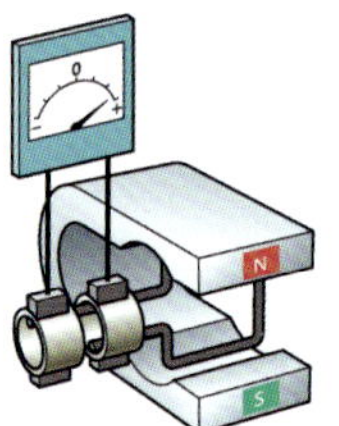

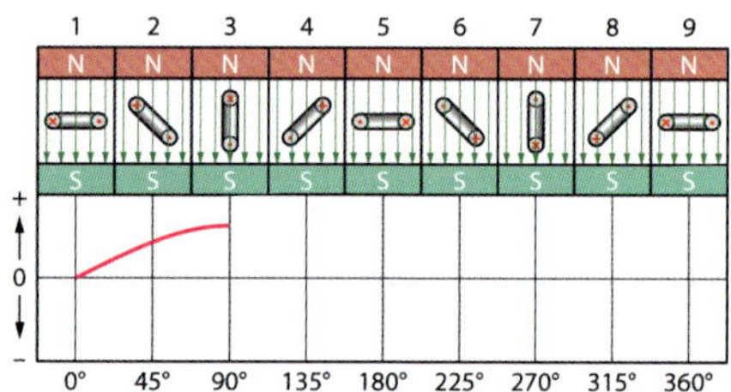

Bild 17.82a *In Abhängigkeit von der Stellung der Schleife wird eine positive Spannung erzeugt.*
[Bild: AS-Illu]

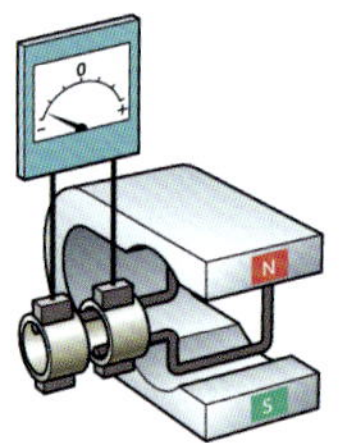

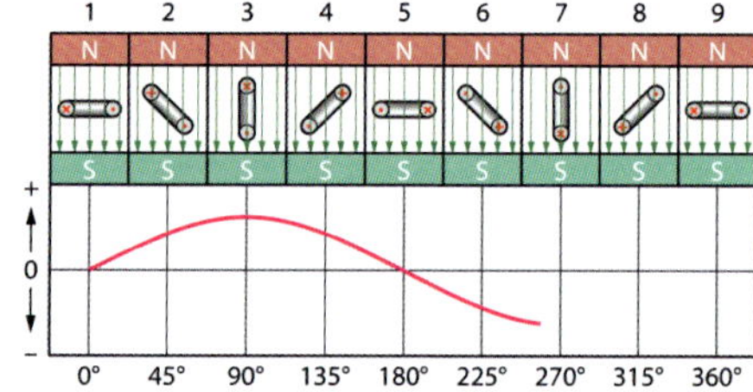

Bild 17.82b *Weiterdrehen erzeugt eine Spannung entgegengesetzter Richtung.*
[Bild: AS-Illu]

17.14.3 Bauarten von Elektromaschinen

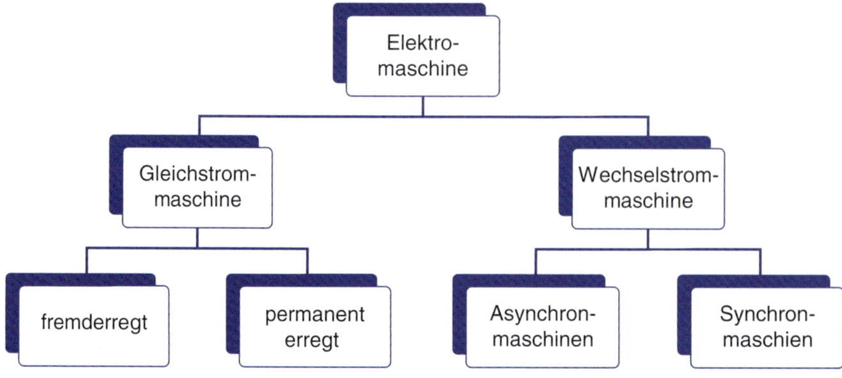

17.14.3.1 Gleichstrommaschinen – fremderregt

Die Schaltung der Erregerwicklung (Feldwicklung) zur Läuferwicklung hat Auswirkungen auf die Drehzahl/Drehmoment Charakteristik.

- Bei den Reihenschlussmotoren entsteht das Erregermagnetfeld aufgrund des Stromflusses durch die Statorwicklung. Da die Ankerwicklung in Reihe (in Serie) zur Erregerwicklung geschaltet ist, fließt der Strom nacheinander durch beide Wicklungen. Reihenschlussmotoren werden auch als Hauptschluss- oder Serienmotoren bezeichnet. Der Hauptvorteil dieser Schaltungsart besteht darin, dass sie beim Anlauf ein sehr großes Drehmoment entwickeln, da der große Anlaufstrom auch eine starke Erregung zur Folge hat. Dank des sehr großen Anlaufmomentes eignen sie sich sehr gut als Startermotoren (Anlasser). Mit steigender Drehzahl nimmt die Stromaufnahme, und somit das Drehmoment, stark ab. Wird der Motor entlastet, steigt die Drehzahl des Ankers stark an. Dies kann so weit führen, dass der Motor (unbelastet) «durchgeht», als Folge davon kann sich der Motor wegen der auftretenden Fliehkräfte selbst zerstören. Der Umstand, dass die Drehzahl stark lastabhängig ist, bezeichnet man als Reihenschlussverhalten.
- Als Nebenschlussmotoren werden Elektromotoren bezeichnet, bei welchen die Erreger- und die Ankerwicklung parallelgeschaltet sind (Bild 17.83b). Beide Wicklungen liegen somit an der (gleichen) Versorgungsspannung. Die Erregerwicklung führt demzufolge einen konstanten Strom. Die Drehzahl des Gleichstromnebenschlussmotors ist (beinahe) belastungsunabhängig. Ist der Motor hochgelaufen, so ändert die Drehzahl zwischen Leerlauf und Volllast nur gering fügig. Nebenschlussmotoren eignen sich aufgrund ihrer Charakteristik für Antriebe, die auch bei unterschiedlicher Last betrieben werden. Als Paradebeispiel ist hier der (früher eingesetzte) Scheibenwischermotor zu erwähnen.
- Doppelschlussmotoren, auch als Compoundmotoren bezeichnet, stellen eine weitere Bauart dar (Bild 17.83d). Sie weisen eine Reihen- und eine Nebenschlusswicklung auf und vereinen daher die elektromotorischen Eigenschaften der zwei Motorarten. Aufgrund der Reihenschlusswicklung geben sie beim Anlaufen ein sehr großes Drehmoment ab, bei Entlastung verhindert jedoch die Nebenschlusswicklung einen allzu starken Anstieg der Drehzahl. Bei Startermotoren für großvolumige Dieselmotoren können die zwei Wicklungen in zwei Stufen geschaltet werden. In der ersten Stufe wird die verhältnismäßig hochohmige Nebenschlusswicklung in Serie zum Anker geschaltet. Die Folge ist ein geringes Drehmoment, das ein schonendes Einspuren des Ritzels in den Zahnkranz des Schwungrades ermöglicht. In der zweiten Stufe wird die Hauptschlusswicklung eingeschaltet. Gleichzeitig wird die Nebenschlusswicklung – ihrer Bezeichnung entsprechend – parallel zum Anker geschaltet, wodurch die erwähnte Drehzahlbegrenzung bei unbelastetem Startermotor erreicht wird.

17.14.3.2 Gleichstrommaschinen – permanentregt

Permanentmagneterregte Motoren weisen eine Drehmoment/Drehzahl-Charakteristik auf, welche zwischen derjenigen der Nebenschluss- und der Reihenschlussmotoren liegt.

Aufgrund des einfachen Aufbaus und der geringen Baugrösse -die Erregerwicklung wird durch Dauermagnete ersetzt – haben sie in der Automobiltechnik die Nebenschlussmotoren fast gänzlich verdrängt. Weil durch die Sintertechnik äusserst starke Dauermagnete hergestellt werden können, wird diese Art auch als Startermotor eingesetzt.

Einsatz von Gleichstrommaschinen im KFZ:

Der Einsatz eines Kommutators erhöht sich den Wartungsaufwand durch die Abnutzung der Kohlebürsten, ebenso ist die maximale Drehzahl infolge des mechanischen Stromwenders begrenzt. Die Gleichstrommaschine ist größer und schwerer als vergleichbare Drehstrommaschinen. Sie wird daher nur noch benutzt, wo nur Gleichspannung zur Verfügung steht, z. B. bei dem Startermotor einer Verbrennungsmaschine.

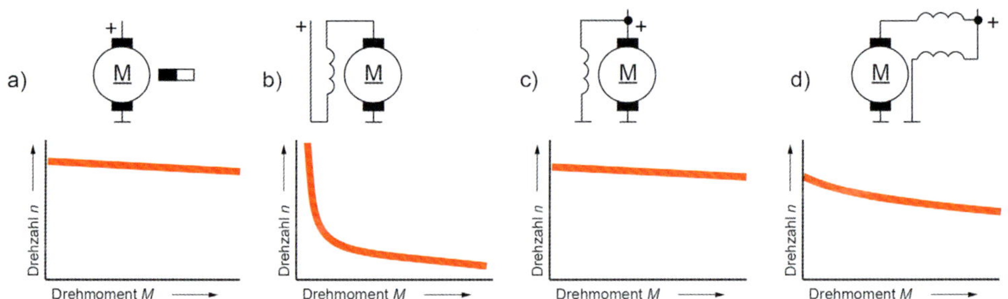

Bild 17.83 *Schaltung und Drehmomentverlauf von Elektromotoren:*
a) permanentmagnetisch erregter Motor
b)-c): fremderregte Gleichstrommaschinen;
b) = Reihenschlussmotor, c) = Nebeschlussmotor, d) = Doppelschlussmotor
[Bild: Riehl]

17.14.3.3 Wechselstrommaschinen – Generator

Ein Drehstromgenerator ist im Prinzip eine Kombination von drei Wechselstromgeneratoren und erzeugt nicht nur einen Wechselstrom, sondern drei Wechselströme zugleich. Der Elektromagnet bewegt sich an drei um 120° räumlich versetzten Spulen vorbei, sodass bei einer Umdrehung auch um 120° zeitlich versetzte Spannungen oder Phasen

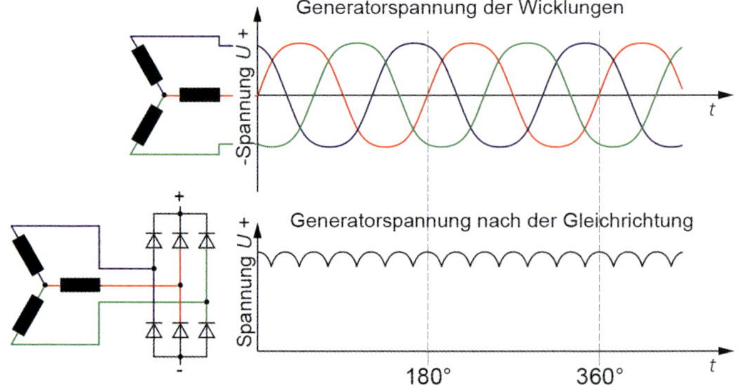

Bild 17.84 *Prinzip der Spannungserzeugung und Gleichrichtung bei einem Drehstromgenerator*
[Bild: Riehl]

entstehen. Den abgenommenen dreiphasigen Wechselstrom bezeichnet man als Drehstrom. Da zum Laden der Batterie aber Gleichstrom benötigt wird, muss der Drehstrom anschließend gleichgerichtet werden.

Bei der Stromversorgung von Gebäuden stellt der Energieversorger drei Phasen (stromführende Leitungen) zur Verfügung. Für die Elektroinstallation wird der Spannungsunterschied U_P von einer der drei Phasen (L1, L2 oder L3) und dem Neutralleiter (N) genutzt. Die Spannung beträgt in diesem Fall 230 V. Da die drei Phasen zeitlich um 120° zueinander verschoben sind, kann man zwischen den Phasen einen Spannungsunterschied U von 400 V messen.

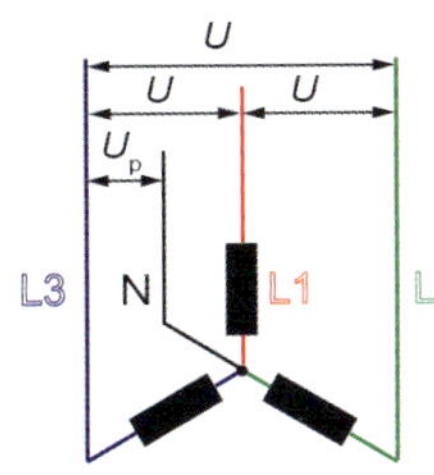

Bild 17.85
Stromversorgung in Gebäuden
Spannung U zwischen den Außenleitern L1, L2 und L3 = 400 V
Spannung Up zwischen den Außenleitern L1, L2 und L3 und dem Neutralleiter N = 230 V
$U = U_P \cdot \sqrt{3}$
[Bild: Riehl]

Ordnet man drei Drahtspulen (SP1 bis SP3) dreiecksförmig an und verbindet sie mit den drei Phasen, bauen die Spulen ein Magnetfeld auf, das sich im Rhythmus der Netzfrequenz «dreht». Nun braucht man nur noch einen magnetischen Rotor in das Zentrum der drei Spulen zu montieren, der vom drehenden Magnetfeld «mitgenommen» wird. Demzufolge kommt ein Drehstrommotor ohne Kommutator aus, was den Aufbau deutlich vereinfacht.

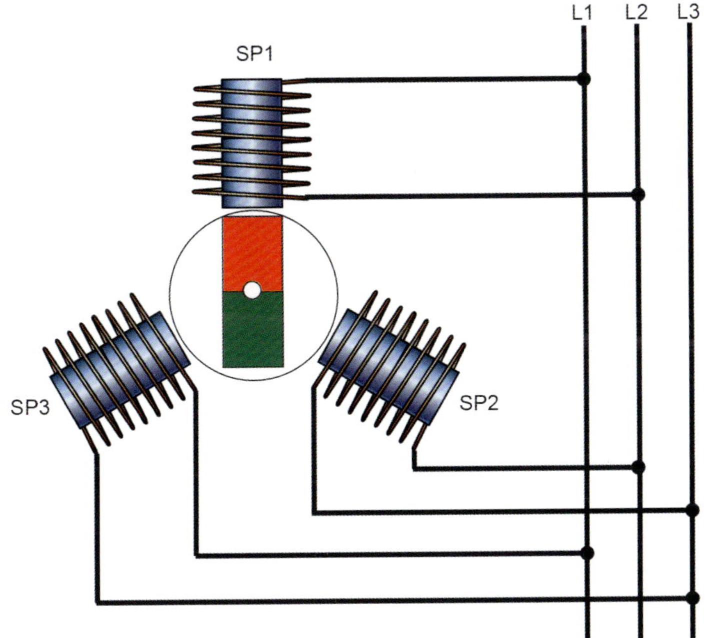

Bild 17.86
Schema Drehstromgenerator
[Bild: Riehl]

17.14.3.4 Wechselstrommaschine – Asynchronmaschinen

Die Asynchronmaschine ist die am meisten verwendete Industriemaschine. Sie ist sehr robust, einfach zu bauen und hat einen guten Wirkungsgrad.

Der Rotor besteht aus einer Welle mit kreisrunden und untereinander isolierten Eisenlamellen. Im Rotor sind mehrere massive Metallstäbe (1) eingebettet, die als Stromleiter dienen. Auf beiden Seiten des Rotors sind die Metallstäbe mit jeweils einer Metallplatte (2) leitend verbunden (kurzgeschlossen). Der dadurch entstandene Leiterkäfig sorgte für die Bezeichnung Käfigläufer oder auch Kurzschlussläufer.

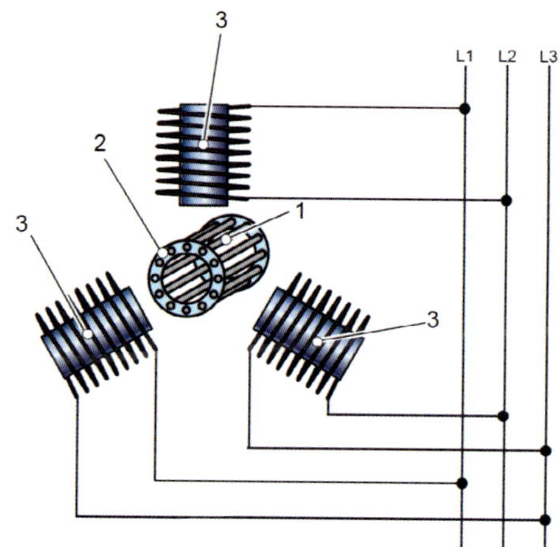

Bild 17.87a *Aufbau einer* ***As****ynchron****m****aschine (ASM)*
1 Leiterstäbe
2 Kurzschlussring
3 Statorwicklungen
[Bild: Riehl]

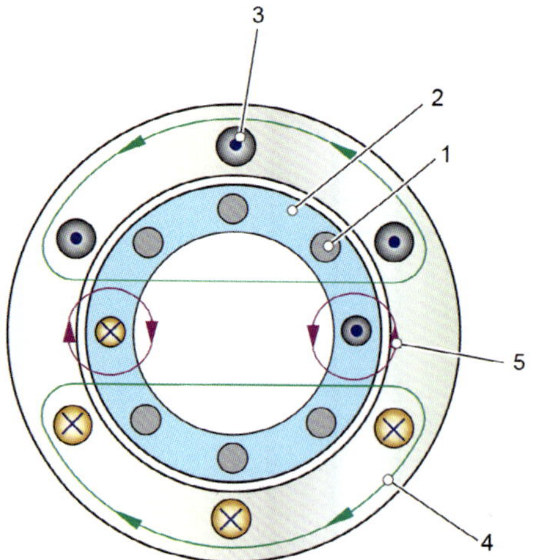

Bild 17.87b *Arbeitsweise einer Asynchronmaschine*
1 Leiterstäbe
2 Kurzschlussring
3 Statorwicklungen
4 Magnetfeld der Statorwicklungen
5 Magnetfeld der Stäbe
[Bild: Riehl]

Das Magnetfeld der Statorspulen (3) induziert in den Leitern des Rotorkäfigs einen Strom, der seinerseits ebenfalls ein Magnetfeld erzeugt. Die gegenseitige Beeinflussung der Magnetfelder sorgt dafür, dass der Rotor in eine Drehbewegung versetzt wird. Die Drehrichtung ist von der Reihenfolge der Phasenverschiebung auf den Anschlussleitungen abhängig und kann durch das Vertauschen von zwei der drei Anschlussleitungen geändert werden.

Aufgrund des hohen Anlaufstromes werden leistungsstarke Drehstrommotoren in Sternschaltung (Bild 17.88 (2)) gestartet. Dadurch sind immer zwei der drei Spulen (L1 bis L3) in Reihe zwischen den Phasen angeordnet. Wenn der Motor auf Drehzahl gekommen ist, erfolgt die Umschaltung auf Dreieckschaltung (Bild 17.88 (1)), damit der Motor die volle Leistung abgeben kann. Die Drehzahl ist von der Netzfrequenz und von der Anzahl der Spulenpaare abhängig. Wenn eine Drehzahlregelung erforderlich ist, müssen Frequenzumrichter benutzt werden. Frequenzumrichter verändern die feste Frequenz der Wechselspannung im Versorgungsnetz in eine variable Frequenz für den angeschlossenen Motor. Da der Rotor dem Magnetfeld des Stators nacheilt und nicht synchron ist, werden diese Motoren auch als «Asynchronmotoren» bezeichnet. Das Drehmoment ist abhängig von der Differenz der Geschwindigkeit des Drehfelds und der Drehzahl des Rotors. Je größer diese Differenz umso höher ist das Drehmoment.

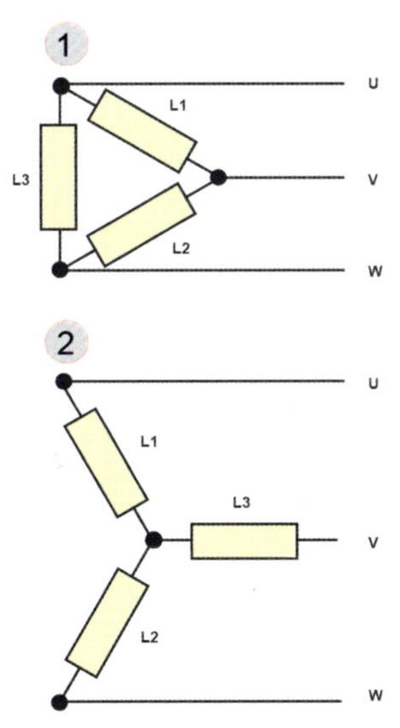

Bild 17.88
Mögliche Schaltungsarten von drei Wicklungen
1 Dreieckschaltung
2 Sternschaltung
[Bild: Riehl]

➔ Merke: Der Asynchron-Drehstrommotor kann nur dadurch funktionieren, dass der Rotor etwas langsamer als das Drehfeld läuft, damit das Rotor-Magnetfeld erhalten bleibt. Das besondere Kennzeichen der Asynchronmaschine ist die Kurzschlusswicklung im Läufer.

17.14.3.5 Wechselstrommaschine – Synchronmaschinen

Der Rotor kann entweder mit Dauermagneten (permanenterregte Synchronmaschine) bestückt sein oder die Magnetisierung erfolgt über gleichstromerregte Polräder (fremderregte Synchronmaschine). Prinzipiell zeichnet sich die Synchronmaschine durch einen hohen Wirkungsgrad bei niedrigem Volumen aus. Im Vergleich zu Gleichstrom- und Asynchronmaschinen weist sie das geringste Gewicht auf. Die permanenterregte Synchronmaschine ist eine Bauform der Synchronmaschinen und derzeit die am häufigsten in Hybridfahrzeugen eingesetzte Elektromaschine. Wegen des Einsatzes von Permanentmagneten zum Aufbau des Erregerfelds erzielt diese Antriebsvariante auch im Teillastbereich sehr hohe Wirkungsgrade. Mit Seltenwerden bzw. Neodym-Eisen-Bor-Magneten, kurz Neodym-Magnete, sind eine hohe Energiedichte bei kleinem Bauvolumen realisierbar. Dadurch wird der Motor aber teurer als beispielsweise ein Asynchronmotor. Diese Bauart stellt sich auf Grund ihres hohen Wirkungsgrades zunehmend als optimale Antriebskonzeptvariante für Elektro- und Hybridfahrzeuge heraus. Jeder permanenterregte Synchronmotor kann auch als Synchrongenerator arbeiten, z. B. als Fahrraddynamo. Fremderregte Synchronmaschinen werden z. B. als Drehstromgenerator im Kfz eingesetzt. Der Aufbau des Stators und die Entstehung des Drehfelds sind vergleichbar mit den entsprechenden Funktionen der Asynchronmaschinen. Der Unterschied zur Asynchronmaschine besteht im Rotor, der hier als sogenannter Magnetläufer mit fest vorgegebenen Magnetpolen gefertigt ist.

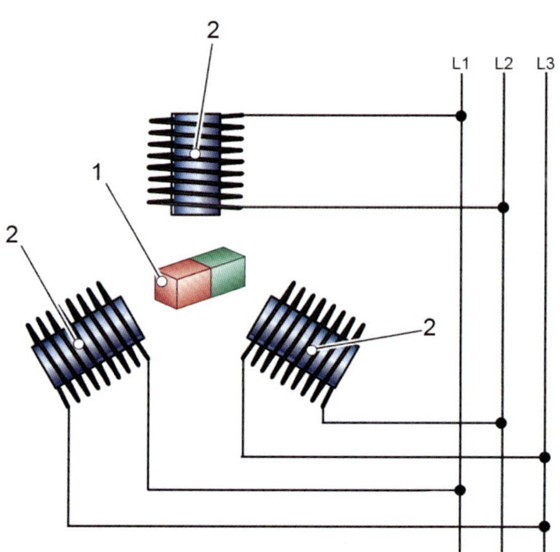

Bild 17.89a
P*ermanenterregte* ***S****ynchron***m****aschine (PSM)*
1 Permanentmagnet
2 Statorwicklung
[Bild: Riehl]

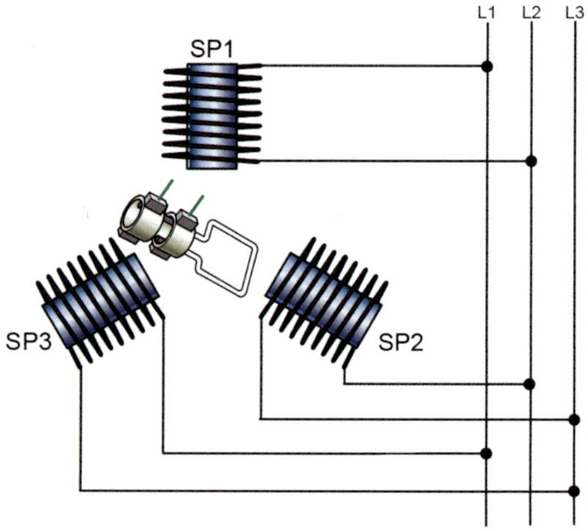

Bild 17.89b
F*remderregte* ***S****ynchron***m****aschine (FSM)*
[Bild: Riehl]

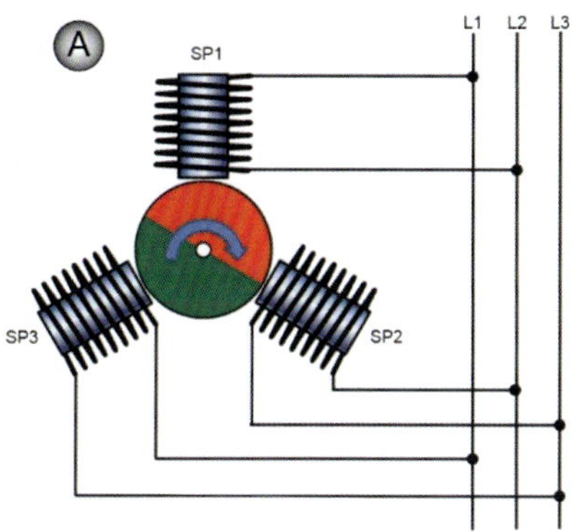

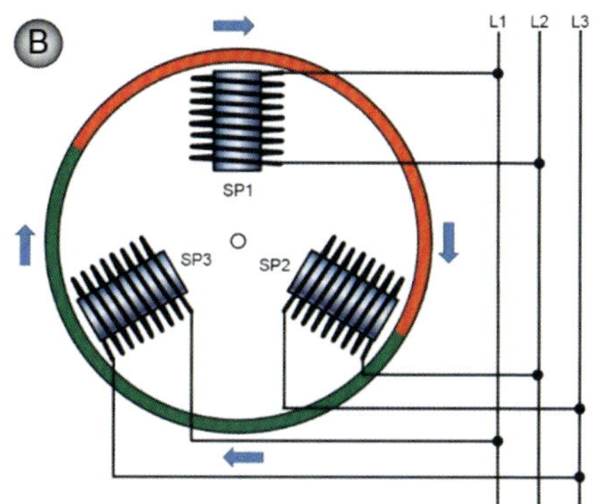

Bild 17.90
Aufbau einer Synchronmaschine
A Außenläufer
B Innenläufer
[Bild: Riehl]

Bild A: Bei einem Innenläufer befinden sich die Statorwicklungen außen im feststehenden Gehäusemantel. Der Rotor besteht aus einem zylinderförmigen Dauermagneten, der sich innerhalb des Gehäusemantels dreht.
Bild B: Der Stator mit den Spulen stellt das feststehende Innenteil des Motors dar. Das Motorgehäuse mit den Dauermagneten an der Innenseite ist drehbar gelagert und umschließt den Stator.

17.14.3.6 Wechselstrommaschine - Reluktanzmotor

Bei diesem Motor besteht der Rotor aus einem gezahnten Weicheisenkern und einem innen gezahnten Stator.

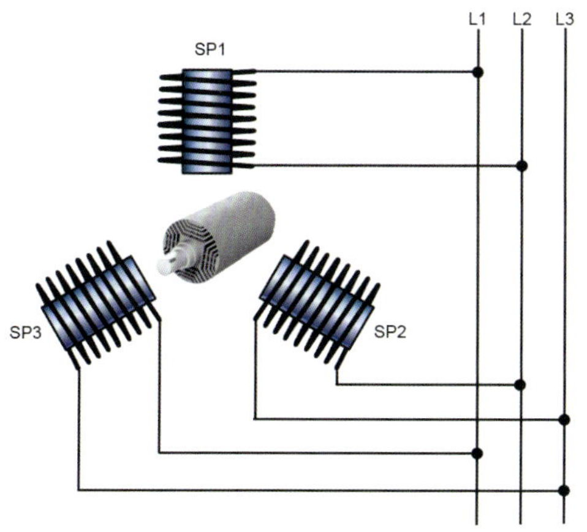

Bild 17.91a
Aufbau eines Reluktanzmotors
[Bild: Riehl]

Beim Einschalten des Statorstroms richtet sich der Rotor immer so aus, dass sich die Zähne des Rotors und die des Stators gegenüberstehen und somit der geringstmögliche Widerstand für den magnetischen Fluss entsteht.

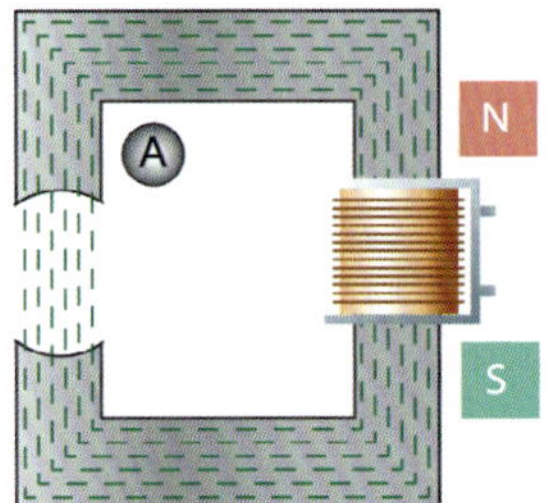

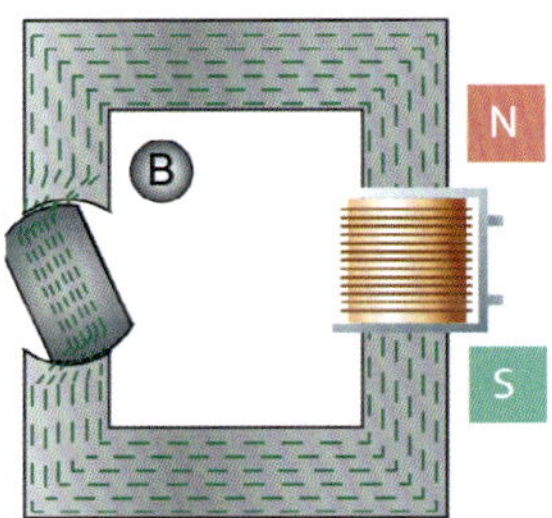

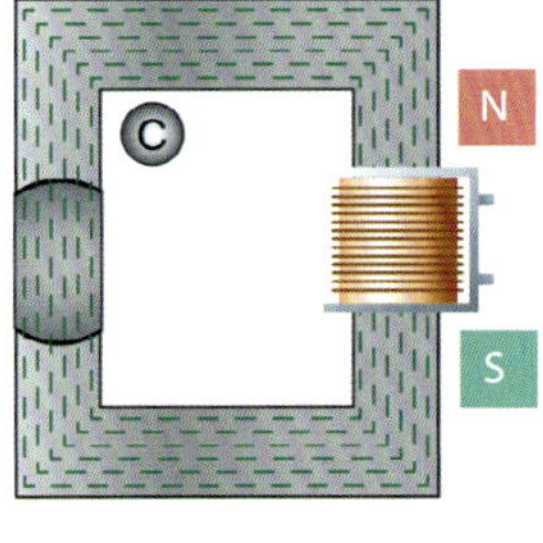

Bild 17.91b
Prinzip eines Reluktanzmotors
Die Reluktanzkraft ist immer so gerichtet, dass sich der magnetische Widerstand verringert und die Induktivität steigt.
A *Die Magnetfeldlinien (grün dargestellt) werden durch den Eisenkern gebündelt. An der Stelle der Lücke im Eisenring ist ein großer magnetischer Widerstand.*
B *Wenn sich ein drehbares Metallstück im Ringkern befindet, dann wird es duch die Reluktanzkraft bewegt.*
C *Das Metallstück wird so aufgerichtet, dass der kleinste magnetische Widerstand entsteht.*
[Bild: Riehl]

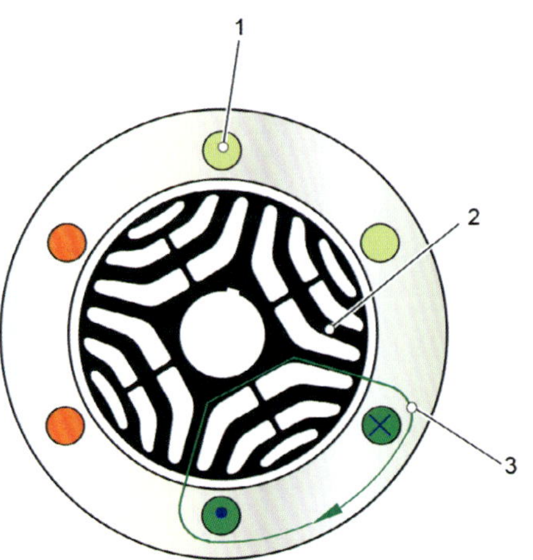

Bild 17.91c
Arbeitsweise eines Reluktanzmotors
1 Spulen
2 Rotor
3 Magnetfeld der Spulenwicklung

Der Stator besteht aus bewickelten, ausgeprägten Spulen (1) mit Nord- und Südpol. Der Rotor (2) ist eine einfache zahnradähnliche Konstruktion ohne Magnete, Wicklungen und Bürsten. Die Anzahl der Ständerwicklungen ist dabei stets größer als die Anzahl der Zähne im Läufer, z. B. 6/4, 8/6 oder 24/18. Dadurch stehen sich nie alle Zähne des Läufers und Spulen des Stators genau gegenüber.

Die Spulen gleicher Farbe sind miteinander verbunden und werden gleichzeitig angesteuert. Sobald Strom durch die grünen Spulen fließt, baut sich das Magnetfeld (3) entsprechend der Wirkungsrichtung der Spulen auf. Der Rotor richtet sich nach diesem Magnetfeld aus. Werden die gelben Spulen eingeschaltet passiert das Gleiche. Der Rotor dreht sich ein Stück weiter.

17.14.3.7 Bezeichnung und Kennzeichnung der Elektromaschinen

In technischen Dokumentationen wird zur eindeutigen Identifizierung der Elektromaschinen die Elektromaschinen-Bezeichnung nach GS 90023 verwendet.

Tabelle 17.6

Position	Bedeutung	Index	Erklärung
1	Motorentwickler	z. B. I	BMW
2	Außendurchmesser des Blechpaketes	A B C D E	< 200 mm > 200 mm < 250 mm > 250 mm < 300 mm > 300 mm Außenläufer mit kleinem Durchmesser
3	Änderung des Grundmotorkonzepts	0 oder 1 2 bis 9	Grundmotor Änderungen Gerade Nummern Reserviert für Motorrad, ungerade Nummern für PKW
4	Machinentyp (Motorarbeitsverfahren)	N U O P R S T	Asynchronmaschine Gleichstrommaschine Axialflussmaschine Permanentmagneterregte Synchronmaschine Geschaltete Reluktanzmaschine Stromerregte Synchronmaschine Transversalflussmaschine
5 + 6	Drehmoment	0 bis ...	z. B. 25 = 250 Nm
7	Typprüfbelange (Änderungen, die Eine neue Typprüfung erfordern)	A B - Z	Standard Je nach Bedarf, z. B. Längen- und Wicklungsanpassungen

17.14.3.8 Wechselstrommotoren als Antrieb in Elektrofahrzeugen

17.14.3.8.1 Motor

Der Fahrmotor für Elektroantrieb wandelt die Drei-Phasenspannung in Antriebskraft um.

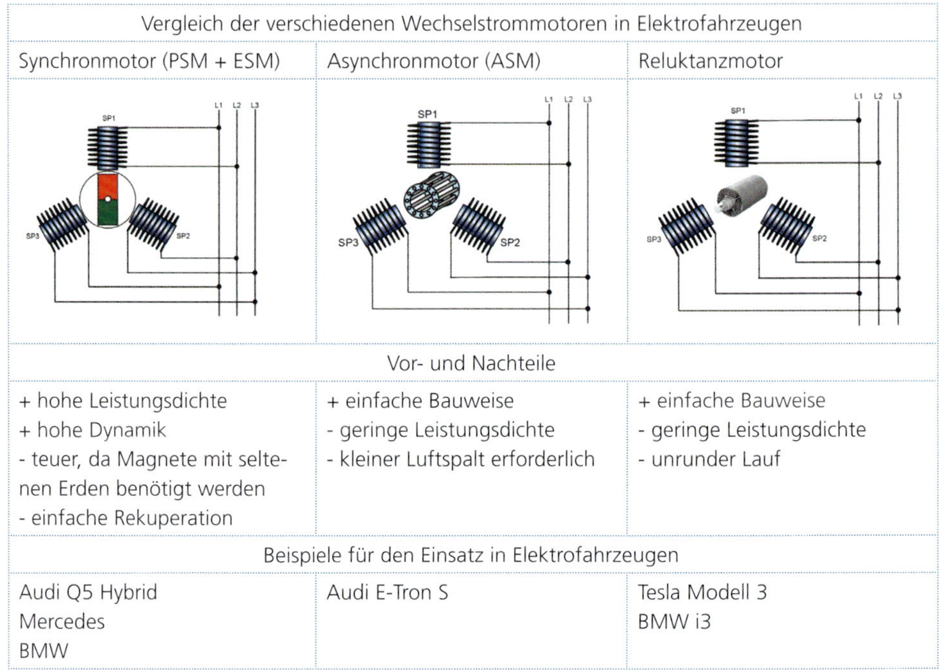

Vergleich der verschiedenen Wechselstrommotoren in Elektrofahrzeugen		
Synchronmotor (PSM + ESM)	Asynchronmotor (ASM)	Reluktanzmotor
Vor- und Nachteile		
+ hohe Leistungsdichte + hohe Dynamik - teuer, da Magnete mit seltenen Erden benötigt werden - einfache Rekuperation	+ einfache Bauweise - geringe Leistungsdichte - kleiner Luftspalt erforderlich	+ einfache Bauweise - geringe Leistungsdichte - unrunder Lauf
Beispiele für den Einsatz in Elektrofahrzeugen		
Audi Q5 Hybrid Mercedes BMW	Audi E-Tron S	Tesla Modell 3 BMW i3

Bild 17.92
Vor- und Nachteile der verschiedenen Bauarten von Wechselstrommotoren
[Bild: Riehl]

17.14.3.8.2 Spannungswandler

In der Leistungselektronik sind zwei Spannungswandler integriert. Sie verarbeiten die Gleichspannung der Hochvoltbatterie für die E-Maschine und das 12-Volt-Bordnetz.

DC/DC-Spannungswandler: HV – 12-Volt-Bordnetz: Da die Lichtmaschine entfallen ist, kann die Ladung der 12-Volt-Batterie des Bordnetzes nur über die E-Maschine erfolgen. Hierzu müssen die Gleichspannung aus der Hochvoltanlage in eine Ladespannung für die 12-Volt-Bordnetzbatterie transformiert werden. Die Technologie des DC/DC-Wandlers würde auch die Betriebsart «Aufwärtswandlung» («Boost-Mode») ermöglichen, damit wäre ein Laden der Hochvolt-Batterie mit Hilfe von Energie aus dem 12-Volt-Bordnetz möglich.

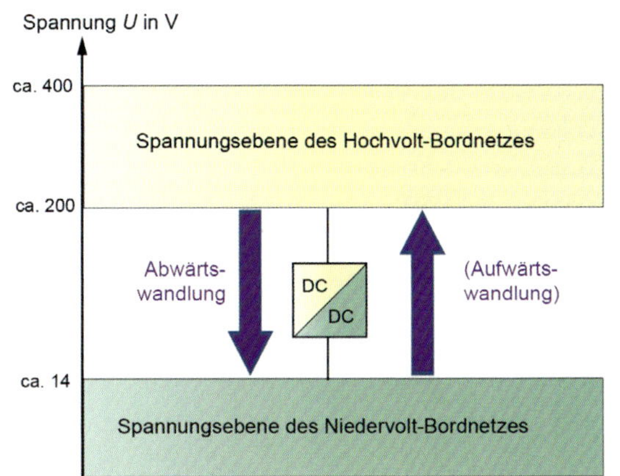

Bild 17.93
Arbeitsbereiche des DC/DC-Wandlers
[Bild: Riehl]

AC/DC-Spannungswandler: Elektromaschine – HV-Batterie: Da die E-Maschine ein Drehstrom-Synchrongenerator ist, Batterien aber nur Gleichspannung speichern können, ist in der Leistungselektronik auch ein AC/DC-Spannungswandler integriert. Dieser Spannungswandler transformiert die Gleichspannung der Hochvoltbatterie für die Versorgung der E-Maschine in eine Wechselspannung mit drei Phasen. Läuft die E-Maschine als Generator, wandelt er die Wechselspannung in eine Hochvolt-Gleichspannung zum Laden der Hochvoltbatterie.

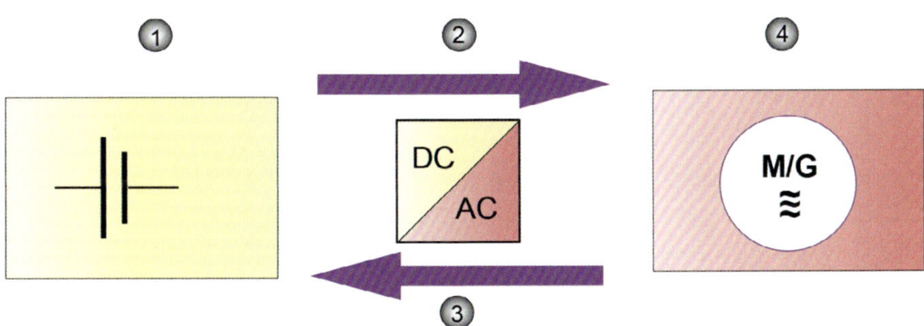

Bild 17.94
Schematische Darstellung der AC/DC-Wandlung
1 Hochvolt-Batterie
2 Betriebsart als Wechselrichter, Elektromaschine arbeitet als Motor
3 Betriebsart als Gleichrichter, Elektromaschine arbeitet als Generator
4 Elektromaschine
[Bild: Riehl]

17.14.3.8.3 Leistungselektronik zur Ansteuerung der Elektromaschine

Die Leistungselektronik zur Ansteuerung der Elektromaschine besteht hauptsächlich aus dem Bidirektionalen DC/AC-Wandler. Es handelt sich dabei um einen Pulsumrichter mit einem 2-poligen Gleichspannungsanschluss und einem 3-phasigen Wechselspannungsanschluss. Die Elektromaschinen-Elektronik erhält dazu als wesentliche Eingangsgröße die Sollwertvorgabe, also welches Drehmoment die Elektromaschine liefern soll. Aus diesem Sollwert und dem aktuellen Betriebszustand der Elektromaschine (Drehzahl und Drehmoment) ermittelt das Steuergerät die Betriebsart des DC/AC-Wandlers sowie Amplitude und Frequenz der Phasenspannungen für die Elektromaschine. Entsprechend dieser Vorgaben werden die Leistungshalbleiter des DC/AC-Wandlers getaktet angesteuert.

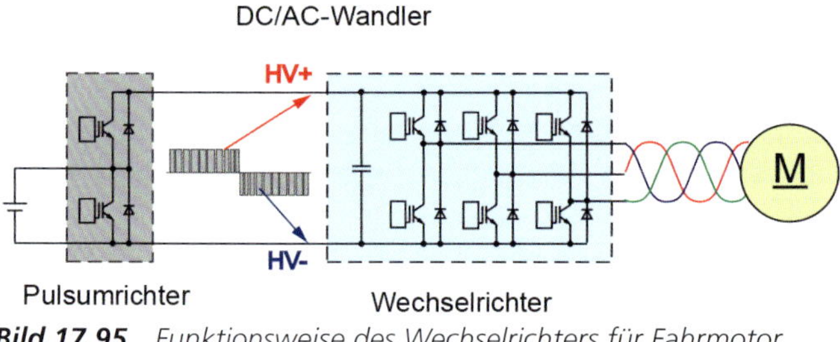

Bild 17.95 *Funktionsweise des Wechselrichters für Fahrmotor*
[Bild: Riehl]

Mit den als Schaltelemente verwendeten Transistoren (meist IGBT) wird durch Pulsweitenmodulation (PWM) eine Sinus-Wechselspannung aus kurzen Pulsen hoher Frequenz (einige bis über 20 kHz) nachgebildet. Ein IGBT (***i****nsulated-****g****ate* ***b****ipolar* ***t****ransitor*) ist ein schnellschaltendes Halbleiter-Element. Der IGBT kann innerhalb von Nano-Sekunden ein- oder ausgeschaltet werden. Durch diese schnelle Ansprechzeit ist es möglich zwischen Hochvolt-Plus und -Minus schnell zu wechseln, wodurch aus einer Gleichspannung eine Wechselspannung erzeugt werden kann. Man setzt also die Ausgangswechselspannung aus kleinen, unterschiedlich breiten Impulsen zusammen und nähert sich so dem sinusförmigen Spannungsverlauf an.

17.14.3.8.4 Vergleich: Elektromotor-Verbrennungsmotor

Vorteil Elektromaschine:

+ Das maximale Drehmoment steht bereits ab dem Stillstand der Maschine bis hin zu mittleren Drehzahlen zur Verfügung. Aus diesem Grund benötigt der Antriebsstrang der Elektrofahrzeuge keine Kupplung. Erst bei höheren Drehzahlen nimmt das maximale Drehmoment wieder ab. Es reicht aber immer noch aus, um auch im Geschwindigkeitsbereich auf Landstraßen dynamisch überholen zu können.

+ Aus dem Verlauf des maximalen Drehmoments lässt sich der Verlauf der maximalen Leistung ableiten: In dem Drehzahlbereich, in dem das maximale Drehmoment konstant anliegt, steigt die maximale Leistung linear bis zu ihrem Maximum an. Trotz sinkenden maximalen Drehmoments bei höheren Drehzahlen nimmt die Maximalleistung dann nur leicht bis zum Drehzahlmaximum ab.

+ Der nutzbare Drehzahlbereich der Elektromaschine reicht von 0 bis nahezu 11.400 1/min. Aufgrund dieses beinahe doppelt so großen Drehzahlbereichs im Vergleich zu einem Verbrennungsmotor kommt ein Elektrofahrzeug ohne Schaltgetriebe aus.

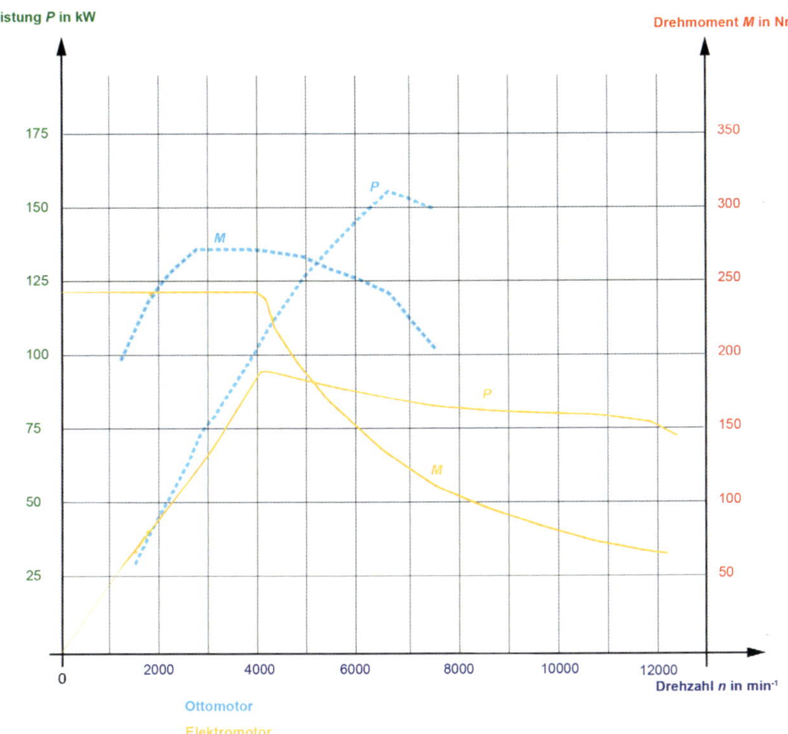

Bild 17.96 *Vergleich der Drehmoment- und Leistungskurven zwischen einem Elektromotor und einem Verbrennungsmotor*
[Bild: Riehl]

17.14.3.8.5 Sonderformen von Motoren im Kfz

Brushless-Elektromotor: Brushless-Elektromotoren werden mit Gleichspannung betrieben, sind im Prinzip aber Drehstrommotoren. Da die Motoren keine Kohlebürsten haben, gibt es auch kein Bürstenfeuer, das die Fahrzeugelektronik oder die Ansteuerelektronik stört. Damit Brushless-Elektromotoren effektiv genutzt werden können, benötigen sie einen speziellen Motorcontroller, der aus der Gleichspannung des Fahrzeugs einen künstlichen Drehstrom mit drei «Phasen» macht. Dazu gibt es spezielle Drehzahlsteller (ESC = Electronic Speed Controller) verwendet. Um die Drehrichtung zu ändern ist es ausreichend, einfach zwei der drei Anschlussleitungen untereinander zu tauschen.

Schrittmotor: Ein Schrittmotor, oder auch Stepper, ist im Prinzip ein Brushless-Elektromotor, der als Innenläufer aufgebaut ist. Aufgrund seiner Konstruktion und seiner Ansteuerung ist er in der Lage, definierte Drehbewegungen (Schrittwinkel) von 1,8° oder weniger zu vollziehen. Schrittmotoren folgen exakt dem außen angelegten Feld und können ohne Sensoren zur Positionsrückmeldung betrieben werden. Gespeist werden Schrittmotoren mit Gleichspannung, die in einer exakt vorgegebenen Weise/ Reihenfolge auf die Motorspulen geschaltet werden muss. Aus diesem Grund werden Schrittmotoren elektronisch gesteuert. In Kraftfahrzeugen werden Sie zur Sitzverstellung, zur Klappenverstellung in der Heizung- und Klimaanlage, zur Drosselklappenbetätigung und zur Zeigerbewegung in Anzeigeinstrumenten eingesetzt.

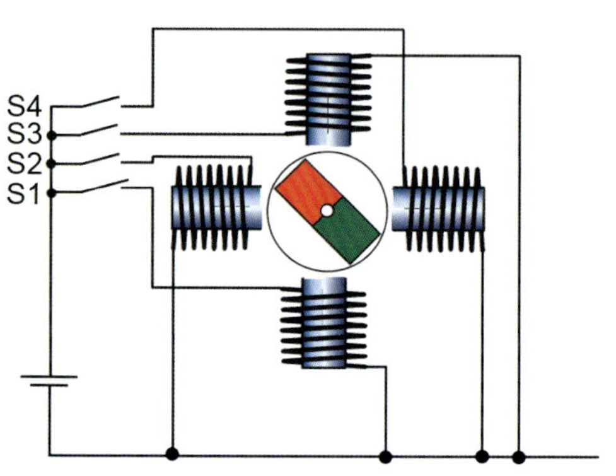

Bild 17.97 *Schema eines Schrittmotors mit vier Schritten für eine Umdrehung*
[Bild: Riehl]

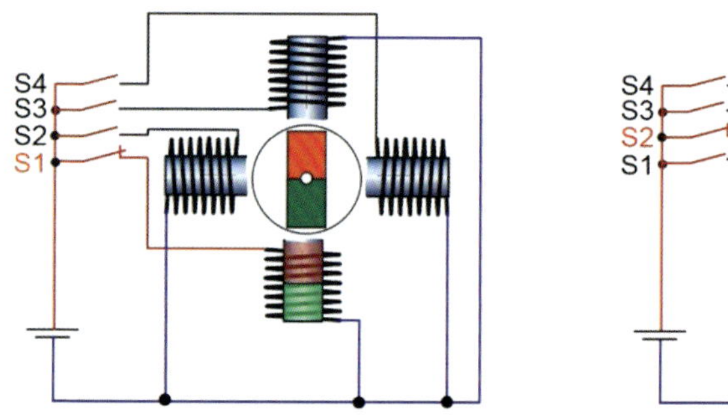

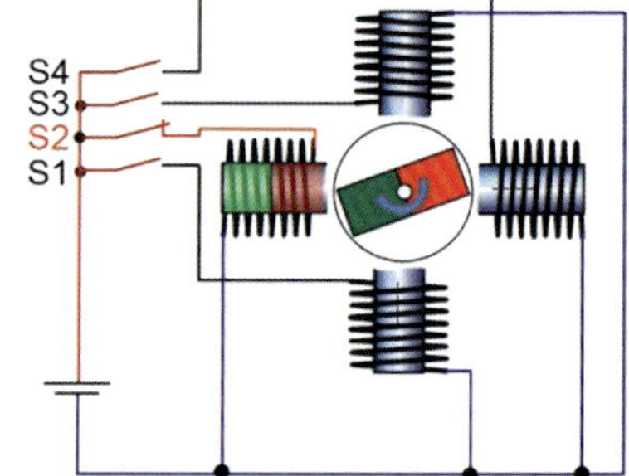

Bild 17.98 *Prinzipielle Arbeitsweise eines Schrittmotors*
[Bild: Riehl]

Prinzipielle Arbeitsweise

In der linken Schaltung (Bild 17.98) ist der Stromkreis über den Schalter S1 geschlossen. Aufgrund der Stromrichtung entstehen die bezeichneten Pole und der Rotor steht auf Grund der Anziehung in Richtung des bestromten Spule. Wird der Schalter S1 geöffnet und der Schalter S2 bildet sich in der durchflossenen Spule ein Magnetfeld. Nun bewegt sich der Rotor 90° im Uhrzeigersinn. Wird dieses Impulsschema mit S3 und S4 weiter fortgeführt, dreht der Rotor in 90°-Schritten im Uhrzeigersinn weiter.

18 Grundschaltungen der Elektronik

18.1 Diode

Problem: Der Drehstromgenerator im Kraftfahrzeug liefert Wechselstrom. Zum Laden der Batterie und zum Betrieb des Bordnetzes wird aber Gleichstrom benötigt.

Lösung: Durch den Einsatz von Dioden lässt sich der Wechselstrom in Gleichstrom umwandeln.

18.1.1 Diode als elektrisches Ventil

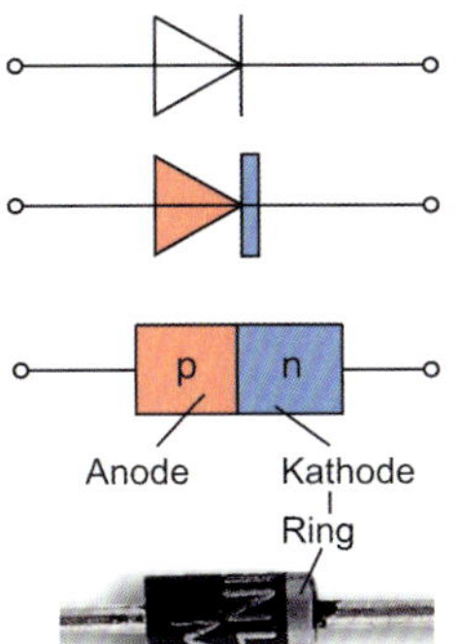

Bild 18.1
Schaltzeichen, Aufbau, Abbildung und Bezeichnung an einer Diode
[Bild: Riehl]

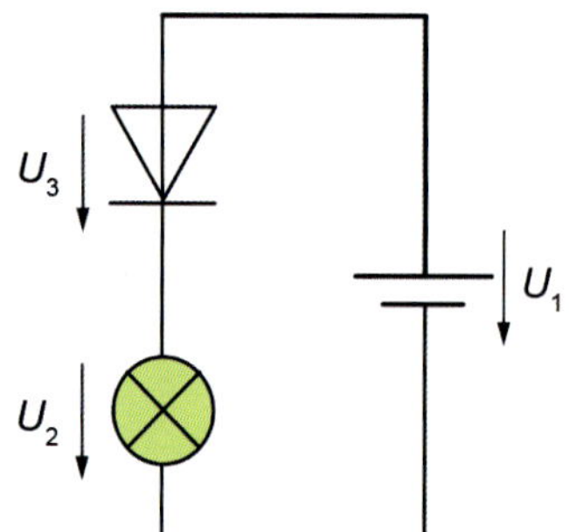

Bild 18.2a
Ventilwirkung einer Diode
U_1 Spannung an der Spannungsquelle
U_2 Spannung an der Glühlampe
U_3 Spannung an der Diode
[Bild: Riehl]

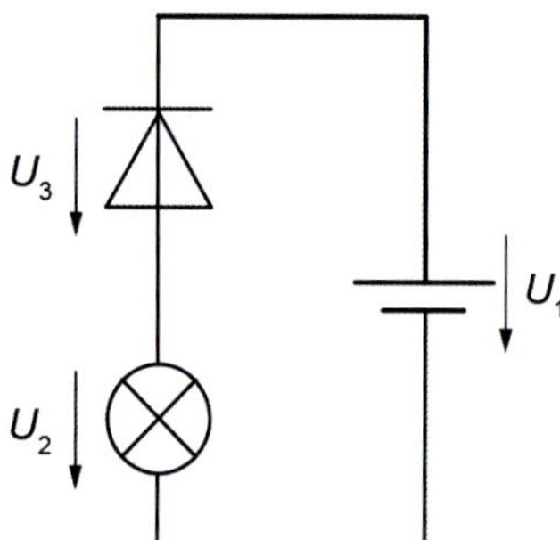

Bild 18.2b
Sperrrichtung einer Diode
[Bild: Riehl]

Merke: Bei Dioden gibt es für den elektrischen Strom eine Durchlass- und eine Sperrrichtung. Zeigt der Diodenpfeil des Schaltsymbols in die Technische Stromrichtung (Bild 18.2a), dann ist die Diode in Durchlassrichtung geschaltet. In Durchlassrichtung fällt an der Diode eine Spannung von ca. 0,7 V, die sogenannte Schwellenspannung, ab.

Die Diode besteht aus Halbleitermaterialien wie Silizium (Si) oder Germanium (Ge). Diese Halbleiterwerkstoffe haben vier Valenzelektronen. Mit Valenzelektronen bezeichnet man die Elektronen in der äußeren Elektronenschale des Atoms. Bei der Kristallstruktur der Halbleiterwerkstoffe ordnen sich die einzelnen Atome so, dass die vier Valenzelektronen mit je vier Elektronen von Nachbaratomen ergänzt werden. Dadurch bewegen sich acht Elektronen um das Atom. Die äußere Schale ist gesättigt. Da alle Elektronen an Atome gebunden sind, gibt es keine freien Elektronen.

Bild 18.3
Alle Halbleitermaterialien sind 4-wertig und können mit ihren vier Valenzelektronen vier Nachbaratome binden!
[Bild: Riehl]

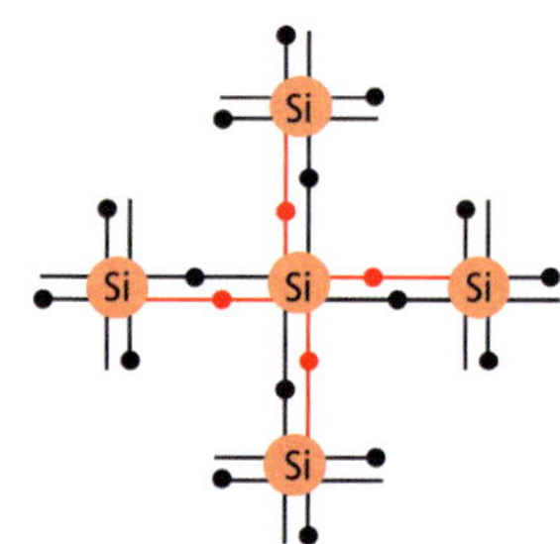

Da es keine freien Elektronen gibt, kann kein Strom fließen. Wird dem Material Energie zugeführt, z. B. durch Erwärmung, so werden Elektronen aus den Atomen gelöst und bewegen sich im Material als «freie Elektronen». An dem Platz, den das Elektron verlassen hat, bleibt ein «Loch» zurück. Wird an dem Halbleitermaterial Spannung angelegt, so bewegen sich die Löcher in Richtung Minuspol und die Elektronen in Richtung Pluspol. Es fließt Strom und man spricht von der «Eigenleitung» des Halbleiters.
Anwendung: Der NTC-Widerstand als Temperaturfühler im Kfz. Durch das Einfügen von Fremdatomen (Dotieren) in das Materialgefüge erreicht man, dass das Halbleitermaterial von der Erwärmung unabhängig leitend wird.

N-Leiter

Durch Dotieren mit fünfwertigen Fremdatomen (fünf Valenzelektronen) erreicht man negativ-leitendes Material. Es entstehen dadurch bewegliche Elektronen, vergleichbar mit den freien Elektronen in einem elektrischen Leiter.

Bild 18.4a
Wird Silizium mit fünfwertigen Fremdatomen, wie z. B. Phosphor oder Arsen, dotiert, so hat es für die Bindung mit Silizium zu viele Elektronen. Dadurch überwiegt der Anteil der negativen Ladungsträger (Elektronen) und man sprich von n-dotiertem Silizium.
[Bild: Riehl]

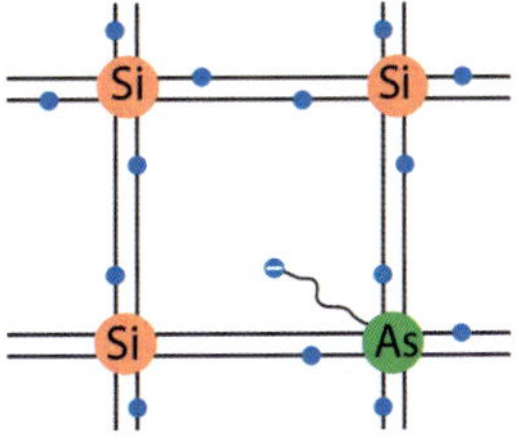

P-Leiter

Silizium kann auch mit dreiwertigen Fremdatomen, wie z. B. Aluminium, Indium oder Bor, dotiert werden. Es bleibt im Kristallgefüge ein Elektronenplatz unbesetzt, es entsteht ein «Loch». Es entsteht positiv-leitendes Halbleitermaterial, weil das «Loch» elektrisch positiv ist.

Bild 18.4b
Dort wo sich ein Valenzelektron vom Atom gelöst hat, bleibt eine Lücke, bzw. ein Loch zurück. Dadurch überwiegt der Anteil der positiven Ladungsträger (Protonen) und man sprich von p-dotiertem Silizium.
[Bild: Riehl]

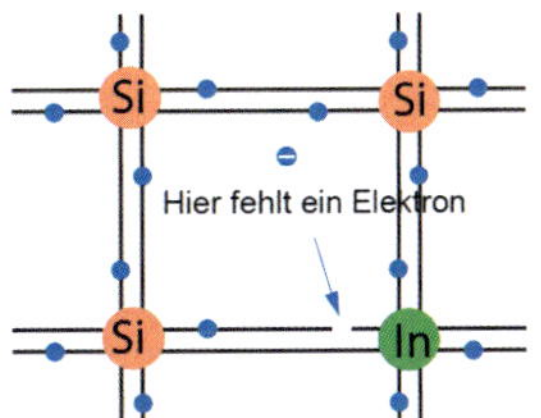

Aufbau einer Diode

Die Diode besteht aus zwei Halbleiterzonen, dem P-Leiter und dem N-Leiter. Die P-Schicht wird Anode, die N-Schicht Kathode genannt. Am P-N-Übergang bildet sich eine nichtleitende Sperrschicht aus. Dabei vereinigen sich Löcher und Elektronen in diesem Bereich und die Grenzschicht wird frei von Ladungsträgern.

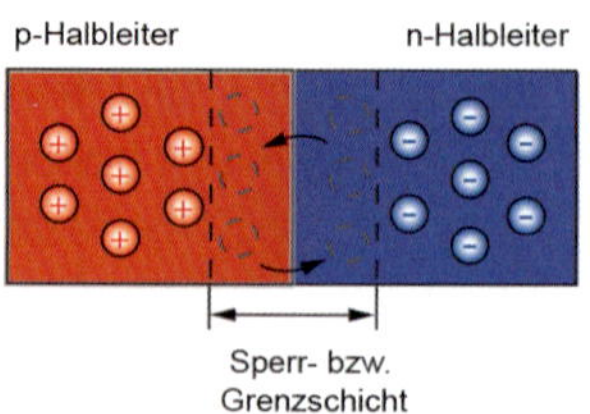

Bild 18.5
Diode ohne Spannung
[Bild: Riehl]

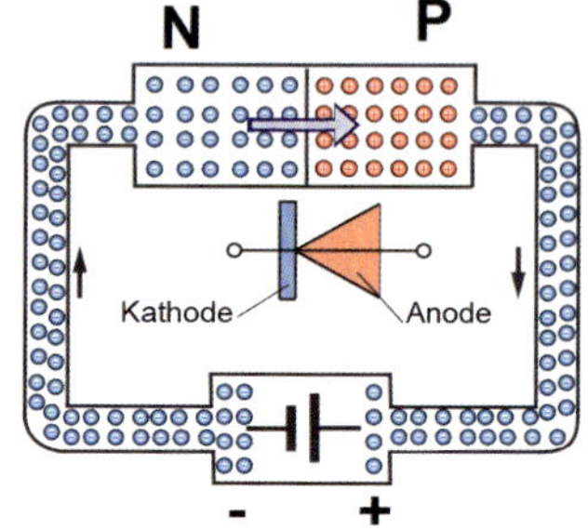

Bild 18.6a
Der Pluspol drückt die Löcher in die Sperrschicht, der Minuspol die Elektronen. Die Sperrschicht wird aufgehoben. Es fließ ein Strom. Um die Sperrschicht überwinden zu können, muss die Spannung einen Mindestwert haben (Schwellenspannung).
[Bild: Riehl]

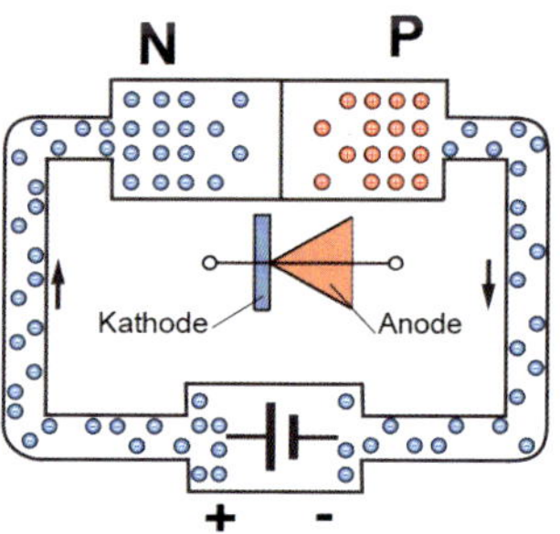

Bild 18.6b
Der Pluspol zieht die Elektronen der N-Schicht an, der Minuspol die Löcher der P-Schicht. Die Sperrschicht vergrößert sich, die Diode sperrt.
[Bild: Riehl]

Im elektrischen Stromkreis wirkt die Diode wie ein Ventil, d. h., der elektrische Strom kann nur in eine Richtung durch die Diode fließen. Dadurch können die Seiten voneinander unterschieden werden. Zeigt der Diodenpfeil des Schaltsymbols in die technische Stromrichtung, dann ist die Diode in Durchlassrichtung geschaltet. Die Kennlinie von Dioden ist vom Halbleitermaterial abhängig.

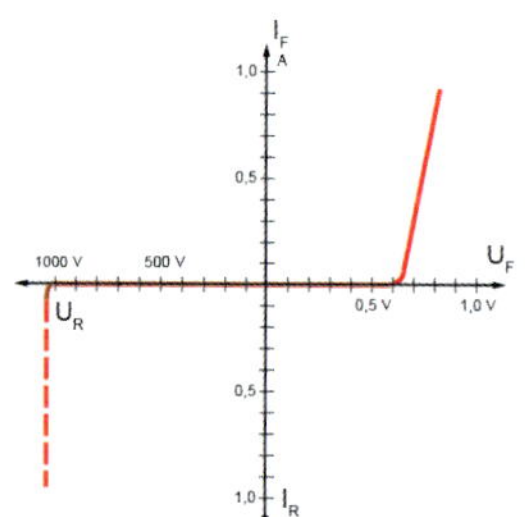

Bild 18.7
Kennlinie einer Siliziumdiode
[Bild: Riehl]

Als Schwellwert (Schwellenspannung, Schleusenspannung) bezeichnet man den Wert in der Durchlasskennlinie, bei dem ein merklicher Stromanstieg einsetzt. Die Schwellspannung beträgt bei Siliziumdioden = 0,7 V

Merke: In Durchlassrichtung fällt an der Diode eine Spannung von ca. 0,7 V, die so genannte Schwellenspannung, ab.

Allgemein gilt:

- Der Strom in Durchlassrichtung darf den zulässigen Höchststrom nicht überschreiten.
- In Sperrrichtung darf die Spannung nicht unzulässig groß werden.
- Zu hohe Temperaturen führen zur Zerstörung der Halbleiter.

18.1.2 Diodenprüfung

Mit Hilfe eines Multimeters kann man die Widerstandswerte einer Silizium-Diode in Durchlass- und Sperrrichtung in verschiedenen Messbereichen bestimmen.

Wie lassen sich die extrem unterschiedlichen Messwerte aus Tabelle 18.1 erklären?

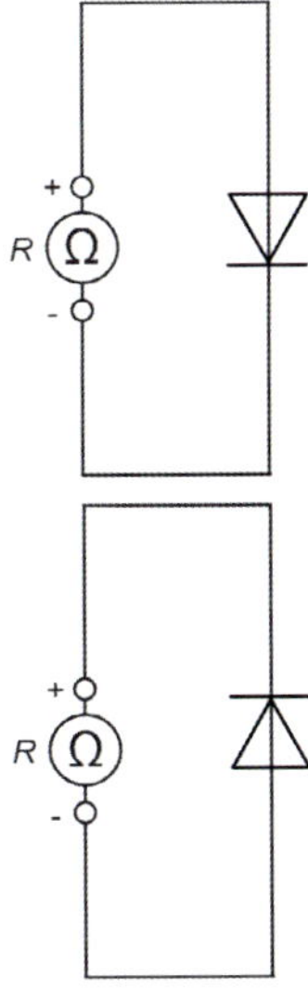

Bild 18.8
Diodenprüfung in Durchlassrichtung und in Sperrrichtung
[Bild: Riehl]

Tabelle 18.1 *Messwerte*

Durchlassrichtung	Messbereich	Sperrrichtung
1,75 MΩ	20 MΩ	∞
0,35 MΩ	2 MΩ	∞
64 kΩ	200 kΩ	∞
11,45 kΩ	220 kΩ	∞
1,7 kΩ	2 kΩ	∞

Die Kennlinie der Diode gibt die Begründung. Beim Umschalten in einen anderen Messbereich ändert sich der (Innen-)Widerstand des Messgerätes. Es fließen somit auch unterschiedliche Messströme. Aufgrund des Kennlinienknicks ändert sich die Spannung nicht in gleichem Maße wie der Messstrom. Es werden unterschiedliche Widerstände ermittelt. Die Widerstandsmessung ist keine exakte Prüfmöglichkeit für Dioden. Besser sind Messgeräte mit Diodenprüfeinrichtung, die mit einem konstanten Messstrom, z. B. 1 mA, arbeiten.

18.1.3 Anwendungen der Diode – Gleichrichtung von Wechselströmen

Der Generator im Fahrzeug liefert eine sinusförmige Wechselspannung. Zum Laden der Batterie und zum Betrieb elektronischer Geräte wird Gleichspannung benötigt. Es muss also eine Wechselspannung in eine Gleichspannung umgewandelt werden. Dazu können Gleichrichterschaltungen verwendet werden, die mit Dioden aufgebaut sind.

18.1.3.1 Einweg-Gleichrichtung

Die Einweg-Gleichrichterschaltung besteht aus einer einfachen Diode. Die Polung der Diode bestimmt, ob ein positiver oder ein negativer Spannungswert am Ausgang der Schaltung anliegt. Dadurch, dass die Halbleiterdiode den Strom nur in eine Richtung durchlässt, sperrt sie die vom Wechselstrom kommende zweite Halbwelle.

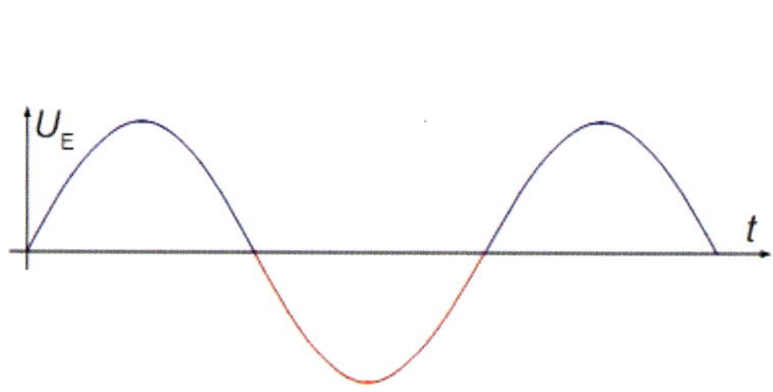

Bild 18.9a *Wechselspannung am Eingang der Einweg-Gleichrichterschaltung*
[Bild: Riehl]

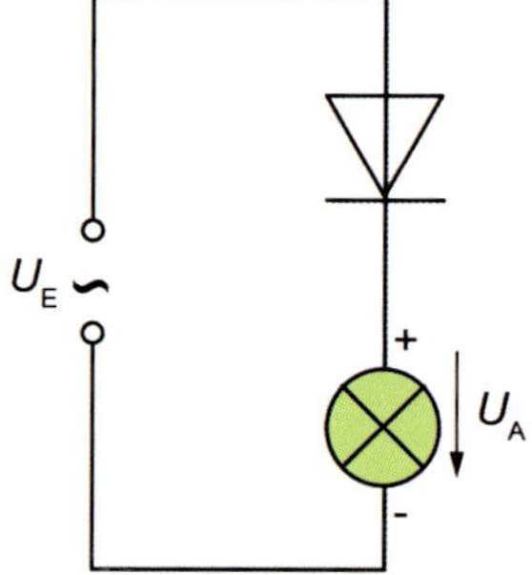

Bild 18.9b *Schaltplan der Einweg-Gleichrichtung*
[Bild: Riehl]

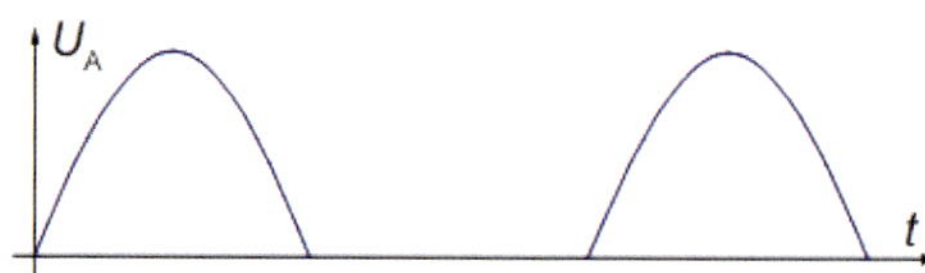

Bild 18.9c *Pulsierende Gleichspannung am Ausgang der Einweg-Gleichrichterschaltung*
[Bild: Riehl]

Nachteile der Einweg-Gleichrichtung:

- Es wird nur eine Halbwelle ausgenutzt.
- Große Restwelligkeit des Gleichstroms.

Anwendung im Kfz:
Klemme W an der Drehstromlichtmaschine zum Anschluss eines Drehzahlmessers.

18.1.3.2 Zweiweg- oder Brückengleichrichtung

Die Brücken-Gleichrichterschaltung besteht aus jeweils zwei parallelgeschalteten Diodenpaaren. Der Wechselspannungseingang befindet sich zwischen den Diodenpaaren. Durch die Anordnung der Halbleiterdioden in der Schaltung, fließt der Wechselstrom in zwei verschiedenen Wegen durch die Schaltung. Der Verbraucher wird immer in einer Richtung vom Strom durchflossen.

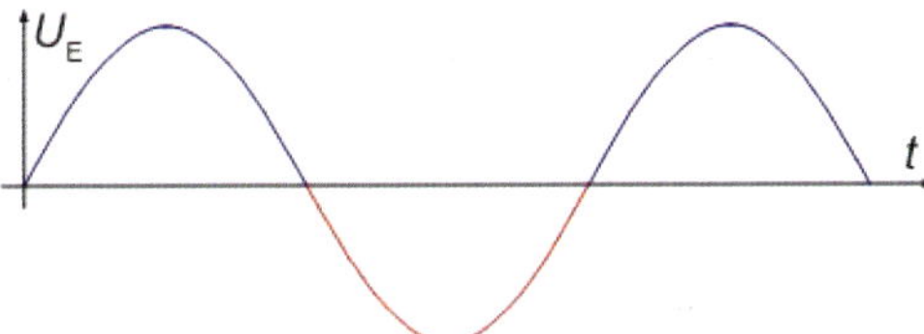

Bild 18.10a
Wechselspannung am Eingang der Zweiweg-Gleichrichterschaltung
[Bild: Riehl]

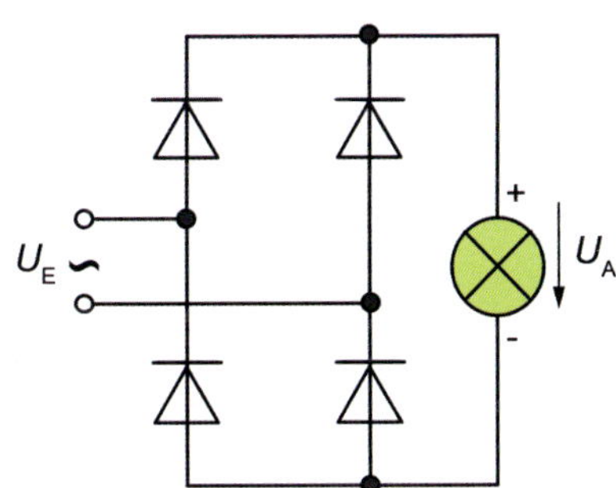

Bild 18.10b
Schaltplan der Einweg-Gleichrichtung
[Bild: Riehl]

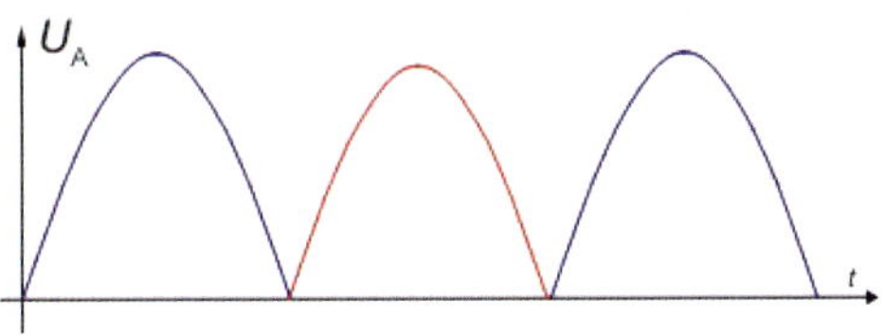

Bild 18.10c
Pulsierende Gleichspannung am Ausgang der Zweiweg-Gleichrichterschaltung. Die zweite Halbwelle wird nach oben geklappt.
[Bild: Riehl]

Vorteil der Zweiweggleichrichtung:
+ Beide Halbwellen werden gleichgerichtet.

Anwendung im Kfz:
Gleichrichtung des Drehstroms im Drehstromgenerator bei 3 um 120° versetzten Wechselströmen.

18.1.3.3 Gleichrichterschaltung mit Glättung

Durch die Gleichrichterschaltung entsteht eine stark pulsierende Gleichspannung. Zum Glätten dieser Spannung wird ein Kondensator verwendet. Das Pulsieren der Spannung wird durch diesen Kondensator verhindert.

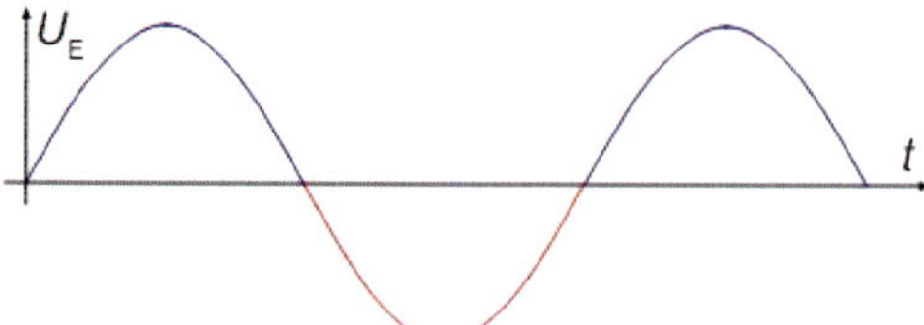

Bild 18.11a *Wechselspannung am Eingang der Zweiweg-Gleichrichterschaltung*
[Bild: Riehl]

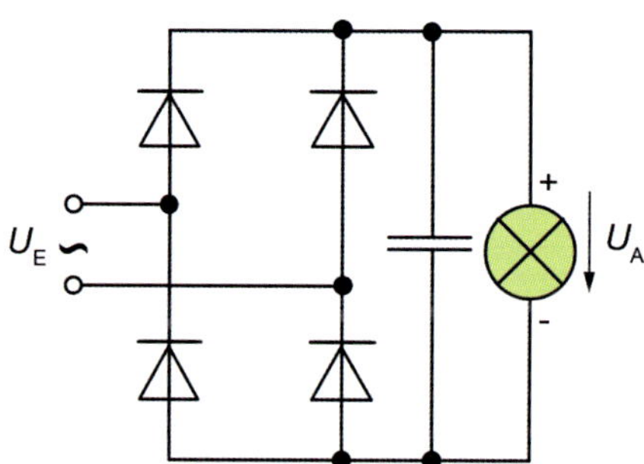

Bild 18.11b *Schaltplan der Zweiweg-Gleichrichtung mit Kondensator*
[Bild: Riehl]

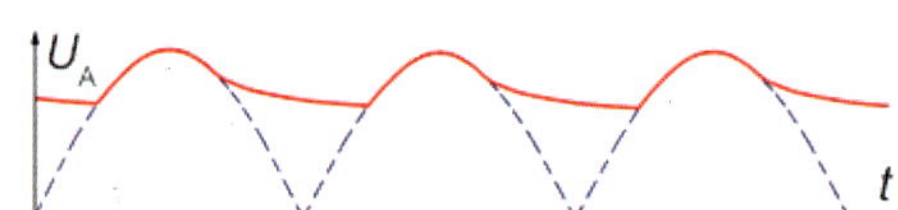

Bild 18.11c *Pulsierende und geglättete Gleichspannung am Ausgang der Zweiweg-Gleichrichterschaltung*
[Bild: Riehl]

Während der Zeit des Anstiegs der Spannung lädt der Kondensator sich auf. Zwischen den Halbwellen überbrückt der Kondensator die Spannungslücke. Je grösser die Kapazität des Kondensators ist, umso besser ist die Glättung. Die Kapazität kann aber nicht beliebig hoch gewählt werden, da sonst der hohe Ladestrom des Kondensators die Gleichrichterdioden zerstören würde.

18.1.4 Brückenschaltung zur Drehstromgleichrichtung

Bei Drehstromgeneratoren wird der erzeugte Wechselstrom in einer eingebauten, mit sechs Dioden bestückten Brückenschaltung gleichgerichtet. Bei dieser Brückenschaltung mit sechs Dioden handelt es sich um eine Zweiweggleichrichtung. Die positiven Halbwellen

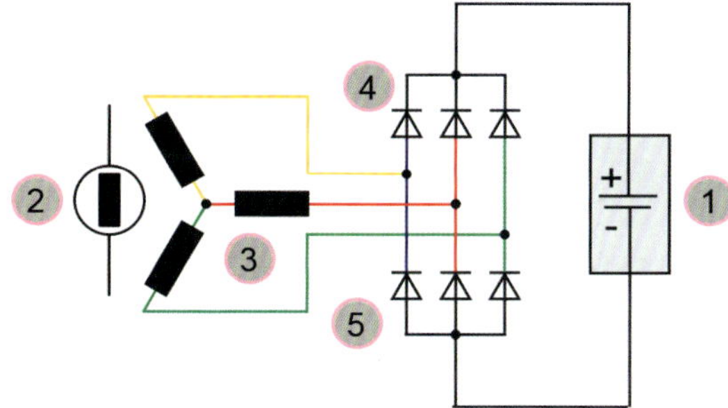

Bild 18.12
Brückenschaltung beim Drehstromgenerator
Bauteile:
1 Batterie
2 Erregerwicklung
3 Ständerwicklung
4 Plusdioden
5 Minusdioden
[Bild: Riehl]

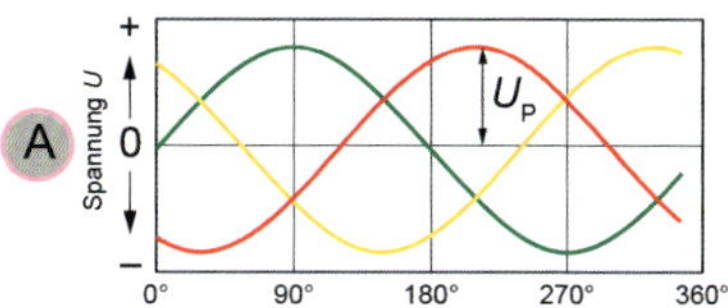

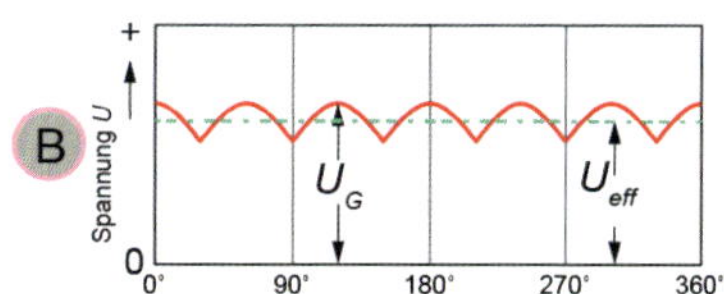

Bild 18.13
A Induzierte Spannung in den Spulen in Abhängigkeit vom Drehwinkel
B Abgegebene Spannung des Drehstromgenerators mach Gleichrichtung
U_P = Phasenspannung
U_G = Generatorspannung
U_{eff} = Effektivspannung

werden von den Plusdioden, die negativen Halbwellen von den Minusdioden gleichgerichtet. Auch der Gleichstrom, den der Generator dann bei elektrischer Belastung über die Klemmen B+ und B an das Bordnetz abgibt, ist nicht ideal «glatt», sondern leicht gewellt. Diese Schwankungen werden durch die parallel zum Generator liegende Batterie und sofern im Bordnetz vorhanden durch Kondensatoren weiter geglättet.

Die Brückengleichrichtung (A in Bild 18.13) bewirkt schließlich die Addition der positiven und negativen Hüllkurven dieser Halbwellen (A in Bild 18.13) zu einer gleichgerichteten, leicht gewellten Generatorspannung (B in Bild 18.13).

18.1.5 Diode zur Entkopplung von Stromkreisen

In Bild 18.14 befindet sich im Relaisgehäuse K eine Diode. Dieses Relais hat die Aufgabe, die Nebelscheinwerfer E17 und E18 zu schalten. Der Stromfluss ist mit blauen Pfeilen markiert. Die Diode verhindert ein Schalten des Relais, wenn bei ausgeschalteter Hauptbeleuchtung zufällig der Nebellichtschalter eingeschaltet ist und die Lichthupe über Klemme 56a betätigt wird. Der Stromweg ohne Diode führt von Klemme 56a (Fernlicht) zur Klemme 85 des Relais, dann durch die Relaisspule und Klemme 86 zum geschlossenen Nebellichtschalter, vom Nebellichtschalter über Klemme 58 an die Glühlampenfäden des Standlichts an Masse. Diese mögliche Stromfluss ohne Diode ist mit grünen Pfeilen markiert. Ein Stromfluss in diese Richtung wird durch die Diode verhindert.

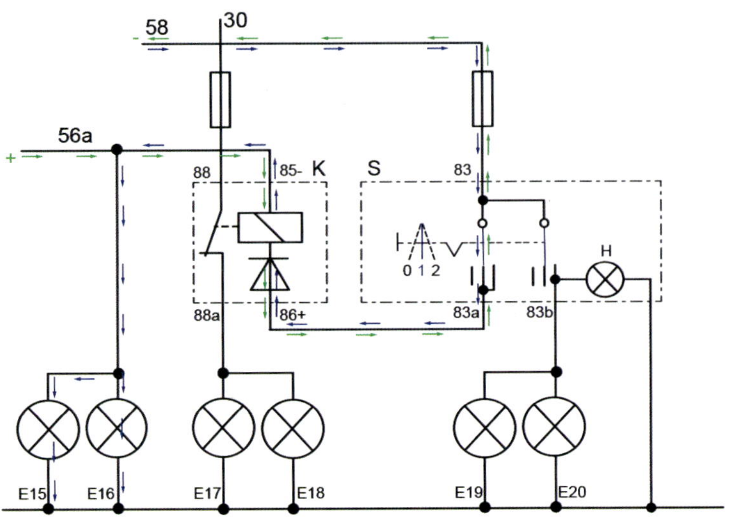

Bild 18.14 *Schaltplanausschnitt: Nebelscheinwerfer mit Nebelschlussleuchte*
E15, E16 Fernlichtleuchten
E17, E18 Nebelleuchten
E19, E20 Nebelschlussleuchten
H Kontrollleuchte Nebelschlusslicht
K Relais Nebellicht
S Schalter Nebellicht und Nebelschlussleuchte
[Bild: Riehl]

18.1.6 Diode zur Unterdrückung von Induktionsspannungen (Freilaufdiode)

Um in Fahrzeugen die Induktionsspannungen zu unterdrücken, die beim Abschalten eines Relais entstehen, gibt es Relais, die mit einer so genannten Lösch- oder Freilaufdiode versehen sind. Bei der Montage solcher Relais muss unbedingt auf die Polarität des Steuerstromkreises geachtet werden.

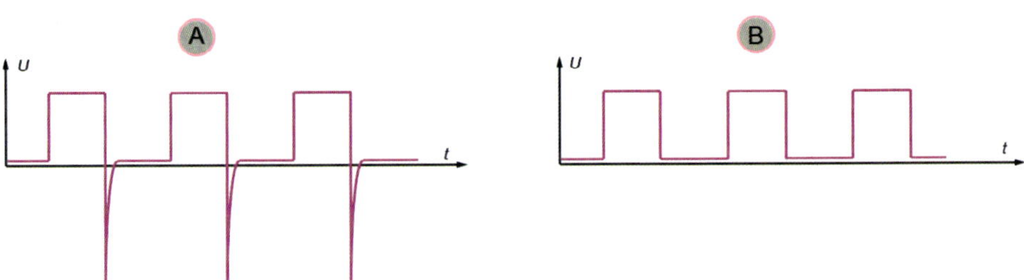

Bild 18.15a *Induktionsspannungen beim Abschalten eines Relais*
a) Relais ohne Löschdiode
b) Relais mit Löschdiode
[Bild: Riehl]

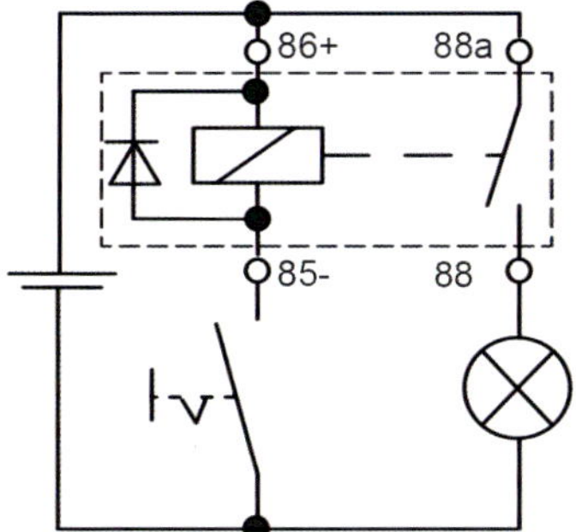

Bild 18.15b
Schaltzeichen: Relais mit Löschdiode
[Bild: Riehl]

18.1.7 Kennzeichnung von Dioden

Die Kennzeichnung auf dem Gehäuse markiert den Anschluss, der in Durchlassrichtung am Minuspol der Spannungsquelle anliegt. Er entspricht dem senkrechten Strich im Schaltzeichen der Diode (Bild 18.1).

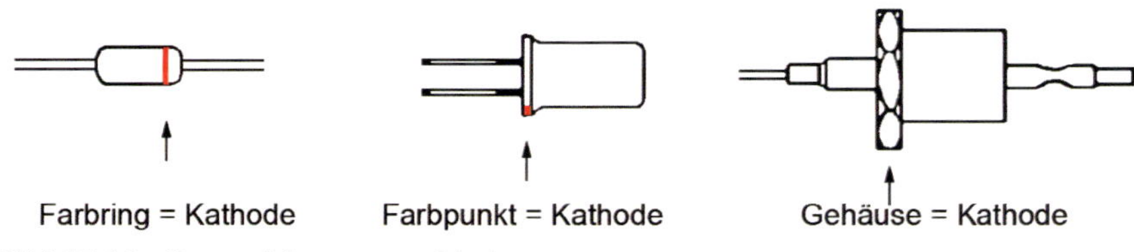

Bild 18.16 *Kennzeichnung von Dioden*
[Bild: Riehl]

18.2 Zenerdiode

Problem: Bei einem Ausfall des Reglers, durch die Primärspannungen beim Ein- und Ausschalten der Zündspule und durch das Abschalten von Induktivitäten, z. B. durch Wackelkontakte, entstehen im Bordnetz Spannungsspitzen. Diese können elektronische Baugruppen (z. B. Steuergeräte) und Bauelemente (z. B. Transistoren) zerstören.
Lösung: Man verwendet zum Schutz einer Baugruppe ein Überspannungsschutzrelais. Man benötigt also ein Bauteil, das bei einer bestimmten Spannung, z. B. 18 V, einen Schaltvorgang auslöst.

18.2.1 Eigenschaften

In Durchlassrichtung verhält sich eine Zenerdiode, benannt nach dem amerikanischen Physiker Zener, wie eine normale Si-Diode. In Sperrrichtung sperrt sie den Strom bis zu einer so genannten Durchlassspannung. Die Zahl 3,9 auf der Z-Diode (Abkürzung für den Namen ZENER) bedeutet: Durchbruchspannung 3,9 V. Die Z-Diode wird normalerweise in Sperrrichtung betrieben.

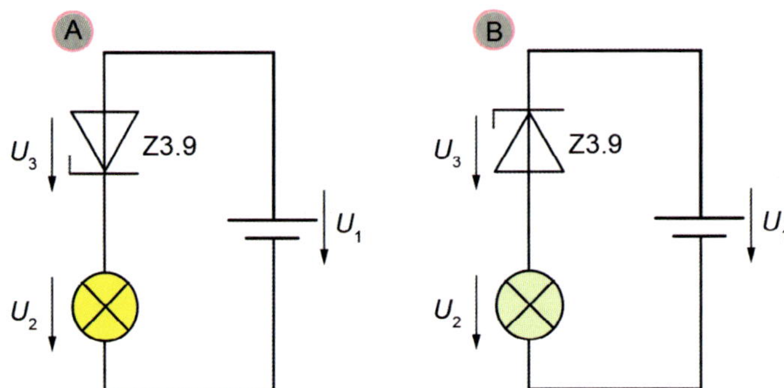

Bild 18.17
U_1 Spannung an der Spannungsquelle
U_2 Spannung an der Glühlampe
U_3 Spannung an der Z-Diode
a) Die Glühlampe leuchtet hell
b) Die Glühlampe leuchtet schwach
[Bild: Riehl]

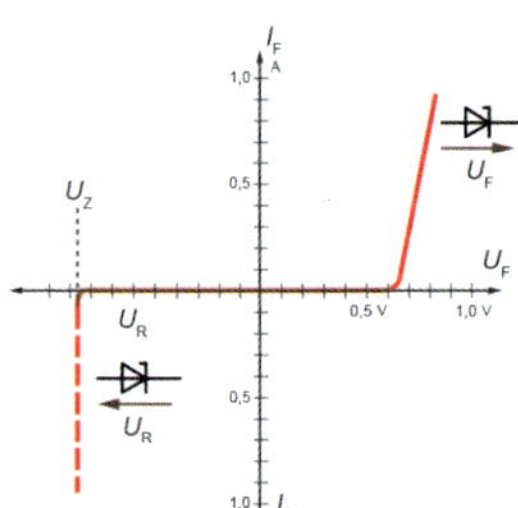

Bild 18.18
Kennlinie einer Z-Diode
I_F = Durchlassstrom, Strom den die Diode ohne Zerstörung durchlässt.
U_F = Durchlassspannung für einen bestimmten Strom.
I_R = Zenerstrom (I_Z)
U_Z = Zenerspannung
[Bild: Riehl]

18.2.2 Z-Diode im Überspannungsschutzrelais

Beim Ein- und Ausschalten der Zündspule und durch das Abschalten von anderen Induktivitäten, z. B. Einspritzventile, Relais oder Schaltventile, entstehen im Bordnetz Spannungsspitzen. Diese Spannungsspitzen können elektronische Baugruppen zerstören. In älteren Fahrzeugen verwendete man zum Schutz einer Baugruppe, z. B. für das Steuergeräte der Gemischaufbereitung oder für das ABS ein sogenanntes Überspannungsschutzrelais. Beim Überschreiten der Maximalspannung von ca. 18 V in 12-Volt-Bordnetzen wird die Z-Diode leitend. Es gibt einen Kurzschluss zwischen den Klemmen 30 und 31, die Sicherung löst aus.

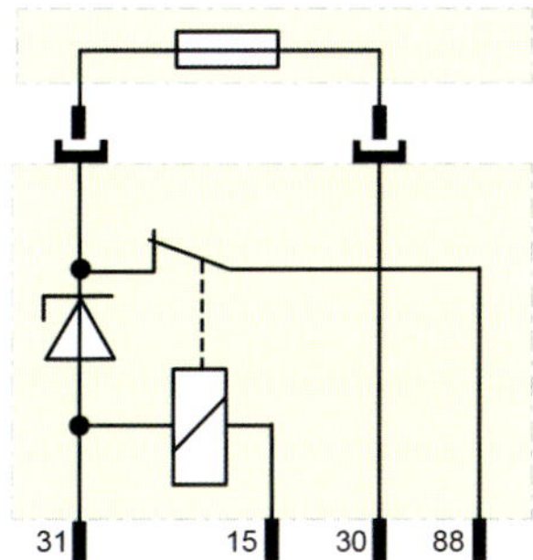

Bild 18.19
Schaltplan: Überspannungs-Schutzrelais
Klemmenbezeichnungen:
30 Eingang B+
87 Spannungsversorgung des angeschlossenen Steuergeräts
15 Klemme 15
31 Masse B
[Bild: Riehl]

18.2.3 Z-Diode zur Spannungsstabilisierung

Regelung der Bordspannung:
Bei der dargestellten Schaltung handelt es sich um den prinzipiellen Aufbau eines Reglers für den Drehstromgenerator. Bestandteil der Regeleinrichtung ist eine Z-Diode, die beim Überschreiten der Regelspannung von z. B. 14 V dafür sorgt, dass der Stromfluss durch die Erregerwicklung unterbrochen wird. Dies geschieht mit Hilfe eines elektronischen Schalters, einem Transistor.

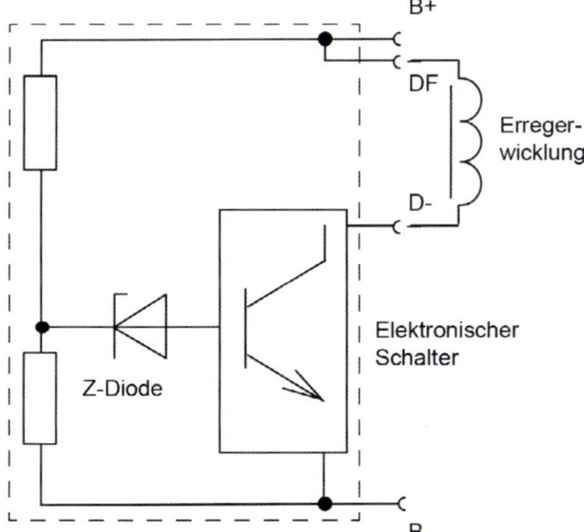

Bild 18.20
Prinzipielle Arbeitsweise eines Reglers
[Bild: Riehl]

18.2.4 Z-Diode zur Bereichsbegrenzung (Nullpunktunterdrückung)

Anzeige der Bordspannung:
Bei einem Bordspannungsmesser fällt auf, dass der Messbereich erst bei circa 8 V beginnt. Es wird aber ein Messgerät eingesetzt, dessen Spannungsbereich bei 0 V beginnt. Erreicht

wird dieses Verhalten durch eine Z-Diode mit einer Durchbruchspannung von 8 V, die in Reihe zum Messgerät geschaltet wird. Der Widerstand *R* dient dazu, einen kleinen Stromfluss durch die Z-Diode zu erreichen, damit die Zenerspannung konstant ist.

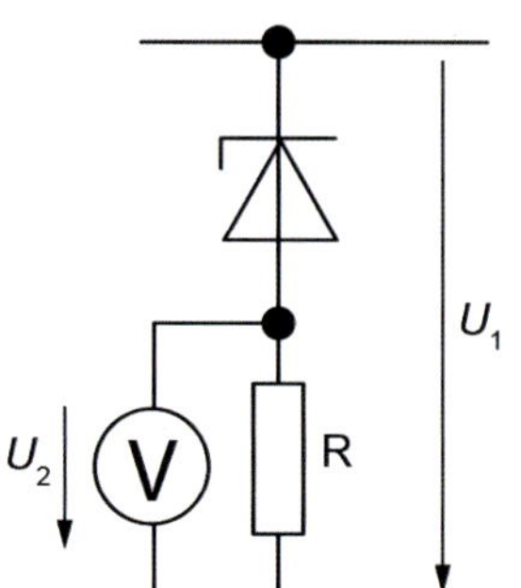

Bild 18.21
Innenschaltung des KFZ-Bordspannungsmessers
U_1 = veränderbare Bordspannung
U_2 = Spannung am Messgerät
R = Widerstand
[Bild: Riehl]

18.2.5 Z-Diode als Gleichrichterdiode im Drehstromgenerator

Aufgaben der Z-Dioden:

- in Durchlassrichtung: Gleichrichtung der Wechselspannung;
- in Sperrrichtung: Schutz des Reglers und des Bordnetzes vor Überspannungen, z. B. durch eine tiefentladenen Bordnetzbatterie oder das Fremdstarten mit einem Booster ohne eingebaute Fahrzeugbatterie.

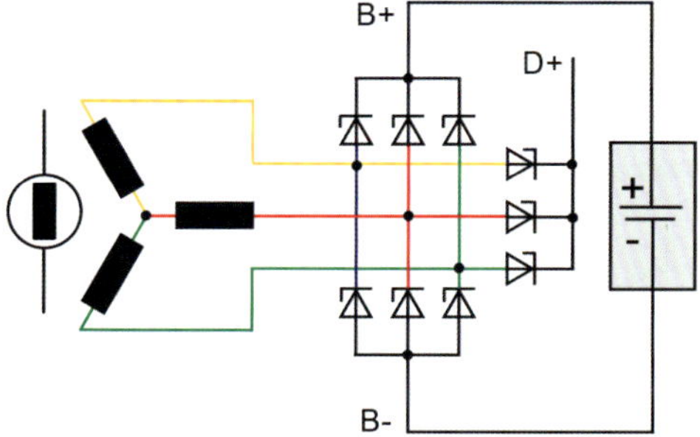

Bild 18.22
Schaltbild eines Drehstromgenerators mit Z-Dioden
[Bild: Riehl]

18.3 Transistor

Ein Transistor besitzt drei Anschlüsse. Sie heißen Kollektor (C), Basis (B) und Emitter (E) (Bild 18.23).

Bild 18.23
Schaltbild eines Transistors
[Bild: Riehl]

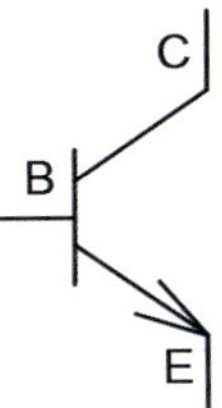

18.3.1 Prinzipielle Arbeitsweise eines Transistors

Schalter offen:

- ➔ Die Basis-Emitter-Spannung UBE ist kleiner als 0,7 V. Die Kollektor-Emitter-Strecke ist nicht leitend. Der Transistor sperrt.

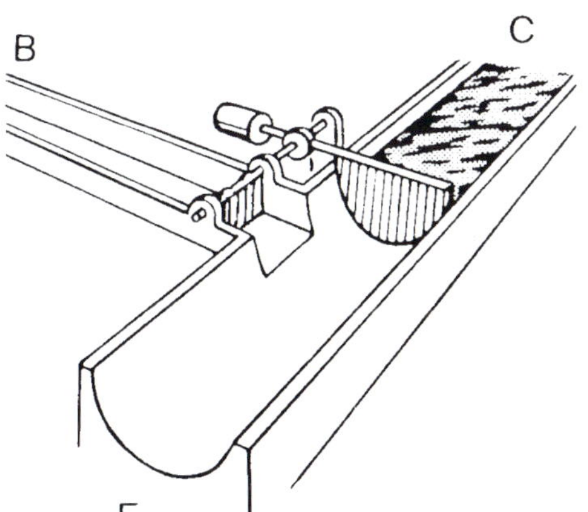

Bild 18.24a *Transistor als offener Schalter (Modellhafte Darstellung)*
[Bild: Autofachmann]

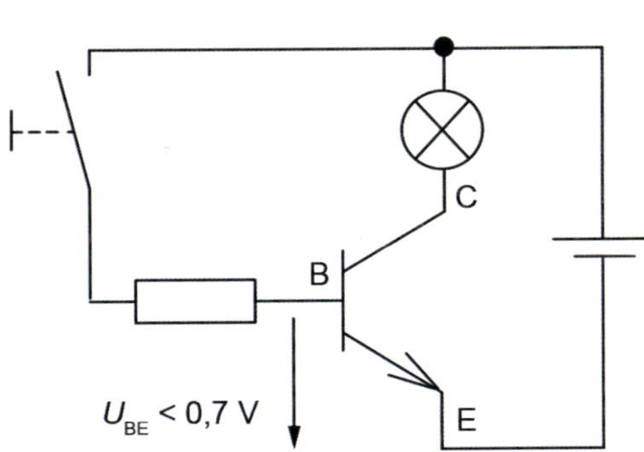

Bild 18.24b *Schaltplan*
[Bild: Riehl]

Schalter geschlossen:

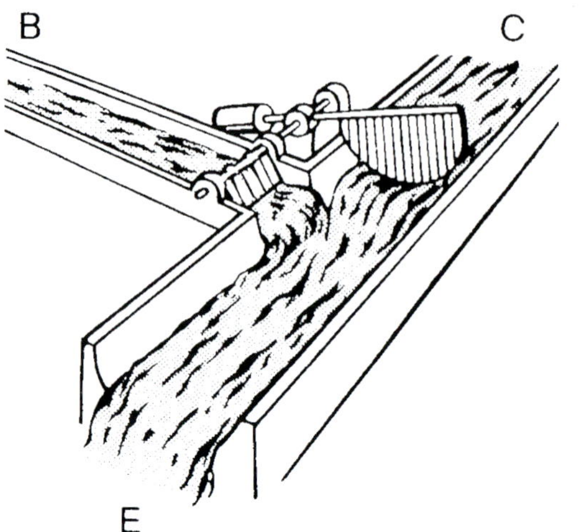

Bild 18.25a *Transistor als geschlossener Schalter (Modellhafte Darstellung)*
[Bild: Autofachmann]

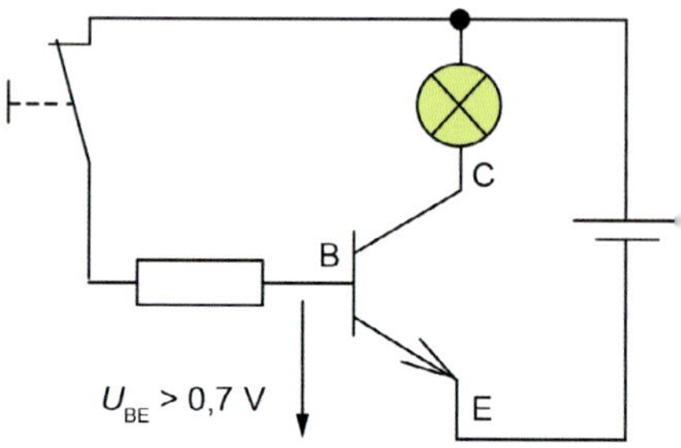

Bild 18.25b *Schaltplan*
[Bild: Riehl]

- Die Basis-Emitter-Spannung UBE ist größer als 0,7 V. Die Kollektor-Emitter-Strecke ist leitend. Der Transistor ist durchgeschaltet.
- **Merke:** Ein kleiner Basisstrom schaltet einen großen Laststrom.

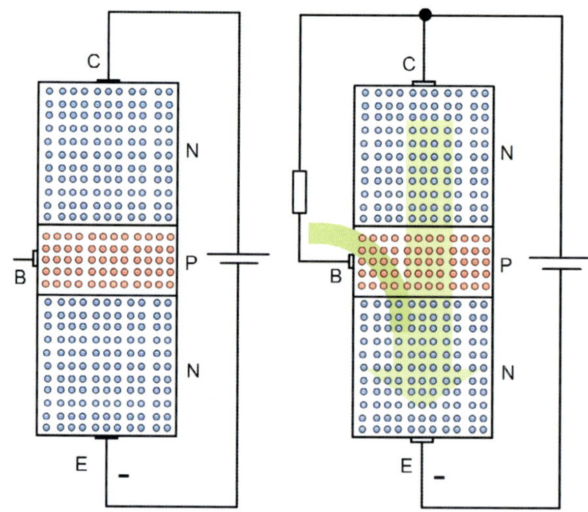

Bild 18.26 *Arbeitsweise eines Transistors ohne und mit Spannung an der Basis*
links: Basisstrom fehlt - Transistor sperrt
rechts: Ein kleiner Basisstrom steuert einen großen Kollektorstrom
[Bild: Riehl]

Ein Transistor hat zwei PN-Übergänge mit der von der Diode bekannten Sperrschicht. Legt man an Emitter (E) und Kollektor (C) eine Spannung, dann fließt kein Strom. Grund: Die Sperrschicht am PN-Übergang wird durch Absaugen der Elektronen zum Pluspol größer. Legt man zusätzlich an die Basis (B) eine kleine Spannung (ca. 0,7 V) an, so werden Elektronen in die Basiszone gebracht, die sich mit den wenigen Löchern im Basisraum vereinigen. Es fließt ein kleiner Basisstrom. Ist nun am Kollektor eine Spannung angelegt, dann gelangen die Elektronen des Basisraumes in den Einflussbereich der Kollektorspannung. Der Transistor verliert seine Sperrwirkung und es fließt ein Strom. Es gelingt somit, mit nur wenigen Elektronen im Basisraum, d. h., mit einem kleinen Basisstrom eine große Zahl Elektronen, d. h. einen großen Kollektorstrom, zu steuern.

➔ **Merke:** Durch Verändern des Basisstroms lässt sich der Kollektor-Emitterstrom verstärken, abschwächen sowie ein- und ausschalten. Der Transistor kann also als Verstärker und als Schalter angewendet werden.

Spannungsabfall am durchgeschalteten Transistor

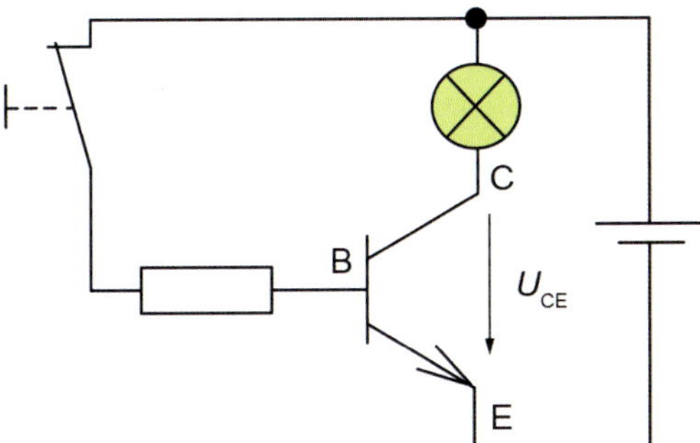

Bild 18.27
U_{CE} Spannung zwischen Kollektor und Emitter
Spannungsabfall am durchgeschalteten Transistor ≈ 0,3 V
[Bild: Riehl]

Der Spannungsabfall U_{CE} am durchgeschalteten Transistor müsste idealerweise 0 V sein, da der Transistor durchgeschaltet, d. h. die Kollektor-Emitter-Strecke leitend, ist. Ein Transistor hat bei dieser Anwendung nur zwei Zustände: leiten oder nicht leiten. Wenn wir an einen Schalter denken, stellen wir uns immer einen idealen Schalter vor. Ein idealer Schalter hat nur zwei Zustände: Ein und Aus oder anders ausgedrückt: Strom leiten und Strom unterbrochen. Das kann ein Transistor nicht. Jedenfalls nicht so ganz, denn im durchgeschalteten Zustand fällt an dem Transistor eine (Durchlass-) Spannung ab und im gesperrten Zustand fließt noch ein (geringer) Reststrom. Ein Transistor ist kein «idealer» Schalter.

➔ **Merke:** Am Transistor fällt in durchgeschaltetem Zustand an der Kollektor-Emitter-Strecke eine Spannung ab. Diese Spannung führt zu einer Erwärmung des Transistors.

18.3.2 Vergleich: Relais – Transistor

Tabelle 18.2 *Vergleich: Transistor-Relais*

Transistor	Relais
Schaltplan	
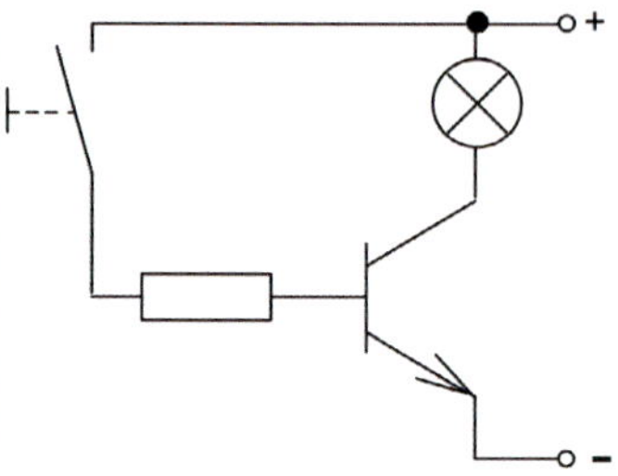	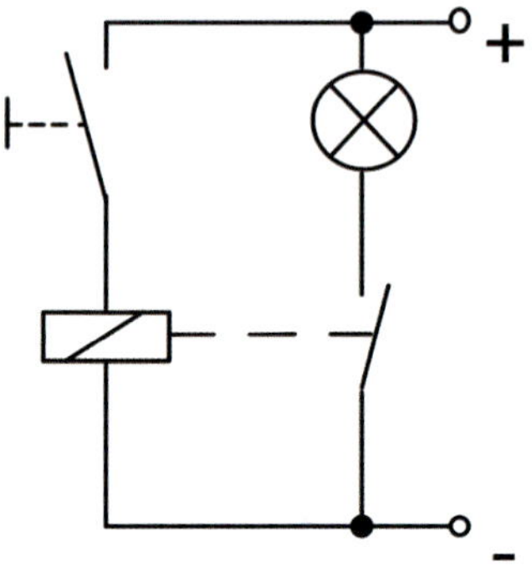
Vorteile	
Nahezu verschleißfrei Es sind nur kleine Steuerströme nötig. Es sind hohe Schaltfrequenzen möglich, z. B. bei der Transistorzündung. Vibrationsfest	Unempfindlich gegen kurze Überströme, daher ideal zum Schalten von Glühlampen und Heizelementen aufgrund des hohen Einschaltstroms (PTC-Verhalten) der Glühlampen. Sehr geringer Spannungsabfall am geschlossenen Arbeitskontakt. Daher kaum Verluste und eine geringe Erwärmung. Relativ temperaturunempfindlich
Nachteile	
Temperaturempfindlich Empfindlich gegen Überspannungen Empfindlich gegen Stromspitzen Der Spannungsabfall am durchgeschalteten Transistor führt zu einer Wärmeentwicklung. Notwendigkeit einer Kühlung.	Nur geringe Schaltfrequenzen realisierbar Verschleiß der Kontakte Beim Abschalten des Relais entstehen Induktionsspannungen in der Spule.
Steuer- und Laststromkreis	
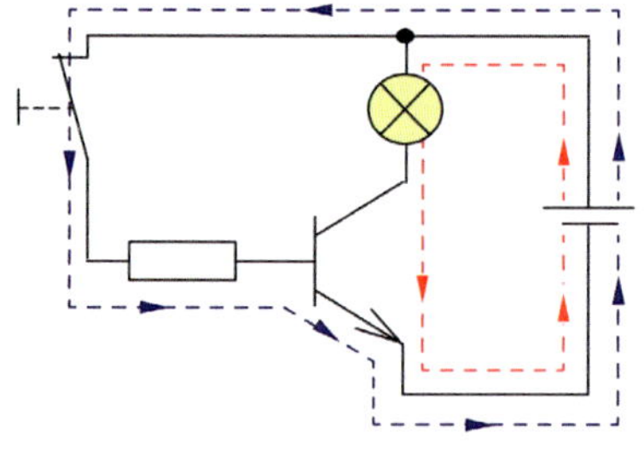	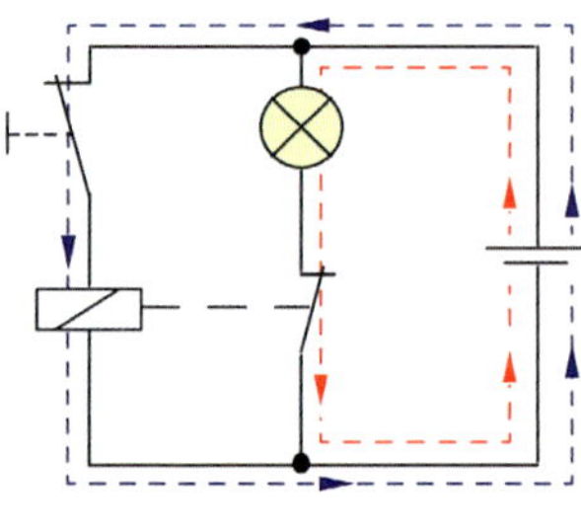
Merke: Ein kleiner Strom im Steuerstromkreis steuert einen großen Strom im Laststromkreis.	

18.3.3 Transistor als Verstärker

Bei dieser Benutzung nutzt man die Fähigkeit des Transistors, den Strom zu steuern. Das geschieht derart, dass man dem Transistor über den Basisanschluss einen variablen Strom zuführt und dieser (Steuer-) Strom zu einer proportionalen Änderung des wesentlich stärkeren Kollektorstroms führt. Ein Transistor kann vereinfacht auch mit einem «elektrischen gesteuerten Potentiometer» verglichen werden. Wird bei einem Potentiometer mechanisch die Position des Schleifers verstellt, so ändert sich der Widerstand und es kann ein größerer oder kleinerer Strom durch das Potentiometer fließen.

Bei einem Transistor kann durch das Ändern des Basisstromes der Widerstand zwischen dem Kollektor- und Emitteranschluss verstellt werden. Wird beispielsweise ein großer Basisstrom eingestellt, so wird auch ein großer Kollektorstrom fließen. Umgekehrt fließt bei einem kleinen Basisstrom auch nur ein kleiner Kollektorstrom.

Bei der Klopfregelung von Ottomotoren werden die Klopfsignale von einem Sensor erfasst und an das Steuergerät zur Auswertung weitergeleitet (Bilder 18.28 und 18.29). Der Klopfsensor, ein Piezoelement, liefert bei Normalbetrieb nur ganz schwache Signale, die in dem Steuergerät durch Verstärkerschaltungen aufbereitet werden müssen. Zur Verstärkung solch schwacher Signale kann man Transistoren einsetzen.

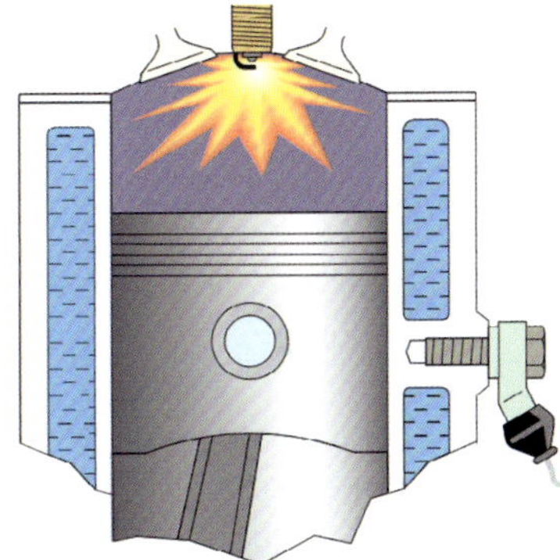

Bild 18.28
Anbringung des Klopfsensors am Motorblock
[Bild: Riehl]

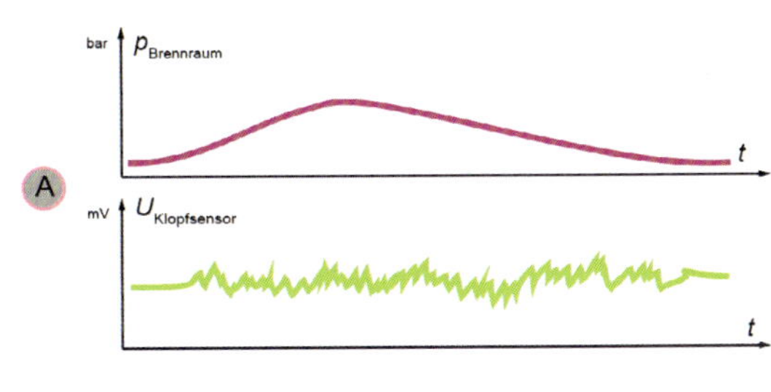

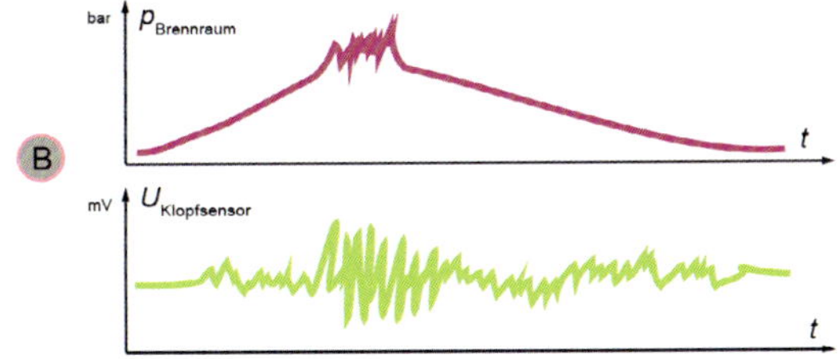

Bild 18.29
Klopfsensorsignale bei normaler (oben) und klopfender Verbrennung (unten)
[Bild: Riehl]

Ein Verstärker benötigt zwei Eingangs- und zwei Ausgangsanschlüsse (Bild 18.30a). Benutzt man einen Transistor als Verstärkerelement, muss man einen der drei Anschlüsse für den Ein- und Ausgang des Verstärkers gemeinsam verwenden. Aus dem gemeinsamen Anschlusspunkt ergibt sich die Bezeichnung der Schaltung: Die am häufigsten eingesetzte Schaltung im Kfz-Bereich ist die Emitterschaltung. (Bild 18.30b).

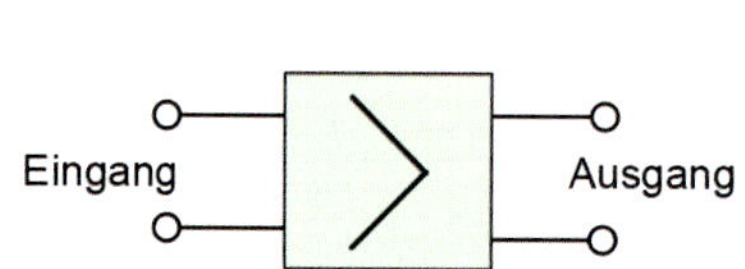

Bild 18.30a *Schaltbild eines Verstärkers*
[Bild: Riehl]

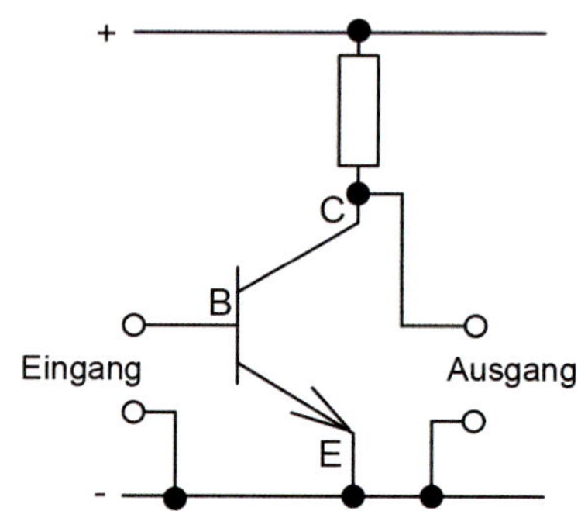

Bild 18.30b *Darstellung der wichtigsten Transistorschaltung*
[Bild: Riehl]

Bei der Emitterschaltung liegt der Verbraucher im Kollektorkreis des Transistors.

Wichtige Eigenschaften:

- große Stromverstärkung: Die Gleichstromverstärkung *B*, auch als Stromverstärkungsfaktor oder Gleichstromverhältnis bezeichnet, stellt das Verhältnis zwischen dem Kollektor- und dem Basisstrom dar. Je nach Typ liegen die Werte von *B* zwischen 30 und 300;
- große Spannungsverstärkung (z. B. 300);
- U_{BE} darf 0,7 V nicht überschreiten. Bei der Emitterschaltung wird mit Hilfe des Transistors der Verbraucher auf Masse geschaltet. Dies hat den Vorteil, dass – unter normalen Umständen – bei einem Kurzschluss die Steuer- oder Schaltgeräte nicht beschädigt (überlastet) werden.

Ein Problem des Transistors ist seine Verlustleistung. Weil die Verlustleitung in Wärme umgewandelt wird, ist es sinnvoll, den Transistor in vollständig durchgeschaltetem Zustand zu betreiben, da dann die Kollektor-Emitter-Spannung klein ist (ca. 0,3 V). Im Verstärkerbereich, wenn der Transistor als veränderlicher Widerstand eingesetzt wird, entsteht bei hohen Leistungen viel Wärme. Transistoren müssen deshalb gekühlt werden.

18.4 FET – MOSFET

Feld**e**ffekt**t**ransistoren (FET) sind elektronische Bauteile, welche durch ein elektrisches Feld gesteuert werden. Während beim «normalen» Transistor der Laststrom durch die Zufuhr von Ladungsträgern über die Basis gesteuert wird, kann beim Feldeffekttransistor der Laststrom durch ein elektrisches Feld gesteuert werden.

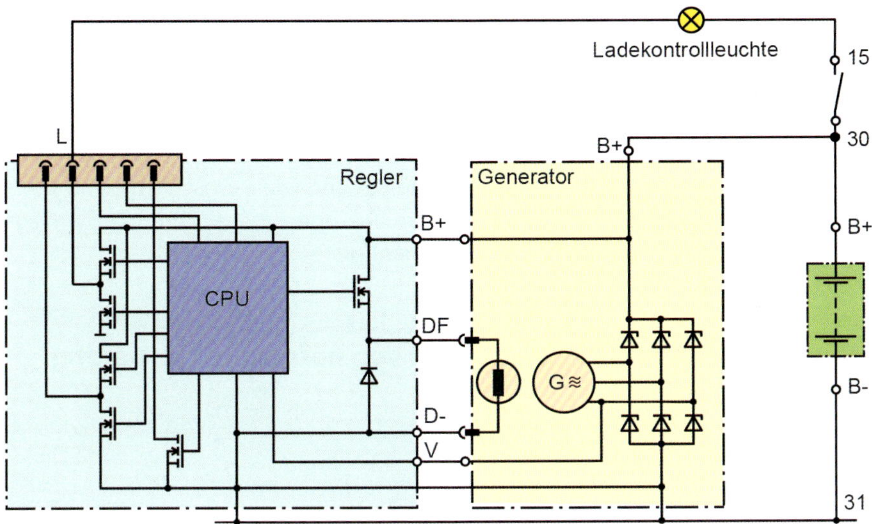

Bild 18.31 *Anwendungsbeispiel für Feldeffekttransistoren im Generatorregler.*
[Bild: Riehl, Bosch]

18.4.1 Prinzipielle Arbeitsweise

Als Substrat wird beim MOSFET (MOS = ***m**etal **o**xide **s**emiconductor*) Silizium verwendet, daher die Bezeichnung MOSFET.

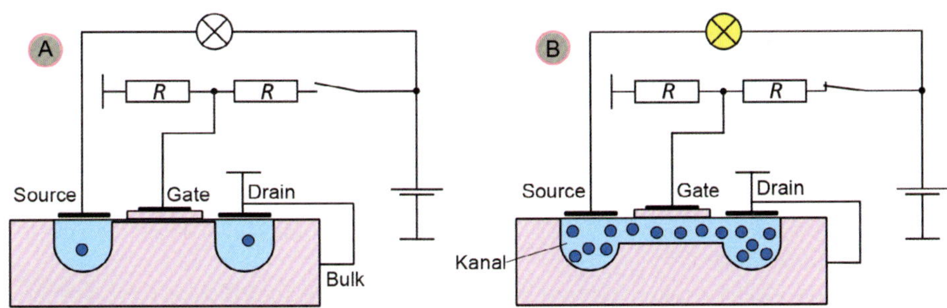

Bild 18.32
A Ruhezustand (nicht leitend)
B Angesteuerter Zustand) Leitend)
[Bild: Riehl, auto&wissen Heft 2011 Nr. 6]

Die Halbleiterstrecke für den Laststrom nennt man Kanal; seine Anschlüsse werden als *Source* S (Quelle) und *Drain* D (Senke oder Abfluss) bezeichnet. Der eigentliche Steueranschluss ist das *Gate* G (Tor, Steuerelektrode). Der vierte Anschluss wird mit *Bulk* B (Substrat oder Unterlage) bezeichnet; häufig ist dieser Anschluss intern mit dem Source-Anschluss verbunden. Sobald eine positive Spannung an das Gate angelegt wird, entsteht im Substrat ein elektrisches Feld. Die Source- und Drain-Anschlüsse sind durch eine Brücke getrennt. Die Leitfähigkeit dieser Brücke oder lasst sich durch die Gate-Spannung steuern, dabei fließt nur ein äußerst geringer Strom.

18.4.2 Vergleich der Eigenschaften von normalen Transistoren und MOSFET

Tabelle 18.3 *Vergleich: Normaler Transistor – MOSFET*

	«Normale» Transistoren	MOSFET
Schaltzeichen	B, C, E	G, D, S
Ansteuerung	Steuerstrom	Steuerspannung
Schaltstrom	15 A	über 100 A
Temperatureinfluss	hoch	niedrig
Schalthäufigkeit	kleiner 100 Hz	größer 100 Hz
Schaltzeiten	50 ns	10 ns

Beim Arbeiten mit Feldeffekttransistoren sind einige Verhaltensregeln zu beachten:

- MOSFETs sind allgemein empfindlich gegenüber hohen Spannungen zwischen Gate und Source.
- Die Gate-Isolierung kann schon bei Spannungen von ca. 20 V zerstört werden. Dies kann bereits durch elektrostatische Aufladung passieren.
- Bis zur Verarbeitung müssen die Bauelemente in einer MOSFET-gerechten Verpackung bleiben. Meist sind die Bauteile in dunkelgrauen bis schwarzen Beuteln, welche eine leitende Oberflache besitzen, zu finden.
- Die Handhabung soll nur an speziell eingerichteten Arbeitsplatzen erfolgen, deren leitende Beläge mit dem elektrischen Potenzial des Erdbodens verbunden, so genannt geerdet sind.
- Das Handgelenkband muss fest an der Haut anliegen und über einen Ableitwiderstand geerdet sein.

18.5 IGBT-Transistor

In der Leistungselektronik kommen vermehrt so genannte IGBTs (***I**nsulated **G**ate **B**ipolar **T**ransistor*) zur Anwendung. Besonders bei hohen Spannungen sind sie den Feldeffekttransistoren (FET) überlegen. Der Spannungsbereich, welcher die Leistungsschalter auszuhalten haben, steigt ständig an. Allgemein kann man davon ausgehen, dass für die FETs Spannungen über 100 V problematisch werden und deshalb durch IGBTs ersetzt werden.

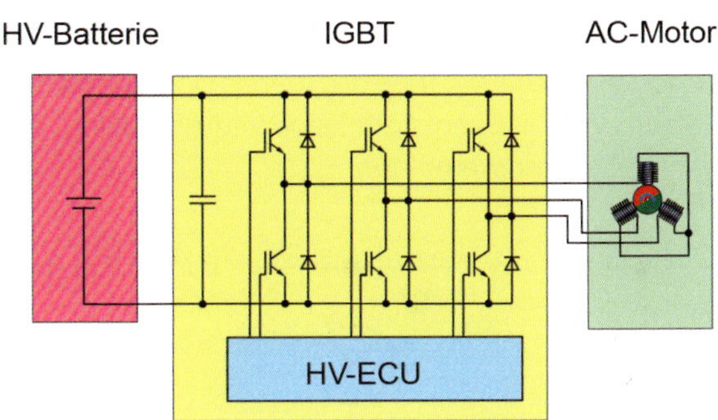

Bild 18.33
Leistungselektronik eines Hybridfahrzeuges
[Bild: Riehl]

In der Automobiltechnik sind es insbesondere die Wechselrichter für die Drehstrommotoren (Inverter) der Hybridantriebe, welche mit extrem hohen Spannungen aufwarten.

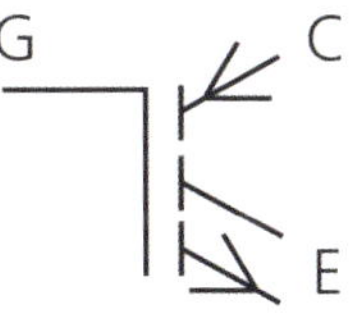

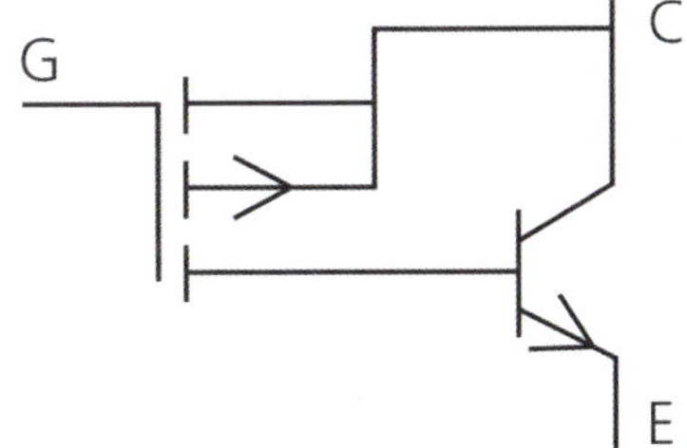

Bild 18.34
Schaltzeichen (links) und Ersatzschaltbild (rechts) eines IGBTs
[Bild: Riehl]

Arbeitsweise

Im Ersatzschaltbild ist ersichtlich, dass die IGBTs aus einer Kombination eines Feldeffekttransistors mit einem normalen Transistor bestehen. Hinsichtlich der Ansteuerung handelt es sich um ein spannungsgesteuertes Bauelement, deshalb auch die Anschlussbezeichnung Gate. Neben den zwei anderen Anschlüssen, welche mit Kollektor und Emitter bezeichnet werden, ähneln auch die allgemeinen Eigenschaften den Bipolartransistoren. Überschreitet die Spannung U_{GE} die Gate-Emitter-Schleusenspannung (in der Regel 2 bis 5 V), wechselt die Kollektor-Emitterstrecke in den Durchlasszustand.

18.6 Tastverhältnis

Problem: Ein Verbraucher, z. B. eine Glühlampe, soll nicht mit der vollen Leistung betrieben werden.

Lösung:

a) In Reihe mit der Glühlampe wird ein Vorwiderstand geschaltet (Bild 18.35b). Nachteil: Die nicht benötigte Spannung fällt am Vorwiderstand ab. Die entstehende Verlustleistung muss als Wärme an die Umgebung abgeführt werden. Anwendung: Stufenschaltung des Lüftungsgebläses z. B. bei Mercedes oder Opel.

b) Mit Hilfe eines elektronischen Schalters (Bild 18.35a) wird die Glühlampe so schnell ein- und ausgeschaltet, dass das menschliche Auge die Schaltvorgänge nicht wahrnehmen kann. Vorteil: Es entsteht keine Verlustleistung. Anwendung: Leerlaufdrehzahlsteller, Tankentlüftungsventil usw.

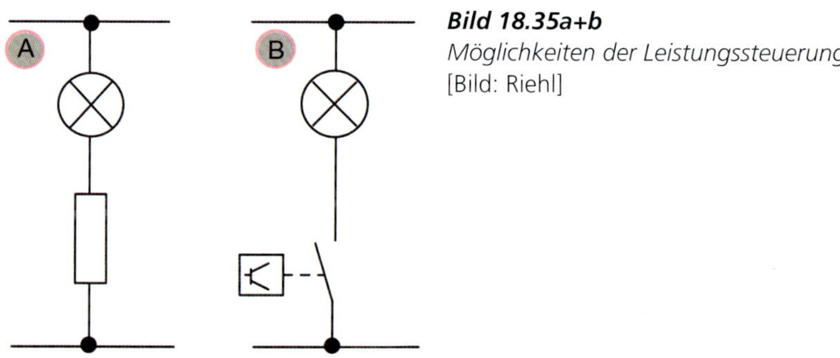

Bild 18.35a+b
Möglichkeiten der Leistungssteuerung
[Bild: Riehl]

➔ Das Verhältnis von Einschaltdauer der Verbraucherspannung U_V zur Periodendauer T wird als Tastverhältnis bezeichnet.

Diese Art der Verbrauchersteuerung wird als PMW-Steuerung (**p**uls-**w**eiten-**m**odulierte Steuerung) bezeichnet.

Bild 18.36
Tastverhältnis
[Bild: Riehl]

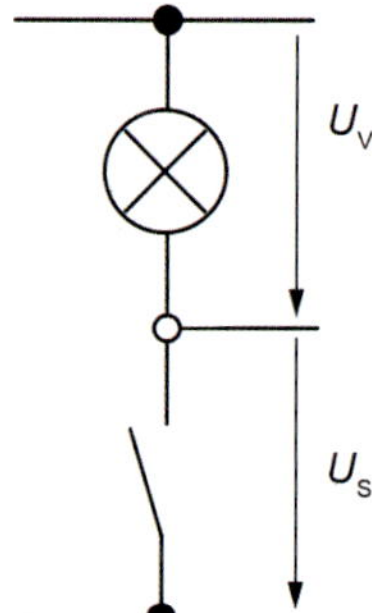

Schalter auf	Schalter zu
$U_V = 0$ V	$U_V = 12$ V
$U_s = 12$ V	$U_s = 0$ V

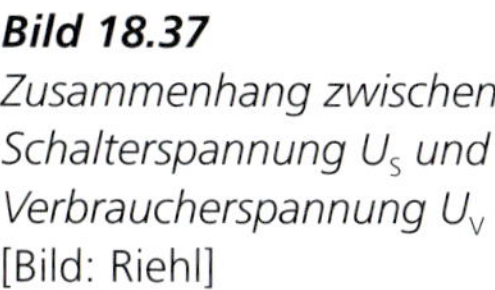

Bild 18.37
Zusammenhang zwischen Schalterspannung U_S und Verbraucherspannung U_V
[Bild: Riehl]

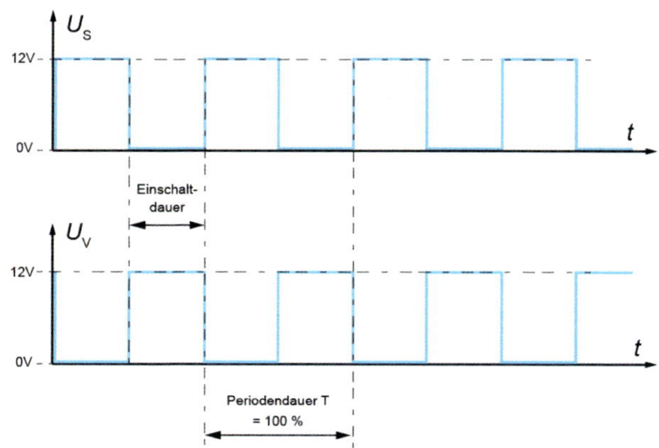

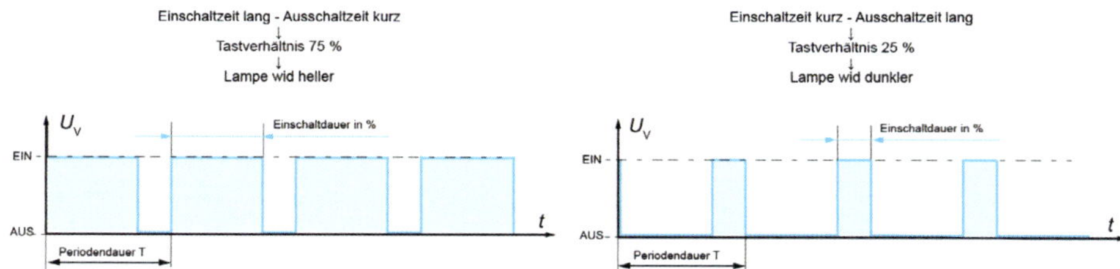

Bild 18.38 *Beispiel für eine Helligkeitssteuerung durch Veränderung des Tastverhältnisses*
[Bild: Riehl]

Die Ein- und Ausschaltvorgänge erfolgen so schnell, dass sie mit dem Auge nicht wahrgenommen werden können. Bei Kfz-Schaltungen sind Frequenzen von 100 Hz üblich. Dies entspricht einer Periodendauer von 0,01 s.

19 Messen mit dem Oszilloskop

Das in manchen Motortestern eingebaute Oszilloskop ermöglicht dem Mechaniker, fast alle im Kfz vorkommenden Signale auf einem Bildschirm sichtbar zu machen. Dadurch wird eine schnelle Diagnose möglich bzw. bei schnellen Signalen überhaupt erst durchführbar. Dabei tritt gerade der Bereich der Fehlersuche bei den Sondersignalen und der Motormechanik immer stärker in den Vordergrund, da es bei den zugebauten Motoren kaum noch möglich ist, kostengünstig z. B. einen mechanischen Kompressionstest durchzuführen, da die Vor- und Nacharbeitszeiten zum Ausschrauben der Zündkerzen in keinem Verhältnis zur eigentlichen Prüfdauer und zur Prüfaussage stehen. Kompressionsunterschiede der Zylinder lassen sich mit einer Kompressionsmessung über den Anlasserstrom während des Startvorganges bzw. über einen Motorrundlauftest bei laufendem Motor viel kostengünstiger ermitteln.

➔ Mit dem Oszilloskop können schnell ablaufende elektrische Vorgänge sichtbar gemacht werden.

19.1 Prinzipielle Arbeitsweise eines Oszilloskops

Vereinfacht ausgedrückt stellt das Oszilloskop ein Voltmeter dar, welches in den meisten Fällen Gleich- und Wechselspannungen als bewegende Linie darstellt. Damit diese Linie sichtbar wird, bewegt sich ein Lichtstrahl auf dem Schirm waagerecht von links nach rechts und bildet die Zeitachse. Die Zeit, die für einen Bewegungsablauf benötigt wird, kann eingestellt werden, um das Spannungssignal in seiner Breite anpassen zu können. Um die Höhe der Spannung darzustellen, wird der Strahl durch die angeschlossenen Messleitungen in der Senkrechten abgelenkt. Die Empfindlichkeit der Ablenkung lässt sich verstellen und bestimmt die maximale, bzw. minimale Darstellungsmöglichkeit der Spannungshöhe.

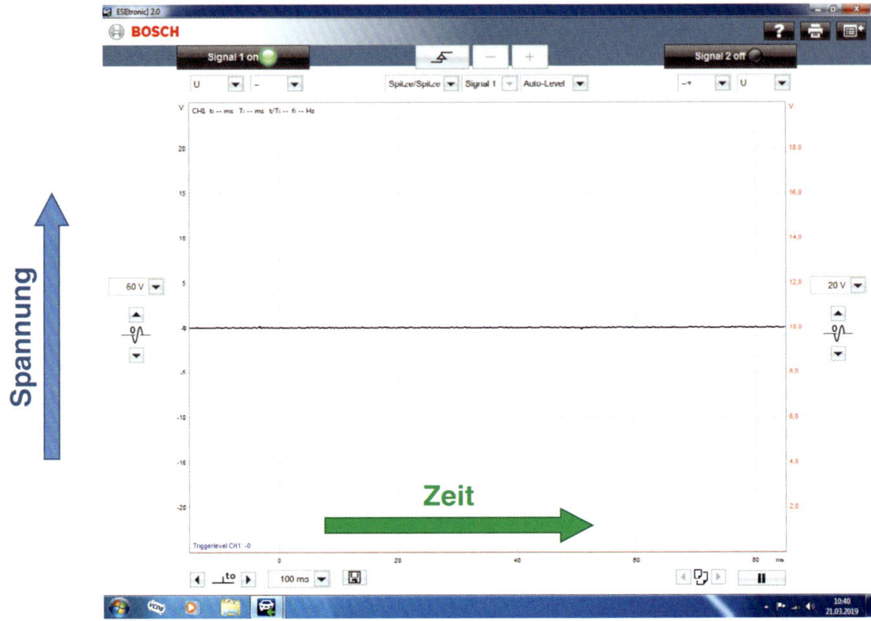

Bild 19.1 *Prinzipielle Darstellung auf einem Scopebildschirm*
Waagerecht: Zeitachse
Senkrecht: Spannungsachse

19.2 Anschluss eines Oszilloskops

Da ein Oszilloskop den Spannungsverlauf darstellt, müssen mindestens zwei Anschlussleitungen vorhanden sein. Ein Anschluss wird mit der Messstelle verbunden, der zweite mit dem Bezugspunkt, der in der Regel der Batterie-Minuspol ist. Das Oszilloskop misst dabei die Eingangsspannung relativ zum Bezugspunkt, der bei älteren Oszilloskopen, die direkt an die Werkstatt-Stromversorgung angeschlossen werden, auf Erdpotential

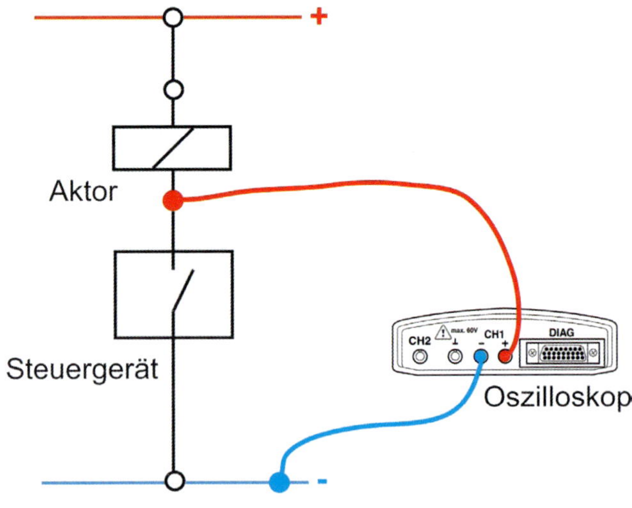

Bild 19.2
Üblicher Anschluss zur Darstellung der Aktor-Ansteuerung.
[Bild: Riehl, Bosch]

liegt. Das Erdpotential ist durch den Schutzleiter der Schuko (= **Schu**tz**ko**ntakt) -Steckdose definiert.

Auf Grund des Scopeanschlusses ergeben sich für die Darstellung nachfolgende (siehe auch Abschnitt 19.4.4 Tastverhältnis) Spannungshöhen.

Schalter in der ECU offen → Spannung auf dem Scope hoch

Schalter in der ECU geschlossen → Spannung auf dem Scope ca. 0

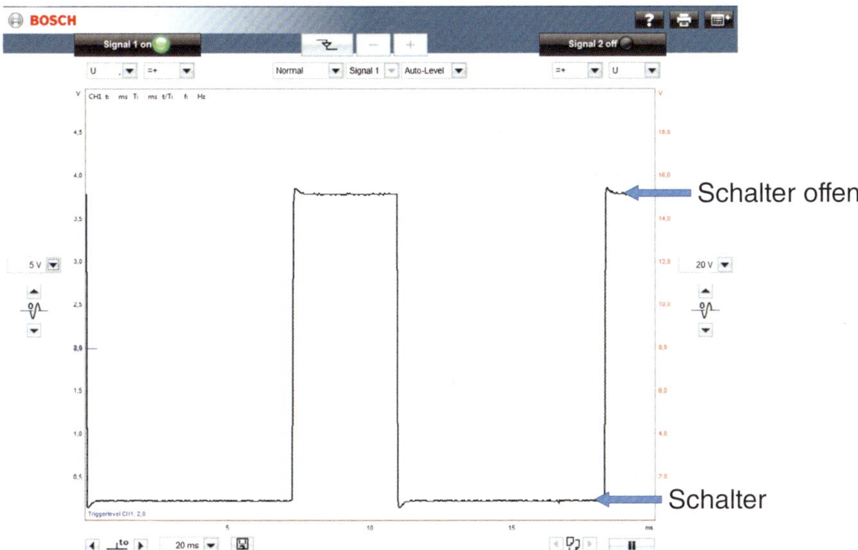

Bild 19.3 *Spannungen auf dem Scopebild bei geöffnetem und geschlossenem Schalter*

- → Bezugspunkt sollte immer Batterie-Minus und nicht irgendeine Karosserie-Masse sein. Nur dann ist sichergestellt, dass wirklich alle Steckverbindungen/ Masseverschraubungen mit überprüft werden.

19.3 Einstellungen am Oszilloskop

19.3.1 Zeitachse, zeitabhängige Darstellung

Zur Bezeichnung der waagerechten X-Achse werden oft die Begriffe «waagerechte Achse», «Zeitachse» oder «Zeitbasis» verwendet. Auf dieser Achse wird die Größe der Zeitskala festgelegt. Die richtige Auswahl der Zeitachse entscheidet darüber, in welcher Breite das Messsignal abgebildet wird (Bilder 19.4a-c). Wird die Zeiteinstellung verlängert, lässt sich das Signal in der Waagerechten verkleinern und es werden in einer Signalfolge mehr Signale sichtbar. Wird die Zeiteinstellung verkürzt wird das Signal in der Waagerechten vergrößert.

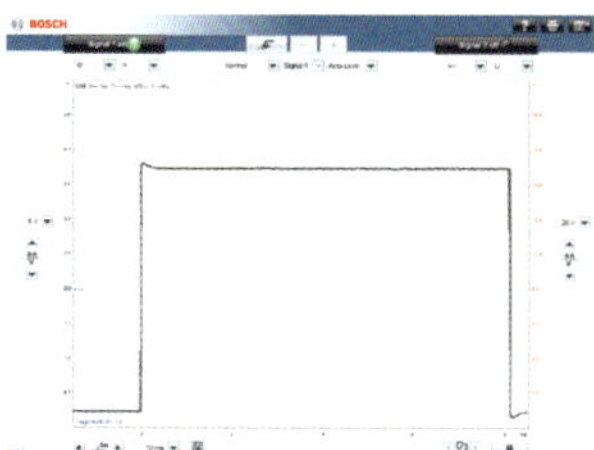

Bild 19.4a *Zeitbasis zu klein gewählt: Wichtige Details des Messsignals könnten verloren gehen.*

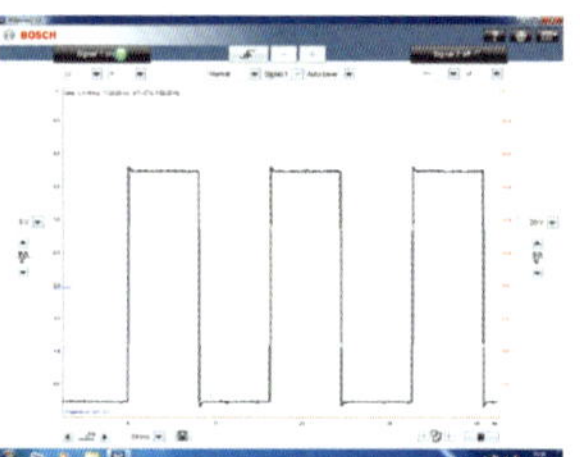

Bild 19.4b *Zeitbasis richtig gewählt: Durch die richtige Zeitwahl erfolgt eine praxisgerechte Darstellung des Signals auf dem Bildschirm.*

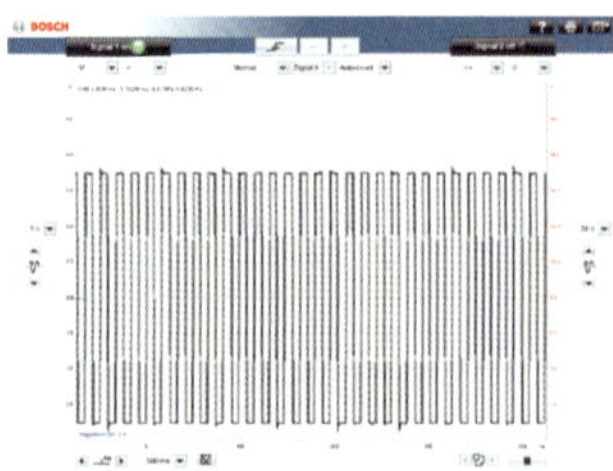

Bild 19.4c *Zeitbasis zu groß gewählt: Eine genaue Betrachtung des Signals ist nicht möglich.*

➔ Die Zeitbasis muss so gewählt werden, dass die gesamte Information des Signals sichtbar ist.

19.3.2 Spannungsachse

Zur Bezeichnung der senkrechten Y-Achse werden oft die Begriffe «vertikale Achse» oder «Spannungsachse» verwendet. Auf dieser Achse wird die Größe der Spannungsskala festgelegt. Die richtige Auswahl der Spannungsskala (Bilder 19.5a, b) entscheidet darüber, in welcher Größe das Messsignal auf dem Bildschirm dargestellt wird. Wird ein kleiner Spannungsbereich gewählt, ist die Darstellung auf der Spannungsachse vergrößert. Eine Vergrößerung des Spannungsbereichs lässt die Darstellung schrumpfen.

➔ Der Spannungsmessbereich muss so gewählt werden, dass ein größtmögliches Signal auf dem Bildschirm erscheint.

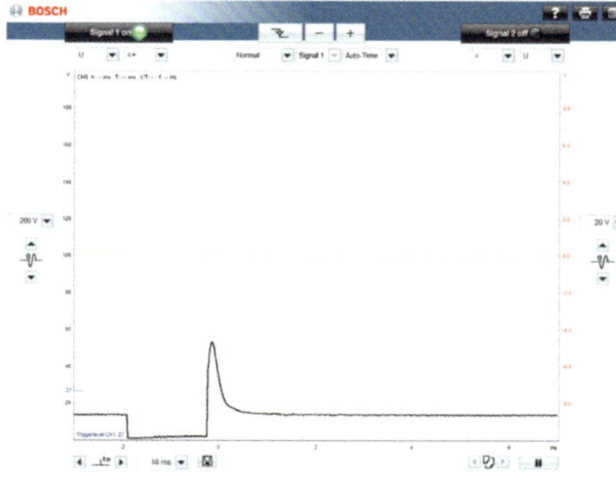

Bild 19.5a *Spannungsmessbereich zu groß gewählt:*
Das Signal erscheint zu klein auf dem Bildschirm.

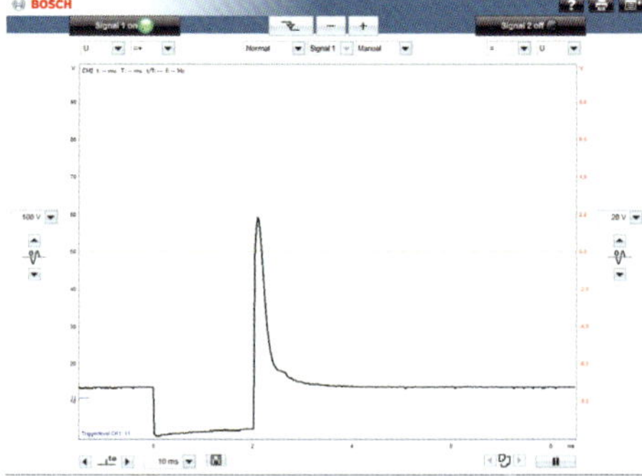

Bild 19.5b *Spannungsmessbereich richtig gewählt:*
Das Signal erscheint in maximaler Größe auf dem Bildschirm.

19.3.3 Andere Beschriftungen der Spannungs- und Zeitachse

Die Oszilloskope haben ein sichtbares Netz auf dem Bildschirm. An Stelle der Beschriftungen der Zeit- und Spannungsachse wie in einem Diagramm, gibt es bei einigen Oszilloskopen andere Angaben.

Die Bezeichnung «/DIV» beruht auf der Einteilung des sichtbaren Bildschirms in ein Netz aus Quadraten. Der Wert 5V / DIV bzw. 1 ms / DIV bedeutet somit, dass die Spannung bzw. Zeit für jedes Quadrat (DIV = *Divison*) angegeben wird.

Durch entsprechende Auswahl innerhalb der beiden Einstellmöglichkeiten lassen sich die zu prüfenden Signale je nach Anforderung mehr oder weniger stark strecken oder dehnen, um so eine möglichst optimale Auswertung zu erreichen. Anhand des Rasters können Sie eine schnelle visuelle Schätzung vornehmen, indem Sie die Skalenteile abzählen und deren Anzahl mit dem Skalenfaktor multiplizieren

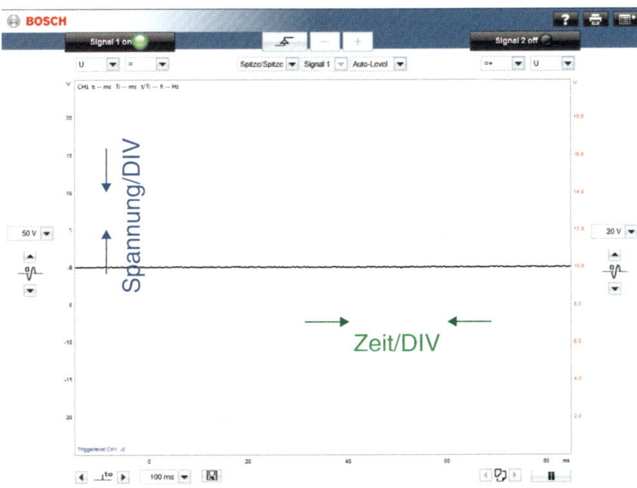

Bild 19.6
Möglichkeit der Angabe des Maßstabs der Spannungs- und Zeitachse.

19.3.4 Triggern

19.3.4.1 Triggerpegel

Triggern bedeutet «ein Startsignal setzen». Dabei wird festgelegt, bei welchem Spannungswert der Strahl des Oszilloskops anfängt über den Bildschirm zu laufen, um das Signal darzustellen. Dadurch ist es möglich, ein für das Auge des Beobachters stehendes Bild zu erhalten. Ohne Triggerung wird der Elektronenstrahl kontinuierlich von links nach rechts in der gewählten Zeitablenkung über den Bildschirm gelenkt. Das aufgenommene Signal kann dabei je nach Signalfolge in Bewegung kommen und die Auswertung dadurch schwieriger werden.

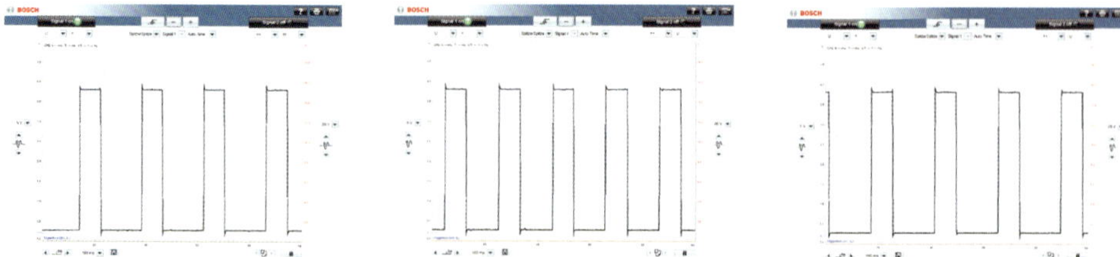

Bild 19.7a-c *Das Signal beginnt im linken Bild unten, im mittleren Bild unten, aber etwas nach rechts versetzt und im rechten Bild oben aber auch schon nach rechts versetzt. Dadurch entsteht der Effekt des «laufenden Bildes».*

Mit Triggerung wird ein Startwert für den Elektronenstrahl vorgegeben, d. h., der Elektronenstrahl fängt erst bei Erreichen dieses Startwertes an über den Bildschirm zu wandern. Dieser Startpunkt kann automatisch vom Oszilloskop festgelegt werden. Dabei versucht die Elektronik einen sich im Signal widerholenden Spannungswert als Startpunkt zu setzen (*Auto Range*), um das Bild auf dem Schirm ruhig darzustellen. Ebenso kann

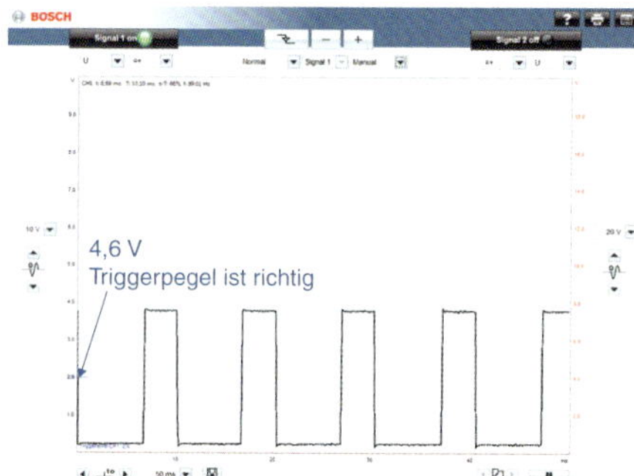

Bild 19.8a *Messsignal ist größer als Triggerpegel: Das Signal steht auf dem Bildschirm*

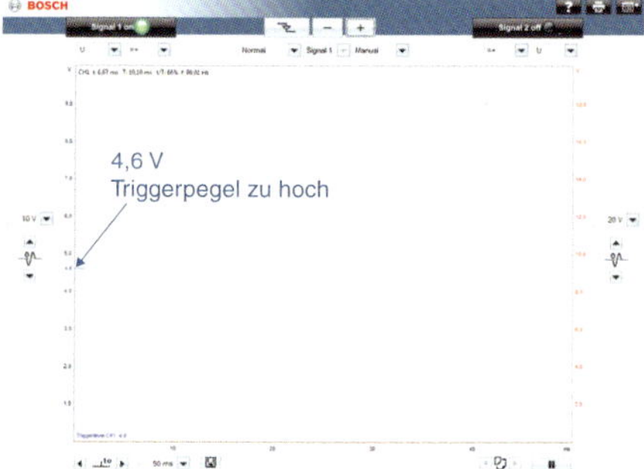

Bild 19.8b *Messsignal ist kleiner als Triggerpegel: Das Signal wird nicht dargestellt.*

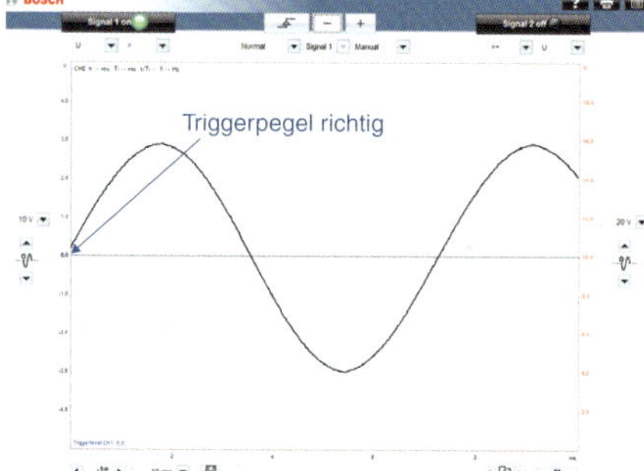

Bild 19.9a *Triggerpegel richtig gewählt: Das Signal erscheint von Anfang an auf dem Bildschirm.*

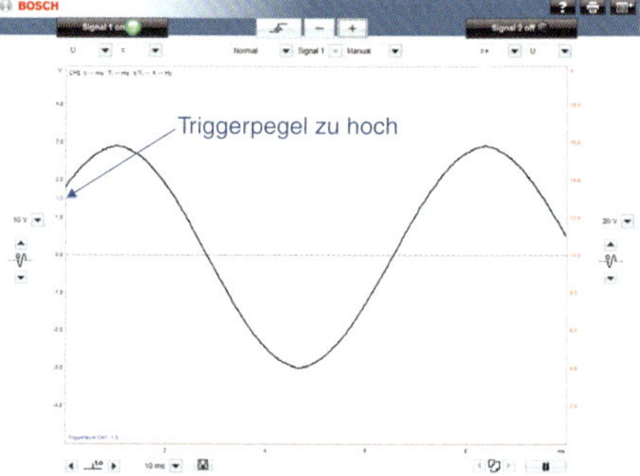

Bild 19.9b *Triggerpegel zu groß gewählt: Der Beginn des Bildes wird auf dem Bildschirm verschoben.*

eingestellt werden, dass das Bild nach spätestens 2 Sekunden neu gezeichnet wird, auch wenn keine Triggerung stattgefunden hat (*Auto Time*). Liegt die Größe des Messsignals immer unter oder über dem Spannungswert für den Triggerpegel, ist es nicht möglich, ein stehendes Bild zu erhalten.

Durch die Wahl eines falschen Triggerpegels kann es sein, dass nicht das gewünschte Signal dargestellt wird.

➔ Der Triggerpegel muss so gewählt werden, dass das Messsignal den Triggerpegel durchläuft.

19.3.4.2 Triggerflanke

Zum Triggern des Signals kann entweder die ansteigende (positive, +) oder die abfallende (negative, -) Flanke des Messsignals benutzt werden. Die richtige Wahl der Trigger-

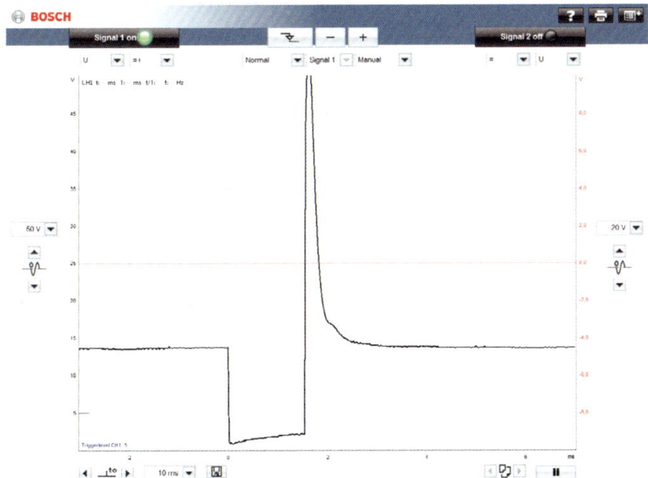

Bild 19.10 *Messsignal ist auf negativer Triggerflanke: Gute Ablesbarkeit des Schaltzeit (hier: Einspritzzeit)*

flanke bestimmt den Beginn des Messsignals auf dem Bildschirm. Die Zeitskala beginnt auf dem Bildschirm im Bereich der linken Seite. Deshalb möchte man das Bild mit dem Low-Level beginnend auch dort auf dem Bildschirm haben. Dazu triggert man auf die negative Flanke.

➔ Bei der zeitabhängigen Darstellung triggert man üblicherweise auf die negative Flanke.

19.3.4.3 Verschiebung der Nulllinie der X-Achse

Diese Einstellung, bei manchen Oszilloskopen auch als *Delay* bezeichnet, verschiebt den Nullpunkt der Zeitachse im Darstellungsbereich des Bildschirms und damit das angezeigte Signal nach links oder rechts. Damit kann man den Signalverlauf vor dem Triggerpunkt beobachten.

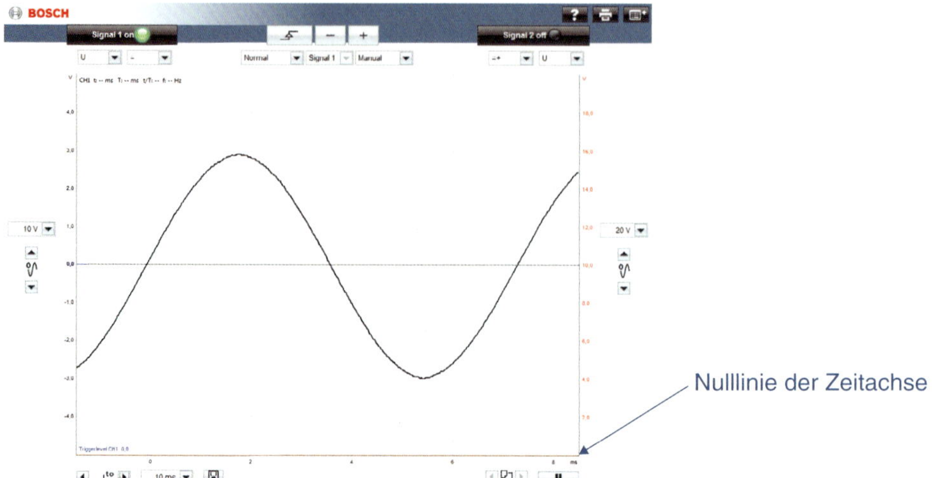

Bild 19.11 *Nulllinie (X-Achse) nach rechts/links verschieben.*

Moderne Oszilloskope erlauben weiterhin eine Vielzahl von zusätzlichen Variationen und Möglichkeiten um die Auswertung zu vereinfachen, wie z. B. Abspeichern einer Signalfolge, Verändern des Triggerpunktes während der Darstellung, Anzeige von min/max Werten, Ausmessen von gespeicherten Signalen, Digitale Speicherung der Signale über einen vorgegebenen Zeitraum.

19.3.5 DC/AC-Kopplung

Eine unterschiedliche Darstellung des Messsignals ist möglich, wenn statt des gleichspannungsgekoppelten Messeingangs (DC) das Oszilloskop über einen wechselspannungsgekoppelten Eingang (AC) gemessen wird (Bilder 19.12a und 19.12b). Bei der AC-Ank-

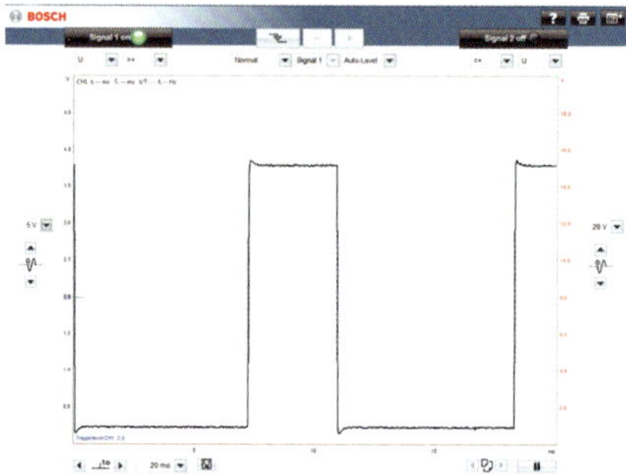

Bild 19.12a *Rechtecksignal auf einem Oszilloskop mit DC-Ankopplung*

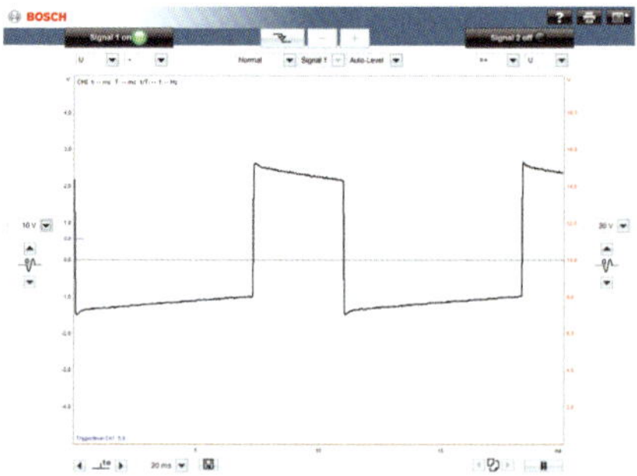

Bild 19.12b *Rechtecksignal auf einem Oszilloskop mit AC-Ankopplung*

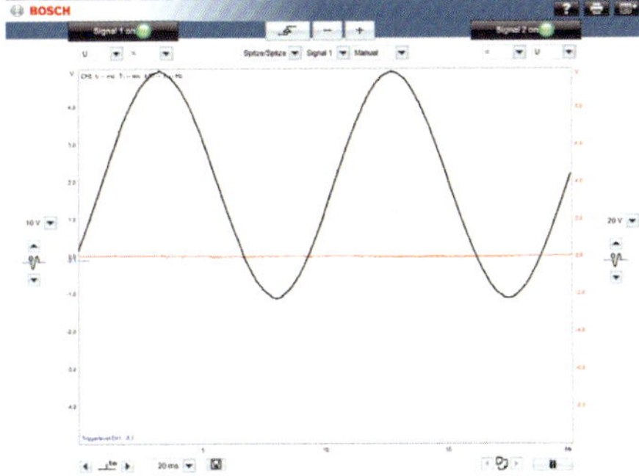
Bild 19.13a *DC-Ankopplung einer gemischten Spannung mit 2V-DC-Anteil*

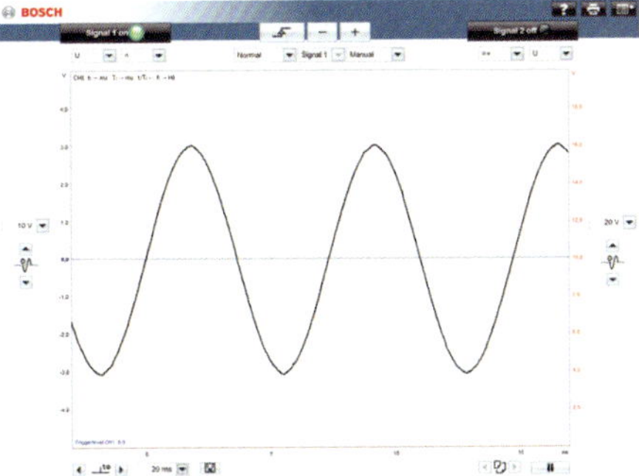
Bild 19.13b *AC-Ankopplung einer gemischten Spannung mit 2V-DC-Anteil*

opplung wird der Gleichspannungsanteil herausgefiltert, um nur den (interessanten) Wechselspannungsanteil, z. B. die Oberwelligkeit der Ladespannung, über der gesamten Bildschirmhöhe zu betrachten.

Leider führt diese Ankopplung dazu, dass reine Gleichspannungssignale verzerrt dargestellt werden.

Mit dem Oszilloskop kann der tatsächliche Spannungsverlauf dargestellt werden.

➔ Die DC-Ankopplung stellt den Wechsel- und Gleichspannungsanteil eines Signals dar.

Vorteil: Exakte Signaldarstellung.
Nachteil: Schlechte Auflösung eines überlagerten Wechselspannungsanteils.

➔ Die AC-Ankopplung filtert den Gleichspannungsanteil heraus.

Vorteil: Hohe Auflösung des Wechselspannungsanteils.
Nachteil: Falsche Darstellung von Rechtecksignale.

19.4 Grundbegriffe der Oszilloskopdarstellung

19.4.1 Periode

Wenn sich Signale periodisch (in gleichmäßiger Folge) wiederholen, bezeichnet man den Beginn des Signals bis zum Beginn des nächsten Signals als Periode. Dabei müssen die Spannungshöhe und die Richtung der Spannung sich wiederholen.

➔ Die Periodendauer *T* gibt an wie lange eine vollständige Schwingung dauert.

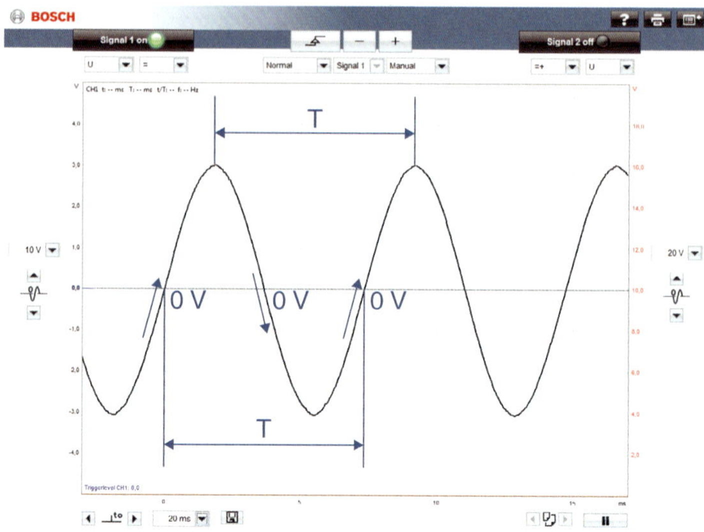

Bild 19.14 *Ermittlung der Periodendauer*
Spannungshöhe (z. B. 0 V) und Richtung der Spannung (von – nach +) müssen gleich sein. Abgelesener Wert: 7,5 ms

19.4.2 Frequenz

Die Anzahl der Perioden pro Sekunde ergibt die Frequenz gemessen in Hertz (Hz).

➔ An einem Oszilloskop lässt sich nur die Periodendauer messen/darstellen. Die Frequenz muss daraus berechnet werden.

$$f = \frac{1}{T}$$

f = Frequenz in Hertz
T = Periodendauer in Sekunde

Beispiel: T = 7,5 ms = 0,0075 s

$$f = \frac{1}{0{,}0075} = 133 \text{ Hz}$$

19.4.3 Impulsdauer

Die Impulsdauer ist die Zeit, in der ein Signal wirksam ist. Man unterscheidet positive und negative Ansteuerung, deshalb muss vorher festgestellt werden nach welcher Art die Ansteuerung durchgeführt wird.

Beispiel: Minusschaltung
Einspritzdüsensignal MPI-System
Art der Ansteuerung: Düsen mit Plus über Relais versorgt, Ansteuerung erfolgt masseseitig über Transistorschaltung (Negativer Impuls).

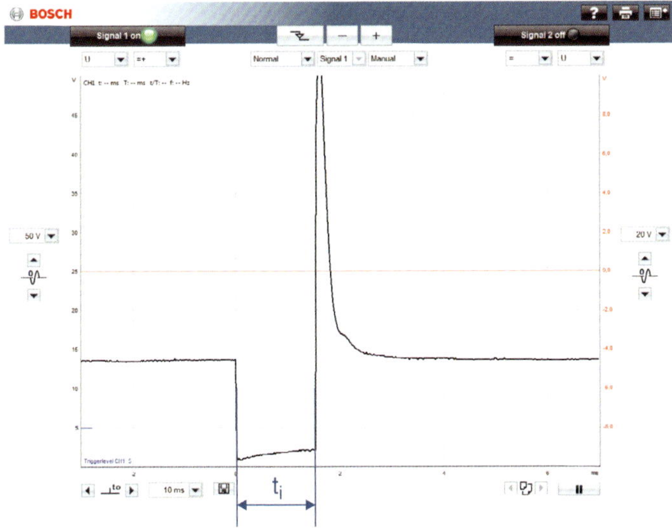

Bild 19.15 *Ermittlung der Impulsdauer*
Die Pfeile zeigen die Impulsdauer t_i (time injection = Einspitzdauer), die durch die masseseitige Ansteuerung immer bei Spannungsabfall ausgewertet wird.

19.4.4 Tastverhältnis

Die Einschaltzeit zur Ein- und Ausschaltzeit einer Signalfolge in ein prozentuales Verhältnis gesetzt, wird als Tastverhältnis bezeichnet. Auch hier muss die Art der Ansteuerung bekannt sein, da das Tastverhältnis sich auf die Einschaltzeit als Prozentwert bezieht. Dies ist besonders wichtig, wenn das Oszilloskop auch Messwerte als Zahl darstellen. Hier muss bekannt sein, ob der Tester den positiven oder negativen Impuls als Einschaltdauer berücksichtigt.

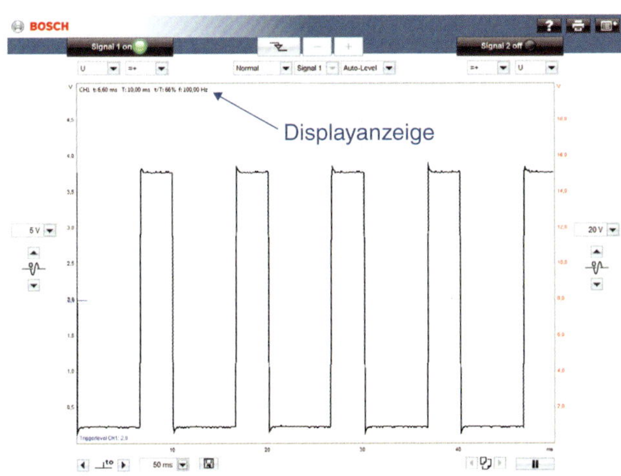

Bild 19.16
Anzeige im Display
CH1 t: 6,60ms T:10,00ms
t/T = 66% f:100,00 Hz
Hier wird der negative Impuls als Signaldauer berücksichtigt.

19.5 Vergleich Oszilloskop – Multimeter

19.5.1 Pulsierende Gleichspannungen

Pulsierende Gleichspannungen werden am Oszilloskop im DC-Bereich in ihrem tatsächlichen Verlauf dargestellt. Bei pulsierender Gleichspannung wird am Multimeter der arithmetische Mittelwert angezeigt.

Berechnung des arithmetischen Mittelwertes:

$$U_{\text{Multimeter}} = U_{\text{Scope}} \cdot \frac{t}{T}$$

Hierbei wird für *t* immer die positive Impulsdauer berücksichtigt.

➔ Eine qualitative Aussage über Aussehen, Verlauf und Störeinflüsse ist nur mit Hilfe des Oszilloskopbildes möglich.

Bild 19.17 *Pulsierende Gleichspannung auf einem Oszilloskop mit DC-Ankopplung*

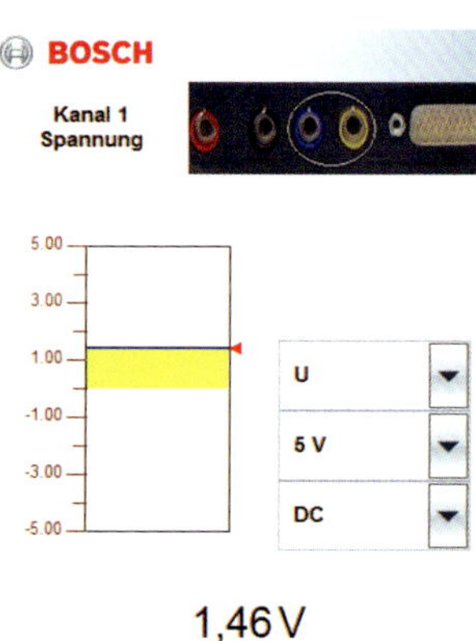

Bild 19.18 *Die gleiche Spannung auf einem Multimeter im DC-Bereich.*

19.5.2 Wechselspannungen

Am Oszilloskop wird in Stellung AC nur der reine Wechselspannungsanteil dargestellt, auch wenn es sich um eine mit Gleichspannung überlagerte Wechselspannung handelt (z. B. Welligkeit der Drehstromlichtmaschine).

Der Effektivwert hängt sowohl vom Scheitelwert als auch von der Kurvenform ab. Für eine sinusförmige Spannung gilt:

$$U_{\text{Multimeter}} = U_{\text{eff}} = U_s \cdot \frac{1}{\sqrt{2}}$$

Das Multimeter zeigt die effektive Spannung an, somit ist keine qualitative Aussage über das eigentliche Signal im gesamten Signalverlauf möglich.

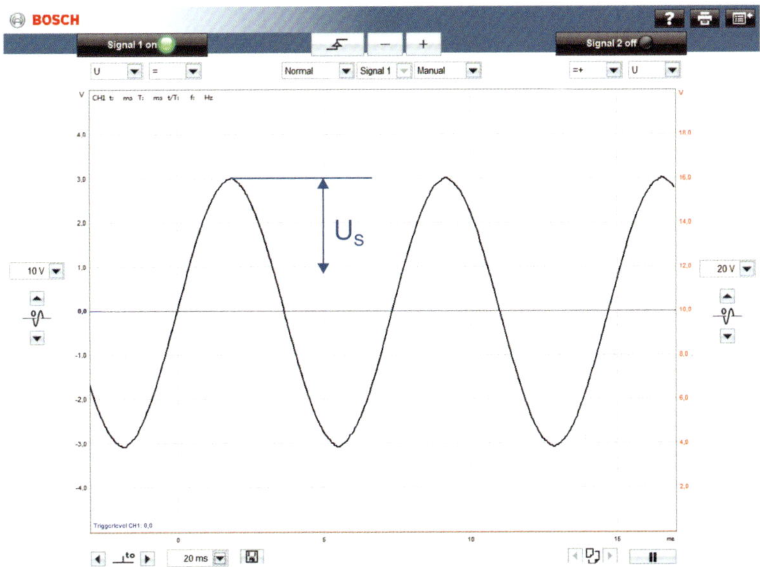

Bild 19.19 *Wechselspannung mit U_s = 3 V auf einem Oszilloskop mit AC-Ankopplung*

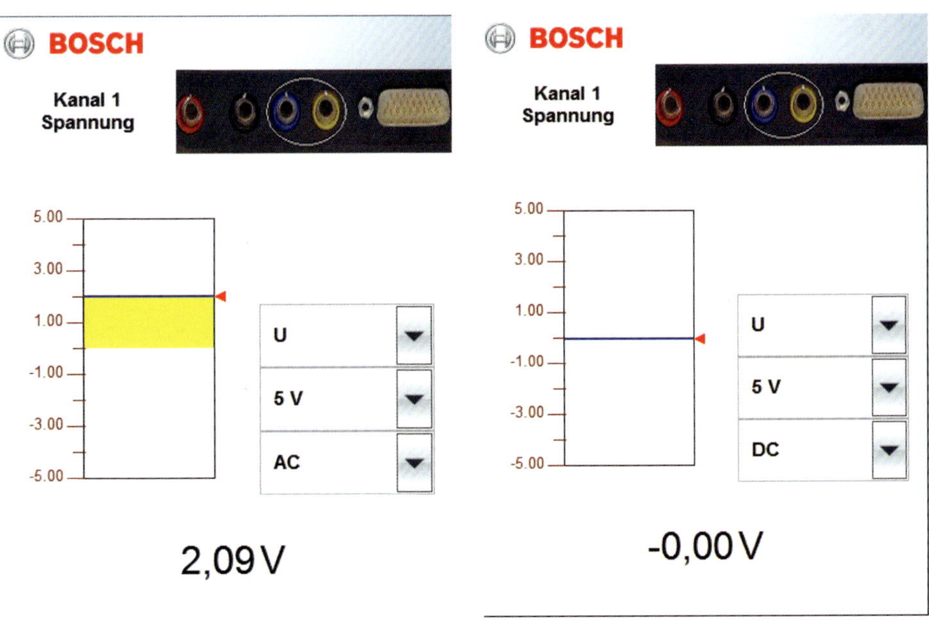

Bild 19.20 *AC-Spannung (U_s = 3 V) auf einem Multimeter im AC-Bereich. Es wird der Effektivwert der Spannung angezeigt.*

Bild 19.21 *AC-Spannung (U_s = 3 V) auf einem Multimeter im DC-Bereich. Es wird der arithmetische Mittelwert der Spannung (0 V) angezeigt.*

19.5.3 Mischspannungen

Mischspannung mit
U_s = 3 V (AC) und einer Gleichspannung
(DC = 2 V) auf einem Oszilloskop

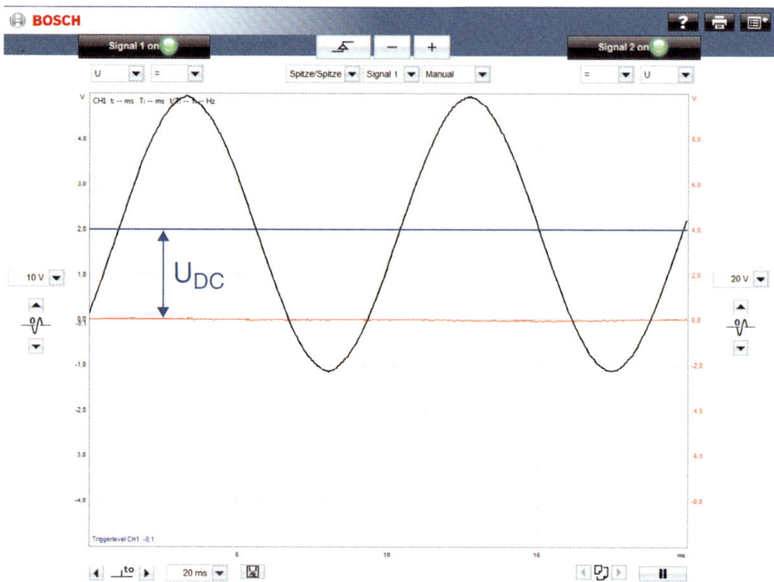

Bild 19.22 *mit DC-Ankopplung*

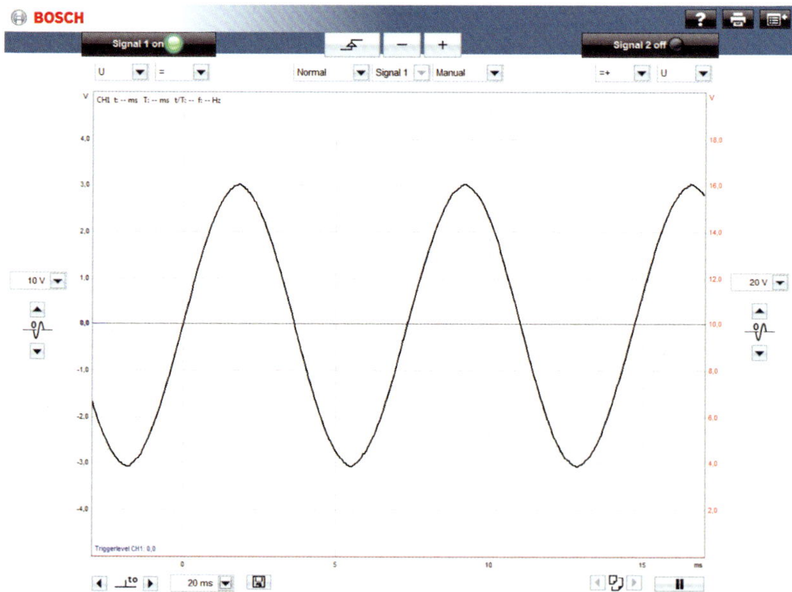

Bild 19.23 *AC-Ankopplung*

Mischspannung mit
U_s = 3 V (AC) und einer Gleichspannung
(DC = 2 V) auf einem Multimeter

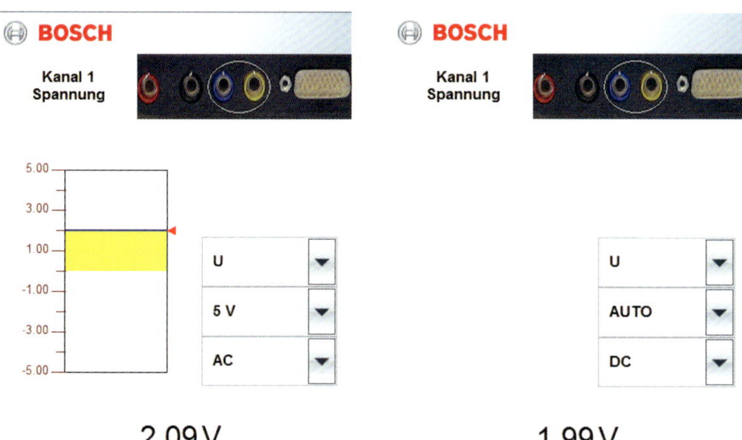

Bild 19.24 *im AC-Bereich.*
Es wird der nur der Effektivwert der Wechselspannung angezeigt.

Bild 19.25 *im DC-Bereich*
Es wird der Gleichspannungsanteil der Spannung (2 V) angezeigt.

➔ Für das Oszilloskop gilt:
Die DC-Ankopplung stellt den Wechsel- und Gleichspannungsanteil eines Signals dar.
Die AC-Ankopplung nur den Wechselspannungsanteil.

➔ Für das Multimeter gilt:
Im AC-Bereich wird nur der Wechselspannungsanteil gemessen.
Im DC-Bereich nur der Gleichspannungsanteil gemessen.

20 Grundlagen der digitalen Signalübertragung

20.1 Systemanalyse und Signalflusspläne

Bei einem modernen Fahrzeug kann durch die Verknüpfung der Systeme der Fehler in einem Bereich liegen, der zunächst gar nicht für die Beanstandung vermutet wird. So kann z. B. die Antriebsschlupf-Regelung die abgegebene Motorleistung durch Eingriffe in Zündung, Gemischaufbereitung oder das elektronische Gaspedal reduzieren. Die Verknüpfung der Elektrotechnik und Elektronik mit der Kfz-Technik ist durch die Entwicklung der Mikroelektronik immer schneller vorangetrieben worden. Vergleiche mit den herkömmlichen, mechanischen Systemen haben ergeben, dass durch den Einsatz geschlossener Regelkreise mit elektrischen und elektropneumatischen bzw. elektrohydraulischen Stellern verbesserte und völlig neue Regelfunktionen ausgeführt werden können.

Die Kopplung der verschiedenen elektronischen Systeme hat mittlerweile zu so großen Kabellängen und zu einer Vielzahl von Steckverbindungen im Fahrzeug geführt, dass dadurch wieder neue Störquellen entstanden sind. Führende Automobilhersteller haben deshalb neue Konzeptionen zum Datenaustausch zwischen den einzelnen Komponenten entwickelt. Gleichzeitig werden an den Kfz-Techniker immer höhere Anforderungen gestellt, die immer abstrakter, also schwerer vorstellbar, werden. Das Fahrzeug als Summe von Einzelkomponenten vorwiegend mechanischer Ausprägung muss einer Vorstellung des Systems Kraftfahrzeug weichen.

20.1.1 Wirkungsbezogene Analyse

Erschwerend für die Kfz-Werkstätten ist die Verknüpfung der Systeme untereinander. Sie lässt sich für den Mechaniker nicht mehr durch konkrete Schaltungen darstellen. Notwendig ist eine Zusammenfassung von Einzelfunktionen zu Blöcken. Die Funktion wird dabei nur noch sinnbildlich dargestellt. Das Zusammenwirken der Elemente des Systems wird sinnbildlich dargestellt, indem die Einzelblöcke entsprechend der vorgegebenen Wirkzusammenhänge verbunden werden. Durch diese Vorgehensweise können auch umfangreiche Systeme analysiert und übersichtlich dargestellt werden.

➔ Bei einer wirkungsbezogenen Analyse werden anstelle konkreter Schaltungen Funktionssymbole bzw. Beschreibungen in Blöcke eingefügt, die den Signalfluss besser verdeutlichen.

Zwischen den einzelnen Blöcken tritt ein Signalfluss in Form von Ein- und Ausgangssignalen auf. Im Block selbst findet eine Verarbeitung dieser Signale statt. Somit lässt sich im einfachsten Fall eine Systemanalyse auf drei Funktionsblöcke reduzieren. Üblicherweise liefern Sensoren, also Messfühler, die Eingabesignale. Die Verarbeitung erfolgt in einem Steuergerät, die Ausgabe auf Aktuatoren oder Stellglieder.

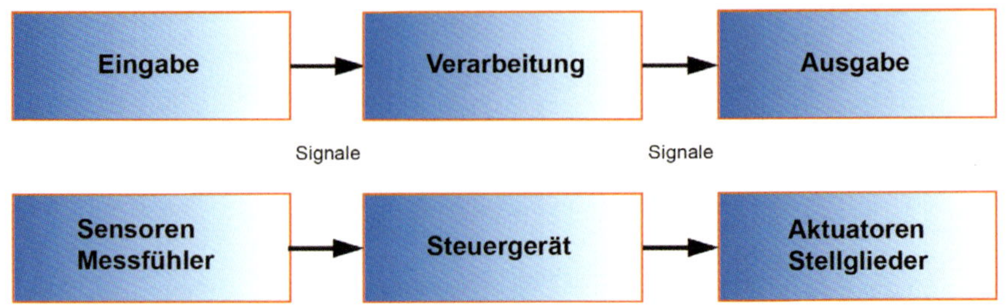

Bild 20.1 *Prinzip der Signalverarbeitung*
[Bild: Riehl]

20.1.2 System Kraftfahrzeug

Das Beispiel in Bild 20.2 zeigt, dass für die erforderlichen Prüf- und Messarbeiten der Zugriff auf die Signalleitungen, die so genannten Schnittstellen zwischen den Blöcken, sowie das Wissen um die Bauteile der Ein- und Ausgabeglieder erforderlich sind.

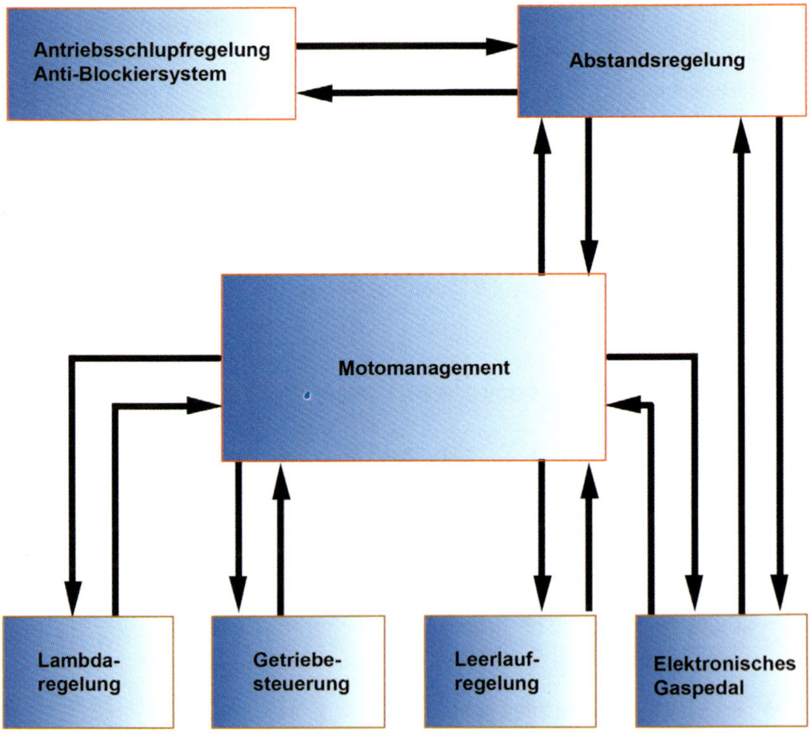

Bild 20.2 *Mögliche Informationswege bei einem modernen Kraftfahrzeug*
[Bild: Riehl]

Genaue Kenntnisse über den Aufbau des Verarbeitungsgliedes (Steuergerät) sind nicht nötig. Die Fehlersuche erfolgt aufgrund einer logischen Vorgehensweise: Sind alle Eingangsinformationen (Sensorsignale) in Ordnung und erfolgt die Ansteuerung der Stellglieder nicht korrekt, dann liegt ein Fehler in der Verarbeitung vor. Unterstützt wird diese Fehlersuche bei modernen Systemen durch eine Eigendiagnose der Steuergeräte, die eventuelle Fehler in dem System erkennt und dem Mechaniker mitteilt.

20.1.3 Signalflussplan

Betrachtet man die technische Einrichtung z. B. der Gemischaufbereitung, so benutzt man oft die bildliche Darstellung der Bauteile. Bei der Beschreibung ihrer Wirkungsweise, und somit bei der Überprüfung, beschreibt man allein die Zuordnung der zu berücksichtigenden Signale.

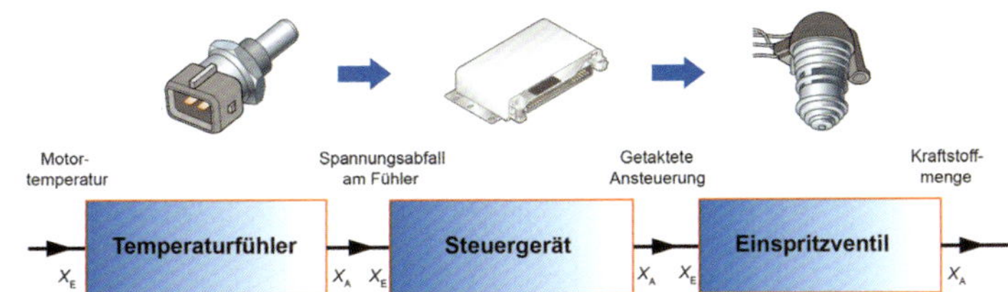

Bild 20.3 *Möglicher Signalfluss im Kraftfahrzeug*
[Bild: Riehl]

➔ Der Signalflussplan ist eine sinnbildliche Darstellung der wirkungsmäßigen Zusammenhänge zwischen den Signalen in einem System. Die Zusammenhänge werden durch Rechtecke in Form von Blockschaltbildern dargestellt.

Ein Signal ist die Darstellung von Informationen durch den Wert einer physikalischen Größe, z. B. Spannung oder Druck, Zug usw. Die Signale werden durch mit Pfeilspitzen versehene Linien dargestellt. Jedem Glied wird mindestens ein **Eingangssignal x_e** zugeführt und mindestens ein **Ausgangssignal x_a** entnommen. Die Wirkungslinien für die Ein- und Ausgangssignale werden vorwiegend an den Schmalseiten des Rechtecks angesetzt.

Grundformen von Signalflussplänen

Beispiel 1: Verzweigungsstelle

Das Drehzahlsignal x_1 wirkt auf zwei verschiedene Systeme:

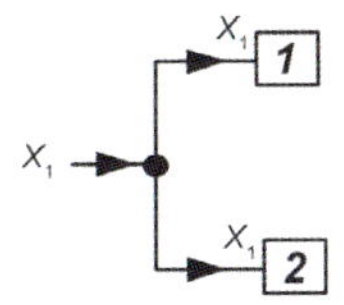

Bild 20.4
Verzweigungsstelle bei Signalflussplänen
1 Einspritzsystem
2 Drehzahlmesser
[Bild: Riehl]

➔ Bei der Verzweigungsstelle schaltet sich die Wirkungslinie auf mehrere Wirkungslinien auf, die alle das gleiche Signal führen.

Beispiel 2: Additionsstelle

Der Zündzeitpunkt x_3 besteht aus der Addition zweier Einzelsignale:

Bild 20.5 *Additionsstelle bei Signalflussplänen*
[Bild: Riehl]
x_1: Drehzahl
x_2 Last

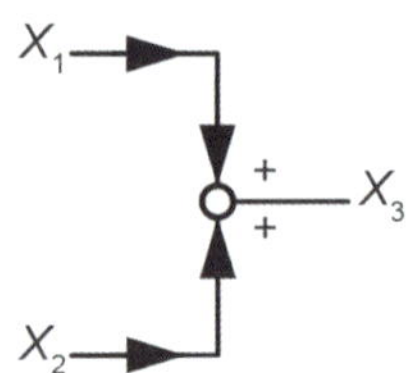

➔ Bei der Additionsstelle, bei der anstelle eines gefüllten Kreises ein offener Kreis gezeichnet werden kann, addieren sich die Eingangssignale bzw. werden subtrahiert.

Beispiel: Anordnung von Zusammenhängen

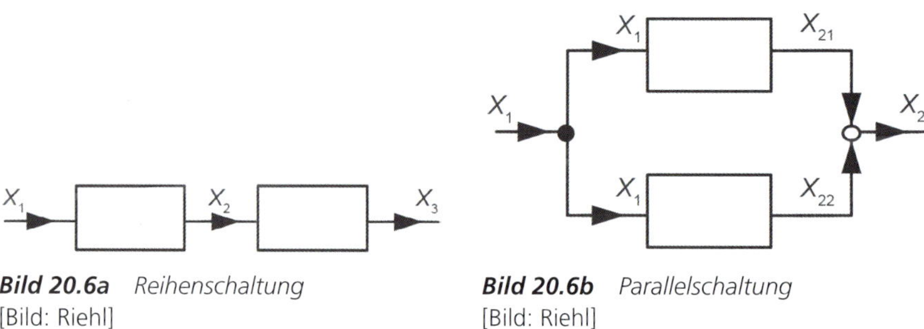

Bild 20.6a *Reihenschaltung*
[Bild: Riehl]

Bild 20.6b *Parallelschaltung*
[Bild: Riehl]

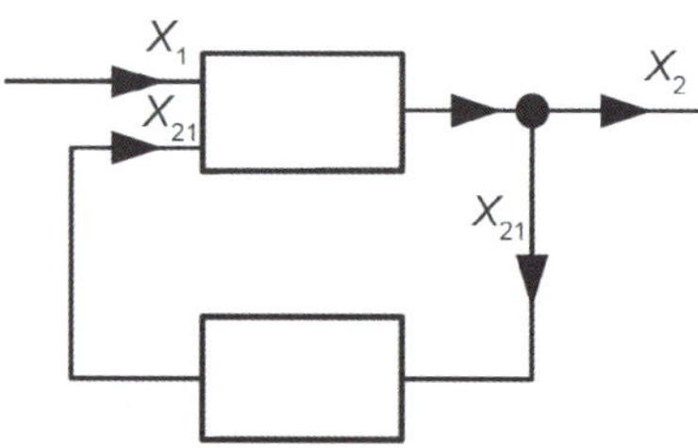

Bild 20.6c *Kreisschaltung*
[Bild: Riehl]

Reihenschaltung (Bild 20.6a) und Parallelschaltung (Bild 20.6b) sind offene Schaltungen. Der Signalfluss erfolgt nur in eine Richtung. Das Ausgangssignal wirkt nicht auf den Eingang zurück. Kreisschaltungen (Bild 20.6c) sind geschlossene Schaltungen. Das Ausgangssignal wird auf den Eingang zurückgeführt.

20.2 Grundlagen der Digitaltechnik

20.2.1 Unterscheidung: analog – digital

Bei analogen Darstellungen kann die Ausgangsgröße entsprechend der Eingangsgröße praktisch jeden Wert zwischen Null und einer durch die Schaltung bedingten Maximalgröße annehmen. Der Eingangswert verursacht einen entsprechenden Ausgangswert. Die Ausgangsgröße kann analog der Eingangsgröße kontinuierlich zu- oder abnehmen.

➔ Analog bedeutet: stetig, stufenlos.

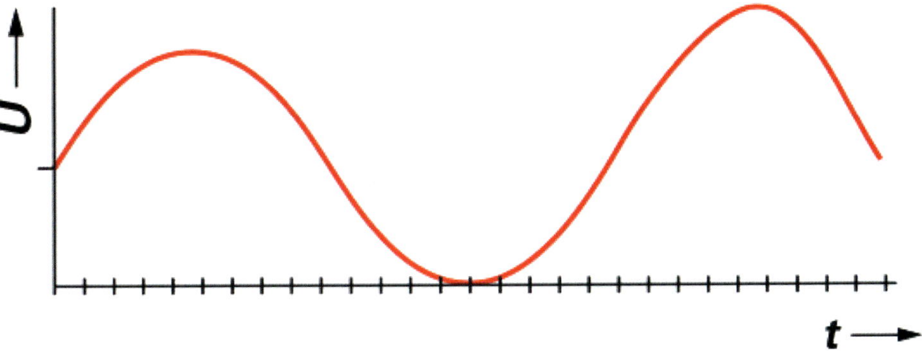

Bild 20.7 *Analoges Singal*
[Bild: AS-Illu]

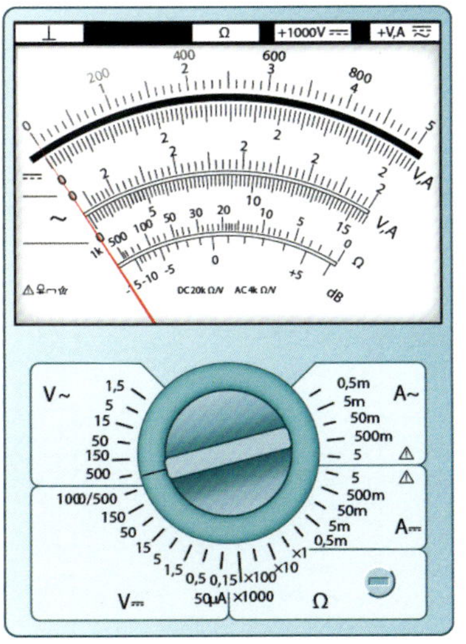

Bild 20.8
Analog-Multimeter
[Bild: AS-Illu]

Beispiel: Analog-Multimeter

Bei einem Analog-Multimeter wird der Messwert durch den Ausschlag des Zeigers dargestellt. Die Anzeige erfolgt stufenlos.

Bei digitalen Schaltungen kann die Information nur zwei Werte annehmen, nämlich EIN oder AUS,

- Strom vorhanden oder nicht,
- 0 oder 1,
- hohes (H, *high*) oder niedriges (L, *low*) Potenzial,
- Strich oder kein Strich,
- Vertiefung oder keine Vertiefung,
- lichtdurchlässig oder nicht lichtdurchlässig.

Zwischenwerte gibt es nicht. Die Anzeige erfolgt schrittweise. Da digitale Schaltungen jedoch nur zwei Schaltzustände kennen, können alle Informationen (z. B. Spannungswerte) nur durch Folgen von Schaltzuständen (Spannungswechseln), also Impulsen, übertragen werden, die durch Impulsdiagramme darstellbar sind.

Digital bedeutet: ziffernmäßig, stufenweise, sprungweise.

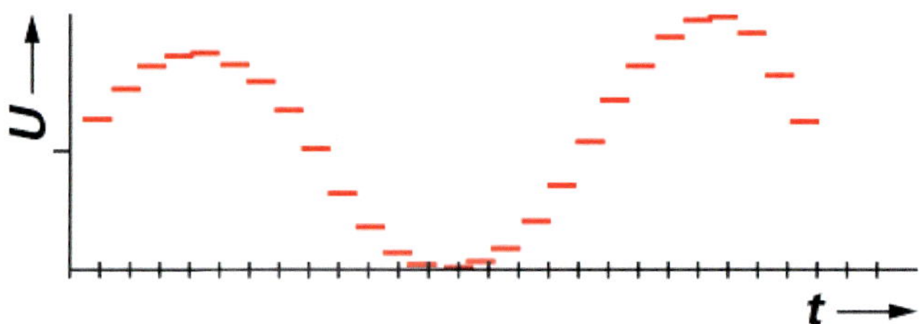

Bild 20.9 *Digitales Signal*
[Bild: AS-Illu]

Bild 20.10 *Digital-Multimeter*
[Bild: AS-Illu]

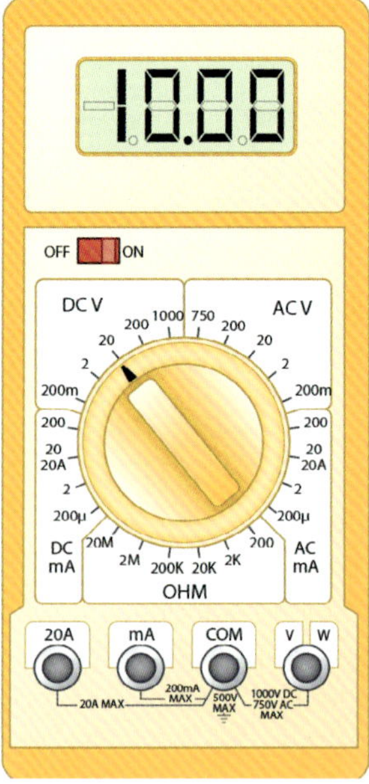

Beispiel: Digital-Multimeter

Bei einem Digital-Multimeter wird der Messwert sofort als Zahlenwert dargestellt. Die Anzeige erfolgt stets in Stufen, da jede Ziffer immer nur um eine Stelle springen kann. Sollen allerdings – anders als bei dem Digital-Multimeter – nur die Ziffern 0 und 1 dargestellt werden, benötigt man ein Bauteil, das nur zwei Schaltzustände einnehmen kann.

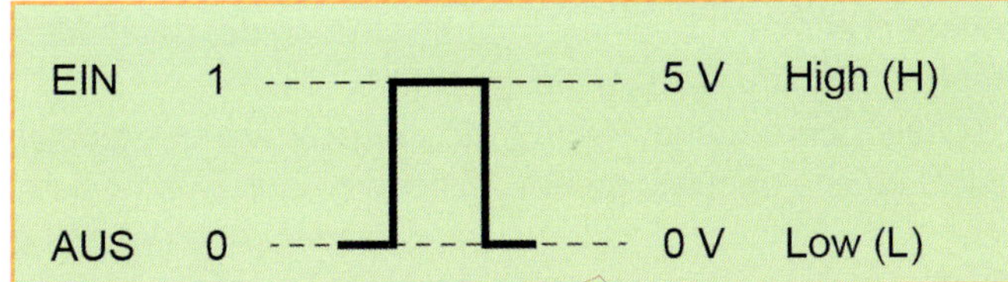

Bild 20.11 *Darstellung der Schaltposition eines Schalters mit anderer Benennung.* [Bild: Riehl]

Im einfachsten Fall ist dies ein Schalter mit zwei Positionen. Elektrisch ergibt sich so ein Impuls, der nur aus zwei Zuständen besteht. Eine Information, die nur aus den beiden Zuständen EIN und AUS gebildet werden kann, wird *Binary Digit* oder kurz Bit genannt.

➔ Ein Bit besteht aus den Zuständen EIN (*high*) und AUS (*low*).

20.2.2 Prinzip der analogen Übertragung

Der induktive ABS-Drehzahlfühler erzeugt eine sinusförmige Wechselspannung, deren Frequenz und Amplitude von der Drehzahl des Rades abhängen. Dieses Wechselspannungssignal wird über eine Leitung übertragen. Im Steuergerät wird dann das analoge Signal in ein digitales Signal umgewandelt, da der Mikroprozessor im Steuergerät nur digitale Informationen verarbeiten kann.

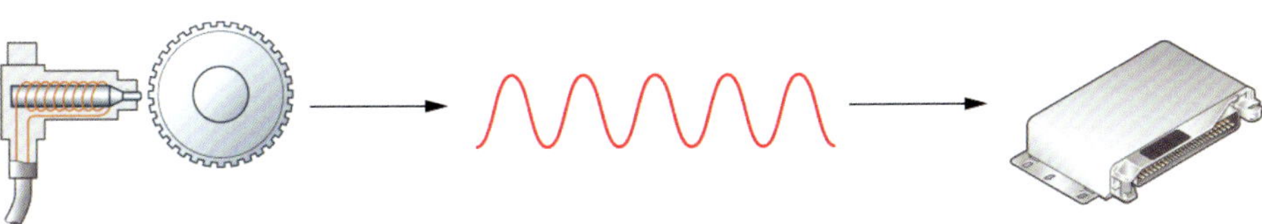

Bild 20.12 *Analog-Übertragung des ABS-Fühlersignals zum ABS-Steuergerät* [Bild: AS-Illu]

Problem der analogen Übertragung

Selbst bei kurzen Entfernungen können Störungen auftreten, die die korrekte Weitergabe des Signals stark beeinflussen. So kann z. B. die gegenseitige Beeinflussung der parallel in geringem Abstand verlegten Leitungen im Kraftfahrzeug das Signal stark verändern. Bei der Weitergabe des analogen Signals an andere Steuergeräte kann das Signal soweit verfälscht werden, dass es nicht mehr verstanden werden kann. Trotz komplizierter

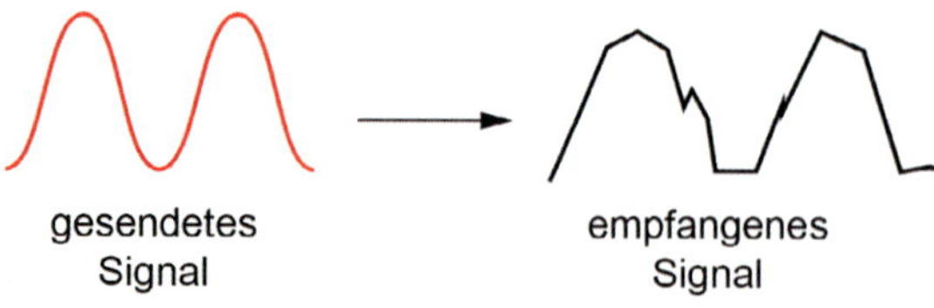

Bild 20.13
Übertragungsverluste bei analoger Übertragung
[Bild: AS-Illu]

Filtersysteme bzw. abgeschirmter Leitungen ist eine Wiederherstellung des gesendeten Signals nur in gewissen Grenzen möglich. Es treten Fehler auf.

Eine Lösung bietet die digitale Übertragung. Das ABS-Steuergerät wandelt jede Information des Drehzahlfühlers in eine Impulsfolge um. Dabei wird nur zwischen den Zuständen «Spannung hoch» und «Spannung niedrig» unterschieden. Auch wenn bei der Weitergabe im Kraftfahrzeug eine gesendete Impulsfolge verfälscht empfangen wurde, kann bei der digitalen Übertragung mit großer Sicherheit das Signal wiedergewonnen, man sagt «regeneriert», werden.

Bild 20.14 *Regenerierung einer verfälschten digitalen Impulsfolge*
[Bild: Autofachmann]

Beispiel für eine analoge Übertragung

Elektrische Sitzverstellung mit Memory und Spannungscodierung: Die Sitzverstellung erfolgt mittels eines Schalters in der Fahrertür.

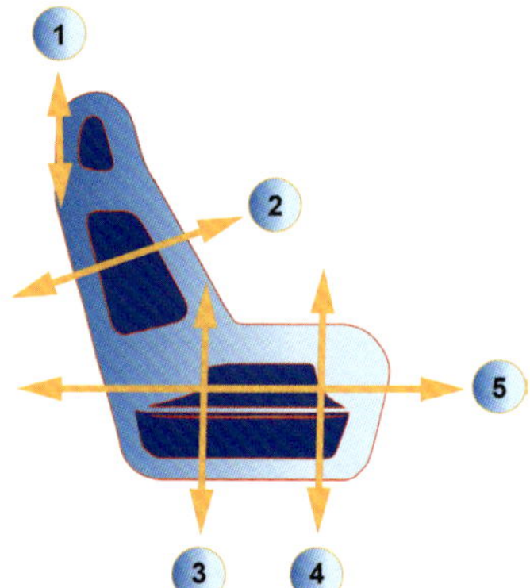

Bild 20.15
Schalter für Sitzverstellung
1 Kopfstütze hoch-runter
2 Rückenlehne vor-zurück
3 Hinter Sitzfläche hoch-runter
4 Vordere Sitzfläche hoch-runter
5 Sitz vor-zurück
[Bild: Riehl]

Durch Drücken auf die Symbole des Sitzes können die einzelnen Verstellmotoren gesteuert werden. Um nicht für jeden Stellmotor ein bzw. zwei Kabel durch den Türholm verlegen zu müssen, werden die Informationen durch eine Spannungscodierung weitergegeben. Die Spannungscodierung ermöglicht es, dass unterschiedliche Schaltfunktionen eines Schalters in Form von unterschiedlichen Spannungswerten über nur eine Leitung weitergegeben werden können. Jeder Verstellfunktion ist ein bestimmter Widerstand zugeordnet, der beim Betätigen in Reihe mit den Schalterkontakten geschaltet wird. Aus dem daraus entstehenden Spannungswert erkennt das Steuergerät, welche Sitzverstellung gewünscht wird, und steuert den entsprechenden Stellmotor an.

Vorteil der Spannungscodierung als analoge Übertragung: geringer Aufwand auf der Geberseite, da man einfache mechanische Schalter verwenden kann.

Nachteil: Zur sicheren Übertragung muss ein eindeutiger Spannungswert übermittelt werden. Um Störeinflüsse auszugleichen, muss deshalb der Abstand von einem Spannungswert zum nächsten ausreichend groß sein. Dadurch ist die Anzahl der Schaltinformationen pro Leitung begrenzt. In dem angegebenen Beispiel werden maximal fünf verschiedene Schaltpositionen über eine Leitung codiert.

Für 16 verschiedene Schaltpositionen werden immerhin noch vier Signal- und eine Versorgungsleitung eingesetzt.

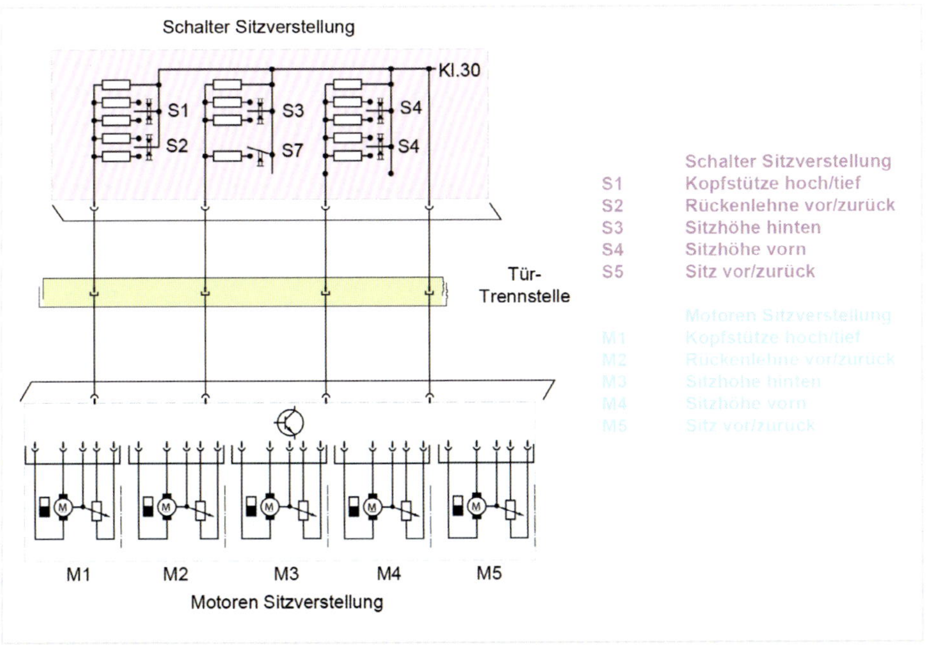

Bild 20.16 *Schaltplanausschnitt der elektrischen Sitzverstellung*
[Bild: Riehl]

20.2.3 Schaltlogik mit Hilfe digitaler Grundschaltungen

Die vereinfachte Darstellung der Kfz-Innenbeleuchtung dient als Einstieg in die digitale Schaltlogik. Die Vereinfachung besteht darin, dass die Innenleuchte nur von zwei Türkontaktschaltern betätigt werden kann. Es fehlt also der Innenraumschalter.

Schaltbedingung: Die Innenbeleuchtung eines Pkw soll eingeschaltet werden, wenn die Fahrer- oder Beifahrertür geöffnet wird. Das Verhalten dieser Schaltung lässt sich auf verschiedene Weise beschreiben:

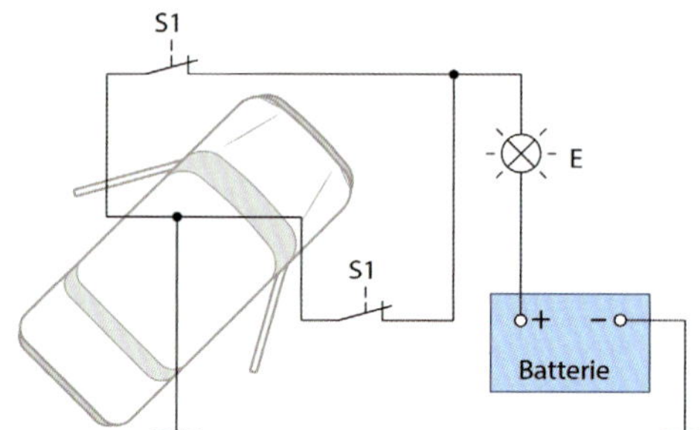

Bild 20.17
Vereinfachte Innenlichtschaltung eines Pkw
[Bild: AS-Illu]

a) die logische Aussage

- Logische Aussagen haben immer den gleichen Satzaufbau: Wenn a (und/oder b) zutrifft, dann erfolgt c (nicht).
- Hier: Wenn S1 oder S2 (oder beide) betätigt sind, dann leuchtet E.
- Diese logische Abhängigkeit nennt man ODER-Verknüpfung.

b) die logische Schaltung
Die ODER-Verknüpfung wird in Bild 20.18 durch die Parallelschaltung realisiert.

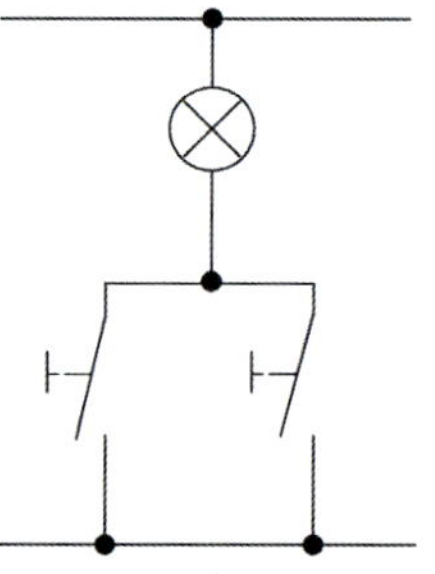

Bild 20.18
ODER-Verknüpfung mit Schaltern
[Bild: Riehl]

c) die logische Gleichung
Der Nachteil aller bisherigen Formen der Beschreibung des Schaltverhaltens liegt in der mehr oder minder umfangreichen Darstellung des Problems. Durch formalisierte Darstellung erhält man eine mathematische Beschreibung des Problems.

$E = S1 \vee S2$

v bedeutet ODER

d) mit Hilfe einer Funktions- bzw. Wahrheitstabelle

Es gilt:

Schalter S1 und S2

Schalter zu	1-Signal
Schalter auf	0-Signal

Lampe E

Lampe leuchtet	1-Signal
Lampe leuchtet nicht	0 Signal

Tabelle 20.1 *Tabelle der ODER-Verknüpfung*

Eingangszustände		Ausgangszustand
Türkontakt S1	**Türkontakt S2**	**Lampe E**
0	0	0
0	1	1
1	0	1
1	1	1

e) durch einen (Programm-)Ablaufplan

Der Ablaufplan zeigt in grafischer Darstellung die logische Reihenfolge der einzelnen Bearbeitungsschritte.

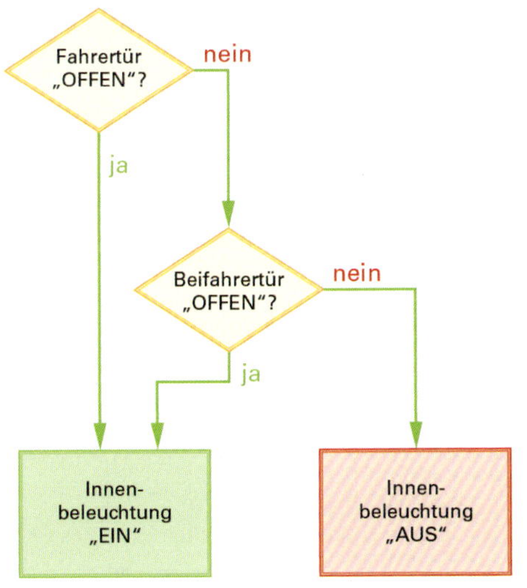

Bild 20.19
Ablaufplan der Innenlichtschaltung
[Bild: AS-Illu]

Die im Ablaufplan benutzten Symbole sind genormt.

f) Das Zeitablaufdiagramm

Das Zeitablaufdiagramm macht besonders gut die Verhältnisse deutlich, die sich bei einer zeitlichen Veränderung der Schaltzustände ergeben. Im

Sinnbild	Bedeutung
	Allgemeine Verarbeitung (auch Ein- und Ausgabe)
	Grenzstelle (z.B. Programmende)
	Verzweigung
	Verbindungslinie
	Verbindungsstelle
	Bemerkung (kann an jedes andere Sinnbild angefügt werden)

Bild 20.20 *Genormte Symbole des Ablaufplanes*
[Bild: AS-Illu]

Zeitablaufdiagramm wird der Wert jeder Variablen (S1, S2 und E) in Abhängigkeit von der Zeit grafisch dargestellt. Dabei wird die zeitliche Folge von links nach rechts gelesen. Am Rand stehen die Ziffern 0 und 1, sodass die Zuordnung ohne weiteres zu erkennen ist.

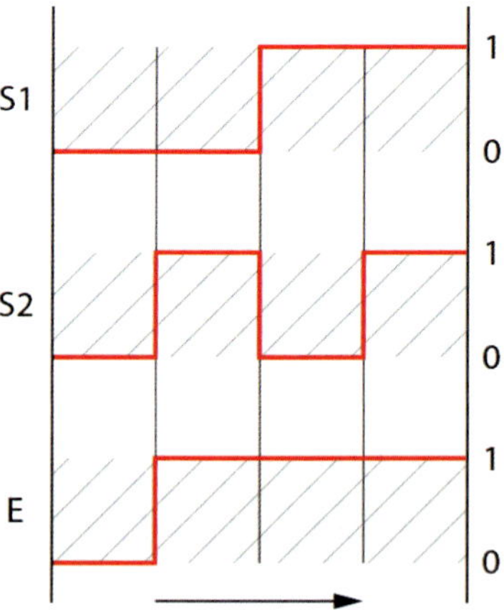

Bild 20.21
Zeitablaufdiagramm
[Bild: AS-Illu]

g) die Schaltsymbole
Logische Schaltungen lassen sich nicht nur auf elektrischem und elektronischem Wege realisieren, sondern sie können auch sinnvoll durch andere Technologien, wie Pneumatik und Hydraulik, aufgebaut werden. Die logischen Gesetzmäßig-

keiten ändern sich dadurch nicht. Aus diesem Grund hat man Schaltsymbole festgelegt, die die jeweilige Verknüpfungsart beschreiben und unabhängig von der Art des Aufbaus eingesetzt werden können.

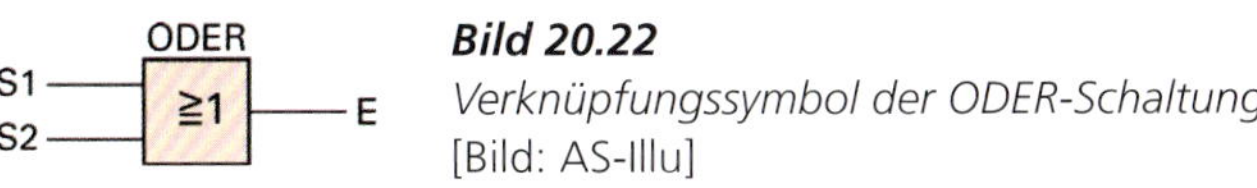

Bild 20.22
Verknüpfungssymbol der ODER-Schaltung
[Bild: AS-Illu]

20.2.4 Logikbausteine als Verarbeitungsglieder

Die digitalen Verknüpfungen werden in der Praxis in so genannten Logikbausteinen ausgeführt. Diese Bausteine bieten die Möglichkeit der hohen Miniaturisierung, großer Schaltgeschwindigkeiten und geringer Leistungsaufnahme. Im Standard-Logikbaustein (Bild 20.23) werden vier separate ODER-Verknüpfungen zu einer Baueinheit zusammengefasst. Schaltkreise in TTL-Technik (**T**ransistor-**T**ransistor-**L**ogik) benötigen eine stabilisierte Betriebsspannung von +5 V. Die von diesem Baustein ausgehenden Signale sind zum direkten Ansteuern von Stellgliedern zu schwach. Sie müssen daher in einer Endstufe verstärkt werden.

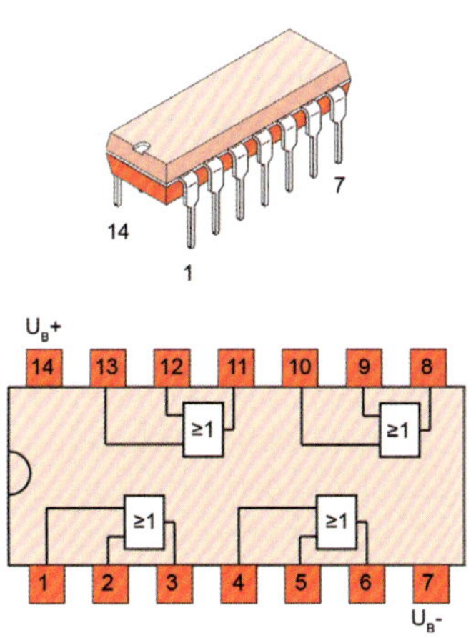

Bild 20.23 *ODER-Logikbaustein mit Innenbeschaltung*
[Bild: Riehl]

20.2.4.1 Signalpegel

Ein Schalter hat die zwei eindeutigen Zustände:

EIN $\Rightarrow$ 1-Signal
AUS $\Rightarrow$ 0-Signal

Bei Schaltungen mit Logikbausteinen sind diesen Schaltzuständen Spannungen zugeordnet.

1-Signal $\Rightarrow$ 5 V
0-Signal $\Rightarrow$ 0 V

Elektronische Schaltungen weisen jedoch Toleranzen auf, sodass auch für die digitalen Spannungszustände Toleranzen festgelegt werden müssen.

1-Signal ⇒ 2 bis 5 V
0-Signal ⇒ 0 bis 0,8 V

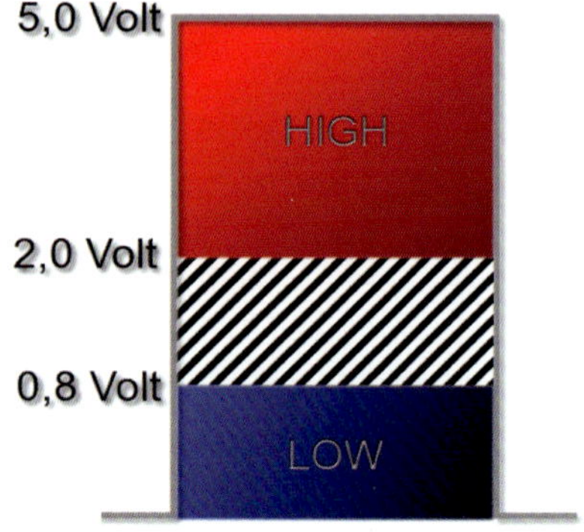

Bild 20.24
Signalpegel bei der TTL-Technik
Höhere Spannung ⇒ Hoher Pegel ⇒ H (High)
Niedere Spannung ⇒ Niedriger Pegel ⇒ L (Low)
[Bild: AS-Illu]

20.2.4.2 Signalpegel im Kfz

Eine Digitalschaltung kann als Binärschaltung nur dann die Informationen richtig verarbeiten, wenn sie in Form der bekannten binären Spannungswerte vorliegen (Bild 20.25). Deshalb müssen die Informationen, die ein digitales Steuergerät verarbeiten soll, mit Hilfe entsprechender Signaleingabe-Einrichtungen systemgerecht verarbeitet werden. Am Beispiel des Leerlaufschalters soll dies dargestellt werden.

Leerlaufschalter offen: Der Signaleingang S liegt an 1 (5 V).
Leerlaufschalter geschlossen: Der Signaleingang S liegt an 0 (0 V).

➔ Unbeschaltete Eingänge verhalten sich so, als wenn sie mit 1 beschaltet sind. In Prüfanleitungen findet man entsprechende Angaben für den offenen bzw. geschlossenen Leerlaufkontakt.

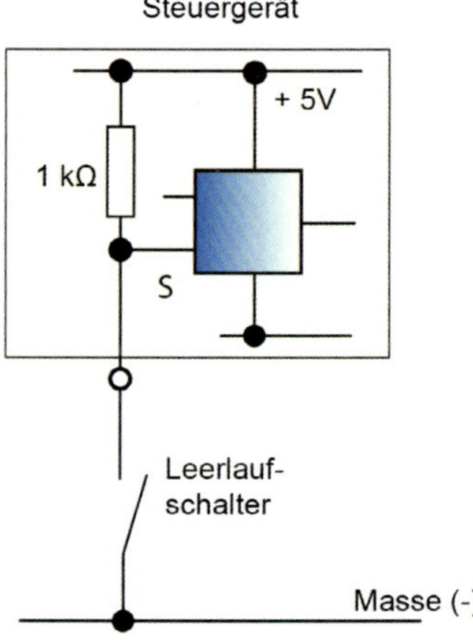

Bild 20.25
Prinzip der Innenschaltung im Steuergerät zur eindeutigen Darstellung binärer Signalpegel
[Bild: Riehl]

20.2.5 Logische Verknüpfungen

UND-Verknüpfung

Problem: Die Hauptbeleuchtung eines Fahrzeugs soll sich nur einschalten lassen, wenn der Zündstartschalter in Stellung «Zündung EIN» und der Hauptlichtschalter in Stellung «EIN» sind (Bilder 20.26 bis 20.28).

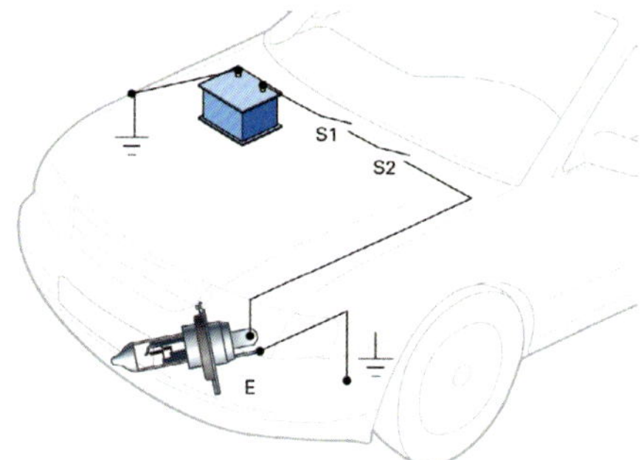

Bild 20.26
Schemazeichnung der Hauptlichtschaltung eines Pkw
S1 Zündschalter
S2 Lichtschalter
E Lampe der Hauptbeleuchtung
[Bild: AS-Illu]

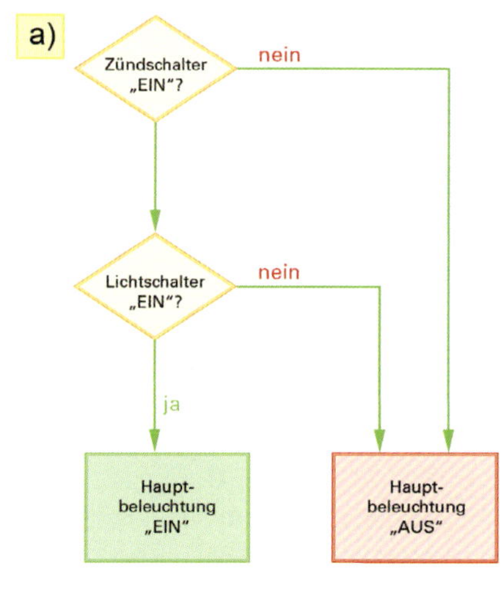

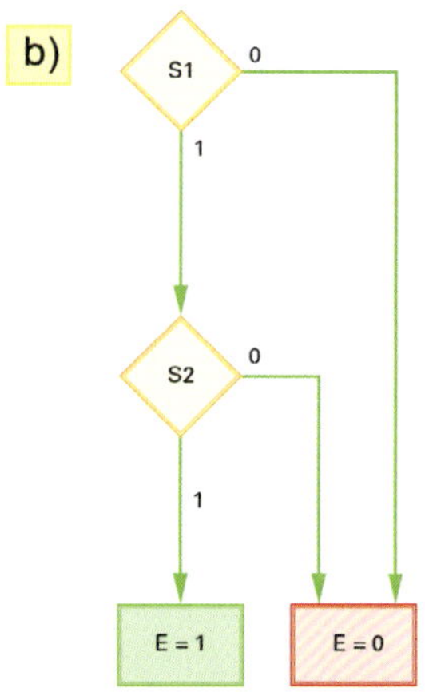

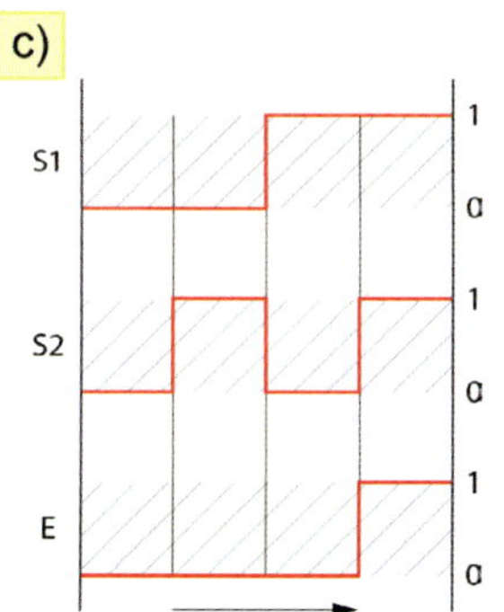

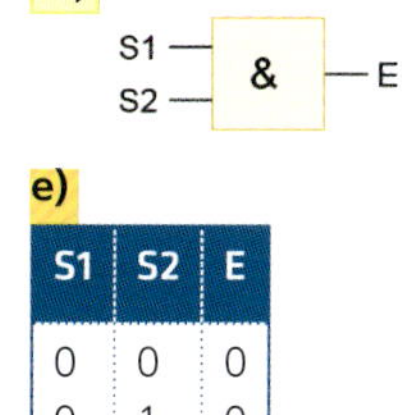

e)

S1	S2	E
0	0	0
0	1	0
1	0	0
1	1	1

Bild 20.27a-e
UND-Verknüpfung der Hauptlichtschaltung eines Pkw
a) Ablaufplan,
b) Signalfluss,
c) Zeitablaufdiagramm,
d) Schaltzeichen,
e) Tabelle
[Bild: AS-Illu]

In aktuellen Fahrzeugen wird der Strom der Hauptbeleuchtung nicht über die Schalter geleitet, sondern über ein Bordnetz-Steuergerät geschaltet.

➔ Der Ausgang einer UND-Verknüpfung führt dann ein 1-Signal, wenn alle Eingänge ein 1-Signal führen.

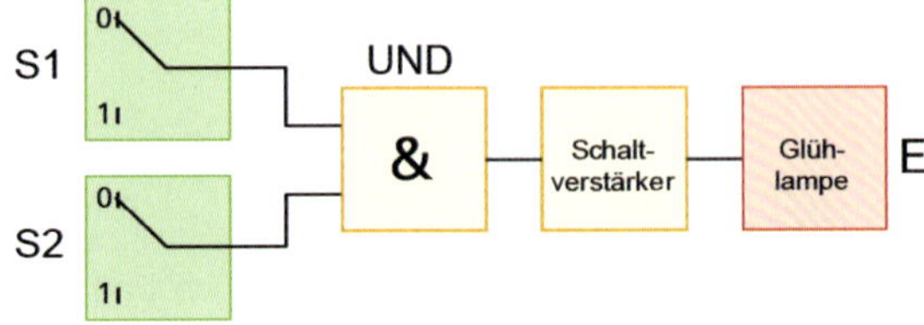

Bild 20.28
Signalfluss als Blockdiagramm
[Bild: AS-Illu]

ODER-Verknüpfung

Problem: Die Innenbeleuchtung eines Fahrzeugs soll sich nur einschalten lassen, wenn die Fahrer- oder die Beifahrertür oder beide Türen geöffnet sind.

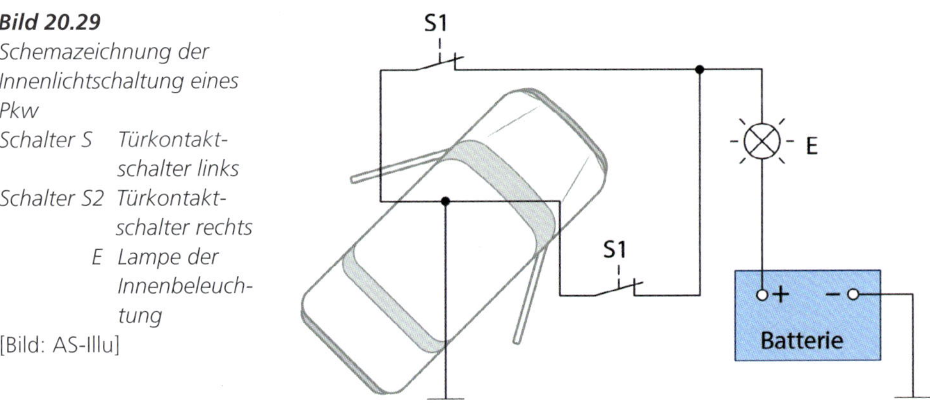

Bild 20.29
Schemazeichnung der Innenlichtschaltung eines Pkw
Schalter S Türkontaktschalter links
Schalter S2 Türkontaktschalter rechts
E Lampe der Innenbeleuchtung
[Bild: AS-Illu]

In modernen Fahrzeugen schalten die Türkontakte nicht direkt den Strom der Innenleuchte, sondern geben die Signalinformation an ein elektronisches Schaltgerät, das z. B. auch die Innenlichtverzögerung bestimmt. Gleichzeitig können die Signale der Türkontaktschalter an die Alarmanlage weitergeleitet werden.

➔ Der Ausgang einer ODER-Verknüpfung führt dann ein 1-Signal, wenn mindestens ein Eingang ein 1-Signal führt.

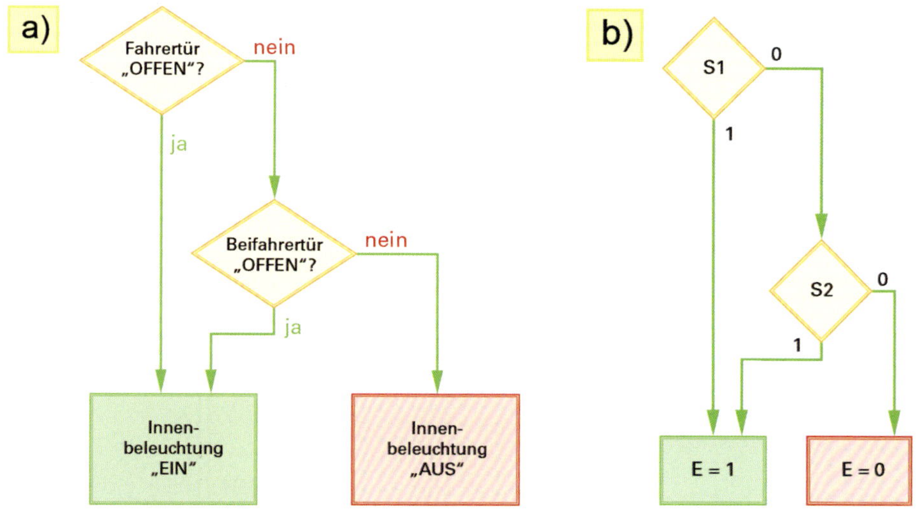

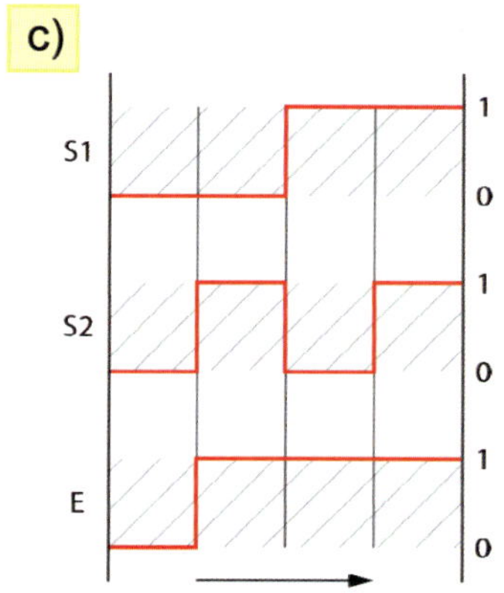

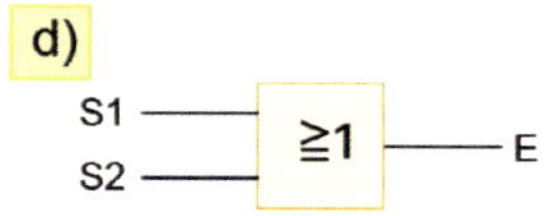

S1	S2	E
0	0	0
0	1	1
1	0	1
1	1	1

Bild 20.30a-e *ODER-Verknüpfung der Innenlichtschaltung eines Pkw*
a) Ablaufplan, b) Signalfluss, c) Zeitablaufdiagramm, d) Schaltzeichen, e) Tabelle
[Bild: AS-Illu]

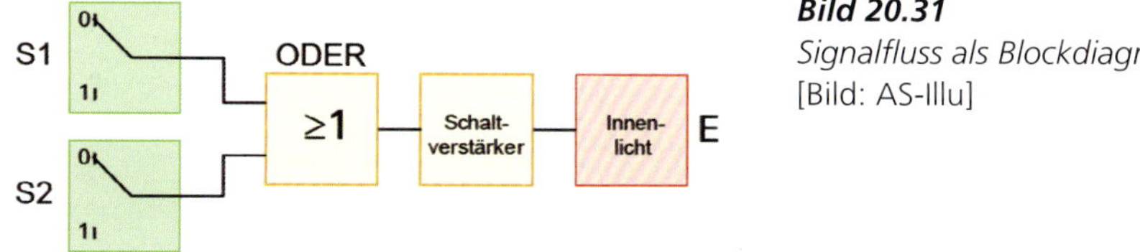

Bild 20.31
Signalfluss als Blockdiagramm
[Bild: AS-Illu]

NICHT-Verknüpfung

Problem: Der Füllstand der Reinigungsflüssigkeit der Waschanlage soll überwacht werden. Dazu schwimmt auf der Flüssigkeit ein kleiner Ringmagnet an einem Schwimmkörper. Solange die Flüssigkeit ausreichend hoch steht, wird der Reedkontakt von dem

Ringmagneten geschlossen. Sinkt der Flüssigkeitsstand, so sinkt auch der Ringmagnet, und der Reedkontakt öffnet. In der Auswerteinheit führt das Öffnen des Kontaktes zu einer Anzeige für den Fahrer (Bild 20.32 bis 20.34).

➔ Der Ausgang einer NICHT-Verknüpfung führt dann ein 1-Signal, wenn der Eingang ein 0-Signal führt.

Bild 20.32
Schemazeichnung der Füllstandsüberwachung eines Pkw
S Reedkontakt mit Ringmagnet
E Lampe der Warnanzeige
[Bild: AS-Illu]

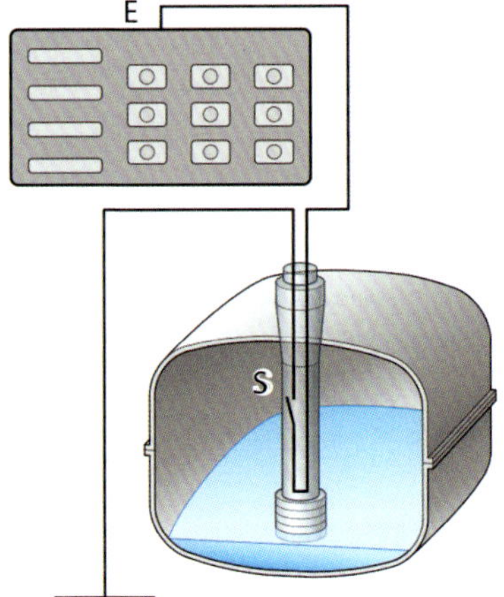

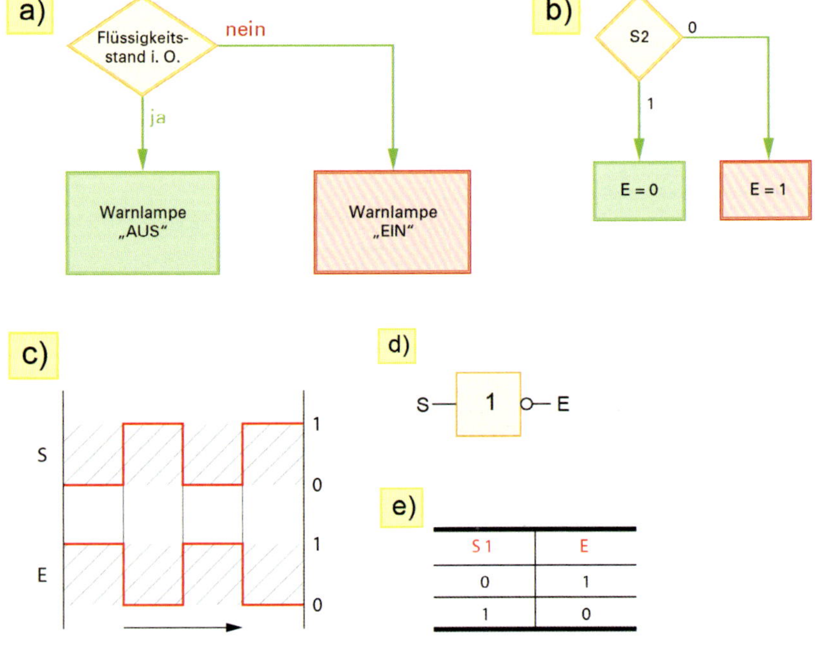

S1	E
0	1
1	0

Bild 20.33a-e *NICHT-Verknüpfung einer Füllstandsanzeige*
a) Ablaufplan, b) Signalfluss, c) Zeitablaufdiagramm, d)Schaltzeichen, e) Tabelle
[Bild: AS-Illu]

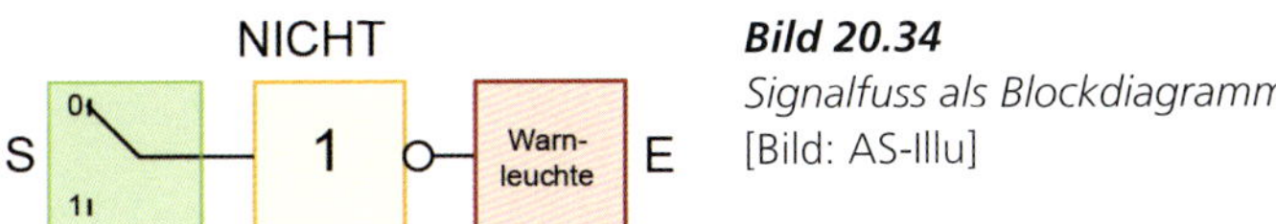

Bild 20.34
Signalfuss als Blockdiagramm
[Bild: AS-Illu]

Übersicht der Grundschaltungen

Die bisher besprochenen logischen Elemente sind die Grundbausteine aller digitalen Schaltungen. Alle digitalen Systeme sind mit den drei Elementen UND, ODER und NICHT aufgebaut.

Tabelle 20.2 *Logische Grundfunktionen*

Verknüpfung	Schaltung	Beschreibung	Logiksymbol	Funktionstabelle
UND-Funktion Der Ausgang einer UND- Funktion führt dann ein 1-Signal, wenn alle Eingänge ein 1-Signal führen.		Die Lampe E ist nur dann eingeschaltet, wenn alle in Reihe geschalteten Kontakte S1 und S2 gleichzeitig geschlossen sind.	UND S1, S2 – & – E	S1 S2 E 0 0 0 0 1 0 1 0 0 1 1 1
ODER-Funktion Am Ausgang einer ODER-Funktion liegt nur dann ein 1-Signal, wenn mindestens ein Eingang ein 1-Signal führt.		Die Lampe E ist nur dann eingeschaltet, wenn mindestens einer der beiden parallelgeschalteten Kontakte S1 oder S2 oder beide Kontakte geschlossen sind.	ODER S1, S2 – ≧1 – E	S1 S2 E 0 0 0 0 1 1 1 0 1 1 1 1
NICHT Funktion Am Ausgang einer NICHT-Funktion liegt dann ein 1-Signal an, wenn der Eingang ein 0-Signal führt.		Die NICHT- Funktion ist mit einem Öffnerkontakt vergleichbar. Die Lampe E ist dann eingeschaltet, wenn der Kontakt S nicht betätigt wird.	NICHT S – 1 o– E	S1 S2 0 1 1 0

Kombinierte Schaltungen

Durch Kombination dieser Grundelemente lassen sich Elemente mit speziellen Eigenschaften herleiten.

Tabelle 20.3 *Kombinierte Schaltungen*

Verknüpfung	Logiksymbol	Funktionstabelle
ODER-NICHT-Funktion Der Ausgang ist dann 1, wenn alle Eingangsgrößen gleichzeitig den Wert 0 haben	ODER NICHT (NOR) S1, S2 → ≧1 ○— E	S1 S2 E 0 0 1 0 1 0 1 0 0 1 1 0
UND-NICHT-Funktion Der Ausgang ist dann 1, wenn nicht alle Eingangsgrößen den Wert 1 haben.	UND NICHT (NAND) S1, S2 → & ○— E	S1 S2 E 0 0 1 0 1 1 1 0 1 1 1 0
EXCLUSIV-ODER-Funktion Der Ausgang ist dann 1, wenn nur an einem Eingang der Wert 1 anliegt.	EXCLUSIV ODER (XOR) S1, S2 → = ○— E	S1 S2 E 0 0 1 0 1 1 1 0 1 1 1 0

Besondere Wichtigkeit besitzen NAND- und NOR-Bausteine. Mit dem NAND-Baustein können OR und NOT, mit dem NOR-Baustein AND und NOT dargestellt werden. Somit kann jede Logik-Schaltung ausschließlich aus NAND- oder NOR-Bausteinen aufgebaut werden.

Tabelle 20.4 *Gebräuchliche Abkürzungen*

deutsch	englisch	engl. Abkürzung
UND	AND	AND
ODER	OR	OR
NICHT	NOT	NOT
UND NICHT	NOT AND	NAND
ODER NICHT	NOT OR	NOR
EXKLUSIV ODER	EXCLUSIVE OR	XOR

Tabelle 20.5 *Gebräuchliche Schaltzeichen*

Norm	UND	ODER	NICHT	Negation des Eingangs	Negation des Ausgangs	NAND	NOR	Exclusiv ODER	Exclusiv Nor
DIN 40 700 (alt)									
IEC-Norm 117-16	&	≥1	1			&	≥1	=	=1
USA-Norm ASA-Variante 1	A	OR				A	OR		
USA-Norm ASA-Variante 2									

20.2.6 Duales Zahlensystem

Zahlensysteme dienen zur Darstellung von Zahlen und Werten. Eine Zahl wird als Folge von Ziffern dargestellt. Unser System heißt Dezimalsystem (lat. *decimus*, der Zehnte) und verwendet die Ziffern 0, 1 bis 9. Der Wert einer Ziffer in einer Zahl hängt von ihrer Stelle ab, die erste 3 in 373 hat z. B. einen anderen Wert als die zweite 3. Im Dezimalsystem entspricht jeder Stelle eine Potenz der Basis 10:

- 100 = 1
- 101 = 10
- 102 = 100 usw.

Auf diese Weise kann man auch Zahlensysteme erzeugen, die eine andere Basis besitzen als 10. Das System zur Basis 2 nennt man Binär- oder auch Dualsystem. Es arbeitet nur mit den Ziffern 0 und 1. Da «0 und 1» auch für «ja oder nein» oder «an oder aus» oder «Strom oder kein Strom» stehen kann, ist dies das Zahlensystem, mit dem Computer rechnen und Daten gespeichert werden. Ebenfalls in der Computertechnik gebräuchlich ist das Hexadezimalsystem, das Zahlensystem mit der Basis 16. Bei Ihrer Arbeit in der Werkstatt sollten Sie aber vor allem die Grundlagen des Dualsystems verstehen. Es begegnet Ihnen, sobald Sie mit elektronischen Komponenten arbeiten, dann bewegen Sie sich nämlich nicht mehr im gewohnten Dezimal-, sondern eben im Dualsystem. Um die Grundlagen der digitale Welt zu verstehen, sollten Sie sicher vom einen in das andere System «übersetzen» können.

Problem: Wieso sind den vier Leuchten der Fehlercode-Ausgabe bei Honda so extrem unterschiedliche Zahlenwerte zugeordnet (Bild 20.35)?

Lösung: Duales Zahlensystem oder Binärsystem. Das Zahlensystem, in dem wir gewöhnlich rechnen, ist das Dezimalsystem. Es kennt die zehn Ziffern von 0 bis 9 und hat als Grundzahl (oder auch Basis) die Zahl 10. Ein Beispiel soll dies verdeutlichen:

Bild 20.35
Ausschnitt aus der Anleitung zur Fehlercode-Auslese bei Honda
[Bild: Autodata, Riehl]

HONDA CIVIC und CRX (12-Ventiler)

Fehlercode-Ausgabe

Der Fehlercode wird am Steuergerät über eine Gruppe von vier numerierten Leuchtdioden ausgegeben (Abb. 1), und zwar entweder durch das Aufleuchten einer Leuchtdiode (mit der dem Fehlercode entsprechenden Nummer) oder mehreren Leuchtdioden, deren Nummern dann zu addieren sind. Beispiel: Brennen die beiden mittleren Leuchtdioden (4 und 2) so heißt der Fehlercode 6.

In diesen Einzelbestandteilen (Hundertern, Zehnern und Einern) sind aber Potenzen von 10 enthalten, und ausführlich hingeschrieben würde die Zahl so aussehen:

In dieser Schreibweise wird die Beziehung der Dezimalzahl zur Zahl 10 besonders deutlich. Im täglichen Leben lassen wir jedoch die Zehnerpotenzen weg, und übrig bleiben die Zahlen 1, 8 und 5. Anzumerken bleibt, dass hier die «arabische» Schreibweise die Ziffernfolge bestimmt, die von rechts nach links geschrieben wird. So stehen von rechts nach links: Einer, Zehner usw. Im dualen Zahlensystem ist die Basis die 2. Während beim Dezimalsystem jede Stelle einer Zahl mit einer Potenz von 10 bewertet wird, erfolgt beim Dualsystem die Bewertung mit der Potenz von 2. Die Stellen werden dann von rechts nach links wie in Tabelle 20.7 dargestellt bewertet.

Tabelle 20.6 *Potenzen der Zahl 2*

2^7	2^6	2^5	2^4	2^3	2^2	2^1	2^0
⇓	⇓	⇓	⇓	⇓	⇓	⇓	⇓
128	64	32	16	8	4	2	1

Umwandlung Dual- in Dezimalzahl

Wie wird die Dualzahl 10111001 in eine Dezimalzahl umgewandelt?

Tabelle 20.7 *Umwandlung Dual- in Dezimalzahl*

	2^7	2^6	2^5	2^4	2^3	2^2	2^1	2^0
	128	64	32	16	8	4	2	1
Dualzahl	1	0	1	1	1	0	0	1
	⇓		⇓	⇓	⇓			⇓
Dezimalzahl	128		32	16	8			1

Die Spalten, in denen eine 0 steht, brauchen nicht weiter beachtet zu werden. Wichtig sind die Spalten, in denen jeweils eine 1 steht. Dort werden die einzelnen Dezimalzahlen unterhalb der 1 geschrieben und schließlich addiert. Somit ist die Dezimalzahl
128 + 32 + 16 + 8 +1 = 185

Umwandlung Dezimal- in Dualzahl

Wie wird die Dezimalzahl 185 in eine Dualzahl umgewandelt?

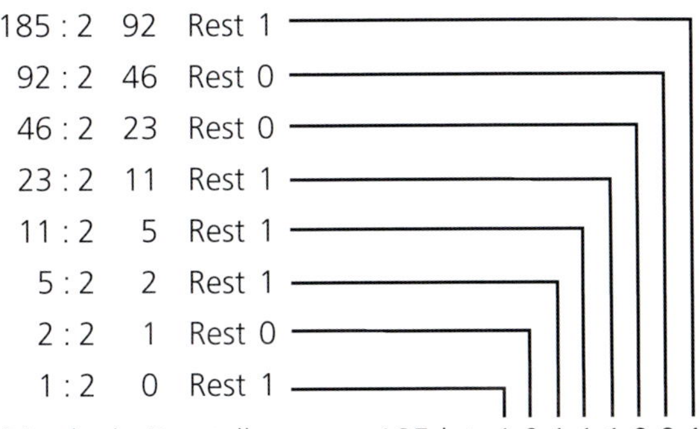
185 : 2 92 Rest 1
92 : 2 46 Rest 0
46 : 2 23 Rest 0
23 : 2 11 Rest 1
11 : 2 5 Rest 1
5 : 2 2 Rest 1
2 : 2 1 Rest 0
1 : 2 0 Rest 1
Die duale Darstellung von 185 ist 1 0 1 1 1 0 0 1

Eine Methode zur Umwandlung einer Dezimalzahl in eine Dualzahl ist das Teilen der Dezimalzahl durch die Basis (2), die sogenannte Divisionsmethode. Nach der Teilung wird ein möglicher Rest zur 1. Gibt es keinen Rest, wird die Dualstelle zur 0. Nun teilt man das Ergebnis solange durch die Basis, bis das Ergebnis 0 wird. Das Ergebnis muss dann von unten nach oben gelesen und von links nach rechts aufgeschrieben werden.

Zur Kurzprüfung der Dualzahl muss diese an der letzten Stelle eine 1 haben, wenn die Dezimalzahl ungerade war.

Die Umwandlung der Zahlen des einen Systems in Zahlen des anderen Systems stellt sich in der Digitaltechnik sehr häufig (Beispiel: Honda-Fehlercode).

20.3 Datenaustausch im Kfz

Für die Datenübertragung in den elektronischen Systemen eines Kfz gibt es verschiedene Möglichkeiten. Jedes Verfahren hat Vor- und Nachteile.

Ein zweites Steuergerät könnte die gleiche Information, z. B. die Motortemperatur, auch zur Verarbeitung benötigen. Man kann also den entsprechenden Sensor auch mit Steuergerät 2 verbinden. Nachteil: Es muss eine zweite Leitung verlegt werden.

Benötigt nun ein Steuergerät noch weitere Informationen von einem anderen Steuergerät, so muss für jede zusätzliche Information eine zusätzliche Leitung gelegt werden. Bei der Übermittlung der Vielzahl von Informationen über Kabel sind Grenzen gesetzt. So befinden sich in einem Fahrzeug der Golf-Klasse bereits ca. 500 Kontaktpaare, das sind ca. 900 Kontaktteile sowie Steckgehäuse, Tüllen, Dichtungen usw. Durch die Autotür der Oberklasse fädeln sich fast 50 Drähte. Die Gesamtlänge des Kabelbaums erreicht knapp 3 km, die Hälfte davon dient der Informationsübertragung zwischen den Steuergeräten.

Datenaustausch über Datenbus

Mit dem Datenbus werden neue Wege beschritten. Die Steuergeräte sind mit einem Informationskanal verbunden. Über diesen können die Steuergeräte miteinander Daten austauschen. Dadurch können zusätzliche Sensoren sowie Kabel mit den Steckverbindungen für Ein- und Ausgänge an den Steuergeräten entfallen. Schlimmer noch als das Kabelchaos ist in modernen Fahrzeugen das Datenchaos. Die Datenleitung dient zum Transport von elektrischen Signalen und wird als Bus bezeichnet. Der Datenbus wird verwendet, wenn verschiedene Steuergeräte die gleiche Information benötigen.

Bild 20.36
Prinzip Einzelsysteme
[Bild: Riehl]

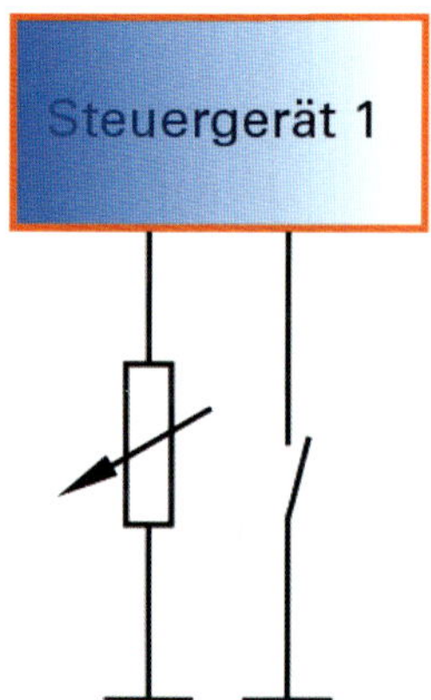

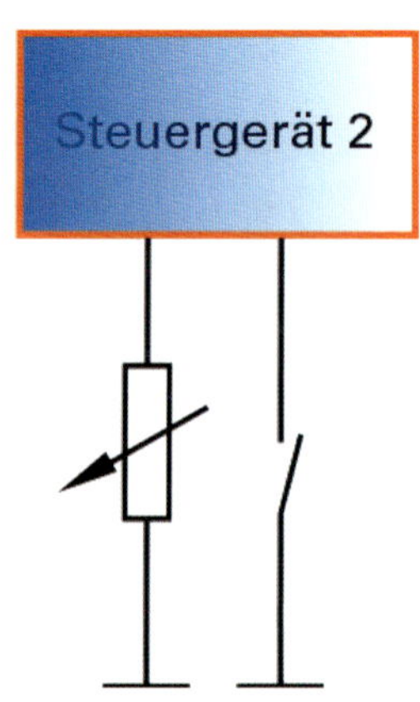

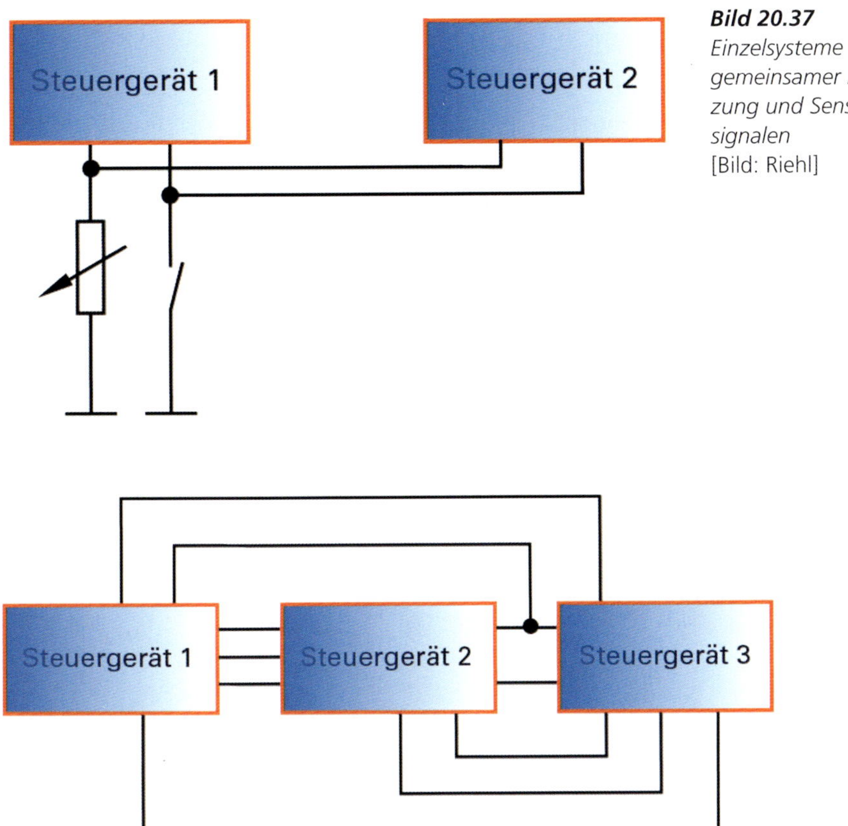

Bild 20.37 *Einzelsysteme mit gemeinsamer Nutzung und Sensorsignalen* [Bild: Riehl]

Bild 20.38 *Einzelsysteme mit Datenaustausch* [Bild: Riehl]

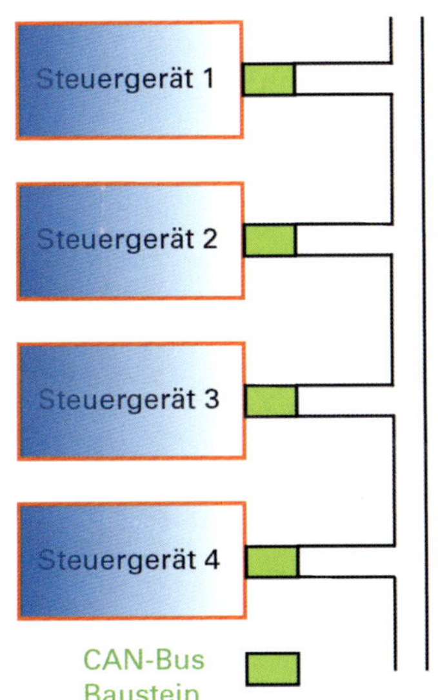

Bild 20.39 *Prinzipielle Darstellung eines Datenbusses* [Bild: Riehl]

20.3.1 Beispiel

Der analoge Datenaustausch

Der ABS-Drehzahlfühler erzeugt bei induktiven Fühlern eine sinusförmige Wechselspannung, deren Frequenz und Amplitude von der Drehzahl des Rades abhängen. Das Wechselspannungssignal wird durch eine Leitung übertragen. Selbst bei kurzen Entfernungen können Störungen auftreten. Die korrekte Weitergabe des Signals ist dann nicht mehr möglich. Beispielsweise kann sich das Signal bei parallel verlaufenden Leitungen, die in einem geringen Abstand verlegt wurden, stark verändern. Wird das

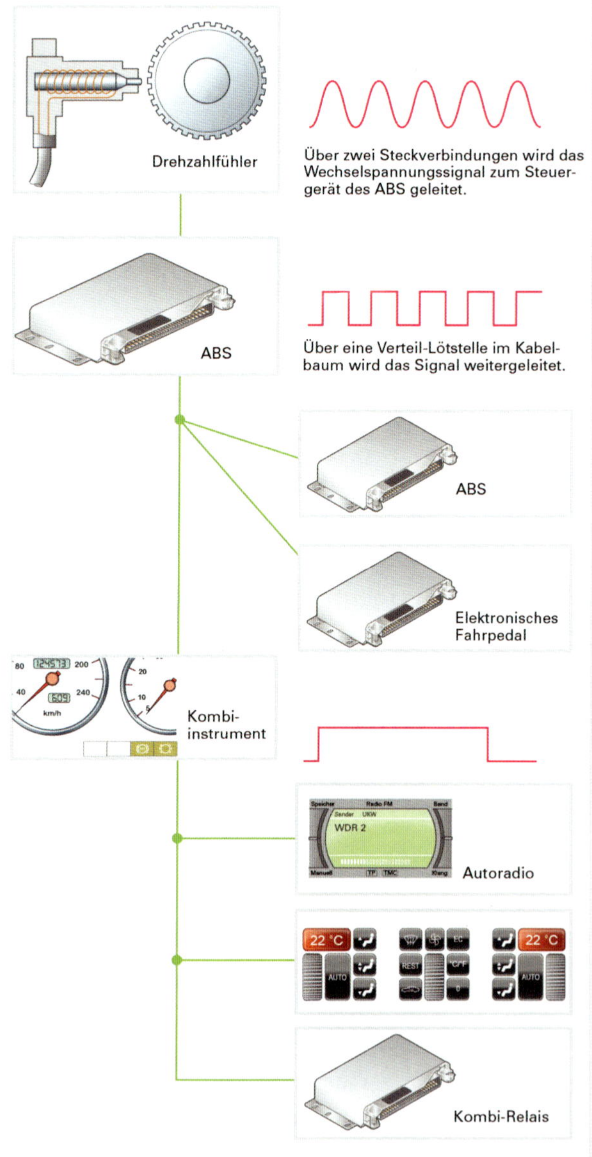

Bild 20.40
Datenaustausch im Kfz: Das Geschwindigkeitssignal wird von verschiedenen Steuergeräten genutzt
[Bild: AS-Illu]

verfälschte analoge Signal an andere Steuergeräte weitergegeben, wird es unter Umständen nicht mehr richtig interpretiert. Trotz komplizierter Filtersysteme und abgeschirmten Leitungen kann das gesendete Signal nur in gewissen Grenzen wiederhergestellt werden. In der Folge treten Fehler auf.

Die Umformung analoger in digitale Signale

Im Steuergerät wandelt das ABS-Steuergerät jede Information des Drehzahlfühlers in eine Impulsfolge um. Dabei wird nur zwischen den Zuständen «Spannung hoch» und «Spannung niedrig» unterschieden. Diese Beschränkung ist der große Vorteil der digitalen Datenübertragung. Selbst wenn eine gesendete Impulsfolge verfälscht empfangen wurde, kann das Signal bei der digitalen Übertragung mit großer Sicherheit wiederhergestellt werden.

20.3.2 Informationsverarbeitung im Steuergerät

Am Beispiel des Steuergerätes für die Gemischaufbereitung einer Motronic soll das Grundprinzip der Informationsverarbeitung dargestellt werden. Jedes Steuergerät ist mit einer Leiterplatte ausgestattet. Eine Leiterplatte (Leiterkarte, Platine oder gedruckte Schaltung; englisch ***p**rinted **c**ircuit **b**oard*, PCB) ist ein Träger für elektronische Bauteile. Sie dient der mechanischen Befestigung und elektrischen Verbindung der Bauteile. Nahezu jedes elektronische Gerät enthält eine oder mehrere Leiterplatten.

Auf den Leiterplatten befinden sich folgende Hauptelemente:

- Analog-Digital-Wandler (AD),
- ROM (Programmspeicher),
- RAM (Betriebsdatenspeicher,
- Impulsformer (IF),
- Mikroprozessor (CPU).

Im ROM (***R**ead **O**nly **M**emory* = programmierbarer, nicht löschbarer Programmspeicher) sind die vom Hersteller entwickelten Programmdaten gespeichert. Sie enthalten Fahrzeugdaten, Berechnungsformeln, Kennfelder, Diagramme usw.

Im RAM (***R**andom **A**ccess **M**emory* = löschbarer Betriebsspeicher) werden laufend Betriebsdaten erfasst und mit dem festen Programm im ROM verarbeitet.

Ein Steuergerät lässt sich in drei Bereiche unterteilen:

- Der Bereich, an den die von den Steuergeräten aufgenommenen Eingangssignale geliefert werden (im Bild rot).
- Der Bereich, in dem die Signale verarbeitet werden (im Bild blau).
- Der Bereich, in dem sich die Ausgangssignale für die Steuerung der Stellglieder befinden (im Bild gelb).

Die Eingangssignale werden von den Sensoren an das Steuergerät geliefert. Sensoren, auch Geber oder Messfühler genannt, ermitteln physikalische und nicht elektrische Größen wie Drehzahl, Temperatur, Winkelstellung, Drehmoment usw., formen diese

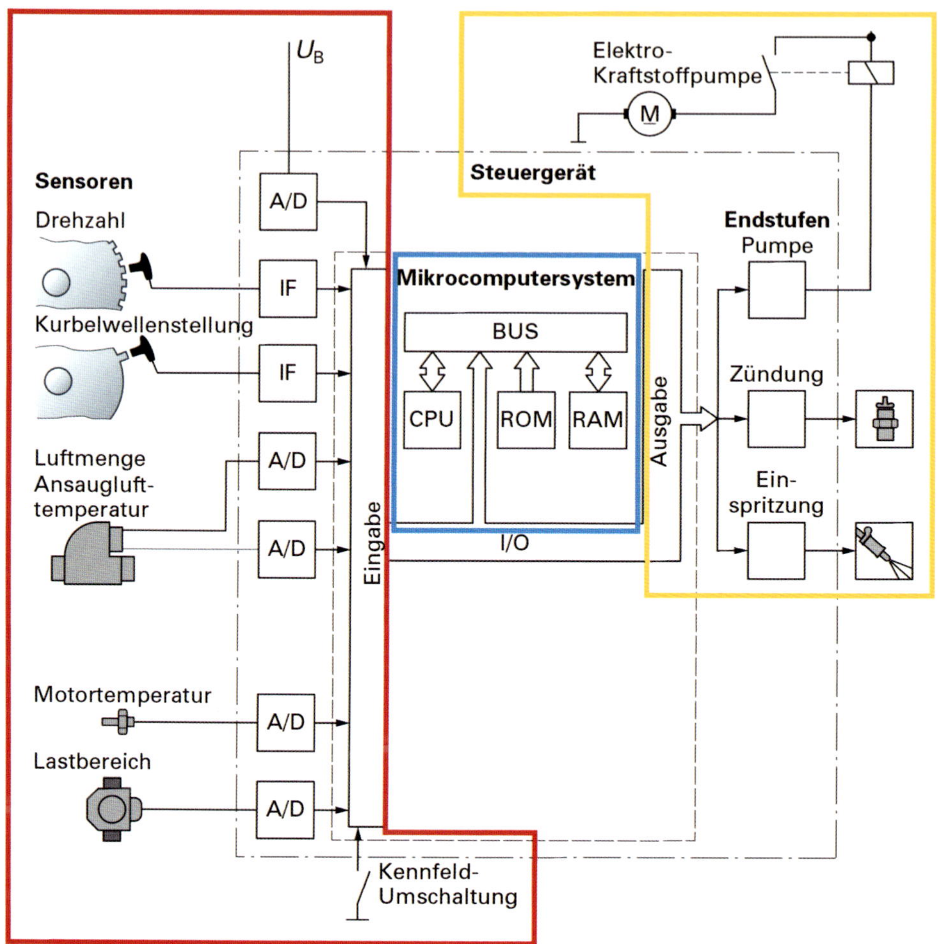

Bild 20.41 *Blockschaltbild mit den Bereichen eines Steuergerätes*
rot *Eingangsbereich*
blau *Signalverarbeitung*
gelb *Ausgangsbereich*
[Bild: AS-Illu / Bosch]

elektrischen Signale um und liefern sie als Eingangssignale an das Steuergerät. Danach werden die Signale in einem eigenen Bereich des Steuergerätes verarbeitet und an den Bereich für die Ausgangssignale weitergeleitet. Die Ausgangssignale steuern die Stellglieder oder dienen als Eingangssignal für andere Steuergeräte.

Eingangssignale

Da der Mikrocomputer nur die beiden Zustände «EIN» und «AUS» oder «1» und «0» kennt, müssen diese Eingangssignale in genau diese Form umgewandelt werden. Temperaturfühler, Luftmengen- und Luftmassenmesser liefern aber nur analoge Signale. Auch die Batteriespannung ist ein analoges Signal. Damit sie vom Computer verarbeitet werden können, müsse die Informationen also umgeformt werden.

Wie bereits erwähnt, übernimmt diese Arbeit ein Analog-Digital-Wandler (AD).
Impulsformer (IF), wie der Stufenumsetzer, formen beliebige Eingangssignale in Rechtecksignale um. Eingangssignale, die den Impulsformer durchlaufen, kommen zum Beispiel vom induktiven Drehzahlgeber oder vom induktiven Bezugsmarkengeber.

Die Datenverarbeitung

Der Mikroprozessor, auch CPU genannt (CPU = ***C****entral* ***P****rocessing* ***U****nit* = Zentraleinheit), holt sich aus dem Programmierspeicher (ROM) Befehle und führt sie aus. Zu seinen Aufgaben gehört es,

- die aufbereiteten Zustandsgrößen (IST-Werte) im Betriebsdatenspeicher (RAM) zu laden,
- in Abhängigkeit von diesen Werten die Betriebszustände zu identifizieren,
- aus dem Programmspeicher (ROM) die Kennfeldwerte für die Betriebszustände zu übernehmen,
- Messwerte und Kennfeldwerte über die im Programmspeicher abgelegten Rechenvorschriften zu verknüpfen,
- aus Zwischenwerten und Messwerten Stellsignale zu berechnen,
- die Stellsignale an die Ein-/ Ausgabe-Bausteine (I/O = In/Out) weiterzugeben.

Ausgangssignale

Die von der Zentraleinheit (CPU) ausgegebenen Signale sind zum Ansteuern der Stellglieder zu schwach. Sie werden daher in Endstufen verstärkt. Beispiele für Stellglieder, die von Leistungsendstufen angesteuert werden, sind

- Einspritzventile,
- Leerlaufsteller,
- Zündspule,
- Kraftstoffpumpe.

20.3.3 Analog-Digital-Umsetzer

Beim Erfassen der Eingangssignale im Kraftfahrzeug erhält man die Messgröße der Sensoren meist in analoger Form als Spannungswert. Zur Weiterverarbeitung im Steuergerät sind die Messgrößen in eine digitale Form, also in die Zahlenwerte 1 und 0, umzusetzen. Eine Möglichkeit der Umwandlung bzw. der Codierung stellt der **Stufenumsetzer** dar.

Eine Steuerschaltung öffnet nacheinander die elektronischen Schalter S4 bis S1. Dadurch ergibt sich an der Widerstandskette eine Vergleichsspannung U_v. Der «Vergleicher» vergleicht die beiden Spannungen U_x und U_v. Ist der Wert U_v größer als der Wert U_x, dann wird im Speicher an der entsprechenden Speicherstelle der Wert «0» abgelegt und der Schalter wieder geschlossen. Ist der Wert U_v kleiner oder gleich der Spannung U_x, wird im Speicher der Wert «1» abgelegt, und der Schalter bleibt geöffnet. Hat die Steuerschaltung alle vier Schalter betätigt, so ist im Speicher der digitale Wert der analogen Spannung festgehalten. Die hierfür eingesetzten Baugruppen heißen Analog-Digital-Umsetzer (A/D-Umsetzer)

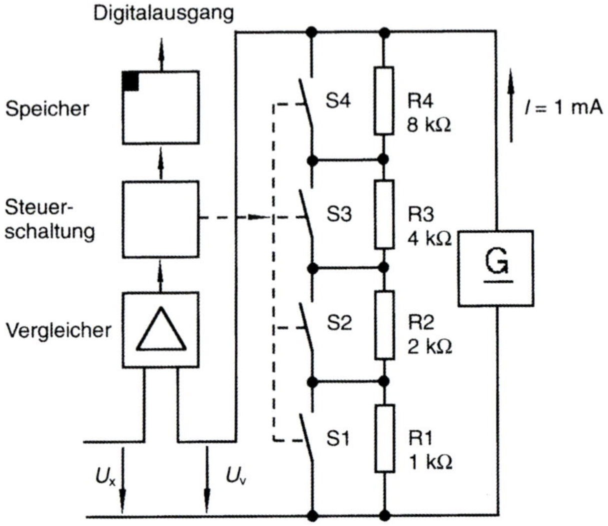

Bild 20.42
Beispiel für einen 4-Bit-Analog-Digital-Umsetzer
[Bild: Riehl]

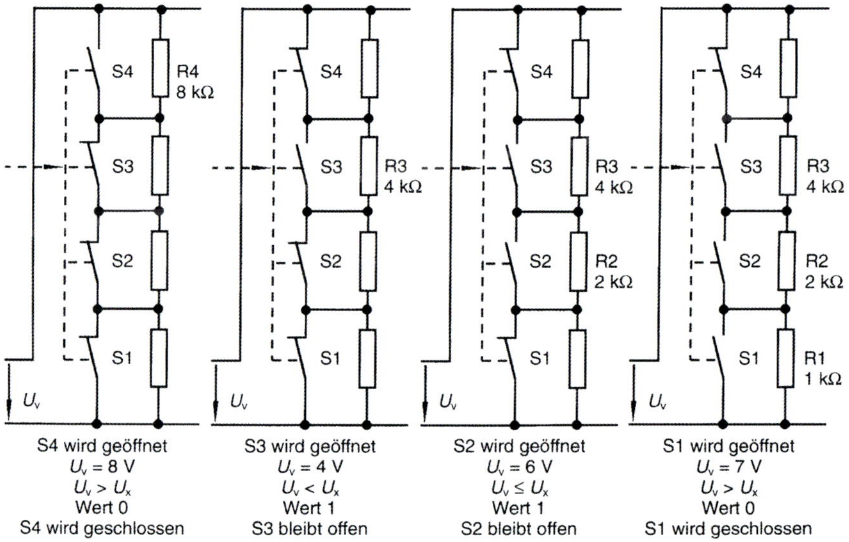

Bild 20.43a *Analog-Digital-Umsetzung durch einen Stufenumsetzer.*
Eingangsgröße:
Analoge Spannung U_x = 6 V
Ausgangsgröße
Digitalwert 0110
[Bild: Riehl]

Bild 20.43b
Schaltzeichen
[Bild: Riehl]

➔ Codieren bedeutet das Verschlüsseln von Zeichen, Buchstaben oder allgemein von Informationen.

Die Pulsamplitudenmodulation (PAM)

Eine Möglichkeit, um analoge in digitale Signale zu wandeln, ist die **P**uls**a**mplituden**m**odulation (PAM). Im PAM-Verfahren werden die analogen Größen in festen Zeitabständen (z. B. 1/8.000-Sekunde) durch einen Stufenumsetzer gemessen. Dabei wird je Abtastung zwischen verschiedenen Amplitudenstufen unterschieden (z. B. 256).

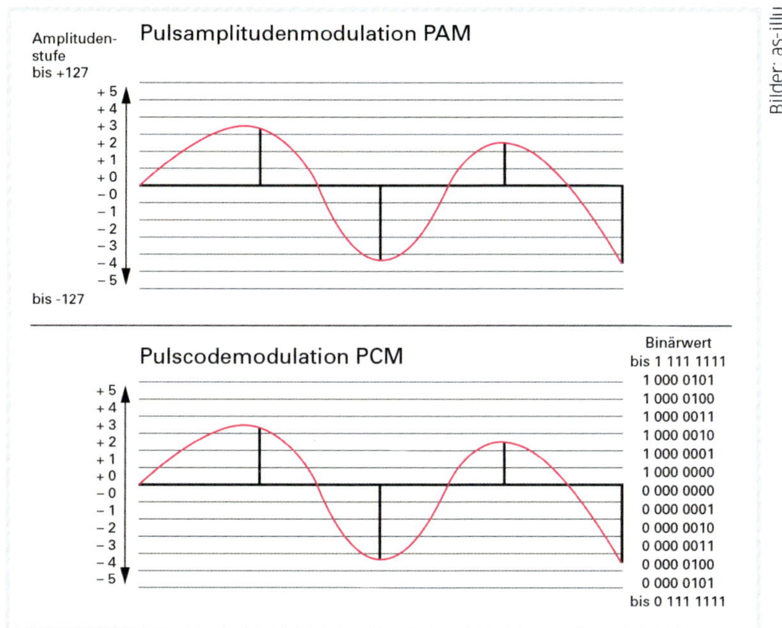

Bild 20.44 *Umwandlung eines analogen in ein digitales Signal über einen Stufenumsetzer*
[Bild: AS-Illu]

Der gemessene Wert wird im Pulscode-Modulation-Verfahren (PCM) als binärer Zahlenwert codiert und übertragen. Um eine Zahl zwischen 1 und 256 als binären Wert – also aus der Kombination von 0 und 1 – darzustellen, werden 8 Bit benötigt. Pro Sekunde müssen also 8.000 · 8 Bit = 64.000 Bit = 64 kBit übertragen werden.

20.3.4 Steckverbindungen als Schwachstellen des Systems

In einer VW-Untersuchung wurden die Ausfallraten elektronischer Systeme im Kraftfahrzeug untersucht. Die rein elektronischen Bauteile wie Transistoren, integrierte Schaltkreise, Steuergerät usw. fallen am wenigsten aus. Der weitaus größte Fehleranteil

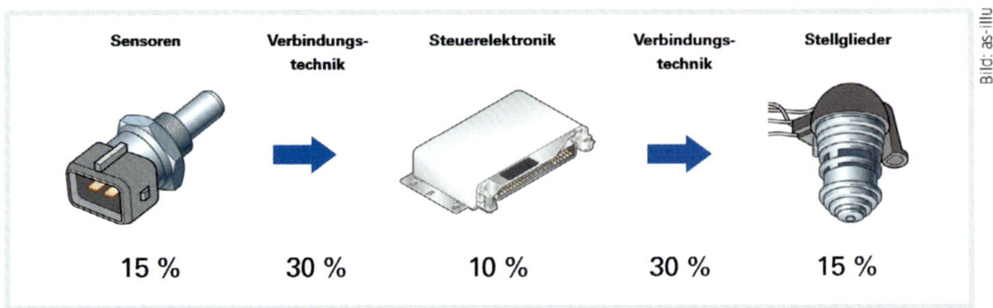

Bild 20.45 *Einfluss der Komponenten, die für den Ausfall elektrischer bzw. elektronischer Systeme verantwortlich sind.*
[Bild: AS-Illu]

mit 60 % entfällt auf die Verbindungstechnik, bestehend aus Steckkontakten, Steckergehäusen usw. Als Hauptgrund gibt VW die Handarbeit bei der Herstellung der Leitungsstränge und damit die menschliche Unzulänglichkeit an.

20.3.5 Eigendiagnose

In den heutigen Fahrzeugen wird die Diagnose aufgrund der steigenden Anzahl von elektronischen Systemen und der wachsenden Komplexität (adaptive Regelsysteme) immer schwieriger. Mit einer optimierten Diagnose kann im Werkstattbereich der ständig weiter steigende Kostenfaktor bei der Betreuung elektronischer Systeme reduziert werden, indem zuerst mit Hilfe der Eigendiagnose der Fehler eingekreist wird.

➔ Unter Eigendiagnose versteht man die Selbstüberwachung eines elektronischen Systems mit dem Ziel, dem Fahrer einen Hinweis zu geben und der Werkstatt bei der Fehlersuche zu helfen.

Allerdings ist es auch diese Komplexität, die immer wieder Ausfälle und Fehlfunktionen verursacht. Für die Fahrer verspricht die Fahrzeugelektronik einen Komfort- und Sicherheitsgewinn. In der Werkstatt schlägt sich die zunehmende «Computerisierung» der Fahrzeuge allerdings in veränderten Arbeitsabläufen nieder. Die Arbeitsstunden, die in die Betreuung der modernen Elektronik fließen, stiegen in den vergangenen Jahren an, und ein Ende dieser Entwicklung ist noch lange nicht in Sicht. Doch Zeit ist Geld, und die Kosten, die die Betreuung der oftmals vernetzten Systeme verursacht, können am besten durch eine optimierte Diagnose reduziert werden. Den größten Helfer hierfür bringen die Fahrzeuge selbst mit: Die Eigendiagnose hilft, den Fehler in der Bordelektronik einzukreisen. In viele technische Systeme ist eine sogenannte Eigendiagnose eingebaut, die selbst die Integrität der durchgeführten Aktionen überprüft und überwacht. Bei einer einfachen Datenübertragung kann dies z. B. über Prüfsummen geschehen. Bei Hardware wird üblicherweise ein Funktionstest als Teil des Einschaltvorgangs durchgeführt.

In der Automobilindustrie wird Diagnosesoftware eingesetzt, um die Funktionstüchtigkeit der Bordelektronik zu prüfen. Neben einem Funktionstest beim Start der eingebetteten Systeme werden aufgetretene Fehler durch die On-Board-Diagnose registriert.

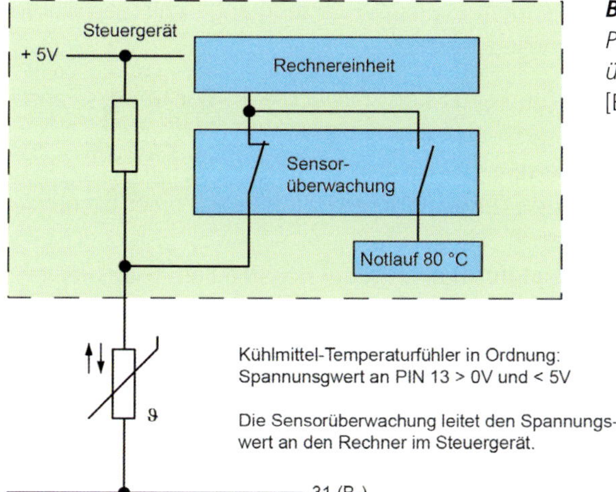

Bild 20.46
Prinzipielle Arbeitsweise der Sensorüberwachung
[Bild: Riehl]

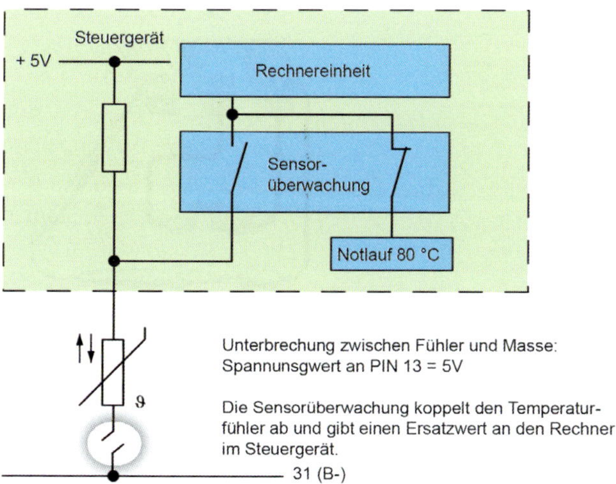

Kritische Fehler erkennt der Fahrer sofort, weil im Cockpit eine Warnlampe aufleuchtet. Andere Fehler können zu einem späteren Zeitpunkt von außen ausgelesen werden. Hierzu werden meist Fahrzeugdiagnosesysteme eingesetzt, die die einzelnen Steuergeräte abfragen und eine Liste derer Fehlercodes ausgeben. Anhand der Eigendiagnose können Fehler autonom diagnostiziert werden. Für die Fahrzeugsicherheit spielt sie – angesichts der zunehmenden «Digitalisierung» der Autos mit integrierten Schaltkreisen, Sensoren und Bussystemen – eine immer größere Rolle.

So funktioniert die Eigendiagnose

Das jeweilige Datenbussystem überträgt die Steuergeräte-Diagnosedaten an das Diagnose-Interface für den Datenbus (Gateway). Durch die schnelle Datenübertragung über CAN und das Gateway kann das Diagnosegerät die verbauten Komponenten und deren Fehlerstatus anzeigen, direkt nachdem es an das Fahrzeug angeschlossen wurde. Je nach Hersteller kann die Eigendiagnose zusätzlich

- eine Störung durch das Aufleuchten einer Kontrollleuchte im Cockpit des Fahrzeuges signalisieren,
- die aufgetretenen Fehler speichern,
- einen nur kurzfristig aufgetretenen Fehler (Wackelkontakt) nach einer bestimmten Anzahl von Neustarts löschen,
- Ersatzwerte für die ausgefallenen Informationsgeber bereitstellen, sodass eine Werkstatt aus eigener Kraft erreicht werden kann (Notlauf).

Die Eigendiagnose mithilfe eines Blinkcodes

Um die ersten durch die Eigendiagnose ermittelten Fehler dem Fachmann sichtbar zu machen, nutzte man Blinkcodes. Dafür musste man beispielsweise an einem Diagnosestecker im Motorraum zwei Pins über ein Kurzschlusskabel verbinden. Nach

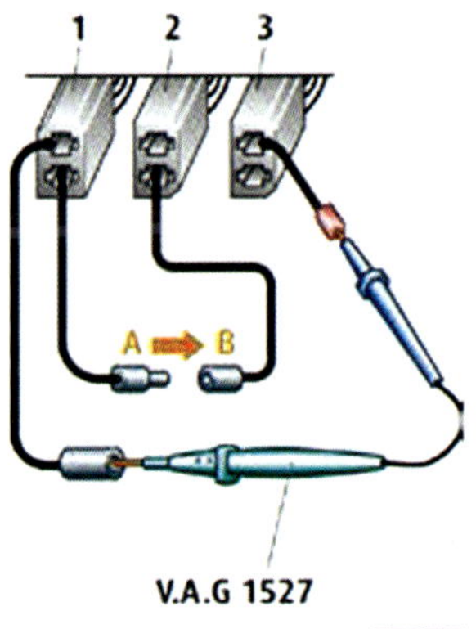

Bild 20.47
Anschlusspunkte der Blinkcode-Eigendiagnose am Fahrzeug
[Bild: AS-Illu]

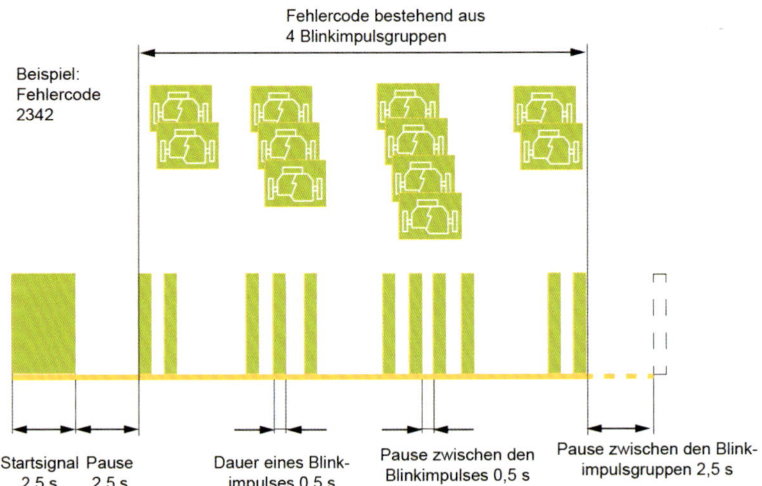

Bild 20.48 *Mit dem Blinkcode können direkte und indirekte Fehler ausgelesen werden.*
[Bild: Riehl]

dem Starten der Zündung begann die Motorkontrollleuchte zu blinken. Anhand einer Tabelle konnte der Mechatroniker dann die Bedeutung der Codes ermitteln.

Mit den Blinkcodes konnten lediglich die Sensoren und Aktoren überwacht werden. Eine interaktive Diagnose, wie sie heute üblich ist, um Stellgliedtests oder Ist-Werte und Softwarestände abzufragen, war damit noch nicht möglich. Der Mechatroniker konnte auch nicht das Steuergerät in eine Diagnoseroutine bringen, Adaptionswerte zurücksetzen oder Bauteile auf ein Fahrzeug codieren. Diese Arbeiten wurden erst mit der PC-gestützten Diagnose möglich. Eine Grundregel der Fehlerauslese galt allerdings schon damals: Die tatsächliche Ursache kann nur der Mechatroniker durch Messungen feststellen.

Diagnose-Interface

Aufgrund des hohen Anteils an vernetzten Funktionen werden große Datenmengen übertragen. Damit ein reibungsloser Datenaustausch gewährleistet werden kann, sind mehrere Datenbussysteme erforderlich, die Daten untereinander austauschen. Das Diagnose-Interface für Datenbus verbindet als Gateway-Schnittstelle diese Datenbusse miteinander und ermöglicht den Datentransfer. Bei älteren Fahrzeugen setzt das Diagnose-Interface die Diagnosedaten von CAN-Datenbus-Antrieb und CAN-Datenbus-Komfort auf die K-Leitung um und umgekehrt. Somit können die Daten vom Fahrzeug-Diagnosetester für die Eigendiagnose genutzt werden. Manche Motor-, Getriebe- und zentrale Komfort-Steuergeräte verfügen noch über eine separate K-Leitung für die Diagnose. In der ISO 9141 wurden die Bezeichnungen K- und L-Leitung festgelegt. Danach ist die K-Leitung die Leitung zur Übertragung von Befehlen und Daten vom Steuergerät zum Tester. Sie kann auch Befehle vom Tester zum Steuergerät übertragen (bidirektionale Datenleitung) und zur Initialisierung genutzt werden. Die L-Leitung kann der Übertragung von Befehlen und Daten vom Tester zum Steuergerät (unidirektionale Leitung) sowie zur Initialisierung dienen.

Die fahrzeuginterne Diagnosekommunikation nutzt die jeweiligen internen Busse im Fahrzeug wie CAN, MOST, LIN oder FlexRay zur Kommunikation, wobei hier häufig die K-Leitung nicht mehr existiert und als virtuelle K-Leitung, z. B. über CAN, durch ein zentrales Steuergerät abgebildet wird.

Der Bremslichtschalter liefert aufgrund eines Fehlers in der Leitungsverbindung keine Information an das Steuergerät für ABS. Das Steuergerät für ABS ist am CAN-Antrieb angeschlossen und legt daraufhin einen Fehler in seinem Fehlerspeicher ab. Damit das Diagnosegerät dies Diagnosedaten verarbeiten kann, setzt das Diagnose-Interface für Datenbus im Steuergerät für Bordnetz die Diagnoseinformationen vom CAN-Datenbus-Antrieb auf den Diagnosebus um. Dabei werden die Daten nicht verändert, das heißt, der Informationsgehalt auf dem Diagnosebus und der auf dem CAN-Datenbus ist jeweils derselbe.

Der Weg der Daten

Aufgrund der hohen Anzahl von Steuergeräten reicht ein Diagnose-Interface oft nicht mehr aus. Deshalb werden weitere Gateways verbaut, die die Kommunikation zwischen den verschiedenen Bussen managen. Manchmal müssen mehrere Bussysteme und Gateways in Anspruch genommen werden, um in einem Steuergerät den Fehlerspeicher auszulesen. Ein Beispiel dafür sehen Sie in dem unten abgebildeten Vernetzungsplan eines BMW.

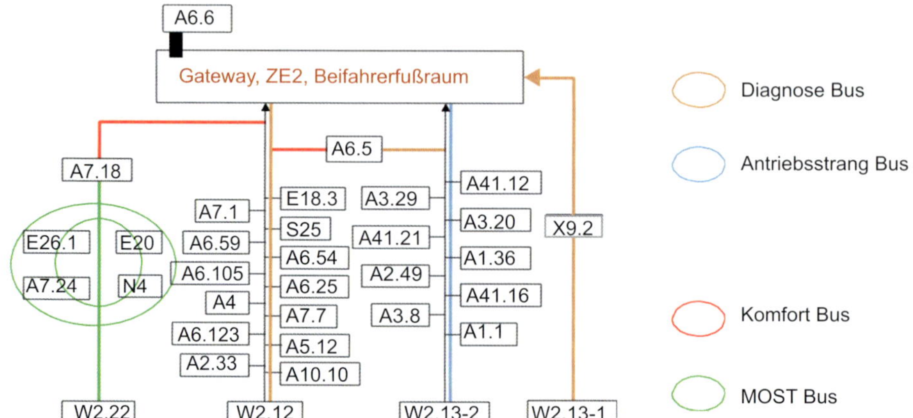

Bild 20.49 *Ausschnitt aus dem Datenbus-Vernetzungsplan eines BMW.*
[Bild: Autofachmann / BMW]

Rechts im Bild 20.50 ist der orange markierte Diagnose-Bus abgebildet. Er führt vom Diagnosestecker zum Hauptgateway, der Zentralelektronik 2, im Beifahrerfußraum. Wird nun das Telefonmodul «N4» ausgelesen, wird die weitere Kommunikation vom Hauptgateway über den Komfort- Datenbus, in Rot, und das Radio «A 7.18» zum MOST Bus aufgebaut. Die Daten, die vom Komfort-Bus zu Mos und umgekehrt wechseln müssen, werden also vom Autoradio übersetzt. Um den Fehlerspeicher des Telefonmoduls «N4» auszulesen, müssen drei Datenbusse und zwei Gateways benutzt werden. Kann zu einem der Steuergeräte auf dem MOST-Bus keine Kommunikation aufgebaut werden, muss man diese Vernetzung berücksichtigen, denn ein abgeklemmtes Radio reicht aus, um die komplette Kommunikation zu den MOST-Bus-Teilnehmern zu unterbrechen. Sind mehrere Steuergeräte zusammengefasst, kann das Fehlen einer einzigen Spannungsversorgung dazu führen, dass der Tester gleich für mehrere Steuergeräte die Fehlermeldung «keine Kommunikation» ausgibt. Auch in diesem Fall sollte die tatsächliche Aufteilung der Steuergeräte (Werkstatt-Informationssoftware) berücksichtigt werden.

Falsche Fehler

Auch die modernste Eigendiagnose ersetzt die Fehlersuche nicht. In vielen Fällen gestaltet sich die Diagnose eines aufgetretenen Fehlers nach wie vor schwierig. Konnte ein abgespeicherter Fehler ausgelesen werden, müssen unter Umständen weitere Prüfungen durchgeführt werden, um sicherzustellen, dass es sich um einen Bauteildefekt und nicht um eine Beschädigung am Stecker oder Kabel handelt. Ein abgespeicherter Fehler muss nicht zwangsweise durch das angezeigte Bauteil verursacht sein, er kann auch durch ein anderes defektes Bauteil hervorgerufen sein. Zum Bespiel kann der Fehler «Lambdasonde – Spannung zu niedrig» durch einen defekten Temperatursensor ausgelöst werden. In diesem Fall erhält das Steuergerät ständig die Information «Motor kalt», obwohl die Betriebstemperatur erreicht ist. Das Steuergerät fettet das Gemisch weiter an, und die Lambdasonde bleibt aufgrund des zu fetten Gemisches bei 0,9 Volt (= fettes Gemisch) hängen. Auch bei Fehlern an Stellgliedern ist Vorsicht geboten. Fehler im System, die nicht im Fehlerspeicher abgelegt wurden, können mit einem geeigneten

Diagnosegerät als Messwertblöcke ausgelesen werden. Die angezeigten Istwerte werden mit den im Diagnosegerät hinterlegten Sollwerten verglichen und können Aufschluss über fehlerhafte Werte geben.

OEBD – Für die Einhaltung der Abgasvorschriften

Die **E**uropäische **O**n-**B**oard-**D**iagnose (EOBD) ist ein Fahrzeugdiagnosesystem. Während des Fahrbetriebes werden alle abgasbeeinflussenden Systeme sowie wichtige Steuergeräte, deren Daten durch ihre Software zugänglich sind, überwacht. Auftretende Fehler werden dem Fahrer über eine Kontrollleuchte angezeigt und im jeweiligen Steuergerät dauerhaft gespeichert. Fehlermeldungen können dann später durch eine Fachwerkstatt über genormte Schnittstellen abgefragt werden. Die EOBD ist ein Diagnosesystem, das in das Fahrzeug eingebaut ist. Sie ist in das Motorsteuergerät integriert und überwacht ständig

Buchse im Fahrzeug
Signalmasse
Fahrzeugmasse
CAN-High
J1850 Bus
K-Ausgang
1 2 3 4 5 6 7 8
9 10 11 12 13 14 15 16
J1850 Bus
CAN-High
+12 V
L-Ausgang

Diagnosestecker am Tester

Bild 20.50
OBD 2 Buchse-Stecker Belegung
[Bild: Riehl]

bestimmte abgasrelevante Komponenten des Fahrzeuges. Die EOBD überwacht mindestens die folgenden Systeme:

- abgasrelevante Bauteile wie Katalysator und Lambdasonden,
- Verbrennungsaussetzer,
- Kraftstoffsystem,
- vor- und nachgeschaltete Lambdasonden,

- Katalysator-Wirkungsgrad,
- Abgasrückführung,
- Sekundärlufteinblasung.

Permanent überwacht werden:

- Verbrennungsaussetzer,
- das Kraftstoffsystem (Einspritzzeiten),
- alle Stromkreise für abgasrelevante Bauteile.

Einmal pro Fahrzyklus überwacht werden:

- die Lambdasonde und
- der Katalysator

Die Fehlfunktionslampe leuchtet auf, wenn:

- der Zündschlüssel in Stellung «Zündung EIN» steht (Glühlampenkontrollfunktion);
- beim Steuergeräteselbsttest ein Fehler auftritt;
- ein abgasrelevanter Fehler in zwei aufeinanderfolgenden Fahrzyklen auftritt.

Die Fehlfunktionslampe blinkt, wenn:

- ein Fehler auftritt, der zur Zylinderabschaltung (Schutz des Katalysators) führt.

Die im Rahmen der EOBD abgespeicherten Fehler können her herstellerunabhängig mit einem Diagnosetool ausgelesen werden. Die Fehlercodes sind genormt.

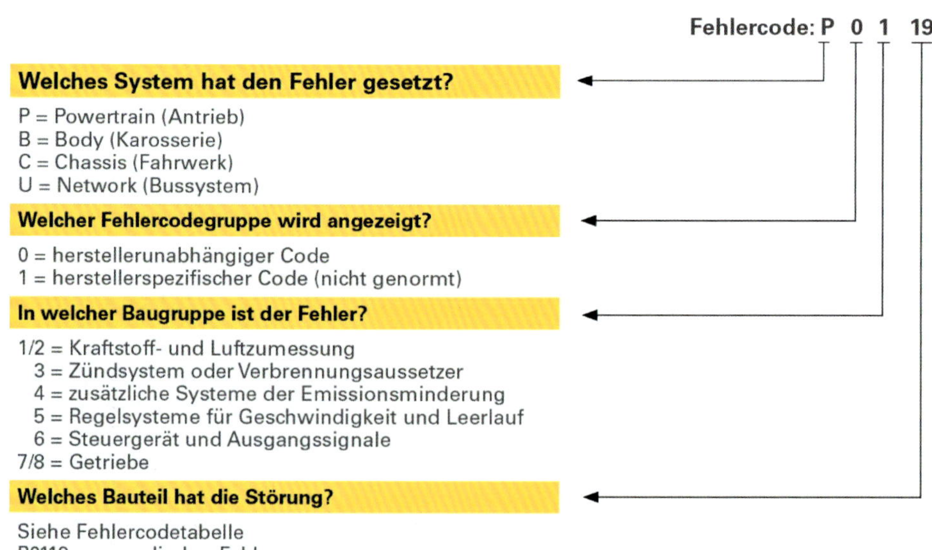

Bild 20.51 *Fehlercode der EOBD*
[Bild: AS-Illu]

Beispiel: Überwachung eines Sensors: Geber für die Kühlmitteltemperatur

Kabelbruch (Unterbrechung) am Temperaturfühler Kühlmittel: Der Temperaturfühler ist als NTC-Widerstand ausgeführt. Dies bedeutet:

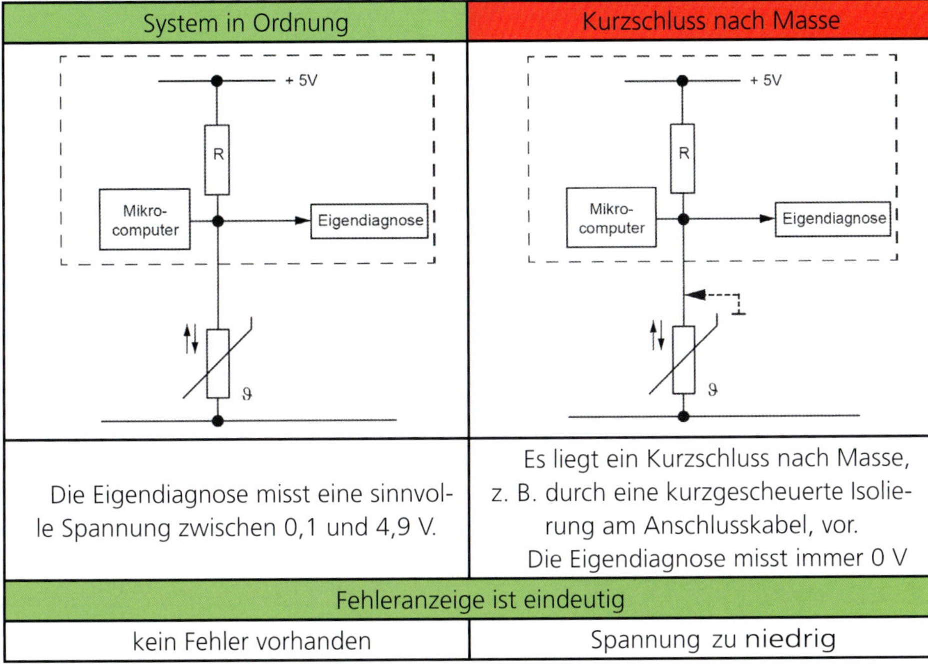

System in Ordnung	Kurzschluss nach Masse
Die Eigendiagnose misst eine sinnvolle Spannung zwischen 0,1 und 4,9 V.	Es liegt ein Kurzschluss nach Masse, z. B. durch eine kurzgescheuerte Isolierung am Anschlusskabel, vor. Die Eigendiagnose misst immer 0 V
Fehleranzeige ist eindeutig	
kein Fehler vorhanden	Spannung zu niedrig

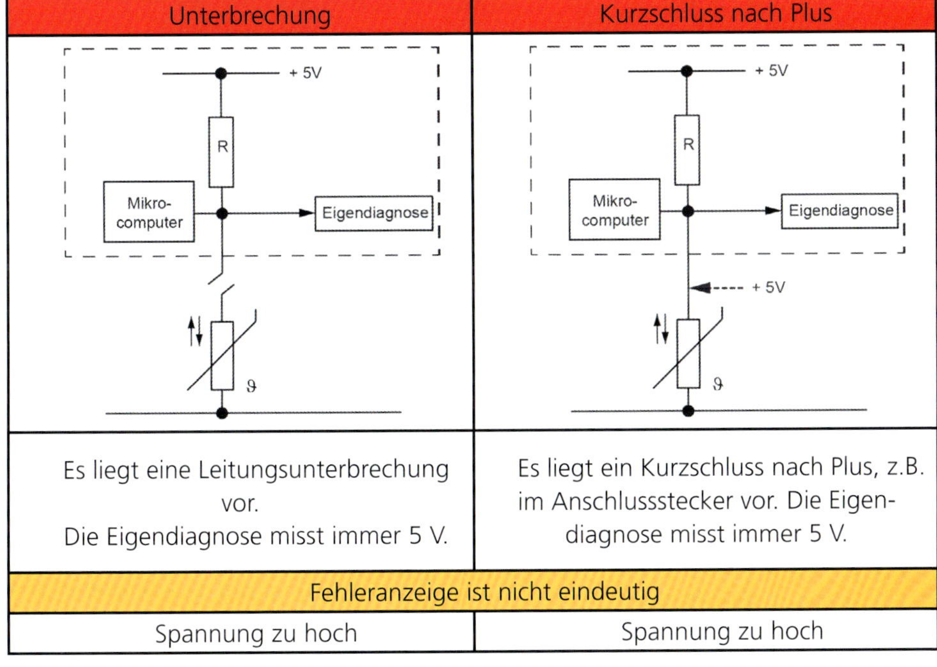

Unterbrechung	Kurzschluss nach Plus
Es liegt eine Leitungsunterbrechung vor. Die Eigendiagnose misst immer 5 V.	Es liegt ein Kurzschluss nach Plus, z.B. im Anschlussstecker vor. Die Eigendiagnose misst immer 5 V.
Fehleranzeige ist nicht eindeutig	
Spannung zu hoch	Spannung zu hoch

niedrige Temperatur
⇓
hoher Widerstandswert bzw.
hohe Temperatur
⇓
niedriger Widerstandswert

Ein Kabelbruch ergibt einen unendlich großen Widerstand des Temperaturfühlers und somit eine Spannung von 5 V an Pin 13 des Steuergerätes. Diese Spannung ist nicht plausibel, der Fehler wird gespeichert und dem Fahrer durch das Aufleuchten der Motorkontrollleuchte angezeigt. Gleichzeitig wird der Wert abgekoppelt und eine Ersatzgröße, z. B. 80 °C bereitgestellt, die eine Weiterfahrt zur Werkstatt erlaubt.

Die beiden Fehlerarten «Unterbrechung» und «Kurzschluss nach Masse» können von der Eigendiagnose nicht unterschieden werden. Der Fehler kann nur durch eine elektrische Prüfung gefunden werden.

Beispiel: Überwachung eines Stellgliedes: Leerlauffüllungsregelung

Die beiden Fehlerarten «Unterbrechung» und «Kurzschluss nach Masse» können von der Eigendiagnose nicht unterschieden werden. Der Fehler kann nur durch eine elektrische Prüfung gefunden werden.

System in Ordnung	Kurzschluss nach Plus
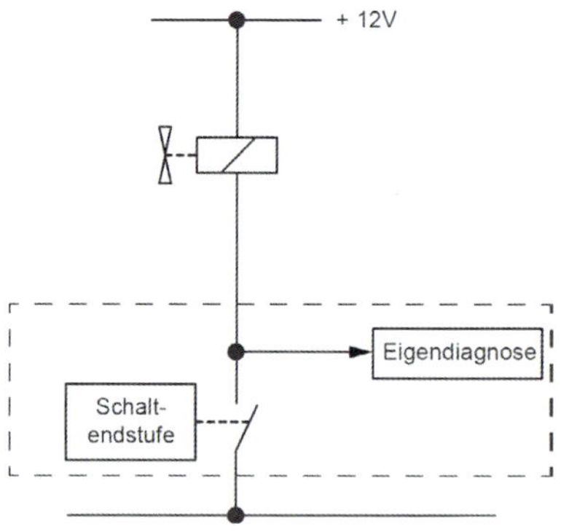	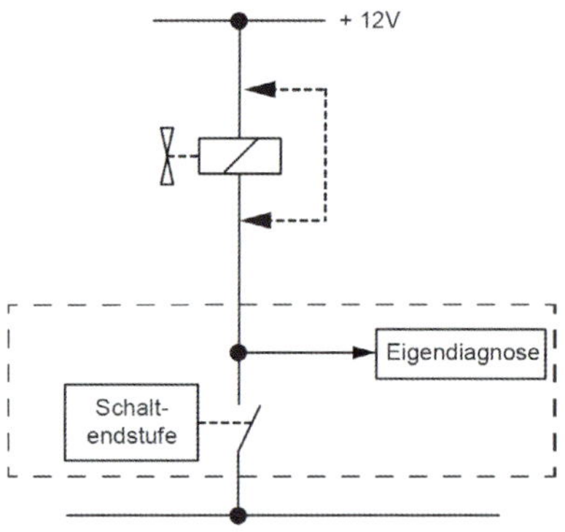
Es liegt kein Fehler vor. Die Eigendiagnose misst je nach Ansteuerung des Magnetventils durch die Rechnereinheit plus oder minus.	Es liegt ein Kurzschluss nach Plus im Kabelbaum, im Anschlussstecker oder Bauteil selbst vor. Die Eigendiagnose misst immer Plus.
Fehleranzeige ist eindeutig	
kein Fehler vorhanden	Spannung zu hoch

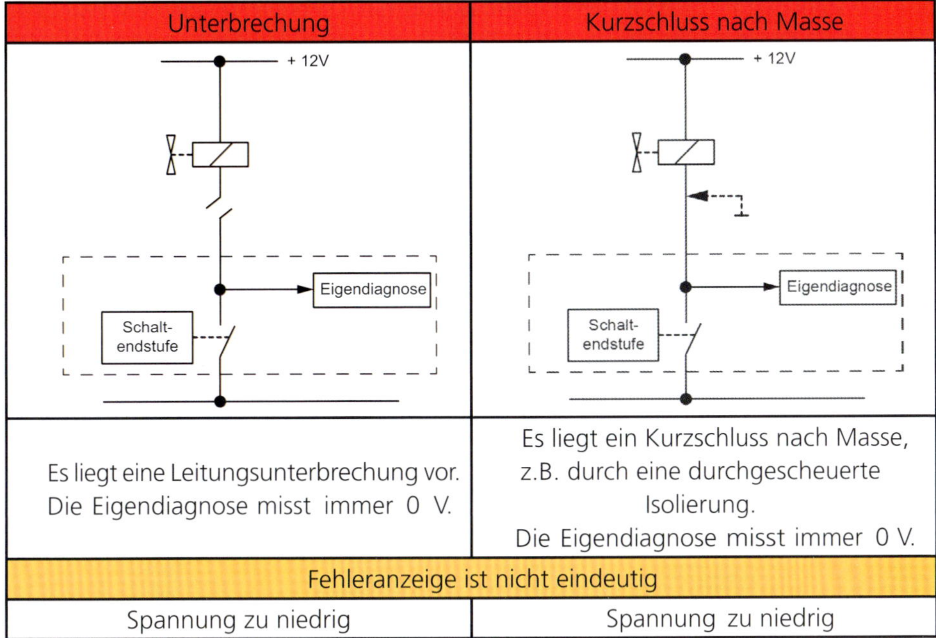

20.4 Datenbussysteme

20.4.1 Entwicklung der elektronischen Systeme

Seit der Erfindung der Kraftfahrzeuge wurden sie zur permanenten Steigerung der Leistungsfähigkeit, des Komforts, der Sicherheit und der Umweltverträglichkeit kontinuierlich weiterentwickelt. Sie verfügen, ähnlich wie Produktionsmaschinen, Flugzeuge, Schiffe usw., heutzutage über sehr komplexe, elektronische Steuerungen und über eine Vielzahl von Aktoren und Sensoren. Um das Zusammenspiel von Sensoren und Aktoren zu beherrschen, wurden hierfür Steuergeräte entwickelt. Diese arbeiten nach einem ähnlichen Prinzip wie die Computer. Jedes Steuergerät ist ein eigenständiges Computersystem im Fahrzeug und für bestimmte Aufgaben verantwortlich, z. B. ein Steuergerät für die Motorsteuerung. Die ersten Computer haben «allein für sich» gearbeitet. In den letzten 30 Jahren hat die Vernetzung der Computer untereinander ständig zugenommen, bis hin zur weltweiten Vernetzung von Computern über das Internet. Was hat die Vernetzung von Computern mit der Bus-Technologie in Fahrzeugen zu tun?

Die ständig steigende Komplexität führte dazu, dass zwischen den einzelnen Steuergeräten im Fahrzeug ebenfalls ein Datenaustausch stattfinden muss. Zum Datenaustausch bedienten sich die Entwickler der Vernetzungstechnik der Computertechnologien und entwickelten auf dieser Basis so genannte Bussysteme, über die der Datenaustausch zwischen den Steuergeräten möglich ist. Da inzwischen in jedem modernen Fahrzeug über 30 Steuergeräte verbaut sein können, war auch ein Energiemanagement zwingend erforderlich. Die Aufgabe des Energiemanagements ist es, in allen Betriebszuständen einen ausgewogenen Energiehaushalt in Fahrzeugen sicher zu stellen. Dabei ist die Erhaltung der Startfähigkeit des Fahrzeugs das vorrangige Ziel.

Die ersten Steuergeräte haben meist nur eine Funktion (autarke Funktion) gehabt, z. B. Motorsteuerung, Einparkhilfe, Radio usw. Die Entwicklung geht dahin, dass eine Funktion nicht nur von einem, sondern von mehreren Steuergeräten ermöglicht wird. Vor allem kann die Anzahl der Sensoren minimiert werden, da Informationen von einem Sensor über Bussysteme allen Steuergeräten zur Verfügung stehen.

20.4.2 Notwendigkeit von Bussystemen

Warum werden die Bussysteme benötigt?

Heutige Fahrzeuge, vom Kleinwagen bis zur Oberklasse, enthalten eine Vielzahl von elektronischen Geräten. Es ist absehbar, dass auch in den kommenden Jahren die Anzahl der elektronischen Komponenten deutlich zunimmt. Sowohl der Gesetzgeber als auch der Kunde fördern diese Entwicklung. Der Gesetzgeber ist interessiert an einer Verbesserung des Abgasverhaltens und des Treibstoffverbrauchs und der Fahrsicherheit. Die Kundenwünsche hingegen beziehen sich auf immer neue Verbesserungen im Bereich des Fahrkomforts. Ursprünglich autonome Prozesse einzelner Steuergeräte werden vermehrt miteinander über Bussysteme gekoppelt. Dies bedeutet, dass die Prozesse aufgeteilt sind, bordnetzübergreifend abgearbeitet werden und koordiniert zusammenwirken. Der Datenaustausch innerhalb des Bordnetzes nimmt deshalb zu. Durch diesen Austausch werden zudem viele der neueren Funktionen erst möglich.

Grenzen bisheriger Bordnetze

Die zunehmende Elektrifizierung im Fahrzeug ist durch verschiedene Faktoren begrenzt:

- zunehmender Verkabelungsaufwand,
- erhöhte Produktionskosten,
- erhöhter Platzbedarf im Fahrzeug,
- schwer beherrschbare Konfigurierbarkeit der Komponenten,
- sinkende Zuverlässigkeit des Gesamtsystems.

Um diese Nachteile zu minimieren, werden im Fahrzeug für das Bordnetz Netzwerke eingesetzt. Im Folgenden werden diese Netzwerke als Bussysteme bezeichnet. Daraus resultieren verschiedene Vorteile, die zum Einsatz dieser Systeme im Fahrzeug führen.

Vorteile von Bussystemen

- höhere Zuverlässigkeit des Gesamtsystems,
- sinkender Verkabelungsaufwand,

- Reduzierung der Anzahl der einzelnen Kabel,
- Reduzierung der Querschnitte von Kabelbäumen,
- flexibles Verlegen der Kabel,
- Mehrfachnutzung von Sensoren,
- Ermöglichen der Übertragung von komplexen Daten,
- höhere Flexibilität bei Systemänderungen,
- Erweiterung des Datenumfangs ist jederzeit möglich,
- Umsetzung neuer Funktionen für den Kunden,
- effiziente Diagnose,
- geringere Hardwarekosten.

20.4.3 Übersicht der Bussysteme

Prinzipiell werden zwei Gruppen von Bussystemen unterschieden:

- Hauptbussysteme und
- Sub-Bussysteme.

Hauptbussysteme sind für den systemübergreifenden Datenaustausch verantwortlich. Sub-Bussysteme tauschen Daten im System aus. Diese Systeme werden verwendet, um relativ geringe Datenmengen in abgegrenzten Systemen auszutauschen.

Hauptbussysteme

Als Hauptbussysteme stehen folgende Busse zur Verfügung:

Hauptbussystem	Datenrate	Busstruktur
CAN Class-B	100 kBit/s	Linear - Zweidraht
CAN Class-C	500 kBit/s	Linear - Zweidraht
MOST	22,5 Mbit/s	Ring - Lichtwellenleiter
Flexray	20 Mbit/s	Linear - Zweidraht

Sub-Bussysteme

Als Sub-Bussysteme stehen folgende Busse zur Verfügung:

Sub-Bussystem	Datenrate	Busstruktur
LIN-Bus	9,6 – 19,2 kBit/s	Linear - Eindraht

20.4.4 CAN-Bus

CAN (***C**ontroller-**A**rea-**N**etwork*) wurde von der Robert Bosch GmbH als Bussystem für Kraftfahrzeuge entwickelt.

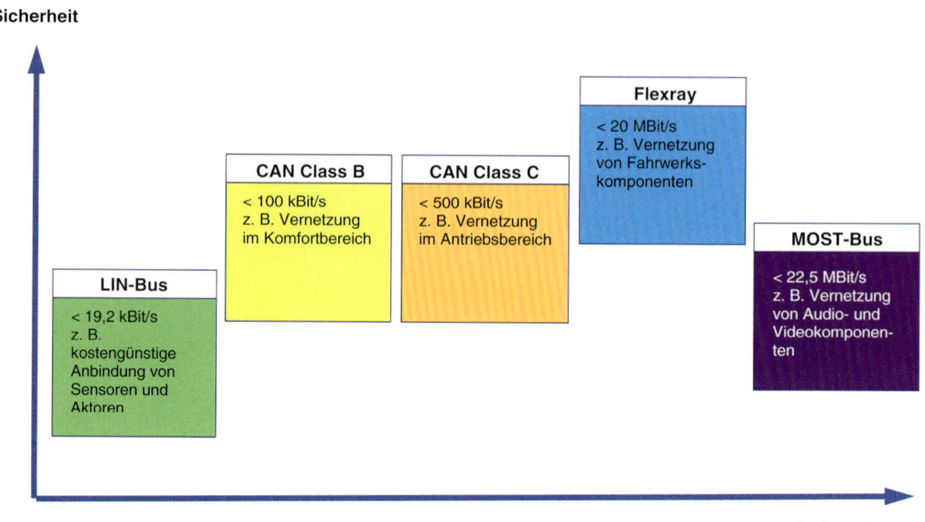

Bild 20.52 *Einordnung der Bussysteme unter dem Aspekt der Sicherheit und der Datenübertragung*
[Bild: Riehl]

Vorteile von CAN

- höhere Geschwindigkeit der Datenübertragung gegenüber konventioneller Verdrahtung,
- bessere elektromagnetische Verträglichkeit (EMV),
- verbesserte Notlaufeigenschaften.

Der CAN ist ein Multi-Master-Bus: Jedes Steuergerät, das an den Bus angeschlossen ist, kann die Nachrichten versenden.

Die Steuergeräte kommunizieren ereignisgesteuert. Das sendewillige Steuergerät sendet seine Nachricht, wenn der Bus frei ist. Wenn der Bus nicht frei ist, so wird die Nachricht gesendet, die die höchste Priorität hat.

Da es keine Empfangsadressen gibt, empfängt jedes Steuergerät jede gesendete Nachricht. Aus diesem Grund können dem System während des Betriebs weitere Empfangsstationen ohne weiteres hinzugefügt werden. Es muss weder die Software noch die Hardware geändert werden. Man nennt dieses Prinzip auch «Broadcast», abgeleitet

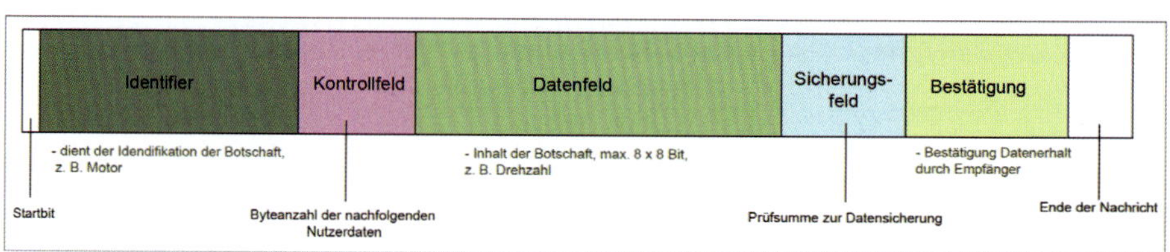

Bild 20.53 *Prinzipieller Aufbau einer Botschaft*
[Bild: Riehl]

von einem Rundfunksender, der ein Programm ausstrahlt, das von jedem angeschlossenen Teilnehmer empfangen werden kann. Durch das Broadcast-Verfahren wird erreicht, dass alle angeschlossenen Steuergeräte immer den gleichen Informationsstand haben. In den Steuergeräten sind die jeweiligen «Themen» hinterlegt, die für dieses Steuergerät relevant sind.
Die Botschaften

- sind zeitgleich auf beiden Leitungen,
- gehen zeitgleich an alle Teilnehmer,
- der Teilnehmer wählt aus.

Zur Datenübertragung werden zurzeit Zweidrahtleitungen aus Kupfer eingesetzt. Zwei miteinander verdrillte Leitungsadern nennt man *Twisted Pair*.

Erhöhung der Übertragungssicherheit

Um eine hohe Übertragungssicherheit zu erreichen, wird bei den CAN-Datenbussystemen die schon erwähnte Zweidrahtleitung (*Twisted Pair*) mit differenzieller Daten-Übertragung eingesetzt.

Topologie

Die Topologie gibt an, in welcher Form die Teilnehmer miteinander verbunden sind.

Punkt-zu-Punkt-Topologie

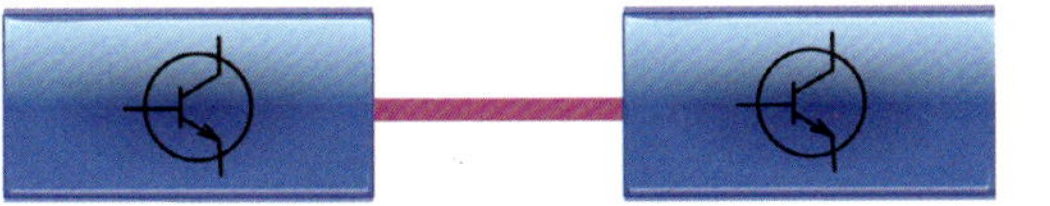

Bild 20.54
Punkt-zu-Punkt-Topologie
[Bild: Riehl]

Vorteile der Punkt-zu-Punkt-Topologie

Vorteile gegenüber einfacher Verkabelung sind:

- unterschiedliche Messwerte/Botschaften über nur eine Leitung, in diesem Fall:
  - Batteriespannung,
  - Batteriestrom,
  - Batterietemperatur;
- Diagnosemöglichkeit der Teilnehmer.

Bus-Topologie

«Bus» oder «Bussystem» meint alle Vernetzungsarten (mit unterschiedlichen Topologien) aber «Bus-Topologie» bedeutet die spezielle hier abgebildete Topologie.

Bild 20.55
Bus-Topologie
[Bild: Riehl / BMW]

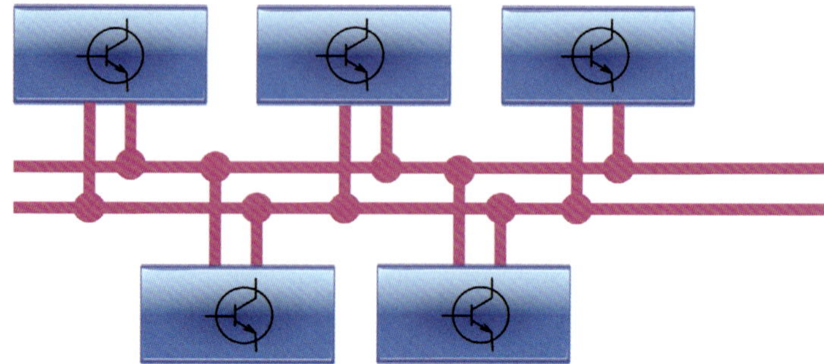

Vorteile der Bus-Topologie sind:

- einfach installierbar,
- einfach erweiterbar,
- kurze Leitungen,
- Notlaufeigenschaft auf einer Leitung.

Nachteile:

- Netzausdehnung begrenzt und
- aufwändige Zugriffsmethoden.

Ring-Topologie

Jeder Teilnehmer ist mit genau zwei Nachbarknoten direkt verbunden.

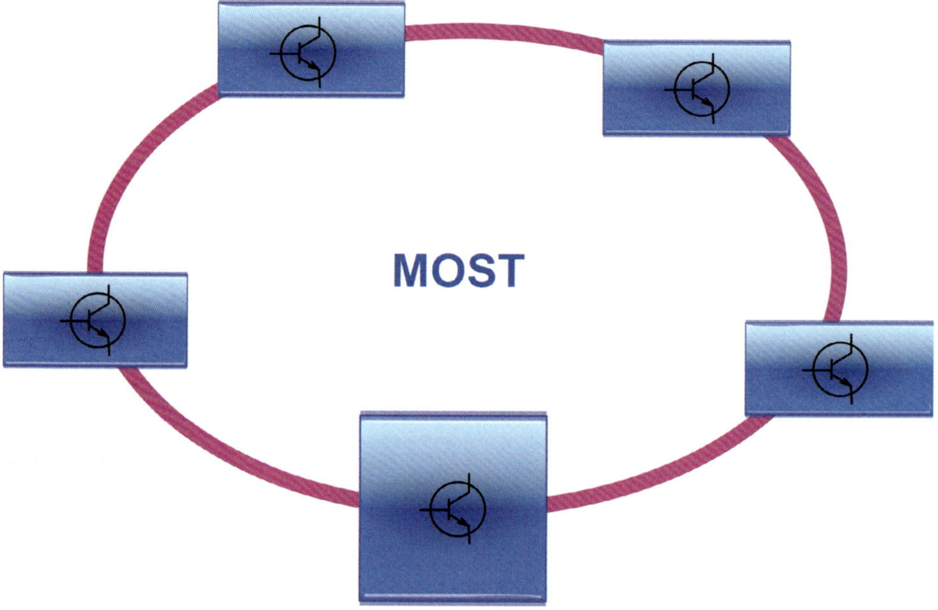

Bild 20.56 *Ring-Topologie*
[Bild: Riehl]

Vorteile der Ring-Topologie sind:

- Übertragung nur in eine Richtung notwendig und
- vereinfacht eine optische Datenübertragung

Nachteile:

- Ausfall eines Teilnehmers wirkt sich auf den Bus aus, deshalb normalerweise nur unkritische Audio- und Videodaten

Stern-Topologie

In der Stern-Topologie befindet sich ein zentrales Steuergerät, das eine Verbindung zu allen anderen Steuergeräten unterhält. Jedes Steuergerät ist über eine eigene Leitung mit dem zentralen Steuergerät verbunden.

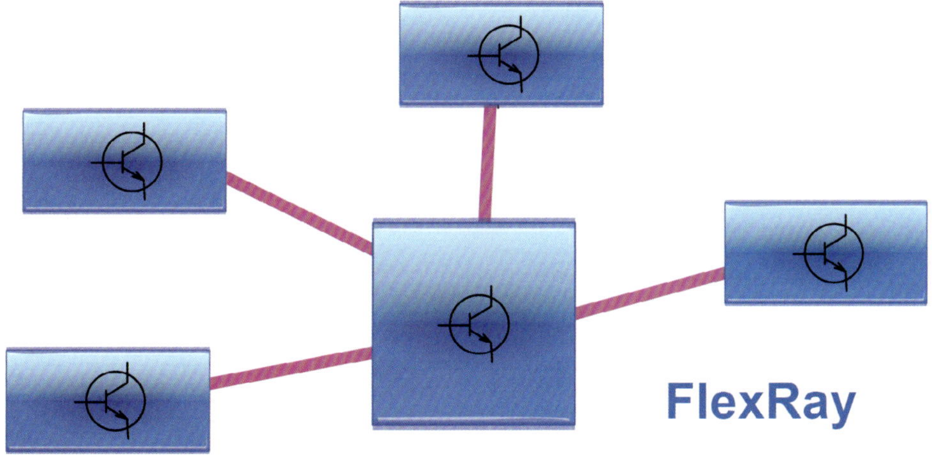

Bild 20.57 *Stern-Topologie*
[Bild: Riehl]

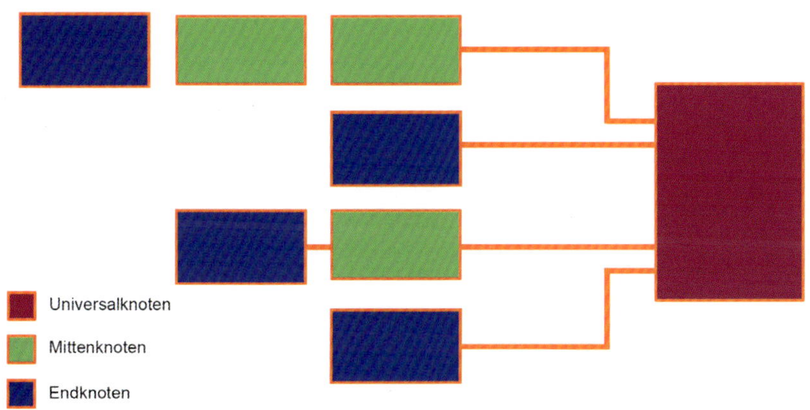

Bild 20.58 *Gemischte Topologie am Beispiel Flexray*
Einteilung der Knoten:
[Bild: Riehl]

Vorteile der Stern-Topologie sind:

- zentrale Überwachung,
- äußere Knoten können ausfallen, ohne den Rest zu beeinträchtigen,
- leichte Erweiterbarkeit.

Nachteile:

- hoher Verkabelungsaufwand und
- Komplettausfall bei defektem zentralen Steuergerät.

Gemischte Topologie
Stern-Topologie plus mehrere Stränge aus Punkt-zu-Punkt-Verbindungen

20.4.4.1 Spannungen am CAN Class-B

Spannungsänderungen auf den CAN-Leitungen bei Wechsel zwischen dominantem und rezessivem Zustand am Beispiel des CAN-Datenbus Class-B (Komfort):

> Der Ruhepegel wird auch als rezessiver Zustand bezeichnet, da er von jedem angeschlossenen Steuergerät geändert werden kann. Die Änderung vom Ruhepegel wird als dominant bezeichnet.
>
> CAN-High ist dadurch gekennzeichnet, dass er sich vom Ruhepegel zur größeren Spannung (High) ändert. Ebenso ändert sich CAN-Low vom Ruhepegel zu einer niedrigeren Spannung (Low).

➔ Demnach beträgt die Spannungsdifferenz zwischen CAN-High und CAN-Low im rezessiven Zustand 5 V, im dominanten Zustand mindestens 2,2 V.

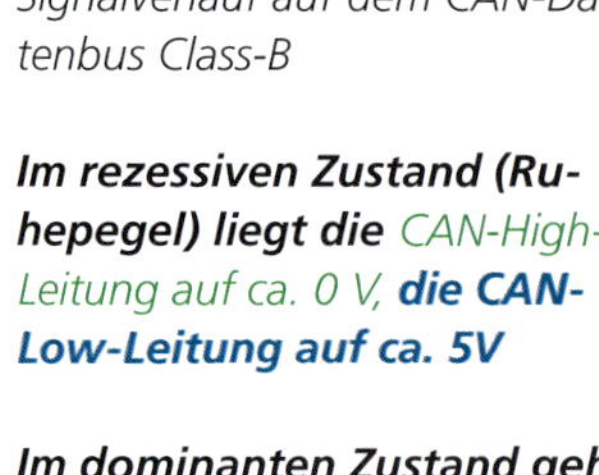

Bild 20.59
Signalverlauf auf dem CAN-Datenbus Class-B

Im rezessiven Zustand (Ruhepegel) liegt die** CAN-High-Leitung auf ca. 0 V, **die CAN-Low-Leitung auf ca. 5V

Im dominanten Zustand geht die** CAN-High-Leitung auf ca. 3,6 V, **die CAN-Low-Leitung auf ca. 1,4 V.
[Bild: Riehl]

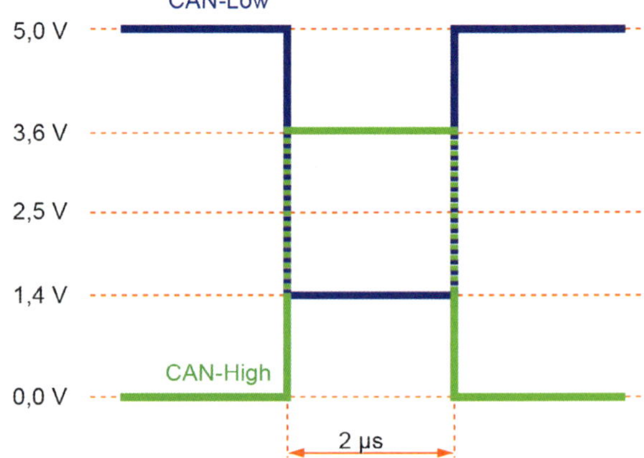

Fällt eine der beiden CAN-Leitungen durch Unterbrechung, Kurzschluss oder Verbindung zur Batteriespannung aus, wird auf den sogenannten Eindrahtbetrieb umgeschaltet. Während des Eindrahtbetriebes werden nur die Signale der noch intakten CAN-Leitung ausgewertet. Auf diese Weise bleibt der CAN-Datenbus Class-B funktionsfähig. Die eigentliche CAN-Auswertung im Steuergerät ist vom Eindrahtbetrieb nicht betroffen. Über einen speziellen Fehlerausgang, wird dem Steuergerät mitgeteilt, ob der Transceiver sich im Normalbetrieb oder im Eindrahtbetrieb befindet.

20.4.4.2 Spannungen am CAN Class-C

Spannungsänderungen auf den CAN-Leitungen bei Wechsel zwischen dominantem und rezessivem Zustand am Beispiel des CAN-Datenbus Class-C (Antrieb):

- ➔ Die Spannungsdifferenz zwischen CAN-High und CAN-Low beträgt im rezessiven Zustand 0 V, im dominanten Zustand mindestens 2 V.

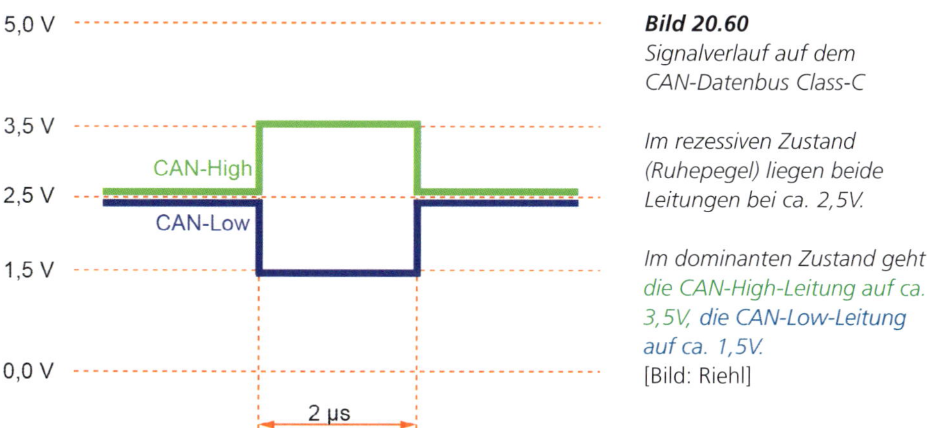

Bild 20.60
Signalverlauf auf dem CAN-Datenbus Class-C

Im rezessiven Zustand (Ruhepegel) liegen beide Leitungen bei ca. 2,5V.

Im dominanten Zustand geht die CAN-High-Leitung auf ca. 3,5V, die CAN-Low-Leitung auf ca. 1,5V.
[Bild: Riehl]

20.4.4.3 Einfluss von Störspannungen beim CAN-Bus

Da die Datenbus-Leitungen auch im Motorraum verlegt sind, werden diese auch unterschiedlichen Störeinflüssen ausgesetzt. So sind Kurzschlüsse gegen Masse und

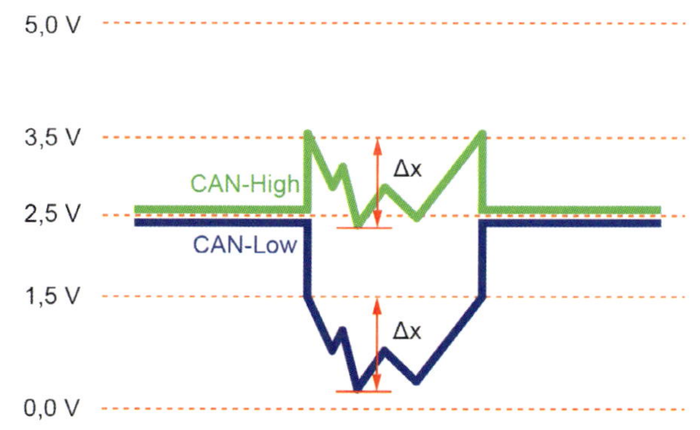

Bild 20.61
Ausfiltern von Störungen: Da zur Auswertung die Spannung auf der CAN-Low-Leitung (1,5 V - Δx) von der Spannung auf der CAN-High-Leitung (3,5 V - Δx) abgezogen wird, fällt der Störimpuls bei der Auswertung heraus und erscheint nicht mehr im Differenzsignal.
[Bild: Riehl]

Batteriespannung, Überschläge aus der Zündanlage und statische Entladungen bei der Wartung denkbar.

Auf Grund der miteinander verdrillten Leitungen von CAN-High und CAN-Low (Twisted Pair), wirkt ein Störimpuls *X* sich immer auf beide Leitungen gleichmäßig aus.

20.4.4.4 Abschlusswiderstand

Ein stromdurchflossener Leiter hat elektrisch gesehen immer einen ohmschen, induktiven und kapazitiven Widerstand. Bei der Datenübertragung vom Punkt A zum Punkt B wirkt die Gesamtsumme dieser Widerstände auf die Datenübertragung ein. Je höher die Übertragungsfrequenz, umso mehr wirken der induktive und kapazitive Widerstand. Dies kann dazu führen, dass am Ende der Übertragungsleitung ein nicht mehr identifizierbares Signal zur Verfügung steht. Aus diesem Grund wird die Leitung durch Abschlusswiderstände «angepasst», das ursprüngliche Signal bleibt erhalten.

Der induktive Widerstand entsteht z. B. durch die Spulenwirkung der Leitung. Der kapazitive Widerstand entsteht z. B. durch die Leitungsverlegung parallel zur Karosserie. Die Abschlusswiderstände auf einem Bussystem sind unterschiedlich.

Sie sind im Allgemeinen von folgenden Parametern abhängig:

- Frequenz der Datenübertragung auf dem Bussystem,
- induktive bzw. kapazitive Last auf dem Übertragungsweg,
- Kabellänge zur Datenübertragung.

Je länger die Leitung ist, umso größer wird der induktive Bestandteil der Leitung.

Die Steuergeräte sind aufgeteilt in Basissteuergeräte, die immer vorhanden sind (z. B. Instrumentenkombination) und restliche Steuergeräte. Der Widerstandswert bestimmt diese Aufteilung. Um einen exakten Signalverlauf in den Bussystemen zu gewährleisten, werden Abschlusswiderstände verwendet. Diese Abschlusswiderstände befinden sich in den Steuergeräten der Bussysteme.

20.4.4.5 CAN im Service

Bedingt durch die mechanischen Erschütterungen des Fahrzeuges muss davon ausgegangen werden, dass sowohl Isolierungen defekt werden als auch Kabelbrüche oder Kontaktfehler in Steckern auftreten können. Entsprechend gibt es eine ISO-Fehlertabelle (***I****nternational* ***S****tandards* ***O****rganization*).

In dieser ISO-Fehlertabelle sind die für den CAN-Datenbus möglichen Fehler zusammengestellt worden. Die Fehlerfälle 3 bis 8 lassen sich beim CAN-Datenbus Class-C (Antrieb) mit dem Multi-/ Ohmmeter eindeutig feststellen. Für die Fehlerfälle 1, 2 und 9 muss ein Oszilloskop eingesetzt werden. Beim CAN-Datenbus Komfort/ Infotainment erfolgt die Fehlersuche ausschließlich mit dem DSO. ISO-Fehler 8 tritt beim CAN-Datenbus Class-B (Komfort) nicht auf.

Tabelle 20.8 *ISO-Fehlertabelle*

ISO-Fehler	CAN-High	CAN-Low
1		Unterbrechung
2	Unterbrechung	
3		Kurzschluss nach B+
4	Kurzschluss nach B+	
5		Kurzschluss nach B-
6	Kurzschluss nach B-	
7	Kurzschluss nach CAN-Low	Kurzschluss nach CAN-High
8	Fehlender Abschlusswiderstand	Fehlender Abschlusswiderstand
9	Vertausch mit CAN-Low	Vertausch mit CAN-High

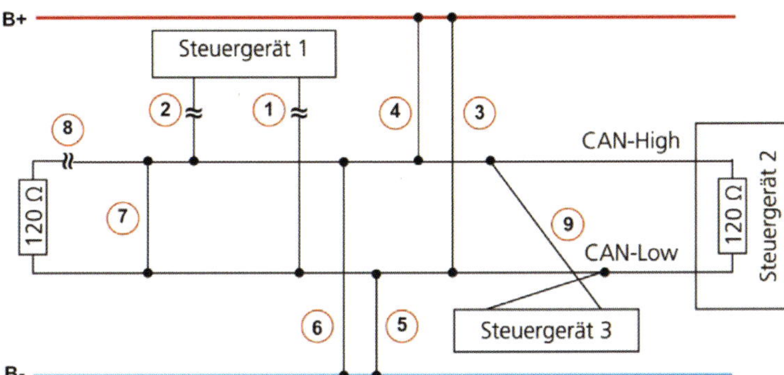

Bild 20.62
Darstellung der ISO-Fehler im Schaltplan
[Bild: Riehl]

20.4.4.6 CAN-FD

Große Datenmengen und eine enorme Geschwindigkeit der Diagnosekommunikation in den Fahrzeugen prägen die Automobilbranche. CAN ist seit Jahrzehnten ein zuverlässiges Bussystem, das sich als Standard durchgesetzt hat. Allerdings reicht die Leistung des klassischen CAN-Busses für die heutigen Anforderungen an die Datenübertragungsrate nicht mehr aus.

CAN **F**lexible **D**atarate (CAN FD) hebt die limitierenden Grenzen des CAN-Busses bezüglich der Datenrate auf. Je nach Netzwerktopologie, erreicht CAN FD einen in der Praxis etwa sechsmal höheren Datendurchsatz als der klassische CAN-Bus.

Die gestiegene Effizienz wird durch eine Vergrößerung des Datenfeldes von 8 Byte auf bis zu 64 Byte und gesteigerten Bitrate von bis zu 8 MBit/s während der Nutzdatenübertragung erreicht. Damit wird CAN FD der Anforderung an die Verarbeitung wesentlich größerer Datenmengen gerecht und spart dadurch Zeit und Kosten.

Die Automobilindustrie ist trotz aller Innovationen eine konservative Industrie. Jede Änderung will wohl bedacht sein und darf auf keinen Fall zu Rückrufaktionen führen. Deshalb wird auch in naher und mittlerer Zukunft CAN das dominierende Kommunikationssystem im Auto sein. Es ist erprobt, zuverlässig und robust. Für komplexere elektronische Steuergeräte wird jedoch eine größere Bandbreite benötigt, vor allem für das Herunterladen von Software.

Das war der Grund, warum das seit 1991 in Fahrzeugen verwendete Bussystem verbessert wurde. Das unter der Bezeichnung CAN FD verbesserte CAN-Protokoll ist rückwärtskompatibel. Es erlaubt eine schnellere Übertragung und transportiert pro Nachricht mehr Nutzdaten als bisher. Je nach Netzwerktopologie (Bus, Stern usw.) werden Geschwindigkeiten von 2 MBit/s bis 8 MBit/s erreicht.

Das CAN-FD-Protokoll wurde bereits zur internationalen Normung eingereicht. Um die Zuverlässigkeit der Übertragung beizubehalten, musste das CAN-FD-Protokoll gegenüber dem klassischen CAN-Protokoll leicht verändert werden.

Die meisten Pkw-Hersteller werden CAN FD zuerst zum Herunterladen von Software verwenden. Hier ist der Leidensdruck am höchsten. Eine schnelle Ethernet-Verbindung zum zentralen Gateway oder Domain-Rechner würde zwar auch das Herunterladen in das Fahrzeug beschleunigen, aber dann ginge es langsam über klassische CAN-Netzwerke zu den einzelnen Steuergeräten. Mit CAN FD kann man dies beschleunigen.

20.4.5 LIN-Bus

LIN steht für ***L**ocal **I**nterconnect **N**etwork*. Local Interconnect bedeutet, dass sich alle Steuergeräte innerhalb eines begrenzten Bauraums (z. B. Dach) befinden. Der Datenaustausch zwischen den einzelnen LIN-Bussystemen in einem Fahrzeug erfolgt über jeweils ein Steuergerät durch den CAN-Datenbus. Beim LIN-Bussystem handelt es sich um einen Eindraht-Bus. Eine Abschirmung ist nicht notwendig.

Das LIN-Bussystem besteht aus folgenden Bauteilen:

- übergeordnetes Steuergerät (Master),
- untergeordnete Steuergeräte (Slaves),
- Eindrahtleitung.

Der LIN-Bus-Master leitet die Anforderungen des Steuergeräts an die Slaves (untergeordnete Steuergeräte) seines Systems weiter. Der LIN-Bus-Master kontrolliert den Nachrichtenverkehr auf der Bus-Leitung. Die aktuellen Nachrichten werden zyklisch vom LIN-Bus-Master übertragen. LIN-Bus-Slaves der Klimaanlage sind z. B.:

- Verstellmotoren für die Luftverteilungsklappen,
- Regler für das Gebläse,
- elektrischer Zuheizer.

Die LIN-Bus-Slaves warten auf Befehle des LIN-Bus-Masters und kommunizieren mit ihm nur auf Anforderung. Allein zur Beendigung des Sleep-Modus kann ein LIN-Bus-Slave von sich aus die Wake-up-Sequenz senden. Die LIN-Bus-Slaves sind in den ausführenden Teilnehmern des LIN-Bussystems (z. B. Schrittmotoren zur Lüfterklappeneinstellung) verbaut.

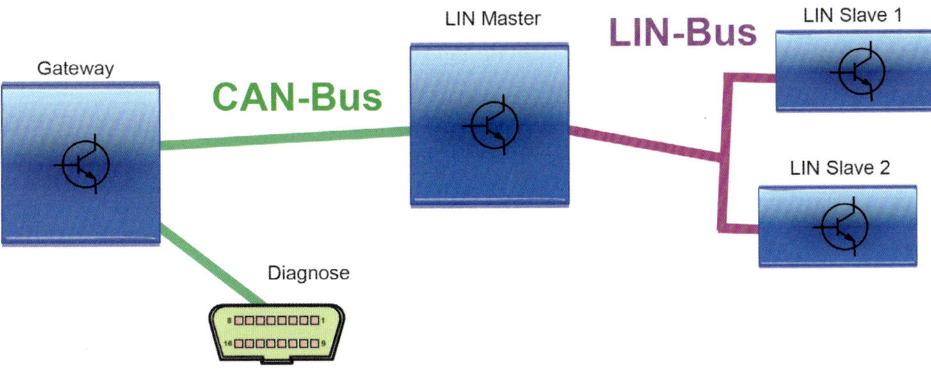

Bild 20.63 *Aufbau eines LIN-Bussystems*
[Bild: Riehl]

Signal

Rezessiver Pegel: Wird keine Botschaft oder ein rezessives Bit auf dem LIN-Datenbus gesendet, liegt an der Datenbusleitung nahezu Batteriespannung an.
Dominanter Pegel: Um ein dominantes Bit auf dem LIN-Datenbus zu übertragen, wird im Sender-Steuergerät die Datenbusleitung durch einen Transceiver auf Masse durchgeschaltet.

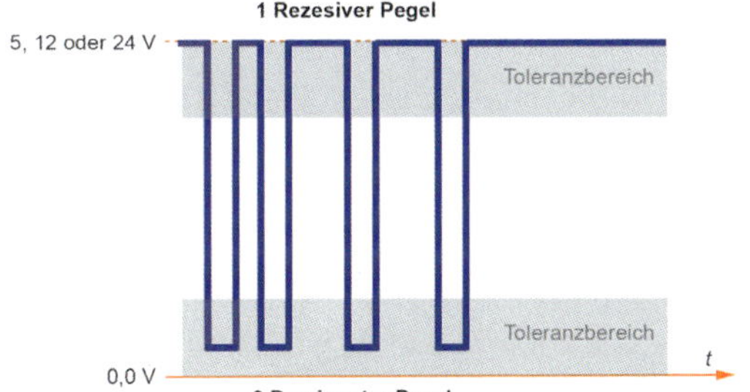

Bild 20.64
Signale eines LIN-Bussystems Versorgungsspannung 5, 12 oder 24 V
[Bild: Riehl]

Durch die Festlegung von Toleranzen beim Senden und Empfangen im Bereich des rezessiven sowie dominanten Pegels ist eine stabile Datenübertragung gewährleistet. Die Diagnose der LIN-Bussysteme erfolgt über das Adresswort des LIN-Master-Steuergerätes. Die Übertragung der Diagnosedaten von LIN-Slave-Steuergeräten zum LIN-Master-Steuergerät erfolgt durch den LIN-Bus.

20.4.6 Optische Datenbussysteme

In der Daten-, Sprach- oder Bildübertragung werden die zu übertragenden Datenmengen immer größer. Die Lichtwellenleitertechnik wird heute bereits in Telekommunikation und Industrieanlagen eingesetzt. Diese Technik ist in der Lage, diese großen Datenmengen, bei gleichzeitigen, weiteren Vorteilen, zu bewältigen. Hohe Datenraten verursachen bei

Kupferleitungen eine starke elektromagnetische Abstrahlung. Diese Abstrahlung kann andere Funktionen im Fahrzeug stören. Im Vergleich zu Kupferleitungen benötigen die Lichtwellenleiter bei gleicher verfügbarer Bandbreite weniger Bauraum. Zudem haben Lichtwellenleiter im Gegensatz zu Kupferleitungen ein geringeres Gewicht. Anders als bei Kupferleitungen, auf denen zur Datenübertragung digitale bzw. analoge Spannungssignale übertragen werden, überträgt der Lichtwellenleiter Lichtstrahlen. Die gebräuchlichsten Lichtwellenleiter sind Glasfaser-Lichtwellenleiter

Glasfaser-Lichtwellenleiter haben folgende Vorteile:

- großer Faserquerschnitt – vereinfachte technische Herstellung,
- relativ staubunempfindlich,
- einfacher Umgang, da Kunststoff im Gegensatz zu Glas nicht bricht,
- einfache Verarbeitung – kann geschnitten, geschliffen oder geschmolzen werden,
- kostengünstig.

20.4.6.1 Signalübertragung über Lichtwellenleiter

Aufbau

Ein Lichtwellenleiter ist eine dünne zylindrische Faser aus Kunststoff, die von einer dünnen Ummantelung umhüllt ist. Dieser eigentliche Lichtwellenleiter ist in Hüllmaterial eingebettet, das lediglich als Schutz der eigentlichen Faser dient.

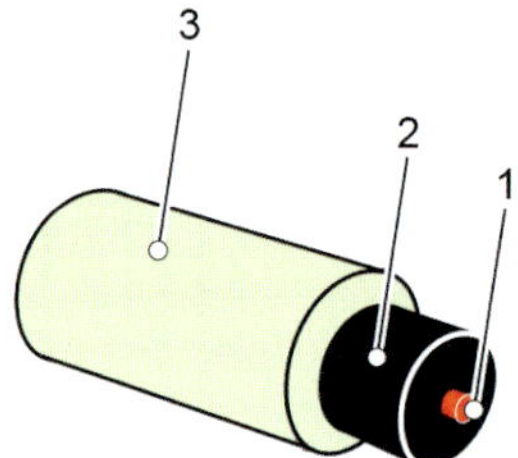

Bild 20.65
Aufbau eines Lichtwellenleiters
1 Faserkern
2 Ummantelung
3 Polsterbeschichtung
[Bild: Riehl]

Prinzip der optischen Übertragung

Jedes System, das elektrische Signale mit Hilfe von Lichtstrahlung überträgt, besteht im Prinzip aus den in Bild 20.68a dargestellten Komponenten. Das Signal steuert eine Strahlungsquelle so, dass die Strahlungsleistung dieser Quelle proportional zu den zeitlichen Schwankungen des Signals erfolgt. Das vom Steuergerät gebildete elektrische Signal wird in einem Sendebauelement in ein optisches Signal umgewandelt und in den

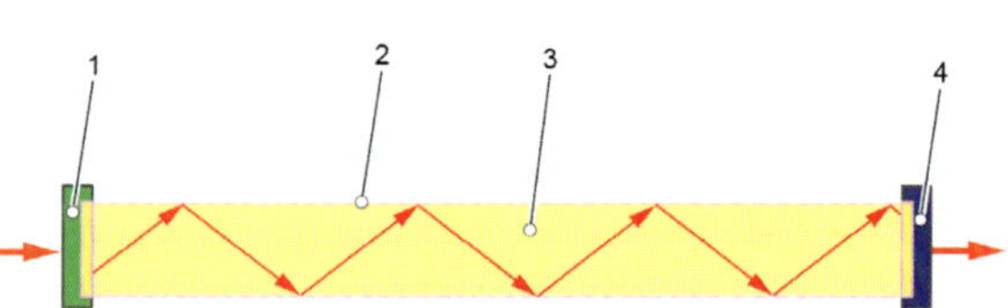

Bild 20.66a
Prinzip der Übertragung mit Licht
1 Sendediode
2 Ummantelung
3 Faserkern
4 Empfangsdiode
[Bild: Riehl]

Lichtwellenleiter eingestrahlt. Der Faserkern dient zur Führung der Lichtwellen. Damit das ausgestrahlte Licht nicht aus dem Faserkern austritt, ist dieser ummantelt. Die Ummantelung ermöglicht eine Reflexion und somit die Weiterleitung des Lichts im Kern.

Das Licht durchläuft so den Lichtwellenleiter. Mithilfe eines Empfangsbauelements wird das Licht wieder in ein elektrisches Signal umgewandelt.

Dämpfung des Lichts

Das in der Faser geführte Licht verliert mit der zurückgelegten Strecke an Leistung. Dieser Vorgang wird als Dämpfung bezeichnet.

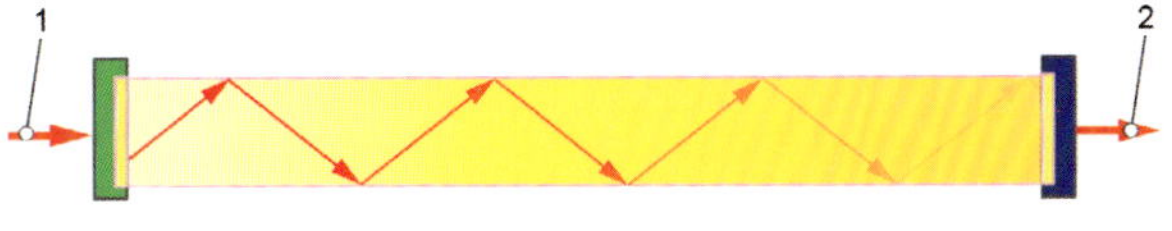

Bild 20.66b
Dämpfung des Lichts innerhalb eines Lichtwellenleiters
1 Sendediode
2 Ummantelung
3 Faserkern
4 Empfangsdiode
[Bild: Riehl]

Die Dämpfung (A) wird in Dezibel (dB) angegeben. Dezibel stellt keine absolute Größe dar, sondern ein Verhältnis zweier Werte. Deshalb ist das Dezibel auch nicht für spezielle physikalische Größen definiert. Bei der Bestimmung z. B. des Schalldrucks oder der Lautstärke wird ebenfalls die Einheit Dezibel verwendet. Bei der Dämpfungsmessung errechnet sich dieses Maß aus dem Logarithmus des Verhältnisses der Sendeleistung zur Empfangsleistung.

Formel:

$$\textit{Dämpfungsmaß}\ (A) = 0 \quad \lg \frac{\textit{Sendeleistung}}{\textit{Empfangsleistung}}$$

Beispiel:

$$\textit{Dämpfungsmaß}\ (A) = 10 \quad B \lg \frac{20\ \text{W}}{10\ \text{W}} = 3\ \text{db}$$

Das bedeutet, bei einem Dämpfungsmaß von 3 dB wird das Lichtsignal um die Hälfte geschwächt. Diese Dämpfung ist vergleichbar mit dem elektrischen Widerstand einer Kupferleitung.

Nicht zulässiger Umgang mit Lichtwellenleitern bzw. deren Komponenten:

- thermische Verarbeitungs- und Reparaturmethoden wie Löten, Heißkleben, Schweißen;
- chemische und mechanische Methoden wie Kleben, Stoßverbinden;
- Verdrillen zweier LWL-Leitungen oder einer LWL-Leitung mit einer Kupferleitung;

- Beschädigung des Mantels, wie Perforation, Schnitte, Quetschungen usw.: bei der Montage im Fahrzeug nicht darauf treten, Gegenstände darauf abstellen, usw;
- Verschmutzung der Stirnfläche, z. B. durch Flüssigkeiten, Staub, Betriebsstoffe usw.; vorgeschriebene Schutzkappen nur für Steck- bzw. Testzwecke unter besonderer Vorsicht entfernen;
- Schlaufen und Knoten bei der Verlegung im Fahrzeug; beim Ersetzen des LWL auf richtige Länge achten.

20.4.6.2 Vergleich eines optischen Nachrichtensystems mit einem kabelgebundenen Nachrichtensystem

Wenn ein optisches Nachrichtensystem mit einer Modemübertragung (Computer – Internet) verglichen wird, lassen sich Parallelen erkennen:

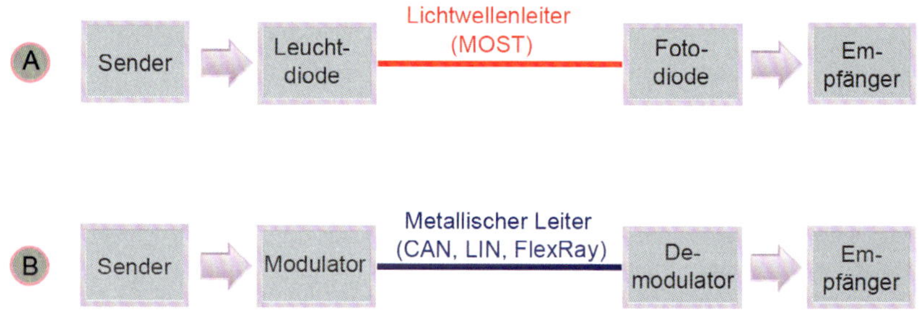

Bild 20.67 *Vergleich eines optischen mit einem konventionellen Nachrichtensystems*
A Optische Übertragung
B Drahtgebundene Übertragung
[Bild: Riehl]

Die Funktion des Übertragungskanals übernimmt der Lichtwellenleiter. Der Lichtwellenleiter ist praktisch unempfindlich gegenüber elektromagnetischen Einwirkungen von außen.

Übertragung per Modem: Bei der Modemübertragung werden die digitalen Signale mittels des Modulators, dem Sendeteil des Modems, in analoge Signale umgewandelt. Die analogen Signale werden über das Telefonnetz zum nächsten Computer übertragen. An diesem Computer wandelt der Demodulator, der Empfangsteil des Modems, die analogen Signale wieder in digitale Signale um.

Optische Übertragung: Bei der optischen Nachrichtenübertragung hingegen werden die digitalen Signale mittels einer Leuchtdiode in optische Signale umgewandelt. Die optischen Signale werden über Lichtwellenleiter zum nächsten Steuergerät übertragen. An diesem Steuergerät wandelt die Fotodiode die optischen Signale wieder in digitale Signale um.

20.4.6.3 MOST-Bus

MOST (***M**edia **O**riented **S**ystem **T**ransport*) ist eine Kommunikationstechnologie für Multimedia-Anwendungen, die insbesondere für den Einsatz im Kraftfahrzeug entwickelt wurde. Der MOST-Bus nutzt Lichtimpulse zur Übertragung von Daten.

Die MOST-Technologie erfüllt zwei wesentliche Anforderungen:

1. Der MOST-Bus ist in der Lage die Steuerungs-, Audio- und Navigationsdaten zu transportieren.
2. Die MOST-Technologie stellt ein logisches Rahmenmodell zur Steuerung der Datenvielfalt und Datenkomplexität zur Verfügung.

Die Vorteile der MOST-Technologie sind:

- hohe Datenübertragungsraten möglich,
- Informations- und Entertainment-Dienste können parallel und synchron ablaufen, ohne sich gegenseitig zu stören,
- gute elektromagnetische Verträglichkeit.

Es werden Multimedia Komponenten verbaut, wie:

- Telefon,
- Radio,
- Fernseher,
- Navigationssystem,
- CD-Wechsler,
- Verstärker,
- Multi-Informations-Display/Bordmonitor.

Der MOST-Bus ist in Ring-Struktur aufgebaut und nutzt Lichtimpulse zur Datenübertragung. Die Datenübertragung findet ausschließlich in eine Richtung statt. Durch MOST wachsen die einzelnen Komponenten zu einer zentralen Einheit zusammen. Die Komponenten interagieren somit noch stärker.

Das Erweitern des Systems durch einzelne Komponenten wird einfacher durch das Prinzip Plug&Play (anschließen und loslegen). MOST ist in der Lage, Funktionen, die im Fahrzeug verteilt sind, zu steuern und dynamisch zu verwalten. Wesentliches Merkmal eines Multimedia Netzwerkes ist, dass es nicht nur Steuerungsdaten und Sensordaten transportiert.

Merkmale

- Hohe Datenraten: 22,5 MBit/s
- Synchrone/asynchrone Datenübertragung
- MOST ordnet die Steuergeräte-Knoten im Bus zu
- Lichtwellenleiter als Übertragungsmedium
- Ring-Struktur

Der MOST stellt nicht nur ein Netzwerk im herkömmlichen Sinn dar, sondern eine integrierte Technologie für Multimedia und Netzwerksteuerung.

Ringstruktur

Jedes Endgerät (Knoten, Steuergerät) ist in einem Netzwerk mit Ring-Struktur über einen Kabelring miteinander verbunden. Auf dem Ring zirkuliert eine Meldung, die angibt, dass gesendet werden darf. Diese Meldung wird von jedem Knoten (Steuergerät) gelesen und weitergeleitet. Wenn ein Knoten Daten verschicken will, verändert er die Sendebereitschaftsmeldung und verändert sie zu einer «Belegt»-Meldung. Danach fügt er die Adresse des Empfängers, einen Fehlerbehandlungscode und die Daten an. Damit die Signalstärke erhalten bleibt, erzeugt der Knoten, bei dem das Paket vorbeikommt, die Daten noch einmal (*Repeater*). Der Knoten, der als Empfänger adressiert ist, kopiert sich die Daten und schickt sie im Kreis weiter. Erreichen die Daten wieder den Sender, so entfernt er die Daten vom Ring und stellt die Sendebereitschaftsmeldung wieder her.

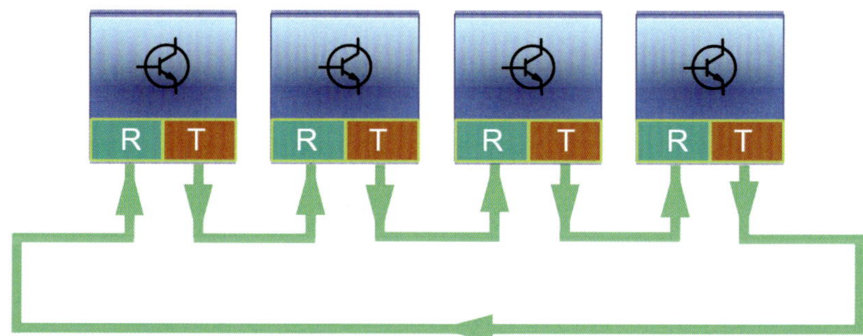

Bild 20.68 *Ring-Struktur eines Netzwerks*
R Receiver (Empfänger)
T Transmitter (Sender)
[Bild: Riehl]

Konkret: Die physikalische Lichtrichtung verläuft vom Master-Steuergerät (z. B. Multi-Audiosystem-Kontroller) zum Lichtwellenleiterverbinder und von dort aus zu den Steuergeräten (z. B. CD-Wechsler im Gepäckraum). Vom letzten Steuergerät aus geht das Licht wiederum zurück über den Flash Stecker zu Master.

Vorteile

- Verteilte Steuerung
- Große Netzausdehnung

Nachteile

- Aufwändige Fehlersuche
- Bei Störungen Netzausfall
- Hoher Verkabelungsaufwand

Jedes MOST-Steuergerät kann Daten im MOST-Bus versenden. Nur das Master-Steuergerät kann einen Datenaustausch zwischen dem MOST-Bus und anderen Bussystemen realisieren. Um den unterschiedlichen Anforderungen der Anwendungen an die Datenübertragung gerecht zu werden, ist jede MOST-Nachricht in drei Teile aufgeteilt:

- Steuerungsdaten: z. B. Leuchtstärkenregelung,
- Asynchrondaten: z. B. Navigationssystem,
- Synchrondaten: z. B. Audio-, TV- und Videosignale.

Begriffserklärung:
Bei der **synchronen Datenübertragung** wird die Übertragung einzelner Bits zwischen Sender und Empfänger mit einem Taktsignal zeitlich synchronisiert. Dieses Taktsignal kann über eine eigene Schnittstellenleitung gesendet werden oder vom Empfänger aus dem Datensignal zurückgewonnen werden. Das Gegenstück ist die asynchrone Datenübertragung, bei der zwischen einzelnen Gruppen von Symbolen beliebig lange (oder auch zufällig lange) Pausen auftreten können, womit keine starre Phasenbeziehung mehr vorliegt.

Der MOST-Bus hat eine Ring-Struktur. Die verschiedenen Kanäle (synchroner Kanal, asynchroner Kanal und Steuerkanal) werden auf einem Medium synchron übertragen. Die Daten sind im gesamten Ring verfügbar, d. h. die Daten werden zerstörungsfrei gelesen (kopiert) und können somit von den verschiedenen Komponenten genutzt werden.

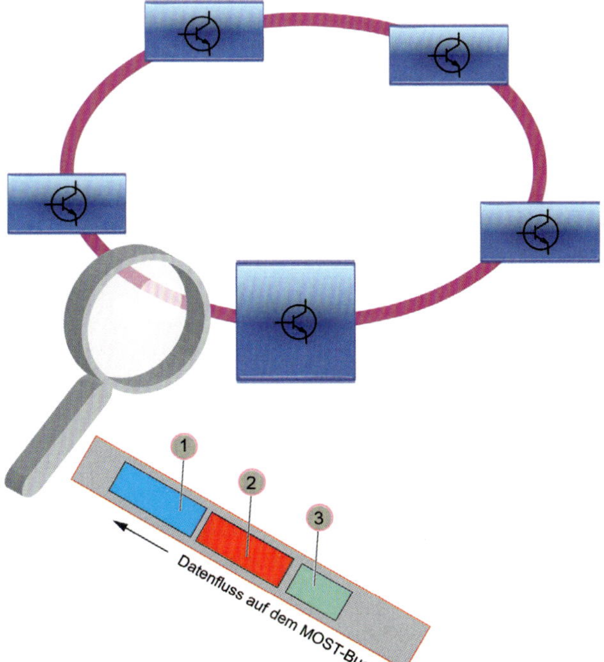

Bild 20.69 *Datenübertragung auf dem MOST-Bus*
1 Synchrondaten
2 Asynchrondaten
3 Steuerungsdaten
[Bild: Riehl]

Die Struktur des MOST-Busses erlaubt einfaches Erweitern von Komponenten. Der Einbauort de Komponenten im Ring ist von der Funktion unabhängig. Es muss keine Vorhaltung für zukünftige Systeme betrieben werden (z. B. Doppelspulenlautsprecher).

Bei Ausfall einer Komponente sind Receiver (Empfänger) und Transmitter (Sender) miteinander verbunden. Der Ring ist somit weiterhin funktionsfähig. Nur falls ein Steuergerät mit Spannung versorgt ist, sind Receiver und Transmitter getrennt. Diese beiden Einheiten sind zusammen mit dem Sende- und Empfangssystem komplett funktionsfähig. Die Informationen werden durch Lichtimpulse mit einer Wellenlänge von 650 nm (sichtbares rotes Licht) übertragen. Zur Erzeugung des Lichts wird kein Laser, sondern eine LED verwendet. Der Bus kann optisch geweckt werden, d. h. es wird keine zusätzliche Weckleitung benötigt. Die Stromaufnahme im Sleep-Modus ist sehr gering.

Anbindung von Steuergeräten

Die Verbindung zwischen den einzelnen Steuergeräten erfolgt über einen Ring-Bus, der die Daten nur in eine Richtung transportiert. Dies bedeutet, dass ein Steuergerät immer zwei Lichtwellenleiter besitzt; einen für den Sender und einen für den Empfänger. In den MOST-Steuergeräten kommt es zu einer reinen Faser Koppelung. Sende- und Empfangsdioden können so durch die auch im Steuergerät befindliche Faser an jeder beliebigen Stelle im Steuergerät platziert werden. Dadurch können die Faserflächen im Kabelbaumstecker zurück versetzt werden. So ist ein zusätzlicher Schutz der empfindlichen Endflächen überflüssig.

Das 2-polige Lichtwellenleiter-Modul ist bei allen Steckervarianten identisch. Teilefamilie und Kontaktteile wurden innerhalb der MOST-Kooperation zum Standard erklärt. Pin 1 ist immer für den ankommenden Lichtwellenleiter und Pin 2 für den weiterführenden Lichtwellenleiter belegt.

Anmeldung von Steuergeräten im MOST

Die verbauten Steuergeräte im MOST-Bus werden in einer Registrierungsdatei im Master-Steuergerät gespeichert. Die Speicherung erfolgt bei der Produktion und im Falle einer Nachrüstung von Steuergeräten nach dem Programmieren des Steuergerätes. In dieser Registrierungsdatei sind die Steuergeräte und deren Reihenfolge im MOST-Bus gespeichert. Über die Registrierungsdatei kann das BMW-Diagnosesystem die verbauten Steuergeräte und deren Reihenfolge feststellen.

Beim Hochfahren der Steuergeräte des MOST-Busses senden alle Steuergeräte dem Master-Steuergerät ihre Kennung. Das Master-Steuergerät erkennt so, welche Steuergeräte sich im MOST-Bus befinden. Beim Ausbleiben der Anmeldung eines oder mehrerer Steuergeräte kann bei der Diagnose auf den Fehlerort geschlossen werden.

Bandbreiten

Die Bandbreite gibt die Kapazität des Netzwerks an, also wie viele Daten gleichzeitig übertragen werden können. Die Bandbreite der verschiedenen Anwendungen ist sehr unterschiedlich. Ziel ist es, dass alle Insassen gleichzeitig unterschiedliche Dienste abrufen können, z. B.:

- der Fahrer Navigationshinweise,
- der Beifahrer das Radio,
- ein Fondpassagier den CD-Spieler,
- der andere Fondpassagier eine DVD.

Tabelle 20.9

Anwendung	Bandbreite	Datenformat
AM-FM	1,4 MBit/s	Synchron
CD	1,4 MBit/s	Synchron
Telefon	1,4 MBit/s	Synchron
Fernsehen	1,4 MBit/s	Synchron
DVD	2,5 - 11 MBit/s	Synchron/Asynchron
Navigation	250 kBit/s	Asynchron
Telematik-Dienste	verschieden	Synchron

Erklärung Bandbreite: Bandbreite bezeichnet den wenig gestörten Frequenzbereich eines Signalträgers. Über diesen können dann verlustfrei Daten übertragen werden. Bei analogen Systemen wird die Bandbreite in Hertz angegeben. Beim Telefon beispielsweise liegt die Frequenz bei 300 Hz bis 3,4 kHz, die Bandbreite beträgt demnach 3,1 kHz. Bei der Übertragung digitaler Signale wird der Begriff «Bandbreite» in der Regel synonym zu «Datenübertragungsrate» verwendet. Die Datenübertragungsrate bei digitalen Systemen wird in Bit pro Sekunde (Bit/s) gemessen.

Diagnose

Ist die Übertragung der Daten an einer Stelle des MOST-Busses unterbrochen, bezeichnet man dies auf Grund der Ringstruktur als Ringbruch.

Ursachen für den Ringbruch können sein:

- Unterbrechung des Lichtwellenleiters,
- defekte Spannungsversorgung des Sender- oder Empfänger-Steuergerätes,
- defektes Sender- oder Empfänger-Steuergerät.

Ringbruchdiagnose: Da bei einem Ringbruch die Datenübertragung im MOST-Bus nicht möglich ist, erfolgt die Durchführung der Ringbruchdiagnose mit Hilfe einer Diagnoseleitung. Die Diagnoseleitung ist über eine zentrale Leitungsverbindung an jedem Steuergerät des MOST-Busses angeschlossen. Zur Lokalisierung eines Ringbruchs muss eine Ringbruchdiagnose durchgeführt werden. Die Ringbruchdiagnose ist Bestandteil der Stellglieddiagnose des Diagnosemanagers.

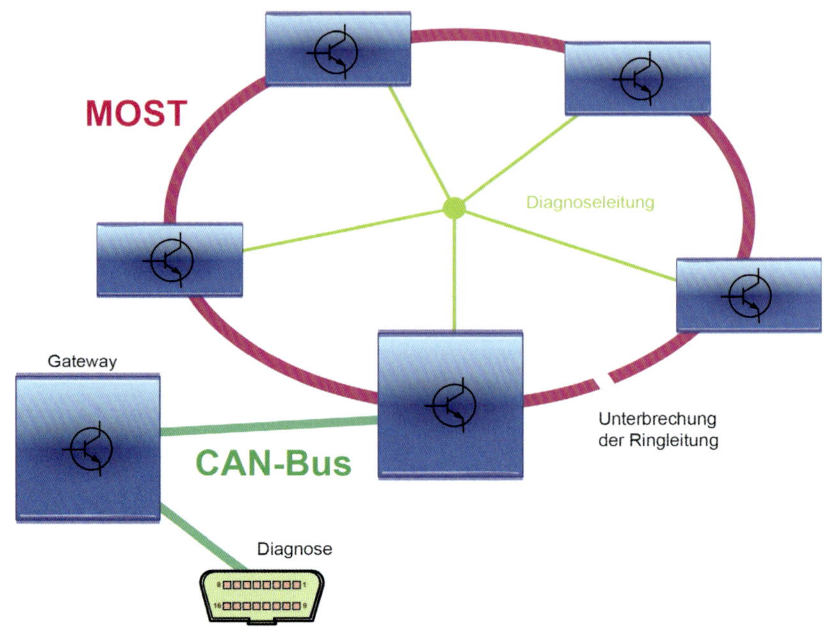

Bild 20.70 *Fehlersuche im MOST-Bus*
[Bild: Riehl]

Auswirkungen des Ringbruchs sind:

- Ausfall der Ton- und Bildwiedergabe,
- Ausfall der Bedienung und Einstellung über die Bedieneinheit für Multimedia,
- Eintrag in den Fehlerspeicher des Diagnosemanagers «Optischer Datenbus Unterbrechung».

Nach Einleitung der Ringbruchdiagnose sendet der Diagnosemanager einen Impuls über die Diagnoseleitung an die Steuergeräte. Aufgrund dieses Impulses senden alle Steuergeräte Lichtsignale mit Hilfe ihrer Sendeeinheit.

Alle Steuergeräte überprüfen dabei

- ihre Spannungsversorgung sowie ihre internen elektrischen Funktionen,
- den Empfang der Lichtsignale vom vorherigen Steuergerät im Ring.

Jedes Steuergerät am MOST-Bus antwortet nach einer in seiner Software festgelegten Zeit. Mit Hilfe der Zeitspanne zwischen Einleitung der Ringbruchdiagnose und der Antwort des Steuergerätes erkennt der Diagnosemanager, welches Steuergerät die Antwort gesendet hat.

20.4.7 Bluetooth

In der modernen Geschäftswelt sowie im privaten Bereich gewinnen die mobile Kommunikation und Information zunehmend an Bedeutung. So verwendet eine Person oft mehrere mobile Geräte wie Smartphone, Tablet oder Notebook. Der Austausch von

Informationen zwischen den mobilen Geräten war in der Vergangenheit nur durch eine Leitungs- oder Infrarot-verbindung möglich. Diese nicht standardisierten Verbindungen schränkten den Bewegungsraum sehr ein oder waren kompliziert zu handhaben. Die Bluetooth™–Technologie verschafft hier Abhilfe. Sie ermöglicht es, die mobilen Geräte unterschiedlicher Hersteller über eine standardisierte Funkverbindung zu verknüpfen.

Was ist Bluetooth™?

Der Name «Bluetooth» stammt vom Wikingerkönig Harald Blåtand. Er vereinigte im zehnten Jahrhundert Dänemark und Norwegen und hatte den Spitznamen «Blauzahn» (*bluetooth*). Da dieses Funksystem die unterschiedlichsten Informations-, Datenverarbeitungs- und Mobilfunkgeräte miteinander verknüpft, entspricht dies der Philosophie von König Harald.

Deshalb bekam es den Namen Bluetooth™. Genauso vereint heute die Bluetooth-Technologie beispielsweise Ihr Mobiltelefon mit Ihrem Motorrad Helm mit integriertem Wireless Communication System. Telefongespräche oder auch Gespräche mit dem Sozius werden so ohne störende Kabelverbindung möglich.

Aufbau

In ausgewählten mobilen Geräten sind Kurzstrecken-Transceiver (Sender und Empfänger) entweder direkt eingebaut oder über einen Adapter (z. B. PC-Card, USB, usw.) integriert. Die Funkverbindung erfolgt im weltweit lizenzfrei verfügbaren und somit kostenlosen 2,45-GHz-Frequenzband. Die sehr kurze Wellenlänge dieser Frequenz ermöglicht es, die Antenne, die Steuerung und Verschlüsselung und die komplette Sende- und Empfangstechnik im Bluetooth™-Modul zu integrieren. Die geringe Baugröße des Bluetooth™-Moduls ermöglicht den Einbau in elektronische Kleingeräte.

Die Datenübertragungsrate beträgt bis zu 1 MBit/s. Die Geräte können bis zu drei Sprachkanäle gleichzeitig übertragen. Die Bluetooth™-Sender haben eine Reichweite von 10 Metern, bei besonderen Anwendungen mit Zusatzverstärker sind bis zu 100 Meter möglich. Die Datenübertragung funktioniert ohne komplizierte Einstellungen. Sobald sich zwei Bluetooth™-Geräte treffen, stellen sie automatisch eine Verbindung her. Bevor das geschieht, müssen die Geräte einmalig gegenseitig mit Hilfe der Eingabe einer PIN-Nummer angelernt werden. Dabei formen sie eigene Kleinst-Funkzellen, «Piconet» genannt, um sich darin zu organisieren. Ein Piconet bietet Platz für maximal acht aktive Bluetooth™-Geräte. Jedes Gerät kann jedoch gleichzeitig mehreren Picozellen angehören. Weiterhin können bis zu 256 nicht aktive Geräte einem Piconet zugeordnet werden. In jedem Piconet übernimmt ein Gerät die Master-Funktion:

- Der Master baut die Verbindung auf.
- Die anderen Geräte synchronisieren sich auf den Master.
- Nur das Gerät, welches ein Datenpaket vom Master erhalten hat, darf eine Antwort senden.

Beispiel: Das Steuergerät im Radiomodul ist der Bluetooth™-Master. Damit beim Aufbau eines Piconets kein Chaos entsteht, lässt sich an jedem Gerät einstellen, mit welchem Gerät es kommunizieren darf oder nicht. Jedes Gerät hat eine weltweit einmalige

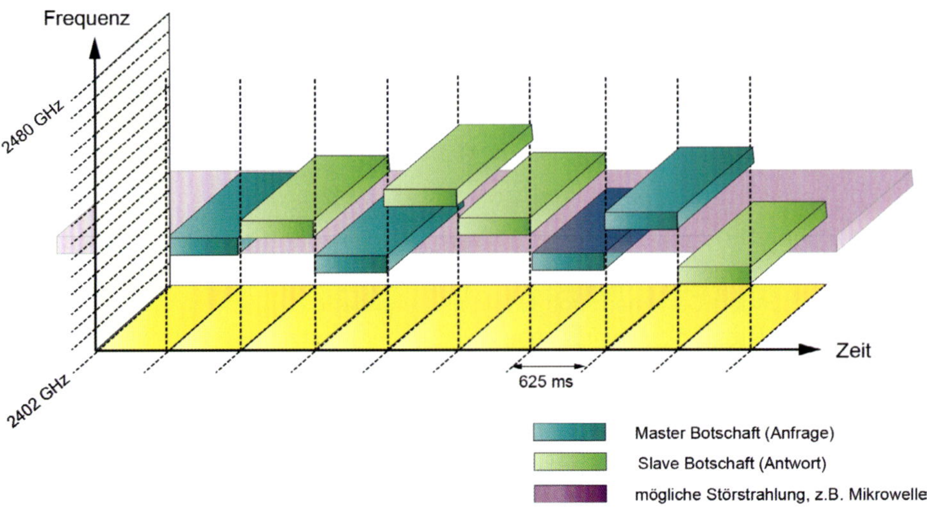

Bild 20.71 *Datenübertragung im Bluetooth™-System*
[Bild: Riehl]

48 Bit lange Adresse. Dies ermöglicht die eindeutige Identifizierung von über 281 Billionen Geräten.

Die Datenübertragung im Bluetooth™-System erfolgt mit Hilfe von Funkwellen in einem Frequenzbereich von 2,40 bis 2,48 GHz. Diesen Frequenzbereich nutzen auch andere Anwendungen, wie z.B.

- Garagentoröffner,
- Mikrowellenöfen,
- medizinische Geräte.

Störsicherheit: Durch Maßnahmen zur Steigerung der Störsicherheit verringert die Bluetooth™-Technologie, die von diesen Geräten verursachten, Störeinflüsse.

Das Steuerungsmodul

- teilt die Daten in kurze und flexible Datenpakete auf. Sie haben eine Dauer von etwa 625 µs;
- überprüft die Vollständigkeit der Datenpakete mit Hilfe einer 16 Bit großen Prüfsumme;
- wiederholt automatisch das Senden von gestörten Datenpaketen;
- verwendet eine robuste Sprachcodierung.

Die Sprache wird in digitale Signale umgewandelt. Das Funkmodul verändert nach dem Zufallsprinzip nach jedem Datenpaket die Sende- und Empfangsfrequenz 1600-mal pro Sekunde. Dies bezeichnet man als Frequenz-Hopping.

Datensicherheit

In der Entwicklung der Bluetooth™-Technologie legten die Hersteller sehr großen Wert auf den Schutz der übertragenen Daten gegenüber Manipulation sowie unerlaubtes Mithören. Die Daten werden mit einem 128 Bit langen Schlüssel verschlüsselt. Der Empfänger wird mit einem 128-Bit-Schlüssel auf seine Echtheit überprüft. Dabei nutzen die Geräte ein geheimes Passwort, durch das sich die einzelnen Teilnehmer gegenseitig erkennen. Der Schlüssel wird für jede Verbindung neu erzeugt. Da die Reichweite auf 10 Meter begrenzt ist, müsste eine Manipulation in diesem Bereich erfolgen. Dies erhöht zusätzlich die Datensicherheit. Weiterhin verstärken die zuvor genannten Maßnahmen zur Störsicherheit den Schutz gegen eine Manipulation des Datenstromes. Durch zusätzlichen Einsatz aufwändiger Verschlüsselungsverfahren, unterschiedlicher Sicherheitsstufen sowie Netzwerkprotokolle haben die Gerätehersteller die Möglichkeit, die Datensicherheit wieder zu erhöhen.

20.4.8 FlexRay

Wofür steht FlexRay?
Flex = Flexibiliät
Ray = Rochen (im Logo des FlexRay-Konsortiums)

Ziel des Einsatzes von FlexRay ist es, die erhöhten Anforderungen zukünftiger Vernetzung im Fahrzeug zu erfüllen, insbesondere höhere Datenübertragungsraten, Echtzeitfähigkeit und Ausfallsicherheit. Es erweitert damit die Einsatzmöglichkeiten z. B. bei der Fahrdynamikregelung, der Abstandsregelung ACC und der Bildverarbeitung.

Merkmale

Der FlexRay weist folgende Merkmale auf:

- elektrisches Zweidraht-Bussystem,
- Datenübertragungsrate: maximal 20 MBit/s,
- Datenübertragung mit drei Signalzuständen,
  - «Idle»
  - «Data 0»
  - «Data 1»
- Topologie eines «aktiven» Sterns,
- Echtzeitfähigkeit,
- ermöglicht verteilte Regelungen und den Einsatz in sicherheitsrelevanten Systemen.

Signalzustände

Die beiden Leitungen des FlexRay werden mit Busplus und Busminus bezeichnet. Die Spannungspegel beider Leitungen wechseln zwischen minimal 1,5 V und maximal 3,5 V.

Der FlexRay arbeitet mit drei Signalzuständen:

- «Idle» – die Pegel beider Busleitungen liegen auf 2,5 V,
- «Data 0» – die Busplus-Leitung hat einen niedrigen und die Busminus-Leitung einen hohen Spannungspegel,
- «Data 1» – die Busplus-Leitung hat einen hohen und die Busminus-Leitung einen niedrigen Spannungspegel.

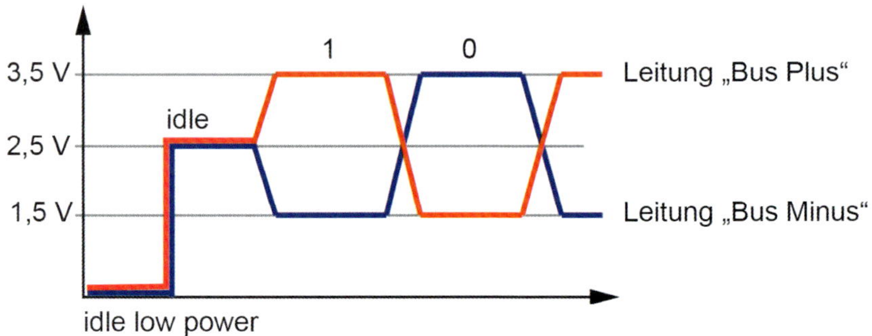

Bild 20.72 *Spannungen am FlexRay*
[Bild: Riehl]

Ein Bit ist 100 Nanosekunden breit. Die Übertragungszeit ist abhängig von der Leitungslänge und den Übergangszeiten über die Bustreiber. Die Signale werden differenziell übertragen, d. h. es werden zwei Leitungen benötigt. Im Empfänger wird der eigentliche Bit-Zustand über die Differenz der beiden Signale ermittelt. Wenn für 640 bis 2660 ms keine Aktivität auf dem Bus stattfindet, geht der FlexRay automatisch in den Sleep-Modus (*Idle low power*).

Von den bisher eingesetzten Datenbussystemen, wie CAN, LIN und MOST, unterscheidet sich der FlexRay schon durch seine grundsätzliche Arbeitsweise. Diese lässt sich recht gut mit einer Seilbahn vergleichen: Die Stationen sind dabei die Busteilnehmer, also Sender und Empfänger (Steuergeräte). Die Gondeln der Seilbahn stehen für die Botschaftsrahmen und die Passagiere für die Botschaften. Der Zeitpunkt, zu dem ein Busteilnehmer Botschaften über den FlexRay senden kann, ist genau festgelegt. Auch die Ankunftszeit einer gesendeten Botschaft beim Empfänger ist genau bekannt. Dies entspricht dem festen «Fahrplan» einer Seilbahn. Auch wenn ein Busteilnehmer gerade nicht sendet, ist für ihn eine bestimmte Bandbreite reserviert. Die Seilbahn fährt, egal ob Passagiere an Bord sind. Dadurch ist eine Priorisierung von Botschaften, wie z. B. beim CAN-Bus, nicht erforderlich.

Bei Audi würde eine «leere Gondel» als Fehler des Senders erkannt werden, d. h. es werden von den Steuergeräten immer Daten gesendet. Neue Inhalte werden über ein so genanntes «Update-Bit» gekennzeichnet. Stehen keine neuen Daten zur Verfügung, werden die alten Daten erneut versendet.

20.4.8.1 CAN-Bus und FlexRay im Vergleich

Tabelle 20.10

Eigenschaft	CAN-Datenbus	FlexRay
	CAN	FlexRay™
Verdrahtung	elektrisch, Zweidraht	elektrisch, Zweidraht
Signalzustände	«0» – dominant, «1» – rezessiv	«Idle», «Data 0», «Data 1»
Datenrate	500 kBit/s	10 MBit/s
Zugriffsprinzip	ereignisgesteuert	zeitgesteuert
Topologien	Bus, passiver Stern	Aktiver Stern, Punkt zu Punkt, Bus-Topologie
Arbitrierung	Nachricht mit höherer Priorität wird vor einer Nachricht mit niedrigerer Priorität gesendet	keine, Daten werden zu festgelegten Zeiten gesendet
Bestätigungssignal	Empfänger bestätigt den Empfang eines gültigen Datenprotokolls	Sender erhält keine Information, ob ein Datenprotokoll korrekt übertragen wurde
Fehlerprotokoll	Fehler kann im Netzwerk durch ein Fehlerprotokoll kenntlich gemacht werden	Jeder Empfänger prüft für sich, ob das empfangene Datenprotokoll korrekt ist
Länge des Datenprotokolls	maximal 8 Byte Nutzdaten	maximal 256 Byte Nutzdaten
Nutzung	▪ wird nach Bedarf genutzt ▪ Zeitpunkt, zu dem der CAN-Bus genutzt werden kann, hängt von der Auslastung ab ▪ eventuell ist CAN-Bus überlastet	▪ Zeitpunkt, zu dem das Datenprotokoll genutzt werden kann, ist festgelegt ▪ Dauer der Nutzung ist festgelegt ▪ Sendeplatz ist immer reserviert, auch wenn er nicht benötigt wird
Ankunftszeit	unbekannt	bekannt

20.4.8.2 Verhalten des FlexRay im Fehlerfall

Kurzschluss einer Busleitung nach Masse:
Das Diagnose-Interface für Datenbus erkennt eine dauerhafte Differenzspannung. Der entsprechende Bus-Zweig wird deaktiviert bis wieder «Idle», d. h. der Spannungspegel des Sleep-Modus, erkannt wird.

Kurzschluss der Busleitungen zueinander:
Das Diagnose-Interface für Datenbus erkennt eine dauerhafte «Idle»-Spannung. Senden und Empfangen ist für die Teilnehmer dieses Buszweigs nicht mehr möglich.

Ein Steuergerät sendet dauerhaft «Idle»:
Das Diagnose-Interface für Datenbus erkennt dieses Verhalten und deaktiviert diesen Bus-Zweig.

20.4.9 Ethernet-Zugang

Die zunehmende Anzahl und Komplexität der Funktionen im Fahrzeug bewirken einen stetigen Anstieg von Steuergeräten und somit der Datenmenge im Fahrzeug. Falls diese Daten auf den neuesten Stand gebracht werden sollen, müssen die Fahrzeuge über Programmiersysteme programmiert werden. Die Herausforderung im Service besteht darin, immer mehr Daten in immer mehr Fahrzeugen zu programmieren. Um den Programmierablauf in der Werkstatt zu beschleunigen, wurde in der Diagnosesteckdose zusätzlich zum OBD-Zugang (CAN-Class-C) ein Ethernet- Zugang integriert. Es handelt sich dabei um Fast Ethernet. Mit dieser standardisierten Schnittstelle wird ein zentraler, einheitlicher Zugang im Fahrzeug ermöglicht. Dieser Zugang erlaubt eine IP-basierte Kommunikation mit dem Fahrzeug.

Was ist Ethernet?

Ethernet ist eine kabelgebundene Datennetztechnik für lokale Datennetze (LANs). Sie ermöglicht den Datenaustausch in Form von Datenrahmen zwischen allen in einem lokalen Netz (LAN) angeschlossenen Geräten (Computer, Drucker, usw.). Früher erstreckte sich das LAN nur über ein Gebäude. Heute verbindet die Ethernet-Technik per Glasfaser oder Funk auch Geräte über weite Entfernungen. Ethernet wurde vor über 30 Jahren erfunden. Als Übertragungsprotokoll benutzte man ein Protokoll, das damals für ein funkbasiertes Netz verwendet wurde. Daher auch der Name *Ether* (englisch für Äther), der nach historischen Annahmen das Medium zur Ausbreitung von Funkwellen war. In einem Ethernet übertragen die Teilnehmer innerhalb des gemeinsamen Leitungsnetzes die Nachrichten durch Hochfrequenzsignale. Jeder Netzwerkteilnehmer hat einen eindeutigen 48-Bitchlüssel, der als MAC-Adresse bezeichnet wird. Dies stellt sicher, dass alle Systeme in einem Ethernet unterschiedliche Adressen haben. MAC ist ein Akronym von ***M****edia* ***A****ccess* ***C****ontrol* und bedeutet Medienzugriffskontrolle. Die MAC-Adresse wird benötigt, weil ein gemeinsames Medium (Netzwerk) nicht gleichzeitig von mehreren Rechnern verwendet werden kann, ohne dass es über kurz oder lang zu Datenkollisionen, und damit zu Kommunikationsstörungen oder Datenverlust, kommt. Durch die MAC-Adresse ist das Fahrzeug im Netz als eindeutiger Kommunikationspartner identifizierbar. Das 100-MBit/s-Ethernet bietet neben einer hohen Datenrate noch folgende Vorteile:

- Die meisten Händler verfügen über eine Ethernet-Infrastruktur;
- Ethernet ist zukunftssicherer;

- IT-Standardtechnologien können innerhalb und außerhalb des Fahrzeuges verwendet werden;
- Ethernet erlaubt eine Kabellänge von 100 m.

Ethernetschnittstelle im Fahrzeug

Da in der Diagnosesteckdose genügend freie Pins waren, konnte hier auch die Ethernetschnittstelle integriert werden. Dieser Einbauort stellt die optimale Lösung für den Fahrzeugzugang dar. Der weitere Vorteil ist, dass über einen Anschluss sowohl der Diagnosebus als auch der Ethernetzugang mit dem Diagnose- und Programmiersystem verbunden werden können. Für die Ethernetschnittstelle werden in der Diagnosesteckdose fünf Pins benötigt.

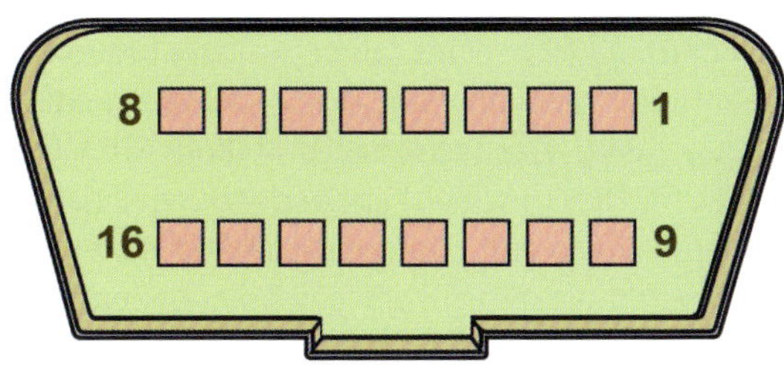

Bild 20.73 *PIN / Erklärung am Beispiel BMW*
1 nicht belegt
2 nicht belegt
3 Ethernet Rx+
4 Klemme 31
5 Klemme 31
6 D-CAN High
7 nicht belegt
8 Ethernet-Aktivierung
9 Drehzahl
10 nicht belegt
11 Ethernet Rx-
12 Ethernet Tx+
13 Ethernet Tx-
14 D-CAN Low
15 nicht belegt
16 Klemme 30F
[Bild: Riehl]

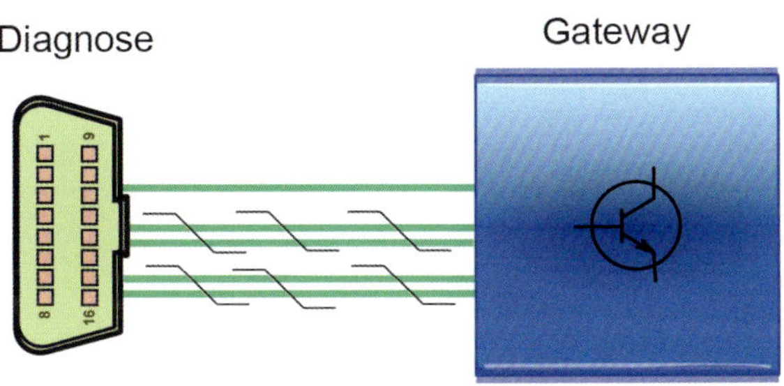

Bild 20.74
Ethernetverbindung zwischen Diagnosesteckdose und dem Gateway
[Bild: Riehl]

Von der Diagnosesteckdose führen fünf Leitungen zum **z**entralen **G**ateway-**M**odul (ZGM). Eine der fünf Leitungen überträgt das Aktivierungssignal. Die übrigen vier Leitungen sind paarweise verdrillt und dienen der Datenübertragung. Zum Schreiben (Programmierung) von Daten ins Fahrzeug ist eine erfolgreiche Authentisierung und

Signatur notwendig. Im Gegensatz dazu, ist das Lesen (Diagnose) der Daten bereits nach Anschluss einer Datenleitung zum Fahrzeug möglich. Durch die Authentisierung und Signatur wird eine Änderung der Datensätze und Speicherwerte durch Dritte vermieden.

20.4.10 Programmieren, Codieren, Personalisieren, Individualisieren

SWEEPING Technologies: Freischaltung von Softwarefunktionen und Namenserklärung und Grundprinzip

SWEEPING Technologies ermöglicht Kopier-, Nutzungs- und Manipulationsschutz von IT-Komponenten bzw. deren Software. Der Abkürzung SWEEPING steht für ***S**oft**w**are **E**nabled **E**lectronics **P**latform for **I**nnovative **N**ext **G**eneration **T**echnologies*. SWT basiert auf einem Verschlüsselungsverfahren, bei dem mit Hilfe eines fahrzeug- bzw. steuergerätespezifischen Schlüssels, dem so genannten Freischaltcode, eine Softwarefunktion oder -anwendung eines Steuergeräts aktiviert wird. Der **F**rei**s**chalt**c**ode (kurz FSC) wird im Service oder durch den Kunden eingegeben. Dies geschieht entweder durch Eingabe im Controller oder durch Import von CD/DVD Medien. Der USB-Stick ist bisher als Importmedium für das BMW-Programmiersystem noch nicht offiziell freigegeben.

Über das BMW-Programmiersystem wird anschließend der Freischaltcode in das dafür vorgesehene Fahrzeug eingespielt. Die gewünschte Software ist erst nach der Einspielung des Freischaltcodes funktionsbereit. Es ist nun möglich, folgende Anwendungen oder Softwarefunktionen über FSC freizuschalten:

- Software für Sprachverarbeitung (SA 620),
- Software für BMW Internet (SA 614 nur in Deutschland verfügbar),
- Anwendungssoftware Navigation (SA 609),
- Navigations-Kartenmaterial.

Authentisierung

Authentisch vom griechischen Wort *authentikos*, gültig, echt, glaubwürdig. Authentisierung = Echtheitsbestätigung; authentisieren = rechtsgültig machen, glaubwürdig machen. Heute wird diese Echtheitsbestätigung oft im Zusammenhang mit Nutzungsrechten z. B. bei PC oder Zugang zu Gebäuden genannt.

Authentifizierung

Der Vorgang des Nachweises der Identität (Authentizität) nach Aufforderung, z. B. Überprüfung des Userpasswortes durch das PC-System. Um eine Verwechslung von Authentisierung Authentifizierung und Autorisierung zu vermeiden, folgendes Beispiel: Der Benutzer will sich an seinem PC anmelden.
Er authentisiert sich. Das PC-System will prüfen, ob der Benutzer berechtigt ist, sich an das System anzumelden:
Es authentifiziert. Der PC bewilligt nach erfolgreicher Prüfung den Einstieg:
Es autorisiert den Benutzer.

Digitale Signatur

(= Digitale Freizeichnung)

Aus dem Lateinischen *signum*, das Zeichen. Eine digitale Signatur in einem Verschlüsselungsverfahren soll die Vertrauenswürdigkeit einer Person sicherstellen. Hierbei werden die Urheberschaft und Zugehörigkeit von Daten zu einer bestimmten Person geprüft. Gleichzeitig werden Vollständigkeit, Echtheit und Unversehrtheit der signierten elektronischen Daten geprüft.

21 Steuern und Regeln

21.1 Unterscheidung: Steuern – Regeln

21.1.1 Steuerkette

Lenk- und Bremsaktionen bei Kraftfahrzeugen wirken sich innerhalb von Sekundenbruchteilen aus und müssen im Zweifelsfall sofort korrigiert werden. Moderne Fahrzeuge sind deshalb mit einer Vielzahl technischer Systeme ausgerüstet. Es handelt sich dabei um regelungstechnische Einrichtungen, die alle nach dem gleichen Prinzip funktionieren.

Durch die Betätigung des Fahrpedals wird die Stellung der Drosselklappe verändert und dadurch die Motordrehzahl und die Geschwindigkeit beeinflusst. Dieser Zusammenhang kann in einer Steuerkette dargestellt werden (vgl. Bild 21.2a).

Bild 21.1a
Steuerkette
[Bild: Autofachmann]

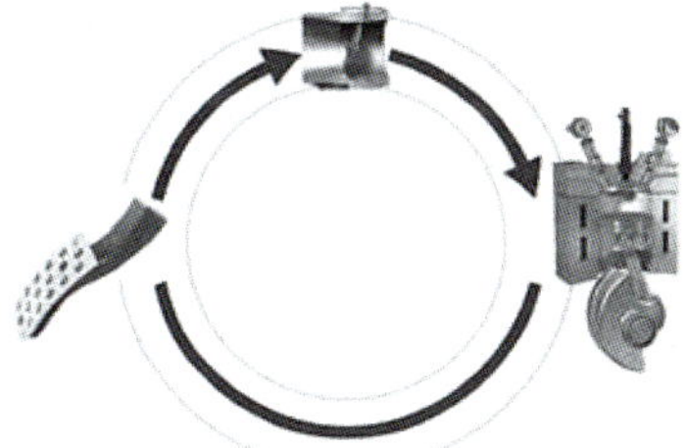

Kommt das Fahrzeug an eine Steigung, dann sinkt – bei gleicher Stellung der Drosselklappe – die Drehzahl des Motors. Wenn der Fahrer nicht eingreift, fällt die Fahrgeschwindigkeit. Ein Sinken der Drehzahl hat keine Auswirkungen auf die Stellung des Gaspedals. Die Steuerkette ist «offen», d. h., es erfolgt keine Rückmeldung über die Größe des Ausgangssignals. Das Ergebnis des Stellens oder der Steuerung wird nicht kontrolliert.

21.1.2 Regelkreis

Will man eine bestimmte Drehzahl (Geschwindigkeit) beibehalten, so muss beim Einwirken von Störgrößen, z. B. Bergauffahrt, durch eine weitere Öffnung der Drosselklappe ausgeglichen werden. Dies geschieht, wenn der Fahrer eines Pkw seine tatsächliche Geschwindigkeit am Tacho abliest, den Unterschied zur gewünschten Geschwindigkeit bildet und entsprechend Gas gibt, um eine Abweichung auszugleichen. Der Mensch bildet hier die «Rückführung» vom Streckenausgang zum Eingang und betätigt sich als Regler, der die Drehzahl beeinflusst.

Wegen der Rückführung ist nunmehr die Steuerkette ein geschlossener Regelkreis. Da die Rückführung durch den Menschen jedoch nicht automatisch erfolgt, handelt es sich um «Regeln mit unselbsttätiger Rückführung». Aufgabe der Regelungstechnik ist es, die unselbsttätige Rückführung – den Menschen – möglichst aus dem Regelkreis zu entfernen und durch eine automatische Regelung, z. B. in Form eines Tempomats, zu ersetzen.

Bild 21.1b
Regelkreis
[Bild: Autofachmann]

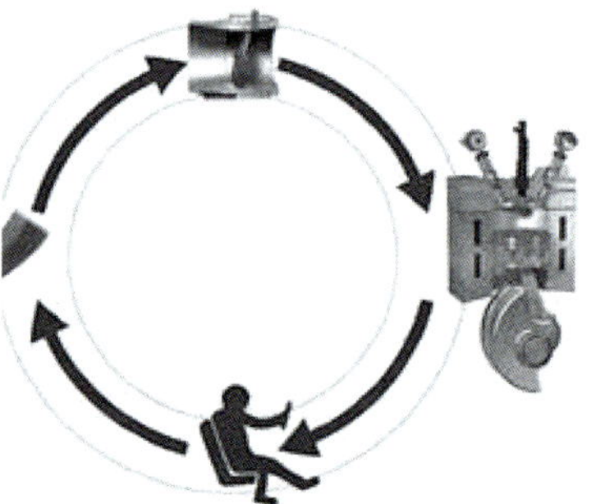

➔ Je nach offener oder geschlossener Wirkungskette unterscheidet man zwischen Steuerung bei offener Kette (Steuerkette) und Regelung bei geschlossenem Kreis (Regelkreis).

21.2 Steuern

21.2.1 Definition: Steuern

➔ Das Steuern ist ein Vorgang in einem System, bei dem Ausgangsgrößen durch Eingangsgrößen beeinflusst werden.

Eine Rückwirkung oder Rückmeldung auf die Steuereinrichtung gibt es nicht. Man spricht deshalb auch von einem offenen Wirkungsweg als Merkmal jeder Steuerung.

21.2.2 Glieder der Steuerkette

Bei der Analyse von Steuereinrichtungen ersetzt man die bildliche Darstellung durch Funktionsblöcke. Diese Funktionsblöcke sind die charakteristischen Bestandteile jeder Steuerung.

➔ Bei einem Steuerungsvorgang werden die Ausgangsgrößen durch die Eingangsgrößen in Form eines offenen Wirkungsweges beeinflusst.

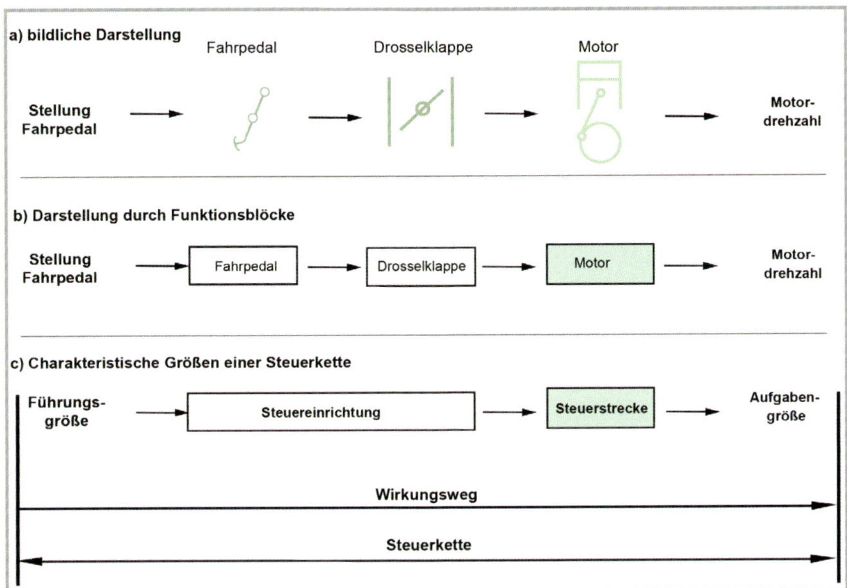

Bild 21.2 *Drehzahlsteuerung eines Ottomotors*
a) bildliche Darstellung
b) Darstellung durch Funktionsblöcke
c) charakteristische Größen einer Steuerkette
[Bild: Riehl]

21.2.3 Ein- und Ausgabegrößen der Steuerkette

In der Praxis fasst man das Fahrpedal und die Drosselklappe zu der Steuereinrichtung zusammen, sodass man als Merkmal der Steuerkette formulieren kann:

➔ Die offene Steuerkette enthält stets eine Steuereinrichtung und eine Steuerstrecke.

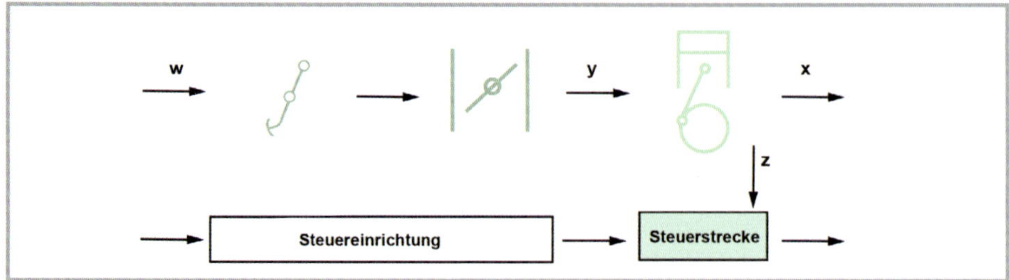

Bild 21.3 *Geschwindigkeitssteuerung eines Fahrzeugs*
[Bild: Riehl]

Im Rahmen der Systemanalyse kommt bei den Signalflussplänen den Signalen, also den Ein- und Ausgangsgrößen der Glieder, eine besondere Bedeutung zu, da sie an den Schnittstellen zwischen den Gliedern auftreten und somit die benötigten Informationen – den Signalfluss – darstellen. Man hat aus diesem Grund die Ein- und Ausgangsgrößen der Glieder einer Steuer- bzw. Regeleinrichtung genormt. Besondere Bedeutung bei Steuer- und Regelvorgängen haben die Störgrößen z, die auf das System wirken und bei der Steuerung nicht berücksichtigt werden. Die wichtigsten Begriffe der Steuerungstechnik sind in einer Tabelle dargestellt, ihre Anwendung am Beispiel der Drehzahlsteuerung.

Tabelle 21.1 *Die wichtigsten Begriffe der Steuerungstechnik*

Steuereinrichtung	Eingangsgröße Ausgangsgröße	Führungsgröße w (= Sollwert) Stellgröße y
Steuerstrecke	Eingangsgröße Ausgangsgröße	Stellgröße y Störgröße z Aufgabengröße xa (= Istwert)
Steuereinrichtung	beeinflusst das Stellglied, damit dieses die Stellung erzeugt	
Steuerstrecke	Ende des Wirkungsweges	
Wirkungsweg	Weg, auf dem sich der Steuervorgang vollzieht	
Steuerkette	Zusammenschaltung der genannten Glieder	

Für das Beispiel der Drehzahlsteuerung bedeutet dies:

Führungsgröße w: Fahrerwunsch nach bestimmter Drehzahl (Geschwindigkeit), d. h. eine bestimmte Stellung des Gaspedals
Stellgröße y: Öffnungsquerschnitt der Drosselklappe, d. h. ein bestimmter Volumenstrom Luft bzw. Kraftstoff-Luft-Gemisch
Aufgabengröße x_a: Drehzahl (Fahrgeschwindigkeit)
Störgrößen z: Gegenwind, Bergauf- oder Bergabfahrt usw.

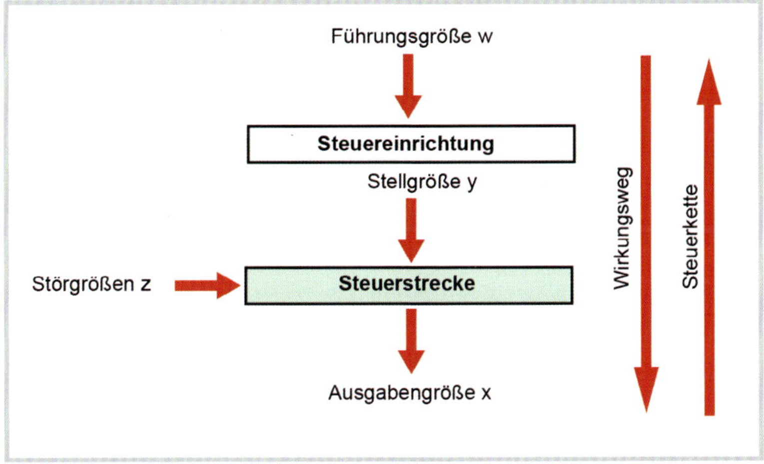

Bild 21.4 *Zusammenhang der steuerungstechnischen Begriffe*
[Bild: Riehl]

21.2.4 Steuerungsarten (Unterscheidungsart: Signaldarstellung)

Binäre Steuerungen

➔ In den binären Steuerungen werden binäre (zweiwertige) Signale verknüpft und auch als binäres Signal ausgegeben.

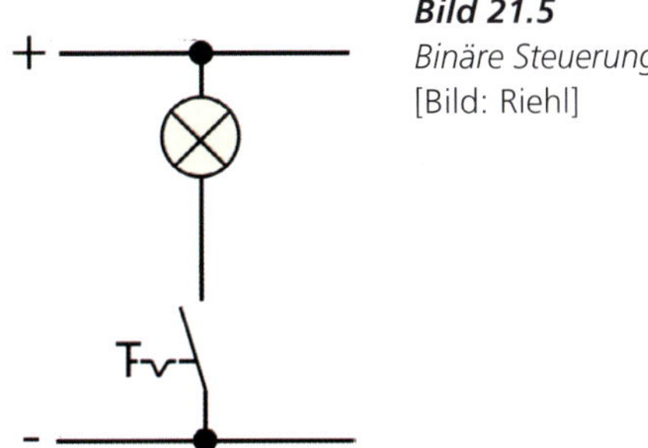

Bild 21.5
Binäre Steuerung
[Bild: Riehl]

Beispiel mechanische binäre Steuerungen: stufenverstellbares Innenraumgebläse

Bei der stufenweisen Verstellung des Innenraumgebläses übernimmt der Schalter zwei Funktionen. Er bestimmt durch den Schaltvorgang die Gebläsestufe; gleichzeitig übernimmt das Bauteil auch die Funktion des Stellgliedes, da es den Strom durch den Gebläsemotor schalten muss.

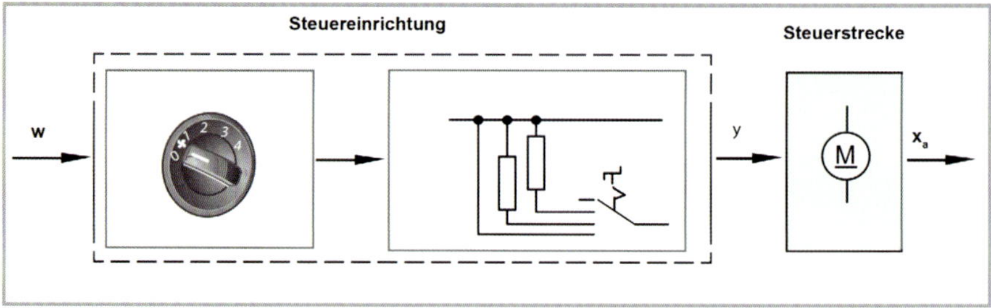

Bild 21.6 *Stufenverstellbares Innengebläse als Beispiel für eine mechanische, binäre Steuerung.*
[Bild: Riehl]

Führungsgröße w: Fahrerwunsch der Gebläseeinstellung
Stellgröße y: Strom durch den Gebläsemotor
Aufgabengröße x_a: gefördertes Luftvolumen

Beispiel elektronische binäre Steuerungen: Kühlmitteltemperatur-Warnanzeige

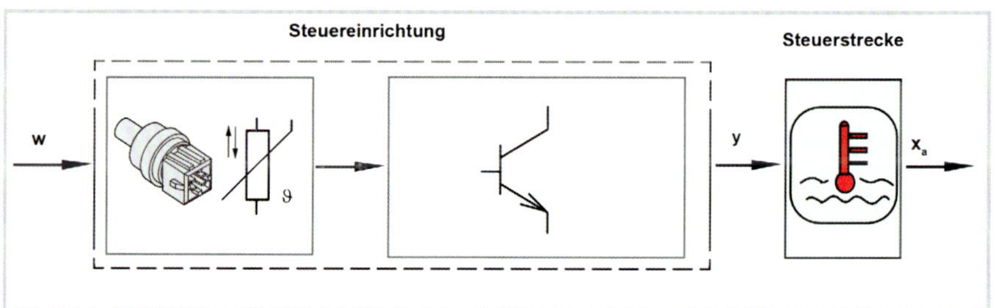

Bild 21.7 *Kühlmitteltemperatur-Warnanzeige als Beispiel für eine elektronische, binäre Steuerung*
[Bild: Riehl]

Neben einer Anzeige der Kühlmitteltemperatur ist in vielen Fahrzeugen eine zusätzliche Warnleuchte, die dem Fahrer eine unzulässige Erhitzung der Kühlflüssigkeit signalisieren soll. Dazu wird die Information durch einen Kühlmittel-Temperaturfühler einer Auswertelektronik zugeleitet, die bei einer fest vorgegebenen Temperatur eine Signalleuchte, meist in Form eines genormten Symbols, anschaltet.

Führungsgröße w: Temperatur des Kühlmittels
Stellgröße y: Strom durch die Leuchte
Aufgabengröße x_a: Signalleuchte EIN/AUS

Analoge Steuerungen

➔ Bei der analogen Steuerung erfolgt die Veränderung der Stellgröße analog zur Änderung der Führungsgröße.

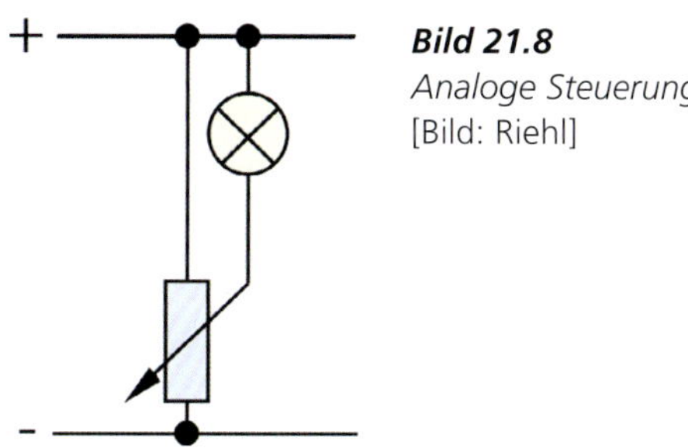

Bild 21.8
Analoge Steuerung
[Bild: Riehl]

Beispiel mechanische analoge Steuerungen: Motorsteuerung

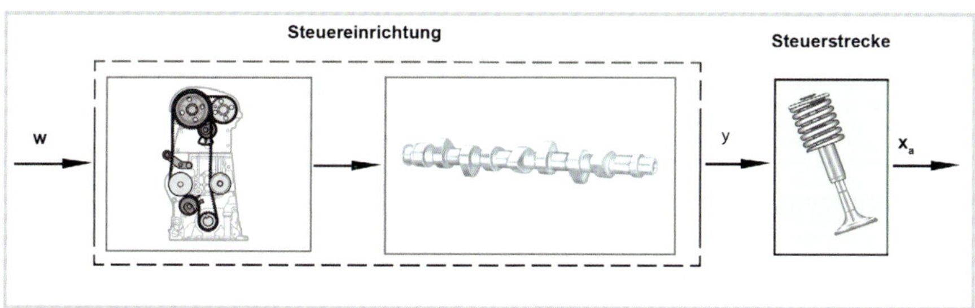

Bild 21.9 *Motorsteuerung als Beispiel für mechanische, analoge Steuerung*
[Bild: Riehl]

Durch die Motorsteuerung (Bild 21.9) wird der Ein- und Austritt des Kraftstoff-Luft-Gemisches gesteuert. Dies geschieht durch Ventile, die von der Nockenwelle nach festen Steuerzeiten geöffnet und durch Federn wieder geschlossen werden. Neuere Motoren haben die Möglichkeit, die Steuerzeiten während des Betriebes zu verändern und so den Erfordernissen anzupassen.

Führungsgröße w: Stellung der Kurbelwelle
Stellgröße y: Nockenhub
Aufgabengröße x_a: Gaswechsel

Beispiel elektronische analoge Steuerungen: Leuchtweitenanpassung

a) Früher wurde die Leuchtweite der Scheinwerfer mit der Hand über einen Stellwiderstand eingestellt.
b) Rasch wechselnde Beladungszustände, z. B. durch einen Einkauf, können zu einer Ablenkung des Fahrers führen, wenn er ständig die Stellung der Scheinwerfer nachstellen soll. Einen Fortschritt bietet ein belastungsabhängiger Sensor, der die aktuelle Beladung der Achsen erfasst die Scheinwerferneigung den Beladungsverhältnissen anpasst.

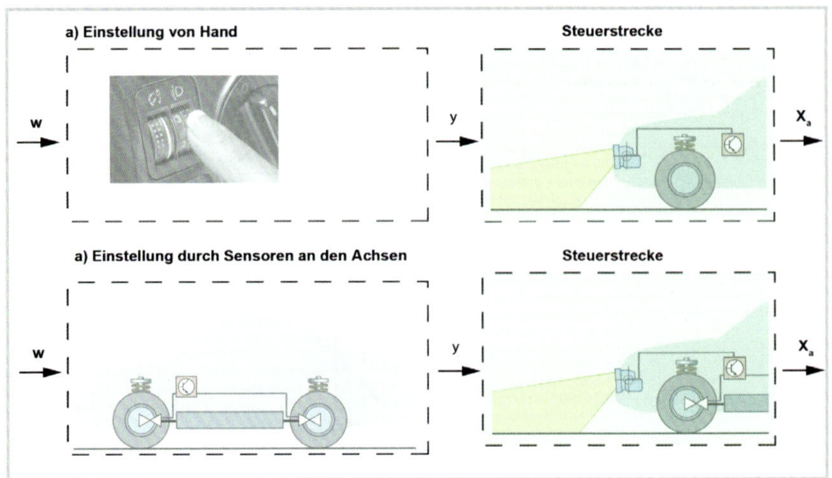

Bild 21.10 *Leuchtweitenanpassung als Beispiel für eine elektronische, analoge Steuerung* [Bild: Riehl]

Führungsgröße w: a) Einstellung durch den Fahrer, b) Beladung des Fahrzeugs
Stellgröße y: Stromstärke zu den Stellmotoren
Aufgabengröße x_a: Neigung der Scheinwerfer

Digitale Steuerungen

➔ In digitalen Steuerungen erfolgt die Verarbeitung in Form von binären Signalen, die in einem Mikroprozessor verarbeitet und in Form von digitalen Systemen ausgegeben werden.

Beispiel elektronische digitale Steuerungen: Kennfeldgesteuerte Zündung

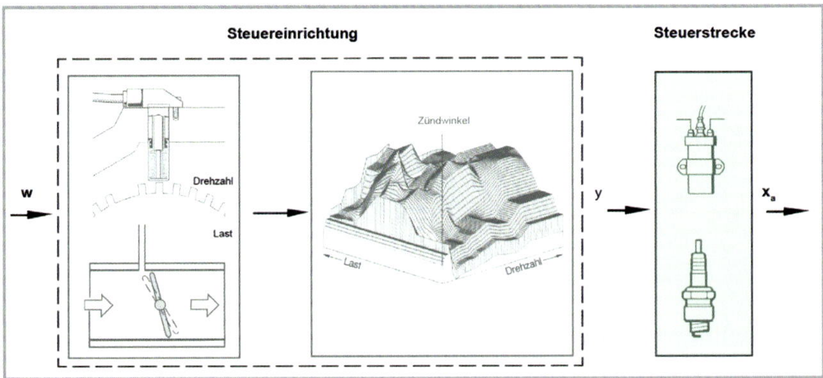

Bild 21.11 *Kennfeldgesteuerte Zündung als Beispiel für eine digitale Steuerung* [Bild: Autofachmann]

Ein Mikrocomputer berechnet den Zündzeitpunkt zwischen zwei Zündvorgängen aus den Hauptinformationen Drehzahl und Last. Dabei werden Drehzahl und Kurbelwinkelstellung direkt an der Kurbelwelle abgegriffen. Die Lastinformation wird über einen Drucksensor bzw. über die Lasterfassung der Gemischaufbereitung ermittelt. Durch die Möglichkeit des digital gespeicherten Zündkennfeldes kann der Zündzeitpunkt für jeden Betriebspunkt optimal eingestellt werden, ohne die Zündverstellung in anderen Bereichen zu beeinflussen.

Führungsgröße w: Motordrehzahl und Last
Stellgröße y: Primärstrom durch die Zündspule
Aufgabengröße X_a: Zündzeitpunkt des Funkens

21.2.5 Steuerungsarten (Unterscheidungsart: Signalverarbeitung)

Verknüpfungssteuerung

➔ Die Eingangssignale werden so verknüpft, dass die geforderten Ausgangssignale entstehen.

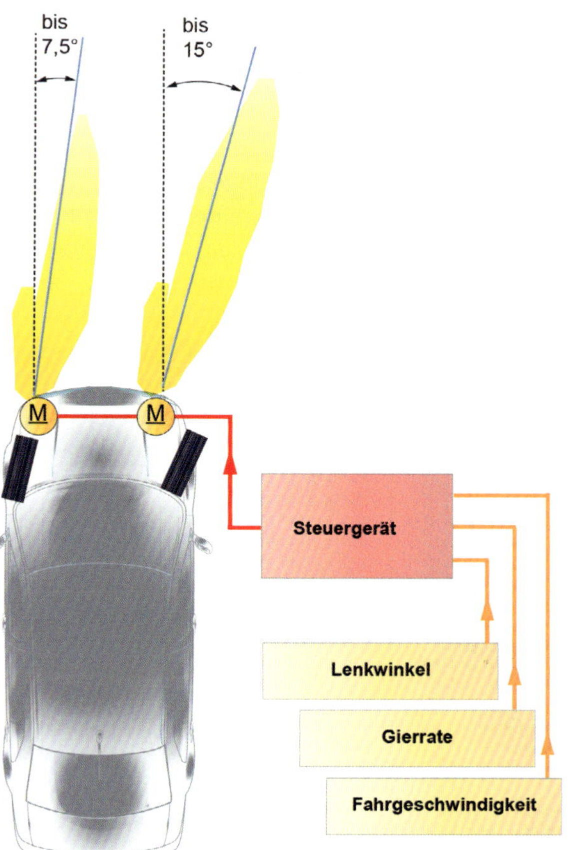

Bild 21.12 *Adaptives Kurvenlich als Beispiel für eine Verknüpfungssteuerung*
[Bild: Riehl]

Die Lenkwinkel, Gierrate und Fahrgeschwindigkeit bestimmen den Einschlagwinkel der Scheinwerfer beim adaptiven Kurvenlicht.

Ablaufsteuerung

➔ Die Steuerungsvorgänge werden schrittweise bzw. nacheinander ausgelöst.

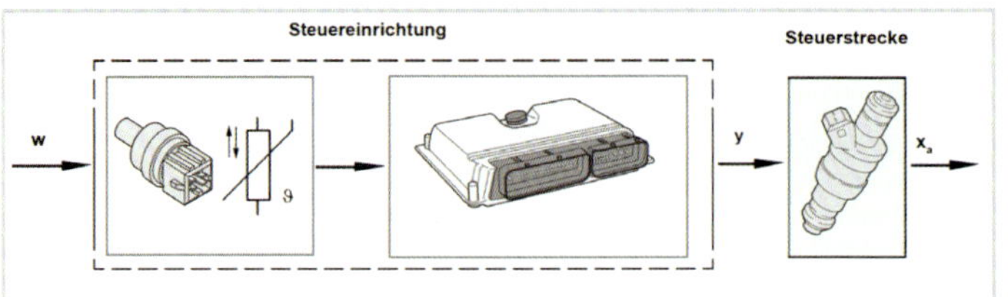

Bild 21.13 *Kaltstartsteuerung als Beispiel für eine Ablaufsteuerung* [Bild: Riehl]

Bei bis zu fünf Kurbelwellenumdrehungen erfolgt eine von der Kühlmitteltemperatur, aber nicht von der Last, abhängige Grundeinspritzmenge, die bezogen auf die normale Einspritzmenge überdosiert ist.

21.3 Regeln

21.3.1 Der Mensch als Regler in einem Regelkreis

Soll die Geschwindigkeit eines Kraftfahrzeugs auf einer bestimmten Höhe – dem Sollwert der Regelgröße – konstant gehalten werden, dann muss der Fahrer die Geschwindigkeit auf dem Tachometer – den Istwert – beobachten. Im Gehirn werden zwei Größen verglichen: der Sollwert der Regelgröße (gewünschte Geschwindigkeit) und der Istwert der Regelgröße (tatsächliche Geschwindigkeit). Sind beide Größen gleich, so braucht der Mensch nicht in den Regelprozess einzugreifen. Fällt jedoch z. B. bei Bergauffahrt die Geschwindigkeit ab, dann ist der Istwert der Regelgröße kleiner als der Sollwert. Entsprechend der Regeldifferenz veranlasst das Gehirn die Betätigung des Gaspedals. Durch das Stellglied wird die zugeführte Gemischmenge für den Motor (Regelstrecke)

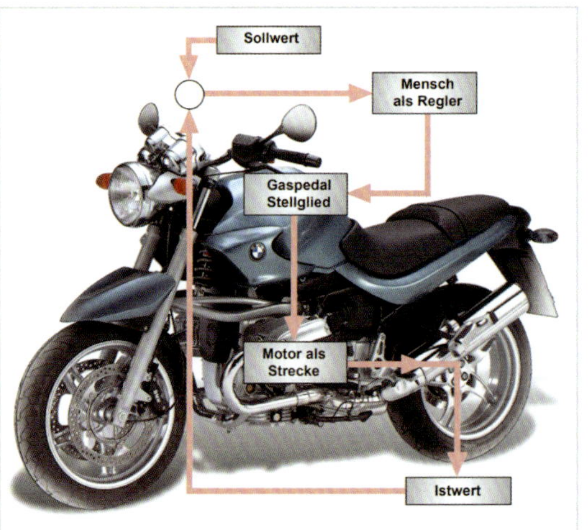

Bild 21.14 *Der Mensch als Regler* [Bild: Riehl / BMW]

geändert. Die Motordrehzahl erhöht sich, bis der Sollwert (gewünschte Geschwindigkeit) wieder erreicht ist. Solange Störgrößen (Gegenwind, Steigungen, Fahrbahnveränderungen usw.) einwirken, muss dieser Vorgang wiederholt werden. Selbstverständlich kann nur im Rahmen des Regelbereiches des Fahrzeugs «nachgeregelt» werden. Ist z. B. die Steigung zu groß, kann die gewünschte Geschwindigkeit nicht mehr eingehalten werden. Es bleibt eine dauernde Regelabweichung.

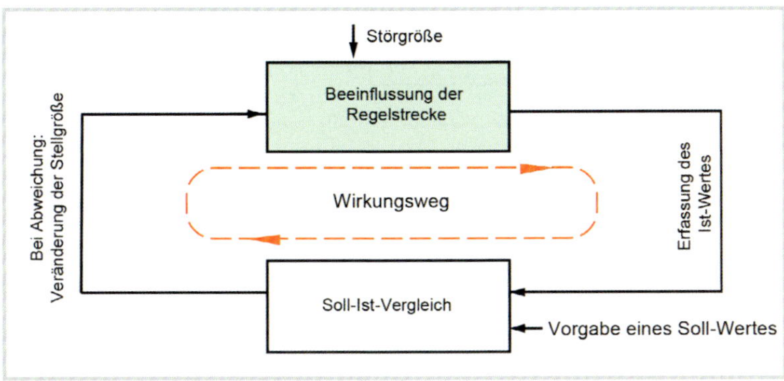

Bild 21.15 *Prinzip der Regelung*
[Bild: Riehl]

21.3.2 Definition: Regelung

➔ Regeln ist ein Vorgang, bei dem man die zu regelnde Größe, die Regelgröße, fortlaufend erfasst und mit einer anderen Größe, der Führungsgröße, vergleicht.

Regeln mit unselbsttätiger Rückführung

Da die Rückführung durch den Menschen nicht automatisch erfolgt, handelt es sich um Regeln mit unselbsttätiger Rückführung.

➔ Eine Regelung beruht auf dem ständigen Soll-/Istwert-Vergleich der Regelgröße in einem geschlossenen Regelkreis.

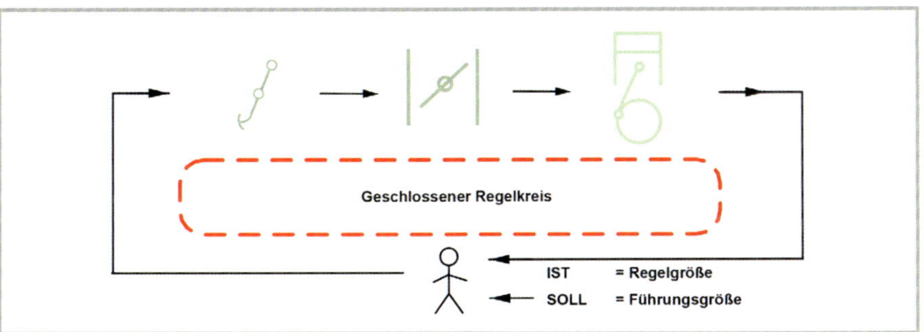

Bild 21.16 *Der Mensch als Regler der Fahrgeschwindigkeit bzw. Drehzahl*
[Bild: Riehl]

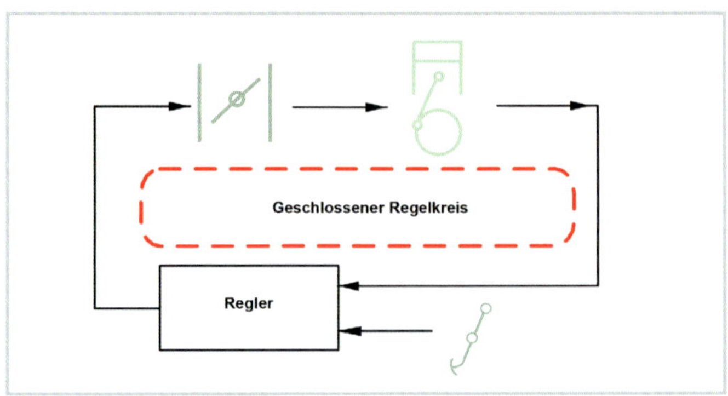

Bild 21.17
Tempomat: Eine einmal vorgegebene Geschwindigkeit wird eingehalten
[Bild: Riehl]

Automatische Regelung

Aufgabe der Regelungstechnik ist es, die unselbsttätige Rückführung – den Menschen – möglichst aus dem Regelkreis zu entfernen und durch eine automatische Regelung zu ersetzen.

Prinzipieller Ablauf des Regelvorgangs:

Tabelle 21.2

Der Istwert muss erfasst werden	→	Messen
		↓
Der Istwert muss mit dem Sollwert vergleichen werden	→	Vergleichen
		↓
Abweichungen zwischen Soll- und Istwert müssen beseitigt werden	→	Ausgleichen

21.3.3 Blockdarstellung des Regelkreises

Wie bei der Steuerungstechnik benutzt man Blockschaltbilder, um Regelkreise übersichtlich darstellen zu können. Am Beispiel des Tempomats soll der Übergang von der bauteilorientierten Darstellung hin zu den allgemein gültigen Darstellungen gezeigt werden.

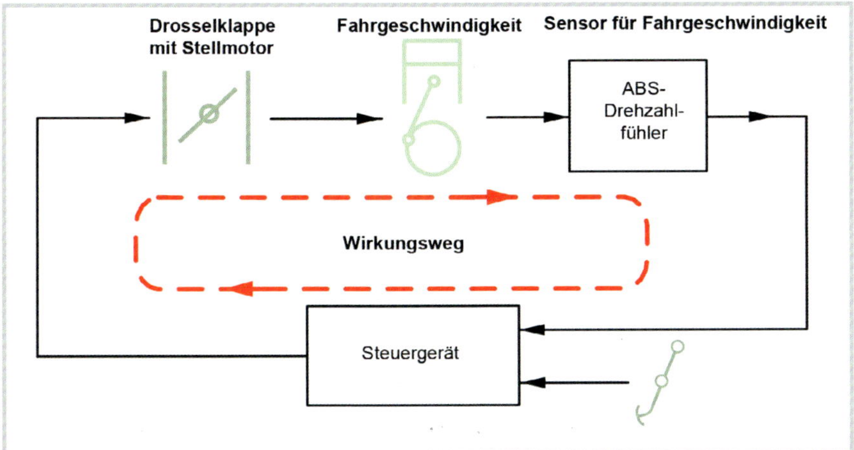

Bild 21.18 *Bauteilorientierte Darstellung des Regelkreises* [Bild: Riehl]

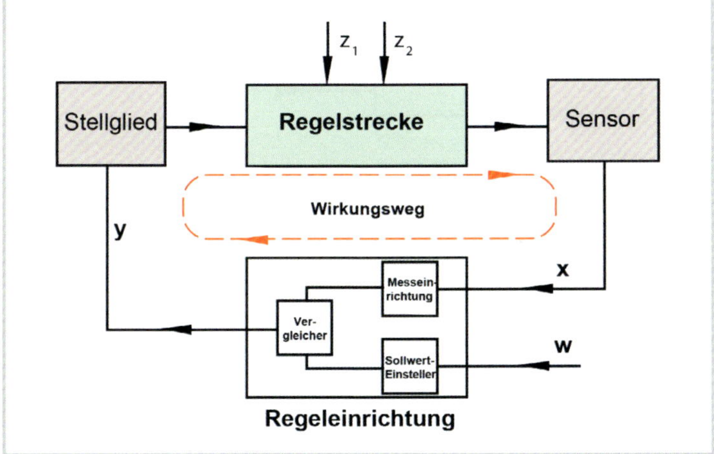

Bild 21.19 *Allgemein gültige Darstellung des Regelkreises* [Bild: Riehl]

21.3.4 Bestandteile der Regeleinrichtung

Regler

- Messeinrichtung

Sie erfasst evtl. über einen Sensor ständig den Istwert der Regelgröße.

- Sollwerteinstellung

Einstellung des Sollwertes der Regelgröße. Diese Einstellung kann einen festen Wert haben (Drehstromgenerator, Lambda-Regelung) oder aber einen einstellbaren Wert (Leuchtweitenregelung).

- Vergleicher

Führt den Soll-Ist-Vergleich durch und steuert evtl. über einen Verstärker das Stellglied an.

Sensor

Beim Soll-Ist-Vergleich kann nur die Differenz von zwei gleichartigen physikalischen Größen gebildet werden. Daher wird oftmals ein Sensor benötigt.

Stellglied

Das Stellglied formt das Ausgangssignal des Reglers in die benötigte Größe um.

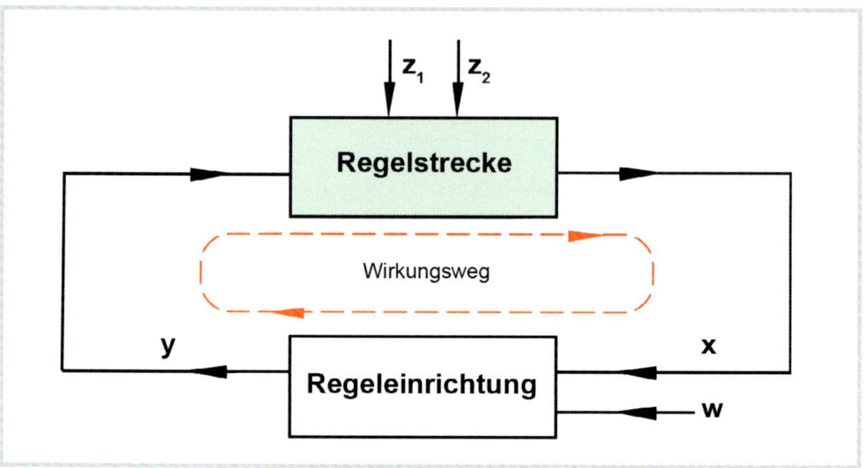

Bild 21.20 *Vereinfachte Darstellung des Regelkreises; die Bestandteile des Reglers werden zur Regeleinrichtung zusammengefasst*
[Bild: Riehl]

Regelgröße x = Istwert
Führungsgröße w = Sollwert
Regeldifferenz e = x-w
Stellgröße y
Störgröße z

21.3.5 Übergangsverhalten

➔ Mit Übergangsverhalten bezeichnet man den Verlauf der Stellgröße des Reglers in der Zeit nach dem Auftreten einer Regelabweichung.

Beispiel: Lambda-Regelung

Die Sondenspannung (Regelgröße x) liefert eine sprunghafte Spannungsänderung entsprechend der sich ändernden Gemischzusammensetzung. Dadurch ändert sich auch die Regelabweichung sprunghaft, da als Führungsgröße w eine feste Referenzspannung (ca. 0,5 V) vorgegeben ist. Die Einspritzzeit (Stellgröße y) ändert sich dagegen nicht sprunghaft, sondern sie wird gleichmäßig verlängert bzw. verkürzt, solange die Regelabweichung besteht. Das Übergangsverhalten der Lambda-Regelung ist somit dadurch beschrieben, dass der sprunghaften Änderung des Eingangssignals (Regelabweichung e) eine langsame stetige Änderung des Ausgangssignals (Stellgröße y) folgt.

21.4 Adaptive Regelsysteme

21.4.1 Beispiel: Lambda-Regelung

Die Vorgänge in einem Fahrzeugmotor sind dynamisch. Abhängig von der Drehzahl ändern sich die Größen der einzelnen Parameter. Zum Beispiel ist die Laufzeit der Gase von den Einspritzventilen bis zur Erfassung der Abgaszusammensetzung durch die Lambdasonde stark drehzahlabhängig. Je höher die Drehzahl, desto kürzer ist die Laufzeit des Gases zwischen dem Gemischbilder und der Lambdasonde. Unvorhersehbare Änderungen (z. B. Falschluft, Verschleiß) führen dazu, dass die Lambdaregelung die Fehler nicht mehr ausgleichen kann. In diesem Fall kann der Motor nicht mehr mit dem stöchiometrischen Gemisch (nahe $\lambda = 1$) betrieben werden.

Um das zu verhindern, braucht man ein Regelsystem, das die Änderungen der einzelnen Parameter misst und in die Berechnung einbezieht.

Das Steuergerät regelt die Gemischzusammensetzung, indem es die Einspritzmenge ändert. Um die Einspritzmenge zu bestimmen, misst es den Restsauerstoffgehalt (Lambdasonde) im Abgas. Im Steuergerät sind Werte für den Gemischdurchsatz bei bestimmten Drehzahlen gespeichert. Auf diese Weise passt sich die Regelfrequenz der Drehzahl an. Meldet die Lambdasonde z. B. im Ansaugtrakt ein zu mageres Gemisch, fettet die Lambdaregelung das Gemisch über die Einspritzventile an.

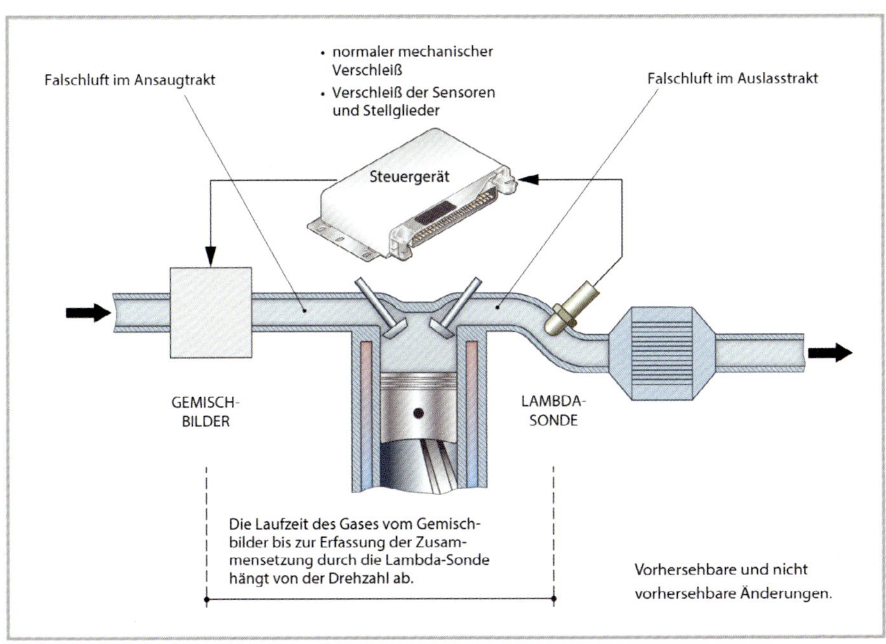

Bild 21.21 *Vorhersehbare und nicht vorhersehbare Änderungen*
[Bild: AS-Illu]

Ist es beim Erreichen der Regelgrenze immer noch zu mager, lernt das System einen neuen Wert zum Anfetten des Gemisches. In diesem Fall wird der Vorsteuerwert (Einspritzzeit) verändert und im Steuergerät abgespeichert. Beim nächsten Motorstart steht der aktualisierte Wert zur Verfügung. Mit den gelernten Werten ist das System in der Lage, eine ideale Regelung durchzuführen.

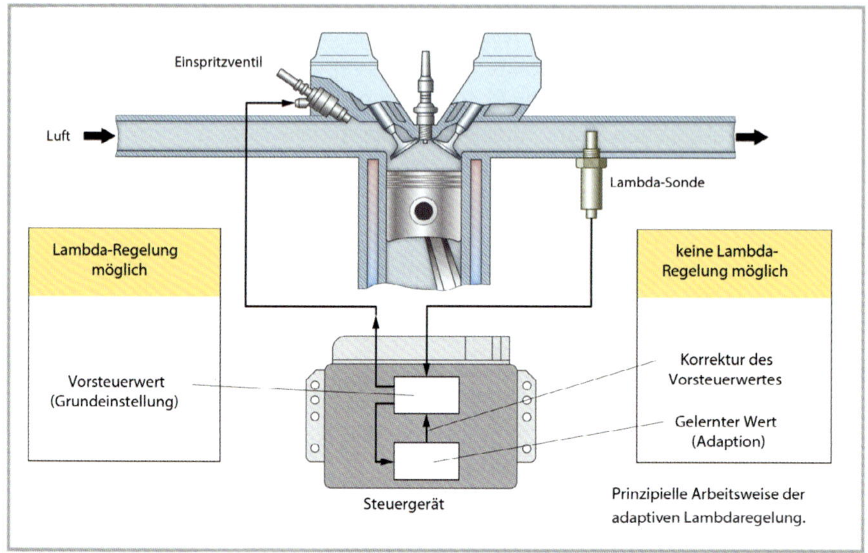

Bild 21.22 *Prinzipielle Arbeitsweise der adaptiven Lambdaregelung* [Bild: AS-Illu]

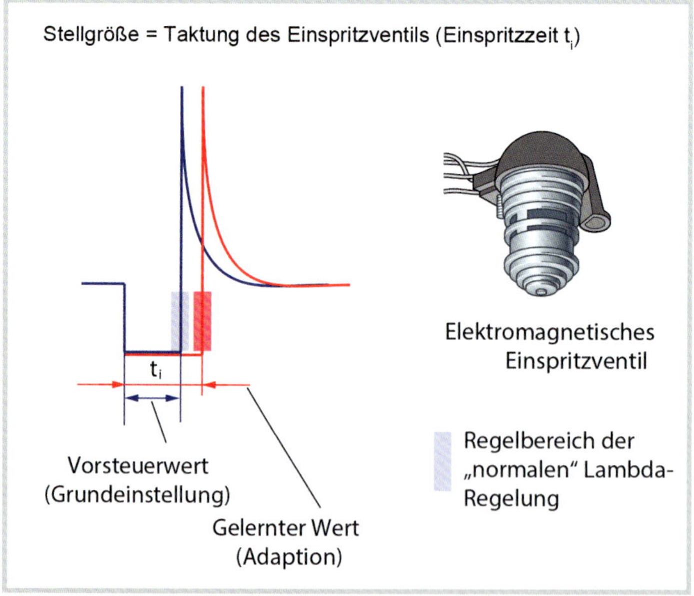

Bild 21.23 *Anpassung der Einspritzzeit t_i durch die Adaption* [Bild: Riehl]

➔ Unter Adaption versteht man die selbsttätige Optimierung des Systems, bei dem von einer Grundeinstellung ausgehend unvorhersehbare Änderungen im System erfasst, ausgeglichen und abgespeichert werden.

Bestimmung der Adaptionswerte

Um die Einspritzzeit zu berechnen, wird die Grundeinspritzzeit entweder mit einem Adaptionswert multipliziert oder addiert. Im ersten Fall spricht man von multiplikativer Adaption, im zweiten Fall von additiver Adaption.

Im Leerlauf sind die Einspritzgrundzeiten kurz. In diesem Fall steigt der additive Anteil (+1) der Adaptionen im Vergleich zum multiplikativen Anteil (+0,5). Im Leerlaufbetrieb wird also in erster Linie mithilfe des addierten Wertes geregelt und adaptiert (gelernt). Man spricht deshalb von additiver Adaption. Im Lastbereich dauern die Einspritzgrundzeiten länger. In diesem Fall steigt der multiplikative Anteil der Adaptionen (+1,5) im Vergleich zum additiven Anteil (+1). Es findet eine multiplikative Adaption statt.

Beispiel:

Additive Adaption im Leerlaufbereich:

Grundeinspritzzeit = 1 ms multiplikativer Faktor = 1,5 additiver Anteil = 1 ms

$\rightarrow$ (1 ms · 1,5) + 1 ms = 2,5 ms

Multiplikative Adaption im Lastbereich:

Grundeinspritzzeit = 3 ms multiplikativer Faktor = 1,5 additiver Anteil = 1 ms

$\rightarrow$ (3 ms · 1,5) + 1 ms = 5,5 ms

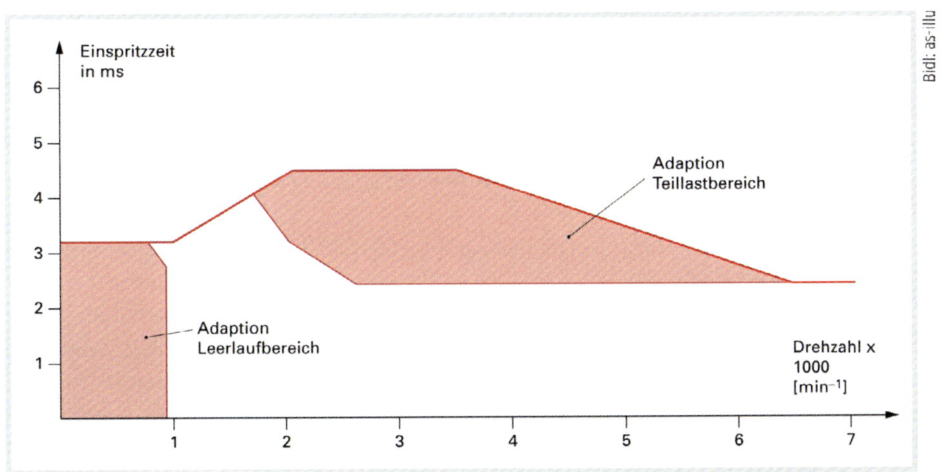

Bild 21.24 *Additives und multiplikatives Kennfeld einer Lambdaregelung*
[Bild: AS-Illu]

21.4.2 Weitere Beispiele

Beispiel: Adaptives Licht

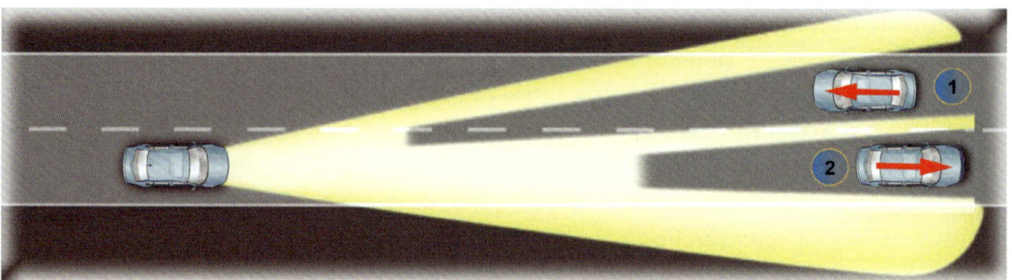

Bild 21.25 *Beim blendfreien Fernlicht fährt der Autofahrer dauerhaft mit Fernlicht.*
1 Entgegenkommendes Fahrzeug
2 Fahrzeug in gleicher Fahrtrichtung
Detektiert die Kamera andere Verkehrsteilnehmer, werden diese aus der Fernlichtverteilung ausgespart.
[Bild: Riehl]

Bei herkömmlichen Leuchten bleiben Wege und Hindernisse beim Abbiegen einige Zeit im Dunkeln, denn die Ausleuchtung der Straße ist nur auf die gerade Strecke ausgelegt. Das adaptive Licht hingegen passt sich dynamisch dem Lenkradeinschlag und der Ausrichtung des Fahrzeugs an. Aus diversen Parametern wie der Geschwindigkeit, dem Lenkwinkel und der Gierrate wird die notwendige Veränderung der Scheinwerferposition errechnet. Das Scheinwerfermodul schwenkt bei Geschwindigkeiten von etwa 10 bis 110 km/h bis zu 15 Grad mit dem Lenkeinschlag mit. Das Ergebnis ist eine deutlich bessere Fahrbahnausleuchtung beim Abbiegen und Durchfahren von Kurven sowie eine erhöhte Fahrsicherheit, da der Fahrer Hindernisse und andere Verkehrsteilnehmer frühzeitig erkennen und entsprechend umsichtig reagieren kann.

Seit dem Jahr 2007 sind Funktionserweiterungen für Scheinwerfersysteme erlaubt. Man spricht auch von adaptivem Licht oder AFS (***A****daptive* ***F****ront-Lighting* ***S****ystem*), oder auch von intelligenten Lichtsystemen.

Das Fernlicht ist dabei grundsätzlich eingeschaltet. Das AFS blendet automatisch ab und passt die Reichweite der Scheinwerfer an die Umstände an. Im Gegensatz zu herkömmlichen Systemen, die lediglich zwischen Abblend- und Fernlicht umschalten, regelt der adaptive Fernlicht-Assistent an die Verkehrssituation angepasst. Die Reichweite des Abblendlichts reicht von rund 65 bis zu 300 Metern – ohne andere Autofahrer zu blenden. Erkennt das System entgegenkommende oder vorausfahrende Autos, passt es die Leuchtweite kontinuierlich dem Abstand an, sodass der Scheinwerferkegel vor den Fahrzeugen endet. Zusätzlich berücksichtigt der Fernlicht-Assistent den Lenkwinkel, um die Scheinwerfer in engen Kurven abzublenden. Bei freier Strecke schaltet das System mit einem weichen Übergang auf Fernlicht um.

Beispiel: **A**daptives **R**ückleuchten**s**ystem (ARS)
Auch für Rückleuchten gibt es mittlerweile Konzepte, die die Leuchtstärke an das Wetter und die Bedingungen im Straßenverkehr anpassen. Letzteres führt in erster Linie zu einem Sicherheitsgewinn, denn mit der unterschiedlichen Leuchtstärke der Rücklichter signalisiert der Fahrer dem nachfolgenden Verkehr seine Absichten. Schon heute sind Fahrzeuge mit Sensoren ausgerüstet, die Umweltparameter messen, mit denen sich die Lichtverhältnisse bestimmen lassen (Helligkeit, Verschmutzung, Sichtweite, Nasse usw.).

21.4.3 Diagnoseprobleme durch die Adaption

Durch die Adaption können Fehler überdeckt, d. h. adaptiert, werden. Zum Beispiel macht sich der komplette Ausfall eines Zylinders nicht mehr unbedingt als Drehzahlabfall im Leerlauf bemerkbar. Durch die Leerlauffüllungsregelung bleibt die Drehzahl im Rahmen der Adaptionsgrenzen konstant. Auch abgenutzte Einspritzventile, ein Kompressionsverlust der Zylinder oder Verstopfungen des Kraftstoffsystems werden durch die adaptive Regelsysteme ausgeglichen.

Anders als statische Vergleichswerte (Spannung, Tastverhältnis, Zündwinkel, Einspritzzeit) können dynamische Vorgänge oder interne Motorveränderungen (Verschleiß, Undichtigkeiten) nicht sicher erkannt werden, zumal sie durch die Adaption nicht sofort zu Komforteinbußen im Fahrbetrieb führen. Erst wenn größere Schäden auftreten (z. B. Ausfall eines Sensors), wird das Regelverhalten so nachhaltig beeinflusst, dass die Fehlersuche in der Werkstatt leichtfällt. Das System schaltet in solchen Fällen auf eine Art Notlaufbetrieb um. Bei einigen Steuergeräten für die Adaption können die Anpassungen über den Diagnosetester ermittelt werden. Die Adaptionsschritte können dann für die Fehlersuche herangezogen werden.

➔ Bei adaptiven Systemen kann der auftretende Fehler von der Adaption überdeckt werden.

22 Sensoren und Aktoren

22.1 Vergleich: Mensch – Maschine

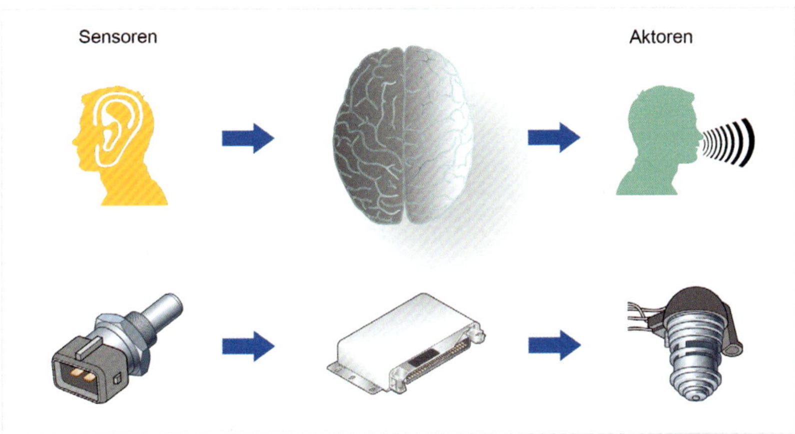

Bild 22.1 *Vergleich Sensoren und Aktoren beim Menschen und beim KFZ*
[Bild: Riehl, AS-Illu]

Damit ein Mensch auf seine Umwelt reagieren kann, um z. B. einer nahenden Gefahr auszuweichen, muss er seine Umgebung wahrnehmen (sensieren) können. Wir haben optische Sensoren (Augen), akustische Sensoren und den Gleichgewichtssinn (Ohren), Sensoren, die auf chemische Stoffe reagieren (Nase und Geschmackssinn) und Sensoren, die auf Berührung (Tastsinn) oder Temperatur reagieren. Unsere Ohren stellen sogar einen Sensorcluster, also einen Zusammenschluss mehrerer Sensoren dar, da wir mit ihnen sowohl Schall als auch Beschleunigung erfassen.

Eine vergleichbare Situation gilt für Kraftfahrzeuge und ihre Schlupfregel- und Assistenzsysteme. Damit diese Systeme arbeiten können, um kritische, fahrdynamische Situationen zu entschärfen oder im Ansatz zu vermeiden, müssen sie über Sensoren verfügen, mit denen sie die Fahrsituation erfassen können. Es sind dies vor allem die Drehzahlsensoren,

Bild 22.2 *Beispiele Systeme mit Sensoren und Aktoren im Kfz*
[Bild: Riehl]

sowie Beschleunigungs- und Drehmomentsensoren. Aber auch Drucksensoren, Drehratensensoren oder Hall-Sensoren z. B. zur Erfassung einer Pedalstellung werden in den unterschiedlichen Systemen verwendet.

In den letzten 30 bis 40 Jahren sind mehrere mechanisch-elektrisch-elektronische Komponenten in Kraftfahrzeuge eingeführt worden. Dabei werden Messgrößen wie Drehzahlen, Positionen, Drücke, Winkel usw. über Sensoren erfasst, in hoch integrierten Schaltungen oder Mikrorechnern verarbeitet und als Stellgrößen an elektro-mechanische Aktoren ausgegeben, um fahrzeugrelevante Größen wie z. B. Radschlupf, Geschwindigkeit, Beschleunigung, Abstand und Einfederung zu steuern oder zu regeln. Dabei zeigt sich bei den entsprechenden Komponenten eine zunehmende Integration von Mechanik, Elektronik und Informationstechnik, also eine Entwicklung hin zu mechatronischen Komponenten und Systemen.

22.2 Aufgaben der Sensoren und Aktoren

Sensoren

Die Sensoren ermöglichen das Umformen nichtelektrischer Größen in elektrische Größen.

Als elektrische Größe werden nicht nur die üblichen Größen Strom oder Spannung akzeptiert, sondern im Hinblick auf die heutige computerisierte Weiterverarbeitung der Signale im Fahrzeug auch

- Strom- und Spannungsamplituden,
- Frequenzen- und Frequenzänderungen,
- Perioden eines Impulses,
- Phase und Pulsdauer einer elektrischen Schwingung,
- Widerstände,
- Kapazitäten,
- Induktivitäten.

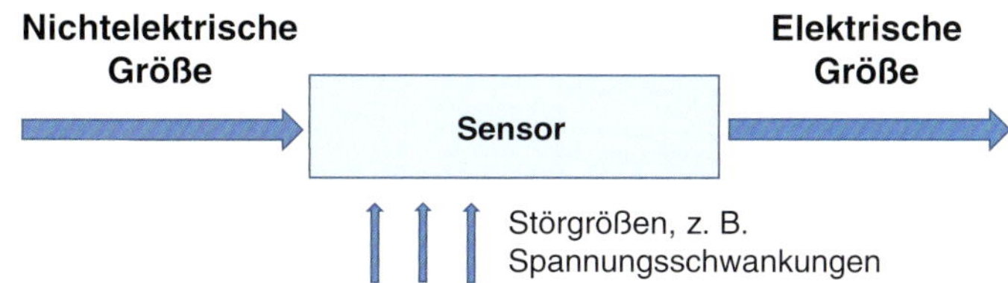

Bild 22.3 *Prinzip der Umwandlung beim Sensor*
[Bild: Riehl]

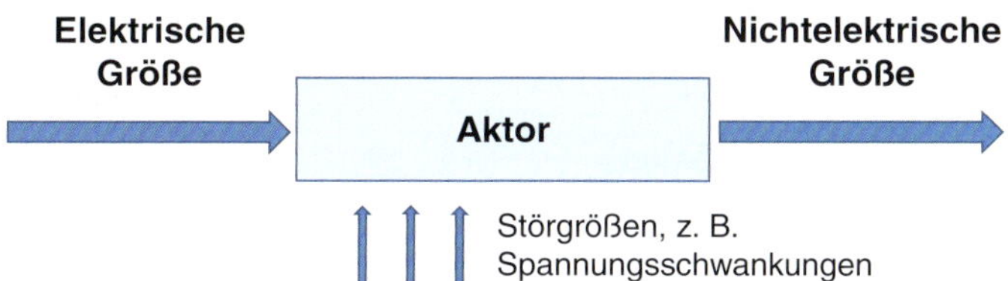

Bild 22.4 *Prinzip der Umwandlung beim Aktor*
[Bild: Riehl]

Ebenso kann die Auswertung des Signals integriert sein und der Sensor kann sein Signal direkt auf den Bus senden. SENT (***S****ingle* ***E****dge* ***N****ibble* ***T****ransmission*) ist so ein Bussystem für Punkt-zu-Punkt-Verbindungen zwischen einem Sensor und einer ***E****lectronic* ***C****ontrol* ***U****nit* (ECU).

Aktoren

Aktoren, oder auch Aktuatoren, sind Bauteile, die von einem Steuergerät aktiviert werden. Die Aktivierung erfolgt durch einen Mikroprozessor, der die Endstufe ansteuert. Endstufen schließen den elektrischen Stromkreis zwischen Spannungsversorgung und Aktuator. Diese elektrische Energie wird in eine physikalische Größe umgewandelt. Die Aktoren ermöglichen das Umformen elektrischer Größen in nichtelektrische Größen.

22.3 Physikalische Grundlagen:

22.3.1 Wellen

Unterschied: Schwingung – Welle

Unter einer **Schwingung** versteht man die zeitlich-periodische Änderung einer physikalischen Größe. Unter einer **Welle** versteht man die Ausbreitung einer Schwingung im Raum, bei der Energie übertragen, jedoch kein Stoff transportiert wird.

Größen einer Welle:

Eine Welle hat folgende Eigenschaften:

Amplitude

Die Amplitude beschreibt die maximale Auslenkung der Schwingungen der Welle, also dort, wo der Wellenberg am höchsten ist.

Wellenlänge

Als Wellenlänge λ Lambda bezeichnet man den räumlichen Abstand zweier identischer Punkte auf der Wellenform. Also zum Beispiel der Abstand zwischen zwei benachbarten Wellenbergen oder Wellentälern.

Periodendauer (Schwingungsdauer)

Die Periodendauer T ist die Zeit, die verstreicht, während ein schwingungsfähiges System genau eine Schwingungsperiode durchläuft, d. h., nach der es sich wieder im selben Schwingungszustand befindet.

Frequenz

Die Frequenz f gibt die Anzahl der vollen Schwingungen pro Zeiteinheit an und wird nach dem deutschen Physiker Heinrich Hertz in Hertz $Hz = \frac{1}{s}$ gemessen.

Der Kehrwert der Periodendauer T ist die Frequenz f, also: °$f = \frac{1}{T}$

Ausbreitungsgeschwindigkeit

Die Ausbreitungsgeschwindigkeit v einer Welle ist die Geschwindigkeit mit der sich eine bestimmte Phase, z. B. ein Wellenberg oder ein Wellental fortbewegt. Die Geschwindigkeit, mit der sich die Schwingungszustände gleicher Phase bewegen, wird als

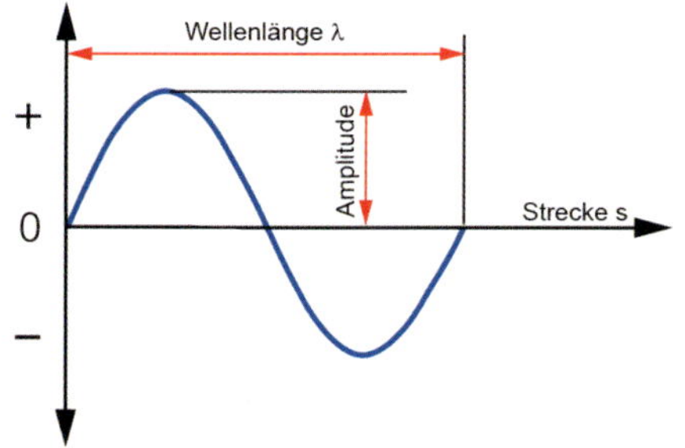

Bild 22.5 *Wellenlänge und Amplitude*
[Bild: Riehl]

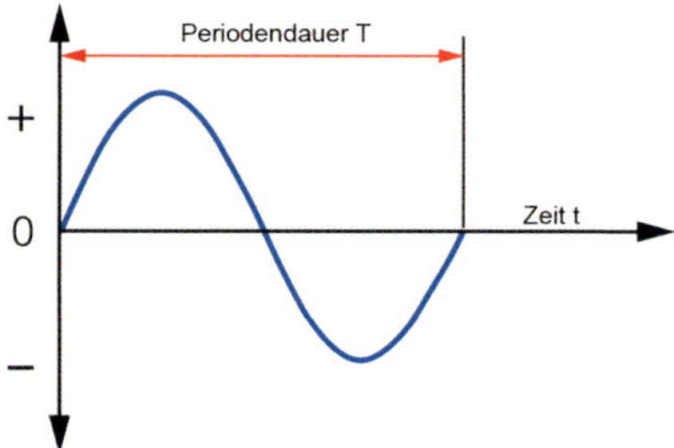

Bild 22.6 *Periodendauer*
[Bild: Riehl]

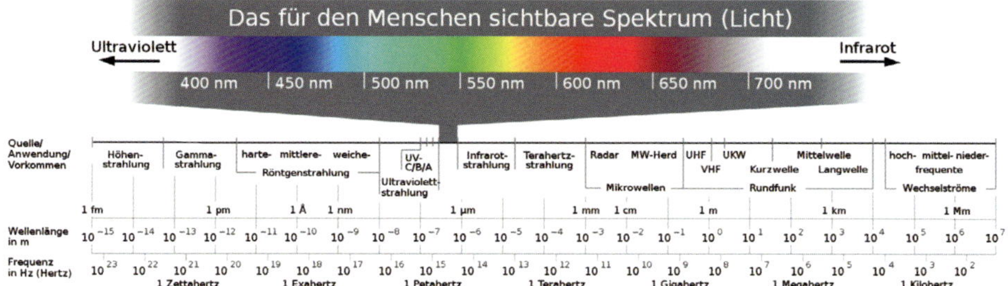

Bild 22.7 *Das Spektrum elektromagnetischer Wellen*
[Bild: Horst Frank / Phrood / Anony (https://commons.wikimedia.org/wiki/File:Electromagnetic_spectrum_-de_c.svg), „Electromagnetic spectrum -de c“, https://creativecommons.org/licenses/by-sa/3.0/legalcode]

Ausbreitungsgeschwindigkeit der Welle bezeichnet; die Ausbreitungsgeschwindigkeit v einer Welle berechnet sich mit:

$$v = \lambda \cdot f \ (\lambda = \text{Wellenlänge}, f = \text{Frequenz}).$$

Damit ergibt sich auch eine Beziehung zwischen der Wellenlänge und der Periodendauer:

$$v = \frac{\lambda}{T}$$

Für elektromagnetische Wellen und Lichtwellen ist die Ausbreitungsgeschwindigkeit gleich der Lichtgeschwindigkeit c ≈ 300.000 km/s. Zwischen der Wellenlänge der Welle und der Frequenz der Schwingungen besteht ein direkter physikalischer Zusammenhang:

$$c = \lambda \cdot f$$

Längswellen und Querwellen

Allgemein werden Wellen in sogenannte Längs- und Querwellen unterteilt: Bei Längswellen verlaufen die Schwingungen parallel zur Ausbreitungsrichtung der Welle. Dies ist beispielsweise bei Druck- oder Schallwellen in Luft der Fall. Bei Querwellen verlaufen die Schwingungen senkrecht zur Ausbreitungsrichtung der Welle. Dies ist beispielsweise bei Seilwellen oder Schwingungen von Instrumentensaiten sowie bei elektromagnetischen Wellen bzw. Lichtwellen der Fall.

Längswellen sind grundsätzlich mit einer Ausbreitung von Verdünnungen und Verdichtungen des Trägermediums verbunden, sodass sie sich nur in komprimierbaren Materialien ausbreiten können. In manchen Fällen, beispielsweise bei Erdbebenwellen oder bei Schallwellen in Flüssigkeiten und Festkörpern, treten Längs- und Querwellen gleichzeitig auf.

Reflexion von Wellen

Trifft eine Welle auf ein Hindernis wird zumindest ein Teil der Welle reflektiert. (z. B. Radiowellen) Der restliche Teil wird z. B. von der Wand absorbiert und geht in Wärme über oder geht durch sie hindurch.

Phasenverschiebung

Zwei Sinusschwingungen sind gegeneinander in ihren Phasenwinkeln verschoben, wenn ihre Periodendauern zwar übereinstimmen, die Zeitpunkte ihrer Nulldurchgänge aber nicht.

Interferenz-Effekte

Treffen an einer Stelle zwei oder mehrere Wellen aus unterschiedlichen Richtungen aufeinander, so findet dort wiederum eine Überlagerung der einzelnen Wellenamplituden statt: Haben die einzelnen Wellen eine gleiche momentane Auslenkung (beide in positive oder beide in negative Auslenkungsrichtung), so überlagern sich die Wellen «konstruktiv», d. h., die resultierende Amplitude ist größer als die Amplituden der einzelnen Wellen.

Haben die einzelnen Wellen hingegen unterschiedliche Auslenkungsrichtungen, so überlagern sich die Wellen «destruktiv»; die resultierende Amplitude ist hierbei geringer als die Beträge der einzelnen Amplituden. Auch eine völlige Auslöschung zweier Teilwellen ist in diesem Fall möglich.

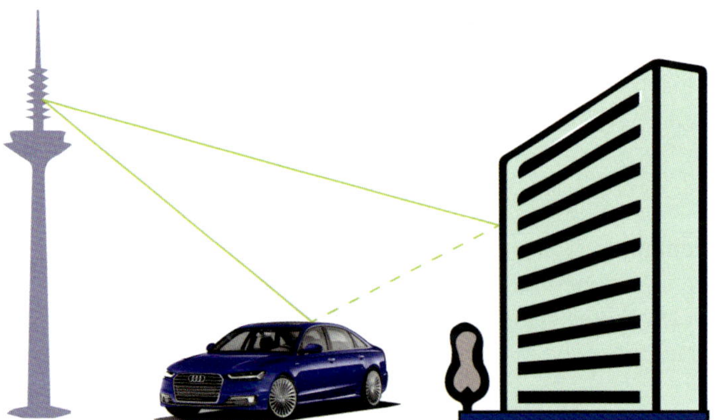

Bild 22.8
Reflektion von Radiowellen. Es gilt: Einfallswinkel = Ausfallswinkel
[Bild: Riehl]

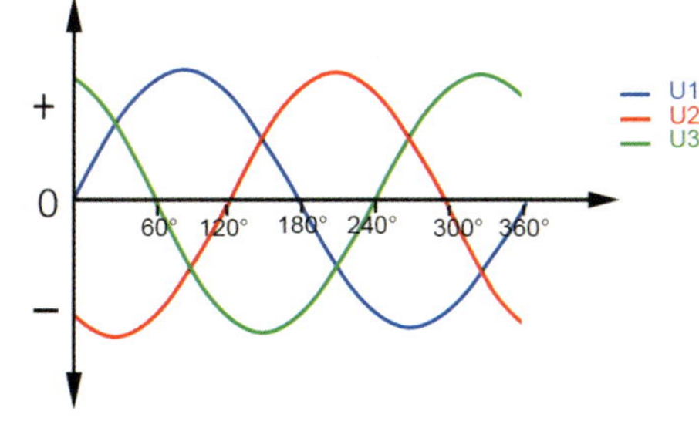

Bild 22.9
Dreiphasenwechselspannung besteht aus drei um je 120° gegeneinander versetzt schwingenden Wechselspannungen.
[Bild: Riehl]

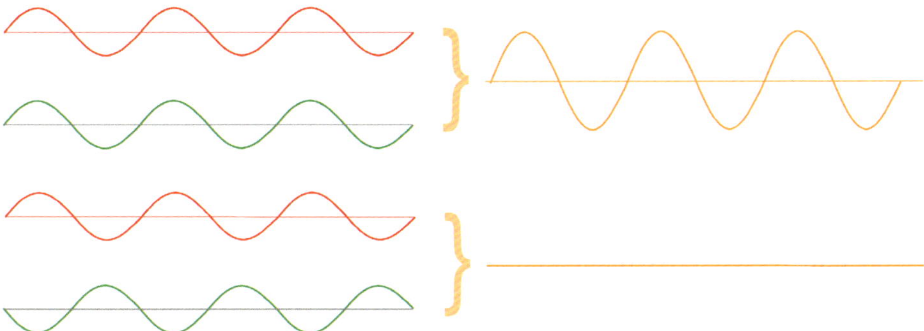

Bild 22.10 *Interferenz von Wellen*
oben: Wellen mit gleicher Auslenkungsrichtung. Die Wellen überlagern sich konstruktiv.
unten: Wellen mit unterschiedlicher Auslenkungsrichtung. Die Wellen überlagern sich destruktiv.
[Bild: Riehl]

An jeder Stelle der Welle sind somit die Auslenkungszustände der Teilwellen unter Berücksichtigung des Vorzeichens zu addieren. Vereinfacht gesagt: Trifft ein «Wellenberg» auf einen anderen «Wellenberg», so ergibt sich ein höherer Wellenberg, trifft ein «Wellenberg» auf ein «Wellental», so löschen sich die Amplituden an dieser Stelle zumindest teilweise aus.

Stehende Wellen

Eine stehende Welle, auch Stehwelle, ist eine Welle, deren Auslenkung an bestimmten Stellen immer bei Null verbleibt. Sie kann als Überlagerung zweier gegenläufig fortschreitender Wellen gleicher Frequenz und gleicher Amplitude aufgefasst werden. Werden Wellen an Hindernissen reflektiert, so können sich die hin- und rücklaufenden Wellen überlagern. Es kommt zur Ausbildung einer stehenden Welle, bei der sich Schwingungsknoten und Schwingungsbäuche stets an der gleichen Stelle befinden.

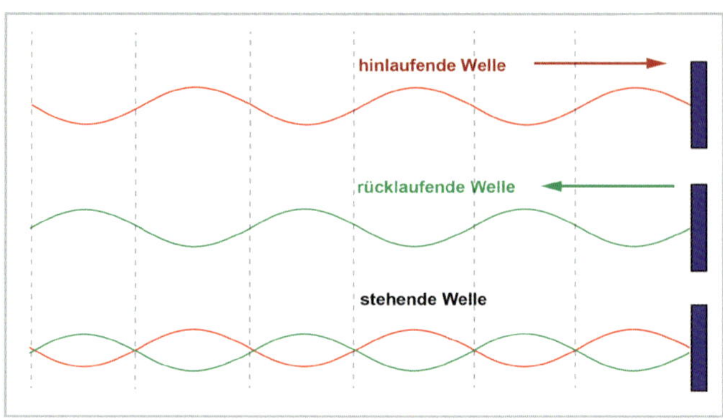

Bild 22.11
Stehende Welle: Dargestellt ist der Fall, dass ein Ende fest eingespannt ist. (Reflexion am festen Ende).
[Bild: Riehl]

22.3.2 Schall als mechanische Welle

Schall wird durch mechanische Schwingungen von Körpern hervorgerufen. So wird beispielsweise bei einem Lautsprecher die Membran verformt und die umgebende Luft dadurch zusammengedrückt. Die Luft verdichtet sich an dieser Stelle; der Druck wird größer. Da Luft elastisch ist, dehnt sie sich dann wieder aus, was zu einer Verdichtung an einer benachbarten Stelle führt. Es entsteht eine Druckwelle, die sich im Raum ausbreitet. Das kann man auch mit dem Teilchenmodell deuten: Die Luftteilchen werden durch die Bewegung der Membran zu Schwingungen angeregt. Sie schwingen somit hin und her. Dabei bilden sich Bereiche mit größerer Teilchenanzahl (größerem Druck) und Bereiche mit kleinerer Teilchenanzahl (kleinerem Druck).

➔ Allgemein gilt: Schallwellen sind die Ausbreitung von Druckschwankungen im Raum. Da die Ausbreitungsrichtung und die Schwingungsrichtung der Teilchen übereinstimmen, handelt es sich bei Schallwellen in der Luft um Longitudinalwellen (Längswellen).

Unterschied: Ton – Geräusch

Die Zahl der Luftdruckschwankungen pro Sekunde bezeichnet man als Frequenz. Bei einer einzelnen Frequenz spricht man von einem Ton, bei einem Frequenzgemisch von einem Geräusch. Mit der Frequenz nimmt die Tonhöhe zu.

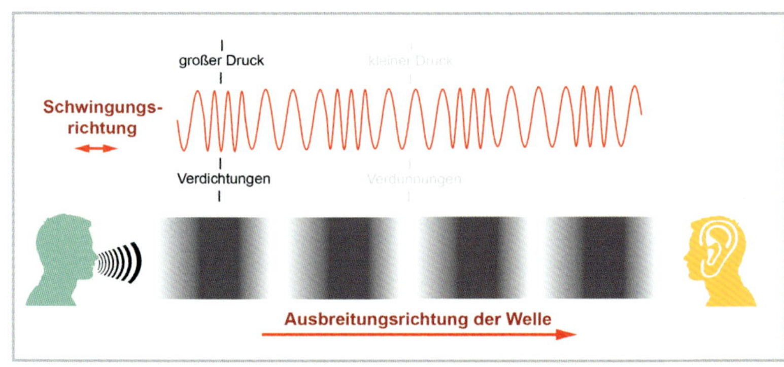

Bild 22.12
Ausbreitung der Schallwellen
[Bild: Riehl]

Ausbreitung von Schall

Schall breitet sich in einem Stoff konstanter Temperatur geradlinig aus. Die Geschwindigkeit, mit der sich Schall ausbreitet, wird als Schallgeschwindigkeit bezeichnet. Sie hängt von dem betreffenden Stoff sowie von der Frequenz und der Wellenlänge ab. Für Schallwellen gilt wie für andere mechanische Wellen: Schall kann sich in festen Stoffen, Flüssigkeiten und Gasen ausbreiten. Die Schallgeschwindigkeit und damit auch die Wellenlänge und die Frequenz können sehr unterschiedlich sein. Im Allgemeinen ist die Schallgeschwindigkeit in Gasen am kleinsten und in festen Körpern am größten. Das hängt mit den unterschiedlichen Kräften zusammen, die zwischen den Teilchen der Stoffe wirken. Bei Gasen ist die kräftemäßige Kopplung zwischen den Teilchen gering, bei festen Körpern groß. Deshalb breitet sich eine Druckschwankung in festen Körpern schneller aus als in Gasen. Die Schallgeschwindigkeit in einem Stoff ist relativ stark von der Temperatur abhängig. Deshalb ist es erforderlich anzugeben, für welche Temperatur eine Schallgeschwindigkeit gilt. Häufig werden Schallgeschwindigkeiten bei 20 °C angegeben.

Frequenzbereich

Der Mensch nimmt Schall in einem Frequenzbereich von 16 bis 20.000 Hz mit seinen Ohren wahr. Schallquellen sind alle die Körper, die in diesem Frequenzbereich hinreichend stark schwingen und damit Schall aussenden, der sich dann im Raum ausbreitet.

Infraschall-Ultraschall

Unter **Infraschall** versteht man Schall, dessen Frequenz unterhalb von etwa 16 bis 20 Hz, also unterhalb der menschlichen Hörschwelle, liegt. Ein Beispiel sind die langsamen Luftdruckschwankungen des Wetters: Dabei schwankt der Luftdruck zwischen 980 bis 1.030 hPa. Bei schönem Wetter misst man circa 1.015 hPa.

Ultraschall sind Schallwellen mit einer Frequenz von mehr als 20 kHz, die vom menschlichen Ohr nicht mehr gehört werden können. Ultraschall wird technisch durch Quarzkristalle oder auch magnetische Lautsprechermembrane erzeugt. Eine Anwendung im Kraftfahrzeug sind die Einparksensoren.

Tabelle 22.1 *Ausbreitungsgeschwindigkeit der Schallwellen* [Quelle: Wikipedia]

Ausbreitungsgeschwindigkeit von Schall bei 20 °C	
Stoff	**v in m/s**
Aluminium	5100
Beton	3800
Eis (bei -4 °C)	3250
Benzin	1170
Wasser	1430
Luft	344
Wasserstoff	1280

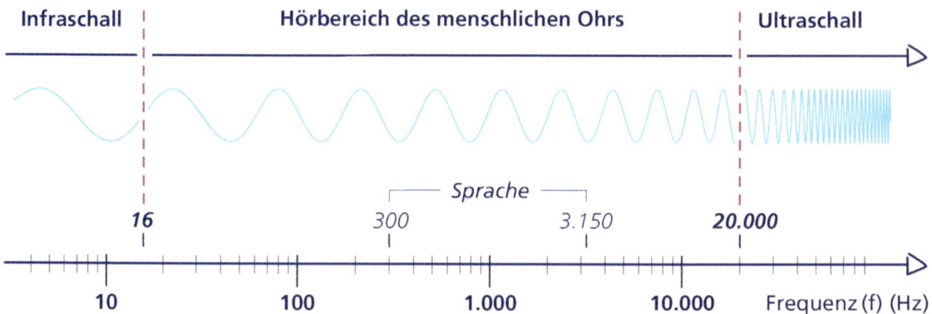

Bild 22.13 *Hörbereich des menschlichen Ohres*
[Bild: Stiftung Gesundheitswissen]

Schallddruckpegel

Das Gehör kann einen riesigen Schalldruckbereich verarbeiten, nämlich von 0.00002 Pa (Hörschwelle) bis ca. 20 Pa (Schmerzgrenze). Dies entspricht sechs Größenordnungen! Zur Angabe der Stärke des Schalls wird der Schalldruck eines Tons mit dem Druck eines gerade noch wahrnehmbaren Tones bei 1 kHz verglichen. Diesen relativen Bezug nennt man Schalldruckpegel oder kurz Schallpegel. Die Maßangabe erfolgt in Dezibel [dB]. Die Einführung dieser Skala verkürzt den Wertebereich erheblich. Die Schalldruckwerte von 0.00002 bis 20 Pa werden durch die Dezibel-Werte von 0 bis 120 dB abgebildet. Die Dezibel-Skala wurde nämlich als logarithmische Skala festgelegt.

Mit dem logarithmischen Maß kann der weite Bereich des Hörvermögens besser erfasst werden. Bei logarithmischen Größen gelten zum Teil sehr ungewohnte Rechenregeln:

- Eine Erhöhung des Schalldruckpegels um 10 dB wird als Verdoppelung der Lautstärke wahrgenommen.
- Man benötigt zehn gleichlaute Geräuschquellen – im Vergleich zu einer –, um den Eindruck «doppelt so laut» zu erzeugen.
- Zwei gleichlaute Geräuschquellen verursachen einen um 3 dB höheren Schalldruckpegel als nur eine von ihnen. Die Summe zweier Geräusche mit 0 dB ist ein Geräusch mit 3 dB.
- Wird der Abstand zu einer punktförmigen Schallquelle verdoppelt, und ist diese Schallquelle im Vergleich zum Abstand klein, so sinkt der Schalldruckpegel um 6 dB. Beispiele sind Rasenmäher oder Staubsauger.
- Bei Linienschallquellen verringert sich bei einer Abstandsverdoppelung der Schallpegeldruck um 3 dB. Beispiel ist eine Straße in geringer Entfernung.

Schallmessung

Das Mikrofon nimmt in hörbaren Bereichen den Schalldruck – anders als das menschliche Gehör – weitgehend unabhängig von der Frequenz auf. Um bei Messungen die Lautstärke zu erfassen, wird daher im Messgerät ein Filter eingebaut, der die Frequenzbewertung des Ohres nachbildet. Dieser frequenzgewichtete Pegel wird als dB(A) angegeben: Die A-Kurve kommt der Frequenzempfindlichkeit des Gehöres bei den üblichen Umweltgeräuschen nahe.

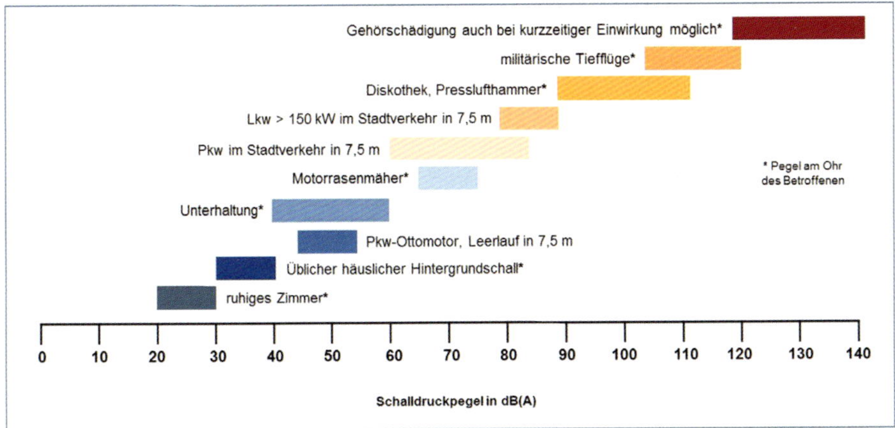

Bild 22.14 *Schallpegel verschiedener Geräuschquellen*
[Bild: Bayerisches Landesamt für Umwelt]

Weitere Eigenschaften von Schall

Da Schall eine mechanische Welle ist, treten bei Schall auch alle Eigenschaften auf, die mechanische Wellen haben:

Schall wird reflektiert, gebrochen oder absorbiert. Schallwellen werden gebeugt und interferieren. Trifft Schall auf eine Fläche, so wird er reflektiert. Die Reflexion ist umso stärker, je glatter die Oberfläche ist. Für die Reflexion von Schall gilt das **Reflexionsgesetz**: Einfallswinkel und Reflexionswinkel sind gleich groß: Tritt Schall von einem Stoff in einen anderen über, z. B. von Luft in Wasser, so ändert sich im Allgemeinen seine Ausbreitungsrichtung.

Für die Brechung von Schallwellen gilt das **Brechungsgesetz**: Trifft Schall auf raue und poröse Oberflächen, z. B. auf Schaumstoff, so wird ein geringer Teil des Schalls reflektiert, der größte Teil jedoch absorbiert (aufgenommen). Daneben treten bei Schall

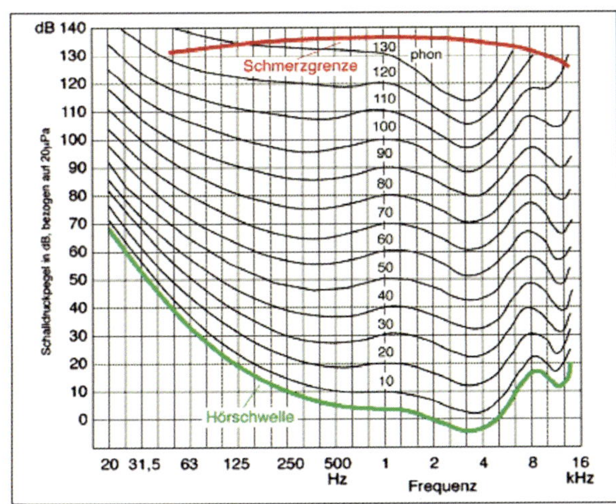

Bild 22.15
Wie laut ein Ton für uns ist, hängt nicht nur vom Schalldruck ab, sondern auch von der Frequenz: Besonders fein ist unser Gehör bei etwa 3 kHz. Tiefere und höhere Töne nehmen wir dagegen erst bei höherem Schalldruck wahr. Die Linien verbinden Punkte gleicher Lautstärke miteinander.
[Bild: Bayerisches Landesamt für Umwelt]

auch die wellentypischen Erscheinungen Beugung und Interferenz auf. Infolge Beugung breitet sich Schall z. B. um Kanten herum aus. Im Alltag kann man das ständig feststellen: Auch wenn man hinter einer Hausecke steht, hört man Schall aus den Bereichen, die man nicht einsehen kann.

Tabelle 22.2 *Maßnahmen der Geräuschreduzierung bei einem Schalldämpfer*

Absorption	Resonanz	Reflektion	Interferenz
Schallwellen gelangen durch Bohrungen in den Rohren in die mit schallschluckendem Material ausgefüllten Räume.	Die Schallwellen werden durch ein Rohr in einen leeren Raum abgezweigt.	Die Schallwellen werden zwischen verschiedenen Querschnitten der Kammer und Röhren hin- und hergeworfen.	Der Abgasstrom wird aufgeteilt und durch unterschiedlich lange Rohre wieder zusammengeführt.

Beispiel: Ansaugrohr mit Resonanzkammer

Beim Ansaugvorgang entstehen im Ansaugsystem Schwingungen, die je nach Frequenz zu unterschiedlichen Geräuschen führen (Bild 22.17a+b).

Beim Ansaugrohr mit Resonanzkammer entstehen beim Ansaugen ebenfalls diese Schwingungen. Allerdings versetzt die angesaugte Luft nun auch die Luft in der Resonanzkammer in Schwingungen. Diese haben eine ähnliche Frequenz, wie die Schwingungen des Ansaugrohres, welche die Ansauggeräusche hervorrufen. Durch die Überlagerung beider Frequenzen werden störende Geräusche reduziert.

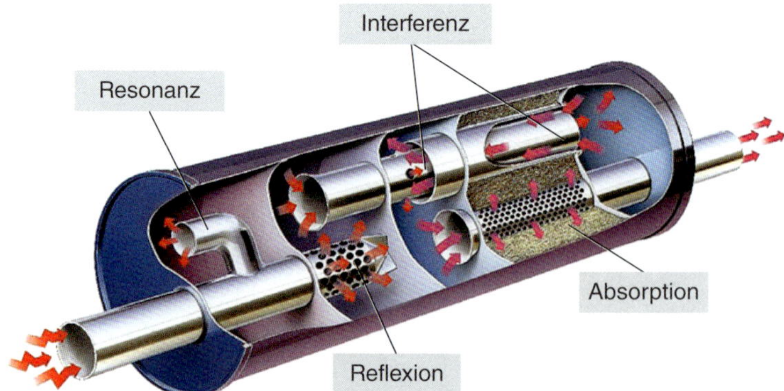

Bild 22.16 *Eigenschaften von Schall am Beispiel eines Schalldämpfers*
[Bild: Mein-Autolexikon]

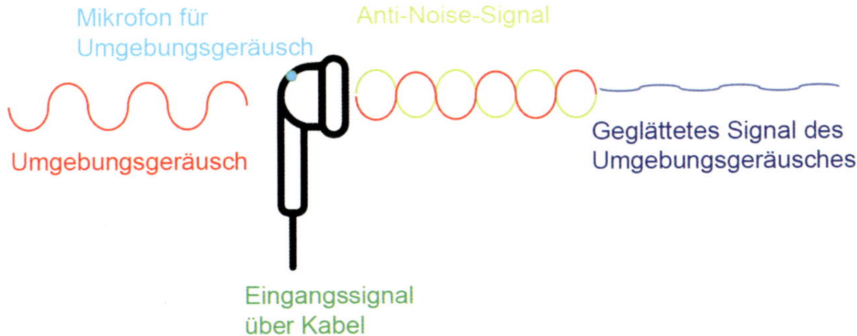

Bild 22.17 *Prinzipielle Arbeitsweise von Antischall-Systemen*
[Bild: Riehl]

Antischall

Unter Antischall (auch aktive Lärmkompensation, englisch ***A****ctive* ***N****oise* ***R****eduction* (ANR) oder ***A****ctive* ***N****oise* ***C****ancellation* (ANC) versteht man umgangssprachlich Schall, der künstlich erzeugt wird, um mittels destruktiver Interferenz, Schall auszulöschen. Dazu wird die Erzeugung eines Signals angestrebt, das dem des störenden Schalls mit entgegengesetzter Polarität exakt entspricht. Bei Kopfhörern mit aktiver Geräuschunterdrückung wird mit einem eingebauten Mikrofon das Umgebungsgeräusch gemessen und hieraus mit Hilfe der akustischen Übertragungsfunktion des Kopfhörers der Anteil berechnet, der am Ohr noch verbleiben würde. Für diesen Teil wird dann zur Kompensation ein gegenpoliges Signal im Kopfhörer erzeugt.

22.3.3 Licht

Licht ist nichts anderes als elektromagnetische Schwingungsenergie. Sie kann in einem gewissen Bereich vom menschlichen Auge wahrgenommen werden. Das menschliche Auge kann Wellenlängen von ca. 375 bis 775 nm wahrnehmen und unterscheidet sie als bestimmte Farben des sichtbaren Spektrums.

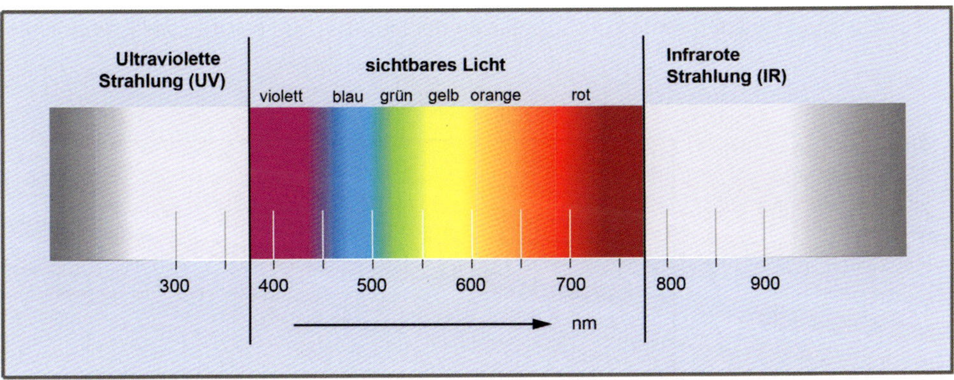

Bild 22.18 *Spektrum des Lichts*
[Bild: Riehl]

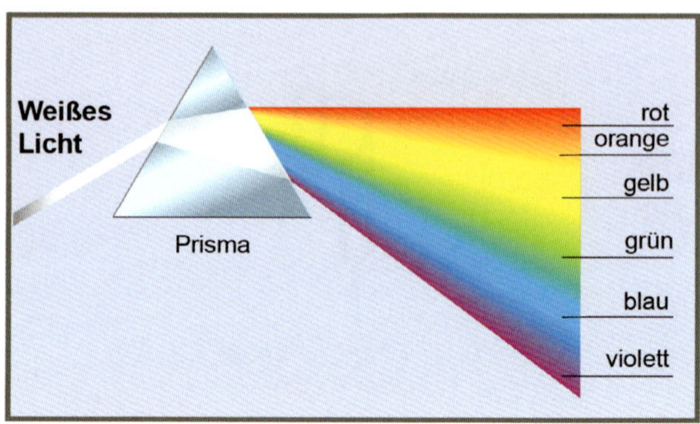

Bild 22.19
Brechung des Lichts durch ein Prisma
[Bild: Riehl]

Das Sonnenlicht empfinden wir als weißes Licht. In Wirklichkeit ist es eine Mischung aller Lichtwellen des sichtbaren Spektrums. In der Natur sieht man dies anhand eines Regenbogens. Hier werden die Grundfarben durch Wassertropfen zerlegt. Einfacher geht es, wenn man das «weiße» Licht mit einem Prisma aufteilt.

Wird das Licht aller Wellenlängen «zurückgeworfen», sieht ein Körper bei Tageslicht weiß aus. Schwarz sehen wir, weil alle Wellenlängen «verschluckt» werden.

Reflexion

Grundsätzlich werden die Strahlen im selben Winkel weitergelenkt, wie sie auf eine glatte Oberfläche auftreffen (gemäß dem so genannten Reflexionsgesetz: Einfallswinkel = Ausfallswinkel).

Treffen sie nicht senkrecht auf, so werden die Strahlen abgelenkt und können nach Bedarf in eine gewünschte Richtung gebracht werden. Anwendung findet dies beispielsweise im Scheinwerfer, in dem der Scheinwerferreflektor die von einer Lichtquelle ausgehenden Lichtstrahlen in eine bestimmte Richtung reflektiert. Hierbei spielt die Form des Reflektors und der Montageort der Leuchtquelle eine wichtige Rolle.

Brechung

Ist hingegen der Körper durchsichtig – z. B. die Frontscheibe –, so lässt er die Strahlen teilweise durch. Dabei werden die Strahlen an der Eintritts- und Austrittsstelle gebrochen.

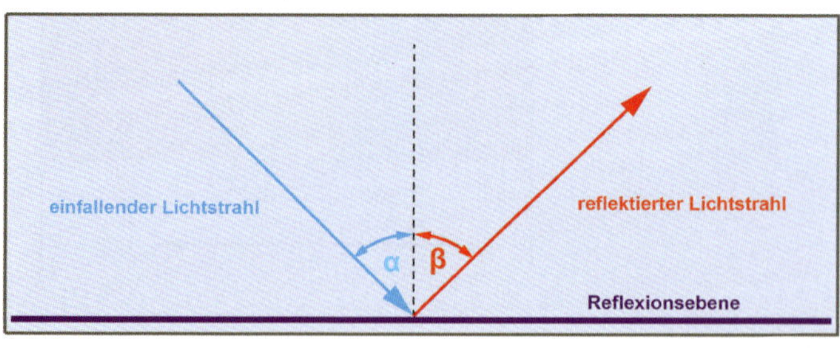

Bild 22.20
Reflexionsgesetz: Einfallwinkel = Ausfallwinkel
[Bild: Riehl]

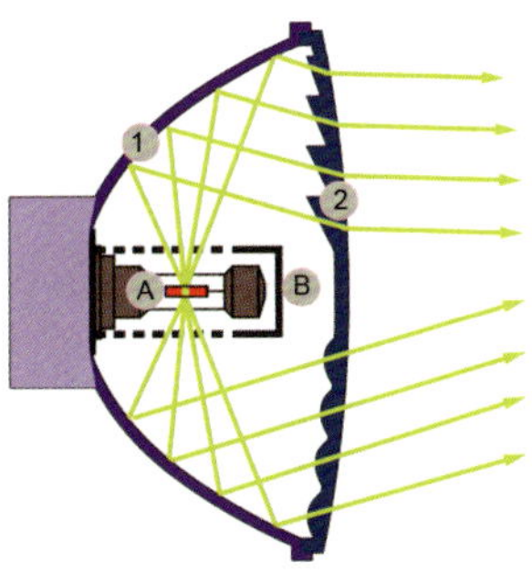

Bild 22.21
Lichtablenkung im Scheinwerfer
A Lichtquelle
B Strahlenblende
1 Ablenkung durch Reflexion
2 Ablenkung durch Streuung und Brechung
[Bild: Riehl]

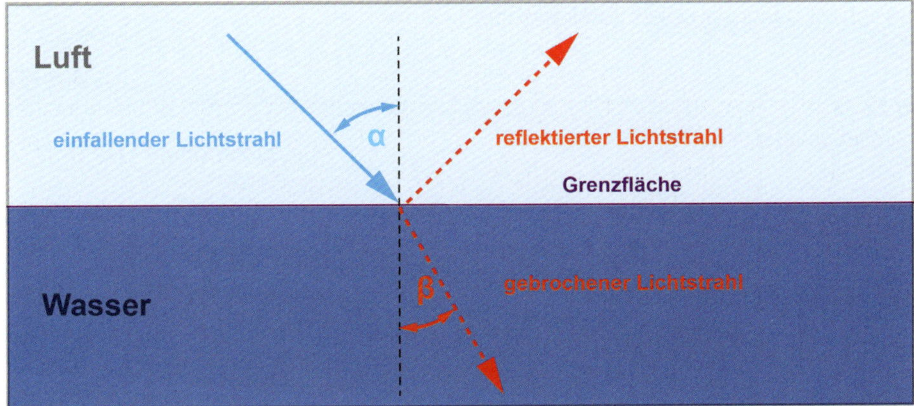

Bild 22.22 *Lichtbrechung beim Übergang zwischen Lift (optisch dünn) und Glas oder Wasser (optisch dicht)*
[Bild: Riehl]

Tabelle 22.3

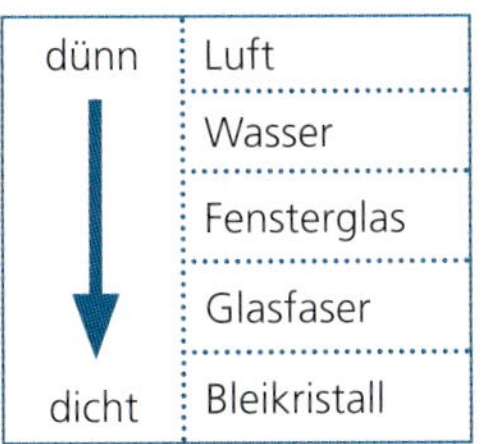

dünn	Luft
↓	Wasser
	Fensterglas
	Glasfaser
dicht	Bleikristall

Trifft Licht auf die Grenzfläche zweier Stoffe, so wird es zum Teil reflektiert, zum Teil verändert es an der Grenze beider Stoffe seine Richtung. Diesen Effekt benutzt man beim Regensensor:

a) Scheibe trocken = starke Lichtreflektion
b) Scheibe nass = geringe Lichtreflektion

Totalreflektion

Übersteigt der Einfallswinkel, beim Übergang vom optisch dichteren ins optisch dünnere Medium, einen bestimmten Wert (Grenzwinkel der Totalreflexion) kann keine Brechung mehr auftreten. Bei allen Einfallswinkeln, die über diesem Grenzwert liegen, wird daher das gesamte Licht reflektiert; die Grenzfläche verhält sich in diesem Fall wie ein Spiegel. Man spricht daher von einer Totalreflexion.

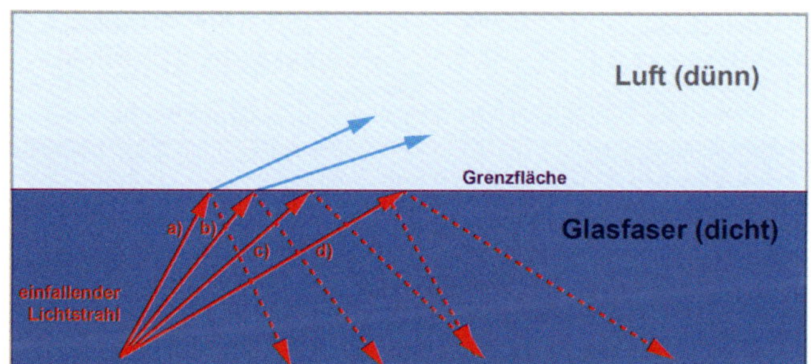

Bild 22.23
Totalreflexion
[Bild: Riehl]

In einem Lichtwellenleiter wird Licht unter verschiedenen Winkeln (a bis d in Bild 22.23) eingestrahlt. Bei einem schrägeren Lichtstrahl (c bis d), kann dieser die Glasfaser nicht mehr verlassen und wird an der Grenzfläche reflektiert. Genau diesen Fall versteht man unter dem Begriff der «Totalreflexion». Eine Totalreflexion ist also nur dann möglich, wenn Licht von einem (optisch) dichteren Material wie Wasser oder Glas in ein (optisch) dünneres Material wie Luft oder andere Gase übergehen will. Ab einem bestimmten Grenzwinkel ist dies nicht mehr möglich, Totalreflexion an der Grenzfläche tritt ein. Eine der wichtigsten Anwendungen für die Totalreflexion finden Sie in Lichtleitern bzw. Glasfaserkabeln.

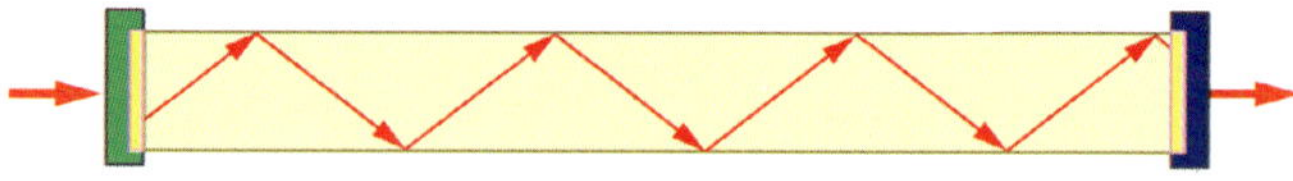

Bild 22.24
Totalreflexion bei einem Lichtwellenleiter
[Bild: Riehl]

22.4 Anforderungen an Sensoren und Aktoren im Auto

Hohe Zuverlässigkeit

Die erste Anforderung, die ein Bauteil im Auto erfüllen muss, ist hohe Zuverlässigkeit. Sei es bei der Lenkung, beim Bremsen oder beim Schutz der Passagiere, überall müssen die Sensoren und Aktoren einwandfrei funktionieren. Es gelten dabei ähnliche Anforderungen wie in der Luft- und Raumfahrt. Die hohe Zuverlässigkeit der wird durch den Einsatz von Komponenten und Materialien und robuster und erprobter Technik gewährleistet.

Geringe Herstellkosten

Geringe Herstellkosten sind ein weiterer Gesichtspunkt bei den Anforderungen bei Sensoren und Aktoren im Auto. Die meisten neuen Kraftfahrzeuge besitzen inzwischen um die 100 Sensoren und ebenso viele Aktoren. Bei solch einer Vielzahl ist ersichtlich, dass die Herstellkosten möglichst geringgehalten werden müssen. Die Herstellung der Komponenten ist weitgehend durch ein automatisiertes Fertigungsverfahren und hohe Stückzahlen bestimmt.

Harte Betriebsbedingungen

Neben der hohen Zuverlässigkeit und den geringen Herstellkosten ist ein weiterer entscheidender Faktor für die Sensoren und Aktoren im Kraftfahrzeug die rauen Betriebsbedingungen. Diese Bauteile müssen extremen Belastungen genügen, da sie an besonders gefährdeten Stellen im Fahrzeug sitzen. Mechanische Belastungen, wie beispielsweise Vibrationen oder Stöße, die durch unebene und schlechte Straßen hervorgerufen werden, dürfen die Sensoren nicht beeinflussen. Auch klimatische Bedingungen, wie eisige oder wüstenhafte Temperaturen und Feuchte dürfen keine Störfaktoren von Seiten der Bauteile hervorrufen. Ein Beschleunigungssensor bzw. ein Airbagsensor muss den Airbag bei hohen sowie bei niedrigen Temperaturen ohne Fehler auslösen. Auch chemische Belastungen wie beispielsweise Spritzwasser, Salznebel, Kraftstoff, Motoröl oder Batteriesäure und elektromagnetische Belastungen wie etwa elektromagnetische Einstrahlung, leistungsgebundene Störimpulse, Überspannungen sowie Verpolung sind entscheidende Faktoren bei den harten Betriebsbedingungen im Kraftfahrzeug.

Kleine Bauweise

Die kleine Bauweise der Komponenten ist zum einen deshalb erforderlich, weil die Anzahl der elektronischen Geräte im Kraftfahrzeug immer mehr zunimmt. Außerdem erfordert eine immer kompaktere Form der Fahrzeuge bei gleichbleibendem Innenkomfort für die Insassen auch eine kleinere Bauweise der Sensoren und Aktoren. Eine weitere entscheidende Rolle spielt die immer größere Frage der Kraftstoffeinsparung, die Minimierung des Fahrzeuggewichtes und die dadurch bedingte immer kleinere Bauweise der Bauteile im Kraftfahrzeug. Modernste Techniken, wie beispielsweise Schicht- und Hybridtechniken etc., kommen bei der Frage der Miniaturisierung elektronischer Bauelemente zum Einsatz.

Hohe Genauigkeit
Um höhere Genauigkeit zu gewährleisten, müssen immer anspruchsvollere und komplexere Systeme hergestellt werden.

Unterschied: aktive – passive Sensoren
Im Werkstattalltag und in der Werkstattliteratur hat sich hierzu folgende Definition durchgesetzt: Wird ein Sensor erst durch das Anlegen einer Versorgungsspannung «aktiviert», und generiert dann ein Ausgangssignal, wird dieser Sensor als **«aktiv»** bezeichnet. Arbeitet ein Sensor ohne eine zusätzliche Versorgungsspannung, wird dieser Sensor als **«passiv»** bezeichnet.

22.5 Mechanische und elektrische Schalter

22.5.1 Mechanischer Schalter

Ohne das Signal des Bremslichtschalters steht die Funktion des Bremsassistenten nicht zur Verfügung.

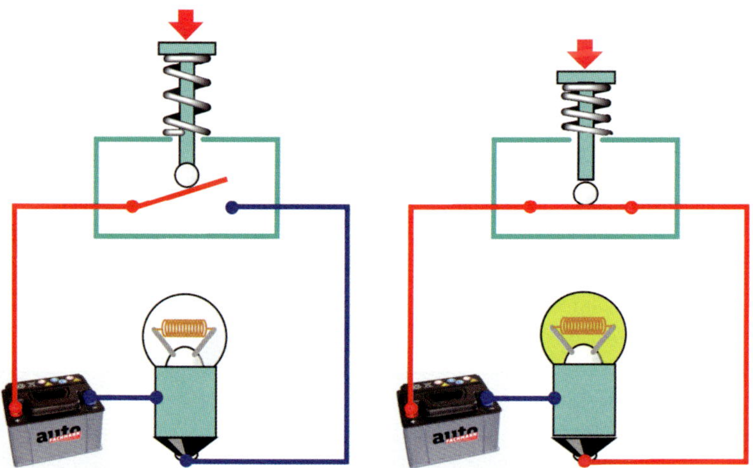

Bild 22.25
links: Schalter unbetätigt
rechts: Schalter betätigt
[Bild: Riehl]

Problem: Schalter offen oder Leitung unterbrochen ergibt das gleiche Signal. So kann der Ausfall des Schalters nur mit weiteren Informationen, z. B. dem Bremsdruck, überprüft werden.

Daher geht man bei kritischen Schaltern, z. B. der Deaktivierung des Beifahrerairbags, immer mehr zu überwachten Schaltern (Bild 22.26) über. Durch die Anordnung von vier Widerständen, von denen immer zwei in Reihe geschaltet sind, ist eine eindeutige Erkennung der Schalterstellung möglich.

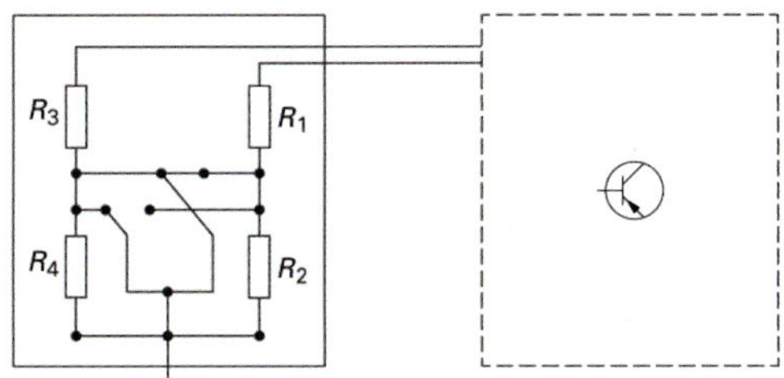

Bild 22.26
Überwachter Schalter
[Bild: AS-Illu]

22.5.2 Elektrischer Schalter: Füllstandsmessung

Füllstandssensoren messen den elektrischen Widerstand zwischen einer Referenzelektrode und der Messelektrode. Dies sind jedoch keine kontinuierlichen Sensoren wie z. B. im Kraftstoffsystem. Sie können jeweils nur einen bestimmten Punkt erfassen, dem eine definierte Menge an Flüssigkeit im Behälter zugeordnet ist.

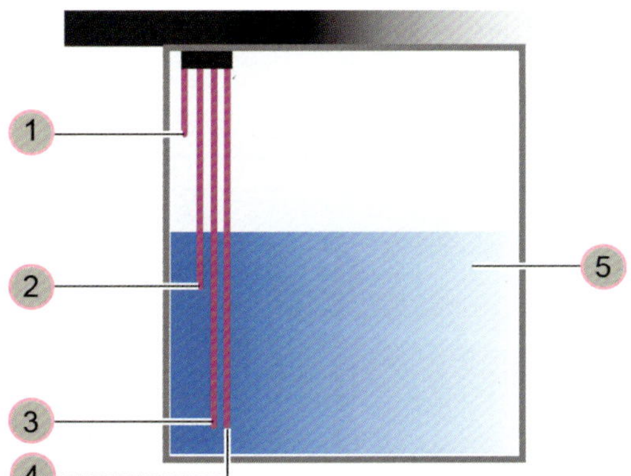

Bild 22.27
Füllstandsmessung mit Elektroden
1 Messpunkt «Voll»
2 Messpunkt «Warnung»
3 Messpunkt «Niedrig»
4 Referenz
5 Füllstand
[Bild: Riehl]

22.5.3 Potentiometer

Das am längsten im Einsatz befindliche Sensorprinzip zur Wandlung eines Winkels in eine Spannung ist ein Potentiometer. Ein Schleifkontakt wird entlang eines Schichtwiderstandes verfahren; bei redundanter Ausführung werden mehrere Schleifkontakte

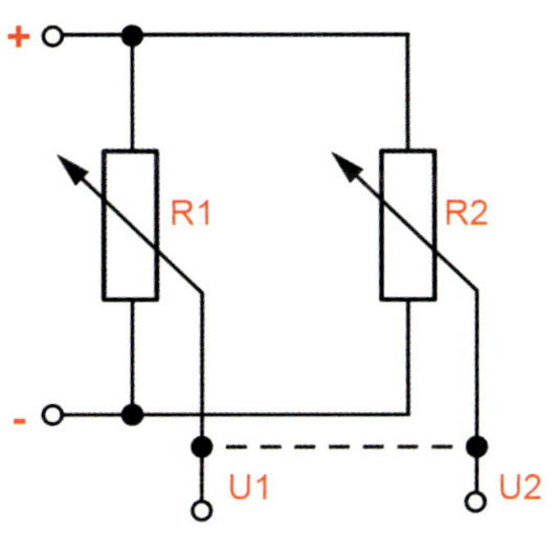

Bild 22.28
Prinzip des Potentiometers
[Bild: Riehl]

entlang nebeneinanderliegender Schichtwiderstände verfahren. Redundant bedeutet in der Technik, dass einer mehr vorhanden ist, als für die Funktion notwendig ist.

Potentiometrische Winkelsensoren werden im Automobil z. B. zur Messung Bestimmung der Position des Gaspedals, der Drosselklappe oder auch als Tankgeber eingesetzt. Durch freie Form der Bahnbreite des Schichtwiderstandes lassen sich unterschiedlichste Kennlinien realisieren.

Nachteil: Das System ist nicht verschleißfrei, Vibrationen und Beschleunigungen können zum Abheben des Schleifers führen.

Beispiel: Fahrpedalgeber

Durch die Signale der beiden Geber für Gaspedalstellung erkennt das Motorsteuergerät die momentane Stellung des Gaspedals. Beide Geber sind Schleifpotentiometer, die auf einer gemeinsamen Welle befestigt sind. Mit jeder Änderung der Gaspedalstellung ändern sich auch die Widerstände der Schleifpotentiometer und die Spannungen, die an das Motorsteuergerät gesendet werden.

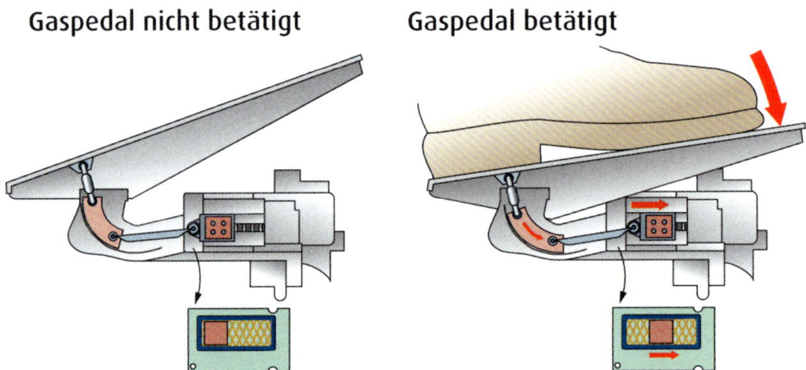

Bild 22.29 *Fahrpedalgeber als Potentiometer*
[Bild: AS-Illu]

Beispiel: Drosselklappenstellung

Zum Öffnen oder Schließen der Drosselklappe steuert das Motorsteuergerät den Elektromotor für Drosselklappenantrieb an. Die beiden Winkelgeber melden die aktuelle Stellung der Drosselklappe an das Motorsteuergerät zurück. Aus Sicherheitsgründen werden auch hier zwei Geber verwendet.

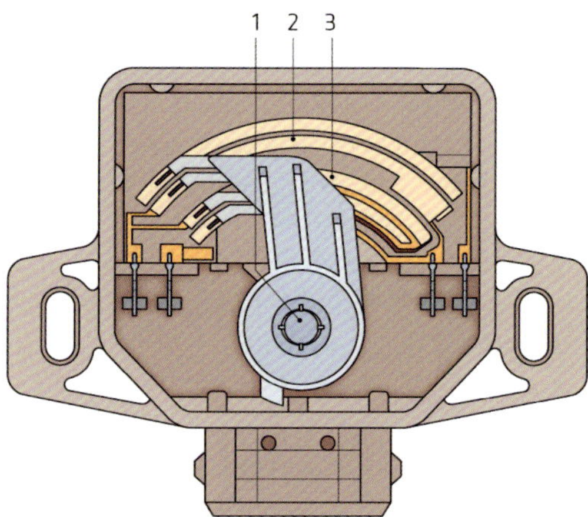

Bild 22.30 *Winkelgeber an der Drosselklappe*
[Bild: AS-Illu]

Beispiel: Luftmengenmesser
Das Messprinzip der Luftmengenmessung beruht auf der Messung der Kraft, die von der Strömung der angesaugten Luft entgegen der Rückstellkraft einer Feder auf eine Stauklappe wirkt. Damit die durch die Saughübe der einzelnen Zylinder angeregten Schwingungen im Ansaugsystem nur einen geringen Einfluss auf die Stellung der

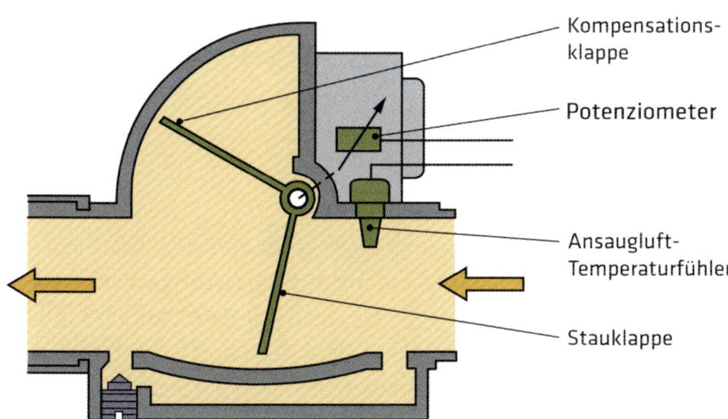

Bild 22.31 *Prinzip Luftmengenmesser*
[Bild: AS-Illu]

Stauklappe haben, ist eine Kompensationsklappe, die in das Dämpfungsvolumen ragt, fest mit der messenden Stauklappe verbunden. Die Winkelstellung der Stauklappe wird über die Widerstandsbahn des Potentiometers abgegriffen. Das Potentiometer ist so abgeglichen, dass sich bei steigender Luftansaugmenge der Widerstand am Potentiometer erhöht. Das Spannungssignal wird dem Motor-Steuergerät (ECU) zugeführt.

Beispiel: Flachbahnregler
In der Unterhaltungselektronik verwendet man vielfach so genannte Flachbahnregler. Auf einer Kohlenschicht gleitet der Schleifer geradlinig.

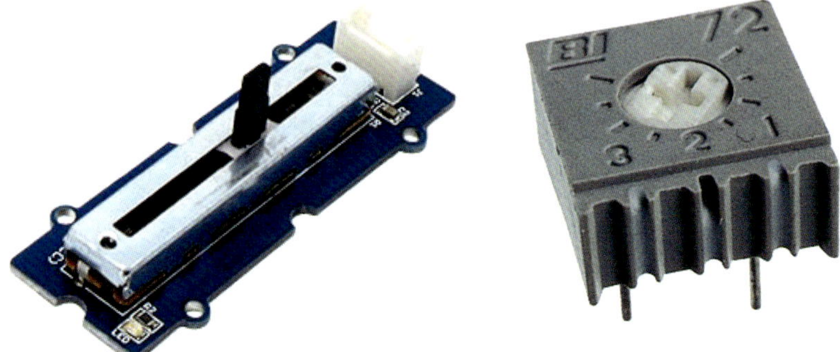

Bild 22.32 / 22.33
links: Flachbahnpotentiometer
rechts: Trimmpotentiometer
[Bilder: Reichelt]

Beispiel: Einstell-Trimmer
Für das feste Einstellen von bestimmten Widerstandswerten verwendet man so genannte Widerstands-Trimmer. Das Einstellen erfolgt normalerweise mit einem Schraubenzieher.

22.6 Magnetische Sensoren

Bringt man einen geschlossenen Stromkreis in ein zeitlich veränderliches Magnetfeld, so wird ein Strom induziert. Diesen Effekt nutzt man bei **induktiven Drehzahlsensoren**. Die Kräfte auf bewegte Ladungsträger sind die Ursache des **Hall-Effektes** und lassen sich ebenfalls ausnutzen, um Sensoren zu realisieren, z. B. Drehzahl- und Winkelsensoren. **Magnetoresistive Sensoren** nutzen die die Abhängigkeit des Widerstands bestimmter Materialien vom anliegenden Magnetfeld. Solche Sensoren werden z. B. als Drehzahl- und Winkelsensoren eingesetzt.

22.6.1 Induktivgeber

Das Magnetfeld, das sich vom Dauermagneten über den Eisenkern aufbaut, wird von dem Geberrad beeinflusst. Änderungen im Magnetfeld induzieren in der Sensorspule eine messbare Spannung. Je schneller das Geberrad an der Spule vorbeiläuft, desto höher ist die Frequenz. Die Drehbewegung des Zahnkranzes bewirkt Magnetfeldänderungen. Die von den Magnetfeldern erzeugten unterschiedlichen Spannungssignale werden an das Steuergerät geleitet. Aus den Signalen errechnet das Steuergerät Drehzahl und Position der Kurbelwelle, um wichtige Grunddaten für die Einspritzung und Zündverstellung zu erhalten.

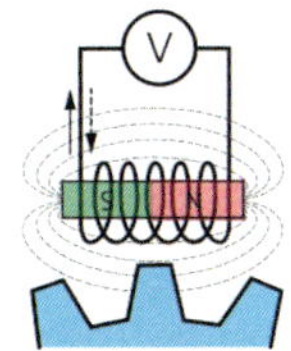

Bild 22.34
Prinzip des induktiven Gebers
[Bild: Riehl]

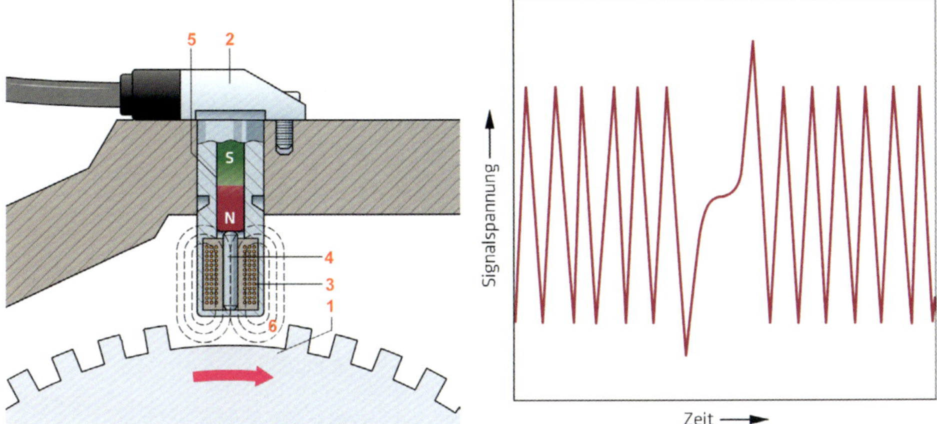

Bild 22.35 *Induktiver Drehzahl- und Bezugsmarkengeber*
[Bild: AS-Illu]

Die Kurbelwelle oder das Radlager ist mit einem Impulsrad versehen. Der Sensor besteht aus einer Spule, die um einen Magnetkern gewickelt ist, und aus einem Dauermagneten. Die Drehbewegung des Impulsrades verändert ein Magnetfeld, das eine Wechselspannung induziert, deren Frequenz im Verhältnis zur Raddrehzahl steht. Mit dieser Technologie lassen sich weder sehr geringe Drehzahlen noch Richtungswechsel des Rades ermitteln. Passive Sensoren werden nur in Verbindung mit Impulsrädern verwendet.

22.6.2 Hallgeber

Wirkt auf einen stromdurchflossenen Halbleiter ein Magnetfeld, so entsteht an seinen Stirnflächen eine elektrische Spannung (Hallspannung). Bleibt die Stromstärke durch den Halbleiter konstant, so ist die Höhe der erzeugten Spannung nur noch von der

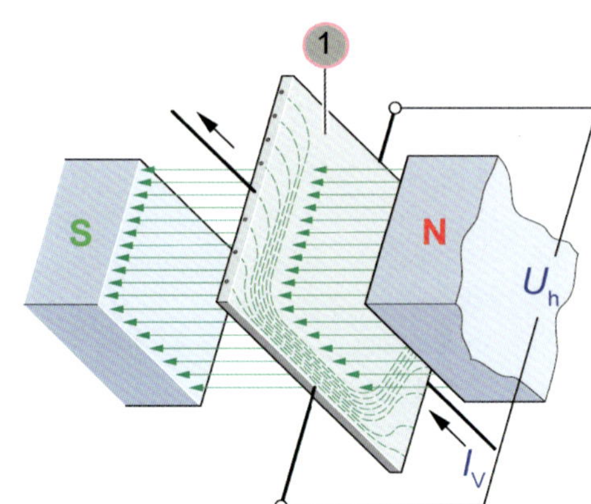

Bild 22.36
Hall-Prinzip
1 Halbleiterplättchen als Sensorelement
I_V Versorgungsstrom
U_h Hallspannung
[Bild: AS-Illu]

Stärke des Magnetfelds abhängig. Ändert sich die Stärke des Magnetfelds, so ändert sich die Hallspannung.

Vorteil: Auch wenn die Änderung des Magnetfelds vergleichsweise langsam oder null ist gibt es eine Signalspannung.

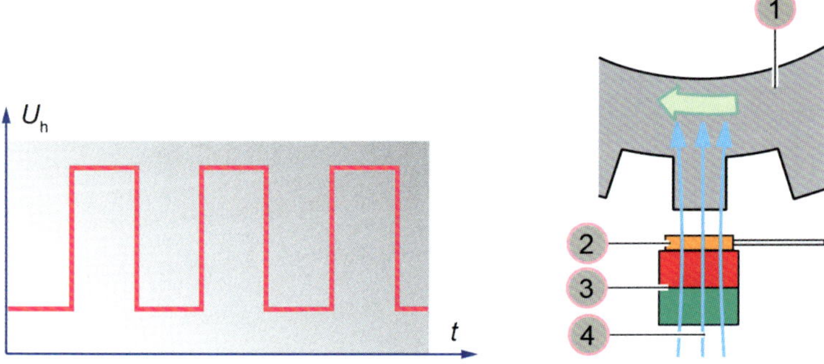

Bild 22.37
links: Impulsverlauf der Hallspannung U_h
rechts: Sensor mit Stahl-Impulsrad (Inkrementenrad)
1 Stahl-Impulsrad (Inkrementenrad)
2 Sensorelement
3 Permanentmagnet
4 Magnetfeldlinien
[Bild: Riehl]

Beispiel: Sensor mit Stahl-Impulsrad
Wird in einem Fahrzeug ein Stahl-Impulsrad eingebaut, wird auf dem Sensorelement zusätzlich ein Magnet aufgebracht. Dreht sich das Impulsrad verändert sich das konstante Magnetfeld im Sensor.

Beispiel: Sensor mit Multipolring
An Stelle des gezahnten Impulsrades wird ein Multipolring verwendet. Das Magnetfeld wird von den wechselweisen Nord- und Südpolen des Multipolrings erzeugt, während diese den Sensor passieren. Der Multipolring ist häufig direkt im Radlager integriert.

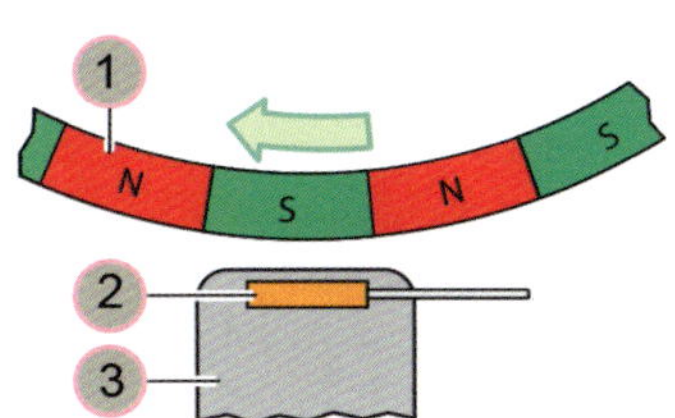

Bild 22.38
Sensor mit Multipolring
1 Radnabe mit Multipolring
2 Sensor
3 Sensorgehäuse
[Bild: Riehl]

Beispiel: Motor- oder Raddrehzahlgeber mit Drehrichtungserkennung
Bei Fahrzeugen mit Start-Stopp-Funktion wird der Motor zum Kraftstoffsparen so oft wie möglich abgeschaltet. Damit er schnellstmöglich wieder startet, muss das Motorsteuergerät die genaue Stellung der Kurbelwelle kennen. Nach dem Abschalten steht der Motor allerdings nicht sofort still, sondern dreht noch ein paar Umdrehungen weiter. Befindet sich ein Kolben vor dem Anhalten kurz vor OT in der Kompressionsphase, wird er durch den Kompressionsdruck zurückgedrückt. Der Motor dreht in diesem Moment links herum. Das ist mit einem herkömmlichen Motordrehzahlgeber nicht erkennbar. Ebenso muss für Funktionen für Berganfahrhilfe die Drehrichtung der Räder erkannt werden.

Absolut messende Sensoren bestehen aus einem einzigen Hall-Element mit nachgeschalteter Elektronik zur Weiterverarbeitung des Ausgangssignals. Differenziell messende Sensoren bilden im Unterschied dazu direkt nach der Wandlung des magnetischen Feldes in ein elektrisches Signal die Differenz der Signale zweier räumlich getrennter Hallgeber. Ein Vorzug differenziell messender Sensoren liegt in der Unempfindlichkeit gegenüber homogenen Störfeldern, da diese durch die Bildung der Differenz unterdrückt werden.

Beim Geber mit Drehrichtungserkennung sind drei Hallplatten verbaut. Wobei die dritte Platte außermittig zwischen den beiden äußeren Platten positioniert ist. Um zu erkennen, ob eine Rechts- oder Linksdrehung des Motors vorliegt, ist die zeitliche Signalfolge der drei Hallplatten beim Erkennen einer steigenden Flanke entscheidend.

Motor dreht rechts herum
Bei der Rechtsdrehung wird die steigende Flanke zuerst von der Hallplatte 1 erkannt. Nach einem kurzen Moment erkennt die Hallplatte 3 die steigende Flanke und zum

Schluss die Hallplatte 2. Da der zeitliche Abstand zwischen Hallplatte 1 und Hallplatte 3 kürzer ist als zwischen Hallplatte 3 und Hallplatte 2 wird erkannt, dass der Motor rechts herum dreht.

Motor dreht links herum
Bei der Linksdrehung wird die steigende Flanke zuerst von der Hallplatte 2 erkannt. Nach einem kurzen Moment erkennt die Hallplatte 3 die steigende Flanke und zum Schluss die Hallplatte 1. Da die zeitliche Signalfolge jetzt entgegengesetzt ist, wird erkannt, dass der Motor links herum dreht.

Bild 22.39 a+b
Drehrichtungserkennung bei A Rechts- und B Linksdrehung
[Bild: Riehl]

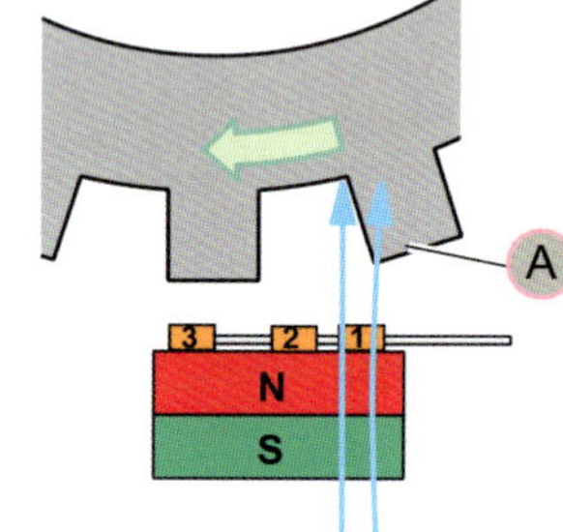

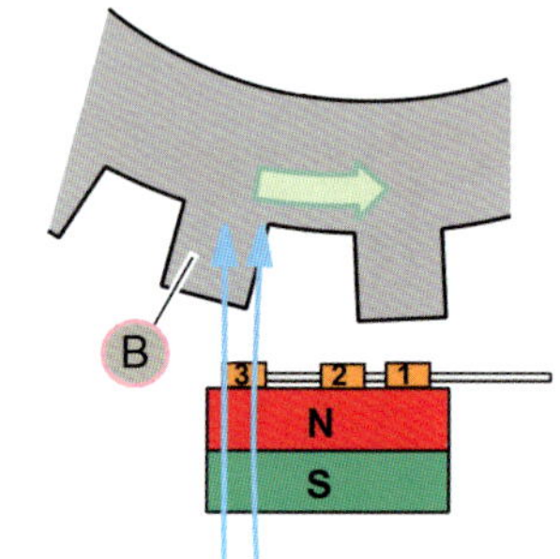

Prinzip: Hall-Sensoren als Positionssensor

Diese Art von Sensoren registriert eine Spannungsänderung innerhalb eines Spannungsbereiches. Zur Messung einer linearen Bewegung ist der Magnet vom Hall-IC getrennt, sodass der Hall-IC bei der Bewegung an dem Magneten vorbeiläuft. Dabei ändert sich die Feldstärke des Magneten mit dem Abstand zum Hall-IC. Nähert sich der Hall-IC dem Magnetfeld, steigt die Hall-Spannung, entfernt er sich vom Magneten, sinkt sie wieder. So kann die Sensorelektronik aus der Änderung der Hallspannung auf den zurückgelegten Weg schließen.

Bild 22.40
Grundprinzip der Wegerkennung beim Hallsensor
[Bild: Riehl]

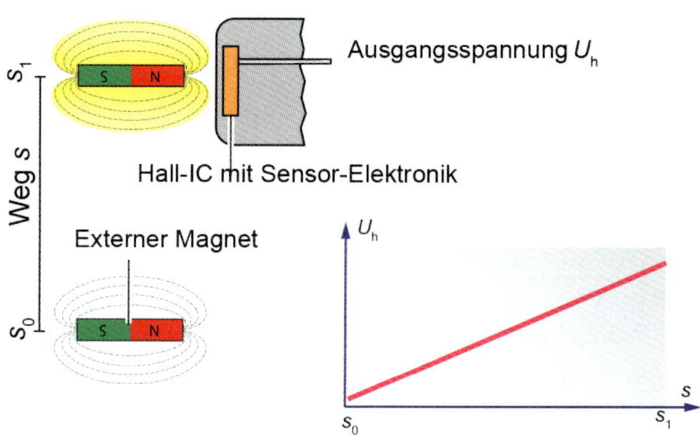

Beispiel: Der Gurtkraftsensor für Sitzbelegungserkennung
Ist in das Gurtschloss des Beifahrersitzes integriert. Er besteht im Wesentlichen aus zwei zueinander verschiebbaren Teilen und einem Hallsensor, der sich zwischen den Magneten I und II befindet. Eine definierte Feder hält die Teile in Ruhestellung. In dieser Position haben die Magnete I und II keine Wirkung auf den Hallsensor. Durch das ordnungsgemäße Anlegen des Sicherheitsgurtes wird eine Zugkraft auf das Gurtschloss ausgeübt. Der Abstand des Hallsensors zu den Magneten I und II ändert sich. Somit verändert sich die Wirkung der Magnete auf den Hallsensor und somit auch das Spannungssignal des Hallsensors. Je höher die Zugkraft am Gurtschloss, je mehr verschieben sich die Teile zueinander. Das Steuergerät für Sitzbelegungserkennung empfängt diese Informationen und wertet sie aus.

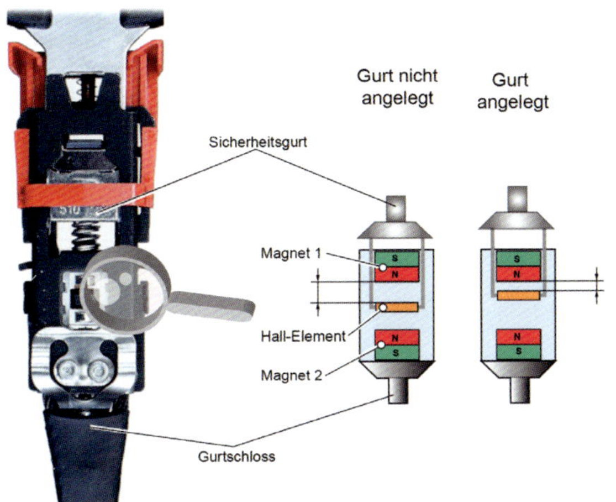

Bild 22.41
Gurtkraftsensor für Sitzbelegungserkennung
links: Gurt nicht angelegt
rechts: Gurt angelegt
[Bild: Riehl]

Beispiel: Positionsgeber für Ladedrucksteller
Der Positionsgeber tastet über eine verschiebbare Kulisse, die einen Magneten trägt, den Weg der Membran in der Unterdruckdose ab. Verschiebt sich die Membran mit der Leitschaufelverstellung, so wird der Magnet an einem Hallsensor vorbeigeführt. Anhand

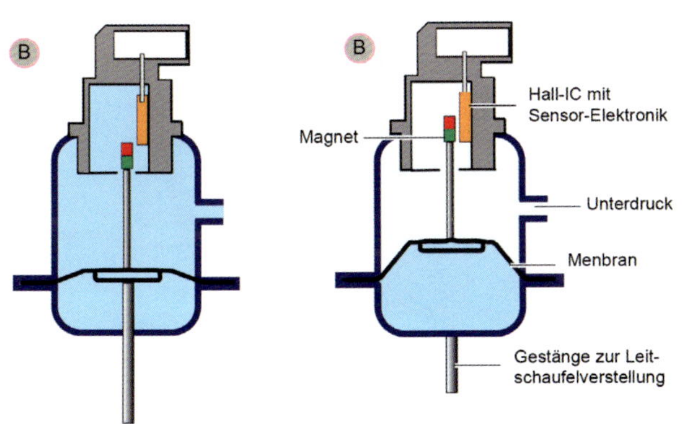

Bild 22.42
Positionsgeber für Ladedrucksteller
A ohne Unterdruckverstellung
B mit Unterdruckverstellung
[Bild: Riehl]

der Änderung der magnetischen Feldstärke erkennt die Sensorelektronik die Stellung der Membran und damit die Stellung der Leitschaufeln.

Beispiel: Geber für Kupplungsposition
Bei betätigtem Kupplungspedal wird der Stößel zusammen mit dem Kolben in Richtung Geber für Kupplungsposition verschoben. Am vorderen Ende des Kolbens ist ein Dauermagnet. Sowie der Dauermagnet den Schaltpunkt des Hallgebers überfährt, sendet die Auswerteelektronik eine Signalspannung an das Motorsteuergerät. Daran erkennt es, dass das Kupplungspedal betätigt ist.

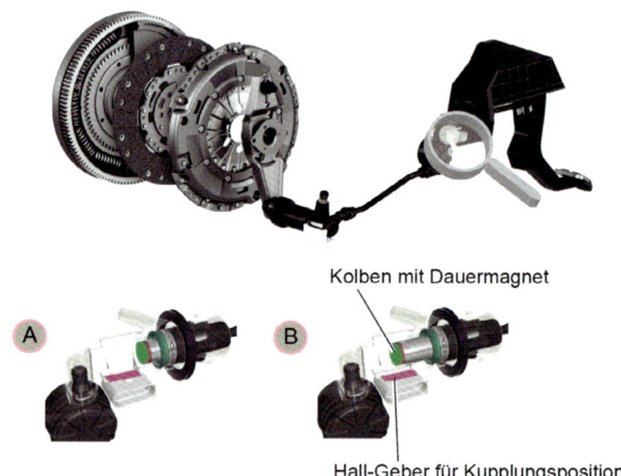

Bild 22.43
Geber für Kupplungsposition
A Kupplung nicht betätigt
B Kupplung betätigt
[Bild: Sachs, Riehl]

Differentieller Hallgeber

Neben der Drehzahlerfassung ist die Positionserfassung eines drehenden Teiles ein wichtiges Anwendungsgebiet für Hall-Sensoren. Typischerweise besteht die Aufgabe in der Erkennung bestimmter Positionen einer Achse. Eine Anwendung für einen solchen

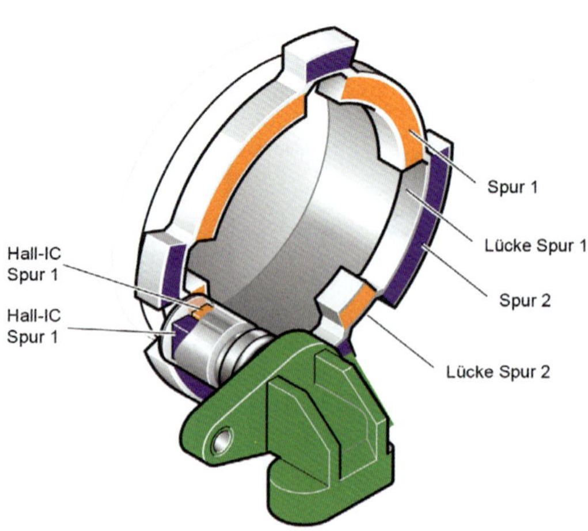

Bild 22.44
Differentieller Hall-Geber
[Bild: Riehl]

Sensor ist der Phasengeber für die Nockenwelle eines Motors. Für die Schnellstartfunktion der Motorsteuerung wird beim Starten des Systems (d. h. bei Stillstand des Geberrades), abgefragt, ob der Sensor über einem Zahn oder über einer Lücke steht. Das Geberrad ist so aufgebaut, dass beide Hall-Elemente nie das gleiche Signal erzeugen. Wenn Hall-Element 1 auf einer Lücke steht, ist Hall-Element 2 immer auf einem Zahn.

Hall-Element 1 erzeugt also immer ein anderes Signal als Hall-Element 2. Das Steuergerät vergleicht die beiden Signale und erkennt dadurch, auf welchem Zylinder die Nockenwelle steht.

Hall-Sensoren als Winkelsensor

Er besteht aus einem Rotor (Magnetring mit 60 Magneten) und einem Hall-IC mit Auswerteelektronik. Der Rotor dreht sich in einem Luftspalt. Durch die hohe Anzahl der Magnete im Rotor ist eine sehr genaue Erfassung des Lenkwinkels möglich.

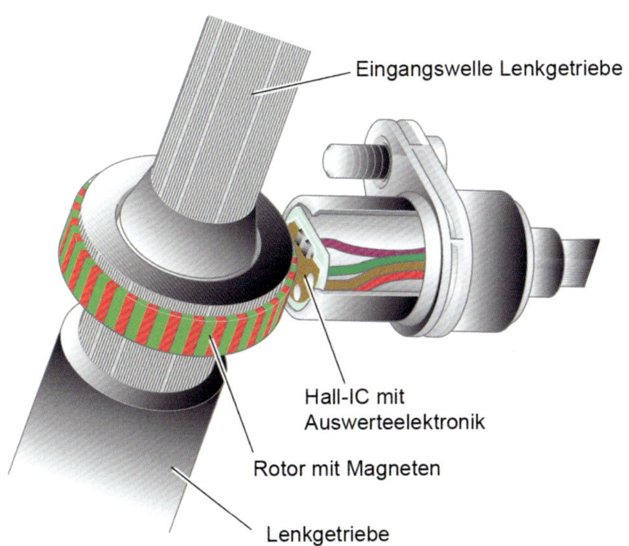

Bild 22.45
Winkelmessung mit Hall-Sensoren
[Bild: Riehl]

Hall-Sensoren als Lenkmomentengeber

Basis für die Berechnung des jeweils erforderlichen Momentes zur Lenkunterstützung ist das durch den Fahrer realisierte Lenkmoment. Die Ermittlung dieses Lenkmoments erfolgt durch den Lenkmomentgeber. Die Verbindung des Lenkritzels mit der Lenkwelle erfolgt wie bei einer konventionellen hydraulischen Lenkung mit Lenkungsventil durch einen Torsionsstab. Lenkt der Fahrer, wird der Torsionsstab und damit auch die Lenkwelle relativ zum Lenkritzel verdreht. Das Maß der Verdrehung ist dabei abhängig von der Größe des durch den Fahrer realisierten Lenkmoments. Der Lenkmomentgeber misst diese Verdrehung.

Aufbau

Ein Ringmagnet mit acht Polpaaren ist fest mit der Lenkwelle verbunden. Zwei Geberscheiben mit je acht Zähnen sind fest mit dem Lenkritzel verbunden. Die Zähne der beiden Geberscheiben sind dabei so versetzt angeordnet, dass bei Ansicht von oben in Richtung der Drehachse die Zähne der einen Geberscheibe in den Zahnlücken der anderen Geberscheibe stehen. Mittig zwischen den beiden Geberscheiben sind zwei Hall-Sensoren fest mit dem Gehäuse verbunden.

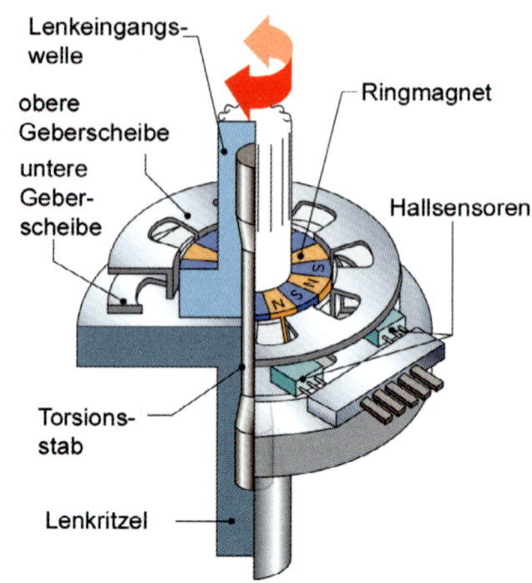

Bild 22.46a
Prinzipieller Aufbau eines Lenkmomentgebers mit Hall-Sensoren
[Bild: LDL]

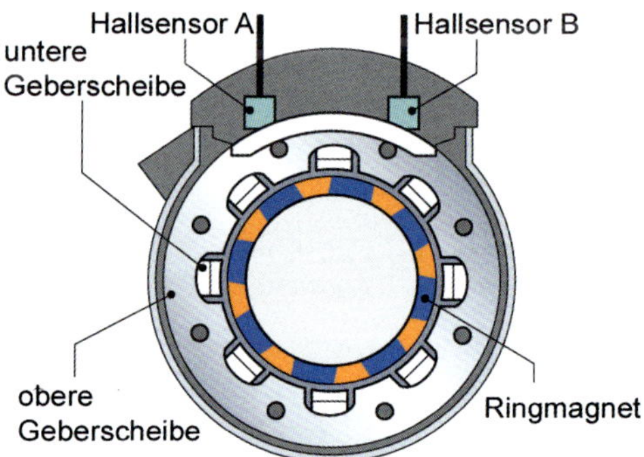

Bild 22.46b
Lenkmomentgeber in Ruhelage = Lenkrad wird nicht bewegt Ansicht von Eingangswelle aus
[Bild: LDL]

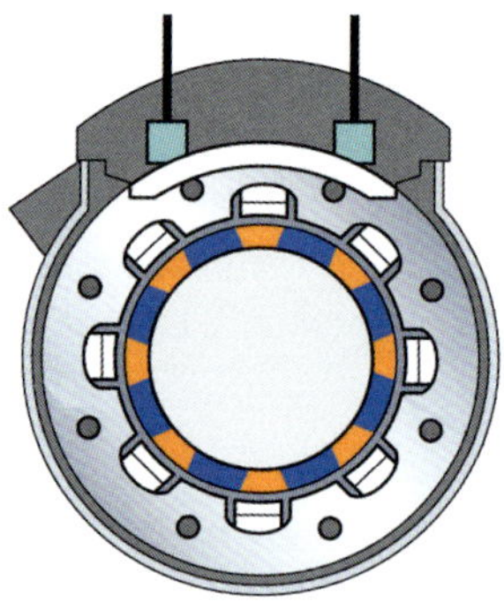

Bild 22.46c
Lenkmomentgeber bei Lenkbewegung
[Bild: Riehl]

Funktion

Wird das Lenkrad nicht bewegt, sind die Geberscheiben zu den Magnetpolen so ausgerichtet, dass die Zähne der Geberscheiben jeweils exakt mittig zwischen Nord- und Südpol stehen. Dadurch werden beide Geberscheiben von den magnetischen Feldlinien in gleicher Art und Weise durchdrungen. Es bildet sich kein magnetisches Feld zwischen den Geberscheiben aus. An beiden Hall-Sensoren liegt das gleiche Sensor-Ausgangssignal an.

Eine Lenkbewegung führt zur Verdrehung des Torsionsstabs und damit auch zu einer Relativbewegung des Magnetrings zu den Geberscheiben. Durch die Verdrehung des Magnetrings verändert sich die Position der Pole zu den Geberscheiben. Die mittige Position der Zähne der Geberscheiben zu den Nord- und Südpolen wird verlassen. Je nach Lenkrichtung stehen die Zähne der einen Geberscheibe anteilig mehr den Nordpolen gegenüber, die der anderen Geberscheibe anteilig mehr den Südpolen. Dadurch kommt es zu einer Verstimmung des magnetischen Kreises. Der magnetische Fluss wird durch die Hallsensoren gemessen.

22.6.3 Magnetoresistive Sensoren

Materialien, die einen magnetoresistiven Effekt zeigen, verändern ihren Widerstand in Abhängigkeit vom anliegenden Magnetfeld. Man unterscheidet den «**a**nisotrop-**m**agneto**r**esistiven Effekt» (AMR-Effekt) und den «***G**iant **M**agnetoresistive **E**ffect*» (GMR-Effekt). AMR-Effekt, GMR-Effekt und ähnliche Effekte werden häufig auch als XMR-Effekte zusammengefasst. Der prinzipielle Verlauf der Kennlinie ist für einen AMR- und für einen GMR-Sensor gleich. Der Widerstand erreicht ohne anliegendes Magnetfeld den Maximalwert R_{max} und nimmt im Magnetfeld ab.

Diese Sensoren mit Messelementen nach dem Hall- oder AMR-Prinzip haben die passiven fast vollständig verdrängt.

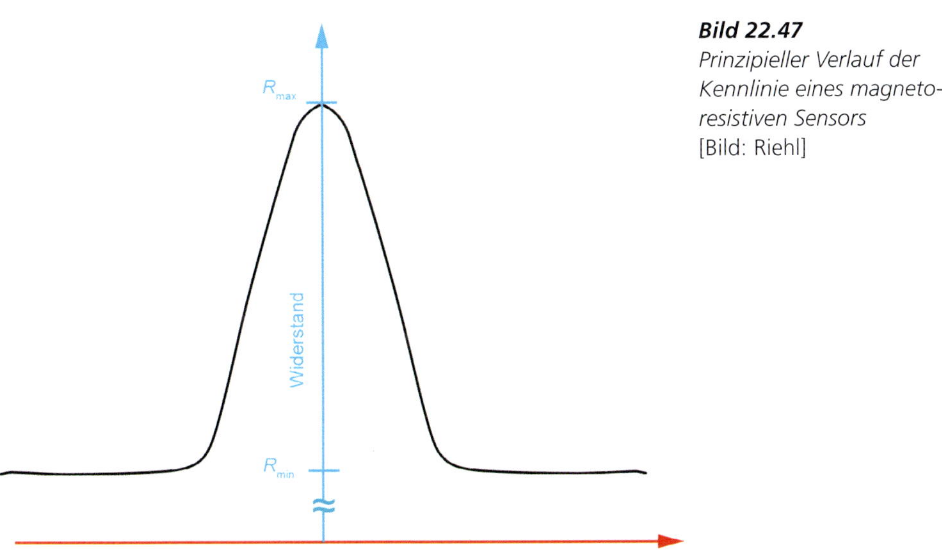

Bild 22.47
Prinzipieller Verlauf der Kennlinie eines magnetoresistiven Sensors
[Bild: Riehl]

Beispiel: Drehzahlsensor
Der Aktivsensor ist ein magnetoresistiver Sensor mit integrierter Elektronik, der mit einer Spannung vom Steuergerät versorgt wird. Als Impulsrad kann zum Beispiel ein Multipolring verwendet werden, der gleichzeitig in einem Dichtring eines Radlagers eingesetzt ist. In diesem Dichtring sind Magnete mit wechselnder Polrichtung eingesetzt.

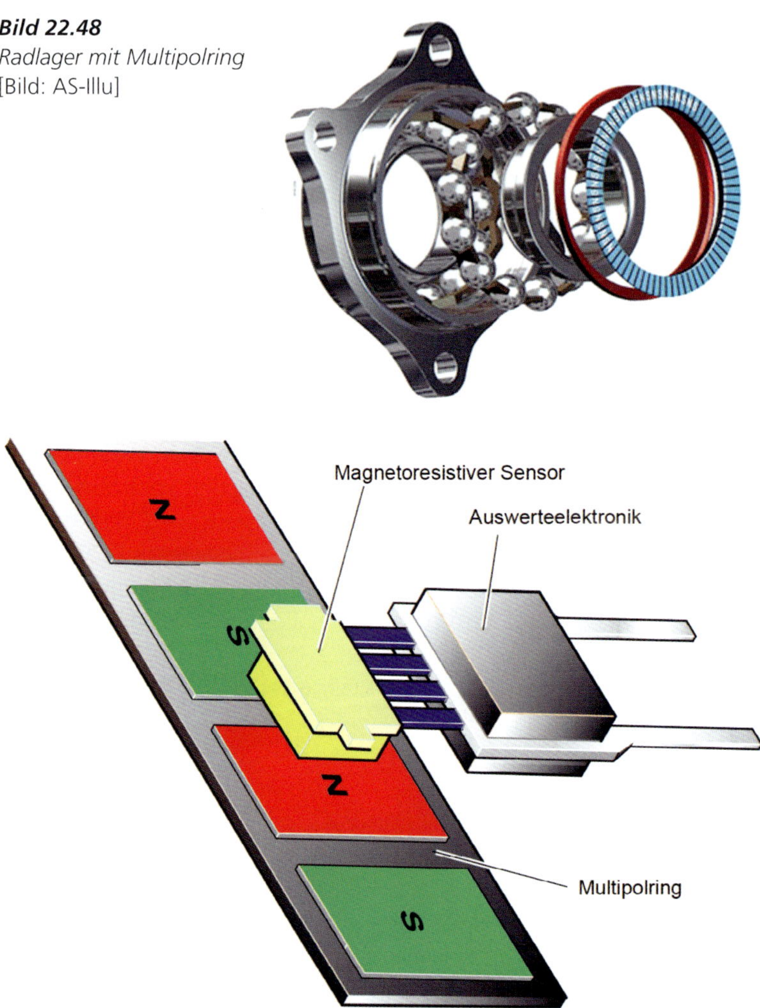

Bild 22.48
Radlager mit Multipolring
[Bild: AS-Illu]

Bild 22.49 *Sensor mit Multipolring*
[Bild: Riehl]

Die in den Sensor integrierten magnetoresistiven Widerstände, erkennen bei der Drehung des Multipolringes ein wechselndes Magnetfeld. Dieses Sinussignal wird von der Auswerteelektronik im Gehäuse des Sensors in ein digitales Signal umgewandelt. Die Übertragung zum Steuergerät erfolgt als Stromsignal im Pulsweitenmodulationsverfahren.

Der Sensor ist meistens über ein zweipoliges elektrisches Anschlusskabel mit dem Steuergerät verbunden. Über eine Spannungsversorgungsleitung wird gleichzeitig das Sensorsignal übermittelt. Die andere Leitung dient als Sensorplus oder Sensormasse. Die

Raddrehzahlsensoren arbeiten mit zwei geschalteten Strompegeln an einem Kabel mit zwei Leitungen. Der untere Strompegel ist die Eigenstromaufnahme des Sensorelements, der obere Strompegel wird durch den geschalteten Sensor als additive Größe dargestellt.

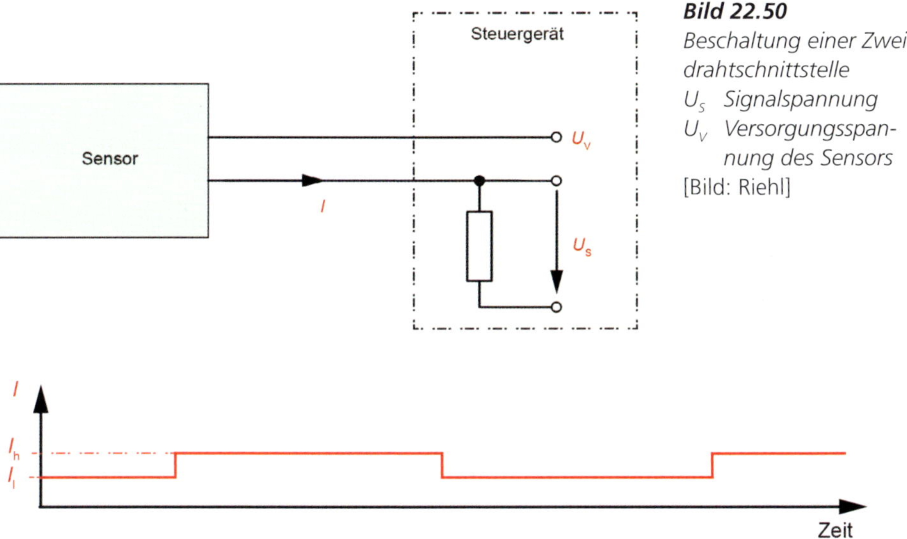

Bild 22.50 *Beschaltung einer Zweidrahtschnittstelle*
U_S Signalspannung
U_V Versorgungsspannung des Sensors
[Bild: Riehl]

Bild 22.51 *Stromdiagram einer Zweidrahtschnittstelle*
I_l Unterer Strompegel (Low)
I_h Oberer Strompegel (High)
[Bild: Riehl]

Der wichtigste Vorteil der Zweidrahtschnittstelle liegt im geringen Aufwand der Verdrahtung und in der sehr einfachen Beschaltung im Steuergerät. Durch den Einsatz verdrillter Kabel in Kombination mit der Zweidrahtschnittstelle lassen sich Sensoren realisieren, die sehr robust gegenüber elektromagnetischen Einstreuungen sind.

Vorteil:

- Die Raddrehzahl kann ab 0 km/h und bis Radstillstand gemessen werden;
- Die Raddrehrichtung wird erkannt;
- hohe Korrosionsbeständigkeit;
- geringer Einbauraum.

22.6.4 Transformatorprinzip

Die Induktion der Ruhe ist ein Vorgang, bei der Spule (Leiter) und Magnetfeld an ihren Positionen unverändert bleiben können. Stattdessen wird im Magnetfeld der magnetische Fluss verändert. Diese Flussänderung erzeugt eine Spannung. Man spricht davon, dass sich in dieser Spule der magnetische Fluss ändert und dadurch eine Spannung in der Spule induziert (erzeugt, hinzugefügt) wird. Der magnetische Fluss wird in der Regel durch eine Änderung einer Wechselspannung verändert. Die Frequenz der Wechselspannung bleibt dafür gleich. Das Prinzip der Induktion der Ruhe wird Transformatorprinzip genannt.

Beispiel: Geber für Fahrpedalstellung I

Bild 22.52 *Aufbau des Gebers für Fahrpedalstellung* [Bild: Hella]

Aufbau

Dieser Sensor besteht aus einem Stator, der eine Erregerspule, Empfangsspulen sowie eine Elektronik zur Auswertung umfasst (siehe Bild 22.52) und einem Rotor, der aus einer oder mehreren geschlossenen Leiterschleifen mit einer bestimmten Geometrie gebildet wird.

Funktionsweise

Durch Anlegen einer Wechselspannung an die Sendespule wird ein Magnetfeld erzeugt, das in den Empfangsspulen Spannungen induziert. In den Leiterschleifen des Rotors wird ebenfalls ein Strom induziert, der das Magnetfeld der Empfangsspulen beeinflusst. In

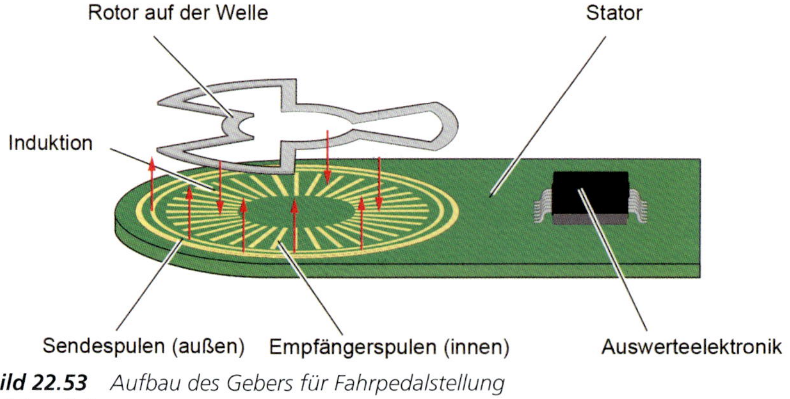

Bild 22.53 *Aufbau des Gebers für Fahrpedalstellung* [Bild: Hella]

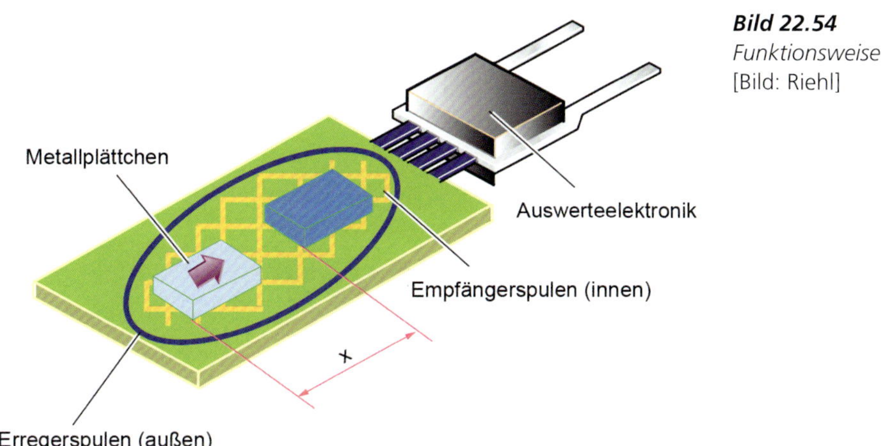

Bild 22.54
Funktionsweise
[Bild: Riehl]

Abhängigkeit von der Stellung des Rotors zu den Empfangsspulen im Stator werden Spannungsamplituden erzeugt. Diese werden in einer Auswertelektronik bearbeitet und anschließend in Form einer Gleichspannung zum Steuergerät gesendet. Dieses wertet das Signal aus und gibt den entsprechenden Impuls z. B. an den Drosselklappensteller weiter.

Beispiel: Geber für Fahrpedalstellung II

Aufbau

Ein Metallplättchen ist an der Kinematik des Fahrpedalmoduls so angebracht, dass es beim Betätigen des Gaspedals mit geringem Abstand zur Platine geradlinig die Strecke x entlang fährt (Bild 22.54).

Funktionsweise

Die Erregerspule wird von einem Wechselstrom durchflossen. Dieser erzeugt ein elektromagentisches Wechselfeld, dessen Induktion das Metallblättchen durchsetzt. Der im Metallblättchen induzierte Strom bewirkt seinerseits ein weiteres, zweites elektromagnetisches Wechselfeld um das Metallblättchen. Beide Wechselfelder, von der Erregerspule und vom Metallblättchen, wirken auf die Empfängerspulen und induzieren dort eine entsprechende Wechselspannung. Während die Induktion des Metallblättchens unabhängig von seiner Position ist, erfolgt die Induktion der Empfängerspulen abhängig von der Stellung zum Metallblättchen und somit abhängig von seiner Position.

22.6.5 PLCD-Sensor

Die Abkürzung **PLCD** steht für ***P****ermanentmagnetic* ***L****inear* ***C****ontactless* ***D****isplacementsensor* und beschreibt einen berührungslos arbeitenden Sensor, der mit Hilfe eines Dauermagneten eine lineare Wegstrecke erfasst. Zur Plausibilisierung des Schaltwunsches und zur Überwachung des Schaltablaufs müssen bei automatisch arbeitenden Getrieben die

Positionen und die Bewegungen der Schaltmuffen jederzeit bekannt sein. Die in der Primärspule und den beiden Sekundärspulen induzierten Wechselspannungen heben sich zunächst gegenseitig auf, da sie gegensinnig gewickelt sind.

Auf dem Kolben des Arbeitszylinders der Schaltmuffe sitzt ein Dauermagnet, der die Induktion in den Sekundärspulen beeinflusst. Die Stellung des Kolbens (Position der Schaltmuffe) kann somit durch das Spulensystem ermittelt werden.

Bild 22.55
Induktiver Weggeber
[Bild: Riehl]

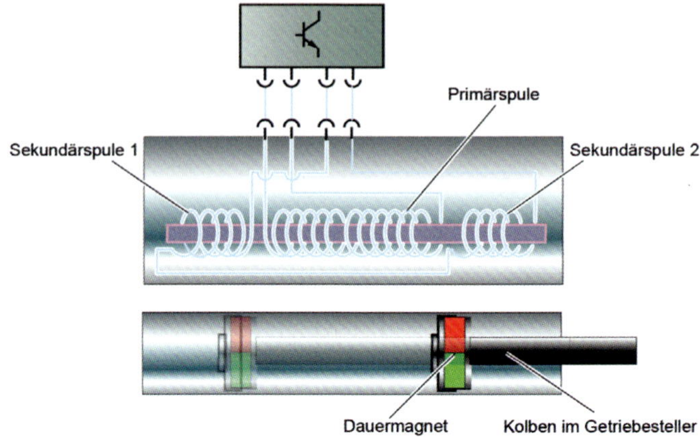

22.6.6 Rotor-Lagensensor

Bei Elektromotoren in HV-Fahrzeugen muss das Steuergerät die exakte Position des Rotors kennen, um die notwendigen Phasenspannungen für das umlaufende Statormagnetfeld berechnen zu können. Die Erregerspule wird mit einer sinusförmigen Erregerspannung

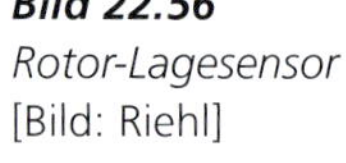

Bild 22.56
Rotor-Lagesensor
[Bild: Riehl]

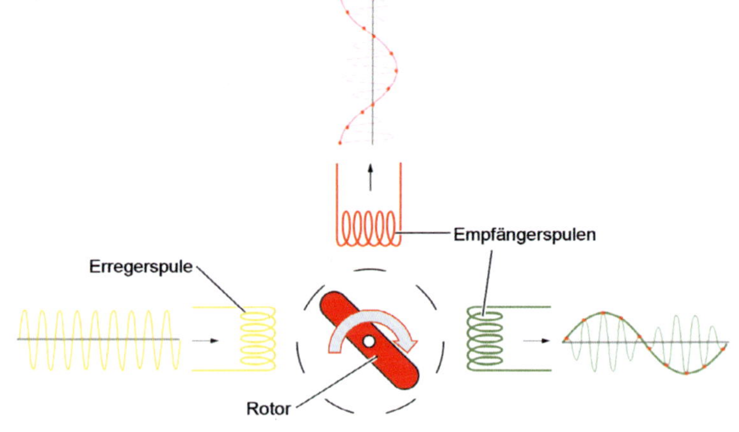

gespeist. Das sich um die Erregerspule aufbauende magnetische Wechselfeld wirkt auf die Rotorscheibe ein. Die Rotorscheibe leitet den magnetischen Fluss des von der Erregerspule erzeugten magnetischen Wechselfelds zu den Empfängerspulen. In den Empfängerspulen wird dadurch eine Wechselspannung induziert, die proportional zur Lage der Rotorscheibe gegenüber der Erregerspannung phasenverschoben ist.

22.6.7 Geber für Rotorposition des Fahrmotors (Resolverprinzip)

Der Geber hat 24 bis 30 in Reihe geschaltete Spulen. Diese bestehen jeweils aus einem Eisenkern sowie einer Primär- und zwei Sekundärwicklungen. Die Primärwicklung wird vom Steuergerät für Elektroantrieb mit einer Erregerspannung versorgt.

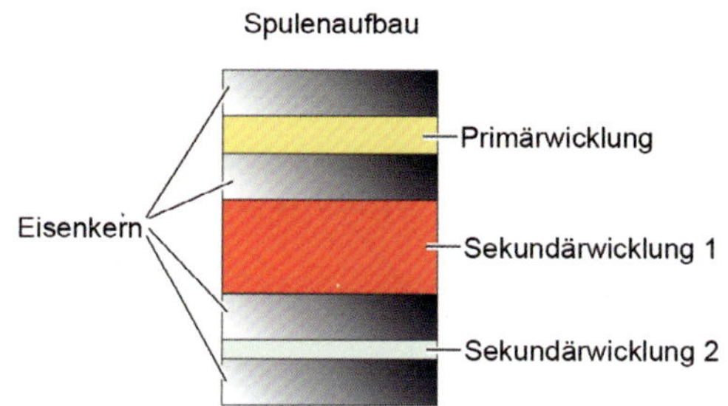

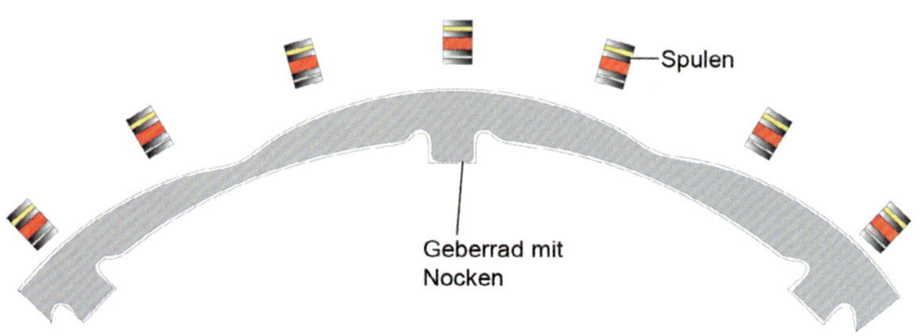

Bild 22.57 *Aufbau des Resolverprinzips*
[Bild: Riehl]

Die Sekundärwicklungen haben eine unterschiedliche Anzahl an Windungen. Dadurch können Sekundärwicklung 1 und 2 voneinander unterschieden werden. Das Geberrad verfügt über acht Nocken, welche die Spulen durch Induktion beeinflussen.

Beginnt sich der Rotor zu drehen, dreht sich auch die Nockenscheibe. Die Nockenberge wandern jetzt von Spule zu Spule und verstärken die Induktion in die Sekundärwicklungen. Durch die unterschiedliche Anzahl der Windungen von Sekundärwicklung 1 und 2 in jeder einzelnen Spule ergibt sich ein Versatz der Amplituden von 90°. Aufgrund der Amplituden errechnet das Steuergerät für Elektroantrieb die Lage des Rotors im Fahrmotor für Elektroantrieb.

22.7 Magnetische Aktoren

22.7.1 Elektromagnet

Ein Elektromagnet besteht aus einer Spule, einem Spulenkern und einem beweglichen Teil, dem Anker. Die durch den Stromfluss in der Spule induzierten magnetischen Feldlinien verlaufen im Eisenkern des Magneten. Durch den offenen Kern ist der magnetisch gut leitfähige Kreislauf unterbrochen und die Feldlinien treten in das umgebende Medium aus, um den magnetischen Kreis zu schließen. Hier entsteht ein Magnetfeld, welches gleichzeitig die Wirkseite des Magneten definiert. Bei Annäherung des Ankers treten die magnetischen Feldlinien in diesen ein verkürzen damit ihren Weg. Die Platte wird angezogen, und zwar so lange, bis der magnetische Widerstand sein Minimum erreicht, sprich, der noch verbleibende Luftspalt soweit als möglich geschlossen ist.

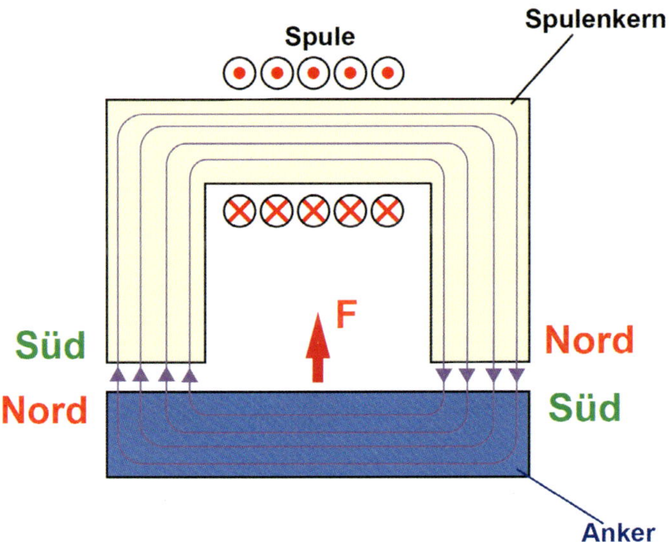

Bild 22.58 *Feldlinienverlauf und Kraftwirkung im Elektromagneten*
[Bild: Riehl]

Beispiel: Relais
Ein mechanisches Relais arbeitet meist nach dem Prinzip des Elektromagneten. Ein Stromfluss in der Spule erzeugt einen magnetischen Fluss durch den ferromagnetischen Kern. Der Anker ist ebenfalls aus ferromagnetischem Material und wird durch die magnetische Wirkung angezogen. Dadurch werden die elektrischen Kontakte geschlossen und im Laststromkreis fließt Strom.

Relais werden hauptsächlich verwendet, um:

- mit niedriger Leistung in einem Steuerstromkreis einen Stromkreis mit hoher Leistung zu steuern,
- mit einem Steuerstromkreis mehrere Laststromkreise gleichzeitig zu steuern,
- den steuernden vom zu schaltenden Stromkreis galvanisch zu trennen.

Beispiel: Einspritzventil
Einspritzventile haben die Aufgabe, bei jedem Betriebszustand des Motors die vom Steuergerät berechnete Kraftstoffmenge exakt einzuspritzen. (Siehe Kapitel 17.)

Beispiel: Membran-Lautsprecher
An die Schwingspule wird eine Wechselspannung angelegt. Dadurch wird in ihr ein wechselndes Magnetfeld erzeugt, das dem konstanten Magnetfeld des Dauermagneten entgegen wirkt. Als Folge bewegt sich die Schwingspule mit der Frequenz der Wechselspannung. Da die Schwingspule mit der Membran verbunden ist, bewegt sich die Membran mit der gleichen Frequenz. Die schwingende Membran bewegt die Luft und erzeugt Schallwellen. (Siehe Kapitel 17.)

22.7.2 Elektromotor

Das Prinzip des Elektromotors beruht auf der Tatsache, dass auf einem stromdurchflossenen Leiter im Magnetfeld eine Kraft ausgeübt wird. Das Magnetfeld des stromdurchflossenen Leiters und das Magnetfeld des Permanentmagneten beeinflussen sich gegenseitig. Wenn der Permanentmagnet fest fixiert und der Leiter drehbar gelagert ist, wird auf den Leiter eine Kraft ausgeübt und er dreht sich. Diese Kraft ist abhängig von (siehe Kapitel 17):

- der Stärke des elektrischen Stroms im Leiter,
- der Stärke des Magnetfelds,
- der wirksamen Leiterlänge (Windungszahl).

22.7.3 Magnetic Ride

Funktionsprinzip
Die Funktionsweise der Dämpfer basiert auf dem magnetorheologischen Effekt. Voraussetzung hierfür ist die Anwendung einer speziellen Dampferflüssigkeit. Diese magnetorheologische Flüssigkeit ist eine Suspension aus einem auf Kohlenwasserstoff basierenden Synthetiköl, in das weiche magnetische Partikel mit einem Durchmesser von 3 bis 10 µm eingebunden sind. Beim Anlegen eines Magnetfeldes ändern sich die Eigenschaften der magnetorheologischen Flüssigkeit. Die magnetischen Partikel werden in Richtung der Feldlinien des Magnetfeldes ausgerichtet. Dadurch wird die Fließspannung der Flüssigkeit geändert.

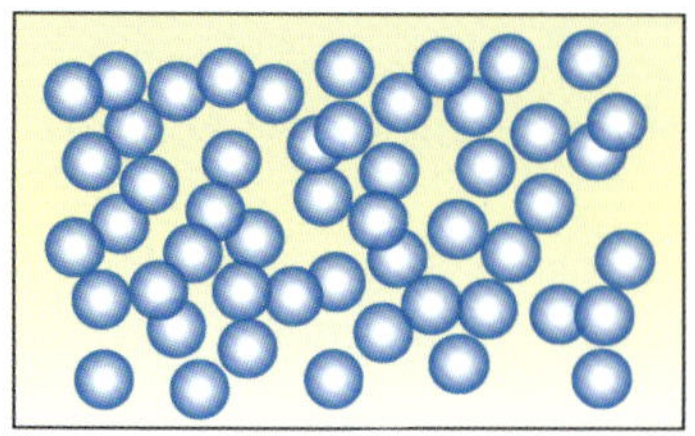
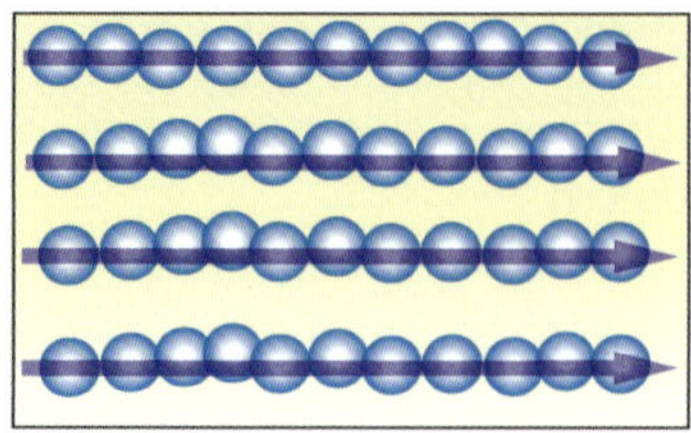

Bild 22.59 *Magnetische Partikel in der Dämpferflüssigkeit*
links: ohne Magnetfeld
rechts: mit Magnetfeld
[Bild: Riehl]

Findet keine elektrische Ansteuerung der Magnetspule statt, befinden sich die magnetischen Partikel ungeordnet im Dämpferöl. Bei Bewegung des Kolbens werden die einzelnen Partikel mit dem Öl durch die Kolbenbohrungen gedruckt. Der Widerstand, den das Dämpferöl mit den Partikeln der Kolbenbewegung entgegensetzt, ist gering. Dadurch ist die Dämpfungskraft klein.

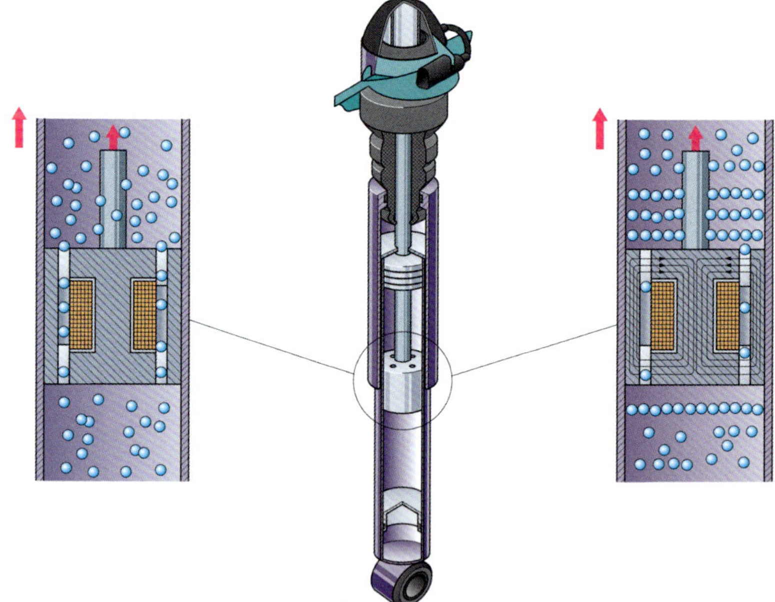

Bild 22.60 *Veränderung der Dämpferkraft*
links: keine elektrische Ansteuerung = Dämpferkraft klein
rechts: mit elektrischer Ansteuerung = Dämpferkraft groß
[Bild: AS-Illu]

Bei elektrischer Ansteuerung der Magnetspule werden die magnetischen Partikel in Richtung der magnetischen Feldlinien ausgerichtet. In Kolbennahe bilden sich so lange Partikelketten. Diese Ketten liegen in Querrichtung vor den Kolbenbohrungen. Bei

Bewegung des Kolbens werden einzelne Partikel aus dem Kettenverband gelöst und mit dem Öl durch die Kolbenbohrungen gedrückt. Um diese Ketten zu «durchbrechen», ist Kraft und damit Arbeit erforderlich. Der Widerstand, den der Kolben überwinden muss, ist größer als bei nicht bestromter Magnetspule und abhängig von der Höhe des elektrischen Stromes und des Magnetfeldes.

22.8 Reedkontakte

Reedkontakte sind im Glasrohr eingeschmolzene Kontaktzungen, die durch ein Magnetfeld betätigt werden. Ein Reedrelais besteht aus einem Glasröhrchen, in das zwei Kontaktzungen gasdicht eingeschmolzen sind. Kommt der Reedkontakt in den Bereich eines magnetischen Feldes z. B. einer stromdurchflossenen Spule oder eines Dauermagneten, so versuchen sich die Feldlinien zu verkürzen und schließen dabei die Kontaktzungen. Wird der Stromkreis unterbrochen bzw. der Dauermagnet entfernt, bricht das Magnetfeld zusammen und die Federwirkung de Kontakte öffnet die Kontaktzungen. Das Röhrchen ist mit einem Schutzgas (Edelgas) gefüllt. Dadurch wird eine längere Lebensdauer der Kontakte erreicht.

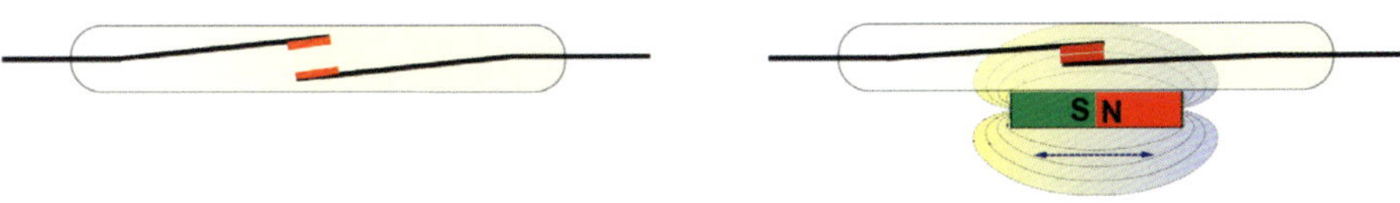

Bild 22.61 *links: Abbildung Reedkontakt*
rechts: Magnetfeld wirkt auf Schalter, Schaltzungen bewegen sich und der Schalter schließt
[Bilder: Riehl]

Beispiel: Füllhöhenerfassung
Ab einer bestimmten Restfüllmenge z. B. im Additivbehälter wird durch das Signal des Gebers für leeres Kraftstoffadditiv, eine Kontrollleuchte im Schalttafeleinsatz aktiviert. Dadurch wird der Fahrer auf eine Störung hingewiesen und aufgefordert eine Werkstatt aufzusuchen.

Im Schaft des Gebers für Kraftstoff-Additivtank ist ein Reedkontakt eingebaut. Er wird durch den am Schwimmer eingebauten Magnetring geschaltet. Befindet sich im Additivbehälter genügend Additiv, liegt der Schwimmer am oberen Anschlag an. Der Reedkontakt ist geöffnet.

Befindet sich im Additivbehälter zu wenig Additiv, senkt sich der Schwimmer bis zum unteren Anschlag. Dabei wird der Reedkontakt durch den Magnetring geschlossen. Eine Kontrollleuchte wird eingeschaltet. (Siehe Abschnitt 17.4.4.)

Beispiel: Kupplungspedalschalter
Zum Starten des Motors muss bei neueren Fahrzeugen mit Handschaltgetriebe die Kupplung ganz getreten sein. Die Information hierüber liefert der Kupplungspedalschalter am Kupplungsgeberzylinder mit dem Schaltpunkt 2 (Kupplung voll durchgetreten). Diese

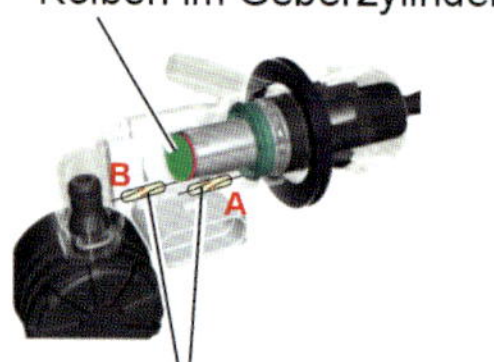

Bild 22.62
Kupplungsschalter mit Reedkontakten
[Bild: Riehl]

Maßnahme schützt vor unbeabsichtigtem Anfahren beim Starten. Ebenso muss beim Treten des Kupplungspedals mit dem Schaltpunkt 1 (Kupplung leicht betätigt) eine Geschwindigkeitsregelung abgeschaltet werden.

Beispiel: Safing Sensor
Der Safing-Sensor hat die Aufgabe ein unbeabsichtigtes Auslösen der Airbags zu vermeiden. Er ist mit den Frontsensoren in Reihe geschaltet. Der Safing-Sensor ist in das Airbag-Steuergerät integriert. Er besteht aus einem Reedkontakt in einem harzgefüllten Rohr und einem ringförmigen Magneten. Der geöffnete Reedkontakt befindet sich in einem harzgefüllten Rohr, über das der ringförmige Magnet gestülpt ist. Der Magnet wird durch eine Feder am Ende des Gehäuses gehalten. Kommt es zu einer Krafteinwirkung, rutscht der Magnet entgegen der Federkraft über das harzgefüllte Rohr und schließt den Reedkontakt. Damit ist der Kontakt zum Zünden der Airbags geschlossen.

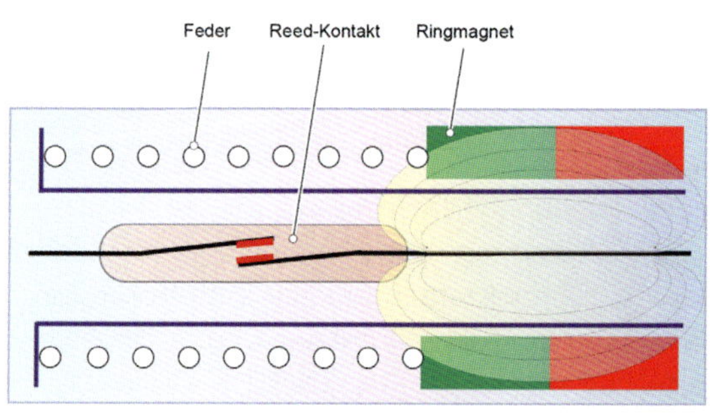

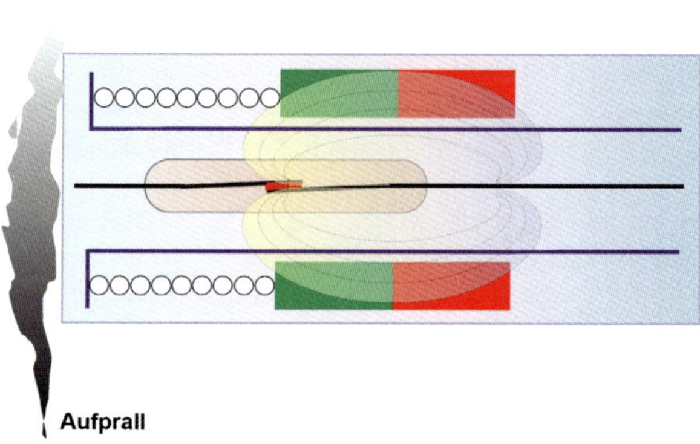

Bild 22.63
Safing-Sensor mit Reedkontakt
oben: Ruhezustand
unten: Aufprall
[Bild: Riehl]

22.9 Piezoeffekte

22.9.1 Piezoelektrischer Effekt

Werden bestimmte Materialien durch Einwirkung von äußeren Kräften oder Drücken verformt, dann entsteht eine elektrische Spannung.

Beispiel: Klopfsensor
Ein piezokeramischer Ring und eine auf ihn wirkende seismische Masse werden unter mechanischer Vorspannung an geeigneter Stelle am Motorblock eines Fahrzeuges befestigt. Die seismische Masse wird durch die Motorvibrationen gegen den Piezokeramikring beschleunigt und erzeugt so ein der Vibration äquivalentes Signal des Sensors in einem weiten Frequenzbereich. Tritt im Motor sogenanntes «Klopfen» auf, wird dieses Signal von der Auswerteelektronik erfasst und das Zündkennfeld entsprechend nachgeregelt. Beim Auftreten von Klopfen wird das Zündsignal für den jeweiligen Zylinder so weit in Richtung «spät» verstellt, bis keine klopfende Verbrennung mehr auftritt. (Siehe Abschnitt 18.3.3.)

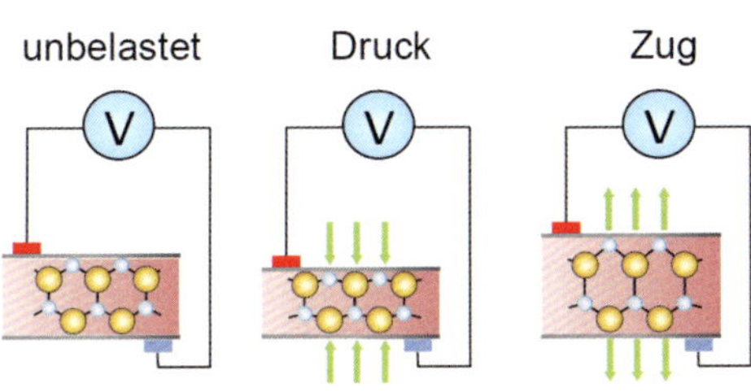

Bild 22.64
Piezoeffekt
[Bild: Riehl]

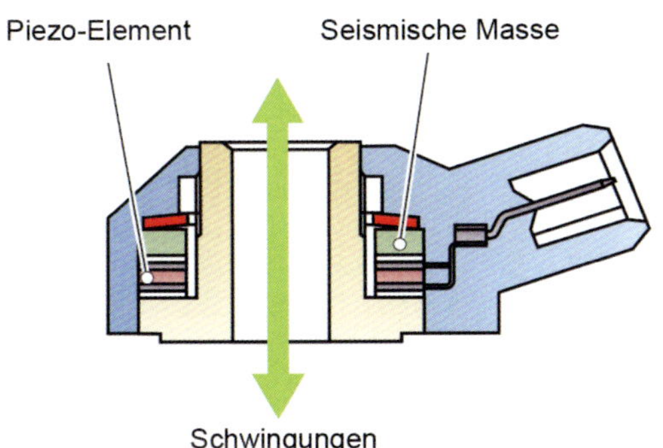

Bild 22.65
Klopfsensor
[Bild: Riehl]

22.9.2 Piezoresistiver Effekt

Der **piezoresistive Effekt** beschreibt die Veränderung des elektrischen Widerstands eines Materials durch Druck oder Zug. Dabei werden häufig piezoresistive Elemente auf ein Trägermaterial geklebt und in Reihe geschaltet. Diese Reihenschaltung dient als

Dehnungs**m**ess**s**treifen (DMS). Durch das Biegen der Folie verlängert sich der Widerstandsdraht und zugleich verkleinert sich der Querschnitt. Beides führt zu einer Vergrösserung des Widerstandswertes.

Es gilt:

$$R = \frac{\rho}{A}$$

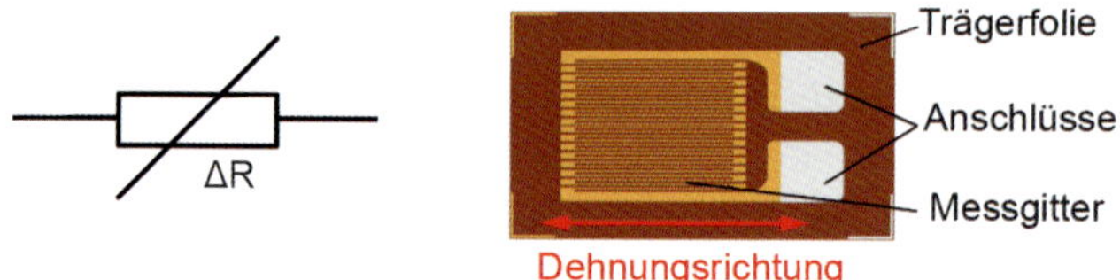

Bild 22.66 *Schaltzeichen (links) und Abbildung DMS (rechts)*
[Bild: Riehl]

Je nach Veränderung des Druckes ändert sich die Durchbiegung der Membrane und somit auch die Länge der Dehnmessstreifen. Dadurch ändert sich der Widerstandswert der Dehnmessstreifen und somit auch die Messspannung. Die Auswerteelektronik errechnet aus dem aktuellen Widerstandswert ein Spannungssignal und übermittelt dieses an das Motorsteuergerät.

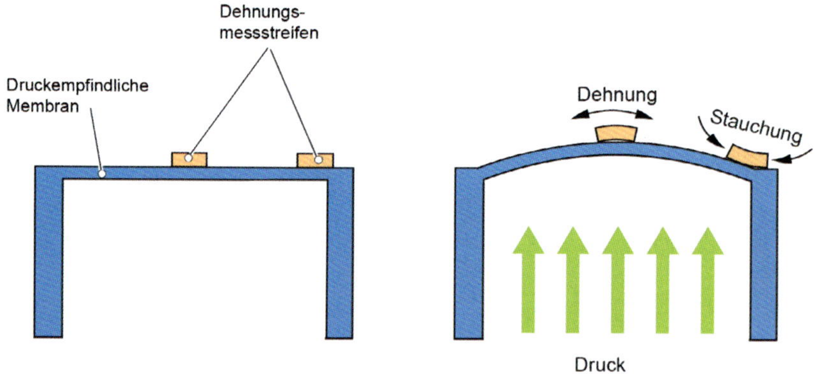

Bild 22.67 *Prinzip piezoresistiver Druckgeber*
[Bild: Riehl]

Beim Drucksensor für den Absolutdruck misst der Sensor den Druck gegenüber einem bekannten Referenzdruck.

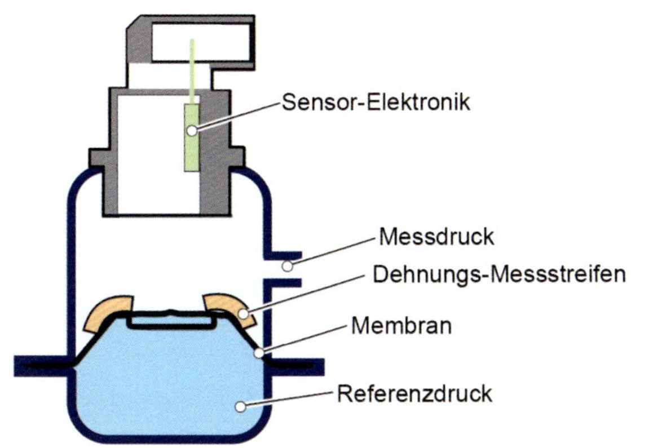

Bild 22.68
Absolutdruckgeber
[Bild: Riehl]

Beispiele für Absolutdruckgeber:
Saugrohrdruck, Turboladerdruck, Kraftstoffdruck, Bremsdruck, Reifendruck in RDKS, Erkennung der Sitzbelegung, zylinderdruckgeführte Verbrennungsregelung durch Messung des Drucks im Brennraum. Beim Drucksensor für den Differenzdruck misst der Sensor den Druckunterschied zwischen zwei Drücken.

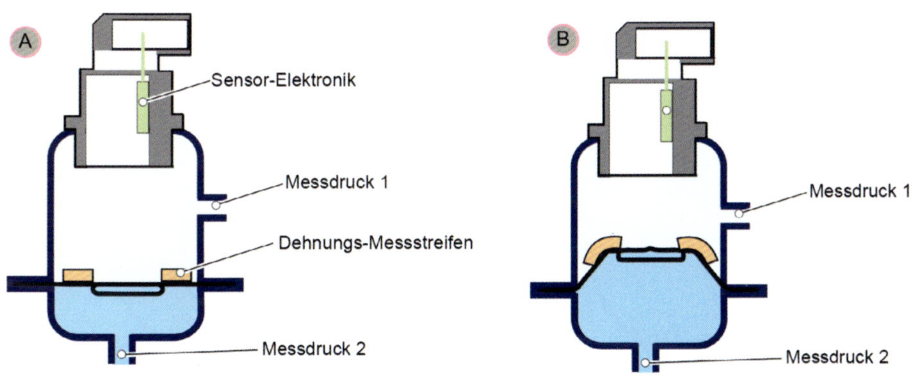

Bild 22.69
Differenzdruckdruckgeber
A Messdruck 1 = Messdruck 2
B Messdruck 1 < Messdruck 2
[Bild: Riehl]

Beispiel: Differenzdrucksensor
Der Drucksensor für Abgas misst den Druckunterschied des Abgasstromes vor und nach dem Partikelfilter. An dem Drucksensor 1 für Abgas befinden sich zwei Druckanschlüsse. Von einem führt eine Druckleitung zum Abgasstrom vor dem Partikelfilter und vom anderen zum Abgasstrom hinter dem Partikelfilter. In dem Geber befindet sich eine Membran mit Piezo-Elementen, auf die die jeweiligen Abgasdrücke wirken.

Partikelfilter leer (Bild 22.69 A)
Bei einem Partikelfilter mit sehr geringer Partikelbeladung ist der Druck vor und hinter dem Filter nahezu gleich. Die Membran mit den Piezo-Elementen befindet sich in Ruhelage.

Partikelfilter voll (Bild 22.69 B)
Hat sich Ruß im Partikelfilter angesammelt, steigt der Abgasdruck vor dem Filter durch ein verringertes Strömungsvolumen an. Der Abgasdruck hinter dem Filter bleibt nahezu gleich. Die Membran verformt sich entsprechend dem Druckunterschied. Diese Verformung verändert den elektrischen Widerstand der Piezo-Elemente, die zu einer Messbrücke verschaltet sind. Die Ausgangsspannung dieser Messbrücke wird durch die Sensor-Elektronik aufbereitet, verstärkt und dem Motorsteuergerät als Signalspannung gesendet. Aus diesem Signal ermittelt das Motorsteuergerät den Beladungszustand des Partikelfilters und leitet einen Regenerationsvorgang zur Reinigung des Filters ein.

Beispiel: Drehwinkel- oder Gierratensensor
Der dargestellte Sensor zur Erfassung der Drehbewegungen des Fahrzeugs nutzt den physikalischen Effekt der Corioliskraft. Die Corioliskraft wirkt auf alle Körper, die eine Bewegung in einem rotierenden Bezugssystem ausführen. Die Kraftwirkung wird an folgendem Beispiel demonstriert: Ein Kind wirft auf einem Karussell einen Ball auf eine Person außerhalb der Drehfläche.

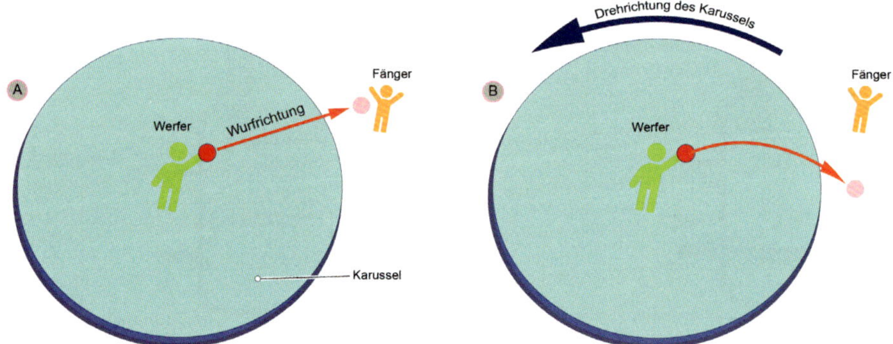

Bild 22.70 *llustration der Corioliskraft*
A Bei ruhendem Karussell trifft der Ball auf geradem Weg den Fänger.
B Bei drehendem Karussell trifft der Ball nicht den Fänger.
[Bild: Riehl]

Bei stehendem Karussel (Abb. A) trifft der Ball den Fänger. Dreht sich das Karussell, dann verfehlt der Ball den Empfänger (Abb. B), da er durch die Drehbewegung abgelenkt wird. Das Maß dieser Ablenkung ist abhängig von der Drehgeschwindigkeit und der Drehrichtung des Karussells.

Die Form des Drehwinkelsensors erinnert an eine Stimmgabel. Die beiden Schenkel dieses Elementes sind als Schwingkörper ausgelegt. Mit dem Einschalten der Zündung wird Spannung auf die unteren Piezoelemente geschaltet. Sobald an den Piezoelementen Spannung anliegt, beginnen diese zu schwingen. Das untere Piezoelement dient als Aktor. Diese Schwingungen übertragen sich auf beide Schenkel.

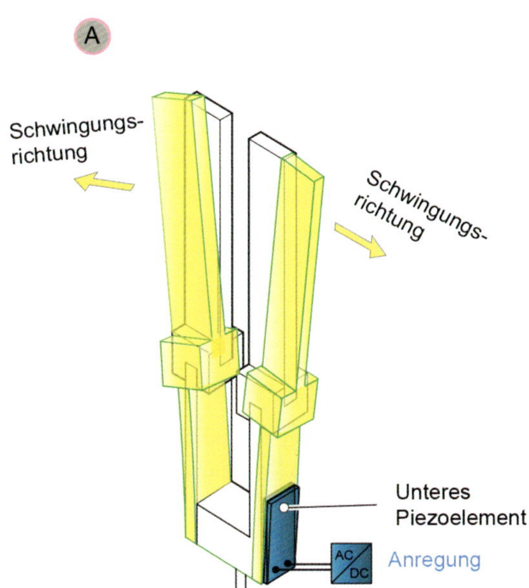

Bild 22.71a
A Gierratensensor bei Geradeausfahrt
[Bild: Riehl]

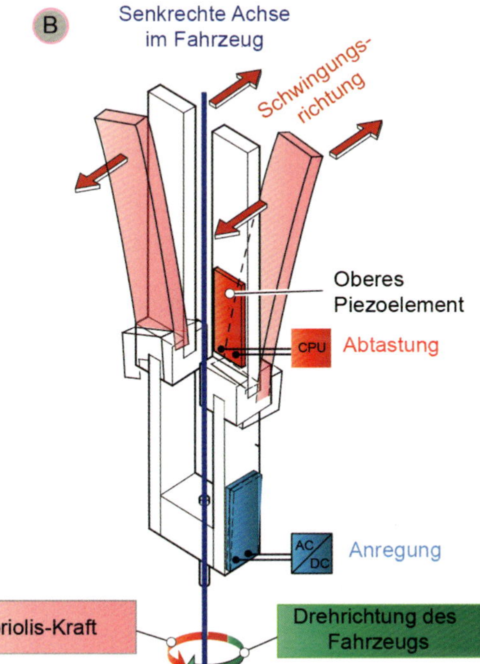

Bild 22.71b
B Gierratensensor bei Kurvenfahrt
[Bild: Riehl]

Bei Richtungsänderungen (Kurvenfahrt) des Fahrzeuges wirkt auf die schwingenden Schenkel des Sensors die sogenannte Corioliskraft. Diese Corioliskraft wirkt entgegen der Drehrichtung, in der sich das Fahrzeug um seine Hochachse dreht. Dadurch werden die oberen Teile der bereits seitlich schwingenden Schenkel gebogen. Die Biegung der Schenkel wird auf die oberen Piezoelemente übertragen, wodurch eine Spannung im Piezoelement erzeugt wird. Die Höhe dieser Spannung dient dem Navigationssteuergerät zur Berechnung der Fahrtrichtungsänderung.

22.10 Piezoelektrische Aktoren

Prinzip: Reziproker piezoelektrische Effekt

Unter dem indirekten piezoelektrischen Effekt, oder dem reziproken piezoelektrischen Effekt, versteht man, dass das Anlegen einer elektrischen Spannung an einen Kristall eine mechanische Deformation des Kristalls hervorruft.

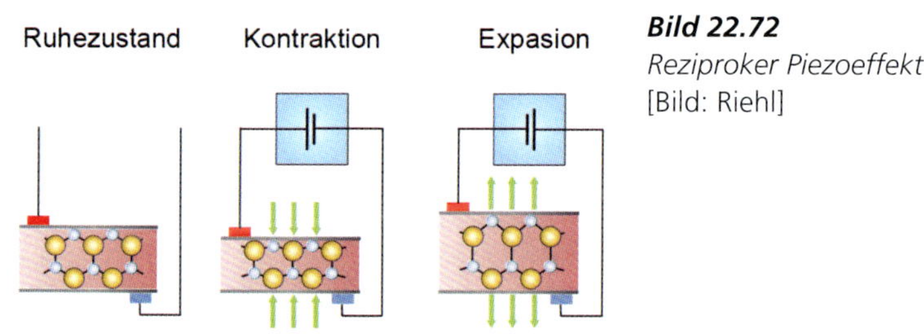

Bild 22.72
Reziproker Piezoeffekt
[Bild: Riehl]

Beispiel: Piezoinjektor

Das Piezo-Element (3) befindet sich im so genannten Aktormodul. Es erzeugt bei Ansteuerung die Bewegung zum Öffnen des Schaltventils. Zwischen die beiden Elemente ist das Kopplermodul (4) geschaltet, das als hydraulisches Ausgleichselement fungiert, z. B. um temperaturbedingte Längendehnungen auszugleichen. Wird der Injektor angesteuert, dehnt sich das Aktormodul. Die Bewegung wird über das Kopplermodul auf das Schaltventil (5) übertragen. Wenn sich das Schaltventil öffnet, sinkt der Druck im Steuerraum und die Düsennadel (6) öffnet.

Die Vorteile des Piezoinjektors sind eine wesentlich schnellere Steuerbarkeit, was eine genauere Dosierbarkeit zur Folge hat. Zudem ist der Piezoinjektor noch kleiner, leichter und hat einen geringeren Energiebedarf.

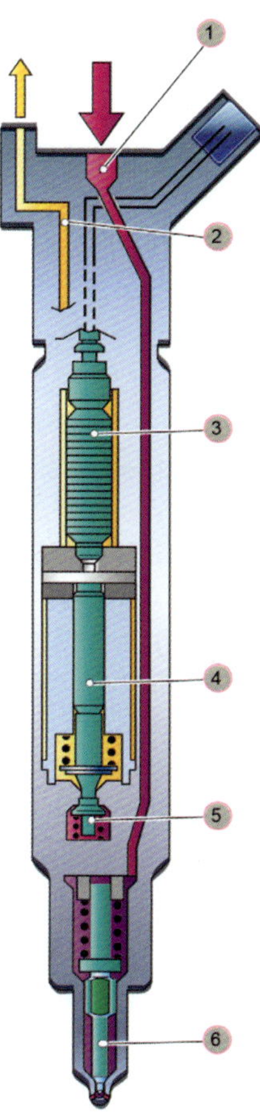

Bild 22.73 *Aufbau eines Piezoinjektors*
1 Hochdruck-Zulauf
2 Rücklauf
3 Piezoelement
4 Kopplermodul
5 Schaltventil
6 Düsennadel
[Bild: Riehl]

Piezoelektrische Sensoren und Aktoren

Der Vorteil der Piezoelektrik ist, dass das gleiche Bauteil als Sensor und als Aktor eingesetzt warden kann. Das Funktionsprinzip basiert darauf, dass der Sensor einen nicht hörbaren Ton im Ultraschallbereich aussendet. Dieser Ton breitet sich in Form von Schallwellen in dem umgebenden Medium (z. B. Luft) mit konstanter Geschwindigkeit aus. Schallwellen sind um die Schallquelle verlaufende konzentrische, wellenförmige Änderungen in der Dichte und dem Luftdruck der umgebenden Luftteilchen. Die Ausbreitungsgeschwindigkeit von Schall richtet sich nach der Dichte des Mediums, in dem sich der Schall bewegt. In der Luft breitet sich Schall bei Normaldruck (1 bar) und einer Temperatur von 20 °C mit 343 m/s aus, in Wasser bei z. B. 0 °C mit 1407 m/s.

Treffen Schallwellen auf einen Gegenstand, wie z. B. eine Wand, so werden sie je nach Eigenschaft der Wand mehr oder weniger stark reflektiert. Das heißt, es laufen wieder Schallwellen zum Sensor zurück, die von diesem mit einem Mikrofon aufgenommen werden. Der Sensor misst dabei die Zeit, die zwischen Aussenden und Empfangen der reflektierten Ultraschallwellen vergangen ist.

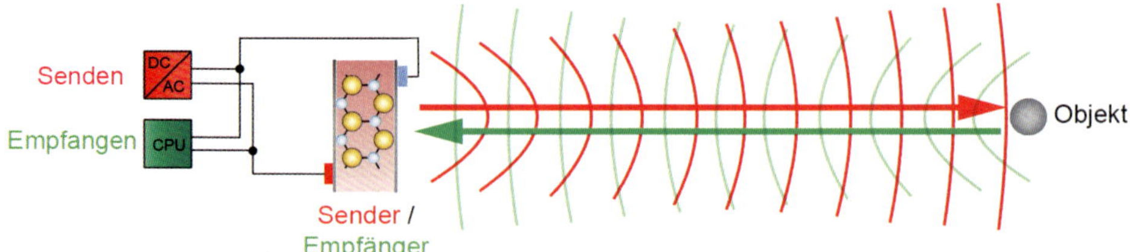

Bild 22.74 *Prinzip der Abstandsmessung mit der Piezoelektrik*
[Bild: Riehl]

Beispiel: Einparkhilfe
Die Piezokeramik bildet zusammen mit der Schwingungsmembrane das Hauptelement des Ultraschallsensors. Das piezokeramische Plättchen wird durch das Anlegen einer hoch frequenten Wechselspannung (Rechteck-Impulse) in Schwingung versetzt. Die Schwingung überträgt sich auf die Aluminiumschwingungs-Membrane, welche den dünnen Boden des Aluminiumtöpfchens darstellt. Dieses Schwingungssystem wird gleichzeitig als Sender und als Empfänger verwendet. Beim Auftreten des Echos auf die Schwingungsmembrane wird durch die Membrane durch den (umkehrbaren) piezoelektrischen Effekt wieder eine Spannung erzeugt.

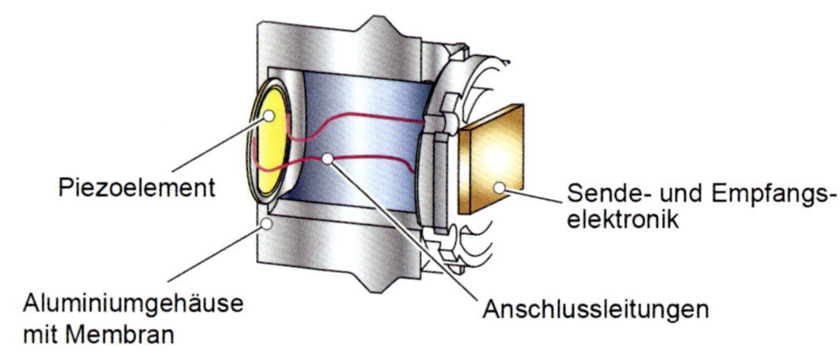

Bild 22.75 *Aufbau Einparksensor*
[Bild: Riehl]

Die Temperaturabhängigkeit der Ausbreitungsgeschwindigkeit von Schall ist der Grund dafür, dass das Signal des Gebers für Außentemperatur als Korrekturgröße in die Systemsteuerung einbezogen wird. Aus dieser Laufzeitmessung kann das Steuergerät für Parklenkassistent den Abstand zu einem Gegenstand ermitteln.

Beispiel: Füllhöhenüberwachung
Wenn die Schallquelle einen Ultraschallimpuls abgibt, benötigt dieser eine bestimmte Zeit, um bis zur Füllhöhe des Mediums und wieder zurück zum Empfänger zu laufen.

Die Zeit, die der Impuls dafür braucht, ist abhängig von der Entfernung zum Medium, das ihn reflektiert. Ähnlich wie bei der Einparkhilfe wird der Abstand zum Medium bestimmt.

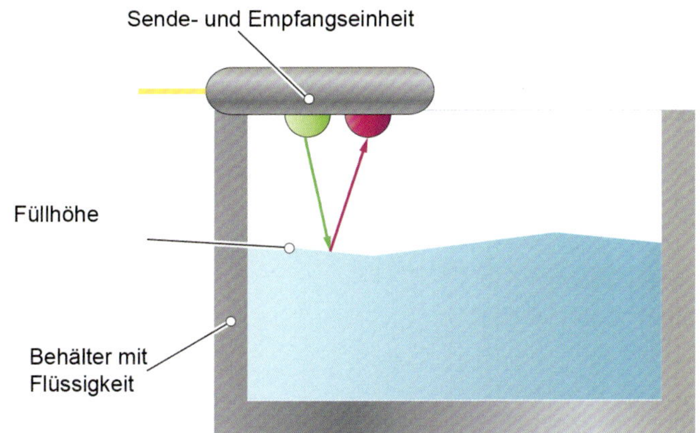

Bild 22.76
Funktionsweise der Füllhöhenmessung einer Flüssigkeit
[Bild: Riehl]

Beispiel: Sensor für Reduktionsmittelqualität
Der Sensor für Reduktionsmittelqualität ist von unten in den Reduktionsmitteltank eingesetzt. Er überwacht die Reduktionsmittelkonzentration. Stellt der Sensor eine sinkende oder unzureichende Harnstoffkonzentration fest, weil der Tank beispielsweise mit Wasser aufgefüllt worden ist, wird eine Warnmeldung über das Motorsteuergerät ausgegeben.

Aufbau und Funktionsweise

Der Sensor besteht vereinfacht beschrieben aus einer Ultraschallquelle mit einem Ultraschallempfänger und einem Reflektor.

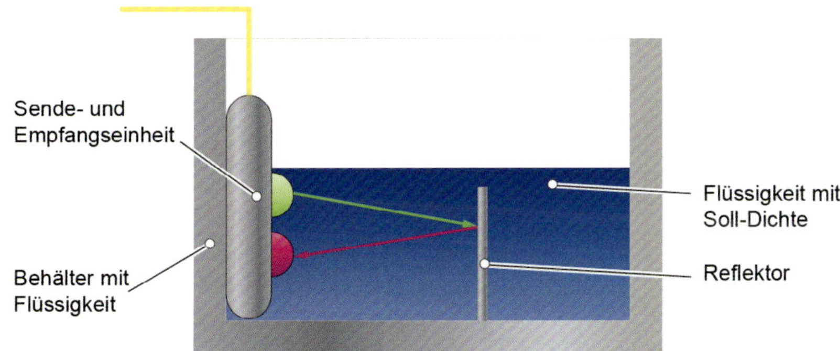

Bild 22.77 *Funktionsweise der Dichtemessung einer Flüssigkeit*
[Bild: Riehl]

Wenn die Schallquelle einen Ultraschallimpuls abgibt, benötigt dieser eine bestimmte Zeit, um bis zum Reflektor und wieder zurück zum Empfänger zu laufen. Die Zeit, die der Impuls dafür braucht, ist abhängig von der Dichte des Mediums, durch das er läuft. Das Medium ist das Reduktionsmittel. Dessen Dichte ist abhängig von der Harnstoffkonzentration. Deshalb unterscheidet sich die Laufzeit des Ultraschallimpulses, wenn er durch das originale Reduktionsmittel oder durch ein verdünntes Reduktionsmittel läuft. Dabei ist der Laufzeitwert für das unverdünnte Original-Reduktionsmittel als Vergleichswert in der Sensorelektronik hinterlegt. Dieser wird mit dem aktuell gemessenen Laufzeitwert verglichen. Ein festgestellter Unterschied zwischen Soll- und Istwert wird von der Sensorelektronik ausgewertet und als Gütesignal an das Motorsteuergerät gesendet.

22.11 Kapazitive Sensoren

Prinzip

Ein kapazitiver Sensor arbeitet wie ein Kondensator. Ein Kondensator besteht aus zwei Platten (Elektroden) und einem Isolator (Dielektrikum), der sich zwischen den beiden Platten befindet. Wird an eine Elektrode eine Spannung angelegt und die andere Elektrode mit Batterie-Minus verbunden, beginnt der Kondensator Energie zu speichern. Die Messeinheit für die Kapazität eines Kondensators ist Farad. Die Kapazität eines Kondensators kann verändert werden, in dem sich die Plattengröße oder das Dielektrikum verändert.

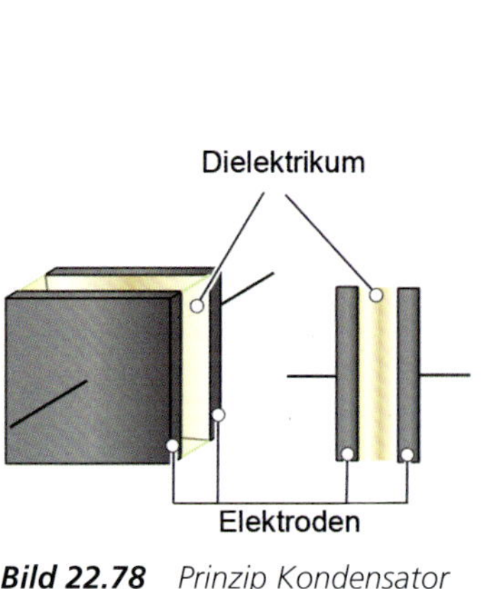

Bild 22.78 *Prinzip Kondensator*
[Bild: Riehl]

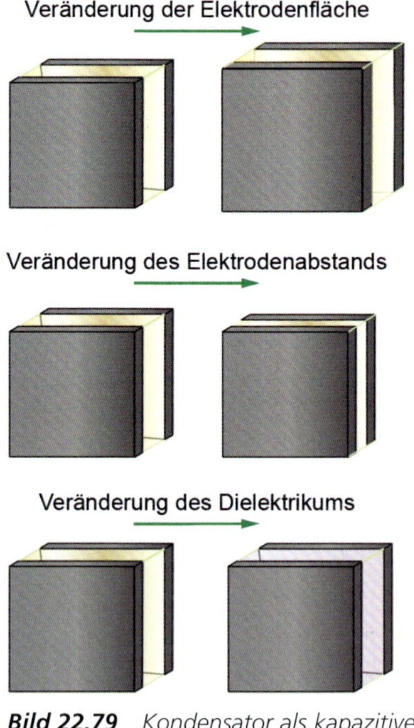

Bild 22.79 *Kondensator als kapazitiver Sensor*
[Bild: Riehl]

Drucksensor

Die Sensoreinheit des kapazitiven Drucksensors ist wie ein Kondensator aufgebaut. Dazu ist die Kondensatorplatte 1 in einem abgedichteten Hohlraum angeordnet. Die Kondensatorplatte 2 ist als Membran darüber gespannt. Wird die Membran mit Druck beaufschlagt, ändert sich der Abstand (d) zwischen den Kondensatorplatten. Diese Änderung wird in der Auswerteelektronik Verarbeitet.

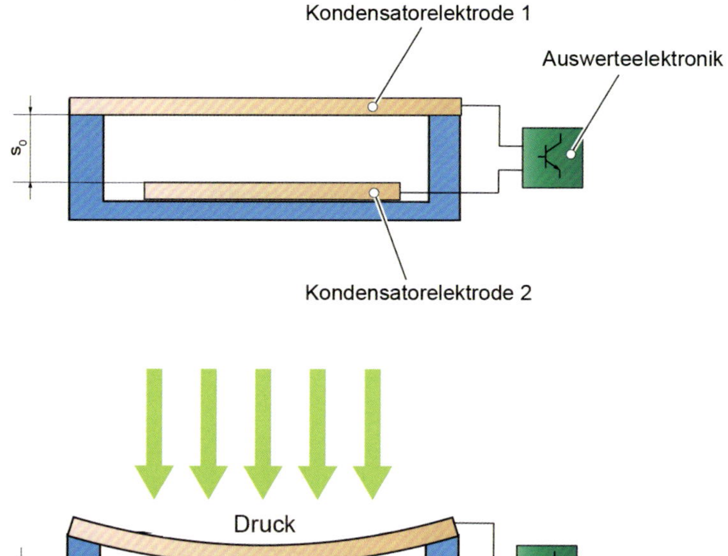

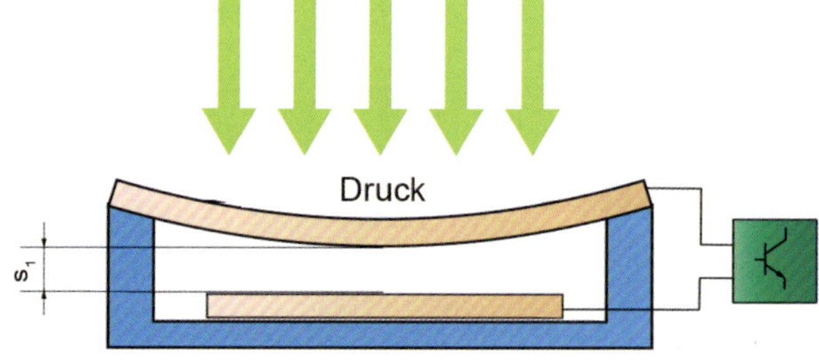

Bild 22.80 *Kapazitiver Drucksensor*
[Bild: Riehl]

Querbeschleunigungs-, Längsbeschleunigungs- und Neigungssensoren

Diese kapazitiven Sensoren arbeiten nach dem Prinzip der «seismischen Masse». Vereinfacht dargestellt befindet sich dabei eine schwingend gelagerte Masse zwischen zwei Kondensatorplatten. Die Masse selbst ist beidseitig mit Kontakten versehen. Wird der Sensor beschleunigt, ändert die Masse aufgrund ihrer Trägheit ihre Lage zwischen den Kondensatorplatten. Dadurch ändert sich auch der Abstand der Platten beider Kondensatoren. Wird der Abstand größer, nimmt die Kapazität des Kondensators ab. Diese Kapazitätsänderungen werden durch die Elektronik ausgewertet und sind ein direktes Maß für die jeweilige Beschleunigung.

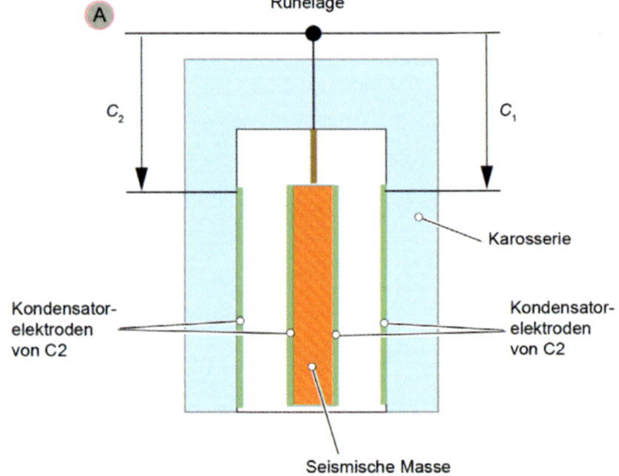

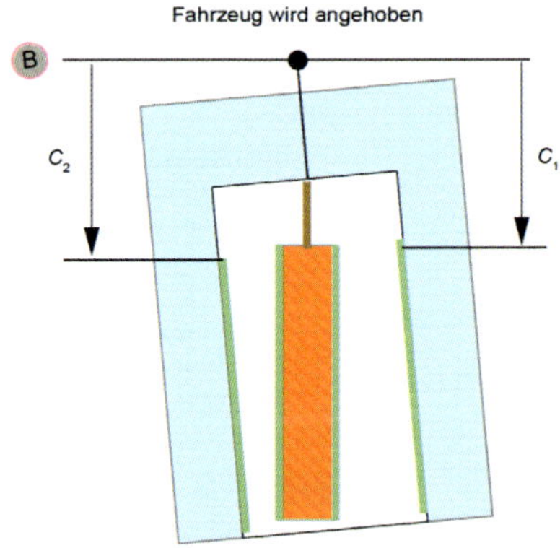

Bild 22.81
Kapazitiver Neigungssensor
A: Fahrzeug Ruhelage
B: Fahrzeug wird abgeschleppt
[Bild: Riehl]

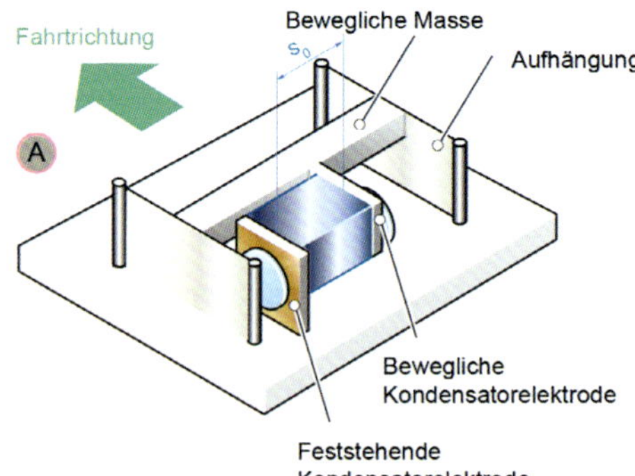

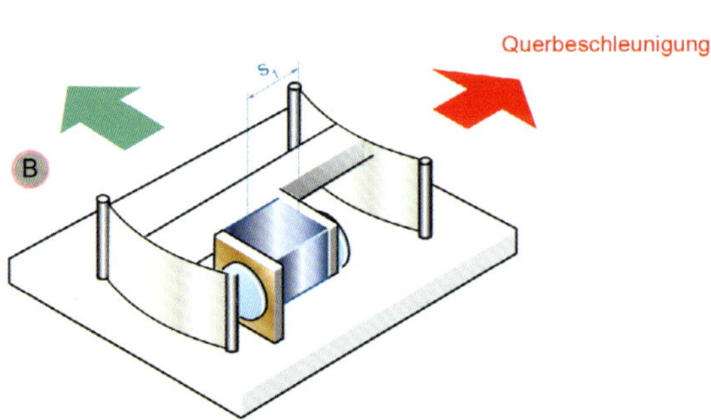

Bild 22.82
Kapazitiver Sensor zur Ermittlung der Querbeschleunigung
A Ruhezustand
B Auftretende Querbeschleunigung
[Bild: Riehl]

Kapazitive Sensoren mit Veränderung des Dielektrikums

Bei dieser Sitzbelegungserkennung ist eine Kondensatorelektrode im Sitz verbaut, die andere Elektrode ist die Fahrzeugkarosserie. Diese Bauteile sind in der Größe nicht veränderbar. Das Dielektrikum besteht aus dem Sitzbezug, den Verkleidungsteilen und einer evtl. vorhandenen Person. Es ist somit veränderbar. Nimmt eine Person auf dem Sitz Platz, wird aufgrund des Flüssigkeitsgehalts der Person das Dielektrikum zwischen dem Sensor und der Karosserie verändert. Dementsprechend verändert sich auch die Kapazität.

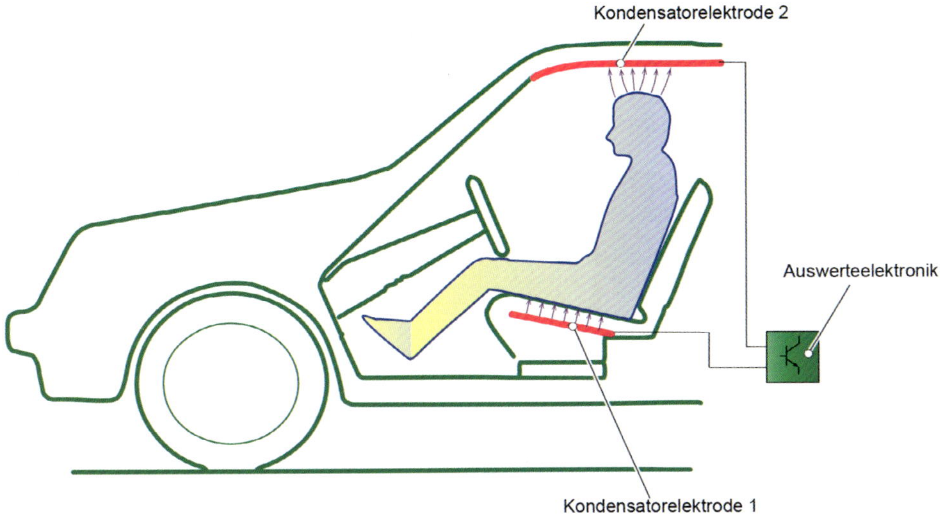

Bild 22.83 *Kapazitiver Sitzbelegungssensor*
[Bild: Riehl]

Beispiel: Gestengesteuertes Öffnen der Heckklappe

Das gestengesteuerte Öffnen der Heckklappe, auch als virtuelles Pedal bezeichnet, ermöglicht die automatische Öffnung der Heckklappe, ohne dass dazu ein Bedienelement am Fahrzeug berührt oder der Fahrzeugschlüssel aus der Tasche geholt werden muss. Die automatische Öffnung der Heckklappe wird durch eine Kickbewegung des Fußes unter den hinteren Stoßfänger eingeleitet. Unter dem hinteren Stoßfänger sitzen zwei Leitungen, die jeweils eine Kondesatorelektrode bilden. Der Untergrund, auf dem das Fahrzeug steht, entspricht der zweiten Kondensatorelektrode. Zwischen den beiden Elektroden befindet sich bei geladenem Kondensator ein elektrisches Feld, das durch die Fußbewegung beeinflusst wird.

Bild 22.84a
Gestengesteuerte Öffnung der Heckkklappe
[Bild: Riehl]

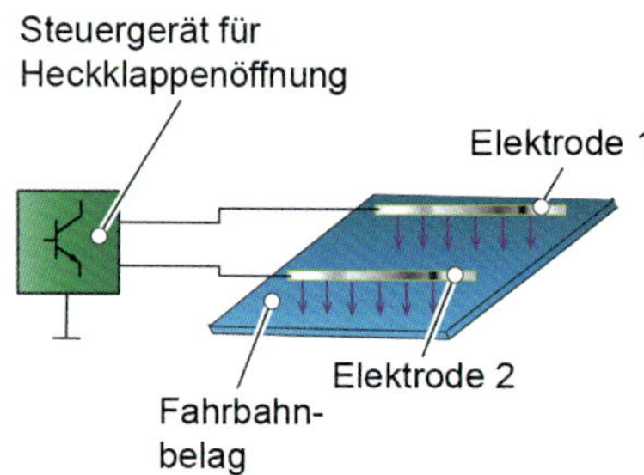

Bild 22.84b
Prinzipielle Arbeitsweise der Gestensteuerung
[Bild: Riehl]

Beispiel: Messung der Luftfeuchtigkeit
Bei der Messung der Luftfeuchtigkeit wird der Anteil von gasförmigem Wasser (Wasserdampf) an der Innenraumluft ermittelt. Das Vermögen der Luft, Wasserdampf aufzunehmen, ist abhängig von der Lufttemperatur. Deshalb muss zusammen mit der Feuchtigkeit auch die zugehörige Temperatur der Luft bestimmt werden. Je wärmer Luft ist, umso mehr Wasserdampf kann sie aufnehmen. Erkaltet diese mit Wasserdampf angereicherte Luft wieder, beginnt das Wasser zu kondensieren. Es bilden sich feine Tröpfchen, die sich an der Scheibe niederschlagen. In der Funktionsweise entspricht dieser Sensor einem elektrischen Plattenkondensator. Durch das aufgenommene Wasser ändern sich die elektrischen Eigenschaften des Dielektrikums und damit die Kapazität des Kondensators. Damit gibt die Messung der Kapazität Aufschluss über die Luftfeuchtigkeit. Die Sensorelektronik wandelt die gemessene Kapazität in ein Spannungssignal um.

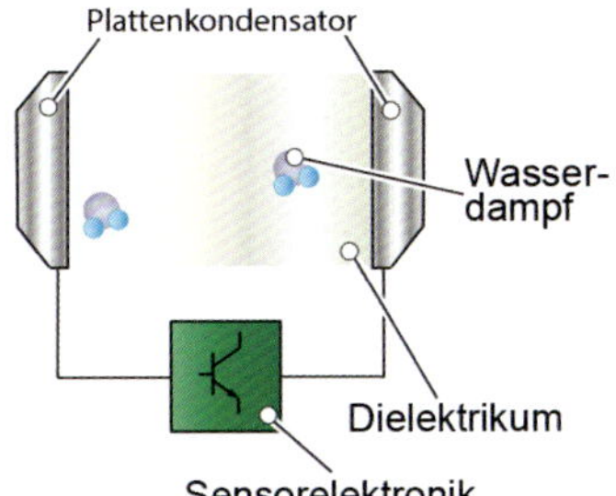

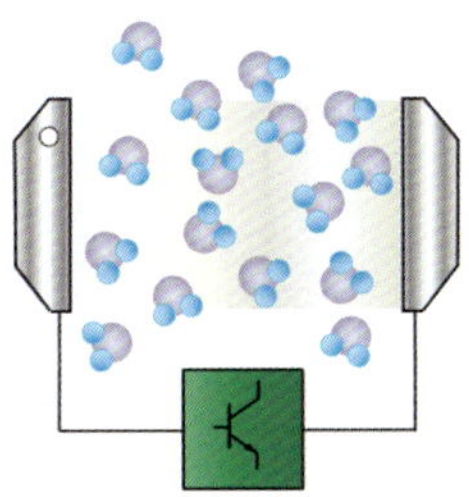

Bild 22.85
Kapazitiver Feuchtigkeitssensor
[Bild: Riehl]

22.12 Temperatursensoren

22.12.1 Kaltleiter (PTC)

PTC-Widerstände leiten den elektrischen Strom im kalten Zustand besser als im warmen Zustand. Mit zunehmender Temperatur sinkt die Leitfähigkeit des Materials. Die Abkürzung PTC bedeutet: ***p****ositive* ***t****emperature* ***c****oeffizient*. Sowohl Metalle als auch speziell dotierte Halbleiter sowie Keramikwerkstoffe zeigen ein PTC-Verhalten. Der Widerstand von Metallen vergrößert sich, wenn die Wärmebewegung der Atome bei Hitze zunimmt. Mit steigender Temperatur treffen immer mehr mit elektrischer Ladung behafteten Teilchen auf die Atome der Metalle, dabei verlieren sie ihre kinetische Energie (Bewegungsenergie). Im Kraftfahrzeug nutzt man PTC-Widerstände in den Heizelementen, um den Strombedarf zu reduzieren, beispielsweise in den Glühkerzen im Dieselmotor. Da der Widerstand im kalten Zustand gering ist, fließt zunächst ein hoher Strom. Die Glühkerze erwärmt sich schnell. Mit steigender Temperatur verändert sich der Widerstandswert der Glühkerze.

Für einen PTC-Widerstand gilt:

- Je höher die Temperatur, desto größer ist der Widerstand.
- Je niedriger die Temperatur, desto kleiner der Widerstand.

Widerstände mit PTC-Verhalten, die in kaltem Zustand besser leiten als in warmen Zustand, nennt man auch Kaltleiter. Im Automobil kommen sie vor allem in den Heizelementen für die Innenraumheizung bei Diesel- und HV-Fahrzeugen vor. Auch in beheizten Außenspiegeln, den heizbaren Heckscheiben sowie in Sitzheizungen sind Kaltleiter verbaut.

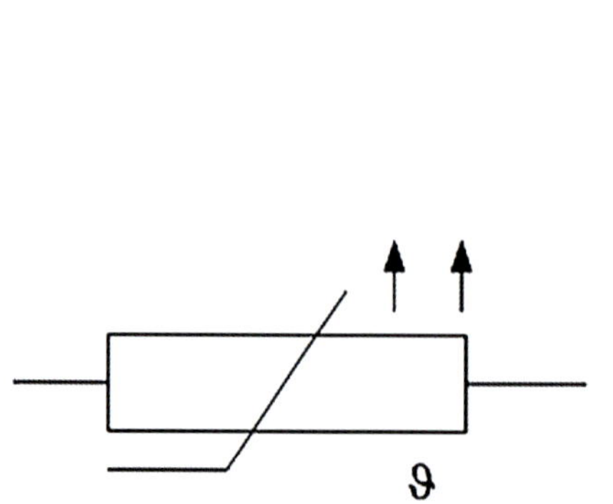

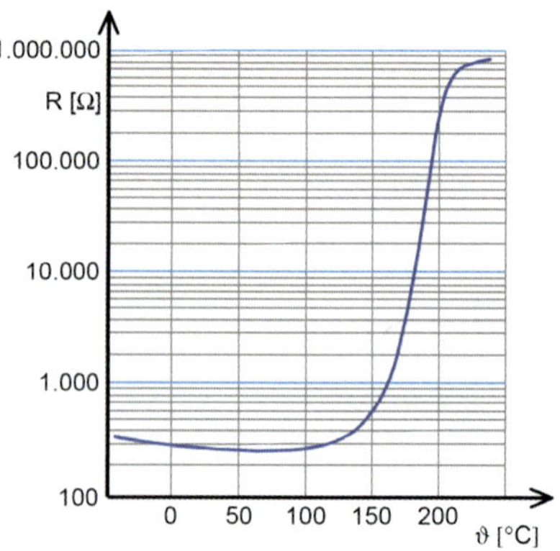

Bild 22.86
links: Schaltzeichen PTC
rechts: Kennlinie PTC
[Bild: Riehl]

Zu den Kaltleitern gehören alle reinen Metalle wie Aluminium, Kupfer, Wolfram usw. Kaltleiter leiten im kalten Zustand besser, ihr Widerstand steigt mit zunehmender Temperatur.

Beispiel: Heizelement für Innenraumheizung
Das PTC-Heizelement sorgt für eine schnelle Erwärmung des Fahrgastraumes. Wird das Zusatzheizelement zugeschaltet, fließt durch keramische Kaltleiter-Widerstände ein elektrischer Strom. Dabei können sie sich auf maximal 160 °C aufheizen. Kaltleiter-Widerstände haben eine selbstregelnde Eigenschaft: Mit steigender Temperatur nimmt der Widerstand zu, wodurch der Stromfluss verringert wird. Eine Überhitzung wird dadurch verhindert.

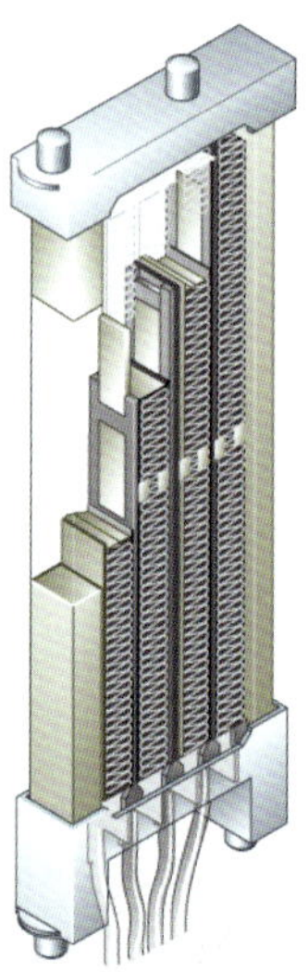

Bild 22.87
PTC-Element zur Innenraum-heizung
[Bild: AS-Illu]

Beispiel: Keramik-Glühkerze
Die Bauteile der Keramik-Glühkerze sind der Anschlussbolzen, der Kerzenkörper und der Heizstab aus Keramikwerkstoffen. Der Heizstab besteht aus einer isolierenden Schutzkeramik und einer inneren leitenden PTC-Heizkeramik, die die Funktion der Regel- und Heizwendel einer Metall-Glühkerze ersetzt. Es werden Glühtemperaturen von bis zu 1350 °C (Metall-Glühkerze: 1100 °C) erreicht.

Die Vorteile der Keramik-Glühkerzen sind:

- besseres Kaltstartverhalten durch höhere Vor- und Nachglühtemperaturen,
- bessere Emissionswerte durch insgesamt höhere Glühtemperaturen,
- geringe Alterung.

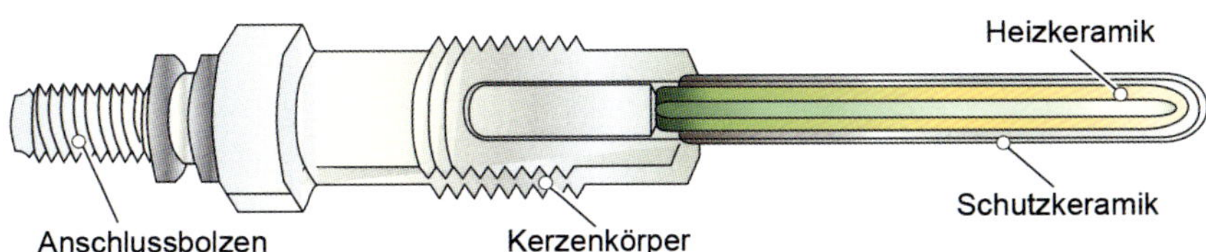

Bild 22.88 *PTC-Keramik-Glühkerze*
[Bild: Riehl]

22.12.2 Heißleiter (NTC)

Um Temperaturen erfassen zu können, werden heute überwiegend die günstigeren NTC-Widerstände eingesetzt. Im Gegensatz zu PTC-Widerständen leiten NTC-Widerstände den elektrischen Strom im warmen Zustand besser als im kalten. Die Leitfähigkeit des Materials nimmt mit zunehmender Temperatur zu. Die Abkürzung NTC bedeutet: ***n****egative* ***t****emperature* ***c****oeffizient*. Anders als bei den metallischen Leitern liegt die mit der steigenden Temperatur zunehmende Leitfähigkeit nicht an den Elektronenbewegungen. Alle reinen Halbleiter weisen ein NTC-Verhalten auf. Mit der zunehmenden Leitfähigkeit werden die Elektronen aus dem Valenzband in das Leitungsband gehoben. Somit stehen sie für den Transport der elektrischen Ladung zur Verfügung. Im Kraftfahrzeug kommen NTC-Widerstände beispielsweise als Geber für die Temperaturmessung vor.

Für einen NTC-Widerstand gilt:

- Je höher die Temperatur, desto kleiner ist der Widerstand.
- Je niedriger die Temperatur, desto größer der Widerstand.

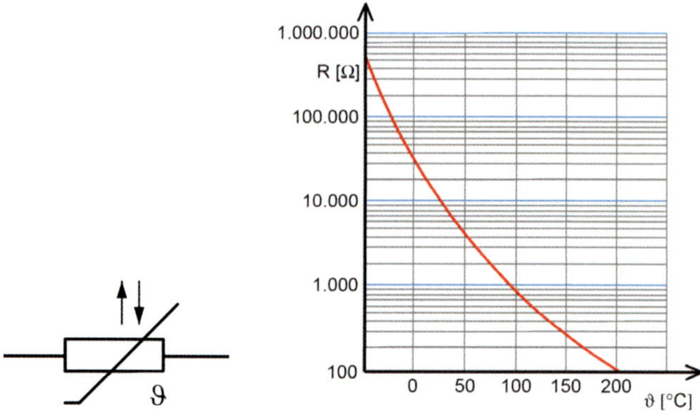

Bild 22.89
links: Schaltzeichen NTC
rechts: Kennlinie
[BildRiehl]

Widerstände mit NTC-Verhalten, die in heißem Zustand besser leiten als in kaltem Zustand, nennt man auch Heißleiter. Ihr Nennwert entspricht dem sogenannten Grundwiderstand und wird immer im Zustand bei einer Temperatur von 25 °C angegeben.

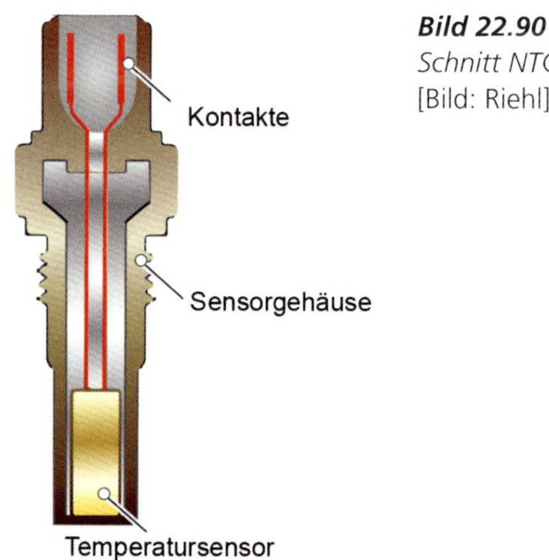

Bild 22.90
Schnitt NTC
[Bild: Riehl]

Beispiel: Luftmassenmesser mit Rückstromerkennung

Aufbau:

Um eine optimale Gemischzusammensetzung und einen geringen Kraftstoffverbrauch zu gewährleisten, muss das Motormanagement wissen, wieviel Luft vom Motor angesaugt wird. Durch das Öffnen und Schließen der Ventile entstehen Rückströmungen der angesaugten Luftmasse im Saugrohr. Der Heißfilmluftmassenmesser mit Rückstromerkennung erkennt die rückströmende Luftmasse und berücksichtigt sie bei seinem Signal an das Motorsteuergerät. Er besteht aus einem rohrförmigen Gehäuse mit Strömungsgleichrichter, Sensorenschutz und außen angeschraubtem Sensormodul. Er wird in das Ansaugrohr zwischen Luftfiltergehäuse und Ansaugkrümmer montiert.

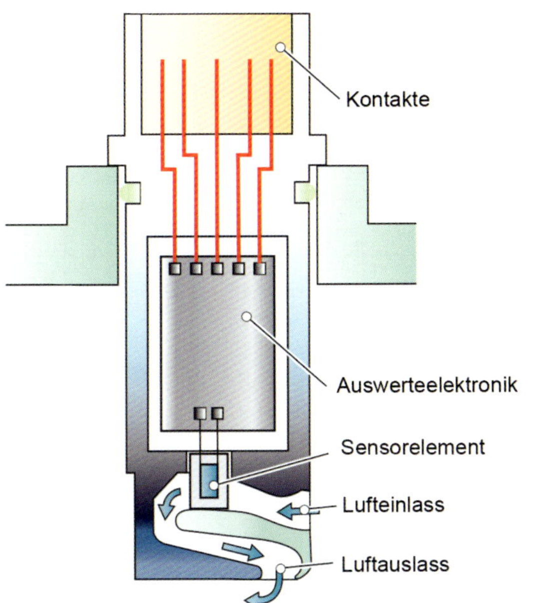

Bild 22.91
Luftmassensensor mit Rückstromerkennung
[Bild: Riehl]

Funktionsprinzip:
Auf dem Sensorelement befinden sich zwei Temperatursensoren (T1 + T2) und ein Heizelement. Das Trägermaterial, auf dem die Sensoren und das Heizelement aufgebracht sind, besteht aus einer Glasmembran. Man benutzt Glas, weil es ein sehr schlechter Wärmeleiter ist. So wird verhindert, dass die Wärme des Heizelements durch die Glasmembran zu den Sensoren gelangt, was zu Messfehlern führen würde. Die Luft über der Glasmembran wird durch das Heizelement erwärmt. Da sich die Wärme ohne Luftstrom gleichmäßig ausbreitet und die Sensoren den gleichen Abstand zum Heizelement haben, messen beide Sensoren die gleiche Lufttemperatur.

Erkennung der angesaugten Luftmasse (C in Bild 22.92):
Beim Ansaugen wird ein Luftstrom von T1 in Richtung T2 über das Sensorelement geführt. Die Luft kühlt den Sensor T1 ab. Über dem Heizelement erwärmt sie sich, sodass der Sensor T2 nicht so stark abgekühlt wird wie T1. Die Temperatur von T1 ist also niedriger als die Temperatur von T2. Anhand dieses Temperaturunterschiedes erkennt die elektronische Schaltung, dass Luft angesaugt wurde.

Erkennung der rückströmenden Luftmasse (D in Bild 22.92):
Strömt die Luft entgegengesetzt über das Sensorelement, so wird T2 stärker abgekühlt als T1. Dadurch erkennt die elektrische Schaltung, dass es sich um eine rückströmende

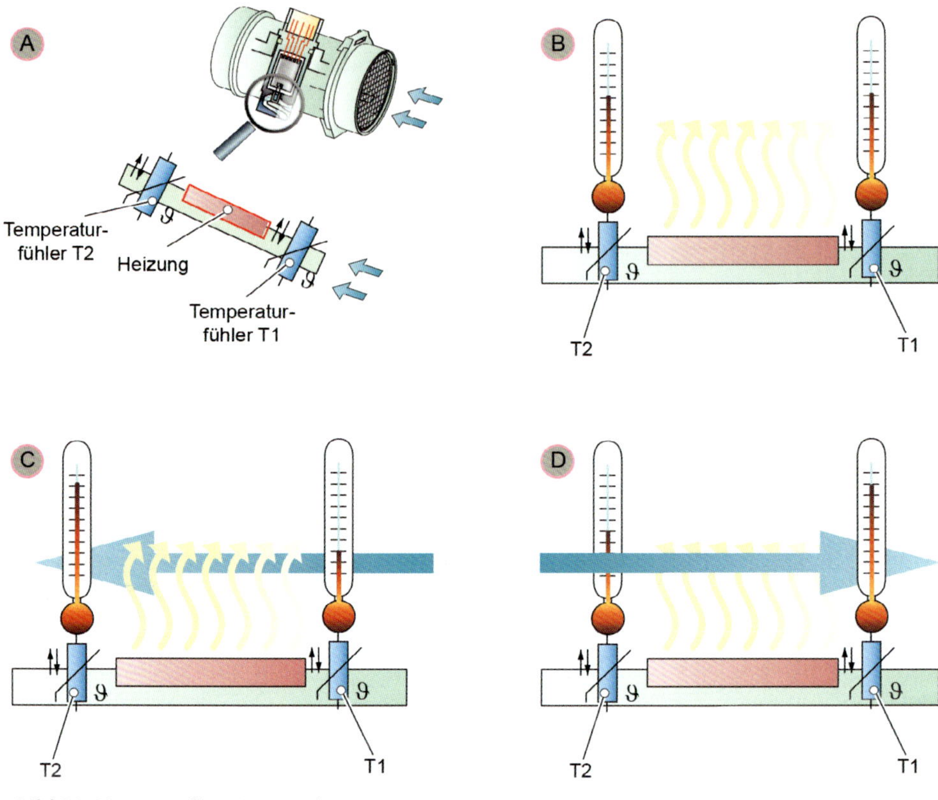

Bild 22.92 *A Aufbau Sensorelement*
B Sensorelemente ohne Luftstrom
C Sensorelemente mit angesaugter Luftmasse
D Sensorelemente mit rückströmender Luftmasse
[Bild: Riehl]

Luftmasse handelt. Sie zieht die rückströmende Luftmasse von der angesaugten Luftmasse ab und meldet das Ergebnis dem Motorsteuergerät. Das Motorsteuergerät erhält so ein elektrisches Signal über die tatsächlich angesaugte Luftmasse und kann die Kraftstoffmenge genauer zumessen.

Anwendung: Ölstands- und Öltemperaturgeber

Bei eingeschalteter Zündung werden permanent Füllstands- und Temperaturdaten ermittelt.

Das Messelement wird kurzzeitig über die momentane Öltemperatur aufgeheizt kühlt sich anschließend wieder ab. Über eine Formel kann aus der Abkühlzeit während der Abkühlphase die Füllstandshöhe berechnet werden. Je mehr Öl in der Ölwanne ist, desto schneller kühlt der Sensor wieder ab.

- längere Abkühlzeit = Ölstand zu niedrig
- kurze Abkühlzeit = Ölstand normal

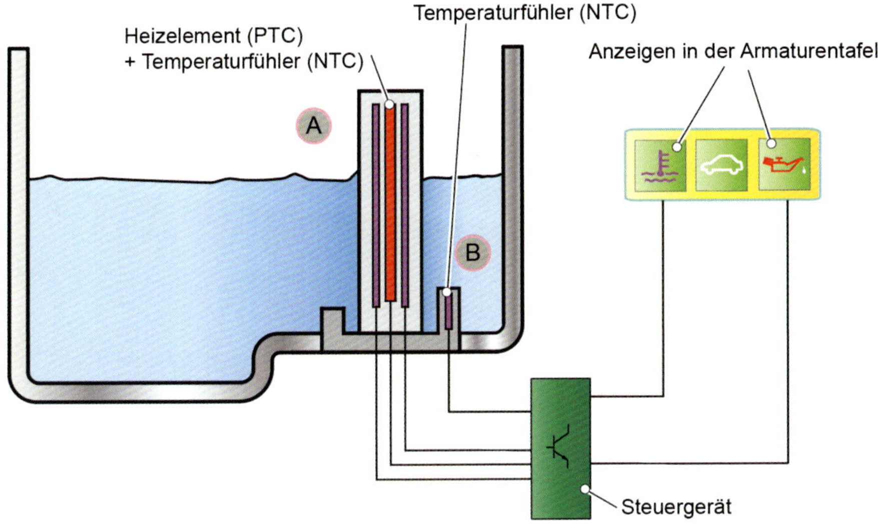

Bild 22.93
A Ölstandsgeber
B Öltemperaturgeber
[Bild: Riehl]

22.12.3 Erwärmung eines Leiters

Beispiel: Zünder für Airbag
Das Airbag Steuergerät aktiviert den Zündstrom, der im Zünder bzw. der Zündpille einen dünnen Draht erhitzt und damit den Zünder zündet.

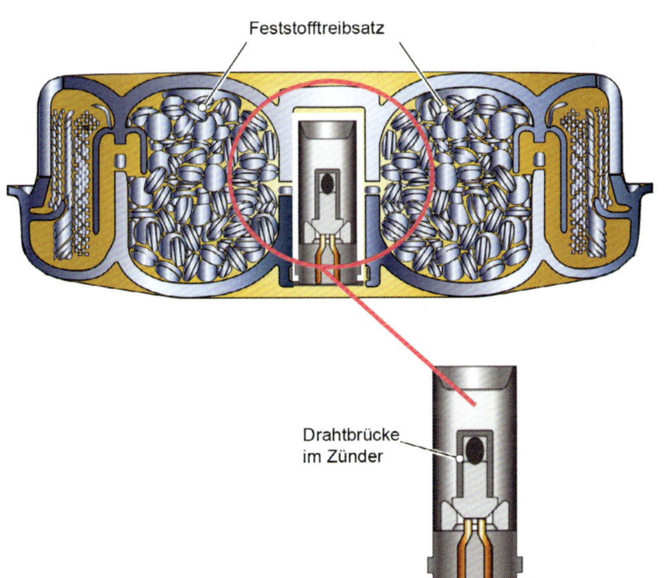

Bild 22.94
Zünder (Zündpille) eines Airbags
[Bild: Riehl]

Die Frontairbags auf der Fahrer- und Beifahrerseite sind mit zweistufigen Gasgeneratoren ausgestattet. Das Steuergerät für Airbag ist in der Lage, je nach Schwere und Art des Unfalls den zeitlichen Abstand zwischen den beiden Zündungen (ca. 5 bis 30 ms) festzulegen. Durch das zeitlich versetzte Zünden der Treibladungen können Belastungen reduziert werden, die bei einem Unfall auf den Fahrer bzw. Beifahrer einwirken. Es werden immer beide Treibladungen gezündet. Somit wird verhindert, dass nach einer Airbagauslösung eine Treibladung aktiv bleibt.

22.13 Thermoelement

In einem Stromkreis aus zwei verschiedenen elektrischen Leiter-Materialien entsteht bei einer Temperaturdifferenz zwischen der Kontaktstelle und den Leiter-Enden eine elektrische Spannung.

Abgastemperaturgeber

Ein im Abgaskrümmer verbauter Abgastemperaturgeber ermittelt die Abgastemperatur vor der Turbine des Hochdruck-Abgasturboladers. Steigt die Abgastemperatur vor der Turbine auf über 830 °C an, wird die Leistung des Motors reduziert. Somit dient der Abgastemperaturgeber als Bauteilschutz für den Abgasturbolader. Diese hohen Temperaturen lassen sich nicht mit NTC- bzw. PTC-Fühlern ermitteln.
Das Thermoelement enthält zwei unterschiedliche, miteinander verbundene Metalle (Metall A und B) (Nickel und Nickelchrom).

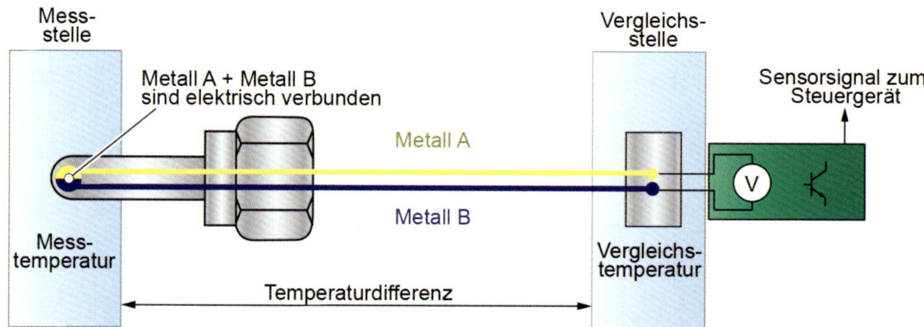

Bild 22.95 *Messung der Abgastemperatur mit einem Thermoelement*
[Bild: Riehl]

Peltier-Element

Peltier-Elemente sind thermoelektrische Bauelemente, welche sowohl zum Heizen als auch zum Kühlen eingesetzt werden können. Im Peltier-Element, genannt nach dem französischen Forscher Jean Charles Athanasa Peltier, wird der Umkehrprozess der Thermoelemente genutzt. Der Stromfluss durch den Kreis bewirkte eine Temperaturdifferenz zwischen den Kontaktstellen.

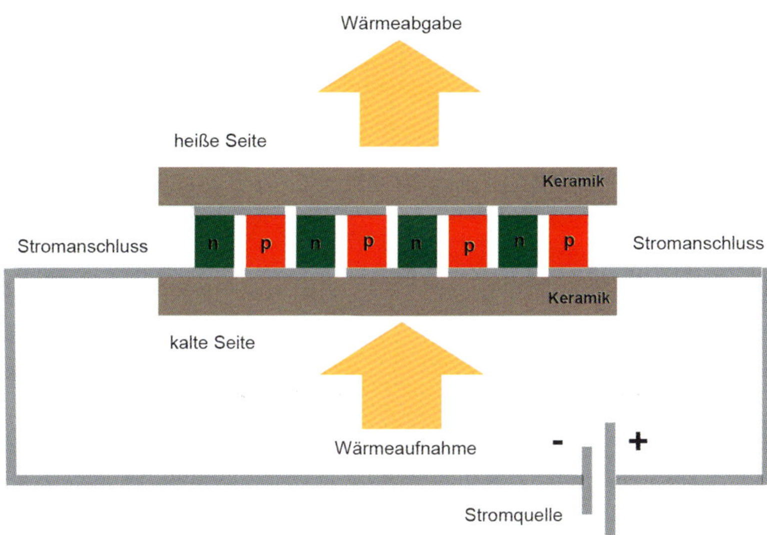

Bild 22.96 *Aufbau eines Peltier-Elements. Die Schenkel aus n- bzw. p-dotiertem Halbleitermaterial werden von einem Strom durchflossen, der von einer äußeren Stromquelle erzwungen wird. Hierdurch wird Wärme auf der Unterseite aufgenommen und auf der Oberseite abgegeben, selbst wenn die Oberseite schon deutlich wärmer ist. Ohne Stromzufuhr würde Wärme in der umgekehrten Richtung fließen, d. h. von der heißen zur kalten Seite hin.*

Die Peltier-Technik konkurriert mit den herkömmlichen Kompressor- und Absorber-Kühlsystemen. Bei Anwendungen, die nur geringe Kälteleistungen erfordern, benötigen Peltier-Elemente wesentlich weniger Platz. Sehr praktisch ist auch die Eigenschaft, dass Peltier-Elemente durch Regeln des Betriebsstromes sehr genau auf die erforderlichen Temperaturen eingestellt werden können. Durch einfaches Umpolen der Stromrichtung lassen sich Peltier-Elemente auch zum Heizen verwenden. In Fahrzeugen verwendet wird der Peltier-Effekt für Getränkewärmer und -kühler.

22.14 Lichtbasierte Sensoren

22.14.1 Fotowiderstand

Ein Fotowiderstand ist ein Halbleiterwiderstand, der lichtabhängig ist. Er wird auch LDR (***l****ight* ***d****ependent* ***r****esistor*) genannt. Fotowiderstände ändern ihren Widerstand mit der Beleuchtungsstärke E. Dabei gilt: Je höher der Lichteinfall, desto kleiner der Widerstand.

Bild 22.97
Schaltzeichen LDR
[Bild: Riehl]

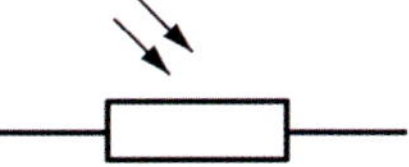

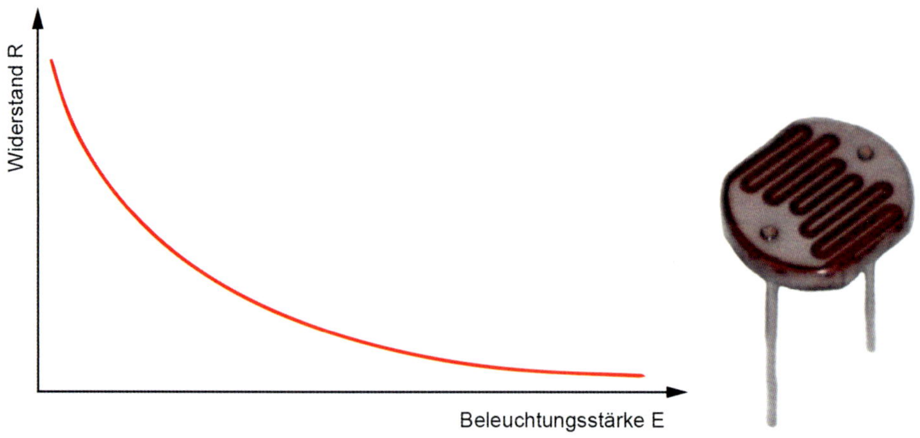

Bild 22.98
links: Kennlinie LDR
rechts: Abbildung
[Bild rechts: Osi-Optoelectronics]

Fotowiderstände sind recht langsam und träge bei Hell-Dunkel-Wechsel (Bereich 100 ms bis Sekunden). Dadurch können Sie nicht für Zeitmessungen eingesetzt werden. Sie werden im Kfz zum Beispiel für die automatische Helligkeitsanpassung der Armaturenbrettbeleuchtung eingesetzt oder als Dämmerungsschalter für die Lichtautomatik, die bei Dunkelheit oder Tunnelfahrt das Fahrlicht automatisch zuschaltet.

22.14.2 Fotodiode

Sie hat die Aufgabe, die Lichtwellen in Spannungssignale umzuwandeln.

Aufbau

Die Fotodiode enthält einen PN-Übergang, der durch Licht bestrahlt werden kann. An der P-Schicht befindet sich ein Kontakt – die Anode. Die N-Schicht ist an der metallischen Grundplatte aufgebracht – die Kathode.

Funktion

Dringt Licht oder Infrarotstrahlung in den PN-Übergang ein, bilden sich durch seine Energie freie Elektronen und Löcher. Diese bilden den Strom durch den PN-Übergang. Das bedeutet, je mehr Licht auf die Fotodiode trifft, umso höher wird der Strom, der durch die Fotodiode fließt. Diesen Vorgang nennt man den inneren **fotoelektrischen Effekt**.

Bild 22.99
Aufbau Fotodiode
[Bild: Riehl]

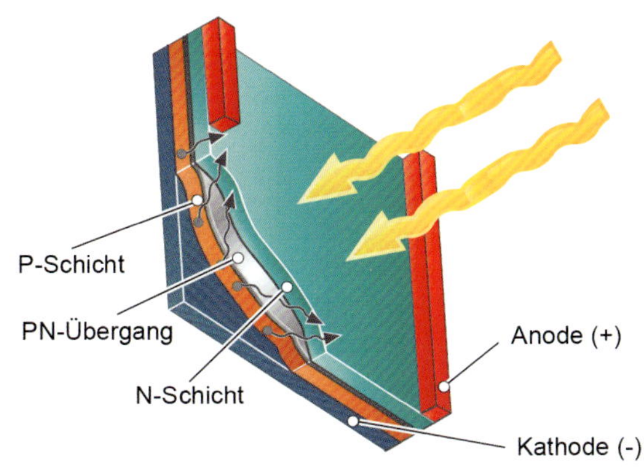

Beispiel: Automatisch abblendender Innenspiegel

Er besteht aus einem Spiegelelement und einer Elektronik mit zwei Fotodioden. Die Elektronik erkennt durch die Fotodioden den Lichteinfall von vorn und hinten. Ist der Lichteinfall von hinten größer als von vorn, wird durch die Elektronik eine Spannung an die leitfähige Beschichtung gelegt. Der Innenspiegel dunkelt stufenlos ab, wenn der Fahrer von hinten geblendet wird.

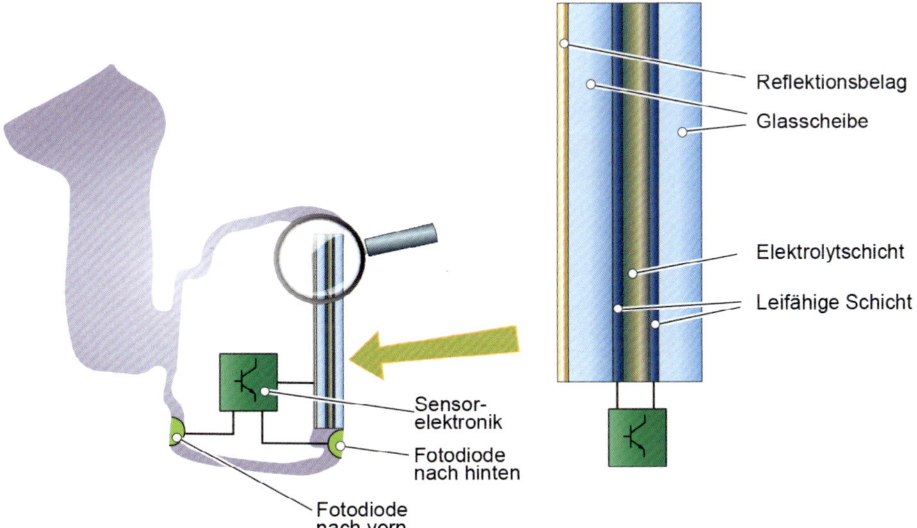

Bild 22.100 *Prinzip abblendbarer Innenspiegel*
[Bild: Riehl]

Beispiel: Regensensor

Er befindet sich im Spiegelfuß des Innenspiegels und erkennt, ob es regnet. In der Intervallstellung wird dann automatisch der Scheibenwischer eingeschaltet. Der Regensensor sendet über Leuchtdioden einen Lichtstrahl aus. Bei trockener Scheibe wird der gesamte Lichtstrahl von der Scheibenoberfläche reflektiert. Ist die Scheibe nass, wird der ausgesendete Lichtstrahl anders gebrochen. Dadurch wird weniger Licht von der

Scheibenoberfläche reflektiert. Die Lichtbrechung ist abhängig von der Regenstärke. Der Regensensor sendet ein Signal an das Scheibenwisch-Steuergerät und die Scheibenwischer werden eingeschaltet.

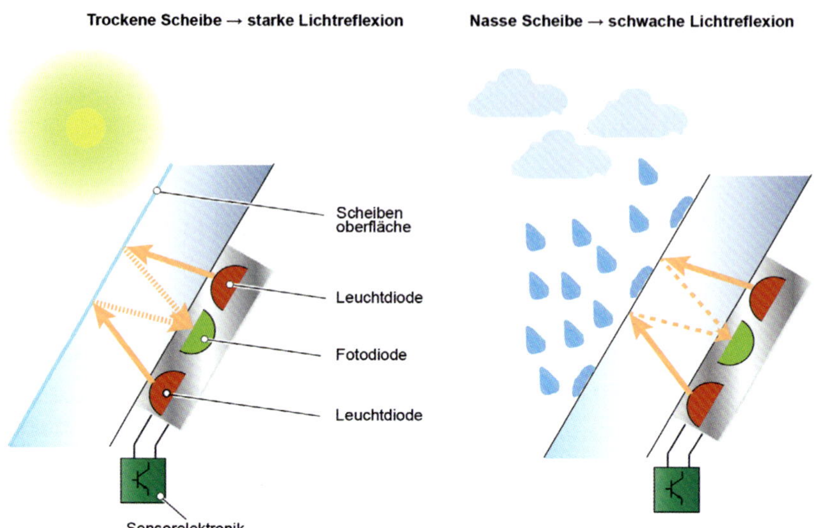

Bild 22.101 *Prinzip Regensensor*
[Bild: Riehl]

Beispiel: Messung der Scheibentemperatur
Die Messung der infraroten Strahlung, die ein Körper, in diesem Fall die Frontscheibe, abgibt, erfolgt über einen hochempfindlichen Infrarot-Strahlungssensor. Wenn sich die Temperatur der Frontscheibe ändert, verändert sich auch der Infrarotanteil der von der Scheibe abgegebenen Wärmestrahlung. Dies wird vom Sensor erfasst und von der Sensorelektronik in ein Spannungssignal umgewandelt.

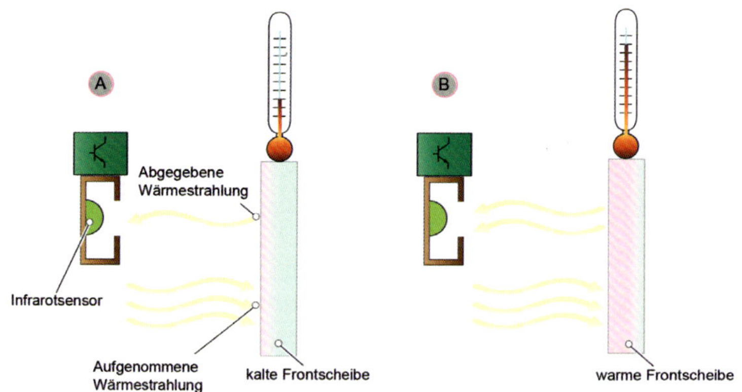

Bild 22.102 *Prinzip berührungslose Temperaturmessung*
A Kalte Frontscheibe
B Warme Frontscheibe
[Bild: Riehl]

Beispiel: Geber für Lenkwinkel

Grundbestandteile des Gebers für Lenkwinkel sind:

- eine Codierscheibe mit zwei Coderingen und
- Lichtschrankenpaare mit jeweils einer Lichtquelle und einem optischen Sensor.

Die Codierscheibe besteht aus zwei Ringen, dem äußeren Absolut-Ring und dem inneren Inkremental-Ring. Der Inkremental-Ring ist in fünf Segmente mit je 72° aufgeteilt und wird von einem Lichtschrankenpaar abgelesen. Innerhalb des Segments ist der Ring durchbrochen. Die Abfolge der Durchbrüche ist innerhalb eines Segmentes gleich, aber zwischen den Segmenten unterschiedlich. Dadurch ergibt sich die Codierung der Segmente. Der Absolut-Ring bestimmt den Winkel. Er wird von sechs Lichtschrankenpaaren abgelesen. Der Geber für Lenkwinkel kann 1044° Lenkwinkel erkennen. Er addiert die Winkelgrade. So erkennt er beim Überschreiten der 360° Marke, dass eine Lenkradumdrehung vollzogen ist.

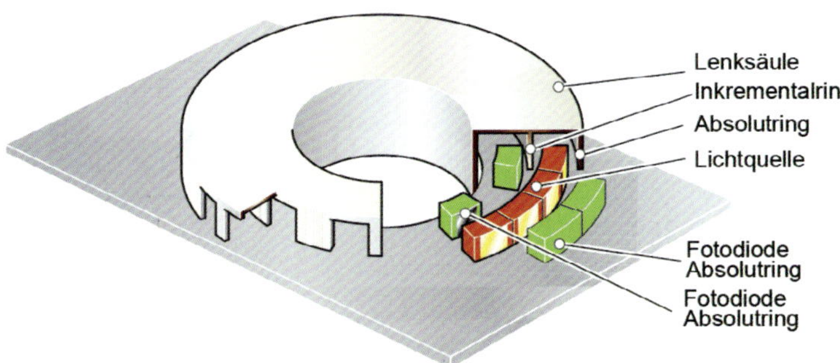

Bild 22.103
Aufbau Geber für Lenkwinkel
[Bild: Riehl]

Prinzip der Lichtschranke

Fällt Licht durch einen Spalt auf einen Fotosensor, entsteht eine Signalspannung. Wird die Lichtquelle verdeckt, bricht die Spannung wieder zusammen. Bewegt man nun den Ring, so ergibt sich eine Abfolge von Signalspannungen. Alle Abfolgen von Signalspannungen werden im Steuergerät für Lenksäulenelektronik verarbeitet. Aus dem Vergleich der Signale kann das System errechnen, wie weit die Ringe bewegt worden sind.

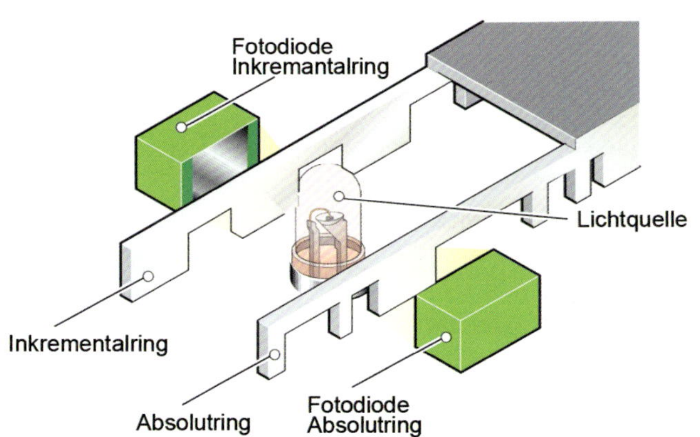

Bild 22.104
Prinzip der Lichtschranke
[Bild: Riehl]

22.14.3 Lichtbasierte Aktoren

Leuchtdiode (LED)

Heute findet man LEDs in allen denkbaren Beleuchtungseinrichtungen wie Displays, Rückleuchten oder Scheinwerfern. Im Hauptscheinwerfer befinden sich LEDs Lichtverteilung beim Abblendlicht. Für Fern- und Abbiegelicht sowie andere Funktionen verfügt der Scheinwerfer über weitere LED-Segmente. Jedes dieser Segmente kann von einem Steuergerät im Scheinwerfer variabel angesteuert werden. Dadurch können recht einfach zusätzliche Features wie das Dimmen des Tagfahrlichts beim Blinken programmiert werden, ohne dass die Verdrahtung geändert werden muss.

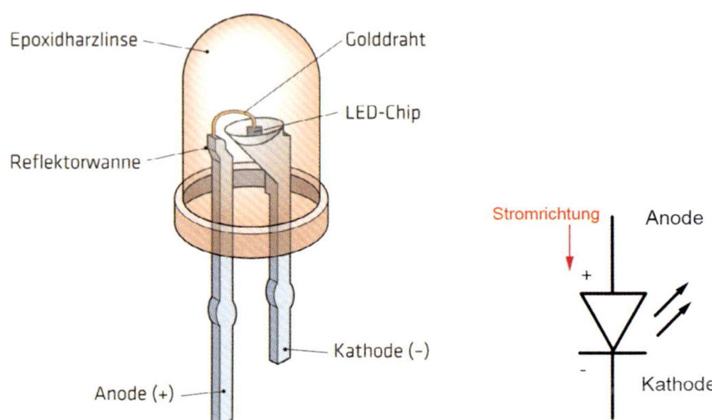

Bild 22.105
links: Aufbau einer Leuchtdiode
rechts: Schaltzeichen einer Leuchtdiode

[Bild: AS-Illu]

Die Leuchtdiode wird auch als Lumineszenz-Diode bezeichnet. Ihre Abkürzung LED steht für ***l**ight **e**mitting **d**iode* (licht-emittierende Diode), da sie elektrische Energie in Licht wandelt. Dabei verbrauchen LEDs bis zu 50 % weniger Energie als herkömmliche Glühlampen und haben eine hohe Lebensdauer. Sie fallen im Gegensatz zu einer herkömmlichen Lichtquelle auch nicht abrupt aus, sondern werden langsam dunkler. Ein weiterer Vorteil von Leuchtdioden ist ihre kürzere Reaktionszeit gegenüber herkömmlichen Glühlampen. Sie wandeln den Strom unmittelbar in Licht um und werden deshalb früher wahrgenommen. Das erhöht zum Beispiel bei Bremslichtern die Sicherheit. Wenn man Spannung an eine Leuchtdiode anlegt, sinkt ihr Widerstand auf null. Leuchtdioden sind äußerst empfindliche Bauteile. Schon die kleinste Überschreitung der zugelassenen Stromhöhe kann sie zerstören. Deshalb dürfen Leuchtdioden nie unmittelbar an eine Spannungsquelle angeschlossen werden! Es muss immer ein Strombegrenzer oder ein Vorwiderstand im Stromkreislauf sitzen. Bei Hochleistungs-LEDs erfolgt die Ansteuerung über eine Vorschaltelektronik, die konstanten Strom liefert.

Der Einsatz von LEDs hat viele Vorteile. Die wichtigsten sind:

- lange Betriebsdauer (bis zu circa 50.000 Stunden, kein Totalausfall),
- hohe Energieeffizienz,
- mechanisch robust,
- viele Lichtfarben möglich,
- erweiterte Designmöglichkeiten,
- verzögerungsfreies Ein- und Ausschalten,
- kein Lebensdauerverlust durch häufiges Ein- und Ausschalten.

LED als Beleuchtung im Fahrzeug

Im Fahrzeugbau spielt auch die geringere Blendwirkung eine Rolle, da das Licht aus einer verteilten Quelle stammt. Dadurch wird eine punktuell hohe Leuchtdichte vermieden, die z. B. bei Xenonlicht an Kraftfahrzeugen oft zur Blendung des Gegenverkehrs führt. Die Lichtfarbe weißer LEDs ist dem Tageslicht sehr ähnlich, was beim Einsatz in Frontscheinwerfern eine differenziertere Ausleuchtung der Straße bewirkt.

- LED-Scheinwerfer strahlen nur eine sehr geringe UV- und IR-Strahlung ab.
- LEDs können sehr effektiv im Teillastbetrieb arbeiten. Dabei erreichen sie teilweise sogar einen höheren Wirkungsgrad als bei Volllast. Demgegenüber sinkt die Effizienz von Glühlampen bei Unterspannung sehr schnell auf sehr geringe Werte ab. Gasentladungslampen lassen sich nur in einem Teilbereich dimmen.
- Mit farbigen LEDs kann monochromatisches Licht direkt erzeugt werden. Insbesondere blaues Licht lässt sich mit Glühlampen und Farbfiltern nur sehr ineffizient erzeugen, weil blaue Farbfilter viel Licht schlucken.
- LED-Scheinwerfer benötigen im Inneneinsatz keine Schutzgläser.

Beispiel: Optokoppler

Der Optokoppler besteht aus einem Lichtsender und einem Lichtempfänger. Als Lichtsender werden Leuchtdioden verwendet, die Infrarot-Licht oder rotes Licht abstrahlen. Als Lichtempfänger werden Fotodioden, Fototransistoren, Fotothyristoren usw.

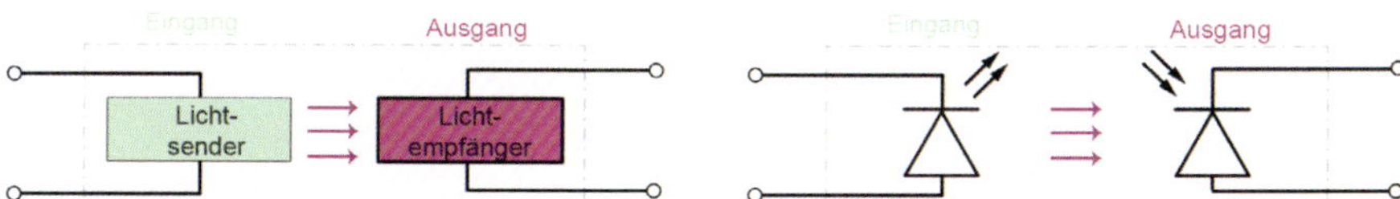

Bild 22.106 *links: Prinzip eines Optokopplers*
rechts: Realisierung eines Optokopplers
[Bild: Riehl]

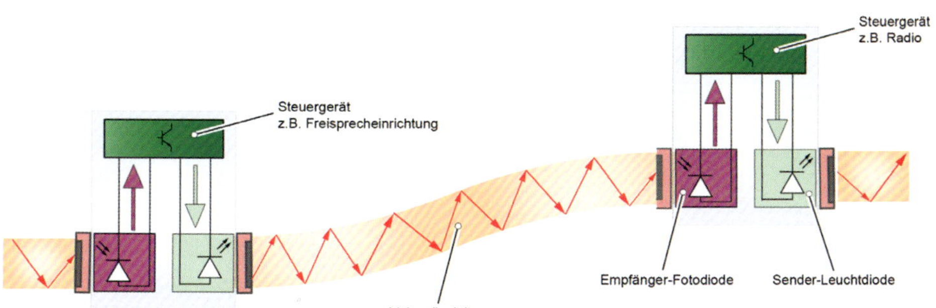

Bild 22.107 *Anwendung des Optokopplers im MOST-Bus. Die digitalen Signale werden mit einer Leuchtdiode in Lichtimpulse umgewandelt und in einen Lichtwellenleiter geschickt. Auf der anderen Seite setzt eine Fotodiode, die die Lichtimpulse wieder in elektrische Signale umsetzt.*
[Bild: Riehl]

verwendet. Optokoppler werden immer dann eingesetzt, wenn Schaltungsteile voneinander galvanisch getrennt (elektrisch isoliert) werden müssen, oder wenn nachfolgende Schaltungen keine Rückwirkung auf vorhergehende Schaltungen haben dürfen. Der Optokoppler lässt sogar Spannungsunterschiede bis mehrere 1000 V zwischen Eingang und Ausgang zu.

22.14.4 LCD-Anzeigen

LCD ist die Abkürzung von ***l**iquid **c**rystal **d**isplay*, eine Flüssigkeits-Kristall-Anzeige. Eine LCD-Anzeige besteht grundsätzlich aus zwei Glasscheiben und einer speziellen Flüssigkeit dazwischen. Das Besondere an der Flüssigkeit ist nun, dass diese die Polarisationsebene von Licht dreht.

Polarisation

Die elektromagnetischen Wellen des Lichts, die unbeeinflusst in allen Raumebenen schwingen, werden als unpolarisiert bezeichnet.

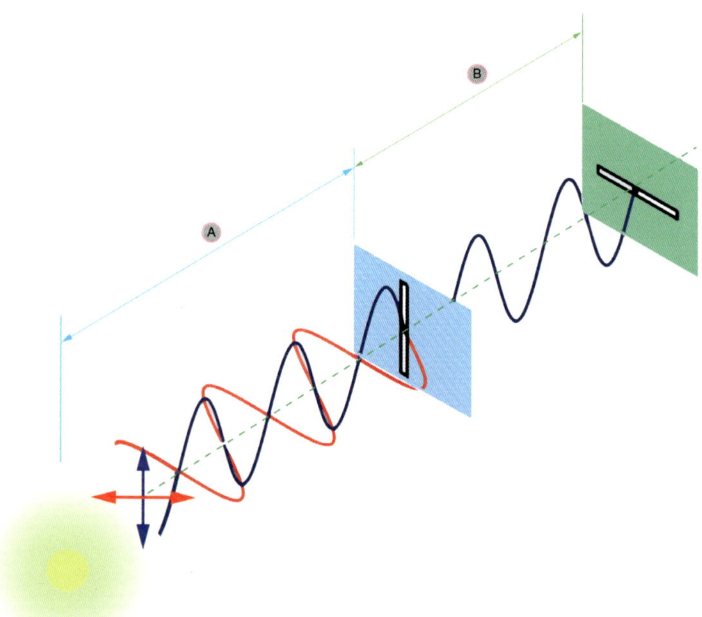

Bild 22.108 *A: unpolarisiertes Sonnenlicht*
B: polarisiertes Laserlicht
[Bild: Riehl]

Bei polarisiertem Licht, wie es z. B. von Lasern ausgeht, schwingen alle Wellen in nur einer Schwingungsebene. Ein Polarisationsfilter kann eine bestimmte Schwingungsebene herausfiltern und man erhält linear polarisiertes Licht. Die Wirkung von Polarisationsfolien

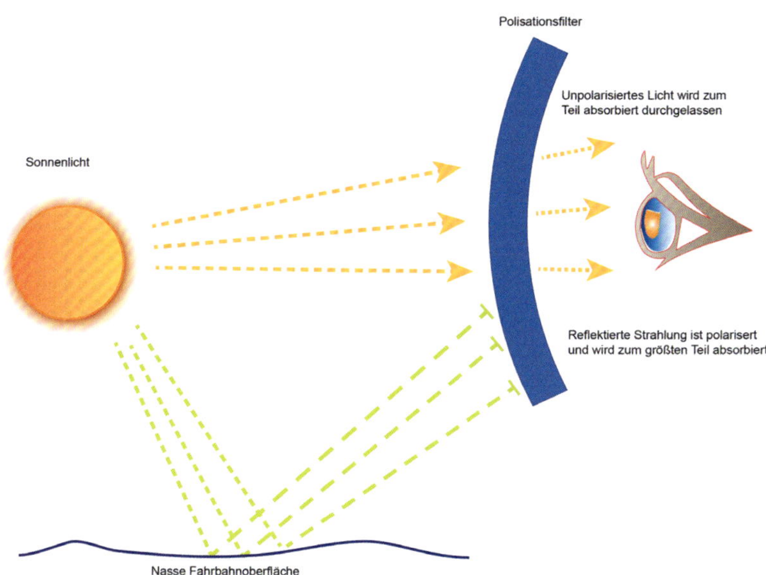

Bild 22.109 *Verringerung der Blendwirkung durch eine Brille mit Polarisationsfilter*
[Bild: Riehl]

besteht darin, dass nur das Licht durch die Polarisationsfolie treten kann, das in der einen Ebene schwingt, die durch die parallele Ausrichtung der Molekülketten vorgegeben ist. Wellen, die in anderen Ebenen schwingen, werden von der Folie absorbiert. Das bedeutet, dass nur ein Bruchteil der Fremdlichtmenge reflektiert wird und so der Blendeffekt deutlich vermindert ist.

Aufbau eines LCD-Panels

Trifft dieses Licht auf ein zweites gleichartiges Polarisationsfilter, auch Analysator genannt, so kommt es auf dessen Stellung an, ob Licht durchgelassen wird oder nicht. Stehen beide Filter im Winkel von 90° zueinander, tritt kein Licht aus dem Analysator aus.

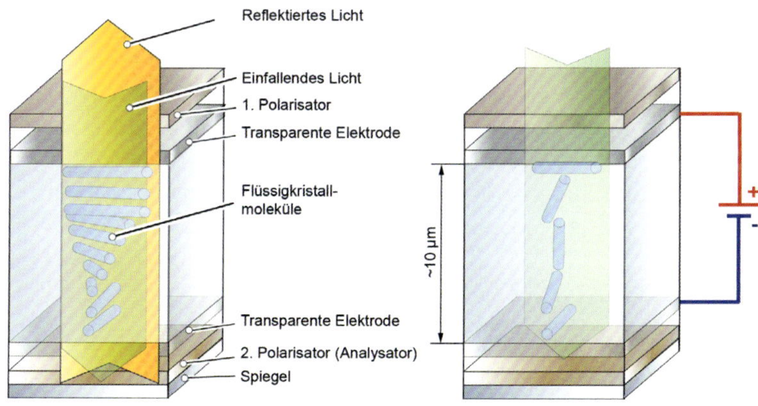

Bild 22.110 *Prinzipieller Aufbau eines LCD-Panels*
[Bild: Riehl]

Jede LCD-Zelle besteht aus zwei Polarisationsfiltern. Sie stehen im Winkel von 90° zueinander. Der erste Filter lässt nur linear polarisiertes Licht hindurch und der zweite Filter versperrt den Lichtaustritt. Zwischen den Filtern befindet sich eine Schicht der Flüssigkristalle. Ihre natürliche Eigenschaft es ist, die Schwingungsebene von Licht zu drehen. Die LC-Schicht ist gerade so dick, dass sie in der Lage ist, das Licht zwischen beiden Polarisationsfiltern um 90° zu drehen. Das Licht kann den zweiten Polarisationsfilter passieren und der zugehörige Bildpunkt wird hell. Auf dem Display erscheint ein elektrisch gesteuertes Bild. Einige Flüssigkristalle reflektieren je nach Ausrichtung ihrer Moleküle die Wellenlängen des einfallenden Lichtes unterschiedlich und erscheinen dann farbig. Die optischen Eigenschaften aller LC-Phasen lassen sich durch äußere elektrische und magnetische Felder beeinflussen.

Aktivmatrix-Displays:

Aktivmatrix-Displays werden auch TFT-Displays genannt (***t****hin* ***f****ilm* ***t****ransistor*), da sich hinter jedem Bildpunkt ein Dünnfilmtransistor befindet, der die Bildelemente ansteuert. Dieser Aufbau existiert für jeden Pixel dreimal – also für Rot, Grün und Blau. Die Subpixel sind nebeneinander angeordnet.

OLED

OLED-Anzeigen (***o****rganic* ***l****ight* ***e****mitting* ***d****iode*) sind LEDs aus organischen Halbleitermaterialien, die selbst so stark leuchten, dass auf eine Hintergrundbeleuchtung verzichtet werden kann. Dazu werden elektrisch leitende Farbstoffe – sogenannte organische Polymere – zum Erzeugen des Bildes eingesetzt. Über spezielle chemische Verbindungen kann man heute Kunststoffe herstellen, die wie Silizium als Halbleitermaterial dienen. Die sogenannten organischen Polymere können unter Spannung Licht emittieren. Sie haben eine hohe Lichtausbeute schon bei niedrigen Betriebsspannungen von ca. 3 V, wobei sie so hell wie ein Fernseher leuchten. Es werden hauch dünne Glasschichten mit Farbstoffen bedampft und über eine Lochmaske werden die Pixel strukturiert. Die Pixel werden in Spalten und Zeilen verdrahtet, sodass jedes über eine Elektrode angesteuert werden kann.

Vor- und Nachteile:

Mit dieser Technik erhält man eine gute Blickwinkelabhängigkeit von mehr als 160° und eine scharfe und helle Bilddarstellung. Man braucht auch keine Hintergrundbeleuchtung wie bei den TFTs, denn die OLEDs leuchten selbst, sodass diese Displays mir wenig Energie auskommen (2 bis 10 V). Außerdem sind diese Polymere empfindlich gegen Sauerstoff und Wasser, sodass sie noch luftdicht in Glasscheiben verschlossen werden müssen.

Die Vorteile von flexiblen OLEDs im KFZ sind:

- Segmente sind einzeln dimmbar und regelbar,
- Konvexes und konkave Biegen möglich,
- beliebige Formen,
- hohe Homogenität ohne komplizierte Lichtmanagement-Lösungen.

Beispiel: Head-up-Display
Als Head-up-Display werden optische Systeme bezeichnet, die Informationen verschiedener Fahrzeugsysteme in das erweiterte Sichtfeld des Fahrers projizieren. Zur Erfassung dieser Größen muss der Fahrer seine Kopfposition nicht wesentlich verändern, er kann in aufrechter Haltung seinen Blick auf die Straße gerichtet lassen. Da der Kopf «oben» bleiben kann und nur gering gesenkt werden muss, hat das System den Namen «Head-up»-Display erhalten.

Zur Erzeugung der Head-up-Anzeige wird ein hochauflösendes TFT-Display von einer starken Lichtquelle von hinten durchleuchtet. Der technische Aufbau ähnelt dem eines Diaprojektors. Die ausfallenden Lichtstrahlen werden über zwei Umlenkspiegel an die Frontscheibe projiziert. Einer der beiden Spiegel ist verstellbar und wird zur Höheneinstellung der Head-up-Anzeige genutzt. Diese Einstellmöglichkeit ist wichtig, um die Position des Head-up-Bildes an die Sitzposition bzw. die Körpergröße des Fahrers anzupassen. Die Spiegel haben weiterhin die Aufgabe, Verzerrungen des Bildes, die durch die Krümmung der Frontscheibe hervorgerufen werden, zu korrigieren. Die Leuchtstärke des angezeigten Bildes wird fortlaufend an das momentane Umgebungslicht angepasst. Auch der Fahrer hat die Möglichkeit, die Helligkeit des Displays entsprechend seiner Bedürfnisse anzupassen. Die Leuchtstärke ist so ausgelegt, dass die Anzeige auch bei direkter Sonneneinstrahlung gut lesbar bleibt.

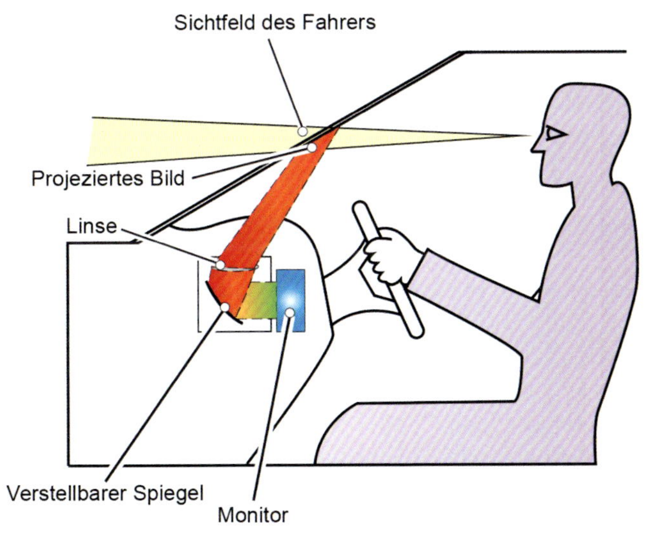

Bild 22.111
Beispiel für ein Head-up-Display
[Bild: Riehl]

Die Frontscheibe ist ein wichtiger Bestandteil des optischen Gesamtsystems des Head-up-Displays. Das projizierte Bild wird auch von der Frontscheibe reflektiert, sodass die Frontscheibe quasi einen dritten Spiegel darstellt. Aufgrund dieser Tatsache werden an die Toleranzen der Frontscheibe sehr hohe Anforderungen gestellt. Eine Standardfrontscheibe, wie sie bei Fahrzeugen ohne Head-up-Display verbaut wird, würde aufgrund ihres Aufbaus zur Erzeugung eines störenden Doppelbildes führen. Deshalb wird bei den meisten Fahrzeugen mit Head-up-Display eine spezielle Frontscheibe verbaut.

Die Frontscheibe für Head-up-Displays unterscheidet sich von der konventionellen Frontscheibe dadurch, dass die Folie, die sich zwischen den beiden Flachglasscheiben der Frontscheibe befindet, keine konstante Foliendicke aufweist, sondern leicht keilförmig ausgeprägt ist. Dadurch nimmt die Frontscheibendicke nach oben hin etwas zu. Die keilförmige Folie führt dazu, dass der Fahrer kein Doppelbild sieht.

Normale Frontscheibe

Glasscheibe

Folie

Frontscheibe mit Head-up-Dispaly

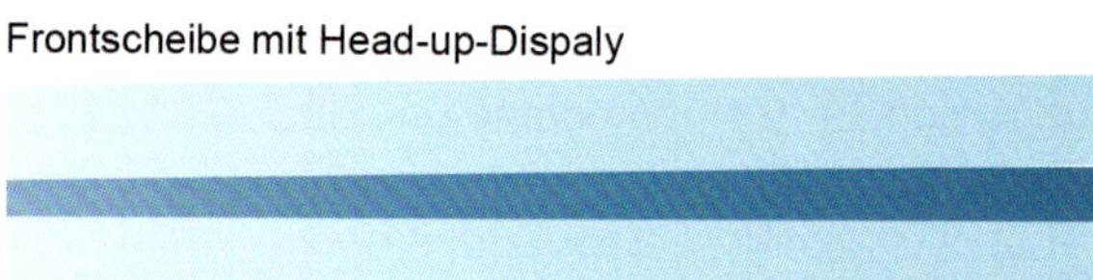

Bild 22.112
oben: Scheibenaufbau mit Head-up-Display
unten: Scheibenaufbau ohne Head-up-Display
[Bild: Riehl]

Beispiel: Berührungssensitiver Bildschirm (Touchscreen)
Eine Schnittstelle zwischen Technik und Mensch stellt bei Multimedia-Geräten der Bildschirm dar. Er gibt die Möglichkeit viele und komplexe Informationen auf eine komfortable und übersichtliche Weise anzubieten.

Vorteile der Touchscreen-Technologie sind:

- beliebige Tastenformen und -größen können virtuell nachgebildet werden. Sie lassen sich dabei ebenso wie Untermenüs oder Inscreen-Darstellungen frei programmieren;
- die Tastenbeschriftungen können in der jeweiligen Landessprache dargestellt werden;
- über spätere Software-Upgrades sind die Bildschirmdarstellung und der Funktionsumfang jederzeit beliebig konfigurierbar;
- direkt bedienbar (Finger, Handschuh),
- erfassbare Berührungserkennung schon kleinstem Berührungsdruck,
- geringe Leistungsaufnahme.

Aufbau eines Touchscreens

Die berührungssensitive Oberfläche ist dem eigentlichen Bildschirm (TFT-Display) vorgelagert. Sie besteht bei diesem Bespiel (vgl. Bild 22.125) aus einer starren Grundschicht (d) aus Glas von und einer ebenfalls aus Glas bestehenden flexiblen Außenschicht (g). Diese beiden Glasschichten sind durch nicht-leitende Abstandshalter, die Spacer-Dots (f) genannt werden, voneinander getrennt. Beide Glasschichten sind auf den einander zugewandten Oberflächen mit einer transparenten, leitenden Indium-Zinnoxid-Schicht versehen. Diese ist für die Funktion des Touchscreens erforderlich. Berührt der Bediener den Touchscreen, so wird die äußere Glasschicht gegen die Grundschicht aus Glas

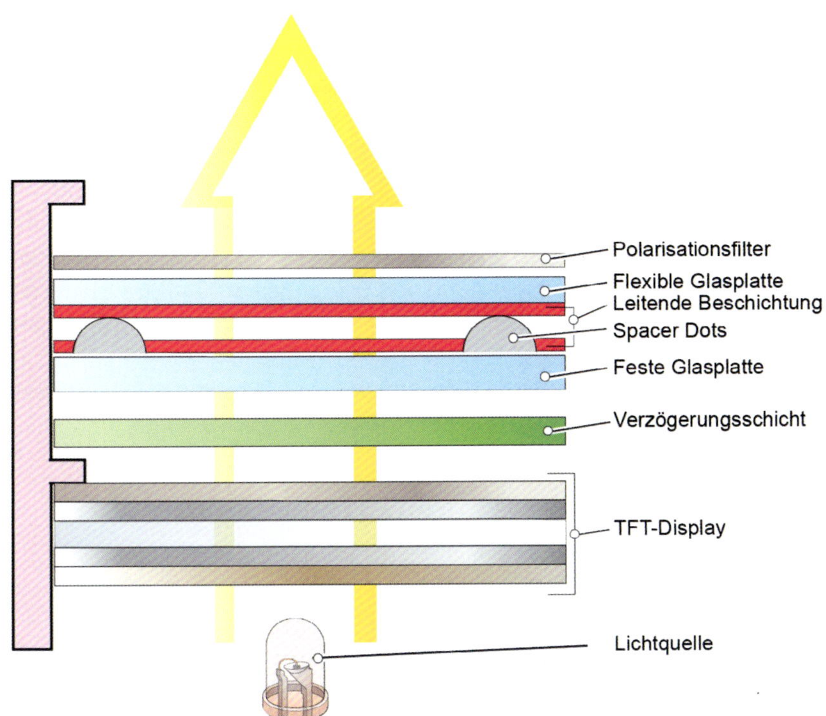

Bild 22.113 *Aufbau eines Touchscreens*
[Bild: Riehl]

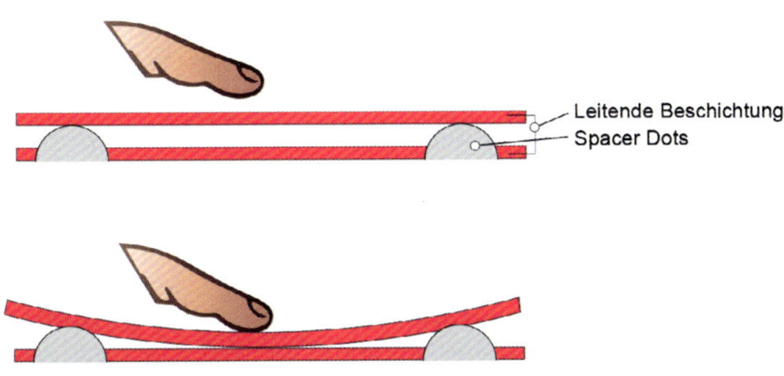

Bild 22.114 *Prinzipieller Aufbau Touchscreen-Display*
[Bild: Riehl]

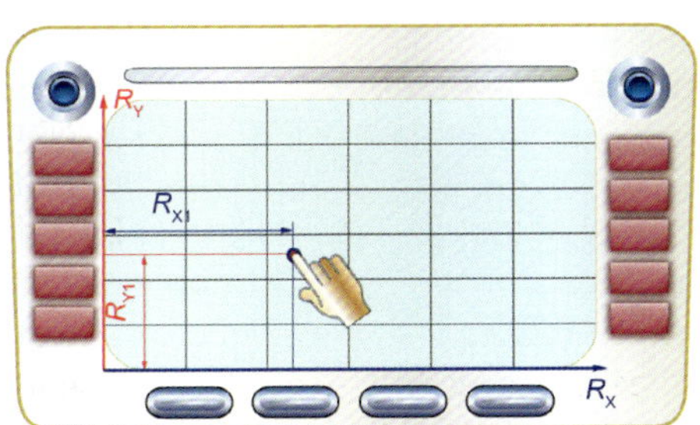

Bild 22.115 *Ermittlung des Bildpunktes*
[Bild: Riehl]

gedrückt. Dadurch treten die beiden Indium-Zinnoxid-Beschichtungen, die ohne Berührung durch die Spacer-Dots getrennt sind, in elektrischen Kontakt zueinander.

Jeder Berührungspunkt auf dieser Fläche kann durch einen waagerechten und senkrechten Abstand vom Monitorrand beschrieben werden. Als Werte für die waagerechten und senkrechten Abstände werden elektrische Widerstände verwendet. Die Ermittlung eines waagerechten und senkrechten Koordinatenwertes wird dadurch erreicht, dass die Stromflussrichtung der beiden Beschichtungen um 90° zueinander gedreht ist. 25 Mal pro Sekunde wird jeweils im Wechsel an die obere oder untere Indium-Zinnoxid-Schicht eine Gleichspannung von 5 V angelegt. Die Ermittlung der waagerechten und senkrechten Monitorkoordinaten beruht auf dem Prinzip des Spannungsteilers (Potentiometer).

Um die ablaufenden Vorgänge in der berührungssensitiven Schicht des Touchscreens zu verdeutlichen, ziehen wir den ablaufenden Prozess zeitlich auseinander und teilen ihn in zwei Einzelschritte auf:

- die Messung in waagerechter und
- die Messung in senkrechter Richtung.

Messung in waagerechter Richtung

Der Controller des Touchscreens legt zunächst an die hintere Indium-Zinnoxid-Schicht eine Spannung (U_x gesamt) von 5 V an, sodass ein Strom in waagerechter Richtung (X-Richtung) durch diese Beschichtung läuft. Die gesamte Strecke zwischen den beiden Spannungspolen besitzt einen festen Widerstand R_x. Durch die Berührung des Touchscreens wird ein elektrischer Kontakt von der vorderen zur hinteren Beschichtung hergestellt. Die Kontaktstelle teilt den Gesamtwiderstand zwischen den beiden Spannungspolen der hinteren Beschichtung in die beiden Teilwiderstände R_{x1} und R_{x2}. Der Controller misst nun mit Hilfe der oberen Beschichtung die Spannung U_{x2} am Teilwiderstand R_{x2}. Aus der gemessenen Spannung errechnet der Controller den Wert für den waagerechten Abstand des Berührungspunktes vom Monitorrand und ermittelt damit die X-Koordinate des Berührungspunktes auf dem Bildschirm.

Messung in senkrechter Richtung

Um die zweite Koordinate des Berührungspunktes zu ermitteln, legt der Controller die Spannung (U_y gesamt) von 5 V an die vordere Indium-Zinnoxid-Schicht an. Der Strom fließt nun in senkrechter Richtung (Y-Richtung). Zwischen den beiden Spannungspolen herrscht auch hier ein fester Widerstand R_y. Durch die Berührung des Bildschirms entstehen wiederum nach dem Prinzip der Spannungsteilung zwei Teilwiderstände R_{y1} und R_{y2}. Der Controller misst die Spannung U_{y2} am Widerstand R_{y2} und errechnet daraus den senkrechten Koordinatenwert des Berührungspunktes. Aus den errechneten X- und Y-Koordinaten lässt sich jeder Berührungspunkt auf der Monitorfläche eindeutig bestimmen. Ist für einen Koordinatenpunkt in der Software eine Aktion programmiert, so führt das System diesen Befehl aus, wenn der Touchscreen an dieser Stelle berührt wird.

22.15 Radarbasierte Sensoren

***Ra**dio **d**etecting **a**nd **r**anging* (Radar) ist ein elektronisches Verfahren zur Positionsbestimmung von Objekten. Dies geschieht durch Aussenden von hochfrequenter elektromagnetischer Strahlung, so genannter «Mikrowellen» und durch Auswertung der an den Objekten reflektierten Strahlung. Dabei ist das Reflexionsverhalten der Objekte von entscheidender Bedeutung. Metallische Gegenstände reflektieren die Strahlung sehr gut, Kunststoff beispielsweise lässt die Strahlung nahezu vollständig durch das Material durch. Somit eignen sich Kraftfahrzeuge sehr gut zur Erfassung mittels Radarsensoren.

22.15.1 Direkte Laufzeitmessung

Die Zeitspanne zwischen Senden des Signals und Empfang des reflektierten Signals ist abhängig vom Abstand des Gegenstands. Die wieder empfangenen reflektierten Strahlen werden zu den gesendeten Strahlen in Relation gesetzt und ausgewertet.

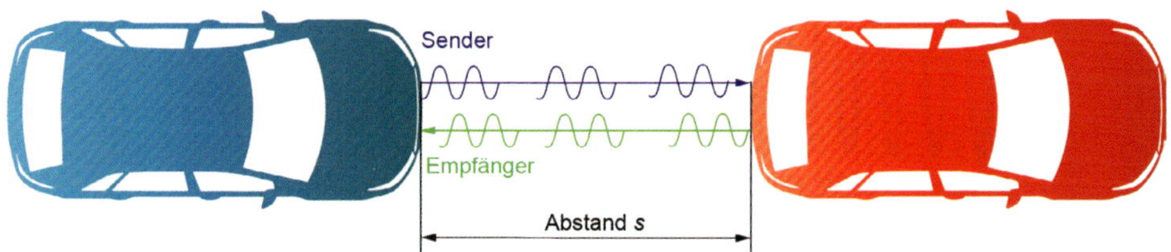

Bild 22.116 *Abhängigkeit der Signallaufzeit vom Abstand*
[Bild: Riehl]

22.15.2 Indirekte Laufzeitmessung

Eine direkte Laufzeitmessung ist sehr aufwendig. Daher wird eine indirekte Laufzeitmessung in Form eines FMCW- (***f**requency **m**odulated **c**ontinous **w**ave*) Verfahrens angewandt, das als Sendesignal kontinuierlich ausgestrahlte Höchstfrequenzschwingungen mit zeitlich veränderter Frequenz benutzt. Die Frequenzänderung (Modulation) beträgt dabei 200 mHz innerhalb einer Millisekunde. Als «Transportmittel» dient ein Trägersignal mit einer Frequenz von 76,5 GHz. Mit diesem Verfahren ist es möglich, die aufwendige direkte Messung der Laufzeit zu umgehen und stattdessen die einfacher zu ermittelnden Frequenzunterschiede zwischen gesendetem und empfangenem (reflektiertem) Signal auszuwerten.

Die Differenz zwischen den Frequenzen des gesendeten und empfangenen (reflektierten) Signals ist direkt abhängig vom Abstand des Gegenstandes. Je größer der Abstand ist, desto länger ist die «Laufzeit», bis das reflektierte Signal wieder empfangen wird und desto größer ist der Unterschied zwischen gesendeter und empfangener Frequenz.

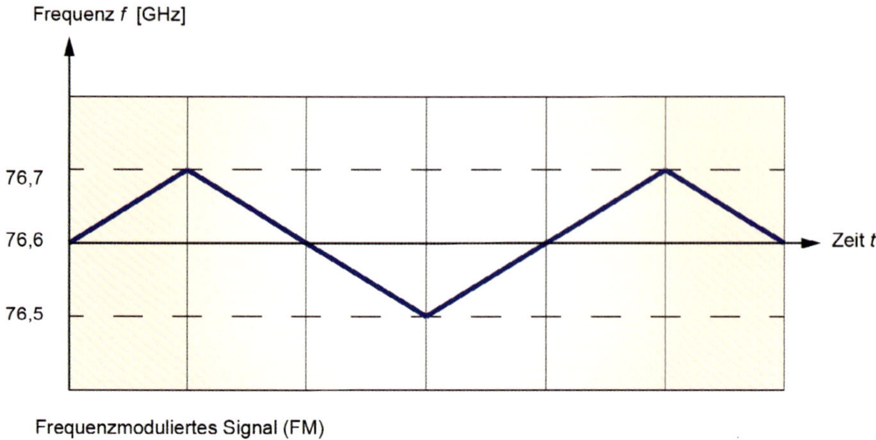

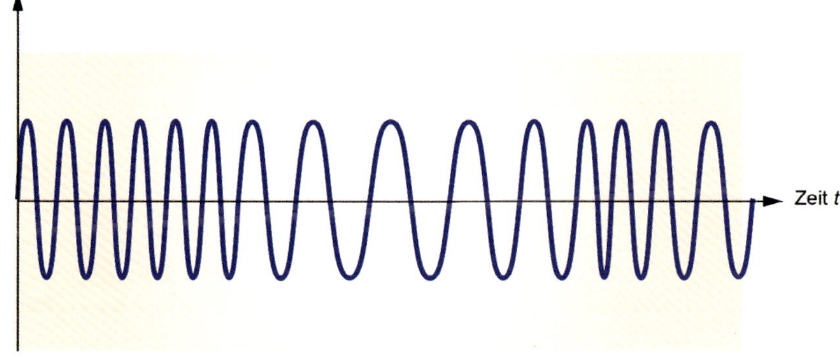

Bild 22.117 *Indirekte Laufzeitmessung*
[Bild: Riehl]

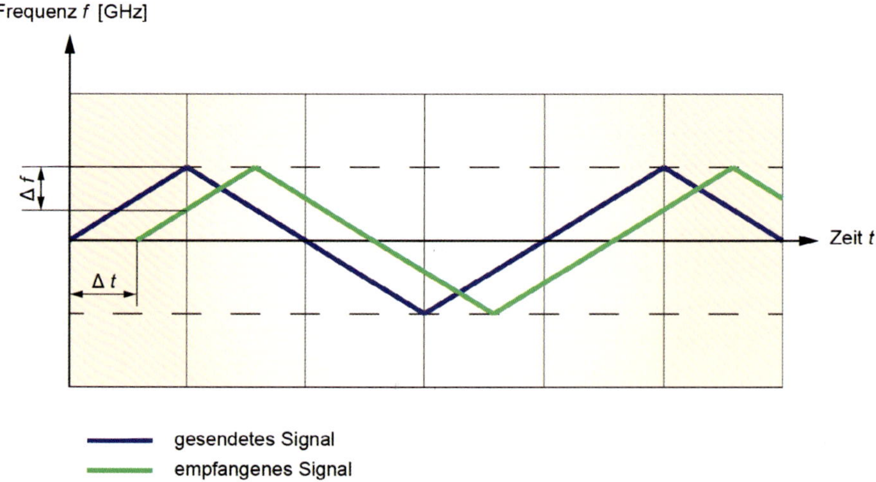

Bild 22.118 *Frequenzunterschied*
[Bild: Riehl]

22.15.3 Doppler-Effekt

Zur Ermittlung der Geschwindigkeit des vorausfahrenden Fahrzeuges wird ein physikalischer Effekt genutzt, der sogenannte «Doppler-Effekt». Es gibt einen generellen Unterschied, ob der Gegenstand, der die ausgesendeten Wellen reflektiert, sich relativ zum Sender in Ruhe befindet oder sich bewegt. Verkürzt sich der Abstand zwischen Sender und Gegenstand, wird die Frequenz der reflektierten Strahlung größer, im

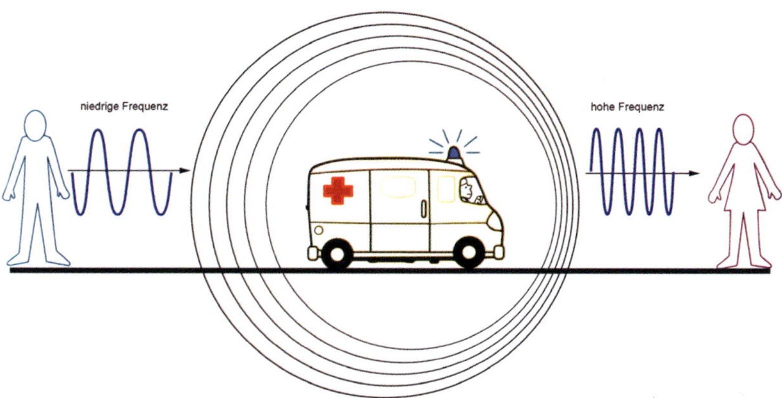

Bild 22.119 *Wahrnehmung Doppler-Effekt*
[Bild: Riehl]

umgekehrten Fall verkleinert sich die Frequenz. Diese Frequenzverschiebung wird von der Elektronik ausgewertet und liefert den Wert der Geschwindigkeit des vorausfahrenden Fahrzeuges. Nähert sich das Objekt dem Beobachter nimmt die Frequenz zu, entfernt es sich, nimmt die Frequenz ab. Ein alltägliches Beispiel ist die Tonhöhenveränderung bei Schallwellen, wenn sich z. B. ein Rettungsfahrzeug mit laufendem Martinshorn auf einen Fußgänger zu bewegt. Dabei wird der Ton für den Fußgänger höher, bis das Fahrzeug ihn passiert. Danach wird der Ton tiefer, wenn es sich von ihm entfernt.

22.15.4 Ermittlung von Geschwindigkeit und Abstand des vorausfahrenden Fahrzeugs

Das vorausfahrende Fahrzeug fährt schneller, der Abstand wird größer. Aufgrund des Doppler-Effekts wird die Frequenz des empfangenen (reflektierten) Signals kleiner (Δf_D) und aufgrund der Laufzeit zwischen gesendeten und empfangenen Signalen zeitlich verschoben. Das führt zu unterschiedlichen Differenzfrequenzen zwischen steigender ($\Delta f1$) und fallender Signalflanke ($\Delta f2$). Dieser Unterschied wird durch das Steuergerät ausgewertet.

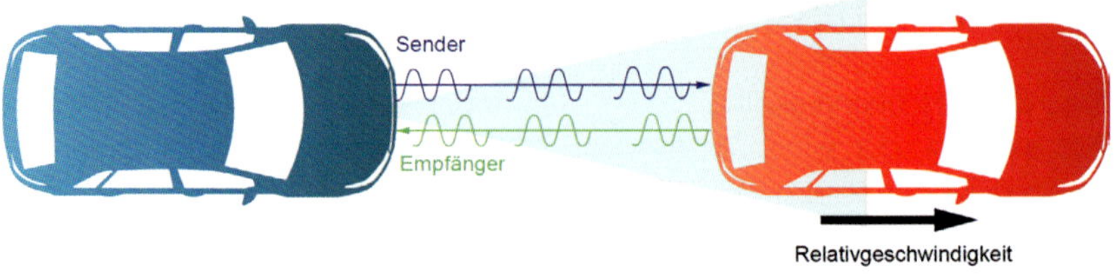

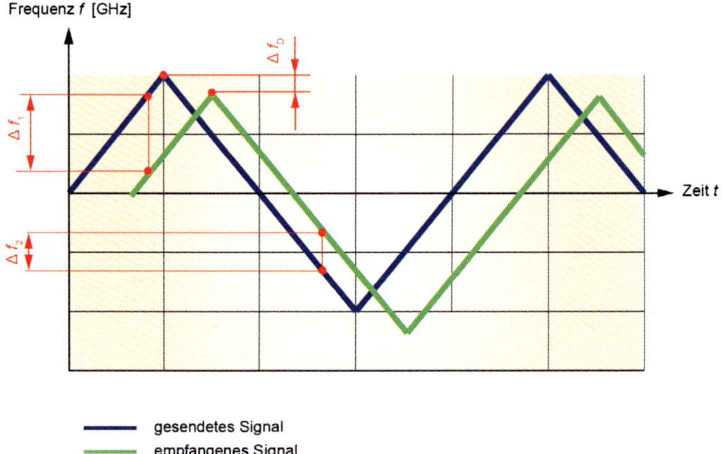

Bild 22.120 *Anwendung Doppler-Effekt*
[Bild: Riehl]

22.15.5 Ermittlung der Position des vorausfahrenden Fahrzeugs

Das Radarsignal breitet sich keulenförmig aus. Die Signalstärke (Amplitude) nimmt dabei mit zunehmender Entfernung vom Sender in Fahrzeuglängs- (x) und Fahrzeugquerrichtung (y) ab.

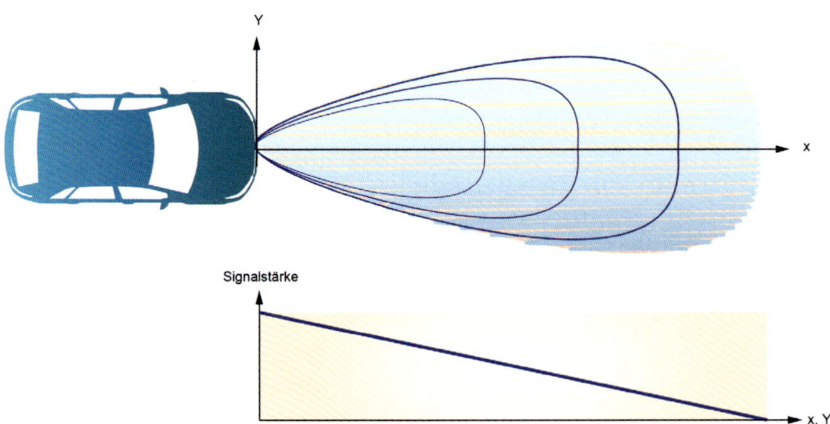

Bild 22.121 *Ausbreitung Radarsignal*
[Bild: Riehl]

Zur Bestimmung der Position ist die Kenntnis notwendig, in welchem Winkel zum eigenen Fahrzeug sich ein vorausfahrendes Fahrzeug bewegt. Um diese Information zu gewinnen, werden in den meisten Fahrzeugmodellen Sende- und Empfangseinheiten eingesetzt, die mit je vier Sendern/Empfängern ausgestattet sind. Durch Nutzung der oben dargestellten Abhängigkeit der Signalstärke von der Entfernung vom Sender in Kombination mit den vier Radarkeulen kann die Position eines vorausfahrenden Fahrzeugs exakt bestimmt werden. Die Radarkeulen überschneiden sich in ihren Randbereichen.

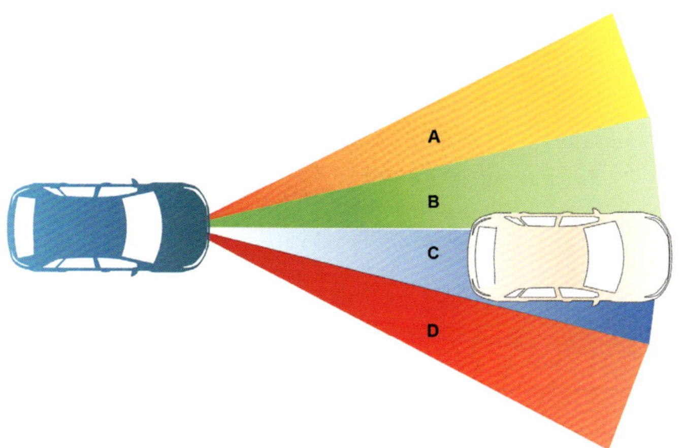

Bild 22.122
Bestimmung des Winkels
[Bild: Riehl]

In Bild 22.122 wird das vorausfahrende Fahrzeug gleichzeitig von den Radarkeulen B und C erfasst. Befindet sich das Fahrzeug wie im angegebenen Beispiel zum größeren Teil im Bereich des Signals C, sind die Signalstärken (Amplituden) des empfangenen (reflektierten) Signals C größer als die des empfangenen Signals B. Das Verhältnis der Signalstärken (Amplituden) der empfangenen (reflektierten) Signale der einzelnen Radarkeulen liefert dann die Winkelinformation.

22.15.6 Technische Ausführung

Die Radartechnik arbeitet mit elektromagnetischen Wellen, die sich mit der Lichtgeschwindigkeit c ausbreiten. Für die Sendefrequenz $f = 76{,}5$ GHz des Radar-Sensors berechnet sich die Wellenlänge zu $\lambda = 3{,}92$ mm. Wellen im Frequenzbereich von ca. 30 GHz bis ca. 150 GHz werden als mm-Wellen bezeichnet.

In einem in der vorderen Stoßstange eingebauten Sensor sind vier Radarantenneneinheiten integriert.

- Die eingebaute Sensorheizung arbeitet in einem Temperaturbereich von -5 bis +5 °C.
- Die Radar-Sensorreichweite beträgt 200 m.
- Der horizontale Öffnungswinkel beträgt 40°.

22.15.7 LiDAR

LiDAR (***Li****ght* ***D****etecting* ***A****nd* ***R****anging*) in Analogie zum RADAR-Verfahren, ist eine Methode zur Messung der reflektierten oder rückgestreuten Intensität eines gepulsten Laserstrahls. Im Unterschied zum Radar wird ein Sensorsegment mithilfe eines definierten codierten Lichtimpulses angesteuert und der Sensor misst für jedes Segment die Laufzeit des Lichts. Gemessen wird die Laufzeit des Lichts, um zum Objekt hin und wieder zurückzugelangen. Die benötigte Zeit ist direkt proportional zur Entfernung. Die Sensoren verfügen über eine Sende- und Empfangseinheit sowie einem Mikroprozessor für die Auswertung. Als Sendeeinheit werden entweder LEDs oder Laserdioden verwendet. Sie haben den Vorteil, schnell moduliert zu werden. Dazu wird ein Lichtimpuls mit wenigen Nanosekunden im nahen Infrarot (NIR) gesendet. Je nach Sensortyp liegt dieser zwischen 840 bis 950 nm. Der Empfänger besteht aus mehreren Segmenten und jedes Segment erhält einen separaten Sendeimpuls. Durch den komplexen Aufbau des Empfängers misst jeder Bildpunkt aus dem einfallenden Licht die Laufzeit des für ihn bestimmten Sendepulses. Der Sendepuls wird von den zu messenden Objekten reflektiert und vom Empfänger erkannt.

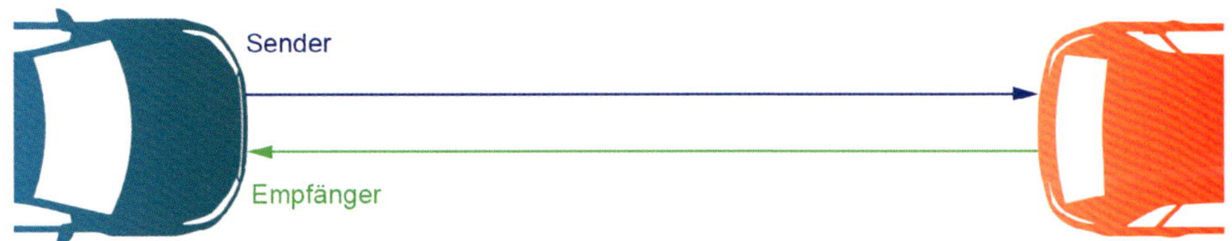

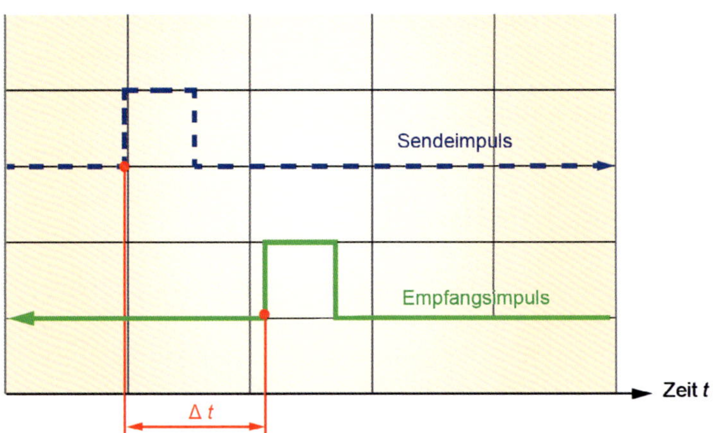

Bild 22.123 *Ermittlung der Entfernung mittels Lichtimpuls*
[Bild: Riehl]

Beim LiDAR-System handelt es sich also um ein Abstands- und Geschwindigkeitsmesssystem für die Erfassung von Objekten. Ein solches System kann Hindernisse erkennen, damit diese umfahren werden sowie ein Bremsvorgang oder andere Funktionen eingeleitet werden können. Die LiDAR-Technik arbeitet mit einem aktiven Messverfahren, das weitgehend unabhängig von den Umgebungslichtbedingungen funktioniert. Dies ist ein Vorteil gegenüber Kamerasystemen, deren Genauigkeit immer von der Lichtsituation abhängig ist. Eine weitere Stärke von LiDAR als aktives Messverfahren ist die explizite Erkennung von Freiraum im gesamten Sichtfeld. Somit können Hindernisse direkt erkannt werden, um z. B. eine Geschwindigkeitsanpassung zur Vermeidung einer Kollision zu initialisieren. LiDAR tut dies bis zu einer Million Mal pro Sekunde und fasst die Ergebnisse in einer 3D-Karte der Umwelt zusammen, welche in Echtzeit generiert wird. Diese sogenannten Punktwolken sind so detailliert, dass sie nicht nur dazu verwendet werden können Objekte zu erkennen, sondern auch, um sie zu identifizieren.

Anhand dieser Informationen ist das Fahrzeug im Stande, die richtigen Fahrentscheidungen abzuleiten. Die LiDAR-Technik bietet eine große Reichweite und sehr gute Auflösung. Nachteilig ist, dass LiDAR-Strahlen durch Nebel und schlechte Sichtverhältnisse, vor allem Gischt, mitunter erheblich gedämpft werden. Das System erkennt dies und weist den Fahrer daraufhin seine Fahrweise den Verhältnissen anzupassen.

Es gibt zwei Arten von LiDAR-Systemen: Zum einen mechanische LiDAR Scanning-Systeme, diese haben den Vorteil einen Blickwinkel bis 360° abdecken zu können – durch den mechanischen Aufbau sind diese Geräte sehr groß, kostenintensiv und nicht verschleißfrei.

Zum anderen Festkörper-LiDARs (*Solid-State-LiDAR* oder *Flash LiDAR*): Diese verfügen über ein eingeschränktes Sichtfeld (bis 120°), kommen daher ohne mechanische Komponenten aus – sind somit wartungsfrei –, verfügen über geringe Abmessungen und sind deutlich kostengünstiger in der Anschaffung.

Serienanwendung im Kfz

- Das horizontale Sichtfeld umfasst 145° (±72,5°).
- Der Sensor tastet seine Umgebung 25-mal pro Sekunde fächerförmig ab.
- Der Doppelspiegel rotiert dabei mit 750 Umdrehungen pro Minute.
- Der Sensor verfügt über vier übereinanderliegende Abtastebenen.
- Jede Ebene besteht aus 580 Abtastungen.
- Die maximal mögliche Reichweite beträgt über 300 m.
- Fahrzeuge werden bis 150 m Entfernung, Personen bis 80 m Entfernung sicher erkannt.

22.15.8 Vergleich der Sensortechnologien

Ultraschallsensoren haben den Nachteil einer sehr begrenzten Reichweite und sind recht empfindlich gegenüber Umwelteinflüssen. Zudem müssen Ultraschallsensoren immer direkten Kontakt zum Ausbreitungsmedium Luft haben, weshalb sie an sichtbarer Stelle platziert werden müssten. Infrarotsensoren dagegen sind in erster Linie geeignet zur

Tabelle 22.4 *Vergleich der Sensortechnologien*

	Kamera	LIDAR	RADAR	Ultraschall
Blickfeld	↑	↑	↗	→
Reichweite	↗	↑	↑	↘
Geschwindigkeitsauflösung	→	↗	↑	↘
Radiale Auflösung	↑	↗	→	↘
Betrieb bei schlechten Witterungsbedingungen	→	↗	↗	→
Betrieb bei Nacht Störung durch Umgebungslicht	↗	↑	↑	↑
Objekterkennung	↑	↗	→	↘

Erfassung von seitlichen Bewegungen und können Bewegungen auf den Sensor zu oder von ihm weg nur sehr schlecht detektieren. Dabei ist genau diese Bewegungsrichtung für den Spurwechselassistenten bedeutsam. Außerdem weisen auch Infrarotsensoren eine erhöhte Empfindlichkeit gegenüber Umwelteinflüssen wie beispielsweise Regen auf. Die Empfindlichkeit gegenüber Umwelteinflüssen ist auch der Grund, warum sich die Videosensorik für bestimmte Applikation nicht durchsetzen konnte. Als weitere Gründe gegen die Videosensorik kann die Reichweite und Ungenauigkeit aufgeführt werden. Die Ungenauigkeit rührt daher, dass zur Bestimmung eines Abstandes das Videobild interpretiert werden müsste. Es ist ein indirektes Messverfahren gegenüber der direkt messenden Methode der Radarsensorik. Radarsensorik empfiehlt sich für diese Aufgabenstellung dadurch, da sie unempfindlich gegenüber Umwelteinflüssen ist und nicht-metallische Materialien durchstrahlt, weshalb die Sensoren durch den Stoßfängerüberzug verdeckt werden können. Radarapplikationen sind in den letzten Jahren auch preislich deutlich günstiger geworden, was deren Einsatz im großen Stil ermöglicht. LiDAR hat momentan noch den Nachteil, dass bewegliche Komponenten verbaut werden. Sobald Festkörper-LiDAR mit entsprechendem Sichtfeld auf dem Markt sind, werden sie verstärkt zum Einsatz kommen.

22.16 Gassensoren

22.16.1 Lambda-Sonden

Um eine optimale Konvertierungsrate des Katalysators zu gewährleisten, ist eine optimale Verbrennung erforderlich. Dieses optimale Gemisch, das sogenannte stöchiometrische Gemisch, wird mit dem griechischen Buchstaben λ (Lambda) bezeichnet. Mit Lambda wird das Luftverhältnis zwischen dem theoretischen Luftbedarf und der tatsächlich zugeführten Luftmenge ausgedrückt:

$$\lambda = \frac{\text{zugeführte Luftmenge}}{\text{theoretisch benötigte Luftmenge}}$$

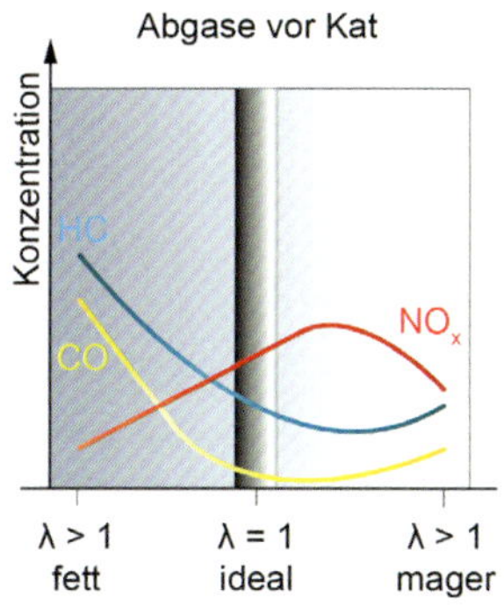

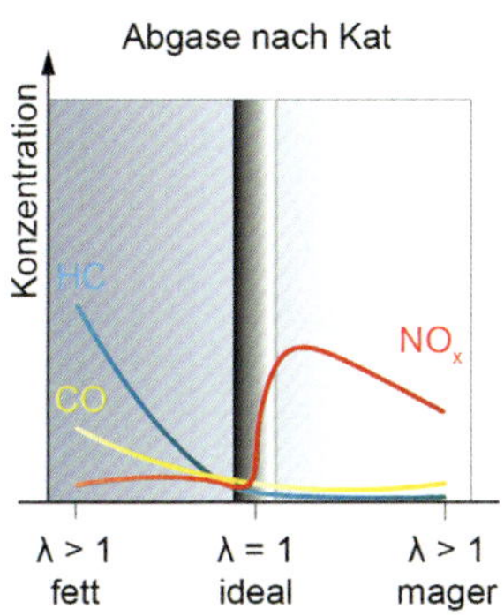

Bild 22.124
Abgase vor und nach dem Katalysator. Bei $\lambda = 1$ ist die Umwandlung am günstigsten
[Bild: Riehl]

Das Prinzip aller Lambdasonden beruht auf einer Sauerstoffvergleichsmessung.

Das bedeutet, der Restsauerstoffgehalt des Abgases (ca. 0,3 bis 3 %) wird mit dem Sauerstoffgehalt der Umgebungsluft (ca. 20,8 %) verglichen.

Spannungssprungsonde

Diese Sonde besteht aus einer fingerförmigen, innen hohlen Zirkondioxid-Keramik. Die Besonderheit dieses Feststoffelektrolyts liegt darin, dass es ab einer Temperatur von ca. 300 °C für Sauerstoffionen durchlässig ist. Beide Seiten dieser Keramik sind mit einer dünnen, porösen Platinschicht überzogen, die als Elektrode dient. An der Außenseite der Keramikschicht strömt das Abgas vorbei, die Innenseite ist mit Referenzluft gefüllt. Durch die unterschiedliche Sauerstoffkonzentration auf den beiden Seiten kommt es aufgrund der Eigenschaften der Keramik zu einer Sauerstoffionenwanderung, die wiederum eine Spannung erzeugt. Diese Spannung wird als Signal für das Steuergerät genutzt, das je nach Restsauerstoffgehalt der Abgase die Gemischzusammensetzung ändert. Dieser Vorgang – Messen des Restsauerstoffgehalts und Anfetten bzw. Abmagern des Gemisches – wiederholt sich mehrfach in der Sekunde, sodass ein bedarfsgerechtes stöchiometrisches Gemisch ($\lambda = 1$) erzeugt wird.

Bild 22.125
Schnittbild und Prinzip Spannungssprungsonde
[Bild: Riehl]

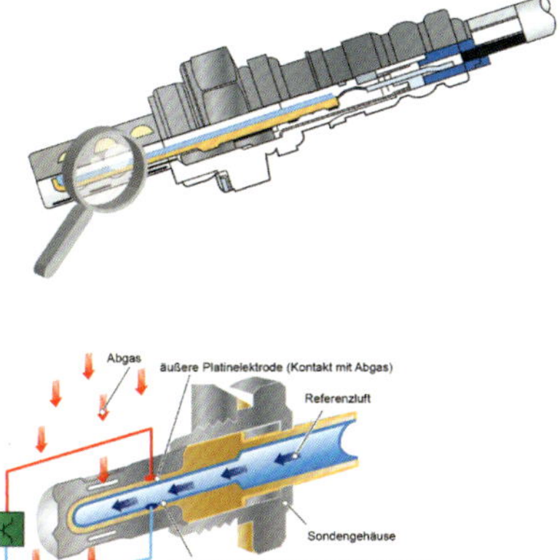

Bild 22.126
Kennlinie Spannungssprungsonde
[Bild: Riehl]

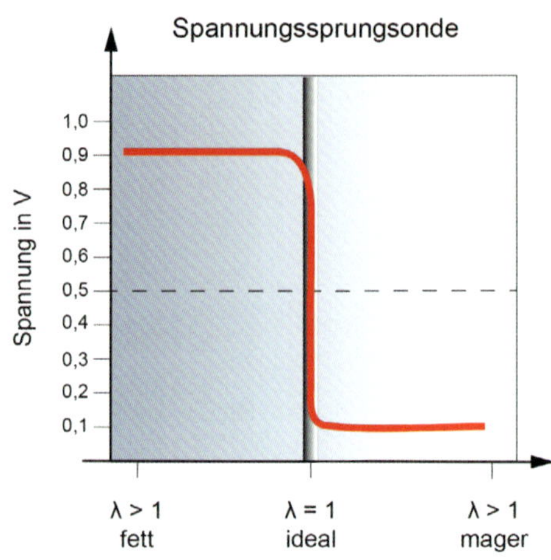

Widerstandssprungsonde

Ein anderer gebräuchlicher Lambdasondentyp ist die Widerstandssprungsonde, deren Sondenmaterial aus Titandioxid besteht. Bei dieser Sondenart findet am Arbeitspunkt ($\lambda = 1$) ein Widerstandssprung statt, der von der Auswertelektronik im Steuergerät erkannt wird. Der elektrische Widerstand von Titandioxid ändert sich proportional zur Sauerstoffkonzentration im Gasgemisch. Bei zu viel Sauerstoff ($\lambda > 1$) reagiert das Titandioxid und wird weniger leitfähig. Ist der Sauerstoffanteil niedriger ($\lambda < 1$) wird das

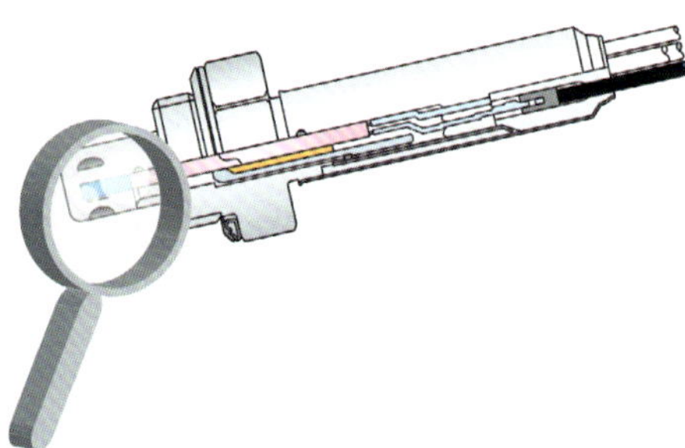

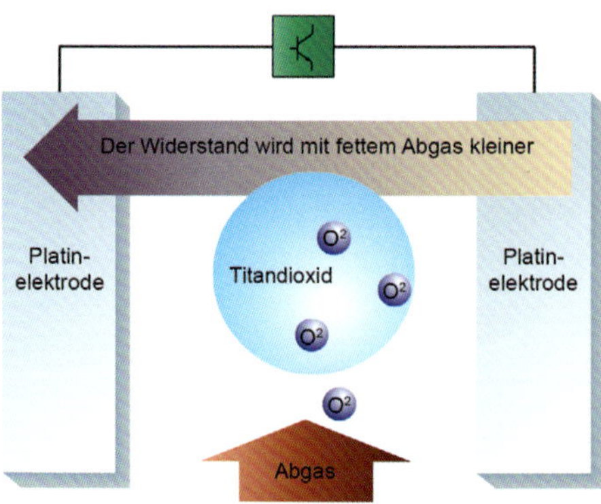

Bild 22.127
Schnittbild und Prinzip Widerstandssprungsonde
[Bild: Riehl]

Titandioxid leitfähiger. In der Kennlinie ist auch bei diesem Sondentyp ein deutlicher Signalsprung an der Stelle $\lambda = 1$ zu erkennen, was ja zur exakten Lambdaregelung erforderlich ist. Das Signal des rechten Diagramms (Bild 22.147) ist das Spannungssignal am konstanten Messwiderstand im Steuergerät, wobei der Sondenwiderstand und der Messwiderstand in Reihe an einer Versorgungsspannung von 5 V liegt.

- Spannungsabfall bei Lambda 0,9 > 3,9 V
- Spannungsabfall bei Lambda 1,1 < 0,4 V

Links im Diagramm erkennt man die Temperaturabhängigkeit des Sondenwiderstands und den Betriebstemperaturbereich zwischen 500 und 900 °C. Somit kann das Steuergerät über das Sondensignal eine indirekte Temperaturmessung vornehmen und ab ca. 700 °C eine Katalysator-Schutzfunktion aktivieren.

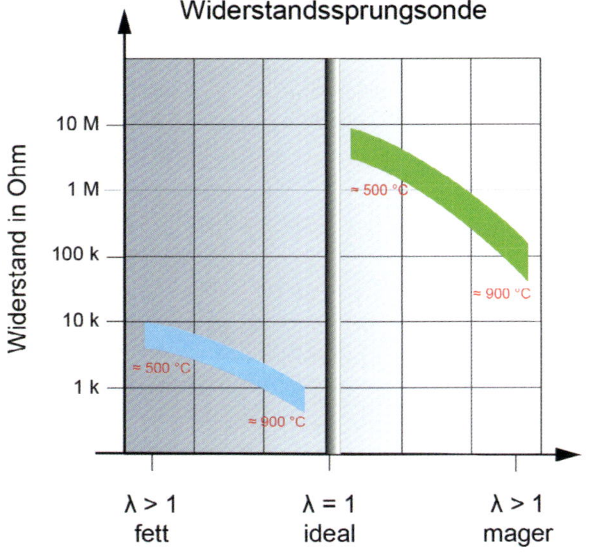

Bild 22.128
Kennlinie Widerstandssprungsonde
[Bild: Riehl]

Breitbandsonde

Der Nachteil der spannungs- und widerstandsorientierten Lambdasonden ist, dass sie lediglich erkennen kann, ob das Gemisch unter oder über $\lambda = 1$ liegt. Die Breitband-Lambdasonde bietet die Möglichkeit der stufenlosen Messung der Lambda-Werte von 0,8 bis 2,5. Daher ist eine entsprechende Regelung in der Lage, kurzzeitig jedes gewünschte Luftverhältnis im Brennraum herzustellen. Dies ist besonders interessant bei Benzin-Direkteinspritzern, die in allen drei Betriebszuständen gefahren werden:

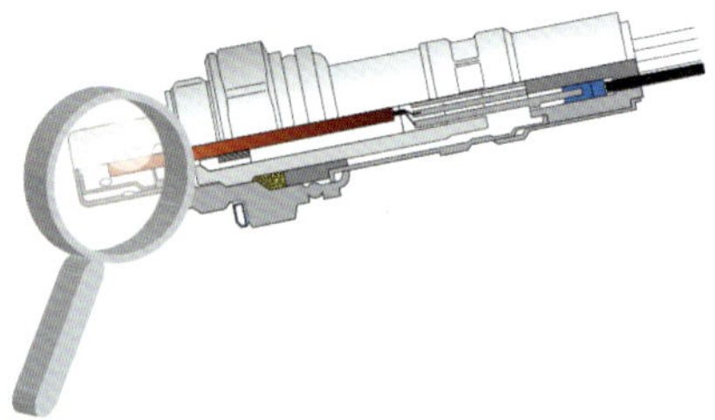

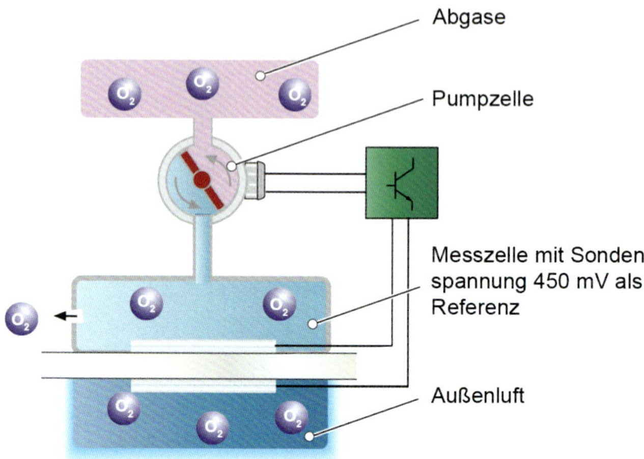

Bild 22.129 *Schnittbild und Prinzip Breitbandsonde*
[Bild: Riehl]

- mager (λ >1), im Teillastbereich zur Kraftstoffverbrauchssenkung,
- stöchiometrich (λ = 1), im Volllastbereich zur Leistungsmaximierung und
- fett (λ <1) während der Regenerationsphasen des NOX Speicherkats.

Breitbandsonden besitzen zwei Zellen: Eine Mess- und eine Pumpzelle. In der Messzelle wird der Sauerstoffgehalt des Abgasstroms mit einem Sollwert von 450 mV verglichen. Weicht dieser Wert ab, werden mit Hilfe eines Pumpstroms so viele Sauerstoff-Ionen in die Messkammer hinein- oder aus ihr herausgepumpt, bis sich zwischen der Elektrode der Referenzluftseite und der Elektrode der Messkammer ein Spannungswert von 450 mV einstellt. Dieser Pumpstrom ist die Messgröße, die den genauen Lambda-Wert des Gemischs fast linear beschreibt. Bei stöchiometrischen Gemischen ist er gleich Null, da der Sauerstoff-Partialdruck der Messkammer dem Sollwert von 450 mV entspricht.

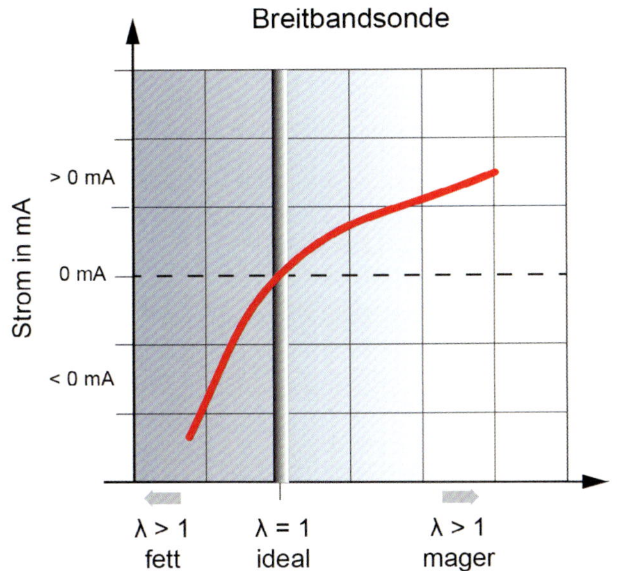

Bild 22.130
Kennlinie Breitbandsonde
[Bild: Riehl]

22.16.2 Partikelsensor

Der Partikelsensor hat die Aufgabe, die Masse der nach dem Dieselpartikelfilter noch verbliebenen Rußpartikel zu überwachen. Der Sensor ist in das Abgasrohr hinter dem Dieselpartikelfilter als letzter Sensor des Systems eingeschraubt. Wird am Ende des Abgassystems eine zu hohe Partikelmasse festgestellt, steuert das Motorsteuergerät die Kontrollleuchte für Dieselpartikelfilter an. Das System muss überprüft werden.

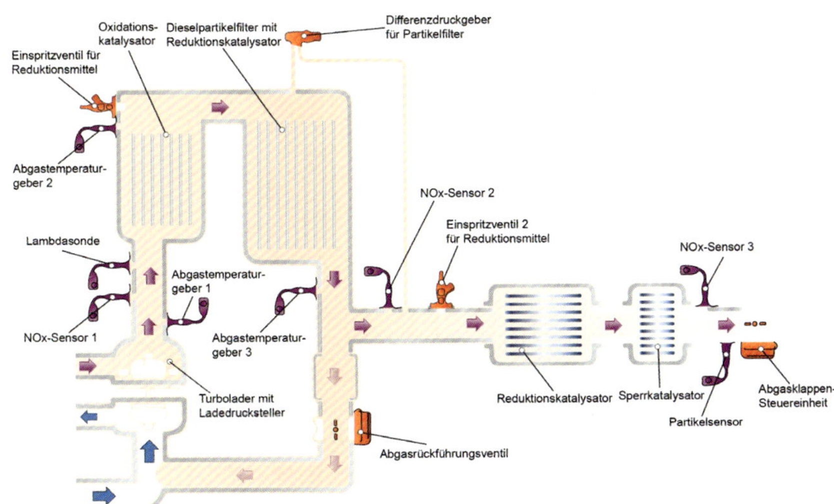

Bild 22.131 *Lage des Sensors am Ende des Abgasstrangs*
[Bild: Riehl]

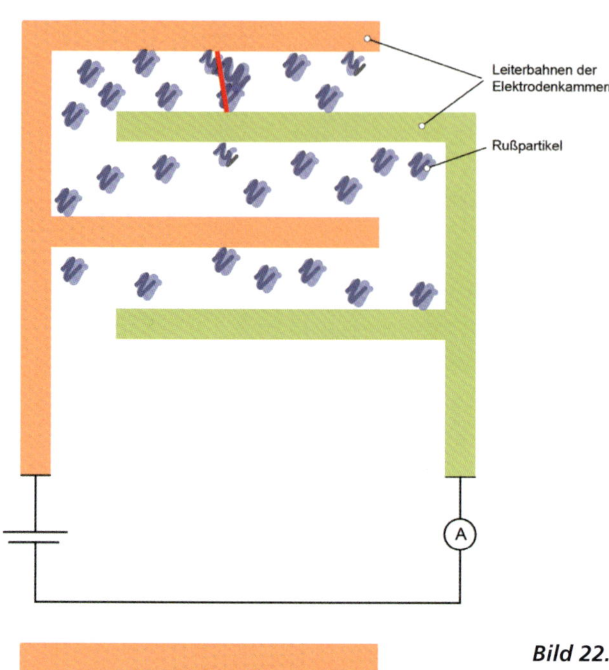

Bild 22.132a *Partikelfilter in Ordnung = geringer Stromfluss = großer Widerstand* [Bild: Riehl]

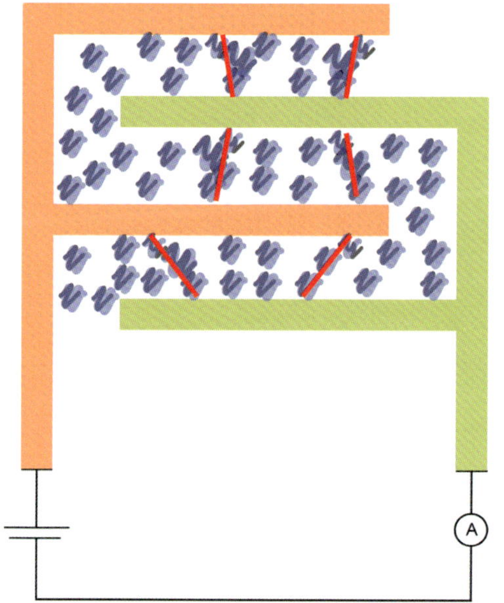

Bild 22.132b *Partikelfilter defekt = hoher Stromfluss = geringer Widerstand* [Bild: Riehl]

Funktionsweise

Die Funktion des Sensorelements basiert auf einer Widerstandsmessung. Angelagerte Rußpartikel bilden elektrische Pfade zwischen den Elektrodenkammern, auf denen ein Strom fließt. Das Sensorelement wird regelmäßig durch Aufheizen regeneriert. Anhand des gemessenen Stroms bewertet die für den Dieselpartikelfilter verantwortliche Diagnosesoftware die Funktionsfähigkeit des Dieselpartikelfilters. Bei einem funktionierenden Abgassystem können sich nur wenige Rußpartikel auf dem Keramikträger des Sensors ablagern. Dadurch fließt nur ein geringer Strom bei konstanter Sensorspannung zwischen den ineinander verzahnten Leiterbahnen und die Sensorelektronik misst einen hohen elektrischen Widerstand.

Ist der Dieselpartikelfilter defekt, werden mehr Rußpartikel von ihm durchgelassen. Deshalb können sich mehr Partikel auf dem Keramikträger ablagern und es fließt ein größerer Strom. Die Sensorelektronik misst nun einen geringeren Widerstand. Unterschreitet der Widerstandswert einen vorbestimmten Grenzwert, ist dies für das Motorsteuergerät der Auslöser, die Kontrollleuchte für Dieselpartikelfilter anzusteuern.

22.16.3 NO_x-Sensor

Der NO_x-Sensor ist ein Doppelkammersensor und befindet sich hinter dem Kat. Er misst zum einen den Lambdawert und zum anderen die Stickoxide. So kann ermittelt werden, wann die Speicherfähigkeit des NO_x-Speicherkatalysators erschöpft ist und eine NO_x- oder Schwefel-Regeneration eingeleitet werden muss. Die Funktionsweise des Gebers für NO_x basiert auf der Sauerstoffmessung und lässt sich von einer Breitband-Lambdasonde ableiten.

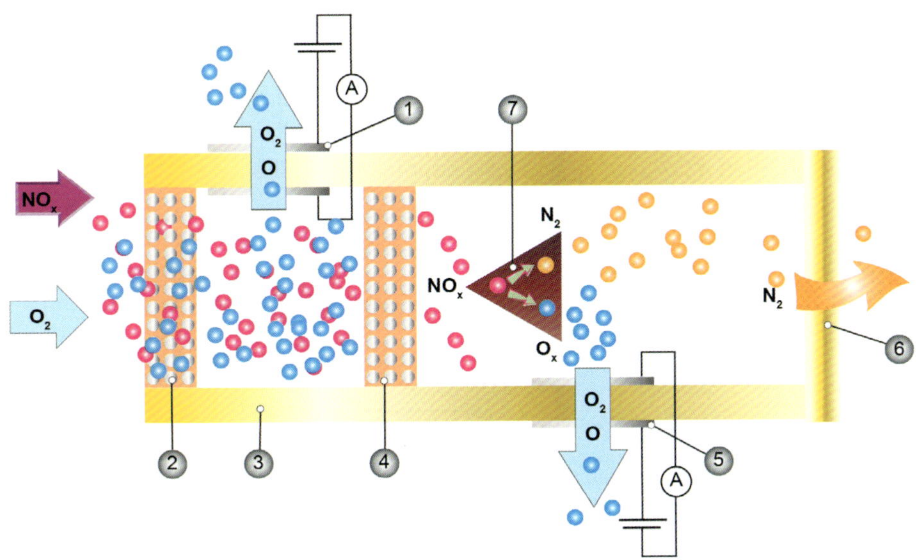

Bild 22.133 *NO_x-Sensor*

1 Pumpstrom erste Kammer
2 Wand Kammer 1
3 Festelektrolyt Zirkondioxid (ZrO2)
4 Wand Kammer 2
5 Pumpstrom zweite Kammer
6 Stickstoffaustritt
7 Katalytisches Element

[Bild: Riehl]

Das Abgas durchströmt von links den NO_x-Sensor. In der ersten Kammer wird aus diesem Gemisch von Sauerstoff und Stickoxiden der Sauerstoff mithilfe der ersten Messzelle ionisiert und durch den Festelektrolyten ausgeleitet. Über den Pumpstrom der ersten Kammer kann ein Lambdasondensignal abgegriffen werden. Damit ist das Abgas im NO_x-Sensor von dem reinen Sauerstoff im Abgas befreit. Dann passiert das verbleibende Stickoxid die zweite Wand und gelangt in die zweite Kammer des Sensors. Hier spaltet sich das Stickoxid an einem katalytischen Element in Sauerstoff und Stickstoff auf. Der so freigesetzte Sauerstoff wird wiederum ionisiert und kann dann den Festelektrolyten passieren. Der hierbei auftretende Pumpstrom lässt eine Aussage über die Menge des Sauerstoffs zu. Basierend auf dieser Menge kann auf den Stickstoffgehalt geschlossen werden.

22.16.4 Sensor für Luftgüte

Die Feststellung der Schadstoffkonzentration basiert auf einer Widerstandsmessung. Weicht der ermittelte Widerstand von einem vorgegebenen Wert ab, schließt das Klimasteuergerät auf eine Belastung der Außenluft und führt die automatische Umluftfunktion aus. Luftgütesensoren sind Metalloxid-Halbleitergassensoren (MOX), welche unter Gaseinfluss ihre elektrische Leitfähigkeit verändern. Aus dieser Veränderung des elektrischen Widerstandes lässt sich direkt auf das Vorhandensein und indirekt auf die Konzentration eines Schadstoffes schließen. Das Kernstück des Sensors besteht aus Wolfram bzw. Zinn-Mischoxid. Beide Verbindungen verändern ihre elektrischen Eigenschaften, wenn sie mit oxidierbaren oder reduzierbaren Gasen in Berührung kommen.

Grundlagen

Vereinfacht ausgedrückt spricht man von Oxidation, wenn ein Element Sauerstoff aufnimmt und von Reduktion, wenn eine Verbindung Sauerstoff abgibt.

Oxidierbare Gase sind also bestrebt, Sauerstoff aufzunehmen und an sich zu binden. Oxidierbare Gase sind z. B.: Kohlenmonoxid (CO), Benzol-Dämpfe, Benzin-Dämpfe, Kohlenwasserstoffe und unverbrannte bzw. unvollständig verbrannte Kraftstoffkomponenten. Reduzierbare Gase wollen hingegen an andere Elemente oder Verbindungen Sauerstoff abgeben.Reduzierbare Gase sind z. B.: Stickoxide NO_x.

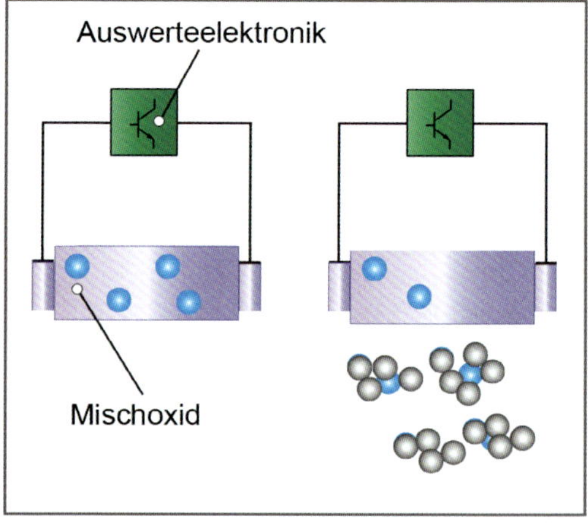

Bild 22.134
Sensor für Luftgüte
Schadstoffmessung bei oxidierbaren Gasen
[Bild: Riehl]

Die Funktion des Sensors ist in diesem Beispiel (Bild 22.154) grob vereinfacht dargestellt:

- Kommt das Mischoxid des Sensors mit einem oxidierbaren Gas in Berührung, so nimmt das Gas aus dem Mischoxid Sauerstoff auf. Dadurch ändern sich die elektrischen Eigenschaften des Mischoxides. Sein Widerstand wird kleiner.
- Wird der Sensor dagegen einem reduzierbaren Gas ausgesetzt, so nimmt das Mischoxid Sauerstoff aus dem Gas auf. Auch dadurch ändern sich die elektrischen Eigenschaften des Sensors. Der Widerstand wird größer.

Aufgrund der chemischen und physikalischen Eigenschaften des Mischoxides ist die Schadstofferkennung nach oxidierbaren und reduzierbaren Gasen auch eindeutig, wenn beide Gase gleichzeitig auftreten. Für die Schadstofferkennung bedeutet dies:

- Steigt der Widerstand des Sensors an, müssen oxidierbare Gase vorhanden sein.
- Sinkt der Widerstand, müssen reduzierbare Gase vorhanden sein.

fachtagung freie werkstätten und servicebetriebe

Die Fachtagung wurde als einzigartiges Forum für Inhaber und Führungskräfte freier Werkstätten und Servicebetriebe entwickelt. In praxisnahen Vorträgen und Live-Präsentationen werden die Probleme, Sorgen und Nöte des markenunabhängigen Kfz-Gewerbes behandelt. Begleitet wird die Veranstaltung von einer großen Branchenausstellung. Ein besonderer Programmpunkt ist die Verleihung des Deutschen Werkstattpreises am Vorabend, bei dem die besten freien Werkstätten Deutschlands ausgezeichnet werden.

14163

Das Forum für freie Werkstätten und Servicebetriebe

Mehr Infos und Termine unter:

www.freie-service.de

Eine Veranstaltung von Marken und Partnern der VOGEL COMMUNICATIONS GROUP

Stichwortverzeichnis

G

N

O

T

U

V

autoFACHMANN

LERNERFOLG mit System

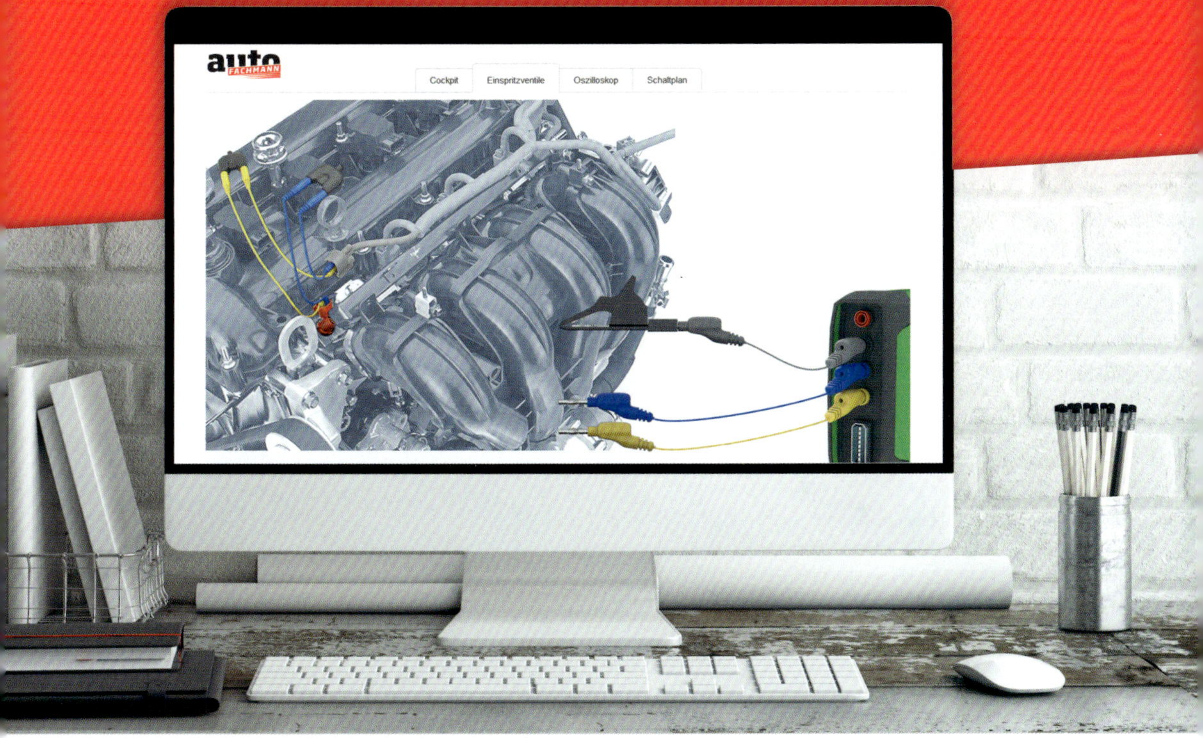

Cockpit
Einspritzventile
Oszilloskop
Schaltplan

Erfolgreich ausbilden!

Der Einsatz des E-Learning-Systems von autoFACHMANN mit dem integrierten digitalen Berichtsheft ermöglicht eine professionelle, zeitgemäße Ausbildung.

www.autofachmann.de

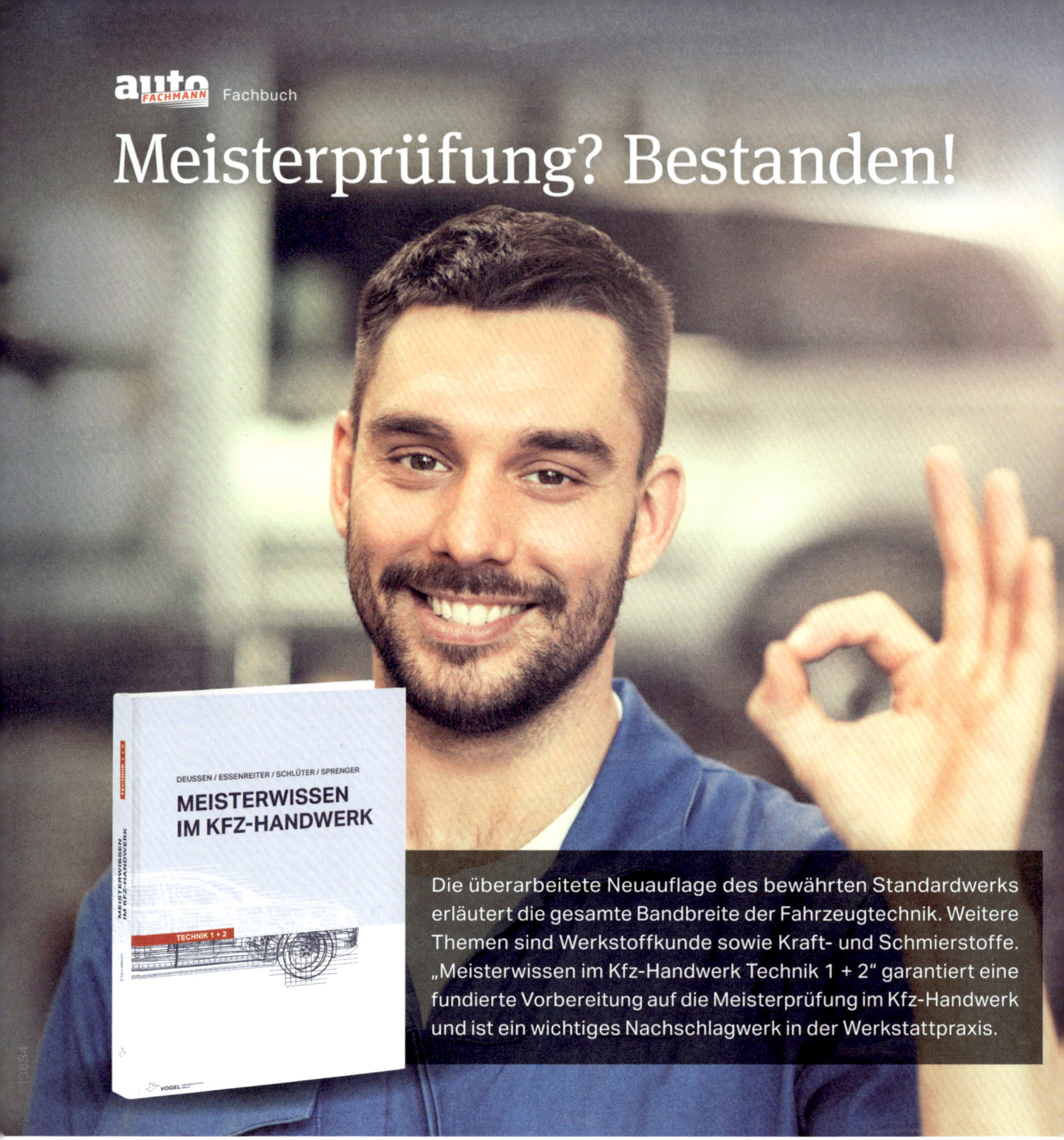

auto FACHMANN Fachbuch

Meisterprüfung? Bestanden!

DEUSSEN / ESSENREITER / SCHLÜTER / SPRENGER

MEISTERWISSEN IM KFZ-HANDWERK

TECHNIK 1 + 2

Die überarbeitete Neuauflage des bewährten Standardwerks erläutert die gesamte Bandbreite der Fahrzeugtechnik. Weitere Themen sind Werkstoffkunde sowie Kraft- und Schmierstoffe. „Meisterwissen im Kfz-Handwerk Technik 1 + 2" garantiert eine fundierte Vorbereitung auf die Meisterprüfung im Kfz-Handwerk und ist ein wichtiges Nachschlagwerk in der Werkstattpraxis.

Jetzt bestellen!

Fachbücher für das Kfz-Gewerbe - vom Azubi bis zum Chef.

www.autofachmann.de/buch